UNIX 环境高级编程

（第3版）

[美] W. Richard Stevens　Stephen A. Rago◎著

张毅峰　马树超　池艳广　刚铎◎译

Advanced Programming in the UNIX Environment

Third Edition

電子工業出版社

Publishing House of Electronics Industry

北京•BEIJING

内 容 简 介

本书一共 21 章。第 1、2 章分别介绍 UNIX 系统和 UNIX 标准化的一些内容。第 3~6 章介绍文件 I/O、文件和目录、标准 I/O 库、系统数据文件和信息。第 7～10 章介绍进程相关事项，包括进程环境、进程控制、进程关系，以及进程如何处理信号。第 11、12 章介绍线程的内容，包括线程本身及线程控制的策略。第 13 章介绍守护进程。第 14 章介绍高级 I/O。第 15~17 章专门介绍进程间通信（IPC）的各种细节，包括传统的 IPC、网络 IPC 和高级 IPC。第 18、19 章对终端概念进行介绍，包括终端 I/O 和伪终端。第 20、21 章用两个“长示例”将前述章节介绍的知识串联起来，分别是一个数据库示例和一个与网络打印机通信的示例。

本书适合对 UNIX/Linux 有一定使用经验或者编程经验的读者、有 C 语言基础的读者、从事 UNIX/Linux 应用软件开发的读者或者对此感兴趣的读者。

版权贸易合同登记号 图字：01-2023-3452

图书在版编目（CIP）数据

UNIX 环境高级编程 /（美）理查德 • 史蒂文斯（W. Richard Stevens），（美）斯蒂芬 • 拉戈（Stephen A. Rago）著；张毅峰等译. —3 版. —北京：电子工业出版社，2024.6
书名原文：Advanced Programming in the UNIX Environment, Third Edition
ISBN 978-7-121-47833-8

Ⅰ. ①U… Ⅱ. ①理… ②斯… ③张… Ⅲ. ①UNIX 操作系统－程序设计 Ⅳ. ①TP316.81

中国国家版本馆 CIP 数据核字（2024）第 092958 号

责任编辑：符隆美
文字编辑：许　艳
印　　刷：三河市鑫金马印装有限公司
装　　订：三河市鑫金马印装有限公司
出版发行：电子工业出版社
北京市海淀区万寿路 173 信箱　　邮编：100036
开　　本：787×980　1/16　印张：57　字数：1276.6 千字
版　　次：2024 年 6 月第 1 版（原书第 3 版）
印　　次：2024 年 6 月第 1 次印刷
定　　价：229.00 元

凡所购买电子工业出版社图书有缺损问题，请向购买书店调换。若书店售缺，请与本社发行部联系，联系及邮购电话：（010）88254888，88258888。

质量投诉请发邮件至 zlts@phei.com.cn，盗版侵权举报请发邮件至 dbqq@phei.com.cn。

本书咨询联系方式：faq@phei.com.cn。

推荐序 1

在浩瀚的计算机科学领域里，操作系统和应用编程始终占据着举足轻重的地位。这两者的紧密联系，不仅体现在它们共同构建起了计算机软件的基石，更在于它们之间的互相依赖与促进。而《UNIX 环境高级编程》这本书，正是这一领域中的一本经典之作。

作为一名在内核开发领域深耕多年的研究学者，我深感《UNIX 环境高级编程》的价值所在。这本书不仅为我们提供了对 UNIX 操作系统深入而全面的理解，更为我们在应用编程领域提供了宝贵的实践指南。UNIX 作为一种历史悠久且影响深远的操作系统，其设计哲学和实现原理对于我们理解现代操作系统的运作机制至关重要。

首先，从操作系统的角度来看，《UNIX 环境高级编程》为我们揭示了 UNIX 系统的核心架构和内部机制。通过详细阐述文件 I/O、进程间通信、线程、网络编程等关键概念和技术，这本书让我们深入了解了 UNIX 系统是如何为应用程序提供服务的。这些知识不仅有助于我们更好地理解操作系统的本质，更为我们在实际开发中避免潜在的问题提供了有力的支持。

其次，从应用编程的角度来看，这本书为我们提供了一套完整的编程范式和最佳实践。无论是文件操作、网络通信还是并发控制，书中都给出了详细的示例和代码实现。这些示例不仅展示了 UNIX API 的强大功能，更为我们提供了实用的编程技巧和解决方案。通过阅读这本书，我们可以学习到如何在 UNIX 环境下编写高效、稳定且易于维护的应用程序。

最后，虽然这本书并未直接涉及 Linux 相关的内容，但我们必须认识到 UNIX 和 Linux 之间的紧密联系。Linux 作为 UNIX 的一个变种，不仅继承了 UNIX 的优秀设计思想和技术成果，更在开源社区的推动下不断创新和发展。因此，《UNIX 环境高级编程》中的很多知识和技术同样适用于 Linux 环境下的编程工作。事实上，这本书已经成为众多 Linux 开发者必备的参考书之一。

综上所述，《UNIX 环境高级编程》是一本值得每一位对操作系统和应用编程感兴趣的读者深入阅读的图书。无论你是初学者还是资深开发者，都可以从中获得宝贵的启示和收获。我强烈推荐这本书给所有对计算机科学感兴趣的读者，相信它一定会在你的学习和职业生涯中发挥重要的作用。

西安邮电大学教授，Linux 内核专家 陈莉君

2024 年 5 月

推荐序 2

欣闻《UNIX 环境高级编程》第 3 版中译本即将出版，我既感到高兴，又感到激动。

在过去数年间，我常常向业界同人探听本书最新版本何时出版。因此，当电子工业出版社符隆美编辑请我推荐程序员朋友参与翻译本书时，我迫不及待地联系身边朋友，请他们抽出宝贵的时间翻译本书。

《UNIX 环境高级编程》这本书自第 1 版面世以来，便成了 UNIX 编程领域的经典之作，被广大专业人士和学术界同人所推崇。随着技术的不断发展和用户需求的日益增长，UNIX 系统也在不断地演进和完善。

本书第 2 版面世以来，UNIX 系统家族发生了巨大变化，其中最引人注目的变化是：Linux 操作系统在全球获得了长足发展，深刻地影响了各行各业。

为此，本书第 3 版应运而生。它不仅继承了本书前两个版本的优秀写作风格，更在内容上进行了全面的更新和扩充，以适应最新的计算机技术趋势和业界标准。本书作者 W. Richard Stevens 和 Stephen A. Rago 是 UNIX 编程领域的资深专家。他们凭借深厚的专业知识和丰富的实践经验，为我们提供了一本深入浅出、实用性强的 UNIX 编程指南。第 3 版支持当今领先的系统平台，反映了最新技术进展和最佳实践，并且符合最新的 Single UNIX Specification 第 4 版（SUSv4）。Stephen A. Rago 保留了前两版的精华，在 Stevens 原著的基础上，从基础的文件、目录和进程讲起，并为信号处理和异步 I/O 这样的先进技术保留较大的篇幅。他还深入讨论了线程和多线程编程、使用套接字接口驱动进程间通信（IPC）等方面的内容。

第 3 版还涵盖了 70 多个新接口，包括 POSIX 异步 I/O、自旋锁、内存屏障和 POSIX 信号量，这些新的接口有助于实现高性能的应用程序，满足大规模并行计算的业务需求。此外，第 3 版删除了一些过时的接口，保留了一些广泛使用的接口。

本书所有示例都已经在四种主流操作系统上测试过，包括 Solaris 10、Mac OS X 10.6.8

（Darwin 10.8.0）、FreeBSD 8.0 和 Ubuntu 12.04（基于 Linux 3.2）。得益于 Single UNIX Specification 这样的业界标准，使得应用程序可以在不同的操作系统之间进行无缝移植。这些应用程序甚至不用重新编译，就可以运行在不同的操作系统上。笔者甚至将本书部分示例程序成功运行到银河雷神特大型自研操作系统中。

与前两版一样，本书包含了大量示例供读者学习实践，这些示例包括了 1 万多行 C 源代码，阐述了 400 多个系统调用和函数，清楚地说明了它们的用法、参数和返回值。为了让读者能融会贯通，书中还提供了几个贯穿整章的案例。此外，本书在每一章的末尾都提供了丰富的习题，这些习题既检验了读者对知识点的掌握程度，又激发了读者的思考，促进读者深入学习。我相信，通过完成这些习题，读者一定能够更好地理解和运用书中的知识。

作为一名在一线工作近 30 年的软件工程师，我深知 UNIX 系统的魅力和复杂性。《UNIX 环境高级编程》这本书无疑为那些渴望深入理解 UNIX 系统、提高编程技能的读者提供了一条捷径。我希望所有的 UNIX 程序员、系统管理员及相关专业的学生都能阅读本书。

作为资深操作系统工程师，我也强烈将这本书推荐给有志于编写操作系统的工程师，希望藉此推动我国操作系统的蓬勃发展！

银河雷神特大型自研操作系统作者 谢宝友
2024 年 5 月 于成都

译者序

《UNIX 环境高级编程》作为 UNIX 环境编程领域不可多得的，甚至是最权威的图书之一，已经帮助好几代程序员创作出优秀的作品，让他们游刃有余地应对日常开发工作。这本书的第 1 版由著名技术专家 W. Richard Stevens 于 1992 年撰写，图书一经出版就受到了读者们的追捧。至 2005 年，Stephen A. Rago 作为共同作者根据新的系统和标准对图书内容做了更新，并出版了第 2 版。再到 2013 年，经过数年的技术变迁和系统迭代，Rago 再次对图书内容进行了更新，并出版了第 3 版。

近些年来，UNIX 版本不断涌现和迭代。例如，流行的手机操作系统 Android 将 Linux 作为操作系统内核，苹果手机操作系统则以开源的类 UNIX 操作系统 Darwin 为基础进行开发。同时，标准化方面也有不少变化，Single UNIX Specification 第 1 版（SUSv1）在 1994 年发布时大约包含了 1170 个接口，到 2010 年发布第 4 版（SUSv4）时，其已包含 1833 个接口。《UNIX 程序员手册》第 2、3 部分虽然介绍了这些接口，但是没有给出具体的使用方法和真实的程序示例，而这些则是本书要讲述的内容。本书精选了 400 多个常用的系统调用和库函数，通过简明的程序示例来说明接口的具体用法、参数语义，以及返回值处理方法。本书除了提供了完整的程序示例，还对不同操作系统的细微差别做出了描述，并在关键处对比了不同操作系统的时间开销，这有助于读者对系统原理有更深入的了解。在翻译本书时，译者受益颇丰。

本书的第 1 章至第 5 章由中电信数智科技有限公司的刚铎翻译，第 6 章、第 8 章至第 11 章由中兴通讯的池艳广翻译，第 7 章、第 12 章至第 16 章由腾讯公司的马树超翻译，第 17 章至第 21 章由上汽创新研发总院的张毅峰翻译。

另外，特别感谢电子工业出版社的编辑符隆美、刘舫、梁卫红和许艳，她们在本书的编辑和出版过程中付出了辛勤的劳动。也十分感谢她们在本书审阅阶段提出的无比珍贵的建议。

我们希望本书的出版对相关科技人员，以及 UNIX 系统编程人员有所帮助，同时也期望广大专家和读者提出宝贵意见。

第 2 版好评

Stephen A. Rago 的更新对使用多样 UNIX 系统和类 UNIX 操作系统的专业人员来说是一个早该得到的好处。Stephen A. Rago 去除了书中过时的内容并增加了更新的开发方式，还将各个主题、示例和应用程序彻底更新到流行的 UNIX 系统和类 UNIX 环境的最新版本。并且，他所做的更新保留了最初经典的风格。

——Mukesh Kacker，Pronto Networks 公司的联合创始人和前 CTO

最重要的 UNIX 编程经典著作之一。

——Eric S. Raymond，《UNIX 编程艺术》作者

对于任何一个严谨的、专业的 UNIX 系统程序员而言，本书都是不可或缺的权威参考书。Rago 更新和扩展了 Stevens 的经典著作，并保持了原书的风格。书中通过清晰的示例演示了 API 的使用过程，还提到了许多在不同 UNIX 系统实现上编程时需要注意的问题，并指出如何使用相关的标准来避免这些问题。

——Andrew Josey，The Open Group 标准部门主管，
POSIX 1003.1 标准工作组主席

对于任何编写 UNIX 系统程序的人而言，《UNIX 环境高级编程》（第 2 版）都是一本不可或缺的参考书。这本书也是我在理解或者重新学习任一系统接口时会想到的第一本书。Stephen A. Rago 非常成功地修订了这本书，他在保持第 1 版的可读性和实用性基础上，将一些新的操作系统囊括进来，例如 GNU/Linux 和苹果的 OS X 系统。我会将这本书永远放在我的电脑旁边。

——Benjamin Kuperman 博士，斯沃斯莫尔学院

第 1 版好评

对于任何一位在 UNIX 环境下工作的严谨的 C 程序员而言，《UNIX 环境高级编程》都是一本必备的图书。它的深度、全面和解释的清晰度是无与伦比的。

——*UniForum* 月刊

大量的读者推荐了 W. Richard Stevens 的《UNIX 环境高级编程》（Addison-Wesley）这本书，对此我十分高兴。我刚拿到一本，其内容引人入胜。

——*Open Systems Today*

W. Richard Stevens 的《UNIX 环境高级编程》（Addison-Wesley）包含了大量可读性极强的 UNIX 内部处理细节。这本书含有大量真实的示例，对完成系统编程任务十分有帮助。

——*RS/Magazine*

第 3 版前言

引言

从我第一次修订《UNIX 环境高级编程》一书以来已经将近 8 年，这期间发生了许多变化。

- 在出版第 2 版之前，Open Group 完成了 2004 版的 Single UNIX Specification，它修改了两套勘误表的内容。2008 年，Open Group 完成了当时最新版的 Single UNIX Specification，它更新了基本定义，添加了新的接口，并且去除了弃用的接口。这套规范被称为 2008 年版的 POSIX.1，其中包含第 7 版的基本规范，并在 2009 年发行。2010 年，它与更新后的 curses 接口捆绑，作为 Single UNIX Specification 第 4 版（SUSv4）。
- 运行在 Intel 处理器上的 Mac OS X 操作系统 10.5、10.6 和 10.8 版，被 Open Group 认证为 UNIX。
- 苹果公司停止了 PowerPC 平台上 Mac OS X 的开发。在 10.6 发行版（Snow Leopard）之后，只针对 x86 平台发布了新的操作系统版本。
- Solaris 操作系统以开源的形式发布，试图与 FreeBSD、Linux 和 Mac OS X 遵循的开发模式在声望上一争高下。2010 年，Oracle 收购了 Sun Microsystems 之后，OpenSolaris 的开发被终止。作为替代，Solaris 社区组建了 Illumos 项目来继续基于 OpenSolaris 的开源开发。
- 2011 年，C 语言标准更新，但是因为系统并未跟上其变化，本书依然参照 1999 版撰写。

最重要的是，在第 2 版中使用的平台已经过时了，因此第 3 版涉及以下平台。

1. FreeBSD 8.0，前身是加州大学伯克利分校 CSRG（计算机系统研究组）发布的 4.4BSD 系统，运行在 32 位 Intel Pentium 系统上。
2. Linux 3.2.0（Ubuntu 12.04 发布版），这是一个免费的类 UNIX 操作系统，运行在 64 位的 Intel Core i5 处理器上。
3. Apple Mac OS X 10.6.8 版（Darwin 10.8.0），运行在 64 位 Intel Core2 Duo 处理器上（Darwin 基于的是 FreeBSD 和 Mach）。我选择从 PowerPC 平台转向 Intel 平台，是因为最新版的 Mac OS X 不再支持 Power PC 平台。这个选择带来的弊端是涉及的处理器倾向了 Intel，而当讨论到异构问题时，涉及的处理器如果能在字节序和整型数大小等方面有不同的特性，就会很有帮助。
4. Solaris 10，Sun Microsystems（现在的 Oracle）的 System V Release 4 的派生系统，运行在 64 位 Ultra SPARC IIi 处理器上。

与第 2 版的不同

最大的变化之一是，POSIX.1-2008 中 Single UNIX Specification 启用了一些 STREAMS 相关接口。（这是准备在该标准的未来版本中删除这些接口之前的第一步。）因此，我不情愿地在第 3 版中删除了 STREAMS 的内容。这是一个不幸的变化，因为 STREAMS 接口为 socket 接口提供了一个很好的对照，并且在很多方面更加灵活。不可否认，当谈论到 STREAMS 时，我并非绝对公正，但是毫无疑问的是，在现有系统中它的分量已经减轻。

- Linux 基础系统中未包含 STREAMS，虽然添加该功能的包（LiS 和 OpenSS7）是可用的。
- 虽然 Solaris 10 中包含了 STREAMS，但是 Solaris 11 的 socket 实现并没有构建在 STREAMS 之上。
- Mac OS X 不包含 STREAMS 支持。
- FreeBSD 不包含 STREAMS 支持（也从未包含过）。

随着 STREAMS 相关内容的去除，新的主题有机会替代它，例如 POSIX 异步 I/O。

在本书第 2 版中，Linux 是基于 2.4 版的。在第 3 版中，我们将 Linux 更新到了 3.2 版。两个 Linux 版本的最大不同之一是线程系统。在 Linux 2.4 和 Linux 2.6 之间，线程的实现变为 Native POSIX Thread Library（NPTL）。NPTL 使得 Linux 线程的行为与其他线程更加相似。

总的来说，第 3 版涵盖了超过 70 个新的接口，包括处理异步 I/O、自旋锁、屏障和 POSIX 信号量等的接口。除了一些普遍使用的接口被保留，大多数弃用的接口被删除。

致谢

许多读者为第 2 版发来了评论和错误报告，感谢他们提高了第 2 版的准确性。下面是最早提出建议或者指出错误的朋友：Seth Arnold、Luke Bakken、Rick Ballard、Johannes Bittner、David Bronder、Vlad Buslov、Peter Butler、Yuching Chen、Mike Cheng、Jim Collins、Bob Cousins、Will Dennis、Thomas Dickey、Loïc Domaigné、Igor Fuksman、Alex Gezerlis、M. Scott Gordon、Timothy Goya、Tony Graham、Michael Hobgood、Michael Kerrisk、Youngho Kwon、Richard Li、Xueke Liu、Yun Long、Dan McGregor、Dylan McNamee、Greg Miller、Simon Morgan、Harry Newton、Jim Oldfield、Scott Parish、Zvezdan Petkovic、David Reiss、Konstantinos Sakoutis、David Smoot、David Somers、Andriy Tkachuk、Nathan Weeks、Florian Weimer、Qingyang Xu 和 Michael Zalokar。

技术审校者们也提高了内容的准确性，感谢 Steve Albert、Bogdan Barbu 和 Robert Day。特别感谢 Geoff Clare 和 Andrew Josey 为 Single UNIX Specification 的更新和第 2 章的准确性提供了帮助。另外，感谢 Ken Thompson 对历史问题做了解答。

我得再说一次，与 Addison-Wesley 的工作人员合作非常愉快。感谢 Kim Boedigheimer、Romny Fench、Jhon Goldstein、Julie Nahil 和 Debra Williams-Cauley，此外感谢 Jill Hobbs 的专业审稿能力。

最后，感谢我的家人对我在这次再版上花费了如此多时间给予的理解。

我也非常欢迎读者发来邮件、发表评论、提出建议并订正错误。

Stephen A. Rago

sar@apuebook.com

2013 年 1 月于新泽西州沃伦市

第 2 版序

差不多每次在接受专访时，或是在技术讲座后的提问环节，我总会被问及这样一个问题："你想过 UNIX 会生存这么长时间吗？"自然，每次回答都是："没有，我们没想到会是这样的。"从某种角度说，UNIX 系统伴随了商用计算行业历史的一大半时间，而这也早就不是什么新闻了。

事态的发展历程错综复杂、充满变数。自 20 世纪 70 年代初以来，计算机技术发生了巨大的变化，尤其体现在网络技术的普遍应用、图形化的无所不在和个人计算的触手可及上，然而 UNIX 系统却奇迹般地容纳和适应了所有变化。虽然目前商业应用环境在桌面领域仍然被微软和英特尔所统治，但是在某些方面已经从单一供应商向多种来源转变，近年来对公共标准和免费资源的信赖已经与日俱增。

幸运的是，UNIX 作为一种现象而不仅是商标品牌，还能与时俱进，乃至领导这一潮流。在 20 世纪 70～80 年代，AT&T 虽然对 UNIX 的实际源代码进行了版权保护，但是也鼓励基于系统的接口和语言进行标准化工作。例如，AT&T 发布了 SVID（System V Interface Definition，System V 接口定义），这成为 POSIX 及其后续工作的基础。后来，UNIX 可以说相当优雅地适应了网络环境，也许不那么轻巧，却充分适应了图形环境。再往后，UNIX 的基本内核接口和许多独特的用户级工具也成了开源运动的基础技术之一。

即使在 UNIX 软件系统本身还是专有系统的时候，业界就一直鼓励出版 UNIX 系统方面的论文和书籍，这也是至关重要的，著名的例子就是 Maurice Bach 的《UNIX 操作系统设计》一书。其实我要说明的是，UNIX 长寿的主要原因是，它吸引了极具天分的技术作者来为大众解读它的优美和神秘。Brian Kernighan 是其中之一，Richard Stevens 自然也是。本书第 1 版连同 Stevens 所著的系列网络技术书，被公认为优秀的匠心独具的名著，并且成为极为畅销的作品。

然而，毕竟本书第 1 版出版的时间太早了，那时还没有出现 Linux，源自加州大学伯克利分校的 CSRG 的 UNIX 接口的开源版本还没有广为流行，很多人的网络还在用串行调制解调器。Stephen A. Rago 认真仔细地更新了本书，以反映所有这些技术进展，同时考虑到各种 ISO 标准和 IEEE 标准这些年的变化。因此，他用的例子是最新的，也是最新测试过的。

总之，这是一本弥足珍贵的经典著作的第 2 版。

Dennis Ritche

2005 年 3 月于新泽西州美利山市

第 2 版前言

引言

我与 Richard Stevens 最早是通过电子邮件开始交往的，当时我发邮件报告他的第一本书《UNIX 网络编程》的一个排版错误。他回信开玩笑说，我是第一个给他发这本书勘误的人。在他 1999 年去世之前，我们会时不时地通过一些邮件交流，一般都是在有了问题后认为对方能解答的情况下。我们在 USENIX 会议期间多次相见，并共进晚餐，Rich 会在会议中给大家做技术培训。

Richard Stevens 行为举止有绅士风度，是个益友。我在 1993 年撰写 *UNIX System V Network Programming* 时，试图把书写成他的《UNIX 网络编程》的 System V 版。Rich 高兴地为我审阅了好几章，并不把我当成竞争对手，而是当作写书的同事。我们曾多次谈到合作他的《TCP/IP 详解》的 STREAMS 版。若不是世事无常，我们或许已经完成了这个心愿。然而，Rich 已经驾鹤西去，修订《UNIX 环境高级编程》就成为我跟他一起写书的最易实现的方式。

当 Addison-Wesley 公司的编辑找到我说想修订 Richard 的这本书时，我的第一反应是这本书没有多少要改的。尽管 13 年过去了，Richard 的作品还是巍然屹立。但是，与本书出版时相比，今日的 UNIX 行业已经有了巨大的变化。

- System V 的各个变种已逐渐被 Linux 取代。原来生产硬件配以各自的 UNIX 版本的几个主要厂商，要么提供了 Linux 的移植版本，要么宣布支持 Linux。Solaris 可能算是硕果仅存的占有一定市场份额的 UNIX System V 版本 4 的后裔了。
- 加州大学伯克利分校的 CSRG 在发布了 4.4BSD 之后，决定不再开发 UNIX 操作系统，只有几个志愿者小组还维护着一些可公开获得的版本。

- Linux 得到数千名志愿者的支持，它的引入使任何一个拥有计算机的人都能运行类似于 UNIX 的操作系统，并且可以免费获得适用于最新硬件的源代码。在已经存在几种免费 BSD 版本的情况下，Linux 的成功确实是个奇迹。
- 作为一家创新型公司，苹果公司已经放弃了老的 Mac 操作系统，取而代之的是基于 Mach 和 FreeBSD 开发的新系统。

因此，我已经努力更新本书内容，以体现这 4 种平台。

在 Richard 1992 年出版了《UNIX 环境高级编程》之后，我扔掉了手头几乎所有的《UNIX 程序员手册》。这些年来，我桌上最常摆放的就是字典和《UNIX 环境高级编程》。我希望读者也能认为本修订版一样有用。

对第 1 版的改动

Richard 的书巍然屹立，我试图不去改动这本书的原有风格。但是这 13 年间发生了很多事情，尤其是影响 UNIX 编程接口的有关标准变化很大。

我依据标准化组织的标准，更新了全书相关接口方面的内容。第 2 章改动较大，因为它主要是讨论标准的。本书第 1 章是根据 POSIX.1 标准的 1990 版写的，本修订版则依据 2001 版的新标准，内容要丰富很多。1990 年 ISO 的 C 标准在 1999 年也更新了，一些改动影响到 POSIX.1 标准中的接口。

目前 POSIX.1 规范涵盖了更多的接口。Open Group（原称 X/Open）发布的 Single UNIX Specification 的基本规范现在已经并入了 POSIX.1，后者包含了几个 1003.1 标准和另外几个标准草案，原来这些标准是分开出版的。

我也增加了一些章节，讨论了新主题。线程和多线程是相当重要的概念，因为它们为程序员处理并发和异步提供了更清楚的方式。

套接字接口现在也是 POSIX.1 的一部分。它为进程间通信（IPC）提供了单一的接口，而不考虑进程的位置。它成为 IPC 章节的自然扩展。

我省略了 POSIX.1 中的大部分实时接口。这些内容最好在一本专门讲述实时编程的书中介绍。

最后几章的案例研究也更新了，用了更接近现实的例子。例如，现在很少有系统通过串口或并口连接 PostScript 打印机，多数 PostScript 打印机是通过网络连接的，所以我对 PostScript 打印机通信的例子做了修改。

有关调制解调器通信的那一章已经不太适用了。

书中多数示例已经在下述 4 种平台上运行了。

1．FreeBSD 5.2.1，是加州大学伯克利分校计算机系统研究组发布的 4.4BSD 的一个变种，在 Intel Pentium 处理器上运行。
2．Linux 2.4.22（Mandrake 9.2 发布），是一个免费的类 UNIX 操作系统，运行在英特尔奔腾处理器上。
3．Solaris 9，是 Sun 公司 System V 版本 4 的变种，运行在 64 位的 UltraSPARC IIi 处理器上。
4．Darwin 7.4.0 基于 FreeBSD 和 Mach 的操作系统环境，是 Apple Mac OS X 10.3 版本的核心，运行于 PowerPC 处理器上。

致谢

感谢 Richard Stevens 独立创作了本书的第 1 版，它一经出版即成为经典。

没有家人的支持，我不可能修订此书。他们容忍我满屋子散落稿纸（比平常更乱），霸占了家里的好几台计算机，成天埋头屏幕前。我的妻子 Jeanne 甚至亲自帮我在一台测试的机器上安装了 Linux。

多名技术审校者提出了很多改进意见，以确保内容准确。我非常感谢 David Bausum、David Boreham、Keith Bostic、Mark Ellis、Phil Howard、Andrew Josey、Mukesh Kacker、Brian Kernighan、Bengt Kleberg、Ben Kuperman、Eric Raymond 和 Andy Rudoff。

我还要感谢 Andy Rudoff 为我解答有关 Solaris 的问题，感谢 Dennis Ritchie 从之前的论文里为我找到历史问题的答案。再次感谢 Addison-Wesley 公司的员工，与他们合作令人愉快，谢谢 Tyrrell Albaugh、Mary Franz、John Fuller、Karen Gettman、Jessica Goldstein、Noreen Regina 和 John Wait。特别感谢 Evelyn Pyle 细致编辑本书。

就像 Richard 曾经做的那样，我非常欢迎读者发来邮件、发表评论、提出建议、订正错误。

Stephen A. Rago
sar@apuebook.com
2005 年 4 月于新泽西州沃伦市

第 1 版前言

引言

本书描述了 UNIX 系统的程序设计接口——系统调用接口和标准 C 库提供的很多函数。本书适合所有的程序员阅读。

与大多数操作系统一样，UNIX 为程序运行提供了大量的服务——打开文件、读文件、启动一个新程序、分配存储区和获得当前时间等。这些服务被称为系统调用接口（system call interface）。另外，标准 C 库提供了大量广泛用于 C 程序中的函数（格式化输出变量的值、比较两个字符串等）。

系统调用接口和库函数可参见《UNIX 程序员手册》第 2、3 部分。本书不是这些内容的重复，手册中没有给出示例及基本原理，而这些正是本书所要讲述的内容。

UNIX 标准

20 世纪 80 年代出现了各种版本的 UNIX，20 世纪 80 年代后期，人们在此基础上制定了数个国际标准，包括 C 程序设计语言的 ANSI 标准、IEEE POSIX 标准系列和 X/Open 可移植性指南。

本书也介绍了这些标准，但是并不是说明标准本身，而是着重说明标准本身与流行实现（主要指 SVR 4 和 4.4BSD）之间的关系。这是一种贴近现实世界的描述，而这正是标准本身及仅描述标准的文件所缺少的。

本书的结构

本书分为以下 6 个部分。

1. 对 UNIX 程序设计基本概念和术语的简要描述（第 1 章），以及对各种 UNIX 标准化工作和不同 UNIX 实现的讨论（第 2 章）。
2. I/O——不带缓存的 I/O（第 3 章）、文件和目录（第 4 章）、标准 I/O 库（第 5 章）和标准系统数据库文件（第 6 章）。
3. 进程——UNIX 进程的环境（第 7 章）、进程控制（第 8 章）、进程之间的关系（第 9 章）和信号（第 10 章）。
4. 更多的 I/O——终端 I/O（第 11 章）、高级 I/O（第 12 章）和守护进程（第 13 章）。
5. IPC——进程间通信（第 14 章和第 15 章）。
6. 示例——一个数据库的函数库（第 16 章）、与 PostScript 打印机的通信（第 17 章）、调制解调器拨号程序（第 18 章）和使用伪终端（第 19 章）。

如果读者对 C 语言较熟悉并有使用 UNIX 的经验，那么学习本书将受益匪浅，但我们并不要求读者必须具有 UNIX 编程经验。本书面向的读者主要是：熟悉 UNIX 的程序员，以及熟悉其他某个操作系统且希望了解大多数 UNIX 系统提供的各种服务细节的程序员。

本书中的示例

本书包含了大量示例——大约 10000 行源代码。所有示例都用 ANSI C 语言编写。在阅读本书时，建议准备一本你所使用的 UNIX 系统的《UNIX 程序员手册》，在细节方面有时需要参考该手册。

本书几乎对每一个函数和系统调用都用一个小的完整的程序进行了演示。这可以让读者清楚地了解它们的用法，包括参数和返回值等。有些小程序还不足以说明库函数和系统调用的复杂功能和应用技巧，所以书中还包含了一些较大的示例（见第 16 章和第 19 章）。

所有示例的源代码文件都可以匿名从 FTP 站点下载[1]。读者可以在自己的机器上修改并运行这些源代码。

用于测试示例的系统

遗憾的是，所有的操作系统都在不断变更，UNIX 也不例外。下图给出了 System V 和 4.x

1 下载链接可扫本书封底二维码获取。

BSD 最近的进展情况。

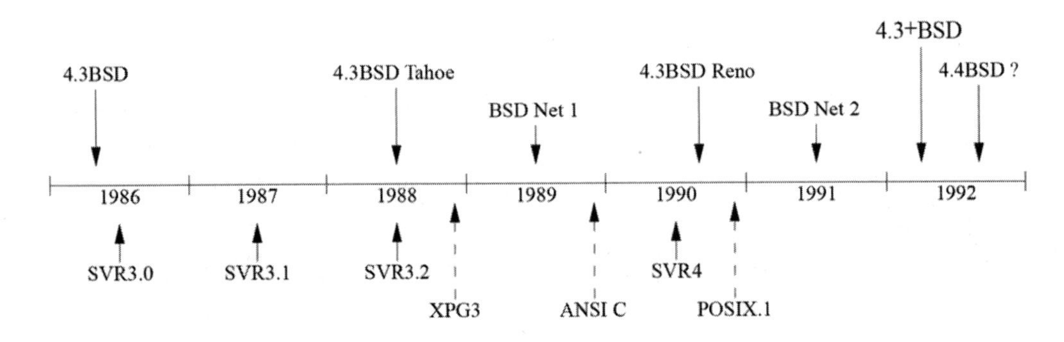

4.xBSD 是由加州大学伯克利分校 CSRG 开发的。该小组还发布了 BSD Net1 和 BSD Net2 版，其公开的源代码源自 4.xBSD 系统。SVRx 表示 AT&T 的 System V 第 x 版本。XPG3 指 X/Open 可移植性指南的第 3 个发行版。ANSI C 是 C 语言的 ANSI 标准。POSIX.1 是 IEEE 和 ISO 的类 UNIX 系统接口标准。2.2 节和 2.3 节将对这些标准和不同版本之间的差别做更多的说明。

本书用 4.3+BSD 表示源自伯克利的介于 BSD Net2 和 4.4BSD 之间的 UNIX 系统。

在本书写作时，4.4BSD 尚未发布，所以还不能称之为 4.4BSD。用一个简单的名字来引用该系统，故使用 4.3+BSD。

本书中的大多数示例曾在下面 4 种 UNIX 系统上运行。

1. U.H 公司（UHC）的 UNIX System V/386 R4.0.2（vanilla SVR4），运行于 Intel 80386 处理器上。
2. 加州大学伯克利分校 CSRG 的 4.3+BSD，运行于惠普工作站上。
3. 伯克利软件设计公司的 BSD/386（是 BSD Net2 的变种），运行于 Intel 80386 处理器上。该系统与 4.3+BSD 基本相同。
4. Sun 公司的 SunOS 4.1.1 和 4.1.2（该系统与伯克利系统有很深的渊源，但也包含了许多 System V 的特性），运行于 SPARCstation SLC 上。

本书还提供了许多对系统进行的时间测试，并注明了用于测试的实际系统。

致谢

过去的一年半，家人给予了我大力支持和爱，因为写书我们牺牲了很多快乐的周末，我深感愧疚。写书从许多方面影响了整个家庭。谢谢 Sally、Bill、Ellen 和 David。

我要特别感谢 Brain Kernighan 对我写作本书的帮助。他审阅了全部书稿，不但提出了大量深入细致的审稿意见，还对更好的行文风格给出了恰当的建议，但愿我能够在最终成稿中都加以体现。Steve Rago 也成为我的创作源泉，他不但审阅了全部书稿，还为我解答了有关 System V 的许多技术细节和历史问题。还要感谢 Addison-Wesley 公司邀请的其他技术审校者，他们对书稿的各个部分提出了很有价值的意见，他们是 Maury Bach、Mark Ellis、Jeff Gitlin、Peter Honeyman、John Linderman、Doug McIlroy、Evi Nemeth、Craig Partridge、Dave Presotto、Gary Wilson 和 Gary Wright。

感谢加州大学伯克利分校 CSRG 的 Keith Bostic 和 Kirk McKusick 给了我一个账号，我可以在最新的 BSD 系统上测试书中示例（还要感谢 Peter Salus）。UHC 的 Sam Nataros 和 Joachim Sacksen 给我提供了一份 SVR4，用来测试书中的例子。Trent hein 则帮助我获得 BSD/386 的 alpha 和 beta 版。

其他朋友在过去这些年以各种方式提供了帮助，这些帮助看似不大，却十分重要。他们是 Paul Lucchina、Joe Godsil、Jim Hogue、Ed Tankus 和 Gary Wright。本书的编辑是 Addison-Wesley 公司的 John Wait，他自始至终都是我的忠实朋友。我不断地延期交稿，写作篇幅一再超过计划，他也不抱怨。还要特别感谢美国国家光学天文台（NOAO），尤其是 Sidney Wolff、Richard Wolff 和 Steve Grandi，他们为我提供了精确的时间。

真正的 UNIX 书应该用 troff 写成，本书也遵循了这一优秀传统。最终清样是作者用 James Clark 写的 groff 软件包制作出来的。非常感谢 Janmes Clark 提供了这个优秀的写作软件，并迅速修正其中的 bug。也许有一天，我最终会弄清楚 troff 软件加脚注的技巧。

我十分欢迎读者发来电子邮件、发表评论、提出建议并订正错误。

W.Richard Stevens

rstevens@kohala.com

1992 年 4 月于亚利桑那州塔可森市

目录

1
UNIX 系统概述

1.1 引言

所有的操作系统都为其运行的程序提供服务。典型的服务包括执行新程序、打开文件、读取文件、分配存储区、获取当前时间等。本书重点阐释各种版本的 UNIX 操作系统所提供的服务。

以严格的先后顺序介绍 UNIX 系统，而不在之前引用尚未介绍过的术语，这几乎是不可能的（而且可能会令人生厌）。本章从程序员的角度快速浏览了 UNIX 系统。我们将对全文中出现的术语和概念进行简要说明并提供示例。我们将在后续章节中详细描述这些特性。对于刚刚接触 UNIX 环境的程序员，本章还简要介绍了 UNIX 系统提供的各项服务。

1.2 UNIX 系统架构

从严格意义上来说，操作系统可以被定义为控制计算机硬件资源并提供程序运行环境的软件。通常，我们将此软件称为*内核*，因为它相对较小，并且位于环境的核心。图 1.1 显示了 UNIX 操作系统体系架构图。

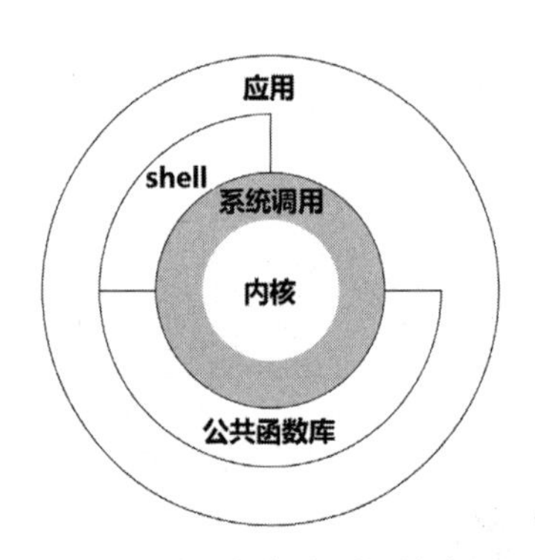

图 1.1 UNIX 操作系统体系架构图

内核的接口被称为系统调用（图 1.1 中的阴影部分）。公共函数库构建在系统调用的接口之上，应用程序可以使用公共函数库，也可以使用系统调用。（我们将在 1.11 节详细讨论系统调用和库函数。）shell 是一种特殊的应用程序，为运行其他应用程序提供接口。

从广义上讲，操作系统由内核和其他软件组成，这些软件能够让计算机发挥其独特的作用。这里提到的其他软件包括系统实用程序、应用程序、shell、公共函数库等。

例如，Linux 是 GNU 操作系统使用的内核。有人将这种操作系统称为 GNU/Linux 操作系统，但通常简称为 Linux。尽管这种叫法从严格意义上来说可能不正确，但鉴于操作系统一词的双重含义，也是可以理解的（这种叫法更简单）。

1.3 登录

登录名

用户登录到 UNIX 系统时，首先要键入登录名，随即键入对应的口令。系统在其口令文件（通常是文件 `/etc/passwd`）中查找我们的登录名。口令文件中的登录项，由 7 个以冒号分隔的字段组成：登录名、加密口令、数字用户 ID（205）、数字组 ID（105）、注释字段、起始目录（`/home/sar`）和 shell 程序（`/bin/ksh`）。

```
sar:x:205:105:Stephen Rago:/home/sar:/bin/ksh
```

目前所有操作系统都将加密口令移到了另一个文件中。第 6 章将介绍这些文件和访问它们的函数。

shell

用户登录后，系统通常会显示一些系统消息，然后用户可以向 shell 程序键入命令。（某些系统在用户登录时会启动一个视窗管理程序，但最终用户通常会在其中一个视窗中运行

shell。）*shell* 是一个命令行的解释器，它读取用户输入，然后执行命令。用户对 shell 的输入通常来自终端（交互式 *shell*）或文件（又称 *shell* 脚本）。图 1.2 总结了 UNIX 系统常见的 shell。

名　称	路　径	FreeBSD 8.0	Linux 3.2.0	Mac OS X 10.6.8	Solaris 10
Bourne shell	/bin/sh	•	•	bash 的副本	•
Bourne-again shell	/bin/bash	可选的	•	•	•
C shell	/bin/csh	链接到 tcsh	可选的	链接到 tcsh	•
Korn shell	/bin/ksh	可选的	可选的	•	•
TENEX C shell	/bin/tcsh	•	可选的	•	•

图 1.2　UNIX 系统常见的 shell

系统可根据用户在口令文件中输入的最后一个字段了解到应该为该用户执行哪个 shell。

从 V7（Version 7，UNIX 第 7 版，简称为 V7）开始，由贝尔实验室 Steve Bourne 开发的 Bourne shell 就得到了广泛应用，几乎每个现代的 UNIX 系统都提供了 Bourne shell。Bourne shell 的控制流结构与 Algol 68 接近。

C shell 是由伯克利的 Bill Joy 开发的，所有 BSD 的版本都提供这种 shell。此外，AT&T 的 System V/386 Release 3.2 和 System V Release 4（SVR4）也提供了 C shell。（我们将在下一章详细介绍这些不同版本的 UNIX 系统。）C shell 是在第 6 版 shell 而不是在 Bourne shell 的基础上构造的。它的控制流看起来更像 C 语言，并且它支持 Bourne shell 未提供的附加功能：作业控制、历史机制和命令行编辑等。

Korn shell 是 Bourne shell 的继承者，它首先在 SVR4 中提供。Korn shell 是由贝尔实验室的 David Korn 开发的，可在大多数 UNIX 系统上运行，但在 SVR4 之前，其通常是额外收费的附加组件，因此它不像其他两个 shell 那样被广泛使用。它同 Bourne shell 向上兼容，并具有使 C shell 广泛流行的作业控制、命令行编辑等特性。

Bourne-again shell 是 GNU shell，所有 Linux 系统都提供了 Bourne-again shell。它的设计遵循了 POSIX 标准，同时与 Bourne shell 兼容。它兼具了 C shell 和 Korn shell 的特色功能。

TENEX C shell 是 C shell 的增强版本。它借鉴了 TENEX 操作系统（1972 年由 Bolt Beranek 和 Newman 开发）的一些特色功能，例如命令完备性。TENEX C shell 在 C shell 的基础上增加了许多特性，通常用于替换 C shell。

POSIX 1003.2 标准中对 shell 进行了标准化，这项规范基于 Korn shell 和 Bourne shell 的特性编写。

不同的 Linux 使用不同的默认 shell。一些 Linux 使用 Bourne-again shell，另一些使用 Bourne shell 的 BSD 替代品 dash（Debian Almquist shell，最初由 Kenneth Almquist 编写，后来被移植到 Linux 中）。FreeBSD 中的默认用户 shell 源自 Almquist shell。Mac OS X 中的默认 shell 是 Bourne-again shell。Solaris 同时继承了 BSD 和 System V，提供了如

图 1.2 所示的所有 shell。在因特网上可以获取这些 shell 的免费端口。

本书将使用这种形式的注释来描述历史注释，对不同的 UNIX 系统的实现方式进行比较。当读者了解到历史原因后，就可以更好地理解某种特定技术实现的原因。

本书将使用交互式 shell 示例来执行开发的程序，这些示例使用了 Bourne shell、Korn shell 和 Bourne-again shell 通用的功能。

1.4 文件和目录

文件系统

UNIX 文件系统是目录和文件的层次结构。所有目录和文件都以名为 *root* 的目录开始，这个目录的名称用单个字符“/”表示。

目录是包含目录项的文件。在逻辑上，我们可以认为每个目录项都包含一个文件名和描述该文件属性的信息。文件属性是指文件类型（普通文件还是目录等）、文件的大小、文件所有者、文件权限（其他用户可否访问该文件），以及文件最后的修改时间。`stat` 和 `fstat` 函数返回包含文件所有属性的信息。第 4 章将更详细地介绍文件的所有属性。

目录项的逻辑视图与其实际存放在磁盘中的方式不同。在 UNIX 文件系统的大部分实现中，并不在目录项中保存属性信息。这是因为当一个文件有多个硬链接时，很难保持多个属性副本之间的同步。我们将在第 4 章详细讨论硬链接，届时读者将理解得更透彻。

文件名

目录中的各个名字被称为文件名。只有斜线（/）和空字符这两种字符不能出现在文件名中。斜线用于分隔形成路径名（接下来描述）的各个文件名，空字符用于终止一个路径名。尽管如此，最好还是只使用可正常打印字符的一个子集作为文件名的字符。（如果我们在文件名中使用一些 shell 的特殊字符，我们就必须使用 shell 的引用机制来引用文件名，这可能会变得更复杂。）事实上，为了可移植性，POSIX.1 推荐将文件名限制为由以下字符集组成：字母（a~z、A~Z）、数字（0~9）、句点（.）、短横线（-）和下画线（_）。

创建新目录时都会自动创建两个文件名：.（称为点）和..（称为点点）。点指向的是当前目录，点点指向的是父目录。在根目录下，点点与点相同。

Research UNIX System 和一些早期版本的 UNIX System V 文件系统将文件名限制为 14 个字符。BSD 版本将此限制扩展到 255 个字符。当今，几乎所有商用的 UNIX 文件系统都支持至少 255 个字符的文件名。

路径名

由斜线分隔的一个或多个文件名组成的序列（也可以以斜线开头），构成了路径名。以斜线开头的路径名称为绝对路径名，否则称为相对路径名。相对路径名是指向相对于当前目录的文件。文件系统的根目录的路径名（/）是一个特殊的绝对路径名，它不包含文件名。

示例

不难列出一个目录的所有文件名，图 1.3 是 ls(1) 命令的基本实现。

```
#include "apue.h"
#include <dirent.h>

int
main(int argc, char *argv[])
{
    DIR             *dp;
    struct dirent   *dirp;

    if (argc != 2)
        err_quit("usage: ls directory_name");

    if ((dp = opendir(argv[1])) == NULL)
        err_sys("can't open %s", argv[1]);
    while ((dirp = readdir(dp)) != NULL)
        printf("%s\n", dirp->d_name);

    closedir(dp);
    exit(0);
}
```

图 1.3　列出一个目录的所有文件名

ls(1) 这种表达方式是 UNIX 系统的常用方法，用于引用《UNIX 系统手册》中的某个特定项。ls(1) 引用第 1 部分中的 ls 项。各部分通常以 1 到 8 编号，每个部分中的各个项都按字母顺序排列。在本书中，我们始终假定你拥有一本自己使用的《UNIX 系统手册》。

早期的 UNIX 系统将所有 8 个部分集中在一本《UNIX 程序员手册》中。后来随着页数的增加，又将这些章节分布在不同的手册中：例如，一本用户手册，一本程序员手册及另一本系统管理员手册等。

某些 UNIX 系统使用大写字母把指定部分的手册又进一步分成若干小部分。例如，AT&T（1990e）中的所有标准 I/O 函数都被指明在 3S 节中，如 fopen(3S)。另一些系统则不再使用数字而使用字母将手册分为若干部分，例如用 C 表示命令部分等。

目前，大部分手册都以电子文档的形式提供。如果你使用的是联机手册，则可以使用下面的 ls 命令查看。

```
man 1 ls
```

或者

```
man -s1 ls
```

图 1.3 中的程序只打印一个目录中各个文件名，不显示其他信息。如果源文件名为 myls.c，则可使用如下命令对其进行编译，编译的结果是生成默认名字为 a.out 的可执行文件。

```
cc myls.c
```

> 早期，cc(1) 是 C 编译器。在具有 GNU C 编译系统的系统中，C 编译器是 gcc(1)。其中，cc 通常被链接至 gcc。

示例输出如下：

```
$ ./a.out /dev
.
..
cdrom
stderr
stdout
stdin
fd
sda4
sda3
sda2
sda1
sda
tty2
tty1
console
tty
zero
null
                    此处很多行未显示
mem
$ ./a.out /etc/ssl/private
can't open /etc/ssl/private: Permission denied
$ ./a.out /dev/tty
can't open /dev/tty: Not a directory
```

本书将以如下方式表示输入的命令及输出：输入的字符用等宽粗体表示，程序输出则用如上所示的等宽字体表示。输入前面的美元符号（$）是 shell 的提示符，本书将沿用 shell 的提示符$。

注意，程序列出的目录中的文件名并未按照字母顺序排列，而 ls 命令一般按照字母顺序打印目录项。

在这个 20 行的程序中，有许多细节需要考虑：

- 首先，程序中包含了我们的一个头文件 apue.h。本书几乎每个程序都包含了这个头文件。它包含了某些系统标准的头文件，并定义了各种常量和函数原型，这些都将用于本书的各个示例中。附录 B 列出了这个头文件。
- 接下来，程序中包含了一个系统头文件 dirent.h，以便使用 dirent 结构的定义，以及 opendir 和 readdir 的函数原型。在一些其他系统里，这种定义使用多个头文件实现。例如，在 Ubuntu 12.04 Linux 发行版中，/usr/include/dirent.h 声明了函数原型，并且包含了 bits/dirent.h，后者定义了 dirent 结构（其实际上存储在/usr/include/x86_64-linux-gnu/bit 中）。
- 本书 main 函数的声明沿用了 ISO C 标准所使用的风格。（我们将在下一章详细介绍 ISO C 标准。）
- 程序中的参数 argv[1]表示要列出其各个目录项的目录名。在第 7 章中，我们将说明如何调用 main 函数，程序如何访问命令行参数和环境变量。
- 由于不同 UNIX 系统的目录项的实际格式不同，所以我们使用函数 opendir、readdir 和 closedir 对目录进行处理。
- opendir 函数返回一个指向 DIR 结构的指针，我们将这个指针传递给 readdir 函数。我们不关心 DIR 结构中的内容。然后我们在循环中调用 readdir，以读取每个目录项。readdir 函数返回一个指向 dirent 结构的指针，当没有目录读取时，将返回一个空指针。我们在 dirent 结构中读取的只是每个目录项的名称（d_name）。使用这个名称，我们就可以调用 stat 函数（见 4.2 节）来获取文件的所有属性。
- 我们调用自己编写的两个函数来处理错误：err_sys 和 err_quit。我们可以从上面的输出中看到，err_sys 函数打印了一条消息，描述了遇到的对应错误（“Permission denied”或“Not a directory”）。这两个错误函数会在附录 B 中详述。我们将在 1.7 节中详细讨论错误处理。
- 当程序即将结束时，它以参数 0 调用 exit 函数。exit 函数将终止程序。一般来说，参数值为 0 表示正常结束，参数值为 1~255 表示发生了错误。8.5 节中将说明某个程序（例如 shell 或我们自行编写的程序）如何获得它所执行的程序的 exit 状态。

工作目录

每个进程都有一个工作目录，有时也称其为当前*工作目录*。所有相对路径名从工作目录开始解析。进程可以使用 chdir 函数更改其工作目录。

例如，相对路径名 doc/memo/joe 指的是当前工作目录的 doc 目录的 memo 目录中的文件或目录 joe。从这个路径名我们可以看出，doc 和 memo 一定是目录，但是我们无法判断 joe 是文件还是目录。路径名/usr/lib/lint 是一个绝对路径名，指的是根目录中的 usr 目录的 lib 目录的文件或目录 lint。

起始目录

用户登录时，工作目录被设置为起始目录。该起始目录是从口令文件（1.3 节）中对应用户的登录项中获得的。

1.5 输入和输出

文件描述符

文件描述符通常是一个小的非负整数，内核用它来标识某个进程访问的文件。每次打开一个现有文件或创建一个新文件时，内核都会返回一个文件描述符，读取或写入文件时将使用该文件描述符。

标准输入、标准输出和标准错误

按照惯例，每当运行新程序时，所有的 shell 都会打开三个描述符：标准输入、标准输出和标准错误。如果没有做特殊处理，例如下面简单的命令：

```
ls
```

那么这三个描述符都链接到终端。大多数 shell 提供了一种方法，将这三个描述符中的任何一个或全部重定向到某个文件，例如，

```
ls > file.list
```

执行 ls 命令，其标准输出重定向到名为 file.list 的文件中。

不带缓冲的 I/O

open、read、write、lseek 和 close 函数都提供不带缓冲的 I/O。这些函数都使用文件描述符。

示例

如果要从标准输入读取并写入标准输出，那么图 1.4 中的程序将复制 UNIX 系统上的任何普通文件。

```
#include "apue.h"

#define BUFFSIZE    4096

int
main(void)
{
    int     n;
    char    buf[BUFFSIZE];

    while ((n = read(STDIN_FILENO, buf, BUFFSIZE)) > 0)
        if (write(STDOUT_FILENO, buf, n) != n)
            err_sys("write error");

    if (n < 0)
        err_sys("read error");

    exit(0);
}
```

图 1.4 将标准输入复制到标准输出

apue.h 中包含的头文件< unistd.h >及两个常量 STDIN_FILENO 和 STDOUT_FILENO 是 POSIX 标准的一部分（我们将在下一章中详细介绍）。这个头文件包含许多 UNIX 系统服务的函数原型，例如我们调用的 read 和 write 函数。

两个常量 STDIN_FILENO 和 STDOUT_FILENO 是在头文件<unistd.h>中定义的，它们分别指定了标准输入和标准输出的文件描述符。在 POSIX.1 的标准中，它们的取值分别为 0 和 1，但为了便于阅读，我们将使用它们的名字来表示常量。

3.9 节将详细讨论 BUFFSIZE 常量，说明它的各种取值如何影响程序的效率。然而，不管这个常量的取值如何，该程序总能复制任何普通文件。

read 函数返回读取的字节数，同时该值用作要写入的字节数。当到达输入文件末尾时，read 返回 0，程序停止执行。如果出现了一个读错误，那么 read 返回−1。大部分系统函数在出现错误时都返回−1。

如果将程序编译成标准的名字（a.out），并按照如下方式执行：

```
./a.out > data
```

标准输入是终端，标准输出重定向到 data 文件，标准错误也是终端。如果输出文件不存在，shell 就创建一个该文件。这个程序将用户输入的各行复制到标准输出，直到用户输入了文件结束符（通常是 Ctrl+D 组合键）。

如果按照如下方式运行：

```
./a.out <infile> outfile
```

那么文件名为 infile 的内容将被复制到文件名为 outfile 的文件中。

第 3 章将详细说明不带缓冲的函数。

标准 I/O

标准 I/O 函数为不带缓冲的 I/O 函数提供了一个带缓冲的接口。使用标准 I/O 不必担心如何选择最佳缓冲区大小，例如图 1.4 中的 BUFFSIZE 常量的大小。标准 I/O 函数还简化了对于输入行的处理（这在 UNIX 应用程序中很常见）。例如，fgets 函数读取整行，read 函数读取指定的字节数。我们将在 5.4 节中了解到，标准 I/O 库提供了可以让我们控制库使用的缓冲方式的函数。

最常见的标准 I/O 函数是 printf。在调用 printf 的程序中，我们将始终包含<stdio.h>（本书中包含着 apue.h），该头文件包含所有标准 I/O 函数的原型。

示例

图 1.5 中的程序（我们将在 5.8 节中详细说明）类似于上一个调用了 read 和 write 的程序。该程序将标准输入复制到标准输出，可以复制任何普通文件。

```
#include "apue.h"

int
main(void)
{
    int     c;

    while ((c = getc(stdin)) != EOF)
        if (putc(c, stdout) == EOF)
            err_sys("output error");

    if (ferror(stdin))
        err_sys("input error");

    exit(0);
}
```

图 1.5　使用标准 I/O 函数将标准输入复制到标准输出

getc 函数每次读取一个字符，然后由 putc 将该字符写到标准输出。当读取输入的最后一个字节时，getc 函数返回常量 EOF（在<stdio.h>中定义）。标准 I/O 常量 stdin 和 stdout 也是在头文件<stdio.h>中定义的，分别表示标准输入和标准输出。

1.6 程序和进程

程序

程序是存储在磁盘某目录中的可执行文件。程序首先读入内存，然后由内核使用 exec 函数（7 个 exec 函数之一）来执行，我们将在 8.10 节中介绍这些函数。

进程和进程 ID

程序的执行示例被称为进程，本书几乎每一页都使用了这个术语。一些操作系统使用任务来表示正在执行的程序。

UNIX 系统保证每个进程都有一个唯一的数字标识符，被称为进程 ID。进程 ID 必须是一个非负数。

示例

图 1.6 中的程序打印了进程 ID。

```
#include "apue.h"

int
main(void)
{
    printf("hello world from process ID %ld\n", (long)getpid());
    exit(0);
}
```

图 1.6 打印进程 ID

如果我们将这个程序编译成文件 a.out 并执行它，则有：

```
$ ./a.out
hello world from process ID 851
$ ./a.out
hello world from process ID 854
```

这个程序运行时会调用函数 getpid 来获取它的进程 ID。我们稍后将看到，getpid 返回一个 pid_t 数据类型。我们不知道它的大小，只知道标准能保证它保存在一个长整型数中。因为我们必须在 printf 中指定要打印的每个变量的大小，所以我们必须将该值强制转换为它可能使用的最大数据类型（在本例中为长整型数）。虽然大多数进程 ID 可以使用整型数，但是使用长整型数可以提高可移植性。

进程控制

进程控制主要使用三个函数：fork、exec 和 waitpid。（exec 函数有 7 个变体，但通常将它们统称为 exec 函数。）

示例

UNIX 系统的进程控制功能使用了一个简单的程序说明（见图 1.7），该程序从标准输入读取命令，并执行这些命令。这是类似于 shell 程序的基本实施部分。

```
#include "apue.h"
#include <sys/wait.h>

int
main(void)
{
    char    buf[MAXLINE];    /* MAXLINE 常量在 apue.h 头文件中的定义 */
    pid_t   pid;
    int     status;

    printf("%% ");  /*打印提示(printf requires %% to print %) */
    while (fgets(buf, MAXLINE, stdin) != NULL) {
        if (buf[strlen(buf) - 1] == '\n')
            buf[strlen(buf) - 1] = 0; /* 将换行符替换为 null 字符 */

        if ((pid = fork()) < 0) {
            err_sys("fork error");
        } else if (pid == 0) {        /* 子进程 */
            execlp(buf, buf, (char *)0);
            err_ret("couldn't execute: %s", buf);
            exit(127);
        }

        /* 父进程 */
        if ((pid = waitpid(pid, &status, 0)) < 0)
            err_sys("waitpid error");
        printf("%% ");
    }
    exit(0);
}
```

图 1.7　从标准输入读取命令并执行

在这个 30 行的程序中，有很多功能需要考虑：

- 我们使用标准 I/O 函数 fgets 从标准输入一次性读取一行。当键入文件结束符（通常是 Ctrl+D 组合键）作为一行的第一个字符时，fgets 返回一个空指针，循环停止，于是进程也终止。在第 18 章中，我们描述了所有特殊的终端字符（文件结束、退格字符、整行擦除等），以及如何更改它们。

- 由于 fgets 返回的每一行都以换行符结束，后面跟一个 null 字节，所以我们使用标准 C 函数 strlen 来计算字符串的长度，然后用 null 字节替换换行符。我们这样做是因为 execlp 函数需要以 null 结尾的参数，而不是以换行符结尾的参数。
- 调用 fork 创建一个新进程，它是调用进程的一个副本。我们称调用进程为父进程，新创建的进程为子进程。fork 对父进程返回子进程的进程 ID（非负整数），对子进程则返回 0。因为 fork 创建一个新进程，所以它被调用一次（由父进程），但返回两次（分别在父进程和子进程中）。
- 在子进程中，我们调用 execlp 来执行从标准输入读取的命令，将使用新的程序文件替换子进程。fork 与其后的 exec 的组合在其他操作系统上称为产生新进程。在 UNIX 系统中，这两部分分离，成为两个独立的函数。我们将在第 8 章详细介绍这些函数。
- 子进程调用 execlp 执行新程序文件，而父进程希望等待子进程终止，通过调用 waitpid 来实现，其参数指定要等待的进程（参数 pid 是子进程 ID）。waitpid 函数返回子进程的终止状态（通过 status 变量）。在这个简单程序里，没有使用这个值，如果需要，那么我们可以通过该值准确地判断子进程是如何终止的。
- 这个程序主要的限制是不能将参数传递给执行的命令。例如，我们不能指定要列出的目录项的目录名。只能在工作目录上执行 ls。为了传递参数，需要先分析输入行，然后使用某种约定将参数分开（空格符或制表符），再将分开后的各个参数传递给 execlp 函数。尽管如此，这个程序仍然可以用以说明 UNIX 系统的进程控制功能。

运行该程序，将得到如下结果。注意，该程序使用了不同的提示符（%），用于区分 shell 的提示符。

```
$ ./a.out
% date
Sat Jan 21 19:42:07 EST 2012
% who
sar      console  Jan  1 14:59
sar      ttys000  Jan  1 14:59
sar      ttys001  Jan 15 15:28
% pwd
/home/sar/bk/apue/3e
% ls
Makefile
a.out
shell1.c
% ^D                                键入文件结束符
$                                   常规的 shell 提示符
```

符号^D 用来表示控制字符。控制字符是一种特殊字符，通过按住键盘上的控制键

（通常被标记为 Control 或 Ctrl），然后同时按下另一个键。Ctrl+D 组合键或^D 是默认的文件结束符。在第 18 章讨论终端 I/O 时，将介绍更多的控制字符。

线程和线程 ID

通常，一个进程只有一个控制线程——某一时刻执行的一组机器指令。对于某些特定问题，如果有多个控制线程分别作用于它的不同部分，问题解决起来就容易得多。此外，多个控制线程也可以充分利用多处理器系统的并行能力。

一个进程中的所有线程共享同一地址空间、文件描述符、堆栈，以及与进程相关的属性。尽管任何线程都可以访问同一进程中其他线程的堆栈，但每个线程都在自己的堆栈上执行。因为不同线程可以访问相同的存储区，所以各个线程需要在访问共享数据时采取同步措施以避免不一致。

与进程相同，线程也由 ID 标识。然而，线程 ID 只在它所属的进程内有效。某个进程的线程 ID 在另一个进程中没有任何意义。当我们在一个进程中对一个线程进行处理时，我们可以使用线程 ID 来引用它。

控制线程的函数与用于控制进程的函数类似。线程模型是在进程模型建立很久以后才被引入 UNIX 系统中的，然而线程模型和进程模型之间存在复杂的交互，我们将在第 12 章中详细说明。

1.7 错误处理

当 UNIX 系统函数出现错误时，通常返回一个负值，并且通常将整型变量 errno 设置为一个具有特定信息的值。例如，如果 open 函数执行成功，则返回一个非负文件描述符；如果出现错误，则返回-1。当 open 函数出错时，大约有 15 个可能的 errno 取值，例如文件不存在、权限问题等。有些函数使用另外的约定而不是返回一个负值。例如，大多数返回对象指针的函数在出现错误时都会返回一个 null 指针。

文件<errno.h>中定义了 errno 和 errno 可以赋值的常量。这些常量中的每一个都以字符 E 开头。此外，在《UNIX 系统手册》第 2 节的第 1 页，intro(2)列出了所有这些表示错误的常量。例如，如果 errno 等于常量 EACCES，则表明存在权限问题，例如没有足够的权限打开请求的文件。

在 Linux 上，表示错误的常量在 errno(3)手册页中列出。

POSIX 和 ISO C 将 errno 定义为一个符号，它被扩展为可修改的整型左值。它可以是包含错误编号的整数，也可以是返回错误编号指针的函数。之前使用的定义是：

```
extern int errno;
```

但是在支持线程的环境中，多线程之间共享同一进程地址空间，每个线程都需要自己的局部 errno，以防止一个线程干扰另一个线程。例如，Linux 通过对 errno 进行如下定义，用于支持对 errno 的多线程访问：

```
extern int *_ _errno_location(void);
#define errno (*_ _errno_location())
```

关于 errno 有两条规则需要注意。首先，如果没有出现错误，它的取值永远不会被例程清除。因此，只有当函数的返回值表明出现了错误时，我们才检验它的取值。其次，任何函数都不会将 errno 的值设置为 0，并且 <errno.h> 中定义的常量都没有 0 的取值。

C 标准定义了两个函数，用于打印错误消息。

```
#include <string.h>

char *strerror(int errnum);
```

返回：指向错误信息字符串的指针

函数 strerror 将 *errnum*（通常是 errno 值）映射到错误信息字符串并返回该字符串的指针。

perror 函数根据 errno 的当前值，在标准错误基础上生成错误消息，然后返回。

```
#include <stdio.h>

void perror(const char *msg);
```

它首先输出由 *msg* 指针指向的字符串，然后是冒号和空格，接下来是对应于 errno 取值的错误信息，最后是换行符。

示例

图 1.8 显示了这两个出错函数的使用方法。

```
#include "apue.h"
#include <errno.h>

int
main(int argc, char *argv[])
{
    fprintf(stderr, "EACCES: %s\n", strerror(EACCES));
    errno = ENOENT;
    perror(argv[0]);
    exit(0);
}
```

图 1.8　strerror 和 perror 函数示例

如果这个程序编译成文件 a.out，则有：

```
$ ./a.out
EACCES: Permission denied
./a.out: No such file or directory
```

注意，我们将程序名称 argv[0]（其值为./a.out）作为参数传递给 perror。这是UNIX 系统中的标准惯例。通过这样的方式，在程序作为管道的一部分执行时，例如：

```
prog1 < inputfile | prog2 | prog3 > outputfile
```

我们可以分清三个程序中哪一个产生了特定的错误信息。

在本书中，所有示例都不直接调用 strerror 或 perror，而是使用附录 B 中的错误函数。附录中的错误函数，使得我们只用单条 C 语句即可利用 ISO C 的变量参数表功能处理出错的情况。

错误恢复

<errno.h>中定义的错误可以分为两类：致命性错误和非致命性错误。致命性错误无法执行恢复操作。我们最多能在用户屏幕上或日志文件中打印一条错误信息，然后退出。而非致命性错误有时可以妥善处理。大多数非致命性错误都是暂时的，例如资源短缺，在系统活动较少时，这类错误可能不会发生。

与资源相关的非致命性错误信息包括：EAGAIN、ENFILE、ENOBUFS、ENOLCK、ENOSPC 和 EWOULDBLOCK，有时还包括 ENOMEM。当 EBUSY 指明正在使用共享资源时，可以视其为非致命性错误。当 EINTR 中断一个慢速的系统调用时，可以视其为一个非致命性错误（在 10.5 节会进行更多说明）。

与资源相关的非致命性错误的典型恢复操作是延迟一段时间，稍后重试。这种技术可以应用于其他情况。例如，如果错误表明网络连接中断，则应用程序可采用这种方法，延迟一段时间后重新建立连接。一些应用程序使用指数补偿算法，在每次迭代中等待更长的时间。

最终，由应用程序的开发人员来决定在哪些情况下应用程序可以从错误中恢复。如果可以采用合理的恢复策略，那么可以通过避免应用程序异常中止，从而提高应用程序的健壮性。

1.8 用户标识

用户 ID

在口令文件登录项中，*用户 ID* 是一个数值，用于向系统标识不同的用户。系统管理员在给一个用户分配登录名的时候，即分配了用户 ID。用户不能更改其用户 ID。一般每个用户有一个唯一的用户 ID。下面将介绍内核如何使用用户 ID 来检验该用户是否具有执行某些操作的权限。

用户 ID 为 0 的用户被称为*根用户*或者*超级用户*。在口令文件中，通常有个登录项，其登录名为 `root`，我们称这种用户拥有的特权为超级用户特权。我们将在第 4 章中看到，如果进程具有超级用户权限，则会绕过大多数文件权限的检查。某些操作系统功能只对超级用户提供。超级用户对系统拥有自由的支配权。

> Mac OS X 的客户端版本在交付给用户使用时，禁用了超级用户账户；服务器版本则可使用超级用户账户。Apple 网站上提供了如何启用它的说明。

组 ID

口令文件登录项也包含用户的组 ID，是一个数值。系统管理员在给一个用户分配登录名的时候，同时分配了该用户的组 ID。组用于将用户聚集到项目或部门中去。允许同组的各个成员之间共享资源（如文件）。4.5 节将介绍如何通过设置文件的权限使组内所有成员都能访问该文件，而组外用户无法访问。

组文件可将组名映射为数值的组 ID。组文件通常是`/etc/group`。

使用数值的用户 ID 和组 ID 设置权限是历史上形成的。对于磁盘上的每个文件，文件系统都会保存文件所有者的用户 ID 和组 ID。假设每个值都被存储为一个 2 字节整型数，存储这两个值只需 4 字节即可。如果改用完整的 ASCII 登录名和组名，则需要额外的磁盘空间。此外，在检查权限时使用字符串比较相对于使用数值比较的代价更大。

但对于用户来说，使用名字比使用数字更为方便，因此口令文件中包含了登录名和用户 ID 之间的映射，组文件中则包含了组名和组 ID 之间的映射。例如，`ls -l` 命令使用口令文件将数值的用户 ID 映射为对应的登录名，从而打印出文件所有者的登录名。

> 早期的 UNIX 系统使用 16 位整型数来表示用户 ID 和组 ID。如今的 UNIX 系统都使用 32 位整型数来表示。

示例

图 1.9 中的程序打印用户 ID 和组 ID。

```
#include "apue.h"

int
main(void)
{
    printf("uid = %d, gid = %d\n", getuid(), getgid());
    exit(0);
}
```

图 1.9 打印用户 ID 和组 ID

我们调用函数 getuid 和 getgid 分别返回用户 ID 和组 ID。运行程序后将得到：

```
$ ./a.out
uid = 205, gid = 105
```

附属组 ID

除了在口令文件中为一个登录名指定一个组 ID，大多数版本的 UNIX 系统还允许用户属于其他的组。从 4.2BSD 开始，它允许一个用户最多属于 16 个其他的组。登录时通过读取文件 / etc /group，查询到列有该用户的前 16 条记录项，即可获得该用户的**附属组 ID**。我们将在下一章中介绍，POSIX 要求系统支持至少 8 个附属组，但实际上大多数系统至少支持 16 个附属组。

1.9 信号

信号是一种用于通知进程发生了某些情况的技术。例如，如果一个进程执行除法操作，其除数是零，则将发送名为 SIGFPE（浮点异常）的信号给该进程。该进程有三种处理信号的方式：

1. 忽略信号。有的信号表示硬件异常，比如除以零或访问进程地址空间之外的内存单元，因为异常的后果不确定，所以不推荐使用这种方式处理。
2. 按照默认方式处理。对于除数是零的情况，默认方式是终止进程。
3. 提供一个在产生信号时可以调用的函数，称为“捕获”该信号。通过提供我们自行编写的函数，我们知道信号什么时候出现，并按照期望的方式处理。

许多情况下都会产生信号。在终端键盘上有两个产生信号的方法，它们分别是**中断键**（通常是 DELETE 键或 Ctrl+C 组合键）和**退出键**（通常是 Ctrl+ \组合键），两者都用于中断当前运行的进程。另一种产生信号的方法是调用 kill 函数。我们可以从一个进程调用该函数来向另一个进程发送信号。当然这样做也有限制：我们必须是另一个进程的所有者（或超级用户）。

示例

回顾一下基本的 shell 示例（图 1.7）。如果我们调用这个程序并按下中断键，进程就会终止，因为这个名为 SIGINT 的信号的默认处理方式是终止进程。该进程没有告诉内核如何处理这个信号，因此系统将按照默认方式处理。

要捕获此信号，程序需要调用 signal 函数，指定了产生 SIGINT 信号时要调用的函数的名称。该函数的名称为 sig_int，当它被调用时，只打印一条消息和一个新的提示符。在图 1.7 的程序中添加了 11 行代码，得到了图 1.10 中的程序。（新加的 11 行在行首用“+”号表示。）

```
  #include "apue.h"
  #include <sys/wait.h>

+ static void sig_int(int);        /* 我们编写的信号捕捉函数*/
+
  int
  main(void)
  {
      char    buf[MAXLINE];    /* MAXLINE 常量在 apue.h 头文件中的定义 */
      pid_t   pid;
      int     status;

+     if (signal(SIGINT, sig_int) == SIG_ERR)
+         err_sys("signal error");
+
      printf("%% "); /*打印提示(printf requires %% to print %) */
      while (fgets(buf, MAXLINE, stdin) != NULL) {
          if (buf[strlen(buf) - 1] == '\n')
              buf[strlen(buf) - 1] = 0; /* 将换行符替换为 null 字符 */

          if ((pid = fork()) < 0) {
              err_sys("fork error");
          } else if (pid == 0) { /* 子进程 */
              execlp(buf, buf, (char *)0);
              err_ret("couldn't execute: %s", buf);
              exit(127);
          }

          /* 父进程 */
          if ((pid = waitpid(pid, &status, 0)) < 0)
              err_sys("waitpid error");
          printf("%% ");
      }
      exit(0);
  }
+
+ void
+ sig_int(int signo)
+ {
+     printf("interrupt\n%% ");
+ }
```

图 1.10 从标准输入读取命令并执行

大多数重要的应用程序都需要处理信号，第 10 章将详细介绍信号。

1.10 时间值

历史上，UNIX 系统曾使用两种不同的时间值：

1. 日历时间：该值计算自纪元（1970 年 1 月 1 日 00:00:00）以来的秒数，即协调世界时（UTC）。（早期的手册称 UTC 为格林威治标准时间。）这些时间值用于记录文件最近一次被修改的时间。

   系统基本数据类型 `time_t` 用于保存这种时间值。

2. 进程时间：又称 CPU 时间，用于度量进程使用的中央处理器资源。进程时间以时钟滴答来计算，每秒曾取值为 50、60 或 100 个滴答。

   系统基本数据类型 `clock_t` 用于保存这种时间值。我们将在 2.5.4 节中介绍如何使用 `sysconf` 函数获取每秒的时钟滴答数。

当我们度量进程的执行时间时，如 3.9 节所示，我们将看到 UNIX 系统为进程维护三个值：

- 时钟时间
- 用户 CPU 时间
- 系统 CPU 时间

时钟时间，又被称为*墙上挂钟时间*，是进程运行的时间总量，其值取决于系统上同时运行的进程数。无论何时我们提到的时钟时间，都是在系统中没有其他活动的时候进行度量的。

用户 CPU 时间是指执行用户指令所需的时间总量。系统 CPU 时间是为该进程执行内核程序需要的时间。例如，每当进程执行某个系统服务（如 read 或 write）时，内核执行该系统服务所花费的时间就会被计入该进程的系统 CPU 时间。用户 CPU 时间和系统 CPU 时间的总和通常被称为 CPU 时间。

获取任何进程的时钟时间、用户 CPU 时间和系统 CPU 时间都很容易：只需执行 `time(1)` 命令，该命令的参数就是我们要度量的时间。例如：

```
$ cd /usr/include
$ time -p grep _POSIX_SOURCE */*.h > /dev/null

real    0m0.81s
user    0m0.11s
sys     0m0.07s
```

`time` 命令的输出格式与所使用的 shell 有关，因为有些 shell 并不运行`/usr/bin/time`，而是有一个单独的内置函数来度量命令运行所花费的时间。

8.17 节将说明如何在运行的进程中获取这三个时间值。时间和日期的一般性说明将在 6.10 节中介绍。

1.11 系统调用和库函数

所有操作系统都提供服务的入口点，程序通过这些入口点向内核请求服务。UNIX 系统的所有实现都提供了定义明确、数量有限、可直接访问内核的入口点，这些入口点被称为*系统调用*（请回忆一下图 1.1）。Research UNIX 系统的第 7 版提供了大约 50 个系统调用，4.4BSD 提供了大约 110 个系统调用，而 SVR4 提供了大约 120 个系统调用。不同操作系统的版本提供不同的系统调用数量。最近的系统在支持的系统调用数量上出现了惊人的增长。Linux 3.2.0 提供了 380 个系统调用，而 FreeBSD 8.0 提供了超过 450 个系统调用。

系统调用接口在《UNIX 程序员手册》的第 2 部分中有说明，它使用 C 语言定义，无论给定系统实际上使用了哪种实现技术来调用系统接口。这与许多早期的操作系统不同，后者使用传统意义上的机器的汇编语言来定义内核的入口点。

在 UNIX 系统上使用的技术是让每个系统调用在标准 C 库中都设定一个同名的函数。用户进程使用标准的 C 调用序列调用这个函数。然后，该函数使用系统所需的某种技术调用适当的内核服务。例如，该函数可能将一个或多个 C 参数存入通用寄存器，然后执行在内核中产生软中断的机器指令。为达到目的，我们可以将系统调用视为 C 函数。

《UNIX 程序员手册》的第 3 部分定义了可供程序员使用的通用库函数。这些函数可能调用一个或多个内核的系统调用，它们并不是内核的入口点。例如，`printf` 函数可能使用 `write` 系统调用输出字符串，但 `strcpy`（复制一个字符串）和 `atoi`（将 ASCII 转换为整型数）函数根本不涉及内核的系统调用。

从实现者的角度来看，系统调用和库函数之间是有本质区别的。然而从用户的角度来看，它们的差别并不那么重要。在本书里，系统调用和库函数都以正常 C 函数的形式出现。两者都是为应用程序提供服务的。然而我们应该意识到，如果需要，我们可以替换库函数，但是通常无法替换系统调用。

以存储空间分配函数 `malloc` 为例。有许多存储空间分配及其相关的垃圾收集的方法（最佳匹配、优先匹配等），不存在对所有程序都最优的技术。处理存储空间分配的 UNIX 系统调用是 `sbrk(2)`，它不是通用的内存管理器。它按指定的字节数增加或减少进程的地址空间。如何管理该空间取决于进程。存储空间分配函数 `malloc(3)` 实现了一种特定类型的分配方式。如果我们不希望按照它的分配方式，我们可以定义我们自己的 `malloc` 函数，它可能会使用 `sbrk` 系统调用。实际上，许多软件包都通过 `sbrk` 系统调用来实现自己的内存分配算法。图 1.11 显示了应用程序代码、`malloc` 函数和 `sbrk` 系统调用之间的关系。

在这里，我们可以看出两者清晰的职责分工：内核中的系统调用为进程分配一块存储空间。`malloc` 库函数从用户级别管理这个空间。

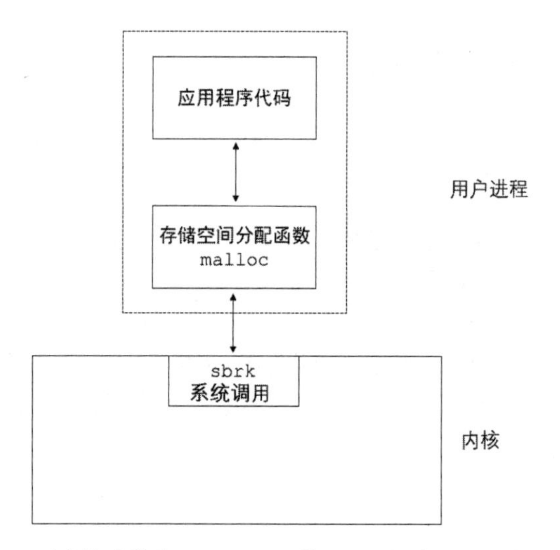

图 1.11 应用程序代码、malloc 函数和 sbrk 系统调用之间的关系

另一个可以说明系统调用和库函数之间区别的例子，是 UNIX 系统提供的用于确定当前时间和日期的接口。一些操作系统分别提供一个系统调用来返回时间值，提供另一个系统调用返回日期值。任何特殊处理，例如夏令时和正常时制的转换，都由内核处理或人工干预。相比之下，UNIX 系统提供了一个单一的系统调用，它返回自纪元以来的秒数。对该值的任何解释，例如将其转换为用户可读的时间和日期，以及使用本地时区等操作，都交由用户处理。标准 C 库提供了可处理大多数情况的用例。这些库函数可处理夏令时的各种算法等细节。

应用程序代码既可以进行系统调用，也可以调用库函数。很多库函数还要用到系统调用，如图 1.12 所示。

系统调用和库函数之间的另一个区别是系统调用通常提供一种最小的接口，而库函数通常提供更为复杂的功能。我们已经在 sbrk 系统调用和 malloc 库函数之间的区别中看到了这一点。稍后当我们比较不带缓冲的 I/O 函数（详见第 3 章）和标准的 I/O 函数（详见第 5 章）时，将再次看到这种区别。

进程控制系统调用（fork、exec 和 waitpid）通常由用户的应用程序直接调用。（回忆一下图 1.7 中的基本 shell），但是为了简化一些常见情况，也有一些库函数：例如 system 和 popen 库函数。在 8.13 节中，我们将说明 system 函数的实现，它使用基本进程来控制系统调用。我们将在 10.18 节中强化此示例以正确处理信号。

要定义大多数程序员使用的 UNIX 系统接口，我们不得不既介绍系统调用，又介绍一些库函数。例如，如果我们只介绍 sbrk 系统调用，就会忽略许多应用程序使用的对程序员更友好的 malloc 库函数。在本书中，除非有必要对两者进行区分，否则我们将使用函数这个术语来表示系统调用和库函数。

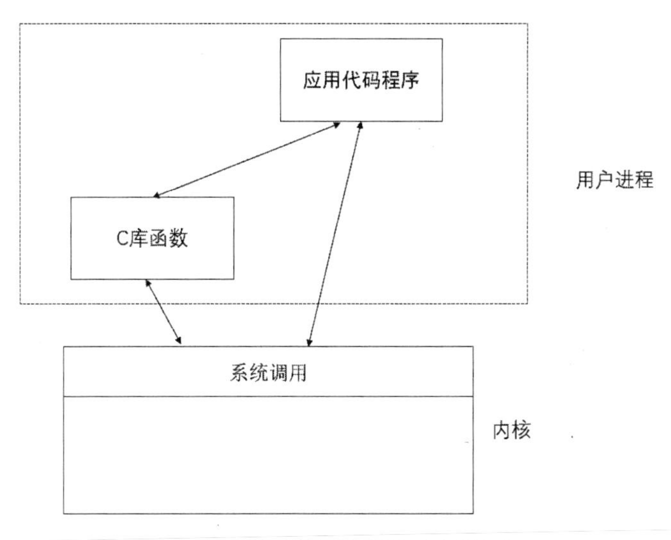

图 1.12　C 库函数与系统调用之间的区别

1.12　小结

本章简要介绍了 UNIX 系统，描述了一些我们经常遇到的基本术语，并介绍了一些 UNIX 程序的小例子，让读者对本书其余部分所讨论的内容有所了解。

下一章是关于 UNIX 系统的标准化，以及该领域的工作对当前系统的影响的内容。这些标准，尤其是 ISO C 标准和 POSIX.1 标准，将影响本书的其余部分。

习题[1]

1.1　在你的系统上验证除了根目录情况下，目录.和目录..是不同的。

1.2　在图 1.6 的程序输出中，进程 ID 为 852 和 853 的进程发生了什么情况？

1.3　在 1.7 节中，`perror` 的参数是用 ISO C 属性 `const` 定义的，而 `strerror` 的整型参数没有用这个属性定义，为什么？

1.4　如果日历时间被存储为带符号的 32 位整型数，它将在哪一年溢出？我们如何扩展溢出浮点数？这些策略是否与现有应用程序兼容？

1.5　如果进程时间被存储为带符号的 32 位整型数，而且每秒为 100 个时钟滴答，那么在多少天后该时间值会溢出？

1 习题参考答案可扫本书封底二维码获取。

2

UNIX 标准与实现

2.1 引言

人们在 UNIX 编程环境以及 C 语言的标准化方面做了很多工作。尽管应用程序在不同版本的 UNIX 操作系统上始终具有很好的可移植性，但是在 20 世纪 80 年代，UNIX 版本的激增和版本的差异化导致许多大用户（例如美国政府）呼吁进行标准化。

在本章中，我们首先回顾过去 25 年以来人们进行的各种标准化工作，然后讨论这些 UNIX 编程标准对本书中描述的 UNIX 实现的影响。所有标准化工作的一个重要部分就是对每个实现必须定义的各种限制进行说明，因此我们将阐述这些限制及确定其值的各种方法。

2.2 UNIX 标准化

2.2.1 ISO C

C 语言的 ANSI 标准 X3.159-1989 在 1989 年下半年获得批准。该标准也被采纳为国际标准 ISO/IEC 9899:1990。ANSI 是 American National Standards Institute（美国国家标准学会）的缩写，是国际标准化组织（International Organization for Standardization，ISO）的美国成员。IEC 是 International Electrotechnical Commission（国际电工委员会）的缩写。

ISO C 标准现在由 ISO/IEC 的 C 语言国际标准化工作组维护和开发，该工作组被称为 ISO/IEC JTC1/SC22/WG14，简称 WG14。制定 ISO C 标准的目的是使符合规范的 C 程序能够在各种操作系统上（不仅仅限于 UNIX 系统）实现可移植性。该标准不仅定义了编程语言的语法和语义，还定义了一个标准库，参见 ISO 1999 的第 7 章、Plauger 所著图书（1992），以及 Kernighan 与 Ritchie 所著图书（1988）的附录 B。这个库很重要，因为所有现代 UNIX 操作系统，比如本书中介绍的几个操作系统，都提供了 ISO C 标准中定义的库函数。

1999 年，为了改进对执行数值处理的应用程序的支持，ISO C 标准被更新并获得批准（即 ISO/IEC 9899:1999）。除了在某些函数原型中增加了 `restrict` 关键字之外，新版的标准并不会影响本书中描述的 POSIX 接口。`restrict` 关键字指出只能通过指针在函数中访问指针引用的对象，通过这种方式告诉编译器可以优化哪些指针引用。

自 1999 年以来，WG14 分别在 2001 年、2004 年和 2007 年发布了三个技术勘误表来纠正 ISO C 标准中的错误。与大多数标准一样，在 ISO C 标准获得批准与人们为适配标准而修改软件之间，存在一定的延迟。随着每个供应商的编译系统的发展，对最新版 ISO C 标准的支持也越来越多。

有关 `gcc` 与 1999 年版 ISO C 标准的适配程度的摘要，请参考 gcc 官网 。虽然 ISO C 标准在 2011 年进行了更新，但本书还是沿用 1999 年版的 ISO C 标准，因为其他标准还没有进行相应的更新。

根据标准定义的头文件，ISO C 库可分为 24 个区域（见图 2.1）。POSIX.1 标准包括这些头文件以及其他头文件。如图 2.1 所示，本章后面描述的 4 种 UNIX 实现（FreeBSD 8.0、Linux 3.2.0、Mac OS X 10.6.8 和 Solaris 10）都支持这些头文件。

ISO C 头文件依赖操作系统使用的 C 编译器版本。FreeBSD 8.0 自带 4.2.1 版的 `gcc`，Solaris 10 自带 3.4.3 版的 `gcc`（以及 Sun Studio 中自带的 C 编译器），Ubuntu 12.04（Linux 3.2.0）自带 4.6.3 版的 `gcc`，Mac OS X 10.6.8 自带 4.0.1 和 4.2.1 版本的 `gcc`。

头文件	FreeBSD 8.0	Linux 3.2.0	Mac OS X 10.6.8	Solaris 10	说明
<assert.h>	•	•	•	•	验证程序中的断言
<complex.h>	•	•	•	•	支持复杂算术运算
<ctype.h>	•	•	•	•	支持字符分类和映射
<errno.h>	•	•	•	•	定义错误码（参见 1.7 节）
<fenv.h>	•	•	•	•	支持浮点环境
<float.h>	•	•	•	•	浮点常量及特性
<inttypes.h>	•	•	•	•	整型格式转换
<iso646.h>	•	•	•	•	提供用于赋值、关系运算符和一元运算符的宏
<limits.h>	•	•	•	•	实现常量（参见 2.5 节）
<locale.h>	•	•	•	•	本地化类别和相关定义
<math.h>	•	•	•	•	数学函数、类型声明及常量
<setjmp.h>	•	•	•	•	非本地化跳转（参见 7.10 节）
<signal.h>	•	•	•	•	信号（参见第 10 章）
<stdarg.h>	•	•	•	•	变量参数列表
<stdbool.h>	•	•	•	•	布尔类型和值
<stddef.h>	•	•	•	•	标准定义
<stdint.h>	•	•	•	•	定义整型
<stdio.h>	•	•	•	•	标准 I/O 库（参见第 5 章）
<stdlib.h>	•	•	•	•	实用函数
<string.h>	•	•	•	•	字符串操作
<tgmath.h>	•	•	•	•	通用类型数学宏
<time.h>	•	•	•	•	提供时间和日期支持（参见 6.10 节）
<wchar.h>	•	•	•	•	支持扩展的多字节和宽字符
<wctype.h>	•	•	•	•	支持宽字符分类和映射

图 2.1　ISO C 标准定义的头文件

2.2.2 IEEE POSIX

POSIX 最初是由 IEEE（Institute of Electrical and Electronics Engineers，电气与电子工程师协会）制定的一系列标准。POSIX 代表可移植的操作系统接口（Portable Operating System Interface）。最初，它仅指 IEEE 标准 1003.1-1988（操作系统接口），但后来扩展到包括许多带有 1003 标记的标准和标准草案，例如 shell 和实用程序（1003.2）。

本书重点关注 1003.1 操作系统接口标准，其目标是提高应用程序在各种 UNIX 系统环境之间的可移植性。该标准定义了为“符合 POSIX 标准”操作系统必须提供的服务，其已被大多数计算机供应商所采用。虽然 1003.1 标准基于 UNIX 操作系统，但它并不局限于 UNIX 和类 UNIX 系统。事实上，一些提供专有操作系统的供应商声称他们的系统已经符合 POSIX 标准，但同时仍保留了其所有专有功能。

因为 1003.1 标准规定的是一个接口（interface）而不是一个实现（implementation），所以未区分系统调用和库函数。在这个标准中，所有例程都被称为函数（function）。

标准在不断发展，1003.1 标准也不例外。1988 年版的 IEEE 标准 1003.1-1988 经过修改并被提交给 ISO。该版本没有添加新的接口或功能，但修改了文本内容。最终的文档被作为 IEEE 标准 1003.1-1990（IEEE，1990）正式发布，也就是国际标准 ISO/IEC 9945-1:1990。该标准通常被称为 POSIX.1，我们在本书中也使用 POSIX.1 来表示该标准的不同版本。

IEEE 1003.1 工作组继续对标准进行修订。1996 年，IEEE 1003.1 标准的修订版正式发布。它包括 1003.1-1990 标准、1003.1b-1993 实时扩展标准，以及用于多线程编程的接口 pthread（用于 POSIX 线程）。此版本的标准还被作为国际标准 ISO/IEC 9945-1:1996 正式发布。随着 1999 年 IEEE 标准 1003.1d-1999 的发布，更多实时接口被加入标准。一年后，IEEE 标准 1003.1j-2000 发布，其支持了更多的实时接口；同年，IEEE 标准 1003.1q-2000 发布，增加了对事件跟踪扩展的支持。

2001 年版的 1003.1 标准与之前几个版本的不同之处在于，它合并了多个 1003.1 的修正内容、1003.2 标准和 Single UNIX Specification（SUS）第 2 版的部分内容（稍后会详细说明）。由此产生的标准即 IEEE 标准 1003.1-2001，它包括如下标准：

- ISO/IEC 9945-1（IEEE 标准 1003.1-1996），其中包括：
  - IEEE 标准 1003.1-1990
  - IEEE 标准 1003.1b-1993（实时扩展）
  - IEEE 标准 1003.1c-1995（pthread）
  - IEEE 标准 1003.1i-1995（实时技术勘误）
- IEEE 标准 P1003.1a 草案（系统接口的修正内容）
- IEEE 标准 1003.1d-1999（高级实时扩展）
- IEEE 标准 1003.1j-2000（更多高级实时扩展）
- IEEE 标准 1003.1q-2000（跟踪）
- IEEE 标准 1003.1g-2000 的部分（与协议无关的接口）
- ISO/IEC 9945-2（IEEE 标准 1003.2-1993）
- IEEE P1003.2b 标准草案（shell 及实用程序的修正内容）
- IEEE 标准 1003.2d-1994（批处理的扩展）
- Single UNIX Specification 第 2 版的“Base Specifications”（基本规范），包括：
  - 系统接口定义，第 5 发行版
  - 命令和实用程序，第 5 发行版

- 系统接口和头文件，第 5 发行版
- Open Group 技术标准，网络服务，第 5.2 发行版
- ISO/IEC 9899:1999，C 语言

人们在 2004 年对 POSIX.1 标准进行了技术勘误，并在 2008 年对其做了更为全面的修改，此后将其作为“Base Specifications”的第 7 发行版发布。ISO 在 2008 年年底批准了该版本，并于 2009 年将其作为国际标准 ISO/IEC 9945:2009 发布。该标准基于如下几个标准：

- IEEE 标准 1003.1，2004 年版
- Open Group 技术标准，2006 年版，扩展 API 集，第 1~4 部分
- ISO/IEC 9899:1999，包含技术勘误表

图 2.2、图 2.3 和图 2.4 总结了 POSIX.1 指定的必需的和可选的头文件。因为 POSIX.1 包含 ISO C 标准库函数，所以它还需要图 2.1 中列出的头文件。这 4 张图总结了本书讨论的系统实现中包含的头文件。

头文件	FreeBSD 8.0	Linux 3.2.0	Mac OS X 10.6.8	Solaris 10	说明
<aio.h>	•	•	•	•	异步 I/O
<cpio.h>	•	•	•	•	cpio 归档值
<dirent.h>	•	•	•	•	目录项（参见 4.22 节）
<dlfcn.h>	•	•	•	•	动态链接
<fcntl.h>	•	•	•	•	文件控制（参见 3.14 节）
<fnmatch.h>	•	•	•	•	文件名匹配类型
<glob.h>	•	•	•	•	路径名模式匹配和生成
<grp.h>	•	•	•	•	组文件（参见 6.4 节）
<iconv.h>	•	•	•	•	字符编码集转换实用程序
<langinfo.h>	•	•	•	•	语言信息常量
<monetary.h>	•	•	•	•	货币类型与函数
<netdb.h>	•	•	•	•	网络数据库操作
<nl_types.h>	•	•	•	•	消息目录
<poll.h>	•	•	•	•	poll 函数（参见 14.4.2 节）
<pthread.h>	•	•	•	•	线程（参见第 11 章和第 12 章）
<pwd.h>	•	•	•	•	口令文件（参见 6.2 节）
<regex.h>	•	•	•	•	正则表达式
<sched.h>	•	•	•	•	执行调度
<semaphore.h>	•	•	•	•	信号量
<strings.h>	•	•	•	•	字符串操作
<tar.h>	•	•	•	•	tar 归档值

图 2.2　POSIX 标准中定义的必需的头文件

头 文 件	FreeBSD 8.0	Linux 3.2.0	Mac OS X 10.6.8	Solaris 10	说　　明
<termios.h>	•	•	•	•	终端 I/O（参见第 18 章）
<unistd.h>	•	•	•	•	符号常量
<wordexp.h>	•	•	•	•	词扩展定义
<arpa/inet.h>	•	•	•	•	因特网定义（参见第 16 章）
<net/if.h>	•	•	•	•	套接字本地接口（参见第 16 章）
<netinet/in.h>	•	•	•	•	因特网地址族（参见 16.3 节）
<netinet/tcp.h>	•	•	•	•	传输控制协议定义
<sys/mman.h>	•	•	•	•	存储管理声明
<sys/select.h>	•	•	•	•	select 函数（参见 14.4.1 节）
<sys/socket.h>	•	•	•	•	套接字接口（参见第 16 章）
<sys/stat.h>	•	•	•	•	文件状态（参见第 4 章）
<sys/statvfs.h>	•	•	•	•	文件系统信息
<sys/times.h>	•	•	•	•	进程时间（参见 8.17 节）
<sys/types.h>	•	•	•	•	基本系统数据类型（参见 2.8 节）
<sys/un.h>	•	•	•	•	UNIX 域套接字定义（参见 17.2 节）
<sys/utsname.h>	•	•	•	•	系统名称（参见 6.9 节）
<sys/wait.h>	•	•	•	•	进程控制（参见 8.6 节）

图 2.2　POSIX 标准中定义的必需的头文件（续）

头 文 件	FreeBSD 8.0	Linux 3.2.0	Mac OS X 10.6.8	Solaris 10	说　　明
<fmtmsg.h>	•	•	•	•	消息显示结构
<ftw.h>	•	•	•	•	文件树遍历（参见 4.22 节）
<libgen.h>	•	•	•	•	路径名管理函数
<ndbm.h>	•		•	•	数据库操作
<search.h>	•	•	•	•	搜索表
<syslog.h>	•	•	•	•	系统错误日志记录（参见 13.4 节）
<utmpx.h>		•	•	•	用户账户数据库
<sys/ipc.h>	•	•	•	•	IPC（参见 15.6 节）
<sys/msg.h>	•	•	•	•	XSI 消息队列（参见 15.7 节）
<sys/resource.h>	•	•	•	•	资源操作（参见 7.11 节）
<sys/sem.h>	•	•	•	•	XSI 信号量（参见 15.8 节）
<sys/shm.h>	•	•	•	•	XSI 共享存储（参见 15.9 节）
<sys/time.h>	•	•	•	•	时间类型
<sys/uio.h>	•	•	•	•	向量 I/O 操作（参见 14.6 节）

图 2.3　POSIX 标准中定义的 XSI 可选头文件

头文件	FreeBSD 8.0	Linux 3.2.0	Mac OS X 10.6.8	Solaris 10	说　明
<mqueue.h>	•	•		•	消息队列
<spawn.h>	•	•	•	•	实时 spawn 接口

图 2.4　POSIX 标准中定义的可选头文件

在本书中，我们讲的是 2008 年版的 POSIX.1。它的接口分为必需接口和可选接口两类。可选接口又根据功能进一步分为 40 组。图 2.5 总结了未被弃用的编程接口及其各自的选项代码。选项代码由两三个字符组成，用于标识属于每个功能区域的接口，并突出显示对特定选项的依赖。许多选项涉及实时扩展。

选项代码	是 SUS 强制的	符号常量	说　明
ADV		_POSIX_ADVISORY_INFO	建议性信息（实时）
CPT		_POSIX_CPUTIME	进程 CPU 时间时钟（实时）
FSC	•	_POSIX_FSYNC	文件同步
IP6		_POSIX_IPV6	IPv6 接口
ML		_POSIX_MEMLOCK	进程内存区加锁（实时）
MLR		_POSIX_MEMLOCK_RANGE	内存范围加锁（实时）
MON		_POSIX_MONOTONIC_CLOCK	单调时钟（实时）
MSG		_POSIX_MESSAGE_PASSING	消息传递（实时）
MX		__STDC_IEC_559__	IEC 60559 浮点选项
PIO		_POSIX_PRIORITIZED_IO	优先输入和输出
PS		_POSIX_PRIORITY_SCHEDULING	进程调度（实时）
RPI		_POSIX_THREAD_ROBUST_PRIO_INHERIT	健壮的互斥量优先级继承（实时）
RPP		_POSIX_THREAD_ROBUST_PRIO_PROTECT	健壮的互斥量优先级保护（实时）
RS		_POSIX_RAW_SOCKETS	原始套接字
SHM		_POSIX_SHARED_MEMORY_OBJECTS	共享存储对象（实时）
SIO		_POSIX_SYNCHRONIZED_IO	同步输入和输出（实时）
SPN		_POSIX_SPAWN	生成（实时）
SS		_POSIX_SPORADIC_SERVER	进程偶发性服务器（实时）
TCT		_POSIX_THREAD_CPUTIME	线程 CPU 时间时钟（实时）
TPI		_POSIX_THREAD_PRIO_INHERIT	非健壮的互斥量优先级继承（实时）
TPP		_POSIX_THREAD_PRIO_PROTECT	非健壮的互斥量优先级保护（实时）
TPS		_POSIX_THREAD_PRIORITY_SCHEDULING	线程执行调度（实时）
TSA	•	_POSIX_THREAD_ATTR_STACKADDR	线程栈地址属性
TSH	•	_POSIX_THREAD_PROCESS_SHARED	线程进程共享同步

图 2.5　POSIX 可选接口组和选项代码

选项代码	是 SUS 强制的	符号常量	说　明
TSP		_POSIX_THREAD_SPORADIC_SERVER	线程偶发性服务器（实时）
TSS	•	_POSIX_THREAD_ATTR_STACKSIZE	线程堆栈长度地址
TYM		_POSIX_TYPED_MEMORY_OBJECTS	类型化存储对象（实时）
XSI	•	_XOPEN_UNIX	X/Open 扩展接口

图 2.5　POSIX 可选接口组和选项代码（续）

POSIX.1 没有超级用户（superuser）的概念。相反，某些操作需要“适当的优先权”，尽管 POSIX.1 将这个术语的定义留给了实现来具体解释。符合美国国防部安全指南的 UNIX 系统具有多个不同的安全级别。在本书中，我们使用传统的 UNIX 术语，并指明需要超级用户权限的操作。

经过二十多年的努力，相关标准已经非常成熟和稳定。POSIX.1 标准由名为 Austin Group 的开放工作组维护。为了保证这些标准仍然具有实用性，需要定期对它们进行更新或者再次确认。

2.2.3 Single UNIX Specification

Single UNIX Specification（单一 UNIX 规范）是 POSIX.1 标准的超集，它定义了附加接口，用于扩展 POSIX.1 提供的功能。POSIX.1 相当于 Single UNIX Specification 中的“Base Specifications”（基本规范）。

POSIX.1 中的 X/Open System Interfaces（XSI）选项描述了可选接口，并定义了一个实现必须支持 POSIX.1 的哪些可选部分才能被视为遵循了 XSI。这些内容包括文件同步、线程堆栈地址和长度属性、线程进程共享同步和 XOPEN_UNIX 符号常量（在图 2.5 中显示为“SUS 强制的”）。只有遵循 XSI 的实现才能被称为 UNIX 系统。

> Open Group 拥有 UNIX 商标，其通过 Single UNIX Specification 定义了一个实现必须支持哪些接口才能被称为 UNIX 系统。系统供应商必须提交符合性声明，通过测试套件验证符合性，才能获得使用 UNIX 商标的许可。

对于符合 XSI 的系统可选的接口，可根据通用功能将其分为若干选项组（option group）。

- 加密：由符号常量_XOPEN_CRYPT 表示。
- 实时：由符号常量_XOPEN_REALTIME 表示。
- 高级实时。
- 实时线程：由符号常量_XOPEN_REALTIME_THREADS 表示。
- 高级实时线程。

Single UNIX Specification 是 Open Group 发布的，这个组织成立于 1996 年，由 X/Open 和 OSF（Open Software Foundation，开放软件基金会）这两个行业联盟合并而成。X/Open 曾发布 *X/Open Portability Guide*（《X/Open 可移植性指南》），该指南采纳了一些特定标准，填补了其他标准功能缺失的空白。这些指南的目标是提高应用程序的可移植性，使其不仅仅符合已发布的标准。

Single UNIX Specification 的首个版本由 X/Open 于 1994 年发布。它也被称为 Spec 1170，因为它包含大约 1170 个接口。该规范源于 COSE（Common Open Software Environment，通用开放软件环境）的倡议，其目标是提高应用程序在所有 UNIX 操作系统实现中的可移植性。COSE 的成员有 Sun、IBM、HP、Novell/USL 和 OSF，其 UNIX 操作系统都包含通用商业应用软件使用的接口以大力支持标准。从这些应用软件中最终选出的 1170 个接口包含在如下标准中：X/Open CAE（Common Application Environment，通用应用程序环境）第 4 发行版（也称为“XPG4”，以表示与其前身《X/Open 可移植性指南》的历史关系），SVID（System V 接口定义）第 3 版 Level 1 接口，以及 OSF 应用程序环境规范（AES）的 Full Use 接口。

Single UNIX Specification 的第 2 版由 Open Group 于 1997 年发布。这个新版本增加了对线程、实时接口、64 位数、大文件和增强的多字节字符处理功能的支持。

Single UNIX Specification 的第 3 版（SUSv3）由 Open Group 于 2001 年发布。SUSv3 的“Base Specifications”与 IEEE 标准 1003.1-2001 相同，分为 4 个部分：基本定义、系统接口、shell 和实用程序，以及基本原理。SUSv3 还包括 X/Open Curses 第 4 发行版的第 2 版，但该规范不是 POSIX.1 的一部分。

2002 年，ISO 批准将 IEEE 1003.1-2001 作为国际标准 ISO/IEC 9945:2002。Open Group 于 2003 年再次更新了 1003.1 标准，增加了技术修正内容，ISO 批准将这个更新后的版本作为国际标准 ISO/IEC 9945:2003。2004 年 4 月，Open Group 发布了 Single UNIX Specification 第 3 版的 2004 年版，将更多的技术修正内容合并到标准的正文中。

2008 年，人们对 Single UNIX Specification 进行了更新，包括修正和引入新接口、移除弃用的接口，以及将一些接口标记为“弃用”以便日后移除。此外，一些以前可选的接口被调整为必选接口，包括异步 I/O、屏障、时钟选择、存储映射文件、内存保护、读写锁、实时信号、POSIX 信号量、自旋锁、线程安全函数、线程、超时和计时器。由此产生的标准称为 Base Specifications 第 7 发行版，即 POSIX.1-2008。Open Group 将该版本与更新的 X/Open Curses 规范捆绑在一起，并于 2010 年将其作为 Single UNIX Specification 的第 4 版发布。我们称之为 SUSv4。

2.2.4 FIPS

FIPS 代表 Federal Information Processing Standard（美国联邦信息处理标准）。它由美国政

府发布，用于指导美国政府采购计算机系统。FIPS 151-1（1989 年 4 月发布）以 IEEE 标准 1003.1-1988 和 ANSI C 标准草案为蓝本。随后的 FIPS 151-2（1993 年 5 月发布）则是基于 IEEE 标准 1003.1-1990 的。FIPS 151-2 将一些 POSIX.1 可选的功能设置为必需的功能。所有这些可选的功能都被强制要求包含在 POSIX.1-2001 中。

POSIX.1 FIPS 的作用是，要求所有希望向美国政府销售兼容 POSIX.1 的计算机系统的供应商，必须支持 POSIX.1 的一些可选功能。由于 POSIX.1 FIPS 已被撤销，因此我们不会在本书中进一步讨论它。

2.3 UNIX 系统实现

2.2 节描述了由三个独立组织制定的标准：ISO C、IEEE POSIX 和 Single UNIX Specification。然而，标准只是接口规范。这些标准如何与现实世界相关联呢？这些标准被各大厂商采用并转化为具体的实现。在本书中，我们不仅对这些标准感兴趣，而且对其实现也感兴趣。

McKusick 等人（1996）所著的书在 1.1 节详细介绍了 UNIX 系统家族谱系的历史。UNIX 的各种版本都起源于 PDP-11 上的 UNIX 分时系统的第 6 版（1976 年发布）和第 7 版（1979 年发布），它们通常被分别称为 V6 和 V7。它们是首次在贝尔实验室之外被广泛应用的版本，随后 UNIX 发展出如下三个分支。

- AT&T 分支：引出 System III 和 System V，即所谓的商用 UNIX 系统。
- 加州大学伯克利分校分支：引出 4.xBSD 的实现。
- UNIX 系统的研究版本：由 AT&T 贝尔实验室计算科学研究中心开发，引出 UNIX 分时系统的第 8 版和第 9 版，终止于 1990 年的第 10 版。

2.3.1 SVR4

UNIX System V Release 4（SVR4）是 AT&T 的 UNIX 系统实验室（USL，前身为 AT&T 的 UNIX Software Operation 部门）的产品。SVR4 将 AT&T UNIX System V 的 3.2 版（SVR3.2）、Sun Microsystems 的 SunOS 操作系统、加州大学伯克利分校的 4.3BSD 版本和 Microsoft 的 Xenix 系统（Xenix 最初是在 V7 的基础上开发的，后来继承了 System V 的许多功能）的功能合并，形成一个统一的操作系统。SVR4 的源代码于 1989 年年底发布，首批终端用户副本于 1990 年推出。SVR4 遵循 POSIX 1003.1 标准和 X/Open XPG3 标准（全称为 X/Open Portability Guide，即 X/Open 可移植性标准，第 3 发行版）。

AT&T 也发布了 SVID（AT&T，1989）。SVID（System V 接口定义）的第 3 发行版定义了

操作系统必须提供的功能，以符合 UNIX SVR4 的要求。与 POSIX.1 一样，SVID 定义的是接口，而不是实现。SVID 不对系统调用和库函数进行区分。对于 SVR4 的具体实现，必须查阅其参考手册才能了解两者的区别（AT&T，1990e）。

2.3.2 4.4BSD

BSD（Berkeley Software Distribution）是由加州大学伯克利分校的计算机系统研究小组（Computer Systems Research Group，CSRG）制作和分发的。4.2BSD 于 1983 年发布，4.3BSD 于 1986 年发布。这两个版本都在 VAX 小型计算机上运行。接下来是发布于 1988 年的 4.3BSD Tahoe，它也在名为 Tahoe 的特定小型计算机上运行。Leffler 等人的书（1989）描述了 4.3BSD Tahoe 版本。4.3BSD Reno 版本在 1990 年发布，它支持许多 POSIX.1 功能。

早期的 BSD 系统包含 AT&T 专有的源代码，需要有 AT&T 许可证才能使用。要获得 BSD 系统的源代码，你必须持有来自 AT&T 的 UNIX 源代码许可证。这种情况近年来发生了变化，越来越多的 AT&T 专有的源代码被非 AT&T 源代码所替代，很多添加到伯克利 UNIX 系统的新功能都来自非 AT&T 源代码。

1989 年，伯克利在 4.3BSD Tahoe 版本中识别出很多非 AT&T 的源代码，并将其包装成 BSD 网络软件 1.0 版公开发布。BSD 网络软件的 2.0 版于 1991 年发布，它源自 4.3BSD Reno。其目标是使 4.4BSD 系统的大部分功能（即使不是全部）不再受 AT&T 许可的限制，从而使源代码对所有人开放。

4.4BSD-Lite 是 CSRG 计划推出的最后一个发行版。然而，由于与 USL（UNIX 系统实验室）的法律纠纷，它被延迟推出了。当法律纠纷得到解决后，4.4BSD-Lite 于 1994 年发布，不需要 UNIX 源代码许可证就可以使用它。CSRG 随后于 1995 年发布了修复了 bug 后的版本，也即 4.4BSD-Lite 的第 2 发行版，它是 CSRG 的 BSD 最终版本。McKusick 等人的书（1996）描述了此版本。

伯克利的 UNIX 系统开发始于 PDP-11s，然后转向 VAX 小型计算机，之后又转向其他所谓的工作站。在 20 世纪 90 年代初期，伯克利获得支持，为流行的基于 80386 的个人计算机开发了 386BSD。这种支持由 Bill Jolitz 提供，并被记录在 1991 年 *Dr. Dobb's Journal* 的一系列月刊文章中。386BSD 中的大部分代码也出现在 BSD 网络软件的第 2 发行版中。

2.3.3 FreeBSD

FreeBSD 是基于 4.4BSD-Lite 操作系统的。由于加州大学伯克利分校的 CSRG 决定结束 UNIX 操作系统 BSD 版本的开发，而 386BSD 项目似乎也被忽视了很长一段时间，为了继续发展 BSD 系列，一群志愿者最终开发和维护了 FreeBSD 项目。

FreeBSD 项目产生的所有软件都以二进制和源代码形式免费提供。FreeBSD 8.0 操作系统是本书中用于测试示例的 4 个操作系统之一。

> 还有一些其他基于 BSD 的免费操作系统。NetBSD 项目与 FreeBSD 项目类似，但前者强调硬件平台之间的可移植性。OpenBSD 项目与 FreeBSD 类似，但前者更加注重安全性。

2.3.4 Linux

Linux 是一种提供类似于 UNIX 的操作系统，提供了丰富的编程环境，它根据 GNU 通用公共许可证免费提供给人们使用。Linux 的流行在某种程度上是计算机行业中的一种现象。Linux 通常是第一个支持新硬件的操作系统，这是 Linux 最鲜明的特点。

Linux 是作为 MINIX 的替代品由 Linus Torvalds 于 1991 年开发的。随后，世界各地的许多开发人员自愿花时间来使用和改进它。

Ubuntu 12.04 是 Linux 的一个发行版，也是本书用于测试示例的操作系统之一。该发行版使用 Linux 操作系统内核的 3.2.0 版。

2.3.5 Mac OS X

与之前的版本相比，Mac OS X 使用了完全不同的技术。Mac OS X 的核心操作系统称为“Darwin”，它基于 Mach 内核（Accetta 等人，1986）、FreeBSD 操作系统，以及用于驱动程序和其他内核扩展的面向对象框架。从 10.5 版开始，Mac OS X 的 Intel 部分已认证为 UNIX 系统（有关 UNIX 认证的更多信息，请参阅 Open Group 官网上的相关信息）。

Mac OS X 的 10.6.8 版本（Darwin 10.8.0）是本书用于测试示例的操作系统之一。

2.3.6 Solaris

Solaris 是由 Sun Microsystems（现为 Oracle）开发的 UNIX 版本。Solaris 基于 SVR4，但纳入了 Sun Microsystems 工程师在超过 15 年的时间中对系统功能所做的改进。可以说它是唯一取得商业成功的 SVR4 后代系统，并且正式获得了 UNIX 系统认证。

2005 年，Sun Microsystems 向公众开放了大部分 Solaris 操作系统源代码（这些源代码也是 OpenSolaris 开源操作系统的组成部分），试图建立一个围绕 Solaris 的外部开发者社区。

Solaris 10 UNIX 系统是本书用于测试示例的操作系统之一。

2.3.7 其他 UNIX 系统

已通过认证的其他版本的 UNIX 系统还有：

- AIX：IBM 的 UNIX 系统。
- HP-UX：HP 的 UNIX 系统。
- IRIX：Silicon Graphics 的 UNIX 系统。
- UnixWare：由 SCO（Santa Cruz Operation）销售的 SVR4 衍生的 UNIX 系统。

2.4 UNIX 标准和实现的关系

前面提到的标准定义了实际系统的一个子集。本书的重点关注 4 个真实的系统：FreeBSD 8.0、Linux 3.2.0、Mac OS X 10.6.8 和 Solaris 10。虽然只有 Mac OS X 和 Solaris 可以自称为 UNIX 系统，但这 4 个系统都提供了类似的编程环境。因为这 4 个系统都在不同程度上符合 POSIX 标准，所以我们也将重点关注 POSIX.1 标准所要求的功能，并指出 POSIX 与这 4 个系统的实际实现之间的差异。那些仅限于某个特定实现的特性和例程将被清楚地标记出来。我们还将关注在 UNIX 系统上是必需的，而在其他符合 POSIX 标准的系统上为可选的功能。

应当注意，这些实现为早期 UNIX 版本（如 SVR3.2 和 4.3BSD）中的功能提供了向后兼容性。例如，Solaris 既支持 POSIX.1 规范中的非阻塞 I/O（`O_NONBLOCK`），也支持传统的 System V 方法（`O_NDELAY`）。在本书中，我们仅使用 POSIX.1 功能，尽管我们也会提到它所取代的非标准功能。类似地，SVR3.2 和 4.3BSD 都以有别于 POSIX.1 标准的方式提供了可靠的信号机制。在第 10 章中，我们将集中描述 POSIX.1 信号机制。

2.5 限制

UNIX 的实现定义了许多幻数（magic number）和常量，其中许多已经被硬编码到程序中，或者用特定技术确定。由于之前人们在各种标准化工作上的努力，现在已有更具可移植性的方法来确定这些幻数和实现所定义的限制，极大地提高了在 UNIX 环境下编写的软件的可移植性。

有如下两种类型的限制：

1. 编译时限制（例如，short 型数的最大值是多少？）
2. 运行时限制（例如，文件名有多少字节？）

编译时限制可以在头文件中定义，因为任何程序都可以在编译时包含头文件。但是，运行时限制要求进程调用一个函数来获取限制的值。

此外，一些限制在给定的实现上是固定的，因此可以在头文件中静态地定义，但在另一种实现上，这些限制会有所不同，并且需要在运行时通过调用函数来获取其值。此类限制的一个例子是文件名的最大字节数。在 SVR4 之前，System V 只允许文件名最多为 14 字节，而 BSD 派生的系统将这个数字增加到 255。现在大多数 UNIX 系统的实现都支持多种文件系统类型，并且每种类型都有自己的限制。还有一种运行时限制，它取决于相关文件在文件系统中的位置。例如，根文件系统中的文件名可能有 14 字节的限制，而另一个文件系统中的文件名可能有 255 字节的限制。

为了解决这些问题，UNIX 的实现提供了三种类型的限制：

1. 编译时限制（头文件）。
2. 与文件或目录无关的运行时限制（sysconf 函数）。
3. 与文件或目录有关的运行时限制（pathconf 和 fpathconf 函数）。

更为复杂的是，如果特定的运行时限制在给定系统上没有变化，则可以在头文件中静态地定义。但是，如果未在头文件中定义这个限制，则应用程序必须调用三个 conf 函数（后文会介绍）中的一个，以确定这个限制在运行时的值。

2.5.1 ISO C 限制

ISO C 定义的所有编译时限制都在文件<limits.h>中定义（见图 2.6）。这些常量在给定的系统中不会改变。图 2.6 中的第 3 列展示了 ISO C 标准中可接受的最小值，用于 16 位整型系统，使用 1 的补数（反码）表示；第 4 列展示了 32 位整型数在 Linux 系统中的值，使用 2 的补数（补码）表示。请注意，在图 2.6 中无符号数都没有列出最小值，因为对于无符号数，最小值都必须为 0。在 64 位系统上，long 类型的最大值与 long long 类型的最大值相匹配。

我们将遇到的一个差异是，系统提供有符号的字符值还是无符号的字符值。从图 2.6 的第 4 列可以看出，该特定系统使用了有符号的字符。我们可以看到 CHAR_MIN 等于 SCHAR_MIN，CHAR_MAX 等于 SCHAR_MAX。如果系统使用无符号字符，则 CHAR_MIN 等于 0，CHAR_MAX 等于 UCHAR_MAX。

在头文件<float.h>中，对浮点数据类型也有一组类似的定义。如果你的工作涉及大量浮点运算，应当仔细查阅这个文件。

尽管 ISO C 标准规定了整型数可接受的最小值，但 POSIX.1 对 C 标准进行了扩展。为了符合 POSIX.1 标准，具体的实现必须支持 INT_MAX 的最小值为 2,147,483,647，INT_MIN 的最小值为-2,147,483,647，UINT_MAX 的最小值为 4,294,967,295。因为 POSIX.1 要求实现支持 8 位的字符，所以 CHAR_BIT 必须为 8，SCHAR_MIN 必须为-128，SCHAR_MAX 必须为 127，而 UCHAR_MAX 必须为 255。

名　称	说　明	可接受的最小值	典型值
CHAR_BIT	char 类型的位数	8	8
CHAR_MAX	char 类型的最大值	（见后文）	127
CHAR_MIN	char 类型的最小值	（见后文）	-128
SCHAR_MAX	signed char 类型的最大值	127	127
SCHAR_MIN	signed char 类型的最小值	-127	-128
UCHAR_MAX	unsigned char 类型的最大值	255	255
INT_MAX	int 类型的最大值	32,767	2,147,483,647
INT_MIN	int 类型的最小值	-32,767	-2,147,483,648
UINT_MAX	unsigned int 类型的最大值	65,535	4,294,967,295
SHRT_MAX	short 类型的最大值	32,767	32,767
SHRT_MIN	short 类型的最小值	-32,767	-32,768
USHRT_MAX	unsigned short 类型的最大值	65,535	65,535
LONG_MAX	long 类型的最大值	2,147,483,647	2,147,483,647
LONG_MIN	long 类型的最小值	-2,147,483,647	-2,147,483,648
ULONG_MAX	unsigned long 类型的最大值	4,294,967,295	4,294,967,295
LLONG_MAX	long long 类型的最大值	9,223,372,036,854,775,807	9,223,372,036,854,775,807
LLONG_MIN	long long 类型的最小值	-9,223,372,036,854,775,807	-9,223,372,036,854,775,808
ULLONG_MAX	unsigned long long 类型的最大值	18,446,744,073,709,551,615	18,446,744,073,709,551,615
MB_LEN_MAX	多字节字符常量中的最大字节数	1	6

图 2.6　头文件<limits.h>定义的整型值大小

我们还会遇到另一个 ISO C 常量，FOPEN_MAX，它表示具体的实现保证可以同时打开的标准 I/O 流的最小数量。此常量在<stdio.h>头文件中定义，其最小值为 8。POSIX.1 中的 STREAM_MAX（如果已定义）必须与 FOPEN_MAX 的值相同。

ISO C 还在头文件<stdio.h>中定义了常量 TMP_MAX。它是由 tmpnam 函数生成的唯一文件名的最大个数，我们将在 5.13 节中详细介绍。

尽管 ISO C 定义了常量 FILENAME_MAX，但我们仍然避免使用它，因为 POSIX.1 提供了更好的替代方案（NAME_MAX 和 PATH_MAX）。我们很快就会介绍这些常量。

图 2.7 列出了我们在本书中讨论的 4 个平台上的 FILENAME_MAX、FOPEN_MAX 和 TMP_MAX 的值。

限制名称	FreeBSD 8.0	Linux 3.2.0	Mac OS X 10.6.8	Solaris 10
FOPEN_MAX	20	16	20	20
TMP_MAX	308,915,776	238,328	308,915,776	17,576
FILENAME_MAX	1024	4096	1024	1024

图 2.7　ISO C 标准在各平台上的限制

2.5.2 POSIX 限制

POSIX.1 定义了许多与操作系统的实现限制有关的常量。不幸的是，这也是 POSIX.1 中令人困惑的方面之一。尽管 POSIX.1 定义了许多限制和常量，但我们只关注与基本 POSIX.1 接口有关的部分。这些限制和常量分为以下 7 类。

1. 数值限制：LONG_BIT、SSIZE_MAX 和 WORD_BIT。
2. 最小值：图 2.8 中的 25 个常量。

名　　称	说　　明	可接受的最小值
_POSIX_ARG_MAX	exec 函数的参数长度	4096
_POSIX_CHILD_MAX	每个实际用户 ID 的子进程数	25
_POSIX_DELAYTIMER_MAX	定时器超时次数	32
_POSIX_HOST_NAME_MAX	gethostname 返回的主机名的长度	255
_POSIX_LINK_MAX	文件的链接数	8
_POSIX_LOGIN_NAME_MAX	登录名的长度	9
_POSIX_MAX_CANON	终端规范输入队列上的字节数	255
_POSIX_MAX_INPUT	终端输入队列上的可用空间大小	255
_POSIX_NAME_MAX	文件名中的字节数，不包括终止 null 字节	14
_POSIX_NGROUPS_MAX	每个进程同时添加组 ID 的数量	8
_POSIX_OPEN_MAX	每个进程打开文件的数量	20
_POSIX_PATH_MAX	路径名中的字节数（包括终止 null 字节）	256
_POSIX_PIPE_BUF	可以原子地写入管道的字节数	512
_POSIX_RE_DUP_MAX	使用间隔表示法 \{m,n\}时，regexec 函数和 regcomp 函数允许基本正则表达式重复出现的次数	255
_POSIX_RTSIG_MAX	为应用程序预留的实时信号数量	8
_POSIX_SEM_NSEMS_MAX	进程可以同时使用的信号量的个数	256
_POSIX_SEM_VALUE_MAX	信号量可以持有的值	32,767
_POSIX_SIGQUEUE_MAX	一个进程可以发送和挂起的排队信号数	32
_POSIX_SSIZE_MAX	可以存储在 ssize_t 对象中的值	32,767
_POSIX_STREAM_MAX	一个进程可以同时打开的标准 I/O 流的个数	8
_POSIX_SYMLINK_MAX	符号链接中的字节数	255
_POSIX_SYMLOOP_MAX	解析路径名时可以遍历的符号链接数	8
_POSIX_TIMER_MAX	每个进程的定时器个数	32
_POSIX_TTY_NAME_MAX	终端设备名的长度（包括终止 null 字节）	9
_POSIX_TZNAME_MAX	时区名称的字节数	6

图 2.8　头文件<limits.h>中的 POSIX.1 最小值

3. 最大值：_POSIX_CLOCKRES_MIN。

4. 运行时可增加的值：CHARCLASS_NAME_MAX、COLL_WEIGHTS_MAX、LINE_MAX、NGROUPS_MAX 和 RE_DUP_MAX。
5. 运行时不变的值（可能不确定）：图 2.9 中的 17 个常量，以及 12.2 节中介绍的另外 4 个常量和 14.5 节中介绍的 3 个常量。
6. 其他不变的值：NL_ARGMAX、NL_MSGMAX、NL_SETMAX 和 NL_TEXTMAX。
7. 路径名变量值：FILESIZEBITS、LINK_MAX、MAX_CANON、MAX_INPUT、NAME_MAX、PATH_MAX、PIPE_BUF 和 SYMLINK_MAX。

名　称	说　明	可接受的最小值
ARG_MAX	exec 函数参数的最大长度	_POSIX_ARG_MAX
ATEXIT_MAX	atexit 函数可以注册的最大函数个数	32
CHILD_MAX	每个实际用户 ID 的最大子进程数	_POSIX_CHILD_MAX
DELAYTIMER_MAX	定时器超时的最大次数	_POSIX_DELAYTIMER_MAX
HOST_NAME_MAX	gethostname 返回的主机名的最大长度	_POSIX_HOST_NAME_MAX
LOGIN_NAME_MAX	登录名的最大长度	_POSIX_LOGIN_NAME_MAX
OPEN_MAX	赋给新创建的文件描述符的最大值增加 1	_POSIX_OPEN_MAX
PAGESIZE RTSIG_MAX	系统内存页大小（以字节为单位）	_POSIX_RTSIG_MAX
SEM_NSEMS_MAX	预留给应用程序使用的实时信号的最大数量	_POSIX_SEM_NSEMS_MAX
SEM_VALUE_MAX	信号量的最大值	_POSIX_SEM_VALUE_MAX
SIGQUEUE_MAX	可以为进程排队的信号的最大数量	_POSIX_SIGQUEUE_MAX
STREAM_MAX	一个进程可以同时打开的标准 I/O 流的最大数量	_POSIX_STREAM_MAX
SYMLOOP_MAX	解析路径名时可以遍历的符号链接数	_POSIX_SYMLOOP_MAX
TIMER_MAX	每个进程的定时器的最大数量	_POSIX_TIMER_MAX
TTY_NAME_MAX	终端设备名称的最大长度（包括终止 null 字节）	_POSIX_TTY_NAME_MAX
TZNAME_MAX	时区名称的最大长度	_POSIX_TZNAME_MAX

图 2.9　头文件<limits.h>中的 POSIX.1 运行时不变的值

这些限制和常量，有些可能在<limits.h>中已经定义，而其他的则可能根据具体条件来定义，也可能不会定义。在 2.5.4 节中介绍 sysconf、pathconf 和 fpathconf 函数时，我们将描述可能会定义或可能不会定义的限制和常量。图 2.8 中列出了 25 个最小值。

这些最小值不会随着系统而改变。它们指定了这些特性的最严格的限制值。符合 POSIX.1 标准的实现至少必须提供这么大的值。这就是为什么它们被称为最小值，虽然它们的名字中都包含“MAX”（意为最大值）。此外，为了确保可移植性，严格遵循 POSIX.1 标准的应用程序不得要求使用比此标准规定的最小值更大的值。我们将在后续的章节详细说明每个常量的含义。

一个严格遵循 POSIX 标准的应用程序与一个刚刚符合 POSIX 标准的应用程序是不同的。后者仅使用 IEEE 标准 1003.1-2008 中定义的接口；而前者必须满足更多的限制，例如，不依赖任何未由 POSIX 标准定义的行为，不使用任何弃用的接口，以及不要求常量值大于图 2.8 中所列出的最小值。遗憾的是，在这些不变的最小值中，有些值由于太小而无法实际使用。例如，目前大多数 UNIX 系统为每个进程提供的打开文件数远远超过 20 个。此外，_POSIX_PATH_MAX 的最小值限制为 256，太小了。路径名可能超过这个限制。这意味着我们无法在编译时将常量_POSIX_OPEN_MAX 和 _POSIX_PATH_MAX 作为数组大小来使用。

图 2.8 列出的 25 个不变最小值中的每一个都有一个相关的实现值，其名称是通过将图 2.8 中的名称删除_POSIX_前缀后而形成的。不带_POSIX_前缀的名称用于表示给定的具体实现支持的该不变最小值的实际值（这 25 个实现值属于本节开头所列出的第 1、4、5 和 7 类：2 个运行时可增加的值、15 个运行时不变的值和 7 个路径名变量值，以及数值 SSIZE_MAX）。问题在于，这 25 个实现值并非都能确保是在头文件<limits.h>中定义的。

例如，如果给定进程的实际值依赖于系统上的存储总量，则该值可能不会在头文件中定义。如果这些值没有在头文件中定义，我们就不能在编译时将它们用作数组边界。为了在运行时确定实际的实现值，POSIX.1 决定提供三个函数供我们调用，它们分别是 sysconf、pathconf 和 fpathconf。但是，还存在一个问题，因为一些值被 POSIX.1 定义为“可能是不确定的”（逻辑上是无限的），这意味着该值没有实际的上限。例如，在 Solaris 上，在进程结束时注册可运行的 atexit 函数，注册的数量仅受系统存储总量的限制，因此 ATEXIT_MAX 在 Solaris 上被认为是不确定的。在 2.5.5 节中，我们将继续讨论运行时限制不确定的问题。

2.5.3 XSI 限制

XSI 定义了代表实现限制的常量，包括：

1．最小值：图 2.10 中列出的 5 个常量。

2．运行时不变值（可能不确定）：IOV_MAX 和 PAGE_SIZE。

图 2.10 中列出了最小值。最后两个常量说明了 POSIX.1 最小值过小的情况，可能考虑到了嵌入式 POSIX.1 的实现，因此人们为符合 XSI 的系统增加了具有较大最小值的符号。

名　称	说　明	可接受的最小值	典型值
NL_LANGMAX	LANG 环境变量中的最大字节数	14	14
NZERO	进程的默认优先级	20	20
_XOPEN_IOV_MAX	readv 或 writev 可使用的 iovec 结构体的最大数量	16	16
_XOPEN_NAME_MAX	文件名中的字节数	255	255
_XOPEN_PATH_MAX	路径名中的字节数	1024	1024

图 2.10　头文件<limits.h>中 XSI 的最小值

2.5.4 sysconf、pathconf 和 fpathconf 函数

我们列出了实现必须支持的各种最小值，但是如何找出特定系统实际支持的限制值呢？正如我们之前提到的，这些限制值中有的可能在编译时即可获取，而有的则必须在运行时才能确定。我们还提到过，某些限制值在给定系统中是不会变化的，而在其他系统中可能会发生变化，因为它们与文件或目录相关联。可以通过调用如下三个函数来获取运行时限制。

```
#include <unistd.h>

long sysconf(int name);

long pathconf(const char *pathname, int name);

long fpathconf(int fd, int name);
```

三个函数的返回值：如果执行成功，则返回相应的数值，表示相应的系统限制；如果出错，返回值为 –1，表示操作失败（见下文）

以上函数中后两个函数的区别在于，一个以路径名作为参数，另一个则以文件描述符作为参数。

图 2.11 列出了 sysconf 的 *name* 参数，用来标识系统限制。以 _SC_ 开头的常量被用作函数 sysconf 的参数，以标识运行时限制。图 2.12 列出了函数 pathconf 和 fpathconf 的 *name* 参数，用来标识系统限制。以 _PC_ 开头的常量被用作函数 pathconf 和 fpathconf 的参数，以标识运行时限制。

我们需要更详细地说明这三个函数的不同返回值。

1. 如果 *name* 参数并不是合适的常量，则三个函数都返回–1，并将 errno 的值设置为 EINVAL。图 2.11 和图 2.12 中的第 3 列列出了本书涉及的限制常量。
2. 某些 *name* 参数可以返回变量的值（返回值≥0）或提示该值不确定。这些函数通过返回–1 且不更改 errno 的值，来表示不确定的值。
3. _SC_CLK_TCK 的返回值是每秒的时钟 tick 数，用于 times 函数的返回值（详见 8.17 节）。

pathconf 函数的 *pathname* 参数和 fpathconf 函数的 *fd* 参数有很多限制。如果不满足这些限制中的任何一个，则函数的返回值就是未定义的。

1. _PC_MAX_CANON 和_PC_MAX_INPUT 的引用文件必须是终端文件。
2. _PC_LINK_MAX 和_PC_TIMESTAMP_RESOLUTION 的引用文件可以是文件或目录。如果引用文件是目录，则返回值适用于目录本身，而不适用于目录中的文件名。
3. _PC_FILESIZEBITS 和_PC_NAME_MAX 的引用文件必须是目录。返回值适用于目录中的文件名。

4. _PC_PATH_MAX 的引用文件必须是目录。当指定的目录为工作目录时，返回值是相对路径名的最大长度（遗憾的是，返回值不是我们想要知道的绝对路径名的最大长度，我们将在 2.5.5 节重新讨论这个问题）。
5. _PC_PIPE_BUF 的引用文件必须是管道、FIFO 或目录。在前两种情况下（管道或 FIFO），返回值是所引用的管道或 FIFO 的限制值。对于第三种情况（目录），返回值是在该目录中创建的 FIFO 的限制值。
6. _PC_SYMLINK_MAX 的引用文件必须是目录。返回值是该目录中符号链接可包含的字符串的最大长度。

限制名称	说　明	*name* 参数
ARG_MAX	exec 函数参数的最大长度（以字节为单位）	_SC_ARG_MAX
ATEXIT_MAX	atexit 函数可以注册的函数的最大数目	_SC_ATEXIT_MAX
CHILD_MAX	每个实际用户 ID 的最大子进程数	_SC_CHILD_MAX
clock ticks/second	每秒时钟 tick 数	_SC_CLK_TCK
COLL_WEIGHTS_MAX	在本地定义的文件中可以赋给 LC_COLLATE 顺序关键字条目的最大权重数	_SC_COLL_WEIGHTS_MAX
DELAYTIMER_MAX	定时器超时的最大次数	_SC_DELAYTIMER_MAX
HOST_NAME_MAX	gethostname 返回的主机名的最大长度	_SC_HOST_NAME_MAX
IOV_MAX	readv 或 writev 可使用的 iovec 结构体的最大数量	_SC_IOV_MAX
LINE_MAX	实用程序输入行的最大长度	_SC_LINE_MAX
LOGIN_NAME_MAX	登录名的最大长度	_SC_LOGIN_NAME_MAX
NGROUPS_MAX	每个进程能同时添加的组 ID 的最大数量	_SC_NGROUPS_MAX
OPEN_MAX	赋给新创建的文件描述符的最大值增加 1	_SC_OPEN_MAX
PAGESIZE	系统内存页大小（以字节为单位）	_SC_PAGESIZE
RE_DUP_MAX	使用间隔表示法\{m,n\}时，regexec 函数和 regcomp 函数允许基本正则表达式重复出现的次数	_SC_RE_DUP_MAX
RTSIG_MAX	为应用程序预留的实时信号数量	_SC_RTSIG_MAX
SEM_NSEMS_MAX	进程可以同时使用的信号量的最大数量	_SC_SEM_NSEMS_MAX
SEM_VALUE_MAX	信号量的最大值	_SC_SEM_VALUE_MAX
SIGQUEUE_MAX	可以为进程排队的最大信号数	_SC_SIGQUEUE_MAX
STREAM_MAX	任何给定时间每个进程的标准 I/O 流的最大数量。一旦定义，它必须与 FOPEN_MAX 具有相同的值	_SC_STREAM_MAX
SYMLOOP_MAX	解析路径名时可以遍历的符号链接数	_SC_SYMLOOP_MAX
TIMER_MAX	每个进程的最大计时器数	_SC_TIMER_MAX
TTY_NAME_MAX	终端设备名称的最大长度（包括终止 null 字节）	_SC_TTY_NAME_MAX
TZNAME_MAX	时区名称的最大字节数	_SC_TZNAME_MAX

图 2.11　对 sysconf 的限制以及 *name* 参数

限制名称	说　　明	*name* 参数
FILESIZEBITS	以有符号整型数值表示在指定的目录中常规文件的最大长度所需的最小位数	_PC_FILESIZEBITS
LINK_MAX	文件链接计数的最大值	_PC_LINK_MAX
MAX_CANON	终端规范输入队列中的最大字节数	_PC_MAX_CANON
MAX_INPUT	终端输入队列中可用空间的字节数	_PC_MAX_INPUT
NAME_MAX	文件名的最大字节数（不包括末尾的 null 字节）	_PC_NAME_MAX
PATH_MAX	相对路径名的最大字节数（包括终止 null 字节）	_PC_PATH_MAX
PIPE_BUF	可以原子地写入管道的最大字节数	_PC_PIPE_BUF
_POSIX_TIMESTAMP_RESOLUTION	文件时间戳的精度（以纳秒为单位）	_PC_TIMESTAMP_RESOLUTION
SYMLINK_MAX	符号链接中的最大字节数	_PC_SYMLINK_MAX

图 2.12　对函数 pathconf 和 fpathconf 的限制以及 *name* 参数

示例

如图 2.13 所示，awk(1)程序构建了一个 C 程序，它打印了 pathconf 和 sysconf 所有的常量值。

```
#!/usr/bin/awk -f
BEGIN   {
    printf("#include \"apue.h\"\n")
    printf("#include <errno.h>\n")
    printf("#include <limits.h>\n")
    printf("\n")
    printf("static void pr_sysconf(char *, int);\n")
    printf("static void pr_pathconf(char *, char *, int);\n")
    printf("\n")
    printf("int\n")
    printf("main(int argc, char *argv[])\n")
    printf("{\n")
    printf("\tif (argc != 2)\n")
    printf("\t\terr_quit(\"usage: a.out <dirname>\");\n\n")
    FS="\t+"
    while (getline <"sysconf.sym" > 0) {
        printf("#ifdef %s\n", $1)
        printf("\tprintf(\"%s defined to be %%ld\\n\", (long)%s+0);\n",
            $1, $1)
        printf("#else\n")
        printf("\tprintf(\"no symbol for %s\\n\");\n", $1)
        printf("#endif\n")
        printf("#ifdef %s\n", $2)
        printf("\tpr_sysconf(\"%s =\", %s);\n", $1, $2)
```

```
        printf("#else\n")
        printf("\tprintf(\"no symbol for %s\\n\");\n", $2)
        printf("#endif\n")
    }
    close("sysconf.sym")
    while (getline <"pathconf.sym" > 0) {
        printf("#ifdef %s\n", $1)
        printf("\tprintf(\"%s defined to be %%ld\\n\", (long)%s+0);\n",
            $1, $1)
        printf("#else\n")
        printf("\tprintf(\"no symbol for %s\\n\");\n", $1)
        printf("#endif\n")
        printf("#ifdef %s\n", $2)
        printf("\tpr_pathconf(\"%s =\", argv[1], %s);\n", $1, $2)
        printf("#else\n")
        printf("\tprintf(\"no symbol for %s\\n\");\n", $2)
        printf("#endif\n")
    }
    close("pathconf.sym")
    exit
}
END {
    printf("\texit(0);\n")
    printf("}\n\n")
    printf("static void\n")
    printf("pr_sysconf(char *mesg, int name)\n")
    printf("{\n")
    printf("\tlong val;\n\n")
    printf("\tfputs(mesg, stdout);\n")
    printf("\terrno = 0;\n")
    printf("\tif ((val = sysconf(name)) < 0) {\n")
    printf("\t\tif (errno != 0) {\n")
    printf("\t\t\tif (errno == EINVAL)\n")
    printf("\t\t\t\tfputs(\" (not supported)\\n\", stdout);\n")
    printf("\t\t\telse\n")
    printf("\t\t\t\terr_sys(\"sysconf error\");\n")
    printf("\t\t} else {\n")
    printf("\t\t\tfputs(\" (no limit)\\n\", stdout);\n")
    printf("\t\t}\n")
    printf("\t} else {\n")
    printf("\t\tprintf(\" %%ld\\n\", val);\n")
    printf("\t}\n")
    printf("}\n\n")
    printf("static void\n")
    printf("pr_pathconf(char *mesg, char *path, int name)\n")
    printf("{\n")
    printf("\tlong val;\n")
    printf("\n")
    printf("\tfputs(mesg, stdout);\n")
    printf("\terrno = 0;\n")
    printf("\tif ((val = pathconf(path, name)) < 0) {\n")
    printf("\t\tif (errno != 0) {\n")
```

```
    printf("\t\t\tif (errno == EINVAL)\n")
    printf("\t\t\t\tfputs(\" (not supported)\\n\", stdout);\n")
    printf("\t\t\telse\n")
    printf("\t\t\t\terr_sys(\"pathconf error, path = %%s\", path);\n")
    printf("\t\t} else {\n")
    printf("\t\t\tfputs(\" (no limit)\\n\", stdout);\n")
    printf("\t\t}\n")
    printf("\t} else {\n")
    printf("\t\tprintf(\" %%ld\\n\", val);\n")
    printf("\t}\n")
    printf("}\n")
}
```

图 2.13　构建 C 程序以打印系统支持的所有配置限制值

这个 awk 程序读取两个输入文件：pathconf.sym 和 sysconf.sym，文件中包含以制表符作为分隔符的限制名称和符号列表。并非每个平台上都定义了所有符号，因此 awk 程序在每次调用函数 pathconf 和 sysconf 时都使用了必要的#ifdef 语句。

例如，awk 程序将输入文件中类似如下的行：

```
NAME_MAX     _PC_NAME_MAX
```

转换为如下 C 代码：

```
#ifdef NAME_MAX
    printf("NAME_MAX is defined to be %d\n", NAME_MAX+0);
#else
    printf("no symbol for NAME_MAX\n");
#endif
#ifdef _PC_NAME_MAX
    pr_pathconf("NAME_MAX =", argv[1], _PC_NAME_MAX);
#else
    printf("no symbol for _PC_NAME_MAX\n");
#endif
```

由 awk 程序生成的程序如图 2.14 所示，它打印所有的限制，还处理了未定义限制的情况。

```
#include "apue.h"
#include <errno.h>
#include <limits.h>

static void pr_sysconf(char *, int);
static void pr_pathconf(char *, char *, int);

int
main(int argc, char *argv[])
{
    if (argc != 2)
        err_quit("usage: a.out <dirname>");
```

```
#ifdef ARG_MAX
    printf("ARG_MAX defined to be %ld\n", (long)ARG_MAX+0);
#else
    printf("no symbol for ARG_MAX\n");
#endif
#ifdef _SC_ARG_MAX
    pr_sysconf("ARG_MAX =", _SC_ARG_MAX);
#else
    printf("no symbol for _SC_ARG_MAX\n");
#endif

/* 对于 sysconf 其余的所有符号，进行类似的处理…… */

#ifdef MAX_CANON
    printf("MAX_CANON defined to be %ld\n", (long)MAX_CANON+0);
#else
    printf("no symbol for MAX_CANON\n");
#endif
#ifdef _PC_MAX_CANON
    pr_pathconf("MAX_CANON =", argv[1], _PC_MAX_CANON);
#else
printf("no symbol for _PC_MAX_CANON\n");
#endif

/* 对于 pathconf 其余的所有符号，进行类似的处理…… */
    exit(0);
}

static void
pr_sysconf(char *mesg, int name)
{
    long    val;

    fputs(mesg, stdout);
    errno = 0;
    if ((val = sysconf(name)) < 0) {
        if (errno != 0) {
            if (errno == EINVAL)
                fputs(" (not supported)\n", stdout);
            else
                err_sys("sysconf error");
        } else {
            fputs(" (no limit)\n", stdout);
        }
    } else {
        printf(" %ld\n", val);
    }
}

static void
pr_pathconf(char *mesg, char *path, int name)
```

```
{
    long val;

    fputs(mesg, stdout);
    errno = 0;
    if ((val = pathconf(path, name)) < 0) {
        if (errno != 0) {
            if (errno == EINVAL)
                fputs(" (not supported)\n", stdout);
            else
                err_sys("pathconf error, path = %s", path);
        } else {
            fputs(" (no limit)\n", stdout);
        }
    } else {
        printf(" %ld\n", val);
    }
}
```

图 2.14　打印函数 sysconf 和 pathconf 所有可能的参数

图 2.15 总结了图 2.14 所示的程序在本书所讨论的 4 个系统上的运行结果。“无符号”表示系统没有提供相应的_SC 或_PC 符号来查询常量的值。因此，在这种情况下，限制是未定义的。相反，“不支持”表示系统定义了该符号，但 sysconf 或 pathconf 函数无法识别。“无限制”表示系统没有为常量定义任何限制，但这并不表示限制的值是无限的，它仅表示限制的值是不确定的。

请注意，某些系统上报告的限制是不准确的。例如，在 Linux 上，SYMLOOP_MAX 被报告为“无限制”，但对源代码的检查显示，在没有循环的情况下，可以遍历的连续符号链接的数量实际上在硬编码中的限制值为 40（请参阅 fs/namei.c 中的 follow_link 函数）。

在 Linux 中，pathconf 和 fpathconf 函数是在 C 库中实现的，因此这也成为另一个潜在的不准确性来源。这些函数返回的配置限制取决于底层文件系统类型，因此如果 C 库不知道你的文件系统类型，这些函数将返回基于猜测的值。

我们将在 4.14 节中看到 UFS 是 Berkeley 快速文件系统的 SVR4 实现。PCFS 是 Solaris 的 MS-DOS FAT 文件系统的实现。

限　　制	FreeBSD 8.0	Linux 3.2.0	Mac OS X 10.6.8	Solaris 10	
				UFS 文件系统	PCFS 文件系统
ARG_MAX	262,144	2,097,152	262,144	2,096,640	2,096,640
ATEXIT_MAX	32	2,147,483,647	2,147,483,647	无限制	无限制
CHARCLASS_NAME_MAX	无符号	2048	14	14	14
CHILD_MAX	1760	47,211	266	8021	8021
clock ticks/second	128	100	100	100	100
COLL_WEIGHTS_MAX	0	255	2	10	10
FILESIZEBITS	64	64	64	41	不支持
HOST_NAME_MAX	255	64	255	255	255
IOV_MAX	1024	1024	1024	16	16
LINE_MAX	2048	2048	2048	2048	2048
LINK_MAX	32,767	65,000	32,767	32,767	1
LOGIN_NAME_MAX	17	256	255	9	9
MAX_CANON	255	255	1024	256	256
MAX_INPUT	255	255	1024	512	512
NAME_MAX	255	255	255	255	8
NGROUPS_MAX	1023	65,536	16	16	16
OPEN_MAX	3520	1024	256	256	256
PAGESIZE	4096	4096	4096	8192	8192
PAGE_SIZE	4096	4096	4096	8192	8192
PATH_MAX	1024	4096	1024	1024	1024
PIPE_BUF	512	4096	512	5120	5120
RE_DUP_MAX	255	32,767	255	255	255
STREAM_MAX	3520	16	20	256	256
SYMLINK_MAX	1024	无限制	255	1024	1024
SYMLOOP_MAX	32	无限制	32	20	20
TTY_NAME_MAX	255	32	255	128	128
TZNAME_MAX	255	6	255	无限制	无限制

图 2.15　系统配置限制的示例

2.5.5　不确定的运行时限制

我们提到一些限制的值可能是不确定的。我们遇到的问题是，如果这些限制没有在头文件<limits.h>中定义，我们就无法在编译时使用它们。但如果它们的值不确定，它们可能在运行时也没有定义。我们来看两个具体的例子：为路径名分配存储空间和确定文件描述符的数量。

路径名

许多程序都需要为路径名分配存储空间。通常，存储空间在编译时就已分配，并且不同的程序使用各种幻数（很少有正确的值）作为数组大小：256、512、1024 或标准 I/O 常量 BUFSIZ。在 4.3BSD 中，头文件<sys/param.h>中的常量 MAXPATHLEN 才是正确的值，但许多 4.3BSD 应用程序并没有使用它。

POSIX.1 试图使用 PATH_MAX 来解决这一问题，但如果这个值不确定，对我们而言，它仍然是没有意义的。我们将在本书中使用图 2.16 所示的函数为路径名动态分配存储空间。

```
#include "apue.h"
#include <errno.h>
#include <limits.h>

#ifdef PATH_MAX
static long pathmax = PATH_MAX;
#else
static long pathmax = 0;
#endif

static long posix_version = 0;
static long xsi_version = 0;

/* 如果PATH_MAX是不确定的，无法保证够用 */
#define PATH_MAX_GUESS 1024

char *
path_alloc(size_t *sizep) /* 第一次循环 */
{
    char    *ptr;
    size_t  size;
    if (posix_version == 0)
        posix_version = sysconf(_SC_VERSION);

    if (xsi_version == 0)
        xsi_version = sysconf(_SC_XOPEN_VERSION);

    if (pathmax == 0) { /* 第一次循环 */
        errno = 0;
        if ((pathmax = pathconf("/", _PC_PATH_MAX)) < 0) {
            if (errno == 0)
                pathmax = PATH_MAX_GUESS; /* 这个值是不确定的 */
            else
                err_sys("pathconf error for _PC_PATH_MAX");
        } else {
            pathmax++; /* 因为与根目录有关，所以进行自增运算 */
        }
    }
    /*
```

```
     * 在 POSIX.1-2001 之前，我们不能保证 PATH_MAX 包含了表示终止的null字节。
     * XPG3 也是如此
     */
    if ((posix_version < 200112L) && (xsi_version < 4))
        size = pathmax + 1;
    else
        size = pathmax;

    if ((ptr = malloc(size)) == NULL)
        err_sys("malloc error for pathname");

    if (sizep != NULL)
        *sizep = size;
    return(ptr);
}
```

图 2.16　动态分配路径名的空间

如果在<limits.h>中已经定义了常量 PATH_MAX，那么就没有任何问题。如果该常量未定义，我们就需要调用 pathconf 函数。pathconf 函数返回的值是当第一个参数是工作目录时相对路径名的最大长度，因此，我们将根目录指定为第一个参数，并将返回值加 1。如果 pathconf 表示 PATH_MAX 的值是不确定的，那么我们只能猜测一个值。

2001 年之前的 POSIX.1 版本未明确说明 PATH_MAX 是否包含路径名末尾的 null 字节。如果 UNIX 的实现符合这些早期版本的标准，但不符合任何版本的 Single UNIX Specification（SUS 明确要求包含结尾处的 null 字节），我们就需要在为路径名分配的存储空间大小上增加 1 字节，以确保安全。

当面临不确定的结果时，正确的处理方式取决于分配的存储空间是如何被使用的。例如，如果我们为调用 getcwd 分配存储空间（用于返回当前工作目录的绝对路径名，参见 4.23 节）。如果分配的空间太小，会返回一个错误，并将 errno 的值设置为 ERANGE。接着，我们可以通过调用 realloc（参见 7.8 节和练习 4.16）来增加分配的存储空间，然后重试，直到对 getcwd 的调用成功为止。

最大打开文件数

在守护进程（指在后台运行，不与终端连接的进程）中，一个常见代码序列是关闭所有打开的文件。某些程序可能会使用以下代码序列（假设在头文件<sys/param.h>中已定义了常量 NOFILE）：

```
#include  <sys/param.h>

for (i = 0; i < NOFILE; i++)
    close(i);
```

一些程序可能会使用某些版本的 <stdio.h> 提供的常量_NFILE 作为最大打开文件数的

上限。某些应用程序直接将这个上限硬编码为 20。但是，这些方法都是不可移植的。

我们希望使用 POSIX.1 的 OPEN_MAX 值确定该上限以提高可移植性。但如果这个上限的值不确定，那么我们仍然会遇到问题。如果我们编写如下代码：

```
#include  <unistd.h>

for (i = 0; i < sysconf(_SC_OPEN_MAX); i++)
    close(i);
```

而 OPEN_MAX 的值不确定，那么该循环将永远不会被执行，因为 sysconf 函数将返回 –1。在这种情况下，我们最好的选择就是将所有描述符关闭直至描述符的编号达到某个限制值，比如 256。我们在图 2.17 中展示了这种技术。与我们的路径名示例一样，这种策略不能保证适用于所有情况，但这是我们所能做的最好选择。

```
#include "apue.h"
#include <errno.h>
#include <limits.h>

#ifdef OPEN_MAX
static long openmax = OPEN_MAX;
#else
static long openmax = 0;
#endif

/*
 * 如果 OPEN_MAX的值是不确定的，有可能不够用。
 */
#define OPEN_MAX_GUESS 256

long
open_max(void)
{
    if (openmax == 0) {     /* 第一次循环 */
        errno = 0;
        if ((openmax = sysconf(_SC_OPEN_MAX)) < 0) {
            if (errno == 0)
                openmax = OPEN_MAX_GUESS; /* 它是不确定的 */
            else
                err_sys("sysconf error for _SC_OPEN_MAX");
        }
    }
    return(openmax);
}
```

图 2.17　确定文件描述符的数量

在收到返回的错误码之前，我们可能会一直调用 close，但是 close 返回的错误码（EBADF）无法区分无效的文件描述符和尚未打开的文件描述符。如果我们尝试这种技术，并且文件描述符 9 未打开但文件描述符 10 已打开，我们将在文件描述符 9 处停止，永远不会关闭文件描述符 10。dup 函数（详见 3.12 节）会在打开文件数超过 OPEN_MAX 时返回特定的错误，但是复制一个文件描述符上百次以确定 OPEN_MAX 的值是一种极端方法。

对于实际上无限的限制值，一些实现将返回 LONG_MAX。Linux 对 ATEXIT_MAX 的限制就是这种情况（详见图 2.15）。这不是一个好主意，因为它可能导致程序的性能不佳。

例如，我们可以使用 Bourne-again shell 中内置的 ulimit 命令来更改进程可以同时打开的文件的最大数量。如果要将此限制的值设置为“无限”，通常需要有特殊权限（超级用户）。但是一旦设置为无限，sysconf 将把 LONG_MAX 作为 OPEN_MAX 的限制值。如果程序将这个值作为要关闭的文件描述符的上限（如图 2.17 所示），将浪费大量时间来尝试关闭 2,147,483,647 个文件描述符，其中大部分甚至从未被使用过。

支持 Single UNIX Specification 的 XSI 选项的系统将提供 getrlimit(2) 函数（参见 7.11 节）。它可用于返回一个进程可以打开的文件描述符的最大数量。有了它，我们可以检测到进程可以打开的文件数实际上没有设置上限，因此可以避开上一段所述的问题。

POSIX 将 OPEN_MAX 称为运行时不变值，意味着其值在进程的生命周期中不应发生变化。但是在支持 XSI 选项的系统上，我们可以调用 setrlimit (2) 函数（见 7.11 节）来更改一个运行中的进程的 OPEN_MAX 值（也可以使用 C shell 的 limit 命令或 Bourne shell、Bourne-again shell、Debian Almquist shell 和 Korn shell 中的 ulimit 命令来更改这个值）。如果系统支持此功能，则可以更改图 2.17 中的函数，使其在每次被调用时都调用 sysconf，而不只在第一次被调用才调用 sysconf。

2.6 选项

图 2.5 展示了 POSIX.I 选项列表，我们在 2.2.3 节也讨论了 XSI 选项组。如果要编写可移植的应用程序，而这些程序可能会依赖于这些可选的支持的功能，就需要用一种可移植的方法来判断一个实现是否支持特定的选项。

与对限制的处理（详见 2.5 节）一样，POSIX.1 定义了三种处理选项的方法。

1. 对于编译时选项，在<unistd.h>中定义。
2. 对于与文件或目录无关的运行时选项，通过调用 sysconf 函数来判断。
3. 对于与文件或目录有关的运行时选项，通过调用 pathconf 或 fpathconf 函数来判断。

这些选项包括图 2.5 中第 3 列的符号，以及图 2.19 和图 2.18 中的符号。如果符号常量未定义，我们就必须使用 sysconf、pathconf 或 fpathconf 函数来判断是否支持该选项。在这种情况下，这些函数的 *name* 参数的前缀_POSIX 必须替换为_SC 或_PC。对于以_XOPEN 为前缀的常量，在构造 *name* 参数时必须将前缀设置为_SC 或_PC。例如，若常量_POSIX_RAW_SOCKETS 未定义，就可以将 *name* 参数设置为_SC_RAW_SOCKETS，并调用 sysconf 函数来判断该平台是否支持原始套接字选项。如果常量_XOPEN_UNIX 未定义，就可以将 *name* 参数设置为_SC_XOPEN_UNIX，并调用 sysconf 函数来判断该平台是否支持 XSI 选项。

限制名称	说　明	*name* 参数
_POSIX_CHOWN_RESTRICTED	chown 的使用是否受到限制	_PC_CHOWN_RESTRICTED
_POSIX_NO_TRUNC	文件名长于 NAME_MAX 是否会产生错误	_PC_NO_TRUNC
_POSIX_VDISABLE	如果定义了这个限制，可以使用其值禁用终端特殊字符	_PC_VDISABLE
_POSIX_ASYNC_IO	对关联文件是否可以使用异步 I/O	_PC_ASYNC_IO
_POSIX_PRIO_IO	对关联文件是否可以使用优先的 I/O	_PC_PRIO_IO
_POSIX_SYNC_IO	对关联文件是否可以使用同步 I/O	_PC_SYNC_IO
_POSIX2_SYMLINKS	目录中是否支持符号链接	_PC_2_SYMLINKS

图 2.18　pathconf 和 fpathconf 的选项及 *name* 参数

确定一个选项在平台上是否受支持时，有如下三种情况。

1. 如果符号常量未定义或者其值被定义为-1，那么对应的选项在编译时不受平台支持。但是还有一种可能：在已支持某选项的新系统上运行旧的应用时，即使在编译应用时该选项未被支持，但新系统的运行时检查将显示该选项已经被支持。
2. 如果符号常量的定义值大于 0，那么对应的选项受平台支持。
3. 如果符号常量的定义值等于 0，则必须调用 sysconf、pathconf 或 fpathconf 函数来判断平台是否支持对应的选项。

图 2.18 总结了函数 pathconf 和 fpathconf 使用的符号常量。图 2.19 还总结了函数 sysconf 使用的其他未弃用选项及其符号常量，图 2.5 中列出的那些选项不在此列。注意，我们在此处省略了与实用程序命令有关的选项。

与系统限制一样，关于 sysconf、pathconf 和 fpathconf 这些函数如何处理选项，有如下几点需要注意。

1. _SC_VERSION 的返回值表示标准发布的年份（以 4 位数字表示）、月份（以 2 位数字表示）。其值可能是 198808L、199009L、199506L，或表示该标准后续版本的其他值。与 SUSv3（POSIX.1 2001 年版）关联的值是 200112L，与 SUSv4（POSIX.1 2008 年版）关联的值是 200809L。

限制名称	说　明	*name* 参数
_POSIX_ASYNCHRONOUS_IO	该实现是否支持 POSIX 异步 I/O	_SC_ASYNCHRONOUS_IO
_POSIX_BARRIERS	该实现是否支持屏障（barrier）	_SC_BARRIERS
_POSIX_CLOCK_SELECTION	该实现是否支持时钟选择	_SC_CLOCK_SELECTION
_POSIX_JOB_CONTROL	该实现是否支持作业控制	_SC_JOB_CONTROL
_POSIX_MAPPED_FILES	该实现是否支持存储映像文件	_SC_MAPPED_FILES
_POSIX_MEMORY_PROTECTION	该实现是否支持存储保护	_SC_MEMORY_PROTECTION
_POSIX_READER_WRITER_LOCKS	该实现是否支持读/写锁	_SC_READER_WRITER_LOCKS
_POSIX_REALTIME_SIGNALS	该实现是否支持实时信号	_SC_REALTIME_SIGNALS
_POSIX_SAVED_IDS	该实现是否支持保存的 set-user-ID 和 set-group-ID	_SC_SAVED_IDS
_POSIX_SEMAPHORES	该实现是否支持 POSIX 信号量	_SC_SEMAPHORES
_POSIX_SHELL	该实现是否支持 POSIX shell	_SC_SHELL
_POSIX_SPIN_LOCKS	该实现是否支持旋转锁	_SC_SPIN_LOCKS
_POSIX_THREAD_SAFE_FUNCTIONS	该实现是否支持线程安全函数	_SC_THREAD_SAFE_FUNCTIONS
_POSIX_THREADS	该实现是否支持线程	_SC_THREADS
_POSIX_TIMEOUTS	该实现是否支持具有超时设置功能的函数变体	_SC_TIMEOUTS
_POSIX_TIMERS	该实现是否支持定时器	_SC_TIMERS
_POSIX_VERSION	POSIX.1 版本号	_SC_VERSION
_XOPEN_CRYPT	该实现是否支持 XSI 加密选项组	_SC_XOPEN_CRYPT
_XOPEN_REALTIME	该实现是否支持 XSI 实时选项组	_SC_XOPEN_REALTIME
_XOPEN_REALTIME_THREADS	该实现是否支持 XSI 实时线程选项组	_SC_XOPEN_REALTIME_THREADS
_XOPEN_SHM	该实现是否支持 XSI 共享存储选项组	_SC_XOPEN_SHM
_XOPEN_VERSION	XSI 版本号	_SC_XOPEN_VERSION

图 2.19　sysconf 的选项及 *name* 参数

2. _SC_XOPEN_VERSION 的返回值表示系统支持的 XSI 版本。与 SUSv3 关联的值是 600，与 SUSv4 关联的值是 700。
3. _SC_JOB_CONTROL、_SC_SAVED_IDS 及_PC_VDISABLE 的值不再表示可选的功能。虽然 XPG4 和 SUS 的早期版本要求支持这些选项，但从 SUSv3 开始，它们在

POSIX.1 中不再是可选的功能，但这些符号仍然被保留，用于实现后向兼容。

4. 符合 POSIX.1-2008 标准的平台还必须支持下列选项：
   - _POSIX_ASYNCHRONOUS_IO
   - _POSIX_BARRIERS
   - _POSIX_CLOCK_SELECTION
   - _POSIX_MAPPED_FILES
   - _POSIX_MEMORY_PROTECTION
   - _POSIX_READER_WRITER_LOCKS
   - _POSIX_REALTIME_SIGNALS
   - _POSIX_SEMAPHORES
   - _POSIX_SPIN_LOCKS
   - _POSIX_THREAD_SAFE_FUNCTIONS
   - _POSIX_THREADS
   - _POSIX_TIMEOUTS
   - _POSIX_TIMERS

   这些常量的值被定义为 200809L。相应的_SC 符号也为了后向兼容而被保留。
5. 如果对指定的 *pathname* 或 *fd*，此功能已经不再被支持，那么_PC_CHOWN_RESTRICTED 和_PC_NO_TRUNC 将返回−1 且 errno 的值保持不变。在所有符合 POSIX 标准的系统中，返回值均大于 0（表示支持这个选项）。
6. _PC_CHOWN_RESTRICTED 的引用文件必须是一个文件或目录。如果是目录，那么返回值表示该选项是否可应用于该目录中的文件。
7. _PC_NO_TRUNC 和_PC_2_SYMLINKS 的引用文件必须是一个目录。
8. _PC_NO_TRUNC 的返回值适用于目录中的文件名。
9. _PC_VDISABLE 的引用文件必须是一个终端文件。
10. _PC_ASYNC_IO、_PC_PRIO_IO、和_PC_SYNC_IO 的引用文件不能是目录。

图 2.20 列出了一些配置选项及其在本书所讨论的 4 个示例系统上对应的值。如果系统定义了某个符号常量，其值为−1，或者其值为 0，但相应的 sysconf 或 pathconf 函数调用返回的值是−1，都表示该选项尚不受支持。有趣的是，有些系统的实现还没有跟上 Single UNIX Specification 的最新版本。

注意，在 Solaris 上使用 PCFS 文件系统中的文件调用 pathconf 且指定了_PC_NO_TRUNC 时，pathconf 将返回−1。PCFS 文件系统支持 DOS 格式（适用于软盘），而对于 DOS 文件名将按 DOS 文件系统所要求 8.3 格式截断，在进行该操作时无任何提示。

限制	FreeBSD 8.0	Linux 3.2.0	Mac OS X 10.6.8	Solaris 10	
				UFS 文件系统	PCFS 文件系统
_POSIX_CHOWN_RESTRICTED	1	1	200112	1	1
_POSIX_JOB_CONTROL	1	1	200112	1	1
_POSIX_NO_TRUNC	1	1	200112	1	不支持
_POSIX_SAVED_IDS	不支持	1	200112	1	1
_POSIX_THREADS	200112	200809	200112	200112	200112
_POSIX_VDISABLE	255	0	255	0	0
_POSIX_VERSION	200112	200809	200112	200112	200112
_XOPEN_UNIX	不支持	1	1	1	1
_XOPEN_VERSION	不支持	700	600	600	600

图 2.20　配置选项的示例

2.7　功能测试宏

如前面所述，头文件中定义了很多 POSIX.1 和 XSI 符号。但是除了 POSIX.1 和 XSI 定义，大多数实现在这些头文件中也加入了它们自定义的内容。如果在编译一个程序时，希望它只与 POSIX 的定义相关，而且不与任何实现定义的常量冲突，就需要定义常量_POSIX_C_SOURCE。一旦定义了常量_POSIX_C_SOURCE，所有的 POSIX.1 头文件都使用这个常量来排除任何实现专有的定义。

> POSIX.1 标准的早期版本就已经定义了_POSIX_SOURCE 常量。在 POSIX.1 标准的 2001 版中，这个常量被_POSIX_C_SOURCE 取代。

常量_POSIX_C_SOURCE 和_XOPEN_SOURCE 被称为功能测试宏（feature test macro）。所有功能测试宏都是以下画线开头的。要使用它们时，通常在 cc 命令行中以如下方式定义：

```
cc -D_POSIX_C_SOURCE=200809L file.c
```

这使得 C 程序在包含任何头文件之前就会定义功能测试宏。如果我们只使用 POSIX.1 定义，也可将源文件的第一行设置为：

```
#define _POSIX_C_SOURCE  200809L
```

为了启用 SUSv4 的 XSI 选项，我们需要将常量_XOPEN_SOURCE 定义为 700。除了启用 XSI 选项，就 POSIX.I 的功能来说，这样做与将_POSIX_C_SOURCE 定义为 200809L 的效果是相同的。

SUS 将 c99 实用程序定义为 C 编译环境的接口。然后，我们就可以用如下方式编译文件：

```
c99 -D_XOPEN_SOURCE=700 file.c -o file
```

可以使用-std=c99 选项在 gcc 的 C 编译器中启用 1999 年的 ISO C 扩展，如下所示：

```
gcc -D_XOPEN_SOURCE=700 -std=c99 file.c -o file
```

2.8 基本系统数据类型

在历史上，某些 C 数据类型与特定的 UNIX 系统变量联系在一起，例如，主设备号和次设备号一直被保存为一个 16 位的短整型数，其中 8 位表示主设备号，剩下的 8 位表示次设备号。但是，很多较大的系统需要用大于 256 的值来表示其设备号，因此需要一种不同的技术（实际上，Solaris 用 32 位整型数表示设备号：其中，14 位表示主设备号，其余的 18 位表示次设备号）。

头文件<sys/types.h>定义了一些与实现有关的数据类型，称为基本系统数据类型（primitive system data type）。还有很多这种数据类型是在其他头文件中定义的。这些数据类型都是使用 C 语言的 typedef 在头文件中定义的。它们绝大多数都以_t 结尾。图 2.21 列出了我们将在本书中使用的一些基本系统数据类型。

类　型	说　明
clock_t	时钟 tick 数的计数器（进程时间），参见 1.10 节
comp_t	压缩的时钟 tick 数（POSIX.1 未定义），参见 8.14 节
dev_t	设备号（主设备号和次设备号），参见 4.24 节
fd_set	文件描述符集，参见 14.4.1 节
fpos_t	文件位置，参见 5.10 节
gid_t	数值组 ID
ino_t	i 节点编号，参见 4.14 节
mode_t	文件类型、文件创建模式，参见 4.5 节
nlink_t	目录项的链接计数，参见 4.14 节
off_t	文件大小和（有符号的）偏移量（lseek），参见 3.6 节
pid_t	（有符号的）进程 ID 和进程组 ID，参见 8.2 节和 9.4 节
pthread_t	线程 ID，参见 11.3 节
ptrdiff_t	两个指针相减的结果（有符号）
rlim_t	资源限制，参见 7.11 节

图 2.21　一些通用的基本数据类型

类 型	说 明
sig_atomic_t	可以原子访问的数据类型，参见 10.15 节
sigset_t	信号集，参见 10.11 节
size_t	对象（例如字符串）的大小（无符号），参见 3.7 节
ssize_t	返回字节计数的函数（有符号），read、write，参见 3.7 节
time_t	日历时间的秒计数器，参见 1.10 节
uid_t	数值用户 ID
wchar_t	可以表示所有不同的字符码

图 2.21 一些通用的基本数据类型（续）

通过这种方式定义这些数据类型以后，我们就不再需要考虑因系统不同而导致的程序实现细节的变化。本书在后面涉及这些数据类型时，都会说明为什么要使用它们。

2.9 标准之间的冲突

总的来说，这些不同的标准都能很好地结合在一起。因为 SUS 的基本规范和 POSIX.1 是相同的，所以我们不对其做特别的说明，我们主要关注 ISO C 标准和 POSIX.1 之间的差异。冲突都是非预期的，但如果出现冲突，POSIX.1 会遵从 ISO C 标准。不过，它们之间还是存在些许差异。

ISO C 定义了 clock 函数，它返回进程使用的 CPU 时间，返回值的类型为 clock_t，但 ISO C 标准中并没有规定返回值的单位。为了将这个值转换成以秒为单位，需要将其除以 CLOCKS_PER_SEC（在<time.h>头文件中定义）。POSIX.1 定义了 times 函数，它返回其调用者及其所有已终止的子进程的 CPU 时间和时钟时间，所有这些值的类型都是 clock_t。sysconf 函数用于获取每秒的时钟 tick 数，用来表示 times 函数的返回值。ISO C 和 POSIX.1 使用同一种数据类型 clock_t 保存对时间的测量值，但两者却定义了不同的时间单位。这种差异在 Solaris 系统中可以看到，其中 clock 函数返回的是微秒数（因此 CLOCK PER_SEC 是 100 万），而 sysconf 函数返回的值为 100，以每秒的时钟 tick 数为单位。因此，我们在使用 clock_t 类型的变量时，必须留意其时间单位。

另一个可能产生冲突之处是，ISO C 标准在说明函数时可能没有 POSIX.1 那么严格。在 POSIX 环境下，有的函数可能需要一个与 ISO C 环境下不同的实现，因为 POSIX 环境中有多个进程，而 ISO C 环境则很少考虑宿主的操作系统。尽管如此，很多符合 POSIX 规范的系统为了保证兼容性也会实现 ISO C 函数。signal 函数就是一个例子。如果我们不知不觉就使用了 Solaris 提供的 signal 函数（希望编写可在 ISO C 环境和较早 UNIX 系统下运行的程序），那么它将提供与 POSIX.1 的 sigaction 函数不同的语义。我们将在第 10 章对 signal 函数做进一步的阐释。

2.10 小结

在过去的 25 年里，UNIX 编程环境的标准化工作取得了较大进展。本章对其中三个主要标准——ISO C、POSIX 和 Single UNIX Specification 进行了介绍，并分析了它们对本书主要关注的 4 个平台的实现，即 FreeBSD、Linux、Mac OS X 和 Solaris 所产生的影响。这些标准都尝试定义了一些可以随实现而更改的参数，但是我们已经看到这些限制其实并不完美。本书后面的章节将涉及很多这些限制和幻常量。

本书的“参考书目”[8]中详细说明了如何获取这些标准。

习题

2.1 我们在 2.8 节提到，一些基本系统数据类型可以在多个头文件中定义。例如，在 FreeBSD 8.0 中，`size_t` 在 29 个不同的头文件中都有定义。由于一个程序可能包含这 29 个头文件，但是 ISO C 却不允许对同一个名字用多个 `typedef` 进行定义，那么如何编写这些头文件呢？

2.2 检查你的系统头文件，列出实现基本系统数据类型的实际数据类型。

2.3 改写图 2.17 中的程序，以避免在 `sysconf` 将 `OPEN_MAX` 的值返回为 `LONG_MAX` 时进行不必要的处理。

---

8 请扫本书封底二维码获取。

3

文件 I/O

3.1 引言

本章开始讨论 UNIX 系统，我们先描述可用于文件 I/O 的函数——打开文件、读取文件、写入文件等。UNIX 系统中的大多数文件 I/O 操作只需用到 5 个函数：open、read、write、lseek 和 close。然后，我们将研究不同缓冲区大小对 read 和 write 函数的影响。

本章介绍的函数经常被称为不带缓冲的 I/O 函数，与第 5 章中介绍的标准 I/O 函数不同。术语“不带缓冲”（*unbuffered*）指的是每个 read 和 write 函数都调用内核中的一个系统调用。这些不带缓冲的 I/O 函数不是 ISO C 的组成部分，但它们是 POSIX.1 和 Single UNIX Specification 的组成部分。

当我们描述多个进程间的资源共享时，原子操作的概念就变得尤为重要。我们将结合文件 I/O 和 open 函数的参数来讨论这一概念。接下来，我们将进一步讨论在多个进程间如何共享文件，以及涉及哪些内核数据结构。描述完这些特性后，我们将介绍 dup、fcntl、sync、fsync 和 ioctl 函数。

3.2 文件描述符

对于内核而言，所有打开的文件都是通过文件描述符来引用的。文件描述符是一个非负整型数。当我们打开现有文件或创建新文件时，内核就会给进程返回一个文件描述符。当我们想要读取或写入文件时，就使用 open 或 create 返回的文件描述符来标识这个文件，并将其作为参数传送给 read 或 write 函数。

按照惯例，UNIX 系统 shell 把文件描述符 0 与进程的标准输入相关联，文件描述符 1 与标准输出相关联，文件描述符 2 与标准错误相关联。shell 和很多应用程序都使用这个惯例，与 UNIX 内核无关。但是如果不遵循这种惯例，很多 UNIX 系统的应用程序就无法正常工作。

在符合 POSIX.1 规范的应用程序中，虽然幻数 0、1 和 2 已经标准化，但还是应当把它们分别替换成符号常量 STDIN_FILENO、STDOUT_FILENO 和 STDERR_FILENO，以提高可读性。这些常量都是在头文件<unistd.h>中定义的。

文件描述符的取值范围是从 0 到 OPEN_MAX-1（参见图 2.11）。在早期的 UNIX 系统实现中，文件描述符的上限值是 19，即每个进程最多允许打开 20 个文件，但现在很多系统将这个上限值增加至 63。

在 FreeBSD 8.0、Linux 3.2.0、Mac OS X10.6.8 和 Solaris 10 中，文件描述符的上限值基本上是无限的，它只受系统配置的存储器总量、整型数的大小，以及系统管理员所配置的软限制和硬限制的约束。

3.3 open 和 openat 函数

调用 open 或 openat 函数可以打开或创建一个文件。

```
#include <fcntl.h>

int open(const char *path, int oflag, ... /* mode_t mode */ );

int openat(int fd, const char *path, int oflag, ... /* mode_t mode */ );
```
两个函数的返回值：如果成功，则返回文件描述符；如果出错，则返回-1

最后一个参数被写为“...”，ISO C 用这种方法表明余下的参数数量及其类型是可变的。对于 open 函数来说，只有创建新文件时才会使用最后的这个参数，稍后我们将对此进行说明。在函数原型中，我们将此参数放置在注释里。

path 参数是要打开或创建的文件的名字。*oflag* 参数用于说明这个函数的多个选项。用以下常量中的一个或多个进行逻辑“或”运算可以得到 *oflag* 参数，这些常量是在头文件<fcntl.h>中定义的。

O_RDONLY　　以只读方式打开。

O_WRONLY　　以只写方式打开。

O_RDWR　　以读写方式打开。

大多数实现将 O_RDONLY 定义为 0，O_WRONLY 定义为 1，O_RDWR 定义为 2，以便与早期的程序兼容。

O_EXEC　　以只执行的方式打开。

O_SEARCH　　以只搜索的方式打开（适用于目录）。

O_SEARCH 常量的目的在于，在打开目录时检查目录的搜索权限，这样对目录的文件描述符的后续操作就不需要再次检查对该目录的搜索权限了。然而，本书涉及的几个操作系统目前都尚未支持 O_SEARCH。

对于上面的 5 个常量，必须指定且只能指定一个，而下列常量则是可选的。

O_APPEND　　每次写入时都追加到文件的末尾。我们在 3.11 节将详细说明此选项。

O_CLOEXEC　　将 FD_CLOEXEC 常量设置为文件描述符标识。我们在 3.14 节将讨论文件描述符标识。

O_CREAT　　若文件不存在，则创建文件。使用此选项时，open 函数需要说明第 3 个参数 *mode*（openat 函数需要说明第 4 个参数 *mode*）。*mode* 参数用于指定该新文件的访问权限位（在 4.5 节，我们将介绍文件的权限位，届时你就能了解如何设定 *mode*，以及如何用进程的 umask 值修改它）。

O_DIRECTORY　　如果 *path* 引用的不是目录，则报错。

O_EXCL　　如果同时指定了 O_CREAT 且文件已经存在，则报错。用这个常量可以测试某个文件是否存在，如果不存在，则创建此文件，这使得文件的测试和创建成为一个原子操作。3.11 节将详细说明原子操作。

O_NOCTTY　　如果 *path* 引用的是一个终端设备，则不把该设备分配为该进程的控制终端。9.6 节将说明如何控制终端。

O_NOFOLLOW　　如果 *path* 引用的是一个符号链接，则报错。4.17 节将详细说明符号链接。

O_NONBLOCK　　如果 *path* 引用 FIFO、块特殊文件或字符特殊文件，则此选项将文件的打开和后续 I/O 操作设置为非阻塞模式。14.2 节将详细说明这种模式。

早期的 System V 引入了 O_NDELAY（不延迟）标识，它与 O_NONBLOCK（不阻塞）选项类似，但它的 read 操作的返回值具有歧义。如果不能从管道、FIFO 或设备读取数据，则“不延迟”选项将使 read 操作返回 0，这与表示已读到文件末尾的返回值（也是 0）相冲突。基于 SVR4 的系统仍支持这种语义的“不延迟”选项，但是新的应用程序应当改用“不阻塞”选项。

O_SYNC　　每次 write 操作都等待物理 I/O 操作完成，包括由该 write 操作引起的文件属性更新所需的 I/O 操作。3.14 节将使用这个选项。

O_TRUNC　　如果文件已存在，而且以只写或读写的方式打开，则将其长度截断为 0。

O_TTY_INIT　　打开一个尚未打开的终端设备时，将非标准的 termios 参数设置为符合 Single UNIX Specification 的值。第 18 章将讨论终端 I/O 的 termios 结构体。

以下两个标识也是可选的。它们是 Single UNIX Specification（以及 POSIX.1）中同步输入和输出选项的一部分。

O_DSYNC　　每次 write 操作都等待物理 I/O 操作完成，但是如果该 write 操作并不影响读取刚刚写入的数据，则不需要等待文件属性更新完成。

O_DSYNC 和 O_SYNC 标识相似，但也有微妙的区别。只有当文件属性需要更新以反映文件数据的变化时（例如，更新文件的大小以反映这个文件包含了更多的数据），O_DSYNC 标识才会影响文件属性。而设置 O_SYNC 标识后，数据和属性总是同步更新的。当文件使用 O_DSYN 标识打开，在重写现有的部分内容时，文件的时间属性不会同步更新。相反，如果文件是用 O_SYNC 标识打开的，那么对该文件的每一次 write 操作都将在 write 返回之前更新文件的时间属性，无论是改写现有字节还是追加写文件。

O_RSYNC　　每个以文件描述符作为参数进行的 read 操作都要等待，直到在文件同一部分上挂起的所有 write 操作完成。

Solaris 10 支持这三个同步标识。FreeBSD 和 Mac OS X 使用过另一个标识 O_FSYNC，它与 O_SYNC 的作用相同。因为这两个标识作用相同，所以它们被定义为相同的值。FreeBSD 8.0 不支持 O_DSYNC 和 O_RSYNC 标识。Mac OS X 不支持 O_RSYNC 标识，但定义了 O_DSYNC 标识，将其视为与 O_SYNC 标识相同。Linux 3.2.0 支持 O_DSYNC 标识，但将 O_RSYNC 标识视为与 O_SYNC 相同。

open 和 openat 函数确保其返回的文件描述符是最小的未使用的描述符编号。一些应用程序利用这一事实在标准输入、标准输出或标准错误上打开新文件。例如，应用程序可以先关闭标准输出（通常是文件描述符 1），然后再打开另一个文件，确信该文件一定会在文件描述符 1 上打开。我们在 3.12 节探讨 dup2 函数时，将介绍一种更好的方法来保证文件在某个给定的描述符上打开。

fd 参数将 open 和 openat 函数区分开，有如下三种可能的情况。

1．*path* 参数指定的是绝对路径名，在这种情况下，*fd* 参数可被忽略，openat 函数等同于 open 函数。

2．*path* 参数指定的是相对路径名，*fd* 参数是一个文件描述符，指定了相对路径名在文件系统中的起始地址。打开相对路径名所在的目录可获取 *fd* 参数的值。

3．*path* 参数指定的是相对路径名，*fd* 参数具有特殊值 AT_FDCWD。此时，路径名在当前工作目录中获取，openat 函数的行为与 open 函数类似。

openat 函数是 POSIX.1 的最新版本中新增的函数，其试图解决两个问题。第一，让线程可以使用相对路径名打开目录中的文件，而不是只能打开当前的工作目录。在第 11 章你将会看到，同一进程中的所有线程共享相同的当前工作目录，因此我们很难使得同一进程的多个不同线程在不同的目录下同时工作。第二，它可以避免 time-of-cheek-to-time-of-use（TOCTTOU）错误。

TOCTTOU 错误背后的基本思想是：假设程序中有两次基于文件的函数调用，第二次函数调用依赖于第一次函数调用的结果，那么这个程序就可能受到攻击。因为这两次调用并不是原子操作，在两次函数调用之间，文件有可能发生变化，使得第一次调用的结果不再有效，导致程序产生错误的结果。文件系统命名空间中的 TOCTTOU 错误通常就是那些颠覆文件系统权限的尝试引起的，比如通过欺骗特权程序来降低特权文件的权限，或者修改特权文件以打开一个安全漏洞等。Wei 和 Pu（2005）讨论了 UNIX 文件系统接口中的 TOCTTOU 缺陷。

文件名和路径名截断

如果 NAME_MAX 的值是 14，而我们却尝试在当前目录中创建一个名字中包含了 15 个字符的新文件，那么会发生什么呢？传统上，早期的 System V 版本（如 SVR2）是允许这种操作的，但系统会将文件名截断为 14 个字符，而且不会给出任何提示。与之相反，基于 BSD 的系统会返回一个错误，并将 errno 的值设置为 ENAMETOOLONG。无任何提示就截断文件名会引发问题，其不仅仅影响新文件的创建。如果 NAME_MAX 是 14，而正好有一个文件的名字恰好就是 14 个字符，那么以路径名作为参数的函数（例如 open、stat 等）就无法确定该文件的原始名称是什么，因为这些函数无法判断该文件名是否被截断过。

在 POSIX.1 中，常量_POSIX_NO_TRUNC 用于决定是截断过长的文件名或路径名，还是返回一个错误。正如我们在第 2 章中介绍的，根据文件系统的类型，这个常量的值可能发生变化。我们可以用 fpathconf 或 pathconf 来查询目录具体支持何种行为——是截断过长的名字还是返回错误。

是否返回错误在很大程度上是基于历史的。例如。基于 SVR4 的系统对传统的 System V 文件系统 S5 并不会返回错误，但是它对基于 BSD 的文件系统（称为 UFS）则返回错误。我们再看另一个例子（参见图 2.20），Solaris 对 UFS 文件系统返回错误，但是对于 DOS 兼容的文件系统 PCFS 则不返回错误，其原因是 DOS 不给任何提示就截断不匹配 8.3 格式的文件名。而基于 BSD 的系统和 Linux 总是会返回错误。

若_POSIX_NO_TRUNC 生效，则当路径名中有文件名长度超过 NAME_MAX 时，则返回错误，并将 errno 的值设置为 ENAMETOOLONG。

大多数现代文件系统支持的文件名的最大长度为 255。由于文件名长度一般不到 255 个字符，因此对于大多数应用程序来说，这个约束通常不会造成什么问题。

3.4 create 函数

也可调用 creat 函数来创建一个新文件。

```
#include <fcntl.h>

int creat(const char *path, mode_t mode);
                    返回值：若成功，则返回以只写方式打开的文件描述符；否则，返回-1
```

注意，此函数等同于：

```
open(path, O_WRONLY | O_CREAT | O_TRUNC, mode);
```

在 UNIX 系统早期的版本中，open 函数的第 2 个参数的值只能是 0、1 或 2。系统无法打开一个不存在的文件，因此需要通过另一个系统调用 creat 来创建新文件。如今，open 函数提供了选项 O_CREAT 和 O_TRUNC，也就不再需要额外的 creat 函数了。

我们在 4.5 节详细介绍文件访问权限时将介绍如何指定 *mode*.

函数 creat 的一个不足之处是它以只写方式打开所创建的文件。在 open 函数的新版本出现之前，如果要创建一个临时文件，并且要求先写该文件再读取，则必须先调用 creat，再调用 close，然后调用 open，才能实现。现在调用 open 函数即可实现，方法如下：

```
open(path, O_RDWR | O_CREAT | O_TRUNC, mode);
```

3.5 close 函数

可调用 close 函数关闭一个打开的文件。

```
#include <unistd.h>

int close(int fd);
                                        返回值：若成功，返回 0；否则，返回-1
```

关闭一个文件也会释放进程加在该文件上的所有记录锁。我们在14.3节将讨论这一点。

当一个进程终止时，它打开的所有文件将由内核自动关闭。很多应用程序都利用了这一点，不显式地调用 close 函数关闭已打开的文件，可参见图1.4中的程序。

3.6 lseek 函数

每个打开的文件都有一个与其关联的“当前文件偏移量”，其通常是一个非负整型数，用于度量从文件开头开始计算的字节数（我们将在本节后面描述“非负”限定符的一些例外）。读取操作和写入操作通常是从当前文件偏移量开始的，并且该偏移量会按读取或写入的字节数递增。在默认情况下，除非指定了 O_APPEND 选项，否则打开文件时当前文件偏移量将被初始化为0。

可以通过调用 lseek 函数显式地设置打开文件的偏移量。

```
#include <unistd.h>

off_t lseek(int fd, off_t offset, int whence);
                        返回值：若成功，则返回新建文件的偏移量；否则，返回-1
```

对参数 *offset* 的解释取决于参数 *whence* 的值。

- 如果 *whence* 的值为 SEEK_SET，则文件的偏移量被设置为距文件开头 offset 字节的位置。
- 如果 *whence* 的值为 SEEK_CUR，则文件的偏移量被设置为其当前值加上 offset。offset 可以是正数，也可以是负数。
- 如果 *whence* 的值为 SEEK_END，则文件的偏移量被设置为文件的长度加上 offset。offset 可以是正数，也可以是负数。

如果 lseek 能成功执行，将返回新的文件偏移量。我们可以用如下方式确定打开文件的当前偏移量：

```
off_t    currpos;
currpos = lseek(fd, 0, SEEK_CUR);
```

这种技巧还可用于确定文件是否能够被查找（即是否可以被设置偏移量）。如果文件描述符引用的是管道、FIFO或套接字，则 lseek 将 errno 设置为 ESPIPE，同时返回-1。

> 三个符号常量——SEEK_SET、SEEK_CUR 和 SEEK_END，是在 System V 中引入的。在此之前，*whence* 被指定为0（绝对偏移量）、1（相对于当前文件位置的偏移量）或2（相对于文件末尾的偏移量）。许多软件中仍然保留了这些数字的硬编码。

> lseek 的名字中的字符“l”表示长整型（long integer）。在引入 off_t 数据类型之

前，参数 *offset* 和返回值都是长整型。lseek 是在 UNIX V7 中引入的，当时 C 语言中增加了长整型的数据类型（在 UNIX V6 中，函数 seek 和 tell 提供了类似的功能）。

示例

图 3.1 中的程序用于测试对标准输入是否设置偏移量。

```
#include "apue.h"

int
main(void)
{
    if (lseek(STDIN_FILENO, 0, SEEK_CUR) == -1)
        printf("cannot seek\n");
    else
        printf("seek OK\n");
    exit(0);
}
```

图 3.1　测试对标准输入能否设置偏移量

如果使用交互方式调用这个程序，将得到：

```
$ ./a.out < /etc/passwd
seek OK
$ cat < /etc/passwd | ./a.out
cannot seek
$ ./a.out < /var/spool/cron/FIFO
cannot seek
```

通常，文件的当前偏移量应当为非负整型数。然而，某些设备可能允许负偏移量。但就普通文件而言，其偏移量必须为非负值。因为偏移量可能是负值，所以我们应该谨慎地比较 lseek 的返回值是否等于-1，而不是仅仅测试它是否小于 0。

> 在 Intel x86 处理器上运行的 FreeBSD 设备/dev/kmem 支持负偏移量。
>
> 由于偏移量（off_t）是有符号的数据类型（见图 2.21），因此文件的最大长度减少了一半。如果 off_t 是 32 位整型数，则文件的最大长度为 $2^{31}-1$ 字节。

lseek 仅在内核中记录当前文件偏移量，它不会触发任何 I/O 操作。然后，下一个读或写操作将使用这个偏移量。

文件的偏移量可以大于文件的当前长度，在这种情况下，下一次对文件进行写操作时将增加该文件的长度。这被称为在文件中创建一个空洞（hole），是被允许的。文件中未被写入的任何字节都将被读取为 0。

文件中的空洞并不要求在磁盘上占用存储空间。根据文件系统的具体实现，当你在文件尾端之后的位置进行写入操作时，系统可能会分配新的磁盘块来存储写入的数据，但是原文件尾端和新开始写入的位置之间的部分则不需要分配磁盘块。

示例

图3.2所示的程序用于创建一个包含空洞的文件。

```
#include "apue.h"
#include <fcntl.h>

char    buf1[] = "abcdefghij";
char    buf2[] = "ABCDEFGHIJ";

int
main(void)
{
    Int     fd;

    if ((fd = creat("file.hole", FILE_MODE)) < 0)
        err_sys("creat error");

    if (write(fd, buf1, 10) != 10)
        err_sys("buf1 write error");
    /* 偏移量现在为10 */

    if (lseek(fd, 16384, SEEK_SET) == -1)
        err_sys("lseek error");
    /* 偏移量现在为16384 */

    if (write(fd, buf2, 10) != 10)
        err_sys("buf2 write error");
    /* 偏移量现在为16394 */

    exit(0);
}
```

图3.2 创建一个包含空洞的文件

运行这个程序，我们将得到：

```
$ ./a.out
$ ls -l file.hole                              检查其大小
-rw-r--r--1 sar                16394 Nov 25 01:01 file.hole
$ od -c file.hole                              看一看实际内容
0000000  a  b  c  d  e  f  g  h  i  j \0 \0 \0 \0 \0 \0
0000020 \0 \0 \0 \0 \0 \0 \0 \0 \0 \0 \0 \0 \0 \0 \0 \0
*
0040000  A  B  C  D  E  F  G  H  I  J
0040012
```

使用 od(1) 命令查看该文件的实际内容。命令行中的-c 标识表示以字符的形式打印文件内容。可以看到，文件中间的 30 个未被写入的字节都被读成 0。每一行开始的一个 7 位数是以八进制形式表示的字节偏移量。

为了证明在该文件中确实有一个空洞，我们将刚才创建的文件与长度相同但无空洞的文件进行比较：

```
$ ls -ls file.hole file.nohole      比较长度
 8 -rw-r--r--    1 sar        16394 Nov 25 01:01 file.hole
20 -rw-r--r--    1 sar        16394 Nov 25 01:03 file.nohole
```

虽然两个文件的长度相同，但无空洞的文件却占用了 20 个磁盘块，有空洞的文件只占用 8 个磁盘块。

在此示例中，我们调用了 write 函数（将在 3.8 节中详细介绍）。在 4.12 节，我们将对包含空洞的文件进行更多讨论。

由于 lseek 使用的偏移量是用 off_t 类型表示的，因此具体实现可以根据各自特定的平台自行选择大小合适的数据类型。如今，大多数平台提供两组接口来处理文件偏移量：一组使用 32 位的文件偏移量，另一组则使用 64 位的文件偏移量。

Single UNIX Specification 为应用程序提供了一种方法，使其可通过 sysconf 函数确定哪种环境是被支持的（参见 2.5.4 节）。图 3.3 总结了已定义的 sysconf 函数所使用的常量。

类　型	说　明	*name* 参数
_POSIX_V7_ILP32_OFF32	int、long、指针和 off_t 类型为 32 位	_SC_V7_ILP32_OFF32
_POSIX_V7_ILP32_OFFBIG	int、long、指针为 32 位；off_t 类型至少为 64 位	_SC_V7_ILP32_OFFBIG
_POSIX_V7_LP64_OFF64	int 为 32 位；long、指针和 off_t 类型为 64 位	_SC_V7_LP64_OFF64
_POSIX_V7_LP64_OFFBIG	int 至少为 32 位；long、指针和 off_t 类型至少为 64 位	_SC_V7_LP64_OFFBIG

图 3.3　sysconf 的数据大小选项及 *name* 参数

c99 编译器要求我们使用 getconf(1) 命令将所期望的数据大小模型映射为编译和链接程序所需的标识。根据每个平台支持的不同环境，可能需要不同的标识和库。

遗憾的是，实现还未跟上标准的这些步伐。如果你的系统没有匹配标准的最新版本，那么系统可能支持 Single UNIX Specification 之前的版本中的选项名：_POSIX_V6_ILP32_OFF32、_POSIX_V6_ILP32_OFFBIG、_POSIX_V6_LP64_OFF64 和 _POSIX_V6_LP64_OFFBIG。

为了解决这个问题，应用程序可以将符号常量 _FILE_OFFSET_BITS 设置为 64，以支持 64 位文件偏移量，这样就将 off_t 的定义更改为 64 位有符号的整型数。将_FILE_OFFSET_BITS 符号常量设置为 32，以支持 32 位文件偏移量。但应当注意的是，尽管本书讨论的 4 种平台都支持 32 位和 64 位的文件偏移量，设置_FILE OFFSET_BITS 符号常量的值这种方法并不能保证应用程序是可移植的，有可能达不到预期的效果。

图 3.4 总结了在本书涉及的 4 种平台上，当应用程序没有定义_FILE_OFFSET_BITS，以及_FILE_OFFSET_BITS 被定义为 32 或 64 时，off_t 数据类型的字节数。

操作系统	CPU 架构	_FILE_OFFSET_BITS 的值		
		未定义	32	64
FreeBSD 8.0	x86 32 位	8	8	8
Linux 3.2.0	x86 64 位	8	8	8
Mac OS X 10.6.8	x86 64 位	8	8	8
Solaris 10	SPARC 64 位	8	4	8

图 3.4　不同平台上的 off_t 字节数

注意，尽管可以实现 64 位的文件偏移量，但能否创建一个大于 2 GB（2^{31}–1 字节）的文件则取决于底层文件系统的类型。

3.7　read 函数

调用 read 函数可以从打开的文件中读数据。

```
#include <unistd.h>

ssize_t read(int fd, void *buf, size_t nbytes);
    返回值：若读取成功，则返回读到的字节数；若已到文件末尾，则返回 0；若出错，则返回-1
```

如果 read 函数调用成功，则返回读到的字节数；如果已到达文件的末尾，则返回 0。

有多种情况会导致实际读到的字节数少于要求读取的字节数，如下所述：

- 当读取普通文件时，还未读满所要求的字节数就已到达文件末尾。例如，距离文件末尾还有 30 字节，而要求读 100 字节，则 read 函数将返回 30。下一次再调用 read 函数时，它将返回 0（已到达文件末尾）。
- 当从终端设备读取时。在这种情况下，通常一次最多只能读一行（第 18 章将详细介绍如何改变这个默认值）。
- 当从网络读取时。网络中的缓冲机制可能导致返回的字节数小于所要求读取的字节数。

- 当从管道或者 FIFO 读取时。如果管道中的字节数少于所要求读取的字节数，那么 read 函数将仅返回实际可用的字节数。
- 当从某些面向记录的设备（如磁带）读取时。在这种情况下，一次最多返回一条记录。
- 当一个信号造成了中断，而已经读取了部分数据时。我们将在 10.5 节进一步讨论这种情况。

读取操作从文件的当前偏移量开始，在成功返回之前，该偏移量的值将增加，增加的值为实际读取的字节数。

POSIX.1 从几个方面更改了 read 函数的原型。经典的原型定义是：

```
int read(int fd, char *buf, unsigned nbytes);
```

- 首先，将第 2 个参数的类型由 char *改为 void *，以便与 ISO C 保持一致。在 ISO C 中，void *类型用于表示通用指针。
- 其次，返回值必须是一个有符号的整型数（ssize_t），以保证返回的字节数为正整型数、0（表示已达到文件末尾）或–1（表示出错）。
- 最后，第 3 个参数在历史上一直是一个无符号的整型数，允许 16 位的实现一次读取或写入的数据多达 65,534 字节。1990 年的 POSIX.1 标准引入了新的基本系统数据类型 ssize_t，以提供有符号的返回值，而无符号的 size_t 则用于第 3 个参数（请回忆 2.5.2 节中的 SSIZE_MAX 常量）。

3.8 write 函数

调用 write 函数可以向打开的文件写入数据。

```
#include <unistd.h>

ssize_t write(int fd, const void *buf, size_t nbytes);
                    返回值：若成功，则返回已写入的字节数；若出错，则返回-1
```

write 函数的返回值通常与参数 *nbytes* 的值相同，否则表示出错。write 函数出错的一个常见原因是磁盘空间已满，或者超过了给定进程的文件长度的限制（见 7.11 节以及习题 10.11）。

对于普通文件，写操作是从文件的当前偏移量开始的。如果在打开该文件时就指定了 O_APPEND 选项，那么在每次写操作之前，都将文件偏移量设置于当前文件的末尾。在成功写入之后，该文件偏移量会增加，增加的值为实际写入的字节数。

3.9 I/O 的效率

图 3.5 中的程序仅使用函数 read 和 write 复制一个文件。

```
#include "apue.h"

#define BUFFSIZE 4096

int
main(void)
{
    Int     n;
    char    buf[BUFFSIZE];

    while ((n = read(STDIN_FILENO, buf, BUFFSIZE)) > 0)
        if (write(STDOUT_FILENO, buf, n) != n)
            err_sys("write error");

    if (n < 0)
        err_sys("read error");

    exit(0);
}
```

图 3.5　将标准输入复制到标准输出

关于该程序，要注意如下几点：

- 它从标准输入读取数据写至标准输出，这就假定了在执行本程序之前，这些标准输入和标准输出已由 shell 设置好。实际上，所有常用的 UNIX 系统 shell 都提供一种方法，以便在标准输入上打开一个文件用于读取，在标准输出上创建（或重写）一个文件。这使得程序不必打开输入文件和输出文件，并允许用户充分利用 shell 的 I/O 重定向功能。
- 这个程序没有关闭输入文件和输出文件。相反，它利用了 UNIX 系统内核的特性，即当进程终止时，关闭该进程中所有打开的文件描述符。
- 这个例子对于文本文件和二进制代码文件都是适用的，因为对于 UNIX 系统内核而言，两者并无区别。

然而，有个问题我们尚未回答，那就是如何选取 BUFFSIZE 的值。在回答此问题之前，我们先用各种不同的 BUFFSIZE 值来运行图 3.5 所示的程序。图 3.6 展示了使用 20 种不同的缓冲区长度，读取一个 516,581,760 字节的文件所得到的结果。

用图 3.5 中的程序读取文件，其标准输出被重新定向到/dev/null 上。此测试所用的文件系统是 Linux ext4 文件系统，其磁盘块大小为 4096 字节（磁盘块大小由 st_blksize 表示，我们在 4.12 节中说明了其值为 4096）。这也解释了图 3.6 中系统 CPU 时间的几个最小值差不多出现在 BUFFSIZE 为 4096 及之后的位置，而继续增加缓冲区长度对此时间几乎没有影响。

BUFFSIZE	用户 CPU 时间（秒）	系统 CPU 时间（秒）	时钟时间（秒）	循环次数
1	17.64	114.03	131.82	516,581,760
2	9.50	56.60	66.29	258,290,880
4	4.88	32.03	37.24	129,145,440
8	2.58	14.61	17.34	64,572,720
16	1.22	7.71	9.70	32,286,360
32	0.59	4.30	6.57	16,143,180
64	0.33	2.70	6.51	8,071,590
128	0.28	1.82	6.47	4,035,795
256	0.12	1.32	6.47	2,017,898
512	0.07	0.94	6.47	1,008,949
1024	0.02	0.74	6.48	504,475
2048	0.02	0.60	6.47	252,238
4096	0.01	0.54	6.48	126,119
8192	0.02	0.52	6.47	63,060
16,384	0.01	0.52	6.47	31,530
32,768	0.00	0.54	6.47	15,765
65,536	0.00	0.53	6.47	7883
131,072	0.01	0.52	6.45	3942
262,144	0.00	0.53	6.47	1971
524,288	0.00	0.52	6.47	986

图 3.6　在 Linux 上用不同的缓冲区长度进行读取操作的计时结果

大多数文件系统为了改善性能都采用了某种预读技术。当系统检测到应用程序正在进行顺序读取时，就会试图读入比应用程序要求的更多的数据，并假定应用程序很快就会读这些数据。预读的效果可以从图 3.6 中看出，当缓冲区长度小至 32 字节时，其时钟时间与缓冲区长度较大时的时钟时间几乎相同。

在后面我们还会回头看这个示例。我们在 3.14 节将用它说明同步写入的效果，在 5.8 节将比较不带缓冲的 I/O 操作的时间与标准 I/O 库所用的时间。

在度量程序的文件读取和写入操作性能的时候，要小心。操作系统会试图用高速缓存技术将相关文件缓存在主存中，所以如果多次度量程序的性能，那么后续运行该程序所得到的计时结果很可能优于第一次。其原因是第一次运行程序会使文件被输入至系统的高速缓存，后续每次运行程序时就会从系统的高速缓存访问文件，无须读/写磁盘。“incore”这个词的意思是“在主存中”，早期计算机的主存是用铁氧体磁心（ferrite core）做的，这也是“core dump”这个词的由来：程序的主存镜像存放于磁盘的一个文件中，用于测试诊断。

在图 3.6 所示的测试数据中，使用不同长度的缓冲区时，每次运行程序都使用文件的不同副本，所以程序在前一次运行的高速缓存中找不到它所需要的数据。这些文件都足够大，不可能全部被保留在高速缓存中（测试系统配置了 6 GB RAM）。

3.10 文件共享

UNIX 系统支持在不同进程间共享打开的文件。在讲解 dup 函数之前，我们需要先描述这种共享。为此，我们将研究内核用于所有 I/O 的数据结构。

下面的说明是概念性的，与某个特定的实现可能相符，也可能不相符。请参阅 Bach（1986）对 System V 中相关数据结构的讨论。McKusick 等人（1996）描述了 4.4BSD 中的相关数据结构。McKusick 和 Neville-Nell（2005）对 FreeBSD 5.2 进行了介绍。有关 Solaris 的类似讨论，请参考 McDougall 和 Marno 的书（2007）。关于 Linux 2.6 内核体系结构的介绍，请参考 Bovet 和 Cesati 的书（2006）。

内核使用三种数据结构来表示一个打开的文件，它们之间的关系决定了在文件共享方面一个进程对另一个进程可能产生的影响。

1. 每个进程在进程表中都有一个记录项，其中包含一张打开文件描述符的表，我们可将其视为一个矢量，每个描述符对应一项。与每个文件描述符相关联的信息有：
   a. 文件描述符标识（close-on-exec，参见图 3.7 和 3.14 节）。
   b. 指向一个文件表项的指针。
2. 内核维护着一张文件表来管理所有的打开文件。每个文件表项包括：
   a. 文件状态标识，如读取、写入、追加、同步和非阻塞等（关于这些标识的更多信息，请参见 3.14 节）。
   b. 当前文件的偏移量。
   c. 指向该文件 v 节点表项的指针。
3. 每个打开的文件（或设备）都有一个 v 节点（v-node）结构体，其中包含文件类型和对此文件进行各种操作的函数的指针。对于大多数文件，v 节点还包含该文件的 i 节点（i-node，索引节点）。这些信息是在打开文件时从磁盘读入内存的，以便能随时获取文件的所有相关信息。例如，i 节点包含文件的所有者、文件长度、指向文件在磁盘上实际存储位置的指针等（4.14 节将详细阐述典型 UNIX 文件系统，并将更详细地介绍 i 节点）。

Linux 没有使用 v 节点，而是使用了通用的 i 节点结构体。虽然两者的实现有所不同，但在概念上，v 节点与 i 节点是一样的。两者都指向文件系统特定的 i 节点结构体。

我们忽略了一些不影响讨论的实现细节。例如，打开文件描述符表可以存放在用户空间（作为 一个独立的对应于每个进程的结构体，可以换出），而不是存放在进程表中。这些表也可以用除数组之外的多种方式实现，例如，可将它们实现为结构体的链表。如果不考虑这些实现细节的话，通用概念是相同的。

图 3.7 展示了一个进程对应的 3 张表之间的关系。这个进程有两个不同的打开文件：一个文件是通过标准输入打开的（文件描述符为 0），另一个是通过标准输出打开的（文件描述符为 1）。

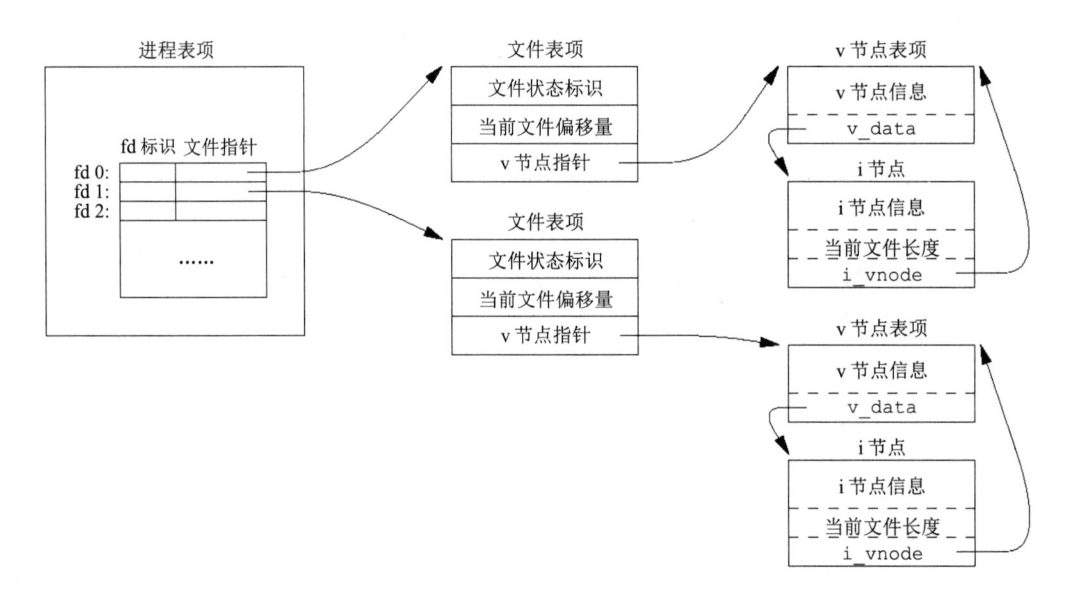

图 3.7 打开文件的内核数据结构

从 UNIX 系统的早期版本（Thompson，1978）至今，这三张表之间的关系一直存在。这种关系对于在不同进程之间共享文件的方式至关重要。在后续章节中涉及其他文件共享方式时，我们还会看这张图。

创建 v 节点的目的是为单计算机系统提供多文件系统类型的支持。这一工作是 Peter Weinberger（来自贝尔实验室）和 Bill Joy（来自 Sun 公司）分别独立完成的。Sun 公司把这种文件系统称为虚拟文件系统，把 i 节点与文件系统无关的部分称为 v 节点（Kleiman，1986）。随着各大厂商增加对 Sun 公司的网络文件系统（NFS）的支持，v 节点在实现中被广泛采用。在 BSD 系列中，首先提供 v 节点的是加入了 NFS 支持的 4.3BSD Reno 发行版。

在 SVR4 中，v 节点替代了 SVR3 中与文件系统无关的 i 节点。Solaris 是从 SVR4 发展而来的，因此它也使用 v 节点。

Linux 没有将相关数据结构分为 i 节点和 v 节点，而是采用了与文件系统相关的 i 节点和与文件系统无关的 i 节点。

如果两个独立进程分别打开了同一个文件，则有图 3.8 中所示的关系。

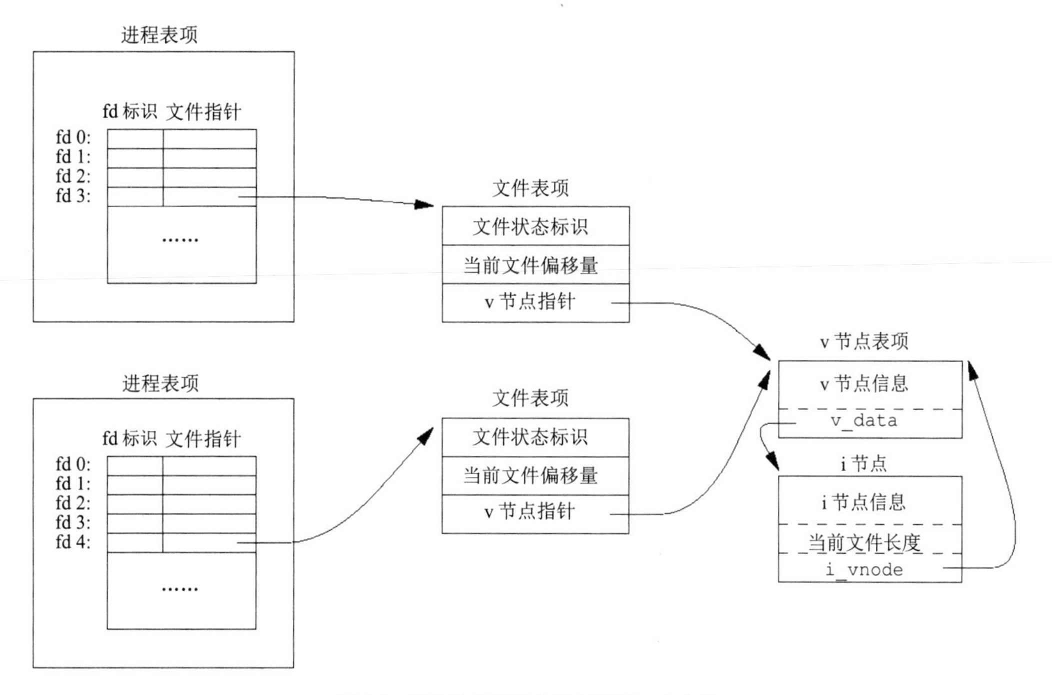

图 3.8　两个独立进程分别打开同一个文件

我们假设第一个进程在文件描述符 3 上打开了该文件，而另一个进程则在文件描述符 4 上打开了该文件。打开此文件的每个进程都会得到各自的文件表项，但对于给定的文件，只有一个 v 节点表项。每个进程都得到自己的文件表项，是因为这样可以使每个进程都有自己的对该文件的当前偏移量。

基于这样的数据结构，我们现在对前面所述的操作做进一步的说明。

- 每次完成写操作后，文件表项中的当前文件偏移量会增加所写入的字节数。如果这导致当前文件偏移量超过了当前文件的长度，则将 i 节点表项中的当前文件长度设置为当前文件偏移量（也就是说，该文件的长度增加了）。
- 如果用 O_APPEND 标识打开一个文件，则文件表项的文件状态标识也会被设置为相应的标识。每次对这种具有追加写标识的文件执行写操作时，文件表项中的当前文件偏移量首先会被设置为 i 节点表项中的当前文件长度。这就使得每次写入的数据都被追加到当前文件的末尾。

- 如果一个文件用 lseek 定位到末尾，则文件表项中的当前文件偏移量会被设置为 i 节点表项中的当前文件长度（注意，这与使用 O_APPEND 标识打开文件是不同的，详见 3.11 节）。lseek 函数只修改文件表项中的当前文件偏移量，而不进行任何 I/O 操作。

可能存在多个文件描述符项指向同一个文件表项的情况。在 3.12 节中讨论 dup 函数时，我们将看到这一点。在 fork 后也会发生同样的情况，此时父进程、子进程各自的打开文件描述符共享同一个文件表项（详见 8.3 节）。

注意，文件描述符标识和文件状态标识的作用域是有区别的，前者适用于单个进程的单个描述符，而后者则适用于指向给定文件表项的任何进程中的所有描述符。在 3.14 节介绍 fcntl 函数时，我们将会看到如何获取和修改文件描述符标识和文件状态标识。

到目前为止，本节所述的所有函数对于多个进程读取同一个文件都能正常工作。每个进程都有它自己的文件表项及其当前文件偏移量。但是，当多个进程写入同一个文件时，则可能产生预想不到的结果。为了避免这种情况，我们需要理解原子操作的概念。

3.11 原子操作

追加到一个文件

假设一个进程要将数据追加到一个文件的末尾。早期版本的 UNIX 系统并不支持 open 函数的 O_APPEND 选项，所以需要这样编写程序：

```
if (lseek(fd, 0L, 2) < 0)          /* 定位到文件末尾  */
    err_sys("lseek error");
if (write(fd, buf, 100) != 100)    /* 写入 */
    err_sys("write error");
```

对单个进程而言，这段程序能正常工作，但如果多个进程同时使用这种方法将数据追加写到同一个文件，则会出现问题（例如，此程序由多个进程同时执行，分别将消息追加到一个日志文件中，就会发生这种情况）。

假设有两个独立的进程 A 和 B，它们都对同一个文件进行追加写入的操作。每个进程都已打开了这个文件，但未使用 O_APPEND 标识。此时，各数据结构之间的关系如图 3.8 中所示。每个进程都有自己的文件表项，但它们共享一个 v 节点表项。假定进程 A 调用了 lseek，将进程 A 对该文件的当前偏移量设置为 1500 字节（当前文件末尾处），然后内核切换进程，此时进程 B 开始运行。进程 B 执行 lseek，也将其对该文件的当前偏移量设置为 1500 字节（当前文件末尾处）。然后进程 B 调用 write，将该文件的当前文件偏移量增加至 1600 字节。由于该文件的长度已经增加，所以内核将 v 节点中的当前文件长度更新为 1600 字节。然后，内核又切换至进程 A。当进程 A 调用 write 时，就从其当前文件偏移量处（1500 字节）开始将数据写入文件。这就使进程 B 刚才写入该文件的数据被覆盖。

问题出在逻辑操作"先定位到文件尾端，然后写入"，它使用了两个分开的函数调用。解决这一问题的方法是使这两个操作相对于其他进程而言成为一个原子操作。任何需要多于一个函数调用的操作都不是原子操作，因为在两个函数调用之间，内核可能会临时挂起进程（正如我们前面所假设的）。

UNIX 系统为这样的操作提供了一种原子方法，即在打开文件时设置 O_APPEND 标识。正如前一节中所述，这样做会使得内核在每次写入操作之前，都将进程的当前文件偏移量设置为文件末尾，因此在每次写入之前就不再需要调用 lseek。

pread 和 pwrite 函数

Single UNIX Specification 包括两个函数：pread 和 pwrite，允许应用程序原子地定位并执行 I/O 操作。

```
#include <unistd.h>

ssize_t pread(int fd, void *buf, size_t nbytes, off_t offset);
                    返回值：读取的字节数。若到达文件末尾，则返回 0；若出错，则返回-1

ssize_t pwrite(int fd, const void *buf, size_t nbytes, off_t offset);
                                        返回值：成功写入的字节数。若出错，则返回-1
```

调用 pread 相当于调用 lseek 后再调用 read，但是前者与后者有如下重要区别。

- 调用 pread 时，无法中断其定位和读取操作。
- 调用 pread 时，当前文件偏移量不会更新。

调用 pwrite 相当于调用 lseek 后调用 write，但也有类似的区别。

创建一个文件

在介绍 open 函数的 O_CREAT 和 O_EXCL 选项时，我们看到另一个有关原子操作的例子。如果同时指定这两个选项，而该文件已经存在时，open 函数将失败。我们曾提到过，检查文件是否存在和创建文件这两个操作是作为一个原子操作执行的。如果没有这个原子操作，那么我们可能会这样编写程序：

```
if ((fd = open(path, O_WRONLY)) < 0) {
    if (errno == ENOENT) {
        if ((fd = creat(path, mode)) < 0)
            err_sys("creat error");
    } else {
        err_sys("open error");
```

```
    }
}
```

如果在 open 和 creat 函数之间，另一个进程创建了这个文件，就会出现问题。如果在这两个函数调用之间，另一个进程创建了这个文件，并且写入了一些数据，然后原进程执行这段程序中的 creat 函数，那么刚刚由另一个进程写入的数据就会被覆盖。如果将这两者合并为一个原子操作，就能避免这种问题。

一般而言，原子操作指的是由多个步骤组成的一个操作。如果该操作原子地执行，则要么执行完所有步骤，要么一个步骤也不执行，不可能只执行这些步骤的一个子集。在 4.15 节描述 link 函数以及在 14.3 节中描述记录锁时，我们还将讨论原子操作。

3.12 dup 和 dup2 函数

下面两个函数都可用来复制一个已有的文件描述符。

```
#include <unistd.h>

int dup(int fd);

int dup2(int fd, int fd2);
```

两个函数的返回值：若成功，则返回新的文件描述符；若出错，则返回-1

由 dup 返回的新文件描述符一定是当前可用文件描述符中的最小值。对于 dup2，可以用 *fd2* 参数指定新描述符的值。如果值为 *fd2* 的文件描述符已经打开，则先将其关闭。如果 *fd* 等于 *fd2*，则 dup2 会返回 *fd2* 而不关闭此文件描述符。否则，*fd2* 的 FD_CLOEXEC 文件描述符标识将被清除，这样 *fd2* 在进程调用 exec 时会保持打开状态。

这些函数返回的新文件描述符与参数 *fd* 共享同一个文件表项，如图 3.9 所示。

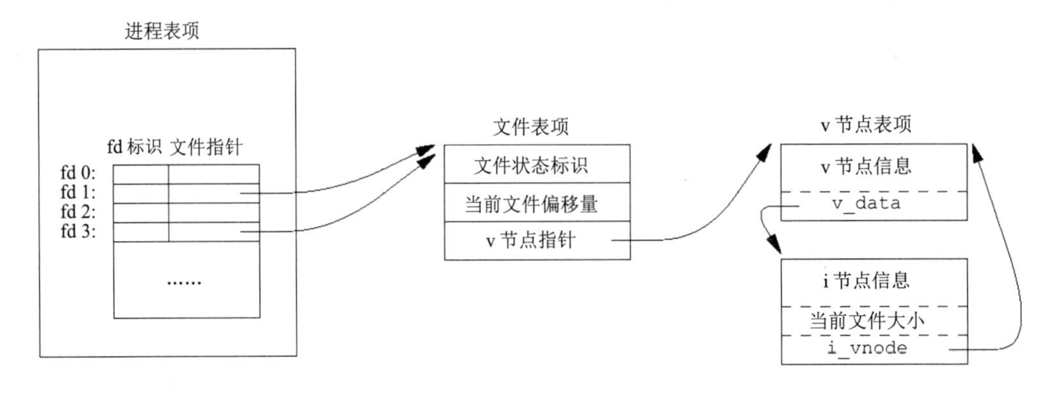

图 3.9 执行 dup(1)后的内核数据结构

在图3.9中，我们假设进程在启动时执行了：

```
newfd = dup(1);
```

当此函数开始执行时，假设下一个可用的文件描述符是3（这是非常可能的，因为文件描述符0、1和2都由shell打开）。由于两个描述符指向同一文件表项，它们共享相同的文件状态标识（读取、写入、追加等）和当前文件偏移量。

每个文件描述符都有自己的一系列文件描述符标识。正如我们将在下一节中介绍的，新描述符的“执行时关闭”（close-on-exec）的标识总是由dup函数清除的。

另一种复制文件描述符的方法是使用fcntl函数，我们将在3.14节介绍这种方法。实际上，调用：

```
dup(fd);
```

等同于：

```
fcntl(fd, F_DUPFD, 0);
```

类似地，调用：

```
dup2(fd, fd2);
```

等同于：

```
close(fd2);
fcntl(fd, F_DUPFD, fd2);
```

在第二种情况下，dup2并不完全等同于先调用close再调用fcntl。它们之间的具体区别如下：

1. dup2是一个原子操作，而close和fcntl却是两个函数调用。在close和fcntl之间有可能调用信号捕获函数，而导致文件描述符被修改（第10章将介绍信号）。如果不同的线程改变了文件描述符，也会出现相同的问题（第11章将讲解线程）。

2. dup2和fcntl函数在errno上有一些差异。

> dup2系统调用起源于V7，然后传播至所有BSD版本。而复制文件描述符的fcntl函数则首先由System III使用，然后由System V继续采用。SVR3.2选用了dup2函数，4.2BSD则选用了fcntl函数及F_DUPFD功能。POSIX.1要求同时支持dup2及fcntl的F_DUPFD功能。

3.13 sync、fsync和fdatasync函数

在传统的UNIX系统实现中，内核提供了缓冲区高速缓存或页高速缓存，大多数磁盘I/O

操作都是通过缓冲区进行的。当我们往文件写入数据时，内核通常会将数据复制到缓冲区中，然后数据将进入队列，最后再被写入磁盘。这种方式被称为延迟写。Baeh 所著图书（1986）的第 3 章详细讨论了缓冲区高速缓存。

通常，当内核需要重用缓冲区来存放其他磁盘块数据时，会把所有延迟写数据块写入磁盘。为了保证磁盘上的文件系统与缓冲区数据内容的一致性，UNIX 系统提供了 sync、fsync 和 fdatasync 这三个函数。

```
#include <unistd.h>

int fsync(int fd);

int fdatasync(int fd);
                              返回值：若成功，则返回 0；若出错，则返回-1
void sync(void);
```

sync 函数只是将所有修改过的块缓冲区排入写队列，然后返回，它并不等待实际的写磁盘操作结束。

通常，系统守护进程 update 会周期性地调用（每 30 秒为一个周期）sync 函数。这就保证了内核的块缓冲区被定期刷新。命令 sync(1) 也调用的是 sync 函数。

fsync 函数只对由文件描述符 *fd* 指定的单个文件起作用，并且会等待写磁盘操作结束才返回。fsync 可用于数据库这样的应用程序，这种应用程序需要确保修改过的数据块被写入磁盘。

fdatasync 函数类似于 fsync，但它只影响文件的数据部分。除此之外，fsync 还会同步更新文件的属性。

> 本书描述的 4 种平台都支持 sync 函数和 fsync 函数。FreeBSD 8.0 不支持 fdatasync 函数。

3.14 fcntl 函数

fcntl 函数可以改变已经打开的文件的属性。

```
#include <fcntl.h>

int fcntl(int fd, int cmd, ... /* int arg */ );
                    返回值：若成功，则返回值取决于 cmd（见下文）；若出错，则返回-1
```

在本节的示例中，第 3 个参数总是一个整型数，与上面所示函数原型中的注释部分对应。但是在 14.3 节我们介绍记录锁时，第 3 个参数则是指向一个结构体的指针。

fcntl 函数有以下 5 种用途。

1．复制已有的描述符（*cmd*为F_DUPFD或F_DUPFD_CLOEXEC）。

2．获取/设置文件描述符标识（*cmd*为F_GETFD或F_SETFD）。

3．获取/设置文件状态标识（*cmd*为F_GETFL或F_SETFL）。

4．获取/设置异步I/O所有权（*cmd*为F_GETOWN或F_SETOWN）。

5．获取/设置记录锁（*cmd*为F_GETLK、F_SETLK或F_SETLKW）。

我们先说明这11种*cmd*值中的前8种（14.3节将说明后3种，它们都与记录锁有关）。请参照图3.7，因为我们将讨论与进程表项中各个文件描述符关联的文件描述符标识，以及与每个文件表项关联的文件状态标识。

F_DUPFD　　复制文件描述符*fd*。新的文件描述符作为函数值被返回。它是尚未打开且大于或等于第3个参数值（取为整型值）的最小描述符。新的描述符与*fd*共享同一文件表项（见图3.9）。但是，新描述符有自己的一系列文件描述符标识，FD_CLOEXEC文件描述符标识被清除（这意味着该描述符在程序exec时仍有效，我们将在第8章详细讨论这一点）。

F_DUPFD_CLOEXEC　　复制文件描述符，设置与新文件描述符关联的文件描述符标识FD_CLOEXEC的值，并返回新文件描述符。

F_GETFD　　将*fd*的文件描述符标识作为函数值返回。当前只定义了一个文件描述符标识（FD_CLOEXEC）。

F_SETFD　　设置*fd*的文件描述符标识。新标识的值按第3个参数（取为整型值）进行设置。

请注意，现有很多与文件描述符标识有关的程序并不使用常量FD_CLOEXEC，而是将此标识设置为0（系统默认值，表示当程序exec时不关闭）或1（当程序exec时关闭）。

F_GETFL　　将*fd*的文件状态标识作为函数值返回。我们在介绍open函数时，已经描述了文件状态标识，详见图3.10。

遗憾的是，5个访问方式标识（O_RDONLY、O_WRONLY、O_RDWR、O_EXEC及O_SEARCH）不是可以单独测试的独立位（如之前所述，由于历史原因，前3个标识的值分别是0、1和2。这5个值是互斥的，文件只能启用其中的一个）。因此，我们首先必须用屏蔽字O_ACCMODE获取访问方式位，然后将结果与这5个值中的每一个进行比较。

F_SETFL　　将文件状态标识设置为第3个参数的值（取为整型值）。可更改的几个标识有：O_APPEND、O_NONBLOCK、O_SYNC、O_DSYNC、

O_RSYNC、O_FSYNC 和 O_ASYNC。

F_GETOWN　　获取当前接收 SIGIO 和 SIGURG 信号的进程 ID 或进程组 ID。我们在 14.5.2 节将讨论这两种异步 I/O 信号。

F_SETOWN　　设置接收 SIGIO 和 SIGURG 信号的进程 ID 或进程组 ID。正的 *arg* 值指定一个进程 ID，负的 *arg* 值的绝对值表示一个进程组 ID。

文件状态标识	说　明
O_RDONLY	以只读方式打开
O_WRONLY	以只写方式打开
O_RDWR	以读写方式打开
O_EXEC	以只执行方式打开
O_SEARCH	以只搜索目录的方式打开
O_APPEND	追加写
O_NONBLOCK	非阻塞模式
O_SYNC	等待写入完成（数据和属性）
O_DSYNC	等待写完成（仅数据）
O_RSYNC	同步读和写
O_FSYNC	等待写入完成（仅支持 FreeBSD 和 Mac OS X）
O_ASYNC	异步 I/O（仅支持 FreeBSD 和 Mac OS X）

图 3.10　fcntl 函数中的文件状态标识

fcntl 的返回值与执行的命令有关。如果出错，则所有命令都返回−1；如果成功，则返回其他的值。如下 4 个命令有特定的返回值：F_DUPFD、F_GETFD、F_GETFL 和 F_GETOWN。第 1 个命令返回新的文件描述符，第 2 个和第 3 个命令返回相应的标识，第 4 个命令返回一个正的进程 ID 或负的进程组 ID。

示例

图 3.11 所示程序接受一个命令行参数，该参数指定一个文件描述符，然后程序会打印出该描述符的特定文件标识的描述信息。

```
#include "apue.h"
#include <fcntl.h>

int
main(int argc, char *argv[])
{
    int     val;

    if (argc != 2)
        err_quit("usage: a.out <descriptor#>");
```

```
    if ((val = fcntl(atoi(argv[1]), F_GETFL, 0)) < 0)
        err_sys("fcntl error for fd %d", atoi(argv[1]));

    switch (val & O_ACCMODE) {
    case O_RDONLY:
        printf("read only");
        break;

    case O_WRONLY:
        printf("write only");
        break;

    case O_RDWR:
        printf("read write");
        break;

    default:
        err_dump("unknown access mode");
    }

    if (val & O_APPEND)
        printf(", append");
    if (val & O_NONBLOCK)
        printf(", nonblocking");
    if (val & O_SYNC)
        printf(", synchronous writes");

#if !defined(_POSIX_C_SOURCE) && defined(O_FSYNC) && (O_FSYNC != O_SYNC)
    if (val & O_FSYNC)
        printf(", synchronous writes");
#endif

    putchar('\n');
    exit(0);
}
```

图3.11 为指定的文件描述符打印文件标识

注意，我们使用了功能测试宏_POSIX_C_SOURCE，并且条件编译了POSIX.1中未定义的文件访问标识。如下代码显示了从bash（Bourne-again shell）调用该程序时的几种情况。使用不同的shell时，调用的结果也会不同。

```
$ ./a.out 0 < /dev/tty
read only
$ ./a.out 1 > temp.foo
$ cat temp.foo
write only
$ ./a.out 2 2>>temp.foo
write only, append
$ ./a.out 5 5<>temp.foo
```

```
read write
```

代码 5<>temp.foo 表示在文件描述符 5 上打开文件 temp.foo 以进行读取和写入操作。

示例

在修改文件描述符标识或文件状态标识时必须谨慎。要先获取当前的标识值，然后按需修改，最后设置新的标识值。不能简单执行 F_SETFD 或 F_SETFL 命令，因为这样可能会关闭以前设置的标识位。

图 3.12 展示了为一个文件描述符设置一个或多个文件状态标识的函数。

```
#include "apue.h"
#include <fcntl.h>

void
set_fl(int fd, int flags) /* flags 指要开启的文件状态标识 */
{
    Int      val;

    if ((val = fcntl(fd, F_GETFL, 0)) < 0)
        err_sys("fcntl F_GETFL error");

    val |= flags;        /* 开启标识 */

    if (fcntl(fd, F_SETFL, val) < 0)
        err_sys("fcntl F_SETFL error");
}
```

图 3.12　为一个文件描述符开启一个或多个文件状态标识

如果将中间的那条语句改为：

```
val &= ~flags;      /* 关闭标识 */
```

就得到了 clr_fl 函数，我们将在后面的例子中用到它。这条语句使当前文件状态标识值 val 与 flags 的反码进行逻辑与运算。

如果在图 3.5 所示程序的开始处加上如下代码，调用 set_fl，则开启了同步写标识。

```
set_fl(STDOUT_FILENO, O_SYNC);
```

这就使每次调用 write 都要等待数据被写入磁盘后再返回。在 UNIX 系统中，通常 write 只是将数据排入队列，而实际的写入磁盘操作则可能在之后的某个时刻进行。数据库系统则需要使用 O_SYNC，以确保从 write 返回时数据已经存储在磁盘上，以防系统发生异常时数据丢失。

当程序运行时，设置 O_SYNC 标识会增加系统时间和时钟时间。为了验证这一点，我们可以运行图 3.5 中的程序，将 492.6 MB 的数据从磁盘的一个文件复制到另一个文件。然后，为程序设置 O_SYNC 标识，使其完成同样的工作，并进行对比。图 3.13 展示了在使用 ext4 文件系统的 Linux 上执行上述操作得到的结果。

操　作	用户 CPU（秒）	系统 CPU（秒）	时钟时间（秒）
图 3.6 中当 BUFFSIZE 为 4096 字节时的读取时间	0.03	0.58	8.62
正常写入磁盘文件	0.00	1.05	9.70
设置 O_SYNC 时写入磁盘文件	0.02	1.09	10.28
写入磁盘后调用 fdatasync	0.02	1.14	17.93
写入磁盘后调用 fsync	0.00	1.19	18.17
设置 O_SYNC 时，写入磁盘文件后再调用 fsync	0.02	1.15	17.88

图 3.13　在 Linux ext 4 中采用各种同步机制后的计时结果

图 3.13 中的 6 行数据都是在 BUFFSIZE 为 4096 字节时测量的。图 3.6 中的结果是在读磁盘文件并写入/dev/null 时测量的，所以没有磁盘输出。图 3.13 中第 2 行数据对应的情况是：读一个磁盘文件，然后将其写到另一个磁盘文件中。这就是图 3.13 的第 1 行与第 2 行数据有差别的原因。在写入磁盘文件时，系统时间会增加，原因是内核需要从进程中复制数据，并将数据排入队列，以便由磁盘驱动器将其写入磁盘。当写入磁盘文件时，时钟时间也会增加。

当我们启用同步写时，系统时间和时钟时间应当显著增加。但从图 3.13 的第 3 行可见，同步写所用的系统时间并没有比延迟写增加了很多。这意味着，要么在 Linux 中延迟写和同步写操作的工作量相同（这不太可能），要么 O_SYNC 标识并没有起到预期的效果。在这种情况下，Linux 并不允许我们使用 fcntl 来设置 O_SYNC 标识，而是显示失败但不返回错误（但如果能在打开文件时指定该标识，还是应该重视这个标识）。

图 3.13 最后 3 行中的时钟时间反映了所有写入操作在写入磁盘时需要的额外等待时间。同步写入文件之后，我们期望调用 fsync 并不会产生任何效果。这种情况应在图 3.13 中的最后一行中体现，但由于 O_SYNC 标识并没有起到预期的作用，所以最后一行和第 5 行的结果几乎相同。

图 3.14 显示了在 Mac OS X 10.6.8 的 HFS 文件系统上运行同样的测试得到的计时结果。该计时结果与我们的预期相符：同步写所消耗的时间比延迟写增加了很多，而且在同步写后再调用函数 fsync 并不会产生具有显著差别的测量结果。还要注意，在延迟写后增加对 fsync 函数的调用，测量结果的差别也不大。可能的原因是，在向某个文件写入新的数据时，操作系统已经将以前写入的数据都冲洗到磁盘上，所以在调用函数 fsync 时只需要做少量的工作。

比较 fsync 和 fdatasync，两者都在我们要求时更新文件内容，而使用 O_SYNC 标识后，在每次写入文件时会更新文件内容。每种函数调用的性能依赖于很多因素，包括底层操作系统实现、磁盘驱动器的速度及文件系统的类型。

操　　作	用户 CPU（秒）	系统 CPU（秒）	时钟时间（秒）
写入/dev/null	0.14	1.02	5.28
正常写入磁盘文件	0.14	3.21	17.04
设置 O_SYN 时写入磁盘文件	0.39	16.89	60.82
写入磁盘后调用 fsync	0.13	3.07	17.10
设置 O_SYN 时，写入磁盘文件后调用 fsync	0.39	18.18	62.39

图 3.14　在 Mac OS X 的 HFS 文件系统上采用各种同步机制后的计时结果

在本例中，我们了解了 fcntl 的必要性。我们的程序在一个描述符（标准输出）上进行操作，但是无法得知由 shell 打开的相应文件的文件名。因为这是 shell 打开的，因此无法在打开时按我们的要求设置 O_SYNC 标识。如果使用 fcntl，我们只需要知道打开文件的描述符，就可以修改描述符的属性。在介绍非阻塞管道时（详见 15.2 节）还会用到 fcntl，因为对于管道，我们可获取的只有描述符。

3.15 ioctl 函数

ioctl 函数一直以来都是 I/O 操作的杂物箱。无法使用本章中其他函数表示的 I/O 操作通常都可以用 ioctl 表示。终端 I/O 是使用 ioctl 最多的地方（我们在第 18 章中将看到，POSIX.1 已经使用一些单独的函数取代了终端 I/O 操作）。

```
#include <unistd.h>       /* System V */
#include <sys/ioctl.h>    /* BSD and Linux */

int ioctl(int fd, int request, ...);
```

返回值：若出错，返回-1；若成功，则返回其他值

ioctl 函数曾经是 Single UNIX Specification 的一个扩展，专门用于处理 STREAMS 设备（Rago，1993），但是在 SUSv4 中已被弃用。UNIX 系统实现使用 ioctl 函数进行各种各样的设备操作。有的实现甚至将它扩展到用于普通文件。

我们展示的函数原型对应于 POSIX.1，FreeBSD 8.0 和 Mac OS X 10.6.8 将第 2 个参数声明为 unsigned long 类型。因为第 2 个参数总是头文件中一个#defined 的名字，所以这种细节并无影响。

在 ISO C 原型中，使用省略号表示其余的参数。但是，通常只有一个参数，它常常是指向一个变量或结构体的指针。

在这个原型中，我们只展示了 ioctl 函数本身所要求的头文件。通常，还需要另外的设备专用的头文件。例如，除了 POSIX.1 所说明的基本操作之外，终端 I/O 的 ioctl 命令都需

要头文件<termios.h>。

每个设备驱动程序可以定义自己专用的一组 ioctl 命令，系统则为不同种类的设备提供通用的 ioctl 命令。图 3.15 中总结了 FreeBSD 支持的通用 ioctl 命令的各种类别。

类　别	常量名称	头文件	ioctl 命令的数量
盘符	DIOxxx	<sys/disklabel.h>	4
文件 I/O	FIOxxx	<sys/filio.h>	14
磁带 I/O	MTIOxxx	<sys/mtio.h>	11
套接字 I/O	SIOxxx	<sys/sockio.h>	73
终端 I/O	TIOxxx	<sys/ttycom.h>	43

图 3.15　FreeBSD 中通用的 ioctl 命令

磁带操作使我们可以在磁带上写入文件结束标识、倒带、越过指定个数的文件或记录等，用本章中的其他函数（read、write、lseek 等）都很难表示这些操作，所以，对这些设备进行操作最简单的方法就是使用 ioctl 函数。

我们在 18.12 节中将说明如何使用 ioctl 函数获取和设置终端窗口大小，在 19.7 节中将说明如何使用 ioctl 函数访问伪终端的高级功能。

3.16 /dev/fd

新的系统都提供名为/dev/fd 的目录，其目录项是名为 0、1、2 等的文件。打开文件/dev/fd/*n* 等价于复制描述符 *n*，假设描述符 *n* 是打开的状态。

> /dev/fd 的这一功能是由 Tom Duff 开发的，首次出现在 Research UNIX 系统的第 8 版中，本书描述的 4 种系统（FreeBSD 8.0、Linux 3.2.0、Mac OSX 10.6.8 和 Solaris 10）都支持这一功能。它不是 POSIX.1 的组成部分。

在如下函数调用中

```
fd = open("/dev/fd/0", mode);
```

大多数系统忽略指定的 mode，而另一些系统则要求 mode 必须是所引用的文件（在这里是标准输入）最开始被打开时所使用的打开模式的一个子集。因为上面的 open 等同于

```
fd = dup(0);
```

描述符 0 和 fd 共享同一个文件表项（见图 3.9）。例如，若描述符 0 先前被打开为只读模式，那么我们也只能对 fd 进行读取操作。即使系统忽略了打开模式，而且下面的调用是成

功的：

```
fd = open("/dev/fd/0", O_RDWR);
```

我们仍然无法对 fd 进行写操作。

/dev/fd 的 Linux 实现是个例外。它把文件描述符映射为指向底层物理文件的符号链接。例如，当打开/dev/fd/0 时，实际上正在打开与标准输入相关联的文件，因此返回的新的文件描述符的模式与/dev/fd 文件描述符的模式其实并不相关。

我们也可以以/dev/fd 作为路径名参数调用 creat 函数，这与调用函数 open 时用 O_CREAT 作为第 2 个参数的作用是相同的。如果一个程序调用了 creat，并且路径名参数是/dev/fd/1，则该程序仍能正常工作。

注意，在 Linux 上这样操作时必须非常小心。因为 Linux 的实现使用了指向实际文件的符号链接，在/dev/fd 文件上使用 creat 会导致底层文件被截断。

某些系统提供了路径名/dev/stdin、/dev/stdout 和/dev/stderr，它们分别等同于/dev/fd/0、/dev/fd/1 和/dev/fd/2。

/dev/fd 文件主要由 shell 使用，它允许使用路径名作为参数的程序以与处理其他路径名相同的方式来处理标准输入和输出。例如，cat(1) 命令对其命令行参数进行了一种特殊处理，将单独的一个字符“-”解释为标准输入。例如：

```
filter file2 | cat file1 - file3 | lpr
```

cat 首先读 file1，接着读其标准输入（也就是 filter file2 命令的输出），然后读 file3，如果操作系统支持/dev/fd，则可以删除 cat 对字符“-”的特殊处理。于是，我们就可键入下面的命令行：

```
filter file2 | cat file1 /dev/fd/0 file3 | lpr
```

将命令行参数的“-”特指为标准输入或标准输出，这种做法已被很多程序所采用。但是这会带来一些问题。例如，如果用“-”指定第一个文件，那么看起来就像是指定了命令行的一个选项。/dev/fd 则提高了文件名参数的一致性和简洁性。

3.17 小结

本章描述了 UNIX 系统提供的基本 I/O 函数。由于 read 和 write 函数都在内核中执行，所以这些函数被称为不带缓冲的 I/O 函数。通过仅使用函数 read 和 write，我们研究了不同的 I/O 长度对读文件所需时间的影响。我们也介绍了许多将已写入的数据冲洗到磁盘上的方法，以及它们对应用程序性能的影响。

在介绍多个进程对同一文件进行追加写操作以及多个进程创建同一文件时，我们介绍了原子操作的概念，也介绍了内核用来共享打开文件信息的数据结构。本书后面的章节还将探讨这些数据结构。

我们还介绍了 ioctl 函数和 fcntl 函数，本书后续的章节还会涉及这两个函数。第 14 章将 fcntl 用于记录锁，第 18 章和第 19 章将 ioctl 用于终端设备。

习题

3.1 当读取或写入磁盘文件时，本章中描述的函数实际上是不带缓冲机制的吗？请说明原因。

3.2 编写一个与 3.12 节中描述的 dup2 功能相同的函数，要求不调用 fcntl 函数，并且要正确地处理错误。

3.3 假设一个进程执行下面三个函数调用：

```
fd1 = open(path, oflags);
fd2 = dup(fd1);
fd3 = open(path, oflags);
```

画出类似于图 3.9 的结果图。对 fd1 执行带有 F_SETFD 命令的 fcntl，会影响哪一个文件描述符？执行 F_SETFL 命令呢？

3.4 很多程序中都包含如下代码：

```
dup2(fd, 0);
dup2(fd, 1);
dup2(fd, 2);
if (fd > 2)
    close(fd);
```

为了说明 if 语句的必要性，假设 fd 是 1，画出每次调用 dup2 时三个描述符项及相应的文件表项的变化情况。然后，再画出 fd 为 3 时的情况。

3.5 在 Bourne shell、Bourne-again shell 和 Korn shell 中

```
digit1>&digit2
```

表示要将描述符 *digit1* 重定向至描述符 *digit2* 代表的文件。请说明下面两条命令的区别？（提示：shell 按照从左到右的顺序处理命令行）

```
./a.out > outfile 2>&1
./a.out 2>&1 > outfile
```

3.6 如果使用追加标识打开一个文件以便读取和写入，能否用 lseek 从文件的任意位置开始读取？你能否用 lseek 替换文件中的现有数据？请编写程序验证。

4 文件和目录

4.1 引言

上一章我们介绍了执行 I/O 操作的基本函数，其中的讨论是围绕普通文件 I/O 进行的——打开文件、读取文件或写入文件。本章将描述文件系统的其他特征和文件的属性。我们将从 stat 函数开始，逐个说明 stat 结构的每个成员以了解文件的所有属性。在此过程中，我们将介绍修改这些属性的各个函数，如更改所有者、更改权限等，还将更详细地说明 UNIX 文件系统的架构及符号链接。最后，本章还介绍了对目录进行操作的函数，并且开发了一个以降序遍历目录层次结构的函数。

4.2 stat、fstat、fstatat 和 lstat 函数

本章集中讨论 4 个 stat 函数及它们的返回信息。

```
#include <sys/stat.h>

int stat(const char *restrict pathname, struct stat *restrict buf);

int fstat(int fd, struct stat *buf);

int lstat(const char *restrict pathname, struct stat *restrict buf);

int fstatat(int fd, const char *restrict pathname,
```

```
                struct stat *restrict buf, int flag);
                              所有返回值：若正常，则返回 0；若出错，则返回-1
```

对于给定的 *pathname*，stat 函数将返回与此命名文件有关的信息结构。fstat 函数可以获取已在描述符 *fd* 上打开文件的有关信息。lstat 函数功能类似于 stat，但是当命名的文件是一个符号链接时，lstat 返回该符号链接的有关信息，而不是由该符号链接引用的文件信息。（在 4.22 节中，当以降序遍历目录层次结构时，将用到 lstat。4.17 节将详细说明符号链接。）

fstatat 函数为一个相对于当前打开目录（由 *fd* 参数指向）的路径名返回文件统计信息。*flag* 参数控制着是否跟随一个符号链接。当 AT_SYMLINK_NOFOLLOW 标识被设置时，fstatat 不会跟随符号链接，而是返回符号链接本身的信息。否则，在默认情况下，返回值为符号链接所指向的实际文件的信息。如果 *fd* 参数的值为 AT_FDCWD，并且 *pathname* 参数是一个相对路径名，那么 fstatat 会计算相对于当前目录的 *pathname* 参数。如果 *pathname* 是一个绝对路径，那么 *fd* 参数会被忽略。在这两种情况下，根据 *flag* 的取值不同，fstatat 的作用就等同于 stat 或 lstat。

buf 参数是一个指针，它指向一个我们必须提供的结构体，由函数来填充由 *buf* 指向的结构体。结构体的实际定义可能因具体实现而有所不同，但其基本形式如下：

```
struct stat {
  mode_t          st_mode;     /* 文件类型和模式（权限） */
  ino_t           st_ino;      /* i 节点号（序号） */
  dev_t           st_dev;      /* 设备号（文件系统） */
  dev_t           st_rdev;     /* 特殊文件的设备号 */
  nlink_t         st_nlink;    /* 链接总数 */
  uid_t           st_uid;      /* 所有者的用户 ID */
  gid_t           st_gid;      /* 所有者的组 ID */
  off_t           st_size;     /* 普通文件的大小，以字节为单位 */
  struct timespec st_atim;     /* 最后访问时间 */
  struct timespec st_mtim;     /* 最后修改时间 */
  struct timespec st_ctim;     /* 文件状态最后变化时间 */
  blksize_t       st_blksize;  /* 最佳的 I/O 块大小 */
  blkcnt_t        st_blocks;   /* 分配的磁盘块数 */
};
```

POSIX.1 未要求 st_rdev、st_blksize 和 st_blocks 字段。Single UNIX Specification XSl 扩展选项定义了这些字段。

timespec 结构体类型按照秒和纳秒定义了时间，至少包括下面两个字段：

```
time_t  tv_sec;
long    tv_nsec;
```

在 2008 年版本之前的标准中，时间字段定义成 st_atime、st_mtime 及 st_ctime，它们都是 time_t 类型（以秒来表示）。timespec 结构体提供了更高精度的时间戳。出于兼容性考虑，旧的名字可以定义成 tv_sec 成员。例如，st_atime 可以定义成 st_atim.tv_sec。

注意，stat 结构体中的大多数成员都是基本的系统数据类型（详见 2.8 节）。我们将详细说明这个结构体的每个成员以了解文件的属性。

使用 stat 函数最多的可能就是 ls -l 命令，通过这条命令可以获取一个文件的所有信息。

4.3 文件类型

目前我们已经介绍了两种文件类型：普通文件和目录。UNIX 系统的大多数文件是普通文件或目录，但是也有另外一些文件类型。文件类型包括如下几种：

1. 普通文件。这是最常用的文件类型，这种文件包含了某种形式的数据。至于这种数据是文本还是二进制数据，对于 UNIX 内核而言并无区别。由处理该文件的应用程序对普通文件的内容进行解释。

   需要注意的一个例外情况是二进制可执行文件。为了执行一个程序，内核必须理解其格式。所有二进制可执行文件都遵循一种标准化的格式，这种格式使得内核能够确定程序的文本和数据的加载位置。

2. 目录文件。目录文件包含了其他文件的名字及指向与这些文件有关的信息的指针。任何一个对目录文件具有读权限的进程都可以读取该目录的内容，但只有内核可以直接写入目录文件。进程必须使用本章介绍的函数才能对目录进行更改。
3. 块特殊文件。这种类型的文件对磁盘驱动器这样的设备提供了带缓冲的 I/O 访问，每次访问以固定长度为单位进行。

   注意，FreeBSD 不再支持块特殊文件。对设备的所有访问都是通过字符特殊文件进行的。

4. 字符特殊文件。这种类型的文件提供对设备不带缓冲的访问，其每次访问长度是可变的。系统中的所有设备要么是字符特殊文件，要么是块特殊文件。
5. FIFO。这种类型的文件用于进程间的通信，有时也称为命名管道，15.5 节将对其进行说明。
6. 套接字。这种类型的文件用于进程之间的网络通信。套接字也可用在一台宿主机进程之间的非网络通信上。第 16 章将用套接字进行进程间的通信。
7. 符号链接。这种类型的文件指向另一个文件。4.17 节将详细描述符号链接。

文件类型信息包含在 stat 结构体的 st_mode 成员中。可以用图 4.1 中的宏确定文件类型。这些宏的参数都是 stat 结构体中的 st_mode 成员。

宏	文件类型
S_ISREG()	普通文件
S_ISDIR()	目录文件
S_ISCHR()	字符特殊文件
S_ISBLK()	块特殊文件
S_ISFIFO()	管道或 FIFO
S_ISLNK()	符号链接
S_ISSOCK()	套接字

图 4.1　在头文件<sys/stat.h>中的文件类型宏

POSIX.1 允许实现将进程间通信（IPC）对象（如消息队列和信号量等）说明为文件。图 4.2 中的宏用于从 stat 结构体中确定 IPC 对象的类型。这些宏与图 4.1 中的不同，它们的参数并非 st_mode，而是指向 stat 结构体的指针。

宏	对象类型
S_TYPEISMQ()	消息队列
S_TYPEISSEM()	信号量
S_TYPEISSHM()	共享存储对象

图 4.2　在头文件<sys/stat.h>中的 IPC 类型宏

消息队列、信号量及共享存储对象等将在第 15 章中讨论。但是，本书讨论的 4 种 UNIX 系统的实现中都没有将这些对象表示为文件。

示例

图 4.3 中的程序打印每个命令行参数的文件类型。

```
#include "apue.h"

int
main(int argc, char *argv[])
{
    int          i;
    struct stat buf;
    char         *ptr;

    for (i = 1; i < argc; i++) {
        printf("%s: ", argv[i]);
        if (lstat(argv[i], &buf) < 0) {
            err_ret("lstat error");
```

```
                continue;
            }
            if (S_ISREG(buf.st_mode))
                ptr = "regular";
            else if (S_ISDIR(buf.st_mode))
                ptr = "directory";
            else if (S_ISCHR(buf.st_mode))
                ptr = "character special";
            else if (S_ISBLK(buf.st_mode))
                ptr = "block special";
            else if (S_ISFIFO(buf.st_mode))
                ptr = "fifo";
            else if (S_ISLNK(buf.st_mode))
                ptr = "symbolic link";
            else if (S_ISSOCK(buf.st_mode))
                ptr = "socket";
            else
                ptr = "** unknown mode **";
            printf("%s\n", ptr);
        }
        exit(0);
}
```

图 4.3　打印每个命令行参数的文件类型

图 4.3 程序的示例输出如下：

```
$ ./a.out /etc/passwd /etc /dev/log /dev/tty \
> /var/lib/oprofile/opd_pipe /dev/sr0 /dev/cdrom
/etc/passwd: regular
/etc: directory
/dev/log: socket
/dev/tty: character special
/var/lib/oprofile/opd_pipe: fifo
/dev/sr0: block special
/dev/cdrom: symbolic link
```

（此处，在第一个命令行末尾我们键入了一个反斜杠，通知 shell 要在下一行继续键入命令，然后，shell 在下一行用辅助提示符>提示我们。）我们专门使用了 `lstat` 函数而不是 `stat` 函数以便检测符号链接。如果使用 `stat` 函数，则不会观察到符号链接。

早期版本的 UNIX 系统并不提供 `S_ISxxx` 宏，我们必须将 `st_mode` 值与掩码 `S_IFMT` 进行逻辑“与”运算，然后将结果与名称为 `S_IFxxx` 的常量进行比较。大多数系统在文件`<sys/stat.h>`中定义这个掩码和相关常量。查看这个文件，我们会看到 `S_ISDIR` 宏定义如下：

```
#define S_ISDIR(mode) (((mode) & S_IFMT) == S_IFDIR)
```

我们说过普通文件是主要的文件类型，但观察给定系统上每种文件类型的文件百分比是很有趣的。图 4.4 显示了一个单用户工作站的 Linux 系统的计数和百分比。这些数据是从 4.22 节所示的程序中得到的。

文件类型	统计值	百分比（%）
普通文件	415,803	79.77
目录文件	62,197	11.93
符号链接	40,018	8.25
字符特殊文件	155	0.03
块特殊文件	47	0.01
套接字	45	0.01
FIFO	0	0

图 4.4　不同类型文件的统计值和百分比

4.4 设置用户 ID 和设置组 ID

每个进程相关联的 ID 有 6 个或更多，如图 4.5 所示。

ID	用途
实际用户 ID 实际组 ID	我们实际上是谁
有效用户 ID 有效组 ID 附属组 ID	用于文件访问权限的检查
已保存的设置用户 ID 已保存的设置组 ID	由函数 exec 保存

图 4.5　每个进程相关联的用户 ID 和组 ID

- 实际用户 ID 和实际组 ID 标识了我们的真实身份。这两个字段是我们登录时在口令文件中获取的。通常，这些值在一个登录会话期间不会更改，尽管超级用户进程可以通过多种方式更改它们，8.11 节将对此进行讲解。
- 有效用户 ID、有效组 ID 和附属组 ID 决定了文件的访问权限，如 4.5 节所述。（1.8 节定义了附属组 ID。）
- 在执行一个程序时，已保存的设置用户 ID 和已保存的设置组 ID 包含了有效用户 ID 和有效组 ID 的副本，在 8.11 节中说明 setuid 函数时，将介绍这两个值的作用。

在 POSIX.1 2001 版中，这些已保存的 ID 是必选的。在早期的 POSIX 版本中，它们是可选的。应用程序可以在编译时测试常量 _POSIX_SAVED_IDS，或者在运行时使用 _SC_SAVED_IDS 参数调用 sysconf 函数，以查看实现是否支持此功能。

通常情况下，有效用户 ID 等于实际用户 ID，有效组 ID 等于实际组 ID。

每个文件有一个所有者和组所有者，所有者由 stat 结构体中的 st_uid 指定，组所有者则由 st_gid 指定。

当执行一个程序文件时，进程的有效用户 ID 通常就是实际用户 ID，有效组 ID 通常是实际组 ID。可以在文件模式字（st_mode）中设置一个特殊标识，表示“当执行此文件时，将进程的有效用户 ID 设置为文件所有者的用户 ID（st_uid）”。类似地，在文件模式字中可以设置另一位，它将执行此文件的进程的有效组 ID 设置为文件的组所有者 ID（st_gid）。在文件模式字中的这两位称为设置用户 ID 位和设置组 ID 位。

例如，如果文件所有者是超级用户，而且设置了该文件的设置用户 ID 位，那么当该程序文件由一个进程执行时，该进程具有超级用户的权限。不管执行此文件的进程的实际用户 ID 是什么，都将是这样。再例如，UNIX 系统程序 passwd(1)允许任一用户改变其口令，该程序是一个设置用户 ID 程序。因为该程序应能将用户的新口令写入口令文件中（通常是/etc/passwd 或/etc/shadow），而只有超级用户才有对该文件的写入权限，所以需要使用设置用户 ID 功能。因为运行设置用户 ID 程序的进程通常会获取到额外的权限，所以编写这种程序时要特别谨慎。第 8 章将详细说明这种类型的程序。

再回到 stat 函数，设置用户 ID 位及设置组 ID 位都包含在文件的 st_mode 值中。这两位可分别用常量 S_ISUID 和 S_ISGID 进行测试。

4.5 文件访问权限

st_mode 值还包含了对文件的访问权限位。当提到文件时，指的是前面所提到的任何类型的文件。所有文件类型（目录、字符特别文件等）都有访问权限。很多人误认为只有普通文件有访问权限。

每个文件有 9 个访问权限位，可将它们分成三类，如图 4.6 所示。

st_mode 屏蔽	含　义
S_IRUSR	用户读
S_IWUSR	用户写
S_IXUSR	用户执行
S_IRGRP	组读
S_IWGRP	组写
S_IXGRP	组执行
S_IROTH	其他读
S_IWOTH	其他写
S_IXOTH	其他执行

图 4.6　头文件<sys/stat.h>中的 9 个访问权限位

在图 4.6 的前三行中，术语用户指的是文件所有者（owner）。chmod(1)命令用于修改这 9 个权限位。该命令允许我们用 u 来表示用户（所有者），用 g 来表示组，用 o 来表示其他。有的书把这三种用户类型分别称为所有者、组和世界。这样会造成混乱，因为 chmod 命令用 o 表示其他，而不是所有者。我们将沿用术语用户、组和其他，以便与 chmod 命令保持一致。

图 4.6 中所示的三类访问权限，即读、写及执行，以各种方式由不同的函数使用。我们将这些不同的使用方式汇总如下。当说明相关函数时，我们再进一步讨论。

- 当我们用名字打开任一类型的文件时，对这个名字中包含的每一个目录，包括它可能（隐含的）当前工作目录都应具有执行的权限。这就是目录的执行权限位通常被称为搜索位的原因。

  例如，要打开文件 /usr/include/stdio.h，我们需要对目录/、/usr 及 /usr/include 具有执行权限。我们还需要具有对文件的适当权限，这取决于以何种模式打开它，例如只读、读/写等。

  如果当前目录是/usr/include，那么为了打开文件 stdio.h，我们需要对当前目录有执行权限。这是隐含当前目录的一个示例。打开 stdio.h 文件等同于打开./stdio.h。

  注意，目录的读权限和执行权限的意义是不同的。读权限允许我们读目录，获取该目录中所有文件名的列表。当一个目录是我们要访问文件的路径名的组成部分时，对该目录的执行权限使我们可访问该目录（也就是搜索该目录，查找特定的文件名）。

  引用隐含目录的另一个例子是，如果 PATH 环境变量（8.10 节将对其进行说明）定义了一个我们不具有执行权限的目录，那么 shell 不会在该目录下找到可执行文件。
- 文件的读取权限决定了我们是否可以打开现有文件进行读取：这与 open 函数的 O_RDONLY 和 O_RDWR 标识有关。
- 文件的写入权限决定了我们是否可以打开现有文件进行写入：这与 open 函数的 O_WRONLY 和 O_RDWR 标识有关。
- 必须拥有文件的写入权限我们才能在 open 函数中指定 O_TRUNC 标识。
- 除非我们对该目录具有写入权限和执行权限，否则无法在该目录中创建新文件。
- 要删除一个现有文件，我们需要包含该文件的目录的写入权限和执行权限。我们不需要文件本身的读权限或写权限。
- 如果想使用 7 个 exec 函数中的任何一个来执行文件（见第 8.10 节），那么我们需要具有文件的执行权限，并且该文件必须为普通文件。

每当进程打开、创建或删除一个文件时，内核都要进行文件访问权限测试，这个测试可能涉及文件的所有者、进程的有效 ID 及进程的附属组 ID（如果支持的话）。两个所有者 ID 是文件的属性，而两个有效 ID 和附属组 ID 是进程的属性。内核执行测试的具体步骤如下：

1. 如果进程的有效用户 ID 是 0（表示超级用户），则允许访问。这给予了超级用户对整个文件系统进行处理的充分自由。
2. 如果进程的有效用户 ID 等于文件的所有者 ID（即进程拥有该文件），并且设置了适当的用户访问权限位，则允许访问。否则，将拒绝访问。适当的访问权限位具体是指，如果进程为读而打开文件，则用户读取位应该为 1。如果进程为写而打开文件，则用户写入位应该为 1。如果进程要执行该文件，则用户执行位应该为 1。
3. 当进程的有效组 ID 或进程的附属组 ID 中任何一个等于文件的组 ID 时，如果组适当的访问权限位被设置，则允许访问；否则拒绝访问。
4. 如果其他用户适当的访问权限位被设置，则允许访问；否则拒绝访问。

按顺序执行这 4 个步骤。注意，如果进程拥有此文件（第 2 步），则按用户访问权限允许或拒绝该进程对文件的访问，不再查看组访问权限。类似地，若进程并不拥有该文件，但该进程属于某个适当的组，则按组访问权限允许或拒绝该进程对文件的访问，不再查看用户的访问权限。

4.6 新文件和目录的所有权

在第 3 章中介绍用 open 或 creat 创建新文件时，我们并没有说明赋予新文件的用户 ID 和组 ID 是什么。4.21 节将说明 mkdir 函数，届时我们可以了解如何创建一个新目录。新目录的所有权规则与本节将说明的新文件所有权规则相同。

新文件的用户 ID 设置为进程的有效用户 ID。POSIX.1 允许选择以下选项之一作为新文件的组 ID：

1. 新文件的组 ID 可以是进程的有效组 ID。
2. 新文件的组 ID 可以是该文件所在目录的组 ID。

FreeBSD 8.0 和 Mac OS X 10.6.8 总是使用目录的组 ID 作为新文件的组 ID。有的 Linux 文件系统使用 mount(1)命令选项允许在两种选项中进行选择。默认情况下，对于 Linux 3.2.0 和 Solaris 10，新文件的组 ID 取决于它所在的目录的设置组 ID 位是否被设置。如果该目录的这一位已经被设置，那么新文件的组 ID 设置为目录的组 ID；否则新文件的组 ID 将设置为进程的有效组 ID。

使用 POSIX.1 所允许的第 2 个选项（继承目录的组 ID）使得在某个目录下创建的文件和目录都具有该目录的组 ID。然后文件和目录的组所有权从该点向下传递。例如，在 Linux 的 /var/mail 目录中就使用了这一方法。

如上所述，这种设置组所有权的方法是 FreeBSD 8.0 和 Mac OS X 10.6.8 系统默认的，但对于 Linux 和 Solaris 来说是可选的。在 Linux 3.2.0 和 Solaris 10 之下，必须设置组

ID 位才能起作用。更进一步，为使这种方法能够正常工作，mkdir 函数要自动传递一个目录的设置组 ID 位（4.21 节将说明 mkdir 函数）。

4.7 access 和 faccessat 函数

正如前面所说，当我们打开一个文件时，内核根据进程的有效用户 ID 和有效组 ID 执行其访问权限的测试。有时，进程想要根据实际用户 ID 和实际组 ID 来测试其访问能力。例如，当一个进程使用设置用户 ID 或设置组 ID 功能作为另一个用户（或组）运行时，就可能会有这种需要。即使一个进程已经通过设置用户 ID 以超级用户权限运行，它仍可能想验证其实际用户能否访问一个给定的文件。access 和 faccessat 函数按实际用户 ID 和实际组 ID 进行访问权限的测试。（该测试也分为 4 步，与 4.5 节中所述的一样，但需要将有效改为实际。）

```
#include <unistd.h>

int access(const char *pathname, int mode);

int faccessat(int fd, const char *pathname, int mode, int flag);
                    两个函数的返回值：若成功，则返回 0；若出错，则返回-1
```

其中，*mode* 用于测试文件是否已经存在的 F_OK，或者是图 4.7 中所列常量的按位或。

mode	说　明
R_OK	测试读权限
W_OK	测试写权限
X_OK	测试执行权限

图 4.7　头文件<unistd.h>中 access 函数的 *mode* 标识

faccessat 函数与 access 函数在如下两种情况下是相同的：一种是 *pathname* 参数为绝对路径，另一种是 *fd* 参数取值为 AT_FDCWD，并且 *pathname* 参数为相对路径。否则，faccessat 计算相对于打开目录（由 *fd* 参数指向）的 *pathname*。

flag 参数可用于改变 faccessat 的行为，如果将 *flag* 设置为 AT_EACCESS 标识，那么访问检查用的是调用进程的有效用户 ID 和有效组 ID，而不是实际用户 ID 和实际组 ID。

示例

图 4.8 展示了 access 函数的使用方法。

```
#include "apue.h"
#include <fcntl.h>
```

```
int
main(int argc, char *argv[])
{
    if (argc != 2)
        err_quit("usage: a.out <pathname>");
    if (access(argv[1], R_OK) < 0)
        err_ret("access error for %s", argv[1]);
    else
        printf("read access OK\n");
    if (open(argv[1], O_RDONLY) < 0)
        err_ret("open error for %s", argv[1]);
    else
        printf("open for reading OK\n");
    exit(0);
}
```

图 4.8 access 函数示例

下面是该程序的示例会话：

```
$ ls -l a.out
-rwxrwxr-x 1 sar          15945 Nov 30 12:10 a.out
$ ./a.out a.out
read access OK
open for reading OK
$ ls -l /etc/shadow
-r-------- 1 root         1315 Jul 17 2002 /etc/shadow
$ ./a.out /etc/shadow
access error for /etc/shadow: Permission denied
open error for /etc/shadow: Permission denied
$ su                                  成为超级用户
Password:                             输入超级用户的口令
# chown root a.out                    将文件用户 ID 修改为
# chmod u+s a.out                     设置用户 ID 位为 1
# ls -l a.out                         检查所有者和 SUID 位
-rwsrwxr-x 1 root         15945 Nov 30 12:10 a.out
# exit                                恢复为正常用户
$ ./a.out /etc/shadow
access error for /etc/shadow: Permission denied
open for reading OK
```

在这个示例中，尽管 open 函数能打开文件，但通过设置用户 ID 程序可以确定实际用户不能正常读取指定的文件。

在上个示例及第 8 章中，我们有时要成为超级用户，以演示某些功能是如何实现的。如果你使用多用户系统，但没有超级用户的权限，那么你就无法完整地重复这些示例。

4.8 umask 函数

目前我们介绍了与每个文件相关联的 9 个访问权限位，然后说明与每个进程相关联的文件模式创建屏蔽字。

umask 函数为进程设置文件模式创建屏蔽字，并返回之前的值（这是少数几个没有出错的返回函数之一）。

```
#include <sys/stat.h>

mode_t umask(mode_t cmask);
```

返回值：之前的文件模式创建屏蔽字

其中，参数 *cmask* 是由图 4.6 中列出的 9 个常量（S_IRUSR、S_IWUSR 等）中的若干个按位或构成的。

在进程创建一个新文件或新目录时，一定会使用文件模式创建屏蔽字（见 3.3 节和 3.4 节。我们说明了 open 和 creat 函数，这两个函数都有 *mode* 参数，它指定了新文件的访问权限位）。我们将在 4.21 节说明如何创建一个新目录。在文件模式创建屏蔽字中为 1 的位，在文件 *mode* 中的相应位一定被关闭（设置为 0）。

示例

图 4.9 所示程序中创建了两个文件，在创建第一个文件时，umask 值为 0，在创建第二个文件时， umask 值禁止所有组和其他用户的访问权限。

```
#include "apue.h"
#include <fcntl.h>

#define RWRWRW (S_IRUSR|S_IWUSR|S_IRGRP|S_IWGRP|S_IROTH|S_IWOTH)

int
main(void)
{
    umask(0);
    if (creat("foo", RWRWRW) < 0)
        err_sys("creat error for foo");
    umask(S_IRGRP | S_IWGRP | S_IROTH | S_IWOTH);
    if (creat("bar", RWRWRW) < 0)
        err_sys("creat error for bar");
    exit(0);
}
```

图 4.9 umask 函数示例

若运行此程序，可得到如下结果，从中可见访问权限位是如何设置的。

```
$ umask                     先打印当前文件模式创建屏蔽字
002
$ ./a.out
$ ls -l foo bar
-rw------- 1 sar            0 Dec 7 21:20 bar
-rw-rw-rw- 1 sar            0 Dec 7 21:20 foo
$ umask                     检查文件模式创建屏蔽字是否更改
002
```

UNIX 系统的大多数用户从不处理他们的 umask 值。通常在登录时由 shell 的启动文件设置一次，然后这个值不再改变。尽管如此，当编写创建新文件的程序时，如果我们想保证指定的访问权限位已经激活，那么必须在进程运行时修改 umask 值。例如，如果我们想保证任何用户都能读取文件，则应将 umask 的值设置为 0。否则，当我们的进程运行时，有效的 umask 值可能关闭该权限位。

在前面的示例中，我们用 shell 的 umask 命令在运行程序的之前和之后打印文件模式创建屏蔽字。从中可见，更改进程的文件模式创建屏蔽字并不影响其父进程（通常是 shell）的屏蔽字。所有 shell 都内置了 umask 命令，我们可以用该命令设置或打印当前文件模式创建屏蔽字。

用户可以通过设置 umask 值控制他们所创建文件的默认权限。该值表示为八进制数，每个屏蔽位表示一种要拒绝的权限。详见图 4.10。设置了相应位后，它所对应的权限就会被拒绝。常用的几种 umask 取值是 002、022 和 027。002 拒绝其他用户写入你的文件，022 拒绝同组成员和其他用户写入你的文件，027 拒绝同组成员写你的文件及其他用户读、写或执行你的文件。

屏蔽位	含　义
0400	用户读
0200	用户写
0100	用户执行
0040	组读
0020	组写
0010	组执行
0004	其他读
0002	其他写
0001	其他执行

图 4.10　umask 文件访问权限位

Single UNIX Specification 要求 shell 支持符号形式的 umask 命令。与八进制格式不同的是，符号格式指定允许的权限（即在文件创建屏蔽字中为 0 的位）而不是拒绝的权限（即在文件创建屏蔽字中为 1 的位）。下面显示了两种格式的命令。

```
$ umask                          先打印当前文件模式创建屏蔽字
002
$ umask -S                       打印符号格式
u=rwx,g=rwx,o=rx
$ umask 027                      更改文件模式创建屏蔽字
$ umask -S                       打印符号格式
u=rwx,g=rx,o=
```

4.9 chmod、fchmod 和 fchmodat 函数

chmod、fchmod 和 fchmodat 这三个函数可以更改现有文件的访问权限。

```
#include <sys/stat.h>

int chmod(const char *pathname, mode_t mode);

int fchmod(int fd, mode_t mode);

int fchmodat(int fd, const char *pathname, mode_t mode, int flag);
                          三个函数返回值：若成功，则返回 0；若出错，则返回-1
```

chmod 函数对指定的文件进行操作，而 fchmod 函数对已打开的文件进行操作。fchmodat 函数与 chmod 函数在下面两种情况下是相同的：一种是 *pathname* 参数为绝对路径，另一种是 *fd* 参数取值为 AT_FDCWD，而 *pathname* 参数为相对路径。否则，fchmodat 将计算相对于打开目录（由 *fd* 参数指向的）的 pathname。*flag* 参数用于改变 fchmodat 的行为，当设置了 AT_SYMLINK_NOFOLLOW 标识的时候，fchmodat 并不会跟随符号链接。

要改变一个文件的权限位，进程的有效用户 ID 必须等于文件的所有者 ID，或者该进程必须具有超级用户权限。

参数 *mode* 的取值是图 4.11 中所示常量的按位或。

注意，在图 4.11 中，有 9 项是取自图 4.6 中的 9 个文件访问权限位。我们另外加了 6 个常量，它们是两个设置 ID 的常量（S_ISUID 和 S_ISGID）、保存正文常量（S_ISVTX）及三个组合常量（S_IRWXU、S_IRWXG 和 S_IRWXO）。

保存正文位（S_ISVTX）不是 POSIX.1 的一部分。在 Single UNIX Specification 中，它在 XSI 扩展中定义。我们将在下一节说明其目的。

mode	说　明
S_ISUID	执行时设置用户 ID
S_ISGID	执行时设置组 ID
S_ISVTX	保存正文（粘着位）
S_IRWXU	用户（所有者）读、写与执行
S_IRUSR	用户（所有者）读
S_IWUSR	用户（所有者）写
S_IXUSR	用户（所有者）执行
S_IRWXG	组读、写与执行
S_IRGRP	组读
S_IWGRP	组写
S_IXGRP	组执行
S_IRWXO	其他读、写与执行
S_IROTH	其他读
S_IWOTH	其他写
S_IXOTH	其他执行

图 4.11　头文件<sys/stat.h>中 chmod 函数的 *mode* 常量

示例

为了演示 umask 函数，我们在前面运行了图 4.9 的程序，先让我们回忆文件 foo 和 bar 当时的最后状态：

```
$ ls -l foo bar
-rw-------   1 sar                   0 Dec   7 21:20 bar
-rw-rw-rw-   1 sar                   0 Dec   7 21:20 foo
```

图 4.12 的程序修改了这两个文件的模式。

```
#include "apue.h"

int
main(void)
{
    struct stat      statbuf;

    /* 打开设置组 ID 位，同时关闭组执行位 */

    if (stat("foo", &statbuf) < 0)
        err_sys("stat error for foo");
    if (chmod("foo", (statbuf.st_mode & ~S_IXGRP) | S_ISGID) < 0)
        err_sys("chmod error for foo");

    /* 将绝对路径模式设置为 "rw-r--r--" */
```

```
    if (chmod("bar", S_IRUSR | S_IWUSR | S_IRGRP | S_IROTH) < 0)
        err_sys("chmod error for bar");

    exit(0);
}
```

图 4.12 chmod 函数示例

在运行图 4.12 的程序之后，这两个文件的最后状态是：

```
$ ls -l foo bar
-rw-r--r--  1 sar          0 Dec  7 21:20 bar
-rw-rwSrw-  1 sar          0 Dec  7 21:20 foo
```

在本示例中，无论文件 bar 的当前权限位如何，我们都将其权限设置为一个绝对值。对文件 foo，我们设置相对于其当前状态的权限。为此，先调用 stat 获得其当前权限，然后修改它。我们显式地打开了设置组 ID 位、关闭了组执行位。注意，ls 命令将组执行权限表示为 S，它表示已经设置了设置组 ID 位，与此同时未设置组执行位。

> 在 Solaris 中，ls 命令显示 l 而非 S，表示对该文件可以加强制性文件或记录锁。这只能用于普通文件，14.3 节将更详细地讨论这一点。

最后需要注意，在运行图 4.12 的程序后，ls 命令列出的时间和日期并未改变。在 4.19 节中，我们会了解到 chmod 函数更新的只是 i 节点最近一次更改的时间。按系统默认方式，ls -l 列出的是文件内容的最后修改时间。

chmod 函数在以下条件下自动清除两个权限位：

- 在诸如 Solaris 之类的系统上对用于普通文件的粘着位赋予了特殊含义，在这些系统上，如果我们尝试设置普通文件的粘着位（S_ISVTX），且没有超级用户权限，那么 *mode* 中的粘着位将自动被关闭（我们将在下一节讨论粘着位）。这意味着只有超级用户才能设置普通文件的粘着位。这样做的理由是防止恶意用户设置粘着位，从而影响系统性能。

  > 在 FreeBSD 8.0 和 Solaris 10 中，只有超级用户才能对普通文件设置粘着位。Linux 3.2.0 和 Mac OS X 10.6.8 对设置粘着位并没有这样的限制，因为粘着位对 Linux 普通文件并无意义。虽然粘着位对 FreeBSD 的普通文件也无意义，但还是可以阻止除超级用户之外的其他用户对普通文件设置粘着位。

- 新创建文件的组 ID 可能不是调用进程所属的组。回顾 4.6 节，新文件的组 ID 可能是父目录的组 ID。具体来说，如果新文件的组 ID 不等于进程的有效组 ID 或者进程附属组 ID 中的一个，并且进程没有超级用户权限，那么设置组 ID 位就会自动被关闭。这就防止了用户创建一个设置组 ID 文件，而该文件由并不是该用户所属的组所拥有的情况。

在这种情况下，FreeBSD 8.0 对试图设置组 ID 的操作肯定会返回失败，而其他的系统则默默地关闭该位，但不会对试图改变文件访问权限的操作直接做失败处理。

FreeBSD8.0、Linux 3.2.0、Mac OSX10.6.8 和 Solaris 10 增加了另一个安全性功能，试图阻止误用某些保护位。如果没有超级用户权限的进程写一个文件，则设置用户 ID 位和设置组 ID 位会被自动清除。如果恶意用户找到一个他们可以写的设置组 ID 和设置用户 ID 文件，那么即使他们可以修改此文件，也没有该文件的特殊权限。

4.10 粘着位

S_ISVTX 位有一段有趣的历史。在 UNIX 尚未使用请求分页式技术的早期版本中，S_ISVTX 位被称为粘着位。如果一个可执行程序文件的这一位被设置了，那么当该程序第一次被执行，在其终止时，程序正文部分的一个副本仍被保存于交换区（程序的正文部分是机器指令）。这使得下次执行该程序时能较快地将其装载入内存。因为在通常的 UNIX 文件系统中，文件的各数据块很可能是随机存放的，相反，交换区是被作为一个连续文件来处理的。对于通用的应用程序，如文本编辑程序和 C 语言编译器，我们常常设置它们所在文件的粘着位。当然，在交换区中可以同时存放的设置了粘着位的文件数是有限制的，以免过多占用交换区空间，但无论如何这是一个有用的技术。因为在系统重新启动前，文件的正文部分总是在交换区中，这正是名字中“粘着”的由来。后来的 UNIX 版本称它为保存正文位，因此也就有了常量 S_ISVTX。现今较新的大多数 UNIX 系统都配置了虚拟存储系统及快速文件系统，因此也不再需要使用这种技术。

在现今的系统中，粘着位的使用范围得到了扩展，Single UNIX Specification 允许针对目录设置粘着位。如果对一个目录设置了粘着位，那么只有对该目录具有写权限的用户并且满足如下条件之一时，才能删除或重命名该目录下的文件：

- 拥有此文件；
- 拥有此目录；
- 是超级用户。

目录/tmp 和/var/tmp 是设置粘着位的典型候选目录——任何用户都可在这两个目录中创建文件。通常情况下，任一用户（用户、组和其他）对这两个目录的权限都是读、写和执行。但是用户不能删除或重命名属于其他人的文件。

POSIX.1 中未定义保存正文位，Single UNIX Specification 将它定义在 XSI 扩展部分。FreeBSD 8.0、Linux 3.2.0、Mac OSX10.6.8 和 Solaris 10 则支持这种功能。

在 Solaris 10 中，如果对普通文件设置了粘着位，那么它就具有特殊含义。此时，如果任何执行位都没有设置，那么操作系统将不会缓存文件内容。

4.11 chown、fchown、fchownat 和 lchown 函数

chown 函数可用于更改文件的用户 ID 和组 ID。如果两个参数 *owner* 或 *group* 中的任意一个是-1，则对应的 ID 不变。

```
#include <unistd.h>

int chown(const char *pathname, uid_t owner, gid_t group);

int fchown(int fd, uid_t owner, gid_t group);

int fchownat(int fd, const char *pathname, uid_t owner, gid_t group,
             int flag);

int lchown(const char *pathname, uid_t owner, gid_t group);
                              4 个函数的返回值：若成功，则返回 0；若出错，则返回-1
```

除了所引用的文件是符号链接，这 4 个函数的操作类似。在符号链接的情况下，lchown 和 fchownat（设置了 T_SYMLINK_NOFOLLOW 标识）更改符号链接本身的所有者，而不是该符号链接所指向的文件的所有者。

fchown 函数更改 *fd* 参数指向的打开文件的所有者，既然它在已打开的文件上操作，就不能用于改变符号链接的所有者。

fchownat 函数与 chown 或者 lchown 函数在下面两种情况下是相同的：一种是 *pathname* 参数为绝对路径，另一种是 *fd* 参数取值为 AT_FDCWD 而 *pathname* 参数为相对路径。在这两种情况下，如果 flag 参数中设置了 AT_SYMLINK_NOFOLLOW 标识，那么 fchownat 与 lchown 行为相同，如果 *flag* 参数中的 AT-SYMLINK_NOFOLLOW 标识被清除，那么 fchownat 与 chown 行为相同。如果 *fd* 参数设置为打开目录的文件描述符，并且 *pathname* 参数是一个相对路径名，那么 fchownat 函数将以打开目录的 *pathname* 作为基准进行计算。

基于 BSD 的系统一直限制只有超级用户才能更改一个文件的所有者。这样做的原因是防止用户改变其文件的所有者从而摆脱磁盘空间限额对他们的限制。System V 则允许任一用户更改他们所拥有的文件的所有者。

> 根据_POSIX_CHOWN_RESTRICTED 的值，POSIX.I 允许在这两种形式的操作中选用一种。
>
> 对于 Solaris 10，此功能是配置选项，其默认值是强制实施限制。FreeBSD 8.0、Linux 3.2.0 和 Mac OS X 10.6.8 则始终对 chown 施加限制。

回想一下 2.6 节，_POSIX_CHOWN_RESTRICTED 常量可选地被定义在头文件<unistd.h>中，而且总是可以用 pathconf 或 fpathconf 函数进行查询。另外，此选项还与所引用的

文件有关。可在每个文件系统基础上，使该选项起作用或不起作用。在下文中，当提及“若 _POSIX_CHOWN_RESTRICTED 生效”时，则表示“这适用于我们正在讨论的文件”，而不管该实际常量是否在头文件中定义。

若_POSIX_CHOWN_RESTRICTED 对指定的文件生效，则

1. 只有超级用户进程才能更改该文件的用户 ID。
2. 非超级用户进程可以更改文件的组 ID，当进程拥有此文件（其有效用户 ID 等于该文件的用户 ID）时，参数 *owner* 等于-1 或文件的用户 ID，并且参数 *group* 等于进程的有效组 ID 或进程的附属组 ID 之一。

这意味着，当_POSIX_CHOWN_RESTRICTED 生效时，不能更改其他用户文件的用户 ID。你可以更改你所拥有的文件的组 ID，但只能改到你所属的组。

如果这些函数由非超级用户进程调用，则在成功返回时，该文件的设置用户 ID 位和设置组 ID 位都将被清除。

4.12 文件长度

stat 结构体成员 st_size 表示以字节为单位的文件的长度。该字段只对普通文件、目录文件和符号链接有意义。

> FreeBSD 8.0、Mac OS X 10.6.8 和 Solaris 10 对管道也定义了文件长度，它表示可从该管道中读取的字节数，我们将在 15.2 节中讨论管道。

普通文件的长度可以是 0，在开始读这种文件时，将得到文件结束指示。对于目录，文件长度通常是一个数（如 16 或 512）的倍数，我们将在 4.22 节中说明读目录操作。

对于符号链接，文件长度是在文件名中的实际字节数。例如，在下面的例子中，文件长度 7 就是路径名 usr/lib 的长度：

```
Lrwxrwxrwx 1 root          7 Sep 25 07:14 lib -> usr/lib
```

（注意，因为符号链接文件长度总是由 st_size 指定，所以它并不包含通常 C 语言用作名字结尾的 null 字节。）

大多数现代的 UNIX 系统提供 st_blksize 和 st_blocks 字段。其中，第一个是对文件 I/O 较合适的块长度，第二个是所分配的实际 512 字节块块数。回忆 3.9 节，其中提到了当我们将 st_blksize 用于读操作时，读取一个文件所需的时间最少。为提高效率，标准 I/O 库（我们将在第 5 章中说明）也尝试一次读、写 st_blksize 字节。

> 请注意，不同的 UNIX 版本，其 st_blocks 所用的单位可能不是 512 字节的块。使用此值并不是可移植的。

文件中的空洞

在 3.6 节中，我们提到过普通文件可以包含空洞。图 3.2 的程序说明了这一点。空洞是由所设置的偏移量超过文件尾端，并写入了某些数据造成的。例如，考虑如下情况：

```
$ ls -l core
-rw-r--r--  1 sar    8483248 Nov 18 12:18 core
$ du -s core
272     core
```

文件 core 的长度略大于 8MB，但 du 命令报告该文件所使用的磁盘空间总量是 272 个 512 字节块（即 139,264 字节）。很明显，此文件中有很多空洞。

在很多 BSD 类系统上，du 命令报告的是 1024 字节块的块数，Solaris 报告的是 512 字节块的块数。在 Linux 上，报告的块数单位取决于是否设置了环境变量 POSIXLY_CORRECT。当设置了该环境变量时，du 命令报告的是 1024 字节块的块数；当没有设置该环境变量时，du 命令报告的是 512 字节块的块数。

正如我们在 3.6 节中提到的，对于没有写过的字节位置，read 函数读到的字节是 0。如果执行下面的命令，可以看出正常的 I/O 操作读整个文件长度：

```
$ wc -c core
8483248 core
```

带-c 选项的 wc(1)命令计算文件中的字符数（字节）。

如果我们使用 cat(1) 等实用程序复制这个文件，那么所有空洞都会被填满，其中所有实际数据字节都填写为 0。

```
$ cat core > core.copy
$ ls -l core*
-rw-r--r--  1 sar   8483248 Nov 18 12:18 core
-rw-rw-r--  1 sar   8483248 Nov 18 12:27 core.copy
$ du -s core*
272     core
16592   core.copy
```

由此可见，新文件所用的实际字节数是 8,495,104（512 ×16,592）。此长度与 ls 命令报告的长度不同，其原因是，文件系统使用了若干块以存放指向实际数据块的指针。

感兴趣的读者可以参阅 Bach（1986）的 4.2 节、McKusick 等（1996）的 7.2 节和 7.3 节或 McKusick 和 Neville-Neil（2005）的 8.2 节和 8.3 节、McDougall 和 Mauro（2007）的 15.2 节，以及 Singh（2006）的第 12 章，以详细地了解文件的物理结构。

4.13 文件截断

有时我们需要通过删除文件末尾的数据来截断文件。清空文件（在打开文件时使用 O_TRUNC 标识）是截断的一种特殊情况。

```
#include <unistd.h>

int truncate(const char *pathname, off_t length);

int ftruncate(int fd, off_t length);
                        两个函数的返回值：若成功，则返回 0；若出错，则返回-1
```

这两个函数将一个现有文件的长度截断为 *length*。如果该文件之前的长度大于 *length*，则超过 *length* 部分的数据就不再能访问。如果之前的长度小于 *length*，那么文件的长度将增加，在之前的文件尾端和新的文件尾端之间的数据将读取为 0（也就是可能在文件中创建了一个空洞）。

早于 4.4BSD 版本的 BSD 系统只能用 truncate 函数截断一个文件。

Solaris 对 fcntl 函数进行了扩展（F_FREESP），它允许释放一个文件中的任何部分，而不只是文件尾端的部分。

我们在图 13.6 所示的程序中用到了 ftruncate，在获得对一个文件的锁后，清空该文件。

4.14 文件系统

为了说明文件链接的概念，我们需要对 UNIX 文件系统的结构有概念上的理解。同时，了解 i 节点和指向 i 节点的目录项之间的区别也是有用的。

如今正在使用的 UNIX 文件系统有多种实现。例如，Solaris 支持多种不同类型的磁盘文件系统：传统的基于 BSD 的 UNIX 文件系统（也称为 UFS），读、写 DOS 格式软盘的文件系统（也称为 PCFS），以及读 CD 的文件系统（称为 HSFS）。我们在图 2.20 中，可以了解不同类型文件系统的区别。UFS 是以 Berkeley 快速文件系统为基础的，我们将在本节中对其进行描述。

每种文件系统类型都有其自己的特征，其中一些特征可能会令人困惑。例如，大多数 UNIX 文件系统支持区分大小写的文件名。因此，如果你创建一个名为 file.txt 的文件和另一个名为 file.TXT 的文件，则会创建两个不同的文件。然而，在 Mac OS X 上，HFS 文件系统中大小写是保留的，并且在比较时大小写不敏感。因此，如果你已经创建了 file.txt，那么当你尝试创建 file.TXT 时，将覆盖 file.txt 文件。但是，只有创建文件时使用的名称才会存储在文件系统中（保留原始大小写）。事实上，在搜索文件时，序列 f、i、l、e、.、t、x、t 中大写和小写字母的任何排列都会匹配（而不区分大小写）。因此，除了 file.txt 和 file.TXT，我们还可以访问名称为 File.txt、fILE.tXt 和 File.TxT 的文件。

我们可以将一个磁盘分成一个或多个分区。每个分区可以包含一个文件系统（见图 4.13）。i 节点是固定长度的记录项，它包含有关文件的大部分信息。

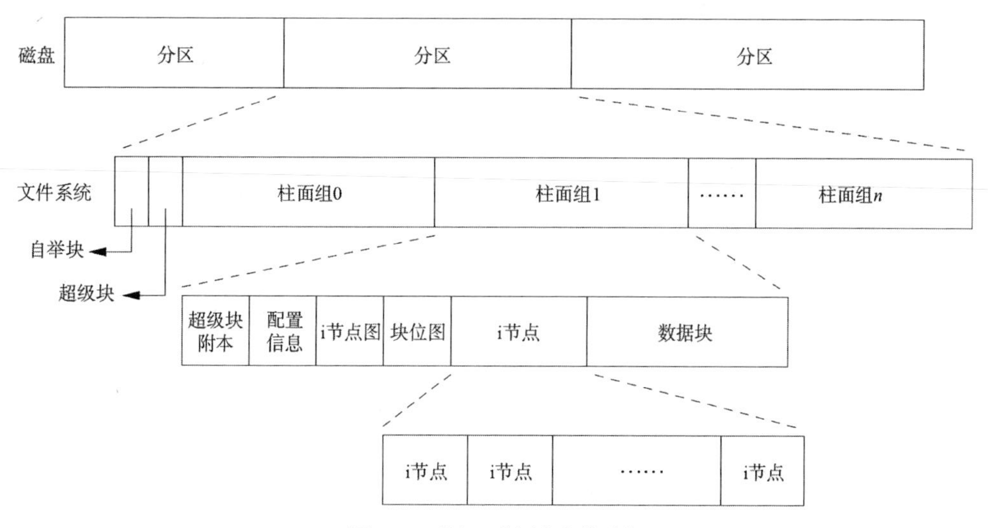

图 4.13　磁盘、分区和文件系统

如果更仔细地观察一个柱面组的 i 节点和数据块部分，则可得如图 4.14 所示的情况。

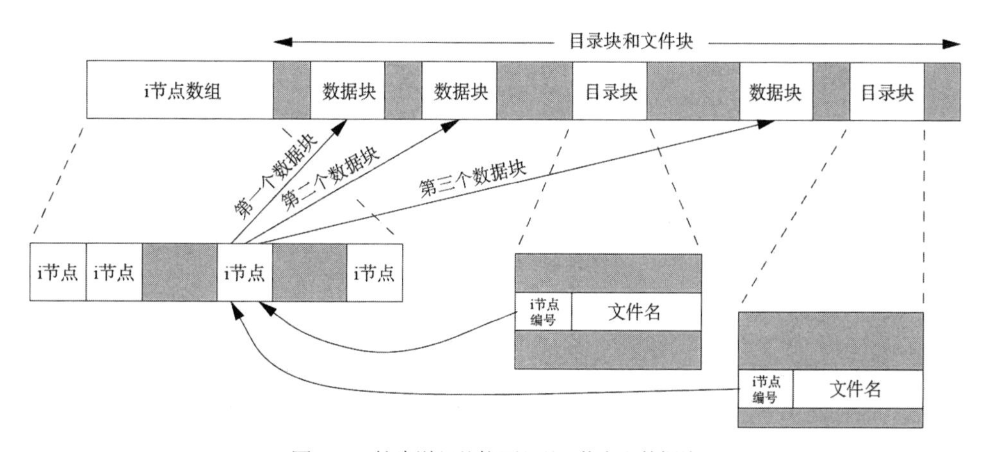

图 4.14　较为详细的柱面组的 i 节点和数据块

请注意图 4.14 中的以下几点：

- 图中有两个目录项[8]指向同一个 i 节点。每个 i 节点中都有一个链接计数，其值是指向该 i 节点的目录项数。只有当链接计数减少到 0 时，才能删除该文件（从而释放该文件所占用的数据块）。这就是"解除对一个文件的链接"操作并不总是意味着"释放该文件占用的磁盘块"的原因，也是"删除一个目录项的函数被称为 unlink 而不是 delete"的原因。在 stat 结构体中，链接计数包含在 st_nlink 成员中，其基本系统数据类型是 nlink_t，这种链接类型被称为硬链接。回忆一下 2.5.2 节，POSIX.1 常量 LINK_MAX 指定了一个文件链接数的最大值。
- 另一种链接类型被称为符号链接。符号链接文件的实际内容（在数据块中）包含了该符号链接所指向的文件的名字。在下面的示例中，目录项中的文件名是 3 个字符的字符串 lib，而该文件中包含了 7 字节的数据 usr/lib。

  ```
  lrwxrwxrwx    1 root        7 Sep 25 07:14 lib -> usr/lib
  ```

  该 i 节点中的文件类型是 S_IFLNK，于是系统判断这是一个符号链接。
- i 节点包含了与文件有关的所有信息：文件类型、文件访问权限位、文件的长度和指向文件数据块的指针等。stat 结构体中的大多数信息是从 i 节点获取的。只有两项重要数据存放在目录项中：文件名和 i 节点号。其他的数据项（如文件名长度和目录记录长度）不是本书讨论的重点。i 节点编号的数据类型是 ino_t。
- 由于目录项中的 i 节点编号指向同一文件系统中的相应 i 节点，一个目录项不能指向另一个文件系统的 i 节点。这就是 ln(1) 命令（创建一个指向一个现有文件的新目录项）无法跨文件系统的原因。我们将在下一节描述 link 函数。
- 当在不更换文件系统的情况下为一个文件重命名时，该文件的实际内容并未移动，只需创建一个指向现有 i 节点的新目录项，同时删除老的目录项，链接计数将保持不变。例如，将文件/usr/lib/foo 重命名为/usr/foo，如果目录/usr/lib 和/usr 在同一文件系统中，则文件 foo 的内容不用移动。这就是 mv(1) 命令的通常操作方式。

我们讨论了普通文件的链接计数概念，但是对于目录文件的链接计数字段又如何呢？假定我们在工作目录中构造了一个新目录，如下所示：

```
$ mkdir testdir
```

图 4.15 显示了其结果。注意，该图明确地显示了.和..目录项。

8 目录项是具体的功能表述，目录块是存储表示的实际位置。这里用目录项存储的目录块指代目录项。——译者注

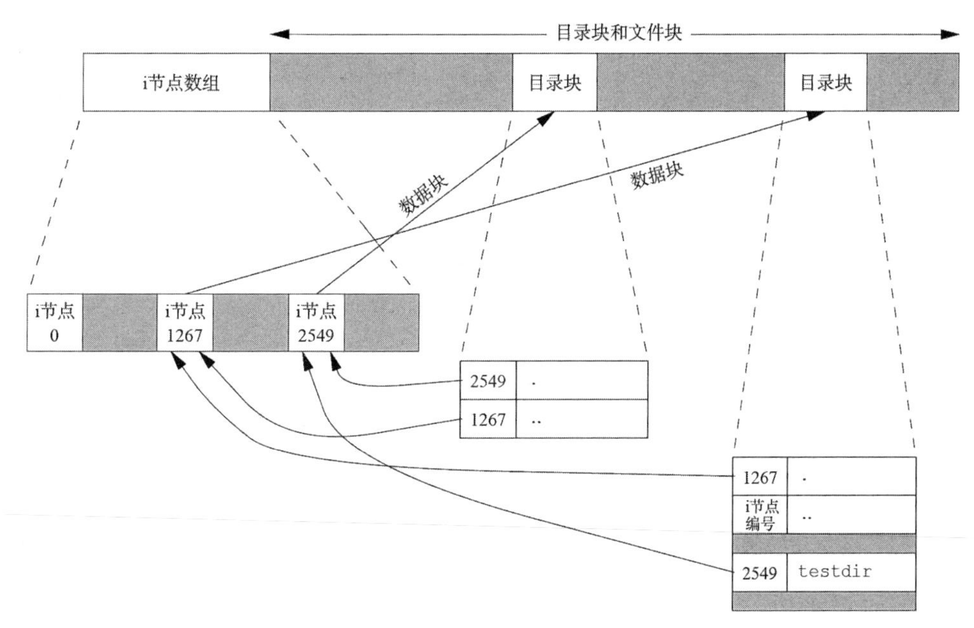

图 4.15　创建了目录 testdir 之后的文件系统示例

编号为 2549 的 i 节点的类型字段是一个目录，链接计数为 2。任何一个叶目录（不包含任何其他目录的目录）的链接计数总是 2，数值 2 来自命名该目录（testdir）的目录项及在该目录中的.项。编号为 1267 的 i 节点的类型字段表示它是一个目录，链接计数大于或等于 3。其大于或等于 3 的原因是，至少有三个目录项指向它：第一个是命名它的目录项（在图 4.15 中没有表示出来），第二个是在该目录中的.项，第三个是在其子目录 testdir 中的..项。注意，父目录中的每个子目录都使该父目录的链接计数增加 1。

这种格式与 UNIX 文件系统的经典格式类似，在 Bach（1986）的第 4 章中有详细描述。关于伯克利快速文件系统对此所做的更改请参阅 McKusick 等（1996）的第 7 章及 McKusick 和 Neville-Neil（2005）中的第 8 章。关于 UFS（伯克利快速文件系统的 Solaris 版）的详细情况，请参考 McDougall 和 Mauro（2007）的第 15 章。关于 Mac OS X 使用的 HFS 文件系统格式，请参阅 Singh（2006）的第 12 章。

4.15 link、linkat、unlink、unlinkat 和 remove 函数

如上节所述，一个文件可以有多个目录项指向其 i 节点。创建一个指向现有文件的链接的方法是使用 link 函数或 linkat 函数。

```
#include <unistd.h>

int link(const char *existingpath, const char *newpath);

int linkat(int efd, const char *existingpath, int nfd, const char *newpath,
           int flag);
                        两个函数的返回值：若成功，则返回 0；若出错，则返回-1
```

这两个函数创建一个新目录项 *newpath*，它引用现有文件 *existingpath*。如果 *newpath* 已经存在，则返回出错。只基于已存在的路径创建 *newpath* 中的后面部分。

对于 `linkat` 函数，现有文件是通过 `efd` 和 `existingpath` 参数指定的，新的路径名是通过 *nfd* 和 *newpath* 参数指定的。默认情况下，如果两个路径名中的任何一个是相对路径，那么它需要以文件描述符为基准进行计算。如果两个文件描述符中的任一个设置为 `AT_FDCWD`，那么相应的路径名（如果它是相对路径）就以当前目录作为基准进行计算。如果任一路径名是绝对路径，那么相应的文件描述符参数就会被忽略。

当现有文件是符号链接时，*flag* 参数控制 `linkat` 函数是创建指向现有符号链接的链接还是创建指向现有符号链接所指向的文件的链接。如果在 *flag* 参数中设置了 `AT_SYMLINK_FOLLOW` 标识，则创建指向符号链接目标的链接。如果这个标识被清除，则创建一个指向符号链接本身的链接。

创建新目录项和增加链接计数应当是一个原子操作（回想一下在 3.11 节中对原子操作的讨论）。

虽然 POSIX.I 允许实现支持跨文件系统的链接，但是大多数实现要求现有的和新建的两个路径名在同一文件系统中。即使实现支持创建指向一个目录的硬链接，也仅限于超级用户才可以这样做。其理由是这样做可能在文件系统中形成循环，大多数处理文件系统的实用程序都不能处理这种循环（4.17 节将给出一个由符号链接引入循环的示例）。因此，很多文件系统的实现不允许指向目录的硬链接。

要删除一个现有的目录项，可以调用 `unlink` 函数。

```
#include <unistd.h>

int unlink(const char *pathname);

int unlinkat(int fd, const char *pathname, int flag);
                        两个函数的返回值：若成功，则返回 0；若出错，则返回-1
```

这些函数删除目录项，并减少由 *pathname* 所引用文件的链接计数。如果还有其他链接指向该文件，那么仍可通过其他链接访问该文件的数据。如果出错，那么不对该文件做任何更改。

如前所述，为了解除对文件的链接，必须对包含该目录项的目录具有写和执行权限。正如 4.10 节所述，如果对该目录设置了粘着位，那么该目录必须具有写权限，并且具备如下三个条件之一：

- 拥有该文件；
- 拥有该目录；
- 具有超级用户权限。

只有当链接计数达到 0 时，才能删除文件的内容。另一个条件也会阻止删除文件的内容：只要有进程打开了该文件，文件内容就不能被删除。当关闭一个文件时，内核首先检查打开该文件的进程计数。如果这个计数达到 0，那么内核再去检查其链接计数；如果链接计数也是 0，那么删除该文件的内容。

如果 *pathname* 参数是相对路径名，那么 `unlinkat` 函数计算相对于由 *fd* 文件描述符参数表示的目录的路径名。如果 *fd* 参数设置为 `AT_FDCWD`，那么通过相对于调用进程的当前工作目录来计算路径名。如果 *pathname* 参数是绝对路径名，那么忽略 *fd* 参数。

flag 参数给出了一种方法，使调用进程可以改变 `unlinkat` 函数的默认行为。当设置了 `AT_REMOVEDIR` 标识时，`unlinkat` 函数的作用等同于删除目录的 `rmdir` 函数。如果这个标识被清除，`unlinkat` 与 `unlink` 则执行同样的操作。

示例

图 4.16 的程序打开一个文件，然后调用 `unlink` 函数，程序进入休眠状态 15 秒之后终止。

```
#include "apue.h"
#include <fcntl.h>

int
main(void)
{
    if (open("tempfile", O_RDWR) < 0)
        err_sys("open error");
    if (unlink("tempfile") < 0)
        err_sys("unlink error");
    printf("file unlinked\n");
    sleep(15);
    printf("done\n");
    exit(0);
}
```

图 4.16 打开一个文件，然后调用 unlink 函数

运行这个程序，可以得到：

```
$ ls -l tempfile                              查看文件大小
-rw-r-----  1 sar     413265408 Jan 21 07:14 tempfile
$ df /home                                    检查磁盘可用空间
Filesystem   1K-blocks     Used  Available   Use%   Mounted on
```

```
/dev/hda4      11021440  1956332    9065108     18%   /home
$ ./a.out &                                    在后台运行图 4.16 的程序
1364                                           shell 打印其进程 ID
$ file unlinked                                解除文件链接
ls -l tempfile                                 检查文件是否仍然存在
ls: tempfile: No such file or directory        目录项已删除
$ df /home                                     检查可用磁盘空间
Filesystem    1K-blocks     Used  Available   Use%   Mounted on
/dev/hda4      11021440  1956332    9065108     18%   /home
$ done                                         程序结束，关闭所有打开的文件
df /home                                       程序可用空间应该增加
Filesystem    1K-blocks     Used  Available   Use%   Mounted on
/dev/hda4      11021440  1552352    9469088     15%   /home
                                               现在有 394.1 MB 的磁盘可用空间
```

程序经常利用 unlink 的这种特性确保即使是在程序崩溃时，它所创建的临时文件也不会遗留下来。进程用 open 或 creat 创建一个文件，然后立即调用 unlink，因为该文件仍旧是打开的，所以不会将其内容删除。只有当进程关闭该文件或终止时（在这种情况下，内核关闭该进程所打开的全部文件），该文件才被删除。

如果 *pathname* 是符号链接，那么 *unlink* 将删除该符号链接，而不是删除由该链接所引用的文件。给定一个符号链接名，没有函数能删除该链接所引用的文件。

如果文件系统支持，那么超级用户可以调用 unlink，其参数 *pathname* 指定一个目录，但是通常应调用 rmdir 函数，而不是 unlink 函数。我们将在第 4.21 节中介绍 rmdir 函数。

我们也可以用 remove 函数解除对一个文件或目录的链接。对于文件来说，remove 的功能等同于 unlink。对于目录来说，remove 的功能等同于 rmdir。

```
#include <stdio.h>

int remove(const char *pathname);
                                返回值：若成功，则返回 0：若出错，则返回-1
```

ISO C 指定 remove 函数删除一个文件，该名称由历史上的 UNIX 名称 unlink 更改而来，其原因是实现 C 标准的大多数非 UNIX 系统当时并不支持文件链接。

4.16 rename 和 renameat 函数

文件和目录可以用 rename 或 renameat 函数进行重命名。

```
#include <stdio.h>

int rename(const char *oldname, const char *newname);
```

```
int renameat(int oldfd, const char *oldname, int newfd,
             const char *newname);
                          两个函数的返回值：若成功，则返回 0；若出错，则返回-1
```

ISO C 对文件定义了 rename 函数（C 标准不处理目录）。POSIX.1 扩展了此定义，包含了目录和符号链接。

根据 *oldname* 是指文件、目录还是符号链接，需要说明几种情况。我们也必须说明如果 *newname* 已经存在，那么将会发生什么。

1. 如果 *oldname* 指的是文件而不是目录，则重命名该文件或符号链接。在这种情况下，如果 *newname* 已存在，则它不能引用一个目录。如果 *newname* 已存在并且不是目录，则先将该目录项删除然后将 *oldname* 重命名为 *newname*。对包含 *oldname* 的目录及包含 *newname* 的目录，调用进程必须具有写权限，因为它将更改这两个目录。
2. 如果 *oldname* 指的是目录，那么为该目录重命名。如果 *newname* 已存在，则它必须引用一个目录，而且该目录为空目录（空目录指的是该目录中只有.和..项）。如果 *newname* 存在（并且是一个空目录），则先将其删除，然后将 *oldname* 重命名为 *newname*。另外，当为目录重命名时，*newname* 不能包含 *oldname* 作为其路径前缀。例如，不能将/usr/foo 重命名为/usr/foo/testdir，因为旧名字（/usr/foo）是新名字的路径前缀，所以无法将其删除。
3. 如果 *oldname* 或 *newname* 引用的是符号链接，则处理的是符号链接本身，而不是它所引用的文件。
4. 不能对.和..重命名。准确地说，.和..都不能出现在 *oldname* 和 *newname* 的最后组成部分。
5. 作为一个特例，如果 *oldname* 和 *newname* 引用同一文件，则函数将不做任何更改而成功返回。

如果 *newname* 已经存在，则调用进程需要对它有写权限（与删除情况类似）。此外，调用进程将删除 *oldname* 目录项，并可能要创建 *newname* 目录项，所以它需要对包含 *oldname* 的目录及包含 *newname* 的目录具有写和执行权限。

除非 *oldname* 或 *newname* 指向相对路径名，否则 renameat 函数与 rename 函数功能相同。如果 *oldname* 或 *newname* 指定了相对路径，就相对于 *oldfd* 参数或 *newfd* 参数引用的目录来计算。*oldfd* 参数或 *newfd* 参数（或两者）都能设置成 AT_FDCWD，此时相对于当前的目录来计算相应的路径名。

4.17 符号链接

符号链接是对一个文件的间接指针，它与上一节所述的硬链接有所不同，硬链接直接指向文件的 i 节点。引入符号链接的原因是为了解决硬链接的局限性问题。

- 硬链接通常要求链接和文件在同一文件系统中。
- 只有超级用户才能创建指向目录的硬链接（在底层文件系统支持的前提下）。

对符号链接及它指向何种对象没有任何文件系统的限制，任何用户都可以创建指向目录的符号链接。符号链接通常用于将一个文件或整个目录结构移到系统中另一个位置。

当使用以名字引用文件的函数时，应当了解该函数是否跟随符号链接。也就是该函数是否跟随符号链接到达它所链接的文件。如果该函数具有处理符号链接的功能，则其路径名参数引用由符号链接指向的文件。否则，一个路径名参数引用链接本身，而不是由该链接指向的文件。图 4.17 列出了本章介绍的各个函数是否处理符号链接。在图 4.17 中没有列出 mkdir、mkfifo、mknod 和 rmdir 这些函数，因为当路径名是符号链接时，它们都会返回错误。以文件描述符作为参数的一些函数（例如 fstat 和 fchmod）也未在该图中列出，因为对符号链接的处理是由返回文件描述符的函数（通常是 open 函数）进行的。chown 是否跟随符号链接取决于具体实现。在所有现代的系统中，chown 函数都跟随符号链接。

函　　数	不跟随符号链接	跟随符号链接
access		•
chdir		•
chmod		•
chown		•
creat		•
exec		•
lchown	•	
link		•
lstat	•	
open		•
opendir		•
pathconf		•
readlink	•	
remove	•	
rename	•	
stat		•
truncate		•
unlink	•	

图 4.17　各函数对符号链接的处理

符号链接是从 4.2BSD 开始引入的，最初 chown 并不跟随符号链接，但在 4.4BSD 中发生了变化。SVR4 中的 System V 包含了对符号链接的支持，但与最初 BSD 中的行为大不相同，也实现了 chown 函数跟随符号链接。早期 Linux 版本（2.1.81 之前的版本）中，chown 也并不跟随符号链接，从 2.1.81 版本开始，chown 才跟随符号链接。在 FreeBSD 8.0、Mac OS X 10.6.8 和 Solaris 10 中，chown 都跟随符号链接。所有这些平台都实现了 lchown，其用于改变符号链接本身的所有权。

图 4.17 的一个例外情况是，同时用 O_CREAT 和 O_EXCL 调用 open 函数。此时，如果路径名引用符号链接，那么 open 函数将出错返回，将 errno 设置为 EEXIST。这种处理方式的目的是关闭一个安全性漏洞，以防止具有特权的进程被诱骗而写入错误的文件。

示例

使用符号链接可能在文件系统中引起循环。大多数查找路径名的函数在这种情况发生时都将出错返回，errno 值设置为 ELOOP。考虑下列命令：

```
$ mkdir foo                          创建一个新目录
$ touch foo/a                        创建一个长度为0的文件
$ ln -s ../foo foo/testdir           创建一个符号链接
$ ls -l foo
total 0
-rw-r-----  1 sar          0 Jan 22 00:16 a
lrwxrwxrwx  1 sar          6 Jan 22 00:16 testdir -> ../foo
```

命令创建了一个目录 foo，它包含了一个名为 a 的文件及一个指向 foo 的符号链接。图 4.18 中显示了这种结果，图中以圆表示目录，以正方形表示文件。

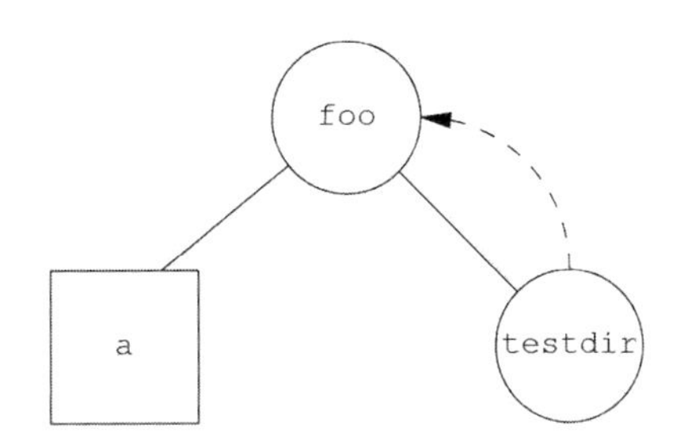

图 4.18　构成循环的符号链接 testdir

如果我们编写一段简单的程序，使用 Solaris 的标准函数 ftw(3) 以降序方式遍历文件结构，打印每个遇到的路径名，则输出：

```
foo
foo/a
foo/testdir
foo/testdir/a
foo/testdir/testdir
foo/testdir/testdir/a
```

```
foo/testdir/testdir/testdir
foo/testdir/testdir/testdir/a
（更多行，直至出错，返回 ELOOP）
```

4.22 节提供了我们自己的 ftw 函数版本，使用 lstat 代替 stat 以阻止它跟随符号链接。

> 注意，Linux 的 ftw 和 nftw 函数记录了所有看到的目录并避免多次重复处理同一个目录，因此这两个函数不会显示这种程序的运行结果。

这样一个循环是很容易消除的。因为 unlink 并不跟随符号链接，所以可以 unlink 文件 foo/testdir。但是如果创建了一个构成这种循环的硬链接，就很难消除它。这就是 link 函数不允许构造指向目录的硬链接的原因（除非进程具有超级用户权限）。

> 实际上，Rich Stevens 在写本节的最初版本时，在自己的系统上做了一个这样的实验。结果文件系统变得错误百出，正常的 fsck(1) 实用程序不能修复问题。为了修复文件系统，不得不使用了并不推荐的工具 clri(8) 和 dcheck(8)。

> 对目录的硬链接的需求由来已久，但自从使用符号链接和 mkdir 函数，用户就不再需要创建指向目录的硬链接了。

用 open 函数打开文件时，如果传递给 open 函数的路径名指定了一个符号链接，那么 open 跟随此链接到达所指定的文件。如果此符号链接所指向的文件并不存在，那么 open 函数返回出错，表示它不能打开该文件。这可能会使不熟悉符号链接的用户感到困惑，例如：

```
$ ln -s /no/such/file myfile                创建一个符号链接
$ ls myfile
myfile                                      ls 查到这个文件
$ cat myfile                                我们尝试查看这个文件
cat: myfile: No such file or directory
$ ls -l myfile                              尝试-l 选项
lrwxrwxrwx  1 sar      13 Jan 22 00:26 myfile -> /no/such/file
```

文件 myfile 确实存在，但 cat 却提示不存在这一文件。因为 myfile 是一个符号链接，由该符号链接所指向的文件不存在。ls 命令的-l 选项给我们两个提示：第一个字符是 l，它表示这是一个符号链接，而序列->也表明这是一个符号链接。ls 命令还有另一个选项-F，它会在符号链接的文件名后加一个@符号，在不使用-l 选项的情况下，可以帮助我们识别出符号链接。

4.18 创建和读取符号链接

可以用 symlink 或 symlinkat 函数创建符号链接。

```
#include <unistd.h>

int symlink(const char *actualpath, const char *sympath);

int symlinkat(const char *actualpath, int fd, const char *sympath);
                                   两个函数的返回值：若成功，则返回 0；若出错，则返回-1
```

函数创建了一个指向 *actualpath* 的新目录项 *sympath*。在创建此符号链接时，并不要求 *actualpath* 已经存在（在上一节结束部分的示例中我们已经看到了这一点）。同时，*actualpath* 和 *sympath* 并不需要在同一文件系统中。

symlinkat 函数与 symlink 函数类似，但 *sympath* 参数根据相对于打开文件描述符引用的目录（由 *fd* 参数所指定）进行计算。如果 *sympath* 参数指定的是绝对路径或者 *fd* 参数设置了 AT_FDCWD 值，那么 symlinkat 函数等同于 symlink 函数。

因为 open 函数跟随符号链接，所以需要有一种方法打开该链接本身，并读取该链接中的名字。readlink 函数和 readlinkat 函数提供了这种功能。

```
#include <unistd.h>

ssize_t readlink(const char* restrict pathname, char *restrict buf,
                 size_t bufsize);

ssize_t readlinkat(int fd, const char* restrict pathname,
                   char *restrict buf, size_t bufsize);
                                   两个函数的返回值：若成功，则返回 0；若出错，则返回-1
```

两个函数组合了 open、read 和 close 的操作。如果函数成功执行，则返回读入 *buf* 的字节数。在 *buf* 中返回的符号链接的内容不以 null 字节终止。

当 *pathname* 参数指定的是绝对路径名或者 *fd* 参数的值为 AT_FDCWD 时，readlinkat 函数的行为与 readlink 函数相同。但是，如果 *fd* 参数是一个打开目录的有效文件描述符，并且 *pathname* 参数是相对路径名，则 readlinkat 计算相对于由 *fd* 表示的打开目录的路径名。

4.19 文件的时间

在 4.2 节中，我们讨论了 Single UNIX Specification 2008 年版如何提高 stat 结构体中时间字段的精度，从原来的秒提高到秒加纳秒。每个文件属性所保存的实际精度依赖于文件系统的具体实现。对于把时间戳记录在秒级的文件系统，纳秒这个字段就会填充为 0。对于时间戳的记录精度高于秒级的文件系统，不足秒的值转换成纳秒并记录在纳秒这个字段中。

每个文件有三个时间字段，它们的意义如图 4.19 所示。

字　段	说　明	举　例	ls(1) 选项
st_atim	最近访问文件数据的时间	read	-u
st_mtim	最近修改文件数据的时间	write	默认
st_ctim	最近修改 i 节点状态的时间	chmod, chown	-c

图 4.19　与文件相关的三个时间字段

注意修改时间（st_mtim）和状态更改时间（st_ctim）之间的区别。修改时间是最后一次修改文件内容的时间，状态更改时间是该文件的 i 节点最后一次被修改的时间。在本章中我们已经说明了很多影响到 i 节点的操作，如更改文件的访问权限、更改用户 ID、更改链接数等，但它们并没有更改文件的实际内容。因为 i 节点中的所有信息都是与文件的实际内容分开存放的，所以，除了要记录文件数据修改时间，还需要记录状态更改时间，也就是更改 i 节点中信息的时间。

注意，系统并不维护 i 节点的最后访问时间，所以 access 和 stat 函数并不更改这三个时间中的任何一个。

系统管理员常常使用访问时间来删除在一定时间范围内没有被访问过的文件。典型的例子是删除在过去一周内没有被访问过的名为 a.out 或 core 的文件。find(1) 命令常被用来进行这种类型的操作。

修改时间和状态更改时间可用于归档那些内容已经被修改或 i 节点已修改的文件。

ls 命令按这三个时间值中的一个排序进行显示。默认情况下，当使用-l 或-t 选项调用时，就按文件的修改时间的先后排序显示。-u 选项使 ls 命令按照访问时间排序显示，-c 选项则使 ls 命令按照状态更改时间排序显示。

图 4.20 总结了我们之前介绍过的各种函数对这三个时间值的作用。回想一下 4.14 节，目录是包含目录项（文件名和相关的 i 节点编号）的文件，增加、删除或修改目录项会影响它所在目录相关的三个时间。这就是图 4.20 中包含两列的原因，其中一列是与该文件（或目录）相关的三个时间，另一列则是与所引用的文件（或目录）的父目录相关的三个时间。例如，创建一个新文件影响包含此新文件的目录，也影响该新文件的 i 节点。但是，读或写一个文件只影响该文件的 i 节点，对目录则无影响。

（mkdir 和 rmdir 函数将在 4.21 节介绍。utimes、utimensat 和 futimens 函数将在 4.20 节介绍。7 个 exec 函数将在 8.10 节介绍。第 15 章将介绍 mkfifo 和 pipeline 函数。）

函数	引用的文件或目录			引用的文件或目录的父目录			章节	备注
	a	m	c	a	m	c		
chmod, fchmod			•				4.9	
chown, fchown			•				4.11	
creat	•	•	•		•	•	3.4	O_CREAT 新文件
creat		•	•				3.4	O_TRUNC 已有的文件
exec	•						8.10	
lchown			•				4.11	
link			•		•	•	4.15	第二个参数的父目录
mkdir	•	•	•		•	•	4.21	
mkfifo	•	•	•		•	•	15.5	
open	•	•	•		•	•	3.3	O_CREAT 新文件
open		•	•				3.3	O_TRUNC 已有的文件
pipe	•	•	•				15.2	
read	•						3.7	
remove			•		•	•	4.15	删除文件 = unlink
remove					•	•	4.15	删除目录 = rmdir
rename			•		•	•	4.16	对 rename 函数的 2 个参数都适用
rmdir					•	•	4.21	
truncate, ftruncate		•	•				4.13	
unlink			•		•	•	4.15	
utimes, utimensat, futimens	•	•	•				4.20	
write		•	•				3.8	

图 4.20　各种函数对访问时间、修改时间和状态更改时间的作用

4.20 futimens、utimensat 和 utimes 函数

一个文件的访问和修改时间可以用这几个函数更改。futimens 和 utimensat 函数可以指定纳秒级精度的时间戳。用到的数据结构是与 stat 函数族相同的 timespec 结构体（请参见 4.2 节）。

```
#include <sys/stat.h>

int futimens(int fd, const struct timespec times[2]);

int utimensat(int fd, const char *path, const struct timespec times[2],
```

```
                    int flag);
                          两个函数的返回值：若成功，则返回 0：若出错，则返回-1
```

这两个函数的 *times* 数组参数的第一个元素包含访问时间，第二元素包含修改时间。这两个时间值是日历时间，如 1.10 节所述，这是自特定时间（1970 年 1 月 1 日 00：00：00）以来所经过的秒数。不足秒的部分用纳秒表示。

可以通过以下 4 种方式之一指定时间戳：

1. 如果 *times* 参数是一个空指针，那么访问时间和修改时间都设置为当前时间。
2. 如果 *times* 参数指向两个 timespec 结构体的数组，那么任一数组元素的 tv_nsec 字段的值为 UTIME_NOW，相应的时间戳就设置为当前时间，相应的 tv_sec 字段将被忽略。
3. 如果 *times* 参数指向两个 timespec 结构体的数组，那么任一数组元素的 tv_nsec 字段的值为 UTIME_OMIT，相应的时间戳保持不变，相应的 tv_sec 字段将被忽略。
4. 如果 *times* 参数指向两个 timespec 结构体的数组，并且 tv_nsec 字段的值为 UTIME_NOW 或 UTIME_OMIT 以外的值，那么在这种情况下，相应的时间戳设置为相应的 tv_sec 和 tv_nsec 字段的值。

执行这些函数所需要的优先权取决于 *times* 参数的取值。

- 如果 *times* 是一个空指针，或者 tv_nsec 字段设置为 UTIME_NOW，则进程的有效用户 ID 必须等于该文件的所有者 ID；进程对该文件必须具有写权限，或者进程是超级用户进程。
- 如果 *times* 是非空指针，并且 tv_nsec 字段的值不是 UTIME_NOW 或 UTIME_OMIT，则进程的有效用户 ID 必须等于该文件的所有者 ID，或者进程必须是超级用户进程。对文件只具有写权限是不够的。
- 如果 *times* 是非空指针，并且两个 tv_nsec 字段的值都为 UTIME_OMIT，则不执行权限检查。

futimens 函数需要打开文件来更改时间，utimensat 函数提供了一种使用文件名更改文件时间的方法。*pathname* 参数是相对于 *fd* 参数进行计算的，*fd* 要么是打开目录的文件描述符，要么是特殊值 AT_FDCWD，以强制通过相对于调用进程的当前目录计算 *pathname*。如果 *pathname* 指定了绝对路径，则忽略 *fd* 参数。

utimensat 的 *flag* 参数可用于进一步修改默认行为。如果设置了 AT_SYMLINK_NOFOLLOW 标识，则符号链接本身的时间会被修改（如果路径名指向符号链接）。默认行为是跟随符号链接，并把文件的时间修改为符号链接的时间。

futimens 和 utimensat 函数都包含在 POSIX.1 中，第三个函数 utimes 包含在 Single UNIX Specification 的 XSI 扩展选项中。

```
#include <sys/time.h>

int utimes(const char *pathname, const struct timeval times[2]);
```

返回值：若成功，则返回 0；若出错，则返回-1

utimes 函数对路径名进行操作。*times* 参数是指向包含两个时间戳（访问时间和修改时间）元素的数组的指针，两个时间戳分别用秒和微秒表示。

```
struct timeval {
        time_t tv_sec;      /* 秒   */
        long   tv_usec;     /* 微秒 */
};
```

注意，我们无法对状态更改时间 st_ctim（i 节点最近修改的时间）指定一个值，因为在调用 utimes 函数时，此字段会被自动更新。

在某些 UNIX 版本中，touch(1)命令使用其中的某个函数。另外，标准归档程序 tar(1) 和 cpio(1)可选地调用这些函数，以便将一个文件的时间值设置为将它归档时保存的时间。

示例

图 4.21 的程序使用带 O_TRUNC 选项的 open 函数将文件长度截断为 0，但并不更改其访问时间及修改时间。为了做到这一点，首先用 stat 函数获取时间，然后截断文件，最后用 futimens 函数重置时间。

```
#include "apue.h"
#include <fcntl.h>

int
main(int argc, char *argv[])
{
    int             i, fd;
    struct stat     statbuf;
    struct timespec times[2];

    for (i = 1; i < argc; i++) {
        if (stat(argv[i], &statbuf) < 0) { /* 获取当前时间 */
            err_ret("%s: stat error", argv[i]);
            continue;
        }
        if ((fd = open(argv[i], O_RDWR | O_TRUNC)) < 0) { /* 截断文件 */
            err_ret("%s: open error", argv[i]);
            continue;
        }
        times[0] = statbuf.st_atim;
        times[1] = statbuf.st_mtim;
        if (futimens(fd, times) < 0)        /* 重置时间 */
```

```
            err_ret("%s: futimens error", argv[i]);
        close(fd);
    }
    exit(0);
}
```

图 4.21　futimens 函数示例

我们可以使用以下 Linux 命令演示图 4.21 中的程序：

```
$ ls -l changemod times                 查看长度和最后修改时间
-rwxr-xr-x  1 sar   13792 Jan 22 01:26 changemod
-rwxr-xr-x  1 sar   13824 Jan 22 01:26 times
$ ls -lu changemod times                查看最后访问时间
-rwxr-xr-x  1 sar   13792 Jan 22 22:22 changemod
-rwxr-xr-x  1 sar   13824 Jan 22 22:22 times
$ date                                  打印当天日期
Fri Jan 27 20:53:46 EST 2012
$ ./a.out changemod times               运行图 4.21 的程序
$ ls -l changemod times                 检查结果
-rwxr-xr-x  1 sar       0 Jan 22 01:26 changemod
-rwxr-xr-x  1 sar       0 Jan 22 01:26 times
$ ls -lu changemod times                查看最后访问时间
-rwxr-xr-x  1 sar       0 Jan 22 22:22 changemod
-rwxr-xr-x  1 sar       0 Jan 22 22:22 times
$ ls -lc changemod times                检查状态更改时间
-rwxr-xr-x  1 sar       0 Jan 27 20:53 changemod
-rwxr-xr-x  1 sar       0 Jan 27 20:53 times
```

正如我们所预见的，最后修改时间和最后访问时间没有改变。但是，状态更改时间已更改为程序运行时的时间。

4.21　mkdir、mkdirat 和 rmdir 函数

我们用 mkdir 和 mkdirat 函数创建目录，用 rmdir 函数删除目录。

```
#include <sys/stat.h>

int mkdir(const char *pathname, mode_t mode);

int mkdirat(int fd, const char *pathname, mode_t mode);
                    两个函数的返回值：若成功，则返回 0；若出错，则返回-1
```

这两个函数创建一个新的空目录。其中，.和..目录项是自动创建的。所指定的文件访问权限 *mode* 由进程的文件模式创建屏蔽字修改。

常见的错误是指定与文件相同的 *mode*（只指定读、写权限）。但对于目录通常至少要设置

一个执行权限位，以允许访问该目录中的文件名（见习题 4.16）。

按照 4.6 节中讨论的规则，设置新目录的用户 ID 和组 ID。

Solaris 10 和 Linux 3.2.0 也使新目录继承父目录的设置组 ID 位。这就使得在新目录中创建的文件将继承该目录的组 ID。对于 Linux，文件系统的实现决定是否支持此特征。ext2、ext3 和 ext4 文件系统允许通过 mount(1) 命令的选项来控制此特征。但是，Linux 的 UFS 文件系统实现中是无法选择的，新目录继承父目录的设置组 ID 位，这继承了历史上 BSD 的实现。在 BSD 系统中，新目录的组 ID 就是从父目录继承的。

基于 BSD 的系统并不要求在目录间传递设置组 ID 位，新创建的文件和目录总是继承父目录的组 ID。由于 FreeBSD 8.0 和 Mac OS X 10.6.8 基于 4.4BSD，它们不要求继承设置组 ID 位。在这些平台上，新创建的文件和目录总是继承父目录的组 ID，与是否设置了设置组 ID 位无关。

早期的 UNIX 版本并没有 mkdir 函数，它是由 4.2BSD 和 SVR3 引入的。在早期版本中，进程要调用 mknod 函数创建新目录，但是也只有超级用户进程才能使用 mknod 函数。为了避免这一点，创建目录的 mkdir(1)命令必须由 root 用户拥有，而且对它设置了设置用户 ID 位。要通过一个进程创建目录，必须使用 system(3) 函数调用 mkdir(1)命令。

mkdirat 函数与 mkdir 函数类似。当 *fd* 参数具有特殊值 AT_FDCWD 或者 *pathname* 参数指定了绝对路径名时，mkdirat 函数与 mkdir 函数作用相同。否则，*fd* 参数是一个打开的目录，相对路径名以这个目录为基础进行计算。

rmdir 函数可以删除一个空目录。空目录是只包含.和..这两项的目录。

```
#include <unistd.h>

int rmdir(const char *pathname);
                              返回值：若成功，则返回 0；若出错，则返回-1
```

调用此函数后，如果该目录的链接计数变为 0，并且没有其他进程打开这个目录，则释放由此目录占用的空间。如果有一个或多个进程在链接计数达到 0 时打开此目录，则在此函数返回前删除最后一个链接以及.和..项。此外，在这个目录中不能再创建新文件。但是在最后一个进程关闭它之前并不释放此目录。（即使其他进程打开了该目录，它们在该目录下也不能执行其他操作。这样处理的原因是，要使 rmdir 函数成功执行，该目录必须为空。）

4.22 读目录

对某个目录具有访问权限的任一用户都可以读该目录，但是，为了保持文件系统的完整性，只有内核才能写目录。回想一下 4.5 节，一个目录的写权限位和执行权限位决定了在该目录中能否创建新文件及删除文件，它们并不表示能否写入目录本身。

目录的实际格式取决于 UNIX 系统实现和文件系统的设计。早期的系统（如 V7）具有简单的结构：每个目录项有 16 字节，其中 14 字节是文件名，2 字节是 i 节点编号。对于 4.2BSD，由于它允许更长的文件名，所以每个目录项的长度是可变的。这就意味着读目录的程序与系统相关。为了简化读目录的过程，UNIX 现在包含了一套与目录有关的例程，它们是 POSIX.1 的一部分。很多实现避免了应用程序使用 `read` 函数读取目录的内容，从而进一步将应用程序与目录格式中与实现相关的细节隔离。

```
#include <dirent.h>

DIR *opendir(const char *pathname);

DIR *fdopendir(int fd);
                              两个函数的返回值：若成功，则返回指针；若出错，则返回 NULL
struct dirent *readdir(DIR *dp);
                              返回值：若成功，则返回指针；若在目录尾或出错，则返回 NULL
void rewinddir(DIR *dp); int closedir(DIR *dp);
                                          返回值：若成功，则返回 0；若出错，则返回-1
long telldir(DIR *dp);
                                                返回值：目录中与 dp 关联的当前位置
void seekdir(DIR *dp, long loc);
```

`fdopendir` 函数首次出现在 SUSv4（Single UNIX Specification 第 4 版）中，它提供了一种方法，可以把打开文件描述符转换成目录处理函数需要的 DIR 结构。

`telldir` 和 `seekdir` 函数不是基本 POSIX.1 标准的一部分。它们是 Single UNIX Specification 中的 XSI 扩展，所以可以期望所有符合 UNIX 系统的实现都提供这两个函数。

回想一下，在图 1.3 的程序中（`ls` 命令的基本实现部分）使用了其中几个函数。

头文件`<dirent.h>`中定义的 `dirent` 结构体与实现有关。实现对此结构所做的定义至少包含下列两个成员：

```
ino_t   d_ino;                  /* i 节点编号 */
char    d_name[];               /* 以 null 字符结尾的文件名 */
```

> POSIX.1 并未定义 `d_ino` 项，因为这是一个实现特征，但在 POSIX.I 的 XSI 扩展中定义了 `d_ino`。POSIX.1 在此结构体中只定义了 `d_name` 项。

注意，`d_name` 项的大小并未指定，但必须保证它能包含至少 `NAME_MAX` 字节，不包含终止 null 字节（回想一下图 2.15）。因为文件名是以 null 字节结束的，所以在头文件中如何定义数组 d_name 并无多大关系，数组大小并不表示文件名的长度。

DIR 结构体是一个内部结构体，上述 7 个函数用这个内部结构体保存当前正在被读的目录的有关信息。其作用类似于 FILE 结构体。FILE 结构体由标准 I/O 库维护，我们将在第 5 章中加以说明。

由 opendir 和 fdopendir 返回的指向 DIR 结构体的指针由另外 5 个函数使用。opendir 执行初始化操作，使第一个 readdir 返回目录中的第一个目录项。fdopendir 创建 DIR 结构体时，readdir 返回的第一项是由传给 fdopendir 函数的文件描述符相关联的文件偏移量决定的。注意，目录中各目录项的顺序与实现有关，并且通常并不按字母顺序排列。

示例

我们将使用这些目录例程编写一个遍历文件层次结构的程序，目的是生成如图 4.4 所示的各种类型的文件计数。图 4.22 的程序采用单个参数——起点路径名，从该点开始递归降序遍历文件层次结构。Solaris 提供了一个遍历此层次结构的函数 ftw(3)，对于每一个文件，它都调用一个用户定义的函数。ftw 函数的问题是：对于每一个文件，它都调用 stat 函数，这就使程序跟随符号链接。例如，如果从根目录开始，并且有一个名为/lib 的符号链接，它指向/usr/lib，则所有在目录/usr/lib 中的文件都会被计数两次。为了纠正这一点，Solaris 提供了另外一个函数 nftw(3)，它具有一个停止跟随符号链接的选项。尽管可以使用 nftw，但是为了说明目录例程的使用方法，我们还是编写了一个简单的文件遍历程序。

> 在 SUSv4 中，nftw 包含在 XSI 选项中。FreeBSD 8.0、Linux 3.2.0、Mac OS X 10.6.8 和 Solaris 10 都包含了该函数的实现。（在 SUSv4 中，ftw 函数已被标记为弃用。）基于 BSD 的 UNIX 系统具有另一个函数 fts(3)，它提供类似的功能。该函数在 FreeBSD 8.0、Linux 3.2.0 和 Mac OS X 10.6.8 中是可用的。

```
#include "apue.h"
#include <dirent.h>
#include <limits.h>

/* 为每个文件名调用的函数类型 */
typedef int Myfunc(const char *, const struct stat *, int);

static Myfunc   myfunc;
static int      myftw(char *, Myfunc *);
static int      dopath(Myfunc *);

static long nreg, ndir, nblk, nchr, nfifo, nslink, nsock, ntot;

int
main(int argc, char *argv[])
```

```
{
    int     ret;

    if (argc != 2)
        err_quit("usage:  ftw <starting-pathname>");

    ret = myftw(argv[1], myfunc);       /* 完成调用 */

    ntot = nreg + ndir + nblk + nchr + nfifo + nslink + nsock;
    if (ntot == 0)
        ntot = 1;       /* 避免除以 0，所有的计数都打印 0 */
    printf("regular files  = %7ld, %5.2f %%\n", nreg,
        nreg*100.0/ntot);
    printf("directories    = %7ld, %5.2f %%\n", ndir,
        ndir*100.0/ntot);
    printf("block special  = %7ld, %5.2f %%\n", nblk,
        nblk*100.0/ntot);
    printf("char special   = %7ld, %5.2f %%\n", nchr,
        nchr*100.0/ntot);
    printf("FIFOs          = %7ld, %5.2f %%\n", nfifo,
        nfifo*100.0/ntot);
    printf("symbolic links = %7ld, %5.2f %%\n", nslink,
        nslink*100.0/ntot);
    printf("sockets        = %7ld, %5.2f %%\n", nsock,
        nsock*100.0/ntot);
    exit(ret);
}

/*
 * 从"pathname"开始，降序遍历目录层次结构。
 * 每个文件都会调用 func()。
 */
#define FTW_F 1         /* 文件而不是目录 */
#define FTW_D 2         /* 目录 */
#define FTW_DNR 3       /* 无法读取的目录 */
#define FTW_NS4         /* 无法调用函数 stat 的文件 */

static char *fullpath;      /* 包含每个文件的完整路径名 */
static size_t pathlen;

static int                  /* 返回 func()返回的任何内容 */
myftw(char *pathname, Myfunc *func)
{
    fullpath = path_alloc(&pathlen);    /* 分配 PATH_MAX+1 字节的空间 */
                                        /* (图 2.16) */
    if (pathlen <= strlen(pathname)) {
        pathlen = strlen(pathname) * 2;
        if ((fullpath = realloc(fullpath, pathlen)) == NULL)
            err_sys("realloc failed");
    }
    strcpy(fullpath, pathname);
```

```
    return(dopath(func));
}

/*
 * 从"pathname"开始，降序遍历目录层次结构。
 * 如果 fullpath 不是目录，则使用函数 lstat()作用于它。
 * 调用 func()，然后返回。
 * 对于目录，我们为目录中的每个名称递归地调用自身。
 */
static int                      /* 返回 func()返回的任何内容 */
dopath(Myfunc* func)
{
    struct stat     statbuf;
    struct dirent   *dirp;
    DIR             *dp;
    int             ret, n;

    if (lstat(fullpath, &statbuf) < 0)  /* 发生 stat 错误 */
        return(func(fullpath, &statbuf, FTW_NS));
    if (S_ISDIR(statbuf.st_mode) == 0)  /* 不是目录 */
        return(func(fullpath, &statbuf, FTW_F));

    /*
     * 这是一个目录，首先为目录调用 func()，
     * 然后处理目录中的每个文件名。
     */
    if ((ret = func(fullpath, &statbuf, FTW_D)) != 0)
        return(ret);

    n = strlen(fullpath);
    if (n + NAME_MAX + 2 > pathlen) {    /* 扩展目录缓冲区 */
        pathlen *= 2;
        if ((fullpath = realloc(fullpath, pathlen)) == NULL)
            err_sys("realloc failed");
    }
    fullpath[n++] = '/';
    fullpath[n] = 0;

    if ((dp = opendir(fullpath)) == NULL)   /* 无法读取目录 */
        return(func(fullpath, &statbuf, FTW_DNR));

    while ((dirp = readdir(dp)) != NULL) {
        if (strcmp(dirp->d_name, ".") == 0 ||
            strcmp(dirp->d_name, "..") == 0)
                continue;       /* 忽略..和. */
        strcpy(&fullpath[n], dirp->d_name); /* 在"/"后面追加名字 */
        if ((ret = dopath(func)) != 0)      /* 退出循环 */
            break;  /* time to leave */
    }
    fullpath[n-1] = 0;  /* 删除从斜线开始的所有内容 */
```

```
    if (closedir(dp) < 0)
        err_ret("can't close directory %s", fullpath);
    return(ret);
}

static int
myfunc(const char *pathname, const struct stat *statptr, int type)
{
    switch (type) {
    case FTW_F:
        switch (statptr->st_mode & S_IFMT) {
        case S_IFREG:   nreg++;     break;
        case S_IFBLK:   nblk++;     break;
        case S_IFCHR:   nchr++;     break;
        case S_IFIFO:   nfifo++;    break;
        case S_IFLNK:   nslink++;   break;
        case S_IFSOCK:  nsock++;    break;
        case S_IFDIR:   /* 目录的类型应为 FTW_D */
            err_dump("for S_IFDIR for %s", pathname);
        }
        break;
    case FTW_D:
        ndir++;
        break;
    case FTW_DNR:
        err_ret("can't read directory %s", pathname);
        break;
    case FTW_NS:
        err_ret("stat error for %s", pathname);
        break;
    default:
        err_dump("unknown type %d for pathname %s", type, pathname);
    }
    return(0);
}
```

图 4.22　递归降序遍历目录层次，按文件类型计数

为了说明 ftw 和 nftw 函数，我们在该程序中提供了比所需要的更多的通用性。例如，函数 myfunc 始终返回 0，即使调用它的函数已准备好了处理非零返回值。

有关降序遍历文件系统，以及在许多标准 UNIX 系统命令（find、ls、tar 等）中使用此技术的更多信息，请参阅 Fowler、Korn 和 Vo（1989）。

4.23　chdir、fchdir 和 getcwd 函数

每个进程都有一个当前工作目录，此目录是搜索所有相对路径名的起点（不以斜线开始的

路径名为相对路径名)。当用户登录到 UNIX 系统时，其当前工作目录通常从/etc/passwd 文件中的第 6 个字段指定的目录开始，即用户的主目录。当前工作目录是进程的一个属性，起始目录则是登录名的一个属性。

我们可以通过调用 chdir 或 fchdir 函数来更改调用进程的当前工作目录。

```
#include <unistd.h>

int chdir(const char *pathname);

int fchdir(int fd);
                    两个函数的返回值：若成功，则返回 0；若出错，则返回-1
```

我们可以将新的当前工作目录指定为路径名或通过打开的文件描述符。

示例

因为当前工作目录是进程的一个属性，所以它只影响调用 chdir 的进程本身，而不影响其他进程（我们将在第 8 章更详细地说明进程之间的关系）。因此图 4.23 的程序并不会产生我们期望得到的结果。

```
#include "apue.h"

int
main(void)
{
    if (chdir("/tmp") < 0)
        err_sys("chdir failed");
    printf("chdir to /tmp succeeded\n");
    exit(0);
}
```

图 4.23 chdir 函数示例

如果我们编译这个程序，调用可执行文件 mycd 并运行它，那么会得到以下结果：

```
$ pwd
/usr/lib
$ mycd
chdir to /tmp succeeded
$ pwd
/usr/lib
```

可以看出，执行 mycd 命令的 shell 的当前工作目录并未改变，这是 shell 执行程序工作方式的一个副作用。每个程序运行在独立的进程中，shell 的当前工作目录并不会随着程序调用 chdir 而改变。因此，为了改变 shell 进程自身的工作目录，shell 应当直接调用 chdir 函数，在 shell 中内置 cd 命令。

因为内核必须维护当前工作目录的信息，所以我们应能获取它的当前值。遗憾的是，内核为每个进程只保存指向该目录 v 节点的指针等目录本身的信息，并不保存该目录的完整路径名。

> Linux 内核可以确定完整路径名。完整路径名的各个组成部分分布在 mount 表和 dcache 表中，并进行重新组装，例如在读取/proc/self/cwd 符号链接时。

我们需要一个函数，它从当前工作目录.开始，用..找到其上一级目录，然后读取其目录项，直到该目录项中的 i 节点编号与工作目录 i 节点编号相同，以找到其对应的文件名。按照这种方法，逐层上移，直到遇到根目录，以得到当前工作目录完整的绝对路径名。幸运的是，已经有一个函数提供了这种功能。

```
#include <unistd.h>

char *getcwd(char *buf, size_t size);
                    返回值：若成功，则返回 buf；若出错，则返回 NULL。
```

我们必须向此函数传递两个参数，一个是缓冲区地址 *buf*，另一个是缓冲区的长度 *size*（以字节为单位）。该缓冲区必须有足够的长度容纳绝对路径名加终止 null 字节，否则返回出错（请回想一下 2.5.5 节中有关最大长度路径名分配空间的讨论）。

> 有些 getcwd 的早期实现允许第一个参数 *buf* 为 NULL。在这种情况下，函数调用 malloc 动态地分配 *size* 字节数的空间。但这不是 POSIX.1 或 Single UNIX Specification 的一部分，应当避免使用。

示例

图 4.24 的程序将工作目录更改至一个指定的目录，然后调用 getcwd 函数，最后打印该工作目录。运行该程序，可得

```
$ ./a.out
cwd = /var/spool/uucppublic
$ ls -l /usr/spool
lrwxrwxrwx  1 root  12 Jan 31 07:57 /usr/spool -> ../var/spool
```

```
#include "apue.h"

int
main(void)
{
    char    *ptr;
    size_t      size;

    if (chdir("/usr/spool/uucppublic") < 0)
        err_sys("chdir failed");

    ptr = path_alloc(&size); /* 我们自己的函数调用 */
```

```
    if (getcwd(ptr, size) == NULL)
        err_sys("getcwd failed");

    printf("cwd = %s\n", ptr);
    exit(0);
}
```

图 4.24 getcwd 函数示例

注意，chdir 跟随符号链接（正如我们所期望的，如图 4.17 所示），但是当 getcwd 函数沿目录树上溯遇到/var/spool 目录时，getcwd 函数不知道它何时到达符号链接指向的/usr/spool 目录。这是符号链接的一种特性。

当一个应用程序需要在文件系统中返回到它工作的出发点时，getcwd 函数是非常有用的。在更改工作目录之前，我们可以通过调用 getcwd 函数先保存起始位置。在完成了处理后，就可将所保存的原工作目录路径名作为调用参数传送给 chdir，以返回至文件系统中的起始位置。

fchdir 函数向我们提供了一种完成此任务的简单方法。在更改到文件系统中的不同位置前，不必调用 getcwd 函数，而是使用 open 打开当前工作目录，然后保存其返回的文件描述符。当我们希望回到原工作目录时，简单地将该文件描述符传送给 fchdir 即可。

4.24 设备特殊文件

st_dev 和 st_rdev 这两个字段经常被混淆，在 18.9 节编写 ttyname 函数时，需要使用这两个字段。它们的使用规则很简单：

- 每个文件系统所在的存储设备都由其主、次设备号表示。设备号所用的数据类型是基本系统数据类型 dev_t。主设备号标识设备驱动程序，有时编码为与其通信的外设板；次设备号标识特定的子设备。回想一下图 4.13，一个磁盘驱动器经常包含多个文件系统。在同一磁盘驱动器上的各文件系统通常具有相同的主设备号，但是具有不同的次设备号。
- 我们通常可以使用 major 和 minor 两个宏来访问主、次设备号，大多数实现都定义了这两个宏。因此我们不需要关心这两个数是如何存储在 dev_t 对象中的。

早期的系统用 16 位整型数存放设备号：8 位用于主设备号，8 位用于次设备号。FreeBSD 8.0 和 Mac OS X 10.6.8 使用 32 位整型数，其中 8 位表示主设备号，24 位表示次设备号。在 32 位系统中，Solaris 10 用 32 位整型数表示 dev_t，其中 14 位用于主设备号，18 位用于次设备号。在 64 位系统中，Solaris 10 用 64 位整型数表示 dev_t，主设备号和次设备号各用其中的 32 位表示。在 Linux 3.2.0 上，虽然 dev_t

是 64 位整型数，但其中只有 12 位用于主设备号，20 位用于次设备号。

POSIX.1 说明 dev_t 类型是存在的，但没有定义它包含什么或如何获取其内容。大多数实现定义了宏 major 和 minor，但在哪一个头文件中定义它们则与系统实现有关。基于 BSD 的 UNIX 系统将它们定义在<sys/types>中。Solaris 在<sys/mkdev.h>中定义了它们的函数原型，因为在<sys/sysmacros.h>中的宏定义都已被弃用。Linux 将它们定义在<sys/sysmacros.h>中，而该头文件又包含在<sys/type.h>中。

- 系统上每个文件名的 st_dev 值是包含该文件名及其相应 i 节点的文件系统的设备号。
- 只有字符特殊文件和块特殊文件具有 st_rdev 值，该值包含实际设备的设备编号。

示例

图 4.25 中的程序为每个命令行参数打印设备号，此外，如果此参数引用的是字符特殊文件或块特殊文件，就打印该特殊文件的 st_rdev 值。

```
#include "apue.h"
#ifdef SOLARIS
#include <sys/mkdev.h>
#endif

int
main(int argc, char *argv[])
{
    int         i;
    struct stat buf;

    for (i = 1; i < argc; i++) {
        printf("%s: ", argv[i]);
        if (stat(argv[i], &buf) < 0) {
            err_ret("stat error");
            continue;
        }

        printf("dev = %d/%d", major(buf.st_dev), minor(buf.st_dev));
        if (S_ISCHR(buf.st_mode) || S_ISBLK(buf.st_mode)) {
            printf(" (%s) rdev = %d/%d",
                    (S_ISCHR(buf.st_mode)) ? "character" : "block",
                    major(buf.st_rdev), minor(buf.st_rdev));
        }
        printf("\n");
    }

    exit(0);
}
```

图 4.25 打印 st_dev 和 st_rdev 值

在 Linux 上运行此程序，输出如下：

```
$ ./a.out / /home/sar /dev/tty[01]
/: dev = 8/3
/home/sar: dev = 8/4
/dev/tty0: dev = 0/5 (character) rdev = 4/0
/dev/tty1: dev = 0/5 (character) rdev = 4/1
$ mount                           哪些目录安装在哪些设备上？
/dev/sda3 on / type ext3 (rw,errors=remount-ro,commit=0)
/dev/sda4 on /home type ext3 (rw,commit=0)
$ ls -l /dev/tty[01] /dev/sda[34]
brw-rw----   1 root       8, 32011-07-01 11:08 /dev/sda3
brw-rw----   1 root       8, 42011-07-01 11:08 /dev/sda4
crw--w----   1 root       4, 02011-07-01 11:08 /dev/tty0
crw-------   1 root       4, 12011-07-01 11:08 /dev/tty1
```

该程序的前两个参数是目录（/ 和 /home/sar），接下来的两个参数是设备名称 /dev/tty[01]。（我们使用 shell 的正则表达式语言来缩短所需要的输入量。shell 会将字符串 /dev/tty[01] 扩展为 /dev/tty0 /dev/tty1。）

我们期望设备是字符特殊文件。程序的输出显示，根目录和/home/sar 目录的设备号是不同的，这表示它们位于不同的文件系统中。运行 mount(1) 命令可以验证这一点。

然后我们用 ls 命令查看由 mount 命令报告的两个磁盘设备和两个终端设备。这两个磁盘设备是块特殊文件，两个终端设备是字符特殊文件。（通常，只有那些包含随机访问文件系统的设备类型是块特殊文件设备，例如硬盘驱动器、软盘驱动器和 CD-ROM 等。UNIX 的早期版本支持将磁带作为文件系统，但从未被广泛使用。）

请注意，两个终端设备（st_dev）的文件名和 i 节点位于设备 0/5 上（devtmpfs 伪文件系统实现了/dev 文件系统），但是它们的实际设备号是 4/0 和 4/1。

4.25 文件访问权限位

我们已经说明了所有文件访问权限位，有些位有多种用途。图 4.26 列出了所有权限位，以及它们对普通文件和目录文件的影响。

最后 9 个常量可以分为三组，如下所示：

```
S_IRWXU = S_IRUSR | S_IWUSR | S_IXUSR
S_IRWXG = S_IRGRP | S_IWGRP | S_IXGRP
S_IRWXO = S_IROTH | S_IWOTH | S_IXOTH
```

常　　量	说　　明	对普通文件的影响	对目录的影响
S_ISUID	设置用户 ID	执行时设置有效的用户 ID	（未使用）
S_ISGID	设置组 ID	如果组执行位设置，则在执行时设置有效的组 ID；否则，使用强制性记录锁功能（如果支持）	将在目录上新创建的文件组 ID 设置为目录的组 ID
S_ISVTX	粘着位	控制文件正文的缓存（如果支持）	限制在目录中删除或重命名文件
S_IRUSR	用户读	允许用户读文件	允许用户读目录项
S_IWUSR	用户写	允许用户写文件	允许用户在目录上删除和创建文件
S_IXUSR	用户执行	允许用户执行文件	允许用户在目录上检索给定的路径名
S_IRGRP	组读	允许组读文件	允许组读目录项
S_IWGRP	组写	允许组写文件	允许组在目录上删除和创建文件
S_IXGRP	组执行	允许组执行文件	允许组在目录上检索给定的路径名
S_IROTH	其他读	允许其他读文件	允许其他读目录项
S_IWOTH	其他写	允许其他写文件	允许其他在目录上删除和创建文件
S_IXOTH	其他执行	允许其他执行文件	允许其他在目录上检索给定的路径名

图 4.26　文件访问权限位小结

4.26　小结

本章重点介绍 stat 函数，详细介绍了 stat 结构体中的每一个成员。这让我们了解了 UNIX 文件和目录的各个属性。我们讨论了如何在文件系统中设计文件和目录，以及如何使用文件系统命名空间。对文件和目录的所有属性及对文件和目录进行操作的所有函数的全面了解，对于 UNIX 编程而言是非常重要的。

习题

4.1　用 stat 函数替换图 4.3 程序中的 lstat 函数，如果命令行参数之一是符号链接，会发生什么变化？

4.2　如果文件模式创建屏蔽字是 777（八进制），那么结果会怎样？请用 shell 的 umask 命令验证该结果。

4.3　关闭你拥有的文件的用户读取权限，验证系统是否会拒绝你访问自己的文件。

4.4　创建文件 foo 和 bar 后，运行图 4.9 的程序，会发生什么？

4.5　4.12 节讲到一个普通文件的大小可以为 0，同时我们又知道 st_size 字段是为目录或符号链接定义的，那么目录和符号链接的长度是否可以为 0？

4.6　编写一个类似 cp(1) 的实用程序，复制包含空洞的文件，不将 0 字节写入输出文件。

4.7 请注意，4.12 节中 ls 命令的输出中，文件 core 和 core.copy 具有不同的访问权限。如果 umask 值在创建两个文件期间没有改变，那么请解释为什么会有差异。

4.8 当运行图 4.16 中的程序时，我们使用 df(1)命令检查可用磁盘空间。为什么我们不使用 du(1) 命令？

4.9 图 4.20 中显示 unlink 函数会修改文件状态更改时间，这是怎么发生的？

4.10 4.22 节中，系统对打开文件数量的限制对 myftw 功能有何影响？

4.11 4.22 节中，我们的 ftw 版本从不更改其目录。修改此例程，以便每次遇到目录时，它都使用 chdir 函数更改到该目录，从而允许它在每次调用 lstat 时都使用文件名而不是路径名。当目录中的所有条目都已处理完毕后，执行 chdir("..")。比较一下这个版本和本文中版本所用的时间。

4.12 每个进程还有一个根目录用于解析绝对路径名。可以使用 chroot 函数更改此根目录。在手册中查找此函数的说明。这个函数什么时候有用？

4.13 如何仅设置两个时间值之一来调用 utimes 函数呢？

4.14 有些版本的 finger(1)命令输出“New mail received...”和“unread since...”，其中...表示相应的日期和时间。程序是如何决定这些日期和时间的？

4.15 cpio(1)和 tar(1)命令检查档案文件的格式。（这些描述通常可以在《UNIX 程序员手册》的第 5 节中找到。）每个文件保存了三个可能的时间值中的哪几个？当文件恢复时，访问时间应设置为什么，为什么？

4.16 UNIX 系统对目录树的深度有基本限制吗？要找到答案，请编写一个程序，创建一个目录，然后循环更改到该目录。确保该叶节点的绝对路径名长度大于系统的 PATH_MAX 限制。你可以调用 getcwd 来获取目录的路径名吗？标准 UNIX 系统工具如何处理这个长路径名？可以使用 tar 或 cpio 对目录归档吗？

4.17 3.16 节中，我们描述了/dev/fd 特性。为了使任何用户都能够访问这些文件，他们的权限必须是 rw-rw-rw-。某些创建输出文件的程序会首先删除该文件（如果该文件已存在），并忽略返回代码：

```
unlink(path);
if ((fd = creat(path, FILE_MODE)) < 0)
    err_sys(...);
```

如果 path 是/dev/fd/1，那么会出现什么情况？

5 标准 I/O 库

5.1 引言

本章介绍标准 I/O 库。标准 I/O 库是由 ISO C 标准制定的，UNIX 及很多其他操作系统都实现了这个库。Single UNIX Specification 对 ISO C 标准进行了扩充，定义了一些扩展的接口。

标准 I/O 库处理如缓冲区分配、以最佳大小的块长度执行 I/O 等很多细节。有了这些处理，用户不必担心如何选择使用正确的块长度（详见 3.9 节）。这使得这个库便于用户使用，但是如果我们不深入地理解 I/O 库函数，也会引起一些问题。

> 标准 I/O 库是由 Dennis Ritchie 于 1975 年左右编写的。它是 Mike Lesk 编写的可移植 I/O 库的主要修订版本。令人惊讶的是，35 年以来，标准 I/O 库几乎没有进行过修改。

5.2 流和 FILE 对象

在第 3 章中，所有 I/O 函数都是围绕文件描述符的。打开文件即返回一个文件描述符，接下来该文件描述符可用于后续的 I/O 操作。而标准 I/O 库操作是围绕流进行的（请不要将标准 I/O 术语流与 System V 的 STREAMS I/O 系统相混淆，STREAMS I/O 系统是 System V 的一个组成部分，Single UNIX Specification 则将其标准化为 XSI STREAMS 选项，但在 SUSv4 中已经将其标记为弃用）。当用标准 I/O 库打开或创建一个文件时，我们将一个流与这个文件关联起来。

对于 ASCII 字符集，单个字符用一字节表示。对于国际字符集，单个字符可以用多个字节表示。

标准 I/O 文件流可用于单字节或多字节（“宽”）字符集。流的定向决定了读取和写入的字符是单字节还是多字节的。当一个流最初被创建时，它是没有定向的。如果在未定向的流上使用一个多字节 I/O 函数（请参阅<wchar.h>），则将这个流的定向设置为宽定向。如果在未定向的流上使用一个单字节 I/O 函数，则将这个定向设为字节定向。只有两个函数可改变流的定向。freopen 函数（稍后讨论）将清除一个流的定向，fwide 函数可用于设置流的定向。

```
#include <stdio.h>
#include <wchar.h>

int fwide(FILE *fp, int mode);
```

返回值：若流是宽定向的，则返回正值；
若流是字节定向的，则返回负值；
若流是为定向的，则返回 0

根据 *mode* 参数的不同取值，fwide 函数执行不同的任务。

- 如果 *mode* 参数值为负数，那么 fwide 将试图使指定的流是字节定向的。
- 如果 *mode* 参数值为正数，那么 fwide 将试图使指定的流是宽定向的。
- 如果 *mode* 参数值为零，那么 fwide 将不设置流的定向，但仍返回标识该流定向的值。

请注意，fwide 并不会改变已经定向的流的定向。还应注意，fwide 函数没有出错返回。试想一下，如果流是无效的，那么会发生什么呢？唯一办法的是，在调用 fwide 之前先清除 errno，从 fwide 函数返回时检查 errno 的值。在本书的其余部分中，只涉及字节定向的流。

当打开一个流时，标准 I/O 函数 fopen（参见 5.5 节）返回一个指向 FILE 对象的指针。该对象通常是一个结构体，它包含了标准 I/O 库为管理该流需要的所有信息，包括用于实际 I/O 的文件描述符、指向用于流缓冲区的指针、缓冲区的长度、当前在缓冲区中的字符数，以及出错标识等。

应用程序应该一直不需要检查 FILE 对象。为了引用流，将其 FILE 指针作为参数传递给每个标准 I/O 函数。在本书中，我们将指向 FILE 对象的指针（类型为 FILE*）称为文件指针。

在本章中，我们在 UNIX 系统环境中说明标准 I/O 库。如前所述，这个标准库已经被移植到 UNIX 之外的很多系统中。为了深入了解该库的一些实现上的细节，我们将讨论它在 UNIX 系统上的典型实现。

5.3 标准输入、标准输出和标准错误

进程可自动使用三个预定义的流，它们分别是标准输入、标准输出和标准错误。这些流引用的文件与在 3.2 节中提到的文件描述符 STDIN_FILENO、STDOUT_FILENO 和 STDERR_FILENO 所引用的相同。

这三个标准 I/O 流通过预定义的文件指针 stdin、stdout 和 stderr 进行引用。这三个文件指针在头文件<stdio.h>中定义。

5.4 缓冲

标准 I/O 库提供缓冲的目的是尽可能地减少使用 read 和 write 调用的次数（回忆一下图 3.6，它显示了在不同缓冲区长度的情况下，执行 I/O 所需的 CPU 时间）。它也对每个 I/O 流自动地进行缓冲，应用程序则不必考虑这一点。遗憾的是，标准 I/O 库最令人产生困惑的方面也是它的缓冲。

标准 I/O 提供了如下三种类型的缓冲：

1. 全缓冲。在这种情况下，填满标准 I/O 缓冲区后才进行实际 I/O 操作。对于保存在磁盘上的文件，通常是由标准 I/O 库进行全缓冲的。在一个流上执行第一次 I/O 操作时，相关标准 I/O 函数通常调用 malloc 函数（见 7.8 节）获取需要使用的缓冲区。

   术语冲洗说明标准 I/O 缓冲区的写入操作。缓冲区可由标准 I/O 例程自动冲洗，例如，当某个缓冲区填满时，或者可以调用函数 fflush 冲洗流。应当注意，在 UNIX 环境中，*flush* 有两种不同的含义。在标准 I/O 库方面，*flush* 意味着将缓冲区中的内容写到磁盘上（该缓冲区可能只是部分填满）。对于终端驱动程序来说，例如第 18 章中所述的 tcflush 函数，则表示丢弃已存储在缓冲区中的数据。

2. 行缓冲。在这种情况下，标准 I/O 库在输入和输出中遇到换行符时执行 I/O 操作。这允许我们一次输出一个字符（用标准 I/O 函数 fputc），但只有在写了一行之后才进行实际的 I/O 操作。当流涉及一个终端时（如标准输入和标准输出），通常使用行缓冲。

   对于行缓冲，有两个注意事项。首先，因为标准 I/O 库用于收集每一行的缓冲区的长度是固定的，所以只要填满了缓冲区，即使此时还没有写入一个换行符，也可能进行 I/O 操作。其次，任何时候只要通过标准 I/O 库从（a）一个不带缓冲的流，或者（b）一个行缓冲的流（它从内核请求需要的数据）得到输入数据，就会冲洗所有行缓冲输出流。在（b）中带了一个在括号中的说明，其理由是，所需的数据可能已在该缓冲区中，它并不要求一定从内核读数据。显然，从一个不带缓冲的流中输入（即

（a）项）需要从内核中获得数据。

3．不带缓冲。标准 I/O 库不对字符进行缓冲。例如，如果用标准 I/O 函数 fputs 写 15 个字符到不带缓冲的流中，我们会期待这 15 个字符能立即输出，那么可能使用 3.8 节的 write 函数。

标准错误流，通常是不带缓冲的，这就使得出错信息可以尽快显示，无论它们是否包含换行符。

ISO C 要求下列缓冲特征：

- 当且仅当标准输入和标准输出并不指向交互式设备时，它们才是全缓冲的。
- 标准错误不能是全缓冲的。

但是，这并没有告诉我们当标准输入和标准输出指向交互式设备时，它们是不带缓冲的还是行缓冲的；也没有明确标准错误是不带缓冲的还是行缓冲的。很多系统的实现默认使用下列类型的缓冲：

- 标准错误始终是不带缓冲的。
- 如果是指向终端设备的流，则是行缓冲的；否则是全缓冲的。

本书讨论的 4 种平台都遵循标准 I/O 缓冲的这些惯例，即标准错误是不带缓冲的，打开至终端设备的流是行缓冲的，其他流则都是全缓冲的。

我们将在 5.12 节和图 5.11 对标准 I/O 缓冲进行更详细的探讨。

对任何一个给定的流，如果我们并不喜欢这些系统默认值，那么可调用 setbuf 函数或 setvbuf 函数中的一个更改缓冲类型。

```
#include <stdio.h>

void setbuf(FILE *restrict fp, char *restrict buf);

int setvbuf(FILE *restrict fp, char *restrict buf, int mode,
            size_t size);
```

返回值：若成功，则返回 0；若出错，则返回非 0 的值

这些函数要在流打开之后，并且对该流执行任何其他操作之前调用（显然，因为每个函数都要求一个有效的文件指针作为它们的第一个参数）。

可以使用 setbuf 函数打开或关闭缓冲机制。要打开缓冲机制，参数 *buf* 必须指向一个长度为 BUFSIZ 的缓冲区，其中常量 BUFSIZ 在头文件<stdio.h>中定义。通常，在此之后这个流就是全缓冲的，但是如果这个流与一个终端设备关联，那么某些系统也可将其设置为行缓冲的。为了关闭缓冲机制，可以将 *buf* 设置为 NULL。

使用 setvbuf，我们可以精确地指定所需的缓冲类型。这是用 *mode* 参数实现的：

_IOFBF 全缓冲
_IOLBF 行缓冲

_IONBF　不带缓冲

如果指定一个不带缓冲的流，就忽略 *buf* 参数和 *size* 参数。如果我们指定全缓冲或行缓冲，*buf* 和 *size* 就可以选择指定一个缓冲区及其长度。如果这个流是带缓冲的，而 *buf* 参数值是 NULL，标准 I/O 库就将自动地为该流分配适当长度的缓冲区。适当长度是指由常量 BUFSIZ 所指定的值。

一些 C 函数库实现使用 stat 结构体中的成员 st_blksize 所指定的值（参见 4.2 节）确定最佳 I/O 缓冲区长度。正如我们将在本章后面看到的，GNU C 函数库就使用了这种方法。

图 5.1 总结了这两个函数的操作及其各种选项。

函　数	*mode*	*buf*	缓冲区和长度	缓冲类型
setbuf		非空	长度为 BUFSIZ 的用户缓冲区 *buf*	全缓冲或行缓冲
		NULL	（无缓冲区）	不带缓冲的
setvbuf	_IOFBF	非空	长度为 *size* 的用户缓冲区 *buf*	全缓冲
		NULL	合适长度的系统缓冲区 *buf*	
	_IOLBF	非空	长度为 *size* 的用户缓冲区 *buf*	行缓冲
		NULL	合适长度的系统缓冲区 *buf*	
	_IONBF	（忽略）	（无缓冲区）	不带缓冲的

图 5.1　setbuf 函数和 setvbuf 函数

请注意，如果在一个函数内分配一个自动变量类的标准 I/O 缓冲区，则从该函数返回之前，必须关闭这个流（我们将在 7.8 节进一步讨论这一点）。另外，某些实现将缓冲区的一部分用于存放它自己的管理操作信息，所以可以存放在缓冲区中的实际数据字节数少于 size。一般来说，应当由系统选择缓冲区的长度并自动分配缓冲区。我们在这种情况下关闭这个流时，标准 I/O 库将自动释放缓冲区。

任何时候，我们都可强行冲洗一个流。

```
#include <stdio.h>

int fflush(FILE *fp);
```

返回值：若成功，则返回 0；若出错，则返回 EOF

fflush 函数将流中所有未写的数据都被传送至内核。作为一种特殊情况，如果 *fp* 的值是 NULL，就会导致所有输出流被冲洗。

5.5 打开流

fopen 函数、freopen 函数 和 fdopen 函数用于打开标准 I/O 流。

```
#include <stdio.h>

FILE *fopen(const char *restrict pathname, const char *restrict type);

FILE *freopen(const char *restrict pathname, const char *restrict type,
              FILE *restrict fp);

FILE *fdopen(int fd, const char *type);
```

三个函数的返回值：若成功，则返回文件指针；若出错，则返回 NULL

这三个函数的区别如下：

1. fopen 函数打开指定的文件。
2. freopen 函数打开指定流上的指定文件，如果该流已打开，就首先关闭该流。如果流之前已经定向，freopen 就会清除定向。此函数一般用于将一个指定的文件打开为预定义的流：标准输入、标准输出或标准错误。
3. fdopen 函数取一个现有的文件描述符（我们可以从 open、dup、dup2、fcntl、pipe、socket、socketpair 或 accept 函数获取该描述符），并将标准 I/O 流与该描述符关联起来。此函数通常与创建管道和网络通信通道的函数返回的描述符一起使用。因为这些特殊类型的文件无法用标准 I/O 函数 fopen 打开，所以我们必须先调用设备专用函数来获取一个文件描述符，然后使用 fdopen 将这个描述符与标准 I/O 流关联起来。

fopen 函数和 freopen 函数都是 ISO C 的一部分。fdopen 函数是 POSIX.1 的一部分，因为 ISO C 不处理文件描述符。

ISOC 为 *type* 参数指定了 15 种不同的值，如图 5.2 所示。使用字符 b 作为 *type* 的一部分，这使得标准 I/O 系统可以区分文本文件和二进制文件。因为 UNIX 内核区分这两种文件，所以在 UNIX 系统环境下将字符 b 指定为类型的一部分没有任何效果。

对于 fdopen，*type* 参数的意义略有不同。因为该描述符已被打开，所以 fdopen 并不截断为写入而打开的文件。（例如，如果描述符原来是由 open 函数创建的，并且文件已经存在，则其 O_TRUNC 标识将决定是否截断该文件。fdopen 函数不能截断它为写入而打开的任何文件。）此外，标准 I/O 追加写的方式也不能用于创建该文件（如果一个描述符引用了一个文件，那么该文件一定已经存在）。

type	说　明	open(2)标识
R 或 rb	为读取而打开	O_RDONLY
w 或 wb	将文件截断为 0 的长度，或者为写入而创建	O_WRONLY|O_CREAT|O_TRUNC
a 或 ab	追加：为在文件末尾开始写入而打开，或者为写入而创建	O_WRONLY|O_CREAT|O_APPEND
r+或 r+b 或 rb+	为读取和写入而打开	O_RDWR
w+或 w+b 或 wb+	将文件截断为 0 的长度，或者为读取和写入而创建	O_RDWR|O_CREAT|O_TRUNC
a+或 a+b 或 ab+	为在文件末尾开始读取或者写入打开或者创建	O_RDWR|O_CREAT|O_APPEND

图 5.2　打开标准 I/O 流的 *type* 参数

当用追加写的类型打开一个文件时，每次写入都将数据写到当前文件的末尾处。如果有多个进程用标准 I/O 追加写方式打开同一文件，则每个进程的数据都会正确地写入这个文件中。

4.4BSD 以前的伯克利版本及 Kernighan 和 Ritchie（1988）第 177 页上显示的简单版本的 fopen 函数并不能正确地处理追加写方式。这些版本在打开流时，调用 lseek 函数定位到文件末尾。为了在涉及多个进程时正确地支持追加写方式，该文件必须用 O_APPEND 标识打开，我们已在 3.3 节中对此进行了讨论。正如我们在 3.11 节中讨论的那样，每次写入前，执行一次 lseek 操作同样也不能正确工作。

当以读和写的类型打开一个文件时（*type* 中的+号），具有下列限制。

- 如果中间没有 fflush、fseek、fsetpos 或 rewind，则在输出的后面不能直接跟随输入。
- 如果中间没有 fseek、fsetpos 或 rewind，或者一个输入操作没有到达文件尾端，则在输入操作之后不能直接跟随输出。

对应于图 5.2，图 5.3 中总结了开流的 6 种不同的方式。

限　制	r	w	a	r+	w+	a+
文件必须已经存在	•			•		
丢弃文件之前的内容		•			•	
流可以读取	•			•	•	•
流可以写入		•	•	•	•	•
流只能在尾端处写入			•			•

图 5.3　打开标准 I/O 流的 6 种方式

请注意，如果通过指定 w 类型或 a 类型创建一个新文件时，我们就无法说明该文件的访问权限位（第 3 章中介绍的 open 函数和 creat 函数可以做到这一点）。POSIX.1 要求实现使用如下的权限位集来创建文件：

```
S_IRUSR | S_IWUSR | S_IRGRP | S_IWGRP | S_IROTH | S_IWOTH
```

然而，回忆一下 4.8 节，我们可以通过调整 umask 值来限制这些权限。

在系统默认情况下，流被打开时是全缓冲的，除非流引用终端设备。如果流引用终端设备，则它是行缓冲的。一旦打开了流，那么在对该流执行任何操作之前，如果需要，则可以使用上一节中介绍的 setbuf 函数或 setvbuf 函数更改缓冲类型。

通过调用 fclose 关闭一个打开的流。

```
#include <stdio.h>

int fclose(FILE *fp);
```

返回值：若成功，则返回 0；若出错，则返回 EOF

在该文件被关闭之前，冲洗缓冲中的输出数据。缓冲区中的任何输入数据都将被丢弃。如果标准 I/O 库自动为流分配了一个缓冲区，则释放此缓冲区。

当进程正常终止时，无论是直接调用 exit 函数，还是从 main 函数返回，所有带未写缓冲数据的标准 I/O 流都会被冲洗，所有打开的标准 I/O 流都会被关闭。

5.6 读流和写流

一旦打开了流，则可在三种类型的非格式化 I/O 中进行选择：

1. 每次一个字符的 I/O。一次读/写一个字符，如果流是带缓冲的，则标准 I/O 函数处理所有缓冲。
2. 每次一行的 I/O。如果想要一次读/写一行，可以使用 fgets 和 fputs。每行都以一个换行符终止。当调用 fgets 函数时，应说明能处理的最大的行长度。5.7 节将介绍这两个函数。
3. 直接 I/O。fread 和 fwrite 函数支持这种类型的 I/O。每次 I/O 操作读/写一定数量的对象，而每个对象具有指定的长度。这两个函数常用于从二进制文件中每次读/写一个结构体。5.9 节将介绍这两个函数。

直接 I/O 这一术语源自 ISO C 标准，有时也称为二进制 I/O、一次一个对象 I/O、面向记录的 I/O 或面向结构体的 I/O。不要把这个特性和 FreeBSD、Linux 所支持的 open 函数的 O_DIRECT 标识混淆——它们之间是没有关系的。

5.11 节说明了格式化 I/O 函数，如 printf 和 scanf。

输入函数

下列三个函数可用于一次读一个字符。

```
#include <stdio.h>

int getc(FILE *fp);

int fgetc(FILE *fp);

int getchar(void);
```

三个函数的返回值：若成功，则返回下一个字符；若到达文件末尾或出错，则返回 EOF

函数 getchar 等同于 getc（stdin）。getc 和 fgetc 之间的区别在于，getc 可被实现为宏，而 fgetc 不能实现为宏。这意味着如下几点：

1. getc 的参数不应当是具有副作用的表达式，因为它可能会被计算多次。
2. 因为 fgetc 一定是个函数，所以可以获取它的地址。这允许我们将 fgetc 的地址作为一个参数传送给另一个函数。
3. 调用 fgetc 所需时间可能比调用 getc 所需时间要长，因为调用函数所需的时间通常长于调用宏。

这三个函数在返回下一个字符时，将其 unsigned char 类型转换为 int 类型。说明为无符号的理由是，即使最高位为 1 也不会使返回值为负。要求整型返回值的理由是，这样就可以返回所有可能的字符值，包括已出错或已到达文件尾端的指示值。在头文件<stdio.h>中的常量 EOF 必须是一个负值，其值通常是-1。这就意味着不能将这三个函数的返回值存放在一个字符变量中，以后还要将这些函数的返回值与常量 EOF 相比较。

请注意，无论是出错还是到达文件尾端，这三个函数都返回相同的值。为了区分这两种不同的情况，必须调用 ferror 或 feof。

```
#include <stdio.h>

int ferror(FILE *fp);

int feof(FILE *fp);

void clearerr(FILE *fp);
```

两个函数的返回值：若条件为真，则返回非 0（真）；否则，返回 0

在大多数实现中，为 FILE 对象中的每个流维护了两个标识：

- 出错标识
- 文件结束标识

两个标识都可以通过调用 clearerr 来清除。

从流中读取数据以后，可以调用 ungetc 将字符再压送回流中。

```
#include <stdio.h>

int ungetc(int c, FILE *fp);
```

返回值：若成功，则返回 c；若出错，则返回 EOF

压送回到流中的字符以后又可从流中读出，但读取到的字符的顺序与压送回的顺序相反。注意，虽然 ISO C 允许实现支持任何次数的回送，但是它要求实现提供一次只回送一个字符。我们不能期待一次能回送多个字符。

回送的字符，不一定必须是上次读到的字符。我们不能回送 EOF。但是当已经到达文件尾端时，仍可以回送一个字符。下次读取将返回该字符，再次读取则返回 EOF。之所以能这样做的原因是，一次成功的 ungetc 调用会清除这个流的文件结束标识。

当我们正在读一个输入流，进行某种形式的切词或记号切分操作时，会经常用到回送字符这个操作。因为有时需要先查看下一个字符，来决定如何处理当前字符。同时需要方便地将刚查看的字符回送，以便下一次调用 getc 时返回该字符。如果标准 I/O 库不提供回送的功能，就必须将该字符存放到一个我们定义的变量中，并设置一个标识，以便判别在下一次需要一个字符时是调用 getc 还是从我们定义的变量中取用这个字符。

用 ungetc 压送回字符时，并未将字符写到底层文件中或设备上，只是将它写回标准 I/O 库的流缓冲区中。

输出函数

对应于上述的每个输入函数，都有一个输出函数。

```
#include <stdio.h>

int putc(int c, FILE *fp);

int fputc(int c, FILE *fp);

int putchar(int c);
```

三个函数的返回值：若成功，则返回 c；若出错，则返回 EOF

与输入函数一样，putchar(c)等同于 putc(c, stdout)，putc 可以实现为宏，而 fputc 不能实现为宏。

5.7 每次一行 I/O

fgets 和 gets 两个函数提供每次输入一行的功能。

```
#include <stdio.h>

char *fgets(char *restrict buf, int n, FILE *restrict fp);

char *gets(char *buf);
```

两个函数的返回值：若成功，则返回 buf；若到达文件末尾或者出错，则返回 NULL

这两个函数都指定了缓冲区的地址，读入的行将送入缓冲区。gets 函数从标准输入读取，而 fgets 函数则从指定的流读取。

对于 fgets 函数，必须指定缓冲的长度 *n*。该函数一直读到下一个换行符为止，但是不读取超过 *n*-1 个字符，读取的字符被送入缓冲区。该缓冲区以 null 字节结尾。如果该行包括最后一个换行符的字符数超过了 *n*-1，则 fgets 只返回一个不完整的行，但是，缓冲区总是以 null 字节结尾。对 fgets 的下一次调用会继续读取该行。

我们不推荐使用 gets 函数，其问题是调用者在使用 gets 函数时不能指定缓冲区的长度。如果该行超过了缓冲区大小，就造成缓冲区溢出，数据写入缓冲区之后的存储空间中，从而产生不可预料的后果。这种缺陷曾被利用，造成 1988 年的因特网蠕虫事件。有关说明请参见 1989 年 6 月的 *Communications of the ACM*（vol.32，no.6）。get 与 fgets 的另一个区别是，gets 并不像 fgets 那样将换行符存入缓冲区中。

> 这两个函数对换行符处理方式的差异可以追溯到 UNIX 的演变过程中。在 V7 的手册（1979）中就说明："为了后向兼容，gets 删除换行符，而 fgets 则保留换行符。"

虽然 ISO C 要求提供 gets，但请使用 fgets，而不要使用 gets。事实上，在 SUSv4 中，gets 已被标记为弃用的接口，而且在 ISO C 标准的最新版本（ISO/IEC9899：2011）中已被省略。

fputs 和 puts 提供每次输出一行的功能。

```
#include <stdio.h>

int fputs(const char *restrict str, FILE *restrict fp);

int puts(const char *str);
                    两个函数的返回值：若成功，则返回非负值；若出错，则返回 EOF
```

函数 fputs 将一个以 null 字节终止的字符串写入指定的流，尾端的终止符 null 不写入。注意，并不一定每次输出一行，因为字符串不需要包含换行符作为最后一个非 null 字节。通常情况下，在 null 字节之前是一个换行符——但这不是必要的。

puts 将一个以 null 字节终止的字符串写入标准输出，终止符不写入。但是，put 随后又将换行符写到标准输出。

puts 并不像它所对应的 gets 那样不安全。但是我们还是尽量应避免使用它，以免需要记住它在最后是否添加了一个换行符。如果总是使用 fgets 和 fputs，那么我们应该知道，在每行终止处我们必须自己处理换行符。

5.8 标准 I/O 的效率

使用上一节中的函数，我们可以了解标准 I/O 系统的效率。图 5.4 程序类似于图 3.4 程序，它使用 getc 和 putc 将标准输入复制到标准输出。这两个例程可以实现为宏。

```
#include "apue.h"

int
main(void)
{
    Int     c;

    while ((c = getc(stdin)) != EOF)
        if (putc(c, stdout) == EOF)
            err_sys("output error");

    if (ferror(stdin))
        err_sys("input error");

    exit(0);
}
```

图 5.4 使用 getc 和 putc 将标准输入复制到标准输出

可以用 fgetc 和 fputc 改写该程序，这两个一定是函数，而不是宏（我们没有展示对源代码更改的细节）。

最后，我们还编写了一个读取和写入行的版本，如图 5.5 所示。

```
#include "apue.h"

int
main(void)
{
    Char    buf[MAXLINE];

    while (fgets(buf, MAXLINE, stdin) != NULL)
        if (fputs(buf, stdout) == EOF)
            err_sys("output error");

    if (ferror(stdin))
        err_sys("input error");

    exit(0);
}
```

图 5.5 使用 fgetc 和 fputc 将标准输入复制到标准输出

请注意，我们没有在图 5.4 或图 5.5 的程序中显式关闭标准 I/O 流。我们知道 exit 函数将会冲洗任何未写入的数据，然后关闭所有打开的流（我们将在 8.5 节讨论这一点）。将这三个程序的时间与图 3.6 中的时间进行比较是很有趣的。在图 5.6 中显示了对同一文件（492.65MB，1570 万行）进行操作得到的数据结果。

函　　数	用户 CPU（秒）	系统 CPU （秒）	时钟时间（秒）	程序正文字节数
图 3.6 中的最佳时间	0.01	0.52	6.45	
fgets, fputs	2.03	0.27	6.70	143
getc, putc	7.33	0.24	8.37	114
fgetc, fputc	7.48	0.23	8.53	114
图 3.6 中的单字节时间	17.54	114.03	131.82	

图 5.6　使用标准 I/O 例程得到的计时结果

对于这三个标准 I/O 版本的任何一个，其用户 CPU 时间都大于图 3.6 中的最佳 read 版本，因为在每次读一个字符的标准 I/O 版本中有一个要执行 5 亿次的循环，而在每次读一行的版本中有一个要执行 1,570 万次的循环。在 read 版本中，其循环只需执行 3,942 次（当缓冲区长度为 131,072 字节时）。因为系统 CPU 时间几乎相同，所以用户 CPU 时间的差别及等待 I/O 结束所消耗时间差造成了时钟时间的差别。

标准 I/O 库的系统 CPU 时间更少，这有点令人惊讶，因为它使用了 4KB 缓冲区。差异可能是由时间原因造成的，因为任何未花在执行用户或系统代码上的时间都花在等待磁盘读取完成上了。使用标准 I/O 例程的一个优点是不用考虑缓冲及最佳 I/O 的大小。在使用 fgets 时，我们需要考虑最大行长，但是与选择最佳 I/O 大小相比，这已经容易得多了。

图 5.6 的最后一列是每个 main 函数的文本空间字节数（由 C 编译器产生的机器指令）。我们可以看到，使用 getc 和 putc 的版本与使用 fgetc 和 fputc 的版本占用的空间相同。通常，getc 和 putc 被实现为宏，但是在 GNU C 库实现里，宏只是对函数调用的扩展。

使用每次一行 I/O 的版本的速度几乎是使用每次一个字符 I/O 的版本的速度的两倍。如果 fgets 和 fputs 函数是用 getc 和 putc 实现的［参见 Kernighan 和 Ritchie（1988）的 7.7 节］，那么 fgets 与 getc 版本使用的时间接近。实际上，我们可能预计每次一行 I/O 的版本会花费更长的时间，因为我们将在现有的 3100 万次函数调用的基础上增加了 10 亿次额外的函数调用的开销。在此示例中，每次一行函数是使用 memccpy(3) 来实现的。为了提高效率，memccpy 函数通常使用汇编语言而不是 C 语言实现。

这些计时数字的最后一个有趣的地方是，fgetc 版本比图 3.6 中的 BUFFSIZE=1 的版本要快得多。两者涉及相同数量的函数调用（大约 10 亿次），但 fgetc 版本在用户 CPU 时间方面却快了 2 倍以上，而在时钟时间方面快了将近 15 倍。不同之处在于，使用 read 的版本执行了 10 亿个函数调用，而函数调用又执行了 10 亿个系统调用。使用 fgetc 版本，我们仍然执行 10 亿次函数调用，但这意味着只执行了 250,000 次系统调用。系统调用通常比普通函数调用花费更大的时间代价。

作为免责声明，你应该注意这些计时结果仅在运行它们的单个系统上有效。这种计时结果依赖于很多实现的功能，而这些功能对于不同的 UNIX 系统可能是不同的。尽管如此，有这样一组数据，并对各种版本的差别做出解释，将有助于我们更好地理解系统。在本节及 3.9 节中我们了解到，标准 I/O 库与直接调用 read 和 write 函数相比没有慢很多。而对于大多数比较复杂的应用程序，最主要的用户 CPU 时间是由应用程序消耗的，而不是由标准 I/O 例程消耗的。

5.9 二进制 I/O

5.6 节中的函数一次操作一个字符，5.7 节中的函数一次操作一行。如果我们正在进行二进制 I/O，那么通常希望一次读/写整个结构。要使用 getc 或 putc 来完成此操作，我们必须循环遍历整个结构，每次处理一字节（读/写一字节）。我们不能使用一次一行函数，因为 fputs 在遇到空字节时停止写入，并且结构中可能存在空字节。同样，如果有任何数据字节为 null 字节或换行符，fgets 就无法正常工作。因此，有如下两个函数用于二进制 I/O。

```
#include <stdio.h>

size_t fread(void *restrict ptr, size_t size, size_t nobj,
             FILE *restrict fp);

size_t fwrite(const void *restrict ptr, size_t size, size_t nobj,
              FILE *restrict fp);
```

两个函数的返回值：读/写的对象个数

这两个函数有两种常见的用法：

1. 读/写二进制数组。例如，要写入浮点数组的第 2 个到第 5 个元素，我们可以编写如下程序代码：

```
float   data[10];

if (fwrite(&data[2], sizeof(float), 4, fp) != 4)
    err_sys("fwrite error");
```

此处我们将 *size* 指定为每个数组元素的大小，将 *nobj* 指定元素的个数。

2. 读/写一个结构体，我们可以编写如下程序代码：

```
struct {
  short  count;
  long   total;
  char   name[NAMESIZE];
} item;

if (fwrite(&item, sizeof(item), 1, fp) != 1)
    err_sys("fwrite error");
```

此处我们将 *size* 指定为结构体的大小，将 *nobj* 指定为 1（即要写入的对象的数量）。

综合这两个例子就可以读/写结构体数组。为了实现这一点，*size* 应当是结构体的 `sizeof`，*nobj* 应当是数组中元素的个数。

`fread` 和 `fwrite` 都返回读/写的对象数。对于读的情况，如果发生错误或到达文件末尾，则该数字可能小于 *nobj*。在这种情况下，必须调用 `ferror` 函数或 `feof` 函数。对于写的情况，如果返回值小于请求的 *nobj*，则会发生错误。

二进制 I/O 的一个基本问题是，它只能用于读取在同一系统上写入的数据。许多年前，当所有 UNIX 系统都是 PDP-11 时，这样可以正常运行，但如今的规范是通过网络将许多异构系统连接在一起。要在一个系统上写入数据然后在另一个系统上处理它是很常见的。这两个函数不起作用，有如下两个原因。

1. 由于不同的对齐要求，结构体中成员的偏移量在编译器和系统之间可能会有所不同。事实上，一些编译器有一个选项，允许结构体成员紧密包装，以节省空间，但可能会造成运行时的性能损失，或者可以选择精确对齐，以优化每个成员的运行时访问。这意味着即使在单个系统上，结构体的二进制存储方式也可能有所不同，具体取决于编译器选项。
2. 用于存储多字节整型数和浮点值的二进制格式也随着不同操作系统的体系架构而有差别。

当我们在第 16 章讨论套接字时，我们将讨论其中的一些问题。在不同系统之间交换二进制数据的真正解决方案是，使用约定的规范格式。请参阅 Rago（1993）的 8.2 节或 Stevens、Fenner 和 Rudoff（2004）的 5.18 节，以了解各种网络协议用于交换二进制数据的一些技术的描述。

当我们要读取二进制结构体（UNIX 进程会计记录）时，我们将用到 8.14 节中的 `fread` 函数。

5.10 定位流

可以通过三种方法定位标准 I/O 流：

1. 函数 `ftell` 和 `fseek`。它们自 V7 以来就已存在，但它们假设文件的位置可以存储在长整型中。
2. 函数 `ftello` 和 `fseeko`。它们是在 Single UNIX Specification 中引入的，文件偏移量不必一定是长整型数。两者用 `off_t` 数据类型代替长整型数。
3. 函数 `fgetpos` 和 `fsetpos`。它们是在 ISO C 中引入的。二者使用了抽象数据类型 `fpos_t` 来记录文件的位置。该数据类型的取值可以根据需要设置得足够大，用以记录文件的位置。

将应用程序移植到非UNIX系统运行时，请使用函数 fgetpos 和 fsetpos。

```
#include <stdio.h>

long ftell(FILE *fp);
                        返回值：若成功，则返回当前文件的位置指示符；若出错，则返回-1L
int fseek(FILE *fp, long offset, int whence);
                                        返回值：若成功，则返回 0；若出错，则返回-1
void rewind(FILE *fp);
```

对于二进制文件，文件的位置指示符是从文件起始位置开始以字节为单位进行度量的。ftell 函数对二进制文件作用时返回的值就是这种字节位置。要使用 fseek 定位一个二进制文件，我们必须指定字节偏移量并说明如何解释这种偏移量。*whence* 的取值与 3.6 节中的 lseek 函数相同：SEEK_SET 表示从文件起始位置开始，SEEK_CUR 表示从文件当前位置开始，SEEK_END 表示从文件末尾开始。ISO C 并不要求一个实现支持二进制文件的 SEEK_END 规范，因为某些系统要求二进制文件在末尾用 0 填充，以使文件大小成为某个幻数的倍数。然而，在 UNIX 系统下，二进制文件是支持 SEEK_END 的。

对于文本文件，文件的当前位置可能无法使用简单的字节偏移量来度量。这主要也是因为在非 UNIX 系统下，它们可能以不同格式存储文本文件。要定位一个文本文件，*whence* 必须为 SEEK_SET，并且仅允许使用两个偏移量取值：0（表示将文件倒回到其起始位置）或由 ftell 作用于该文件返回的值。还可以使用 rewind 函数将一个流设置到文件的起始位置。

除了偏移量的类型是 off_t 而不是 long，ftello 函数等同于 ftell 函数，fseeko 函数也等同于 fseek 函数。

```
#include <stdio.h>

off_t ftello(FILE *fp);
                   返回值：若成功，则返回当前文件的位置指示符；若出错，则返回(off_t)-1
int fseeko(FILE *fp, off_t offset, int whence);
                                        返回值：若成功，则返回 0；若出错，则返回-1
```

回想一下我们在 3.6 节中对 off_t 数据类型的讨论。可以实现将 off_t 类型定义为大于 32 位。

正如我们之前提到的，fgetpos 函数和 fsetpos 函数是由 ISO C 标准引入的。

```
#include <stdio.h>

int fgetpos(FILE *restrict fp, fpos_t *restrict pos);

int fsetpos(FILE *fp, const fpos_t *pos);
                                    返回值：若成功，则返回 0；若出错，则返回非 0 的值
```

fgetpos 函数将文件位置指示符的当前值存储在 *pos* 指向的对象中。该值可以在稍后调用 fsetpos 时使用，以便将流重新定位到该位置。

5.11 格式化 I/O

格式化输出

格式化输出由如下 5 个 printf 函数来处理。

```
#include <stdio.h>

int printf(const char *restrict format, ...);

int fprintf(FILE *restrict fp, const char *restrict format, ...);

int dprintf(int fd, const char *restrict format, ...);
                    三个函数的返回值：若成功，则输出字符数；若输出错误，则输出负值
int sprintf(char *restrict buf, const char *restrict format, ...);
                    返回值：若成功，则返回数组中存储的字符数；若编码错误，则返回负值
int snprintf(char *restrict buf, size_t n,
             const char *restrict format, ...);
             返回值：若缓冲区足够大，则返回存储在数组中的字符数；若编码错误，则返回负值
```

printf 函数将数据写入标准输出，fprintf 写入指定流，dprintf 写入指定文件描述符，sprintf 将格式化字符存放到数组 *buf* 中。sprintf 函数自动在数组末尾附加一个 null 字节，但该 null 字节不包含在返回值中。

请注意，sprintf 可能会导致 *buf* 指向的缓冲区溢出。函数调用者负责确保缓冲区足够大。因为缓冲区溢出会导致程序不稳定甚至安全性问题，所以引入了 snprintf 函数。在这一函数中，缓冲区的大小是一个显式的参数；任何超出缓冲区大小的末尾字符都将被丢弃。如果缓冲区足够大，snprintf 函数就返回写入的字符数。与 sprintf 类似，返回值不包括终止 null 字节。如果 snprintf 返回小于缓冲区大小 *n* 的正数，输出就不会被截断。如果发生编码错误，snprintf 就返回负值。

虽然 dprintf 不处理文件指针，但是我们将其包含在处理格式化输出的相关函数中。请注意，使用 dprintf 不需要调用 fdopen 将文件描述符转换为与 fprintf 一起使用的文件指针。格式规范控制其余参数的编码和最终显示方式。每个参数都根据以百分号 (%) 开头的转换说明进行编码。除转换说明外，格式中的其他字符均不加修改地复制输出。转换说明有 4 个可选项，如下面的方括号所示：

```
%[flags][fldwidth][precision][lenmodifier]convtype
```

图 5.7 总结了这些标识。

标　志	说　明
'	（撇号）将整数按照千位分组字符
-	将字段中的输出按照左对齐
+	总是显示带符号转换的正负号
（空格）	若无正负号，则在前面加一个空格
#	指定另一种转换格式（例如使用 0x 前缀表示的十六进制格式）
0	用前导 0 而不是空格进行填充

图 5.7　转换说明中的标识部分

可选项 `fldwidth` 定义了最小字段宽度。如果转换后参数字符数小于最小字段宽度，那么多余的字符位置将用空格填充。字段宽度是一个非负的十进制数或一个星号。

可选项 `precision` 定义了整型转换后最少输出数字位数、浮点数转换后小数点后的最少位数或者字符串转换后最大字节数。精度用一个点（.），然后紧跟着是一个可选的非负十进制数或一个星号。

宽度和精度字段都可以为星号。此时，一个整型参数指定宽度或精度的值。这个参数正好位于被转换的参数之前。

可选项 `lenmodifier` 定义了参数的长度。图 5.8 中总结了 `lenmodifier` 可能的取值。

长度修饰符	说　明
`hh`	有符号或者无符号 `char` 类型
`h`	有符号或者无符号 `short` 类型
`l`	有符号或者无符号 `long` 或者宽字符类型
`ll`	有符号或者无符号 `long long` 类型
`j`	`intmax_t or uintmax_t`
`z`	`size_t`
`t`	`ptrdiff_t`
`L`	`long double`

图 5.8　转换说明中的长度修饰符

`convtype` 不是可选的，它控制了参数如何解释的。图 5.9 中总结了各类转换类型字符。

根据常规的转换说明，转换是按照它们出现在 *format* 参数之后的顺序应用于参数的。一种替代的转换说明语法也允许显式地通过使用*%n$*序列来表示第 *n* 个参数的形式来命名参数。注意，这两种语法不能在同一格式规范中混用。在替代的语法中，参数从 1 开始计数。如果参数既没有提供字段宽度和也没有提供精度，那么通配符星号的语法就更改为**m$*，此处 *m* 表示提供值的参数的位置。

转换类型	说　　明
d,i	有符号十进制
o	无符号八进制
u	无符号十进制
x,X	无符号十六进制
f,F	双精度浮点数
e,E	指数格式的双精度浮点数
g,G	解释为 f、F、e 或 E，具体取决于转换的值
a,A	十六进制指数格式的双精度浮点数
c	字符（带有长度修饰符 l，宽字符）
s	字符串（带有长度修饰符 l，宽字符串）
p	指向 void 的指针
n	指向有符号整型数的指针，其中是到目前为止写入的字符数
%	一个%字符
C	宽字符（XSI 扩展，相当于 lc）
S	宽字符串（XSI 扩展，相当于 ls）

图 5.9　转换说明中的转换类型

如下 5 种 printf 函数族的变体类似于上面的 5 种，但是可变参数列表(...)替换成了 *arg*。

```
#include <stdarg.h>
#include <stdio.h>

int vprintf(const char *restrict format, va_list arg);

int vfprintf(FILE *restrict fp, const char *restrict format,
             va_list arg);
int vdprintf(int fd, const char *restrict format, va_list arg);
                    三个函数的返回值：若成功，则返回输出的字符数；若输出出错，则返回负值
int vsprintf(char *restrict buf, const char *restrict format,
             va_list arg);
                         返回值：若成功，则返回存入数组的字符数；若编码出错，则返回负值
int vsnprintf(char *restrict buf, size_t n,
              const char *restrict format, va_list arg);
                 返回值：若缓冲区足够大，则返回存入数组的字符数；若编码出错，则返回负值
```

我们将在附录 B 的出错处理例程中使用 vsnprintf 函数。

有关 ISO C 标准中可变长度参数列表的详细说明请参阅 Kernighan 和 Ritchie（1988）的 7.3 节内容。请注意，由 ISO C 说明的可变长度参数列表例程（头文件<stdarg.h>和相关的例程）与由较早版本 UNIX 提供的头文件<varargs.h>例程是不同的。

格式化输入

格式化输入由如下三个函数处理。

```
#include <stdio.h>

int scanf(const char *restrict format, ...);

int fscanf(FILE *restrict fp, const char *restrict format, ...);

int sscanf(const char *restrict buf, const char *restrict format, ...);
```

三个函数的返回值：赋值的输入项的个数，
若输入错误或者转换前已经到达文件末尾，则返回 EOF

scanf 函数族用于提取输入的字符串，并将字符串转换成指定类型的变量。在格式之后的各项参数包括变量的地址，用转换后的结果对这些变量进行初始化。

格式规范控制如何转换参数，以便对它们赋值。百分号（%）代表转换说明的开始。除了转换说明和空白字符，格式字符串中的所有其他字符必须与输入匹配。如果有一个字符不匹配，就停止处理，不再读取输入的其余部分。

转换说明有三个可选项，如下面的方括号所示：

```
%[*][fldwidth][m][lenmodifier]convtype
```

可选的星号可用于抑制转换。按照转换说明的剩余部分对输入内容进行转换，但转换的结果并不保存在参数中。

fldwidth 定义了字符的最大宽度（即最大字符数）。Lenmodifier 定义了要用转换结果赋值的参数大小。scanf 函数族同样支持由 printf 函数族所支持的长度修饰符（详见图 5.8 中的长度修饰符列表）。

convtype 字段的作用类似于 printf 函数族的转换类型字段，但两者之间还有差别。其中一个差别是，作为一种选项，输入中带符号的输入可赋予无符号类型。例如，输入中的-1 可被转换成 4 294 967 295。图 5.10 总结了 scanf 函数族所支持的转换类型。

转换类型	说　明
d	有符号十进制数，基数为 10
i	有符号十进制数，基数由输入格式决定
o	无符号八进制数（输入可以为有符号的类型）
u	无符号十进制数，基数为 10（输入可以为有符号的类型）
x,X	无符号十六进制数（输入可以为有符号的类型）
a,A,e,E,f,F,g,G	浮点数
c	字符（带有长度修饰符 l，宽字符）
s	字符串（带有长度修饰符 l，宽字符串）
[	匹配列出的字符序列，以] 结尾
[^	匹配除列出的字符之外的所有字符，以] 结尾
p	指向 void 的指针

图 5.10　转换说明中的转换类型

转换类型	说　明
n	指向有符号整数的指针，其中写入了到目前为止写入的字符数
%	一个%字符
C	宽字符（XSI 扩展，相当于 lc）
S	宽字符串（XSI 扩展，相当于 ls）

图 5.10　转换说明中的转换类型（续）

在字段宽度和长度修饰符之间的可选项 m 是赋值分配符。它可用于%c、%s 及%[转换符，使内存缓冲区强制分配空间以保存转换的字符串。在这种情况下，相关参数必须是指针地址，指针地址的取值为分配的缓冲区地址。如果调用成功，当缓冲区不再使用时，就由调用者负责通过调用 free 函数来释放这个缓冲区。

scanf 函数族也支持另一种转换说明，即允许显式地命名参数：其中序列*%n$*表示第 *n* 个参数。与 printf 函数族类似，同一个编号的参数在格式化字符串中可引用多次。然而 Single UNIX Specification 指出，这种情况在 scanf 函数族中如何作用还未定义。

与 printf 族一样，scanf 函数族也使用由头文件<stdarg.h>说明的可变长度参数列表。

```
#include <stdarg.h>
#include <stdio.h>

int vscanf(const char *restrict format, va_list arg);

int vfscanf(FILE *restrict fp, const char *restrict format,
            va_list arg);

int vsscanf(const char *restrict buf, const char *restrict format,
            va_list arg);
                                三个函数的返回值：赋值的输入项的个数，
                        若输入错误或者转换前已经到达文件末尾，则返回 EOF
```

关于 scanf 函数族的更多细节，请参阅《UNIX 系统手册》。

5.12 实现细节

如前所述，在 UNIX 中，标准的 I/O 库最终都是要调用第 3 章中介绍的 I/O 例程。每个标准 I/O 流都有与其关联的文件描述符，可以对一个流调用 fileno 函数获得它的描述符。

注意，fileno 并不是 ISO C 标准的一部分，它是 POSIX.1 支持的扩展。

```
#include <stdio.h>

int fileno(FILE *fp);
```
返回值：与这个流相关联的文件描述符

例如，如果要调用 dup 函数或 fcntl 函数，就需要此函数。

想了解你所使用的系统中标准 I/O 库的实现，就要从头文件<stdio.h>开始。头文件说明了 FILE 对象是如何定义的、每个流标识的定义及定义为宏的各个标准 I/O 例程，例如 getc。Kernighan 和 Ritchie（1988）中的 8.5 节有一个实现的示例，从中可以了解很多 UNIX 实现的基本方式。Plauger（1992）的第 12 章提供了标准 I/O 库一种实现的全部源代码。GNU 对于标准 I/O 库的实现也是开源的。

示例

图 5.11 的示例程序为三个标准流及一个与普通文件相关联的流打印缓冲状态信息。

```
#include "apue.h"

void    pr_stdio(const char *, FILE *);
int     is_unbuffered(FILE *);
int     is_linebuffered(FILE *);
int     buffer_size(FILE *);

int
main(void)
{
    FILE *fp;

    fputs("enter any character\n", stdout);
    if (getchar() == EOF)
        err_sys("getchar error");
    fputs("one line to standard error\n", stderr);

    pr_stdio("stdin", stdin);
    pr_stdio("stdout", stdout);
    pr_stdio("stderr", stderr);

    if ((fp = fopen("/etc/passwd", "r")) == NULL)
        err_sys("fopen error");
    if (getc(fp) == EOF)
        err_sys("getc error");
    pr_stdio("/etc/passwd", fp);
    exit(0);
}

void
pr_stdio(const char *name, FILE *fp)
{
```

```
    printf("stream = %s, ", name);
    if (is_unbuffered(fp))
        printf("unbuffered");
    else if (is_linebuffered(fp))
        printf("line buffered");
    else /* 如果都不是上述两种情况 */
        printf("fully buffered");
    printf(", buffer size = %d\n", buffer_size(fp));
}

/*
 * 如下代码是不可移植的。
 */

#if defined(_IO_UNBUFFERED)

int
is_unbuffered(FILE *fp)
{
    return(fp->_flags & _IO_UNBUFFERED);
}

int
is_linebuffered(FILE *fp)
{
    return(fp->_flags & _IO_LINE_BUF);
}

int
buffer_size(FILE *fp)
{
    return(fp->_IO_buf_end - fp->_IO_buf_base);
}

#elif defined(__SNBF)

int
is_unbuffered(FILE *fp)
{
    return(fp->_flags & __SNBF);
}

int
is_linebuffered(FILE *fp)
{
    return(fp->_flags & __SLBF);
}

int
buffer_size(FILE *fp)
{
```

```
    return(fp->_bf._size);
}

#elif defined(_IONBF)

#ifdef _LP64
#define _flag __pad[4]
#define _ptr __pad[1]
#define _base __pad[2]
#endif

int
is_unbuffered(FILE *fp)
{
    return(fp->_flag & _IONBF);
}

int
is_linebuffered(FILE *fp)
{
    return(fp->_flag & _IOLBF);
}

int
buffer_size(FILE *fp)
{
#ifdef _LP64
    return(fp->_base - fp->_ptr);
#else
return(BUFSIZ); /* 仅为猜测 */
#endif
}

#else

#error unknown stdio implementation!

#endif
```

图 5.11 为不同的标准 I/O 流打印缓冲状态信息

注意，在打印缓冲状态信息之前，先对每个流执行 I/O 操作，因为第一个 I/O 操作通常就触发为这个流分配一个缓冲区。本例中的结构体成员和常量是由本书中使用的 4 种平台实现的标准 I/O 库定义的。注意，在不同的系统中，标准 I/O 库的实现是有差异的，本示例中的程序是不可跨系统移植的，因为程序嵌入了与特定系统实现有关的内容。

如果运行两次图 5.11 的程序，一次使三个标准流与终端相连接，另一次使三个标准流重定向到普通文件，我们可得到如下结果：

```
$ ./a.out                           stdin、stdout 和 stderr 都连接到终端
enter any character
                                    键入一个换行符
one line to standard error
stream = stdin, line buffered, buffer size = 1024
stream = stdout, line buffered, buffer size = 1024
stream = stderr, unbuffered, buffer size = 1
stream = /etc/passwd, fully buffered, buffer size = 4096
$ ./a.out < /etc/group > std.out 2> std.err
                                    三个流重新定向，再次运行这个程序
$ cat std.err
one line to standard error
$ cat std.out
enter any character
stream = stdin, fully buffered, buffer size = 4096
stream = stdout, fully buffered, buffer size = 4096
stream = stderr, unbuffered, buffer size = 1
stream = /etc/passwd, fully buffered, buffer size = 4096
```

可以看出，该系统的默认行为是：当标准输入、输出连接至终端时，它们是行缓冲的。其行缓冲的长度是 1024 字节。注意，这并没有将我们输入、输出的行的长度限制为 1024 字节，只是缓冲区的长度限制。如果要将 2048 字节的行写到标准输出，就需要做两次 write 系统调用。当将这两个流重新定向到普通文件时，它们就变成是全缓冲的，其缓冲区长度是该文件系统优先选用的 I/O 长度——从 stat 结构中获取的 st_blksize 值。我们也可以看出，标准错误正如预期的那样，是不带缓冲的，而普通文件按系统默认是全缓冲的。

5.13 临时文件

ISO C 标准定义的标准 I/O 库中提供了两个函数来创建临时文件。

```
#include <stdio.h>
char *tmpnam(char *ptr);
                                    返回值：指向唯一的路径名的指针
FILE *tmpfile(void);
                    返回值：若成功，则返回文件指针；若出错，则返回 NULL
```

tmpnam 函数生成一个字符串，该字符串是有效的路径名，并且与任何现有文件的名称都不重复。该函数每次调用时都会生成不同的路径名，最多 TMP_MAX 次。TMP_MAX 在 <stdio.h> 中定义。

尽管 ISO C 定义了 TMP_MAX，但 C 标准仅要求其值至少为 25。然而 Single UNIX Specification 要求符合 XSI 的系统的值至少要 10,000。尽管 UNIX 系统上的大多数实现都使用字母表示的数字字符，但此最小值允许实现使用 4 位数字(0000–9999)作为临时文

件名。

tmpnam 函数在 SUSv4 中被标记为弃用，但 ISO C 标准仍然支持它。

如果 *ptr* 值为 NULL，生成的路径名就存储在静态区域中，并返回指向该区域的指针作为函数的值。对 tmpnam 函数的后续调用可以覆盖此静态区域。（因此，如果我们多次调用此函数并且想要保存路径名，就必须保存路径名的副本，而不是保存指针的副本。）如果 *ptr* 的值不为 NULL，就认为它指向至少包含 L_tmpnam 个字符的数组。（常量 L_tmpnam 在头文件 <stdio.h> 中定义。）生成的路径名存储在该数组中，并且 *ptr* 作为函数值返回。

tmpfile 函数创建一个临时二进制文件（类型 wb+），该文件在关闭或程序终止时会自动删除。在 UNIX 系统下，对二进制文件不做特殊区分。

示例

图 5.12 中的程序演示了这两个函数的使用方法。

```
#include "apue.h"

int
main(void)
{
    char    name[L_tmpnam], line[MAXLINE];
    FILE    *fp;

    printf("%s\n", tmpnam(NULL));        /* 第一个临时名字 */

    tmpnam(name);                        /* 第二个临时名字 */
    printf("%s\n", name);

    if ((fp = tmpfile()) == NULL)        /* 创建临时文件 */
        err_sys("tmpfile error");
    fputs("one line of output\n", fp);   /* 写入临时文件 */
    rewind(fp);                          /* 然后读取它 */
    if (fgets(line, sizeof(line), fp) == NULL)
        err_sys("fgets error");
    fputs(line, stdout);                 /* 打印我们写入的行 */

    exit(0);
}
```

图 5.12 tmpnam 函数和 tmpfile 函数示例

执行图 5.12 中的程序，我们得到：

```
$ ./a.out
/tmp/fileT0Hsu6
/tmp/filekmAsYQ
one line of output
```

tmpfile 函数经常使用的标准技术是通过调用 tmpnam 创建唯一的路径名，然后创建文件，并立即用 unlink 函数作用它。回想一下 4.15 节，解除文件链接不会删除文件内容，直到文件关闭时候才删除文件内容。这样，只有显式关闭文件或程序终止时，文件的内容才将被删除。

Single UNIX Specification 定义了两个额外的函数用于处理临时文件：mkdtemp 和 mkstemp，它们是 XSI 扩展的一部分。

旧版本的 Single UNIX Specification 将 tempnam 函数定义为在调用者指定的位置创建临时文件。它在 SUSv4 中被标记为弃用。

```
#include <stdlib.h>

char *mkdtemp(char *template);
                        返回值：若成功，则返回指向目录名的指针；若出错，则返回 NULL
int mkstemp(char *template);
                        返回值：若成功，则返回文件描述符；若出错，则返回-1
```

mkdtemp 函数创建具有唯一名字的目录，mkstemp 函数创建具有唯一名字的普通文件。使用 *template* 字符串选择名称。该字符串是一个路径名，其最后 6 个字符设置为 XXXXXX。该函数用不同的字符替换这些占位符以创建唯一的路径名。如果成功，这些函数就会修改 *template* 字符串以反映临时文件的名称。

mkdtemp 创建的目录是使用如下访问权限位设置创建的：S_IRUSR | S_IWUSR | S_IXUSR。请注意，调用进程的文件模式创建掩码可以进一步限制这些权限。如果目录创建成功，那么 mkdtemp 将返回新创建目录的名称。

mkstemp 函数创建一个具有唯一名称的普通文件并将其打开。mkstemp 返回的文件描述符已打开以方便读取和写入。mkstemp 创建的文件是使用访问权限 S_IRUSR | 创建的 S_IWUSR。

与 tmpfile 不同，mkstemp 创建的临时文件不会自动为我们删除。如果想从文件系统命名空间中删除它，就需要对它解除链接。

使用 tmpnam 和 tempnam 至少有一个缺点：返回唯一路径名的时间与应用程序创建具有该名称的文件的时间之间存在一个时间窗口。在窗口期间，另一个进程可以创建同名的文件。所以应该使用 tmpfile 和 mkstemp 函数来代替，因为它们不会存在这个问题。

示例

图 5.13 中的程序显示了如何正确使用（不用）mkstemp 函数。

```
#include "apue.h"
#include <errno.h>

void make_temp(char *template);

int
main()
{
    char    good_template[] = "/tmp/dirXXXXXX"; /* 正确的方式 */
    char    *bad_template = "/tmp/dirXXXXXX";   /* 错误的方式 */

    printf("trying to create first temp file...\n");
    make_temp(good_template);
    printf("trying to create second temp file...\n");
    make_temp(bad_template);
    exit(0);
}

void
make_temp(char *template)
{
    int         fd;
    struct stat sbuf;

    if ((fd = mkstemp(template)) < 0)
        err_sys("can't create temp file");
    printf("temp name = %s\n", template);
    close(fd);
    if (stat(template, &sbuf) < 0) {
        if (errno == ENOENT)
            printf("file doesn't exist\n");
        else
            err_sys("stat failed");
    } else {
        printf("file exists\n");
        unlink(template);
    }
}
```

图 5.13 mkstemp 函数示例

如果我们运行图 5.13 中的程序，我们得到：

```
$ ./a.out
尝试创建第一个临时文件……
temp name = /tmp/dirUmBT7h
file exists
尝试创建第二个临时文件……
Segmentation fault
```

两个模板字符串不同的声明方式导致不同的运行结果。对于第一个模板，名称是在堆栈上分配的，因为我们使用了数组变量。然而，对于第二个，我们使用了指针。在这种情况下，只有指针本身的内存驻留在堆栈上。编译器将字符串存储在可执行文件的只读段中。当 mkstemp 函数尝试修改字符串时，会发生段错误。

5.14 内存流

正如我们所看到的，标准 I/O 库在内存中缓冲数据，因此每次一个字符 I/O 和每次一行 I/O 等操作更加高效。我们还可以通过调用 setbuf 或 setvbuf 来提供自己的缓冲区供库使用。在 SUSv4 中，Single UNIX Specification 增加了对内存流的支持。这些是标准的 I/O 流，虽然仍然使用 FILE 指针进行访问，但没有底层文件。所有 I/O 都是通过在主内存中的缓冲区之间传输字节来完成的。正如我们将看到的，尽管这些流看起来像文件流，但有几个功能使它们更适合操作字符串。

有三个函数可用于创建内存流，第一个是 fmemopen。

```
#include <stdio.h>

FILE *fmemopen(void *restrict buf, size_t size,
               const char *restrict type);
```

返回值：若成功，则返回流指针；若出错，则返回 NULL

fmemopen 函数允许调用者提供一个用于内存流的缓冲区：*buf* 参数指向缓冲区的开头，*size* 参数指定缓冲区的大小（以字节为单位）。如果 *buf* 参数为 null，fmemopen 函数就分配 *size* 字节大小的缓冲区。在这种情况下，当流关闭时缓冲区将被释放。

type 参数控制如何使用流。图 5.14 总结了 *type* 的可能取值。

转换类型	说　明
r 或 rb	为读打开
w 或 wb	为写打开
a 或 ab	追加；为在第一个 null 字节处写入打开
r+ 或 r+b 或 rb+	为读和写打开
w+ 或 w+b 或 wb+	截断为 0 的长度，为读和写打开
a+ 或 a+b 或 ab+	追加；为在第一个 null 字节处读和写打开

图 5.14　打开内存流的 *type* 参数说明

请注意，这些取值对应于基于文件的标准 I/O 流的 *type* 参数的取值，但有一些细微的差异。首先，每当打开内存流进行追加时，当前文件位置都会设置为缓冲区中的第一个 null 字节。如果缓冲区不包含 null 字节，当前位置就设置为缓冲区末尾之后的字节。当流不是为了进行追加写而打开时，当前位置将设置为缓冲区的开头。因为追加模式通过第一个 null 字节确定数据的结尾，所以内存流不适合存储二进制数据（可能在数据结尾之前包含 null 字节）。

其次，如果 *buf* 参数是空指针，那么打开流仅用于读/写是没有意义的。因为在这种情况下缓冲区是由 fmemopen 分配的，所以无法找到缓冲区的地址，因此仅打开流进行写入意味着我们永远无法读取我们写入的内容。类似地，打开流仅用于读取意味着我们只能读取缓冲区的内容，而永远无法写入缓冲区的内容。

最后，每当我们增加流缓冲区中的数据量并调用函数 fclose、fflush、fseek、fseeko 或 fsetpos 时，就会在流的当前位置中写入占一字节的空数据。

示例

了解如何在我们提供的缓冲区上写入内存流是很有启发的。图 5.15 显示了一个示例程序，该程序使用已知模式为缓冲区填充，以查看写入流的行为。

```
#include "apue.h"

#define BSZ 48

int
main()
{
    FILE *fp;
    char buf[BSZ];

    memset(buf, 'a', BSZ-2);
    buf[BSZ-2] = '\0';
    buf[BSZ-1] = 'X';
    if ((fp = fmemopen(buf, BSZ, "w+")) == NULL)
        err_sys("fmemopen failed");
    printf("initial buffer contents: %s\n", buf);
    fprintf(fp, "hello, world");
    printf("before flush: %s\n", buf);
    fflush(fp);
    printf("after fflush: %s\n", buf);
    printf("len of string in buf = %ld\n", (long)strlen(buf));

    memset(buf, 'b', BSZ-2);
    buf[BSZ-2] = '\0';
    buf[BSZ-1] = 'X';
    fprintf(fp, "hello, world");
    fseek(fp, 0, SEEK_SET);
    printf("after fseek: %s\n", buf);
    printf("len of string in buf = %ld\n", (long)strlen(buf));
    memset(buf, 'c', BSZ-2);
    buf[BSZ-2] = '\0';
    buf[BSZ-1] = 'X';
    fprintf(fp, "hello, world");
    fclose(fp);
```

```
    printf("after fclose: %s\n", buf);
    printf("len of string in buf = %ld\n", (long)strlen(buf));

    return(0);
}
```

图 5.15 观察内存流写入行为

当我们在 Linux 上运行该程序时，我们得到以下结果：

```
$ ./a.out
                                  用 a 字符覆盖缓冲区
initial buffer contents:          fmemopen 在缓冲区开始处放入一个 null 字节
before flush                      流冲洗前缓冲区不会变化
after fflush: hello, world
len of string in buf = 12         在字符串末尾放入一个 null 字
                                  现在用 b 字符覆盖缓冲区
after fseek: bbbbbbbbbbbbhello, world          fseek 触发缓冲区冲洗
len of string in buf = 24         再次追加 null 字节
                                  现在用 c 字符覆盖缓冲区
after fclose: hello, worldcccccccccccccccccccccccccccccccccc
len of string in buf = 46         没有追加写 null 字节
```

此示例显示冲洗内存流和追加 null 字节的策略。每当我们写入内存流并推进流的内容大小（相对于缓冲区来说，这个大小是固定的）概念时，都会自动附加一个 null 字节。流内容的大小取决于我们写入的内容量。

在本书涵盖的 4 个平台中，只有 Linux 3.2.0 提供对内存流的支持。这是实现尚未跟上最新标准的情况，相信这个情况会随着时间的推移而改变。

另外两个可用于创建内存流的函数是 open_memstream 和 open_memstream。

```
#include <stdio.h>

FILE *open_memstream(char **bufp, size_t *sizep);

#include <wchar.h>

FILE *open_wmemstream(wchar_t **bufp, size_t *sizep);
```

两个函数的返回值：若成功，则返回流指针；若出错，则返回 NULL

open_memstream 函数创建一个面向字节的流，而 open_wmemstream 函数创建一个面向宽字节的流（回想一下 5.2 节中对宽字节字符的讨论）。这两个函数与 fmemopen 有几个不同之处：

- 创建的流仅可用于写打开。
- 无法指定自己的缓冲区，但可以分别通过 *bufp* 和 *sizep* 参数访问缓冲区的地址和大小。
- 关闭流后我们需要自行释放缓冲区。

- 当我们对流中添加字节时，缓冲区的大小将增加。

然而，关于缓冲区地址及其长度的使用，我们必须遵循一些规则。首先，缓冲区地址和长度仅在调用 fclose 或 fflush 后才有效。其次，这些值仅在下次写入流或调用 fclose 之前有效。由于缓冲区可能会增长，因此可能需要重新分配。如果发生这种情况，那么我们会发现下次调用 fclose 或 fflush 时缓冲区的内存地址的值会改变。

内存流非常适合创建字符串，因为它们可以防止缓冲区溢出。对于把标准 I/O 流作为参数用于临时文件的函数来说，性能会有较大提升，因为内存流仅访问主内存而不是存储在磁盘上的文件。

5.15 标准 I/O 的替代软件

标准 I/O 库并不完美。Korn 和 Vo（1991）列出了许多缺陷——一些缺陷存在于基本设计中，但大多数缺陷存在于各种实现中。

标准 I/O 库的低效率是其中一个不足之处，与其数据复制量有关。当我们使用每次一行函数 fgets 和 fputs 时，数据通常被复制两次：一次在内核中和标准 I/O 缓冲区之间（当发生相应的读/写时），另一次在标准 I/O 缓冲区之间。Fast I/O 库（AT&T 1990a 中的 fio(3)）通过让读取行的函数返回指向该行的指针而不是将该行复制到另一个缓冲区中来解决此问题。Hume [1988] 报告称，只通过进行此项改进，grep(1) 实用程序版本的速度就提高了 3 倍。

Korn 和 Vo（1991）描述了标准 I/O 库的另一种替代品：*sfio*。该包的速度与 *fio* 库相似，通常比标准 I/O 库更快。*sfio* 包还提供了一些大多数其他包中没有的新功能：用 I/O 流通用化代表文件和内存区域，可在 I/O 流上写入和堆栈更改流操作的处理模块，从而有了更好的异常处理机制。

Krieger、Stumm 和 Unrau（1992）描述了另一种使用映射文件的替代方法——我们在 14.8 节中描述的 mmap 函数。这个新包称为 ASI，即分配流接口。编程接口类似于 UNIX 系统内存分配函数（malloc、realloc 和 free，如 7.8 节所述）。与 *sfio* 包一样，ASI 尝试通过使用指针来最小化数据的复制量。

标准 I/O 库的多种实现可在 C 库中使用，这些库是为内存占用较小的系统（例如嵌入式系统）设计的。这些实现强调适度的内存需求，而不是可移植性、速度或功能。两种这样的实现是 uClibc C 库和 Newlib C 库。

5.16 小结

大多数 UNIX 应用程序都使用标准 I/O 库。在本章中，我们介绍了该库提供的许多功能，以及一些实现细节和效率的注意事项。请注意其使用的缓冲技术，因为这是产生最多问题和混淆的地方。

习题

5.1 请使用 setvbuf 实现 setbuf。

5.2 键入图 5.5 中的每次一行 I/O（fgets 和 fputs）复制文件的程序，但使用 MAXLINE 为 4。如果复制超过此长度的行，会发生什么情况？解释发生了什么。

5.3 printf 返回值 0 是什么意思？

5.4 以下代码在某些系统上可以正常运行，但在其他系统上则不能。可能是什么问题呢？

```
#include    <stdio.h>

int
main(void)
{
    char    c;

    while ((c = getchar()) != EOF)
        putchar(c);
}
```

5.5 如何将 fsync 函数（3.13 节）与标准 I/O 流一起使用？

5.6 在图 1.7 和图 1.10 的程序中，打印的提示没有包含换行符，并且我们没有调用 fflush。那么是什么原因导致输出提示呢？

5.7 基于 BSD 的系统提供了一个名为 funopen 的函数，它允许我们拦截流上的读、写、查找及关闭一个流的调用。使用此函数为 FreeBSD 和 Mac OS X 实现 fmemopen。

6 系统数据文件和信息

6.1 序言

UNIX 系统的正常运行需要大量的数据文件：口令文件/etc/passwd 和组文件/etc/group 就是各种程序频繁使用的两个文件。例如，每当用户登录 UNIX 系统及每当执行 ls -l 命令时，都会用到口令文件。

从历史上看，这些数据文件都是 ASCII 文本文件，并使用标准 I/O 库进行读取。但对于大型系统来说，顺序扫描口令文件会变得非常耗时。我们希望能够以 ASCII 文本以外的格式来存储这些数据文件，但仍然为应用程序提供可以处理任何文件格式的接口。本章的主题就是这些数据文件的可移植接口。此外，还将介绍系统识别函数及时间和日期函数。

6.2 口令文件

UNIX 系统的口令文件（POSIX.1 称之为用户数据库），包含如图 6.1 所示的字段。这些字段包含在 <pwd.h> 中定义的 passwd 结构体中。

请注意，POSIX.1 仅规定了 passwd 结构体中 10 个字段中的 5 个。大多数平台至少支持其中 7 个字段。而 BSD 衍生的平台支持以下全部 10 个字段。

说　明	passwd 结构体成员	POSIX.1	FreeBSD 8.0	Linux 3.2.0	Mac OS X 10.6.8	Solaris 10
用户名	char *pw_name	•	•	•	•	•
加密口令	char *pw_passwd		•	•	•	•
数字用户 ID	uid_t pw_uid	•	•	•	•	•
数字组 ID	gid_t pw_gid	•	•	•	•	•
注释字段（译者注：用户信息）	char *pw_gecos		•	•	•	•
初始工作目录	char *pw_dir	•	•	•	•	•
初始 shell（用户程序）	char *pw_shell	•	•	•	•	•
用户访问类（译者注：即登录类）	char *pw_class		•		•	
下次更改口令时间	time_t pw_change		•		•	
账户到期时间	time_t pw_expire		•		•	

图 6.1　/etc/passwd 文件中的字段

历史上，口令文件一直是/etc/passwd，并且一直是 ASCII 文件。每行均包含如图 6-1 所示的字段，且各字段以冒号分隔。例如，Linux 上的/etc/passwd 文件中的 4 行可以是：

```
root:x:0:0:root:/root:/bin/bash
squid:x:23:23::/var/spool/squid:/dev/null
nobody:x:65534:65534:Nobody:/home:/bin/sh
sar:x:205:105:Stephen Rago:/home/sar:/bin/bash
```

关于这些条目，请注意以下几点：

- 通常有一个用户名为 root 的条目。该条目的用户 ID 为 0（超级用户）。
- 加密口令字段包含一个单独的字符作为占位符（译者注："x"）。在旧版本的 UNIX 系统中，该字段被用于存储加密口令。由于将加密口令存储在每个人都可读的文件中存在安全漏洞，因此加密口令现在被保存在其他位置。在下一节讨论口令时，将更详细地讨论这个问题。
- 口令文件条目中的某些字段可以为空。如果加密口令字段为空，通常意味着该用户没有口令（不建议这样做）。squid 的条目有一个空白字段：注释字段。空的注释字段无效。
- shell 字段包含作为用户登录 shell 的可执行程序的名称。若 shell 字段为空，则默认值通常为/bin/sh。但是，请注意，squid 的条目以/dev/null 作为登录 shell。显然，这是一个设备，不能被执行，所以这里使用它是为了防止任何人以用户 squid 的身份登录到我们的系统。

许多服务的守护进程（第 13 章）都有单独的用户 ID，以帮助其实现该服务。该 squid 用于实现 squid 代理缓存服务的进程。

- 除了使用/dev/null，还有若干种方法也可以阻止特定用户登录到系统。例如，/bin/false 通常被用作登录 shell。它只是以不成功（非零）的状态退出，而 shell 会将其退出状态评估为假。/bin/true 也经常用于禁用账户，但它是以成功（零）的状态退出。某些系统提供了 nologin 命令，该命令打印可自定义的错误消息，并以非零退出状态退出。
- nobody 用户名可用于允许用户登录系统，但其用户 ID (65534) 和组 ID (65534)并不提供任何特权。该用户 ID 和组 ID 可以访问的唯一文件是那些对外界可读或可写的文件。（此方法假定不存在被用户 ID 65534 或组 ID 65534 专门拥有的文件，而事实亦应如此。）
- 某些提供 finger(1)命令的系统支持在注释字段中添加其他信息。其中每个字段均以逗号分隔：用户姓名、办公地点、办公室电话号码及家庭电话号码等。此外，某些应用程序会将注释字段中的&号替换为登录名（大写）。假设有如下记录：

  ```
  sar:x:205:105:Steve Rago, SF 5-121, 555-1111, 555-2222:/home/sar:/bin/sh
  ```

  然后，就可以使用 finger 命令来打印有关 Steve Rago 的信息。

  ```
  $ finger -p sar
  Login: sar                        Name: Steve Rago
  Directory: /home/sar              Shell: /bin/sh
  Office:SF 5-121,555-1111          Home Phone:  555-2222
  On since Mon Jan 19 03:57 (EST)  on ttyv0 (messages off)
  No Mail.
  ```

  即使你的系统并不支持 finger 命令，这些字段仍然可以放入注释字段中。因为该字段仅是一个注释，不会被系统实用程序解释。

某些系统提供 vipw 命令以允许管理员编辑口令文件。vipw 命令将对口令文件的更改序列化，并确保任何其他相关文件与该命令所做的更改保持一致。系统也可以通过图形用户界面（GUI）提供类似的功能。

POSIX.1 定义了两个函数，用于从口令文件中获取特定条目。这两个函数允许我们根据用户的登录名或数字用户 ID 来查找对应条目。

```
#include <pwd.h>

struct passwd *getpwuid(uid_t uid);

struct passwd *getpwnam(const char *name);
```

两个函数的返回值：若成功，则为指针，否则为 NULL

ls(1)程序使用 getpwuid 函数将 i 节点中包含的数字用户 ID 映射为用户的登录名。当输入登录名时，login(1)程序则会使用 getpwnam 函数。

这两个函数都会返回一个指向由函数填充的 passwd 结构体的指针。该结构体通常是函数中的一个静态变量，因此每次调用这两个函数时，其内容都会被覆盖。

如果仅需按登录名或用户 ID 查找口令文件的条目，那么这两个 POSIX.1 函数是可以胜任的。但有些程序需要遍历整个口令文件。为此可以使用以下三个函数：getpwent、setpwent 和 endpwent。

```
#include <pwd.h>

struct passwd *getpwent(void);
                                返回值：若成功，则为指针；若失败或到文件末尾，则为 NULL
void setpwent(void);

void endpwent(void);
```

这三个函数并不属于基础 POSIX.1 标准的一部分，而是被定义为 Single UNIX Specification 中 XSI 选项的一部分。因此，所有 UNIX 系统都应该提供这些函数。

调用 getpwent 函数可用于返回口令文件中的下一个条目。与前述两个 POSIX.1 函数一样，getpwent 函数也返回一个指向它已填充的结构体的指针。每次调用该函数时，都会覆盖该结构体。如果第一次调用此函数，那么它将打开所使用的任何文件。在使用此函数时，并不隐含任何顺序，条目可以按任何顺序排列，因为某些系统可能会使用文件/etc/passwd 的哈希版本。

函数 setpwent 倒回（译者注：即将 getpwent()的读写地址指回口令文件的起始点）它所使用的文件，endpwent 函数则会关闭这些文件。在使用 getpwent 函数时，必须始终确保在使用完毕后调用 endpwent 函数来关闭这些文件。尽管 getpwent 函数足够聪明，知道何时必须打开它要使用的文件（第一次调用它时），但它永远不知道调用者何时结束。

示例

图 6.2 所示程序给出了 getpwnam 函数的一个实现。

```
#include <pwd.h>
#include <stddef.h>
#include <string.h>

struct passwd *
getpwnam(const char *name)
{
    struct passwd  *ptr;

    setpwent();
```

```
    while ((ptr = getpwent()) != NULL)
        if (strcmp(name, ptr->pw_name) == 0)
            break;      /* 找到匹配项 */
    endpwent();
    return(ptr);    /* 如果未找到匹配项，则 ptr 为 NULL */
}
```

图 6.2　getpwnam 函数

在该函数的开头调用 setpwent 函数是为了自我防御：需确保文件被倒回，以防止调用者已经通过调用 getpwent 打开了文件。完成后，则需要调用 endpwent 函数，因为 getpwnam 和 getpwuid 两个函数结束后都不应该让任何文件处于打开状态。

6.3　阴影口令

加密口令是经过单向加密算法处理过的用户口令的副本。由于此算法是单向的，因此无法从加密的版本中猜测出原始口令。

从历史上看，所使用的算法总是从 64 个字符集 [a-zA-Z0-9./] 中生成 13 个可打印字符，参见 Morris 和 Thompson（1979）。某些较新的系统则使用替代算法（如 MD5 或 SHA-1）来生成更长的加密口令字符串。（用于存储加密口令的字符越多，字符的组合就越多，进而通过尝试所有可能的变化来猜测口令就越困难）。当在加密的口令字段中放置单个字符时，可以确保加密的口令永远不会与此值匹配。

给定一个加密的口令，无法使用算法对其求逆并返回明文口令（明文口令是在 password:提示符处输入的口令）。但是可以猜测一个口令，并将其通过单向算法运算，然后将运算结果与加密口令进行比较。如果用户口令是随机选择的，那么这种暴力破解方法就不会太成功。然而，用户一般更倾向于选择非随机口令，如配偶的姓名、街道名或宠物名等。一个常见的实验是让某人获得口令文件的副本，并尝试猜测口令。（Garfinkel 等人（2003）的第 4 章中包含 UNIX 系统的口令及使用的口令加密方案的更多详细信息和历史记录。）

为了增加获得原始材料（加密口令）的难度，系统现在将加密的口令存储在另一个通常被称为影子口令（*shadow password*）的文件中，该文件至少必须包含用户名和加密口令。与口令有关的其他信息也可存储在此处（见图 6.3）。

仅有的两个必填字段是用户的登录名和加密口令。其他字段则控制口令更改的频率（也即所谓的“口令老化”）及允许账户保持激活状态的时间。

说　明	spwd 结构体成员
用户登录名	char *sp_namp
加密口令	char *sp_pwdp
最近更改密码的日期（自 1970 年 1 月 1 日起的天数）	int sp_lstchg
允许更改口令的天数	int sp_min
必须更改口令的天数	int sp_max
过期之前提前警告的天数	int sp_warn
账户从过期到不活跃的天数	int sp_inact
账户过期前剩余天数（自 1970 年 1 月 1 日起的天数）	int sp_expire
预留字段	unsigned int sp_flag

图 6.3　/etc/shadow 文件中的字段

阴影口令文件不应该被所有用户所读取。只有少数几个程序需要访问加密的口令，例如 login(1) 和 passwd(1)，并且这些程序通常设置用户 ID 为 root。借助阴影口令，常规口令文件/etc/passwd 就可允许所有用户读取了。

```
#include <shadow.h>

struct spwd *getspnam(const char *name);

struct spwd *getspent(void);
                                两个函数的返回值：若成功则为指针，否则为 NULL
void setspent(void);

void endspent(void);
```

在 FreeBSD 8.0 和 Mac OS X 10.6.8 上，没有阴影口令结构体。附加账户信息存储在口令文件中（参见图 6.1）。

6.4 组文件

UNIX 系统的组文件，被 POSIX.1 称为组数据库，包含如图 6.4 所示的字段，而这些字段位于 <grp.h> 中定义的 group 结构体中。

说　　明	Group 结构体成员	POSIX.1	FreeBSD 8.0	Linux 3.2.0	Mac OS X 10.6.8	Solaris 10
组名称	char *gr_name	•	•	•	•	•
加密口令	char *gr_passwd		•	•	•	•
数字组 ID	int gr_gid	•	•	•	•	•
指向各用户名的指针数组	char **gr_mem	•	•	•	•	•

图 6.4　/etc/group 文件中的字段

gr_mem 字段是一个指针数组，而数组的每个成员都指向属于该组的用户名。该数组以一个空指针（NULL）结束。

可以使用下面两个由 POSIX.1 定义的函数来查找组名或数字组 ID 所对应的组。

```
#include <grp.h>

struct group *getgrgid(gid_t gid);

struct group *getgrnam(const char *name);
                                两个函数的返回值：若成功则为指针，否则为 NULL
```

与口令文件的操作函数类似，这两个函数通常也会返回一个指向静态变量的指针，而该变量在每次函数调用时都会被覆盖。

如果想要搜索整个组文件，则需要一些额外的函数。以下三个函数类似于口令文件的对应的函数。

```
#include <grp.h>

struct group *getgrent(void);
                    返回值:若成功，则为指针；若失败或到达文件尾部，则为 NULL
void setgrent(void);

void endgrent(void);
```

这三个函数并不属于基础 POSIX.1 标准的一部分，而是被定义为 Single UNIX Specification 中 XSI 选项的一部分。因此，所有 UNIX 系统都应该提供这些函数。

setgrent 函数会打开组文件（如果尚未打开），并将其倒回。getgrent 函数会从组文件中读取下一个条目，若组文件尚未打开，则首先打开它。endgrent 函数则用于关闭组文件。

6.5 补充组 ID

随着时间的推移，UNIX 系统中组的使用也发生了变化。在 V7 中，每个用户在任何时间点都只属于一个组。当用户登录时，用户会被分配一个与口令文件条目中的数字组 ID 相对应的真实组 ID。当然，也可以随时通过执行 newgrp(1)来更改它。如果 newgrp 命令执行成功（有关权限规则，请参阅手册页），则用户的真实组 ID 将被更改为新的组 ID，并且该值将用于后续所有的文件访问权限检查。如果不带任何参数执行 newgrp，则会恢复为原始组。

这种形式的组成员关系一直沿用下来，直到在 4.2BSD 系统（大约 1983 年）中发生了变化。在 4.2BSD 中，引入了补充组 ID 的概念。用户不仅隶属于与口令文件条目中的组 ID 相对应的组，而且还可以同时属于多达 16 个附加组。同时，对文件访问权限检查也进行了修改，除了将文件的组 ID 与进程的有效组 ID 进行比较，还将其与所有补充组 ID 进行比较。

> 补充组 ID 是 POSIX.1 的必备特性。（在 POSIX.1 的旧版本中，该特性是可选的）常量 NGROUPS_MAX（见图 2.11）指定了补充组 ID 的数量，其常用值为 16（见图 2.15）。

使用补充组 ID 的好处在于不再需要显式地更改组。同时属于多个组（即参与多个项目）的情况并不罕见。

为了获取和设置补充组 ID，提供了以下三个函数。

```
#include <unistd.h>

int getgroups(int gidsetsize, gid_t grouplist[]);
                         返回值：若成功，则为补充组 ID 的数量；若失败，则为-1
#include <grp.h>     /* Linux */
#include <unistd.h> /* FreeBSD, Mac OS X 及 Solaris */

int setgroups(int ngroups, const gid_t grouplist[]);

#include <grp.h>     /* Linux 和 Solaris */
#include <unistd.h> /* FreeBSD 和 Mac OS X */

int initgroups(const char *username, gid_t basegid);
                         两个函数的返回值：若成功，则为 0；若出错，则为-1
```

> 在这三个函数中，只有 getgroups 是 POSIX.1 明确规定的。由于 setgroup 和 initgroup 是特权操作，因此它们并不属于 POSIX.1 的范畴。本书所涉及的 4 个平台都支持这三个函数，但在 Mac OS X 10.6.8 上，basegid 被声明为 int 类型。

getgroups 函数将调用进程的各个补充组 ID 来填入 *grouplist* 数组。该数组最多可存储 *gidsetsize* 个元素。该函数将返回数组中实际存储的补充组 ID 的数量。

作为一种特例，如果 *gidsetsize* 为 0，则该函数仅返回补充组 ID 的数量，而并不会修改数

组 *grouplist*。[这允许调用者确定要分配的组列表数组的长度。(译者注：为下次调用准备好 *gidsetsize* 的值)]

超级用户可以调用 setgroup 函数来为调用进程设置补充组 ID 列表：*grouplist* 包含组 ID 数组，而 *ngroups* 则指定了数组中元素的数量。*ngroups* 的值不能大于 NGROUPS_MAX。

setgroups 函数通常被 initgroups 函数调用。initgroups 函数会读取整个组文件（使用前面介绍过的 getgrent、setgrent 和 endgrent 三个函数），并确定 username 的组成员关系。然后，它调用 setgroups 来初始化用户的补充组 ID 列表。由于它需要调用 setgroups，因此必须是超级用户才能调用 initgroups。除了在组文件中查找 *username* 所属的所有组，initgroups 还会在补充组 ID 列表中包含 *basegid*。*basegid* 是 *username* 在口令文件中的组 ID。

只有少数几个程序会调用 initgroups 函数。例如，login(1)程序会在用户登录时调用它。

6.6 各个实现的差异

前文已经讨论了 Linux 和 Solaris 支持的阴影口令文件。而 FreeBSD 和 Mac OS X 存储加密口令的方式有所不同。图 6.5 总结了本书涉及的 4 个平台是如何存储用户和组信息的。

信　息	FreeBSD 8.0	Linux 3.2.0	Mac OS X 10.6.8	Solaris 10
账户信息	/etc/passwd	/etc/passwd	目录服务	/etc/passwd
加密口令	/etc/master.passwd	/etc/shadow	目录服务	/etc/shadow
是否是哈希口令文件	是	否	否	否
组信息	/etc/group	/etc/group	目录服务	/etc/group

图 6.5　账户实现的差异

在 FreeBSD 系统中，阴影口令文件是/etc/master.passwd。如果使用特殊命令对其进行编辑，则可以从阴影口令文件生成/etc/passwd 的副本。此外，还会生成文件的哈希版本。/etc/pwd.db 是/etc/passwd 的哈希版本，而/etc/spwd.db 是/etc/master.passwd 的哈希版本。它们为大型系统提供了更好的性能。

然而，在 Mac OS X 系统中，仅在单用户模式（当系统进行维护时，单用户模式通常意味着未启用任何系统服务）下使用/etc/passwd 和 /etc/master.passwd。在多用户模式下（正常运行期间），目录服务守护进程可为用户和组提供对账户信息的访问。

尽管 Linux 和 Solaris 支持类似的阴影口令接口，但它们之间仍然存在一些细微的差别。例如，图 6.3 中所示的整型字段在 Solaris 系统上被定义为 int 类型，而在 Linux 系统中被定义为 long int。另一个区别是 account-inactive 字段：Solaris 系统将其定义为自用户上次登录系统到账户将被自动禁用的天数，Linux 则将其定义为达到最大密码老化周期后，口令仍可被接收的剩余天数。

在许多系统中，用户和组数据库是使用网络信息服务（Network Information Service，NIS）来实现的。这允许管理员编辑数据库的主副本，并将它们自动分发到组织中的所有服务器上。客户端系统联系服务器来查找有关用户和组的信息。NIS+和轻量级目录访问协议（Lightweight Directory Access Protocol，LDAP）提供了类似的功能。许多系统通过 /etc/nsswitch.conf 配置文件来控制管理每种类型信息的方法。

6.7 其他数据文件

到目前为止，只讨论了系统的两个数据文件：口令文件和组文件。UNIX 系统在日常运行中还会用到许多其他的文件。例如，BSD 网络软件有一个数据文件用于记录各种网络服务器提供的服务（/etc/services），一个用于记录协议信息（/etc/protocols），还有一个用于记录网络信息（/etc/networks）。幸运的是，这些不同文件的接口与前文已经介绍过的口令和组文件的接口类似。

一般原则是每个数据文件至少有三个函数：

1. get 函数，用于读取下一条记录，必要时打开文件。这些函数通常会返回一个指向结构体的指针。当到达文件末尾时，则返回一个空指针。大多数 get 函数都会返回一个指向静态结构体的指针，因此如果希望保存该结构体，则必须复制它。
2. set 函数，用于打开文件（如果尚未打开）和倒回文件。当需要从文件的开头重新开始时，就会使用此函数。
3. end 函数，用于关闭数据文件。正如前面提到的那样，当完成对数据文件的操作后，总是要调用此函数来关闭对应文件。

此外，如果数据文件支持某种形式的键值查找，则提供例程来搜索具有特定键值的记录。例如，为口令文件提供了两个键值查找例程：getpwnam 用于查找具有特定用户名的记录，getpwuid 则用于查找具有特定用户 ID 的记录。

图 6.6 列出了 UNIX 系统中常见的一些例程。该图列出了本章前面讨论过的口令文件和组文件的函数，以及一些网络相关的函数。图中所有数据文件都有对应的 get、set 和 end 函数。

> 在 Solaris 中，图 6.6 中的最后 4 个数据文件是指向目录/etc/inet 中同名文件的符号链接。大多数 UNIX 系统实现都有与此类似的附加函数，但这些附加函数倾向于处理系统管理文件，并且特定于每个实现。

说　明	数据文件	头文件	结构体	附加的关键查询函数
口令	/etc/passwd	<pwd.h>	passwd	getpwnam, getpwuid
组	/etc/group	<grp.h>	group	getgrnam, getgrgid
阴影	/etc/shadow	<shadow.h>	spwd	getspnam
主机	/etc/hosts	<netdb.h>	hostent	getnameinfo, getaddrinfo
网络	/etc/networks	<netdb.h>	netent	getnetbyname, getnetbyaddr
协议	/etc/protocols	<netdb.h>	protoent	getprotobyname, getprotobynumber
服务	/etc/services	<netdb.h>	servent	getservbyname, getservbyport

图 6.6　访问系统数据文件的类似例程

6.8 登录记账

大多数 UNIX 系统都提供了这两个数据文件：一个是记录当前登录的所有用户的 utmp 文件，另一个是记录所有登录和注销事件的 wtmp 文件。在 V7 中，这两个文件中都写入了同一种记录，即由以下结构体组成的二进制记录：

```
struct utmp {
  char ut_line[8]; /* tty 线路: "ttyh0", "ttyd0", "ttyp0", ... */
  char ut_name[8]; /* 登录名 */
  long ut_time;    /* 纪元以来的秒数 */
};
```

登录时，login 程序将填充其中一个结构体并将其写入 utmp 文件，并将相同的结构体追加到 wtmp 文件中。注销时，init 进程则会擦除 utmp 文件中的条目［用空字符（译者注：null 即'\0'）填充］，并在 wtmp 文件中追加一个新的条目。wtmp 文件中的此条注销条目中的 ut_name 字段已被清零。wtmp 文件中附加了一些特殊条目，以指示系统何时重新启动，以及系统的时间和日期修改前后的情况。who(1) 程序读取 utmp 文件，并以可读的形式打印其内容。UNIX 系统的更高版本提供了 last(1) 命令，该命令读取 wtmp 文件并打印选定的条目。

大多数版本的 UNIX 系统仍然提供 utmp 和 wtmp 文件，但正如预期的那样，这些文件中的信息量有所增加。在 V7 中写入的 20 字节的结构体，在 SVR2 中已经增长到 36 字节，而 SVR4 中的扩展的 utmp 结构体超过了 350 字节。

Solaris 中，这些记录的详细格式可参见 utmpx(4) 手册页。在 Solaris 10 中，这两个文件都位于/var/adm 目录中。Solaris 提供了 getutxent(3) 中描述的许多函数来读写这两个文件。

在 FreeBSD 8.0 和 Linux 3.2.0 中，utmp(5) 手册页提供了各自版本的登录记录格式。这两个文件的路径名分别为/var/run/utmp 和/var/log/wtmp。在 Mac OS X 10.6.8 中并不存在 utmp 和 wtmp 文件。从 Mac OS X 10.5 开始，wtmp 文件中的信息可以从系统日志记录工具中获取，utmpx 文件则包含当前活跃的登录会话的信息。

6.9 系统标识

POSIX.1 定义了 uname 函数，用于返回当前主机和操作系统的信息。

```
#include <sys/utsname.h>

int uname(struct utsname *name);
```
返回值：若成功，则为非负值，否则为-1

使用时，将一个 utsname 结构体的地址（译者注：即指向 utsname 结构体的指针）传递给该函数，然后由该函数进行填充。POSIX.1 仅定义了该结构体中字段的最小集。这些字段都是字符数组，且由各个实现来设置各数组的长度。某些实现在该结构体中定义了额外的字段。

```
struct utsname {
  char  sysname[];      /* 操作系统名称*/
  char  nodename[];     /* 节点名称 */
  char  release[];      /* 操作系统的当前发行版 */
  char  version[];      /* 该发行版的当前版本 */
  char  machine[];      /* 硬件类型名称 */
};
```

每个字符串都以空字符（译者注：null，即'\0'）结束。图 6.7 列出了本书讨论的 4 个平台所支持的最大名称长度（包括终止空字符）。通常可以使用 uname(1)命令打印 utsname 结构体中的信息。

POSIX.1 警告说，nodename 元素可能不足以引用通信网络上的主机。此函数来自 System V，在以前，nodename 元素足以引用 UUCP 网络上的主机。

同时，要注意到，此结构体中的信息不提供有关 POSIX.1 版本的任何信息。如 2.6 节所述，这应该使用_POSIX_VERSION 来获取。

最后，此函数仅是提供了一种获取该结构体中的信息的方法，但 POSIX.1 并没有规定如何初始化这些信息。

从历史上看，BSD 衍生系统提供的 gethostname 函数只返回主机名，该名称通常是 TCP/IP 网络中主机的名称。

```
#include <unistd.h>

int gethostname(char *name, int namelen);
                                        返回值：若成功则为 0，否则为-1
```

namelen 参数指定了 *name* 缓冲区的大小。如果提供的空间足够大，则通过 *name* 返回的字符串将以空字符结束。然而，如果提供的空间不足，则未指定字符串是否以空字符结束。

目前，POSIX.1 中定义的 `gethostname` 函数指定了最大主机名长度为 `HOST_NAME_MAX`。图 6.7 总结了本书涉及的 4 种实现支持的最大名称长度。

接　口	名称最大长度			
	FreeBSD 8.0	Linux 3.2.0	Mac OS X 10.6.8	Solaris 10
`uname`	256	65	256	257
`gethostname`	256	64	256	256

图 6.7　系统表示名称的限制

如果该主机已连接到 TCP/IP 网络，则主机名通常是该主机的完全限定域名（fully qualified domain name，FQDN）。

还有一个 `hostname(1)` 命令可以用于获取或设置主机名。（主机名由超级用户使用类似的函数 `sethostname` 来设置。）主机名通常是系统在引导时，由`/etc/rc` 或 `init` 调用的启动文件之一设置的。

6.10 时间和日期例程

UNIX 内核提供的基本时间服务计算的是自协调世界时（Coordinated Universal Time，UTC）1970 年 1 月 1 日 00:00:00 以来所经过的秒数。在 1.10 节中曾提到过，这些秒数是用 `time_t` 数据类型来表示的，可称之为日历时间。日历时间可同时代表时间和日期。UNIX 系统与其他操作系统的区别在于：（a）以协调世界时而非本地时间计时；（b）自动处理转换，如夏令时等；（c）将时间和日期保存为同一个量值。

`time` 函数返回当前的时间和日期。

```
#include <time.h>

time_t time(time_t *calptr);
                                        返回值：若成功为时间值，否则为-1
```

时间值始终作为函数的值（译者注：函数的返回值）返回。如果入参非空，则时间值也会存储在 *calptr* 所指向的内存单元。

POSIX.1 的实时扩展增加了对多个系统时钟的支持。在 SUSv4 中，用于控制这些时钟的接口已从可选组移至基础组。时钟由 `clockid_t` 类型来标识。标准值如图 6.8 所示。

标识符	选　项	说　明
CLOCK_REALTIME		系统实时时间
CLOCK_MONOTONIC	_POSIX_MONOTONIC_CLOCK	无负跳变的系统实时时间
CLOCK_PROCESS_CPUTIME_ID	_POSIX_CPUTIME	调用进程的 CPU 时间
CLOCK_THREAD_CPUTIME_ID	_POSIX_THREAD_CPUTIME	调用线程的 CPU 时间

图 6.8　时钟类型标识符

`clock_gettime` 函数用于获取指定时钟的时间。该时间以 4.2 节中介绍的 `timespec` 结构体返回，该结构体以秒和纳秒来表示时间值。

```
#include <sys/time.h>

int clock_gettime(clockid_t clock_id, struct timespec *tsp);
                                        返回值：若成功则为 0，否则为-1
```

当时钟 ID 设置为 CLOCK_REALTIME 时，`clock_gettime` 函数会提供与 `time` 函数类似的功能。区别在于，如果系统支持的话，`clock_gettime` 函数就可能能够获得更高分辨率的时间值。

可以利用 `clock_getres` 函数来确定给定系统时钟的分辨率。

```
#include <sys/time.h>

int clock_getres(clockid_t clock_id, struct timespec *tsp);
                                        返回值：若成功则为 0，否则为-1
```

`clock_getres` 函数将 *tsp* 参数指向的 `timespec` 结构体初始化为与 *clock_id* 参数相对应的时钟分辨率。例如，如果分辨率为 1 毫秒，则 `tv_sec` 字段值为 0，`tv_nsec` 字段值为 1,000,000。

要设置特定时钟的时间，可以调用 `clock_settime` 函数。

```
#include <sys/time.h>

int clock_settime(clockid_t clock_id, const struct timespec *tsp);
                                        返回值：若成功则为 0，否则为-1
```

我们需要适当的权限才能更改时钟的时间，然而，有些时钟是无法修改的。

> 从历史上看，在派生自 System V 的实现中，调用 `stime(2)` 函数来设置系统时间，而派生自 BSD 的系统则使用 `settimeofday(2)`。

SUSv4 中指出，`gettimeofday` 函数已经废弃不用。然而，许多程序仍然在使用它，因为它提供了比 time 函数更高的分辨率（高达微秒级）。

```
#include <sys/time.h>

int gettimeofday(struct timeval *restrict tp, void *restrict tzp);
```

返回值：始终为 0

tzp 的唯一合法值是 NULL，其他值则会导致未指定的行为。某些平台支持使用 *tzp* 来指定时区，但这是特定于实现的，而非由 Single UNIX Specification 定义的。

gettimeofday 函数将从纪元开始测量的当前时间存储在 *tp* 指向的内存中。该时间以 timeval 结构体表示，其中存储了秒和微秒。

一旦得到了自纪元以来的秒数的整数值，通常就会先调用一个函数将其转换为分解的时间结构体，然后调用另一个函数来生成人类可读的时间和日期。

图 6.9 给出了各种时间函数之间的关系。（图中用短横虚线表示的 localtime、mktime 和 strftime 函数都受到环境变量 TZ 的影响，本节后面将介绍该变量。点虚线展示了如何从时间相关结构体获取日历时间。）

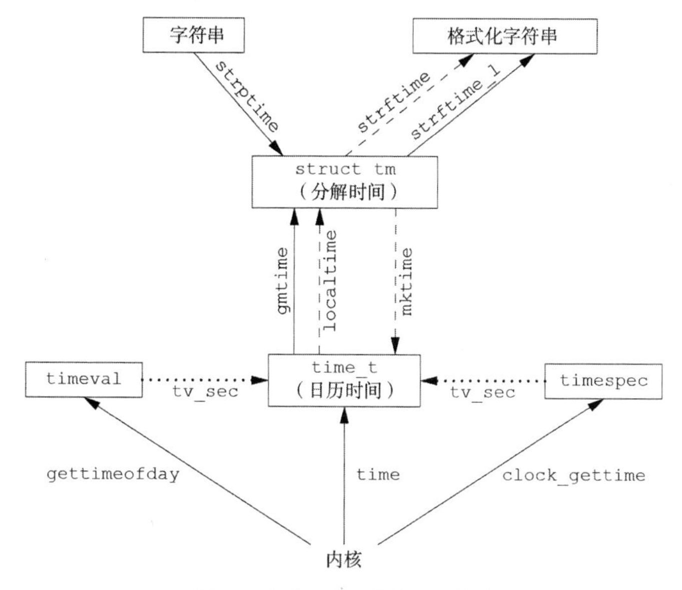

图 6.9　各种时间函数之间的关系

localtime 和 gmtime 这两个函数将日历时间转换为所谓的分解时间，即 tm 结构体。

```
struct tm {        /* 分解时间 */
  int  tm_sec;     /* 分钟后的秒数：[0 - 60] */
  int  tm_min;     /* 小时后的分钟数：[0 - 59] */
  int  tm_hour;    /* 午夜 0 时后的小时数：[0 - 23] */
  int  tm_mday;    /* 该月中的第几天：[1 - 31] */
```

```
  int   tm_mon;    /* 自1月至今以来的月数: [0 - 11] */
  int   tm_year;   /* 自1900以来的年数 */
  int   tm_wday;   /* 自周日以来的天数: [0 - 6] */
  int   tm_yday;   /* 自1月1日以来的天数: [0 - 365] */
  int   tm_isdst;  /* 夏令时标识: <0, 0, >0 */
};
```

秒数可以大于 59 的原因是考虑到了闰秒的情况。请注意，除了该月的第几天（译者注：tm_mday）字段，其他所有字段均从 0 开始。如果夏令时有效，则夏令时标识值为正。如果夏令时无效，则该值为 0。如果信息不可用，则该值为负。

> 在的旧版本的 Single UNIX Specification 中，允许使用双闰秒，因此，tm_sec 字段的值的有效范围是 0–61。而 UTC 的正式定义不允许使用双闰秒，因此其范围变为 0–60。

```
#include <time.h>

struct tm *gmtime(const time_t *calptr);

struct tm *localtime(const time_t *calptr);
```

两个函数的返回值：若成功，则为指向分解时间的结构体；若失败，则为 NULL

localtime 和 gmtime 之间的区别在于，前者将日历时间转换为本地时间，同时考虑本地时区和夏令时标识，而后者将日历时间转换为以 UTC 表示的分解时间，

mktime 函数接收一个本地时区的分解时间作为入参，将其转换为 time_t 值（译者注：作为函数返回值）。

```
#include <time.h>

time_t mktime(struct tm *tmptr);
```

两个函数的返回值：若成功，则为日历时间；若失败，则为-1

strftime 函数是一个类似于 printf 的时间值函数。它的复杂之处在于有许多参数可用于自定义它所生成的字符串。

```
#include <time.h>

size_t strftime(char *restrict buf, size_t maxsize,
                const char *restrict format,
                const struct tm *restrict tmptr);

size_t strftime_l(char *restrict buf, size_t maxsize,
                  const char *restrict format,
                  const struct tm *restrict tmptr, locale_t locale);
```

两个函数的返回值：若有空间，则为写入数组的字符数，否则为 0

两个较老的函数 asctime 和 ctime，可用于生成一个 26 字节的可打印字符串，类

似于 date(1) 命令的默认输出。不过，这些函数现在已被标记为过时，因为它们容易出现缓冲区溢出的问题。

strftime 和 strftime_l 函数基本相同，不同之处在于，strftime_l 函数允许调用者将区域设置指定为参数，strftime 函数则使用由 TZ 环境变量指定的区域。

tmptr 参数是待格式化的时间值，由指向分解时间值的指针指定。格式化后的结果存储在 *buf* 数组中，其大小为 *maxsize* 个字符。如果缓冲区足以容纳此结果（包括终止空字符），则这些函数返回 *buf* 中所存储的字符数（不含终止空字符），否则，这些函数返回 0。

format 参数控制时间值的格式。与 *printf* 函数类似，转换说明符也是以百分号后跟特殊字符的形式给出。*format* 参数中的所有其他字符都将原样复制到输出。连续两个百分号会在输出中生成一个百分号。与 printf 函数不同的是，指定的每个转换都会生成不同的固定长度的输出字符串，也即 *format* 字符串中没有字段宽度修饰符。图 6.10 列举了 37 个 ISO C 转换说明符。

格　式	说　明	示　例
%a	星期几缩写	Thu
%A	星期几全称	Thursday
%b	月份缩写	Jan
%B	月份全称	January
%c	日期及时间	Thu Jan 19 21:24:52 2012
%C	年/100：[00–99]	20
%d	该月的某一日：[01–31]	19
%D	日期 [MM/DD/YY]	01/19/12
%e	该月的某一日（单位数字前补空格）[1–31]	19
%F	ISO 8601 日期格式 [YYYY–MM–DD]	2012_01_19
%g	ISO 8601 基于周的年的最后两位数字[00–99]	12
%G	ISO 8601 基于周的年	2012
%h	同%b	Jan
%H	小时（24 小时制）：[00–23]	21
%I	小时（12 小时制）：[01–12]	09
%j	该年的某一日：[001–366]	019
%m	月：[01–12]	01
%M	分：[00–59]	24
%n	换行符	
%p	AM/PM	PM
%r	本地时间（12 小时制）	09:24:52 PM

图 6.10　strftime 函数的转换说明符

格　式	说　明	示　例
%R	同 %H:%M	21:24
%S	秒：[00–60]	52
%t	水平制表符	
%T	同%H:%M:%S	21:24:52
%u	ISO 8601 星期几 [星期一= 1, 1–7]	4
%U	以周日计算的周数：[00–53]	03
%V	ISO 8601 周数：[01–53]	03
%w	星期几：[0 = 星期日, 0–6]	4
%W	以周一计算的周数：[00–53]	03
%x	本地日期	01/19/12
%X	本地时间	21:24:52
%y	年的最后两位：[00–99]	12
%Y	年	2012
%z	与 UTC 的偏移量（ISO 8601 格式）	-0500
%Z	时区名	EST
%%	转义为百分号	%

图 6.10　strftime 函数的转换说明符（续）

该图的第三列的结果来自 Mac OS X 下 strftime 函数的输出，其所对应的时间和日期为美国东部时间 2012 年 1 月 19 日 21:24:52。

除了%U、%V 和%W，其他大多数格式说明符的含义都是不言而喻的。%U 说明符表示该日期在一年中的周数，其中包含第一个星期日的周数为第一周。%W 说明符也表示该日期在一年中的周数，但其中包含第一个星期一的周是第一周。%V 说明符则有所不同，如果包含 1 月份第一天的一周在新的一年中有四天或更多天，则将其视为第一周，否则将被视为上一年的最后一周。在这两种情况下，星期一都被视为一周中的第一天。

与 printf 一样，strftime 支持某些转换说明符的修饰符。如果语言环境支持的话，则可以使用 E 和 O 修饰符来生成另一种格式。

某些系统支持对 strftime 的 format 字符串进行额外的非标准扩展。

示例

图 6.11 展示了如何使用本章所讨论的几个时间函数。特别是，它展示了如何使用 strftime 函数来打印包含当前日期和时间的字符串。

```
#include <stdio.h>
#include <stdlib.h>
#include <time.h>
```

```
int
main(void)
{
    time_t t;
    struct tm *tmp;
    char buf1[16];
    char buf2[64];

    time(&t);
    tmp = localtime(&t);
    if (strftime(buf1, 16, "time and date: %r, %a %b %d, %Y", tmp) == 0)
        printf("buffer length 16 is too small\n");
    else
        printf("%s\n", buf1);
    if (strftime(buf2, 64, "time and date: %r, %a %b %d, %Y", tmp) == 0)
        printf("buffer length 64 is too small\n");
    else
        printf("%s\n", buf2);
    exit(0);
}
```

图 6.11　使用 strftime 函数

回顾一下图 6.9 所示的各种时间函数之间的关系。在以人类可读的格式打印时间之前，需要先获取时间并将其转换为分解的时间结构。图 6.11 中的示例输出结果如下：

```
$ ./a.out
buffer length 16 is too small
time and date: 11:12:35 PM, Thu Jan 19, 2012
```

strptime 函数是 strftime 的逆函数。它接收字符串并将其转换为分解时间。

```
#include <time.h>

char *strptime(const char *restrict buf, const char *restrict format,
               struct tm *restrict tmptr);
```

返回值：若成功，则为指向解析的最后一个字符的下一个字符的指针，否则为 NULL

format 参数描述了 *buf* 参数指向的缓冲区中字符串的格式。尽管它与 strftime 函数的规范略有不同，但二者格式规范是类似的。strptime 函数的转换说明符如图 6.12 所示。

前文曾经提及，图 6.9 中的带虚线的三个函数（localtime，mktime 和 strftime）会受 TZ 环境变量的影响。如果定义了该变量，则这些函数将使用该环境变量的值，而非使用默认时区。如果变量被定义为空字符串（如 TZ=），则通常使用 UTC 时间（译者注：不属于任何时区）。该环境变量的值通常类似于 TZ=EST5EDT，但 POSIX.1 允许更详细的说明。有关 TZ 变量的所有详细信息，请参阅 Single UNIX Specification（Open Group 2010）的环境变量相关章节。

有关 TZ 环境变量的更多信息，请参阅 tzset(3) 手册页。

格　式	说　明
%a	工作日的缩写或全称
%A	同%a
%b	月份的全称或缩写
%B	同%b
%c	日期和时间
%C	年的最后两位数字
%d	该月的某一日（01~31）
%D	日期 [MM/DD/YY]
%e	同%d
%h	同%b
%H	小时（24 小时制）：00~23
%I	小时（12 小时制）：01–12
%j	该年的某一日：001~366
%m	月：01~12
%M	分：00~59
%n	任何空白
%p	AM/PM
%r	本地时间（12 小时制，AM/PM 表示法）
%R	同%H:%M
%S	秒：00~60
%t	任何空白
%T	同%H:%M:%S
%U	以周日计算的周数：00~53
%w	星期几：0 = 星期日, 0~6
%W	以周一计算的周数：00~53
%x	本地日期
%X	本地时间
%y	年的最后两位：00~99
%Y	年
%%	转义为百分号

图 6.12　strptime 函数的转换说明符

6.11　小结

口令文件和组文件适用于所有 UNIX 系统。本章介绍了读取这些文件的各种函数。本章还讨论了阴影口令，它可以增强系统的安全性。补充组 ID 则提供了一种一个用户同时参与多个组的方法。本章还研究了大多数系统是如何提供类似的函数来访问其他与系统相关的数据文件的。本章还讨论了程序中可用于识别它们正在运行的系统的 POSIX.1 函数。最后以 ISO C 和 Single UNIX Specification 提供的时间和日期函数结束了这一章。

习题

6.1 如果系统使用了阴影文件，那么如何操作才能获取加密后的口令？

6.2 如果你拥有超级用户访问权限，并且你的系统使用了阴影口令，请执行前面的练习。

6.3 编写一个程序，调用 `uname`，并打印 `utsname` 结构体中的所有字段。之后，将该输出与 `uname(1)` 命令的输出进行比较。

6.4 计算 `time_t` 数据类型可以表示的最新时间。如果回绕（译者注：即溢出），会发生什么？

6.5 编写一个程序来获取当前时间，并使用 `strftime` 函数打印出来，使其看起来像 `date(1)` 的默认输出。将 `TZ` 环境变量设置为不同的值，看看会发生什么。

7 进程环境

7.1 引言

在介绍进程控制原语（第 8 章介绍）之前，需要先了解进程的环境。本章我们将学习进程执行时是如何调用 main 函数的，命令行参数是如何被传递给新程序的，经典的内存布局是什么样子的，如何申请额外的内存空间，进程如何使用环境变量，以及进程的多种终止方式。另外，还会学习 longjmp 和 setjmp 函数，以及它们与栈之间的交互。最后，讨论进程的资源限制。

7.2 main 函数

C 程序总是从 main 函数开始执行。main 函数的原型是：

```
int main(int argc, char *argv[]);
```

其中，*argc* 表示命令行参数的数目，而 *argv* 指向由参数的指针构成的数组。7.4 节将对命令行参数进行介绍。

当内核执行一个 C 程序时（使用在 8.10 节描述的一种 exec 函数），会在 main 函数之前调用一个启动例程。可执行文件将此启动例程作为程序的起始地址，这是由链接器设置的，而链接器又由 C 编译器触发。启动例程从内核获取命令行参数和环境变量并进行设置，然后调用 main 函数。

7.3 进程终止

有8种方式终止一个进程。其中5种方式为正常终止：

1. 从 main 函数中返回。
2. 调用 exit 函数。
3. 调用 _exit 或 _Exit 函数。
4. 从最后一个线程启动例程返回（11.5节）。
5. 从最后一个线程调用 pthread_exit 函数（11.5节）。

异常终止有三种方式：

6. 调用 abort 函数（10.17节）。
7. 接收一个信号（10.2节）。
8. 最后一个线程对取消请求做出响应（11.5节和12.7节）

在第11章和第12章讨论线程之前，我们暂不讨论专门针对线程的三种终止方式。

上一节提到的启动例程也是这样编写的：只要有 main 函数返回，exit 函数就会被调用。如果启动例程是使用C语言编写的，则 main 函数的调用形式可能是：

```
exit(main(argc, argv))
```

退出函数

有三个函数可以正常终止进程：_exit 和_Exit 函数会立即返回到内核，exit 函数则会执行特定的清理过程后再返回到内核。

```
#include <stdlib.h>

void exit(int status);

void _Exit(int status);

#include <unistd.h>

void _exit(int status);
```

8.5节会讲述这三个函数对其他进程的影响，比如对正在终止进程的父进程和子进程的影响。

使用不同头文件的原因是 exit 和_Exit 函数是由ISO C定义的，而_exit 函数是由POSIX.1定义的。

之前，exit 函数总会执行标准 I/O 库的清理关闭操作：对所有打开的流执行 fclose 函数。我们在 5.5 节讲过，这会导致所有缓冲区数据被刷新（写入文件）。

以上三个函数都带有一个整型参数，我们称它们为退出状态（*exit status*）。大多数 UNIX 系统 shell 都提供检查进程退出状态的方法。如果（a）在调用这几个函数时没有指定退出状态，（b）main 函数执行 return 操作时没有指定返回值，（c）在声明 main 函数时没有指定返回整型数类型，则进程的退出状态是未定义的。但是，若 main 函数的返回值类型是整型，并且 main 函数执行完最后一条语句返回（隐式返回），则进程的退出状态是 0。

> 这种行为是 1999 年的 ISO C 标准新引入的。在此之前，如果 main 函数执行到末尾时没有一个显式的 return 语句或者 exit 函数，则退出状态是未定义的。

从 main 函数返回一个整型值，等价于使用该值作为参数调用 exit 函数。因此 exit(0) 等价于 return(0)。

示例

图 7.1 中是一个经典的“hello, world”程序。

```
#include      <stdio.h>

main()
{
      printf("hello, world\n");
}
```

图 7.1　经典的“hello, world”程序

直接编译并运行图 7.1 中的程序，我们会看到退出代码是随机的。若在其他系统上编译这个程序，很可能会获得不同的退出代码，这依赖于 main 函数返回时栈和寄存器的内容。

```
$ gcc hello.c
$ ./a.out
hello, world
$ echo $?                    打印退出状态
13
```

现在，启用 1999 ISO C 编译器扩展，则可以看到退出代码发生了变化：

```
$ gcc -std=c99 hello.c       启用 gcc 的 1999 ISO C 编译器扩展
hello.c:4: warning: 返回类型默认为 'int'
$ ./a.out
hello, world
$ echo $?                    打印退出状态
0
```

注意，当启用了 1999 ISO C 编译器扩展时，编译器会发出警告消息。发出该警告消息的原因是：main 函数类型没有被显式地声明为整型。如果增加了这一声明，那么这个消息就不会出现。但是，如果我们打开编译器的所有警告消息（使用-Wall 标识），则可能会看到一条类似于“control reaches end of novoid function.”的警告消息。

声明 main 函数的返回类型为整型，同时使用 exit 函数而不是 return 语句返回，会导致部分编译器和 lint(1)程序发出不必要的警告消息。原因是这些编译器不清楚 main 函数中的 exit 函数等价于 return 语句。避开这种警告消息的一种方法是在 main 函数中使用 return 语句而不是 exit 函数返回。但是这样做的结果是不能使用 UNIX 系统的 grep 工具定位到程序中所有调用 exit 函数的位置。另一个解决方案是声明 main 函数的返回类型为 void 而不是 int，然后继续使用 exit 函数返回。这样做可以避免编译器发出警告消息，但是从程序设计的角度来看这样做并不好，而且这样做可能会导致产生其他编译器警告消息，因为 main 函数的返回类型应当是带符号整型。在本文中，声明 main 函数返回整型，因为这是由 ISO C 和 POSIX.1 定义的。

不同的编译器发出的警告消息的详细程度不同。除非使用额外的警告选项，否则 GUN C 编译器不会发出不必要的警告消息。

下一章我们将了解进程是如何执行一个程序并等待程序完成且获取程序的退出状态的。

atexit 函数

按照 ISO C 的规定，一个进程至少可以注册 32 个函数，这些函数将由 exit 函数自动调用。这些函数被称为终止处理程序（*exit handler*），它们是通过 atexit 函数注册的。

```
#include <stdlib.h>

int atexit(void (*func)(void));
```

函数的返回值：若执行成功，则返回 0；若出错，则返回非 0 值

从声明中可以看出，atexit 函数的参数是一个函数地址。此函数被调用时无须传递任何参数，也无须期望有任何返回值。exit 函数以与注册顺序相反的顺序来调用这些函数。每个函数被调用的次数与其被注册的次数保持一致。

终止处理程序这一机制是由 1989 年的 ANSI C 标准引入的。而早于 ANSI C 的系统，如 SVR3、4.3BSD 没有提供这个机制。

ISO C 标准要求系统至少支持 32 个终止处理程序，不过具体实现往往支持得更多（见图 2.15）。sysconf 函数可以获取给定平台支持的终止处理程序的最大数目，见图 2.14。

根据 ISO C 和 POSIX.1 标准，exit 函数首先调用终止处理程序，然后关闭（通过 fclose 函数）所有打开的流。POSIX.1 扩展了 ISO C 标准：若程序调用任一 exec 函数，则之前注册的终止处理程序都会被清除。图 7.2 总结了 C 程序启动的方式以及它的多种终止方式。

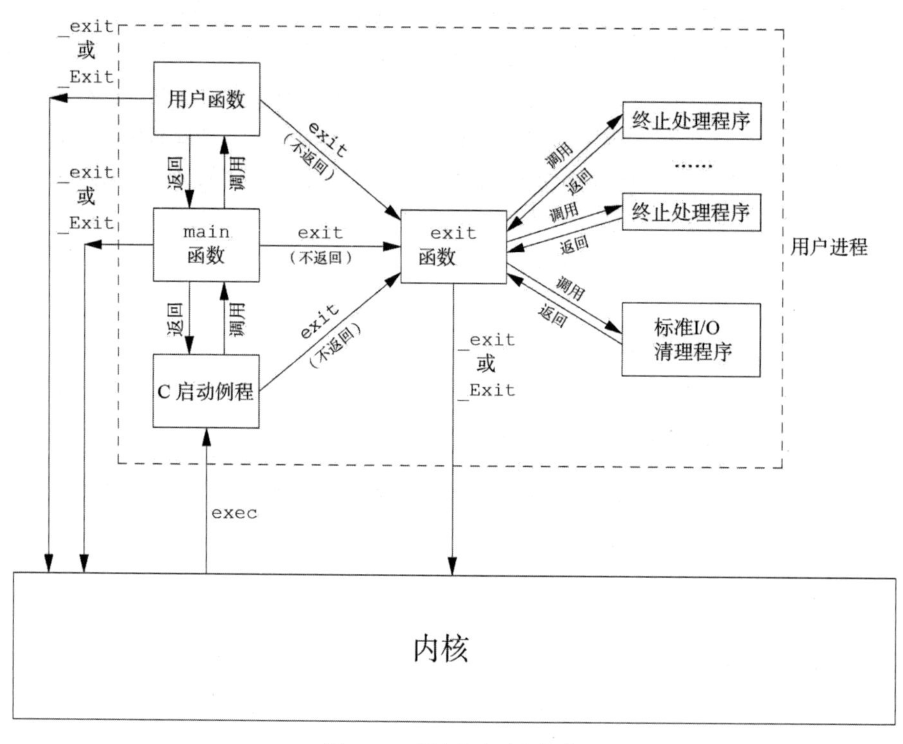

图 7.2　C 程序的启动和终止

内核执行一个程序的唯一方法就是调用 exec 函数。进程自愿终止的唯一方式就是显式或者隐式地调用_exit 或者_Exit 函数（通过调用 exit 函数）。进程也可以由一个信号非自愿地终止（图 7.2 中没有显示）。

示例

图 7.3 中的程序说明了如何使用 atexit 函数。

```
#include "apue.h"

static void my_exit1(void);
static void my_exit2(void);

int
main(void)
```

```
{
    if (atexit(my_exit2) != 0)
        err_sys("can't register my_exit2");

    if (atexit(my_exit1) != 0)
        err_sys("can't register my_exit1");
    if (atexit(my_exit1) != 0)
        err_sys("can't register my_exit1");

    printf("main is done\n");
    return(0);
}

static void
my_exit1(void)
{
    printf("first exit handler\n");
}

static void
my_exit2(void)
{
    printf("second exit handler\n");
}
```

图 7.3 终止处理程序的例子

执行图 7.3 中的程序，输出如下：

```
$ ./a.out
main is done
first exit handler
first exit handler
second exit handler
```

每注册一次终止处理程序，它就会执行一次。图 7.3 中的第一个终止处理程序被注册了两次，因此也被调用了两次。注意，这里并没有调用 exit 函数，而是使用了 return 语句。

7.4 命令行参数

当执行程序时，执行 exec 函数的进程会给新的程序传递命令行参数。这是 UNIX 系统 shell 的常规操作。在前几章的很多示例中我们已经看到过这种操作。

示例

图 7.4 中的程序会将所有的命令行参数回显到标准输出。注意，通常的 echo（1）程序并不会显示第 0 个参数。

```
#include "apue.h"

int
main(int argc, char *argv[])
{
    int     i;

    for (i = 0; i < argc; i++)      /* 回显所有的命令行参数 */
        printf("argv[%d]: %s\n", i, argv[i]);
    exit(0);
}
```

图 7.4　回显所有的命令行参数到标准输出

编译该程序并命名对应的可执行文件为 echoarg，则得到如下输出：

```
$ ./echoarg arg1 TEST foo
argv[0]: ./echoarg
argv[1]: arg1
argv[2]: TEST
argv[3]: foo
```

由于 ISO C 和 POSIX.1 标准保证 argv[argc]是一个空指针，这就允许我们按照如下方式重新编码循环处理逻辑：

```
for (i = 0; argv[i] != NULL; i++)
```

7.5　环境列表

每个程序都会接收到一张*环境列表*（*environment list*）。类似参数列表，环境列表也是字符串指针数组，其中每个指针包含了一个以 null 字节结尾的 C 字符串。这个指针数组的地址被包含在全局环境变量 environ 中。

```
extern char **environ;
```

例如，如果环境列表中包含了 5 个字符串，那么该环境列表如图 7.5 所示。这里显示了每个字符串结尾的 null 字节。我们称 environ 为*环境指针*（*environment pointer*），指针数组为环境列表，其中各指针指向的字符串为*环境字符串*（*environment string*）。

按照惯例，环境列表由“*name=value*”形式的字符串组成，如图 7.5 所示。大多数预定义的名称完全由大写字母组成，这是一个惯例。

此前，大多数 UNIX 系统支持 main 函数带三个参数，其中第三个参数就是环境列表地址。

```
int main(int argc, char *argv[], char *envp[]);
```

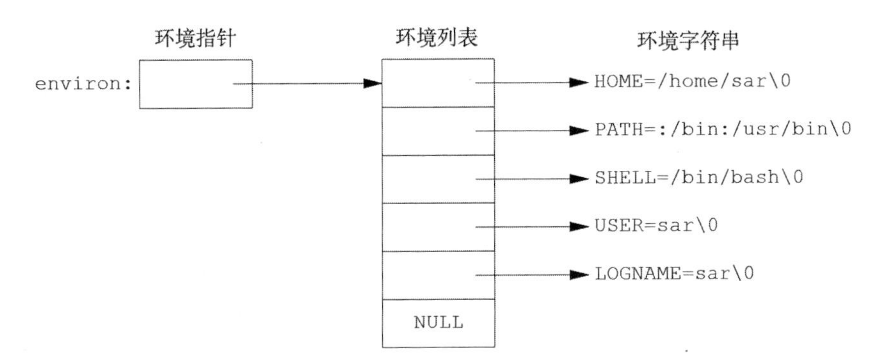

图 7.5　由 5 个字符串组成的环境列表

一方面是因为 ISO C 规定 main 函数只带两个参数，另一方面是因为使用第三个参数与使用全局变量 environ 相比没有任何好处，所以 POSIX.1 规定应使用 environ 而不是使用第三个参数。访问特定的环境变量通常使用 getevn 和 putenv 函数（见 7.9 节的描述），而不是遍历 environ 变量。但是若要查看整个环境列表，则必须使用 environ 指针。

7.6　C 程序的内存布局

由于历史的原因，一个 C 程序一般由以下几部分组成：

- 正文段（text segment），包含 CPU 执行所需的机器指令。通常正文段是可共享的，因此即使频繁地执行诸如文本编辑器、C 编译器、shell 等程序，也只需要一个副本常驻内存。当然，正文段往往是只读的，以防止程序意外地修改了它的指令。
- 初始化的数据段（initialized data segment），通常也被称为数据段，包含程序中已经显式初始化的变量。例如，若如下 C 程序声明出现在函数之外，则该变量及其初始值会被存储在初始化的数据段中。

  ```
  int maxcount = 99;
  ```

- 未初始化的数据段（uninitialized data segment），通常也被称为“bss”段，该名称来源于早期汇编程序的一个操作符，意思是“由符号开始的块”（block started by symbol）。在程序开始执行之前，这个段内的数据会被内核初始化为 0 或空指针。如下 C 声明若出现在函数之外，则该变量会被存储在未初始化的数据段中。

  ```
  long sum[1000];
  ```

- 栈（stack），用于存储自动变量及函数调用时所需保存的信息。每次函数调用，其返回时的地址、调用者的环境信息（如机器寄存器）都会被保存到栈中。然后最近调用的函数在栈上为其自动变量和临时变量分配存储空间。这也是 C 中的递归函数的工作方式。每次递归函数调用自身，就使用一个新的栈帧，因此一个函数调用示例的变量集合不会与另外一个函数示例的变量集合冲突。

- 堆（heap），通常动态内存申请就发生在这里。由于历史的原因，堆内存位于未初始化的数据段和栈之间。

图 7.6 展示了这些段的经典布局。这是一个程序通常的逻辑视图，并没有要求每一种平台都按照这种方式组织它的内存。但无论怎样，这是一种经典的组织形式。在 32 位 Intel x86 处理器上，Linux 系统的正文段的开始位置是 0x08048000，而栈的底部的开始位置则是 0xC0000000（在特定平台，栈增长的方向是从高地址向低地址）。栈顶和堆顶之间未用的虚拟地址空间很大。

在 a.out 中存在其他几个段：符号表、调试信息、作用域动态共享库的链接表等。这些部分不会被装载到进程对应的程序映像中。

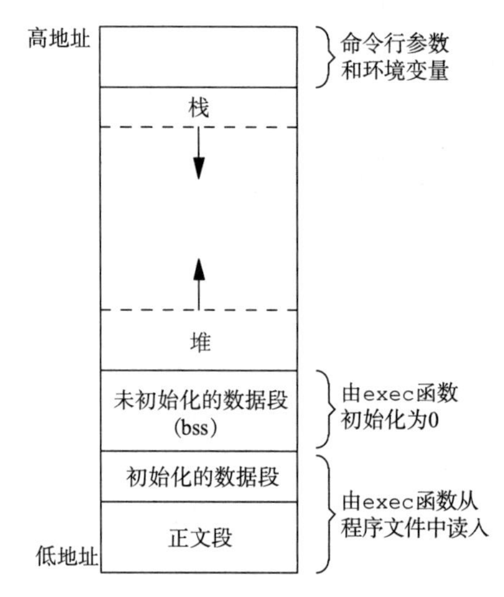

图 7.6　典型的内存空间组织形式

从图 7.6 可知，未初始化的数据段并没有被存储在程序的磁盘文件中，其原因是内核在程序开始运行之前将它们都设置为 0。需要存放在程序的磁盘文件中的只有正文段和初始化的数据段。

使用 size(1) 命令可以查看正文段、数据段及 bss 段的大小（单位为字节）。例如：

```
$ size /usr/bin/cc /bin/sh
  text      data     bss     dec     hex    filename
346919      3576    6680  357175   57337    /usr/bin/cc
102134      1776   11272  115182   1c1ee    /bin/sh
```

第 4 和第 5 列是分别以十进制数和十六进制数表示的三段总长度。

7.7 共享库

今天的大多数 UNIX 系统都支持共享库。Arnold（1986）描述了 System V 上共享库的一个早期实现，Gingell（1987）等人则介绍了 SunOS 上的另外一种实现。共享库移除了可执行文件中通用的库，以避免所有引用该库的进程各维护一份库的副本。这减小了可执行文件的大小，但也增加了一些运行时开销，如程序第一次执行时或者库函数第一次被调用时。使用共享库的另外一个优势是，库函数可以通过使用新版本的共享库而获得更新，而不需要重新链接和编辑每一个使用该库的程序（假设参数的数目和类型都没有发生改变）。

不同系统为程序提供了不同的方式来决定是否使用共享库。比较典型的有 cc(1) 和 ld(1) 两个命令。为了描述在两种方式下程序文件长度的不同，首先采用不使用共享库的方式创建经典的 hello.c 程序。

```
$ gcc -static hello1.c          禁止 gcc 使用共享库
$ ls -l a.out
-rwxr-xr-x 1 sar      879443 Sep 2 10:39 a.out
$ size a.out
  text      data    bss      dec            hex     filename
787775      6128  11272   805175   c4937   a.out
```

如果编译程序的时候使用共享库，则可执行文件的正文段和数据段就会大大缩短。

```
$ gcc hello1.c                  gcc 默认使用共享库
$ ls -l a.out
-rwxr-xr-x 1 sar 8378 Sep 2 10:39 a.out
$ size a.out
   text     data  bss      dec     hex     filename
   1176     504    16     1696     6a0     a.out
```

7.8 内存申请

ISO C 声明了三个用于内存申请的函数：

1. malloc，申请指定字节数目的内存。该内存的初始值是不确定的。
2. calloc，为指定长度、指定数量的对象分配存储空间。该内存的每个比特都会被初始化为 0。
3. realloc，该函数会增加或者减少之前申请的内存区域。当增加内存区域时，可能需要将之前申请的内存区域移动到其他地方，并在末尾增加额外的内存空间。同样，增加的内存区域（之前的老区域和新区域的末尾之间）的初始值是不确定的。

```
#include <stdlib.h>

void *malloc(size_t size);

void *calloc(size_t nobj, size_t size);

void *realloc(void *ptr, size_t newsize);
                三个函数的返回值：若执行成功，则返回非空指针；若出错，则返回 NULL
void free(void *ptr);
```

这三个函数返回的指针一定是按某种方式对齐的，以便它们可以用于任何数据对象。例如，某个特定平台最严格的对齐规则要求 doubles 类型的起始地址必须是 8 的倍数，那么返回的这三个指针都应该这样对齐。

因为这三个 alloc 函数都返回 void*指针，如果我们在程序中包括了<stdlib.h>文件（以获取函数原型），则我们在将这些函数返回的指针赋予一个不同类型的指针时，就不需要显式地执行强制类型转换。未声明函数的默认返回类型为 int，所以进行包含没有正确函数声明的强制类型转换可能会引发错误，因为 int 类型的长度与函数返回类型的长度不同（本例中是指针）。

free 函数可以释放指针 *ptr* 指向的内存空间。通常这个释放的内存空间会被放到一个可获得的内存池中，以备稍后这三个 alloc 函数中的一个再次申请内存。

realloc 函数可以改变之前申请的内存区域大小（大部分使用场景是扩大内存区域）。例如，我们为由 512 个元素组成的数组申请了内存空间，但是稍后发现需要更多的内存空间，则需要调用 realloc 函数。如果在当前已存在的区域的末尾有足够的可分配空间，则 realloc 函数简单地在该空间之后申请内存，其返回的指针与作为参数传递给它的指针相同。但若末尾没有足够的空间，realloc 函数会申请一块足够大的区域，将当前已存在的 512 个元素复制到新的区域并释放老的内存区域，然后返回指向新内存区域的指针。因为内存区域可能发生移动，所以不应该让任何指针指向内存区域。习题 4.16 和图 C.3 显示了在 getcwd 函数中如何使用 realloc 函数处理任何长度的路径名。图 17.27 中的程序给出了使用 realloc 函数的另外一个例子，该程序规避了数组在编译时就确定了长度的问题。

注意，realloc 函数最后一个参数是内存区域的新长度，而不是老区域和新区域之间的差值。作为一个特例，如果 *ptr* 是一个空指针，则 realloc 函数的行为与 malloc 函数的行为一致：申请 *newsize* 长度的一块内存区域。

> 这些函数的早期版本允许再分配最近一次 malloc、realloc 或 calloc 调用后释放的内存块。这个技巧可追溯到 V7，它利用 malloc 函数的搜索策略，实现存储器紧缩。Solaris 依然支持这个特性，但是很多其他平台并不支持。这种功能已经被遗弃，不应该再使用。

这些分配例程通常基于 sbrk(2) 系统调用来实现。这个系统调用扩充（或缩小）进程的堆（图 7.6）。malloc 和 free 函数的简单实现样例可参考 Kernighan 和 Ritchie（1988）的 8.7 节。

虽然 sbrk 系统调用可以扩充或缩小进程的存储空间，但是大多数 malloc 和 free 函数的实现都不缩小进程的存储空间。释放的空间会保留在进程空间以备稍后再次被分配，这些空间会保留在 malloc 池中而不是返回给内核。

大多数实现所分配的内存都要比所请求的稍大一些，额外的空间用来记录管理信息：块的长度、指向下一个块的指针等。这就意味着，在一个动态分配块的开始地址之前或者结束地址之后的写操作可能会覆盖另外一个块的管理信息。这种类型的错误是灾难性的，而且很难发现，因为错误往往在很久之后才被发现。

在一个动态分配块的开始地址之前或者结束地址之后的写操作不仅仅会造成内部的管理信息错误。该动态分配缓冲区前后的存储空间可能已被其他动态对象使用。这些对象与破坏它们的代码可能没有关系，这导致寻求信息破坏的源头会更加困难。

其他可能产生的致命性错误是：释放一个已经释放的块，以及对一个不是在这三个 alloc 函数中产生的指针调用 free 函数。如果一个进程调用了 malloc 函数但是忘记了调用 free 函数，则它的内存使用量会持续增加，我们称此为“泄漏”。如果不调用 free 函数释放无用的空间，则进程的地址空间会持续缓慢地增加，直到没有可用内存为止。此时，过度换页的开销可能导致进程性能下降。

由于内存分配错误很难被追踪，某些系统提供了这些函数的另外一种实现，每次调用这三个函数中的任意一个或者 free 函数时，它们都会进行额外的错误检查。在调用链接编辑器时指定一个特定的库，在程序中就可以使用这种版本的函数。此外，还可以获得公开的源代码，在编译时指定特定的标识从而启用额外的运行时检查。

> FreeBSD、Mac OS X 和 Linux 可通过设置环境变量来启用附加调试功能。另外，通过符号链接/etc/malloc.conf 可将选项传递给 FreeBSD 函数库。

替代的内存空间分配程序

有很多 malloc 和 free 函数的替代品。某些系统已经提供用于替代内存空间分配函数的库。还有些系统只提供了标准的内存空间分配程序，如果有需要，开发者可以自己下载这些程序。下面讨论几个替代品。

libmalloc

基于 SVR4 的系统，如 Solaris，包含了 libmalloc 库，它提供了一套与 ISO C 内存空间分配函数相匹配的接口。libmalloc 库包含了 mallopt 函数，它使进程可以设置一些变量，并用它们来控制内存空间分配程序的操作。该库还包含了名为 mallinfo 的函数，其提供了内存空间分配程序的统计信息。

vmalloc

Vo（1996）描述了一种内存空间分配程序，它允许进程对不同的内存区域采用不同的技术来分配内存。除了一些 vmalloc 特有的函数，该库也提供了 ISO C 内存空间分配函数的仿真器。

quick-fit

由于历史原因，标准的 malloc 算法采用了最佳适配或首次适配分配策略。quick-fit（快速适配）算法比上述两种算法快，但可能使用较多的存储空间。Weinstock 和 Wulf（1988）对该算法进行了描述，该算法将存储空间分割成各种长度的缓冲区，并将未使用的缓冲区按其长度组成不同的空闲区列表。现在许多内存空间分配程序都基于 quick-fit 算法。

jemalloc

malloc 族函数的 jemalloc 实现是 FreeBSD 8.0 系统的默认内存空间分配程序。在多处理器系统上执行多线程应用时，它具有良好的扩展性。Evans（2006）介绍了其具体实现以及评估了它的性能。

TCMalloc

TCMalloc 函数被设计为 malloc 族函数的替代品，目的是提供高性能、高扩展性以及高内存使用效率。当从缓存中申请缓冲区或者释放缓冲区给缓存时，它使用了线程本地缓存，从而避免了锁的开销。它还有内置的堆检查程序和堆分析程序，可帮助调试和分析动态内存的使用情况。TCMalloc 库是 Google 的开源项目。Ghemawat 和 Menage（2005）对其进行了简单介绍。

alloca 函数

该函数也值得一提。alloca 函数与 malloc 函数具有相同的调用序列，但是它是在当前函数的栈帧上分配内存的，而不是在堆上。其优点是：当函数返回时，自动释放它所使用的栈帧，所以我们不必再为释放空间而费心。其缺点是：alloc 函数增加了栈帧的长度，而某些系统在函数被调用后就不能增加栈帧的长度了，于是也就不支持 alloca 函数。尽管如此，很多软件包还是使用了它，有很多系统实现了该函数。

本书中讨论的4个平台都提供了 alloca 函数。

7.9 环境变量

如前所述，环境字符串通常的形式是：

name=value

UNIX 内核不会查看这些字符串，它们的解释完全取决于各个应用程序。例如，shell 使用了大量的环境变量。某些环境变量，如 HOME、USER，在登录的时候会自动被设置；而其他的一些变量则留给用户设置。我们通常在一个 shell 启动文件中设置环境变量，以控制 shell 的行为。例如，若设置了环境变量 MAILPATH，则告诉 Bourne shell、Gnu Bourne-again shell 和 Korn shell 到哪里去查看邮件。

ISO C 定义了一个用于从环境列表中获取变量值的函数，但是该标准又称环境的内容是由实现定义的。

```
#include <stdlib.h>

char *getenv(const char *name);
```
函数的返回值：指向与 *name* 关联的 *value* 的指针；若未找到，则返回 NULL

注意，该函数返回一个指向字符串“*name=value*”中的 *value* 的指针。我们应当总是使用 getenv 函数从环境列表中获取指定环境变量的值，而不是直接访问 environ。

一些环境变量由 Single UNIX Specification 中的 POSIX.1 定义。若支持 XSI 扩展，那么其中也包含了另外一些环境变量。图 7.7 列出了由 Single UNIX Specification 定义的环境变量，并指明本书涉及的 4 种系统对它们的支持情况。由 POSIX.1 定义的变量被标记为•；否则就属于 XSI 扩展。本书涉及的 4 种系统都使用了大量依赖于系统的环境变量。注意，ISO C 没有定义任何环境变量。

除了获取环境变量的值，有时也需要设置环境变量的值。我们可能需要改变现有环境变量的值或者增加一个新的环境变量 [下一章会介绍，我们只能影响当前进程及其生成的子进程，无法影响父进程（一般是 shell）的环境。即使如此，修改环境列表的能力依然是有用的]。遗憾的是，不是所有的系统都支持这项能力。图 7.8 列出了不同标准和系统支持的各种函数。

clearenv 函数不是 Single UNIX Specification 的组成部分，它被用来清空环境列表中的所有变量。

变　量	POSIX.1	FreeBSD 8.0	Linux 3.2.0	Mac OS X 10.6.8	Solaris 10	描　述
COLUMNS	•	•	•	•	•	终端宽度
DATEMSK	XSI	•	•	•	•	getdate(3)模板文件路径名
HOME	•	•	•	•	•	HOME 目录
LANG	•	•	•	•	•	区域设置名称
LC_ALL	•	•	•	•	•	区域设置名称
LC_COLLATE	•	•	•	•	•	区域设置的排序名
LC_CTYPE	•	•	•	•	•	区域设置字符分类名
LC_MESSAGES	•	•	•	•	•	区域设置消息名
LC_MONETARY	•	•	•	•	•	区域设置货币编辑名
LC_NUMERIC	•	•	•	•	•	区域设置数字编辑名
LC_TIME	•	•	•	•	•	区域设置日期/时间格式名
LINES	•	•	•	•	•	终端高度
LOGNAME	•	•	•	•	•	登录名
MSGVERB	XSI	•	•	•	•	fmtmsg(3)处理的消息组成部分
NLSPATH	•	•	•	•	•	消息类模板序列
PATH	•	•	•	•	•	搜索可执行文件的路径列表
PWD	•	•	•	•	•	当前工作目录的绝对路径
SHELL	•	•	•	•	•	用户首选的 shell 名
TERM	•	•	•	•	•	终端类型
TMPDIR	•	•	•	•	•	在其中创建临时文件的目录名
TZ	•	•	•	•	•	时区信息

图 7.7　Single UNIX Specification 定义的环境变量

函　数	ISO C	POSIX.1	FreeBSD 8.0	Linux 3.2.0	Mac OS X 10.6.8	Solaris 10
getenv	•	•	•	•	•	•
putenv		XSI	•	•	•	•
setenv		•	•	•	•	
unsetenv		•	•	•	•	
clearenv				•		

图 7.8　不同标准和系统对于各种环境列表函数的支持情况

图 7.8 中间的三个函数的原型是：

```
#include <stdlib.h>

int putenv(char *str);
```

函数的返回值：若执行成功，则返回 0；若出错，则返回非 0 值

```
int setenv(const char *name, const char *value, int rewrite);

int unsetenv(const char *name);
```
函数的返回值：若执行成功，则两者都返回 0；若出错，则返回 1

这三个函数的行为如下：

- putenv 函数以“*name=value*”形式的字符串为参数，将其放到环境列表中。如果 *name* 已经存在，则先删除原来的定义。
- setenv 函数将 *name* 设置为 *value*。如果 *name* 已经在环境列表中存在，则（a）若 *rewrite* 是非 0 值，首先删除 *name* 现有的定义，（b）若 *rewrite* 为 0，*name* 现有的定义不会被删除，*name* 也不会被设置为新的 *value*，并且不会报错。
- unsetenv 函数删除 *name* 的定义。即使 *name* 不存在也不出错。

注意 putenv 和 setenv 函数之间的差别。setenv 函数必须依据其参数申请存储空间来存储“*name=value*”，putenv 函数则是将传递给它的字符串直接放入环境列表内。确实很多系统就是这样做的。因此，将存放在栈上的字符串传递给 putenv 函数会产生错误，因为当从当前函数返回时该内存块会被重新使用。

研究在修改环境列表时这些函数是如何动作的是有益的。回忆图 7.6，环境列表——指向 *name=value* 字符串的指针数组，环境字符串通常被放在进程内存空间的顶部、栈上。删除一个字符串很简单：只需要在环境列表中找到对应的指针，然后将所有后续的指针向下移动一个位置即可。但是增加一个字符串或者修改一个现有字符串则困难一些。栈上的内存空间无法扩展，因为它往往处于进程地址空间的顶部，自然无法向上扩展；它也无法向下扩展，因为其下面的栈帧不能移动。

1. 假如修改一个现有的 *name*：
   a. 如果新的 *value* 的长度小于或等于现有的 *value*，则可以将新的字符串复制到老的字符串之上。
   b. 如果新的 *value* 的长度大于现有的 *value*，则必须调用 malloc 函数为新字符串分配空间，并将新字符串复制到新的内存区域，然后将环境列表中与 *name* 关联的指针替换为指向新内存区域的指针。
2. 增加一个新的 *name* 会更复杂一些。首先调用 malloc 函数为 *name=value* 字符串申请空间，并将字符串复制到新的内存区域。然后，
   a. 如果这是第一次新增 *name*，则必须调用 malloc 函数为新的指针数组申请空间。接着，将原来的环境列表复制到新的内存区域，并将指向新的 *name=value* 字符串的指针存放在指针表的末尾，再将一个空指针存放在其后。最后，使 environ 指向新的指针数组。再回顾图 7.6，原来的环境列表位于栈顶之上（这是一种常见情况），那么必须将此表移至堆中。但是，此表中的大多数指针仍指向栈顶之上的

name=value 字符串。

b. 如果这不是第一次新增 *name*，则可知之前已经向环境列表加入了字符串，即已经在堆中为环境列表分配了空间，所以只需要调用 realloc 函数，多分配一个指针的空间。然后将指向新 *name=value* 字符串的指针放到该表的表尾，后面跟着一个空指针。

7.10 setjmp 和 longjmp 函数

在 C 语言中，goto 语句是不能跨越函数的。为了实现这种类型的分支，必须使用 setjmp 和 longjmp 函数。这两个函数对于处理发生在深层函数调用中的错误十分有用。

参考图 7.9 中的程序框架。它包含一个主循环，其从标准输入中读取每一行信息，并对每一行信息执行 do_line 操作。然后该函数调用 get_token 函数从输入行中获取下一个标记。假定一行中的第一个标记是一条某种形式的命令，而 switch 语句实现命令选择。对于单个命令场景，cmd_add 函数将会被调用。

图 7.9 是一种典型的程序框架：读命令，确定命令类型，然后调用函数处理每一条命令。图 7.10 显示了调用 cmd_add 函数之后栈的大致使用情况。

```
#include "apue.h"

#define TOK_ADD    5

void     do_line(char *);
void     cmd_add(void);
int      get_token(void);

int
main(void)
{
    char    line[MAXLINE];

    while (fgets(line, MAXLINE, stdin) != NULL)
        do_line(line);
    exit(0);
}

char    *tok_ptr;          /* get_token()函数的全局指针 */

void
do_line(char *ptr)        /* 处理一行输入信息 */
{
    int              cmd;

    tok_ptr = ptr;
```

```
    while ((cmd = get_token()) > 0) {
        switch (cmd) {    /* 每个命令一个 case 语句 */
        case TOK_ADD:
                cmd_add();
                break;
        }
    }
}

void
cmd_add(void)
{
    int             token;

    token = get_token();
    /* 该命令的剩余操作 */
}

int
get_token(void)
{
    /* 从 tok_ptr 指向的行中获取下一个标记 */
}
```

图 7.9 处理命令的典型程序框架

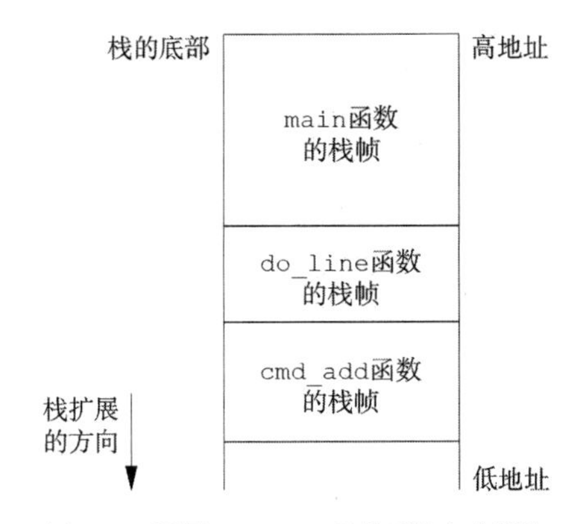

图 7.10 调用 cmd_add 函数后的各个栈帧

自动变量的存储单元在每个函数的栈帧中。数组 line 在 main 函数的栈帧中，整型 cmd 在 do_line 操作的栈帧中，整型 token 在 cmd_add 函数的栈帧中。

如前所述，这是栈的一种典型组织形式，并非必须这样做。栈并非一定要向低地址方向扩展。某些系统对栈并没有提供特殊的硬件支持，此时 C 语言实现可能会将栈帧存放在链表中。

在编写类似图 7.9 中的程序时常遇到的问题就是如何处理非致命性错误。比如，cmd_add 函数发现一个错误：一个非法数字——它可能打印一条错误信息，忽略剩余的行，然后返回

main 函数读取下一行。但是若我们深深陷入有大量层级的 main 函数中，则对于 C 语言来说，要这样处理就会很困难（在这个例子中，cmd_add 函数只比 main 函数低两个层次，在有些程序中常常会低 5 个甚至更多的层次）。如果我们继续根据每个函数的特殊返回值来判断返回的层次，则逻辑会十分繁杂。

解决这种问题的方法是使用非局部 goto 语言：setjmp 和 longjmp 函数。“非局部”指的是它不是普通的 C 函数中的 goto 语句，它会在栈上跳过若干栈帧，返回到当前函数的调用栈路径上的某个函数。

```
#include <setjmp.h>

int setjmp(jmp_buf env);
                    函数的返回值：若直接调用，则返回 0；若从 longjmp 函数返回，则为非 0 值
void longjmp(jmp_buf env, int val);
```

在希望返回的位置调用 setjmp 函数，在本例中该位置在 main 函数中。由于这里是直接调用 setjmp 函数，因此其返回值是 0。setjmp 函数的参数 *env* 是一种特殊类型 jmp_buf，这种数据类型是某种形式的数组，其中可存放调用 longjmp 函数时用来恢复栈状态的所有信息。由于需要在另外一个函数中引用参数 *env*，所以参数 *env* 通常被定义为全局变量。

当遇到一个错误时，例如在 cmd_add 函数中我们使用两个参数调用了 longjmp 函数。第一个参数就是 setjmp 函数所使用的参数 *env*，而第二个参数 *val* 是从 setjmp 函数返回的非 0 值。第二个参数保证了可以针对一次 setjmp 调用使用多次 longjmp 调用。例如，既可以在 cmd_add 函数中使用 longjmp 函数来返回 1，也可以在 get_token 函数中使用 longjmp 函数返回 2。在 main 函数中，setjmp 函数的返回值就会是 1 或者 2。可以通过测试返回值确定 longjmp 调用是发生在 cmd_add 函数中还是在 get_token 函数中的。

再回到程序示例中，图 7.11 给出了修改后的 main 和 cmd_add 函数（do_line 和 get_token 两个函数没有变化）。

```
#include "apue.h"
#include <setjmp.h>

#define TOK_ADD     5

jmp_buf jmpbuffer;

int
main(void)
{
    char    line[MAXLINE];

    if (setjmp(jmpbuffer) != 0)
        printf("error");
    while (fgets(line, MAXLINE, stdin) != NULL)
        do_line(line);
```

```
    exit(0);
}

 . . .

void
cmd_add(void)
{
    int      token;

    token = get_token();
    if (token < 0)       /* 发生错误 */
        longjmp(jmpbuffer, 1);
    /* 该命令的剩余操作 */
}
```

图 7.11 使用 setjmp 和 longjmp 函数的例子

执行 main 函数时，调用 setjmp 函数，将所需的信息记入变量 jmpbuffer 并返回 0。然后调用 do_line 函数，它又调用 cmd_add 函数，假定在其中检测出了一个错误。在 cmd_add 函数调用中的 longjmp 函数之前，栈如图 7.10 所示。但是 longjmp 函数导致栈回到执行 main 函数时的情况，也就是抛弃了 cmd_add 和 do_line 函数的栈帧。调用 longjmp 函数造成 main 函数中的 setjmp 函数返回 1（longjmp 函数的第二个参数）。

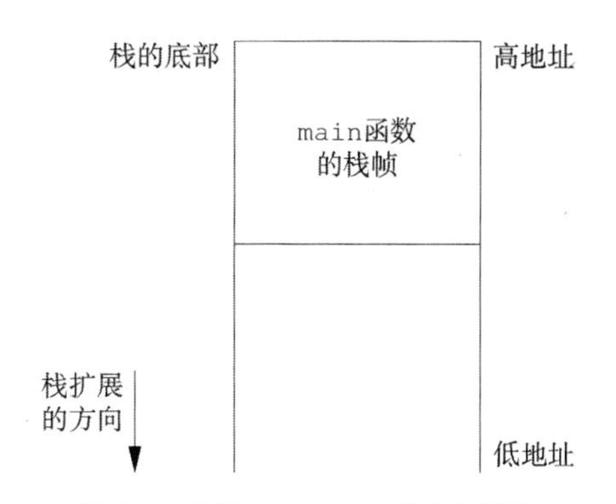

图 7.12 调用 longjmp 函数后的栈帧

自动变量、寄存器变量、易失（volatile）变量

前面我们了解了调用 longjmp 函数后栈帧的基本结构。下一个问题是："main 函数中的自动变量、寄存器变量的状态如何？"当 longjmp 函数返回到 main 函数中时，这些变量的值是否依然是当初调用 setjmp 函数时的值（即回滚到原先的值），或者这些变量的值保持为调用 do_line 函数时的值（do_line 函数调用 cmd_add 函数，cmd_add 函数又调用了 longjmp 函数）？遗憾的是，对此问题的回答是"看情况"。大多数系统并不回滚这些自动变

量和寄存器变量的值，而所有标准则称它们的值是不确定的。如果不想让自动变量的值回滚，则可定义其为 volatile 属性。声明为全局变量或静态变量的值在执行 longjmp 函数后也保持不变。

示例

图 7.13 中的程序描述了在调用 longjmp 函数后，自动变量、全局变量、寄存器变量、静态变量，以及易失变量的不同情况。

```
#include "apue.h"
#include <setjmp.h>

static void f1(int, int, int, int);
static void f2(void);

static jmp_buf  jmpbuffer;
static int      globval;

int
main(void)
{
    int             autoval;
    register int    regival;
    volatile int    volaval;
    static int      statval;

    globval = 1; autoval = 2; regival = 3; volaval = 4; statval = 5;

    if (setjmp(jmpbuffer) != 0) {
        printf("after longjmp:\n");
        printf("globval = %d, autoval = %d, regival = %d,"
            " volaval = %d, statval = %d\n",
            globval, autoval, regival, volaval, statval);
        exit(0);
    }

    /*
     * 在 longjmp 之前和 setjmp 之后改变变量。
     */
    globval = 95; autoval = 96; regival = 97; volaval = 98;
    statval = 99;

    f1(autoval, regival, volaval, statval); /* 永不返回 */
    exit(0);
}

static void
f1(int i, int j, int k, int l)
{
```

```
    printf("in f1():\n");
    printf("globval = %d, autoval = %d, regival = %d,"
        " volaval = %d, statval = %d\n", globval, i, j, k, l);
    f2();
}

static void
f2(void)
{
    longjmp(jmpbuffer, 1);
}
```

图 7.13 longjmp 函数对不同类型变量的影响

分别以不带优化和带优化选项的方式编译图 7.13 中的程序，然后运行程序，得到的结果是不同的。

```
$ gcc testjmp.c        不带优化选项编译
$ ./a.out
in f1():
globval = 95, autoval = 96, regival = 97, volaval = 98, statval = 99
after longjmp:
globval = 95, autoval = 96, regival = 97, volaval = 98, statval = 99
$ gcc -O testjmp.c     带优化选项编译
$ ./a.out
in f1():
globval = 95, autoval = 96, regival = 97, volaval = 98, statval = 99
after longjmp:
globval = 95, autoval = 2, regival = 3, volaval = 98, statval = 99
```

注意，全局变量、静态变量和易失变量并不受优化选项的影响。在调用 longjmp 函数之后，它们的值仍是上次呈现的值。某些系统的 setjmp(3)手册描述，存放在内存中的变量的值为调用 longjmp 时的值，而存储在 CPU 和浮点寄存器中的变量则恢复为调用 setjmp 函数时的值，图 7.13 中的程序的运行结果正是这样的。不进行优化时，所有这 5 个变量都存放在内存中（即忽略了对 regival 变量的 register 提示）。当进行了优化后，autoval 和 regival 变量都存放在寄存器中（即使 autoval 变量并未被声明为 register），volatile 变量则仍然存放在内存中。通过这个示例可以了解，如果要编写一个非局部跳转的可移植程序，则必须使用 volatile 属性。但是从一个系统移植到另一个系统，其他任何事情都可能发生改变。

图 7.13 中的某些 printf 格式的字符串不适合安排在程序文本的一行中。在该程序中并没有多次调用 printf 函数，而是使用了 ISO C 的字符串连接功能，于是

```
"string1" "string2"
```

等价于

```
"string1string2"
```

第 10 章在讨论信号处理程序 sigsetjmp 和 siglongjmp 时，会再次涉及 setjmp 和 longjmp 函数。

自动变量的潜在问题

前面说明了栈帧的一般处理方式，下面分析一下自动变量的一个潜在问题。基本规则是在声明自动变量的函数返回后，就不能再引用这些自动变量了。在《UNIX 系统手册》中有大量这种类型的警告。

图 7.14 给出了一个 open_data 函数，它打开了一个标准 I/O 流，然后为该流设置缓冲区。

```
#include      <stdio.h>

FILE *
open_data(void)
{
    FILE      *fp;
    char      databuf[BUFSIZ];  /* setvbuf 将其设置为 stdio 缓冲区 */

    if ((fp = fopen("datafile", "r")) == NULL)
        return(NULL);
    if (setvbuf(fp, databuf, _IOLBF, BUFSIZ) != 0)
        return(NULL);
    return(fp);             /* error */
}
```

图 7.14　自动变量使用不当的例子

这里的问题是，一旦 open_data 函数返回，该函数的栈占用的内存就会被下一个被调用函数的栈帧使用。但是标准 I/O 库依然使用这部分内存作为流的缓冲区。这就产生了混乱。为了纠正这个问题，数组 databuf 应该被定义为静态数值（static 或者 extern）或者为其动态分配内存（使用 alloc 函数中的一个）。

7.11 getrlimit 和 setrlimit 函数

每个进程都有一些资源限制，其中一些可以通过 getrlimit 和 setrlimit 函数查询和修改。

```
#include <sys/resource.h>

int getrlimit(int resource, struct rlimit *rlptr);

int setrlimit(int resource, const struct rlimit *rlptr);
```

两个函数的返回值：若执行成功，则返回 0；若出错，则返回非 0 值这两个函数在 Single UNIX Specification 的 XSI 扩展中定义。进程的资源限制通常是在系统初始化时由 0 进程建立的，然后由后续进程继承。每种系统都可以用自己的方法对资源限制做出调整。

每次调用这两个函数时都需要指定一个 *resource* 和一个指向如下结构体的指针。

```
struct rlimit {
  rlim_t rlim_cur;   /* 软限制：当前的限制值 */
  rlim_t rlim_max;   /* 硬限制：rlimt_cur 的最大值 */
};
```

在更改资源限制时，需要遵循三条规则：

1. 进程可以改变资源的软限制值为小于或等于其硬限制值。
2. 进程可以减小硬限制值，但它必须大于或等于其软限制值。这种操作对普通用户而言是不可逆的。
3. 只有超级用户可以增大硬限制值。

常量 RLIM_INFINITY 表示无限制。

resource 参数取下面的值之一。图 7.15 给出了 Single UNIX Specification 定义的资源限制，以及它们被本书涉及的 4 种平台的支持情况。

RLIMIT_AS	所有进程中可用内存的最大值。该值会影响 sbrk 函数（1.11 节）和 mmap 函数（14.8 节）。
RLIMIT_CORE	core 文件的最大字节数，若其值为 0，则阻止创建 core 文件。
RLIMIT_CPU	CPU 时间的最大值（秒）。当超过此软限制值时，系统向该进程发送 SIGXCPU 信号。
RLIMIT_DATA	数据段的最大字节数：已初始化数据、未初始化数据以及堆的总和。
RLIMIT_FSIZE	可以创建的文件的最大长度。当超过此软限制值时，系统向进程发送 SIGXFSZ 信号。
RLIMIT_MEMLOCK	一个进程使用 mlock（2）命令能够锁定的内存空间的最大长度（字节）。
RLIMIT_MSGQUEUE	一个进程可以为 POSIX 消息队列分配的最大内存长度（字节）。
RLIMIT_NICE	为了影响进程的调度优先级，nice 值（8.16 节）可设置的上限。
RLIMIT_NOFILE	每个进程能打开的最多文件数。更改此限制值将影响到 sysconf 函数在参数_SC_OPEN_MAX 中的返回值（2.5.4 节），见图 2.17。
RLIMIT_NPROC	每个实际用户 ID 可拥有的最大子进程数。更改此限制值会影响到 sysconf 函数在参数_SC_CHILD_MAX 中的返回值（2.5.4 节）。

RLIMIT_NPTS	用户可同时打开的伪终端（第 19 章）的最大数目。
RLIMIT_RSS	最大驻内存集字节长度（Resident Set Size，RSS）。如果可用的物理内存较少，则内核会从进程取回超出 RSS 的部分。
RLIMIT_SBSIZE	在任一给定时刻，一个用户可以占用的套接字缓冲区的最大长度（字节）。
RLIMIT_SIGPENDING	一个进程可排队的信号最大数目。这个限制值是由 sigqueue 函数控制的（10.20 节）。
RLIMIT_STACK	栈的最大字节长度，见图 7.6。
RLIMIT_SWAP	用户可消耗的交换空间的最大字节数。
RLIMIT_VMEM	与 RLIMIT_AS 同义。

资源限制	XSI	FreeBSD 8.0	Linux 3.2.0	Mac OS X 10.6.8	Solaris 10
RLIMIT_AS	•	•	•		•
RLIMIT_CORE	•	•	•	•	•
RLIMIT_CPU	•	•	•	•	•
RLIMIT_DATA	•	•	•	•	•
RLIMIT_FSIZE	•	•	•	•	•
RLIMIT_MEMLOCK		•	•	•	
RLIMIT_MSGQUEUE			•		
RLIMIT_NICE			•		
RLIMIT_NOFILE	•	•	•	•	•
RLIMIT_NPROC		•	•	•	
RLIMIT_NPTS		•			
RLIMIT_RSS		•	•	•	
RLIMIT_SBSIZE		•			
RLIMIT_SIGPENDING			•		
RLIMIT_STACK	•	•	•	•	•
RLIMIT_SWAP		•			
RLIMIT_VMEM					•

图 7.15　资源限制的平台支持情况

示例

图 7.16 中的程序打印出当前系统所有的软资源限制和硬资源限制。为了在各种系统上编译，我们有条件地包括了不同的资源名。注意，有些系统定义 rlimit_t 为 unsigned long long 而非 unsigned long，甚至在同一个系统上该定义也会变动，这取决于编译程序的时候是否支持 64 位文件。有一些限制用于文件大小，因此 rlimit_t 类型必须足够大才能表示文件大小限制。为了避免使用错误的格式说明而导致编译器警告，通常会首先把限制复

制到64位整型变量中，这样只需要处理一种格式。

```
#include "apue.h"
#include <sys/resource.h>

#define doit(name)   pr_limits(#name, name)

static void pr_limits(char *, int);

int
main(void)
{
#ifdef  RLIMIT_AS
    doit(RLIMIT_AS);
#endif

    doit(RLIMIT_CORE);
    doit(RLIMIT_CPU);
    doit(RLIMIT_DATA);
    doit(RLIMIT_FSIZE);

#ifdef  RLIMIT_MEMLOCK
    doit(RLIMIT_MEMLOCK);
#endif

#ifdef RLIMIT_MSGQUEUE
    doit(RLIMIT_MSGQUEUE);
#endif

#ifdef RLIMIT_NICE
    doit(RLIMIT_NICE);
#endif

    doit(RLIMIT_NOFILE);

#ifdef  RLIMIT_NPROC
    doit(RLIMIT_NPROC);
#endif

#ifdef RLIMIT_NPTS
    doit(RLIMIT_NPTS);
#endif

#ifdef  RLIMIT_RSS
    doit(RLIMIT_RSS);
#endif

#ifdef  RLIMIT_SBSIZE
    doit(RLIMIT_SBSIZE);
#endif
```

```
#ifdef RLIMIT_SIGPENDING
    doit(RLIMIT_SIGPENDING);
#endif

    doit(RLIMIT_STACK);

#ifdef RLIMIT_SWAP
    doit(RLIMIT_SWAP);
#endif

#ifdef  RLIMIT_VMEM
    doit(RLIMIT_VMEM);
#endif

    exit(0);
}

static void
pr_limits(char *name, int resource)
{
    struct rlimit         limit;
    unsigned long long    lim;

    if (getrlimit(resource, &limit) < 0)
        err_sys("getrlimit error for %s", name);
    printf("%-14s  ", name);
    if (limit.rlim_cur == RLIM_INFINITY) {
        printf("(infinite)  ");
    } else {
        lim = limit.rlim_cur;
        printf("%10lld  ", lim);
    }
    if (limit.rlim_max == RLIM_INFINITY) {
        printf("(infinite)");
    } else {
        lim = limit.rlim_max;
        printf("%10lld", lim);
    }
    putchar((int)'\n');
}
```

图 7.16　打印当前资源限制

注意，在 doit 宏中使用了 ISO C 的字符串创建操作符（#），以便为每个资源名产生字符串值。例如：

```
doit(RLIMIT_CORE);
```

C 预处理器将其扩展为

```
pr_limits("RLIMIT_CORE", RLIMIT_CORE);
```

在 FreeBSD 上运行此程序，得到：

```
$ ./a.out
RLIMIT_AS       (infinite)  (infinite)
RLIMIT_CORE     (infinite)  (infinite)
RLIMIT_CPU      (infinite)  (infinite)
RLIMIT_DATA      536870912   536870912
RLIMIT_FSIZE    (infinite)  (infinite)
RLIMIT_MEMLOCK  (infinite)  (infinite)
RLIMIT_NOFILE         3520        3520
RLIMIT_NPROC          1760        1760
RLIMIT_NPTS     (infinite)  (infinite)
RLIMIT_RSS      (infinite)  (infinite)
RLIMIT_SBSIZE   (infinite)  (infinite)
RLIMIT_STACK      67108864    67108864
RLIMIT_SWAP     (infinite)  (infinite)
RLIMIT_VMEM     (infinite)  (infinite)
```

在 Solaris 上运行此程序，得到：

```
$ ./a.out
RLIMIT_AS       (infinite)  (infinite)
RLIMIT_CORE     (infinite)  (infinite)
RLIMIT_CPU      (infinite)  (infinite)
RLIMIT_DATA     (infinite)  (infinite)
RLIMIT_FSIZE    (infinite)  (infinite)
RLIMIT_NOFILE          256       65536
RLIMIT_STACK       8388608  (infinite)
RLIMIT_VMEM     (infinite)  (infinite)
```

在介绍了信号机制后，习题 10.11 会继续讨论资源限制。

7.12 小结

理解 UNIX 系统中 C 程序运行环境是理解 UNIX 系统进程控制特性的先决条件。本章说明了一个进程是如何启动和终止的，如何向其传递参数表和环境列表。虽然参数表和环境列表都不被内核解析，但内核通过调用 exec 函数将参数表和环境列表传递给了创建的新进程。

本章也研究了 C 程序的经典内存布局，以及一个进程如何动态地分配和释放内存。本章详细讲解了用于维护环境的一些函数也是有意义的，因为它们涉及内存空间的分配。本章也介绍了 setjmp 和 longjmp 函数，它们提供了一种在进程内非局部转移的方法。最后介绍了各种系统提供的资源限制功能。

习题

7.1 在 Intel x86 的 Linux 系统上，如果执行一个输出“hello, world”的程序，但不调用 `exit` 或 `return`，则程序的退出状态为 13（用 shell 获取），解释原因。

7.2 图 7.3 中的 `printf` 函数的结果何时才被真正输出？

7.3 是否有方法将 `main` 函数中的参数 `argc` 和 `argv` 传递给其他函数？要求：（a）不能将 `argc` 和 `argv` 作为函数参数来传递；（b）不能将 `argc` 和 `argv` 复制到全局变量。

7.4 在某些 UNIX 系统中，执行程序时会有意让程序无法访问数据段 0 单元，为什么？

7.5 用 C 语言的 `typedef` 为终止处理程序定义一个新的数据类型 `Exitfunc`，使用该数据类型修改 `atexit` 函数原型。

7.6 如果用 `calloc` 函数分配一个 `long` 型的数组，则该数组是否会被初始化为 0？如果用 `calloc` 函数分配一个指针数组，则该数组是否被初始化为空指针？

7.7 在 7.6 节末尾处 `size` 命令的输出结果中，为什么没有给出堆和栈的大小？

7.8 为什么 7.7 节中两个文件的大小（879443 和 8378）不等于它们各自文本和数据大小的和？

7.9 为什么 7.7 节中一个简单的程序，使用共享库后其可执行文件的大小变化如此巨大？

7.10 在 7.10 节的末尾，我们说明了为什么函数不能返回一个指向自动变量的指针。下面的程序是否正确？

```
int
f1(int val)
{
    int     num = 0;
    int     *ptr = &num;

    if (val == 0) {
        int     val;

        val = 5;
        ptr = &val;
    }
    return(*ptr + 1);
}
```

8

进程控制

8.1 引言

本章开始介绍 UNIX 系统提供的进程控制机制，其中包括新进程的创建、进程的执行和进程的终止。还将关注作为进程属性的各种 ID——真实的、有效的和已保存的；用户 ID 和组 ID 及它们如何受到进程控制原语的影响。还会介绍解释器脚本文件（shell 脚本）和 `system` 函数。在本章的最后，会介绍大多数 UNIX 系统都会提供的进程记账功能，这让我们可以从不同的角度来了解进程控制机制。

8.2 进程标识符

每个进程都有一个用非负整数（可以为 0）表示的独一无二的进程 ID（也称为 PID）。因为进程 ID 是进程仅有的已知的标识符，并且总是唯一的，所以它经常被用作其他标识符的一部分，以保证唯一性。例如，应用程序有时就将进程 ID 作为文件名的一部分来产生一个唯一的文件名。

虽然进程 ID 是唯一的，但会被复用。随着进程的终止，其进程 ID 将成为复用的候选者。然而，大多数 UNIX 系统实现了延迟复用算法，这使得新创建的进程将被分配不同于最近终止进程所使用的进程 ID。这可以防止一个新进程被误认为是使用相同 ID 的某个已终止的进程。

系统中还有一些特殊的进程，它们的具体细节因实现而异。进程 ID 为 0 的进程通常是调度进程，常被称为交换进程（swapper）。磁盘上没有程序与该进程对应，它是内核的一部分，被称为系统进程。进程 ID 为 1 的进程通常是 init 进程，由内核在引导过程结束时调用。该进程的程序文件在 UNIX 系统的早期版本中为/etc/init，在较新版本中为/sbin/init。此进程负责在引导内核后，启动一个 UNIX 系统。init 进程通常读取系统相关的初始化文件（/etc/rc*文件或/etc/inittab 文件及在/etc/init.d 中的文件），并使系统进入某种状态（如多用户）。init 进程永不消亡。它是一个普通的用户态进程（与交换进程不同，它不是运行于内核态的系统进程），尽管它以超级用户权限执行。本章后文会说明，init 进程是如何成为所有孤儿进程的父进程的。

> 在 Mac OS X 10.4 中，launchd 进程取代了 init 进程，其执行的任务集与 init 相同，但扩展了一些功能。更多关于 launchd 如何运行的论述，可参见 Singh（2006）中 5.10 节的讲解。

每种 UNIX 系统的实现都有它自己的一套内核进程来提供操作系统服务。例如，在某些 UNIX 系统的虚拟内存实现中，进程 ID 2 是页守护进程（pagedaemon），此进程负责支持虚拟内存系统的分页机制。

除了进程 ID 之外，每个进程还有其他的标识符。下面的函数返回这些标识符。

```
#include <unistd.h>

pid_t getpid(void);
                                        返回值：调用进程的进程 ID
pid_t getppid(void);
                                        返回值：调用进程的父进程 ID
uid_t getuid(void);
                                        返回值：调用进程的真实用户 ID
uid_t geteuid(void);
                                        返回值：调用进程的有效用户 ID
gid_t getgid(void);
                                        返回值：调用进程的真实组 ID
gid_t getegid(void);
                                        返回值：调用进程的有效组 ID
```

注意，这些函数都没有错误的返回值。在下一节讨论 fork 函数时，将继续讨论父进程 ID。在 4.4 节中已经讨论了真实和有效的用户 ID 和组 ID。

8.3 fork 函数

现有进程可以通过调用 fork 函数来创建新进程。

```
#include<unistd.h>

pid_t fork(void);
```

返回值：对于子进程，为 0；对于父进程，则为子进程 ID；若出错，则为-1

由 fork 函数创建的新进程被称为子进程。此函数被调用一次，但返回两次。两次返回的唯一区别是，子进程中的返回值为 0，而父进程中的返回值则为新创建子进程的进程 ID。之所以将子进程的进程 ID 返回给父进程，是因为一个进程可以有多个子进程，并且没有任何函数可以让进程获取其子进程的进程 ID。fork 函数向子进程返回 0 的原因是，一个进程只能有一个父进程，子进程总是可以调用 getppid 获取其父进程的进程 ID（进程 ID 0 是预留给内核使用的，如 swapper 交换进程，因此 0 不可能是任何子进程的进程 ID）。

子进程和父进程都继续执行 fork 函数调用的后一条指令。子进程是父进程的副本。例如，子进程获得了父进程的数据段（data space）、堆（heap）和栈（stack）（关于进程的存储空间分布，可参考 7.6 节）的副本。注意，这是系统给子进程的副本。父进程和子进程并不共享这几部分内存空间。然而，父进程和子进程共享正文段（text segment）（参考 7.6 节）。

由于 fork 之后通常跟着 exec，因此，现代系统的实现并不执行父进程数据段、栈和堆的完整副本。取而代之的是，使用一种称为写时复制（COW）的技术。这些区域由父进程和子进程共享，并由内核将其访问权限修改为只读。如果任何一个进程（父进程或子进程）试图修改这些区域，内核就只会复制所修改区域对应的那块内存，通常是虚拟内存系统中的一“页”（page）。Bach（1986）的第 9.2 节和 McKusick（1996）的 5.6 节和 5.7 节对这种特性做了更详细的说明。

某些平台提供了 fork 函数的变体。本书所讨论的 4 个平台都支持下一节即将讨论的 vfork(2) 变体。

Linux 3.2.0 还提供了通过 clone(2) 系统调用创建新进程的功能。这是一种广义形式的 fork，它允许调用者控制父进程和子进程共享的内容。

FreeBSD 8.0 提供了 rfork(2) 系统调用，它类似 Linux 的 clone 系统调用。rfork 调用源自 Plan 9 操作系统，参见 Pike（1995）。

Solaris 10 提供了两个线程库：一个用于 POSIX 线程（pthreads），另一个用于 Solaris 线程。在以前的版本中，fork 的行为在两个线程库中有所不同。对于 POSIX 线程，fork 创建一个仅包含调用线程的进程（Fork-One 模型），但是对于 Solaris 线程，fork 创建了一个进程，它包含调用线程所在进程的所有线程的副本（Fork-all 模型）。在 Solaris 10 中，这种行为发生了变化。无论使用哪个线程库，fork 都只会创建仅包含调用线程副本的子进程。Solaris 还提供了 fork1 函数和 forkall 函数，前者可用于创建仅复制调用线程的进程（Fork-One 模型），后者可用于创建复制进程中所有线程的进程（Fork-all 模型）。线程将在第 11 章和第 12 章中详细讨论。

示例

图 8.1 中的程序演示了 fork 函数，展示了在子进程中对变量的修改并不会影响父进程中变量的值。

```
#include "apue.h"

Int     globvar = 6;        /* 初始化数据段中的外部变量 */
Char    buf[] = "a write to stdout\n";

int
main(void)
{
    int     var;        /* 栈上的自动变量 */
    pid_t   pid;

    var = 88;
    if (write(STDOUT_FILENO, buf, sizeof(buf)-1) != sizeof(buf)-1)
        err_sys("write error");
    printf("before fork\n");    /* 未显式刷新标准输出的缓冲区（未调用 fflush(stdout)） */

    if ((pid = fork()) < 0) {
        err_sys("fork error");
    } else if (pid == 0) {      /* 子进程 */
        globvar++;              /* 修改变量 */
        var++;
    } else {
        sleep(2);               /* 父进程 */
    }
    printf("pid = %ld, glob = %d, var = %d\n", (long)getpid(), globvar,
      var);
    exit(0);
}
```

图 8.1　fork 函数示例

如果执行上述程序，则可得到：

```
$ ./a.out
a write to stdout
before fork
pid = 430, glob = 7, var = 89      子进程的变量值已改变
pid = 429, glob = 6, var = 88      父进程的变量值未改变
$ ./a.out > temp.out
$ cat temp.out
a write to stdout
before fork
pid = 432, glob = 7, var = 89
before fork
pid = 431, glob = 6, var = 88
```

一般来说，我们永远不知道子进程是否先于父进程开始执行，反之亦然。这个顺序取决于内核所使用的调度算法。如果需要子进程和父进程同步它们的动作，则需要某种形式的进程间通信。在图 8.1 所示的程序中，只是简单地让父进程休眠 2 秒，来让子进程先执行。事实上，并不能保证这个延迟时间是足够的，在第 8.9 节讨论竞态条件时将会讨论这种同步方式以及其他类型的同步方式。在第 10.16 节中将展示如何在 fork 之后使用信号来同步父进程和子进程。

当写入标准输出时，会将 buf 的长度减 1 作为写入字节数，以避免写入终止的 null 字节。虽然 strlen 将计算不包括终止 null 字节的字符串的长度，但 sizeof 会计算包含终止 null 字节的缓冲区的大小。另一个不同之处在于，使用 strlen 时需要进行一次函数调用（在程序执行阶段），而 sizeof 则在编译时计算缓冲区的长度，因为缓冲区是用已知字符串初始化的，并且其大小是固定的。

请注意，图 8.1 所示程序中 fork 与 I/O 函数的互动。回顾第 3 章，write 函数是没有缓存区的。因为 write 函数先于 fork 函数被调用，所以其数据被一次性写入标准输出。然而，标准 I/O 库是有缓冲区的。回顾第 5.12 节，如果标准输出连接到终端设备，则它是行缓冲的；否则，它是全缓冲的。当以交互方式运行该程序时，只能得到第一个 printf 行的一次输出（仅打印一次 before fork），这是因为标准输出缓冲区被换行符所刷新（对应行缓冲情况）。然而，当将标准输出重定向到一个文件时，会得到 printf 行的两次输出，其原因是，在第二种情况下，fork 之前的 printf 虽然仅被调用一次，但当 fork 被调用时，该行数据仍保留在缓冲区中，此后，在将父进程的数据空间复制给子进程时（fork 函数执行时），这个缓冲区也会被同步复制。此时，父进程和子进程各有一个标准 I/O 缓冲区，其中包括这行数据。在 exit 之前的第二个 printf，只是将其数据追加到现有缓冲区中。当两个进程终止时，各自缓冲区中的内容都会被写入重定向的文件（temp.out）中。

文件共享

在图 8.1 所示的程序中，当重定向父进程的标准输出时，子进程的标准输出也被重定向了。事实上，fork 的一个特性是，所有由父进程打开的文件描述符都被复制到子进程中。将其称之为“复制”，是因为这就好像为每个描述符都调用了 dup 函数一样。对于每个打开的文件描述符，父进程和子进程均共享相同的文件表项（回顾图 3.9）。

考虑这样一个进程，它为标准输入、标准输出和标准错误打开了三个不同的文件。当从 fork 返回时，可以得到图 8.2 所示的布局。

重要的是，父进程和子进程共享相同的文件偏移量。考虑这样一个进程，它 fork 了一个子进程，然后等待子进程的终止。假设，作为正常处理的一部分，两个进程都将数据写到标准输出。如果父进程的标准输出被重定向（可能是通过 shell），那么当子进程写入标准输出时，父进程的文件偏移量就会被子进程所更新。在这种情况下，子进程可以在父进程等待自己时写入标准输出；而当子进程终止后，父进程可以继续写入标准输出，并且其输出将被追加到子进程所写内容之后。如果父进程和子进程没有共享相同的文件偏移量，则这种形式的交互将难以完成，可能需要父进程显式地操作。

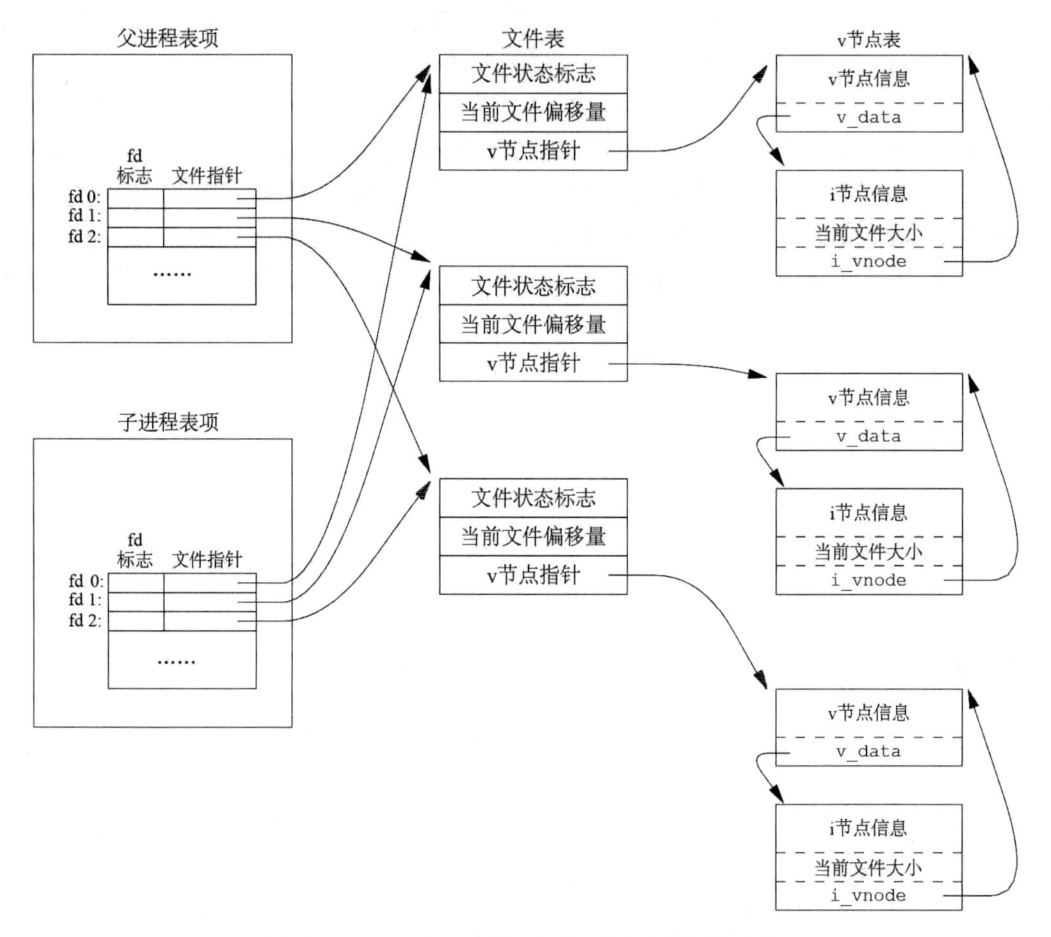

图 8.2　fork 之后，父进程和子进程之间共享打开的文件

如果父进程和子进程写入同一个文件描述符（fd）所指向的文件，却没有任何形式的同步（比如让父进程等待子进程），那么它们的输出将会混在一起（假设这是一个在 fork 之前打开的文件描述符）。虽然图 8.2 所示的情形是可能发生的，但这并不是正常的操作模式。

在 fork 之后，处理文件描述符通常有以下两种情况：

1. 父进程等待子进程完成。在此情况下，父进程无须对其描述符做任何操作。当子进程终止时，任何被子进程读取或写入的共享描述符都将相应地更新其文件偏移量。
2. 父进程和子进程各行其道。在此情况下，在 fork 之后，父进程关闭它不需要的文件描述符，子进程亦然。这样一来，双方都不会干扰对方已打开的文件描述符。这是网络服务进程中惯用的手法。

除了打开的文件之外，子进程也继承了父进程的很多其他属性：

- 真实用户 ID、真实组 ID、有效用户 ID 和有效组 ID
- 附属组 ID
- 进程组 ID
- 会话 ID
- 控制终端
- 设置用户 ID 标识和设置组 ID 标识
- 当前工作目录
- 根目录
- 文件模式创建掩码
- 信号掩码及信号处置
- 任何打开的文件描述符的执行时关闭（close-on-exe）标识
- 环境变量
- 附加共享内存段
- 内存映射
- 资源限制

父进程和子进程的区别如下：

- `fork` 的返回值不同。
- 进程 ID 不同。
- 父进程 ID 不同：子进程的父进程 ID 是其父进程的进程 ID，而其父进程的父进程 ID 不变。
- 子进程的 `tms_utime`、`tms_stime`、`tms_cutime` 和 `tms_cstime` 等值被设置为 0（8.17 节将讨论这些时间）。
- 子进程不会继承父进程的文件锁。
- 子进程的未处理闹钟被清除。
- 子进程的挂起信号（pending signals）集被设置为空集。

其中许多特性尚未讨论过——后面的章节将陆续介绍它们。

`fork` 失败的两个主要原因是：(a）如果系统中已经有太多进程，这通常意味着有其他问题（系统级上限），或者（b）如果此真实用户 ID 的进程总数超过系统限制，回顾一下图 2.11，`CHILD_MAX` 指定了每个真实的用户 ID 的最大并发进程数（用户级上限）。

`fork` 有以下两种用途：

1. 当一个进程希望复制自己，以便父进程和子进程可以同时执行不同的代码段时。这对于网络服务器来说是很常见的——父进程等待来自客户端的服务请求。当请求到达时，父进程调用 fork 并让子进程处理请求，父进程返回等待下一个服务请求的到来。

2. 当一个进程想要执行一个不同的程序时。这对 shell 来说是很常见的。在这种情况下，子进程在从 fork 返回后立即执行 exec（在 8.10 节中将对此进行说明）。

某些操作系统将第二种用途中的两个操作（一个 fork 后跟一个 exec），合并为一个称为 spawn 的操作。UNIX 系统将两者分开，因为在许多情况下，仅调用 fork 而不调用 exec 也很有用。此外，将这两个操作分开允许子进程在 fork 和 exec 之间改变自己的各个进程属性，如 I/O 重定向、用户 ID、信号处置等。在第 15 章中将看到很多这样的例子。

Single UNIX Specification 在高级实时选项组中确实包含了 spawn 接口。然而，这些接口并不打算取代 fork 和 exec。它们旨在支持难以有效实现 fork 的系统，尤其是对内存管理没有硬件支持的系统。

8.4 vfork 函数

函数 vfork 与 fork 具有相同的调用序列和返回值，但这两者的语义不同。

vfork 函数起源于 2.9BSD。有些人认为这个函数有瑕疵，但本书中涉及的所有平台都支持它。事实上，BSD 开发者将它从 4.4BSD 发行版中删除了，但所有从 4.4BSD 衍生的开源 BSD 发行版都在自己的版本中添加了对它的支持。vfork 函数在 SUSv3（Single UNIX Specification 的第 3 版）中被标记为过时的接口，并在 SUSv4 中被完全删除。将其列入此处仅出于历史原因，可移植的应用程序不应该使用它。

vfork 函数旨在创建一个新进程来执行一个新的程序，类似图 1.7 中所示的基本 shell 使用的方法。vfork 函数像 fork 一样创建新的进程，但是不会将父进程的地址空间复制到子进程中。由于子进程在 vfork 之后会立即调用 exec 或 exit，因此它不会引用该地址空间（该结论仅当子进程调用 exec 或 exit 之后才成立。）另一方面，子进程会一直在父进程的地址空间中运行，直到它调用了 exec 或 exit。这种优化在 UNIX 系统的某些实现上更为有效，但如果在此过程中子进程修改任何数据（除了用于保存 vfork 返回值的变量）、进行函数调用，或者在不调用 exec 或 exit 的情况下返回，则将会导致未定义的结果。（正如在前一节中提到的，实现使用写时复制技术来提高 fork 后跟 exec 的效率，但是不复制仍然比部分复制来得要快。）

这两个函数的另一个区别是，vfork 可保证子进程先运行，直到子进程调用了 exec 或 exit。当子进程调用这两个函数之一时，父进程才可能恢复运行。（如果在调用这两个函数中的任何一个之前，子进程依赖于父进程的进一步操作，则会导致死锁。）

示例

图 8.3 中所示的程序是图 8.1 中的程序的修改版本。其中，用 vfork 替换了对 fork 的调用，并删除了对标准输出的 write 操作。此外，也不再需要让父进程调用 sleep，因为可以保证在子进程调用 exec 或 exit 之前，内核会将其置于休眠状态。

```
#include "apue.h"
Int      globvar = 6;          /* 初始化数据段中的外部变量 */
int
main(void)
{
    Int     var;          /* 栈上的自动变量 */
    pid_t  pid;
    var = 88;
    printf("before vfork\n"); /* 未显式刷新标准输出（未调用 fflush(stdout)） */
    if ((pid = vfork()) < 0) {
        err_sys("vfork error");
    } else if (pid == 0) {      /* 子进程 */
        globvar++;              /* 修改父进程的变量 */
        var++;
        _exit(0);               /* 子进程终止 */
    }
    /* 父进程继续执行到此处 */
    printf("pid = %ld, glob = %d, var = %d\n", (long)getpid(), globvar,
      var);
    exit(0);
}
```

图 8.3 vfork 函数示例

执行该程序，可得到如下结果：

```
$ ./a.out
before vfork
pid = 29039, glob = 7, var = 89
```

在此处，子进程对变量的递增将改变父进程中对应变量的值。因为子进程运行在父进程的地址空间中，所以这并不奇怪。然而，这种行为的确与 fork 不同。

请注意，图 8.3 所示的程序调用了_exit 而不是 exit。如 7.3 节所述，_exit 不会对标准 I/O 缓冲区执行任何刷新操作。如果改为调用 exit，则此程序的输出结果是不确定的。因为它取决于标准 I/O 库的实现，所以可能看不到输出有什么不同，或者可能会发现父进程的第一个 printf 的输出消失了。

如果子进程调用 exit，则实现将刷新标准 I/O 流。如果这是库所执行的唯一操作，那么将会看到与子进程调用_exit 所产生的输出没有区别。但是，如果该实现还关闭了标准 I/O 流，则表示标准输出的 FILE 对象的内存将被清除，因为子进程借用了父进程的地址空间，所以当父进程恢复运行并调用 printf 时，不会产生任何输出，printf 也将返回-1。请注意，父进程的 STDOUT_FILENO 仍然有效，因为子进程获得了父进程的文件描述符数组的副本（参见图 8.2）。

> 大多数现代的 exit 实现都不会费心去关闭流。因为进程即将退出，所以内核将关闭进程中打开的所有文件描述符。在库中关闭它们只会增加开销，而不会带来任何好处。

McKusick（1996）的 5.6 节包含关于 fork 和 vfork 实现问题的额外信息。习题 8.1 和 8.2 也将继续讨论 vfork。

8.5 exit 函数

正如在 7.3 节中所描述的，一个进程可以通过 5 种方式正常终止：

1. 在 main 函数中执行 return 语句。正如在 7.3 节中所看到的，这相当于调用 exit。
2. 调用 exit 函数。该函数由 ISO C 定义，其执行的动作包括调用所有退出处理程序（通过调用 atexit 注册的）和关闭所有标准 I/O 流。由于 ISO C 并不处理文件描述符、多进程（父进程和子进程）和作业控制，因此对 UNIX 系统而言，该函数的定义是不完整的。
3. 调用_exit 或_Exit 函数。ISO C 定义_Exit，为进程提供了一种无须运行退出处理程序或信号处理程序即可终止的方法。是否刷新标准 I/O 流取决于实现。在 UNIX 系统上，_Exit 和_exit 是同义的，并不会刷新标准 I/O 流。_exit 函数由 exit 调用并负责处理 UNIX 系统特定的细节。_exit 是由 POSIX.1 定义的。

   > 在大多数 UNIX 系统实现中，exit(3)是标准 C 库中的一个函数，而_exit(2)却是一个系统调用。

4. 进程的最后一个线程在其启动例程中执行 return 语句。然而，线程的返回值不会被用作进程的返回值。当最后一个线程从其启动例程返回时，进程将以终止状态 0 退出。
5. 进程的最后一个线程调用 pthread_exit 函数。与前一种情况类似，在这种情况下，进程的退出状态始终为 0，而不管传递给 pthread_exit 的参数如何。11.5 节将详细介绍 pthread_exit 函数。

异常终止的三种形式如下：

1. 调用 abort。这是下面第（2）项的特例，因为它会产生 SIGABRT 信号。
2. 当进程接收到某些信号时。（第 10 章将对信号进行更详细的描述。）信号可以由进程本身生成（例如，通过调用 abort 函数），也可以由其他进程或内核生成。由内核生成的信号的示例包括进程引用不在其地址空间内的内存位置或试图除以 0。

3. 进程的最后一个线程响应取消请求（如可通过调用 pthread_cancel 向某个线程发出该请求）。默认情况下，取消以延迟的方式进行：一个线程请求取消另一个线程，并且在稍后的某个时间，目标线程终止。11.5 节和 12.7 节将详细讨论取消请求。

无论进程如何终止，最终都会执行内核中的相同代码段。此段内核代码会关闭进程的所有打开的描述符，释放它正在使用的内存等。

对于上述任何一种终止情况，我们都希望终止进程能够通知其父进程它是如何终止的。对于三个退出函数（exit、_exit 和_Exit），这是通过将退出状态作为参数传递给函数来完成的。然而，在异常终止的情况下，内核（而不是进程）生成终止状态来指示其异常终止的原因，在任何情况下，该进程的父进程都可以通过 wait 或 waitpid 函数（将在下一节中介绍）获得其终止状态。

注意，这里区分了退出状态（三个退出函数之一的参数或 main 的返回值）和终止状态。当最终调用_exit 时，退出状态被内核转换为终止状态（请参见图 7.2）。图 8.4 描述了父进程检查子进程终止状态的各种方式。如果子进程正常终止，则父进程可以获取子进程的退出状态。

在描述 fork 函数时，很明显，子进程是在父进程调用 fork 之后才有了父进程。现在正在讨论的是子进程将其终止状态返回给父进程。但是，如果父进程先于子进程终止，又将如何呢？答案是，init 进程将成为其父进程终止的任何进程的父进程。在这种情况下，我们称这个进程已经被 init 进程收养了。通常情况下，每当一个进程终止时，内核都会遍历所有活动进程，以查看终止进程是否是任何仍然存在的进程的父进程。如果是，则将此幸存进程的父进程 ID 更改为 1（init 的进程 ID）。这样，可以保证每个进程都有一个父进程。

需要担心的另一种情况是，子进程在其父进程终止之前终止。如果子进程完全消失，那么当父进程最终准备检查子进程是否已经终止时，是无法获取其终止状态的。内核为每个终止进程保留少量的信息，这样当终止进程的父进程调用 wait 或 waitpid 时，可以获取到这些信息。这些信息至少包括进程 ID、进程的终止状态以及进程占用的 CPU 时间量。内核可以释放进程所使用的所有内存，并关闭其打开的所有文件。在 UNIX 系统的术语中，已经终止但其父进程尚未等待它（对其调用 wait 系列函数）的进程被称为*僵尸进程*（zombie）。ps(1)命令将僵尸进程的状态打印为 Z。如果编写一个长时间运行的程序，它 fork 了许多子进程，那么除非等待它们并获取它们的终止状态，否则它们终止后就会变成僵尸进程。

正如 10.7 节中所描述的，某些系统提供了避免产生僵尸进程的方法。

最后需要考虑的一种情况是，当 init 继承的进程终止时会发生什么？它会变成僵尸进程吗？答案是否定的，因为 init 进程是这样实现的：每当它的一个子进程终止时，init 都会调用一个 wait 函数来获取其终止状态。通过这样做，init 可以防止系统被僵尸进程所阻塞。当谈到“init 的子进程”时，指的可能是 init 直接生成的进程（比如 getty 进程，将在 9.2 节中说明），或者是其父进程已终止，并随后被 init 收养的进程。

8.6 wait 和 waitpid 函数

当进程终止时，无论是正常终止还是异常终止，内核都会通过向其父进程发送 SIGCHLD 信号进行通知。因为子进程的终止是一个异步事件——它可以在父进程运行时的任何时间发生，所以这个信号也是内核向父进程发出的异步通知。父进程可以选择忽略这个信号，也可以提供一个在信号发生时被调用的函数，即信号处理程序。对于该信号，系统的默认动作是忽略它。第 10 章将介绍这些选项。现在，需要知道调用 wait 或 waitpid 的进程可能会：

- 阻塞（如果其所有子进程仍在运行）。
- 立即携带子进程的终止状态返回（如果它的某个子进程已经终止，并正在等待它获取其终止状态）。
- 立即返回错误（如果它没有任何子进程）。

如果进程因为接收到 SIGCHLD 信号而调用 wait，则期望 wait 可以立即返回。但是如果在任意一个随机的时间点调用它，则可能会阻塞。

```
#include <sys/wait.h>

pid_t wait(int *statloc);

pid_t waitpid(pid_t pid, int *statloc, int options);
                                   返回值：成功则为进程 ID，出错则为 0（见下文）
```

这两个函数的区别如下：

- wait 函数可以阻塞调用者直到子进程终止，而 waitpid 有一个选项可以防止它阻塞。
- waitpid 函数并不等待首先终止的子进程，它有许多选项可以控制它所等待的进程。

如果某个子进程已经终止并且是僵尸进程，则 wait 将立即携带该子进程的状态返回。否则，它将阻塞调用者，直到某个子进程终止。如果调用者阻塞并且有多个子进程，则当其中一个终止时，wait 就立即返回。由于 wait 函数返回终止子进程的进程 ID，因此总是能确定是哪个子进程终止了。

对于这两个函数，参数 *statloc* 都是一个指向整型数的指针。如果该参数不是空指针，则终止进程的终止状态会被存储在该参数所指向的内存中。如果不关心终止状态，则只需给此参数传递一个空指针。

传统上，这两个函数返回的整型状态值是由实现定义的，其中某些位指示退出状态（对于正常返回），其他某些位则指示信号编号（对于异常返回），还有一位则指示是否生成了 core 文件（也称为核心转储文件）等。POSIX.1 规定使用<sys/wait.h>中定义的各种宏来查看终止状态。有 4 个互斥的宏用于说明进程是如何终止的，它们的名字都以 WIF 开头。根据这 4 个宏中哪一个值为真，即可配合利用其他宏来获取退出状态、信号编号等。这 4 个互斥的宏如图 8.4 所示。

宏	说明
WIFEXITED(*status*)	若 *status* 由正常终止的子进程返回，则该宏的值为真。在此种情况下，可通过执行 WEXITSTATUS(*status*) 来获取子进程传递给 exit、_exit 或_Exit 的入参的低 8 位
WIFSIGNALED(*status*)	若 *status* 由异常终止的子进程（由于接收到未捕获的信号）返回，则该宏的值为真。在此种情况下，可通过执行 WTERMSIG（*status*） 来获取导致子进程终止的信号编号。 另外，某些实现（非 Single UNIX Specification）定义了宏 WCOREDUMP (*status*) 若产生了终止进程的 core 文件，则该宏的值为真
WIFSTOPPED(*status*)	若 *status* 由当前已经暂停的子进程返回，则该宏的值为真。在此种情况下，可通过执行 WSTOPSIG（*status*） 来获取导致子进程暂停的信号编号
WIFCONTINUED(*status*)	若 *status* 由被作业控制暂停后恢复执行（通常是由于收到 SIGCONT 信号）的子进程返回，则该宏的值为真（XSI 选项；仅适用于 waitpid）

图 8.4　用于检查 wait 和 waitpid 返回的终止状态的宏

在第 9.8 节讨论作业控制时，将讨论如何停止进程。

示例

图 8.5 中的 pr_exit 函数使用图 8.4 中的宏来打印进程终止状态的说明。本书中的许多程序都会调用此函数。注意，如果定义了 WCOREDUMP 宏，则此函数也将处理它。

```
#include "apue.h"
#include <sys/wait.h>

void
pr_exit(int status)
{
    if (WIFEXITED(status))
        printf("normal termination, exit status = %d\n",
                WEXITSTATUS(status));
    else if (WIFSIGNALED(status))
```

```
        printf("abnormal termination, signal number = %d%s\n",
                WTERMSIG(status),
#ifdef WCOREDUMP
                WCOREDUMP(status) ? " (core file generated)" : "");
#else
                "");
#endif
    else if (WIFSTOPPED(status))
        printf("child stopped, signal number = %d\n",
                WSTOPSIG(status));
}
```

图 8.5 打印 exit 状态的说明

FreeBSD 8.0、Linux 3.2.0、Mac OS X 10.6.8 和 Solaris 10 等系统都支持 WCOREDUMP 宏。然而，如果系统定义了 _POSIX_C_SOURCE 常量，则有些平台会隐藏其定义（回顾第 2.7 节）。

图 8.6 所示的程序调用了 pr_exit 函数，展示了终止状态的各种值。

```
#include "apue.h"
#include <sys/wait.h>
int
main(void)
{
    pid_t   pid;
    int     status;

    if ((pid = fork()) < 0)
        err_sys("fork error");
    else if (pid == 0)              /* 子进程 */
        exit(7);

    if (wait(&status) != pid)       /* 等待子进程 */
        err_sys("wait error");
    pr_exit(status);                /* 并且打印其终止状态 */

    if ((pid = fork()) < 0)
        err_sys("fork error");
    else if (pid == 0)              /* 又一个子进程 */
        abort();                    /* 产生 SIGABRT 信号 */

    if (wait(&status) != pid)       /* 等待子进程 */
        err_sys("wait error");
    pr_exit(status);                /* 并且打印其终止状态 */

    if ((pid = fork()) < 0)
        err_sys("fork error");
    else if (pid == 0)              /* 又一个子进程 */
        status /= 0;                /* 通过除 0 运算产生 SIGFPE 信号 */
```

```
    if (wait(&status) != pid)        /* 等待子进程 */
        err_sys("wait error");
    pr_exit(status);                 /* 并且打印其终止状态 */

    exit(0);
}
```

图 8.6 展示各种 exit 状态值

如果运行图 8.6 中的程序，可以得到如下结果：

```
$ ./a.out
normal termination, exit status = 7
abnormal termination, signal number = 6 (core file generated)
abnormal termination, signal number = 8 (core file generated)
```

现在，可以打印来自 WTERMSIG 的信号编号，也可以查看<signal.h>这个头文件来验证 SIGABRT 的值为 6，SIGFPE 的值为 8。在 10.22 节将介绍一种将信号编号映射到描述性名称的可移植方法。

如前所述，如果一个进程有多个子进程，则 wait 将在其中任何一个子进程终止时返回。但是，如果希望等待一个特定的进程终止（假设已知要等待的进程的进程 ID），该怎么办呢？在 UNIX 系统的早期版本中，必须调用 wait 并将返回的进程 ID 与感兴趣的进程 ID 进行比较。如果终止的进程不是想要的进程，则必须保存进程 ID 和终止状态，并再次调用 wait。需要反复这样操作，直到所需进程终止。当需要再次等待一个特定的进程时，将遍历已经终止的进程列表，查看是否已经等待过它，如果没有，则再次调用 wait。实际上，这里需要的是一个等待特定进程的函数。POSIX.1 定义的 waitpid 函数提供了这项功能（以及其他更多功能）。

waitpid 的 *pid* 参数的解释取决于它的值：

pid == −1　等待任意一个子进程。在这方面，waitpid 等价于 wait。

pid > 0　等待进程 ID 为 *pid* 的子进程。

pid == 0　等待进程组 ID 等于调用进程（调用进程是父进程，也即与父进程在同一进程组的意思）ID 的任意子进程。（9.4 节将讨论进程组。）

pid < −1　等待进程组 ID 等于 *pid* 绝对值的任意子进程。

waitpid 函数返回终止的子进程的进程 ID，并将该子进程的终止状态存放在由 *statloc* 指向的内存位置。对于 wait 函数，唯一可能出错的情况是调用进程没有子进程（如果函数调用被信号中断，则可能返回另一个错误。在第 10 章将讨论这个问题）。然而，对于 waitpid 函数，如果指定的进程或进程组不存在，或者指定的进程不是调用进程的子进程，也可能会出错。

options 参数允许我们进一步控制 waitpid 的操作。此参数要么为 0，要么由图 8.7 中的

常量按位或构造而成。

FreeBSD 8.0 和 Solaris 10 支持一个额外但非标准的 *options* 常量 WNOWAIT。它使系统将其终止状态由 waitpid 返回的进程保持在等待状态，以便它可以被再次等待。

常　量	说　明
WCONTINUED	如果实现支持作业控制，则返回由 *pid* 指定的任何被停止后仍在继续执行，但其状态尚未报告的子进程的状态（XSI 选项）
WNOHANG	如果 *pid* 指定的子进程不是立即可用的（如子进程状态未改变等情况），则 waitid 函数将不会被阻塞。在此种情况下，返回值为 0
WUNTRACED	如果实现支持作业控制，则返回由 *pid* 指定的已暂停且自暂停以来未报告其状态的任何子进程的状态。 WIFSTOPPED 宏确定返回值是否对应于一个已暂停的子进程

图 8.7　waitpid 的 *options* 常量

waitpid 函数提供了 wait 函数所没有的三个特性。

1. waitpid 函数允许等待一个特定的进程，而 wait 函数则返回任意一个终止子进程的状态。在讨论 popen 函数时将会涉及这一特性。
2. waitpid 函数提供了一个非阻塞版本的 wait。有时需要获取子进程的状态，但又不想被阻塞，则可使用此函数。
3. waitpid 函数通过 WUNTRACED 和 WCONTINUED 选项提供对作业控制的支持。

示例

回顾一下在第 8.5 节中关于僵尸进程的讨论。如果想编写一个进程，让它 fork 一个子进程，但既不希望它等待子进程完成，也不希望子进程在父进程终止之前变成僵尸进程，那么诀窍就是调用 fork 两次。图 8.8 中的程序实现了这一点。

```
#include "apue.h"
#include <sys/wait.h>

int
main(void)
{
    pid_t   pid;

    if ((pid = fork()) < 0) {
        err_sys("fork error");
    } else if (pid == 0) {      /* 第一个子进程 */
        if ((pid = fork()) < 0)
            err_sys("fork error");
        else if (pid > 0)
            exit(0);  /* 第二次 fork 的父进程（即前面第一个子进程） */
```

```
        /*
         * 此处是第二个子进程；一旦其真正的父进程调用了上一行语句的 exit()，
         * 其父进程就变成了 init 进程。第二个子进程将从这里继续执行，
         * 因为它知道，当其执行完成后，init 将获得它的退出状态。
         */
        sleep(2);
        printf("second child, parent pid = %ld\n", (long)getppid());
        exit(0);
    }

    if (waitpid(pid, NULL, 0) != pid) /* 等待第一个子进程 */
        err_sys("waitpid error");

    /*
     * 执行此处代码的是父进程（原始进程）；
     * 其继续执行，但它并不是第二个子进程的父进程。
     */
    exit(0);
}
```

图 8.8　通过两次调用 fork 来避免产生僵尸进程

在第二个子进程中调用 sleep，以确保第一个子进程在打印父进程 ID 之前终止。在 fork 之后，父进程和子进程都可以继续执行，但是永远无法知道哪一个会先恢复执行。如果在 fork 之后没有让第二个子进程休眠，并且它在其父进程之前先恢复执行，则它打印的父进程 ID 将是其父进程（执行 fork 的进程）的，而不是进程 ID 为 1（init 进程）的。

执行图 8.8 所示的程序，可以得到如下结果：

```
$ ./a.out
$ second child, parent pid = 1
```

请注意，当原始进程（执行 a.out 的进程）终止时，也即第二个子进程打印其父进程 ID 之前，shell 打印其提示符。

8.7 waitid 函数

Single UNIX Specification 包括一个额外的函数 waitid，用于检索进程的终止状态。此函数类似于 waitpid，但提供了额外的灵活性。

```
#include <sys/wait.h>

int waitid(idtype_t idtype, id_t id, siginfo_t *infop, int options);
                                    返回值：若成功，则为 0；若出错，则为-1
```

与 waitpid 一样，waitid 允许进程指定要等待哪些子进程。它使用两个单独的参数表

示要等待的子进程的类型，而不是将此信息编码在与进程 ID 或进程组 ID 结合的单个参数中。*id* 参数基于 *idtype* 的值进行解释。图 8.9 总结了该函数所支持的 *idtype* 类型。

常　量	说　明
P_PID	等待一个特定进程：*id* 包含要等待的子进程的进程 ID
P_PGID	等待特定进程组中的任何子进程：*id* 包含要等待的子进程的进程组 ID
P_ALL	等待任何子进程：*id* 被忽略

图 8.9　waitid 的 *idtype* 常量

options 参数是图 8.10 所示的各标识的按位或运算结果。这些标识指示调用者感兴趣的状态变化。

常　量	说　明
WCONTINUED	等待一个先前已经停止并继续运行的进程，并且尚未报告其状态
WEXITED	等待已经退出的进程
WNOHANG	如果没有可用的子进程退出状态，则立即返回而不是阻塞
WNOWAIT	不要破坏子进程的退出状态。该状态可通过随后调用 wait、waitid 或 waitpid 来获取
WSTOPPED	等待已停止且尚未报告其状态的进程

图 8.10　waitid 的 *options* 常量

必须在 *options* 参数中至少指定 WCONTINUED、WEXITED 或 WSTOPPED 这三者其中之一。

infop 参数是指向 siginfo 结构体的指针。此结构体包含了引起子进程状态变化的生成信号的详细信息。siginfo 结构体将在第 10.14 节中进一步讨论。

> 在本书涉及的四个平台中，Linux 3.2.0、Mac OS X 10.6.8 和 Solaris 10 提供对 waitid 的支持。但是请注意，Mac OS X 10.6.8 并没有在 siginfo 结构体中设置我们期望的所有信息。

8.8　wait3 和 wait4 函数

大多数 UNIX 系统实现提供了两个额外的函数 wait3 和 wait4。从历史上看，这两个变体源自 UNIX 系统的 BSD 分支。唯一一个由这两个函数提供，而 wait、waitid 和 waitpid 等几个函数不能提供的特性是一个额外的参数，该参数允许内核返回已终止进程及其所有子进程使用的资源的摘要。

```
#include    <sys/types.h>
#include    <sys/wait.h>
#include    <sys/time.h>
#include    <sys/resource.h>

pid_t wait3(int *statloc, int options, struct rusage *rusage);

pid_t wait4(pid_t pid, int *statloc, int options, struct rusage *rusage);
                                        返回值：若成功则为进程 ID，否则为-1
```

资源信息包括诸如用户 CPU 时间量、系统 CPU 时间量、缺页异常（page fault）数、接收的信号数等统计信息。更多细节请参阅 `getrusage(2)`手册页（此资源信息与我们在第 7.11 节中描述的资源限制不同）。图 8.11 详细说明了各个 `wait` 函数所支持的各种参数。

函　数	*pid*	*options*	*rusage*	POSIX.1	FreeBSD 8.0	Linux 3.2.0	Mac OS X 10.6.8	Solaris 10
wait				•	•	•	•	•
waitid	•	•		•		•	•	•
waitpid	•	•		•	•	•	•	•
wait3		•	•		•	•	•	•
wait4	•	•	•		•	•	•	•

图 8.11　各种系统中不同 `wait` 函数所支持的参数

Single UNIX Specification 的早期版本中包含 `wait3` 函数。在 SUSv2 中，`wait3` 被移至遗留类别，而 SUSv3 则直接删除了该函数。

8.9 竞态条件

为了达到我们的目的，当多个进程都试图对共享数据执行某些操作，并且最终结果取决于进程的运行顺序时，就会发生竞态条件。如果 `fork` 之后的任何逻辑显式或隐式地依赖于在 `fork` 之后首先运行的是父进程还是子进程，那么 `fork` 函数就成了竞态条件的活跃温床。一般来说，我们无法预测哪个进程先运行。即使我们知道哪个进程将首先运行，但在该进程开始运行之后会发生什么，也取决于系统负载以及内核的调度算法。

在图 8.8 所示的程序中，当第二个子进程打印其父进程 ID 时，可以看到一个潜在的竞态条件。如果第二个子进程先于第一个子进程运行，那么它的父进程将是第一个子进程。但是如果第一个子进程先运行，并且有足够的时间 `exit`，那么第二个子进程的父进程就是 `init` 进程。即使如示例程序中一样调用 `sleep`，也不能保证任何事情。如果系统负载过重，则第二个子进程可能会在 `sleep` 返回后先恢复运行，然后第一个子进程才有机会运行。这种形式的问题可能很难调试，因为它们往往在“大多数时候”都能正常工作。

如果某个进程希望等待子进程终止，则必须调用其中一个 wait 函数。如果一个进程想要等待其父进程终止（如图 8.8 中的程序所示），则可以使用以下形式的循环：

```
while (getppid() != 1)
    sleep(1);
```

这种称为轮询（polling）的循环会浪费 CPU 时间，因为调用者每秒都会被唤醒来测试条件。

为了避免竞态条件和轮询，在多个进程之间需要进行某种形式的通信。信号可以用于此目的，在第 10.16 节中将描述一种实现此目的的方法。也可以使用各种形式的进程间通信（IPC）方式。第 15 章和第 17 章将讨论其中的某些方式。

对于父进程和子进程的关系，经常会遇到如下情况。在 fork 之后，父进程和子进程都有一些事情要做。例如，父进程可能需要用子进程的进程 ID 更新日志文件中的一条记录，而子进程则可能需要为父进程创建一个文件。在此示例中，要求每个进程在完成其初始操作集时通知对方，并各自等待对方完成，然后再继续运行。以下的代码段说明了这种情况。

```
#include "apue.h"

TELL_WAIT();      /* 为 TELL_xxx 和 WAIT_xxx 做准备工作 */

if ((pid = fork()) < 0) {
    err_sys("fork error");
} else if (pid == 0) {              /* 子进程 */

    /* 子进程做一切必要的工作 …… */

    TELL_PARENT(getppid());     /* 通知父进程，自己（子进程）已完成 */
    WAIT_PARENT();              /* 并且等待父进程 */

    /* 子进程继续执行 …… */

    exit(0);
}

/* 父进程做一切必要的工作 …… */
TELL_CHILD(pid);                /* 通知子进程，自己（父进程）已完成 */
WAIT_CHILD();                   /* 并且等待子进程 */

/* 父进程继续执行 …… */

exit(0);
```

假设在头文件 apue.h 中定义了所需的任何变量。这 5 个例程 TELL_WAIT、TELL_PARENT、TELL_CHILD、WAIT_PARENT 和 WAIT_CHILD，可以是宏或函数。

在后面的章节中将介绍实现 TELL 和 WAIT 等例程的各种方法：第 10.16 节将说明使用信号的一种实现，图 15.7 所示的程序将展示使用管道的一种实现。下面来看一个使用这 5 个例程的示例。

示例

图 8.12 中的程序输出两个字符串：一个来自子进程，一个来自父进程。由于输出取决于内核运行这两个进程的顺序以及每个进程运行的时长，因此该程序中包含竞态条件。

```
#include "apue.h"

static void charatatime(char *);

int
main(void)
{
    pid_t   pid;

    if ((pid = fork()) < 0) {
        err_sys("fork error");
    } else if (pid == 0) {
        charatatime("output from child\n");
    } else {
        charatatime("output from parent\n");
    }
    exit(0);
}

static void
charatatime(char *str)
{
    char    *ptr;
    int     c;

    setbuf(stdout, NULL);           /* 设置为非缓冲模式 */
    for (ptr = str; (c = *ptr++) != 0; )
        putc(c, stdout);
}
```

图 8.12　带有竞态条件的程序

这里将标准输出设置为非缓冲模式，因此每个字符输出都会生成一个 write 操作。此示例的目标是使内核尽可能频繁地在两个进程之间切换，以便更好地演示竞态条件。（如果不这样做，可能永远不会看到下面类型的输出。没有看到错误的输出并不意味着不存在竞态条件，这仅仅意味着在这个特定的系统上看不到它而已。）以下的实际输出说明程序的结果会有所变化：

```
$ ./a.out
ooutput from child
utput from parent
$ ./a.out
ooutput from child
utput from parent
$ ./a.out
output from child
output from parent
```

修改图 8.12 中的程序，以使用 TELL 和 WAIT 两个函数。图 8.13 中的程序实现了这一点。每行行首带有+号的行是新增的行。

```
  #include "apue.h"

  static void charatatime(char *);

  int
  main(void)
  {
      pid_t pid;
+     TELL_WAIT();
+
      if ((pid = fork()) < 0) {
          err_sys("fork error");
      } else if (pid == 0) {
+         WAIT_PARENT();    /* 父进程先执行 */
          charatatime("output from child\n");
      } else {
          charatatime("output from parent\n");
+         TELL_CHILD(pid);
      }
      exit(0);
  }

  static void
  charatatime(char *str)
  {
      char   *ptr;
      int    c;
      setbuf(stdout, NULL);          /* 设置为非缓冲模式 */
      for (ptr = str; (c = *ptr++) != 0; )
          putc(c, stdout);
  }
```

图 8.13　修改图 8.12 所示的程序以避免竞态条件

当运行这个程序时，输出结果正如我们期望的那样：这两个进程的输出不会混杂在一起。在图 8.13 所示的程序中，父进程先执行。如果将 fork 之后的行修改为如下代码：

```
} else if (pid == 0) {
    charatatime("output from child\n");
    TELL_PARENT(getppid());
} else {
    WAIT_CHILD();        /* 子进程先执行 */
    charatatime("output from parent\n");
}
```

则子进程会先执行。

习题 8.4 将继续这一示例。

8.10 exec 函数

在 8.3 节中曾提及，fork 函数的用途之一是创建一个新进程（子进程），然后新的进程通过调用某个 exec 函数来执行另一个程序。当进程调用 exec 函数时，该进程将被新程序完全替换，并且新程序将从其 main 函数开始执行。进程 ID 在 exec 期间并不会改变，因为在此过程中没有创建新进程，exec 只是用磁盘上的一个全新程序来替换当前进程（包括正文段 text、数据段 data、堆段 heap 和栈段 stack（关于进程的存储空间分布，可参考 7.6 节）。

有 7 个不同的 exec 函数，但通常简单地称它们为“exec 函数”，这意味着可以使用这 7 个函数中的任何一个。这 7 个函数完善了 UNIX 系统的进程控制原语。使用 fork，可以创建新的进程，而使用 exec 函数，可以启动新的程序。exit 函数和 wait 函数可以处理终止和等待终止。这些是所需要的仅有的几个基本进程控制原语。在后面的章节中将使用这些原语来构造其他函数，如 popen 和 system。

```
#include <unistd.h>

int execl(const char *pathname, const char *arg0, ... /* (char *)0 */ );

int execv(const char *pathname, char *const argv[]);

int execle(const char *pathname, const char *arg0, ...
           /* (char *)0, char *const envp[] */ );

int execve(const char *pathname, char *const argv[], char *const envp[]);

int execlp(const char *filename, const char *arg0, ... /* (char *)0 */ );

int execvp(const char *filename, char *const argv[]);

int fexecve(int fd, char *const argv[], char *const envp[]);

                                返回值：若出错则为-1，若成功则不返回
```

这些函数的第一个区别在于，前 4 个函数采用路径名作为参数，接下来的两个函数则采用文件名作为参数，而最后一个函数则采用文件描述符作为参数。当指定 *filename* 作为参数时：

- 如果 *filename* 中包含斜杠（/），则将其视为路径名；
- 否则，将在 PATH 环境变量所指定的目录中搜索可执行文件。

PATH 变量包含一个由冒号分隔的目录列表，称为路径前缀。例如 *name* = *value* 形式的环境字符串：

```
PATH=/bin:/usr/bin:/usr/local/bin/:.
```

指定了 4 个要搜索的目录。最后一个路径前缀（.）指定了当前目录［零长度前缀也可以表示当前目录，它可以是 *value* 开头的冒号（:）、*value* 行中的双冒号（::）或 *value* 末尾的冒号（:）等三种形式］。

> 出于安全原因，永远不要在搜索路径中包含当前目录。详情可参见 Garfinkel（2003）。

如果 execlp 或 execvp 使用其中一个路径前缀找到一个可执行文件，但该文件不是由链接编译器生成的机器可执行文件，则该函数会假定该文件是 shell 脚本，并尝试用 *filename* 作为 shell 的输入调用/bin/sh。

使用 fexecve 函数，完全避免了查找正确的可执行文件的问题，并依靠调用进程来执行此操作。通过使用文件描述符，调用进程可以验证该文件实际上是预期的文件，并在没有竞争的情况下执行它。否则，具有适当权限的恶意用户可以在找到并验证可执行文件（或可执行文件路径的一部分）之后，但在调用进程执行它之前替换该文件（回顾 3.3 节中关于 TOCTTOU 错误的讨论）。

下一个区别涉及参数列表的传递（l 代表列表，v 代表数组）。函数 execl、execlp 和 execle 要求将新程序的每个命令行参数被指定为单独的参数，并以空指针标记参数列表的结尾。而对于其他四个函数（execv、execvp、execve 和 fexecve），则必须构建一个指向各个参数的指针数组，并以该数组的地址作为这四个函数的参数。

在使用 ISO C 原型之前，表示函数 execl、execle 和 execlp 的命令行参数的正常方法是：

```
char *arg0, char *arg1, .., char *argn, (char *) 0
```

此语法明确表明，在最后的命令行参数之后要跟一个空指针。如果该空指针由常量 0 指定，必须将它强制转换为指针；否则，它将被解释为整型参数。如果该参数与 char * 的长度不同，则 exec 函数的实际参数将是错误的。

最后一个区别涉及向新程序传递环境列表。名称以 e 结尾的三个函数（execle、execve 和 fexecve）允许向其传递一个指向环境字符串指针数组的指针（envp）。但是，其他四个函数则使用调用进程的 environ 变量将现有环境复制到新的程序（回顾第 7.9 节和图

7.8 中对环境字符串的讨论，曾经提到，如果系统支持诸如 setenv 和 putenv 之类的函数，则可以更改当前进程的环境和任何后续子进程的环境，但却不会影响父进程的环境）。通常，进程允许将其环境传播到其子进程，但在某些情况下，进程希望为子进程指定一个特定的环境。后者的一个示例是启动新登录 shell 时的 login 程序。通常，login 会创建一个仅定义了几个变量的特定环境，并允许用户在登录时通过 shell 启动文件向环境添加变量。

在使用 ISO C 原型之前，execle 的参数如下：

```
char *pathname, char *arg0, ..., char *argn, (char *)0, char *envp[]
```

此语法明确地表明，最后一个参数是指向环境字符串的字符指针数组的指针。ISO C 原型没有显示这一点，因为所有命令行参数、空指针和 *envp* 指针都用省略号（...）表示。

这 7 个 exec 函数的参数很难记住。函数名称中的字母对记忆有所帮助。字母 p 表示函数接受 *filename* 作为参数，并使用 PATH 环境变量来查找可执行文件。字母 l 表示函数接受一个参数列表作为参数，并且与字母 v 互斥。v 意味着它接受一个 *argv*[]数组。最后，字母 e 表示函数接受一个 *envp*[]数组，而不是使用当前环境。图 8.14 展示了这 7 个函数之间的差异。

函　数	*pathname*	*filename*	*fd*	参数列表	*argv*[]	environ	*envp*[]
execl	•			•		•	
execlp		•		•		•	
execle	•			•			•
execv	•				•	•	
execvp		•			•	•	
execve	•				•		•
fexecve			•		•		•
（名字中的字母）		p	f	l	v		e

图 8.14　7 个 exec 函数之间的区别

每个系统对参数列表和环境列表的总长度都有限制。从第 2.5.2 节和图 2.8 中可以看出，此限制由 *ARG_MAX* 给出。在 POSIX.1 系统上，该值必须至少为 4096 字节。当使用 shell 的文件名扩展功能来生成文件名列表时，有时会遇到此种限制。例如，在某些系统上，命令

```
grep getrlimit /usr/share/man/*/*
```

可能会产生如下形式的 shell 错误：

```
Argument list too long
```

从历史上看，早期 System V 实现中的限制是 5120 字节。早期 BSD 系统中的限制为 20 480 字节。当前系统中的限制要高得多。（参见图 2.14 中程序的输出，图 2.15 对其进行了总结。）

为了避开参数列表长度的限制，可以使用 xargs(1) 命令来分解长参数列表。要在系统的手册页中查找所有出现的 getrlimit，可以使用：

```
find /usr/share/man -type f -print | xargs grep getrlimit
```

但是，如果系统中的手册页是压缩的，则可以尝试：

```
find /usr/share/man -type f -print | xargs bzgrep getrlimit
```

此处，使用 find 命令的-type f 选项来限制列表，使其仅包含普通文件。因为 grep 命令不能对目录做模式搜索，并且也希望可以避免不必要的错误消息。

前文曾经提到过，进程 ID 在 exec 之后并不会改变，但是新程序继承了调用进程的附加属性：

- 进程 ID 和父进程 ID
- 真实用户 ID 和真实组 ID
- 附属组 ID
- 进程组 ID
- 会话 ID
- 控制终端
- 闹钟剩余时间（闹钟是指 alarm 设置的定时器）
- 当前工作目录
- 根目录
- 文件模式创建掩码
- 文件锁
- 进程信号掩码
- 挂起信号
- 资源限制
- nice 值（在符合 XSI 的系统上；参见第 8.16 节）
- tms_utime、tms_stime、tms_cutime 即 tms_cstime 的值

对打开文件的处理取决于每个描述符的执行时关闭（close-on-exec）标识的值。回忆一下图 3.7 和 3.14 节中提到的 FD_CLOEXEC 标识，进程中每个打开的文件描述符都有一个执行时关闭标识。如果设置了此标识，则描述符将在 exec 执行过程中关闭，否则，描述符将保持打开状态。默认情况下，除非使用 fcntl 专门设置执行时关闭标识，否则描述符会在 exec 之后仍保持打开状态。

POSIX.1 明确要求在 exec 中关闭打开的目录流（回顾 4.22 节中的 opendir 函数），这通常是通过 opendir 函数调用 fcntl 来为对应于打开目录流的描述符设置执行时关闭标识来完成的。

请注意，真实用户 ID 和真实组 ID 在整个 exec 过程中保持不变，但有效 ID 可能会发生变化，这取决于所执行的程序文件的设置用户 ID 和设置组 ID 标识位的状态。如果为新程序设置了设置用户 ID 标识，则有效用户 ID 会变成程序文件的所有者 ID，否则，有效用户 ID 不会改变（它不会被设置为真实用户 ID）。组 ID 的处理方式与此相同。

在许多 UNIX 系统实现中，这 7 个函数中只有 execve 是内核中的系统调用，其他 6 个只是最终调用此系统调用的库函数。这 7 个函数之间的关系，如图 8.15 所示。

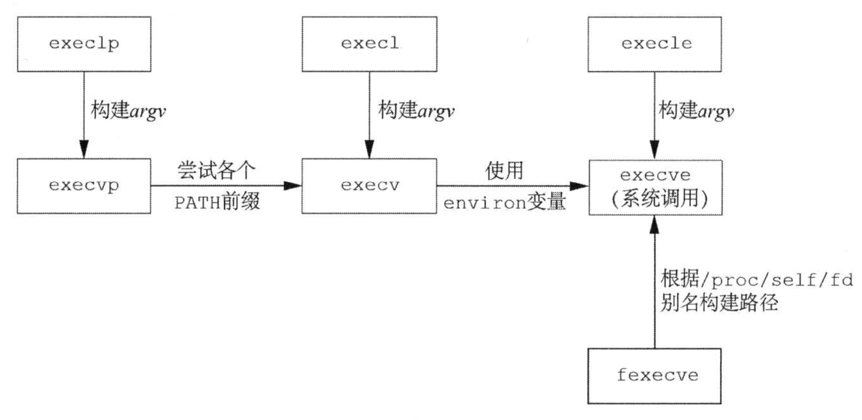

图 8.15 7 个 exec 函数的关系

在这种安排下，库函数 execlp 和 execvp 使用 PATH 环境变量，查找第一个包含名为 *filename* 的可执行文件的路径前缀。fexecve 库函数使用/proc 将文件描述符参数转换为一个路径名，之后，execve 使用该路径名来执行程序。

这里所描述的是 fexecve 函数在 FreeBSD 8.0 和 Linux 3.2.0 中的实现方式。其他系统可能采用不同的方法。例如，没有/proc 或/dev/fd 的系统可以将 fexecve 实现为系统调用，并把文件描述符参数转换为 i 节点（i-node）指针，将 execve 也实现为系统调用，并把路径名参数转换为一个 i 节点指针。之后，将 execve 和 fexecve 共有的所有其余 exec 代码放在单独的函数中，并把要执行的文件的 i 节点指针作为入参来调用此函数。

示例

图 8.16 中的程序演示了 exec 函数。

```
#include "apue.h"
#include <sys/wait.h>

char    *env_init[] = { "USER=unknown", "PATH=/tmp", NULL };

int
main(void)
```

```
{
    pid_t   pid;
    if ((pid = fork()) < 0) {
        err_sys("fork error");
    } else if (pid == 0) {  /* specify pathname, specify environment */
        if (execle("/home/sar/bin/echoall", "echoall", "myarg1",
                "MY ARG2", (char *)0, env_init) < 0)
            err_sys("execle error");
    }
    if (waitpid(pid, NULL, 0) < 0)
        err_sys("wait error");

    if ((pid = fork()) < 0) {
        err_sys("fork error");
    } else if (pid == 0) { /* specify filename, inherit environment */
        if (execlp("echoall", "echoall", "only 1 arg", (char *)0) < 0)
            err_sys("execlp error");
    }
    exit(0);
}
```

图8.16　exec 函数示例

这里首先调用的是 execle，它需要一个路径名和一个特定的环境。接着调用的是 execlp，它使用文件名作为参数，并将调用者的环境传递给新程序。对 execlp 的调用可以正常工作的唯一原因是，目录/home/sar/bin 是当前路径的前缀之一。另请注意，此处将新程序中的第一个参数 argv[0] 设置为路径名的文件名部分。某些 shell 将此参数设置为完整的路径名。这只是一个惯例，实际上可以将 argv[0]设置为我们喜欢的任意字符串。login 命令在执行 shell 时执行此操作。在执行 shell 之前，login 向 argv[0]添加一个短横线（-）作为前缀，以向 shell 表明它正在作为登录 shell 被调用。登录 shell 将执行启动配置文件中的命令，而非登录 shell 则不会。

图 8.16 所示的程序中执行两次的程序 echoall 如图 8.17 所示。这是一个简单的程序，它回显其所有命令行参数和整个环境列表。

```
#include "apue.h"

int
main(int argc, char *argv[])
{
    int         i;
    char        **ptr;
    extern char **environ;

    for (i = 0; i < argc; i++)      /* 回显所有命令行参数 */
        printf("argv[%d]: %s\n", i, argv[i]);

    for (ptr = environ; *ptr != 0; ptr++)  /* 回显所有环境字符串 */
```

```
        printf("%s\n", *ptr);

    exit(0);
}
```

图 8.17 回显所有命令行参数及环境字符串

执行图 8.16 中的程序，可得到以下结果：

```
$ ./a.out
argv[0]: echoall
argv[1]: myarg1
argv[2]: MY ARG2
USER=unknown
PATH=/tmp
$ argv[0]: echoall
argv[1]: only 1 arg
USER=sar
LOGNAME=sar
SHELL=/bin/bash
                              此处省略 47 行
HOME=/home/sar
```

请注意，shell 提示符出现在从第二个 exec 打印 argv[0]之前。之所以发生这种情况，是因为父进程没有等待此子进程完成。

8.11 更改用户 ID 和用户组 ID

在 UNIX 系统中，特权（如能够更改系统的当前日期）和访问控制（如能够读取或写入特定文件）都是基于用户 ID 和组 ID 来实施的。当程序需要额外的特权或需要访问当前不允许访问的资源时，它们需要将其用户 ID 或组 ID 更改为具有相应特权或访问权限的 ID。类似地，当程序需要降低其特权或阻止对某些资源的访问时，它们通过将其用户 ID 或组 ID 更改为没有相应特权或不具备对资源的访问权限的 ID 来实现。

通常，在设计应用程序时，应尽量使用最小权限模型。根据这个模型，程序应该使用完成给定任务所需的最小权限。这可以降低恶意用户试图欺骗我们的程序以非预期的方式使用其特权而危及安全的风险。

可以使用 setuid 函数设置真实用户 ID 和有效用户 ID。类似地，可以使用 setgid 函数设置真实组 ID 和有效组 ID。

```
#include <unistd.h>
int setuid(uid_t uid);
int setgid(gid_t gid);
                                        返回值：成功为 0，失败为-1
```

对于谁可以更改 ID，有相应的规定。现在只考虑用户 ID（对用户 ID 所述内容同样也适用于组 ID）。

1. 如果进程拥有超级用户特权，则 setuid 函数将真实用户 ID、有效用户 ID 以及保存的设置用户 ID 设置为 *uid*。
2. 如果进程没有超级用户特权，但 *uid* 等于真实用户 ID 或保存的设置用户 ID，则 setuid 仅将有效用户 ID 设置为 *uid*。真实用户 ID 或保存的设置用户 ID 保持不变。
3. 如果上述这两个条件都不满足，则将 errno 设置为 EPERM 并返回-1。

在这里，假设_POSIX_SAVED_IDS 为真。如果未提供此功能，则前面所提到的关于保存的设置用户 ID 的部分都将作废。

在 POSIX.1 的 2001 版中，保存的 ID 是一个强制性的特性。而在其较早版本中，它们是可选的。若要查看某种实现是否支持此功能，应用程序可以在编译时测试常量_POSIX_SAVED_IDS，或者在运行时使用_SC_SAVED_IDS 参数调用 sysconf。

下面就内核维护的三个用户 ID 做一些说明。

1. 只有超级用户进程才能更改真实用户 ID。通常，真实用户 ID 是在用户登录时由 login(1)程序设置的，并且永远不会更改。由于 login 是一个超级用户进程，因此它在调用 setuid 时会设置所有三个用户 ID。
2. 仅当为程序文件（可执行文件）设置了设置用户 ID 位时，exec 函数才会设置有效用户 ID。如果未设置设置用户 ID 位，则 exec 函数会将有效用户 ID 保留为其当前值。可以随时调用 setuid，将有效用户 ID 设置为真实用户 ID 或保存的设置用户 ID。当然，不能将有效的用户 ID 设置为任何随机值。
3. 保存的设置用户 ID 由 exec 从有效的用户 ID 复制而来。如果设置了文件的设置用户 ID 位，则在 exec 以文件的用户 ID 去覆盖有效用户 ID 后，保存此副本。

图 8.18 总结了可以更改这三个用户 ID 的各种方式。

ID	exec		setuid(*uid*)	
	设置用户 ID 位关	设置用户 ID 位开	超级用户	非特权用户
真实用户 ID	不变	不变	设为 *uid*	不变
有效用户 ID	不变	设置为程序文件的用户 ID	设为 *uid*	设为 *uid*
保存的设置用户 ID	复制自有效用户 ID	复制自有效用户 ID	设为 *uid*	不变

图 8.18 修改三个用户 ID 的不同方法

注意，通过 8.2 节中的 getuid 和 geteuid 函数只能获得真实用户 ID 和有效用户 ID 的当前值，但没有可移植的方法来获取保存的设置用户 ID 的当前值。

FreeBSD 8.0 和 Linux 3.2.0 提供了 getresuid 和 getresgid 函数，可分别用于获取保存的设置用户 ID 和保存的设置组 ID。

setreuid 和 setregid 函数

从历史上看，BSD 支持用 setreuid 函数交换真实用户 ID 和有效用户 ID 的值。

```
#include <unistd.h>

int setreuid(uid_t ruid, uid_t euid);

int setregid(gid_t rgid, gid_t egid);
```

返回值：成功为 0，失败为-1

也可以为其中任何一个参数提供值-1，以指示相应的 ID 应该保持不变。

规则很简单：非特权用户始终可以交换真实用户 ID 和有效用户 ID。这允许设置用户 ID 程序能切换成用户的正常权限，并在以后进行设置用户 ID 操作时再交换回来。当 POSIX.1 引入保存的设置用户 ID 特性时，该规则得到了增强，允许非特权用户将其有效用户 ID 设置为其保存的设置用户 ID。

setreuid 和 setregid 都包含在 POSIX.1 的 XSI 选项中。因此，所有 UNIX 系统实现都应该提供对它们的支持。

4.3BSD 没有如前所述的保存的设置用户 ID 特性，而是使用 setreuid 和 setregid 来代替。这允许非特权用户交换这两个值。但是，请注意，当使用此特性的程序生成一个 shell 时，必须在 exec 之前将真实用户 ID 设置为普通用户 ID。如果没有这样做，那么真实用户 ID 可能会获得特权（由于 setreuid 做的交换操作），并且 shell 进程可以调用 setreuid 来交换这两个 ID，并获得更高特权用户的权限。作为解决此问题的防御性编程措施，程序可以在子进程调用 exec 之前将真实用户 ID 和有效用户 ID 都设置为普通用户 ID。

seteuid 和 setegid 函数

POSIX.1 包含 seteuid 和 setegid 两个函数。这些函数与 setuid 和 setgid 类似，但只更改有效用户 ID 或有效组 ID。

```
#include <unistd.h>
int seteuid(uid_t uid);
int setegid(gid_t gid);
```

返回值：成功为 0，失败为-1

非特权用户可以将其有效用户 ID 设置为其真实用户 ID 或保存的设置用户 ID。对于特权用户，仅将有效用户 ID 设置为 *uid*（此行为不同于 setuid 函数，后者会更改所有三个用户

ID）。

图 8.19 总结了在这里描述的修改三个用户 ID 的所有函数。

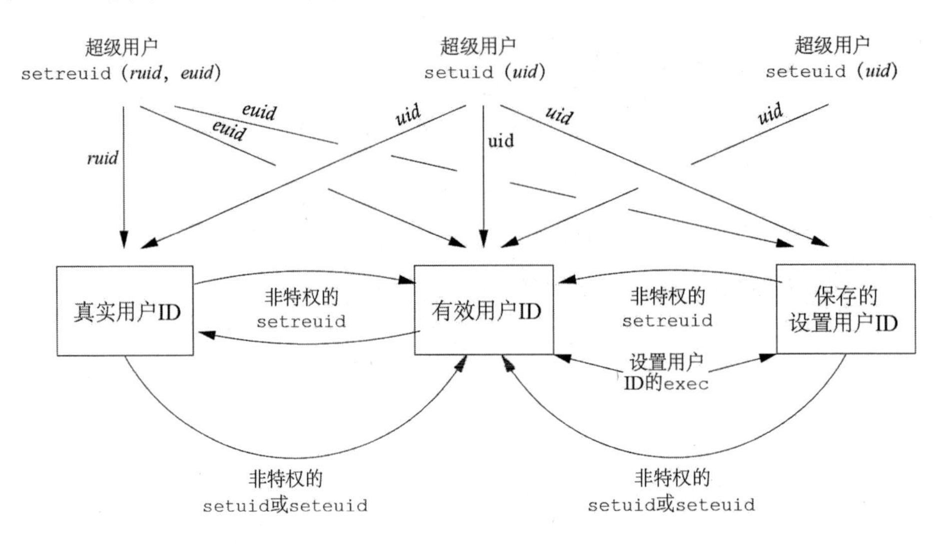

图 8.19　设置各种用户 ID 的所有函数的总结

组 ID

到目前为止，在本节中所说的一切也以类似的方式适用于组 ID。补充组 ID 不受 setgid、setregid 或 setegid 等函数的影响。

示例

为了了解保存的设置用户 ID 特性的用法，先来看一下使用它的程序的运行情况。我们将研究 at(1)程序，它用于安排某些命令在将来某个时刻运行。

在 Linux 3.2.0 上安装的 at 程序，其设置用户 ID 对应 daemon 用户，而在 FreeBSD 8.0、Mac OS X 10.6.8 和 Solaris 10 上，其设置用户 ID 对应 root 用户。这允许 at 命令可以对守护进程所拥有的特权文件进行写入操作，而该守护进程将代表运行 at 命令的用户运行这些命令。在 Linux 3.2.0 上，该程序由 atd(8)守护进程运行。在 FreeBSD 8.0 和 Solaris 10 上，该程序由 cron(1M) 守护程序运行。在 Mac OS X 10.6.8 上，该程序由 launchd(8)守护程序运行。

为了防止被欺骗运行不允许运行的命令，或者读取或写入不允许访问的文件等，at 命令和最终代表用户运行命令的守护进程必须在权限集之间切换：用户特权和守护进程特权。为此，将执行以下步骤。

1. 假设 at 程序文件由 root 拥有，并且设置了设置用户 ID 位，那么当运行此程序时，可以得到下面的结果：
   真实用户 ID = 用户 ID（未改变）
   有效用户 ID = root
   保存的设置用户 ID = root
2. at 命令首先要做的是降低它的特权，使它以用户特权运行。它调用 seteuid 函数将有效用户 ID 设置为真实用户 ID。在这之后，可得到：
   真实用户 ID = 用户 ID（未改变）
   有效用户 ID = 用户 ID
   保存的设置用户 ID = root（未改变）
3. at 程序一直以用户特权运行，直到它需要访问配置文件（这些配置文件控制要运行哪些命令及它们需要运行的时间）。这些文件属于将为用户运行命令的守护进程。at 命令调用 seteuid 将有效用户 ID 设置为 root。之所以允许这个调用，是因为 seteuid 的参数等于保存的设置用户 ID（这就是需要保存的设置用户 ID 的原因）。此时，可得到：
   真实用户 ID = 用户 ID（未改变）
   有效用户 ID = root
   保存的设置用户 ID = root（未改变）
   因为有效用户 ID 是 root，所以允许访问文件。
4. 修改文件以记录要运行的命令及其运行时间之后，at 命令通过调用 seteuid 将其有效用户 ID 设置为用户 ID 来降低其特权。这可以防止任何意外的特权滥用。此时，可以得到：
   真实用户 ID = 用户 ID（未改变）
   有效用户 ID = 用户 ID
   保存的设置用户 ID = root（未改变）
5. 守护进程以 root 权限开始运行。为了代表用户运行命令，守护进程首先调用 fork，接着子进程调用 setuid 将其用户 ID 更改为用户 ID。因为子进程以 root 权限运行，所以这将更改所有 ID。至此，可以得到：
   真实用户 ID = 用户 ID
   有效用户 ID = 用户 ID
   保存的设置用户 ID = 用户 ID

现在，守护进程可以安全地代表用户执行命令，因为它只能访问用户通常可以访问的文件，且没有额外的权限。

通过这种方式使用保存的设置用户 ID，可以仅在需要提升特权时使用程序文件的设置用户 ID 授予的额外特权。但是，在其他任何时间，该进程都以正常权限运行。如果不能在最后阶段切换回保存的设置用户 ID，可能会在整个运行过程中（这里指前面的第（5）步，守护进程代表用户执行命令的阶段）保留额外的权限（这是在自找麻烦）。

8.12 解释器脚本文件

所有当代的 UNIX 系统都支持解释器（各种 shell 及诸如 awk、sed、Perl、Python 和 Ruby 等之类的程序都属于解释器）脚本文件（interpreter files）。这种文件是文本文件，其起始行是如下形式的：

#! *pathname* [*optional-argument*]

感叹号和 *pathname* 之间的空格是可选的。这些解释器脚本文件最常见的是以下面这行代码开头的：

```
#!/bin/sh
```

pathname 通常是一个绝对路径名，因为没有对其进行特殊操作（即解释 *pathname* 时，不使用 `PATH` 环境变量）。对这种文件的识别是作为处理 `exec` 系统调用的一部分在内核中完成的。内核实际执行的文件并不是解释器脚本文件，而是解释器脚本文件的第一行中由 *pathname* 所指定的文件（通常是一个应用程序，如 shell）。请注意区分解释器脚本文件和解释器，前者是以`#!`开头的文本文件，后者是由解释器文件第一行的 *pathname* 所指定的文件。

请注意，系统对解释器文件的第一行有长度限制。此限制包括`#!`、*pathname*、可选参数、终止换行符以及任何空格。

> 在 FreeBSD 8.0 上，此限制为 4097 字节。在 Linux 3.2.0 上，此限制为 128 字节。Mac OS X 10.6.8 支持 513 字节的限制，而 Solaris 10 将限制设置为 1024 字节。

示例

让我们看一个示例，从中不难了解当被执行的文件是一个解释器脚本文件，并且该文件的第一行有可选参数时，内核如何处理 `exec` 函数（本例中的 `execl` 函数属于 `exec` 族）的参数。图 8.20 中的程序执行了一个解释器脚本文件。

```
#include "apue.h"
#include <sys/wait.h>

int
main(void)
{
    pid_t   pid;
```

```
    if ((pid = fork()) < 0) {
        err_sys("fork error");
    } else if (pid == 0) {          /* 子进程 */
        if (execl("/home/sar/bin/testinterp",
                  "testinterp", "myarg1", "MY ARG2", (char *)0) < 0)
            err_sys("execl error");
    }
    if (waitpid(pid, NULL, 0) < 0) /* 父进程 */
        err_sys("waitpid error");
    exit(0);
}
```

图 8.20 执行解释器脚本文件的程序

下面显示了图 8.20 中所执行的单行解释器脚本文件的内容，以及运行该程序得到的结果：

```
$ cat /home/sar/bin/testinterp
#!/home/sar/bin/echoarg foo
$ ./a.out
argv[0]: /home/sar/bin/echoarg
argv[1]: foo
argv[2]: /home/sar/bin/testinterp
argv[3]: myarg1
argv[4]: MY ARG2
```

程序 echoarg（解释器）只是回显它的每个命令行参数（即图 7.4 中所示的程序）。请注意，当内核执行（本例中是通过 execl 函数）解释器（/home/sar/bin/echoarg）时，argv[0] 对应解释器的 *pathname*，argv[1] 对应解释器文件的可选参数。其余参数为 *pathname*（/home/sar/bin/testinterp）以及图 8.20 所示程序中调用的 execl 的第二个和第三个参数（myarg1 和 MY ARG2）。调用 execl 时，argv[1] 和 argv[2] 都被向右移动了两个位置。请注意，基于 *pathname* 可能包含比第一个参数更多的信息的假设，内核从 execl 调用中获取 *pathname*，而非第一个参数（testinterp）。

示例

解释器 *pathname* 后面的可选参数通常用于为支持此选项的程序指定-f 选项。例如，awk(1) 程序可以按如下方式执行

```
awk -f myfile
```

它告诉 awk 从 myfile 文件中读取 awk 程序。

源自 UNIX System V 的系统通常包含两个版本的 awk 语言。在这些系统上，awk 通常被称为“老 awk”，对应于 Version 7（简称为 V7，UNIX 的第 7 版，发布于 1979 年，是早期 UNIX 系统的重要版本）发布的原始版本。相比之下，nawk（新 awk）包含了许

多增强功能，并且对应于 Aho、Kernighan 和 Weinberger（1988）中描述的语言。此新版本提供了对命令行参数的访问，这正是下面的示例所需要的。Solaris 10 同时提供了这两个版本。

awk 程序是 POSIX 在其 1003.2 标准（该标准现在是 Single UNIX Specification 中基本 POSIX.1 规范的一部分）中包含的实用程序之一，该程序也是基于 Aho、Kernighan 和 Weinberger（1988）中所描述的语言的。

Mac OS X 10.6.8 中的 awk 版本基于贝尔实验室版本（该版本已被置于公有领域，简称 PD，不保留任何权利的一种开源协议）。FreeBSD 8.0 和某些 Linux 发行版附带了名为 gawk 的 GNU awk，它链接到 awk 这个名字。gawk 遵循 POSIX 标准，但也包括其他扩展。由于 gawk 和贝尔实验室版本的 awk 更新，因此它们比 nawk 或上一版的 awk 更受欢迎。

可在解释器脚本文件中使用-f 选项，可以写成：

```
#!/bin/awk -f
(awk 程序跟在解释器文件中)
```

例如，图 8.21 展示了/usr/local/bin/awkexample（一个解释器文件）。

```
#!/usr/bin/awk -f
# Note: on Solaris, use nawk instead
BEGIN {
    for (i = 0; i < ARGC; i++)
        printf "ARGV[%d] = %s\n", i, ARGV[i]
    exit
}
```

图 8.21　作为解释器的 awk 程序

如果路径前缀之一为/usr/local/bin，则可以按如下方式执行图 8.21 中的程序［假定已经打开了该文件的执行位（对应 rwx 权限中的 x，数字权限中的 1，即执行权限）］：

```
$ awkexample file1 FILENAME2 f3
ARGV[0] = awk
ARGV[1] = file1
ARGV[2] = FILENAME2
ARGV[3] = f3
```

当执行/bin/awk 时，其命令行参数为：

```
/bin/awk -f /usr/local/bin/awkexample file1 FILENAME2 f3
```

解释器脚本文件的路径名（/usr/local/bin/awkexample）将被传递给解释器。因为不能指望解释器（本例中的/bin/awk）使用 PATH 变量来定位该脚本文件，因此仅传递路径名的文件名部分（我们向 shell 键入的内容，本例中指 awkexample）是不够的。当 awk 读取解释器脚本文件时，由于#号是 awk 的注释字符，因此它会忽略第一行。

可以使用以下命令来验证上述命令行参数：

```
$ /bin/su                                          成为超级用户
Password:                                          输入超级用户密码
# mv /usr/bin/awk /usr/bin/awk.save                保存源程序
# cp /home/sar/bin/echoarg /usr/bin/awk            临时替换
# suspend                                          使用作业控制挂起超级用户 shell
[1] + Stopped          /bin/su
$ awkexample file1 FILENAME2 f3
argv[0]: /bin/awk argv[1]: -f
argv[2]: /usr/local/bin/awkexample
argv[3]: file1
argv[4]: FILENAME2
argv[5]: f3
$ fg                                               使用作业控制恢复超级用户 shell
/bin/su
# mv /usr/bin/awk.save /usr/bin/awk                恢复源程序
# exit                                             退出超级用户 shell
```

在此示例中，解释器的-f 选项是必需的。如前所述，它告诉了 awk 在哪里查找 awk 程序。如果从解释器脚本文件中删除-f 选项，则当试图运行该脚本文件时，通常会出现一条错误信息。该错误消息的确切文本可能会有所不同，这取决于解释器脚本文件的存储位置以及其余参数是否表示现有文件等因素。由于在这种情况下，命令行参数如下：

```
/bin/awk /usr/local/bin/awkexample file1 FILENAME2 f3
```

于是，awk 试图将字符串/usr/local/bin/awkexample 解释为一个 awk 程序。如果不能向解释器传递至少一个可选的参数（在本例中为-f），则这些解释器脚本文件将只能应用于 shell。

解释器脚本文件是必需的吗？实际上并非如此。它们为用户带来了效率上的提升，但代价是内核中的一些开销（因为识别脚本文件的是内核）。基于以下几点可以看出，解释器脚本文件还是非常有用的。

1. 它们隐藏了某些程序是某种其他语言的脚本的事实。例如，要执行图 8.21 中的程序，只需要使用下面的方式：

   awkexample *optional-arguments*

   而并不需要知道该程序实际上是一个 awk 脚本，否则将不得不以下面的形式执行它：

   awk -f awkexample *optional-arguments*

2. 解释器脚本提高了效率。再次考虑前面的例子。仍然通过将程序封装在 shell 脚本中来隐藏该程序是一个 awk 脚本的事实：

   ```
   awk 'BEGIN {
   ```

```
    for (i = 0; i < ARGC; i++)
        printf "ARGV[%d] = %s\n", i, ARGV[i]
    exit
}' $*
```

这个解决方案的问题在于需要做更多的工作。首先，shell 读取该命令并尝试 execlp 此文件名。由于 shell 脚本是一个可执行文件，但不是机器可执行文件，所以会返回错误，execlp 于是假定该文件是一个 shell 脚本（确实如此）。然后，使用 shell 脚本的路径名作为参数来执行/bin/sh。shell 正确地执行了该脚本，但是为了运行 awk 程序，它会分别调用 fork、exec 和 wait。因此，用 shell 脚本替换解释器脚本会带来更大的开销。

3. 解释器脚本允许使用/bin/sh 以外的 shell 来编写 shell 脚本。当 execlp 发现一个非机器可执行文件的可执行文件时，它必须选择一个 shell 来执行该文件，并且该 shell 总是/bin/sh。然而，使用解释器脚本，则可以简单地写成：

```
#!/bin/csh
（解释器文件中紧跟着 C shell 脚本）
```

同样，如前面所述，可以用/bin/sh 脚本（调用 C shell）封装所有这些内容，但需要更大的开销。

如果这三个 shell 和 awk 没有使用#号作为注释符，则前面所说都不会奏效。

8.13 system 函数

在程序中执行命令字符串非常方便。例如，假设要将时间戳放入某个文件中，可以使用第 6.10 节中介绍的函数来完成：首先，调用 time 函数来获取当前日历时间；其次，调用 localtime 函数将其转换为分解时间（对应 tm 结构体，包含年、月、日、时、分、秒、周几、该年第几天等信息）；再次，调用 strftime 函数来格式化结果，最后将结果写入文件。然而，使用下面的方式实现起来却更加容易：

```
system("date > file");
```

ISO C 定义了 system 函数，但它的操作严重依赖于具体的系统。POSIX.1 包含 system 接口，它扩展了 ISO C 的定义来描述其在 POSIX 环境中的行为。

```
#include <stdlib.h>

int system(const char *cmdstring);
```

返回值：（见下文）

如果 *cmdstring* 为空指针，则仅当命令处理程序可用时，system 函数才返回非零值。此特性可以用于确定给定的操作系统是否支持该函数。在 UNIX 系统中，system 函数总是可用的。

因为 system 函数是通过调用 fork、exec 和 waitpid 三个函数来实现的，因此，有三种类型的返回值：

1. 如果 fork 失败或 waitpid 返回 EINTR 以外的错误，则 system 函数返回-1，并设置 errno 以指示具体的错误。
2. 如果 exec 失败，说明 shell 命令无法执行，则返回值就像 shell 执行了 exit(127)（127 对应 command not found）一样。
3. 否则，fork、exec 和 waitpid 这三个函数都执行成功，并且 system 函数的返回值是 shell 的终止状态，采用为 waitpid 指定的格式（可参考 waitpid 函数的入参 status）。

> 如果 waitpid 被捕获的信号中断，某些早期的 system 实现会返回错误码 EINTR。由于应用程序无法使用任何策略从此类错误中恢复（子进程 ID 对调用者是隐藏的），所以 POSIX 后来增加了如下要求：在这种情况下，system 函数不能返回错误。（10.5 节中将讨论中断的系统调用。）

图 8.22 所示的程序是 system 函数的一个实现。但是有一点，它不能处理信号。在第 10.18 节中将更新此函数使其支持信号处理。

```
#include    <sys/wait.h>
#include    <errno.h>
#include    <unistd.h>

int
system(const char *cmdstring)    /* 无信号处理的版本 */
{
    pid_t   pid;
    int     status;

    if (cmdstring == NULL)
        return(1);      /* 始终需要一个 UNIX 命令处理程序作为入参 */

    if ((pid = fork()) < 0) {
        status = -1;    /* 可能是因为系统线程资源不足 */
    } else if (pid == 0) {                  /* 子进程 */
        execl("/bin/sh", "sh", "-c", cmdstring, (char *)0);
        _exit(127);     /* execl 出错 */
    } else {                                /* 父进程 */
        while (waitpid(pid, &status, 0) < 0) {
            if (errno != EINTR) {
                status = -1; /* waitpid 产生了非 EINTR 的错误码 */
                break;
            }
```

```
        }
    }
    return(status);
}
```

图 8.22　不带信号处理的 system 函数

shell 的-c 选项告诉它将下一个命令行参数（在本例中为 cmdString）作为其命令输入，而不是从标准输入或给定文件中读取。shell 会解析这个以 null 字符结尾的 C 语言字符串，并将其分解为独立的命令行参数。传递给 shell 的实际命令字符串可以包含任何有效的 shell 命令。例如，可以使用<和>进行输入和输出重定向。

如果不使用 shell 来执行该命令，而是尝试自己去执行它，那将会更加困难。首先，需要调用 execlp，而不是 execl，以便像 shell 一样使用 PATH 变量。其次，还必须将以 null 结尾的 C 语言字符串分解为独立的命令行参数，以便调用 execlp。最后，无法使用任何 shell 元字符。

请注意，这里调用的是_exit，而不是 exit。这样做是为了防止任何一个标准 I/O 缓冲区（通过使用 fork 可将这些缓冲区从父进程复制到子进程）在子进程中被刷新。

可以用图 8.23 所示的程序来测试这个版本的 system 函数（pr_exit 函数的定义如图 8.5 所示）。

```
#include "apue.h"
#include <sys/wait.h>

int
main(void)
{
    int      status;

    if ((status = system("date")) < 0)
        err_sys("system() error");

    pr_exit(status);

    if ((status = system("nosuchcommand")) < 0)
        err_sys("system() error");

    pr_exit(status);

    if ((status = system("who; exit 44")) < 0)
        err_sys("system() error");

    pr_exit(status);

    exit(0);
}
```

图 8.23　调用 system 函数

运行结果如下：

```
$ ./a.out
Sat Feb 25 19:36:59 EST 2012
normal termination, exit status = 0      针对 date
sh: nosuchcommand: command not found
normal termination, exit status = 127    针对 nosuchcommand
sar     console    Jan  1  14:59
sar     ttys000    Feb  7  19:08
sar     ttys001    Jan  15 15:28
sar     ttys002    Jan  15 21:50
sar     ttys003    Jan  21 16:02
normal termination, exit status = 44     针对 exit
```

使用 system 而不是直接使用 fork 和 exec 的优点在于，system 会执行所有必需的错误处理和所有必需的信号处理（将展示在 10.18 节中介绍的此函数的下一个版本中）。

早期的系统，包括 SVR3.2 和 4.3BSD，都没有可用的 waitpid 函数，取而代之的是，父进程使用诸如下面的语句等待子进程：

```
while ((lastpid = wait(&status)) != pid && lastpid != -1)
    ;
```

如果调用 system 的进程在调用它之前已经生成了自己的子进程，则会出现问题。因为上面的 while 语句一直在循环，直到 system 生成的子进程终止。所以如果进程的任何其他子进程在 pid 所标识的进程之前终止，那么 while 语句将丢弃这些其他子进程的进程 ID 和终止状态。实际上，无法等待特定的子进程也是 POSIX.1 Rationale（POSIX.1 的一卷）新增 waitpid 函数的理由之一。在 15.3 节中将看到，如果系统没有提供 waitpid 函数，那么 popen 和 pclose 函数也会出现同样的问题。

设置用户 ID 程序

如果从设置用户 ID 程序调用 system 会发生什么？这样做会造成安全漏洞，切勿尝试。图 8.24 展示了一个简单的程序，它仅仅是为使用命令行参数调用 system。

```
#include "apue.h"

int
main(int argc, char *argv[])
{
    int      status;

    if (argc < 2)
        err_quit("command-line argument required");

    if ((status = system(argv[1])) < 0)
        err_sys("system() error");
```

```
    pr_exit(status);

    exit(0);
}
```

图 8.24　使用 system 执行命令行参数

将这个程序编译成可执行文件 tsys。

图 8.25 显示了另一个简单的程序，该程序打印其真实用户 ID 和有效用户 ID。

```
#include "apue.h"

int
main(void)
{
    printf("real uid = %d, effective uid = %d\n", getuid(), geteuid());
    exit(0);
}
```

图 8.25　打印真实用户 ID 和有效用户 ID

将这个程序编译成可执行文件 printuids。运行上述两个程序可得到如下结果:

```
$ tsys printuids                           正常执行，没有特权
real uid = 205, effective uid = 205
normal termination, exit status = 0
$ su                                       成为超级用户
Password:                                  输入超级用户密码
# chown root tsys                          更改所有者
# chmod u+s tsys                           增加设置用户 ID 权限
# ls -l tsys                               验证文件权限和所有者
-rwsrwxr-x   1 root   7888 Feb 25 22:13 tsys
# exit                                     退出超级用户 shell
$ tsys printuids
real uid = 205, effective uid = 0          哎呀，这是一个安全漏洞
normal termination, exit status = 0
```

我们赋予 tsys 程序的超级用户权限在 system 执行 fork 和 exec 之后被保留下来。

> 某些实现通过更改/bin/sh，在有效用户 ID 与实际用户 ID 不匹配时将其重置为实际用户 ID，从而堵住了这个安全漏洞。在这些系统上，前面的示例并不像所示的那样工作。与此正相反，无论程序调用 system 时设置用户 ID 位的状态是什么，都将打印相同的有效用户 ID。

如果某个进程以特殊权限（设置用户 ID 或设置组 ID）运行，并希望生成另一个进程，则应直接使用 fork 和 exec，并确保在调用 fork 之后、在调用 exec 之前更改回普通权限。切勿在设置用户 ID 或设置组 ID 的程序中使用 system 函数。

> 这种警告的原因之一是，system 调用 shell 解析命令字符串，并且 shell 使用其 IFS

变量作为输入字段分隔符。旧版本的 shell 在被调用时没有将该变量重置为正常的字符集。因此，恶意用户可以在调用 system 之前设置 IFS，导致系统执行不同的程序。

8.14 进程记账

大多数 UNIX 系统都提供了进程记账的选项。启用该选项后，内核将在每次进程终止时写入一条记账记录。这些记账记录通常包含少量的二进制数据，其中包括命令名称、使用的 CPU 时间量、用户 ID 和组 ID、启动时间等。在本节中，将仔细研究这些记账记录，这也让我们有机会再次观察进程，并使用第 5.9 节中所介绍的 fread 函数。

任何标准均未对进程记账做相关规定。这样一来，所有的实现都有令人讨厌的差异。例如，Solaris 10 系统上维护的 I/O 计数是以字节为单位的，而 FreeBSD 8.0 和 Mac OS X 10.6.8 则以块为单位进行维护，但却没有对块的大小进行区分，这使得计数值实际上毫无用处。另外，Linux 3.2.0 根本没有维护 I/O 计数。

每个实现也都有自己的一组管理命令，用于处理原始记账数据。例如，Solaris 提供 runacct(1m)和 acctcom (1)两个命令，而 FreeBSD 则提供 sa(8)命令来处理和汇总原始记账数据。

尚未说明的函数（acct）可启用和禁用进程记账功能。此函数的唯一用途是通过 accton(8)命令来操作（它恰好是几种平台间为数不多的相似之处之一）。超级用户执行带有路径名参数的 accton 命令来启用记账。记账记录被写入指定的文件中。该文件在 FreeBSD 和 Mac OS X 上通常为/var/account/acct；在 Linux 上通常为/var/log/account/pacct；在 Solaris 上通常为/var/adm/pacct。执行不带任何参数的 accton 命令可以关闭记账功能。

记账记录的结构体定义在头文件<sys/acc.h>中。尽管每种系统的实现有所不同，但记账记录的样式大体如下所示：

```
typedef u_short comp_t;  /* 3 位以 8 为底的指数以及 13 位小数 */

struct  acct
{
  char    ac_flag;      /* 标识（参见图 8.26） */
  char    ac_stat;      /* 终止状态（仅限信号和核心转储标识） */
                        /* （仅适用于 Solaris 系统） */
  uid_t  ac_uid;        /* 真实用户 ID */
  gid_t  ac_gid;        /* 真实组 ID */
  dev_t  ac_tty;        /* 控制终端 */
  time_t ac_btime;      /* 启动的日历时间 */
  comp_t ac_utime;      /* 用户 CPU 时间（单位是时钟滴答） */
  comp_t ac_stime;      /* 系统 CPU 时间（单位是时钟滴答） */
```

```
    comp_t ac_etime;     /* 逝去时间 */
    comp_t ac_mem;       /* 内存平均占用率 */
    comp_t ac_io;        /* 传输的字节数（通过读取和写入） */
                         /* 对 BSD 系统而言是块数（block） */
    comp_t ac_rw;        /* 读写的块数（block） */
                         /* 在 BSD 系统中并不存在该字段（BSD 系统中使用 ac_io 字段指代块数） */
    char   ac_comm[8];   /* 命令名称：[8]适用于 Solaris 系统， */
                         /* [10]适用于 Mac OS X 系统，[16]适用于 FreeBSD 系统， */
                         /* [17]适用于 Linux 系统。 */
};
```

在大多数平台上，时间是以时钟滴答为单位记录的，但在 FreeBSD 系统中改为以微秒为单位进行记录。ac_flag 成员记录进程执行期间的某些事件，这些事件如图 8.26 所示。

ac_flag	说　明	FreeBSD 8.0	Linux 3.2.0	Mac OS X 10.6.8	Solaris 10
AFORK	进程是 fork 的结果，但从未调用 exec	•	•	•	•
ASU	进程使用超级用户特权		•	•	•
ACORE	处理转储 core 文件	•	•	•	
AXSIG	进程被信号杀死	•	•	•	
AEXPND	扩展的记账分录				•
ANVER	新的记录格式	•			

图 8.26　记账记录中 ac_flag 的值

记账记录所需的数据（如 CPU 时间和传输的字符数），由内核保存在进程表中，并在创建新进程时初始化，如在 fork 之后的子进程中。当进程终止时，写入每条记账记录。这有两个后果。

第一，无法获得永不终止的进程的记账记录。像 init 这样在系统生命周期内一直运行的进程不会生成记账记录。这也适用于内核守护进程，它们通常不会退出。

第二，记账文件中记录的顺序对应的是进程的终止顺序，而不是它们启动的顺序。为了获得启动的顺序，必须查看记账文件，并按启动的日历时间进行排序。但这种方式并不完善，因为日历时间是以秒为单位的（参见第 1.10 节），并且在任何给定的 1 秒内有可能启动了多个进程。另一方面，逝去的时间却以时钟滴答为单位，其通常在每秒 60 到 128 滴答之间。但是我们并不知道进程的终止时间，所知道的只是启动时间和终止顺序，因此，即使逝去的时间比开始时间更为精确，但根据记账文件中的数据，仍然无法重建各个进程的确切启动顺序。

记账记录对应的是进程，而不是程序。在 fork 之后，而非在执行新程序时，内核会为子进程初始化一条新记录。尽管 exec 不会创建新的记账记录，但是记录中的命令名（对应 ac_comm 字段）会改变，并且 AFORK 标识也会被清除。这意味着，如果有一个由三个程序组成的链——A 执行程序（exec）B，然后 B 执行（exec）程序 C，然后 C 退出（exit）——

则只会写入一条记账记录。记录中的命令名称对应于程序 C，但是，譬如 CPU 时间记录的却是 A、B 和 C 三个程序运行的总和。

示例

为了有一些记账数据可以检查，我们将创建一个测试程序来实现图 8.27 所示的图表。

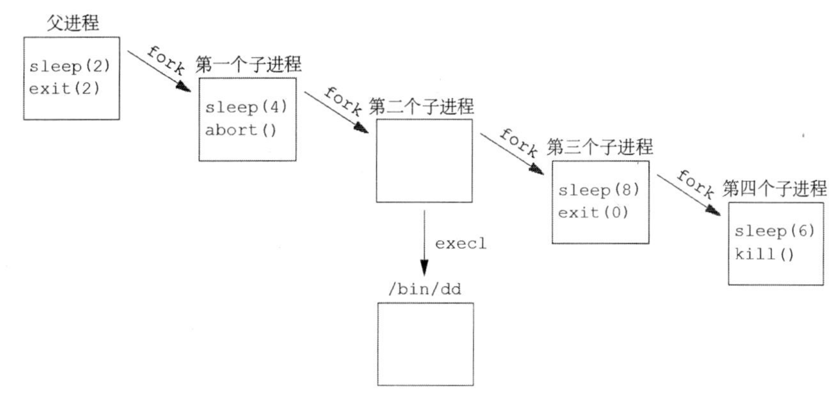

图 8.27 记账示例的进程结构

该测试程序的源代码如图 8.28 所示。它会调用四次 fork。每个子进程都做不同的事情，然后终止。

```
#include "apue.h"

int
main(void)
{
    pid_t pid;

    if ((pid = fork()) < 0)
        err_sys("fork error");
    else if (pid != 0) {        /* 父进程 */
        sleep(2);
        exit(2);                /* 终止，且其退出状态码为 2 */
    }

    if ((pid = fork()) < 0)
        err_sys("fork error");
    else if (pid != 0) {        /* 第一个子进程 */
        sleep(4);
        abort();                /* 终止并生成 core 文件 */
    }

    if ((pid = fork()) < 0)
```

```
        err_sys("fork error");
    else if (pid != 0) {        /* 第二个子进程 */
        execl("/bin/dd", "dd", "if=/etc/passwd", "of=/dev/null", NULL);
        exit(7);                /* 不应该执行到此处 */
    }

    if ((pid = fork()) < 0)
        err_sys("fork error");
    else if (pid != 0) {        /* 第三个子进程 */
        sleep(8);
        exit(0);                /* 正常退出 */
    }

    sleep(6);                   /* 第四个子进程 */
    kill(getpid(), SIGKILL);    /* 被信号终结，不生成 core 文件 */
    exit(6);                    /* 不应该执行到此处 */
}
```

图 8.28　产生记账数据的程序

在 Solaris 上运行此测试程序，然后使用图 8.29 中的程序打印出记账记录中的选定字段。

```
#include "apue.h"
#include <sys/acct.h>

#if defined(BSD)      /* 在 FreeBSD 系统中使用不同的结构体 */
#define acct acctv2
#define ac_flag ac_trailer.ac_flag
#define FMT "%-*.*s e = %.0f, chars = %.0f, %c %c %c %c\n"
#elif defined(HAS_AC_STAT)
#define FMT "%-*.*s e = %6ld, chars = %7ld, stat = %3u: %c %c %c %c\n"
#else
#define FMT "%-*.*s e = %6ld, chars = %7ld, %c %c %c %c\n"
#endif
#if defined(LINUX)
#define acct acct_v3    /* 在 Linux 系统中使用不同的结构体 */
#endif
#if !defined(HAS_ACORE)
#define ACORE 0
#endif

#if !defined(HAS_AXSIG)
#define AXSIG 0
#endif

#if !defined(BSD)
static unsigned long
compt2ulong(comp_t comptime)    /* 将 comp_t 转换为 unsigned long 类型 */
{
    unsigned long val;
    int exp;
```

```
    val = comptime & 0x1fff;     /* 13 位小数 */
    exp = (comptime >> 13) & 7; /* 3 位指数 (0-7)  */
    while (exp-- > 0)
        val *= 8;
    return(val);
}
#endif

int
main(int argc, char *argv[])
{
    struct acct     acdata;
    FILE            *fp;

    if (argc != 2)
        err_quit("usage: pracct filename");
    if ((fp = fopen(argv[1], "r")) == NULL)
        err_sys("can't open %s", argv[1]);
    while (fread(&acdata, sizeof(acdata), 1, fp) == 1) {
        printf(FMT, (int)sizeof(acdata.ac_comm),
            (int)sizeof(acdata.ac_comm), acdata.ac_comm,
#if defined(BSD)
            acdata.ac_etime, acdata.ac_io,
#else
            compt2ulong(acdata.ac_etime), compt2ulong(acdata.ac_io),
#endif
#if defined(HAS_AC_STAT)
            (unsigned char) acdata.ac_stat,
#endif
            acdata.ac_flag & ACORE ? 'D' : ' ',
            acdata.ac_flag & AXSIG ? 'X' : ' ',
            acdata.ac_flag & AFORK ? 'F' : ' ',
            acdata.ac_flag & ASU ? 'S' : ' ');
    }
    if (ferror(fp))
        err_sys("read error");
    exit(0);
}
```

图 8.29 打印系统记账文件中的选定字段

BSD 派生的平台不支持 ac_stat 成员，因此我们在支持该成员的平台上定义了 HAS_AC_STAT 常量。基于特性而不是平台定义的符号使代码的可读性更好，并允许我们通过简单地在编译命令中添加新定义来修改程序。替代方法是使用：

```
#if !defined(BSD) && !defined(MACOS)
```

但当我们将应用程序移植到其他平台时，它会变得难以处理。

我们定义了类似的常量来确定该平台是否支持 ACORE 和 AXSIG 记账标识。不能直接使用标识符号本身，因为在 Linux 上，它们被定义为 enum 值，不能在#ifdef 表达式中使用它们。

为了执行测试，需要进行以下操作：

1. 成为超级用户并使用 accton 命令启用记账功能。请注意，当此命令执行完毕，记账功能应该已经打开，因此，记账文件中的第一条记录应来自此命令。
2. 退出超级用户 shell 并运行图 8.28 中的程序。这应该会将 6 条记录追加到记账文件中：超级用户 shell 一条，父进程一条，4 个子进程各一条。

   第二个子进程中的 execl 并不会创建新进程，因此，第二个子进程只有一条记账记录。
3. 成为超级用户，并关闭记账功能（不带参数执行 accton 命令）。由于此 accton 命令执行结束时，记账功能已关闭，因此它不应该出现在记账文件中。
4. 运行图 8.29 中的程序，打印记账文件中选定的字段。

第 4 步的输出如下所示。这里已经在选定的行中附加了进程的说明，以便稍后讨论。

```
accton    e =      1, chars =    336, stat =   0:      S
sh        e =   1550, chars =  20168, stat =   0:      S
dd        e =      2, chars =   1585, stat =   0:            第二个子进程
a.out     e =    202, chars =      0, stat =   0:            父进程
0a.out    e =    420, chars =      0, stat = 134:   F        第一个子进程
a.out     e =    600, chars =      0, stat =   9:   F        第四个子进程
a.out     e =    801, chars =      0, stat =   0:   F        第三个子进程
```

对于此系统，逝去的时间值是以时钟滴答为单位来衡量的。如图 2.15 所示，该系统每秒产生 100 个时钟滴答。例如，父进程中的 sleep(2)对应于 202 个时钟滴答的逝去时间。对于第一个子进程，sleep(4)变成了 420 个时钟滴答。请注意，进程的休眠时间并不精确（第 10 章将介绍 sleep 函数）。此外，对 fork 和 exit 的调用也需要一定的时间。

请注意，ac_stat 成员并不是进程的真正终止状态，其对应于在 8.6 节中讨论的终止状态的一部分。如果进程异常终止，此字节中的唯一信息是 core 标识位（通常是最高位）和信号编号（通常是低 7 位）。如果进程正常终止，则无法从记账文件中获得其退出（exit）状态。对于第一个子进程，此值为 128+6。128 对应 core 标识位（128 对应的二进制数是 10000000），而 6 正好对应此系统上 SIGABRT 的值，它是调用 abort 产生的。第四个子进程的值 9 对应于 SIGKILL 的值。从记账文件中无法得知父进程的退出（exit）参数是 2，第三个子进程的退出（exit）参数是 0。

dd 进程在第二个子进程中复制的文件/etc/passwd 的大小是 777 字节。而 I/O 的字符数是这个值的两倍多一点，原因是先读入 777 字节，然后写出 777 字节。即使输出到 null 设备，它操作的字节仍会被计算在内。额外的 31 字节来自 dd 命令，用于报告读取和写入的字节的摘要，它也会打印到标准输出（stdout）。

ac_flag 的值正是我们所期望的值。除了执行 execl 的第二个子进程，其余所有子进程

都设置了 F 标识。父进程没有设置 F 标识，是因为执行父进程的交互式 shell 先执行了 fork，然后执行了 a.out 文件。第一个子进程调用 abort，它产生 SIGABRT 信号来生成 core 转储。注意，X 标识和 D 标识都没有开启，因为 Solaris 系统并不支持它们；它们表示的相关信息可以从 ac_stat 字段推导出来。第四个子进程也因信号而终止，但 SIGKILL 信号不会生成 core 转储，它只是终止了该进程。

最后需要说明的是，第一个子进程的 I/O 字符数为 0，但此进程生成了一个 core 文件。不难看出，写 core 文件所需的 I/O 并没有被计入该进程。

8.15 用户标识

任何进程都可以找到其真实用户 ID、有效用户 ID 及组 ID。然而，有时希望找出运行此程序的用户的登录名。这时可以考虑调用 getpwuid (getuid())，但是如果一个用户有多个登录名，而这些登录名对应着同一个用户 ID，那该怎么办呢？（一个用户可能在口令文件中有多个具有相同用户 ID 的条目，以便为每个条目提供不同的登录 shell。）系统通常会记录用户登录时所使用的名字（参见 6.8 节），getlogin 函数提供了获取此登录名的方法。

```
#include <unistd.h>

char *getlogin(void);
```

返回值：成功则为指向登录用户名的字符串；出错则为 NULL

如果调用此函数的进程未连接到用户登录到的终端，则此函数会失败。通常将这些进程称为守护进程（daemon），在第 13 章将对此进行讨论。

给定登录名，就可以利用它在口令文件中查找对应用户并确定其登录 shell（例如，使用 getpwnam 函数）。

为了获取登录名，传统的 UNIX 系统会调用 ttyname 函数（参见第 18.9 节），然后尝试在 utmp 文件中查找匹配的条目（参见第 6.8 节）。FreeBSD 和 Mac OS X 将登录名存储在与进程表项相关联的会话结构体中，并提供系统调用来获取和存储此名称。

System V 提供了 cuserid 函数来返回登录名。此函数首先调用 getlogin 函数，如果失败，则调用 getpwuid(getuid()) 函数。IEEE 标准 1003.1-1988 对 cuserid 函数做了规定，但它要求使用有效用户 ID，而不是真实用户 ID。1990 版的 POSIX.1 放弃了 cuserid 函数。

环境变量 LOGNAME 通常由 login(1) 使用用户的登录名初始化，并由登录 shell 继承。然而要意识到，用户可以修改环境变量，因此，绝对不应该使用 LOGNAME 来验证用户，而应该使用 getlogin 函数。

8.16 进程调度

UNIX 系统历来只为进程提供对其调度优先级的粗略控制。最终的调度策略和优先级由内核决定。进程可以通过调整其 nice 值来选择以较低的优先级运行（进程可以很“nice”，并通过调整其 nice 值来减少其 CPU 配额）。只有特权进程被允许提高其调度优先级。

POSIX 中的实时扩展添加了接口，可以在多个调度类之间进行选择并微调其行为。这里只讨论用于调整 nice 值的接口，它们被包含在 POSIX 中的 XSI 扩展选项中。有关实时调度扩展的更多信息，请参阅 Gallmeister（1995）。

在 Single UNIX Specification 中，nice 的取值范围一般是 0~`(2*NZERO)-1`，但某些实现却支持 `0~2*NZERO` 这个范围。nice 值越小，则调度优先级越高。虽然这看起来有些落后，但它实际上是有道理的：你越友好，你的调度优先级就越低。`NZERO` 是系统默认的 nice 值。

> 需要注意的是，不同系统定义 `NZERO` 的头文件是不同的。除了头文件之外，Linux 3.2.0 还可以通过一个非标准的系统 `sysconf` 参数（`_SC_NZERO`）来访问 `NZERO` 的值。

进程可以使用 `nice` 函数获取和修改它的 nice 值。使用此函数，进程只能影响它自己的 nice 值，不能影响任何其他进程的 nice 值。

```
#include <unistd.h>

int nice(int incr);
```
返回值：成功则为新的 nice 值 `NZERO`，否则为`-1`

incr 参数被增加到调用进程的 nice 值上。如果 *incr* 过大，系统会默默地将其降低到最大合法值。同样，如果 *incr* 过小，系统也会默默地将其提高到最小合法值。由于-1 是一个合法的成功返回值，因此需要在调用 `nice` 函数之前对 `errno` 清零，并在 `nice` 函数返回-1 时检查其值。如果 `nice` 调用成功且返回值为-1，那么 `errno` 应仍然为 0。如果 `errno` 不为 0，则表示对 `nice` 函数的调用失败了。

与 `nice` 函数一样，`getpriority` 函数也可以用于获取进程的 nice 值。然而，它还可以获取一组相关进程的 nice 值。

```
#include <sys/resource.h>

int getpriority(int which, id_t who);
```
返回值：成功则为 nice 值（`NZERO~NZERO 1`），失败则为`-1`

which 参数可以接受以下三个值之一：`PRIO_PROCESS` 表示进程，`PRIO_PGRP` 表示进程组，`PRIO_USER` 表示用户 ID。*which* 参数控制如何解释 *who* 参数，而 *who* 参数会选择感兴趣的一个或多个进程。如果 *who* 参数为 0，则表示调用进程、进程组或用户（取决于 *which* 参数的值）。当 *which* 被设置为 `PRIO_USER` 并且 *who* 为 0 时，将使用调用进程的真实用户 ID。当

which 参数应用于多个进程时，将返回所有适用进程的最高优先级（对应最小的 nice 值）。

setpriority 函数可用于设置进程、进程组或属于特定用户 ID 的所有进程的优先级。

```
#include <sys/resource.h>

int setpriority(int which, id_t who, int value);
```
返回值：成功则为 0，失败则为-1

which 和 *who* 这两个参数与 getpriority 函数中对应的参数相同。将 *value* 值增加到 NZERO 上，成为新的 nice 值。

> nice 系统调用起源于 Research UNIX 系统的早期 PDP-11 版本。getpriority 和 setpriority 两个函数源自 4.2BSD。

Single UNIX Specification 将 fork 之后的子进程是否继承 nice 值的问题留给了具体的实现。但是，兼容 XSI 的系统需要在对 exec 的调用时保留 nice 值。

> 在 FreeBSD 8.0、Linux 3.2.0、Mac OS X 10.6.8 和 Solaris 10 等系统中，子进程从其父进程继承 nice 值。

示例

图 8.30 中的程序评估了调整进程的 nice 值的效果。两个进程并行运行，各自递增自己的计数器。父进程使用默认 nice 值运行，子进程使用可选命令参数指定的经过调整的 nice 值运行。运行 10 秒后，两个进程都会打印其计数器的值并退出。通过比较不同 nice 值的进程的计数器值，可以了解 nice 值是如何影响进程调度的。

```
#include "apue.h"
#include <errno.h>
#include <sys/time.h>

#if defined(MACOS)
#include <sys/syslimits.h>
#elif defined(SOLARIS)
#include <limits.h>
#elif defined(BSD)
#include <sys/param.h>
#endif

unsigned long long count;
struct timeval end;

void
checktime(char *str)
{
    struct timeval tv;
```

```
    gettimeofday(&tv, NULL);
    if (tv.tv_sec >= end.tv_sec && tv.tv_usec >= end.tv_usec) {
        printf("%s count = %lld\n", str, count);
        exit(0);
    }
}
int
main(int argc, char *argv[])
{
    pid_t   pid;
    char    *s;
    int     nzero, ret;
    int     adj = 0;

    setbuf(stdout, NULL);
#if defined(NZERO)
    nzero = NZERO;
#elif defined(_SC_NZERO)
    nzero = sysconf(_SC_NZERO);
#else
#error NZERO undefined
#endif
    printf("NZERO = %d\n", nzero);
    if (argc == 2)
        adj = strtol(argv[1], NULL, 10);
    gettimeofday(&end, NULL);
    end.tv_sec += 10;    /* 此处执行 10s */

    if ((pid = fork()) < 0) {
        err_sys("fork failed");
    } else if (pid == 0) {    /* 子进程 */
        s = "child";
        printf("current nice value in child is %d, adjusting by %d\n",
          nice(0)+nzero, adj);
        errno = 0;
        if ((ret = nice(adj)) == -1 && errno != 0)
            err_sys("child set scheduling priority");
        printf("now child nice value is %d\n", ret+nzero);
    } else {        /* 父进程 */
        s = "parent";
        printf("current nice value in parent is %d\n", nice(0)+nzero);
    }
    for(;;) {
        if (++count == 0)
            err_quit("%s counter wrap", s);
        checktime(s);
    }
}
```

图 8.30　评估改变 nice 值的效果

运行该程序两次，一次使用默认的 nice 值，另一次使用最高的有效 nice 值（对应最低调度优先级）。在单处理器 Linux 系统上运行该程序，以展示调度器如何在具有不同 nice 值的进程之间分享 CPU。对于其他空闲的系统，如多处理器系统（或多核 CPU），允许两个进程同时运行，而不需要共享一个 CPU，也就不会看到具有不同 nice 值的两个进程之间有太大差异。

```
$ ./a.out
NZERO = 20
current nice value in parent is 20
current nice value in child is 20, adjusting by 0
now child nice value is 20
child count = 1859362
parent count = 1845338
$ ./a.out 20
NZERO = 20
current nice value in parent is 20
current nice value in child is 20, adjusting by 20
now child nice value is 39
parent count = 3595709
child count = 52111
```

当两个进程具有相同的 nice 值时，父进程占用 50.2%的 CPU，而子进程占用 49.8%的 CPU。请注意，这两个进程实际上是被平等对待的。百分比并不完全相等，因为进程调度并不精确，并且父进程和子进程在计算结束时间和处理循环开始之间执行了不同的处理量。

相比之下，当子进程具有尽可能高的 nice 值（最低优先级）时，可以看到父进程占用 98.5%的 CPU，而子进程仅占用 1.5%的 CPU。这些值将随着进程调度程序使用 nice 值的方式而变化，因此不同的 UNIX 系统将产生不同的占用率。

8.17 进程时间

在第 1.10 节中，描述了可以度量的三种时间：挂钟时间、用户 CPU 时间和系统 CPU 时间。任何进程都可以调用 `times` 函数来获取其自身及其终止的子进程的这些值。

```
include <sys/times.h>

clock_t times(struct tms *buf );
```

返回值：若成功，则返回逝去的挂钟时间（单位：时钟滴答数），否则为-1

此函数填充由 *buf* 指向的 `tms` 结构体，该结构体定义如下：

```
struct tms {
  clock_t tms_utime;    /* 用户 CPU 时间 */
  clock_t tms_stime;    /* 系统 CPU 时间 */
  clock_t tms_cutime;   /* 用户 CPU 时间（已终止的子进程） */
  clock_t tms_cstime;   /* 系统 CPU 时间（已终止的子进程） */
};
```

需要注意的是，该结构体不包含挂钟时间的任何测量值。取而代之的是，每次调用该函数时，它都会返回挂钟时间作为其函数值。此值是从过去的某个任意时刻开始测量的，因此，不能使用其绝对值而要使用其相对值。例如，调用 times 函数并保存其返回值，在稍后的时间，我们再次调用该函数，并用新的返回值减去先前的返回值，差值就是挂钟时间。（对于长时间运行的进程，挂钟时间溢出是有可能的，尽管这种可能性不大，可参见习题 1.5）。

在该结构体中，与子进程相关的两个字段仅包含本进程已经等待到的子进程的值，其中所用的 wait 函数在本章前面讨论过。

此函数所返回的 clock_t 类型的值（单位是时钟滴答数）都将通过每秒时钟滴答数（可由 sysconf 函数调用_SC_CLK_TCK 获得，参见第 2.5.4 节）换算（做除法）为秒。

> 大多数实现都提供了 getrusage(2) 函数，此函数返回 CPU 时间以及其他 14 个指示资源使用情况的值。从历史上看，此函数起源于 BSD 操作系统，因此 BSD 派生的实现通常比其他实现支持更多的字段。

示例

图 8.31 中的程序以 shell 命令字符串的形式执行每个命令行参数，对命令计时并打印 tms 结构体中的值。

```
#include "apue.h"
#include <sys/times.h>

static void pr_times(clock_t, struct tms *, struct tms *);
static void do_cmd(char *);

int
main(int argc, char *argv[])
{
    int i;

    setbuf(stdout, NULL);
    for (i = 1; i < argc; i++)
        do_cmd(argv[i]);    /* 每个命令行参数执行一次 */
    exit(0);
}

static void
do_cmd(char *cmd)       /* 执行 cmd 并计时 */
{
    struct tms  tmsstart, tmsend;
    clock_t     start, end;
    int         status;

    printf("\ncommand: %s\n", cmd);
```

```
    if ((start = times(&tmsstart)) == -1) /* 初始时间 */
        err_sys("times error");

    if ((status = system(cmd)) < 0)       /* 执行命令 */
        err_sys("system() error");

    if ((end = times(&tmsend)) == -1)     /* 结束时间 */
        err_sys("times error");

    pr_times(end-start, &tmsstart, &tmsend);
    pr_exit(status);
}

static void
pr_times(clock_t real, struct tms *tmsstart, struct tms *tmsend)
{
    static long     clktck = 0;

    if (clktck == 0)     /* 如首次进入此函数，则获取每秒的时钟滴答数 */
                         /* （clktck 为 static 变量，因此，多次调用会保持上次的值） */
        if ((clktck = sysconf(_SC_CLK_TCK)) < 0)
            err_sys("sysconf error");

    printf("  real:  %7.2f\n", real / (double) clktck);
    printf("  user:  %7.2f\n",
      (tmsend->tms_utime - tmsstart->tms_utime) / (double) clktck);
    printf("  sys:  %7.2f\n",
      (tmsend->tms_stime - tmsstart->tms_stime) / (double) clktck);
    printf("  child user:  %7.2f\n",
      (tmsend->tms_cutime - tmsstart->tms_cutime) / (double) clktck);
    printf("  child sys:  %7.2f\n",
      (tmsend->tms_cstime - tmsstart->tms_cstime) / (double) clktck);
}
```

图 8.31 计时并执行所有命令行参数

如果运行此程序，可以得到如下结果：

```
$ ./a.out "sleep 5" "date" "man bash >/dev/null"

command: sleep 5
  real:     5.01
  user:     0.00
  sys:      0.00
  child user:     0.00
  child sys:      0.00
normal termination, exit status = 0

command: date
Sun Feb 26 18:39:23 EST 2012
  real:     0.00
  user:     0.00
```

```
  sys:      0.00
  child user:     0.00
  child sys:      0.00
normal termination, exit status = 0

command: man bash >/dev/null
  real:     1.46
  user:     0.00
  sys:      0.00
  child user:     1.32
  child sys:      0.07
normal termination, exit status = 0
```

在前两个命令中，执行速度足够快，以至于可以避免在报告的分辨率下记录任何 CPU 时间。然而，在第三个命令中，运行了一个需要足够处理时间的命令来说明所有的 CPU 时间都出现在子进程中，即 shell 和命令执行的位置。

8.18 小结

深入理解 UNIX 系统的进程控制对于 UNIX 环境高级编程是至关重要的。只需要掌握几个函数：fork、exec 族、_exit、wait 和 waitpid 等。这些原语广泛应用于应用程序中。fork 函数提供了认识竞态条件的机会。

对 system 函数和进程记账的研究使我们重新审视了所有这些进程控制函数。本章还探讨了 exec 函数的另一个变体：解释器文件及其操作方式。理解系统所提供的各种用户 ID 和组 ID（真实的、有效的和保存的）对于编写安全的设置用户 ID 程序至关重要。

基于对单个进程及其子进程的理解，在下一章中，将进一步研究进程和其他进程的关系（即会话与作业控制）。然后，第 10 章中说明的信号机制将终结所有对进程的讨论。

习题

8.1 在说明图 8.3 所示程序的过程中，曾经提到，用 exit 替换_exit 可能会导致标准输出被关闭，并且 printf 返回-1。修改此程序以验证你所使用的系统是否如此。如果并非如此，那么如何处理才能模拟这种行为呢？

8.2 回想一下图 7.6 所示的典型的 C 程序存储空间布局，因为每个函数调用对应的栈帧通常存储在栈中，并且在调用 vfork 之后，子进程运行在父进程的地址空间中，如果对 vfork 的调用来自 main 以外的函数，而子进程在 vfork 执行之后从该函数返回，会发生什么情况？编写测试程序对此进行验证，并画出所发生的情形。

8.3 重写图 8.6 中的程序，使用 waitid 函数代替 wait 函数。不要调用 pr_exit 函数，而是从 siginfo 结构体中确定等价的信息。

8.4 当我们仅执行一次图 8.13 中的程序时，输出如下所示：

```
$ ./a.out
```

其输出结果是正确的。但是，如果多次执行此程序，一次接一次，输出结果则如下所示：

```
$ ./a.out ; ./a.out ; ./a.out
output from parent
ooutput from parent
ouotuptut from child
put from parent
output from child
utput from child
```

输出结果是错误的。发生什么事情了？如何纠正这个问题？如果让子进程先进行输出，这个问题还会发生吗？

8.5 在图 8.20 所示的程序中，调用 execl 函数时，指定了解释器文件的路径名。如果改为调用 execlp 函数，将 *filename*（execlp 的第一个形参名）指定为 testinterp，并且假定目录/home/sar/bin 是路径前缀，那么当运行此程序时，argv[2]将会打印什么内容?

8.6 编写一个程序来创建僵尸进程，然后调用 system 函数执行 ps(1)命令来验证该进程是否是僵尸进程。

8.7 在第 8.10 节中曾提到，POSIX.1 要求通过 exec 函数关闭打开的目录流。按如下方式验证这一点：调用 opendir 打开根目录，查看系统上所实现的 DIR 结构体，并打印执行时关闭标识，然后再次打开同一目录进行读取并打印该标识。

9 进程关系

9.1 序言

我们在第 8 章中了解到，进程之间存在着一定的关系。首先，每个进程都有一个父进程[初始的内核级进程（init 进程）的父进程通常是它自己]。当子进程终止时，将通知父进程，并且父进程可以获得子进程的退出状态。在说明 waitpid 函数时，我们还提到了进程组（参见第 8.6 节），并解释了如何等待进程组中的任何一个进程终止。

在本章中，我们将更详细地介绍进程组及 POSIX.1 引入的会话的概念。我们还将介绍登录时启动的登录 shell 与从该 shell 启动的所有进程之间的关系。

不可能绕开信号来说明这些关系，而探讨信号又需要很多本章介绍的概念。如果你还不熟悉 UNIX 系统的信号机制，那么此时不妨先快速浏览一下第 10 章。

9.2 终端登录

让我们首先看一下登录 UNIX 系统时所执行的各个程序。在早期的 UNIX 系统中，如 V7，用户使用哑终端（使用硬连线连接主机）进行登录。这些终端要么是本地的（直接连接），要么是远程的（通过调制解调器连接）。在这两种情况下，登录都是通过内核中的终端设备驱动程序进行的。例如，PDP-11 上的常见设备是 DH-11 和 DZ-11。一台主机拥有固定数量的终端设备，因此同时登录的数量有一个已知的上限。

随着位图图形终端的出现，窗口系统应运而生，它向用户提供了与主机交互的新方式。创建“终端窗口”的应用程序后来也被开发出来，它模拟了基于字符的终端，并允许用户以熟悉的方式（如 shell 命令行）与主机交互。

如今，某些平台允许你在登录后启动一个窗口系统，而有些平台会自动为你启动窗口系统。在后一种情况下，你可能仍然需要登录，这取决于窗口系统的配置方式（某些窗口系统可以配置为自动登录）。

我们现在描述的过程用于使用终端登录到 UNIX 系统。无论使用哪种类型的终端，过程都是相似的，所用终端可以是基于字符的终端，可以是模拟基于简单的字符终端的图形终端，或是运行窗口系统的图形终端。

BSD 终端登录

BSD 终端登录步骤在过去 35 年中没有太大的变化。系统管理员创建一个文件，通常是 /etc/ttys，每个终端设备占一行，其中每一行都指定了设备的名称和传递给 getty 程序的其他参数。例如，其中有个参数是终端的波特率。当系统启动时，内核创建 ID 为 1 的进程，即 init 进程，正是 init 进程将系统启动为多用户模式。init 进程会读取/etc/ttys 文件，对每个允许登录的终端设备，执行一次 fork，产生的子进程会通过 exec 函数调用 getty 程序。这就使我们得到了图 9.1 所示的过程。

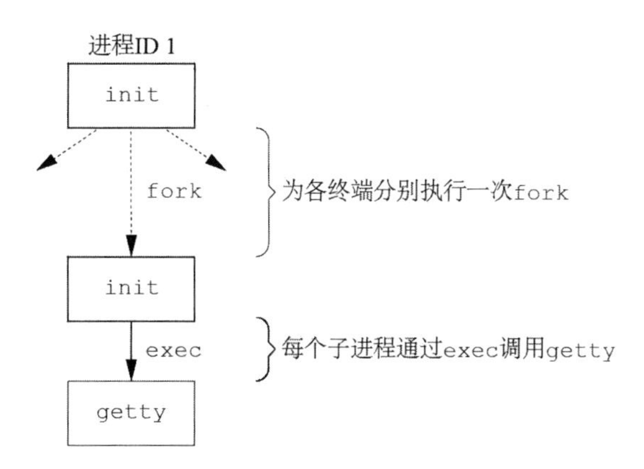

图 9.1　由 init 调用的进程，以允许终端登录

图 9.1 中所示的所有进程的真实用户 ID 和有效用户 ID 均为 0（即，它们都拥有超级用户权限）。init 进程还使用空的环境变量（exec 的 envp 参数为 NULL）执行（通过 exec 函数）getty 程序。

正是 getty 程序为终端设备调用 open 函数，以可读可写的方式（也即 open 函数的 mode 参数为 O_RDWR）打开了终端。如果该设备是调制解调器，则 open 函数可能会在设备驱动程序中做延迟，直到调制解调器被拨通，呼叫被接听。打开设备后，将文件描述符 0、1 和 2 设置到该设备上。然后 getty 输出“login:”之类的内容，等待我们输入用户名。如果终端支持多种速率，则 getty 通过测试特殊字符来调整终端的速率（波特率）。有关 getty 程序和可以驱动其操作的数据文件（gettytab）的其他详细信息，请参阅 UNIX 系统手册。

当我们输入用户名时，getty 的工作就完成了，然后它以类似下面的方式调用 login 程序：

```
execle("/bin/login", "login", "-p", username, (char *)0, envp);
```

（在 gettytab 文件中有选项可让它调用其他程序，但系统默认是 login 程序。）init 调用 getty 时使用空的环境变量（exec 的 envp 参数为 NULL）。getty 为登录创建一个环境（envp 参数），包括终端的名字（比如 TERM=foo，其中终端 foo 的类型取自 gettytab 文件）和在 gettytab 中指定的任何环境字符串。login 的-p 标识告诉 login 要保留传递给它的环境变量（envp 参数），并将其他环境变量添加到该环境变量中，而不是覆盖它。图 9.2 显示了刚刚调用 login 之后各进程的状态。

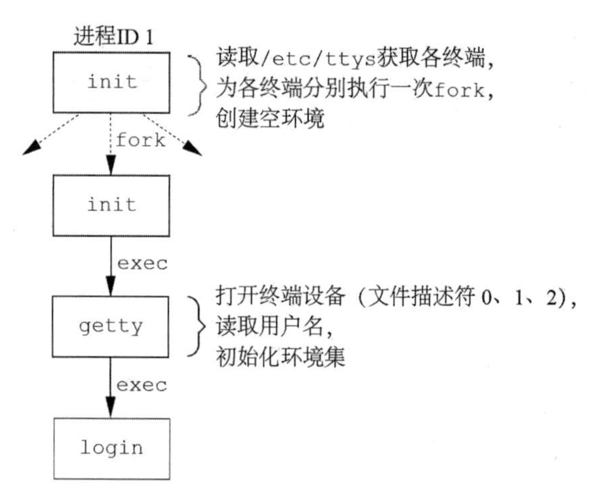

图 9.2 调用 login 后各进程的状态

因为最初的 init 进程拥有超级用户权限，所以图 9.2 中涉及的所有进程都拥有超级用户权限。图 9.2 中下面三个进程的进程 ID 是相同的，因为进程 ID 不会因 exec 的执行而有任何改变。此外，除了最原始的 init 进程，其他所有进程的父进程的进程 ID 都为 1。

login 程序可以做很多事情。由于它已经获得了我们的用户名（通过 exec 传递的 *username* 参数），所以可通过调用 getpwnam 函数来获取我们的口令文件条目。然后调用 getpass(3) 来显示提示：Password:，并读取我们之后输入的口令（当然，回显是禁用的）。接着调用 crypt(3) 对我们输入的口令进行加密，并将加密后的结果与影子口令文件条目中的 pw_passwd 字段进行比较。如果 login 程序因尝试无效的口令而失败（经过几次尝试），login 程序会用参数 1 调用 exit 函数尝试退出。父进程 init 注意到子进程的异常终止后，将再次执行 fork，然后再通过 exec 执行 getty 程序，之后对此终端重复上述过程。

这是在 UNIX 系统上使用的传统身份验证过程。然而，现代 UNIX 系统已经发展到支持多种身份认证程序。例如，FreeBSD、Linux、Mac OS X 和 Solaris 等系统都支持一种更为灵活的方案，称为 PAM（可插拔身份认证模块）。PAM 允许管理员配置认证方法，用于访问为使用 PAM 库而编写的服务。

如果我们的应用程序需要验证一个用户是否有适当的权限来执行某项任务，我们可以对应用程序中的身份认证机制进行硬编码，也可以使用 PAM 库提供等效的功能。使用 PAM 库的好处是，管理员可以根据本地站点的策略，为不同的任务配置不同的身份认证方式。

如果我们正确地登录，login 将继续下面的工作：

- 将工作目录设置为该用户的主目录（home 目录，也称为起始目录）（chdir）。
- 更改终端设备（chown）的所有权，使我们成为它的所有者。
- 更改终端设备的访问权限，以便我们有读写权限。
- 通过调用 setgid 和 initgroups 来设置我们的组 ID。
- 使用 login 获得的所有信息初始化环境变量：主目录（HOME）、shell（SHELL）、用户名（USER 和 LOGNAME）和默认路径（PATH）。
- 更改为登录用户的用户 ID（setuid）并调用该用户的登录 shell，如下所示：

```
execl("/bin/sh", "-sh", (char *)0);
```

作为 argv[0]（指“-sh”）的第一个字符的减号对所有的 shell 来说是一个标识，表明它们将被作为一个登录 shell 调用。shell 可以查看这个字符，并相应地修改它们的启动过程。

login 程序实际上做的事情远不止这里描述的这些。它可以选择打印每日信息（message of the day，即 MOTD）文件、检查新邮件，并执行其他任务。在本章中，我们只关注前面已描述过的特性。

回顾我们在 8.11 节中对 setuid 函数的讨论，由于它是被超级用户进程调用的，因此它改变了所有三个用户 ID：真实用户 ID、有效用户 ID 和保存的设置用户 ID。先前，login 对 setgid 的调用对所有三个组 ID 都有同样的效果。

至此，我们的登录 shell 正式开始运行。其父进程 ID 是原始的 init 进程（进程 ID 为 1），所以当登录 shell 终止时，init 会接到通知（收到 SIGCHLD 信号），并为这个终端重启上述过程。登录 shell 的文件描述符 0、1 和 2 被分别设置到终端设备上。图 9.3 显示了这种安排。

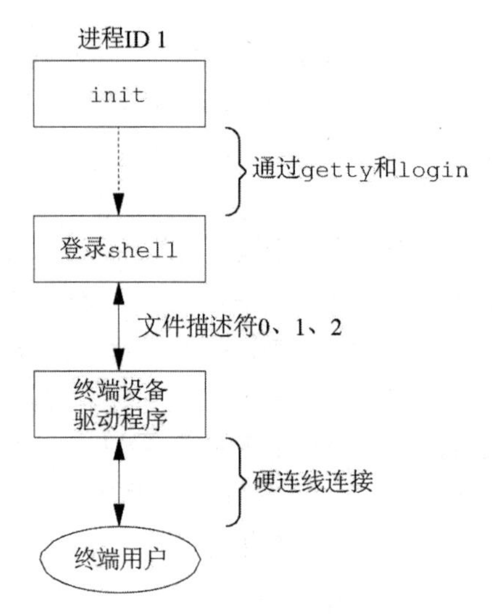

图 9.3　为终端登录完成设置后的进程安排

我们的登录 shell 现在读取其启动文件（在 Bourne shell 和 Korn shell 下对应的是.profile 文件，在 GNU Bourne-again shell 下对应的是.bash_profile、.bash_login 或.profile 等，在 C shell 下对应的是.cshrc 和.login）。这些启动文件通常会修改某些环境变量，并添加许多其他环境变量。例如，大多数用户设置自己的 PATH，并经常提示实际的终端类型（TERM）。当启动文件执行完成后，我们终于得到 shell 的提示符，现在就可以输入命令了。

Mac OS X 终端登录

在 Mac OS X 上，终端登录过程基本上遵循与 BSD 登录过程相同的步骤，因为 Mac OS X 部分基于 FreeBSD。然而，Mac OS X 与 BSD 系统的登录过程略有差别：

- init 的工作由 launchd 来完成。
- 一开始提供的是基于图形的登录界面。

Linux 终端登录

Linux 终端的登录过程与 BSD 的非常相似。事实上，Linux 的 login 命令是由 4.3BSD 的 login 命令衍生而来的。BSD 登录过程与 Linux 登录过程的主要区别在于指定终端配置的方式。

某些 Linux 发行版附带了 init 程序的一个版本，该版本使用效仿 System V 的 init 文件格式的管理文件。在这些系统中，/etc/inittab 包含了配置信息，其中指定了 init 应该为其启动 getty 进程的终端设备。

其他 Linux 发行版，比如最近的 Ubuntu 发行版，附带了一个被称为 Upstart 的 init 版本。它使用名为*.conf 的配置文件，存储在/etc/init 目录下。例如，在/dev/tty1 上运行 getty 的说明可以在/etc/init/tty1.conf 文件中找到。

根据所使用的 getty 的版本，终端特征可以在命令行中指定（如 agetty），也可以在文件/etc/gettydefs 中指定（如 mgetty）。

Solaris 终端登录

Solaris 支持两种形式的终端登录：(a) getty 方式（如前面针对 BSD 所述）和(b) ttymon 登录（SVR4 中引入的特性）。通常情况下，getty 用于控制台，ttymon 用于其他终端的登录。

ttymon 命令是被称为服务访问设施（Service Access Facility，SAF）的一部分。SAF 的目标是提供一种一致的方式来管理系统访问提供的服务（详见 Rago（1993）的第 6 章）。按照本书的主旨，我们仅简单介绍从 init 到登录 shell 之间不同的工作步骤，最后结果与图 9.3 中所示的类似。init 是 sac（the service access controller，服务访问控制器）的父进程，当系统进入多用户状态时，sac 会通过 fork 和 exec 执行 ttymon 程序。ttymon 程序会监视其配置文件中列出的所有终端端口，并在我们输入登录名时，调用一次 fork。此后，ttymon 的这个子进程会通过 exec 执行 login 程序，login 会提示我们输入登录口令。输入完正确的口令后，login 会执行我们的登录 shell，就到达了图 9.3 所示的位置。我们的登录 shell 的父进程现在是 ttymon，而 getty 登录方式对应的登录 shell 的父进程却是 init。

9.3 网络登录

通过网络登录系统与通过串行终端登录系统的主要（物理）区别在于，终端和计算机之间的连接不再是点对点的。在此种情况下，login 只是一种可用的服务，就像其他网络服务（如 FTP 或 SMTP）一样。

通过我们在上一节中描述的终端登录，init 知道哪些终端设备是可以登录的，并为每个设备生成一个 getty 进程。然而，在网络登录的情况下，所有登录都来自内核的网络接口驱动程序（例如，以太网驱动程序），我们无法提前知道将会发生多少这样的登录。我们现在必须等待网络连接请求的到达，而不是让进程等待每个可能的登录。

为了使同一软件能够同时处理终端登录和网络登录，一个称为*伪终端*的软件驱动程序被用来模拟串行终端的行为，并将终端操作映射到网络操作，反之亦然。（在第 19 章中，我们将详细讨论伪终端。）

BSD 网络登录

在 BSD 中，有一个进程用于等待大多数网络连接：inetd 进程，其有时也被称为*互联网超级服务器*。在本节中，我们将介绍 BSD 系统的网络登录中涉及的一系列进程。我们对这些进程的网络编程方面的细节并不感兴趣，有关其详细信息，可参阅文献 Stevens、Fenner 和 Rudoff（2004）。

作为系统启动的一部分，init 调用一个 shell 来执行 shell 脚本/etc/rc。此 shell 脚本启动的守护进程之一是 inetd。一旦该 shell 脚本终止，inetd 的父进程就会变成 init；inetd 会等待 TCP/IP 连接请求到达主机。当一个连接请求到达时，inetd 会进行 fork 和 exec 操作，以由其处理相应的程序。

让我们假设有一个 TCP 连接请求到达 TELNET 服务器。TELNET 是一个使用 TCP 协议的远程登录应用程序。另一台主机（通过某种形式的网络连接到服务器主机）或同一台主机上的用户通过启动 TELNET 客户端来启动登录：

telnet *hostname*

客户端向 *hostname* 主机发起一个 TCP 连接，在 *hostname* 主机上启动的程序被称为 TELNET 服务进程。然后，客户端和服务器端之间使用 TELNET 协议通过 TCP 连接交换数据。所发生的事情是，启动客户端程序的用户现在已经登录到了服务器上（当然，假设该用户在服务器上拥有一个有效账户）。图 9.4 显示了在执行 TELNET 服务进程（称为 telnetd）的过程中所涉及的进程序列。

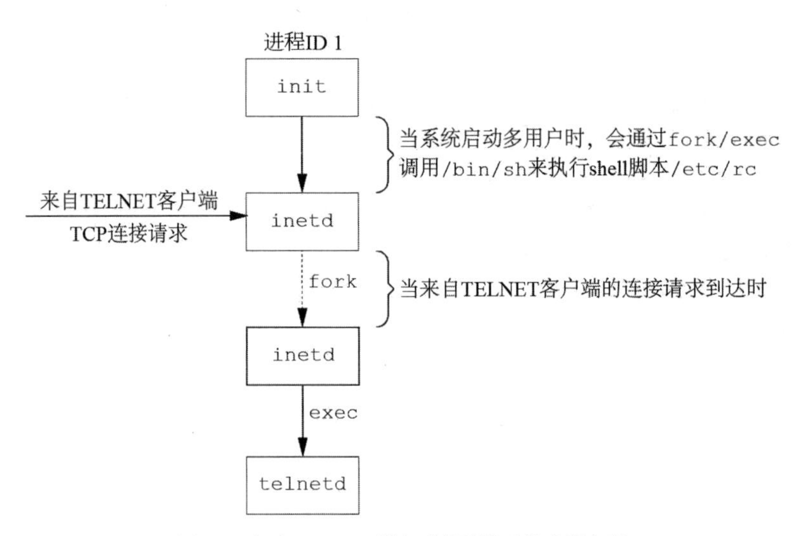

图 9.4 启动 TELNET 服务进程所涉及的进程序列

然后，telnetd 进程打开一个伪终端设备，并使用 fork 将自身分裂成两个进程。父进程负责处理通过网络连接发送过来的通信请求，子进程则负责执行 login 程序。父进程和子进程通过伪终端进行连接。在调用 exec 之前，子进程将文件描述符 0、1 和 2 设置到伪终端。如果我们正确登录，login 会执行与我们在第 9.2 节中描述的相同的步骤：它会更改到主目录，并设置组 ID、用户 ID 及初始环境。然后 login 通过调用 exec 将自己替换为我们的登录 shell。图 9.5 显示了此时进程的安排。

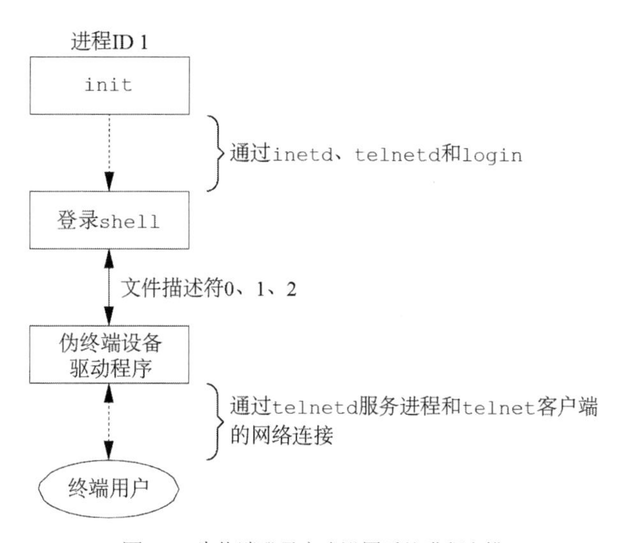

图 9.5　为终端登录完成设置后的进程安排

显然，伪终端设备驱动程序和终端上的实际用户之间要进行很多交互。我们将在第 19 章更详细地讨论伪终端时，介绍这种设计方式所涉及的所有进程。

要理解的重要一点是，无论是通过终端（参见图 9.3）还是网络（参见图 9.5）进行登录，都有一个登录 shell，其标准输入、标准输出和标准错误会连接到一个终端设备（对应于终端登录）或一个伪终端设备（对应于网络登录）。我们将在接下来的章节中看到，这个登录的 shell 是一个 POSIX.1 会话的开始，而终端或伪终端则是这个会话的控制终端。

Mac OS X 网络登录

由于 Mac OS X 系统是部分基于 FreeBSD 系统开发的，所以通过网络登录 Mac OS X 系统与登录 BSD 系统的步骤基本相同。然而，在 Mac OS X 上，telnet 守护进程是由 launchd 启动的。

> 默认情况下，Mac OS X 上的 telnet 守护进程是被禁用的（尽管可以使用 launchctl(1) 命令来启用）。在 Mac OS X 上进行网络登录的首选方法是使用 ssh，即安全 shell 命令。

Linux 网络登录

Linux 下的网络登录与 BSD 下的网络登录基本相同，只是某些发行版使用了一个替代的 inetd 进程，称为扩展 Internet 服务守护进程 xinetd。与 inetd 相比，xinetd 进程对其启动的服务提供了更精细的控制。

Solaris 网络登录

在 Solaris 下的网络登录场景与 BSD 和 Linux 下的步骤几乎相同，虽然其所使用的 inetd 服务进程在概念上与 BSD 版本类似，但其使用的 inetd 服务进程是在服务管理设施（Service Management Facility，SMF）中作为一个 restarter 来运行的。restarter 是一个负责启动和监视其他守护进程的守护进程，并在其他守护进程失败时重新启动它们。尽管 inetd 服务进程是由 SMF 中的主 restarter 启动的，但主 restarter 又是由 init 启动的，我们最终得到的总体情况与图 9.5 所示相同。

> Solaris 服务管理设施是一个管理和监控系统服务的框架，并且提供了一种从影响系统服务的故障中恢复的方法。关于服务管理设施的更多细节，请参见 Adams（2005）和 Solaris 手册中的 smf(5)和 inetd(1M)。

9.4 进程组

每个进程除了拥有一个进程 ID 外，还隶属于一个进程组。在第 10 章讨论信号时，我们将再次遇到进程组。

进程组是一个或多个进程的集合，通常与同一个作业相关联（作业控制将在第 9.8 节中讨论），并接收来自同一个终端的各种信号。每个进程组都有一个唯一的进程组 ID。进程组 ID 类似于进程 ID：都是正整数，都可被存储在 pid_t 数据类型中。getpgrp 函数可返回调用进程的进程组 ID。

```
#include <unistd.h>

pid_t getpgrp(void);
                                        返回值：调用进程的进程组 ID
```

在早期的 BSD 派生系统中，getpgrp 函数接受一个 *pid* 参数并返回该进程的进程组 ID。Single UNIX Specification 定义了模仿这种行为的 getpgid 函数。

```
#include <unistd.h>
```

```
pid_t getpgid(pid_t pid);
                                        返回值：成功则为进程组 ID，失败则为-1
```

如果 *pid*（getpgid 的入参）为 0，则返回调用进程的进程组 ID，因此：

```
getpgid (0);
```

等价于

```
getpgrp();
```

每个进程组都有一个进程组组长（process group leader）。组长由其进程组 ID 与其进程 ID 相等来标识。进程组组长可以创建进程组，在该组中创建进程，然后终止。不论进程组组长是否终止，只要在进程组内至少有一个进程存在，则该进程组就存在。从创建进程组时开始到最后一个剩余进程离开组时结束的这段时间称为进程组的生命周期。某进程组中剩下的最后一个进程可以终止，也可以加入其他进程组。

一个进程可通过调用 setpgid 函数加入一个现有的进程组或创建一个新的进程组（在下一节，我们将看到 setsid 也会创建一个新的进程组）。

```
#include <unistd.h>

int setpgid(pid_t pid, pid_t pgid);
                                        返回值：成功则为 0，出错则为-1
```

setpgid 函数将进程 ID 为 *pid* 的进程组 ID 设置为 *pgid*。如果这两个参数相等，则 *pid* 指定的进程将成为进程组组长。如果 *pid* 为 0，则使用调用者的进程 ID。此外，如果 *pgid* 为 0，则使用 *pid* 指定的进程 ID 作为进程组 ID。

一个进程只能为其自己或其子进程设置进程组 ID。此外，在该子进程调用某个 exec 函数后，它就不能再更改其子进程的进程组 ID 了。

在大多数作业控制 shell 中，此函数在 fork 之后被调用（父进程、子进程各调用一次），以使父进程设置其子进程的进程组 ID，并让子进程设置自己的进程组 ID。其中一次调用是冗余的，但通过执行这两次调用，可以保证在任何一个进程认为子进程已加入该进程组前，这的确已经发生了。如果不这样做，就会出现竞态条件，因为子进程的组员成员身份将取决于哪个进程首先执行。

当我们讨论信号时，将看到如何向单个进程（由其进程 ID 识别）或进程组（由其进程组 ID 识别）发送信号。类似地，8.6 节介绍的 waitpid 函数可用于等待单个进程或指定进程组中的一个进程终止。

9.5 会话

会话是一个或多个进程组的集合。例如，我们可以有图 9.6 中所示的布局。其中，在单个会话中包含了三个进程组。

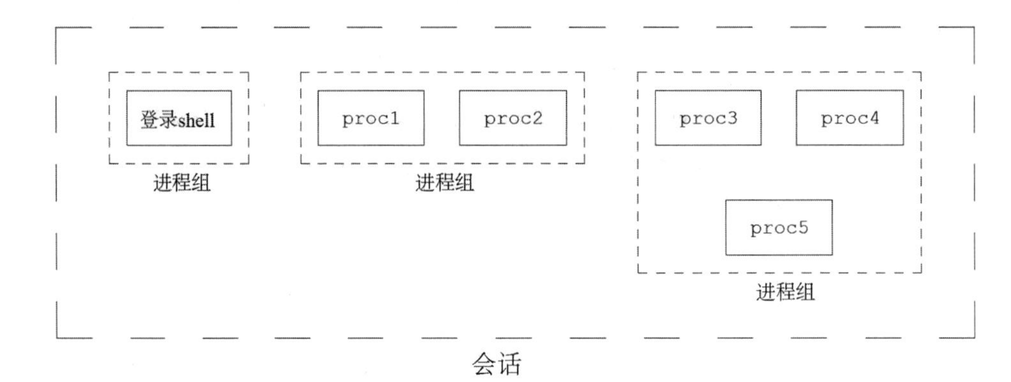

图 9.6 进程组及会话中的进程分布

通常，进程被 shell 管道放置于对应的进程组中。例如，图 9.6 所示的布局可能是由以下形式的 shell 命令产生的：

```
proc1 | proc2 &
proc3 | proc4 | proc5
```

进程通过调用 setsid 函数来建立一个新的会话。

```
#include <unistd.h>

pid_t setsid(void);
```

返回值：如成功，则为进程组 ID，如出错，则为-1

如果调用此函数的进程不是进程组组长，则此函数将创建一个新的会话。在函数执行期间会发生以下三件事：

1. 该进程成为此新会话的首进程（session leader，会话首进程是创建此会话的进程），同时也是此新会话中的唯一进程。
2. 该进程成为一个新进程组的进程组长，而新的进程组 ID 等于该调用进程的进程 ID。
3. 该进程没有控制终端（我们将在 9.6 节讨论控制终端）。如果该进程在调用 setsid 之前有一个控制终端，那么该关联也会被解除。

如果此调用进程已经是一个进程组的首进程，则这个函数将返回一个错误。为了确保不出现这种情况，通常的做法是调用 fork 并让父进程终止而子进程继续。这可保证子进程不是进程组的首进程，因为子进程继承了父进程的进程组 ID（一般情况下，该进程组 ID 等于父进程的进程 ID），而其进程 ID 则是新分配的（父进程调用 fork 时新分配的），因此，两者不可能相等。

Single UNIX Specification 中仅提及了“会话的首进程”，而没有类似进程 ID 或进程组 ID 的“会话 ID”的提法。显然，会话首进程是具有唯一进程 ID 的单个进程，因此，可以将会话首进程的进程 ID 视为会话 ID。SVR4 中引入了会话 ID 的概念。历史上，基于 BSD 的系统并不支持会话 ID 这个概念，但后续的更新支持了此概念。getsid 函数可返回会话首进程的进程组 ID。

一些实现（如 Solaris）在实践中与 Single UNIX Specification 保持一致，避免使用“会话 ID”的提法，而是选择将其称为“会话首进程的进程组 ID”。会话首进程总是进程组的进程组长，因此这两者是等价的。

```
#include <unistd.h>

pid_t getsid(pid_t pid);
                         返回值：若成功，则为会话首进程的进程组 ID，若出错，则为-1
```

如果 *pid* 为 0，则 getsid 返回调用进程的会话首进程的进程组 ID。出于安全方面的原因，如果 *pid* 与调用者不属于同一个会话，某些实现可能会限制调用进程获取会话首进程的进程组 ID。

9.6 控制终端

会话和进程组还有其他一些特征。

- 一个会话可以有一个控制终端（controlling terminal）。这通常是我们登录的终端设备（如果是终端登录）或伪终端设备（如果是网络登录）。
- 与控制终端建立连接的会话首进程被称为控制进程（controlling process）。
- 一个会话中的进程组可以分为一个前台进程组（foreground process group）和一个或多个后台进程组（background process group）。
- 如果一个会话有一个控制终端，则它仅有一个前台进程组，并且会话中所有其他进程组都是后台进程组。
- 每当我们按下终端的中断键（通常是 DELETE 或 Ctrl+C）时，中断信号就会被发送到前台进程组的所有进程。
- 每当我们按下终端的退出键（通常是 Ctrl+\）时，退出信号就会被发送到前台进程组的所有进程。

- 如果终端接口检测到调制解调器（或网络）断开连接，则挂断信号将会被发送到控制进程（会话首进程）。

这些特征如图 9.7 所示。

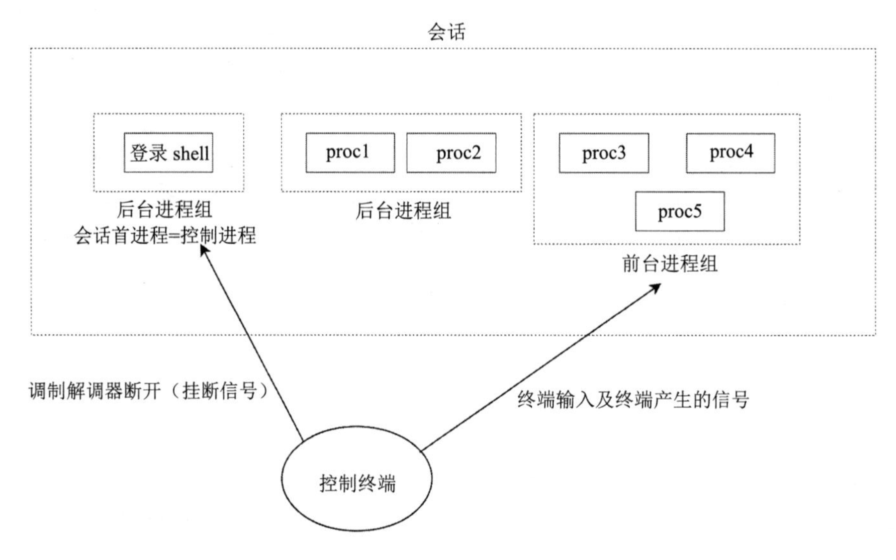

图 9.7　显示控制终端的进程组和会话

通常情况下，我们不必担心控制终端的问题，它在我们登录时会自动建立。

POSIX.1 标准将用于分配控制终端的机制的选择权留给了每个单独的实现。我们将在第 19.4 节说明实际的步骤。

派生自 UNIX System V 的系统在会话首进程打开第一个尚未与会话关联的终端设备时为会话分配控制终端，只要在其调用 `open` 时没有指定 `O_NOCTTY` 标识（参见 3.3 节）。

基于 BSD 的系统在会话首进程以 `TIOCSCTTY` 作为 *request* 参数（第三个参数是空指针）调用 `ioctl` 时，为会话分配控制终端。为使此调用成功执行，该会话不能已经有一个控制终端（通常情况下，对 `ioctl` 的调用紧跟在对 `setsid` 的调用之后，这保证了此进程是一个没有控制终端的会话首进程）。除非在兼容模式下支持其他系统，否则基于 BSD 的系统不使用 POSIX.1 标准中 `open` 函数的 `O_NOCTTY` 标识。

图 9.8 总结了本书中讨论的每个平台分配控制终端的方式。注意，尽管 Mac OS X 10.6.8 源自 BSD，但在分配控制终端时，它的行为与 System V 类似。

方法	FreeBSD 8.0	Linux 3.2.0	Mac OS X 10.6.8	Solaris 10
未指定 O_NOCTTY 标识的 open		•	•	•
使用 TIOCSCTTY 参数的 ioctl	•	•	•	•

图 9.8 各种实现下分配控制终端的方式

有些时候，程序希望与控制终端进行通信，而不管标准输入或标准输出是否已被重定向。程序保证它与控制终端通信的方式是打开（使用 open 函数）/dev/tty 文件。此特殊文件在内核中是控制终端的同义词。当然，如果程序没有控制终端，则对此设备的 open 调用就会失败。

经典示例是用于读取密码（有时也被称为口令）的 getpass(3)函数（当然，终端回显已关闭）。此函数被 crypt(1)程序所调用，并可在管道中使用。例如：

```
crypt < salaries | lpr
```

解密文件 salaries，并将输出通过管道传输到后台打印程序（lpr）。由于 crypt 在其标准输入上读取其输入文件，因此标准输入不能用于输入密码。另外，crypt 的设计使我们每次运行此程序时都必须输入加密密码，以防止我们将密码保存到文件中（这可能是一个安全漏洞）。

有一些已知的方法可以破解 crypt 程序所使用的密码。有关加密文件的更多详细信息，请参见 Garfinkel（2003）等著作。

9.7 tcgetpgrp、tcsetpgrp 和 tcgetsid 函数

我们需要一种方法来告诉内核哪个进程组是前台进程组，以便终端设备驱动程序知道将终端输入及终端生成的信号发送到哪里（见图 9.7）。

```
#include <unistd.h>

pid_t tcgetpgrp(int fd);
                    返回值：若成功，则为前台进程组的进程组 ID，若出错，则为-1
int tcsetpgrp(int fd, pid_t pgrpid);
                                        返回值：若成功，则为 0；若出错，则为-1
```

tcgetpgrp 函数返回前台进程组的进程组 ID，该进程组与在 *fd* 上打开的终端相关联。

如果某进程有一个控制终端，则该进程可通过调用 tcsetpgrp 函数来将前台进程组 ID 设置为 *pgrpid*。*pgrpid* 的值必须是同一会话中某个进程组的进程组 ID，*fd* 必须指向该会话的控制终端。

大多数应用程序并不直接调用这两个函数。这些函数通常由作业控制 shell 调用。

在给定控制 TTY 的文件描述符的情况下，tcgetsid 函数允许应用程序获取会话首进程的进程组 ID。

```
#include <termios.h>

pid_t tcgetsid(int fd);
```

返回值：若成功，则为会话首进程的进程组 ID，若出错，则为-1

需要管理控制终端的应用程序可以使用 tcgetsid 来识别控制终端的会话首进程的会话 ID（相当于会话首进程的进程组 ID）。

9.8 作业控制

作业控制是在 1980 年左右添加到 BSD 的一个特性。此特性允许我们从单个终端启动多个作业（进程组），并控制哪些作业可以访问终端及哪些作业在后台运行。作业控制需要以下三种形式的支持：

1．支持作业控制的 shell。
2．内核中的终端驱动程序必须支持作业控制。
3．内核必须支持某些作业控制信号。

> SVR3 提供了一种不同形式的作业控制，称为 shell 层（shell layer）。然而，POSIX.1 选择了 BSD 形式的作业控制，正是我们在这里所说明的。在 POSIX.1 标准的早期版本中，对作业控制的支持是可选的，但现在要求所有平台都支持它。

从我们的角度来看，当从 shell 中使用作业控制时，我们可以在前台或后台启动一个作业。一个作业只是一个由若干个进程组成的集合，通常是一个进程管道。例如：

```
vi main.c
```

在前台启动一个由一个进程组成的工作。下面的命令：

```
pr *.c | lpr &
make all &
```

在后台启动两个作业。这两个后台作业调用的所有进程都在后台运行。

如前所述，要使用由作业控制提供的特性，我们需要使用支持作业控制的 shell。在早期的系统中，很容易判断哪些 shell 支持作业控制，哪些不支持。C shell 支持作业控制，Bourne shell 则不支持，而是否支持对 Korn shell 而言是可选的，具体取决于主机是否支持。但是 C shell 已经被移植到不支持作业控制的系统（例如，System V 的早期版本），并且当使用 jsh 而不是 sh 调用 SVR4 Bourne shell 时，它支持作业控制。如果主机支持作业控制，则 Korn shell

也会继续支持。Bourne-again shell 也支持作业控制。当各种 shell 之间的差异无关紧要时，我们只是笼统地谈论支持作业控制的 shell 和不支持作业控制的 shell。

当我们启动一个后台作业时，shell 为它分配一个作业标识符并打印一个或多个进程 ID。下面的脚本展示了 Korn shell 是如何处理这个问题的:

```
$ make all > Make.out &
[1]     1475
$ pr *.c | lpr &
[2]     1490
$                              需按下回车键
[2] + Done               pr *.c | lpr &
[1] + Done               make all > Make.out &
```

make 的作业编号是 1，所启动的进程的进程 ID 是 1475。下一个管道的作业编号是 2，其第一个进程的进程 ID 是 1490。当作业完成并按下回车键后，shell 会告诉我们作业已完成。我们之所以要按回车键，是为了让 shell 打印它的提示符。shell 不会在任何随机时间打印后台作业的状态变化——只是当它打印提示符之前，让我们输入一个新的命令行（按回车键）。如果 shell 不这样处理，则当我们正输入一行时，它自己也可能会输出。

之所以出现与终端驱动程序的交互，是因为一个特殊的终端字符会影响到前台工作——挂起字符（通常是 Ctrl+Z，有时也称此为挂起键）。输入此字符会导致终端驱动程序向前台进程组中的所有进程发送 SIGTSTP 信号，而任何后台进程组中的作业不受影响。终端驱动程序寻找三个特殊字符，这些字符产生信号并发送给前台进程组，这三个字符是:

- 中断字符（通常是 DELETE 或 Ctrl+C），产生 SIGINT。
- 退出字符（通常是 Ctrl+\），产生 SIGQUIT。
- 挂起字符（通常是 Ctrl+Z），产生 SIGTSTP。

在第 18 章中，将看到如何将这三个字符更改为我们选择的任何字符，以及如何禁用终端驱动程序对这些特殊字符的处理。

还可能出现另一种作业控制的情况，即必须交由终端驱动程序处理。既然我们可以有一个前台作业和一个或多个后台作业，那么哪一个会接收我们在终端输入的字符呢?只有前台作业接收终端的输入。对于后台作业来说，尝试从终端读取数据并不是一个错误，但是终端驱动程序会检测到这一点，并向后台作业发送一个特殊的信号 SIGTTIN。该信号通常会停止此后台作业；而通过使用 shell，我们会收到此事件的通知，并且可以将此作业切换到前台，以便它可以从终端读取数据。下面的例子演示了这一点:

```
$ cat > temp.foo &            在后台启动，但会从标准输入读取数据
[1]     1681
$                             按下回车键
[1] + Stopped (SIGTTIN)          cat > temp.foo &
$ fg %1                       将 1 号作业切换到前台
cat > temp.foo                shell 告诉我们现在哪个作业在前台
```

```
hello, world                       输入一行
^D                                 输入文件结束字符
$ cat temp.foo                     检查该行是否已被写入文件
hello, world
```

请注意，这个例子在 Mac OS X 10.6.8 上并不适用。当我们尝试将 cat 命令切换到前台时，会造成读取失败，将 errno 设置为 EINTR。由于 Mac OS X 是基于 FreeBSD 的，而 FreeBSD 会按照预期工作，这肯定是 Mac OS X 的一个 bug。

shell 在后台启动 cat 进程，但当 cat 试图读取其标准输入（控制终端）时，终端驱动程序知道它是一个后台作业后，就向该作业发送 SIGTTIN 信号。shell 检测到其子进程状态的这种变化（回想一下在第 8.6 节中对 wait 和 waitpid 的讨论），并通知我们该作业已经停止。然后，我们使用 shell 的 fg 命令将此停止的作业切换到前台执行［请参考你所使用的 shell 的手册页，了解其作业控制命令（如 fg 和 bg）的所有细节，以及识别不同作业的各种方法］。这样做会使 shell 将该作业放入前台进程组（tcsetpgrp），并向该进程组发送继续信号（SIGCONT）。由于该作业现在位于前台进程组中，因此该作业可以从控制终端读取数据。

如果一个后台作业将其输出发送到控制终端会发生什么？这是一个我们可以允许或禁止的选项。通常，我们使用 stty(1) 命令来更改此选项（将在第 18 章中看到如何从程序中更改此选项）。以下示例展示了它是如何工作的:

```
$ cat temp.foo &             在后台执行
[1]     1719
$ hello, world               当提示符之后出现后台作业的输出，按下回车键
[1] + Done            cat temp.foo &
$ stty tostop                禁止后台作业输出到控制终端
$ cat temp.foo &             在后台重试一次
[1]     1721
$                            我们按下回车，发现作业已经停止
[1] + Stopped(SIGTTOU)             cat temp.foo &
$ fg %1                      在前台恢复已停止的工作
cat temp.foo                 shell 告诉我们现在哪个作业在前台
hello, world                 这里是它的输出
```

当禁止后台作业写入控制终端时，cat 将在尝试写入其标准输出时阻塞，因为终端驱动程序将写操作识别为来自后台进程，并向该作业发送 SIGTTOU 信号。与前面的示例一样，当我们使用 shell 的 fg 命令将作业切换到前台时，该作业恢复执行并完成。

图 9.9 总结了我们一直在描述的作业控制的一些特征。穿过“终端驱动程序”框的实线意味着终端 I/O 和终端生成的信号总是从前台进程组连接到实际终端。与 SIGTTOU 信号相对应的虚线表示，后台进程组中的进程的输出是否出现在终端上是可选的。

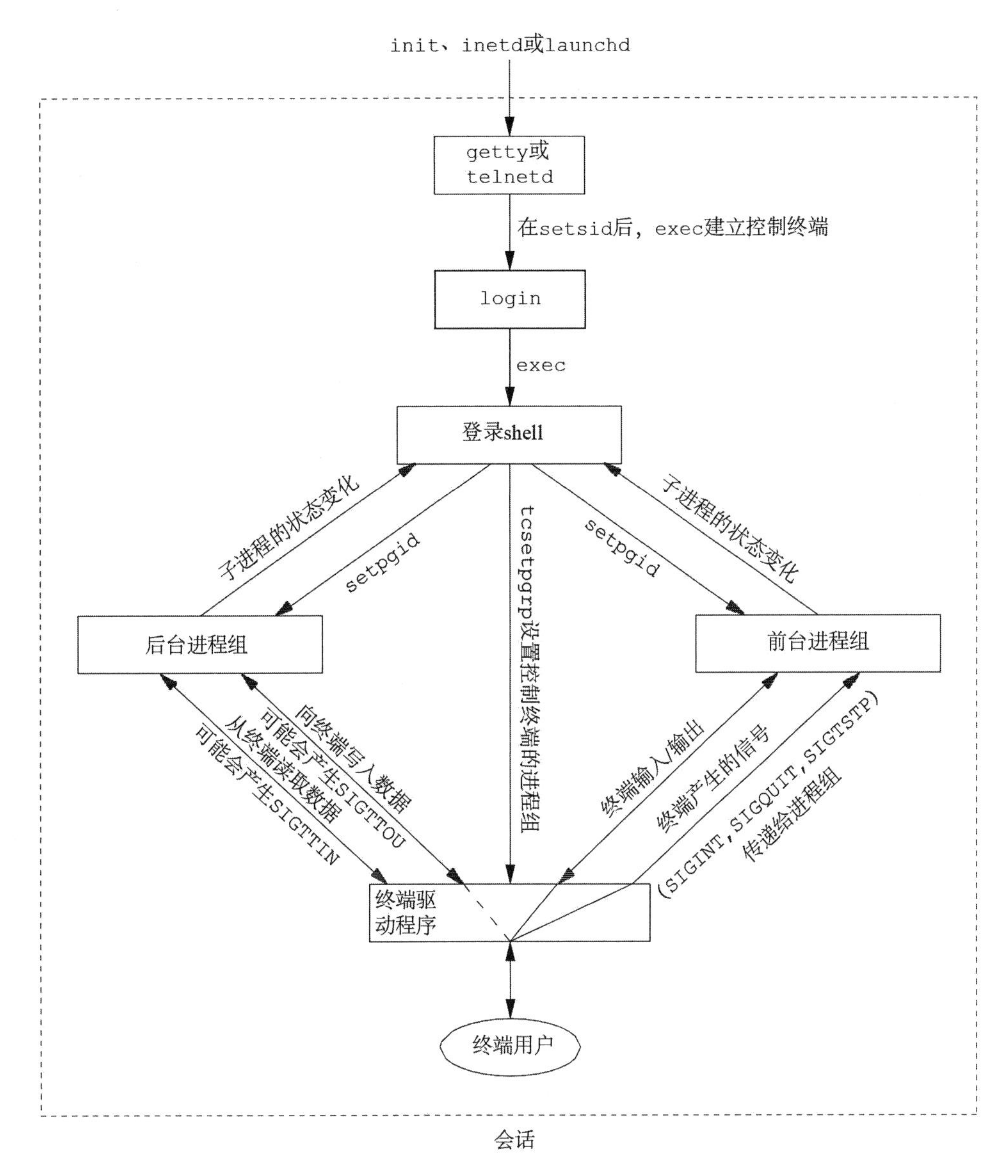

图 9.9　包含前台作业、后台作业以及终端驱动程序的作业控制特征总结

是否需要作业控制是一个存在争议的话题。作业控制最初是在窗口化终端广泛应用之前设计并实现的。有些人声称，一个设计良好的窗口系统消除了对作业控制的任何需要。一些人抱怨作业控制的实现需要内核、终端驱动程序、shell 和一些应用程序的支持，是一种对系统的非法侵入。有些人将作业控制与窗口系统一起使用，声称对两者都有需要。不管你的观点如何，作业控制都是 POSIX.1 标准的必需特性。

9.9 shell 执行程序

让我们研究一下 shell 如何执行程序，以及这与进程组、控制终端和会话的概念之间的关系。为此，我们将再次使用 ps 命令。

首先，我们将使用一个不支持作业控制的 shell——在 Solaris 上运行的经典 Bourne shell。如果执行：

```
ps -o pid,ppid,pgid,sid,comm
```

其输出可能是：

```
 PID  PPID PGID  SID  COMMAND
 949   947   949  949  sh
1774   949   949  949  ps
```

ps 命令的父进程是 shell，这是我们所期望的。shell 和 ps 命令位于同一会话和前台进程组（949）中。我们称 949 为前台进程组（非前台作业），因为这是你使用不支持作业控制的 shell 执行命令时得到的结果。

某些平台支持让 ps(1) 命令打印与会话控制终端关联的进程组 ID 的选项。这个值将显示在 TPGID 列下。不幸的是，ps 命令的输出在不同版本的 UNIX 系统中往往有所不同。例如，Solaris 10 就不支持这个选项。在 FreeBSD 8.0、Linux 3.2.0 和 Mac OS X 10.6.8 等系统下，执行该命令

```
ps -o pid,ppid,pgid,sid,tpgid,comm
```

将准确地打印出我们想要的信息。

注意，将进程与终端进程组 ID（TPGID 列）联系起来是有误导性的。进程并没有终端进程控制组。一个进程属于一个进程组，而该进程组属于一个会话，该会话可能有也可能没有控制终端。如果该会话确实有一个控制终端，那么此终端设备知道前台进程的进程组 ID。这个值可以通过 tcsetpgrp 函数在终端驱动程序中设置，如在图 9.9 中所示的。前台进程组 ID 是终端的属性，而非进程的属性。这个来自终端设备驱动程序的值就是 ps 打印为 TPGID 的值。如果 ps 发现会话没有控制终端，则会在对应位置打印 0 或 −1，具体取决于平台。

如果我们在后台执行下面的命令：

```
ps -o pid,ppid,pgid,sid,comm &
```

则唯一改变的值是命令的进程 ID：

```
 PID PPID PGID  SID COMMAND
 949 947   949   949 sh
1812 949   949   949 ps
```

这个 shell 不知道作业控制，因此后台作业没有被放入自己的进程组，控制终端也没有被从后台作业中取走。

现在让我们看一下 Bourne Shell 是如何处理管道的。当我们执行：

```
ps -o pid,ppid,pgid,sid,comm | cat1
```

时，输出如下：

```
  PID  PPID PGID  SID  COMMAND
  949   947   949  949  sh
 1823   949   949  949  cat1
 1824  1823   949  949  ps
```

（cat1 程序是标准 cat 程序的一个副本，只是名称不同。我们有另一个名为 cat2 的 cat 副本，将在本节后面使用。当在一个管道中有两个 cat 副本时，不同的名称可以将其区分开来。）注意，管道中的最后一个进程是 shell 的子进程，而管道中的第一个进程则是最后一个进程的子进程。看起来，shell 首先 fork 生成自身的一个副本，然后该副本继续通过 fork 创建管道中的每个先前的进程。

如果我们在后台执行下面的管道：

```
ps -o pid,ppid,pgid,sid,comm | cat1 &
```

则只有进程 ID 发生变化。由于该 shell 并不处理作业控制，所以后台进程的进程组 ID 保持 949，会话的进程组 ID 也是如此。

如果后台进程试图从其控制终端读取数据，会发生什么呢？例如，假设我们执行：

```
cat > temp.foo &
```

对于存在作业控制的情况，这是通过将后台作业放入后台进程组来处理的，如果后台作业试图从控制终端读取数据，则会产生 SIGTTIN 信号。而在没有作业控制的情况下，如果进程本身不重定向标准输入，shell 会自动将后台进程的标准输入重定向到/dev/null。从/dev/null 读取会产生一个文件结束（即 EOF）。这意味着后台 cat 进程立即读取到文件结束，并正常终止。

上一段内容充分探讨了后台进程通过其标准输入访问控制终端的情况，但是如果后台进程专门打开 /dev/tty 并从控制终端读取数据，会发生什么呢？答案是“视情况而定”，但结果很可能不是我们所期望的。例如：

```
crypt < salaries | lpr &
```

就是这样一条管道。虽然我们在后台运行它，但 crypt 程序打开/dev/tty，并改变终端特性（禁用回显），然后从设备中读取数据，最后重置终端特性。当我们执行这个后台管道时，crypt 程序会将提示符“Password:”在终端上打印出来，但我们输入的内容（加密口令）会被 shell 读取，它将试图执行这个名称为“加密口令”的命令。我们输入到 shell 的下一行被

crypt 程序当作口令，于是 Salaries 文件得不到正确解密，最终导致将垃圾信息发送到了打印机。在这里，我们有两个进程试图同时从同一个设备上读取数据，其结果依赖于具体的系统实现。如前所述，作业控制以更好的方式处理了多个进程在单个终端上的多路复用。

回到我们的 Bourne shell 示例，如果在管道中执行三个进程，我们可以检查该 shell 所使用的进程控制机制：

```
ps -o pid,ppid,pgid,sid,comm | cat1 | cat2
```

此管道产生以下输出：

```
 PID PPID PGID   SID  COMMAND
 949  947   949   949  sh
1988  949   949   949  cat2
1989 1988   949   949  ps
1990 1988   949   949  cat1
```

如果你的系统上的输出没有显示正确的命令名称，也不要惊慌。有时你可能会得到这样的结果：

```
 PID PPID PGID  SID  COMMAND
 949  947  949   949  sh
1988  949  949   949  cat2
1989 1988  949   949  ps
1990 1988  949   949  cat1
```

这里发生的情况是，ps 进程与 shell 发生了竞争，而 shell 通过 fork 创建了子进程并由该子进程执行了 cat 命令。在此种情况下，当 ps 获得要打印的进程列表时，shell 尚未完成对 exec 的调用。

同样，管道中的最后一个进程是 shell 的子进程，管道中的所有先前进程则是最后一个进程的子进程。图 9.10 显示了所发生的情况。

由于该管道中的最后一个进程是登录 shell 的子进程，因此当该进程（cat2）终止时会通知 shell。

现在让我们用运行在 Linux 上的支持作业控制的 shell 来检查相同的例子。该例子显示了这些 shell 处理后台作业的方式。在这个例子中，我们将使用 Bourne-again shell（即 bash），使用其他支持作业控制的 shell 的结果几乎是相同的。

```
ps -o pid,ppid,pgid,sid,tpgid,comm
```

其输出为：

```
 PID  PPID  PGID  SID  TPGID   COMMAND
2837  2818  2837 2837   5796   bash
5796  2837  5796 2837   5796   ps
```

（从此示例开始，我们以**粗体**来显示前台进程组。）立即可以看到与我们的 Bourne shell 示例的不同之处。Bourne-again shell 将前台作业（ps）放入其自己的进程组（5796）。ps 命令是进程组的组长，也是该进程组中唯一的进程。此外，该进程组拥有控制终端，因此是前台进程组。在执行 ps 命令时，我们的登录 shell 是一个后台进程组。但是请注意，2837 和 5796 这两个进程组都是同一个会话中的成员。事实上，通过本节中的示例，我们将看到会话从未改变。

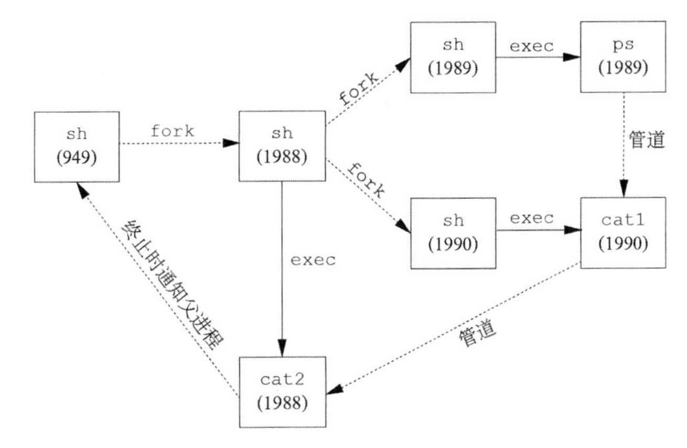

图 9.10　当被 Bourne shell 调用时，ps | cat1 | cat2 管道中的进程情况

在后台执行下面的进程：

```
ps -o pid,ppid,pgid,sid,tpgid,comm &
```

其输出为：

```
 PID  PPID  PGID   SID  TPGID   COMMAND
2837  2818  2837  2837   2837   bash
5797  2837  5797  2837   2837   ps
```

同样，ps 命令被放到它自己的进程组中，但是这一次进程组（5797）不再是前台进程组，而是后台进程组。值为 2837 的 TPGID 表明前台进程组是我们的登录 shell。

按如下方式在一个管道中执行两个进程：

```
ps -o pid,ppid,pgid,sid,tpgid,comm | cat1
```

则其输出为

```
 PID  PPID  PGID   SID  TPGID   COMMAND
2837  2818  2837  2837   5799   bash
5799  2837  5799  2837   5799   ps
5800  2837 5799   2837   5799  cat1
```

ps 和 cat1 这两个进程都被放入一个新的进程组（5799），这就是前台进程组。我们还可以看到这个示例与类似的 Bourne shell 示例之间的另一个区别。Bourne shell 首先创建管道中的最后一个进程，而该进程是第一个进程的父进程。在这里，Bourne-again shell 是两个进程的父进程。如果我们在后台执行这个管道：

```
ps -o pid,ppid,pgid,sid,tpgid,comm | cat1 &
```

结果类似，但现在 ps 和 cat1 被放在同一个后台进程组中了：

```
 PID PPID  PGID   SID  TPGID   COMMAND
2837 2818  2837  2837   2837   bash
5801 2837  5801  2837   2837   ps
5802 2837  5801  2837   2837   cat1
```

请注意，shell 创建进程的顺序可能因使用的特定 shell 而异。

9.10 孤儿进程组

曾经提到，其父进程已终止的进程被称为孤儿进程，这种进程由 init 进程继承。我们现在来看一下可以成为孤儿的整个进程组，并了解 POSIX.1 如何处理这种情况。

示例

考虑这样一个进程，它 fork 了一个子进程，然后终止。虽然这并没有什么异常（这种情况经常发生），但如果当父进程终止时，子进程正好处于暂停状态（使用作业控制），会发生什么呢？子进程将如何继续下去，它是否知道自己已成为孤儿进程？图 9.11 展示了此种情形：父进程 fork 了一个子进程，该子进程已暂停，父进程即将退出。

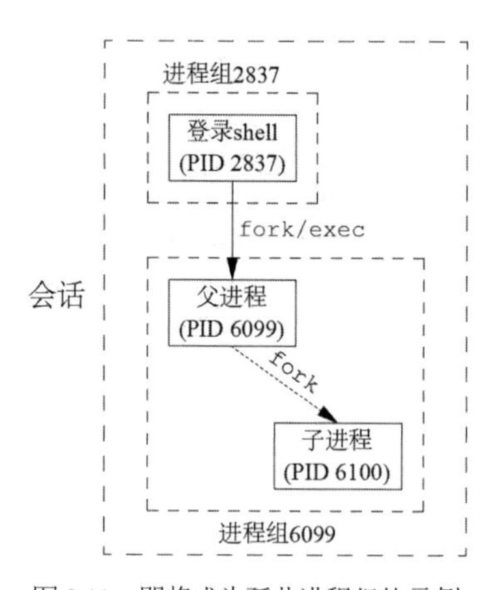

图 9.11　即将成为孤儿进程组的示例

造成这种情形的程序如图 9.12 所示。该程序有一些新特性。

```
#include "apue.h"
#include <errno.h>

static void
sig_hup(int signo)
{
    printf("SIGHUP received, pid = %ld\n", (long)getpid());
}
static void
pr_ids(char *name)
{
    printf("%s: pid = %ld, ppid = %ld, pgrp = %ld, tpgrp = %ld\n",
        name, (long)getpid(), (long)getppid(), (long)getpgrp(),
        (long)tcgetpgrp(STDIN_FILENO));
    fflush(stdout);
}
int
main(void)
{
    char c;
    pid_t pid;

    pr_ids("parent");
    if ((pid = fork()) < 0) {
        err_sys("fork error");
    } else if (pid > 0) { /* 父进程 */
        sleep(5); /* 父进程休眠，让子进程自行终止 */
    } else { /* child */
        pr_ids("child");
        signal(SIGHUP, sig_hup); /* 设置信号处理程序 */
        kill(getpid(), SIGTSTP); /* 停止自身 */
        pr_ids("child"); /* 仅当继续时才打印 */
        if (read(STDIN_FILENO, &c, 1) != 1)
            printf("read error %d on controlling TTY\n", errno);
    }
    exit(0);
}
```

图 9.12　创建孤儿进程组

在这里，我们假设有一个作业控制 shell。回顾上一节，shell 将前台进程放入它（指前台进程）自己的进程组（本例中为 6099），而 shell 则留在它自己的进程组（2837）中。子进程继承其父进程的进程组（6099）。在 fork 之后：

- 父进程休眠 5 秒。这是我们让子进程在父进程终止之前执行的一种不完美的方式。
- 子进程为挂起信号（SIGHUP）安装了信号处理程序，这样我们就可以确认该信号是否被发送给了子进程（将在第 10 章讨论信号处理程序）。
- 子进程使用 kill 函数向自己发送停止信号（SIGTSTP）。这会停止子进程，类似于我们使用终端的暂停字符（Ctrl+Z）停止前台作业。

- 当父进程终止时，子进程成为孤儿进程，因此其父进程 ID 变为 1，即 init 的进程 ID。
- 此时，子进程是孤儿进程组的成员。POSIX.1 对孤儿进程组的定义是，其中每个成员的父进程要么本身就是该组的成员，要么不是该组会话的成员。另一种说法是，只要进程组中的一个进程有一个在不同进程组但在同一会话中的父进程，该进程组就不会成为孤儿。如果进程组不是孤儿进程组，那么位于不同进程组但属于同一会话中的某个父进程可能会重新启动非孤儿进程组中已停止的进程。这里，组中每个进程的父进程（例如，进程 1 是进程 6100 的父进程）都属于另一个会话。
- 因为当父进程终止时，进程组就成了孤儿进程组，而该进程组包含一个停止的进程，POSIX.1 要求向新的孤儿进程组中的每个进程发送挂起信号（SIGHUP），然后是继续信号（SIGCONT）。
- 这使得子进程在处理完挂起信号（SIGHUP）之后，可继续运行。挂起信号的默认动作是终止进程，因此我们必须提供一个信号处理程序来捕获该信号。故我们希望 sig_hup 函数中的 printf 先于 pr_ids 函数中的 printf 执行。

下面是图 9.12 所示程序的输出：

```
$ ./a.out
parent: pid = 6099, ppid = 2837, pgrp = 6099, tpgrp = 6099
child: pid = 6100, ppid = 6099, pgrp = 6099, tpgrp = 6099
$ SIGHUP received, pid = 6100
child: pid = 6100, ppid = 1, pgrp = 6099, tpgrp = 2837
read error 5 on controlling TTY
```

请注意，shell 提示符与子程序的输出一起出现，因为有两个进程——登录 shell 和子程序——正在向终端写入数据。正如所预料的，子进程的父进程 ID 变成了 1。

在子进程中调用 pr_ids 之后，程序会尝试从标准输入中读取数据。正如在本章前面看到的，当后台进程组中的进程尝试从其控制终端读取数据时，就会为后台进程组生成 SIGTTIN。但是这里是一个孤儿进程组；如果内核用这个信号停止它，则进程组中的进程可能永远不会继续。POSIX.1 规定，在这种情况下，read 返回错误，errno 设置为 EIO（其值在本书所用系统中为 5）。

最后，请注意，当父进程终止时，子进程会被置于后台进程组中，因为 shell 将父进程作为前台作业执行。

我们将在第 19.5 节的 pty 程序中看到孤儿进程组的另一个示例。

9.11 FreeBSD 实现

在讨论了进程、进程组、会话和控制终端的各种属性之后，有必要看看如何实现这一切。

我们将简要介绍 FreeBSD 使用的实现方案。至于 SVR4 中实现的一些细节则可参考 Williams（1989）。图 9.13 显示了 FreeBSD 中所使用的相关数据结构。

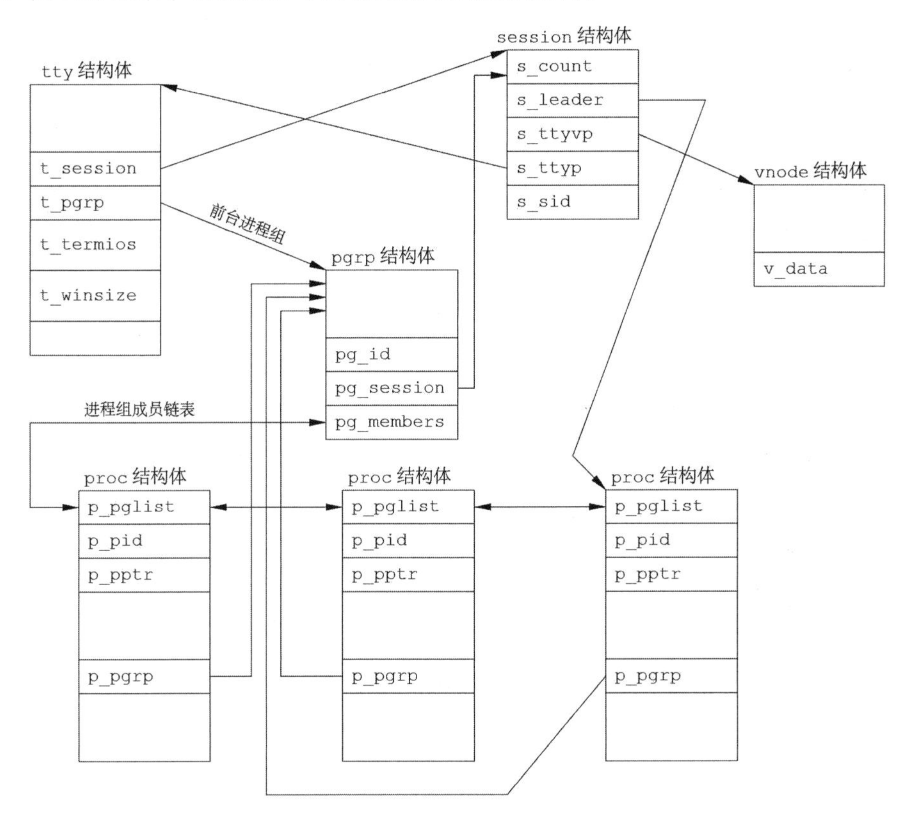

图 9.13　FreeBSD 中会话和进程组的实现

让我们从 session 结构体开始，逐一介绍图中所标记的字段。每个会话都会被分配一个 session 结构体（例如，每次调用 setsid 时）。

- s_count 是该对话中进程组的数量。当此计数器递减为 0 时，则可以释放该结构体。
- s_leader 是指向该会话的首进程的 proc 结构体的指针。
- s_ttyvp 是指向该对话的控制终端的 vnode 结构体的指针。
- s_ttyp 是指向该对话的控制终端的 tty 结构体的指针。
- s_sid 是该会话的 ID。请记住，会话 ID 的概念并非 Single UNIX Specification 的提法。

当调用 setsid 时，将在内核中分配一个新的 session 结构体。此时，s_count 被设置为 1，s_leader 被设置为指向调用进程的 proc 结构体的指针，s_sid 被设置为进程 ID，而由于此新会话尚无控制终端，因此，s_ttyvp 和 s_ttyp 被设置为空指针。

接着来介绍 tty 结构体。内核为每个终端设备和伪终端设备分配此结构体（我们将在第 19 章详细讨论伪终端）。

- t_session 指向以此终端作为其控制终端的 session 结构体（请注意，tty 结构体指向 session 结构体，反之亦然）。如果终端丢失载波信号，则会使用该指针向会话首进程发送挂断信号（见图 9.7）。
- t_pgrp 指向前台进程组的 pgrp 结构体。终端驱动程序使用该字段向前台进程组发送信号。通过输入特殊字符（中断、退出和挂起）而相应产生的三个信号将被发送到前台进程组。
- t_termios 是一个结构体，其中包含了该终端的所有特殊字符（控制字符）和相关信息，例如，波特率、是否启用回显等。我们将在第 18 章继续讨论此结构体。
- t_winsize 是一个 winsize 类型的结构体，其中包含终端窗口的当前尺寸。当终端窗口的大小发生变化时，SIGWINCH 信号将被发送到前台进程组。我们将在第 18.12 节中说明如何设置和获取终端的当前窗口大小。

为了找到某个特定会话的前台进程组，内核必须从 session 结构体开始，根据其中的 s_ttyp 字段找到控制终端的 tty 结构体，然后通过 t_pgrp 字段获得前台进程组的 pgrp 结构体。pgrp 结构体包含一个特定进程组的相关信息。

- pg_id 是进程组 ID。
- pg_session 是一个指针，指向该进程组所属会话的 session 结构体。
- pg_members 也是一个指针，指向该进程组成员的 proc 结构体的链表。该 proc 结构体中的 p_pglist 字段（也是一个结构体）是一个双向链表项，它同时指向进程组中的下一个进程和上一个进程，以此类推，直至进程组中的最后一个进程（其 proc 结构体中的 p_pglist 字段中的指针为空指针）。

proc 结构体中包含某个进程的所有信息。

- p_pid 包含该进程的进程 ID。
- p_pptr 是指向该进程的父进程的 proc 结构体的指针。
- p_pgrp 是指向该进程所属进程组的 pgrp 结构体的指针。
- 如前所述，p_pglist 是一个结构体，其中包含两个指针，分别指向进程组中下一个进程和上一个进程。

最后介绍 vnode 结构体。当打开控制终端设备时，分配此结构体。进程中所有对 /dev/tty 的访问都要通过此 vnode 结构体。

9.12 小结

本章描述了进程组和会话之间的关系，会话是由若干个进程组组成的。作业控制是目前大多数 UNIX 系统都支持的特性，我们已经描述了如何通过支持作业控制的 shell 来实现它。进程的控制终端/dev/tty，也参与到这些进程关系之中。

我们已经多次提到在所有这些进程关系中使用的信号。下一章将讨论信号，并详细介绍所有 UNIX 系统信号。

习题

9.1 请参阅 6.8 节中对 utmp 和 wtmp 文件的讨论。为什么 Logout 记录由 init 进程写入? 这是否与网络登录情况下的处理方式相同?

9.2 编写一个小程序，调用 fork 并让子进程创建一个新的会话。验证该子进程成为进程组的组长，并且不再拥有控制终端。

10 信号

10.1 序言

信号是软件中断。大多数重要的应用程序都需要处理信号。信号提供了一种处理异步事件的方法——例如，终端上的用户输入中断字符以停止一个程序或提前终止管道中的下一个程序。

UNIX 系统从早期版本开始，就已经提供了信号机制，但是诸如 V7（Version 7）这样的系统所提供的信号模型并不可靠。信号可能会丢失，并且在执行临界区（critical region）代码时，进程很难关闭选定的信号。4.3BSD 和 SVR3 都对信号模型做了修改，增加了所谓的可靠信号机制。但是 Berkeley 和 AT&T 所做的更改并不兼容。幸运的是，POSIX.1 标准化了可靠信号例程，这就是我们本章将要论述的主题。

在本章中，我们首先对信号进行概述，并说明每种信号通常的用途。然后我们了解一下早期的实现中存在的问题。在了解如何正确地进行操作之前，理解一个实现中的问题通常是非常重要的。本章包含许多不完全正确的示例以及对缺陷的讨论。

10.2 信号的概念

首先，每个信号都有一个名字。这些名字都以 `SIG` 三个字符开头。例如，`SIGABRT` 是进程调用 `abort` 函数时产生的中止信号。`SIGALRM` 是 `alarm` 函数设置的定时器到期时产生的告警信号。V7 有 15 种不同的信号，SVR4 和 4.4BSD 两者均有 31 种不同的信号。FreeBSD 8.0 支持 32 种不同的信号。Mac OS X 10.6.8 和 Linux 3.2.0 各支持 31 种不同的信号，而 Solaris 10 支持 40 种不同的信号。然而，FreeBSD、Linux 和 Solaris 等支持引入额外的应用程序自定义的信号来支持实时应用程序。尽管本书没有涉及 POSIX 实时扩展［有关更多信息，请参阅 Gallmeister（1995）］，但是自 SUSv4 开始，实时信号接口已经转移到了基本规范中。

信号名称是由头文件`<signal.h>`中的正整数常量（信号编号）定义的。

> 实际上，具体实现是在另一个头文件中定义各个信号，但是此头文件又被`<signal.h>`所包含。内核包含用于用户级应用程序的头文件被认为是糟糕的形式，因此，如果应用程序和内核两者需要相同的定义，则将有关信息放在内核头文件中，然后由用户级头文件包含该文件。于是，FreeBSD 8.0 和 Mac OS X 10.6.8 将信号定义在`<sys/signal.h>`中，Linux 3.2.0 将信号定义在 `<bits/signum.h>`中，而 Solaris 10 则将信号定义在`<sys/iso/signal_iso.h>`中。

编号为 0 的信号是不存在的。我们将在第 10.9 节中看到，`kill` 函数对编号为 0 的信号有特殊的用途。POSIX.1 将此值称为空信号。

许多条件都可以产生信号：

- 当用户按下某些终端按键时，终端就会产生相应的信号。按下终端上的 DELETE 键（或许多系统上的 Ctrl+C）通常会产生中断信号（`SIGINT`）。这是停止一个失控程序的方法。（我们将在第 18 章中说明如何将此信号映射到终端上的任意字符。）
- 硬件异常会产生信号：除以 0、无效内存的引用等。这些情况通常由硬件检测到，并通知内核。然后，内核为异常发生时正在运行的进程生成适当的信号。例如，为执行无效内存引用的进程生成 `SIGSEGV` 信号。
- `kill(2)` 命令允许一个进程向其他进程或进程组发送任何信号。当然，也有一些限制：发送信号的进程的所有者必须同时也是接收信号的进程的所有者，或者发送信号的进程的所有者必须是超级用户。
- `kill(1)` 命令允许我们向其他进程发送信号。这个程序只是 `kill` 函数的一个接口。此命令通常用于终止一个失控的后台进程。
- 当一个进程应该被通知各种事件时，软件条件可以产生信号。这里的条件不是硬件产生的（如除以 0 的条件），而是由软件产生的。例如，`SIGURG`（当带外数据通过网络连接到达时）、`SIGPIPE`［当进程向没有读者（读进程）的管道写东西时］，以及 `SIGALRM`（当进程设置的定时器到期时）。

信号是异步事件的典型案例。在进程看来，信号发生在看似随机的时间。进程无法通过简单地测试一个变量（比如 `errno`）来判断是否发生了某个信号，进程只能告诉内核“如果产生此信号，请执行以下操作。”

我们可以告诉内核在信号发生时执行以下三种操作之一，我们称之为信号的处理，或者与信号相关联的动作。

1. 忽略此信号。这种方式适用于大多数信号，但是有两个信号绝对不能忽略：SIGKILL 和 SIGSTOP。这两个信号之所以不能被忽略，是为了给内核和超级用户提供一个确保能够终止或停止任何进程的方法。此外，如果我们忽略由硬件异常产生的某些信号（如非法内存引用或除以 0），则进程的行为是未定义的。
2. 捕捉此信号。要做到这一点，需要告诉内核在信号发生时调用我们的某个函数。在该函数中，可以做任何我们想做的事情来处理此事件。例如，如果我们正在编写一个命令解释器，当用户在键盘上产生中断信号时，我们可能希望返回到程序的主循环，终止正在为用户执行的任何命令。如果捕获到 SIGCHLD 信号，则意味着子进程已经终止，因此信号捕获函数可以通过调用 waitpid 来获取子进程的进程 ID 及其终止状态。再比如，如果进程已经创建了临时文件，我们可能需要为 SIGTERM 信号（终止信号，即 kill 命令发送的默认信号）编写一个信号捕获函数来清理临时文件。注意，SIGKILL 和 SIGSTOP 这两个信号不能被捕捉。
3. 执行系统默认的动作。每个信号都有一个默认动作，具体如图 10.1 所示。请注意，大多数信号的默认动作是终止进程。

名称	说明	ISO C	SUS	FreeBSD 8.0	Linux 3.2.0	Mac OS X 10.6.8	Solaris 10	默认动作
SIGABRT	异常终止（abort）	•	•	•	•	•	•	终止+core
SIGALRM	定时器到期（alarm）		•	•	•	•	•	终止
SIGBUS	硬件故障		•	•	•	•	•	终止+core
SIGCANCEL	线程库内部使用						•	忽略
SIGCHLD	子进程状态变化		•	•	•	•	•	忽略
SIGCONT	继续暂停的进程		•	•	•	•	•	继续/忽略
SIGEMT	硬件故障			•	•	•	•	终止+core
SIGFPE	算术异常	•	•	•	•	•	•	终止+core
SIGFREEZE	检查点冻结						•	忽略
SIGHUP	挂起		•	•	•	•	•	终止
SIGILL	非法指令	•	•	•	•	•	•	终止+core
SIGINFO	键盘的状态请求			•		•		忽略
SIGINT	终端中断符	•	•	•	•	•	•	终止
SIGIO	异步 I/O			•	•	•	•	终止/忽略
SIGIOT	硬件故障			•	•	•	•	终止+core
SIGJVM1	JVM 内部使用 1						•	忽略
SIGJVM2	JVM 内部使用 2						•	忽略
SIGKILL	杀死进程		•	•	•	•	•	终止
SIGLOST	资源丢失						•	终止
SIGLWP	线程库内部使用			•			•	终止/忽略
SIGPIPE	写入没有读者的管道		•	•	•	•	•	终止
SIGPOLL	可轮询事件（poll）				•		•	终止
SIGPROF	性能分析定时器到期（setitimer）		•	•	•	•	•	终止
SIGPWR	电源不足/重启（UPS 相关）				•		•	终止/忽略
SIGQUIT	终端退出符		•	•	•	•	•	终止+core
SIGSEGV	无效内存引用（段错误）	•	•	•	•	•	•	终止+core
SIGSTKFLT	协处理器栈错误				•			终止
SIGSTOP	暂停		•	•	•	•	•	暂停进程
SIGSYS	无效系统调用		XSI	•	•	•	•	终止+core
SIGTERM	终止进程	•	•	•	•	•	•	终止
SIGTHAW	检查点解冻						•	忽略
SIGTHR	线程库内部使用			•				终止
SIGTRAP	硬件故障		XSI	•	•	•	•	终止+core

图 10.1　UNIX 系统中的信号

名　　称	说　　明	ISO C	SUS	FreeBSD 8.0	Linux 3.2.0	Mac OS X 10.6.8	Solaris 10	默认动作
SIGTSTP	终端停止符		•	•	•	•	•	暂停进程
SIGTTIN	后台进程组从控制 tty 读取		•	•	•	•	•	暂停进程
SIGTTOU	后台进程组向控制 tty 写入		•	•	•	•	•	暂停进程
SIGURG	紧急情况（socket）		•	•	•	•	•	忽略
SIGUSR1	用户自定义信号 1		•	•	•	•	•	终止
SIGUSR2	用户自定义信号 2		•	•	•	•	•	终止
SIGVTALRM	虚拟定时器到期（setitimer）		XSI	•	•	•	•	终止
SIGWAITING	线程库内部使用						•	忽略
SIGWINCH	终端窗口尺寸发生变化			•	•	•	•	忽略
SIGXCPU	超过 CPU 时间限制（setrlimit）		XSI	•	•	•	•	终止或终止+core
SIGXFSZ	超过文件大小限制（setrlimit）		XSI	•	•	•	•	终止或终止+core
SIGXRES	超出资源控制						•	忽略

图 10.1　UNIX 系统中的信号（续）

图 10.1 列出了所有信号的名称、指示了哪些系统支持该信号，以及对该信号的默认操作。SUS 列中如果包含“•”符号，表示此种信号被定义为基本 POSIX.1 标准的一部分，而如果包含“XSI”字样，则表示此种信号被定义在 XSI 选项中。

当“默认动作”一列被标记为“终止+core”时，表示该进程的内存映像会被复制到当前工作目录中名为 core 的文件中（该文件名为 core，它显示了该特性成为 UNIX 系统的一部分的时间）。这个文件可以被大多数 UNIX 系统调试器用来检查进程终止时的状态。

生成 core 文件是大多数 UNIX 系统版本都会实现的功能。虽然此功能不是 POSIX.1 标准的一部分，但它在 Single UNIX Specification 的 XSI 选项中，被作为一个潜在的特定实现的动作被提及。

core 文件的名称因具体的实现而异。例如，在 FreeBSD 8.0 上，core 文件被命名为 *cmdname*.core，其中 *cmdname* 对应着接收信号的进程的命令的名称。在 Mac OS X 10.6.8 上，core 文件名为 core.*pid*，其中 *pid* 是接收信号的进程的进程 ID。（这些系统允许通过 sysctl 参数配置 core 文件名。在 Linux 3.2.0 上，该名称通过/proc/sys/kernel/core_pattern 进行配置。）

大多数实现都将 core 文件放在相应进程的当前工作目录中，而 Mac OS X 则将所有 core 文件放在/cores 目录中。

满足以下任何一个条件，系统都不会产生 core 文件：a）进程设置了设置用户 ID 位，但当前用户不是该程序文件的所有者；b）进程设置了设置组 ID 位，但当前用户不是该程序文件的组所有者；c）当前用户对当前工作目录没有写权限；d）core 文件已经存在，但当前用户对该文件没有写权限；e）core 文件太大（回顾 7.11 节的 RLIMIT_CORE 限制）。core 文件的权限（假设该文件尚不存在）通常是用户可读可写，但 Mac OS X 只设置了用户的只读权限。

在图 10.1 中，描述为“硬件故障”的信号对应于实现定义的硬件故障。其中许多名称取自 UNIX 系统在最初 PDP-11 上的实现。检查你的系统手册以确定这些信号到底对应哪种类型的错误。

现在我们更详细地说明这些信号。

SIGABRT　该信号是通过调用 abort 函数产生的（参见 10.17 节）。进程异常终止。

SIGALRM　当用 alarm 函数设置的定时器到期时会产生此信号（更多细节参见第 10.10 节）。当 setitimer(2)函数设置的性能分析定时器到期时，也会产生此信号。

SIGBUS　此信号表示一个实现定义的硬件故障。如 14.8 节所述，实现通常在某些类型的内存故障上生成此信号。

SIGCANCEL　此信号由 Solaris 线程库在内部使用。它不适合于一般用途。

SIGCHLD　每当一个进程终止或停止时，SIGCHLD 信号会被发送到其父进程。默认情况下，此信号将被忽略，因此如果父进程需要在子进程的状态改变时得到通知，则必须捕获此信号。信号捕捉函数中的正常操作是调用一种 wait 函数来获取子进程的进程 ID 和终止状态。

早期的 System V 版本有一个类似的信号，名为 SIGCLD（少一个“H”）。此信号的语义不同于其他信号，而且早在 SVR2，手册页中就强烈反对在新程序中使用它。（奇怪的是，这个警告在 SVR3 和 SVR4 版本的手册页中消失了。）应用程序应该使用标准的 SIGCHLD 信号，但要注意许多系统为了向后兼容，将 SIGCLD 定义为与 SIGCHLD 相同的值。如果你维护的软件使用了 SIGCLD，那么你需要查看你的系统手册，看看它遵循哪种语义。我们将在第 10.7 节继续讨论这两个信号。

SIGCONT　此作业控制信号发送给当前已停止但需继续运行的进程。默认动作是继续运行已停止的进程，但如果进程未停止，则忽略该信号。例如，一个全屏编辑器可能会捕获此信号，并使用信号处理程序做一个记录以重绘终端屏幕。更多细节见第 10.21 节。

SIGEMT　此信号表示一个实现定义的硬件故障。

EMT 这个名称来自 PDP-11 的“仿真器陷阱”（emulator trap）指令。并非所有平台都支持这种信号。例如，在 Linux 上，SIGEMT 只支持特定的架构，如 SPARC、MIPS 和 PA-RISC 等。

SIGFPE　这是一个算术异常的信号，比如除以 0、浮点溢出等。

SIGFREEZE　该信号仅由 Solaris 定义。它用于通知那些需要在冻结系统状态前采取特殊行动的进程，比如当系统进入休眠或挂起模式时可能会发生。

SIGHUP　如果终端接口检测到连接断开，则将该信号发送到与控制终端相关联的控制进程（会话首进程）。参照图 9.13，可以看出此信号被发送到 session 结构体中 s_leader 字段所指向的进程。仅当未设置终端的 CLOCAL 标识时，才会为此条件生成此信号。（如果所连接的终端是本地终端，则会设置该终端的 CLOCAL 标识。该标识指示终端驱动程序忽略所有调制解调器的状态行。我们将在第 18 章描述如何设置这个标识。）

注意，接收此信号的会话首进程可能在后台进程组，示例参见图 9.7。这与通常的终端产生的信号（中断、退出和挂起）不同，后者总是被传递给前台进程组。

如果会话首进程终止，也会生成此信号。在这种情况下，该信号被发送到前台进程组中的每个进程。

此信号通常用于通知守护进程（参见第 13 章）重新读取其配置文件。为这项任务选择 SIGHUP 的原因是，守护进程不应该有控制终端，通常不会接收到这个信号。

SIGILL　此信号表明进程执行了一条非法的硬件指令。

4.3BSD 从 abort 函数中生成此信号。现在，SIGABRT 被用于这一目的。

SIGINFO　当我们按下状态键（通常是 Ctrl+T）时，终端驱动程序产生此 BSD 信号。该信号被发送到前台进程组中的所有进程（参见图 9.9）。这个信号通常会使前台进程组中的进程的状态信息显示在终端上。

Linux 不提供对 SIGINFO 的支持，尽管该符号在 Alpha 平台上被定义为与 SIGPWR 相同的值。这很可能是为了给在 OSF/1 上开发的软件提供某种程度的兼容性。

SIGINT　此信号由终端驱动程序在我们按下中断键（通常是 DELETE 或 Ctrl+C）时产生。该信号被发送到前台进程组中的所有进程（参见图 9.9）。该信号通常用于终止失控的程序，尤其是当它在屏幕上产生大量不需要的输出时。

SIGIO　此信号表示一个异步 I/O 事件。我们将在 14.5.2 节中讨论它。

在图 10.1 中，我们将 SIGIO 的默认动作标记为“终止”或“忽略”。遗憾的是，这取决于具体的系统。在 System V 中，SIGIO 与 SIGPOLL 相同，因此其默认动作是终止进程。在 BSD 中，默认动作是忽略该信号。

Linux 3.2.0 和 Solaris10 将 SIGIO 定义为与 SIGPOLL 相同的值，因此默认行为是终止进程。在 FreeBSD 8.0 和 Mac OS X 10.6.8 上，默认行为是忽略该信号。

SIGIOT　此信号表示一个由实现定义的硬件故障。

IOT 这个名称来自 PDP-11 的“输入/输出 TRAP”指令的助记符。System V 的早期版本从 abort 函数生成这个信号。SIGABRT 现在用于此目的。

在 FreeBSD 8.0、Linux 3.2.0、Mac OS X 10.6.8 和 Solaris 10 上，SIGIOT 被定义为与 SIGABRT 相同的值。

SIGJVM1　保留给 Solaris 上的 Java 虚拟机使用的信号。

SIGJVM2　保留给 Solaris 上的 Java 虚拟机使用的另一个信号。

SIGKILL　此信号是两个无法被捕获或忽略的信号之一。它为系统管理员提供了一种杀死任何进程的可靠方法。

SIGLOST　此信号用于通知在 Solaris NFSv4 客户端系统上运行的进程在恢复期间无法重新获取锁。

SIGLWP　此信号由 Solaris 线程库在内部使用，它不可用于一般用途。在 FreeBSD 上，SIGLWP 被定义为 SIGTHR 的别名。

SIGPIPE　如果写入管道，但读者（读进程）已终止，则产生此信号。我们将在第 15.2 节中介绍管道。当进程写入不再连接的 SOCK_STREAM 类型的套接字时，也会生成此信号。我们将在第 16 章介绍套接字。

SIGPOLL　此信号在 SUSv4 中已被标记为废弃，因此在将来的标准版本中可能会将其删除。它可以在一个可轮询的设备上发生特定事件时产生。我们将在第 14.4.2 节中说明此信号与 poll 函数。它起源于 SVR3，大致对应于 BSD 的 SIGIO 和 SIGURG 信号。

在 Linux 和 Solaris 上，SIGPOLL 被定义为与 SIGIO 相同的值。

SIGPROF　此信号在 SUSv4 中已被标记为废弃，因此在将来的标准版本中可能会将其删除。当由 setitimer(2) 函数设置的性能分析定时器到期时，将生成该信号。

SIGPWR　此信号依赖于具体的系统，主要用于具有不间断电源（UPS）的系统。如果电源失效，则 UPS 会接管工作，并且通常会通知软件。此时无须执行任何操作，因为系统会使用蓄电池继续供电。但是，如果蓄电池电量不足

（例如，长时间断电），通常会再次通知软件；此时，系统理应关闭一切。此时应发送 SIGPWR 信号。在大多数系统上，收到蓄电池电量不足通知的进程向 init 进程发送 SIGPWR 信号，并由 init 进程处理系统关机。

为此，Solaris 10 和某些 Linux 发行版在 inittab 文件中包含条目：powerfail 和 powerwait（或 powerokwait）。

在图 10.1 中，我们将 SIGPWR 的默认动作标记为“终止”或“忽略”。遗憾的是，实际的默认动作依赖于具体的系统实现。在 Linux 中，默认动作是终止该进程。而在 Solaris 上，该信号默认会被忽略。

SIGQUIT　当我们按下终端的退出键（通常是 Ctrl+\）时，终端驱动程序会生成此信号。该信号会被发送到前台进程组中的所有进程（参见图 9.9）。此信号不仅可以终止前台进程组（SIGINT 也是如此），还会生成一个 core 文件。

SIGSEGV　此信号表明进程做了一个无效的内存引用［这通常表明程序有一个 bug，例如引用解析（dereference）一个未初始化的指针（访问未初始化指针所指向的内容）］。

SEGV 这个名字代表着“段错误”。

SIGSTKFLT　此信号由 Linux 系统专用。它出现在最早的 Linux 版本中，旨在处理数学协处理器的栈故障。该信号不是由内核产生的，但为了向后兼容而被保留了下来。

SIGSTOP　此作业控制信号会停止一个进程。它类似于交互式停止信号（SIGTSTP），但 SIGSTOP 不能被捕捉或忽略。

SIGSYS　这表明一个无效的系统调用。不知何故，进程执行了一个内核认为是系统调用的机器指令，但该指令中指示系统调用类型的参数却是无效的。如果你构建了一个使用新系统调用的程序，然后试图在不支持该系统调用的旧版本操作系统上运行该程序的二进制可执行文件，就会发生上述情况。

SIGTERM　这是 kill(1) 命令默认发送的终止信号。因为它可以被应用程序捕获，所以使用 SIGTERM 可让程序有机会在退出前进行清理，从而优雅地终止（与 SIGKILL 不同，SIGKILL 不能被捕获或忽略）。

SIGTHAW　此信号由 Solaris 系统专用，用于在系统挂起后恢复运行时通知需要采取特殊操作的进程。

SIGTHR　这是预留给 FreeBSD 中的线程库使用的信号。它被定义为与 SIGLWP 具有相同的值。

SIGTRAP　此信号表示一个实现定义的硬件故障。

该信号名称来自 PDP-11 的 TRAP 指令。当执行断点指令时，实现通常使用这个信号将控制权移交给调试器。

SIGTSTP 当我们按下终端挂起键（通常是 Ctrl+Z）时，终端驱动程序会产生这种交互停止信号。此信号将发送到前台进程组中的所有进程（请参见图 9.9）。

遗憾的是，“停止”一词有不同的含义。在讨论作业控制和信号时，我们提及的是停止和继续作业。然而，终端驱动程序历来使用术语“停止”来指代使用 Ctrl+S 停止终端输出（另外，Ctrl+Q 用来启动终端输出）。因此，终端驱动程序将产生交互停止信号的字符称为挂起字符，而不是停止字符。

SIGTTIN 当后台进程组中的进程尝试从其控制终端读取数据时，终端驱动程序会生成该信号（参考 9.8 节对此主题的讨论）。作为特殊情况，如果(a)读取进程忽略或阻塞该信号，或者(b)读取进程的进程组是孤儿进程组，则不会生成该信号；同时，读取操作将失败，并且将 errno 设置为 EIO。

SIGTTOU 当后台进程组中的进程尝试向其控制终端写入数据时，终端驱动程序会生成该信号（这将在 9.8 节中讨论）。与后台进程读取的情况不同，进程可以选择允许后台进程对控制终端的写入。我们将在第 18 章中介绍如何修改此选项。

如果不允许后台进程写入，那么与 SIGTTIN 信号的情形类似，也有两种特殊情况：如果(a)写入进程忽略或阻塞这个信号，或者(b)写入进程的进程组是孤儿进程组，那么就不会产生该信号；同时，写操作会返回一个错误，并将 errno 设置为 EIO。

无论是否允许后台进程写入，某些终端操作（除写入外）也可以产生 SIGTTOU 信号。这些操作包括 tcsetattr、tcsendbreak、tcdrain、tcflush、tcflow 和 tcsetpgrp 等。我们将在第 18 章描述这些终端操作。

SIGURG 此信号通知进程发生了紧急情况。当在网络连接上接收到带外数据时，可选择性地生成此信号。

SIGUSR1 这是一个用户自定义的信号，用于应用程序中。

SIGUSR2 这是另一个用户自定义的信号，类似于 SIGUSR1，也用于应用程序中。

SIGVTALRM 当 setitimer(2) 函数设置的虚拟间隔定时器到期时，会产生这个信号。

SIGWAITING 该信号由 Solaris 线程库在内部使用，不能用于一般用途。

SIGWINCH 内核维护与每个终端和伪终端相关联的窗口的尺寸。进程可以使用 ioctl 函数获取和设置窗口大小，该函数将在 18.12 节中进行介绍。如果进程使用 ioctl 函数的设置窗口尺寸命令（TIOCSWINSZ）更改窗口尺寸，则内核将为前台进程组生成 SIGWINCH 信号。

SIGXCPU　Single UNIX Specification 支持将资源限制的概念作为 XSI 选项的一部分；请参阅第 7.11 节。若进程耗时超过 CPU 时间的软限制（在 Linux 系统下使用 ulimit -t 可查看此限制），则生成 SIGXCPU 信号。

在图 10.1 中，我们将 SIGXCPU 的默认动作标注为“终止”或“带 core 文件的终止”。实际上，其默认值取决于具体的操作系统。Linux 3.2.0 和 Solaris 10 支持终止并生成 core 文件的默认动作，而 FreeBSD 8.0 和 Mac OS X 10.6.8 却支持终止且不生成 core 文件的默认动作。Single UNIX Specification 要求默认操作是异常终止进程，而是否生成 core 文件则取决于具体的实现。

SIGXFSZ　若进程写的文件超过其文件大小的软限制（在 Linux 系统下可通过 ulimit -f 命令查看和修改此限制），则生成此信号，参见 7.11 节。

与 SIGXCPU 一样，SIGXFSZ 采取的默认动作取决于具体的操作系统。Linux 3.2.0 和 Solaris 10 的默认动作是终止并生成 core 文件，而 FreeBSD 8.0 和 Mac OS X 10.6.8 的默认动作却是终止且不生成 core 文件。Single UNIX Specification 要求默认操作是异常终止进程，而是否生成 core 文件则取决于具体的实现。

SIGXRES　该信号仅由 Solaris 定义。它可以选择用来通知超过预先配置的资源值的进程。Solaris 资源控制机制是一种通用设施，用于控制独立应用程序集之间共享资源的使用。

10.3 signal 函数

UNIX 系统的信号特性的最简单接口是 signal 函数：

```
#include <signal.h>

void (*signal(int signo, void (*func)(int)))(int);
```

返回值：成功则为指向之前的信号处理程序的函数指针；出错则为 SIG_ERR

signal 函数是由 ISO C 定义的，它不涉及多进程、进程组、终端 I/O 等。因此，它对信号的定义非常模糊，对于 UNIX 系统来说几乎毫无用处。

派生自 UNIX System V 的各种实现支持 signal 函数，但它提供的是旧的不可靠信号语义（我们将在 10.4 节中描述这些旧的语义）。该函数为需要旧语义的应用程序提供向后兼容性。新的应用程序不应使用这些不可靠的信号。

4.4BSD 也提供了 signal 函数，但它是根据 sigaction 函数（我们将在 10.14 节中描述）来定义的，所以在 4.4 BSD 下使用它可提供较新的可靠信号语义。目前大多数系统都遵循这一策略，但 Solaris 10 却遵循 System V 语义的 signal 函数。

由于 signal 的语义在不同的实现中有所不同，因此必须使用 sigaction 函数来代替它。在第 10.14 节中，我们提供了一个使用 sigaction 函数实现的 signal 函数。本文中的所有示例均使用图 10.18 中所示的 signal 函数，这样一来，无论我们使用哪种特定的平台，它都能提供一致的语义。

signo 参数只是图 10.1 中信号的名称。*func* 的值可能是下面三者之一：（a）常量 SIG_IGN，（b）常量 SIG_DFL，或者（c）信号发生时要调用的函数地址。如果指定 SIG_IGN，我们就是在告诉系统忽略此信号（请记住，SIGKILL 和 SIGSTOP 这两个信号不能被忽略）。指定 SIG_DFL 时，我们将与此信号关联的动作设置为其默认值（参见图 10.1 中的最后一列）。当是指定信号发生时要调用的函数的地址时，我们就是在安排“捕获”此信号。我们将该函数称为信号处理程序（signal handler）或信号捕获函数（signal-catching function）。

signal 函数的原型声明，该函数需要两个参数，并返回一个指向无返回值（void）的函数的指针。该函数的第一个参数 *signo* 是一个整型值。第二个参数是一个指向函数的指针，它所指向的函数只接受一个整型参数，且无返回值（void）。signal 函数的返回值是一个函数地址（即函数指针），该函数接受单个整型参数（对应声明中最后一个，int 类型的）。用通俗的语言来说，这个声明表示 signal 函数返回的函数指针所指向的函数，接受一个整型参数（信号编号），却无返回值。当我们调用 signal 函数来设置信号处理程序时，第二个参数是指向该函数（信号处理程序）的指针。signal 函数的返回值是指向前一个信号处理程序的指针。

许多系统使用附加的、依赖于具体实现的参数来调用信号处理程序。我们将在 10.14 节中进一步讨论这一点。

通过使用下面的 typedef（Plauger 1992），本节开始时所示的复杂的 signal 函数原型可以变得简单得多:

```
typedef void Sigfunc(int);
```

然后原型变为

```
Sigfunc *signal(int, Sigfunc *);
```

我们已经在 apue.h 文件（附录 B）中包含了这个 typedef，并在本章的函数中使用它。

如果我们查看系统的头文件<signal.h>，可能会发现以下形式的声明:

```
#define SIG_ERR     (void (*)())-1
#define SIG_DFL     (void (*)())0
#define SIG_IGN     (void (*)())1
```

这些常量可以用来代替“指向接受整型参数但不返回任何值的函数的指针”，如可用于 signal 的第二个参数和 signal 的返回值。用于这些常量的三个值不必是-1、0 和 1。它们必须是三个永远不能成为任何声明函数的地址的值。大多数 UNIX 系统使用如上所示的值。

示例

图 10.2 展示了一个简单的信号处理程序，它捕捉了两个用户定义的信号，并打印出对应的信号编号。

在第 10.10 节中，我们将说明 pause 函数，它只是暂停调用进程，直到接收到信号。

```
#include "apue.h"

static void sig_usr(int);     /* 两个信号的处理程序 */

int
main(void)
{
    if (signal(SIGUSR1, sig_usr) == SIG_ERR)
        err_sys("can't catch SIGUSR1");
    if (signal(SIGUSR2, sig_usr) == SIG_ERR)
        err_sys("can't catch SIGUSR2");
    for ( ; ; )
        pause();
}

static void
sig_usr(int signo)    /* 参数是信号编号 */
{
    if (signo == SIGUSR1)
        printf("received SIGUSR1\n");
    else if (signo == SIGUSR2)
        printf("received SIGUSR2\n");
    else
        err_dump("received signal %d\n", signo);
}
```

图 10.2　捕捉 SIGUSR1 和 SIGUSR2 的简单程序

我们在后台调用该程序，并使用 kill(1) 命令向其发送信号。请注意，在 UNIX 系统中，杀死（kill）这一术语实际上名不副实。kill(1) 命令和 kill(2) 函数只是向一个进程或进程组发送一个信号。该信号是否会终止进程，取决于发送的是哪个信号，以及进程是否安排了捕捉该信号。

```
$ ./a.out &                    在后台启动进程
[1]         7216               作业控制 shell 打印作业编号和进程 ID
$ kill -USR1 7216              向 7216 号进程发送 SIGUSR1 信号
received SIGUSR1
```

```
$ kill -USR2 7216              向 7216 号进程发送 SIGUSR2 信号
received SIGUSR2
$ kill 7216                    向 7216 号进程发送 SIGTERM 信号
[1]+  Terminated     ./a.out
```

当我们向 7216 号进程发送 SIGTERM 信号时，该进程就会被终止，因为它没有捕捉该信号，并且该信号的默认动作是终止进程。

程序启动

当一个程序被执行时，所有信号的状态要么是系统默认的，要么是被忽略的。通常来说，除非调用 exec 的进程显式忽略了该信号，否则所有信号都会被设置为其默认动作。具体来说，exec 函数将任何希望要捕获的信号的处理方式更改为其默认动作，而对所有其他信号的状态则不予理会［自然地，调用 exec 的进程可以捕获的信号并不能被新程序中的相同函数（信号捕获函数）所捕获，因为调用方中捕获信号的函数的地址在执行的新程序文件中毫无意义］。

此信号状态行为的一个具体示例是交互式 shell 如何处理后台进程的中断和退出信号。在一个不支持作业控制的 shell 中，当在后台执行一个进程时，比如：

```
cc main.c &
```

shell 会自动将此后台进程对中断和退出信号的处理方式设置为忽略。这样做的目的是，如果输入中断字符，不会影响到后台进程。如果不这样实现，那么当输入中断字符时，它不仅会终止前台进程，也会终止所有后台进程。

许多捕捉这两种信号的交互式程序都有类似下面的代码：

```
void sig_int(int), sig_quit(int);

if (signal(SIGINT, SIG_IGN) != SIG_IGN)
    signal(SIGINT, sig_int);
if (signal(SIGQUIT, SIG_IGN) != SIG_IGN)
    signal(SIGQUIT, sig_quit);
```

按照这种方式，只有在信号当前没有被忽略的情况下，进程才会捕捉到该信号。

这两次对 signal 函数的调用也体现了该函数的局限性：如果不改变信号的处理方式，我们就无法确定该信号当前的配置。我们将在本章的后面看到 sigaction 函数如何允许我们在不更改信号的处理方式的情况下确定它的当前配置。

程序创建

当进程调用 fork 时，子进程会继承父进程的信号配置。在这里，由于子进程从父进程内存映像的副本开始执行，因此，信号捕捉函数的地址在子进程中具有意义。

10.4 不可靠信号

在 UNIX 系统的早期版本（如 V7）中，信号是不可靠的。我们指的是信号可能会丢失：一个信号可能已经产生，而进程却永远不会知道这一点。此外，进程对信号几乎没有控制权：进程仅能捕获或忽略信号。有时，我们希望告诉内核阻塞一个信号：不要忽略它，只需在其发生时记录一下，并在稍后我们准备好时通知我们，但当时并没有这种阻塞信号的机制。

> 4.2BSD 率先改进了信号机制，并提供了所谓的可靠信号。接着，SVR3 也进行了一系列不同的更改，进而在 System V 中提供可靠的信号。POSIX.1 最终选择了 BSD 模型进行标准化。

这些早期版本的一个问题是，每次信号发生后，在对其进行处理时，信号的操作都会被重置为其默认值（在前面的示例中，当我们运行图 10.2 中的程序时，每个信号我们只捕获一次，从而规避了此问题）。描述这些早期系统的编程图书中的经典示例涉及如何处理中断信号。所描述的代码通常与下面所示类似：

```
    int     sig_int();              /* 我的信号处理程序 */
      ⋮
    signal(SIGINT, sig_int);        /* 设置处理程序 */
      ⋮

sig_int()
{
    signal(SIGINT, sig_int);        /* 为下次 SIGINT 的处理重设处理程序 */
      ⋮                             /* 处理信号 …… */
}
```

（将信号处理程序声明为返回 `int` 类型的数据的原因是，这些早期系统不支持 ISO C 的 `void` 数据类型。）

此代码片段的问题在于，在信号发生之后，但在信号处理程序调用 `signal` 之前，有一个时间窗口，在这期间，中断信号可能会再次发生。第二个信号将导致发生默认操作，对于该信号来说，则是终止进程。这是其中一种异常情况，而在其他大多数情况都能正常工作，导致我们认为它是正确的，而事实并非如此。

这些早期系统的另一个问题是，当进程不希望信号发生时，它无法关闭信号。该进程所能做的就是忽略该信号。有时，我们想告诉系统“避免以下信号干扰我，但如果它们真的发生了，请记住”。演示这一缺陷的经典示例是下面的代码段，该段代码捕获一个信号，并为进程设置一个标识，指示该信号已发生：

```
int     sig_int();                  /* 我的信号处理程序 */
int     sig_int_flag;               /* 当信号发生时，将其设置为非 0 值 */
```

```
main()
{
    signal(SIGINT, sig_int);        /* 设置处理程序 */
      ⋮
    while (sig_int_flag == 0)
        pause();                    /* 开始休眠，等待信号发生 */
      ⋮
}

sig_int()
{
    signal(SIGINT, sig_int);        /* 为下次 SIGINT 的处理重设处理程序 */
    sig_int_flag = 1;               /* 在 main 函数的循环中设置检查的标识位 */
}
```

在这里，该进程调用 pause 函数使自己进入休眠状态，直到捕获到信号。当捕获到信号时，信号处理程序只是将 sig_int_flag 标识设置为一个非零值。在信号处理程序返回后，该进程被内核自动唤醒，注意到该标识为非零值，然后执行它需要执行的任何操作。但是这里存在一个时间窗口，事情可能会出错。如果信号发生在 sig_int_flag 测试之后，且在调用 pause 之前，则该进程可能会永远处于休眠状态（假设该信号不再产生）。不难看出，此次发生的信号将会丢失。这是另一个例子，有些代码虽然不正确，但它在大多数情况下却可以正常工作。调试此类问题可能很困难。

10.5 中断的系统调用

早期 UNIX 系统的一个特点是，如果一个进程捕获到一个信号，而该进程在执行一个慢速系统调用（slow system call）而被阻塞，则该系统调用将被中断。该系统调用将返回错误，并将 errno 设置为 EINTR。这样做是基于这样一个假设，既然信号发生了，并且进程捕捉到了它，那么很有可能发生了某些应该唤醒被阻塞的系统调用的事情。

在这里，我们必须区分系统调用和函数。当捕获到信号时，被中断的是内核中的系统调用，而非函数。

为了支持这一特性，系统调用被分为两类：低速系统调用和所有其他类型的系统调用。低速系统调用是指那些可能永远阻塞的系统调用。此类别包括：

- 如果某些特定类型（管道、终端设备和网络设备）的文件中没有数据，则读取操作可能永远阻塞调用者。
- 如果上述这些类型的文件不能立即接收数据，则写入操作可能会永远阻塞调用者。
- 打开某些类型的文件，这些文件会阻塞调用者，直到发生某种情况（如打开终端设备，需要等待所连接的调制解调器的应答）。

- pause 函数（顾名思义，它使调用进程进入休眠状态，直到信号被捕获）和 wait 函数。
- 某些 ioctl 操作。
- 某些进程间通信函数（参见第 15 章）。

这些低速系统调用的显著例外是与磁盘 I/O 相关的部分。尽管磁盘文件的读写可能会暂时阻塞调用者（当磁盘驱动程序对请求进行排队，然后执行请求时），但除非发生硬件错误，否则 I/O 操作总是会迅速返回并解除对调用者的阻塞。

例如，适合中断的系统调用处理的一种情况是，当进程从终端设备发起读取操作，而终端上的用户却在较长一段时间内离开了终端时。在此示例中，该进程可能会被阻塞数小时乃至数天，除非系统停机，否则将一直如此。

对于中断的 read、write 的系统调用，POSIX.1 中的语义在 2001 版本发生了变化。早期版本允许实现自行选择如何处理已完成部分数据的 read 和 write 系统调用。如果 read 已接收数据并将其传输到应用程序的缓冲区，但尚未收到应用程序请求的所有内容，然后被中断，则操作系统可能会使系统调用失败（将 errno 设置为 EINTR），或者允许系统调用成功，返回收到的部分数据。同样，如果 write 向应用程序缓冲区中传输部分数据，然后被中断，则操作系统可能会使系统调用失败（将 errno 设置为 EINTR），或者允许系统调用成功，返回写入的部分数据。从历史上看，从 SystemV 派生的实现使系统调用失败，而从 BSD 派生的实现则会返回部分成功的数据。2001 版的 POSIX.1 标准，最终选用的是 BSD 风格的语义。

中断的系统调用的问题在于：我们现在必须显式地处理错误的返回。典型的代码序列（假设有一个读操作，并假定我们想在读操作被中断的情况下重新启动它）可能如下所示：

```
again:
    if ((n = read(fd, buf, BUFFSIZE)) < 0) {
        if (errno == EINTR)
            goto again;   /* 只是一个被中断的系统调用 */
        /* 处理其他错误 */
    }
```

为了避免应用程序不得不处理中断的系统调用，4.2BSD 引入了对某些中断的系统调用的自动重启机制。可自动重新启动的系统调用包括 ioctl、read、readv、write、writev、wait 和 waitpid 等。正如我们所提到的，前 5 个函数只有在操作低速的设备时才会被信号中断；而 wait 和 waitpid 总是在信号被捕获时被中断。由于这给一些应用程序带来了问题，它们不希望在操作被中断时重新启动，因此，4.3BSD 允许进程在每个信号的基础上禁用这一功能。

POSIX.1 要求实现仅在中断信号的 SA_RESTAR 标识有效时，才能重新启动系统调用。正如我们将在第 10.14 节中看到的，此标识与 sigaction 函数一起使用，以允许应用程序请求重新启动被中断的系统调用。

从历史上看，当使用 signal 函数创建信号处理程序时，对于如何处理中断的系统调用，各种实现的具体做法有所不同。默认情况下，System V 从不重新启动系统调用。相反，BSD 则会在系统调用被信号中断时重新启动它们。在 FreeBSD 8.0、Linux 3.2.0 和 Mac OS X 10.6.8 上，当使用 signal 函数建立信号处理程序时，被中断的系统调用将被重新启动。然而，Solaris 10 对此情形的默认做法是返回错误（EINTR）。通过使用自己实现的 signal 函数（如图 10.18 所示），可以避免处理这些差异。

4.2BSD 引入自动重新启动功能的原因之一是，有时我们并不知道所操作的输入或输出设备是一个低速设备。如果我们编写的程序可以被交互式地使用，那么它可能是在读或写一个低速的设备，因为终端就属于这一类。如果我们在此程序中捕获到信号，而系统却不提供重新启动功能，则必须测试每一次读或写操作是否返回中断的错误，如果是，则重新发出读或写操作。

图 10.3 总结了各种实现提供的信号函数及其语义。

函　　数	操作系统	信号处理程序保持安装状态	阻塞信号的能力	是否自动重启中断的系统调用
signal	ISO C、POSIX.1	未指定	未指定	未指定
	V7、SVR2、SVR3			从不
	SVR4、Solaris			从不
	4.2BSD	•	•	总是
	4.3BSD、4.4BSD、FreeBSD、Linux、Mac OS X	•	•	默认
sigaction	POSIX.1、4.4BSD、SVR4、FreeBSD、Linux、Mac OS X、Solaris	•	•	可选

图 10.3　各种信号实现所提供的特性

请注意，其他厂商的 UNIX 系统可能具有与图 10.3 中显示的不同的值。例如，与图 10.3 中列出的平台不同，SunOS 4.1.2 中的 sigaction 在默认情况下会重新启动被中断的系统调用。

图 10.18 提供了我们自己版本的 signal 函数，它可以自动尝试重新启动被中断的系统调用（SIGALRM 信号除外）。在图 10.19 中，我们提供了另一个函数 signal_intr，它试图永远不重新启动。

我们将在第 14.4 节中说明 select 和 poll 函数时进一步讨论中断的系统调用。

10.6 可重入函数

当进程处理捕获的信号时，该进程正在执行的正常指令序列会暂时被信号处理程序中断。然后，该进程继续执行，但现在执行的是信号处理程序中的指令。如果信号处理程序返回（例如，不是调用 exit 或 longjmp），那么当信号被捕获时进程正在执行的正常指令序列将继续执行（这与发生硬件中断时的情况类似）。但是在信号处理程序中，我们无法判断捕获到信号时进程正在哪里执行。如果进程正在调用 malloc 在其堆上分配的额外的内存，而从信号处理程序中再次调用 malloc，会怎么样呢？或者，如果进程正在调用一个函数，例如 getpwnam（见第 6.2 节），该函数将其结果存储在一个静态存储区，而从信号处理程序中再次调用此函数，那又会怎么样呢？在 malloc 示例中，可能会对进程造成严重破坏，因为 malloc 通常维护一个包含所有分配的内存区域的链表，并且它可能正在更改该链表。在 getpwnam 示例中，返回给普通调用者的信息可能会被返回给信号处理程序的信息覆盖。

Single UNIX Specification 规定了保证在信号处理程序中可以安全调用的函数。这些函数是可重入的，并且被 Single UNIX Specification 称为*异步信号安全函数*。除了可重入外，如果信号的传递可能导致不一致，它们还会在操作期间阻塞任何信号。图 10.4 列出了这些异步信号安全函数。未包含在图 10.4 中的大多数函数都是不可重入的，因为已知的是（a）它们使用静态数据结构，（b）它们调用 malloc 或 free，或者（c）它们是标准 I/O 库的一部分。标准 I/O 库的大多数实现都以非重入的方式使用全局数据结构。请注意，即使在本书的某些示例中，信号处理程序调用了 printf 函数，也并不能保证产生预期的结果。因为信号处理程序可能会中断主程序对 printf 的调用。

请注意，即使从信号处理程序中调用图 10.4 中列出的函数，但由于每个线程也只有一个 errno 变量（回顾 1.7 节中对 errno 和线程的讨论），因此信号处理程序可能会潜在地修改它的值。考虑一个在 main 设置 errno 后立即被调用的信号处理程序。例如，如果该信号处理程序调用了 read，则此调用可能会更改 errno 的值，从而清除刚刚由 main 设置的值。因此，作为一般规则，当从信号处理程序调用图 10.4 中列出的函数时，应该保存（调用前）和恢复（调用后）errno。[请注意，一个常见的捕获信号是 SIGCHLD（子进程终止时会向父进程发送此信号），其信号处理程序通常会调用某个 wait 函数，而所有的 wait 函数都可以改变 errno。]

请注意，图 10.4 中缺少 longjmp（见 7.10 节）和 siglongjmp（见 10.15 节）。因为在主例程以不可重入方式更新数据结构时可能会产生信号，如果不是从信号处理程序正常返回而是调用 siglongjmp，则该数据结构可能只更新了一半。如果应用程序要执行诸如更新全局数据结构之类的事情（正如在这里所描述的那样），同时捕获导致 sigsetjmp 被执行的信号时，那么它需要在更新数据结构时阻塞信号。

abort	faccessat	linkat	select	socketpair
accept	fchmod	listen	sem_post	stat
access	fchmodat	lseek	send	symlink
aio_error	fchown	lstat	sendmsg	symlinkat
aio_return	fchownat	mkdir	sendto	tcdrain
aio_suspend	fcntl	mkdirat	setgid	tcflow
alarm	fdatasync	mkfifo	setpgid	tcflush
bind	fexecve	mkfifoat	setsid	tcgetattr
cfgetispeed	fork	mknod	setsockopt	tcgetpgrp
cfgetospeed	fstat	mknodat	setuid	tcsendbreak
cfsetispeed	fstatat	open	shutdown	tcsetattr
cfsetospeed	fsync	openat	sigaction	tcsetpgrp
chdir	ftruncate	pause	sigaddset	time
chmod	futimens	pipe	sigdelset	timer_getoverrun
chown	getegid	poll	sigemptyset	timer_gettime
clock_gettime	geteuid	posix_trace_event	sigfillset	timer_settime
close	getgid	pselect	sigismember	times
connect	getgroups	raise	signal	umask
creat	getpeername	read	sigpause	uname
dup	getpgrp	readlink	sigpending	unlink
dup2	getpid	readlinkat	sigprocmask	unlinkat
execl	getppid	recv	sigqueue	utime
execle	getsockname	recvfrom	sigset	utimensat
execv	getsockopt	recvmsg	sigsuspend	utimes
execve	getuid	rename	sleep	wait
_Exit	kill	renameat	sockatmark	waitpid
_exit	link	rmdir	socket	write

图 10.4　信号处理程序中可以调用的可重入函数

示例

图 10.5 展示了一个程序，它从每秒被调用一次的信号处理程序（my_alarm 函数）中调用不可重入函数 getpwnam。在 10.10 节中将介绍 alarm 函数，在这里用它来每秒产生一个 SIGALRM 信号。

```
#include "apue.h"
#include <pwd.h>

static void
my_alarm(int signo)
{
    struct passwd *rootptr;

    printf("in signal handler\n");
    if ((rootptr = getpwnam("root")) == NULL)
            err_sys("getpwnam(root) error");
    alarm(1);
}
int
```

```
main(void)
{
    struct passwd *ptr;

    signal(SIGALRM, my_alarm);
    alarm(1);
    for ( ; ; ) {
        if ((ptr = getpwnam("sar")) == NULL)
            err_sys("getpwnam error");
        if (strcmp(ptr->pw_name, "sar") != 0)
            printf("return value corrupted!, pw_name = %s\n",
                    ptr->pw_name);
    }
}
```

图 10.5　在信号处理程序中调用不可重入函数

当运行这个程序时，结果是随机的。通常，当信号处理程序在多次迭代后返回时，程序将被 SIGSEGV 信号终止。对 core 文件的检查表明，main 函数调用了 getpwnam，但当 getpwnam 调用 free 时，信号处理程序将其中断并调用 getpwnam，而后者又调用了 free。当信号处理程序（间接地）调用 free 而 main 函数也调用 free 时，由 malloc 和 free 维护的数据结构已经遭到破坏。偶尔地，该程序会运行几秒，然后因 SIGSEGV 错误而崩溃。当 main 函数在捕获到信号后确实正确运行时，其返回值却时而被破坏，时而又正常。

如本例所示，如果在信号处理程序中调用不可重入函数，其结果是不可预测的。

10.7　SIGCLD 语义

SIGCLD 和 SIGCHLD 这两个信号容易产生混淆。名为 SIGCLD（不带 H）的信号来自 System V，此信号与 BSD 的名为 SIGCHLD 的信号具有不同的语义。POSIX.1 中的对应信号也被命名为 SIGCHLD（POSIX.1 标准采用 BSD 的名称）。

BSD 中的 SIGCHLD 信号的语义是正常的，因为其语义与所有其他信号的语义类似。当信号产生时，子进程的状态已经改变，此时，父进程需要调用其中一个 wait 函数来确定发生了什么。

然而，System V 在传统上对 SIGCLD 信号的处理方式与其他信号不同。如果使用 signal 或 sigset（早期与 SVR3 兼容，用于设置信号处置的函数）来设置信号处置，则基于 SVR4 的系统将延续这种有问题的传统（即兼容性约束）。这种对 SIGCLD 信号的早期处理方式包括以下行为：

1. 如果进程专门将该信号处置设置为 SIG_IGN，则该调用进程的子进程将不会产生僵尸进程。请注意，这不同于其默认操作（SIG_DFL）（从图 10.1 中可知，SIGCHLD 的默认操作是忽略），在子进程终止时，它们的状态将被丢弃。如果该调用进程随后调用其中一个 wait 函数，则其将阻塞，直到其所有子进程都终止。然后 wait 会返回-1，并将 errno 设置为 ECHILD（没有可返回状态的子进程）。（此信号的默认处置是忽略，但这并不会导致前面的语义发生。相反，必须明确将其处置设置为 SIG_IGN 才行。）

POSIX.1 并没有规定当 SIGCHLD 被忽略时会发生什么，因此这种行为是被允许的。XSI 选项要求对 SIGCHLD 支持此行为。

4.4BSD 在 SIGCHLD 被忽略的情况下总是会产生僵尸进程。如果希望避免产生僵尸进程，则必须等待子进程。在 SVR4 中，如果调用 signal 或 sigset 将 SIGCHLD 的处置设置为忽略，则永远不会产生僵尸进程。本书中所介绍的所有 4 个平台都遵循 SVR4 的这种行为。

使用 sigaction 时，可以通过设置 SA_NOCLDWAIT 标识（见图 10.16）来避免产生僵尸进程。本书介绍的所有 4 个平台都支持此操作。

2. 如果将 SIGCLD 的处置方式设置为捕获，内核会立即检查是否有子进程准备好被等待，如果有，则调用 SIGCLD 处理程序。

如以下示例所示，第（2）项改变了为此信号编写信号处理程序的方式，

示例

回顾 10.4 节，在进入信号处理程序时要做的第一件事是再次调用 signal，以重置信号处理程序（此操作旨在将信号处置重置回默认值的时间窗口最小化，从而降低信号丢失的风险）。图 10.6 中的程序展示了这一点。然而，该程序在传统的 System V 平台上并不能正常工作，其输出是连续地一行行打印："SIGCLD received"。最终，该进程耗尽栈空间并异常终止。

```
#include    "apue.h"
#include    <sys/wait.h>

static void sig_cld(int);

int
main()
{
    pid_t   pid;

    if (signal(SIGCLD, sig_cld) == SIG_ERR)
        perror("signal error");
    if ((pid = fork()) < 0) {
        perror("fork error");
```

```
    } else if (pid == 0) {      /* 子进程 */
        sleep(2);
        _exit(0);
    }

    pause();    /* 父进程 */
    exit(0);
}

static void
sig_cld(int signo)  /* 中断 pause() */
{
    pid_t   pid;
    int     status;

    printf("SIGCLD received\n");

    if (signal(SIGCLD, sig_cld) == SIG_ERR) /* 重设处理程序 */
        perror("signal error");

    if ((pid = wait(&status)) < 0) /* 获取子进程的状态 */
        perror("wait error");

    printf("pid = %d\n", pid);
}
```

图 10.6　无法正常工作的 System V 中的 SIGCLD 处理程序

> 在 FreeBSD 8.0 和 Mac OS X 10.6.8 中之所以不存在此问题，是因为基于 BSD 的系统通常不支持早期 System V 中的 SIGCLD 语义。在 Linux 3.2.0 中也没有出现这个问题，这是因为即使 SIGCHLD 和 SIGCHLD 被定义为相同的值，但由于当父进程准备捕获 SIGCHLD 并且其子进程准备好被等待时，父进程并不会调用 SIGCHLD 信号处理程序。此外，Solaris 10 在这种情况下确实会调用信号处理程序，但在其内核中包含了额外的代码来避免这个问题。
>
> 尽管本书中介绍的 4 个平台都解决了这个问题，但要认识到，仍有一些平台（如 AIX）没有解决这个问题。

这个程序的问题在于，在信号处理程序的开头调用 signal，援引前面讨论的第（2）项——内核检查是否有一个子进程需要被等待（确实如此，因为这里正在处理一个 SIGCLD 信号），所以它生成了对信号处理程序的另一次调用。信号处理程序调用 signal，整个过程重新开始。

要修复此程序，必须将对 signal 的调用移到对 wait 的调用之后。通过这种做法（在获取子进程的终止状态后才调用 signal），只有当其他子进程终止后，内核才会再次产生信号。

POSIX.1 指出，当为 SIGCHLD 信号建立信号处理程序并且存在一个尚未等待的已终止子进程时，是否产生信号是不确定的。这就允许前面所描述的行为。但是，由于 POSIX.1 在信号发生时不会将信号的处置重置为其默认值（假设我们使用 POSIX.1 中的 sigaction 函数来设置其处置），因此没有必要在该处理程序中为 SIGCHLD 建立信号处理程序。

必须了解你所使用的系统实现的 SIGCHLD 的语义。需要特别注意的是，有些系统将 SIGCHLD 定义为 SIGCLD（#define SIGCHLD SIGCLD），或者正好相反。更改名称可能允许你编译一个适合其他系统的程序，但是如果该程序依赖于其他语义，则它可能无法正常工作。

在本书所描述的 4 个平台中，只有 Linux 3.2.0 和 Solaris 10 定义了 SIGCLD。在这些平台上，SIGCLD 等同于 SIGCHLD。

10.8 可靠信号的术语和语义

我们需要定义在讨论信号的过程中所使用的一些术语。首先，当导致信号发生的事件发生时，会为进程产生一个信号（或将信号发送到进程）。该事件可以是硬件异常（例如，除以 0）、软件条件（如，alarm 定时器到期）、终端产生的信号或调用 kill 函数等。当信号产生时，内核通常会在进程表（也称为进程控制块，PCB）中设置某种形式的标识。

当对信号执行某种相应的操作时，信号被传递给进程。在信号产生和传递之间的这段时间，称该信号为挂起信号（也称为未决信号）。

进程可以选择阻塞信号的传递。如果为进程产生了一个被阻塞的信号，并且该信号的操作是默认操作或捕获该信号，则该信号对该进程保持挂起状态，直到进程 (a) 解除对信号的阻塞或 (b) 将该默认操作修改为忽略该信号。系统在信号被传递时（而非在信号产生时）决定如何处理被阻塞的信号。这允许进程在信号被传递之前仍可更改对信号的操作。进程可以调用 sigpending 函数（见 10.13 节）来确定哪些信号处于阻塞和挂起的状态。

如果在进程解除阻塞信号之前不止一次产生阻塞信号，会发生什么情况呢？POSIX.1 允许系统传递该信号一次或多次。如果系统多次传递信号，则称之为对信号进行排队。然而，大多数 UNIX 系统并不会对信号进行排队，除非它们支持 POSIX.1 的实时扩展，否则，UNIX 内核只传递一次信号。

随着 SUSv4 的推出，实时信号功能从实时扩展转移到基本规范中。随着时间的推移，更多的系统开始支持对信号排队，即使它们并不支持实时扩展。在 10.20 节将进一步讨论对信号排队。

SVR2 的手册页声称，在进程执行 SIGCLD 信号的处理程序时会对此信号进行排队。

虽然这在概念层面上可能是正确的，但实际的实现却截然不同。如 10.7 节中所述，信号是由内核重新生成的。在 SVR3 中，手册页对此做了修改，修改为在进程执行 SIGCLD 信号的处理程序时会忽略 SIGCLD 信号。SVR4 手册页则删除了此提法。

AT&T（1990e）中的 SVR4 sigaction(2)手册页声称，SA_SIGINFO 标识（见图 10.16）会使信号被可靠地排队，这是错误的。看起来，这个功能在内核中已经部分实现了，但是在 SVR4 中并未启用。奇怪的是，SVID（System V 的接口规范）并没有对可靠排队做出同样的声明。

如果有多个信号已经就绪并准备传递给一个进程，会发生什么情况？POSIX.1 并没有规定信号传递给进程的顺序，然而，POSIX.1 的 Rationale 部分的确建议，与进程当前状态有关的信号应该先于其他信号传递（SIGSEGV 就是这样一个信号）。

每个进程都有一个信号掩码，它定义了当前被阻止传递给该进程的信号集。可以将此掩码视为每个可能的信号对应一个比特位（此处仅是举例说明，实际上信号掩码不一定使用比特位来实现），如果给定信号的比特位是打开的（如值为 1），则表示该信号当前被阻塞。进程可以通过调用 sigprocmask 函数来查看和修改其当前信号掩码，10.12 节将对此进行介绍。

由于信号的数量有可能超过整型数的位数，因此，POSIX.1 定义了一种名为 sigset_t 的数据类型，用于保存信号集。信号掩码就存储在这样一个信号集中。10.11 节将说明对信号集进行操作的 5 个函数。

10.9 kill 和 raise 函数

kill 函数向一个进程或一组进程发送信号。raise 函数允许进程向其自身发送信号。

最初，ISO C 定义了 raise 函数。后来，为了与 ISO C 标准保持一致，POSIX.1 也将其包含在内。但 POSIX.1 扩展了 raise 的规范以使其可以处理线程（12.8 节将讨论线程如何与信号交互）。由于 ISO C 并不处理多进程，因此它无法定义需要以进程 ID 作为参数的函数（如 kill）。

```
#include <signal.h>

int kill(pid_t pid, int signo);

int raise(int signo);
```

两个函数返回值：成功为 0，失败则为-1

调用

```
raise(signo);
```

相当于调用

```
kill(getpid(), signo);
```

kill 函数的 *pid* 参数有下面 4 种不同的取值情况。

pid > 0　该信号被发送到进程 ID 为 *pid* 的取值情况。

pid == 0　该信号被发送到其进程组 ID 等于发送方的进程组 ID，且发送方有权限向其发送信号的所有进程（包括发送方进程本身）。注意，这里所说的“所有进程”并不包括一组由实现定义的系统进程。对于大多数 UNIX 系统而言，系统进程集包括内核进程和 init 进程（*pid* 为 1）。

pid < 0　该信号被发送到其进程组 ID 等于 *pid* 的绝对值，且发送方有权限向其发送信号的所有进程。同样，如前所述，“所有进程”并不包括某些系统进程。

pid == −1　该信号被发送到系统中发送方有权限向其发送信号的所有进程。如前所述，“所有进程”不包括某些系统进程。

正如前面已经提到的，一个进程需要权限才能向另一个进程发送信号。超级用户可以向任何进程发送信号。对于其他用户，基本规则是发送方的真实用户 ID 或有效用户 ID 必须等于接收方的真实用户 ID 或有效用户 ID。如果实现支持_POSIX_SAVED_IDS（正如 POSIX.1 现在要求的那样），则检查接收者的保存的设置用户 ID 而非其有效用户 ID。权限测试还存在一种特殊情况：如果发送的信号是 SIGCONT，则进程可以将其发送到同一会话中的任何其他进程。

POSIX.1 将信号编号 0 定义为空信号。如果 *signo* 参数为 0，则 kill 仅执行正常的错误检查，并不发送信号。此技术通常用于确定一个特定进程是否仍然存在。如果向进程发送空信号，而进程不存在，则 kill 会返回−1，并将 errno 设置为 ESRCH（查无此进程）。但是，UNIX 系统会在一段时间后循环使用进程 ID，因此，目前存在的具有给定进程 ID 的进程并不意味着它就是你认为的那个进程。

还需要了解的是，对进程存在性的测试不是原子操作。当 kill 向调用者返回答案时，该过程可能已经退出，因此这种测试的价值有限。

如果对 kill 的调用为调用进程自身产生了信号（前述 *pid* 的 4 种情况均有机会给调用进程本身发送信号），并且如果该信号未被阻塞，那么在 kill 返回之前，signo 或其他挂起的未阻塞信号将被传递给该进程（对于线程而言，情况有所不同，有关更多信息，请参阅第 12.8 节）。

10.10 alarm 和 pause 函数

alarm 函数可以设置一个定时器，该定时器将在未来某个指定的时刻到期。当定时器到期时，会产生 SIGALRM 信号。如果忽略或未捕获此信号，则其默认动作是终止调用此函数的进程。

```
#include <unistd.h>

unsigned int alarm(unsigned int seconds);
```

返回值：0（以前未设置定时器）或以前设置的定时器距离到期时间的剩余秒数

seconds 的值是秒数，在经过 *seconds* 秒后会产生信号 SIGALARM。当该时刻到来时，信号由内核产生，但由于处理器调度的延迟，在进程获得控制权来处理信号之前可能会有额外的时间开销。

> 早期的 UNIX 系统实现警告说，该信号也可以提前 1 秒发送。POSIX.1 则不允许此行为。

每个进程只能有一个这样的闹钟。如果调用 alarm 时，该进程先前注册的闹钟尚未过期，则将该闹钟剩余的秒数作为此函数的值返回。先前注册的闹钟时间将被新值取代。

如果先前为该进程注册的闹钟尚未到期，并且本次调用入参 *seconds* 的值为 0，则取消先前的闹钟，并且先前闹钟的剩余秒数仍然作为函数的值返回。

虽然 SIGALRM 的默认操作是终止进程，但大多数使用闹钟的进程都会捕获此信号。如果随后希望终止该进程，则它可以在被终止前执行任何需要的清理工作。如果打算捕捉 SIGALRM 信号，则需要在调用 alarm 之前安装好它的信号处理程序。如果先调用 alarm 函数，并在安装信号处理程序之前就已经接收到 SIGALRM 信号，则进程将终止。

pause 函数挂起调用进程，直到捕获到信号。

```
#include <unistd.h>

int pause(void);
```

返回值：-1，且将 errno 设置为 EINTR

只有当信号处理程序执行完并返回时，pause 函数才会返回。此时，pause 返回-1，并将 errno 设置为 EINTR。

示例

结合使用 alarm 和 pause 两个函数，可以让进程休眠一段指定的时间。图 10.7 中的 sleep1 函数似乎可以做到这一点（但是它有问题，我们很快就会看到这点）。

```
#include    <signal.h>
#include    <unistd.h>

static void
sig_alrm(int signo)
{
```

```
    /* 无事可做，只是返回并唤醒之前的暂停 */
}

unsigned int
sleep1(unsigned int seconds)
{
    if (signal(SIGALRM, sig_alrm) == SIG_ERR)
        return(seconds);
    alarm(seconds);      /* 启动定时器 */
    pause();             /* 下一个捕获的信号将唤醒调用进程 */
    return(alarm(0));    /* 关闭定时器，并返回未休眠时间 */
}
```

图 10.7　sleep 的简单且不完善的实现

sleep1 函数看起来类似于在 10.19 节中将要描述的 sleep 函数，但是这个简单的实现存在三个问题。

1. 如果在调用 sleep1 之前，调用者已经设置过一个闹钟，则该闹钟会被 sleep1 函数中的第一次 alarm 调用所清除。可以通过查看 alarm 的返回值来纠正这个问题。如果某个先前设置的闹钟所剩余的秒数（即 sleep1 调用 alarm 函数的返回值）小于 *seconds* 参数的值，则应该先等之前闹钟到期。如果先前设置的闹钟在本次闹钟之后到期，那么在 sleep1 返回之前，应该重置这个闹钟，使其在将来指定的时刻（之前闹钟设定的时间）到期。
2. 该函数已经修改了 SIGALRM 信号的处置方式。如果编写的 sleep1 函数需要提供给其他人调用，则应该在该函数被调用时（sleep1 的入口，且在调用 signal 之前的位置）保存旧的处置，并在返回前将其恢复。可以通过保存 signal 的返回值（signal 的返回值是之前的信号处置）和在函数返回之前重置处置来修正这个问题。
3. 第一次调用 alarm 和调用 pause 之间存在竞态条件。在一个繁忙的系统中，在调用 pause 之前，alarm 可能已经到期并调用了对应的信号处理程序。如果发生这种情况，调用者将在 pause 调用中被永远挂起（假设未捕获到其他信号）。

sleep 的早期实现类似于这里的 sleep1 函数，但问题 1 和问题 2 已经按如前所述的方式得到了修正。有两种方法可以解决问题 3。第一种方法是使用 setjmp，下一个示例将对此进行展示。另一种方法是使用 sigprocmask 和 sigsuspend 函数，在 10.19 节中将对其进行说明。

示例

SVR2 对 sleep 的实现使用了 setjmp 和 longjmp（参见 7.10 节），以避免前面示例的问题 3 中所描述的竞态条件。图 10.8 展示了该函数的一个简化版本，称为 sleep2（为了缩小这个示例的规模，并没有处理前面所描述的问题 1 和问题 2）。

```
#include    <setjmp.h>
#include    <signal.h>
#include    <unistd.h>

static jmp_buf env_alrm;

static void
sig_alrm(int signo)
{
    longjmp(env_alrm, 1);
}

unsigned int
sleep2(unsigned int seconds)
{
    if (signal(SIGALRM, sig_alrm) == SIG_ERR)
        return(seconds);
    if (setjmp(env_alrm) == 0) {
        alarm(seconds);         /* 启动定时器 */
        pause();                /* 下一个捕获的信号将唤醒我们 */
    }
    return(alarm(0));           /* 关闭定时器，并返回未休眠时间 */
}
```

图 10.8　sleep 的另一个（不完美）实现

sleep2 函数避免了图 10.7 所示程序中的竞态条件。即使 pause 从未被执行，当 SIGALRM 发生时，sleep2 函数也会返回。

然而，sleep2 函数还有一个微妙的问题，它涉及与其他信号的相互作用。如果 SIGALRM 中断了其他信号处理程序，那么当调用 longjmp 时，将中止该信号处理程序。图 10.9 展示了这个场景。之所以编写 SIGINT 处理程序（也即 sig_int）中的循环，是希望该函数（sig_int）在作者使用的系统上执行时间超过 5 秒，也即可以超过 sleep2 的参数值。整数 k 被声明为 volatile 可以防止由于编译器优化而丢弃该循环语句。

```
#include "apue.h"

unsigned int    sleep2(unsigned int);
static void     sig_int(int);

int
main(void)
{
    unsigned int    unslept;

    if (signal(SIGINT, sig_int) == SIG_ERR)
        err_sys("signal(SIGINT) error");
    unslept = sleep2(5);
    printf("sleep2 returned: %u\n", unslept);
    exit(0);
```

```
}

static void
sig_int(int signo)
{
    int             i, j;
    volatile int    k;

    /*
     * 调整这些循环，使其在运行此测试程序的
     * 任何系统上都能运行超过 5 秒
     */
    printf("\nsig_int starting\n");
    for (i = 0; i < 300000; i++)
        for (j = 0; j < 4000; j++)
            k += i * j;
    printf("sig_int finished\n");
}
```

图 10.9 从捕获其他信号的程序中调用 sleep2

当执行图 10.9 所示的程序，并通过输入中断字符中断休眠时，可以得到以下输出:

```
$ ./a.out
^C                                输入中断字符
sig_int starting
sleep2 returned: 0
```

由此可见，sleep2 函数的 longjmp 提前中止了另一个信号处理程序 sig_int，尽管它尚未完成。如果将 SVR2 的 sleep 函数与其他信号处理程序混合使用，就会遇到这种情况（参见习题 10.3）。

列举 sleep1 和 sleep2 两个示例的目的是展示稚嫩地处理信号时的缺陷。下面几节将介绍如何解决这些问题，这样就可以可靠地处理信号，而不会干扰其他代码段。

示例

除了用于实现 sleep 函数，alarm 函数的一个常见用途是为可能阻塞的操作设置一个时间上限。例如，如果在一个可以阻塞的设备（一个“慢”设备，如 10.5 节所述）上执行读取操作，可能希望读取在一段时间后超时。图 10.10 中的程序实现了此功能，它从标准输入读取一行，并将其写入标准输出。

```
#include "apue.h"

static void sig_alrm(int);

int
main(void)
{
```

```
    int     n;
    char    line[MAXLINE];

    if (signal(SIGALRM, sig_alrm) == SIG_ERR)
        err_sys("signal(SIGALRM) error");

    alarm(10);
    if ((n = read(STDIN_FILENO, line, MAXLINE)) < 0)
        err_sys("read error");
    alarm(0);

    write(STDOUT_FILENO, line, n);
    exit(0);
}

static void
sig_alrm(int signo)
{
    /* 无事可做，只需返回被中断的 read */
}
```

图 10.10　带超时处理的 read 调用

这段代码在 UNIX 应用程序中很常见，但是这个程序存在两个问题：

1. 图 10.10 中的程序有一个与图 10.7 中的程序相同的缺陷：第一次调用 alarm 和调用 read 之间存在竞态条件。如果内核在这两个函数调用之间阻塞进程的时间超过 alarm 的闹钟时间，则 read 可能会永远阻塞。大多数这种类型的操作都使用了较长的闹钟时间，如一分钟或更长时间，使得这种情况不太可能发生；然而，这终究是一个竞态条件。
2. 如果系统调用被自动重启，当 SIGALRM 信号处理程序返回时，read 并不会被中断。在这种情况下，超时没有起到任何作用。

在这里，特别希望可以中断一个慢速的系统调用。在 10.14 节将看到一种可移植的方法来实现这一点。

示例

以下程序将使用 longjmp 重新实现前面的示例。这样，就不必担心一个慢速系统调用是否被中断了。

```
#include "apue.h"
#include <setjmp.h>

static void sig_alrm(int);
static jmp_buf env_alrm;

int
```

```
main(void)
{
    int     n;
    char    line[MAXLINE];

    if (signal(SIGALRM, sig_alrm) == SIG_ERR)
        err_sys("signal(SIGALRM) error");
    if (setjmp(env_alrm) != 0)
        err_quit("read timeout");

    alarm(10);
    if ((n = read(STDIN_FILENO, line, MAXLINE)) < 0)
        err_sys("read error");
    alarm(0);

    write(STDOUT_FILENO, line, n);
    exit(0);
}

static void
sig_alrm(int signo)
{
    longjmp(env_alrm, 1);
}
```

图 10.11 使用 longjmp，且带超时处理的 read 调用

无论系统是否重新启动中断的系统调用，此版本都能按预期工作。但是，请注意，该程序仍然存在与其他信号处理程序交互的问题（如图 10.8 所示）。

如果希望对 I/O 操作设置一个时间限制，如前所示，可以使用 longjmp。同时也要意识到，它可能存在与其他信号处理程序交互的问题。另一种选择是使用 14.4.1 节和 14.4.2 节中即将说明的 select 或 poll 函数。

10.11 信号集

有时需要一种数据类型来表示多个信号——一个信号集。我们将在诸如 sigprocmask（在下一节中）之类的函数中使用这种数据类型，来通知内核不许产生集合中的任何信号。如前所述，不同信号的数量可能会超过一个整型数的位数（bit），因此通常不能使用整型数来表示每个信号一个比特的集合。POSIX.1 定义了表示信号集的数据类型 sigset_t 和以下 5 个操作信号集的函数。

函数 sigemptyset 初始化由 *set* 指向的信号集，从而排除所有信号（初始化一个未包含任何成员的信号集）。函数 sigfillset 初始化信号集，以便包含所有信号。在使用信号集之前，所有应用程序都必须为每个信号集调用一次 sigemptyset 或 sigfillset，因为不能

假设 C 语言对外部变量和静态变量的初始化（为 0）与特定系统上的信号集的实现（有可能使用位掩码以外的结构来实现信号集）相一致。

一旦初始化了一个信号集，就可以在这个信号集中添加和删除特定的信号。sigaddset 函数向现有的信号集中添加一个信号，而 sigdelset 则从该集合中移除一个信号。在所有将信号集作为参数的函数中，总是将信号集的地址作为参数传递。

```
#include <signal.h>

int sigemptyset(sigset_t *set);
int sigfillset(sigset_t *set);
int sigaddset(sigset_t *set, int signo);
int sigdelset(sigset_t *set, int signo);
                                    返回值：若成功，则为 0，否则为-1
int sigismember(const sigset_t *set, int signo);
                              返回值：若真则为 1，若假则为 0，若失败则为-1
```

实现

如果实现中的信号数量比整型数中的位数少，则可以使用每个信号一个比特位来实现信号集。在本节的剩余部分，假设一个实现有 31 个信号和 32 位整型数。sigemptyset 函数将整型数清 0，sigfillset 函数则将整型数中的所有比特位置 1。这两个函数可以作为<signal.h>头中的宏来实现：

```
#define sigemptyset(ptr)  (*(ptr) = 0)
#define sigfillset(ptr)   (*(ptr) = ~(sigset_t)0, 0)
```

请注意，sigfillset 除了将信号集中的所有位置为 1，还必须返回 0，因此这里使用 C 语言中的逗号运算符，它将逗号后面的值作为表达式的值返回。

基于此实现，sigaddset 打开一个比特位（将某位置 1），sigdelset 则关闭一个比特位（将某位置 0），sigismember 测试某个比特位。由于没有编号为 0 的信号，因此，从信号编号中减去 1 可以得到要操作的位。图 10.12 提供了这些函数的一个实现。

```
#include     <signal.h>
#include     <errno.h>

/*
 * 在<signal.h>中，通常将 NSIG 定义为包含 0 号信号的宏。
 */
#define SIGBAD(signo)     ((signo) <= 0 || (signo) >= NSIG)

int
sigaddset(sigset_t *set, int signo)
{
    if (SIGBAD(signo)) {
        errno = EINVAL;
```

```
        return(-1);
    }
    *set |= 1 << (signo - 1);       /* 打开比特位 */
    return(0);
}

int
sigdelset(sigset_t *set, int signo)
{
    if (SIGBAD(signo)) {
        errno = EINVAL;
        return(-1);
    }
    *set &= ~(1 << (signo - 1));    /* 关闭比特位 */
    return(0);
}

int
sigismember(const sigset_t *set, int signo)
{
    if (SIGBAD(signo)) {
        errno = EINVAL;
        return(-1);
    }
    return((*set & (1 << (signo - 1))) != 0);
}
```

图 10.12　sigaddset、sigdelset 和 sigismember 的一个实现

我们可能会尝试在<signal.h>头文件中将这三个函数实现为单行宏，但是 POSIX.1 要求检查信号编号参数是否有效，并在无效时设置 errno。这在宏中比在函数中更难做到。

10.12 sigprocmask 函数

回顾第 10.8 节，进程的信号掩码是当前被阻止向该进程发送的信号的集合。进程可以通过调用下面的 sigprocmask 函数来检查其信号掩码、更改其信号掩码或在一个步骤中执行两个操作。

```
#include <signal.h>

int sigprocmask(int how, const sigset_t *restrict set,
                sigset_t *restrict oset);
```

返回值：成功为 0，失败则为-1

首先，如果 *oset* 是一个非空指针，则通过 *oset* 返回进程的当前信号掩码。

其次，如果 *set* 是一个非空指针，则通过 *how* 参数指示如何修改当前信号掩码。图 10.13

描述了 *how* 的可能值。SIG_BLOCK 对应包含或操作（先或再赋值），而 SIG_SETMASK 则对应赋值操作。请注意，SIGKILL 和 SIGSTOP 不能被阻塞（如果试图阻塞这两个信号，sigprocmask 函数既不会关注，也不会报错）。

how	说　明
SIG_BLOCK	进程的新的信号掩码是其当前信号掩码与 *set* 指向的信号集的并集。也即，*set* 包含要阻塞的新增信号
SIG_UNBLOCK	进程的新的信号掩码是其当前信号掩码与 *set* 指向的信号集的补集的交集。也即，*set* 包含要解除阻塞的信号
SIG_SETMASK	进程的新的信号掩码被 *set* 指向的信号集的值所取代

图 10.13　使用 sigprocmask 更改当前信号掩码的方法

如果 *set* 为空指针，则进程的信号掩码不会改变，*how* 将被忽略。

在调用 sigprocmask 之后，如果有任何未阻塞的信号处于挂起状态，则在 sigprocmask 返回之前，至少将其中之一传递给该进程。

> sigprocmask 函数仅为单线程进程定义。在多线程进程中，提供了另外一个函数来操作线程的信号掩码。12.8 节将就此进行讨论。

示例

图 10.14 给出了一个函数，它可以打印出调用进程的信号掩码所对应的信号名。图 10.20 和图 10.22 所示的程序将调用此函数。

```
#include "apue.h"
#include <errno.h>

void
pr_mask(const char *str)
{
    sigset_t    sigset;
    int         errno_save;

    errno_save = errno;     /* 本程序可能会被信号处理程序所调用 */
    if (sigprocmask(0, NULL, &sigset) < 0) {
        err_ret("sigprocmask error");
    } else {
        printf("%s", str);
        if (sigismember(&sigset, SIGINT))
            printf(" SIGINT");
        if (sigismember(&sigset, SIGQUIT))
            printf(" SIGQUIT");
        if (sigismember(&sigset, SIGUSR1))
            printf(" SIGUSR1");
        if (sigismember(&sigset, SIGALRM))
```

```
            printf(" SIGALRM");

        /* 其余信号会执行到此处 */

        printf("\n");
    }

    errno = errno_save;     /* 恢复错误码 */
}
```

图 10.14 打印进程的信号掩码

为了节省空间，这里就不对图 10.1 中列出的每个信号一一测试信号掩码了（参见习题 10.9）。

10.13 sigpending 函数

sigpending 函数返回一个信号集，对于调用进程而言，这些信号被阻塞而不能被传递，同时当前也必定处于挂起状态。此信号集通过 *set* 参数返回。

```
#include <signal.h>

int sigpending(sigset_t *set);
```

返回值：成功为 0，失败为-1

示例

图 10.15 展示了已经描述过的许多信号功能。

```
#include "apue.h"

static void sig_quit(int);

int
main(void)
{
    sigset_t    newmask, oldmask, pendmask;

    if (signal(SIGQUIT, sig_quit) == SIG_ERR)
        err_sys("can't catch SIGQUIT");

    /*
     * 阻塞 SIGQUIT 信号并保存当前信号掩码。
     */
    sigemptyset(&newmask);
    sigaddset(&newmask, SIGQUIT);
    if (sigprocmask(SIG_BLOCK, &newmask, &oldmask) < 0)
        err_sys("SIG_BLOCK error");
```

```
    sleep(5);    /* 此处的 SIGQUIT 将保持未决状态 */

    if (sigpending(&pendmask) < 0)
        err_sys("sigpending error");
    if (sigismember(&pendmask, SIGQUIT))
        printf("\nSIGQUIT pending\n");

    /*
     * 恢复信号掩码，解除对 SIGQUIT 的阻塞。
     */
    if (sigprocmask(SIG_SETMASK, &oldmask, NULL) < 0)
        err_sys("SIG_SETMASK error");
    printf("SIGQUIT unblocked\n");

    sleep(5);    /* 此时，若产生 SIGQUIT，则将终止进程并生成 core 文件 */
    exit(0);
}

static void
sig_quit(int signo)
{
    printf("caught SIGQUIT\n");
    if (signal(SIGQUIT, SIG_DFL) == SIG_ERR)
        err_sys("can't reset SIGQUIT");
}
```

图 10.15　信号集和 sigprocmask 示例

该进程阻塞 SIGQUIT 信号，保存其当前信号掩码（以便稍后恢复），然后休眠 5 秒。在此期间，产生的任何退出信号都会被阻塞，并且在信号解除阻塞之前不会被传递。在 5 秒休眠结束时，检查该信号是否挂起，并解除对该信号的阻塞。

请注意，在阻塞 SIGQUIT 信号时保存了旧的掩码。为了解除对该信号的阻塞，可以使用旧的掩码执行 SIG_SETMASK，或者，可以用 SIG_UNBLOCK 只解除某个已经阻塞的信号。但是，请注意，如果编写了一个可以被其他人调用的函数，并且如果需要在此函数中阻塞一个信号，则不能使用 SIG_UNBLOCK 来解除信号阻塞。在这种情况下，必须使用 SIG_SETMASK 并将信号掩码恢复到之前的值，因为调用者可能在调用此函数之前特意阻塞了该信号。在 10.18 节介绍 system 函数部分将看到这样的例子。

如果在此休眠期间产生退出信号，则该信号现在处于挂起状态并且未被阻塞，因此它将在 sigprocmask 返回之前被传递。从程序的输出可以看到这种情况的确发生了，因为信号处理程序（sig_quit）中的 printf 是在调用 sigprocmask 之后的 printf 之前输出的。

此后，该进程会再休眠 5 秒。如果在此休眠期间再次产生退出信号，则该信号会终止该进程。这是因为在捕获信号时，已经将信号的处理重置为默认值。在以下输出中，当在终端输入 Ctrl+\时，终端打印出 ^\（终端退出字符）。

```
$ ./a.out
^\                          产生信号 1 次 (在 5 秒以内)
SIGQUIT pending             从 sleep 返回之后
caught SIGQUIT              在信号处理程序中
SIGQUIT unblocked           从 sigprocmask 返回之后
^\Quit(coredump)            再次产生信号
$ ./a.out
^\^\^\^\^\^\^\^\^\^\        产生信号 10 次 (在 5 秒以内)
SIGQUIT pending
caught SIGQUIT              信号仅产生一次
SIGQUIT unblocked
^\Quit(coredump)            再次产生信号
```

当 shell 发现其子进程异常终止时，它会打印消息 `Quit (coredump)`。注意，当第二次运行该程序时，虽然在进程处于休眠状态时生成 10 次 `SIGQUIT` 信号，但是当信号被解除阻塞后，信号只被传递给进程一次。这表明信号在这个系统上没有排队。

10.14 sigaction 函数

`sigaction` 函数可用于检查或修改（或两者兼而有之）与特定信号相关联的处置。此函数取代了 UNIX 系统早期版本中的 `signal` 函数。事实上，在本节最后将展示一个使用 `sigaction` 实现的 `signal`。

```
#include <signal.h>

int sigaction(int signo, const struct sigaction *restrict act,
              struct sigaction *restrict oact);
                                        返回值：成功为 0，失败为-1
```

这里，参数 *signo* 是需要检查或修改其操作的信号编号（不能是 `SIGKILL` 或 `SIGSTOP`）。如果 *act* 指针不为 `NULL`，则代表要进行修改操作（*act* 代表了新的信号处置）。如果 *oact* 指针不为 `NULL`，则系统将通过该指针返回信号的先前处置。该函数采用如下结构体：

```
struct sigaction {
  void      (*sa_handler)(int);   /* 信号处理程序的地址（指向信号处理程序的指针） */
                                  /* 或常量 SIG_IGN、SIG_DFL 之一 */
  sigset_t  sa_mask;              /* 需阻塞的其他信号（信号掩码） */
  int       sa_flags;             /* signal 选项，参见图 10.16 */

  /* 备用处理程序（与 sa_handler 只能二选其一） */
  void      (*sa_sigaction)(int, siginfo_t *, void *);
};
```

当更改信号的操作时，如果 `sa_handler` 字段包含一个信号捕获函数的地址（而不是常量 `SIG_IGN` 或 `SIG_DFL`），则 `sa_mask` 字段指定了一个信号集，其中的信号在信号捕捉函数被调用之前将被添加到进程的信号掩码中。如果信号捕获函数返回，则进程的信号掩码将被重置为其先前的值。这样一来，无论何时调用信号处理程序，都可以阻塞某些信号。当信号处理程序被调用时，操作系统会将正在传递的信号加入信号掩码（未设置 SA_NODEFER 标识的情况下）。因此保证了，无论何时处理给定信号，该信号的再一次产生都会被阻塞，直到处理完第一次出现的信号。回顾一下 10.8 节，相同信号的多次产生通常不会排队。如果该信号在被阻塞期间发生了 5 次，那么当解除信号阻塞时，该信号的信号处理函数通常只被调用一次（此特性已在前面的示例中说明）。

一旦为一个给定的信号安装了一个操作，该操作将保持安装状态，直到通过调用 sigaction 显式地更改它（与信号不可靠的早期系统不同，POSIX.1 对信号处理程序有此要求）。

act 结构体的 sa_flags 字段指定了处理该信号的各种选项。图 10.16 中详细说明了设置这些选项的含义。如果该标识被定义在基本 POSIX.1 规范的部分，则 SUS 列中包含“•”，而如果它被定义在 XSI 选项的部分，则 SUS 列显示为“XSI”。

选　项	SUS	FreeBSD 8.0	Linux 3.2.0	Mac OS X 10.6.8	Solaris 10	说　明
SA_INTERRUPT			•			被此信号中断的系统调用不会自动重新启动（XSI 规定其为 sigaction 的默认选项）。有关详细信息请参见 10.5 节
SA_NOCLDSTOP	•	•	•	•	•	如果 *signo* 为 SIGCHLD，则当子进程暂停（作业控制）时，不产生此信号。当然，当子进程终止时，仍会产生此信号（但请参见下面的 SA_NOCLDWAIT 选项）。当支持 XSI 选项时，如果设置了此标识，则当暂停的子进程继续执行时，不会发送 SIGCHLD
SA_NOCLDWAIT	•	•	•	•	•	如果 *signo* 为 SIGCHLD，则当调用进程的子进程终止时，该选项可防止系统产生僵尸进程。如果调用进程随后调用 wait，则它将阻塞，直到其所有子进程都终止，然后返回 −1，并将 errno 设置为 ECHILD（回顾 10.7 节）
SA_NODEFER	•	•	•	•	•	此信号被捕获之后，当执行其信号捕获函数时，系统不会自动阻塞该信号（除非该信号也被包含在 sa_mask 中）。注意，此类操作对应于早期的不可靠信号
SA_ONSTACK	XSI	•	•	•	•	如果已经使用 sigaltstack(2) 声明了一个备用栈，则此信号将被传递给备用栈上的进程

图 10.16　用于处理各个信号的选项标识（sa_flags）

选　　项	SUS	FreeBSD 8.0	Linux 3.2.0	Mac OS X 10.6.8	Solaris 10	说　　明
SA_RESETHAND	•	•	•	•	•	在进入此信号的捕获函数时，会将该信号的处置重置为 SIG_DFL，并清除 SA_SIGINFO 标识。请注意，此类操作对应于早期的不可靠信号。然而，对 SIGILL 和 SIGTRAP 这两个信号的处置不能自动重置。设置此标识可以选择性地使 sigaction 的行为犹如设置了 SA_NODEFER 标识一样
SA_RESTART	•	•	•	•	•	被此信号中断的系统调用将自动重新启动（参见第 10.5 节）
SA_SIGINFO	•	•	•	•	•	此选项为信号处理程序提供附加信息：一个指向 siginfo 结构体的指针和一个指向进程上下文标识符的指针

图 10.16　用于处理各个信号的选项标识（sa_flags）（续）

sa_sigaction 字段是一个可替代的信号处理程序，当 sigaction 结构体中设置了 SA_SIGINFO 标识（sa_flags 字段）时则使用此信号处理程序。具体实现可能对 sa_sigaction 和 sa_Handler 两个字段使用了相同的存储区（如使用联合体），因此，应用程序一次只能使用其中的一个字段。

通常，信号处理程序按如下方式被调用：

```
void handler(int signo);
```

但如果设置了 SA_SIGINFO 标识，则按下面的方式被调用：

```
void handler(int signo, siginfo_t *info, void *context);
```

siginfo 结构体包含了关于信号产生原因的信息。下面给出了它的一个大致格式的示例。所有符合 POSIX.1 标准的实现必须至少包含 si_signo 和 si_code 两个成员。此外，兼容 XSI 的实现则至少应包含以下字段：

```
struct siginfo {
  int          si_signo;  /* 信号编号 */
  int          si_errno;  /* 如果非零，则使用 errno.h 中的 errno 的值 */
  int          si_code;   /* 附加信息（取决于信号） */
  pid_t        si_pid;    /* 发送该信号的进程 ID */
  uid_t        si_uid;    /* 发送该信号的真实用户 ID */
  void        *si_addr;   /* 触发无效内存引用的地址（仅对特定的几个信号有意义） */
  int          si_status; /* 退出值或信号编号 */
  union sigval si_value;  /* 特定于应用程序的值 */
  /* 可能也涉及其他字段 */
};
```

sigval 联合体包含以下字段：

```
int   sival_int;
void *sival_ptr;
```

应用程序在传递信号时，会向 si_value.sival_int 传递一个整型值或向 si_value.sival_ptr 传递一个指针值。

图 10.17 展示了 Single UNIX Specification 定义的各种信号的 si_code 值。注意，实现可以自定义其他代码值。

信　号	si_code 的值	原　因
SIGILL	ILL_ILLOPC	非法操作码
	ILL_ILLOPN	非法操作数
	ILL_ILLADR	非法地址模式
	ILL_ILLTRP	非法陷入
	ILL_PRVOPC	特权级操作码
	ILL_PRVREG	特权级寄存器
	ILL_COPROC	协处理器错误
	ILL_BADSTK	内部栈错误
SIGFPE	FPE_INTDIV	整型数除以 0
	FPE_INTOVF	整型数溢出
	FPE_FLTDIV	浮点型数除以 0
	FPE_FLTOVF	浮点型数上溢
	FPE_FLTUND	浮点型数下溢
	FPE_FLTRES	浮点数结果不精确
	FPE_FLTINV	浮点数操作无效
	FPE_FLTSUB	下标超出范围
SIGSEGV	SEGV_MAPERR	地址未映射为对象
	SEGV_ACCERR	对映射对象无权限
SIGBUS	BUS_ADRALN	无效的地址对齐
	BUS_ADRERR	不存在的物理地址
	BUS_OBJERR	对象特有的硬件错误
SIGTRAP	TRAP_BRKPT	进程断点
	TRAP_TRACE	进程跟踪陷入
SIGCHLD	CLD_EXITED	子进程退出
	CLD_KILLED	子进程异常终止（不产生 core 文件）
	CLD_DUMPED	子进程异常终止（产生 core 文件）
	CLD_TRAPPED	被跟踪的子进程陷入
	CLD_STOPPED	子进程暂停
	CLD_CONTINUED	暂停的子进程继续运行

图 10.17　siginfo_t 中 si_code 的值

信号	si_code 的值	原因
Any	SI_USER	kill 发送的信号
	SI_QUEUE	sigqueue 发送的信号
	SI_TIMER	timer_settime 设置的定时器到期
	SI_ASYNCIO	异步 I/O（AIO）请求已完成
	SI_MESGQ	消息到达消息队列（实时扩展）

图 10.17　siginfo_t 中 si_code 的值（续）

如果信号是 SIGCHLD，则将设置 si_pid、si_status 和 si_uid 等字段。如果信号是 SIGBUS、SIGILL、SIGFPE 或 SIGSEGV，则 si_addr 字段会包含导致故障的指令地址，但该地址可能并不准确。si_errno 字段包含与导致产生信号的条件相对应的错误编号（类似于 errno），并且其使用方式是由实现定义的。

信号处理程序的 *context* 参数是一个无类型指针，可以被转换为指向 ucontext_t 结构体的指针，用于在传递信号时标识进程上下文，此结构体至少包含以下字段：

```
ucontext_t *uc_link;      /* 一个指针，指向当此上下文返回时所恢复的上下文 */
sigset_t    uc_sigmask;   /* 为该上下文激活时所阻塞的信号集合 */
stack_t     uc_stack;     /* 该上下文使用的栈 */
mcontext_t  uc_mcontext;  /* 保存的上下文的特定机器表示（依赖于具体的 CPU 硬件， */
                          /* 涉及某些特定寄存器等） */
```

uc_stack 字段描述了当前上下文所使用的栈，它至少包含以下成员：

```
void    *ss_sp;           /* 栈基地址或栈指针 */
size_t   ss_size;         /* 栈大小 */
int      ss_flags;        /* 标识 */
```

当实现支持实时信号扩展时，使用 SA_SIGINFO 标识创建的信号处理程序将使信号可靠地排队。有一个单独的保留信号编号范围可供实时应用程序使用。应用程序可以使用 sigqueue 函数将信息与信号一起传递（参见 10.20 节）。

示例——signal 函数

现在让我们用 sigaction 来实现 signal 函数。许多平台都是这样实现的（POSIX.1 Rationale 部分的注释也指出这是 POSIX.1 的意向）。另外，具有二进制兼容性限制的系统可能会提供一个支持旧的、不可靠信号语义的 signal 函数。除非特别需要这些旧的、不可靠语义（为了向后兼容），否则应该使用以下 signal 的实现或直接调用 sigaction（如你所料，可以通过调用 sigaction，并且指定 SA_RESETHAND 和 SA_NODEFER 两个标识来实现旧语义的 signal）。本书中所有涉及调用 signal 的示例均调用图 10.18 中所示的函数。

```
#include "apue.h"

/* 使用 POSIX sigaction()实现 signal()的可靠版本 */
```

```
Sigfunc *
signal(int signo, Sigfunc *func)
{
    struct sigaction act, oact;

    act.sa_handler = func;
    sigemptyset(&act.sa_mask);
    act.sa_flags = 0;
    if (signo == SIGALRM) {
#ifdef SA_INTERRUPT
        act.sa_flags |= SA_INTERRUPT;
#endif
    } else {
        act.sa_flags |= SA_RESTART;
    }
    if (sigaction(signo, &act, &oact) < 0)
        return(SIG_ERR);
    return(oact.sa_handler);
}
```

图 10.18 使用 sigaction 实现的 signal 函数

注意，必须使用 sigemptyset 函数来初始化 act 结构体中的 sa_mask 成员。因为无法保证 act.sa_mask = 0（实现未必使用位掩码来实现信号集）也能做到这一点。

程序中有意地为 SIGALRM 之外的所有信号设置了 SA_RESTART 标识，这样任何被这些其他信号中断的系统调用都将自动重新启动。不希望由 SIGALRM 中断的系统调用重新启动的原因是希望为 I/O 操作设置超时限制（回顾一下对图 10.10 的讨论）。

某些早期的系统（如 SunOS）定义了 SA_INTERRUPT 标识。这些系统默认会重启被中断的系统调用，而指定了此标识则不再重启。Linux 系统为了与使用它的应用程序兼容，定义了此标识。但在默认情况下，当使用 sigaction 安装信号处理程序时，不会重新启动系统调用。Single UNIX Specification 规定，除非指定 SA_RESTART 标识，否则 sigaction 函数不会重新启动被中断的系统调用。

示例——signal_intr函数

图 10.19 给出了 signal 函数的另一个版本，它试图阻止任何中断的系统调用被重新启动。

```
#include "apue.h"

Sigfunc *
signal_intr(int signo, Sigfunc *func)
{
    struct sigaction act, oact;

    act.sa_handler = func;
    sigemptyset(&act.sa_mask);
    act.sa_flags = 0;
#ifdef SA_INTERRUPT
```

```
    act.sa_flags |= SA_INTERRUPT;
#endif
    if (sigaction(signo, &act, &oact) < 0)
        return(SIG_ERR);
    return(oact.sa_handler);
}
```

图 10.19 signal_intr 函数

为了提高可移植性，只有在系统定义了 SA_INTERRUPT 标识的情况下，才会在程序中使用此标识防止中断的系统调用被重新启动。

10.15 sigsetjmp 和 siglongjmp 函数

7.10 节中介绍了 setjmp 和 longjmp 函数，它们可用于非局部跳转。longjmp 函数经常被信号处理程序调用，以返回到程序的主循环当中，而不是直接从该处理程序中返回。我们在图 10.8 和图 10.11 中已经看到过这种用法。

然而，调用 longjmp 存在一个问题。当捕获到信号时，会进入信号捕获函数，并且当前信号会被自动添加到进程的信号掩码中。这可以防止后续出现的相同信号中断该信号处理程序。如果调用 longjmp 跳出该信号处理程序，那么进程的信号掩码会有什么变化呢？

> 在 FreeBSD 8.0 和 Mac OS X 10.6.8 中，setjmp 和 longjmp 会保存和恢复信号掩码。但是，Linux 3.2.0 和 Solaris 10 并不这样做，尽管 Linux 支持提供 BSD 行为的选项。FreeBSD 和 Mac OS X 提供了_setjmp 和_longjmp 函数，但它们不会保存和恢复信号掩码。

为了兼容这两种形式的行为，POSIX.1 并没有规定 setjmp 和 longjmp 对信号掩码的影响。相反，POSIX.1 定义了两个新函数，sigsetjmp 和 siglongjmp。在信号处理程序中进行跳转时，应该始终使用这两个函数。

```
#include <setjmp.h>

int sigsetjmp(sigjmp_buf env, int savemask);
                        返回值：如直接调用则为 0，如被 siglongjmp 调用则为非 0
void siglongjmp(sigjmp_buf env, int val);
```

这两个函数与 setjmp 和 longjmp 函数之间的唯一区别是，sigsetjmp 有一个额外的参数 *savemask*。如果 *savemask* 不为 0，则 sigsetjmp 还会将进程当前的信号掩码保存在 *env* 中。当调用 siglongjmp 时，如果通过使用非 0 的 *savemask* 作为入参调用 sigsetjmp 保存了 *env* 参数，那么 siglongjmp 就会从该参数中恢复保存的信号掩码。

示例

图 10.20 中的程序展示了当信号处理程序被调用时，系统安装的信号掩码如何自动包含刚刚被捕获的信号。此程序还演示了 sigsetjmp 和 siglongjmp 函数的使用方法。

```
#include "apue.h"
#include <setjmp.h>
#include <time.h>

static void                         sig_usr1(int);
static void                         sig_alrm(int);
static sigjmp_buf                   jmpbuf;
static volatile sig_atomic_t        canjump;

int
main(void)
{
    if (signal(SIGUSR1, sig_usr1) == SIG_ERR)
        err_sys("signal(SIGUSR1) error");
    if (signal(SIGALRM, sig_alrm) == SIG_ERR)
        err_sys("signal(SIGALRM) error");

    pr_mask("starting main: ");    /* 见图 10.14 */

    if (sigsetjmp(jmpbuf, 1)) {

        pr_mask("ending main: ");

        exit(0);
    }
    canjump = 1;    /* 此时，sigsetjmp()已就绪 */

    for ( ; ; )
        pause();
}
static void
sig_usr1(int signo)
{
    time_t starttime;

    if (canjump == 0)
        return;        /* 意外信号，忽略 */

    pr_mask("starting sig_usr1: ");

    alarm(3);                       /* 3 秒后产生 SIGALRM 信号 */
    starttime = time(NULL);
    for ( ; ; )                     /* 忙，等待 5 秒 */
        if (time(NULL) > starttime + 5)
            break;
```

```
    pr_mask("finishing sig_usr1: ");

    canjump = 0;
    siglongjmp(jmpbuf, 1);    /* 跳转回主程序（main 函数），不再返回 */
}

static void
sig_alrm(int signo)
{
    pr_mask("in sig_alrm: ");
}
```

图 10.20 信号掩码、sigsetjmp 和 siglongjmp 示例

这个程序演示了在信号处理程序中调用 siglongjmp 时应该使用的另一种技术。只有在调用 sigsetjmp 之后，才将变量 canjump 设置为非 0 值。在信号处理程序中检查此变量，并且仅当标识 canjump 为非 0 时才调用 siglongjmp。这种技术提供了一种保护机制，防止信号处理程序在更早或更晚的时间被调用，此时跳转缓冲区（jmpbuf）尚未被 sigsetjmp 初始化。[在这个简单的程序中，在 siglongjmp 之后（sig_usr1 函数在调用 siglongjmp 之后）很快就结束了，但在较大的程序中，信号处理程序可能会在 siglongjmp 之后较长一段时间内保持安装状态。] 在普通的 C 代码（相对于信号处理程序而言）中，longjmp 通常无须提供这种类型的防护。然而，由于信号可能在任何时刻发生，因此需要在信号处理程序中增加防护。

在这里，使用了数据类型 sig_atomic_t，这是 ISO C 标准定义的可以在不被中断的情况下写入的变量的数据类型。这意味着此类变量在具有虚拟存储器的系统中不应该跨越页面边界，并且可以通过单条机器指令对其进行访问。对于这种数据类型的变量，始终会使用 ISO 类型修饰符 volatile 来修饰，这是因为此种变量会由两个不同的控制线程访问：main 函数和异步执行的信号处理程序。图 10.21 展示了该程序的时间表。可以将图 10.21 分为三部分：左侧部分（对应于 main）、中间部分（sig_usr1）和右侧部分（sig_alrm）。当进程执行左侧部分时，其信号掩码为 0（没有信号被阻塞）。当执行中间部分时，其信号掩码为 SIGUSR1。当执行右侧部分时，其信号掩码为 SIGUSR1|SIGALRM。

可以查看一下图 10.20 中的程序的输出：

```
$ ./a.out &                                  后台启动进程
starting main:
[1]   531                                    作业控制 shell 打印进程 ID
$ kill -USR1 531                             向进程发送 SIGUSR1 信号
starting sig_usr1: SIGUSR1
$ in sig_alrm: SIGUSR1 SIGALRM
finishing sig_usr1: SIGUSR1
ending main:
                                             按回车键
[1] +  Done          ./a.out &
```

输出正如我们所期望的：当调用信号处理程序时，被捕获的信号被添加到进程的当前信号掩码中。当返回信号处理程序时，恢复原始掩码。此外，siglongjmp 恢复了由 sigsetjmp 所保存的信号掩码。

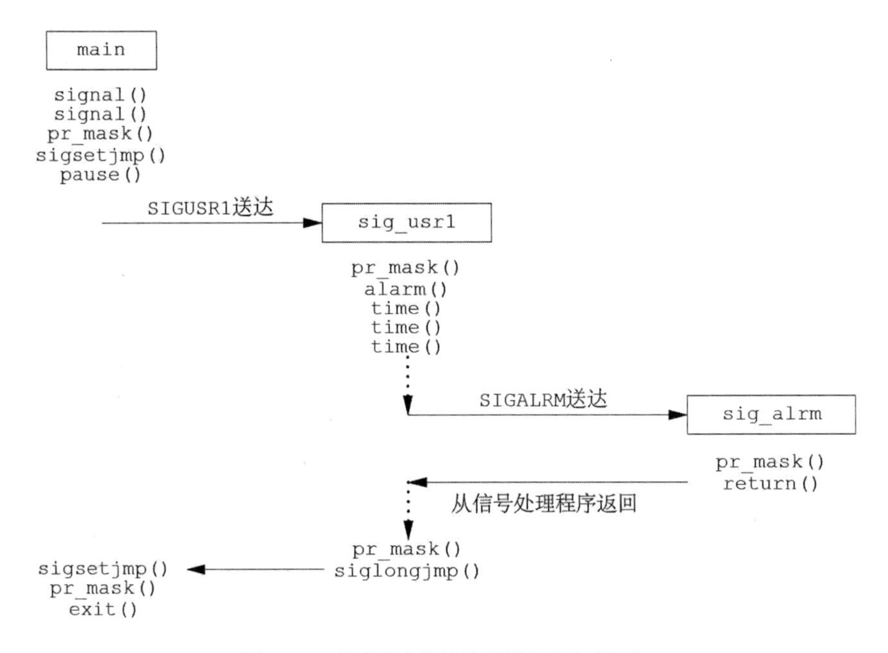

图 10.21　处理两个信号的示例程序的时间线

如果修改图 10.20 中的程序，将对 sigsetjmp 和 siglongjmp 的调用分别替换为 Linux 中的 setjmp 和 longjmp（或 FreeBSD 中的_setjmp 和_longjmp），输出的最后一行将变成：

```
ending main: SIGUSR1
```

这意味着，在调用 setjmp 之后，main 函数是在 SIGUSR1 信号被阻塞的情况下执行的。这想必并非我们所期望的。

10.16　sigsuspend 函数

如前所述，通过修改进程的信号掩码可实现对特定的信号进行阻塞和解除阻塞。可以使用这种技术来保护不希望被信号中断的代码临界区。但是，如果想对一个信号解除阻塞，然后 pause，并等待先前被阻塞的信号发生，该怎么实现呢？假设信号为 SIGINT，则执行此操作的一个错误做法如下：

```
sigset_t    newmask, oldmask;

sigemptyset(&newmask);
sigaddset(&newmask, SIGINT);

/* 阻塞 SIGINT 并保存当前信号掩码 */
if (sigprocmask(SIG_BLOCK, &newmask, &oldmask) < 0)
err_sys("SIG_BLOCK error");

/* 代码的临界区 */

/* 恢复信号掩码，解除对 SIGINT 的阻塞 */
if (sigprocmask(SIG_SETMASK, &oldmask, NULL) < 0)
err_sys("SIG_SETMASK error");

/* 时间窗开启 */
pause(); /* 等待信号发生 */

/* 继续处理 */
```

如果信号在阻塞期间被发送给进程，则信号传递将被延迟，直到它被解除阻塞。对于应用程序来说，这看起来就像信号发生在解除阻塞和 pause 之间（取决于内核如何实现信号）。如果发生这种情况，或者信号确实发生在解除阻塞和 pause 之间，那么就遇到麻烦了。在此时间窗口内出现的任何信号都将丢失，也就是说，可能不会再次看到该信号，在这种情况下，pause 将无限期地阻塞。这是早期不可靠信号的另一个问题。

为了纠正这个问题，需要一种在单个原子操作中既恢复信号掩码又使进程进入休眠状态的方法。此功能由 sigsuspend 函数提供。

```
#include <signal.h>

int sigsuspend(const sigset_t *sigmask);
```

返回值：-1，并设置 errno 为 EINTR

进程的信号掩码被设置为 *sigmask* 所指向的值。然后，该进程被挂起，直到捕获到信号或出现终止该进程的信号。如果捕获到信号并且从信号处理程序中返回，则 sigsuspend 也将返回，并将进程的信号掩码设置为调用 sigsuspend 之前的值。

请注意，此函数没有成功返回。如果该函数返回到调用者，它总是返回-1，并且将 errno 设置为 EINTR（指示一个中断的系统调用）。

示例

图 10.22 展示了保护代码的临界区不受特定信号影响的正确方法。

```
#include "apue.h"

static void sig_int(int);
```

```
int
main(void)
{
    sigset_t     newmask, oldmask, waitmask;

    pr_mask("program start: ");

    if (signal(SIGINT, sig_int) == SIG_ERR)
        err_sys("signal(SIGINT) error");
    sigemptyset(&waitmask);
    sigaddset(&waitmask, SIGUSR1);
    sigemptyset(&newmask);
    sigaddset(&newmask, SIGINT);

    /*
     * 阻塞 SIGINT 并保存当前信号掩码。
     */
    if (sigprocmask(SIG_BLOCK, &newmask, &oldmask) < 0)
        err_sys("SIG_BLOCK error");

    /*
     * 代码的临界区。
     */
    pr_mask("in critical region: ");

    /*
     * Pause 并仅允许接收除 SIGUSR1 的其他信号。
     */
    if (sigsuspend(&waitmask) != -1)
        err_sys("sigsuspend error");

    pr_mask("after return from sigsuspend: ");

    /*
     * 重置信号掩码，解除对 SIGINT 的阻塞。
     */
    if (sigprocmask(SIG_SETMASK, &oldmask, NULL) < 0)
        err_sys("SIG_SETMASK error");

    /*
     * 并继续处理 ……
     */
    pr_mask("program exit: ");

    exit(0);
}
static void
sig_int(int signo)
{
    pr_mask("\nin sig_int: ");
}
```

图 10.22　保护临界区不被信号中断

当 sigsuspend 返回时，它将信号掩码设置为其调用之前的值。在此示例中，SIGINT 信号将被阻塞，因此将信号掩码恢复为之前保存的值（oldmask）。运行图 10.22 中的程序会产生以下输出：

```
$ ./a.out
program start:
in critical region: SIGINT
^C                                   输入中断字符（Ctrl+C）
in sig_int: SIGINT SIGUSR1
after return from sigsuspend: SIGINT
program exit:
```

当调用 sigsuspend 函数时，将 SIGUSR1 添加到安装的掩码中，这样当信号处理程序运行时，就可以知道掩码实际上已经发生改变了。我们可以看到，当 sigsuspend 返回时，它将信号掩码恢复为调用之前的值。

示例

sigsuspend 的另一个用法是等待信号处理程序设置全局变量。图 10.23 所示的程序同时捕获了中断信号和退出信号，但希望仅在捕获退出信号时才唤醒主程序。

```
#include "apue.h"

volatile sig_atomic_t   quitflag;   /* 由信号处理程序设置为非 0 值 */

static void
sig_int(int signo) /* SIGINT 和 SIGQUIT 的信号处理程序 */
{
    if (signo == SIGINT)
        printf("\ninterrupt\n");
    else if (signo == SIGQUIT)
        quitflag = 1;     /* 为 main 函数中的循环设置标识位 */
}
int
main(void)
{
    sigset_t     newmask, oldmask, zeromask;

    if (signal(SIGINT, sig_int) == SIG_ERR)
        err_sys("signal(SIGINT) error");
    if (signal(SIGQUIT, sig_int) == SIG_ERR)
        err_sys("signal(SIGQUIT) error");

    sigemptyset(&zeromask);
    sigemptyset(&newmask);
    sigaddset(&newmask, SIGQUIT);

    /*
```

```
     * 阻塞 SIGQUIT 并保存当前信号掩码。
     */
    if (sigprocmask(SIG_BLOCK, &newmask, &oldmask) < 0)
        err_sys("SIG_BLOCK error");

    while (quitflag == 0)
        sigsuspend(&zeromask);

    /*
     * SIGQUIT 已被捕获，现在已被阻塞，请自行处理。
     */
    quitflag = 0;

    /*
     * 重置信号掩码，解除对 SIGQUIT 的阻塞。
     */
    if (sigprocmask(SIG_SETMASK, &oldmask, NULL) < 0)
        err_sys("SIG_SETMASK error");

    exit(0);
}
```

图 10.23 使用 sigsuspend 等待全局变量被设置

该程序的输出如下：

```
$ ./a.out
^C                        输入中断字符（Ctrl+C）
interrupt
^C                        再次输入中断字符（Ctrl+C）
interrupt
^C                        然后，再一次
interrupt
^\ $                      用退出字符终止
```

为了在支持 ISO C 的非 POSIX 系统和 POSIX.1 系统之间实现可移植性，在信号处理程序中应该做的唯一一件事就是为 sig_atomic_t 类型的变量赋值，仅此而已。POSIX.1 更进一步，它规定了在信号处理程序中可以安全调用的函数列表（见图 10.4），但如果这样做，代码可能无法在非 POSIX 系统上正确运行。

示例

作为信号的另一个示例，下面的程序将展示如何使用信号来同步父进程和子进程。图 10.24 给出了 8.9 节中的 5 个例程 TELL_WAIT、TELL_PARENT、TELL_CHILD、WAIT_PARENT 和 WAIT_CHILD 的实现。

```
#include "apue.h"

static volatile sig_atomic_t sigflag; /* 由信号处理程序设置为非 0 值 */
static sigset_t newmask, oldmask, zeromask;

static void
sig_usr(int signo) /* SIGUSR1 和 SIGUSR2 的信号处理程序 */
{
    sigflag = 1;
}

void
TELL_WAIT(void)
{
    if (signal(SIGUSR1, sig_usr) == SIG_ERR)
        err_sys("signal(SIGUSR1) error");
    if (signal(SIGUSR2, sig_usr) == SIG_ERR)
        err_sys("signal(SIGUSR2) error");
    sigemptyset(&zeromask);
    sigemptyset(&newmask);
    sigaddset(&newmask, SIGUSR1);
    sigaddset(&newmask, SIGUSR2);

    /* 阻塞 SIGUSR1 和 SIGUSR2，并保存当前的信号掩码 */
    if (sigprocmask(SIG_BLOCK, &newmask, &oldmask) < 0)
        err_sys("SIG_BLOCK error");
}

void
TELL_PARENT(pid_t pid)
{
    kill(pid, SIGUSR2);      /* 通知父进程，自己（子进程）已完成 */
}

void
WAIT_PARENT(void)
{
    while (sigflag == 0)
        sigsuspend(&zeromask);   /* 并且等待父进程 */
    sigflag = 0;

    /* 将信号掩码重置为原始值 */
    if (sigprocmask(SIG_SETMASK, &oldmask, NULL) < 0)
        err_sys("SIG_SETMASK error");
}

void
TELL_CHILD(pid_t pid)
{
    kill(pid, SIGUSR1);             /* 通知子进程，自己（父进程）已完成 */
}
```

```
void
WAIT_CHILD(void)
{
    while (sigflag == 0)
        sigsuspend(&zeromask);    /* 并且等待子进程 */
    sigflag = 0;

    /* 将信号掩码重置为原始值 */
    if (sigprocmask(SIG_SETMASK, &oldmask, NULL) < 0)
        err_sys("SIG_SETMASK error");
}
```

图 10.24 允许父进程和子进程同步的例程

此程序中使用了两个用户定义的信号：SIGUSR1 由父进程发送给子进程，SIGUSR2 由子进程发送给父进程。在图 15.7 中将展示这 5 个函数的另一个使用管道的实现。

如果希望在等待信号发生期间进入休眠状态（如前两个示例所示），则 sigsuspend 函数完全可以胜任。但是如果希望在等待期间调用其他系统函数，该怎么办呢？这个问题没有无懈可击的解决方案，除非使用多个线程并指定一个单独的线程来专门处理信号，12.8 节将会就此进行讨论。

在不使用线程的情况下，最多只能在信号发生时，在信号处理程序中设置一个全局变量。例如，如果希望同时捕获 SIGINT 和 SIGALRM 两个信号，并将 signal_intr 函数安装为信号处理程序，则信号将中断任何被阻塞的慢速系统调用。当进程在对 read 函数的调用中被阻塞，等待来自慢速设备的输入时，最有可能出现这两种信号（对于 SIGALRM 尤为如此，因为设置了闹钟是为了防止永远等待输入）。处理此问题的代码如下所示：

```
if (intr_flag)        /* 由 SIGINT 处理程序所设置的标识 */
    handle_intr();
if (alrm_flag)        /* 由 SIGALRM 处理程序所设置的标识 */
    handle_alrm();

/* 此处发生的信号将会丢失 */

while (read( ... ) < 0) {
    if (errno == EINTR) {
        if (alrm_flag)
            handle_alrm();
        else if (intr_flag)
            handle_intr();
    } else {
        /* 其他错误 */
    }
} else if (n == 0) {
    /* 文件结束 */
} else {
    /* 处理输入 */
}
```

在调用 read 之前测试每个全局标识，如果 read 返回一个中断的系统调用错误，则再次测试。如果在前两个 if 语句和随后的 read 调用之间捕获到任何一个信号（SIGINT 或 SIGALRM），都会出现问题。正如代码注释所示，此处出现的信号将丢失。虽然在这里信号处理程序被调用，也设置了合适的全局变量，但 read 永远不会返回（除非某些数据已经读就绪）。

我们希望能够按顺序执行以下步骤：

1. 阻塞 SIGINT 和 SIGALRM。
2. 测试这两个全局变量，判断这两个信号是否已经发生，如果发生，则进行相应处理。
3. 调用 read（或任何其他系统函数）并对这两个信号解除阻塞（此步骤必须以原子操作来完成）。

sigsuspend 函数仅在步骤 3 是 pause 操作时才对我们有帮助。

10.17 abort 函数

前面曾经提及，abort 函数会导致程序的异常终止。

```
#include <stdlib.h>

void abort(void);
```

此函数从不返回

该函数会向调用者发送 SIGABRT 信号（进程不应忽略此信号）。ISO C 指出，调用 abort 将向主机环境传递一个失败的终止通知，这通常是通过调用 raise(SIGABRT)来实现的。

ISO C 要求，即使信号被捕获并且信号处理程序返回，abort 仍然不会返回到其调用者。如果捕获到此信号，则信号处理程序无法返回的唯一方式是调用 exit、_exit、_Exit、longjmp 或 siglongjmp 等。（10.15 节讨论了 longjmp 和 siglongjmp 之间的差异。）POSIX.1 还规定了 abort 函数会覆盖进程对此信号的阻塞或忽略设置（无论进程阻塞或忽略 SIGABRT 信号，abort 均不受影响）。

让进程捕获 SIGABRT 信号的目的在于：允许对应的信号处理程序在进程终止之前执行其所需要的清理工作。POSIX.1 指出，如果进程没有在此信号处理程序中终止自己，则当信号处理程序返回时，abort 也将终止该进程。

此函数的 ISO C 规范将其是否刷新输出流及是否删除临时文件（见 5.13 节）的问题留给实现自己来决定。对于这一点，POSIX.1 则做了进一步的要求：如果对 abort 的调用终止了进程，则实现应在进程终止之前对所有打开的标准 I/O 流调用 fclose。

在 System V 的早期版本中，abort 函数产生的是 SIGIOT 信号。此外，进程可以忽略此信号，或者捕获它并从信号处理程序返回。在后一种情况下，abort 会返回到其调用者。

4.3BSD 中的 abort 函数则会产生 SIGILL 信号。在此之前，该函数会解除对此信号的阻塞，并将其处置重置为 SIG_DFL（终止并产生 core 文件）。这可以防止进程忽略或捕获此信号。

从历史上看，abort 的各种实现在处理标准 I/O 流的方式上有所不同。为了防御性编程和改进可移植性，如果希望刷新标准 I/O 流，则应在调用 abort 之前专门执行此操作。本书在 err_dump 函数中实现了这一点（参见附录 B）。

由于在大多数 UNIX 系统实现中，tmpfile 在创建文件后会立即调用 unlink，因此 ISO C 中有关临时文件的告警通常与我们无关。

示例

图 10.25 给出了一个符合 POSIX.1 规定的 abort 函数的实现。

```
#include <signal.h>
#include <stdio.h>
#include <stdlib.h>
#include <unistd.h>

void
abort(void)            /* POSIX 风格的 abort()函数 */
{
    sigset_t            mask;
    struct sigaction    action;

    /* 调用者不能忽略 SIGABRT，既然如此，则应将其处置重置为默认值（SIG_DFL） */
    sigaction(SIGABRT, NULL, &action);
    if (action.sa_handler == SIG_IGN) {
        action.sa_handler = SIG_DFL;
        sigaction(SIGABRT, &action, NULL);
    }
    if (action.sa_handler == SIG_DFL)
        fflush(NULL);           /* 刷新所有打开的标准 I/O 流 */

    /* 调用者不能阻塞 SIGABRT，需确保它未被阻塞 */
    sigfillset(&mask);
    sigdelset(&mask, SIGABRT); /* 掩码仅去除 SIGABRT 信号 */
    sigprocmask(SIG_SETMASK, &mask, NULL);
    kill(getpid(), SIGABRT);    /* 发出信号 */

    /* 如果执行到此处，说明进程已捕捉到 SIGABRT 并已返回 */
    fflush(NULL);               /* 刷新所有打开的标准 I/O 流 */
    action.sa_handler = SIG_DFL;
```

```
    sigaction(SIGABRT, &action, NULL);   /* 重置为默认值 */
    sigprocmask(SIG_SETMASK, &mask, NULL); /* 以防万一 …… */
    kill(getpid(), SIGABRT);              /* 再来一遍 */
    exit(1);     /* 此处永远不应该被执行 …… */
}
```

图 10.25 POSIX.1 中 abort 的实现

首先查看该信号的处置是否是默认操作（SIG_DFL），若是，则刷新所有标准 I/O 流。这并不等同于对所有打开的流调用 fclose（因为它只是刷新它们而不是关闭它们），但是当进程终止时，系统会关闭所有打开的文件。如果进程捕获到此信号并返回，那么由于进程可能会产生更多输出，因此，需要再次刷新所有的流。唯一不做刷新的情况是进程捕获信号并调用了 _exit 或 _exit。在此情况下，内存中任何未刷新的标准 I/O 缓冲区都将被丢弃，若如此，则假设执行此操作的调用者并不希望刷新缓冲区。

回顾 10.9 节，如果调用 kill 为调用者产生信号，并且该信号未被阻塞（图 10.25 所示的程序保证了这一点），那么在 kill 返回之前，该信号（或其他挂起的、未阻塞的信号）会被传递给该进程。这里阻塞了除 SIGABRT 的所有信号，因此可以知道如果对 kill 的调用返回了，则该进程一定已经捕获了该信号并且从信号处理程序处返回了。

10.18 system 函数

8.13 节中给出了 system 函数的一个实现。然而，该版本并没有进行任何信号处理。POSIX.1 要求 system 函数忽略 SIGINT 和 SIGQUIT，并阻塞 SIGCHLD。在展示一个正确处理这些信号的版本之前，先通过一个示例说明一下为什么需要考虑信号处理。

示例

图 10.26 所示的程序使用 8.13 节中的 system 版本来调用 ed(1) 编辑器（此编辑器长期以来一直是 UNIX 系统的一部分，在这里使用它，是因为它是一个可以捕获中断信号和退出信号的交互式程序。如果从 shell 中调用 ed 并输入中断字符，它就会捕捉到中断信号并打印一个问号。ed 程序还将退出信号的处理方式设置为忽略。）。图 10.26 中的程序同时捕获了 SIGINT 和 SIGCHLD 两个信号。如果调用该程序，则可以得到：

```
$ ./a.out
a                               告诉编辑器，要将文本追加到编辑器的缓冲区
Here is one line of text
.                               此行的点号表示停止追加模式
1,$p                            打印缓冲区中的所有行来查看其内容
Here is one line of text
w temp.foo                      将缓冲区写入文件
```

```
25                              编辑器声称它写了 25 字节
q                               退出编辑器
caught SIGCHLD
```

当编辑器终止时，系统会向父进程（a.out 进程）发送 SIGCHLD 信号。父进程捕获它，并从信号处理程序处返回。但是如果父进程正准备捕获 SIGCHLD 信号，父进程应该这样做，因为它已经创建了自己的子进程，这样它就知道它的子进程何时终止。但在 system 函数执行过程中，此信号（传递给父进程的）应该被阻塞。事实上，这正是 POSIX. 1 所规定的。当 system 创建的子进程终止时，它会欺骗 system 的调用者，使其认为是自己的一个子进程终止了。然后，调用者将使用某个 wait 函数来获取子进程的终止状态，从而阻止 system 函数获取子进程的终止状态作为其返回值。

```
#include "apue.h"

static void
sig_int(int signo)
{
    printf("caught SIGINT\n");
}

static void
sig_chld(int signo)
{
    printf("caught SIGCHLD\n");
}
int
main(void)
{
    if (signal(SIGINT, sig_int) == SIG_ERR)
        err_sys("signal(SIGINT) error");
    if (signal(SIGCHLD, sig_chld) == SIG_ERR)
        err_sys("signal(SIGCHLD) error");
    if (system("/bin/ed") < 0)
        err_sys("system() error");
    exit(0);
}
```

图 10.26　使用 system 调用 ed 编辑器

如果再次运行该程序，并且本次运行时向编辑器发送中断信号，可以得到：

```
$ ./a.out
a                          告诉编辑器，要将文本追加到编辑器的缓冲区
hello, world
.                          此行的点号表示停止追加模式
1,$p                       打印缓冲区的所有行来查看其内容
hello, world
w temp.foo                 在缓冲区写入文件
13                         编辑器声称它写了 13 字节
```

```
^C                          输入中断符
?                           编辑器捕获信号并打印问号
caught SIGINT               父进程也如此操作
q                           退出编辑器
caught SIGCHLD
```

回顾第 9.6 节，输入中断字符会导致中断信号被发送到前台进程组中的所有进程。图 10.27 显示了编辑器运行时的布局。

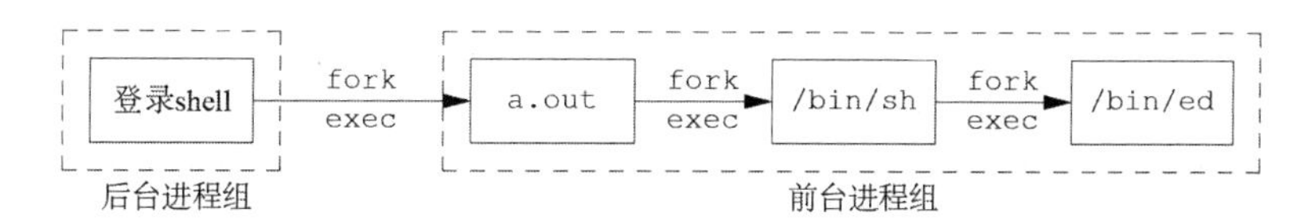

图 10.27　图 10.26 所示程序的前台进程组和后台进程组

在此示例中，SIGINT 信号被发送至所有三个前台进程（shell 会忽略它）。正如从输出中所见，a.out 进程和编辑器（ed）进程都捕获了该信号。但是当使用 system 函数运行另一个程序（如 ed 程序）时，不应该让父进程和子进程都捕获终端产生的两个信号：中断和退出。这两个信号只应被发送到正在运行的程序：子进程。由于 system 执行的命令可能是交互式命令（如本例中的 ed 程序），并且 system 的调用者在程序执行时放弃了控制权，等待其完成，因此，system 的调用者不应该接收终端产生的这两个信号。出于这个原因，POSIX.1 规定，system 函数的调用者在等待命令完成时，应该忽略这两个信号。

示例

图 10.28 所示的程序给出了一个带有必要的信号处理的 system 函数的实现。

```
#include     <sys/wait.h>
#include     <errno.h>
#include     <signal.h>
#include     <unistd.h>

int
system(const char *cmdstring)   /* 具备适当的信号处理能力 */
{
    pid_t               pid;
    int                 status;
    struct sigaction    ignore, saveintr, savequit;
    sigset_t            chldmask, savemask;

    if (cmdstring == NULL)
        return(1);      /* 始终需要一个 UNIX 命令处理程序作为入参 */

    ignore.sa_handler = SIG_IGN;    /* 忽略 SIGINT 和 SIGQUIT */
    sigemptyset(&ignore.sa_mask);
    ignore.sa_flags = 0;
```

```
    if (sigaction(SIGINT, &ignore, &saveintr) < 0)
        return(-1);
    if (sigaction(SIGQUIT, &ignore, &savequit) < 0)
        return(-1);
    sigemptyset(&chldmask);          /* 此时，阻塞 SIGCHLD */
    sigaddset(&chldmask, SIGCHLD);
    if (sigprocmask(SIG_BLOCK, &chldmask, &savemask) < 0)
        return(-1);

    if ((pid = fork()) < 0) {
        status = -1;            /* 可能是因为系统线程资源不足 */
    } else if (pid == 0) {      /* 子进程 */
        /* 恢复之前的信号操作并重置信号掩码 */
        sigaction(SIGINT, &saveintr, NULL);
        sigaction(SIGQUIT, &savequit, NULL);
        sigprocmask(SIG_SETMASK, &savemask, NULL);

        execl("/bin/sh", "sh", "-c", cmdstring, (char *)0);
        _exit(127);     /* 执行出错 */
    } else {                        /* 父进程 */
        while (waitpid(pid, &status, 0) < 0)
            if (errno != EINTR) {
                status = -1; /* waitpid()产生了非 EINTR 的错误码 */
                break;
            }
    }

    /* 恢复之前的信号操作并重置信号掩码 */
    if (sigaction(SIGINT, &saveintr, NULL) < 0)
        return(-1);
    if (sigaction(SIGQUIT, &savequit, NULL) < 0)
        return(-1);
    if (sigprocmask(SIG_SETMASK, &savemask, NULL) < 0)
        return(-1);

    return(status);
}
```

图 10.28 正确实现 POSIX.1 的 system 函数

如果将图 10.26 所示的程序与 system 函数的这个实现链接起来（通过编译），得到的二进制文件与上一个（有缺陷的）二进制文件在以下方面有所不同：

1. 当输入中断或退出字符时，不会向调用进程发送信号。
2. 当 ed 命令退出时，SIGCHLD 不会被发送到调用进程。它会被阻塞，直到在程序中最后一次调用 sigprocmask 时（在 system 函数通过调用 waitid 获取子进程的终止状态之后）。

POSIX.1 规定，如果 wait 或 waitpid 在 SIGCHLD 挂起时返回子进程的状态，则 SIGCHLD 不应被传递给该父进程，除非另一个子进程的状态也是可用的。FreeBSD 8.0、Mac OS X 10.6.8 和 Solaris 10 都实现了这种语义。然而，Linux 3.2.0 并非如此——在 system 函数调用 waitpid 后，SIGCHLD 仍然保持挂起状态；但当信号被解除阻塞时，它将被传递给调用者。如果在图 10.26 所示的 sig_chld 函数中调用 wait，则 Linux 系统会返回−1，并将 errno 设置为 ECHILD，因为 system 函数已经获取了子进程的终止状态。

许多早期资料中的忽略中断信号和退出信号的代码段如下：

```
if ((pid = fork()) < 0) {
    err_sys("fork error");
} else if (pid == 0) {
    /* child */
    execl(...);
    _exit(127);
}

/* parent */
old_intr = signal(SIGINT, SIG_IGN);
old_quit = signal(SIGQUIT, SIG_IGN);
waitpid(pid, &status, 0)
signal(SIGINT, old_intr);
signal(SIGQUIT, old_quit);
```

这段代码的问题在于，在 fork 之后，无法保证是父进程先运行还是子进程先运行。如果子进程先运行，而父进程在之后的一段时间内没有运行，那么在父进程能够将对 SIGINT 和 SIGQUIT 两个信号的处置更改为忽略之前，可能会产生中断信号。为此，在图 10.28 所示的程序中，在 fork 之前就改变了该信号的处置。

注意，在调用 execl 之前，必须重置子进程中 SIGINT 和 SIGQUIT 这两个信号的处置。正如 8.10 节所述，这允许 execl 根据调用者的处置将它们的处置更改为默认值。

system 的返回值

system 的返回值是 shell 的终止状态，但它并不总是命令字符串的终止状态。图 8.23 中的一些示例，其结果正如我们预期的那样：如果执行一个简单的命令（比如 date），那其终止状态为 0。执行 shell 命令 exit 44，则其终止状态为 44。在 system 执行期间，信号的发生情况又如何呢？

接下来运行图 8.24 中的程序，并向正在执行的命令发送一些信号：

```
$ tsys "sleep 30"
^Cnormal termination, exit status = 130        按中断键
$ tsys "sleep 30"
```

```
^\sh: 946 Quit                                    按退出键
normal termination, exit status = 131
```

当使用中断信号终止 sleep 的调用时，pr_exit 函数（参见图 8.5）认为它正常终止了。当使用退出键杀死 sleep 的调用时，也会发生同样的情况。如本例所示，Bourne shell 有一个在其文档中没有详尽记录的特性，当它执行的命令被一个信号终止时，它的终止状态是 128 加上信号编号（这就是终止状态 130、131 的由来）。通过 shell 的交互式操作可以清楚地看到这一点：

```
$ sh                                      确保运行的是 Bourne shell
$ sh -c "sleep 30"
^C                                        按下中断键
$ echo $?                                 打印上一条命令的终止状态
130
$ sh -c "sleep 30"
^\sh: 962 Quit - core dumped              按下退出键
$ echo $?                                 打印上一条命令的终止状态
131
$ exit                                    退出 Bourne shell
```

在笔者所使用的系统中，SIGINT 的值为 2，SIGQUIT 的值为 3，从而得到 shell 的终止状态为 130 和 131。

再来尝试一个类似的例子，但这次将直接向 shell 发送一个信号，并查看 system 会返回什么：

```
$ tsys "sleep 30" &                       本次从后台启动
9257
$ ps -f                                   查看进程 ID
     UID   PID   PPID   TTY     TIME    CMD
     sar  9260    949   pts/5   0:00    ps -f
     sar  9258   9257   pts/5   0:00    sh -c sleep 30
     sar   949    947   pts/5   0:01    /bin/sh
     sar  9257    949   pts/5   0:00    tsys sleep 30
     sar  9259   9258   pts/5   0:00    sleep 30
$ kill -KILL 9258                         杀死 shell 本身
abnormal termination, signal number = 9
```

在此可以看到，只有当 shell 本身异常终止时，system 的返回值才会报告异常终止。

其他 shell 在处理终端产生的信号（如 SIGINT 和 SIGQUIT）时，表现有所不同。以 bash 和 dash 为例，按下中断键或退出键将导致退出状态指示异常终止，并带有相应的信号编号。但是，如果发现进程在执行 sleep，直接向它发送一个信号（这样信号只被发送到单个进程，而不是整个前台进程组），则会发现这些 shell 的行为与 Bourne shell 一样，退出时的状态码为正常终止状态的 128 加上信号编号。

在编写使用 system 函数的程序时，请确保正确地解释返回值。如果自己调用 fork、exec 和 wait，则其终止状态与调用 system 时并不相同。

10.19 sleep、nanosleep 和 clock_nanosleep 函数

在本书的众多示例中都用到了 sleep 函数，并且在图 10.7 和图 10.8 中还给出了它的两个有缺陷的实现。

```
#include <unistd.h>

unsigned int sleep(unsigned int seconds);
                                        返回值：0 或未休眠秒数
```

此函数会导致调用进程被挂起，直到达成以下两个条件之一：

1. 已经过了由 *seconds* 所指定的挂钟时间。
2. 进程捕获到一个信号并且从信号处理程序处返回。

与 alarm 函数类似，由于其他系统活动，实际返回的时间可能略晚于所请求的时间。

在第一种情况下，返回值为 0。在第二种情况下，当 sleep 由于某些信号被捕获而提前返回时，返回值是未休眠的秒数（所请求的时间减去实际休眠的时间）。

尽管 sleep 函数可以通过 alarm 函数来实现（参见第 10.10 节），但这并不是必需的。但是，如果确实使用了 alarm 函数，则在两个函数之间可能会互相影响。POSIX.1 标准对所有这些相互影响没有明确规定。例如，如果先调用了 alarm(10)，过了挂钟时间的 3 秒后又调用 sleep(5)，那么又将如何呢？sleep 将在 5 秒后返回（假设在此期间没有捕捉到其他信号），但是否会在 2 秒后产生另一个 SIGALRM 信号呢？这些细节取决于具体实现。

> FreeBSD 8.0、Linux 3.2.0、Mac OS X 10.6.8 和 Solaris 10 使用 nanosleep 函数实现 sleep 函数，该函数允许实现独立于信号和 alarm 定时器。出于可移植性的考虑，不应该对 sleep 的实现做任何假设，但是如果有任何将 sleep 调用与任何其他定时函数混合使用的意图，则需要注意它们之间的相互影响。

示例

图 10.29 展示了 POSIX.1 中 sleep 函数的一个实现。该函数是图 10.7 所示的程序的改进版，它可以可靠地处理信号，避免了早期实现中的竞态条件。但是它仍然不会处理与先前设置的 alarm 的任何相互作用（如前所述，POSIX.1 中对此没有明确规定）。

```
#include "apue.h"

static void
```

```
sig_alrm(int signo)
{
    /* 无事可做，只是返回并唤醒 sigsuspend() */
}

unsigned int
sleep(unsigned int seconds)
{
    struct sigaction    newact, oldact;
    sigset_t newmask,   oldmask, suspmask;
    unsigned int        unslept;

    /* 设置我们的处理程序，并保存之前的信息 */
    newact.sa_handler = sig_alrm;
    sigemptyset(&newact.sa_mask);
    newact.sa_flags = 0;
    sigaction(SIGALRM, &newact, &oldact);

    /* 阻塞 SIGALRM 并保存当前信号掩码 */
    sigemptyset(&newmask);
    sigaddset(&newmask, SIGALRM);
    sigprocmask(SIG_BLOCK, &newmask, &oldmask);

    alarm(seconds);
    suspmask = oldmask;

    /* 确保 SIGALRM 没有被阻塞 */
    sigdelset(&suspmask, SIGALRM);

    /* 等待捕获到任何信号 */
    sigsuspend(&suspmask);

    /* 已捕获某些信号，SIGALRM 现已被阻塞 */
    unslept = alarm(0);

    /* 重置之前的操作 */
    sigaction(SIGALRM, &oldact, NULL);

    /* 重置信号掩码，从而解除对 SIGALRM 的阻塞 */
    sigprocmask(SIG_SETMASK, &oldmask, NULL);
    return(unslept);
}
```

图 10.29　sleep 函数的可靠实现

与图 10.7 所示的程序相比，编写这种可靠的 sleep 实现需要更多的代码。程序中没有使用任何形式的非局部跳转（正如在图 10.8 中为避免 alarm 和 pause 之间的竞态条件所做的处理），因此，对处理 SIGALRM 信号时正在执行的其他信号处理程序没有影响。

nanosleep 函数类似于 sleep 函数，但却提供了纳秒级的精度。

```
#include <time.h>

int nanosleep(const struct timespec *reqtp, struct timespec *remtp);
```

返回值：若休眠了请求的时间则为 0，其他情况则为-1（出错、被其他信号中断等）

此函数挂起调用进程，直到所请求的时间已经过去或此函数被信号中断。*reqtp* 参数指定休眠时间（以秒和纳秒为单位）。如果休眠期间被信号中断，并且进程并没有终止，则 *remtp* 参数所指向的 timespec 结构体将被设置为剩余的休眠时间（可利用该返回值重启该函数调用以完成所需要的休眠，如将剩余休眠时间作为入参继续休眠）。如果对未休眠的时间不感兴趣，则可以将此参数设置为 NULL。

如果系统不支持纳秒级精度，则请求的时间将向上取整（四舍五入）。由于 nanosleep 函数并不涉及任何信号的产生，因此可以放心地使用它，而不必担心与其他函数的相互作用。

> nanosleep 函数曾经属于 Single UNIX Specification 的定时器选项部分，但现在已被移至 SUSv4 的基础规范部分。

由于引入了多个系统时钟（回顾第 6.10 节），因此需要一种方法来使用相对于特定时钟的延迟时间来挂起调用线程。clock_nanosleep 函数提供了此功能。

```
#include <time.h>

int clock_nanosleep(clockid_t clock_id, int flags,
                    const struct timespec *reqtp, struct timespec *remtp);
```

返回值：若休眠了请求的时间则为 0，出错则为错误码

clock_id 参数指定计算时间延迟所依据的时钟。时钟的标识符如图 6.8 所示。*flags* 参数用于控制延迟是绝对延迟还是相对延迟。当 *flags* 被设置为 0 时，休眠时间是相对的（即，希望休眠多长时间）。当其被设置为 TIMER_ABSTIME 时，休眠时间是绝对的（即，希望休眠直到时钟到达指定的时间点）。

其他两个参数 *reqtp* 和 *remtp*，含义与 nanosleep 函数中对应参数的含义相同。然而，当使用绝对时间时，*remtp* 参数未被使用，因为不再需要。可以对 *reqtp* 参数重复使用相同的值来追加调用 clock_nanosleep，直到时钟达到指定的绝对时间值（一个小技巧，利用相对时间的定时来实现绝对时间的定时）。

请注意，除了出错返回的情况，调用

```
clock_nanosleep(CLOCK_REALTIME, 0, reqtp, remtp);
```

和调用

```
nanosleep(reqtp, remtp);
```

的效果相同。

使用相对休眠时间的问题在于，某些应用程序对休眠时间有精度要求，而相对休眠时间会

导致实际休眠时间超过预期。例如，如果应用程序想要定期执行任务，它就必须获取当前时间，并计算距离下一次执行任务的时间差，然后调用 nanosleep。在获取当前时间和调用 nanosleep 期间，处理器调度和抢占可能导致相对休眠时间延长超过所需的时间间隔。尽管分时进程调度程序并不能保证用户任务会在休眠时间结束后立即执行，但使用绝对时间还是可以提高精度的。

在旧版本的 Single UNIX Specification 中，clock_nanosleep 函数属于时钟选择选项部分。而在 SUSv4 中，它已被移至基础规范部分。

10.20 sigqueue 函数

在 10.8 节中曾提及，大多数 UNIX 系统不对信号进行排队。随着 POSIX.1 的实时扩展，一些系统开始增加对信号排队的支持。在 SUSv4 中，信号排队功能已经从实时扩展部分转移到基本规范部分。

一般来说，信号携带一个比特（bit）的信息：信号本身。除了对信号进行排队，这些扩展还允许应用程序在传递信号的同时传递更多信息（回顾 10.14 节）。该信息被嵌入在 siginfo 结构体中。除了系统提供的信息，应用程序还可以将一个整型数或指向包含更多信息的缓冲区的指针传递给信号处理程序。

要使用排队的信号，必须执行以下操作：

1. 在使用 sigaction 函数安装信号处理程序时指定 SA_SIGINFO 标识。如果不指定此标识，信号也会被投递，但信号是否排队则取决于具体实现。
2. 在 sigaction 结构体的 sa_sigaction 成员中（而非常用的 sa_handler 字段）提供了一个信号处理程序。实现可能允许使用 sa_handler 字段，但这样一来，将无法获得通过 sigqueue 函数发送的额外信息。
3. 使用 sigqueue 函数发送信号。

```
#include <signal.h>

int sigqueue(pid_t pid, int signo, const union sigval value)
                                        返回值：成功为 0，失败则为-1
```

sigqueue 函数类似于 kill 函数，不同之处在于只能使用 sigqueue 将信号定向发送给单个进程（kill 函数通过将 *pid* 指定为负值可以向整个进程组发送信号），并且可以使用 *value* 参数将整型数或指针值传递给信号处理程序。

信号不能被无限地排队。回忆一下图 2.9 和图 2.11 中的 SIGQUEUE_MAX 限制。当达到此限制时，sigqueue 就会失败，并将 errno 设置为 EAGAIN。

随着实时信号的增强，引入了一组单独的信号供应用程序使用。这些信号的编号在 SIGRTMIN 和 SIGRTMAX 之间（包括两个边界值）。请注意，这些信号的默认操作是终止进程。

图 10.30 总结了排队信号在本书所涉及的各个平台中的不同行为。

行为	SUS	FreeBSD 8.0	Linux 3.2.0	Mac OS X 10.6.8	Solaris 10
支持 sigqueue	•	•	•		•
对除 SIGRTMIN~SIGRTMAX 以外的信号排队	可选	•			•
即使调用者没有指定 SA_SIGINFO 标识，也对信号排队	可选	•	•		

图 10.30　各种平台上排队信号的行为

Mac OS X 10.6.8 不支持 sigqueue 或实时信号。在 Solaris 10 上，sigqueue 位于实时库 librt 中。

10.21 作业控制信号

在图 10.1 所示的信号中，POSIX.1 认为有 6 个作业控制信号:

SIGCHLD　某个子进程已停止或终止。

SIGCONT　如果进程已停止，则恢复运行。

SIGSTOP　停止信号（不能被捕获或忽略）（也不能被阻塞，这是一个必停信号）。

SIGTSTP　交互式停止信号。

SIGTTIN　由后台进程组成员从控制终端读取。

SIGTTOU　由后台进程组成员写入控制终端。

除了 SIGCHLD，大多数应用程序并不处理这些信号：交互式 shell 通常会完成处理它们所需的所有工作。当输入挂起字符（通常是 Ctrl+Z）时，SIGTSTP 会被发送到前台进程组中的所有进程。当通知 shell 在前台或后台恢复一个作业时，shell 会向作业中的所有进程发送 SIGCONT 信号。类似地，如果将 SIGTTIN 或 SIGTTOU 传递给进程，则默认情况下该进程会停止，作业控制 shell 会识别并通知用户。

一个例外是管理终端的进程，例如 vi(1) 编辑器。vi 需要知道用户何时想要挂起它，以便它可以将终端的状态恢复到 vi 启动时的状态。此外，当 vi 在前台恢复时，它需要将终端状态设置回所需的状态，并且需要重新绘制终端屏幕。在下面的示例中将看到诸如 vi 之类的程序是如何处理此问题的。

作业控制信号之间存在一些相互作用。当为进程生成 4 个停止信号（SIGTSTP、SIGSTOP、SIGTTIN 或 SIGTTOU）中的任何一种时，则该进程的任何未决 SIGCONT 信号都将被丢弃。类似地，当为进程生成 SIGCONT 信号时，则该进程的任何未决停止信号都将被丢弃。

请注意，SIGCONT 的默认操作是在进程停止时继续运行该进程；否则，该信号将被忽略。通常情况下，不必对此信号执行任何操作。当为已停止的进程生成 SIGCONT 时，即使此信号被阻塞或忽略，该进程仍会继续运行。

示例

图 10.31 中的程序演示了程序处理作业控制时使用的正常代码序列。该程序只是简单地将其标准输入复制到其标准输出，对于管理屏幕的程序所执行的典型动作，在信号处理程序中给出了注释。

```
#include "apue.h"

#define BUFFSIZE   1024

static void
sig_tstp(int signo)  /* SIGTSTP 的信号处理程序 */
{
    sigset_t   mask;

    /* …… 将光标移至左下角，重置 tty 模式 …… */

    signal(SIGTSTP, SIG_DFL);   /* 将其处置重置为默认值 */

    kill(getpid(), SIGTSTP);    /* 并向自己发送信号 */

    /*
     * 解除对 SIGTSTP 的阻塞，因为在处理它时它已被阻塞
     * 在继续执行之前，不会从 kill 处返回 *
     */
    sigemptyset(&mask);
    sigaddset(&mask, SIGTSTP);
    sigprocmask(SIG_UNBLOCK, &mask, NULL);

    signal(SIGTSTP, sig_tstp); /* 重设信号处理程序 */

    /* …… 重置 tty 模式，重绘屏幕 …… */
}

int
main(void)
{
    int    n;
    char   buf[BUFFSIZE];

    /*
```

```
     * 仅当运行作业控制 shell 时，才捕获 SIGTSTP
     */
    if (signal(SIGTSTP, SIG_IGN) == SIG_DFL)
        signal(SIGTSTP, sig_tstp);

    while ((n = read(STDIN_FILENO, buf, BUFFSIZE)) > 0)
        if (write(STDOUT_FILENO, buf, n) != n)
            err_sys("write error");

    if (n < 0)
        err_sys("read error");

    exit(0);
}
```

图 10.31　如何处理 SIGTSTP

当图 10.31 所示的程序启动时，只有当 SIGTSTP 信号的处置方式为 SIG_DFL 时，它才会安排捕获该信号。原因是，当程序由不支持作业控制的 shell（例如 /bin/sh）启动时，信号的处置方式应被设置为 SIG_IGN。事实上，shell 并没有明确忽略这个信号，而是由 init 将三个作业控制信号（SIGTSTP、SIGTTIN 和 SIGTTOU）的处置设置为 SIG_IGN。所有登录 shell 都会继承这个配置。只有作业控制 shell 才应该将这三个信号的处置重置为 SIG_DFL。

当输入挂起字符时，进程会收到 SIGTSTP 信号并调用对应的信号处理程序。此时，可以进行任何与终端相关的处理：将光标移动到左下角、恢复终端模式等。进程在将 SIGTSTP 的处置重置为默认值（停止进程）并解除对此信号的阻塞后，会向自己发送相同的信号（SIGTSTP）。由于当前正在处理相同的信号，而系统会在它被捕获时自动将它阻塞，因此，应该解除对它的阻塞。此时，系统停止该进程。只有当它接收到（通常来自一个正响应交互式 fg 命令的作业控制 shell）SIGCONT 信号时，它才会继续。并不需要捕获 SIGCONT。它的默认处置是恢复停止的进程，发生这种情况时，程序将继续运行，就好像它从 kill 函数返回一样。当程序继续运行时，重置 SIGTSTP 信号的处置，并执行想要的任何终端处理（例如，可以重绘屏幕）。

10.22　信号名和编号

本节将介绍如何在信号编号和信号名称之间进行映射。某些系统提供了数组：

```
extern char *sys_siglist[];
```

数组下标对应信号编号，而对应位置的元素提供了指向该信号字符串名称的指针。

FreeBSD 8.0、Linux 3.2.0 和 Mac OS X 10.6.8 都提供了这个信号名称数组。Solaris 10 也是如此，但它改用名称_sys_siglist。

为了以可移植的方式打印对应信号编号的字符串，可以使用 psignal 函数。

```
#include <signal.h>

void psignal(int signo, const char *msg);
```

该函数将字符串 *msg*（通常包含程序名称）输出到标准错误，后面跟着冒号和空格，然后是对信号的描述，最后是换行符。如果 *msg* 为 NULL，则仅将信号描述写入标准错误。此函数类似于 perror（参见 1.7 节）。

如果有另一个信号处理程序 sigaction 中的 siginfo 结构体，则可以使用 psiginfo 函数打印信号信息。

```
#include <signal.h>

void psiginfo(const siginfo_t *info, const char *msg);
```

它的工作方式与 psignal 函数类似。尽管此函数可以访问的信息不仅仅是信号编号，但是各个平台在打印附加信息方面存在差异。

如果只需要信号的字符串描述，并且不一定要将其写入标准错误（例如，可能希望将其写入日志文件），则可以使用 strsignal 函数。此函数类似于 strerror（在第 1.7 节中也有描述）。

```
#include <string.h>

char *strsignal(int signo);
                                        返回值：一个指向描述信号的字符串的指针
```

给定一个信号编号，strsignal 将返回一个描述该信号的字符串。应用程序可以使用此字符串打印有关接收到的信号的错误消息。

本书讨论的所有平台都提供 psignal 和 strsignal 函数，但是确实存在差异。在 Solaris 10 上，如果信号编号无效，strsignal 将返回一个空指针，而 FreeBSD 8.0、Linux 3.2.0 和 Mac OS X 10.6.8 则返回一个字符串，表明信号编号无法识别。

只有 Linux 3.2.0 和 Solaris 10 支持 psiginfo 函数。

Solaris 提供了两个函数，一个用于将信号编号映射到信号名，另一个则正好相反。

```
#include <signal.h>

int sig2str(int signo, char *str);

int str2sig(const char *str, int *signop);
                                        两个函数的返回值：成功为 0，失败则为-1
```

这两个函数在编写需要接收和打印信号名称和编号的交互式程序时很有用。

sig2str 函数将给定的信号编号转换为字符串，并将结果存储在 *str* 指向的内存中。调用者必须确保内存足够大，可以容纳最长的字符串，包括终止的 null 字节。Solaris 在 <signal.h> 中提供常量 SIG2STR_MAX 来定义最大字符串长度。该字符串由不带“SIG”前缀的信号名称组成。例如，SIGKILL 将被转换为字符串“KILL”，并存储在 *str* 指向的内存缓冲区中。

str2sig 函数将给定的信号名称转换为信号编号。信号编号被存储在 *signop* 指向的整型数中。该名称可以是不带“SIG”前缀的信号名称，也可以是十进制信号编号的字符串表示（即“9”）。

请注意，sig2str 和 str2sig 与常规做法不同，当它们失败时并不被设置为 errno。

10.23 小结

信号应用于大多数重要的应用程序中。理解信号处理的方式和原理对于高级 UNIX 环境编程至关重要。本章对 UNIX 系统中的信号进行了深入而透彻的研究。首先介绍了早期信号实现中的缺陷，以及它们是如何表现出来的。接着讨论了 POSIX.1 可靠信号的概念和所有相关函数。在介绍完所有这些细节之后，又提供了 abort、system 和 sleep 等函数的 POSIX.1 实现。最后讨论了作业控制信号，以及在信号名称和信号编号之间进行转换的方法。

习题

10.1 在图 10.2 所示的程序中，去掉 for(;;) 语句，结果会如何？为什么？

10.2 实现 10.22 节中介绍的 sig2str 函数。

10.3 画出图 10.9 所示的程序在运行过程中的栈帧变化图。

10.4 图 10.11 所示的程序展示了一种利用 setjmp 和 longjmp 来对 I/O 操作设置超时的技术。下面的代码也可以实现类似功能：

```
signal(SIGALRM, sig_alrm);
alarm(60);
if (setjmp(env_alrm) != 0) {
    /* 处理超时问题 */
    ...
}
...
```

这段代码有什么问题吗？

10.5 仅使用单个定时器（alarm 或更高精度的 setitimer），提供一组函数用于进程设置任意时长的定时器。

10.6 编写一个程序来测试图 10.24 中的父进程和子进程同步的函数。该进程创建一个文件，并将整数 0 写入该文件。然后该进程调用 fork，之后，父进程和子进程交替递增文件中的计数器。每次计数器递增时，打印正在递增的那个进程（父进程或子进程）。

10.7 在图 10.25 所示的函数中，如果调用者捕获到 SIGABRT 并从信号处理程序处返回，为什么要大费周章地将处理程序重置为默认值二次调用 kill，而不是简单地调用 _exit？

10.8 为什么 siginfo 结构体（见第 10.14 节）的 si_uid 字段中包含的是真实用户 ID，而不是有效用户 ID？

10.9 重写图 10.14 中的函数，使其可以处理图 10.1 中的所有信号。该函数应由单个循环组成，它对当前信号掩码中的每个信号迭代一次（而不是对每个可能的信号迭代一次）。

10.10 编写一个在无限循环中调用 sleep(60)的程序，要求每循环五次（每 5 分钟）就获取当前时间并打印 tm_sec 字段。彻夜运行该程序并解释结果。像 cron 守护进程这样每分钟运行一次的程序将如何处理这种情况?

10.11 修改图 3.5 所示的程序，要求如下：(a)将 BUFFSIZE 更改为 100；(b)使用 signal_intr 函数捕获 SIGXFSZ 信号，捕获时打印一条消息并从信号处理程序返回；(c)如果未完成写入请求要求的字节数，则打印 write 的返回值（如大于 0 则为已写入的字节数）。将软资源限制 RLIMIT_FSIZE（见第 7.11 节）修改为 1024 字节（尝试通过 shell 设置该软资源限制。如果不能在 shell 中执行此操作，请直接从程序中调用 setrlimit），然后运行该新程序来复制一个大于 1024 字节的文件。在可以访问的不同系统上运行该程序，发生了什么？为什么？

10.12 编写一个调用 fwrite 函数的程序，要求该函数使用一个大的缓冲区（约 1 GB，对应 fwrite 的第一个入参），并且在调用该函数之前先行调用 alarm 函数，用于在 1 秒后产生一个信号。而在对应的信号处理程序中，打印已被捕获的信号并返回。对 fwrite 的调用是否已经完成？发生了什么事情？

11
线程

11.1 序言

我们在前面的章节中讨论了进程，了解了 UNIX 进程的环境、进程之间的关系及控制进程的方法。我们看到，相关进程之间可以进行有限的共享。

在本章中，我们将进一步深入研究进程，以了解如何使用多个控制线程（或简称线程）在单进程环境中执行多个任务。一个进程中的所有线程都可以访问该进程的组件，例如文件描述符和内存。

任何时候，当你试图在多个用户之间共享单个资源时，都必须处理一致性问题。在本章的最后，我们将介绍常用的同步机制，用于防止多个线程在查看其共享资源过程中存在的不一致问题。

11.2 线程的概念

典型的 UNIX 进程可以被认为只有一个控制线程：每个进程一次只做一件事。利用多个控制线程，我们可以将程序设计为在一个进程中一次执行多个任务，每个线程处理一个单独的任务。该方法有以下多个好处。

- 可以通过分配一个单独的线程来处理每种事件类型，从而简化处理异步事件的代码。然后，每个线程都可以使用同步编程模型来处理自己的事件。同步编程模型要比异步编程模型简单得多。

- 多个进程必须使用操作系统提供的复杂机制来共享内存和文件描述符，我们将在第 15 章和第 17 章看到这一点。而线程则自动拥有对相同内存地址空间和文件描述符的访问权。
- 可以对某些问题进行拆分，以便提高整个程序的吞吐量。如果系统仅有一个控制线程，则有多个任务要执行的单线程进程会隐式串行化这些任务。但如果系统有多个控制线程，则可以通过为每个任务分配一个单独的线程来交叉处理独立的任务。当然，只有当两个任务不依赖于彼此执行的操作时，它们才能交叉执行。
- 类似地，交互式程序可以通过使用多线程将程序中处理用户输入和输出的部分与其他部分分开，从而缩短程序的响应时间。

有些人会将多线程编程与多处理器或多核系统联系起来。但是，即使程序在单处理器上运行，也可以获得多线程编程模型的好处。不管有多少个处理器，使用线程都可以简化程序，因为处理器的数量并不会影响程序的结构。此外，只要多线程程序在串行化任务时需要阻塞，由于某些线程可以在其他线程被阻塞时继续运行，因此即使在单处理器上运行，还是可以看到响应时间和吞吐量的改善的。

线程由代表进程内执行上下文所需的信息组成，其中包括标识进程中线程的线程 ID、一组寄存器值、栈、调度优先级和策略、信号掩码、errno 变量（回顾 1.7 节）和线程特定的数据（参见 12.6 节）。进程中的一切都可以在进程中的线程之间共享，包括可执行程序的代码段、程序的全局内存和堆内存、栈及文件描述符。

我们即将看到的线程接口来自 POSIX.1-2001。线程接口，也被称为“POSIX 线程”的“pthreads”，最初在 POSIX.1-2001 中是可选功能，但 SUSv4 将其移入基础功能。POSIX 线程的功能测试宏是_POSIX_THREADS。应用程序可以在编译时通过#ifdef 测试该宏来确定是否支持线程，或者在运行时使用_SC_THREADS 常量调用 sysconf 来确定这一点。遵循 SUSv4 规范的系统将符号_POSIX_THREADS 的值定义为 200809L。

11.3 线程标识

正如每个进程都有一个进程 ID 一样，每个线程也有一个线程 ID。进程 ID 在系统中是唯一的，而线程 ID 则仅在其所属的进程上下文中才有意义。

回顾一下，进程 ID 由 pid_t 数据类型的数表示，是一个非负整型数。线程 ID 由 pthread_t 数据类型的数表示，且允许具体实现使用结构体来表示 pthread_t 数据类型，因此可移植的实现不能将其视为整型数。因此，必须使用函数来比较两个线程 ID。

```
#include <pthread.h>

int pthread_equal(pthread_t tid1, pthread_t tid2);
```
返回值：相等则为非 0 值，否则为 0

Linux 3.2.0 使用无符号长整型数表示 pthread_t 数据类型的数。Solaris 10 使用无符号整型数表示 pthread_t 数据类型的数。FreeBSD 8.0 和 Mac OS X 10.6.8 使用一个指向 pthread 结构体的指针来表示 pthread_t 数据类型的数。

允许将 pthread_t 数据类型定义为结构体的一个后果是，没有可移植的方式来打印它的值。有时，在程序调试期间打印线程 ID 是很有用的，但在其他情况下通常不需要如此。在最坏的情况下，不过是导致不可移植的调试代码，因此这并不是一个很大的限制。

线程可以通过调用 pthread_self 函数来获取自己的线程 ID。

```
#include <pthread.h>

pthread_t pthread_self(void);
```
返回值：调用线程的线程 ID

当线程需要识别以其线程 ID 标记的数据结构时，可以将此函数与 pthread_equals 函数一起使用。例如，主线程可能会使用队列来分配工作，并使用线程 ID 来控制将哪些作业分配给哪个工作线程。这种情况如图 11.1 所示，单独的主线程将新的作业移入一个工作队列，而由三个工作线程组成的线程池会从队列中移出作业。主线程不允许每个线程直接处理位于队列头部的作业，而是通过将应该处理该作业的线程 ID 放在此作业结构体中来控制作业的分配。然后，每个工作线程仅可移出使用自己的线程 ID 标记的作业。

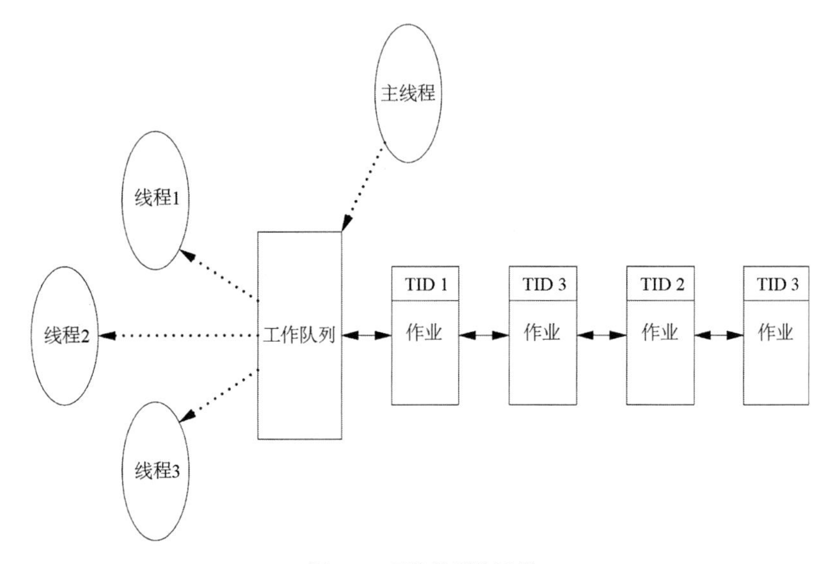

图 11.1　工作队列的示例

11.4 线程创建

传统的 UNIX 进程模型仅支持每个进程一个控制线程。从概念上讲，这与基于线程的模型相同，即每个进程只由一个线程组成。对于 pthread，当程序运行时，它也是作为一个具有单控制线程的单进程启动的。当程序运行时，它的行为与传统进程并没有区别，直到它创建了更多的控制线程。可以通过调用 pthread_create 函数来创建其他线程。

```
#include <pthread.h>

int pthread_create(pthread_t *restrict tidp,
                   const pthread_attr_t *restrict attr,
                   void *(*start_rtn)(void *), void *restrict arg);
```

返回值：成功则为 0，否则为错误码

当 pthread_create 成功返回时，*tidp* 所指向的内存位置被设置为新创建线程的线程 ID。*attr* 参数用于定制各种线程属性。我们将在 12.3 节讨论线程属性，但是现在，我们将把它设置为 NULL 来创建一个具有默认属性的线程。

新创建的线程从 *start_rtn* 所指向的函数的地址开始运行。此函数仅有一个入参 *arg*，它是一个无类型指针。如果需要向 *start_rtn* 指向的函数传递多个参数，则需要将它们存储在一个结构体中，并向 *arg* 参数传递该结构体的地址。

创建线程时，不能保证先运行哪个线程：新创建的线程还是调用线程。新创建的线程可以访问进程地址空间，并继承调用线程的浮点环境和信号掩码，然而，该线程的挂起信号集将被清除。

注意，pthread 函数在失败时通常会返回一个错误码。它们不像其他 POSIX 函数那样被设置为 errno。虽然每个线程都提供 errno 的副本，但这仅仅是为了与使用它的现有函数兼容。对于线程，从函数中返回错误码更为整洁，不需要依赖作为函数副作用而更改的某些全局状态，从而将错误的范围限制在导致错误的函数中。

示例

尽管没有可移植的方法来打印线程 ID，但我们可以编写一个小的测试程序来实现它，以便深入了解线程的工作原理。图 11.2 所示的程序创建了一个线程，并分别打印了新线程和初始线程的进程 ID 和线程 ID。

```
#include "apue.h"
#include <pthread.h>

pthread_t ntid;

void
printids(const char *s)
```

```
{
    pid_t        pid;
    pthread_t    tid;

    pid = getpid();
    tid = pthread_self();
    printf("%s pid %lu tid %lu (0x%lx)\n", s, (unsigned long)pid,
    (unsigned long)tid, (unsigned long)tid);
}

void *
thr_fn(void *arg)
{
    printids("new thread: ");
    return((void *)0);
}

int
main(void)
{
    int     err;

    err = pthread_create(&ntid, NULL, thr_fn, NULL);
    if (err != 0)
        err_exit(err, "can't create thread");
    printids("main thread:");
    sleep(1);
    exit(0);
}
```

图 11.2 打印线程 ID

此示例有两个奇特之处，它们是处理主线程和新线程之间的竞争所必需的（我们将在本章后面学习处理这些情况的更好的方式）。第一个奇特之处在于，需要在主线程中休眠。如果没有休眠，主线程可能会提前退出，从而在新线程有机会运行之前终止整个进程。此种表现依赖于操作系统的线程实现和调度算法。

第二个奇特之处在于，新线程通过调用 pthread_self 函数来获取其线程 ID，而不是从共享内存中读取它，或者从线程启动的例程的入参中接收。回顾一下，pthread_create 函数将通过第一个参数（*tidp*）返回新创建线程的线程 ID。在我们的示例中，主线程将此 ID 存储在 ntid 中，但新线程并不能安全地使用它。如果新线程在主线程从 pthread_create 函数调用返回之前先运行，则新线程将看到未初始化的 ntid 的内容，而非真正的线程 ID。

在 Solaris 上运行图 11.2 所示的程序，将得到如下输出：

```
$ ./a.out
main thread: pid 20075 tid 1 (0x1)
new thread:  pid 20075 tid 2 (0x2)
```

正如我们所期望的那样，两个线程具有相同的进程 ID，但线程 ID 是不同的。在 FreeBSD 上运行图 11.2 所示的程序将有如下输出：

```
$ ./a.out
main thread: pid 37396 tid 673190208 (0x28201140)
new thread:  pid 37396 tid 673280320 (0x28217140)
```

也如我们所期望的那样，两个线程拥有相同的进程 ID。如果我们将线程 ID 看作十进制整数，那么这些值看起来会很奇怪，但如果我们将其视为十六进制数，看起来就合理得多了。如前所述，FreeBSD 使用指向线程数据结构（pthread）的指针作为其线程 ID。

我们期望 Mac OS X 类似于 FreeBSD，然而，主线程的线程 ID 与使用 pthread_create 函数创建的线程的线程 ID 位于不同的地址范围：

```
$ ./a.out
main thread: pid 31807 tid 140735073889440 (0x7fff70162ca0)
new thread:  pid 31807 tid 4295716864 (0x1000b7000)
```

在 Linux 上运行相同的程序，可得到如下结果：

```
$ ./a.out
main thread: pid 17874 tid 140693894424320 (0x7ff5d9996700)
new thread:  pid 17874 tid 140693886129920 (0x7ff5d91ad700)
```

虽然 Linux 用无符号长整型数来表示线程 ID，但是它们看起来更像指针。

在 Linux 2.4 和 Linux 2.6 之间，线程的实现发生了变化。在 Linux 2.4 中，LinuxThreads 使用单独的进程实现每个线程，这使得它很难匹配 POSIX 线程的行为。在 Linux 2.6 中，Linux 内核和线程库进行了全面改造，使用了一种新的线程实现，称为 Native POSIX 线程库（Native POSIX Thread Library，NPTL）。它支持单个进程中的多线程模型，并使支持 POSIX 线程语义变得更加容易。

11.5 线程终止

如果进程中的任何线程调用了 exit、_Exit 或 _Exit，则整个进程将会终止。类似地，当信号的默认动作是终止进程时，向线程发送信号将终止整个进程（我们将在第 12.8 节详细讨论信号和线程之间的交互）。

单个线程可以通过三种方式退出，从而在不终止整个进程的情况下停止其控制流：

1. 线程只需从启动例程返回即可，其返回值是线程的退出码。
2. 线程可以被同一进程中的另一个线程取消。
3. 线程可以调用 pthread_exit 函数。

```
#include <pthread.h>

void pthread_exit(void *rval_ptr);
```

rval_ptr 参数是一个无类型指针，类似于传给启动例程的单个参数。通过调用 pthread_join 函数，进程中的其他线程也可以访问该指针。

```
#include <pthread.h>
int pthread_join(pthread_t thread, void **rval_ptr);
                                    返回值：成功则为 0，否则为错误码
```

调用线程将被阻塞，直到指定的线程调用 pthread_exit 函数、从其启动例程返回或者被取消。如果线程只是从其启动例程返回，则 *rval_ptr* 将包含退出码。如果线程被取消，则由 *rval_ptr* 指定的内存单元将被设置为 PTHREAD_CANCELED。

通过调用 pthread_join 函数，会自动将要连接的线程置于分离状态（稍后讨论），以便可以回收其资源。如果该线程已经处于分离状态，pthread_join 调用可能会失败，并返回 EINVAL，当然，这种行为是依赖于具体实现的。

如果对一个线程的返回值不感兴趣，可以将 *rval_ptr* 设置为 NULL。在这种情况下，调用 pthread_join 函数允许等待指定的线程终止，但不会获取线程的终止状态。

示例

图 11.3 展示了如何从终止的线程中获取退出码。

```
#include "apue.h"
#include <pthread.h>

void *
thr_fn1(void *arg)
{
    printf("thread 1 returning\n");
    return((void *)1);
}

void *
thr_fn2(void *arg)
{
    printf("thread 2 exiting\n");
    pthread_exit((void *)2);
}

int
main(void)
{
    int         err;
    pthread_t   tid1, tid2;
    void        *tret;
```

```
    err = pthread_create(&tid1, NULL, thr_fn1, NULL);
    if (err != 0)
        err_exit(err, "can't create thread 1");
    err = pthread_create(&tid2, NULL, thr_fn2, NULL);
    if (err != 0)
        err_exit(err, "can't create thread 2");
    err = pthread_join(tid1, &tret);
    if (err != 0)
        err_exit(err, "can't join with thread 1");
    printf("thread 1 exit code %ld\n", (long)tret);
    err = pthread_join(tid2, &tret);
    if (err != 0)
        err_exit(err, "can't join with thread 2");
    printf("thread 2 exit code %ld\n", (long)tret);
    exit(0);
}
```

图 11.3　获取线程退出状态

运行图 11.3 中的程序，可以得到如下结果：

```
$ ./a.out
thread  1   returning
thread  2   exiting
thread  1   exit code 1
thread  2   exit code 2
```

如我们所见，当一个线程通过调用 pthread_exit 或简单地从 start 例程返回退出时，另一个线程可以通过调用 pthread_join 来获取其退出状态。

传递给 pthread_create 和 pthread_exit 两个函数的无类型指针也可用于传递多个值。该指针可用于传递包含更复杂信息的结构体的地址。请注意，当调用者完成调用时，该结构体所使用的内存必须仍然有效。例如，如果该结构体是在调用线程的栈上分配的，那么，其他线程在使用该结构体时，内存中的内容可能已经发生改变。具体而言，如果一个线程在其栈中分配了一个结构体，并将指向该结构体的指针传递给 pthread_exit 函数，那么当调用 pthread_join 函数的线程试图访问该结构体时，栈可能已被破坏，其内存也可能已用作他途。

示例

图 11.4 所示的程序演示了使用自动变量（存储在栈上）作为 pthread_exit 函数的参数时存在的问题。

```
#include "apue.h"
#include <pthread.h>

struct foo {
    int a, b, c, d;
};
```

```
void
printfoo(const char *s, const struct foo *fp)
{
    printf("%s", s);
    printf("  structure at 0x%lx\n", (unsigned long)fp);
    printf("  foo.a = %d\n", fp->a);
    printf("  foo.b = %d\n", fp->b);
    printf("  foo.c = %d\n", fp->c);
    printf("  foo.d = %d\n", fp->d);
}

void *
thr_fn1(void *arg)
{
    struct foo  foo = {1, 2, 3, 4};

    printfoo("thread 1:\n", &foo);
    pthread_exit((void *)&foo);
}

void *
thr_fn2(void *arg)
{
    printf("thread 2: ID is %lu\n", (unsigned long)pthread_self());
    pthread_exit((void *)0);
}

int
main(void)
{
    int         err;
    pthread_t   tid1, tid2;
    struct foo  *fp;

    err = pthread_create(&tid1, NULL, thr_fn1, NULL);
    if (err != 0)
        err_exit(err, "can't create thread 1");
    err = pthread_join(tid1, (void *)&fp);
    if (err != 0)
        err_exit(err, "can't join with thread 1");
    sleep(1);
    printf("parent starting second thread\n");
    err = pthread_create(&tid2, NULL, thr_fn2, NULL);
    if (err != 0)
        err_exit(err, "can't create thread 2");
    sleep(1);
    printfoo("parent:\n", fp);
    exit(0);
}
```

图 11.4 pthread_exit 参数的错误使用

如果在 Linux 上运行此程序时，可以得到：

```
$ ./a.out
thread 1:
  structure at 0x7f2c83682ed0
  foo.a = 1
  foo.b = 2
  foo.c = 3
  foo.d = 4
parent starting second thread
thread 2: ID is 139829159933696
parent:
  structure at 0x7f2c83682ed0
  foo.a = -2090321472
  foo.b = 32556
  foo.c = 1
  foo.d = 0
```

当然，具体的运行结果在不同环境下会有所不同，这取决于内存架构、编译器及线程库的实现等因素。在 Solaris 上运行的结果类似:

```
$ ./a.out
thread 1:
  structure at 0xffffffff7f0fbf30
  foo.a = 1
  foo.b = 2
  foo.c = 3
  foo.d = 4
parent starting second thread
thread 2: ID is 3
parent:
  structure at 0xffffffff7f0fbf30
  foo.a = -1
  foo.b = 2136969048
  foo.c = -1
  foo.d = 2138049024
```

正如我们所看到的，当主线程可以访问结构体时，结构体（分配在线程 *tid1* 的栈上）的内容已经发生了变化。请注意第二个线程（*tid2*）的栈是如何覆盖第一个线程的栈的。为解决此问题，可以使用全局结构体或者使用 malloc 函数分配结构体。

在 Mac OS X 上，我们得到了不同的结果:

```
$ ./a.out
thread 1:
  structure at 0x1000b6f00
  foo.a = 1
  foo.b = 2
  foo.c = 3
  foo.d = 4
parent starting second thread
```

```
thread 2: ID is 4295716864
parent:
  structure at 0x1000b6f00
Segmentation fault (core dumped)
```

在这种情况下，当父线程试图访问由退出的第一个线程传递给它的结构体时，内存不再有效，父线程将收到 SIGSEGV 信号。

在 FreeBSD 上，当父线程访问内存时，内存还没有被覆盖，可得到如下结果：

```
thread 1:
  structure at 0xbf9fef88
  foo.a = 1
  foo.b = 2
  foo.c = 3
  foo.d = 4
parent starting second thread
thread 2: ID is 673279680
parent:
  structure at 0xbf9fef88
  foo.a = 1
  foo.b = 2
  foo.c = 3
  foo.d = 4
```

即使在线程退出后，内存仍然完好无损，我们也不能指望情况总是如此。从其他平台上观察到的情况看，并非都如此。

一个线程可以通过调用 pthread_cancel 函数来请求取消同一进程中的另一个线程。

```
#include <pthread.h>

int pthread_cancel(pthread_t tid);
```

返回值：成功则为 0，否则为错误码

在默认情况下，pthread_cancel 函数将影响 *tid* 指定的线程的表现，就像它使用 PTHREAD_CANCELED 参数调用 pthread_exit 函数一样。但是，线程可以选择忽略或控制取消线程的方式。我们将在 12.7 节详细讨论这一点。注意，pthread_cancel 函数不会等待线程的终止，它仅仅是发出请求而已。

线程可以安排在其退出时要调用的函数，类似于进程使用 atexit 函数（参见 7.3 节）来安排在其退出时要调用的函数的方式。这些函数被称为线程清理处理程序。一个线程可以建立多个清理处理程序。处理程序被记录在栈中，这意味着它们的执行顺序与它们注册时的顺序相反。

```
#include <pthread.h>

void pthread_cleanup_push(void (*rtn)(void *), void *arg);

void pthread_cleanup_pop(int execute);
```

pthread_cleanup_push 函数设置了清理函数 *rtn*，当线程执行以下操作之一时，会使用单个参数 *arg* 调用该函数：

- 调用 pthread_exit 函数。
- 响应取消请求（PTHREAD_CANCELED）。
- 使用非零 *execute* 参数调用 pthread_cleanup_pop 函数。

如果 *execute* 参数被设置为零，则不会调用 cleanup 函数。无论哪种情况，pthread_cleanup_pop 函数都会移除上次调用 pthread_cleanup_push 时建立的清理处理程序。

对这些函数有一个限制，由于它们可以作为宏来实现，因此它们必须在一个线程的同一作用域内成对儿使用。pthread_cleanup_push 的宏定义可以包含一个“{”字符，在这种情况下，在 pthread_cleanup_pop 的宏定义中必须要有与之匹配的字符“}”。

示例

图 11.5 所示的程序说明了如何使用线程清理处理程序。尽管这个例子有点儿刻意，但它说明了所涉及的清理机制。注意，尽管我们从未打算将零作为参数传递给线程启动例程，但仍然需要成对儿调用 pthread_clean_pop 与 pthread_clean_push，否则，程序可能会编译不通过。

```
#include "apue.h"
#include <pthread.h>

void
cleanup(void *arg)
{
    printf("cleanup: %s\n", (char *)arg);
}

void *
thr_fn1(void *arg)
{
    printf("thread 1 start\n");
    pthread_cleanup_push(cleanup, "thread 1 first handler");
    pthread_cleanup_push(cleanup, "thread 1 second handler");
    printf("thread 1 push complete\n");
    if (arg)
        return((void *)1);
    pthread_cleanup_pop(0);
    pthread_cleanup_pop(0);
    return((void *)1);
}

void *
```

```
thr_fn2(void *arg)
{
    printf("thread 2 start\n");
    pthread_cleanup_push(cleanup, "thread 2 first handler");
    pthread_cleanup_push(cleanup, "thread 2 second handler");
    printf("thread 2 push complete\n");
    if (arg)
        pthread_exit((void *)2);
    pthread_cleanup_pop(0);
    pthread_cleanup_pop(0);
    pthread_exit((void *)2);
}

int
main(void)
{
    int         err;
    pthread_t   tid1, tid2;
    void        *tret;

    err = pthread_create(&tid1, NULL, thr_fn1, (void *)1);
    if (err != 0)
        err_exit(err, "can't create thread 1");
    err = pthread_create(&tid2, NULL, thr_fn2, (void *)1);
    if (err != 0)
        err_exit(err, "can't create thread 2");
    err = pthread_join(tid1, &tret);
    if (err != 0)
        err_exit(err, "can't join with thread 1");
    printf("thread 1 exit code %ld\n", (long)tret);
    err = pthread_join(tid2, &tret);
    if (err != 0)
        err_exit(err, "can't join with thread 2");
    printf("thread 2 exit code %ld\n", (long)tret);
    exit(0);
}
```

图 11.5　线程清理处理程序

在 Linux 或 Solaris 上运行图 11.5 中的程序，可得到：

```
$ ./a.out
thread 1 start
thread 1 push complete
thread 2 start
thread 2 push complete
cleanup: thread 2 second handler
cleanup: thread 2 first handler
thread 1 exit code 1
thread 2 exit code 2
```

从输出结果可以看出，两个线程都正常启动并退出，但只调用了第二个线程的清理处理程序。因此，如果线程通过从其启动例程返回而终止，则不会调用其清理处理程序，不过，此行为因具体的实现而异。另请注意，清理处理程序的调用顺序与安装它们的顺序正好相反。

如果我们在 FreeBSD 或 Mac OS X 上运行相同的程序，会看到该程序引发了段错误并且产生了 core 文件。之所以会发生这种情况，是因为在这些系统上，pthread_cleanup_push 被实现为一个宏，该宏将某些上下文存储在栈上。当线程 1 在调用 pthread_cleanup_push 和调用 pthread_cleanup_pop 之间返回时，栈已被覆盖，并且这些平台在调用清理处理程序时会尝试使用此（现已损坏）上下文。在 Single UNIX Specification 中，在匹配的 pthread_cleanup_push 和 pthread_cleanup_pop 调用对儿之间返回会导致未定义的行为。在这两个函数之间返回的唯一可移植方法是调用 pthread_exit 函数。

至此，应该可以看出线程函数和进程函数之间的相似之处。图 11.6 总结了这些类似的函数。

进程原语	线程原语	说　　明
fork	pthread_create	创建新的控制流
exit	pthread_exit	退出现有的控制流
waitpid	pthread_join	从控制流中获取退出状态
atexit	pthread_cleanup_push	注册在退出控制流时要调用的函数
getpid	pthread_self	获取控制流的 ID
abort	pthread_cancel	请求异常终止的控制流

图 11.6　进程原语和线程原语的比较

在默认情况下，线程的终止状态将保持不变，直到对该线程调用 pthread_join 函数。如果线程已被分离，则线程的潜在存储资源可以在终止时被立即回收。在线程被分离之后，则不能再使用 pthread_join 函数等待其终止状态，因为对分离的线程调用 pthread_join 函数会导致未定义的行为，此时，可以通过调用 pthread_detach 函数来分离线程。

```
#include <pthread.h>

int pthread_detach(pthread_t tid);
```

返回值：成功则为 0，否则为错误码

正如将在下一章中看到的，我们可以通过修改传递给 pthread_create 函数的线程属性，来创建一个已经处于分离状态的线程。

11.6 线程同步

当多个控制线程共享相同的内存时，需要确保每个线程都能看到其数据的一致性视图。如果每个线程都使用其他线程不会读取或修改的变量，则不存在一致性问题。同样，如果一个变量是只读的，则也不存在多个线程同时读取其值的一致性问题。但是，当一个线程可以修改其他线程可以读取或修改的变量时，我们需要同步这些线程，以确保它们在访问此变量的内存内容时不会获得无效的值。

在一个线程修改某变量时，其他线程在读取该变量时可能会看到不一致的值。在修改变量（如赋值操作）占用多个存储周期的处理器架构中，当内存读取与内存写入在周期之间交错时，可能会发生不一致的情况。当然，这种行为依赖于处理器的体系结构，但可移植程序不应对此做出任何假设。

图 11.7 给出了两个线程读写同一个变量的假设示例。在此示例中，线程 A 读取变量，然后向其写入一个新值，但是写操作需要两个存储周期。如果线程 B 在两个写周期之间读取同一个变量，它将看到一个不一致的值。

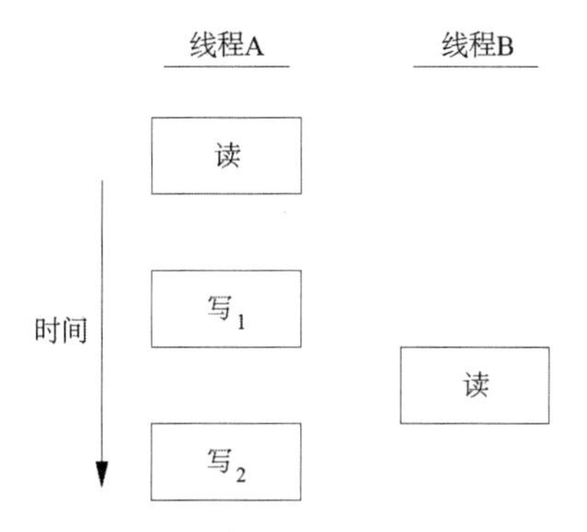

图 11.7　两个线程交叉的存储周期

为了解决这个问题，线程必须使用锁，同时只允许一个线程访问该变量。图 11.8 说明了这种同步。如果线程 B 想要读取该变量，则它首先需要获得一个锁。同样，当线程 A 希望更新此变量时，它需要获得同一把锁。因此，在线程 A 释放锁之前，线程 B 将无法读取该变量。

当两个或多个线程试图同时修改同一变量时，也需要进行同步。考虑对变量做递增操作的情况（参见图 11.9），递增操作通常分为三个步骤：

1. 将变量从所在内存单元读入寄存器。

2. 递增寄存器中的值。

3. 将新值写回变量所在的内存单元。

如果两个线程试图在几乎相同的时间递增同一个变量，而彼此不同步，则结果可能会不一致。最终得到的变量值要么比之前增加 1，要么比之前增加 2，具体取决于第二个线程开始其操作时观察到的值。如果第二个线程在第一个线程执行步骤 3 之前执行步骤 1，那么第二个线程将读取与第一个线程相同的初始值，递增该值，然后将其写回，最终没有任何实际影响。

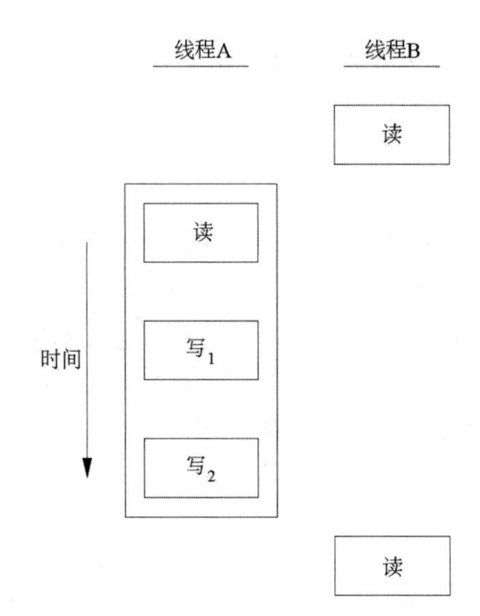

图 11.8 同步内存访问的两个线程

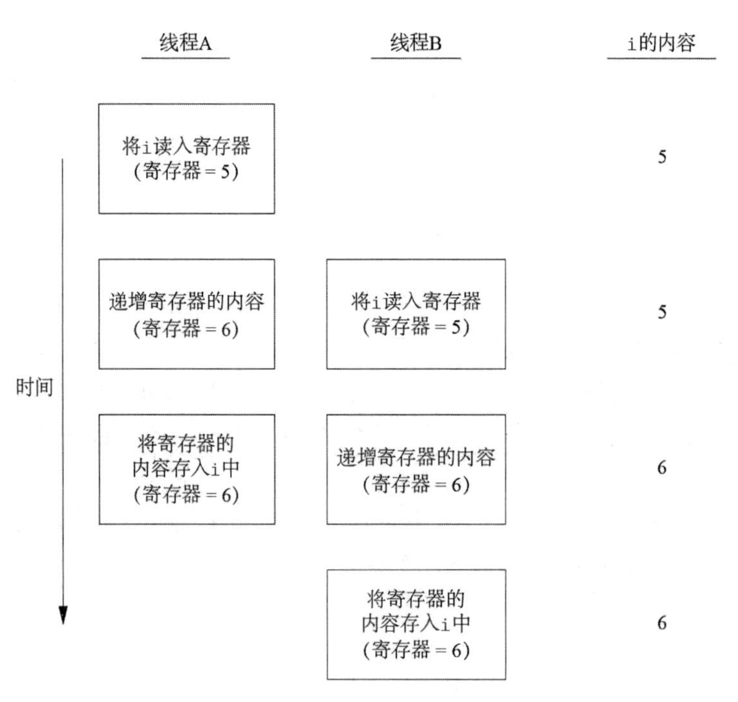

图 11.9 两个非同步线程递增同一个变量

如果修改操作是原子操作，那么就没有竞争了。在前面的示例中，如果递增仅需要一个存储周期，则不存在竞争的问题。如果我们的数据看起来总是顺序一致的，那么也不需要额外的同步。当多个线程无法观察到数据中的不一致时，我们的操作就是顺序一致的。在现代计算机系统中，内存访问需要多个总线周期，而多处理器通常在多个处理器之间交错总线周期，因此无法保证数据的顺序一致性。

在顺序一致的环境中，可以将对数据的修改解释为运行线程所执行的顺序操作步骤。可以这样说："线程 A 递增了变量，然后线程 B 也递增了变量，因此变量的值比以前大 2"或者"线程 B 递增了变量，然后线程 A 也递增了变量，因此变量的值比以前大 2"。对这两个线程操作步骤的任何排序都不会导致变量出现任何其他值。

除了计算机体系结构，程序使用变量的方式也可能引起竞争，从而可能产生不一致的情况。我们可能会递增某个变量，然后根据其值做出不同决策。递增步骤和决策步骤的组合不是原子操作，这就为不一致的出现打开了一扇窗。

11.6.1 互斥量

通过使用 pthread 的互斥接口，可以保护数据，并确保一次只能由一个线程访问。**互斥量**（mutex）就是一把锁，在访问共享资源之前设置它（加锁），并在访问完成后释放它（解锁）。当共享资源被加锁以后，任何其他试图再次对其进行加锁的线程都将被阻塞，直到锁被释放。如果在释放互斥量时有多个线程被阻塞，那么所有阻塞在锁上的线程都将变为可运行的，并且其中第一个运行的线程将能够对互斥量再次加锁。其他线程将会看到互斥量仍处于锁定状态，并返回等待它再次变得可用。这样，一次只会有一个线程继续运行。

仅当将所有线程都设计为遵循相同的数据访问规则时，这种互斥机制才有效。操作系统并不会为我们序列化对数据的访问。如果允许某个线程在没有事先获取锁的情况下访问共享资源，那么即使其他线程在尝试访问共享资源之前都申请锁，也会出现数据不一致的情况。

互斥变量由 `pthread_mutex_t` 数据类型表示。在使用互斥变量之前，必须先对其进行初始化，方法是将其设置为常量 `PTHREAD_MUTEX_INITIALIZER`（仅适用于静态分配的互斥量）或者调用 `pthread_mutex_init` 函数。如果动态分配互斥变量（例如，通过调用 `malloc` 函数），那么在释放内存之前，需要调用 `pthread_mutex_destroy` 函数。

```
#include <pthread.h>

int pthread_mutex_init(pthread_mutex_t *restrict mutex,
                       const pthread_mutexattr_t *restrict attr);

int pthread_mutex_destroy(pthread_mutex_t *mutex);
                                        返回值：成功则为 0，否则为错误码
```

要初始化具有默认属性的互斥量，将 *attr* 设置为 `NULL` 即可。我们将在第 12.4 节讨论互斥量的属性。

为了给互斥量加锁，需要调用 `pthread_mutex_lock` 函数。如果此时该互斥量已经被锁定，则调用线程将会被阻塞，直到该互斥量被解锁。要解锁互斥量，则需要调用 pthread_mutex_unlock 函数。

```
#include <pthread.h>

int pthread_mutex_lock(pthread_mutex_t *mutex);

int pthread_mutex_trylock(pthread_mutex_t *mutex);

int pthread_mutex_unlock(pthread_mutex_t *mutex);
```

返回值：成功则为 0，否则为错误码

如果一个线程不能承受阻塞，则可以使用 pthread_mutex_trylock 函数有条件地锁定互斥量。如果在调用 pthread_mutex_trylock 函数时互斥量处于解锁状态，则 pthread_mutex_trylock 函数将锁定互斥量而不阻塞，并返回 0。否则，pthread_mutex_trylock 函数将失败，不锁定互斥量，并返回 EBUSY。

示例

图 11.10 演示了用于保护数据结构的互斥量。当有多个线程需要访问动态分配的对象时，可以在对象中嵌入一个引用计数，以确保在所有线程使用完该对象之前不会释放其内存。

```
#include <stdlib.h>
#include <pthread.h>

struct foo {
    int f_count;
    pthread_mutex_t f_lock;
    int f_id;
    /* ...... 此处略去若干代码 ...... */
};

struct foo *
foo_alloc(int id) /* 分配一个对象 */
{
    struct foo *fp;

    if ((fp = malloc(sizeof(struct foo))) != NULL) {
        fp->f_count = 1;
        fp->f_id = id;
        if (pthread_mutex_init(&fp->f_lock, NULL) != 0) {
            free(fp);
            return(NULL);
        }
        /* ...... 继续初始化工作 ...... */
    }
    return(fp);
}
```

```
void
foo_hold(struct foo *fp) /* 添加对该对象的引用 */
{
    pthread_mutex_lock(&fp->f_lock);
    fp->f_count++;
    pthread_mutex_unlock(&fp->f_lock);
}

void
foo_rele(struct foo *fp) /* 释放对该对象的引用 */
{

    pthread_mutex_lock(&fp->f_lock);
    if (--fp->f_count == 0) { /* 最后一个引用 */
        pthread_mutex_unlock(&fp->f_lock);
        pthread_mutex_destroy(&fp->f_lock);
        free(fp);
    } else {
        pthread_mutex_unlock(&fp->f_lock);
    }
}
```

图 11.10　使用互斥量来保护数据结构体

在对引用计数做递增、递减及检查是否到达零等操作之前，需要锁定互斥量。当我们在 foo_alloc 函数中将引用计数初始化为 1 时，不需要锁定，因为到目前为止，分配线程是唯一引用它的线程。但如果此时要将结构体放入列表中，则它对其他线程是可见的，因此需要首先给它加锁。

在使用该对象之前，线程应通过调用 foo_hold 函数来将对象的引用计数加 1。当对象使用完成后，必须调用 foo_rele 来释放引用。释放最后一个引用时，将同时释放对象的内存。

在此示例中，我们忽略了线程在调用 foo_hold 函数之前是如何查找对象的。即使该对象的引用计数为 0，如果另一个线程在对 foo_hold 函数的调用中在互斥量上被阻塞，foo_rele 函数释放对象的内存也是错误的。可以通过确保在释放对象的内存之前找不到对象来规避此问题。我们将在以后的示例中看到如何做到这一点。

11.6.2 避免死锁

如果一个线程试图连续两次锁定同一个互斥量，那么该线程本身就会死锁，这种产生死锁的情况是显而易见的。但在使用互斥量时，还有一些不太明显的方式也会产生死锁。例如，当我们在程序中使用多个互斥量时，如果允许一个线程持有一个互斥量，并且在试图锁定第二个互斥量时被阻塞，而另一个持有第二个互斥量的线程也在试图锁定第一个互斥量，就会产生死锁。两个线程都不能继续运行，因为每个线程都需要另一个线程所持有的资源，因此产生了死锁。

通过仔细控制互斥量的加锁顺序，可以避免死锁。例如，假设有两个互斥量，A 和 B，需要同时锁定它们。如果所有线程总是在锁定互斥量 B 之前先锁定互斥量 A，则使用这两个互斥量时不会发生死锁（但仍然可以在其他资源上发生死锁）。同样地，如果所有线程总是在锁定互斥量 A 之前先锁定互斥量 B，则也不会发生死锁。只有当一个线程试图以与另一个线程相反的顺序锁定互斥量时，才有可能发生死锁。

有时，应用程序的架构使得对锁排序变得很困难。如果涉及足够多的锁和数据结构，以至于你可用的函数无法按照简单的层次结构进行建模，那么你将不得不尝试一些其他的方法。在这种情况下，可以先释放锁并在稍后的时间进行重试。此时，可以使用 pthread_mutex_trylock 接口来避免死锁。如果已经持有锁，并且 pthread_mutex_trylock 接口返回成功（表示成功获取锁），则可以继续执行。但如果此接口无法获取锁，则需要释放已经持有的锁，清理资源并稍后重试。

示例

在本例中，我们更新了图 11.10 中的程序来说明两个互斥量的使用方法。当需要同时获取两个互斥量时，总是按照相同的顺序来锁定它们，从而避免死锁。第二个互斥量保护一个哈希表（也叫散列表），用于跟踪 foo 这个结构体。因此，hashlock 互斥量保护了 fh 哈希表和 foo 结构体中的 f_next 哈希链接字段，而 foo 结构体中的 f_lock 互斥量保护了对 foo 结构体中其余字段的访问。

```
#include <stdlib.h>
#include <pthread.h>

#define NHASH 29
#define HASH(id) (((unsigned long)id)%NHASH)

struct foo *fh[NHASH];

pthread_mutex_t hashlock = PTHREAD_MUTEX_INITIALIZER;

struct foo {
    int             f_count;
    pthread_mutex_t  f_lock;
    int             f_id;
    struct foo     *f_next; /* 受 hashlock 锁保护 */
    /* …… 此处省略若干代码 …… */
};

struct foo *
foo_alloc(int id) /* 分配一个对象 */
```

```
{
    struct foo   *fp;
    int          idx;

    if ((fp = malloc(sizeof(struct foo))) != NULL) {
        fp->f_count = 1;
        fp->f_id = id;
        if (pthread_mutex_init(&fp->f_lock, NULL) != 0) {
            free(fp);
            return(NULL);
        }
        idx = HASH(id);
        pthread_mutex_lock(&hashlock);
        fp->f_next = fh[idx];
        fh[idx] = fp;
        pthread_mutex_lock(&fp->f_lock);
        pthread_mutex_unlock(&hashlock);
        /* …… 继续初始化 …… */
        pthread_mutex_unlock(&fp->f_lock);
    }
    return(fp);
}

void
foo_hold(struct foo *fp) /* 添加对该对象的引用 */
{
    pthread_mutex_lock(&fp->f_lock);
    fp->f_count++;
    pthread_mutex_unlock(&fp->f_lock);
}

struct foo *
foo_find(int id) /* 查找一个现有对象 */
{
    struct foo *fp;

    pthread_mutex_lock(&hashlock);
    for (fp = fh[HASH(id)]; fp != NULL; fp = fp->f_next) {
        if (fp->f_id == id) {
            foo_hold(fp);
            break;
        }
    }
    pthread_mutex_unlock(&hashlock);
    return(fp);
}

void
foo_rele(struct foo *fp) /* 释放对该对象的引用 */
{
    struct foo   *tfp;
```

```
    int         idx;

    pthread_mutex_lock(&fp->f_lock);
    if (fp->f_count == 1) { /* 最后一个引用 */
        pthread_mutex_unlock(&fp->f_lock);
        pthread_mutex_lock(&hashlock);
        pthread_mutex_lock(&fp->f_lock);
        /* 需要重新检查条件 */
        if (fp->f_count != 1) {
            fp->f_count--;
            pthread_mutex_unlock(&fp->f_lock);
            pthread_mutex_unlock(&hashlock);
            return;
        }
        /* 从哈希表中移除 */
        idx = HASH(fp->f_id);
        tfp = fh[idx];
        if (tfp == fp) {
            fh[idx] = fp->f_next;
        } else {
            while (tfp->f_next != fp)
                tfp = tfp->f_next;
            tfp->f_next = fp->f_next;
        }
        pthread_mutex_unlock(&hashlock);
        pthread_mutex_unlock(&fp->f_lock);
        pthread_mutex_destroy(&fp->f_lock);
        free(fp);
    } else {
        fp->f_count--;
        pthread_mutex_unlock(&fp->f_lock);
    }
}
```

图 11.11　使用两个互斥量

对比图 11.11 和图 11.10 中的程序，可以看到分配函数现在锁定了哈希表锁（hashlock），将新结构体添加到哈希桶中，并在解锁哈希表锁之前锁定新结构体中的互斥量（f_lock）。由于新的结构体被放置在全局列表中，其他线程可以找到它，因此如果其他线程试图访问新的结构体，需要对它们进行阻塞，直到完成初始化。

foo_find 函数锁定哈希表锁并搜索所请求的结构。如果找到，则增加其引用计数并返回指向该结构的指针。值得注意的是，这里所遵循的加锁顺序是：首先通过 foo_find 函数锁定哈希表锁，接着通过 foo_hold 函数锁定 foo 结构体的 f_lock 互斥量。

现在有了两把锁，foo_rele 函数就更加复杂了。如果这是结构体的最后一个引用，需要解锁结构体的互斥量以获得哈希表锁，因为我们需要从哈希表中移除此结构体。由于我们可能自上次持有结构体互斥量之后就已经阻塞了，因此需要重新检查条件，以确定是否仍然需要释放该结构体。如果另一个线程发现了这个结构体，并在我们阻塞以遵守锁顺序时向它添加了引用，只需减少引用计数，解锁所有内容，然后返回。

这种锁定方法很复杂，因此需要重新审视当前的设计。可以通过使用哈希表锁来保护结构体引用数，从而大大简化工作。结构体互斥量可用于保护 foo 结构体中的所有其他内容。图 11.12 所示的程序反映了这一变化。

```
#include <stdlib.h>
#include <pthread.h>

#define NHASH 29
#define HASH(id) (((unsigned long)id)%NHASH)

struct foo *fh[NHASH];
pthread_mutex_t hashlock = PTHREAD_MUTEX_INITIALIZER;

struct foo {
    int             f_count; /* 受 hashlock 锁保护 */
    pthread_mutex_t  f_lock;
    int             f_id;
    struct foo     *f_next; /* 受 hashlock 锁保护 */
    /* …… 此处省略若干代码 …… */
};

struct foo *
foo_alloc(int id) /* 分配一个对象 */
{
    struct foo   *fp;
    int          idx;

    if ((fp = malloc(sizeof(struct foo))) != NULL) {
        fp->f_count = 1;
        fp->f_id = id;
        if (pthread_mutex_init(&fp->f_lock, NULL) != 0) {
            free(fp);
            return(NULL);
        }
        idx = HASH(id);
        pthread_mutex_lock(&hashlock);
        fp->f_next = fh[idx];
        fh[idx] = fp;
        pthread_mutex_lock(&fp->f_lock);
        pthread_mutex_unlock(&hashlock);
        /* …… 继续初始化 …… */
        pthread_mutex_unlock(&fp->f_lock);
    }
    return(fp);
}

void
```

```
foo_hold(struct foo *fp) /* 添加对该对象的引用 */
{
    pthread_mutex_lock(&hashlock);
    fp->f_count++;
    pthread_mutex_unlock(&hashlock);
}

struct foo *
foo_find(int id) /* 查找一个现有对象 */
{
    struct foo *fp;

    pthread_mutex_lock(&hashlock);
    for (fp = fh[HASH(id)]; fp != NULL; fp = fp->f_next) {
        if (fp->f_id == id) {
            fp->f_count++;
            break;
        }
    }
    pthread_mutex_unlock(&hashlock);
    return(fp);
}

void
foo_rele(struct foo *fp) /* 释放对该对象的一个引用 */
{
    struct foo *tfp;
    int        idx;

    pthread_mutex_lock(&hashlock);
    if (--fp->f_count == 0) { /* 由于是最后一个引用，因此可从哈希表中移除它 */
        idx = HASH(fp->f_id);
        tfp = fh[idx];
        if (tfp == fp) {
            fh[idx] = fp->f_next;
        } else {
            while (tfp->f_next != fp)
                tfp = tfp->f_next;
            tfp->f_next = fp->f_next;
        }
        pthread_mutex_unlock(&hashlock);
        pthread_mutex_destroy(&fp->f_lock);
        free(fp);
    } else {
        pthread_mutex_unlock(&hashlock);
    }
}
```

图 11.12　简化的锁定

注意，与图 11.11 中的程序相比，图 11.12 中的程序要简单得多。当我们为这两种目的使用相同的锁时，围绕哈希表和引用计数的锁定顺序问题就消失了。多线程软件设计涉及这些类型之间的权衡。如果锁定粒度太粗，则最终会让太多的线程在相同的锁后面阻塞，而并发性几乎没有改进。如果锁定粒度太细，则会因过度锁定开销而导致性能不佳，并且会产生复杂的代码。作为一名程序员，需要在代码复杂性和性能之间找到恰当的平衡，同时还要满足锁定的需求。

11.6.3 **pthread_mutex_timedlock** 函数

另一个互斥量原语允许在一个线程尝试获取的互斥量已被锁定时，限制其阻塞的时间。pthread_mutex_timedlock 函数基本等价于 pthread_mutex_lock 函数，但是如果到达了超时时间，pthread_mutex_timedlock 函数不会锁定互斥量，但会返回错误码 ETIMEDOUT。

```
#include <pthread.h>
#include <time.h>

int pthread_mutex_timedlock(pthread_mutex_t *restrict mutex,
                            const struct timespec *restrict tsptr);
                                         返回值：成功则为 0，否则为错误码
```

超时指定了我们愿意等待的绝对时间（相对于相对时间，指定愿意阻塞直到时间 X，而不是说愿意阻塞 Y 秒）。超时由 timespec 结构体表示，该结构体以秒和纳秒为单位来描述时间。

示例

在图 11.13 中，我们将看到如何使用 pthread_mutex_timedlock 来避免无限期地阻塞。

```
#include "apue.h"
#include <pthread.h>

int
main(void)
{
    int err;
    struct timespec tout;
    struct tm *tmp;
    char buf[64];
    pthread_mutex_t lock = PTHREAD_MUTEX_INITIALIZER;

    pthread_mutex_lock(&lock);
    printf("mutex is locked\n");
    clock_gettime(CLOCK_REALTIME, &tout);
```

```
    tmp = localtime(&tout.tv_sec);
    strftime(buf, sizeof(buf), "%r", tmp);
    printf("current time is %s\n", buf);
    tout.tv_sec += 10; /* 10 秒以后 */
    /* 注意，这可能会导致死锁 */
    err = pthread_mutex_timedlock(&lock, &tout);
    clock_gettime(CLOCK_REALTIME, &tout);
    tmp = localtime(&tout.tv_sec);
    strftime(buf, sizeof(buf), "%r", tmp);
    printf("the time is now %s\n", buf);
    if (err == 0)
        printf("mutex locked again!\n");
    else
        printf("can't lock mutex again: %s\n", strerror(err));
    exit(0);
}
```

图 11.13　使用 pthread_mutex_timedlock

下面是图 11.13 中所示的程序的输出：

```
$ ./a.out
mutex is locked
current time is 11:41:58 AM
the time is now 11:42:08 AM
can't lock mutex again: Connection timed out
```

这个程序故意锁定它已经拥有的互斥量，以演示 pthread_mutex_timelock 是如何工作的。在实践中不推荐使用这种策略，因为它可能导致死锁。

请注意，阻塞的时间可能会因以下几个原因而有所不同：开始时间可能在一秒的中间，而系统时钟的分辨率可能不足以支持我们指定的超时时间，或在程序继续执行之前，调度延迟可能会延长时间。

> Mac OS X 10.6.8 尚不支持 pthread_mutex_timedlock 函数，但 FreeBSD 8.0、Linux 3.2.0 和 Solaris10 等系统都支持，尽管 Solaris 系统仍将其捆绑在实时库 librt 中。Solaris 10 还提供了一个使用相对超时时间的替代函数。

11.6.4　读写锁

读写锁类似于互斥量，不同之处在于它允许更高的并行性。对于互斥量，状态要么是锁定的，要么是未锁定的，而且每次只有一个线程可以锁定它。读写锁可能有三种状态：读模式锁定、写模式锁定和未锁定。一次只能有一个线程在写模式下持有读写锁，但多个线程可以同时在读模式下持有读写锁。

当一个读写锁被写锁定时，所有试图锁定它的线程都会被阻塞，直到它被解锁。当一个读写锁被读锁定时，所有试图以读模式锁定它的线程都将获得访问权限，但是任何试图以写模式锁定它的线程都会被阻塞，直到所有线程释放它们的读锁。虽然各种实现对读写锁的实现方式有所不同，但如果锁已在读模式下被持有，并且一个线程在试图以写模式获取该锁时被阻塞，则读写锁通常会阻止其他读者。这可以防止源源不断的读者让等待的写者感到饥饿。

读写锁非常适合对数据结构的读取频率高于修改频率的情况。当读写锁处于写模式时，它所保护的数据结构可以被安全地修改，因为同时只有一个线程可以在写模式下持有该锁。当读写锁处于读模式时，它所保护的数据结构可以被多个线程读取，只要这些线程首先以读模式获取该锁。

读写器锁也被称为共享独占锁（shared-exclusive lock）。当一个读写锁被读锁定时，它被称为以共享模式锁定。当它被写锁定时，它被称为以独占模式锁定。

与互斥量一样，读写锁必须在使用前被初始化，并在释放其底层内存之前被销毁。读写锁是通过调用 pthread_rwlock_init 函数来被初始化的。如果希望读写锁具有默认的属性，可以向 *attr* 参数传递一个 NULL 指针。我们将在 12.4.2 节中讨论读写锁的属性。

```
#include <pthread.h>

int pthread_rwlock_init(pthread_rwlock_t *restrict rwlock,
                        const pthread_rwlockattr_t *restrict attr);

int pthread_rwlock_destroy(pthread_rwlock_t *rwlock);
```
返回值：成功则为 0，否则为错误码

Single UNIX Specification 在 XSI 选项中定义了 PTHREAD_RWLOCK_INITIALIZER 常量。当默认属性足够时，它可用于初始化静态分配的读写锁。

在释放读写锁所保护的数据的内存之前，需要首先调用 pthread_rwlock_destroy 函数来对锁进行清理。不论 pthread_rwlock_init 函数中为读写锁分配了任何资源，pthread_rwlock_destroy 函数都将释放这些资源。如果在没有调用 pthread_rwlock_destroy 函数的情况下就释放了读写锁所保护的数据的内存，那么分配给该锁的相关资源都将丢失。

要以读模式锁定读写锁，需要调用 pthread_rwlock_rdlock 函数。要以写模式锁定读写锁，则需要调用 pthread_rwlock_wrlock 函数。无论如何锁定一个读写锁，都可以通过调用 pthread_rwlock_unlock 函数来解锁它。

```
#include <pthread.h>

int pthread_rwlock_rdlock(pthread_rwlock_t *rwlock);

int pthread_rwlock_wrlock(pthread_rwlock_t *rwlock);

int pthread_rwlock_unlock(pthread_rwlock_t *rwlock);
```
返回值：成功则为 0，否则为错误码

具体实现可能会限制在共享模式下（即读模式）锁定读写锁的次数，因此需要检查 pthread_rwlock_rdlock 函数的返回值。即使 pthread_rwlock_wrlock 和 pthread_rwlock_unlock 两个函数返回错误，虽然从技术上讲，当调用可能会失败的函数时，应该始终检查其返回值，但是如果我们正确地设计了锁，则不需要检查它们。因为，所定义的错误返回值仅针对错误地使用读写锁的情况，例如，使用未初始化的锁，或者当试图获取已经拥有的锁而可能死锁时。但需要注意的是，具体的实现可能会定义额外的错误返回值。

Single UNIX Specification 还定义了条件版本的读写锁原语。

```
#include <pthread.h>

int pthread_rwlock_tryrdlock(pthread_rwlock_t *rwlock);

int pthread_rwlock_trywrlock(pthread_rwlock_t *rwlock);
                                    返回值：成功则为 0，否则为错误码
```

当可以获取锁时，这些函数返回 0。否则，它们将返回错误 EBUSY。如前所述，在很难遵循锁层次结构的情况下，可以使用这些函数来避免死锁。

示例

图 11.14 所示的程序说明了读写锁的使用方法。作业请求队列受单个读写锁的保护。这个例子展示了图 11.1 的一种可能的实现，其中多个工作线程获取由单个主线程分配给它们的作业。

```
#include <stdlib.h>
#include <pthread.h>

struct job {
    struct job *j_next;
    struct job *j_prev;
    pthread_t j_id; /* 说明哪个线程处理此作业 */
    /* ……此处省略了若干代码…… */
};

struct queue {
    struct job      *q_head;
    struct job      *q_tail;
    pthread_rwlock_t q_lock;
};

/*
 * 初始化一个队列。
 */
int
queue_init(struct queue *qp)
{
```

```
    int err;

    qp->q_head = NULL;
    qp->q_tail = NULL;
    err = pthread_rwlock_init(&qp->q_lock, NULL);
    if (err != 0)
        return(err);
    /* 。…… 继续初始化…… */
    return(0);
}

/*
 * 在队列的头部插入一个作业。
 */
void
job_insert(struct queue *qp, struct job *jp)
{
    pthread_rwlock_wrlock(&qp->q_lock);
    jp->j_next = qp->q_head;
    jp->j_prev = NULL;
    if (qp->q_head != NULL)
        qp->q_head->j_prev = jp;
    else
        qp->q_tail = jp;    /* 表为空 */
    qp->q_head = jp;
    pthread_rwlock_unlock(&qp->q_lock);
}

/*
 * 在队列的末尾追加一个作业。
 */
void
job_append(struct queue *qp, struct job *jp)
{
    pthread_rwlock_wrlock(&qp->q_lock);
    jp->j_next = NULL;
    jp->j_prev = qp->q_tail;
    if (qp->q_tail != NULL)
        qp->q_tail->j_next = jp;
    else
        qp->q_head = jp;    /* 表为空 */
    qp->q_tail = jp;
    pthread_rwlock_unlock(&qp->q_lock);
}

/*
 * 从队列中删除指定的作业。
 */
void
job_remove(struct queue *qp, struct job *jp)
{
```

```
    pthread_rwlock_wrlock(&qp->q_lock);
    if (jp == qp->q_head) {
        qp->q_head = jp->j_next;
        if (qp->q_tail == jp)
            qp->q_tail = NULL;
        else
            jp->j_next->j_prev = jp->j_prev;
    } else if (jp == qp->q_tail) {
        qp->q_tail = jp->j_prev;
        jp->j_prev->j_next = jp->j_next;
    } else {
        jp->j_prev->j_next = jp->j_next;
        jp->j_next->j_prev = jp->j_prev;
    }
    pthread_rwlock_unlock(&qp->q_lock);
}

/*
 * 为指定的线程 ID 查找一个作业。
 */
struct job *
job_find(struct queue *qp, pthread_t id)
{
    struct job *jp;

    if (pthread_rwlock_rdlock(&qp->q_lock) != 0)
        return(NULL);

    for (jp = qp->q_head; jp != NULL; jp = jp->j_next)
        if (pthread_equal(jp->j_id, id))
            break;

    pthread_rwlock_unlock(&qp->q_lock);
    return(jp);
}
```

图 11.14　使用读写锁

在此示例中，每当需要向队列添加作业或从队列中删除作业时，就以写模式锁定队列的读写锁。每当搜索队列时，都会在读模式下获取锁，允许所有工作线程并发地搜索队列。在这种情况下，仅当线程搜索队列的频率远高于添加或删除作业的频率时，使用读写器锁才能提高性能。

工作线程仅从队列中取出与其线程 ID 相匹配的作业。由于作业结构体同时只能由一个线程使用，因此不需要额外锁定。

11.6.5　带有超时的读写锁

与互斥锁一样，Single UNIX Specification 提供了具有超时功能的锁定读写锁的函数，从而为应用程序提供了一种避免在尝试获取读写锁时无限期阻塞的方法。这两个函数分别是 pthread_rwlock_timedrdlock 和 pthread_rwlock_timedwrlock。

```
#include <pthread.h>
#include <time.h>

int pthread_rwlock_timedrdlock(pthread_rwlock_t *restrict rwlock,
                               const struct timespec *restrict tsptr);

int pthread_rwlock_timedwrlock(pthread_rwlock_t *restrict rwlock,
                               const struct timespec *restrict tsptr);
                                        返回值：成功则为 0，否则为错误码
```

这两个函数的行为类似于它们的“未定时”版本。*tsptr* 参数指向一个 timespec 结构体，该结构体指定了线程应该停止阻塞的时间。如果它们无法成功获取锁，那么当超时到期时，这两个函数将返回 ETIMEDOUT 错误。与 pthread_mutex_timedlock 函数一样，超时指定的是绝对时间，而不是相对时间。

11.6.6 条件变量

条件变量是线程可用的另一种同步机制。这种同步对象为线程提供了一个交会的场所。当与互斥量一起使用时，条件变量允许线程以无竞争的方式等待任意条件的发生。

条件本身是受互斥量保护的。线程必须首先锁定互斥量才能改变条件的状态。其他线程在锁定互斥量之前不会注意到这种变化，因为必须锁定互斥量才能评估条件。

在使用条件变量之前，必须首先对其进行初始化。由 pthread_cond_t 数据类型表示的条件变量可以通过两种方式进行初始化。可以将常量 PTHREAD_COND_INITIALIZER 赋值给静态分配的条件变量，但对于动态分配的条件变量，则可以使用 pthread_cond_init 函数对其进行初始化。

在释放条件变量的底层内存之前，可以使用 pthread_cond_destroy 函数对其进行销毁。

```
#include <pthread.h>

int pthread_cond_init(pthread_cond_t *restrict cond,
                      const pthread_condattr_t *restrict attr);

int pthread_cond_destroy(pthread_cond_t *cond);
                                        返回值：成功则为 0，否则为错误码
```

除非需要创建具有非默认属性的条件变量，否则可以将 pthread_cond_init 的 *attr* 参数设置为 NULL。我们将在 12.4.3 节中讨论条件变量属性。

我们使用 pthread_cond_wait 函数来等待一个条件变为真。如果在指定的时间内未满足条件，则提供一个变量以返回错误码。

```
#include <pthread.h>

int pthread_cond_wait(pthread_cond_t *restrict cond,
                      pthread_mutex_t *restrict mutex);

int pthread_cond_timedwait(pthread_cond_t *restrict cond,
                           pthrelad_mutex_t *restrict mutex,
                           const struct timespec *restrict tsptr);
```

返回值：成功则为 0，否则为错误码

传递给 pthread_cond_wait 函数的互斥量会保护条件。调用者将其锁定的互斥量传递给函数，然后该函数自动将此调用线程放入等待条件的线程列表中，并解锁互斥量。这就关闭了从条件被检查到线程进入休眠状态以等待条件变化之间的窗口，这样线程就不会错过条件的任何变化。当 pthread_cond_wait 函数返回时，互斥量再次被锁定。

pthread_cond_timedwait 函数提供了与 pthread_cond_wait 函数相似的功能，并增加了超时时间（*tsptr*）。超时值指定了线程愿意等待的时间，以 timespec 结构体表示。

如图 11.13 所示，需要将愿意等待的时间指定为绝对时间而不是相对时间。例如，假设愿意等待 3 分钟，则需要在当前时间基础上加 3 分钟转换为 timespec 结构体，而不是直接将 3 分钟转换成该结构体。

可以利用 clock_gettime 函数（参见 6.10 节）来获得以 timespec 结构体表示的当前时间。然而，并非所有平台都支持此功能。或者，可以首先利用 gettimeofday 函数获得以 timeval 结构体表示的当前时间，接着将其转换为此处需要的 timespec 结构体。为了获得超时值的绝对时间，可以使用以下函数（假设阻塞的最长时间用分钟表示）：

```
#include <sys/time.h>
#include <stdlib.h>

void
maketimeout(struct timespec *tsp, long minutes)
{
    struct timeval now;

    /* 获取当前时间 */
    gettimeofday(&now, NULL);
    tsp->tv_sec = now.tv_sec;
    tsp->tv_nsec = now.tv_usec * 1000; /* 微秒转换为纳秒 */
    /* 加上偏移量，以获得超时值 */
    tsp->tv_sec += minutes * 60;
}
```

如超时时间已到而条件未发生，pthread_cond_timedwait 函数将重新获取互斥量并返回错误 ETIMEDOUT。当线程从对 pthread_cond_wait 函数或 pthread_cond_timedwait 函数的成功调用中返回时，它需要重新评估条件，因为另一个线程可能已经运行过并且改变了条件。

有两个函数可通知线程条件已满足。pthread_cond_signal 函数将唤醒至少一个等待该条件的线程，而 pthread_cond_broadcast 函数将唤醒所有等待该条件的线程。

> POSIX 规范允许 pthread_cond_signal 函数的实现唤醒多个线程，从而使实现更简单。

```
#include <pthread.h>

int pthread_cond_signal(pthread_cond_t *cond);

int pthread_cond_broadcast(pthread_cond_t *cond);
```

返回值：成功则为 0，否则为错误码

当调用 pthread_cond_signal 函数或 pthread_cond_broadcast 函数时，我们称之为向线程或条件发送信号。必须小心，只有在更改条件状态后才能向线程发出信号。

示例

图 11.15 给出了如何使用条件变量和互斥量来同步线程的示例。

```
#include <pthread.h>

struct msg {
    struct msg *m_next;
    /* ……此处省略了一些代码…… */
};

struct msg *workq;

pthread_cond_t qready = PTHREAD_COND_INITIALIZER;

pthread_mutex_t qlock = PTHREAD_MUTEX_INITIALIZER;

void
process_msg(void)
{
    struct msg *mp;

    for (;;) {
        pthread_mutex_lock(&qlock);
        while (workq == NULL)
            pthread_cond_wait(&qready, &qlock);
        mp = workq;
        workq = mp->m_next;
        pthread_mutex_unlock(&qlock);
    }
}

void
```

```
enqueue_msg(struct msg *mp)
{
    pthread_mutex_lock(&qlock);
    mp->m_next = workq;
    workq = mp;
    pthread_mutex_unlock(&qlock);
    pthread_cond_signal(&qready);
}
```

图 11.15　使用条件变量

在上述示例中，条件是工作队列的状态。我们使用互斥量来保护条件，并在 while 循环中对该条件进行评估。将消息放入工作队列中时，需要持有互斥量，但是向等待的线程发送信号时，则不需要持有。只要线程可以在调用 pthread_cond_signal 之前将消息从队列中取出，就可以在释放互斥量之后执行此操作。由于是在 while 循环中检查条件的，因此如下情形并不算什么大问题：线程被唤醒，但发现队列仍然是空的，然后返回继续等待。如果代码不能容忍这种竞争，则需要在锁定互斥量的前提下，再向线程发出信号。

11.6.7　自旋锁

自旋锁类似于互斥量，不同的是，它不是通过休眠来阻塞进程，而是通过忙等待（自旋）来阻塞进程，直到获得锁为止。自旋锁适用于以下情况：锁被持有的时间很短，且线程不希望承担被重新调度的成本。

自旋锁通常用作实现其他类型锁的底层原语。视具体的系统架构而定，自旋锁一般可以使用测试并设置指令有效地实现。尽管它们很有效，但也会导致 CPU 资源的浪费：当线程自旋并等待锁变得可用时，CPU 不能做其他任何事情。因此，自旋锁应该只在短时间内持有。

自旋锁在非抢占式内核中使用时非常有用：除了提供互斥机制外，它们还会阻塞中断，这样中断处理程序就不能通过试图获取已经被锁定的自旋锁而导致系统死锁（将中断视为另一种抢占）。在这种类型的内核中，中断处理程序不能休眠，因此它们可以使用的唯一同步原语是自旋锁。

然而，在用户态，自旋锁并没有那么有用，除非用户态进程运行在不允许抢占的实时调度类中。在分时调度类中运行的用户态线程，可在以下两种情形下被取消调度：当它们的时间片到期时，或者当具有更高调度优先级的线程变得可运行时。在这些情况下，如果一个线程持有自旋锁，那么它将进入休眠状态，而锁上被阻塞的其他线程将继续自旋的时间比预期的要长。

许多互斥量实现如此高效，以至于使用互斥量的应用程序的性能与使用自旋锁的应用程序的性能相当。事实上，某些互斥量的实现会在有限的时间内自旋以尝试获取互斥量，并且仅在达到自旋计数阈值时才进入休眠状态。这些因素，再加上现代处理器的进步，允许应用程序以越来越快的速度进行上下文切换，也使得自旋锁仅在有限的情形下有用。

自旋锁的接口类似于互斥量的接口，使得它们之间的替换相对容易。可以使用 pthread_spin_init 函数初始化自旋锁，用 pthread_spin_destroy 函数销毁自旋锁，

```
#include <pthread.h>

int pthread_spin_init(pthread_spinlock_t *lock, int pshared);

int pthread_spin_destroy(pthread_spinlock_t *lock);
```

返回值：成功则为 0，否则为错误码

只为自旋锁指定了一个属性，只有当平台支持线程进程共享同步选项（目前该选项在 Single UNIX Specification 中是强制要求的，可回顾一下图 2.5）时，该属性才有意义。*pshared* 参数表示进程的共享属性，该属性指示了获取自旋锁的方式。如果将其设置为 PTHREAD_PROCESS_SHARED，那么自旋锁就可以被能够访问该锁的底层内存的线程所获取，即使这些线程来自不同的进程。否则，如将 *pshared* 参数设置为 PTHREAD_PROCESS_PRIVATE，那么自旋锁只能被初始化该锁的进程内的线程访问。

要锁定自旋锁，可以调用 pthread_spin_lock 函数，它会一直自旋直到获得锁，或者调用 pthread_spin_trylock 函数，如果不能立即获得锁，它将返回 EBUSY 错误。请注意，pthread_spin_trylock 函数并不会自旋。不管它如何被锁定，自旋锁都可以通过调用 pthread_spin_unlock 函数来解锁。

```
#include <pthread.h>

int pthread_spin_lock(pthread_spinlock_t *lock);

int pthread_spin_trylock(pthread_spinlock_t *lock);

int pthread_spin_unlock(pthread_spinlock_t *lock);
```

返回值：成功则为 0，否则为错误码

请注意，如果自旋锁当前未被锁定，则 pthread_spin_lock 函数可以直接将其锁定而无须自旋。如果线程已经将其锁定，则结果是未定义的。调用 pthread_spin_lock 函数可能会失败，并返回 DEADLK 错误（或其他一些错误），或者调用可能会无限期地自旋。该行为取决于具体的实现。如果试图解锁一个未加锁的自旋锁，结果也是未定义的。

如果 pthread_spin_lock 函数或者 pthread_spin_trylock 函数返回 0，那么自旋锁就被锁定了。需要注意的是，不要在持有自旋锁的情况下调用任何可能会休眠的函数。如果这样做了，那么将浪费 CPU 资源，因为无形之中，其他线程获取该自旋锁所等待的时间被延长了。

11.6.8 屏障

屏障是一种同步机制，可用于协调并行工作的多个线程。屏障允许每个线程等待所有协作线程到达同一点，然后从该点继续执行。我们已经看到了屏障的一种形式——pthread_join 函数充当了一个屏障，允许一个线程等待另一个线程的退出。

然而，屏障对象更为通用。它们允许任意数量的线程等待，直到所有的线程都完成了处理，但这些线程不必退出。在所有线程到达屏障后，它们可以继续工作。

可以使用 pthread_barrier_init 函数来初始化屏障，也可以使用 pthread_barrier_destroy 函数来销毁它。

```
#include <pthread.h>

int pthread_barrier_init(pthread_barrier_t *restrict barrier,
                         const pthread_barrierattr_t *restrict attr,
                         unsigned int count);

int pthread_barrier_destroy(pthread_barrier_t *barrier);
                                        返回值：成功则为 0，否则为错误码
```

当初始化一个屏障时，可以使用 *count* 参数来指定在允许所有线程继续运行之前必须到达屏障的线程数量。还可以使用 *attr* 参数来指定屏障对象的属性，这将在下一章中更详细地讨论。现在，可以将 *attr* 先设置为 NULL，来初始化一个具有默认属性的屏障。如果在 pthread_barrier_init 函数中为屏障分配了任何资源，当调用 pthread_barrier_destroy 函数来销毁屏障时，这些资源将被释放。

使用 pthread_barrier_wait 函数来指示线程已完成其工作，并准备等待所有其他线程赶上它。

```
#include <pthread.h>

int pthread_barrier_wait(pthread_barrier_t *barrier);
              返回值：成功则为 0 或 PTHREAD_BARRIER_SERIAL_THREAD，否则为错误码
```

如果屏障计数（调用 pthread_barrier_wait 函数时设置）尚未达到，则调用 pthread_barrier_wait 函数的线程将进入休眠状态。如果该线程是最后一个调用 pthread_barrier_wait 函数的线程，从而满足障碍计数，则所有线程都会被唤醒。

对于任意一个线程，都可能出现 pthread_barrier_wait 函数返回的值为 PTHREAD_BARRIER_SERIAL_THREAD，其余线程返回值为 0 的情况。这允许将一个线程继续作为主线程，以处理所有其他线程完成的工作结果。

一旦达到屏障计数，并且线程被解除阻塞，就可以再次使用该屏障。但是，除非先调用 pthread_barrier_destroy 函数，再使用不同的计数调用 pthread_barrier_init 函

数，否则屏障计数不会发生变化。

示例

图 11.16 说明了如何使用屏障来同步在一个任务上合作的多个线程。

```
#include "apue.h"
#include <pthread.h>
#include <limits.h>
#include <sys/time.h>

#define NTHR 8                          /* 线程数 */
#define NUMNUM 8000000L                 /* 待排序的数字的数目 */
#define TNUM (NUMNUM/NTHR)              /* 每个线程要排序的数字的数目 */

long nums[NUMNUM];
long snums[NUMNUM];

pthread_barrier_t b;
#ifdef SOLARIS
#define heapsort qsort
#else
extern int heapsort(void *, size_t, size_t,
                        int (*)(const void *, const void *));
#endif

/*
 * 比较两个长整型数（heapsort 的辅助函数）。
 */
int
complong(const void *arg1, const void *arg2)
{
    long l1 = *(long *)arg1;
    long l2 = *(long *)arg2;

    if (l1 == l2)
        return 0;
    else if (l1 < l2)
        return -1;
    else
        return 1;
}

/*
 * 工作线程，用于对数字集合的一部分进行排序。
 */
void *
thr_fn(void *arg)
{
    long    idx = (long)arg;
```

```
    heapsort(&nums[idx], TNUM, sizeof(long), complong);
    pthread_barrier_wait(&b);

    /*
     * 去执行更多的工作……
     */
    return((void *)0);
}

/*
 * 合并各个排序范围的结果。
 */
void
merge()
{
    long    idx[NTHR];
    long    i, minidx, sidx, num;

    for (i = 0; i < NTHR; i++)
        idx[i] = i * TNUM;
    for (sidx = 0; sidx < NUMNUM; sidx++) {
        num = LONG_MAX;
        for (i = 0; i < NTHR; i++) {
            if ((idx[i] < (i+1)*TNUM) && (nums[idx[i]] < num)) {
                num = nums[idx[i]];
                minidx = i;
            }
        }
        snums[sidx] = nums[idx[minidx]];
        idx[minidx]++;
    }
}

int
main()
{
    unsigned long   i;
    struct timeval  start, end;
    long long       startusec, endusec;
    double          elapsed;
    int             err;
    pthread_t       tid;

    /*
     * 创建待排序的初始数字集合。
     */
    srandom(1);
    for (i = 0; i < NUMNUM; i++)
        nums[i] = random();
```

```
    /*
     * 创建 8 个线程对数字进行排序。
     */
    gettimeofday(&start, NULL);
    pthread_barrier_init(&b, NULL, NTHR+1);
    for (i = 0; i < NTHR; i++) {
        err = pthread_create(&tid, NULL, thr_fn, (void *)(i * TNUM));
        if (err != 0)
            err_exit(err, "can't create thread");
    }
    pthread_barrier_wait(&b);
    merge();
    gettimeofday(&end, NULL);

    /*
     * 打印排序之后的数列。
     */
    startusec = start.tv_sec * 1000000 + start.tv_usec;
    endusec = end.tv_sec * 1000000 + end.tv_usec;
    elapsed = (double)(endusec - startusec) / 1000000.0;
    printf("sort took %.4f seconds\n", elapsed);
    for (i = 0; i < NUMNUM; i++)
        printf("%ld\n", snums[i]);
    exit(0);
}
```

图 11.16 使用屏障

此示例说明了在多个线程仅执行一项任务的简化情况下使用屏障的场景。在更现实的情况下，在调用 pthread_barrier_wait 函数返回后，工作线程将继续执行其他活动。

在此示例中，使用 8 个线程来分担对 800 万个数字进行排序的工作。每个线程使用堆排序算法，详见 Knuth（1998）对 100 万个数字进行排序，然后主线程调用一个函数来合并结果。

这里并不需要使用 pthread_barrier_wait 函数的 PTHREAD_BARRIER_SERIAL_THREAD 返回值来决定由哪个线程来合并结果，因为我们使用了主线程来执行此任务。这也是我们将屏障计数指定为比工作线程数多一个的原因：主线程也作为其中一个等待线程。

如果编写一个程序，仅使用 1 个线程对 800 万个数字进行堆排序，那么与图 11.16 所示的程序相比，将看到后者在性能上有显著的提升。在一个 8 核处理器的系统上，该单线程程序对 800 万个数字进行排序需要 12.14 秒。而在同一系统上，对同一组 800 万个数字，使用 8 个线程并行排序，1 个线程合并结果，仅需要 1.91 秒，快了约 6 倍。

11.7 小结

在本章中，介绍了线程的概念，并讨论了用于创建和销毁线程的 POSIX.1 原语。此外，还介绍了线程同步的问题，之后讨论了五种基本的同步机制：互斥量、读写锁、条件变量、自旋锁和屏障等，以及如何使用它们来保护共享资源。

习题

11.1 修改图 11.4 所示的示例代码，使两个线程之间正确地传递结构体。

11.2 在图 11.14 所示的示例代码中，需要哪些额外的同步（如果需要的话）才能允许主线程更改与挂起作业相关联的线程 ID？这将对 job_remove 函数产生何种影响？

11.3 将图 11.15 所示的技术应用于工作线程示例（图 11.1 和图 11.14），以实现工作线程功能。不要忘记更新 queue_init 函数来初始化条件变量，并修改 job_insert 和 job_append 两个函数来向工作线程发信号。遇到了什么困难?

11.4 下面哪个操作步骤的顺序是正确的？

1．锁定互斥量（pthread_mutex_lock）。

2．改变互斥量所保护的条件。

3．向等待该条件的线程发信号（pthread_cond_broadcast）。

4．解锁互斥量（pthread_mutex_unlock）。

还是：

1．锁定互斥量（pthread_mutex_lock）。

2．改变互斥量所保护的条件。

3．解锁互斥量（pthread_mutex_unlock）。

4．向等待该条件的线程发信号（pthread_cond_broadcast）。

11.5 实现屏障需要哪些同步原语？提供一个 pthread_barrier_wait 函数的具体实现。

12 线程控制

12.1 引言

第 11 章讲述了线程和线程同步的基础知识。本章将讲述控制线程行为的详细内容。在这一章会介绍线程属性和同步原语属性，在之前的章节故意忽略了这两个属性，都采用了默认的属性值。

本章还会介绍同一个进程的不同线程如何保持自己的私有数据，以及一些基于进程的系统调用如何与线程交互。

12.2 线程限制

我们在 2.5.4 节讨论了 `sysconf` 函数。在 Single UNIX Specification 中定义了一些与线程操作有关的限制，但在图 2.11 中并没有列出。与其他系统限制一样，线程限制也可以使用 `sysconf` 函数查询。图 12.1 总结了这些限制。

与其他系统限制一样，使用这些限制是为了增强应用程序在不同操作系统实现之间的可移植性。例如，如果你的应用程序需要为管理的每个文件创建 4 个线程，那么就必须限制可以并发管理的文件数（因为系统可能不允许你创建那么多的线程）。

限制名称	说　　明	*name* 参数
PTHREAD_DESTRUCTOR_ITERATIONS	当线程退出时，系统可以试图销毁线程特定数据的最大次数（见 12.6 节）	_SC_THREAD_DESTRUCTOR_ITERATIONS
PTHREAD_KEYS_MAX	一个进程可以创建的键的最大数目（见 12.6 节）	_SC_THREAD_KEYS_MAX
PTHREAD_STACK_MIN	线程栈的最小字节数（见 12.3 节）	_SC_THREAD_STACK_MIN
PTHREAD_THREADS_MAX	一个进程可以创建的最大的线程数（见 12.3 节）	_SC_THREAD_THREADS_MAX

图 12.1　线程限制和 sysconf 函数的 *name* 参数

图 12.2 列出了本书中涉及的 4 种系统的线程限制的值。如果某种系统的限制是不确定的，则用“没有确定的值”来表示。但是这并不代表这个值是无限制的。

> 尽管某种系统可能没有提供访问这些限制值的方法，但这并不代表这些限制值不存在。这只是意味着这个系统不支持使用 sysconf 函数获取线程限制值。

限制名称	FreeBSD 8.0	Linux 3.2.0	Mac OS X 10.6.8	Solaris 10
PTHREAD_DESTRUCTOR_ITERATIONS	4	4	4	没有确定的值
PTHREAD_KEYS_MAX	256	1024	512	没有确定的值
PTHREAD_STACK_MIN	2048	16 384	8192	8192
PTHREAD_THREADS_MAX	没有确定的值	没有确定的值	没有确定的值	没有确定的值

图 12.2　不同系统的线程限制值

12.3 线程属性

pthread 接口允许通过设置线程属性、同步原语属性来精细控制线程、同步原语的行为。通常，管理这些属性的函数都遵循相同的模式。

1. 每个对象都有与之关联的属性对象（线程有线程属性，互斥锁有互斥锁属性，以此类推）。一个属性对象可以表示多个属性值。属性对象对于应用程序是不透明的，也就是说，应用程序不应该知道属性对象的内部结构，只能采用函数来管理属性对象，这样可以增强应用程序的可移植性。
2. 每种属性对象存在对应的初始化函数，用于将其设置为默认值。
3. 每种属性对象存在对应的销毁函数。如果初始化函数为属性对象分配了资源，则销毁函数会释放这些资源。

4. 每种属性都有对应的从属性对象中获取属性值的函数。由于这种函数的返回值为 0，说明执行成功，返回值为错误码则表示执行失败，因此属性值只能通过存放于函数的某个参数所指示的内存位置来返回。
5. 每种属性都有对应的设置属性值的函数。在这种情况下，属性值作为参数（*value* 参数）被传递给函数。

在第 11 章中所有调用 pthread_create 函数的例子中，我们用一个空指针取代 pthread_attr_t 结构体指针。其实也可以通过修改 pthread_attr_t 结构体对象，并将该属性对象与创建的线程关联，从而不使用默认属性值。pthread_attr_init 函数用于初始化 pthread_attr_t 结构体，该函数执行后，pthread_attr_t 结构体包含对应系统的线程所有属性的默认值。

```
#include <pthread.h>

int pthread_attr_init(pthread_attr_t *attr);

int pthread_attr_destroy(pthread_attr_t *attr);
```
两个函数的返回值：若执行成功，则返回 0；否则返回错误码

为了取代初始化 pthread_attr_t 结构体，需要调用 pthread_attr_destroy 函数。如果某个系统的 pthread_attr_init 函数为属性对象申请了动态内存，则 pthread_attr_destroy 函数会释放该内存。另外，pthread_attr_destroy 函数会把属性初始化为非法值，因此一旦该属性被误用，pthread_create 函数会执行失败。

图 12.3 中汇总了 POSIX.1 定义的线程属性。为了支持实时应用程序，POSIX.1 在线程执行调用（Thread Execution Scheduling）选项中定义了额外的属性，但是我们不在这里讨论这些属性。另外，图 12.3 也包括了不同系统对每种属性的支持情况。

属性名称	说　明	FreeBSD 8.0	Linux 3.2.0	Mac OS X 10.6.8	Solaris 10
detachstate	分离线程属性	•	•	•	•
guarsize	线程栈末尾的警戒缓冲区大小（单位为字节）	•	•	•	•
stackaddr	线程栈的最低地址	•	•	•	•
stacksize	线程栈的最小空间（单位为字节）	•	•	•	•

图 12.3　POSIX.1 线程属性

我们在 11.5 节中介绍过分离线程的概念。如果对当前某个存在的线程的终止状态不再感兴趣，则可以使用 pthread_detach 函数让操作系统在线程退出时回收该线程所占用的资源。

如果在创建线程时就已经确定不需要关注线程的终止状态，则可以通过修改 pthread_attr_t 结构体的 *detachstate* 属性让线程一开始就处于分离状态。pthread_attr_ setdetachstate 函数用于设置线程的分离属性，其有两个合法值：PTHREAD_CREATE_DETACHED 表示以分离状态启动线程；PTHREAD_CREATE_JOINABLE 则表示正常启动线程，该线程的终止状态可以被应用程序获取。

```
#include <pthread.h>

int pthread_attr_getdetachstate(const pthread_attr_t *restrict attr,
                                int *detachstate);

int pthread_attr_setdetachstate(pthread_attr_t *attr, int detachstate);
```

两个函数的返回值：若执行成功，则返回 0；否则返回错误码

pthread_attr_getdetachstate 函数用于获取当前的 *detachstate* 属性值。第二个参数所指向的整数被设置为 PTHREAD_CREATE_DETACHED 或者 PTHREAD_CREATE_JOINABLE，这取决于第一个参数所指向的 pthread_attr_t 结构体的值。

示例

图 12.4 提供了一个用于创建处于分离状态的线程的函数示例。

```
#include "apue.h"
#include <pthread.h>

int
makethread(void *(*fn)(void *), void *arg)
{
    int             err;
    pthread_t       tid;
    pthread_attr_t  attr;

    err = pthread_attr_init(&attr);
    if (err != 0)
        return(err);
    err = pthread_attr_setdetachstate(&attr, PTHREAD_CREATE_DETACHED);
    if (err == 0)
        err = pthread_create(&tid, &attr, fn, arg);
    pthread_attr_destroy(&attr);
    return(err);
}
```

图 12.4　创建一个处于分离状态的线程

注意，此处忽略了 pthread_attr_destroy 的返回值。在这个例子中，我们对线程属性进行了合理的初始化，所以 pthread_attr_destroy 函数不应该执行失败。然而，如果它真的执行失败了，则该属性对象将难以清理：不得不销毁刚刚创建的线程，虽然它可能已经运行起来，并且与 pthread_attr_destory 函数在异步执行中。如果选择忽略 pthread_attr_destroy 的返回值，则最坏的影响是存在少量的内存泄漏

（如果 pthread_attr_init 函数申请了动态内存的话）。也就是说，如果 pthread_init_attr 成功地初始化了线程属性，但是 pthread_destroy_attr 没有清理成功，则没有任何恢复策略：因为线程属性的结构体对应用程序是透明的，唯一用于清理的函数就是 pthread_attr_destroy，但它执行失败了。

对于遵循 POSIX 的操作系统而言，线程栈属性是一个可选属性，但是对于支持 Single UNIX Specification 中的 XSI 选项的操作系统而言则是必选属性。在编译阶段，可以通过检查 _POSIX_THREAD_ATTR_STACKADDR 和 _POSIX_THREAD_ATTR_STACKSIZE 来判断系统是否支持对应的属性，如果某个符号被定义，则说明系统支持对应的线程栈属性。或者，也可以在运行时阶段，将 _SC_THREAD_ATTR_STACKADDR 和 _SC_THREAD_ATTR_STACKSIZE 作为参数传递给 sysconf 函数，来判断系统的支持情况。

```
#include <pthread.h>

int pthread_attr_getstack(const pthread_attr_t *restrict attr,
                          void **restrict stackaddr,
                          size_t *restrict stacksize);

int pthread_attr_setstack(pthread_attr_t *attr,
                          void *stackaddr, size_t stacksize);
                    两个函数的返回值：若执行成功，则返回 0；否则返回错误码
```

对于进程，栈的虚拟地址空间是固定的，因为它只有一个栈，栈的空间通常也不是问题。但是对于线程，该虚拟地址空间被进程内的所有的线程栈共享。如果应用程序使用很多线程，导致这些线程栈的累计大小超过了可用的虚拟地址空间，就需要减少默认的线程栈空间。另外，如果线程调用的函数使用了大量的自动变量或者调用的函数涉及很深的栈，可能需要增大默认线程栈空间。

如果用光了线程栈的虚拟地址空间，则可以使用 malloc 或 mmap（见 14.8 节）申请的内存作为线程栈的替代选择，并且使用 pthread_attr_setstack 函数来改变新建线程的栈地址。*stackaddr* 参数所指示的地址是这块用作线程栈的内存空间的最低地址，并与对应的处理器架构合适的边界对齐。当然，这里假设了 malloc 或 mmap 使用的虚拟内存空间与当前线程栈的虚拟内存空间不同。

stackaddr 参数被定义为线程栈的最低地址，但这并不一定是栈的开始地址。如果栈的增长方向是从高地址到低地址，则 *stackaddr* 指向的是栈的尾部而不是开头。

应用程序可以通过 pthread_attr_getstacksize 和 pthread_attr_getstacksize 函数获取和设置线程栈空间大小。

```
#include <pthread.h>

int pthread_attr_getstacksize(const pthread_attr_t *restrict attr,
```

```
                                             size_t *restrict stacksize);

int pthread_attr_setstacksize(pthread_attr_t *attr, size_t stacksize);
                                 两个函数的返回值：若执行成功，则返回 0；否则返回错误码
```

如果你不想自己申请线程栈内存，则可以使用 pthread_attr_setstacksize 函数设置默认栈空间的大小。在设置 *stacksize* 属性值时，你设置的值不能小于 PTHREAD_STACK_MIN。

为了避免栈溢出，*guardsize* 线程属性被用来控制从线程栈末尾扩展出的一块内存的大小。它的默认值根据系统而定，但是通常采用系统的页大小作为默认值。可以把 *guardsize* 的值设置为 0 从而禁用警戒缓冲区：此时不会有警戒缓冲区。同样，如果设置了 *stackaddr* 线程属性值，则系统认为我们会自己管理自己的线程栈从而禁用栈的警戒缓冲区，这一点与 *guardsize* 被设置为 0 的效果类似。

```
#include <pthread.h>

int pthread_attr_getguardsize(const pthread_attr_t *restrict attr,
                              size_t *restrict guardsize);

int pthread_attr_setguardsize(pthread_attr_t *attr, size_t guardsize);
                                 两个函数的返回值：若执行成功，则返回 0；否则返回错误码
```

如果设置了 *guardsize* 线程属性，则操作系统可能会将其值取为页大小的整数倍。当线程的栈指针溢出到警戒区时，应用程序会收到一个错误，而且大概率伴随着一个信号。

Single UNIX Specification 还为实时应用程序，定义了一些可选的线程属性，但我们不会在这里讨论这些属性。

另外，pthread_attr_t 结构体还包含了其他线程属性：可撤销状态和可撤销类型。将会在 12.7 节讨论这些属性。

12.4 同步属性

正如线程有线程属性，线程的互斥原语也有属性。在 11.6.7 节介绍过，spin lock 有一个 *process-shared* 属性。在这一节，我们会讨论互斥锁、读写锁、条件变量及屏障的属性。

12.4.1 互斥锁属性

pthread_mutexattr_t 结构体表示互斥锁属性对象。在第 11 章中，每当初始化互斥锁对象时，需要采用 PTHREAD_MUTEX_INITIALIZER 常量或者通过调用带有空指针参数的 pthread_mutex_init 函数完成互斥锁对象的初始化。

如果使用互斥锁的非默认值，则需要使用 pthread_mutexattr_init 函数来初始化

pthread_mutexattr_t 结构体，并使用 pthread_mutexattr_destroy 函数反初始化。

```
#include <pthread.h>

int pthread_mutexattr_init(pthread_mutexattr_t *attr);

int pthread_mutexattr_destroy(pthread_mutexattr_t *attr);
                        两个函数的返回值：若执行成功，则返回 0；否则返回错误码
```

pthread_mutexattr_init 函数赋予 pthread_mutexattr_t 结构体默认的互斥锁属性值。有三个值得注意的属性：进程共享（*process-shared*）属性、健壮（*robust*）属性和类型（*type*）属性。在 POSIX.1 中，*process-shared* 属性是可选的，可以通过检查 _POSIX_THREAD_PROCESS_SHARED 符号是否被定义来判断系统是否支持它，也可以在运行时通过调用带有 _SC_THREAD_PROCESS_SHARED 参数的 sysconf 函数来检查。尽管这个选项并不是遵循 POSIX 的操作系统必须提供的，但 Single UNIX Specification 要求遵循 XSI 标准的操作系统必须支持它。

在进程中，多线程可以共享访问同一个同步对象。这是默认的行为，在第 11 章我们已经看到过这种行为。在这种情形下，*process-shared* 属性被设置为 PTHREAD_PROCESS_PRIVATE。

我们将在第 14 章和第 15 章介绍一种机制：多个独立的进程把同一块内存映射到各自独立的地址空间。多个进程通常需要同步访问同一块共享数据，就像多个线程访问共享数据那样。如果在多进程共享内存区域申请一个互斥锁，并将 *process-shared* 属性设置为 PTHREAD_PROCESS_SHARED，则可以使用这个互斥锁来使这些进程同步。

pthread_mutexattr_getpshared 函数用于查询 pthread_mutexattr_t 结构体中的 *process-shared* 属性值，pthread_mutexattr_setpshared 函数用来设置 *process-shared* 属性值。

```
#include <pthread.h>

int pthread_mutexattr_getpshared(const pthread_mutexattr_t *
                                 restrict attr,
                                 int *restrict pshared);

int pthread_mutexattr_setpshared(pthread_mutexattr_t *attr,
                                 int pshared);
                        两个函数的返回值：若执行成功，则返回 0；否则返回错误码
```

当 *process-shared* 属性被设置为 PTHREAD_PROCESS_PRIVATE 时（这也是多线程应用程序的默认情形），pthread 函数的执行更有效率。在互斥锁被多个进程共享时，pthread 库可以限制开销较大的实现。

robust 属性用于多进程共享互斥锁的情形。该属性用来解决持有互斥锁的进程终止后互斥

锁的恢复问题。因为一旦出现这种情形，互斥锁将处于锁定状态且恢复起来很困难，其他阻塞于这个锁的进程也会被永远地阻塞下去。

可以使用 pthread_mutexattr_getrobust 函数获取 *robust* 属性值，使用 pthread_mutexattr_setrobust 函数设置其值。

```
#include <pthread.h>

int pthread_mutexattr_getrobust(const pthread_mutexattr_t *
                                restrict attr,
                                int *restrict robust);

int pthread_mutexattr_setrobust(pthread_mutexattr_t *attr,
                                int robust);
                 两个函数的返回值：若执行成功，则返回 0；否则返回错误码
```

robust 属性的取值有两种情况：默认值是 PTHREAD_MUTEX_STALLED，表示如果一个持有互斥锁的进程终止则不会有任何特别的动作；在这种情况下，使用互斥锁将会导致未定义的行为，并且等待互斥锁解锁的应用程序也被有效地“拖住”了。另一种取值是 PTHREAD_MUTEX_ROBUST，当某个持有互斥锁的线程突然终止且没有释放锁时，这个值会让阻塞于 pthread_mutex_lock 函数的某个线程获得锁，但是此时该函数的返回值是 EOWNERDEAD 而不是 0。当收到这个返回值时，无论互斥锁保护什么内容，都要尽可能地恢复互斥锁的状态（互斥锁保护的状态细节随着应用程序变化而变化）。需要注意的是，在这种情况下，EOWNERDEAD 并不是一个真正的错误，因为函数调用者获得了互斥锁。

使用 *robust* 互斥锁属性可以改变使用 pthread_mutex_lock 函数的方式，因为现在需要检查三种返回值而不是两种：不需要执行恢复动作的成功、需要执行恢复动作的成功和失败。当然，如果不使用 *robust* 属性，仍然可以只检查成功和失败两种值。

> 本书中涉及的 4 个平台，当前只有 Linux 3.2.0 支持 robust pthread 互斥锁。Solaris 10 只有在 Solaris 线程库中支持 robust 互斥锁（参阅 Solaris 手册中的 mutex_init（3C）获取相关信息）。但是 robust pthread 互斥锁在 Solaris 11 中得到了支持。

如果应用程序（持有互斥锁并终止的）的状态不能恢复，则这个互斥锁被其他线程解锁后将永远处于不可用的状态。为避免这个问题，持有互斥锁的线程可以在解锁之前调用 pthread_mutex_consistent 函数来指明互斥锁的状态是一致的。

```
#include <pthread.h>

int pthread_mutex_consistent(pthread_mutex_t * mutex);
                          返回值：若执行成功，则返回 0；否则返回错误码
```

如果持有互斥锁的线程没有先调用 pthread_mutex_consistent 函数而直接进行解锁，则其他阻塞于该锁的线程将会看到错误码 ENOTRECOVERABLE。一旦发生这种情况，这

个锁也就不可用了。线程通过提前调用 pthread_mutex_consistent 函数，保证互斥锁正常工作，能被正常使用。

type 互斥锁属性影响互斥锁的加锁特征。POSIX.1 定义了 4 种类型：

PTHREAD_MUTEX_NORMAL　标准互斥锁类型，不做任何错误检查和死锁检测。

PTHREAD_MUTEX_ERRORCHECK　错误检查互斥锁类型，提供错误检查的互斥锁类型。

PTHREAD_MUTEX_RECURSIVE　递归互斥锁类型，允许在不解锁的前提下被多次加锁的互斥锁类型。递归互斥锁管理加锁计数，在解锁次数和加锁次数相等的情况下互斥锁才会被释放。因此，如果你对递归互斥锁加锁两次但只解锁了一次，则在再执行一次解锁前该互斥锁一直处于锁定状态。

PTHREAD_MUTEX_DEFAULT　默认互斥锁类型，提供默认特征和行为的互斥锁类型。不同的系统会将其映射到不同的互斥锁类型。例如，Linux 3.2.0 将默认互斥锁映射到标准互斥锁类型，而 FreeBSD 8.0 则将其映射到错误检查互斥锁类型。

图 12.5 汇总了这 4 种类型的互斥锁的行为。“对不占用的锁解锁”这一栏指的是一个线程对另一个线程持有的互斥锁进行解锁。“对已解锁的锁解锁”这一栏指的是一个线程对已经解锁的互斥锁再执行解锁操作（这通常是编码错误）。

互斥锁类型	对未解锁的锁重新加锁	对不占用的锁解锁	对已解锁的锁解锁
PTHREAD_MUTEX_NORMAL	死锁	未定义	未定义
PTHREAD_MUTEX_ERRORCHECK	返回错误	返回错误	返回错误
PTHREAD_MUTEX_RECURSIVE	允许	返回错误	返回错误
PTHREAD_MUTEX_DEFAULT	未定义	未定义	未定义

图 12.5　不同互斥锁类型的行为

可以使用 pthread_mutexattr_gettype 函数来获取 *type* 属性值，还可以使用 pthread_mutexattr_settype 函数来改变该属性值。

```
#include <pthread.h>

int pthread_mutexattr_gettype(const pthread_mutexattr_t *
                              restrict attr, int *restrict type);

int pthread_mutexattr_settype(pthread_mutexattr_t *attr, int type);
```

两个函数的返回值：若执行成功，则返回 0；否则返回错误码

11.6.6 节讲过，互斥锁用于保护与条件变量关联的条件。在阻塞线程前，pthread_cond_wait 和 pthread_cond_timedwait 函数释放与条件关联的互斥锁。这就允许其他线程获取互斥锁、改变条件、释放互斥锁及向该条件变量发信号。由于改变条件时必须持有互斥锁，所以

在这时不宜使用递归互斥锁：如果递归互斥锁被多次加锁，并且同时使用了 pthread_cond_wait 函数，则条件永远不会得到满足，因为 pthread_cond_wait 函数的解锁操作并不能释放互斥锁。

如果需要将单线程接口适配到多线程环境中，并且由于程序兼容性的限制不能对接口进行修改，在这种情况下，可以使用递归互斥锁。不过，递归互斥锁一般使用起来比较棘手，因此除非没有其他可行方案，否则不考虑使用它。

示例

图 12.6 描绘了一种使用递归互斥锁解决并发问题的场景。假设 func1 和 func2 是已经存在于库中的函数，因为该函数已经被其他应用程序使用并且该应用程序不能被修改，导致库函数接口形式不能被修改。

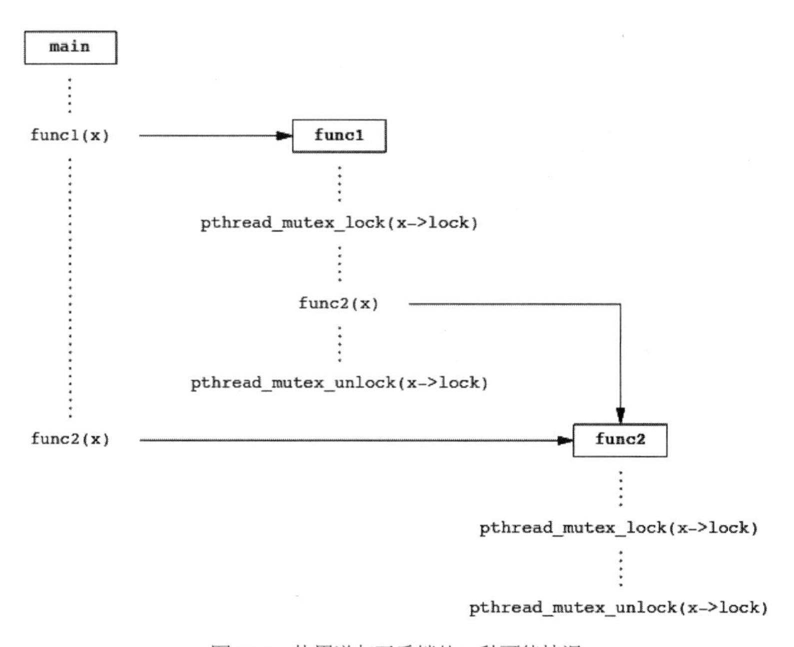

图 12.6　使用递归互斥锁的一种可能情况

为了保持接口不变，这里将一个互斥锁嵌入地址 x 所指向的数据结构体内。这种方法只有在已经为该数据结构提供了分配函数时才可行，如此应用程序不需要知道该结构体的大小（假设将互斥锁嵌入后必须增加该结构体的空间大小）。

> 如果最初定义该结构体时保留了足够的可填充字节，则还可以使用互斥锁替代部分可填充字节。不过遗憾的是，大部分程序员并不善于预测未来，所以这并不是通用的实践方案。

如果 func1 和 func2 必须操作该数据结构，并且可能会从多个线程调用这两个函数，则在操作该数据结构前 func1 和 func2 必须持有锁。如果 func1 必须调用 func2 并且互斥锁类型不是递归类型，则将发生死锁的情况。可以在调用 func2 之前释放互斥锁，待 func2 返回后再获取互斥锁，从而避免使用递归互斥锁。但是这种方法可能会造成另外一个线程在 func1 执行期间获取该互斥锁并修改该数据结构。这可能是不可接受的情况，具体依赖于此互斥锁的保护对象是什么。

在这种场景下，图 12.7 提供了另一种方案以避免使用递归互斥锁。这个方案通过提供 func2 的一个私有版本，即 func2_locked，在避免使用递归互斥锁的同时保证 func1 和 func2 的接口形式不发生变化。func2_locked 以结构体指针 x 为参数，如果要调用 func2_locked 函数，则必须对 x 内的互斥锁加锁。func2_locked 函数体是 func2 函数体的副本，而此时 func2 只简单地执行加锁、调用 func2_locked 函数、解锁的操作。

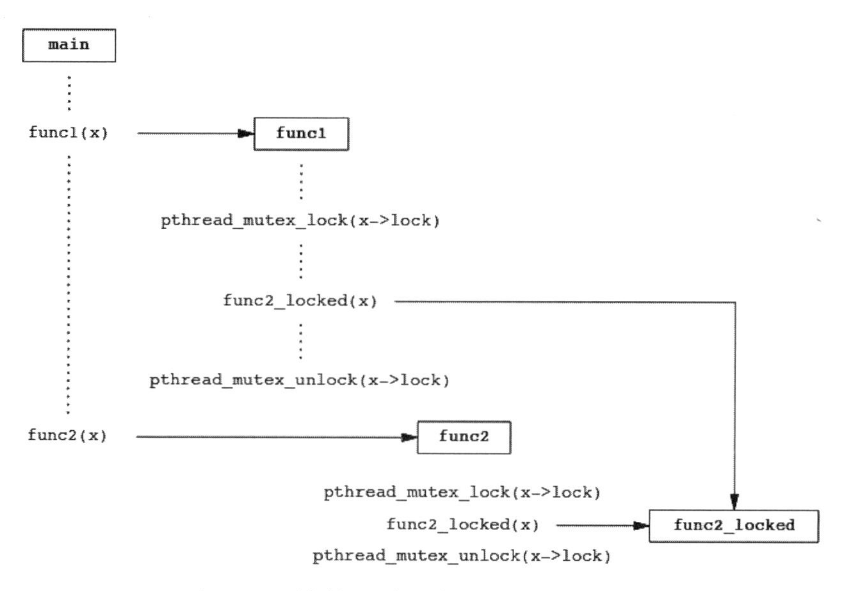

图 12.7 避免使用递归互斥锁的另一种可能情况

如果不一定要保持库函数接口不变，则可以给每个函数增加第二个参数表明这个结构是否被调用者锁定。但是，如果可以，保持接口不变依然是最好的选择，这样可以避免对原来的系统产生不良影响。

这种提供加锁和不加锁两个版本的函数的策略，在简单的情况下通常是可行的。但在更加复杂的场景，比如，库需要调用库以外的函数，而且可能会再次回调库中的函数，此时就需要依赖递归互斥锁。

示例

图 12.8 中的程序描绘了一个需要使用递归互斥锁的场景。其中，有一个“超时”（timeout）函数，它允许在未来某个时刻执行另外一个函数。假设线程资源是一种不昂贵的资源，则可以为这个挂起的超时函数创建一个线程，这个线程在设定的时刻到来之前一直等待，时间一到就执行之前的请求函数。

如果创建线程失败，或者函数运行的时间已到，这时就会出现问题。在这种情况下，可在当前上下文中直接调用请求函数。由于请求函数需要获取主线程当前正在持有的锁，因此如果这个锁不是递归互斥锁就会产生死锁。

```
#include "apue.h"
#include <pthread.h>
#include <time.h>
#include <sys/time.h>

extern int makethread(void *(*)(void *), void *);

struct to_info {
    void          (*to_fn)(void *); /* 函数 */
    void           *to_arg;         /* 参数 */
    struct timespec to_wait;        /* 等待时间 */
};

#define SECTONSEC  1000000000    /* 将秒转换为纳秒 */

#if !defined(CLOCK_REALTIME) || defined(BSD)
#define clock_nanosleep(ID, FL, REQ, REM)    nanosleep((REQ), (REM))
#endif

#ifndef CLOCK_REALTIME
#define CLOCK_REALTIME 0
#define USECTONSEC 1000       /* 将微秒转换为纳秒 */

void
clock_gettime(int id, struct timespec *tsp)
{
    struct timeval tv;

    gettimeofday(&tv, NULL);
    tsp->tv_sec = tv.tv_sec;
    tsp->tv_nsec = tv.tv_usec * USECTONSEC;
}
#endif

void *
timeout_helper(void *arg)
{
    struct to_info   *tip;
```

```
    tip = (struct to_info *)arg;
    clock_nanosleep(CLOCK_REALTIME, 0, &tip->to_wait, NULL);
    (*tip->to_fn)(tip->to_arg);
    free(arg);
    return(0);
}

void
timeout(const struct timespec *when, void (*func)(void *), void *arg)
{
    struct timespec now;
    struct to_info  *tip;
    int             err;

    clock_gettime(CLOCK_REALTIME, &now);
    if ((when->tv_sec > now.tv_sec) ||
      (when->tv_sec == now.tv_sec && when->tv_nsec > now.tv_nsec)) {
        tip = malloc(sizeof(struct to_info));
        if (tip != NULL) {
            tip->to_fn = func;
            tip->to_arg = arg;
            tip->to_wait.tv_sec = when->tv_sec - now.tv_sec;
            if (when->tv_nsec >= now.tv_nsec) {
                tip->to_wait.tv_nsec = when->tv_nsec - now.tv_nsec;
            } else {
                tip->to_wait.tv_sec--;
                tip->to_wait.tv_nsec = SECTONSEC - now.tv_nsec +
                  when->tv_nsec;
            }
            err = makethread(timeout_helper, (void *)tip);
            if (err == 0)
                return;
            else
                free(tip);
        }
    }

    /*
     * 执行到这里，有三种请情况（a）when < now，或者（b）malloc 失败，或者
     * （c）makethread 失败；因此我们在这里调用这个函数。
     */
    (*func)(arg);
}

pthread_mutexattr_t attr;
pthread_mutex_t mutex;

void
retry(void *arg)
{
```

```
    pthread_mutex_lock(&mutex);

    /* 执行 retry 步骤 ……*/

    pthread_mutex_unlock(&mutex);
}

int
main(void)
{
    int             err, condition, arg;
    struct timespec when;

    if ((err = pthread_mutexattr_init(&attr)) != 0)
        err_exit(err, "pthread_mutexattr_init failed");
    if ((err = pthread_mutexattr_settype(&attr,
      PTHREAD_MUTEX_RECURSIVE)) != 0)
        err_exit(err, "can't set recursive type");
    if ((err = pthread_mutex_init(&mutex, &attr)) != 0)
        err_exit(err, "can't create recursive mutex");

    /* 继续执行 …… */

    pthread_mutex_lock(&mutex);

    /*
     * 在锁的保护下检查 condition，保证检查操作和 timeout 操作都是原子的。
     */
    if (condition) {
        /*
         * Calculate the absolute time when we want to retry.
         */
        clock_gettime(CLOCK_REALTIME, &when);
        when.tv_sec += 10;     /* 10 秒后 */
        timeout(&when, retry, (void *)((unsigned long)arg));
    }
    pthread_mutex_unlock(&mutex);

    /* 继续执行 …… */

    exit(0);
}
```

图 12.8 使用递归互斥锁

可使用图 12.4 中所示的 makethread 函数来创建以分离状态运行的线程。因为传递给 timeout 函数的 func 函数会在未来运行，所以我们不希望一直等待线程执行完成。

也可以通过调用 sleep 函数来等待超时，但是它只提供秒级的精度。如果希望等待的时间不是整数秒，就需要使用 nanosleep 和 clock_nanosleep，这两个函数是更高精度的睡眠函数。

> 在未定义 CLOCK_REALTIME 的系统中，根据 nanosleep 函数定义 clock_nanosleep 函数。然而，FreeBSD 8.0 定义这个符号是为了支持 clock_gettime 和 clock_settime 函数，但并不支持 clock_nanosleep 函数（当前只有 Linux 3.2.0 和 Solaris 10 支持 clock_noaosleep 函数）。
>
> 另外，在未定义 CLOCK_REALTIME 的系统中，我们可以提供自己实现的 clock_gettime 函数。该函数基于 gettimeofday 函数，它可以把微秒成纳秒。

timeout 函数的调用者需要在持有互斥锁的前提下检查条件、调度 retry 函数，且要保证以上操作是原子操作。同时 retry 函数也会尝试获取同一个互斥锁。除非该互斥锁是递归互斥锁，否则一旦 timeout 函数直接调用 retry 函数，就会发生死锁。

12.4.2 读写锁属性

类似互斥锁，读写锁也有属性。可以使用 pthread_rwlockattr_init 函数初始化 pthread_rwlockattr_t 结构体，使用 pthread_rwlockattr_destroy 函数取代初始化结构体。

```
#include <pthread.h>

int pthread_rwlockattr_init(pthread_rwlockattr_t *attr);

int pthread_rwlockattr_destroy(pthread_rwlockattr_t *attr);
                              两个函数的返回值：若执行成功，则返回 0；否则返回错误码
```

读写锁只支持一个属性，即 *process-shared*，它的作用跟互斥锁的 *process-shared* 属性是相同的。正如互斥锁的 *process-shared* 属性，也存在一对函数用来获取和设置读写锁的 *process-shared* 属性值。

```
#include <pthread.h>

int pthread_rwlockattr_getpshared(const pthread_rwlockattr_t *
                                  restrict attr,
                                  int *restrict pshared);

int pthread_rwlockattr_setpshared(pthread_rwlockattr_t *attr,
                                  int pshared);
                              两个函数的返回值：若执行成功，则返回 0；否则返回错误码
```

虽然 POSIX 只定义了一个读写锁属性，但不同平台可以自由定义其他、非标准的属性。

12.4.3 条件变量属性

Single UNIX Specification 为条件变量定义了两个属性：*process-shared* 和 *clock*。与其他属性一样，存在一对函数用于初始化和反初始化条件变量对象。

```
#include <pthread.h>

int pthread_condattr_init(pthread_condattr_t *attr);

int pthread_condattr_destroy(pthread_condattr_t *attr);
                    两个函数的返回值：若执行成功，则返回 0；否则返回错误码
```

条件变量的 *process-shared* 属性与其他同步原语属性保持一致，它控制该条件变量只能被一个进程的线程使用，还是被多个进程的线程使用。获取 *process-shared* 属性值，需要使用 pthread_condattr_getpshared 函数；设置该属性值，需要使用 pthread_condattr_setpshared 函数。

```
#include <pthread.h>

int pthread_condattr_getpshared(const pthread_condattr_t *
                                restrict attr,
                                int *restrict pshared);

int pthread_condattr_setpshared(pthread_condattr_t *attr,
                                int pshared);
                    两个函数的返回值：若执行成功，则返回 0；否则返回错误码
```

clock 属性控制 pthread_cond_timedwait 函数计算超时参数（*tsptr*）时采用哪一个时钟。时钟 ID 的合法取值在图 6.8 中已经列出。可以使用 pthread_condattr_getclock 函数来获取 pthread_cond_timedwait 函数将要使用的条件变量属性的时钟 ID（使用 pthread_cond_timedwait 函数前需要先初始化条件变量对象）。可以使用 pthread_condattr_setclock 函数改变时钟 ID。

```
#include <pthread.h>

int pthread_condattr_getclock(const pthread_condattr_t *
                              restrict attr,
                              clockid_t *restrict clock_id);

int pthread_condattr_setclock(pthread_condattr_t *attr,
                              clockid_t clock_id);
                    两个函数的返回值：若执行成功，则返回 0；否则返回错误码
```

有趣的是，Single UNIX Specification 并没有为其他有超时等待的函数的属性定义时钟属性。

12.4.4 屏障属性

屏障也有属性。可以使用 pthread_barrierattr_init 函数初始化屏障属性，并使用 pthread_barrierattr_destroy 函数反初始化。

```
#include <pthread.h>

int pthread_barrierattr_init(pthread_barrierattr_t *attr);

int pthread_barrierattr_destroy(pthread_barrierattr_t *attr);
                    两个函数的返回值：若执行成功，则返回 0；否则返回错误码
```

process-shared 是屏障的唯一属性，用来控制该屏障可以被多进程的线程使用，还是只能被当前初始化它的进程的线程使用。与其他属性对象一样，也存在一个获得该属性值的函数（pthread_barrierattr_getpshared）和一个设置该属性值的函数（pthread_barrierattr_setpshared）。

```
#include <pthread.h>

int pthread_barrierattr_getpshared(const pthread_barrierattr_t *
                                   restrict attr,
                                   int *restrict pshared);

int pthread_barrierattr_setpshared(pthread_barrierattr_t *attr,
                                   int pshared);
                    两个函数的返回值：若执行成功，则返回 0；否则返回错误码
```

process-shared 属性的值可以是 PTHREAD_PROCESS_SHARED（可以被多进程的线程访问），也可以是 PTHREAD_PROCESS_PRIVATE（只能被初始化该屏障对象的进程内的线程访问）

12.5 重入

10.6 节讨论了可重入函数和信号处理程序。在涉及可重入问题时，线程和信号处理程序是类似的。在这两种情况下，多个控制线程可能在相同的时间调用相同的函数。

如果一个函数可以被多个线程同时调用，就说这个函数是线程安全（*thread-safe*）的。Single UNIX Specification 中定义的所有函数（除了图 12.9 中列出的）都是线程安全的。另外，如果向 ctermid 和 tmpnam 函数的参数传递空指针，则不能保证它们是线程安全的。类似地，如果向 wcrtomb 和 wcsrtombs 函数的参数 mbstate_t 也传递了空指针，则也不能保证它们是线程安全的。

basename	getchar_unlocked	getservent	putc_unlocked
catgets	getdate	getutxent	putchar_unlocked
crypt	getenv	getutxid	putenv
dbm_clearerr	getgrent	getutxline	pututxline
dbm_close	getgrgid	gmtime	rand
dbm_delete	getgrnam	hcreate	readdir
dbm_error	gethostent	hdestroy	setenv
dbm_fetch	getlogin	hsearch	setgrent
dbm_firstkey	getnetbyaddr	inet_ntoa	setkey
dbm_nextkey	getnetbyname	l64a	setpwent
dbm_open	getnetent	lgamma	setutxent
dbm_store	getopt	lgammaf	strerror
dirname	getprotobyname	lgammal	strsignal
dlerror	getprotobynumber	localeconv	strtok
drand48	getprotoent	localtime	system
encrypt	getpwent	lrand48	ttyname
endgrent	getpwnam	mrand48	unsetenv
endpwent	getpwuid	nftw	wcstombs
endutxent	getservbyname	nl_langinfo	wctomb
getc_unlocked	getservbyport	ptsname	

图 12.9　POSIX.1 中不保证线程安全的函数

支持线程安全函数的操作系统会在<unistd.h>中定义_POSIX_THREAD_SAFE_FUNCTIONS 符号。应用程序也可以在运行时把参数_SC_THREAD_SAFE_FUNCTIONS 传递给 sysconf 来检查系统是否支持线程安全函数。在 SUSv4 之前，要求所有遵循 XSI 的系统都必须支持线程安全函数，但在 SUSv4 中，遵循 POSIX 的系统也必须支持线程安全函数。

系统在支持线程安全函数特性时，对于 POSIX.1 中一些非线程安全函数，它会提供可替代的线程安全版本。图 12.10 列出了这些函数的线程安全版本。这些函数的名字与其非线程安全版本相似，只不过在原来名字的后面加了_r，表明这些版本是可重入的。很多函数不是线程安全的，因为它们的返回数据存放在静态内存区。通过修改接口，并要求函数调用者提供自己的缓冲区可以使函数变为线程安全的。

getgrgid_r	localtime_r
getgrnam_r	readdir_r
getlogin_r	strerror_r
getpwnam_r	strtok_r
getpwuid_r	ttyname_r
gmtime_r	

图 12.10　替代的线程安全函数

如果一个函数对于多线程来说是可重入的，就说这个函数是线程安全的。但这并不代表它对于信号处理程序也是可重入的。如果一个函数对于异步的信号处理程序可重入，就说这个函数是异步信号安全的（*async-signal safe*）。在 10.6 节讨论可重入函数时，图 10.4 中显示的函数就是异步信号安全的。

除了图 12.10 中列出的函数，POSIX.1 还提供了一种线程安全的方式来操作 FILE 对象。可使用 `flockfile` 和 `ftrylockfile` 函数来获取给定 FILE 对象的锁。这个锁是递归的：在持有该锁时，可以重复获得该锁，并且不发生死锁。尽管并没有特别规定这种锁的精确实现，但要求所有操作 FILE 对象的标准 I/O 例程都表现得像在内部调用了 `flockfile` 和 `ftrylockfile` 函数。

```
#include <stdio.h>

int ftrylockfile(FILE *fp);
                            返回值：若执行成功，则返回 0；若没有获得锁，则返回非 0
void flockfile(FILE *fp);

void funlockfile(FILE *fp);
```

尽管标准 I/O 例程从它们各自的内部数据结构来看，是以线程安全的方式实现的，但把锁暴露给应用程序依然是非常有用的；这允许应用程序将多个标准 I/O 函数组织成一个原子操作序列。当然，在处理多个 FILE 对象时，需要小心潜在的死锁问题，而且要对所有的锁仔细排序。

如果标准 I/O 例程都获取它们自己的锁，则在执行一次一个字符的 I/O 操作时就会出现严重的性能退化。在这种情形下，每读写一个字符都要执行一次获取锁和释放锁操作。为了避免这种开销，需要为字符相关的标准 I/O 例程提供无锁化版本。

```
#include <stdio.h>

int getchar_unlocked(void);

int getc_unlocked(FILE *fp);
     两个函数的返回值：若执行成功，则返回下一个字符；若到文件结尾或者出错，则返回 EOF
int putchar_unlocked(int c);

int putc_unlocked(int c, FILE *fp);
                         两个函数的返回值：若执行成功，则返回 c；若出错，则返回 EOF
```

除非被 `flockfile`（或 `orftrylockfile`）和 `andfunlockfile` 函数包围，否则不应该调用这 4 个函数。不然的话，会出现不可预期的行为（例如，多个控制线程非同步地访问数据）。

对 FILE 对象加锁后，可以在释放锁之前多次调用这些函数。这样多次的读写操作摊平了加解锁的开销。

示例

图 12.11 展示了 `getenv` 函数（7.9 节）的一种可能实现。这个版本不是可重入的。如果两个线程同时调用它，可能会得到不一致的结果，因为该函数的返回字符串存储在静态存储区，而这块区域被调用 `getenv` 函数的多线程共享。

```
#include <limits.h>
#include <string.h>

#define MAXSTRINGSZ 4096

static char envbuf[MAXSTRINGSZ];

extern char **environ;

char *
getenv(const char *name)
{
    int i, len;

    len = strlen(name);
    for (i = 0; environ[i] != NULL; i++) {
        if ((strncmp(name, environ[i], len) == 0) &&
          (environ[i][len] == '=')) {
            strncpy(envbuf, &environ[i][len+1], MAXSTRINGSZ-1);
            return(envbuf);
        }
    }
    return(NULL);
}
```

图 12.11　getenv 函数的非可重入版本

在图 12.12 中给出了 getenv 函数的可重入版本，这个版本的函数名叫 getenv_r。它使用 pthread_once 函数来保证无论多少线程同时调用 getenv_r 函数，thread_init 函数只被调用一次。在 12.6 节会详细介绍 pthread_once 函数。

```
#include <string.h>
#include <errno.h>
#include <pthread.h>
#include <stdlib.h>

extern char **environ;

pthread_mutex_t env_mutex;

static pthread_once_t init_done = PTHREAD_ONCE_INIT;

static void
thread_init(void)
{
    pthread_mutexattr_t attr;

    pthread_mutexattr_init(&attr);
    pthread_mutexattr_settype(&attr, PTHREAD_MUTEX_RECURSIVE);
    pthread_mutex_init(&env_mutex, &attr);
    pthread_mutexattr_destroy(&attr);
}
```

```
int
getenv_r(const char *name, char *buf, int buflen)
{
    int i, len, olen;

    pthread_once(&init_done, thread_init);
    len = strlen(name);
    pthread_mutex_lock(&env_mutex);
    for (i = 0; environ[i] != NULL; i++) {
        if ((strncmp(name, environ[i], len) == 0) &&
          (environ[i][len] == '=')) {
            olen = strlen(&environ[i][len+1]);
            if (olen >= buflen) {
                pthread_mutex_unlock(&env_mutex);
                return(ENOSPC);
            }
            strcpy(buf, &environ[i][len+1]);
            pthread_mutex_unlock(&env_mutex);
            return(0);
        }
    }
    pthread_mutex_unlock(&env_mutex);
    return(ENOENT);
}
```

图 12.12 getenv 函数的可重入（线程安全）版本

为了使 getenv_r 函数是可重入的，我们改变了函数的接口，并让调用者使用自己的缓冲区来存储结果。因此，不同的线程可以使用不同的缓冲区从而避免了互相影响。值得注意的是，这并不能保证 getenv_r 函数是线程安全的。为了让 getenv_r 函数是线程安全的，还需要保证在遍历环境变量寻找特定字符串时环境变量列表不能被修改。可以使用互斥锁，将 getenv_r 和 putenv 函数对环境变量列表的访问串行化。

也可以使用读写锁，使 getenv_r 函数并发执行，但是这个新增的并发特性大概率不会大幅改善程序性能。主要有两个原因：首先，环境变量列表通常不会很长，所以在遍历列表时并不会长时间持有互斥锁；其次，getenv 和 putenv 函数一般不会被频繁调用，所以即使提高了访问环境变量列表的性能，也不会对程序的整体性能有很大的影响。

即使我们把 getenv_r 函数变成线程安全的，也并不意味着它对于信号处理程序是可重入的。如果使用的是非递归互斥锁，那么在信号处理程序调用 getenv_r 函数时就可能产生死锁：如果线程正在执行 getenv_r 函数而信号处理程序正好中断了该执行（此时线程已经持有 env_mutex 锁），则另外一个试图加锁的请求就会被阻塞，从而产生线程死锁。因此，必须使用递归互斥锁，来避免读该数据结构时其他线程修改了它，也可以避免信号处理程序中发生死锁。问题是 pthread 函数并不能保证异步信号安全，所以不能在需要保证异步信号安全的函数中使用 pthread 函数。

12.6 线程特定数据

线程特定数据（thread-specific data）也被称为线程私有数据（thread-private data），它是将数据的查询和存储与某个特性的线程关联的机制。我们把这种数据称为线程特定或线程私有的原因是：希望每个线程可以访问自己独立的数据副本，而不需要担心线程之间的同步问题。

很多人在设计多线程程序时希望实现共享数据和属性，但遇到了麻烦。为什么会有人想在这种昂贵的场景下引入阻止数据共享的接口呢？这其中有两个原因。

第一个原因，有时需要为每个线程维护一份数据。由于不能保证线程 ID 是小的、连续的整数，因此不能简单地申请以线程 ID 作为索引的数组来存储线程数据。即使可以这样做，我们希望还有一些额外的保护，避免某个线程的数据和其他线程相混淆。

提供线程私有数据机制的第二个原因是，它便于基于进程的接口适用多线程场景。errno 就是一个很明显的例子。我们在 1.7 节讨论过 errno，老的接口（发明线程之前）将 errno 定义为可以在进程空间访问的全局整数。系统调用和库例程在调用失败时会设置 errno 表明调用失败。为了让线程也能同样使用这些系统调用和库例程，errno 被重定义为线程私有数据。因此，如果某个线程调用的函数修改了 errno，则不会影响到同一个进程的其他线程的 errno 值。

我们知道，进程中的每个线程都可以访问该进程的整个地址空间。除了使用寄存器，一个线程没有办法阻止另外一个线程访问它的数据，线程特定数据也不例外。虽然线程特定数据不能阻止其他线程访问它，但是它提供的函数接口提高了数据的隔离性，使一个线程访问另一个线程的特定数据更加困难。

在给线程特定数据分配空间前，需要创建与该数据关联的键（*key*），这个键将用于获取线程特定数据。pthread_key_create 函数即用于创建键。

```
#include <pthread.h>

int pthread_key_create(pthread_key_t *keyp, void (*destructor)(void *));
```

返回值：若执行成功，则返回 0；否则返回错误码

创建的键存储在 *keyp* 所指向的内存单元中。这个键可以被其他线程使用，但是每个线程会与不同的线程特定数据的内存地址关联。当创建键时，与每个线程关联的线程特定数据的内存地址为空值（*null*）。

除了创建键，pthread_key_create 函数还可以为键关联一个析构函数。当线程退出时，如果数据内存地址非空，则会调用析构函数，此时数据的内存地址是析构函数的唯一参数。如果数据内存地址为空，则键没有与之关联的析构函数。只要线程是正常退出的（无论是调用 pthread_exit 函数，还是正常返回），都会调用析构函数。同样，如果线程被取消，则在最后的清理处理程序返回之后，也会调用析构函数。但是，如果线程调用了 exit、_exit、_Exit 函数或 abort 函数，或者非正常退出，则析构函数不会被调用。

线程通常使用 malloc 函数来为线程特定数据分配内存，而析构函数通常释放分配的内存。如果线程退出而没有释放内存，则这块内存就会丢失——即线程所属进程出现了内存泄漏。

一个线程可以通过创建键申请多个线程特定数据，每个键都有一个对应的析构函数。键的析构函数可以各不相同，也可以是同一个。每个系统都会限制进程内键的数目（如图 12.1 中的 PTHREAD_KEYS_MAX）。

当线程退出时，按照系统定义的顺序调用析构函数。析构函数可能调用另外一个创建了线程特定数据的函数。待所有的析构函数都调用完之后，系统会检查是否还有非空的线程特定数据与键关联，如果有，则再次调用析构函数。这个过程会被重复多次直到该线程所有的键对应的数据为空，或者达到了 PTHREAD_DESTRUCTOR_ITERATIONS（图 12.1）所定义的最大次数。

对于所有的线程，可以调用 pthread_key_delete 函数来取消键和线程特定数据的关联关系。

```
#include <pthread.h>

int pthread_key_delete(pthread_key_t key);
                        返回值：若执行成功，则返回 0；否则返回错误码
```

需要注意的是，调用 pthread_key_delete 函数不会触发调用该键对应的析构函数。为了释放与键关联的线程特定数据的内存，需要在应用程序中进行一些额外操作。

需要保证申请的键不能在初始化阶段因为线程竞争而被改变，类似下面的代码就会导致两个线程都调用 pthread_key_create 函数。

```
void destructor(void *);

pthread_key_t key;
int init_done = 0;
int
threadfunc(void *arg)
{
    if (!init_done) {
        init_done = 1;
        err = pthread_key_create(&key, destructor);
    }
    ⋮
}
```

一些线程可能看到一个键值，而其他线程可能会看到另外一个不同的键值，这取决于线程是如何被调用的。解决这一竞争的方法是使用 pthread_once 函数。

```
#include <pthread.h>

pthread_once_t initflag = PTHREAD_ONCE_INIT;

int pthread_once(pthread_once_t *initflag, void (*initfn)(void));
                        返回值：若执行成功，则返回 0；否则返回错误码
```

参数 *initflag* 必须是非局部变量（如全局变量或静态变量），并且要被初始化为 PTHREAD_ONCE_INIT。

如果每个线程都调用 pthread_once 函数，则系统可以保证初始化例程 *initfn* 只被调用一次，即第一次调用 pthread_once 函数时被调用。下面给出了可以避免竞争冲突的创建键的方法。

```
void destructor(void *);

pthread_key_t key;
pthread_once_t init_done = PTHREAD_ONCE_INIT;
void
thread_init(void)
{
     err = pthread_key_create(&key, destructor);
}
int
threadfunc(void *arg)
{
     pthread_once(&init_done, thread_init);
     ⋮
}
```

键被创建后，可以通过调用 pthread_setspecific 函数给键关联上线程特定数据，然后通过调用 pthread_getspecific 函数获取线程特定数据的地址。

```
#include <pthread.h>

void *pthread_getspecific(pthread_key_t key);
                         返回值：线程特定数据；若没有数据与该键关联，则返回 NULL
int pthread_setspecific(pthread_key_t key, const void *value);
                                   返回值：若执行成功，则返回 0；否则返回错误码
```

如果没有线程特定数据与键关联，则 pthread_getspecific 函数返回空指针。可以利用这个返回值来判断是否需要调用 pthread_setspecific 函数。

示例

图 12.11 提供了 getenv 函数的一种实现。图 12.12 提供了一个新的接口，该接口提供相同的功能，且是线程安全的。但是如果不修改应用程序，而直接使用新的接口会出现什么问题呢？在这种情况下，可以使用线程特定数据来维护每个线程的数据缓冲区，这些数据缓冲区用于存放线程各自返回的字符串，如图 12.13 所示。

我们使用 pthread_once 函数来保证线程特定数据的键只被创建一次。如果 pthread_getspecific 函数返回一个空指针，则需要为键申请内存，否则使用 pthread_getspecific 函数返回的内存缓冲区。对于析构函数，使用 free 函数来释放 malloc 函数分配的内存空间。只有当线程特定数据的值不是空值时，才会调用析构函数。

```c
#include <limits.h>
#include <string.h>
#include <pthread.h>
#include <stdlib.h>

#define MAXSTRINGSZ 4096

static pthread_key_t key;
static pthread_once_t init_done = PTHREAD_ONCE_INIT;
pthread_mutex_t env_mutex = PTHREAD_MUTEX_INITIALIZER;

extern char **environ;

static void
thread_init(void)
{
    pthread_key_create(&key, free);
}

char *
getenv(const char *name)
{
    int     i, len;
    char    *envbuf;

    pthread_once(&init_done, thread_init);
    pthread_mutex_lock(&env_mutex);
    envbuf = (char *)pthread_getspecific(key);
    if (envbuf == NULL) {
        envbuf = malloc(MAXSTRINGSZ);
        if (envbuf == NULL) {
            pthread_mutex_unlock(&env_mutex);
            return(NULL);
        }
        pthread_setspecific(key, envbuf);
    }
    len = strlen(name);
    for (i = 0; environ[i] != NULL; i++) {
        if ((strncmp(name, environ[i], len) == 0) &&
          (environ[i][len] == '=')) {
            strncpy(envbuf, &environ[i][len+1], MAXSTRINGSZ-1);
            pthread_mutex_unlock(&env_mutex);
            return(envbuf);
        }
    }
    pthread_mutex_unlock(&env_mutex);
    return(NULL);
}
```

图 12.13　与 getenv 函数兼容且线程安全的实现

需要注意的是，尽管这个版本的 getenv 函数是线程安全的，但它并不是异步信号安全的。对于信号处理程序而言，即使使用递归互斥锁，它也可能是可重入的，因为它调用了 malloc 函数，而 malloc 函数本身并不是异步信号安全的。

12.7 取消选项

前面我们在介绍 pthread_attr_t 结构体时，有两个属性没有介绍：**取消状态**（*cancelability state*）和**取消类型**（*cancelability type*）。这两个属性决定线程对 pthread_cancel 函数作何响应（见 11.5 节）。

cancelability state 属性的值可以是 PTHREAD_CANCEL_ENABLE，也可以是 PTHREAD_CANCEL_DISABLE。线程可以通过调用 pthread_setcancelstate 函数来设置该属性的值。

```
#include <pthread.h>

int pthread_setcancelstate(int state, int *oldstate);
```

返回值：若执行成功，则返回 0；否则返回错误码

在一个原子操作中，这个函数可以将当前的 *cancelability state* 属性值设置为 *state*，并将过去的 cancelability state 属性值保存在 *oldstate* 指向的内存单元中。

我们在 11.5 节介绍过，pthread_cancel 函数不会等待线程终止。在默认情况下，线程收到取消请求后会继续执行，直到遇到一个**取消点**（*cancellation point*）。取消点是线程检查其是否被取消的一个位置，如果检查到其被取消了，则响应取消请求。POSIX.1 保证线程调用图 12.14 中的任何函数，取消点都会出现。

accept	mq_timedsend	pthread_join	sendto
aio_suspend	msgrcv	pthread_testcancel	sigsuspend
clock_nanosleep	msgsnd	pwrite	sigtimedwait
close	msync	read	sigwait
connect	nanosleep	readv	sigwaitinfo
creat	open	recv	sleep
fcntl	openat	recvfrom	system
fdatasync	pause	recvmsg	tcdrain
fsync	poll	select	wait
lockf	pread	sem_timedwait	waitid
mq_receive	pselect	sem_wait	waitpid
mq_send	pthread_cond_timedwait	send	write
mq_timedreceive	pthread_cond_wait	sendmsg	writev

图 12.14　POSIX.1 定义的取消点

当线程启动时，*cancelability state* 属性的默认值是 PTHREAD_CANCEL_ENABLE。如果其被设置为 PTHREAD_CANCEL_DISABLE，则 pthread_cancel 函数不会杀掉该线程，而是取消请求会一直被该线程挂起，当该线程的取消状态再次变为 PTHREAD_CANCEL_ENABLE 时，该线程会在下一个取消点响应取消请求。

除了图 12.14 中列出的函数，POSIX.1 标明图 12.15 中的函数作为可选的取消点。

access	fseeko	getwchar	putwc
catclose	fsetpos	glob	putwchar
catgets	fstat	iconv_close	readdir
catopen	fstatat	iconv_open	readdir_r
chmod	ftell	ioctl	readlink
chown	ftello	link	readlinkat
closedir	futimens	linkat	remove
closelog	fwprintf	lio_listio	rename
ctermid	fwrite	localtime	renameat
dbm_close	fwscanf	localtime_r	rewind
dbm_delete	getaddrinfo	lockf	rewinddir
dbm_fetch	getc	lseek	scandir
dbm_nextkey	getc_unlocked	lstat	scanf
dbm_open	getchar	mkdir	seekdir
dbm_store	getchar_unlocked	mkdirat	semop
dlclose	getcwd	mkdtemp	setgrent
dlopen	getdate	mkfifo	sethostent
dprintf	getdelim	mkfifoat	setnetent
endgrent	getgrent	mknod	setprotoent
endhostent	getgrgid	mknodat	setpwent
endnetent	getgrgid_r	mkstemp	setservent
endprotoent	getgrnam	mktime	setutxent
endpwent	getgrnam_r	nftw	stat
endservent	gethostent	opendir	strerror
endutxent	gethostid	openlog	strerror_r
faccessat	gethostname	pathconf	strftime
fchmod	getline	pclose	symlink
fchmodat	getlogin	perror	symlinkat
fchown	getlogin_r	popen	sync
fchownat	getnameinfo	posix_fadvise	syslog
fclose	getnetbyaddr	posix_fallocate	tmpfile
fcntl	getnetbyname	posix_madvise	ttyname
fflush	getnetent	posix_openpt	ttyname_r
fgetc	getopt	posix_spawn	tzset
fgetpos	getprotobyname	posix_spawnp	ungetc
fgets	getprotobynumber	posix_typed_mem_open	ungetwc
fgetwc	getprotoent	printf	unlink
fgetws	getpwent	psiginfo	unlinkat
fmtmsg	getpwnam	psignal	utimensat
fopen	getpwnam_r	pthread_rwlock_rdlock	utimes
fpathconf	getpwuid	pthread_rwlock_timedrdlock	vdprintf
fprintf	getpwuid_r	pthread_rwlock_timedwrlock	vfprintf
fputc	getservbyname	pthread_rwlock_wrlock	vfwprintf
fputs	getservbyport	putc	vprintf
fputwc	getservent	putc_unlocked	vwprintf
fputws	getutxent	putchar	wcsftime
fread	getutxid	putchar_unlocked	wordexp
freopen	getutxline	puts	wprintf
fscanf	getwc	pututxline	wscanf
fseek			

图 12.15　POSIX.1 定义的可选取消点

图 12.15 中的有些函数，例如与消息目录和宽字符集相关的函数，不会在本书中进一步讨论。

如果应用程序长时间地调用图 12.14 和图 12.15 中的函数（例如计算密集型程序），那么可以调用 pthread_testcancel 函数为程序添加取消点。

```
#include <pthread.h>

void pthread_testcancel(void);
```

当调用 pthread_testcancel 函数时，如果取消请求处于挂起状态且取消状态没有被禁止，则该线程将被取消。如果取消状态被禁止了，则 pthread_testcancel 函数对线程没有任何影响。

cancelability type 属性的默认值是延迟取消（*deferred cancellation*）：即当调用 pthread_cancel 函数后，线程在到达取消点前不会执行取消操作。调用 pthread_setcanceltype 函数可以改变该属性的值。

```
#include <pthread.h>

int pthread_setcanceltype(int type, int *oldtype);
                                返回值：若执行成功，则返回 0；否则返回错误码
```

pthread_setcanceltype 函数设置取消类型为 *type*（PTHREAD_CANCEL_DEFERRED 或 PTHREAD_CANCEL_ASYNCHRONOUS），并将之前的值保存在 *oldtype* 指向的内存单元中。

异步取消类型（PTHREAD_CANCEL_ASYNCHRONOUS）与延迟取消类型（PTHREAD_CANCEL_DEFERRED）不同：线程不需要等待到达取消点，而是可以在任何时间点被取消。

12.8 线程和信号

即使基于进程编程，信号的处理也很复杂，再引入线程，情况将会变得更加复杂。

每个线程都有自己的信号掩码，但是信号处理是进程中的所有线程共享的。因此每个线程独立屏蔽信号，但一旦某个线程修改某个信号所关联的处理行为，则所有的线程都会共享这个变化。这样，如果一个线程选择忽略某个给定信号，那么另外一个线程可采用两种方式撤销该线程的信号选择：恢复信号的默认处理行为或者为信号设置新的处理程序。

信号是需要传送给进程中的线程的。如果信号与硬件错误相关，则该信号通常被传送给触发事件的线程，而其他信号则被发送给任意一个线程。

在 10.12 节，我们讨论了进程如何使用 sigprocmask 函数屏蔽信号投递，然而在多线程的进程中，sigprocmask 函数的行为是未定义的，线程必须使用 pthread_sigmask 函数

进行屏蔽。

```
#include <signal.h>

int pthread_sigmask(int how, const sigset_t *restrict set,
                    sigset_t *restrict oset);
```

返回值：若执行成功，则返回 0；否则返回错误码

pthread_sigmask 函数的使用方法与 sigprocmask 函数一致，只不过 pthread_sigmask 函数作用于线程，而且失败时返回错误码，而不是设置 errno 并返回-1。参数 *set* 是线程用于修改信号掩码的信号集合。参数 *how* 有三种取值：SIG_BLOCK 把指定信号集加入线程的信号掩码中，SIG_SETMASK 用指定信号集替换线程的信号掩码，SIG_UNBLOCK 把指定信号集从线程的信号掩码中删除。如果参数 *oset* 非空，则把线程之前的信号掩码存储在该指针指向的 sigset_t 结构体中。线程可以通过把参数 *set* 设置为 NULL，把参数 *oset* 设置为某个 sigset_t 结构体指针来获取当前的信号掩码。在这种情况下，参数 *how* 被忽略。

线程可以通过调用 sigwait 函数等待一个或者多个信号出现。

```
#include <signal.h>

int sigwait(const sigset_t *restrict set, int *restrict signop);
```

返回值：若执行成功，则返回 0；否则返回错误码

参数 *set* 表示线程正在等待的信号集合。一旦返回，参数 signop 指向的整型变量就会包含投递过来的信号数目。

如果调用 sigwait 函数时，指定的信号集中有处于挂起状态的信号，则 sigwait 函数不会被阻塞而是立即返回。在返回之前，sigwait 函数将信号从该进程中处于挂起状态的信号集合中清除。如果系统支持信号队列，并且多个信号处于挂起状态，则 sigwait 函数只移除一个信号，其他信号继续排队。

为了避免出错，线程在调用 sigwait 函数之前必须屏蔽它正在等待的信号。sigwait 函数会自动解除屏蔽的这些信号，直到其中一个信号被投递过来。在返回之前，sigwait 函数会恢复线程的信号掩码。如果在调用 sigwait 函数之前没有屏蔽对应信号，则线程在完成调用 sigwait 函数之前会打开一个时间窗口，在这个时间窗口内，一个信号被发送给线程。

使用 sigwait 函数的好处在于它可以简化信号处理过程，它允许以同步的方式处理异步信号。我们可以把信号加入信号掩码中来阻止信号中断线程，然后可以安排专门的线程来处理信号。这些专门的线程可以随意调用函数，而不需考虑哪些函数调用对于信号处理是安全的，因为它们是在线程上下文中被调用，而不是在中断上下文中被调用。

如果多个线程因为调用 sigwait 函数等待同一个信号而被阻塞，那么在信号投递的时候，只有一个线程可以从 sigwait 函数返回。如果一个信号处于被捕获状态（例如进程使用 sigaction 函数建立了信号处理程序），而且有线程调用 sigwait 函数正在等待该信号，那

么这时由系统来决定以何种方式投递信号。系统可以让 sigwait 函数返回，也可以激活信号处理程序，但这两种情况不能同时发生。

要把信号发送给进程，可以调用 kill 函数（见 10.9 节）。要把信号发送给线程，则可以调用 pthread_kill 函数。

```
#include <signal.h>

int pthread_kill(pthread_t thread, int signo);
                                返回值：若执行成功，则返回 0；否则返回错误码
```

可以通过设置参数 *signo* 为 0 来检查线程是否存在。如果信号的默认行为是终止该进程，那么即使把该信号投递给线程仍然会杀死整个进程。

注意，闹钟定时器是进程资源，并且所有的线程共享同组的闹钟。因此，进程中的多个线程不可能互不干扰（或互不合作）地使用闹钟定时器（这是习题 12.6 的内容）。

示例

在图 10.23 中，我们等待信号处理程序设置一个标记来指示主程序退出。唯一可运行的控制线程就是主线程和信号处理程序，所以阻塞信号足以避免错过修改标记的情况。但是对于多线程场景，需要一个互斥锁来保护标记，如图 12.16 所示。

```
#include "apue.h"
#include <pthread.h>

int         quitflag;   /* 被线程设置为非零值 */
sigset_t    mask;

pthread_mutex_t lock = PTHREAD_MUTEX_INITIALIZER;
pthread_cond_t waitloc = PTHREAD_COND_INITIALIZER;

void *
thr_fn(void *arg)
{
    int err, signo;

    for (;;) {
        err = sigwait(&mask, &signo);
        if (err != 0)
            err_exit(err, "sigwait failed");
        switch (signo) {
        case SIGINT:
            printf("\ninterrupt\n");
            break;

        case SIGQUIT:
            pthread_mutex_lock(&lock);
            quitflag = 1;
```

```
            pthread_mutex_unlock(&lock);
            pthread_cond_signal(&waitloc);
            return(0);

        default:
            printf("unexpected signal %d\n", signo);
            exit(1);
        }
    }
}
int
main(void)
{
    int         err;
    sigset_t    oldmask;
    pthread_t   tid;

    sigemptyset(&mask);
    sigaddset(&mask, SIGINT);
    sigaddset(&mask, SIGQUIT);
    if ((err = pthread_sigmask(SIG_BLOCK, &mask, &oldmask)) != 0)
        err_exit(err, "SIG_BLOCK error");

    err = pthread_create(&tid, NULL, thr_fn, 0);
    if (err != 0)
        err_exit(err, "can't create thread");

    pthread_mutex_lock(&lock);
    while (quitflag == 0)
        pthread_cond_wait(&waitloc, &lock);
    pthread_mutex_unlock(&lock);

    /* 此处捕获了 SIGQUIT 信号并且程序处于阻塞状态，此时可以做任何事情 */
    quitflag = 0;

    /* 重置信号掩码，从而解除对 SIGQUIT 的屏蔽 */
    if (sigprocmask(SIG_SETMASK, &oldmask, NULL) < 0)
        err_sys("SIG_SETMASK error");
    exit(0);
}
```

图 12.16　同步信号处理

这里没有依赖信号处理程序中断主控线程，而是采用专门的线程来处理信号。采用互斥锁来保护 quitflag 的值，这样不会在调用 pthread_cond_signal 函数时错过唤醒主控程序。在主控线程中使用相同的互斥锁来检查标记，并且条件发生后原子地释放锁。

注意，在主线程的开始处就阻塞了 SIGINT 和 SIGQUIT，所以创建的专门处理信号的线程自动继承了当前的信号掩码。由于 sigwait 函数会解除屏蔽的这些信号，所以只有一个线程可以用于接收信号。这样我们在编写主线程代码时不需要担心信号中断。

如果运行这个程序，会得到类似图 10.23 的输出结果：

```
$ ./a.out
^?                      输入中断字符
interrupt
^?                      再次输入中断字符
interrupt
^?                      然后，再一次
interrupt
^\ $                    用退出字符终止
```

12.9 线程和 fork

在线程中调用 fork 函数时，就为子进程创建了整个进程地址空间的副本。我们在 8.3 节中讨论写时复制时提过，子进程和父进程是完全不同的进程，只要两者都没有对内存内容做出改动，则父进程和子进程可以共享内存页的副本。

子进程通过继承地址空间的副本，从父进程继承了每个互斥锁、读写锁、条件变量的状态。如果父进程包含不止一个线程，并且子进程在 fork 函数返回时不立即调用 exec 函数，则子进程需要清理这些锁的状态。

在子进程中，只存在一个线程，该线程是父进程中调用 fork 函数的线程的副本。如果在父进程中的线程持有任何锁，则在子进程中这些锁依然是被持有状态。但问题是子进程中并不包含持有锁的线程的副本，因此子进程并不知道哪些锁是被持有状态并需要解锁。

如果 fork 函数返回后子进程立即调用 exec 函数，就可以规避这样的问题。在这种情况下，老的地址空间会被忽略，因此锁的状态不再重要。但是如果需要子进程继续运行处理，则这是行不通的。我们需要采用另外一种策略。

在多线程的进程中，为了避免状态的不一致，POSIX.1 要求在 fork 函数返回和子进程调用 exec*函数之间，子进程只能调用信号异步安全的函数。虽然这样限制了子进程在调用 exec*函数之前能做的事情，但是并没有解决子进程锁的状态的问题。

为了清理锁的状态，可以通过调用 pthread_atfork 函数来构建 fork 处理程序（*fork handlers*）。

```
#include <pthread.h>

int pthread_atfork(void (*prepare)(void), void (*parent)(void),
                   void (*child)(void));
```
函数的返回值：若执行成功，则返回 0；否则返回错误码

通过 pthread_atfork 函数，安装了三个用于清理锁状态的函数。*prepare* 处理程序是在父进程调用 fork 函数创建子进程之前调用的，该处理程序的工作是获取父进程定义的所有

锁。*parent* 处理程序是在父进程创建子进程之后，fork 函数返回之前调用的，该处理程序的工作是释放 *prepare* 处理程序获取的所有锁。*child* 处理程序是在子进程中并在 fork 函数返回之前调用的，其类似于 *parent* 处理程序，*child* 处理程序必须释放 *prepare* 处理程序获取的所有锁。

需要注意的是，上述过程并不是加锁一次却释放了两次，虽然表面看起来如此。当创建子进程的地址空间时，子进程会得到一份在父进程中定义的锁的副本。由于 prepare 处理程序获取了所有的锁，所以父进程的内存内容和子进程的内存内容在一开始时是完全相同的。当父进程和子进程对它们各自的锁的副本进行解锁时，为子进程分配了新的内存，并将父进程的内存内容复制到子进程的内存中（写时复制），所以我们会面对这样的一种情况：父进程中所有的锁的副本处于锁定状态，子进程中所有的锁的副本也处于锁定状态。最后，父进程和子进程对处于各自内存中的锁进行解锁，具体事件发生的顺序如下：

1．父进程获取所有的锁。
2．子进程获取所有的锁。
3．父进程释放自己的锁。
4．子进程释放自己的锁。

可以通过多次调用 pthread_atfork 函数来安装多套 fork 处理程序。如果我们不需要其中某个处理程序，则可以给该处理程序的参数传入空指针，这样它就不会有任何作用了。当使用多套 fork 处理程序时，处理程序的调用顺序并不相同。*parent* 和 *child* 处理程序按照注册的顺序被调用，而 prepare 处理程序的被调用顺序与注册顺序相反。这样就可以允许多个模块注册它们自己的 fork 处理程序，而保持锁的层次。

例如，假设模块 A 调用模块 B 的函数，并且两个模块都有自己的锁。如果锁的层次是模块 A 在模块 B 之前，则模块 B 必须在模块 A 之前设置它的 fork 处理程序。当父进程调用 fork 处理程序时，假设子进程先于父进程运行，则会有以下的处理步骤：

1．调用模块 A 的 *prepare* 处理程序获取模块 A 的所有锁。
2．调用模块 B 的 *prepare* 处理程序获取模块 B 的所有锁。
3．创建子进程。
4．调用模块 B 的 *child* 处理程序释放子进程中模块 B 的所有锁。
5．调用模块 A 的 *child* 处理程序释放子进程中模块 A 的所有锁。
6．fork 函数返回到子进程。
7．调用模块 B 的 *parent* 处理程序释放父进程中模块 B 的所有锁。
8．调用模块 A 的 *parent* 处理程序释放父进程中模块 A 的所有锁。
9．fork 函数返回到父进程。

fork 处理程序用于清理锁的状态，那么谁负责清理条件变量的状态呢？在一些系统中，条件变量可能不需要任何清理操作。但是有些系统把锁作为条件变量实现的一部分，这种情况就需要清理操作。但问题是当前没有任何接口允许我们这样做。所以，如果在条件变量的数据结构中嵌入了锁，则调用 fork 函数后就不能使用该条件变量了，因为没有什么方法可清理锁的状态。从另一方面讲，如果进程采用一个全局变量来保护所有的条件变量，则系统可以在 fork 库例程中实现清理操作。但是应用程序不应该过度依赖系统，例如下面的示例。

示例

图 12.17 中的程序展示了如何使用 pthread_atfork 函数及 fork 处理程序。

```
#include "apue.h"
#include <pthread.h>

pthread_mutex_t lock1 = PTHREAD_MUTEX_INITIALIZER;
pthread_mutex_t lock2 = PTHREAD_MUTEX_INITIALIZER;

void
prepare(void)
{
    int err;

    printf("preparing locks...\n");
    if ((err = pthread_mutex_lock(&lock1)) != 0)
        err_cont(err, "can't lock lock1 in prepare handler");
    if ((err = pthread_mutex_lock(&lock2)) != 0)
        err_cont(err, "can't lock lock2 in prepare handler");
}

void
parent(void)
{
    int err;

    printf("parent unlocking locks...\n");
    if ((err = pthread_mutex_unlock(&lock1)) != 0)
        err_cont(err, "can't unlock lock1 in parent handler");
    if ((err = pthread_mutex_unlock(&lock2)) != 0)
        err_cont(err, "can't unlock lock2 in parent handler");
}

void
child(void)
{
    int err;

    printf("child unlocking locks...\n");
    if ((err = pthread_mutex_unlock(&lock1)) != 0)
        err_cont(err, "can't unlock lock1 in child handler");
    if ((err = pthread_mutex_unlock(&lock2)) != 0)
        err_cont(err, "can't unlock lock2 in child handler");
```

```
}
void *
thr_fn(void *arg)
{
    printf("thread started...\n");
    pause();
    return(0);
}

int
main(void)
{
    int         err;
    pid_t       pid;
    pthread_t   tid;

    if ((err = pthread_atfork(prepare, parent, child)) != 0)
        err_exit(err, "can't install fork handlers");
    if ((err = pthread_create(&tid, NULL, thr_fn, 0)) != 0)
        err_exit(err, "can't create thread");

    sleep(2);
    printf("parent about to fork...\n");

    if ((pid = fork()) < 0)
        err_quit("fork failed");
    else if (pid == 0) /* 子进程 */
        printf("child returned from fork\n");
    else        /* 父进程 */
        printf("parent returned from fork\n");
    exit(0);
}
```

图 12.17 pthread_atfork 函数示例

图 12.17 定义了两个互斥锁：lock1 和 lock2。*prepare* 处理程序获取这些锁，*child* 处理程序在子进程中释放这些锁，*parent* 处理程序在父进程中释放这些锁。

运行这个程序，会有以下输出：

```
$ ./a.out
thread started...
parent about to fork...
preparing locks...
child unlocking locks...
child returned from fork
parent unlocking locks...
parent returned from fork
```

可以看到，*prepare* 处理程序在调用 fork 函数之后执行，*child* 处理程序在子进程中 fork 函数返回之前执行，并且 *parent* 处理程序在父进程中 fork 函数返回之前执行。

尽管提供 pthread_atfork 机制的目的是在调用 fork 函数之后使锁的状态保持一致，但是该机制存在一些缺陷，导致只能在有限的场景使用该机制。

- 对于更复杂的同步对象（如条件变量、屏障），我们没有好的方法来重新初始化它们。
- 当子进程 fork 处理程序对由父进程加的互斥锁进行解锁时，某些系统在对互斥锁进行错误检查时会产生错误。
- 递归互斥锁无法在子进程的 fork 处理程序中被清理，因为子进程无法确定该锁被获取了多少次。
- 如果只允许子进程调用异步信号安全的函数，则子进程的 fork 处理程序甚至都不能清理同步对象，因为用于清理的所有函数都不是异步信号安全的。现实问题是，当某个线程调用 fork 函数时，同步对象可能处于中间状态，但是除非同步对象处于某个一致状态，否则无法被清理。
- 如果应用程序在信号处理程序中调用了 fork 函数（这是合法的，因为 fork 函数是异步信号安全的），则 pthread_atfork 函数注册的 fork 处理程序只能调用异步信号安全的函数，否则结果将是未定义的。

12.10 线程和 I/O

3.11 节介绍了 pread 和 pwrite 函数，在多线程环境中这两个函数是非常有用的，因为进程中的所有线程共享相同的文件描述符。

假设两个线程同时对同一个文件描述符进行读操作和写操作。

线程 A	线程 B
`lseek(fd, 300, SEEK_SET);`	`lseek(fd, 700, SEEK_SET);`
`read(fd, buf1, 100);`	`read(fd, buf2, 100);`

如果线程 A 执行了 lseek 函数，并且在线程 A 调用 read 函数之前线程 B 调用了 lseek 函数，则最终两个线程读出的记录相同。显然，这不是程序的本意。

为了解决这个问题，可使用 pread 函数将偏移量的设定和数据的读取合并为一个原子操作。

线程 A	线程 B
`pread(fd, buf1, 100, 300);`	`pread(fd, buf2, 100, 700);`

使用 pread 函数，可以保证线程 A 读取偏移量为 300 的记录，而线程 B 读取偏移量为 700 的记录。可以使用 pwrite 函数来解决线程对同一个文件并发写的问题。

12.11 小结

在 UNIX 系统中，线程提供了分解并发任务的另外一种模型，促进了独立控制线程之间的共享，但是也带来了同步的问题。在本章，我们介绍了如何调整优化线程及其同步原语，也讨论了线程的重入问题，以及线程如何与面向进程的系统交互调用。

习题

12.1 在 Linux 系统中运行图 12.17 中的程序，且将输出重定向到一个文件，并解释结果。

12.2 实现 putenv_r，即 putenv 函数的可重入版本。确保你的实现既是线程安全的，又是异步信号安全的。

12.3 是否可以通过在 getenv 函数开始运行时阻塞信号，并在 getenv 函数返回之前恢复原来的信号掩码这种方法，让图 12.13 的 getenv 函数变成异步信号安全的？解释原因。

12.4 编写一个程序练习图 12.13 中的 getenv 版本，并在 FreeBSD 系统上编译运行，看看会出现什么？解释其原因。

12.5 既然可以在一个程序中创建多个线程来执行不同的任务，那么为何还是有可能需要使用 fork 函数。

12.6 在不使用 nanosleep 和 clock_nanosleep 函数的前提下，重新实现图 10.29 中的程序并使它是线程安全的。

12.7 调用 fork 函数后，我们可以通过在子进程中先调用 pthread_cond_destroy 函数销毁条件变量，然后调用 pthread_cond_init 函数初始化条件变量这种方法安全地重新初始化条件变量吗？

12.8 可以大大简化图 12.8 中的 timeout 函数，解释其原因。

13 守护进程

13.1 引言

守护进程（daemon）是一种存活时间很长的进程。它们往往随着系统的载入而启动，随着系统的关闭而终止。由于它们没有控制终端，所以它们在后台运行。UNIX 系统有大量的守护进程执行日常事务活动。

在这一章，我们将介绍守护进程的结构，以及如何编写守护进程。由于守护进程没有控制终端，因此本章还会讨论守护进程在遇到问题时如何上报错误信息。

有关守护进程应用于计算机系统的历史背景的讨论，请参见 Raymond（1996）。

13.2 守护进程的特征

首先，我们先看一些常见的系统守护进程，看它们如何与第 9 章中描述的进程组、控制终端及会话关联。ps(1)是用来打印系统中各个进程状态的命令，它有很多选项——具体细节可以查阅系统参考手册。为了便于讨论，我们在基于 BSD 的系统中执行如下命令：

```
ps -axj
```

-a 选项表示被其他用户拥有的进程的状态，而-x 选项表示没有控制终端的进程，-j 选项表示与作业有关的信息：会话 ID、进程组 ID、控制终端及终端进程组 ID 等。在基于 System V 的系统中，与 ps(1)命令相似的命令是 ps -efj（为了提高安全性，一些 UNIX 系

统不允许用户使用 ps 命令来查看不属于自己的进程)。该命令的输出大致如下:

```
UID        PID   PPID   PGID    SID   TTY   CMD
root         1      0      1      1   ?     /sbin/init
root         2      0      0      0   ?     [kthreadd]
root         3      2      0      0   ?     [ksoftirqd/0]
root         6      2      0      0   ?     [migration/0]
root         7      2      0      0   ?     [watchdog/0]
root        21      2      0      0   ?     [cpuset]
root        22      2      0      0   ?     [khelper]
root        26      2      0      0   ?     [sync_supers]
root        27      2      0      0   ?     [bdi-default]
root        29      2      0      0   ?     [kblockd]
root        35      2      0      0   ?     [kswapd0]
root        49      2      0      0   ?     [scsi_eh_0]
root       256      2      0      0   ?     [jbd2/sda5-8]
root       257      2      0      0   ?     [ext4-dio-unwrit]
syslog     847      1    843    843   ?     rsyslogd -c5
root       906      1    906    906   ?     /usr/sbin/cupsd -F
root      1037      1   1037   1037   ?     /usr/sbin/inetd
root      1067      1   1067   1067   ?     cron
daemon    1068      1   1068   1068   ?     atd
root      8196      1   8196   8196   ?     /usr/sbin/sshd -D
root     13047      2      0      0   ?     [kworker/1:0]
root     14596      2      0      0   ?     [flush-8:0]
root     26464      1  26464  26464   ?     rpcbind -w
statd    28490      1  28490  28490   ?     rpc.statd -L
root     28553      2      0      0   ?     [rpciod]
root     28554      2      0      0   ?     [nfsiod]
root     28561      1  28561  28561   ?     rpc.idmapd
root     28761      2      0      0   ?     [lockd]
root     28764      2      0      0   ?     [nfsd]
root     28775      1  28775  28775   ?     /usr/sbin/rpc.mountd --manage-gids
```

以上输出已经移除了我们不关心的列,比如累计 CPU 时间。按照顺序,各列的标题依次是用户 ID、进程 ID、父进程 ID、进程组 ID、会话 ID、终端名称、命令字符串。

> 运行 ps 命令的系统(Linux 3.2.0)支持会话 ID 的概念,这一概念在 9.5 节的 setsid 函数中提到过。这里的会话 ID 就是会话首进程的进程 ID。但是在一些基于 BSD 的系统中,比如 Mac OS X 10.6.8,会打印出该进程所属的进程组对应的会话结构体的地址(见 9.11 节),而不是会话 ID。

在不同的系统中,你会看到不同的系统进程。父进程 ID 为 0 的进程通常是内核进程,它们作为系统引导载入程序的一部分而启动(其中一个特例是 init 进程,它是在内核启动阶段由内核执行的用户态命令)。内核进程比较特殊,通常在系统的整个生命周期中都存活着,它们以超级用户特权运行,没有控制终端,没有命令行。

在这个 ps 命令的输出样例中，内核守护进程的名字被方括号括起来了。该版本的 Linux 采用一个特殊的内核进程——kthreadd 来创建其他内核进程，因此 kthreadd 是其他内核守护进程的父进程。每一个需要在进程上下文中执行工作，但不需要被用户态程序调用的内核组件，往往都需要一个自己的内核守护进程。例如，在 Linux 中：

- kswapd 守护进程也被称为内存换页守护进程。它支持虚拟内存子系统在经过一段时间后将脏页面慢慢写回磁盘，从而回收这些页。
- flush 守护进程会在可用内存达到一个配置的最小阈值时将脏页面写回磁盘。它也会定期将脏页面写回磁盘，这样在系统宕机时可以减少数据丢失。可以同时存在多个 flush 守护进程——每个写回设备对应一个守护进程。输出样例中显示了一个 flush 守护进程 flush-8:0，从名字可以看出，该写回设备的主设备号是 8，副设备号是 0。
- sync_supers 守护进程定期将文件系统元数据写入磁盘。
- jbd 守护进程帮助实现 ext4 文件系统中的日志功能。

ID 为 1 的进程通常是 init（Mac OS X 中是 launchd），8.2 节介绍过该进程。它是一种系统守护进程，主要负责启动不同运行层级的特定服务，这些服务通常由对应的守护进程来协助工作。

rpcbind 守护进程提供将远程过程调用（Remote Procedure Call）程序号映射为网络端口号的服务。对于管理员，rsyslogd 守护进程可以被任何程序用来打印系统信息，这些信息可以打印到终端设备，也可以写入文件中（13.4 节将介绍 syslog 设施）。

9.3 节讨论了 inetd 守护进程，它监听网络接口，响应发向不同的网络服务进程的请求。nfsd、nfsiod、lockd、rpciod、rpc.idmapd、rpc.statd、rpc.mountd 守护进程提供了对网络文件系统（Network File System，NFS）的支持。注意，前 4 个是内核守护进程，后 3 个是用户态守护进程。

cron 守护进程根据安排的日期和时间规律地执行命令，大量的管理任务就是在 cron 进程的管理下，周期性地执行任务。atd 守护进程与 cron 类似，它允许用户在指定的时间执行任务，但是每个任务它只执行一次，而不是规律地反复执行。cupsd 守护进程是一个打印后台服务，它处理系统中的打印请求。sshd 守护进程提供了远程登录和执行命令的服务。

注意，大多数守护进程都以超级用户（root）特权运行，没有一个守护进程有控制终端：其终端名称被设置为问号。内核守护进程以无控制终端的方式启动；而用户态守护进程缺少控制终端很可能是因为 setsid 函数。大多数用户态守护进程是进程组的组长及会话首进程，并且也是这个用户组和会话的唯一进程（rsyslogd 是一个例外）。最后，应注意的是，用户态守护进程的父进程是 init。

13.3 编码规则

为防止发生不必要的交互行为，编写守护进程时需要遵循一些基本的规则。我们在此列出这些规则，并提供一个遵循这些规则的 daemonize 函数。

1. 调用 umask 函数将文件模式创建掩码设置为一个已知值，通常是 0。因为继承过来的文件模式创建掩码可能被设置为拒绝某些权限，而对于守护进程创建文件，可能要设置特定的权限。比如，如果守护进程创建组可读、组可写的文件，那么继承的文件模式创建掩码可能会屏蔽上述两种权限，使它们无效。另外一个例子，如果守护进程调用库函数创建了文件，那么将文件模式创建掩码设置为一个限制性更强的值（如 0007）可能更明智一些，因为库函数可能不允许调用者通过一个显式的函数参数来设置权限。
2. 调用 fork 函数让父进程终止 exit 函数。这会实现以下几个效果：首先，如果守护进程是通过一个简单的 shell 命令启动的，则父进程的终止会令 shell 认为这个命令执行完成。其次，子进程继承了父进程的进程组 ID，但是获得了一个新的进程 ID，这就保证子进程不是进程组的组长进程。这是调用 setsid 函数的必要条件。
3. 调用 setsid 函数创建一个新的会话。这会引发 9.5 节描述的三个操作步骤：（a）该进程成为新会话的首进程；（b）该进程成为新的进程组的组长进程；（c）该进程与它的控制终端断开关联关系。

   在基于 System V 的系统中，有些人建议此时再次调用 fork 函数，终止父进程，继续将子进程作为守护进程。这能保证守护进程不是会话的首进程，按照 System V 的规则（9.6 节），这会阻止该进程获取控制终端。避免获取控制终端的另外一种方法是，每当打开一个终端设备时，都一定要指定 O_NOCTTY。

4. 将工作目录改为根目录。从父进程继承过来的当前工作目录可能在一个挂载的文件系统中。由于守护进程通常在系统重启之前会一直存在，所以当守护进程保留在一个挂载的文件系统中时，该文件系统就无法被卸载。
   或者，某些守护进程可能会修改当前工作目录为指定的路径，其在这里进行它的全部工作。例如，行式打印机守护进程可能会改变它的当前工作目录为它自己的 spool 目录。
5. 应当关闭不需要的文件描述符。这使守护进程不再持有从父进程继承来的任何文件描述符（父进程可能是一个 shell，也可能是其他进程）。我们可以使用 open_max 函数（图 2.17）或者 getrlimit 函数（7.11 节）来确定最大文件描述符的值，并关闭直到该值的所有描述符。
6. 某些守护进程会使文件描述符 0、1、2 指向文件/dev/null，这样任何试图从标准输出读取，或者向标准输出和标准错误写入的库程序都不会有任何作用。因为守护进程没有关联终端设备，所以没有地方显示输出，也没有地方从用户那里获取输入。即使守护进程从交互式会话中启动，守护进程也在后台运行，并且登录会话的终止不会影响守护进程。如果其他用户登录同样的终端设备，我们也不希望该守护进程的输出显示在该终端上，也不希望用户的任何输入被守护进程读取。

示例

图 13.1 所示的函数可以被一个想要初始化自身为守护进程的程序调用。

```
#include "apue.h"
#include <syslog.h>
#include <fcntl.h>
#include <sys/resource.h>

void
daemonize(const char *cmd)
{
    int                 i, fd0, fd1, fd2;
    pid_t               pid;
    struct rlimit       rl;
    struct sigaction    sa;

    /*
     * 清空文件模式创建掩码。
     */
    umask(0);

    /*
     * 获取文件描述符的最大值。
     */
    if (getrlimit(RLIMIT_NOFILE, &rl) < 0)
        err_quit("%s: can't get file limit", cmd);

    /*
     * 成为会话首进程，释放控制终端。
     */
    if ((pid = fork()) < 0)
        err_quit("%s: can't fork", cmd);
    else if (pid != 0) /* parent */
        exit(0);
    setsid();

    /*
     *确保未来 opens 不再申请控制终端。
     */
    sa.sa_handler = SIG_IGN;
    sigemptyset(&sa.sa_mask);
    sa.sa_flags = 0;
    if (sigaction(SIGHUP, &sa, NULL) < 0)
        err_quit("%s: can't ignore SIGHUP", cmd);
```

```
    if ((pid = fork()) < 0)
        err_quit("%s: can't fork", cmd);
    else if (pid != 0) /* parent */
        exit(0);
    /*
     *改变当前目录到根目录，无法阻止文件系统被卸载。
     */
    if (chdir("/") < 0)
        err_quit("%s: can't change directory to /", cmd);

    /*
     *关闭所有文件描述符。
     */
    if (rl.rlim_max == RLIM_INFINITY)
        rl.rlim_max = 1024;
    for (i = 0; i < rl.rlim_max; i++)
        close(i);

    /*
     *将文件描述符 0、1、2 绑定到/dev/null。
     */
    fd0 = open("/dev/null", O_RDWR);
    fd1 = dup(0);
    fd2 = dup(0);

    /*
     * 初始化日志文件。
     */
    openlog(cmd, LOG_CONS, LOG_DAEMON);
    if (fd0 != 0 || fd1 != 1 || fd2 != 2) {
        syslog(LOG_ERR, "unexpected file descriptors %d %d %d",
          fd0, fd1, fd2);
        exit(1);
    }
}
```

图 13.1 初始化一个守护进程

如果在 main 函数中调用该 daemonize 函数，并立即进入 sleep 状态，则我们可以通过 ps 命令检查守护进程的状态。

```
$ ./a.out
$ ps -efj
UID      PID  PPID  PGID    SID  TTY    CMD
sar    13800     1 13799  13799  ?      ./a.out
$ ps -efj | grep 13799
sar    13800     1 13799  13799  ?      ./a.out
```

也可以使用 ps 命令验证系统中并不存在 ID 号为 13799 的进程。这表示守护进程在一个孤儿进程组（9.10 节），并且不是会话首进程，因此没有机会被分配到一个控制终端。这是在 daemonize 函数中第二次执行 fork 函数的结果。可以看到守护进程已经被初始化了。

13.4 出错记录

守护进程存在的一个问题是，如何处理出错信息。由于它没有控制终端，所以它不能简单地向标准错误文件描述符写入。我们不希望所有的守护进程都向控制台设备写入，因为很多工作在控制台设备上都运行一个窗口系统；也不希望每个守护进程都将各自的错误消息写入各自独立的文件，这样的话，系统在日常巡检系统时就必须记住哪个守护进程对应哪个日志文件，这是一件令人头疼的事情。所以，需要一个集中式守护进程作为出错记录设施。

> BSD syslog 设施是在加州大学伯克利分校开发的，并广泛用于 4.2BSD。大多数从 BSD 派生出的系统都支持 syslog。在 SVR4 之前，System V 从来没有一个中心式的守护进程作为日志设施。Single UNIX Specification 中的 XSI 选项中包括了 syslog 函数。

自 4.2BSD 以来，BSD syslog 设施得到了广泛的应用。大多数守护进程都采用此设施。图 13.2 描绘了它的结构。

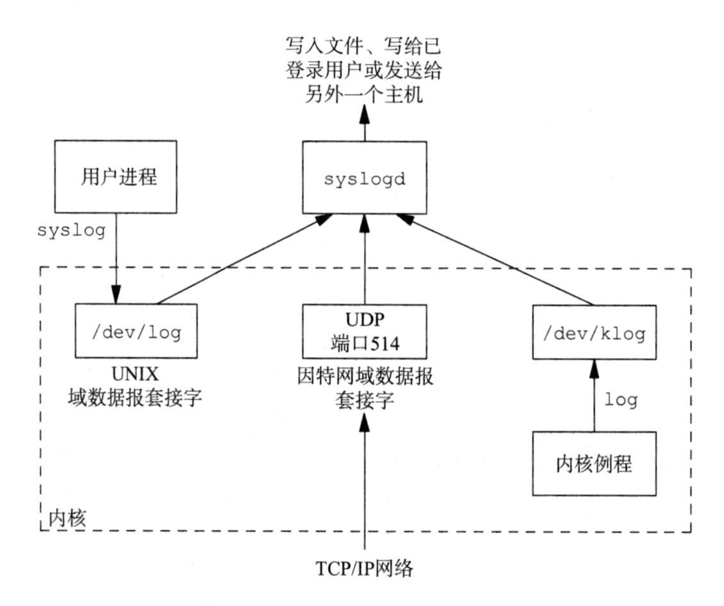

图 13.2　BSD syslog 设施的结构

有以下三种产生日志消息的方式：

1. 内核例程可以调用 log 函数。这些消息可以被任何一个用户进程通过打开（open）/dev/klog 设备来读取（read）。由于我们不编写内核例程，因此这里不对该函数进一步介绍。
2. 大多数用户进程（守护进程）调用 syslog（3）函数来产生日志消息。稍后介绍该函数的调用顺序。该函数将消息发送给 UNIX 域数据报套接字/dev/log。

3．主机上的用户进程，或者通过 TCP/IP 网络连接该主机的其他主机，可以通过 UDP 协议向 514 端口发送日志消息。需要注意的是，syslog 函数不会产生 UDP 数据报，这就要求必须在进程中进行显式的网络编程来发送日志消息。

关于 UNIX 域套接字及 UDP 套接字，请参阅 Stevens、Fenner 和 Rudoff（2004）。

在正常情况下，syslogd 守护进程读取以上列出的三种形式的日志消息。该守护进程在启动时读取配置文件，通常是/etc/syslog.conf。该配置文件指定了将不同类型的日志发向何处。比如，紧急消息可以直接发送给系统管理员（如果在登录状态）并直接打印在控制台上，而警告消息则可以记录到一个文件中。

该设施的接口是 syslog 函数。

```
#include <syslog.h>

void openlog(const char *ident, int option, int facility);

void syslog(int priority, const char *format, ...);

void closelog(void);

int setlogmask(int maskpri);
                                        返回值：前日志记录优先级掩码
```

openlog 函数是可选的，如果它没有被调用，则第一次调用 syslog 函数时，会自动调用它。closelog 函数也是可选的——它只是关闭曾被用来与 syslogd 守护进程通信的描述符。

openlog 函数允许指定 *ident*，以后 *ident* 会被加入每一条日志中。它通常是程序的名字（如 cron、inetd）。*option* 参数是一个支持多种选项的位掩码，图 13.3 描述了可用的值。若在 Single UNIX Specification 中定义该选项，则在 XSI 一列用一个黑点表示。

openlog 函数的 *facility* 参数取值参考图 13.4。需要注意的是，Single UNIX Specification 只定义了给定平台支持的所有设施的一个子集。定义 *facility* 参数的目的是方便在配置文件中识别不同的消息，从而进行不同的处理。如果我们不调用 openlog 函数，或者调用 openlog 函数时将 *facility* 参数设置为 0，那么后续调用 syslog 函数时依然可以把 *facility* 作为 *priority* 参数的一部分。

可通过调用 syslog 函数产生一条日志消息。*priority* 参数是 *facility*（图 13.4）和 *level*（图 13.5）的组合。在图 13.5 中，*level* 值按照优先级从高到低依次排列。

选　项	XSI	说　明
LOG_CONS	•	若日志消息不能通过 UNIX 域数据报发送给 syslogd 守护进程，则将该消息写至控制台
LOG_NDELAY	•	立即打开至 syslogd 守护进程的 UNIX 域数据报套接字，不要等待第一条消息的到来。通常，在记录第一条消息之前，不打开该套接字
LOG_NOWAIT	•	在处理日志消息时不等待可能已经创建的子进程。因为 syslog 守护进程调用 wait 函数时，应用程序可能已经获得了子进程的状态，这种处理避免了与捕获 SIGCHLD 信号的应用程序之间的冲突
LOG_ODELAY	•	延迟打开至 syslogd 守护进程的连接，直到第一条消息到来
LOG_PERROR		除了将日志消息发送给 syslogd 守护进程，还将其写至标准错误描述符（Solaris 系统不支持）
LOG_PID	•	每条消息都包含进程 ID。此选项是提供给对不同请求都 fork 一个子进程来处理的守护进程的（与之形成对比的守护进程是 syslogd，它从来不调用 fork 函数）

图 13.3　openlog 函数的 *option* 参数

facility	XSI	说　明
LOG_AUDIT		审计设施
LOG_AUTH		授权程序：login、su、getty 等
LOG_AUTHPRIV		与 LOG_AUTH 相同，但是写日志文件时有权限限制
LOG_CONSOLE		将消息写入/dev/console
LOG_CRON		cron 和 at
LOG_DAEMON		系统守护进程：inet、routed 等
LOG_FTP		FTP 守护进程（ftpd）
LOG_KERN		内核产生的消息
LOG_LOCAL0	•	保留给本地用户使用
LOG_LOCAL1	•	保留给本地用户使用
LOG_LOCAL2	•	保留给本地用户使用
LOG_LOCAL3	•	保留给本地用户使用
LOG_LOCAL4	•	保留给本地用户使用
LOG_LOCAL5	•	保留给本地用户使用
LOG_LOCAL6	•	保留给本地用户使用
LOG_LOCAL7	•	保留给本地用户使用
LOG_LPR		行式打印机系统：lpd、lpc 等
LOG_MAIL		邮件系统
LOG_NEWS		Usenet 网络新闻系统
LOG_NTP		网络时间协议系统
LOG_SECURITY		安全子系统
LOG_SYSLOG		syslogd 守护进程本身
LOG_USER	•	来自其他用户进程的消息（默认）
LOG_UUCP		UUCP 系统

图 13.4　openlog 函数的 *facility* 参数

level	说　明
LOG_EMERG	紧急（系统不可用）（最高优先级）
LOG_ALERT	必须立即修复的情况
LOG_CRIT	严重情况（如硬件设备错误）
LOG_ERR	出错情况
LOG_WARNING	警告情况
LOG_NOTICE	正常但重要情况
LOG_INFO	信息性消息
LOG_DEBUG	调试信息（最低优先级）

图 13.5　syslog 函数的 *level* 参数

format 参数和剩余的参数会被传递给 vsprintf 函数来进行格式化，在 *format* 参数中的任何%m 字符都会首先被替换为 errno 对应的错误信息字符串（strerror）。

setlogmask 函数用于为进程设置日志优先级掩码，该函数返回之前的掩码值。如果设置了日志优先级掩码，则只允许打印出日志优先级掩码中对应的优先级的日志。注意，将日志优先级掩码设置为 0 不会有任何作用。

许多系统都提供了 logger 程序作为另外一种向 syslog 设施发送日志消息的方法。一些系统允许为该程序指定可选参数，用于指定 *faciliy*、*level* 和 *ident*，尽管 Single UNIX Specification 并没有为该程序定义任何可选参数。logger 命令是专门为需要产生日志消息的非交互脚本而设计的。

示例

在一个行式打印机守护进程中，可能包含下面的调试信息：

```
openlog("lpd", LOG_PID, LOG_LPR);
syslog(LOG_ERR, "open error for %s: %m", filename);
```

第一个函数调用设置 *ident* 字符串为一个程序名，并指定要始终打印进程 ID，并且将系统默认的 *facility* 设置为行式打印机。syslog 函数则指定了日志级别为 LOG_ERR 和错误消息的字符串。如果没有调用 openlog 函数，则第二个函数调用可以写成如下这样：

```
syslog(LOG_ERR | LOG_LPR, "open error for %s: %m", filename);
```

这里，指定的 *priority* 参数是 *level* 和 *facility* 的组合形式。

除了 syslog，许多系统都提供了一个变体来处理可变参数列表。

```
#include <syslog.h>
#include <stdarg.h>

void vsyslog(int priority, const char *format, va_list arg);
```

本书涉及的 4 个平台都支持 vsyslog 函数，但是该函数并没有包含在 Single UNIX Specification 中。为了让该函数对应用程序可见，可能需要定义一个额外的符号，例如，在 FreeBSD 中定义了__BSD_VISIBLE，在 Linux 中定义了__USE_BSD。

大多数 syslogd 实现会将消息缓存在队列一段时间。如果在这个时间段内有重复的消息到达，那么 syslogd 守护进程不会将其写入日志中，而是会打印一条类似于“上一条消息重复了 *N* 次”（last message repeated N times）的消息。

13.5 单示例守护进程

为了正常工作，一些守护进程的实现要求在任意时刻只能运行该守护进程的一个副本。例如，有一种守护进程需要排他地访问某个设备。在 cron 守护进程场景下，如果存在多个示例同时运行，则每个副本都可能启动同一个预定的操作，这会造成重复操作并很可能出错。

如果守护进程需要访问某个设备，设备驱动可能会阻止对位于/dev 目录下的设备节点同时访问。这就限制了同一时刻只能运行守护进程的一个副本。但是如果没有这种设备，我们就需要自己处理。

使用文件和记录锁机制，可以保证一个守护进程只有一个副本在运行（文件和记录锁将在 14.3 节中讨论）。如果每个守护进程创建一个有固定名字的文件并且在该文件上加一把写锁，则系统只会允许创建一个写锁。后续尝试创建该文件写锁的请求都会失败，由此也告诉后续的守护进程副本当前已经有一个示例在运行了。

文件和记录锁提供了一个方便的互斥机制。如果守护进程从一个文件得到了写锁，则在该守护进程退出时会自动释放该锁。这简化了恢复操作，无须对上一个示例执行任何清理操作。

示例

图 13.6 所示函数说明了如何使用文件和记录锁以保证只有一个守护进程的副本在运行。

```
#include <unistd.h>
#include <stdlib.h>
#include <fcntl.h>
#include <syslog.h>
#include <string.h>
#include <errno.h>
#include <stdio.h>
#include <sys/stat.h>

#define LOCKFILE "/var/run/daemon.pid"
#define LOCKMODE (S_IRUSR|S_IWUSR|S_IRGRP|S_IROTH)

extern int lockfile(int);
```

```
int
already_running(void)
{
    int     fd;
    char    buf[16];

    fd = open(LOCKFILE, O_RDWR|O_CREAT, LOCKMODE);
    if (fd < 0) {
        syslog(LOG_ERR, "can't open %s: %s", LOCKFILE, strerror(errno));
        exit(1);
    }
    if (lockfile(fd) < 0) {
        if (errno == EACCES || errno == EAGAIN) {
            close(fd);
            return(1);
        }
        syslog(LOG_ERR, "can't lock %s: %s", LOCKFILE, strerror(errno));
        exit(1);
    }
    ftruncate(fd, 0);
    sprintf(buf, "%ld", (long)getpid());
    write(fd, buf, strlen(buf)+1);
    return(0);
}
```

图 13.6　确保只有一个守护进程的副本在运行

守护进程的每个副本都尝试创建一个文件并将进程 ID 写入该文件，这让管理员很容易定位到进程。如果该文件已经被上了锁，则 `lockfile` 函数调用会失败并设置 `errno` 为 `EACCESS` 或 `EAGAIN`，此处返回 1 表示该守护进程正在运行。否则，将文件长度截断为 0，将进程 ID 写入该文件并返回 0。

这里需要将文件长度截断为 0，因为该守护进程的上一个运行示例的进程 ID 可能大于当前进程 ID（更大的进程 ID 表示字符长度更长）。比如，上一个示例的进程 ID 为 12345，而新的示例的进程 ID 为 9999，则当将进程 ID 写入该文件后，文件内容就变成了 99995。将文件长度截断为 0 就解决了这个问题。

13.6　守护进程的惯例

在 UNIX 系统中，守护进程会遵循以下几个惯例。

- 如果守护进程使用锁文件（lock file），那么该文件通常存放在`/var/run` 目录。需要注意的是，守护进程可能需要超级用户权限才能在该目录下创建文件。文件的命名格式通常是 *name*`.pid`，*name* 表示守护进程或者服务的名称。例如，在 Linux 系统中，

cron 守护进程的锁文件是/var/run/crond.pid。

- 如果守护进程支持配置选项，则通常将配置选项存放在/etc 目录下。配置文件的命名格式通常是 *name*.conf，*name* 表示守护进程或者服务的名称。例如，syslogd 守护进程的配置文件通常是/etc/syslog.conf。
- 守护进程可以通过命令行的方式启动，但是通常情况下它们由系统初始化脚本来启动（/etc/rc* 或者/etc/init.d/*）。如果希望守护进程退出后自动重新启动，则需要在/etc/inittab 中为该守护进程增加一个 respawn 记录项（假定系统采用 System V 风格的 init 命令）。
- 如果守护进程有配置文件，则在启动时守护进程会读取该文件，但在此之后一般不会再读取。如果管理员修改了配置文件，则需要停掉并重启该守护进程才能使配置文件生效。为了避免这种麻烦，一些守护进程会捕捉 SIGHUP 信号并在收到该信号时重新读取其配置文件。因为守护进程没有相关联的终端，所以它要么是没有控制终端的会话首进程，要么是孤儿进程组的成员，守护进程没有理由期望收到 SIGHUP 信号。因此，守护进程可以安全地重复使用 SIGHUP 信号。

示例

图 13.7 中的程序展示了守护进程再次读取配置文件的一种方式。该程序使用了 sigwait 函数，并且是多线程的，这在 12.8 节有过讨论。

```
#include "apue.h"
#include <pthread.h>
#include <syslog.h>

sigset_t    mask;

extern int already_running(void);

void
reread(void)
{
    /* ... */
}

void *
thr_fn(void *arg)
{
    int err, signo;

    for (;;) {
        err = sigwait(&mask, &signo);
        if (err != 0) {
            syslog(LOG_ERR, "sigwait failed");
```

```
            exit(1);
        }

        switch (signo) {
        case SIGHUP:
            syslog(LOG_INFO, "Re-reading configuration file");
            reread();
            break;

        case SIGTERM:
            syslog(LOG_INFO, "got SIGTERM; exiting");
            exit(0);

        default:
            syslog(LOG_INFO, "unexpected signal %d\n", signo);
        }
    }
    return(0);
}
int
main(int argc, char *argv[])
{
    int                 err;
    pthread_t           tid;
    char                *cmd;
    struct sigaction    sa;

    if ((cmd = strrchr(argv[0], '/')) == NULL)
        cmd = argv[0];
    else
        cmd++;

    /*
     * 成为守护进程。
     */
    daemonize(cmd);

    /*
     * 确保该守护进程只有一个示例在运行。
     */
    if (already_running()) {
        syslog(LOG_ERR, "daemon already running");
        exit(1);
    }

    /*
     * 恢复 SIGHUP 的默认处理行为，并阻塞所有信号。
     */
    sa.sa_handler = SIG_DFL;
    sigemptyset(&sa.sa_mask);
    sa.sa_flags = 0;
```

```
    if (sigaction(SIGHUP, &sa, NULL) < 0)
        err_quit("%s: can't restore SIGHUP default");
    sigfillset(&mask);
    if ((err = pthread_sigmask(SIG_BLOCK, &mask, NULL)) != 0)
        err_exit(err, "SIG_BLOCK error");

    /*
     * 创建一个线程来处理 SIGHUP 和 SIGTERM 信号。
     */
    err = pthread_create(&tid, NULL, thr_fn, 0);
    if (err != 0)
        err_exit(err, "can't create thread");

    /*
     * 守护进程的其他处理操作。
     */
    /* ... */
    exit(0);
}
```

图 13.7　多线程守护进程重新读取配置文件

本程序调用图 13.1 中的 daemonize 函数来初始化守护进程，当该函数返回后，调用图 13.6 中的 already_running 函数以确保该守护进程只有一个副本在运行。此时，SIGHUP 信号依然被忽略，所以需要恢复对该信号的默认处理方式；否则调用 sigwait 函数的线程看不到该信号。

由于是多线程程序，因此会屏蔽所有信号，并创建一个单独的线程用于处理信号。这个线程唯一的工作就是等待 SIGHUP 和 SIGTERM 信号。当线程收到 SIGHUP 信号时，执行 reread 函数再次读取配置文件。当线程收到 SIGERM 信号时，打印日志消息并退出。

在 10.1 节讲过，SIGHUP 和 SIGTERM 信号的默认动作是终止进程。因为该程序阻塞了这些信号，当守护进程收到其中的任意一个信号时，守护进程不会消亡，而是调用 sigwait 函数的线程会返回，表示已经收到该信号。

示例

不是所有的守护进程都是多线程的。图 13.8 中的程序展示了一个单线程守护进程如何捕获 SIGHUP 信号并重新读取其配置文件的例子。

```
#include "apue.h"
#include <syslog.h>
#include <errno.h>

extern int lockfile(int);
extern int already_running(void);

void
```

```
reread(void)
{
    /* ... */
}

void
sigterm(int signo)
{
    syslog(LOG_INFO, "got SIGTERM; exiting");
    exit(0);
}

void
sighup(int signo)
{
    syslog(LOG_INFO, "Re-reading configuration file");
    reread();
}
int
main(int argc, char *argv[])
{
    char                    *cmd;
    struct sigaction        sa;

    if ((cmd = strrchr(argv[0], '/')) == NULL)
        cmd = argv[0];
    else
        cmd++;

    /*
     * 成为守护进程。
     */
    daemonize(cmd);

    /*
     * 确保该守护进程只有一个示例在运行。
     */
    if (already_running()) {
        syslog(LOG_ERR, "daemon already running");
        exit(1);
    }

    /*
     * 处理感兴趣的信号。
     */
    sa.sa_handler = sigterm;
    sigemptyset(&sa.sa_mask);
    sigaddset(&sa.sa_mask, SIGHUP);
    sa.sa_flags = 0;
    if (sigaction(SIGTERM, &sa, NULL) < 0) {
        syslog(LOG_ERR, "can't catch SIGTERM: %s", strerror(errno));
```

```
        exit(1);
    }
    sa.sa_handler = sighup;
    sigemptyset(&sa.sa_mask);
    sigaddset(&sa.sa_mask, SIGTERM);
    sa.sa_flags = 0;
    if (sigaction(SIGHUP, &sa, NULL) < 0) {
        syslog(LOG_ERR, "can't catch SIGHUP: %s", strerror(errno));
        exit(1);
    }

    /*
     * 守护进程的其他处理操作。
     */
    /* ... */
    exit(0);
}
```

图 13.8 单线程守护进程重新读取配置文件

初始化完守护进程之后，我们为 SIGHUP 和 SIGERM 信号配置了信号处理程序。可以将重读逻辑放在信号处理程序中，或者只是在信号处理程序中设计一个标记，然后让守护进程主线程完成所有工作。

13.7 客户端/服务器模型

守护进程通常的使用场景是作为服务器进程。确实，可以把图 13.2 中的 syslogd 称为采用 UNIX 域数据报套接字、接收用户进程（客户端）的日志请求的服务器进程。

一般而言，服务器进程等待客户端联系它，以及请求某种类型的服务。在图 13.2 中，syslogd 进程提供的服务是将出错消息记录到文件中。

在图 13.2 中，客户端进程和服务器进程之间的通信是单向的，客户端向服务器发送请求后，服务器不向客户进程回传任何消息。在接下来的章节，我们会看到许多客户端和服务器之间双向通信的例子——客户端向服务器发送请求，服务器向客户端回传响应。

在服务器进程中常常使用 fork 和 exec 函数调用另外一个程序来向客户端提供服务。这些服务器进程往往管理着多种文件描述符：通信端点、配置文件、日志文件等。最好的情况是，在子进程中保持这些文件为打开状态而不会有任何影响，因为在子进程中执行的程序很可能不会使用这些文件描述符。最坏的情况是，保持文件为打开状态会导致严重的安全问题——执行的程序可能有一些恶意的行为，如修改服务器进程的配置文件，或者欺骗客户端使其认为正在与服务器通信，从而获取未授权的信息。

有一个十分简单的方法来解决这个问题：给执行程序不需要的文件描述符都设置上

close-on-exec 标记。图 13.9 提供了这样的函数，可以将其直接用于服务器进程中。

```
#include "apue.h"
#include <fcntl.h>

int
set_cloexec(int fd)
{
    int     val;

    if ((val = fcntl(fd, F_GETFD, 0)) < 0)
        return(-1);

    val |= FD_CLOEXEC;      /* 开启 close-on-exec */

    return(fcntl(fd, F_SETFD, val));
}
```

图 13.9 设置 close-on-exec 标记

13.8 小结

在大多数 UNIX 系统中，守护进程一直在运行。如果想让自己的进程作为守护进程运行，则需要仔细考虑并且需要理解第 9 章描述的进程之间的关系。在本章中，我们开发了一个可由守护进程调用来正确初始化自身的函数。

习题

13.1 从图 13.2 可以看出，当初始化 syslog 设施时，无论是直接调用 openlog 函数还是第一次调用 syslog 函数，用于 UNIX 域数据报套接字的特殊设备文件/dev/log 已经被打开了。那么，如果调用 openlog 函数之前，用户进程（守护进程）先调用了 chroot 函数会出现什么结果？

13.2 由 13.2 节的 ps 命令输出样例可以看出，用户态守护进程中唯一一个不是会话首进程的是 rsyslogd。解释为什么 syslogd 不是会话首进程。

13.3 列出你的系统中的所有守护进程，并了解它们的功能。

13.4 编写一段程序调用图 13.1 中的 daemonize 函数。调用该函数后，它就成为守护进程，再调用 getlogin（8.15 节）函数，查看该进程是否有登录名。将结果打印到一个文件中。

14 高级 I/O

14.1 引言

本章把众多概念和函数囊括到高级 I/O（advanced I/O）主题之下进行讨论：非阻塞 I/O、记录锁、I/O 多路复用（select 和 poll 函数）、异步 I/O、readv 和 writev 函数、内存映射 I/O（mmap 函数）。第 15 章和第 17 章的进程间通信及后续章节中的很多例子都要使用本章描述的概念。

14.2 非阻塞 I/O

在 10.5 节中，我们讲过，系统调用分为两类：一类是“低速”系统调用；一类是其他系统调用。低速系统调用可以使进程永久阻塞，包括下述情况：

- 当某些特定的文件描述符（如管道、终端设备、网络设备）的数据没有到达时，针对该描述符的读操作会导致调用者阻塞。
- 同样，如果这些文件描述符无法立即接收数据（比如，管道中没有空间、网络流控制因素），那么针对该描述符的写操作会导致调用者阻塞。
- 某些特定文件类型要求满足一定条件才可以打开，其可能会阻塞 open 操作（比如打开一个终端设备，需要等待与之连接的调制解调器应答；或者以写模式打开一个 FIFO 文件，需要等待其他以读模式打开它的进程退出）。

- 对已经强制加上记录锁的文件的读写操作。
- 特定的 ioctl 操作。
- 某些进程间通信函数（见第 15 章）。

前面我们曾讲过，与磁盘 I/O 相关的系统调用不属于低速系统调用，即使磁盘文件的读写操作可能会临时阻塞调用者。

非阻塞 I/O 允许我们发起一个 I/O 操作（如 open、read、write），并且该操作不会永远阻塞。如果不能完成该操作则调用立即出错返回，表示该操作本来应该被阻塞。

对于一个给定的文件描述符，可以使用两种方式将其标识为非阻塞 I/O。

1. 如果通过调用 open 函数获取该描述符，则可以在该函数中指定 O_NONBLOCK 文件状态标记。
2. 对于一个已经打开的文件描述符，则可以调用 fcntl 函数打开 O_NONBLOCK 文件状态标记（3.14 节）。图 3.12 中的函数可以打开一个文件描述符的任何文件状态标记。

早期的 System V 采用 O_NDELAY 标识非阻塞模式。如果无数据可读，则这些版本的 System V 的 read 函数会返回 0。但是正常的 UNIX 系统将返回值 0 作为文件结束标识，所以 POSIX.1 选择使用一个不同的标记名称和不同的语法来实现文件操作的非阻塞模式。不然，在这些较老的 System V 版本中，当 read 函数的返回值为 0 时，我们无法确认该调用是被阻塞了还是遇到了文件末尾。POSIX.1 要求，如果某个非阻塞的文件描述符没有数据可读，则 read 函数返回-1，并将 errno 设置为 EAGAIN。一些基于 System V 派生出的系统同时支持老的 O_NDELAY 特性和 POSIX.1 的 O_NONBLOCK 特性，但是本书只使用 POSIX.1 的特性。老的 O_NDELAY 特性的存在只是为了向后兼容性，不应该在新的应用程序中使用该特性。

4.3BSD 为 fcntl 函数提供了 FNDELAY 标识，其语法略有不同：它不只影响操作的文件描述符的文件状态标记，还会将终端设备和套接字也设置为非阻塞的，因此其影响了使用终端设备和套接字的所有用户，而不仅仅是共享该文件表项的用户（4.3BSD 中的非阻塞 I/O 只对终端设备和套接字有效）。同样，在 4.3BSD 系统中若不能完成非阻塞文件描述符的操作，则该操作会返回 EWOULDBLOCK。当今，基于 BSD 的系统也提供了 POSIX.1 的 O_NONBLOCK 标识并且 EWOULDBLOCK 的定义与 EAGAIN 相同。这些系统提供了兼容 POSIX 的非阻塞语法：文件状态标记的更改只影响共享同一文件表项的用户，但是通过其他文件表项访问同一个设备的用户不会受到影响（参考图 3.7 和图 3.9）。

示例

我们来看一个非阻塞 I/O 的示例。图 14.1 中的程序从标准输入读取 500 000 字节，然后写入标准输出。标准输出首先被设置为非阻塞模式，输出过程被放在了一个循环体里，并且每次调用 write 函数的结果都在标准错误中打印出来。clr_fl 函数与图 3.12 中的 set_fl 函数类似，该函数用于清除 1 个或多个标识位。

```
#include "apue.h"
#include <errno.h>
#include <fcntl.h>

char    buf[500000];

int
main(void)
{
    int     ntowrite, nwrite;
    char    *ptr;

    ntowrite = read(STDIN_FILENO, buf, sizeof(buf));
    fprintf(stderr, "read %d bytes\n", ntowrite);

    set_fl(STDOUT_FILENO, O_NONBLOCK);     /* 设置为非阻塞 */

    ptr = buf;
    while (ntowrite > 0) {
        errno = 0;
        nwrite = write(STDOUT_FILENO, ptr, ntowrite);
        fprintf(stderr, "nwrite = %d, errno = %d\n", nwrite, errno);

        if (nwrite > 0) {
            ptr += nwrite;
            ntowrite -= nwrite;
        }
    }

    clr_fl(STDOUT_FILENO, O_NONBLOCK);     /* 清除非阻塞标记 */

    exit(0);
}
```

图 14.1　一个“长”的非阻塞 write 函数

如果标准输出是一个普通文件，则我们希望 write 函数只执行一次。

```
$ ls -l /etc/services                              打印文件长度
-rw-r--r-- 1 root       677959 Jun 23 2009 /etc/services
$ ./a.out < /etc/services > temp.file              先试一个普通文件
read 500000 bytes
nwrite = 500000, errno = 0                         一次写
$ ls -l temp.file                                  检验输出文件长度
-rw-rw-r-- 1 sar         500000 Apr 1 13:03 temp.file
```

但是如果标准输出是一个终端，则大概率会看到 write 函数返回小于 500,000 的数字，而有些时候会返回错误信息：

```
$ ./a.out < /etc/services 2>stderr.out          输出到终端
                                                大量的终端输出……
$ cat stderr.out
read 500000 bytes
nwrite = 999, errno = 0
nwrite = -1, errno = 35
nwrite = -1, errno = 35
nwrite = -1, errno = 35
nwrite = -1, errno = 35
nwrite = 1001, errno = 0
nwrite = -1, errno = 35
nwrite = 1002, errno = 0
nwrite = 1004, errno = 0
nwrite = 1003, errno = 0
nwrite = 1003, errno = 0
nwrite = 1005, errno = 0
nwrite = -1, errno = 35                         61 个此类错误
    ⋮
nwrite = 1006, errno = 0
nwrite = 1004, errno = 0
nwrite = 1005, errno = 0
nwrite = 1006, errno = 0
nwrite = -1, errno = 35                         108 个此类错误
    ⋮
nwrite = 1006, errno = 0
nwrite = 1005, errno = 0
nwrite = 1005, errno = 0
nwrite = -1, errno = 35                         681 个此类错误
    ⋮
                                                等等
nwrite = 347, errno = 0
```

在这里，errno 的值 35 对应的是 EAGAIN。终端驱动一次可以接收的数据随系统不同而不同，也会因为登录系统的方式不同而不同：可以在系统终端上登录，在硬接线的终端上登录，或者通过网络连接进行伪终端登录。如果在终端上运行一个窗口系统，也是经由伪终端设备登录。

在这个例子中，调用了 9000 多次 write 函数，即使只有 500 次真正用于输出数据，其他的调用都只返回了错误信息。这种类型的循环称为轮询（polling），在多用户系统上它会浪费 CPU 时间。14.4 节将介绍非阻塞描述符的 I/O 多路复用技术，这是一种更加有效的方法。

有时，我们可以使用多线程应用程序，来避免使用非阻塞 I/O（见第 11 章）。在该程序中，允许个别的线程被 I/O 调用阻塞而让其他线程继续执行。有时，这可以简化设计，在第 21 章我们会谈到该问题。但是在一些情况中，线程同步会增加程序的复杂度，这样做得不偿失。

14.3 记录锁

如果两个人同时编辑一个文件，后果是什么？对于大多数 UNIX 系统，该文件的最后状态取决于写该文件的最后一个进程。但是对于一些应用程序，比如数据库系统，进程需要确定它是唯一一个正在写文件的进程。为了给这种进程提供需要的能力，商业 UNIX 系统提供了记录锁（在第 20 章，我们使用记录锁开发了一个数据库函数库）。

记录锁（record locking）为进程提供了一种能力：当一个进程正在读或者写一个文件的一块区域时，它可以阻止其他进程修改该文件的这块区域。对于 UNIX 系统而言，“记录”（record）在这里有些用词不当，因为 UNIX 内核的文件并没有记录这种概念，更好的名词是字节范围锁（byte-range locking），毕竟它锁定的只是文件的一块区域（也可能是整个文件）。

历史

对于早期的 UNIX 系统，人们诟病的就是它们不支持运行数据库系统，因为它们不支持锁定文件区域。随着 UNIX 系统进入商业计算环境，几个不同的小组为其提供了记录锁的支持（当然，实现各不相同）。

早期的 Berkely 发行版只支持 `flock` 函数，该函数只能锁定整个文件，不支持锁定文件区域。

在 SVR3（System V Release 3）中通过 `fcntl` 函数提供了记录锁，在此基础上构建的 `lockf` 函数为其提供了一个简化的接口。这两个函数允许调用者对文件中的任何字节区域进行加锁，长至整个文件，短至文件中的一字节。

POSIX.1 选择将 `fcntl` 方法纳入标准中。图 14.2 展示了不同系统对不同形式的记录锁的支持情况。需要注意的是，Single UNIX Specification 包含了 `lockf` 函数，该函数的定义位于 XSI 选项中。

系　统	建议性	强制性	fcntl	lockf	flock
SUS	•		•	XSI	
FreeBSD 8.0	•		•	•	•
Linux 3.2.0	•	•	•	•	•
Mac OS X 10.6.8	•		•	•	•
Solaris 10	•	•	•	•	•

图 14.2　各种 UNIX 系统支持的记录锁形式

稍后，将探讨建议性锁和强制性锁的不同。本书只介绍 POSIX.1 `fcntl` 锁。

> 记录锁于 1980 年由 John Bass 首次添加到 V7 中，内核中对应的系统调用项是 `locking` 函数，该函数提供了强制性记录锁功能，System Ⅲ的各种版本均对其提供了支

持。Xenix 系统采用了此函数，某些基于 Intel 的 System V 系统，如 OpenServer 5，仍旧支持 Xenix 兼容库中的该函数。

fcntl 记录锁

fcntl 函数原型如下（3.14 节已给出过）。

```
#include <fcntl.h>

int fcntl(int fd, int cmd, ... /* struct flock *flockptr */ );
```

函数的返回值：若执行成功，则返回值依赖于 cmd 的取值（见下文）；否则返回–1

对于记录锁，cmd 的取值有三种：F_GETLK、F_SETLK 和 F_SETLKW。第三个参数（*flockptr*）是指向 flock 结构体的指针。

```
struct flock {
    short   l_type;   /* F_RDLCK, F_WRLCK, 或者 F_UNLCK */
    short   l_whence;/* SEEK_SET, SEEK_CUR, 或者 SEEK_END */
    off_t   l_start; /* 偏移量（以字节为单位），与 l_whence 相关 */
    off_t   l_len;   /* 长度（以字节为单位）； 0 表示锁到文件结束（EOF） */
    pid_t   l_pid;   /* 随着 F_GETLK 返回 */
};
```

该结构体说明如下：

- 锁类型：F_RDLCK（共享读锁）、F_WRLCK（排他性写锁）、F_UNLCK（解锁一个区域）。
- 要加锁或者解锁区域的起始字节偏移量（l_start 和 l_whence）。
- 区域的字节长度（l_len）。
- 能够阻塞当前进程并持有记录锁的进程的 ID（l_pid），由 F_GETLK 返回。

对指定的区域加锁或者解锁，需要遵守几条规则：

- 指定区域的起始字节偏移量的两个元素含义与 lseek 函数（3.6 节）中的最后两个参数相同。确实，l_whence 可用的值是：SEEK_SET、SEEK_CUR 和 SEEK_END。
- 加锁区域的起点可以是文件的末尾或者越过文件的末尾，但是不能在文件起始位置之前。
- 如果 l_len 是 0，则表示该锁的范围可以扩展到文件的最大可能的偏移量。这就允许我们对从文件中任何位置开始直到文件的最后的部分加锁，不需要考虑向该文件追加了多少数据（在这种情况下，不需要猜测向文件中追加了多少字节的数据）。
- 为了对整个文件加锁，可以设置 l_start 和 l_whence 指向文件的起始位置，并且指定区域长度（l_len）为 0。（有多种方式来指定文件的起始位置，但是大多数应用程序采用的方法是指定 l_start 为 0、l_whence 为 SEEK_SET。）

上面提到了两种类型的锁：共享读锁（F_RDLCK）和排他性写锁（F_WRLCK）。关于这两个锁的基本规则是：任何数目的进程都可以同时持有同一字节的共享读锁，但是只有一个进程可以持有同一字节的排他性写锁。而且，如果某字节已经有一个或者多个读锁，则不允许为该字节增加写锁。如果在某字节已经有一个排他性写锁，则不能为该字节增加读锁。图 14.3 展示了该规则。

		请求	
		读锁	写锁
当前区域	无锁	允许	允许
	有一个或多个读锁	允许	拒绝
	有一个写锁	拒绝	拒绝

图 14.3　不同类型的锁的相容性

该相容性规则可应用于不同进程提出的锁请求，而不适用于同一个进程发出的多个锁请求。如果一个进程已经持有文件中的某个区域的锁，那么后续若该进程尝试对同一区域加锁，则会用新锁替代旧锁。因此，假如一个进程对某个文件的 16～32 字节区域持有写锁，然后又尝试为 16～32 字节区域增加读锁，那么该尝试会成功，而原来的写锁会被替换为读锁。

为了加读锁，对应文件必须已经打开并设置为可读；为了加写锁，对应文件必须已经打开并设置为可写。

下面介绍 fcntl 函数的三个命令。

F_GETLK　判断 *flockptr* 表示的锁是否会被其他锁阻塞。若存在阻止创建新锁的锁，则 flockptr 指向的锁信息会被重新设置为当前已经存在的锁信息。若不存在阻止创建新锁的锁，则 flockptr 指向的数据结构中的 l_type 会被设置为 F_UNLCK，其他元素不变。

F_SETLK　根据 *flockptr* 的描述设置锁。如果我们尝试获取一个读锁（l_type 为 F_RDLCK）或者写锁（l_type 为 F_WRLCK），并且相容性规则阻止我们获取该锁（图 14.3），则 fcntl 函数会立即返回，并将 errno 设置为 EACCESS 或者 EAGAI N。

尽管 POSIX 允许系统返回两个错误码中的任何一个，但本书涉及的 4 个系统在不能满足锁请求时，都返回 EAGAIN。

此命令也用于清除 flowptr 描述的锁（l_type 为 F_UNLCK）

F_SETLKW　该命令是 F_SETLK 的阻塞版本（命令中的 W 字母的含义是“等待”（wait））。如果一个进程请求的读锁或者写锁因为另外一个进程已经对其请求区域的某部分进行了加锁而不能获得，那么该调用进程会进入睡眠状态，直到请求的锁可用，或者被信号打断，该进程才会被唤醒。

需要注意的是，先通过 F_GETLK 命令测试再通过 F_SETLK 或 F_SETLKW 命令来进行加锁的操作并不是原子的。我们不能保证在两个 fcntl 调用之间，没有其他进程插入进来对同一区域进行加锁。如果不想让进程在锁可用之前一直阻塞，则必须处理 F_SETLK 命令返回的错误。

> 注意，POSIX.1 并没有对下面这样的情况做出规定：当一个进程已经持有某个文件的某个区域的读锁时，第二个进程对该文件该区域的写锁请求被阻塞，然后第三个进程尝试对该文件该区域加读锁。如果第三个进程因为该区域已经有读锁而被允许再加读锁，则这样的实现可能让请求写锁的进程处于饥饿状态。因此，当对同一区域的读锁请求到达时，被写锁请求阻塞的进程等待的时间被延长了。如果读锁请求到来得足够快，不给写锁请求插入的空档，则写锁请求需要等待很长很长的时间。

当设置或者释放文件上的某个锁时，系统会按照要求组合或者分割相邻区域。比如，如果对 100～199 字节区域进行加锁，然后又对第 150 字节解锁，则内核依然使 100～149 字节区域和 151～199 字节区域保持加锁状态。图 14.4 展示了这种情况下的字节区域锁。

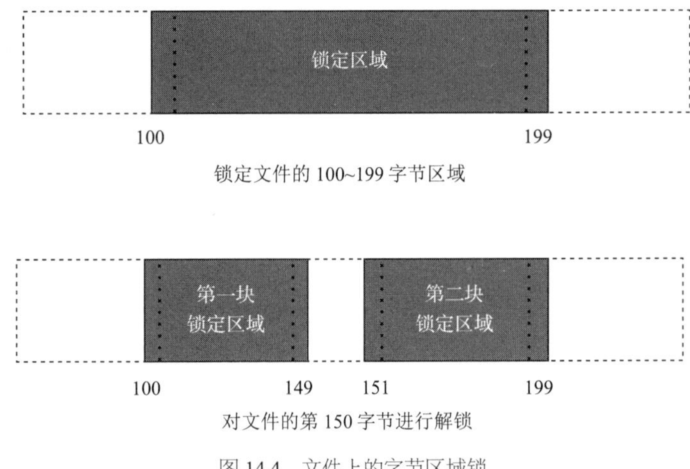

图 14.4　文件上的字节区域锁

如果我们对第 150 字节再次加锁，则系统会把三个相邻区域合并成一个区域（100～199 字节）。结果如图 14.4 中的上图所示，与原来一样。

示例：请求和释放锁

为了避免每分配一个 flock 结构，就要填一次各项信息，图 14.5 提供了一个函数 lock_reg 来处理所有的细节。

```
#include "apue.h"
#include <fcntl.h>

int
lock_reg(int fd, int cmd, int type, off_t offset, int whence, off_t len)
{
    struct flock    lock;

    lock.l_type = type;     /* F_RDLCK, F_WRLCK, F_UNLCK */
    lock.l_start = offset;  /* 偏移量（以字节为单位），与 l_whence 相关 */
    lock.l_whence = whence; /* SEEK_SET, SEEK_CUR, SEEK_END */
    lock.l_len = len;       /* 字节 (0 表示直到文件末尾——EOF) */

    return(fcntl(fd, cmd, &lock));
}
```

图 14.5　对文件中的一个区域进行加锁或解锁的函数

由于大多数锁调用都是为了加锁或者解锁（F_GETLK 命令很少被使用），因此我们通常使用以下 5 个宏。这 5 个宏的定义在 apue.h 文件中（见附录 B）。

```
#define read_lock(fd, offset, whence, len) \
            lock_reg((fd), F_SETLK, F_RDLCK, (offset), (whence), (len))
#define readw_lock(fd, offset, whence, len) \
            lock_reg((fd), F_SETLKW, F_RDLCK, (offset), (whence), (len))
#define write_lock(fd, offset, whence, len) \
            lock_reg((fd), F_SETLK, F_WRLCK, (offset), (whence), (len))
#define writew_lock(fd, offset, whence, len) \
            lock_reg((fd), F_SETLKW, F_WRLCK, (offset), (whence), (len))
#define un_lock(fd, offset, whence, len) \
            lock_reg((fd), F_SETLK, F_UNLCK, (offset), (whence), (len))
```

我们特意将这些宏的前三个参数的定义顺序与 lseek 函数保持一致。

示例：测试锁

图 14.6 中定义了一个名为 lock_test 的函数，可以用它来测试锁。

```
#include "apue.h"
#include <fcntl.h>
pid_t
lock_test(int fd, int type, off_t offset, int whence, off_t len)
{
    struct flock    lock;
    lock.l_type = type;     /* F_RDLCK 或 F_WRLCK */
    lock.l_start = offset;  /* 字节偏移量，相对于 l_whence */
    lock.l_whence = whence; /* SEEK_SET, SEEK_CUR, SEEK_END */
    lock.l_len = len;       /* 长度（以字节为单位），0 表示直到文件末尾 */
    if (fcntl(fd, F_GETLK, &lock) < 0)
        err_sys("fcntl error");
    if (lock.l_type == F_UNLCK)
```

```
        return(0);      /* false，没有任何进程锁定该区域 */
    return(lock.l_pid); /* true，返回持有该区域锁的进程的 pid */
}
```

图 14.6　测试锁的函数

如果存在一个锁并且它会阻塞由参数指定的锁请求，则该函数返回持有该锁的进程 ID；否则，该函数返回 0。我们通常使用下面两个宏来调用这个函数（在 apue.h 文件中定义）。

```
#define is_read_lockable(fd, offset, whence, len) \
            (lock_test((fd), F_RDLCK, (offset), (whence), (len)) == 0)
#define is_write_lockable(fd, offset, whence, len) \
            (lock_test((fd), F_WRLCK, (offset), (whence), (len)) == 0)
```

值得注意的是，lock_test 函数不能用于测试是否它自己在持有一个文件某个区域的锁。F_GETLK 命令的定义表明，返回的信息指示是否存在阻止我们申请新锁的锁。在一个进程中，F_SETLK 和 F_SETLKW 命令总是替换掉当前已经存在的锁，所以进程不会阻塞在自己的锁上；因此，F_GETLK 命令绝不会上报自己的进程持有的锁。

示例：死锁

当两个进程都在等待对方持有并且不会释放的资源时，这两个进程就处于死锁状态。发生死锁的可能性是有的：一个进程已经对某个区域加锁，然后其又对另外一个已经被另外一个进程加锁的区域申请加锁时就会进入睡眠状态。

图 14.7 展示了一个死锁的例子。子进程锁定了字节 0，而父进程锁定了字节 1，它们都尝试对对方已经锁定的字节进行加锁。为了让每个进程能等待对方获取自己的锁，我们使用了 8.9 节介绍的父子进程同步例程（TELL_XXX 和 WAIT_XXX）。

```
#include "apue.h"
#include <fcntl.h>

static void
lockabyte(const char *name, int fd, off_t offset)
{
    if (writew_lock(fd, offset, SEEK_SET, 1) < 0)
        err_sys("%s: writew_lock error", name);
    printf("%s: got the lock, byte %lld\n", name, (long long)offset);
}

int
main(void)
{
    int     fd;
    pid_t   pid;

    /*
     * 创建一个文件并写入俩字节。
```

```
     */
    if ((fd = creat("templock", FILE_MODE)) < 0)
        err_sys("creat error");
    if (write(fd, "ab", 2) != 2)
        err_sys("write error");

    TELL_WAIT();
    if ((pid = fork()) < 0) {
        err_sys("fork error");
    } else if (pid == 0) {            /* 子进程 */
        lockabyte("child", fd, 0);
        TELL_PARENT(getppid());
        WAIT_PARENT();
        lockabyte("child", fd, 1);
    } else {                              /* 父进程 */
        lockabyte("parent", fd, 1);
        TELL_CHILD(pid);
        WAIT_CHILD();
        lockabyte("parent", fd, 0);
    }
    exit(0);
}
```

图 14.7　死锁示例

运行图 14.7 中的程序，得到如下输出：

```
$ ./a.out
parent: got the lock, byte 1
child: got the lock, byte 0
parent: writew_lock error: Resource deadlock avoided
child: got the lock, byte 1
```

当检测到死锁情况时，内核必须选择一个进程接收错误并返回。在本例中，选择了父进程，但是这是一个实现细节。在一些系统中，总是子进程收到错误；在另外一些系统中，总是父进程收到错误。在某些系统中，当发起多个锁请求时，可能一会儿是父进程收到错误，一会儿是子进程收到错误。

锁的隐含继承和释放

关于记录锁的自动继承和释放有三条规则。

1. 记录锁关联着进程和文件。这有两重暗示：第一个暗示是明显的，当一个进程终止时，它持有的锁自动被释放；第二个暗示则不太明显，每当文件描述符被关闭，则该进程持有的这一文件描述符指向的文件的所有的记录锁都会被释放。这就意味着，如果执行下面的调用：

   ```
   fd1 = open(pathname, ...);
   read_lock(fd1, ...);
   ```

```
fd2 = dup(fd1);
close(fd2);
```

在调用 close(fd2)之后，在 fd1 上设置的锁都被释放。如果使用 open 函数代替 dup 函数（通过另外一个文件描述符打开同一个文件），效果也一样：

```
fd1 = open(pathname, ...);
read_lock(fd1, ...);
fd2 = open(pathname, ...)
close(fd2);
```

2. 由 fork 函数产生的子进程不继承父进程的记录锁。这意味着，若一个进程持有一个记录锁，然后它调用 fork 函数，此时，对于父进程持有的记录锁而言，子进程被视为另外一个进程。子进程需要对继承过来的文件描述符执行 fcntl 函数来获取自己的记录锁。这样约束是有道理的：因为记录锁就是用来阻止多个进程同时向同一个文件写入的。如果子进程通过 fork 函数继承了记录锁，则父进程和子进程就可以同时向同一个文件写入了。
3. 在执行 exec 函数后，新程序可以继承原执行程序的锁。但是需要注意的是，如果对一个文件描述符设置了执行时关闭（close-on-exec）标记，那么当该文件描述符作为 exec 函数的一部分被关闭时，会释放该文件下的所有锁。

FreeBSD 的实现

下面简单看一下 FreeBSD 中数据结构的实现，我们由此可以验证规则 1：锁关联着进程和文件。

假设一个进程执行下面这些语句（忽略错误返回）：

```
fd1 = open(pathname, ...);
write_lock(fd1, 0, SEEK_SET, 1);     /* 父进程对第 0 字节设置写锁 */
if ((pid = fork()) > 0) {            /* 父进程 */
    fd2 = dup(fd1);
    fd3 = open(pathname, ...);
} else if (pid == 0) {
    read_lock(fd1, 1, SEEK_SET, 1);   /* 子进程对第 1 字节设置读锁 */
}
pause();
```

图 14.8 展示了父进程和子进程都暂停后的数据结构示意图。

前面我们已经展示过 open、fork、dup 函数调用产生的数据结构（图 3.9 和图 8.2），这里不同的是，与 i-node 结构体链接在一起的 lockf 结构体。每一个 lockf 结构体都描述了一个给定进程的一个加锁区域（由偏移量和长度来定义）。我们展示了两个这样的结构体：一个是父进程调用 write_lock 函数产生的；一个是子进程调用 read_lock 函数产生的。每个结构体都包含对应的进程 ID。

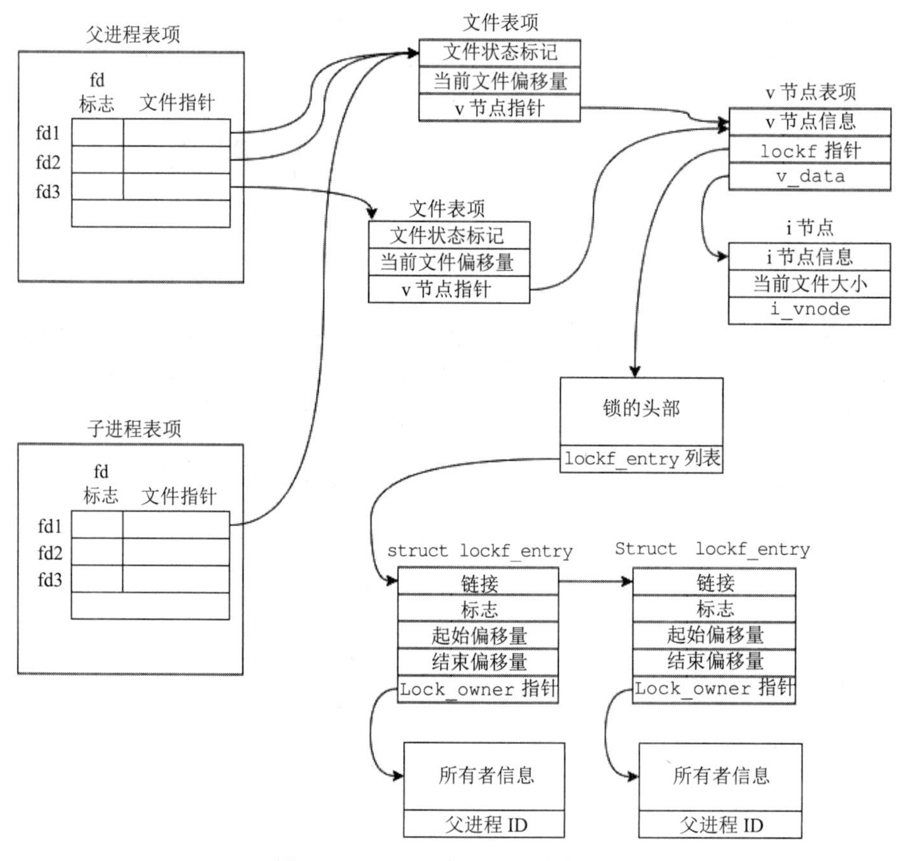

图 14.8　FreeBSD 中记录锁的数据结构

在父进程中，关闭文件描述符 fd1、fd2、fd3 中的任何一个，都会导致父进程的锁被释放。当这三个文件描述符的任何一个被关闭时，内核都会遍历与 i-node 关联的 flock 结构体链表，并释放调用进程持有的所有锁。内核并不清楚（也不关心）父进程利用哪个文件描述符设置的锁。

示例

由图 13.6 中的程序，可以看到守护进程如何使用一个文件锁来保证只有一个守护进程的副本在运行。图 14.9 展示了守护进程使用的 lockfile 函数的实现方式：给整个文件设置一个写锁。

```
#include <unistd.h>
#include <fcntl.h>

int
lockfile(int fd)
```

```
{
    struct flock fl;

    fl.l_type = F_WRLCK;
    fl.l_start = 0;
    fl.l_whence = SEEK_SET;
    fl.l_len = 0;
    return(fcntl(fd, F_SETLK, &fl));
}
```

图 14.9　给整个文件设置一个写锁

另外，我们可以使用 write_lock 函数定义 lockfile 函数：

```
#define lockfile(fd) write_lock((fd), 0, SEEK_SET, 0)
```

在文件末尾加锁

在对文件末尾进行字节范围的加锁或者解锁时，需要特别小心。大多数实现都通过 l_whence 值（SEEK_CUR 或 SEEK_END），利用 l_start 及文件当前位置或者当前文件长度得到文件的绝对偏移量。但是，我们常常需要基于文件当前的长度来加锁，而在得到该文件的锁之前又不能调用 fstat 函数获取当前文件的长度。另外，在调用 fstat 函数和加锁操作之间，可能会有另外一个进程改变文件的长度。

考虑以下代码的执行顺序：

```
writew_lock(fd, 0, SEEK_END, 0);
write(fd, buf, 1);
un_lock(fd, 0, SEEK_END);
write(fd, buf, 1);
```

这段代码的执行结果可能不是我们期望的：在文件末尾获取一个写锁，锁的范围为从文件末尾到后续所有追加到该文件的数据。假设执行第一个 write 函数时锁的起始位置为文件末尾，则该操作会将文件长度扩展一字节，并且该字节处于锁定状态。接着解锁操作会将从当前文件末尾至后续追加到该文件的数据都解锁，但是不解锁该文件最后的字节。执行该代码片段后的文件锁状态如图 14.10 所示。

当对某文件区域加锁时，内核会将指定的偏移量转换为文件绝对偏移量。除了指定一个绝对偏移量（SEEK_SET），fcntl 函数还允许我们指定文件的相对偏移量：当前文件位置（SEEK_CUR）或者文件末尾（SEEK_END）。内核需要记住记录锁与文件的当前位置或者文件末尾是独立的，因为文件当前位置和文件末尾都是可以改变的，而这两个位置的改变不应该改变记录锁的状态。

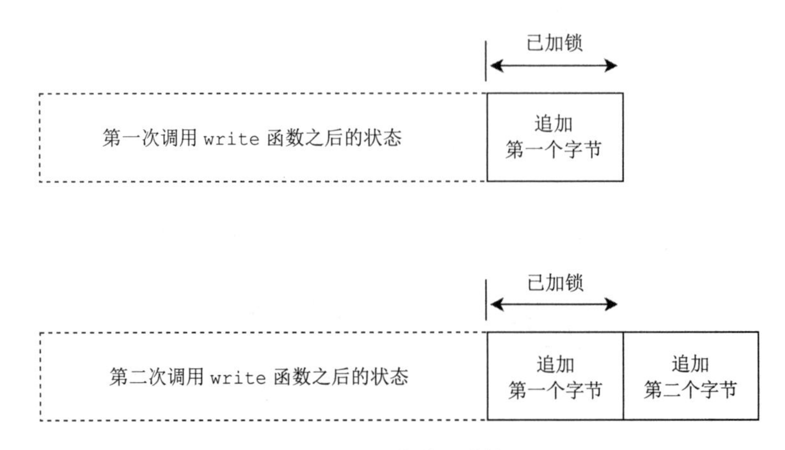

图 14.10　文件区域锁

如果我们想解除第一个 write 操作产生的最后字节的锁，则可以将长度指定为-1。长度为负值表示在指定偏移量之前的字节数。

建议性锁和强制性锁

假设存在一个数据库访问例程库，如果该库中的所有函数用一致的方式处理记录锁，则我们就说任何使用这些函数来访问数据库的进程为合作进程（*cooperation processes*）。如果这些函数是唯一用来访问数据库的通道，则可以使用建议性锁。但是建议性锁不会阻止其他具有写权限的进程向数据库文件写入任何它想写的数据，这个捣蛋的进程就是非合作进程，因为它不使用可接受的方法（数据库访问例程库）来访问数据库。

强制性锁要求内核对每个 open、read、write 函数都进行校验：是否调用的进程与正在访问的文件的某个锁冲突。强制性锁有时也称为强迫模式锁（*enforcement-mode locking*）。

> 在图 14.2 中可以看到，Linux 3.2.0 和 Solaris 10 提供了强制性记录锁，但是 FreeBSD 8.0 和 Mac OS X 10.6.8 并没有。强制性记录锁并不是 Single UNIX Specification 的一部分。在 Linux 平台，如果你需要使用强制性锁，可以在每个文件系统中使用 mount 命令的-o mand 选项启用。

对于一个特定的文件，启用强制性锁的方法是打开设置组 ID 位并关闭组执行位（见图 4.12）。因为在组执行位关闭的状态下，设置组 ID 位是没有任何意义的，所以 SVR3 的设计者选择这种方法来标记文件启用了强制性锁而不是建议性锁。

如果一个进程尝试读写（read 或 write）一个已经启用了强制性锁的文件，并且读写的部分当前处于锁定状态，将会发生什么呢？这取决于操作类型是什么（读还是写），以及读写的描述符是阻塞模式还是非阻塞模式，具体见图 14.11。

其他进程对该区域持有的锁类型	阻塞描述符		非阻塞描述符	
	读	写	读	写
读锁	允许	阻塞	允许	EAGAIN
写锁	阻塞	允许	EAGAIN	EAGAIN

图 14.11　其他进程的读写操作对强制性锁的影响

对于图 14.11 中的情况，除了 read 和 write 函数，open 函数也会受到持有强制性记录锁的其他进程的影响。通常情况下，即使正在打开的文件具有强制性记录锁，open 函数也能正常返回，不过随后的 read 或 write 操作会遵循图 14.11 中的规则。但是，如果要打开的文件具有强制性锁（读锁或者写锁），并且 open 函数指定了 O_TRUNC 或 O_CREAT 标记，则 open 函数立即返回错误码 EAGAIN，无论该文件是否被设置了 O_NONBLOCK 标记。

只有 Solaris 将 O_CREAT 标记处理为错误，Linux 允许使用 O_CREAT 标记打开一个具有强制性记录锁的文件。open 函数在设定 O_TRUNC 标记的情况下返回错误是合情合理的，因为如果一个进程对某文件持有读锁或者写锁，则该文件不能被截断为 0。但是对于 O_CREAT 标记返回错误就没有道理了，因为这个标记的含义是，只有在文件不存在的情况下才创建文件，但是如果一个进程持有该文件的记录锁则说明该文件肯定是存在的。

open 函数这种处理锁冲突的方式可能导致出现令人惊讶的结果。我们在设计本节的练习时，有一个测试程序正在运行，其打开了一个文件（打开了强制性锁模式）并且针对整个文件设置读锁，然后进入睡眠状态（图 14.11 描述过，读锁会阻止其他任何进程的写锁）。在睡眠期间，我们可以观察其他 UNIX 系统的程序会发生什么行为（下面是观察 ed、vi、shell 程序的过程）。

- 该文件可以被 ed 编辑器打开，并且可以将结果写入磁盘！强制性锁没有起到任何作用。通过使用某些 UNIX 系统提供的系统调用跟踪特性，我们看到 ed 编辑器将新的内容写入一个临时文件并删除了原来的文件，然后又将临时文件重命名为原来的文件名。由于强制性锁对 unlink 函数没有任何影响，所以就发生了这个现象。

  在 FreeBSD 8.0 和 Solaris 10 中，可以通过 truss(1) 命令获取一个进程的系统调用跟踪信息。Linux 3.2.0 基于相同的目的提供了 strace(1) 命令。Mac OS X 10.6.8 提供了 dtruss(1m) 命令来跟踪系统调用，但是执行该命令需要使用超级用户权限。

- 不过 vi 编辑器无法编辑这个文件。它可以读取文件的内容，但是每当尝试向文件写入新的内容时，就会出错并返回 EAGAIN。如果我们尝试向文件追加内容，则 write 操作会被阻塞。vi 编辑器的这种行为与我们期望的一致。
- 使用 Korn shell 的 >和>>操作符覆盖或者追加文件内容，会导致出现“cannot create”错误。

- 在 Bourne shell 中同样使用这两个操作符，>操作符会产生错误，但是>>操作符会一直被阻塞，直到强制性锁被释放才会继续执行（之所以>>操作符的处理行为发生了变化，是因为 Korn shell 采用 O_CREAT 和 O_APPEN 标记打开文件，而我们之前提到指定 O_CREAT 标记打开文件会产生错误。而对于 Bourne shell，如果文件存在则它不会指定 O_CREAT 标记，因此 open 操作会执行成功，但是后续的 write 操作会被阻塞）。

使用的操作系统的版本不同，结果也会不同。正如这里所讲的，底线是警惕强制性记录锁的使用。正如我们在 ed 程序的例子中看到的，强制性记录锁是可以绕过去的。

强制性记录锁也可以被恶意用户使用，给一个供公共访问的文件施加一个读锁可以阻止其他人修改该文件（当然，前提是该文件已经启用了强制性记录锁，用户需要有修改文件权限位的能力）。假设有一个数据库文件，所有人都可读，并且已经开启了强制性记录锁，如果一个恶意用户获取了整个文件的读锁，则其他进程就无法向该文件写入任何数据。

示例

可以运行图 14.12 中的程序来判断系统是否支持强制性记录锁。

```
#include "apue.h"
#include <errno.h>
#include <fcntl.h>
#include <sys/wait.h>

int
main(int argc, char *argv[])
{
    int             fd;
    pid_t           pid;
    char            buf[5];
    struct stat     statbuf;

    if (argc != 2) {
        fprintf(stderr, "usage: %s filename\n", argv[0]);
        exit(1);
    }
    if ((fd = open(argv[1], O_RDWR | O_CREAT | O_TRUNC, FILE_MODE)) < 0)
        err_sys("open error");
    if (write(fd, "abcdef", 6) != 6)
        err_sys("write error");

    /* 打开 set-group-ID，并关闭 group-execute */
    if (fstat(fd, &statbuf) < 0)
        err_sys("fstat error");
    if (fchmod(fd, (statbuf.st_mode & ~S_IXGRP) | S_ISGID) < 0)
        err_sys("fchmod error");

    TELL_WAIT();
```

```
    if ((pid = fork()) < 0) {
        err_sys("fork error");
    } else if (pid > 0) {    /* 父进程 */
        /* write lock entire file */
        if (write_lock(fd, 0, SEEK_SET, 0) < 0)
            err_sys("write_lock error");

        TELL_CHILD(pid);

        if (waitpid(pid, NULL, 0) < 0)
            err_sys("waitpid error");
    } else {                 /* 子进程 */
        WAIT_PARENT();       /* 等待父进程设置锁 */

        set_fl(fd, O_NONBLOCK);

        /* 首先，观察一下，若区域处于加锁状态会返回什么错误 */
        if (read_lock(fd, 0, SEEK_SET, 0) != -1)    /* no wait */
            err_sys("child: read_lock succeeded");
        printf("read_lock of already-locked region returns %d\n",
          errno);

        /* 现在尝试读取强制性锁文件 */
        if (lseek(fd, 0, SEEK_SET) == -1)
            err_sys("lseek error");
        if (read(fd, buf, 2) < 0)
            err_ret("read failed (mandatory locking works)");
        else
            printf("read OK (no mandatory locking), buf = %2.2s\n",
              buf);
    }
    exit(0);
}
```

图 14.12　判断系统是否支持强制性锁

该程序创建一个文件并对其开启强制性锁。然后该程序调用 fork 函数分裂成父进程和子进程，父进程为整个文件设置一个写锁。子进程首先设置文件描述符为非阻塞模式，然后尝试为该文件设置一个读锁，我们期望它返回一个错误，这样我们可以观察系统返回 EACCESS 还是 EAGAIN。然后，子进程将文件位置重置到文件起始位置并读取该文件。如果系统支持强制性锁，则 read 函数应该返回 EACESS 或者 EAGAIN（因为文件描述符是非阻塞模式）；否则，read 函数返回读取到的数据。在 Solaris 10（支持强制性记录锁）下运行此程序，得到如下结果：

```
$ ./a.out temp.lock
read_lock of already-locked region returns 11
read failed (mandatory locking works): Resource temporarily unavailable
```

如果我们看过系统头文件或者 intro(2)手册，就会知道错误码 11 代表 EAGAIN。在 FreeBSD 8.0 下，得到如下结果：

```
$ ./a.out temp.lock
read_lock of already-locked region returns 35
read OK (no mandatory locking), buf = ab
```

这里，错误码 35 代表 EAGAIN，表示系统不支持强制性锁。

示例

回到本节的第一问题：如果两个人同时编辑一个文件，后果是什么？一般 UNIX 系统文本编辑器不使用记录锁，所以答案依然是：结果取决于写该文件的最后一个进程。

某些版本的 vi 编辑器使用建议性记录锁。即使我们使用这类版本的 vi 编辑器，依然不能阻止其他用户使用没有使用建议性记录锁的其他编辑器。

如果系统支持强制性记录锁，则可以通过修改你最熟悉的编辑器代码来启用它（如果可以获取到编辑器的源代码的话）。如果没有编辑器源代码，可以尝试下面的方法：写一个程序，作为 vi 编辑器的前端，即该程序启动后立即调用 fork 函数，然后父进程的工作只是等待子进程退出，子进程打开命令行指定的文件并启用强制性锁，然后对整个文件施加写锁并启用 vi 编辑器。在 vi 编辑器运行阶段，该文件处于被写锁锁定状态，因此其他用户无法修改它。当 vi 编辑器终止时，父进程的 wait 函数返回并且前端程序也自然终止。

虽然可以编写这种小型的前端程序，但是它并不工作。问题出在编辑器的通用实现是读取输入文件后会关闭该文件。只要一个文件关联的描述符关闭了，则锁也就被自动释放了。因此，当编辑器读取完文件内容并关闭文件描述符后，锁也就不存在了。这个前端程序没有任何方法来阻止这样的事情。

在第 20 章中，我们使用记录锁来实现数据库函数库，该章提供了多进程并发访问文件的能力。我们还将提供时间测量功能，以观察记录锁对进程的影响。

14.4 I/O 多路复用

当通过一个文件描述符读取数据，然后将数据写入另外一个文件时，可以在一个循环体内使用阻塞式 I/O，例如：

```
while ((n = read(STDIN_FILENO, buf, BUFSIZ)) > 0)
    if (write(STDOUT_FILENO, buf, n) != n)
        err_sys("write error");
```

这种形式的阻塞 I/O 我们已经看到过多次了，但是，如果我们不得不通过两个文件描述符读取数据呢？在这种情况下，我们不能阻塞在任何一个 read 函数上，因为当我们阻塞在一个文件描述符时，另外一个文件描述符就可能出现了可以读取的数据。为了处理这种情况，需要使用另外一种技术。

我们观察 `telnet(1)` 命令的执行过程。这个程序从终端（标准输入）读取数据，然后将数据写入一个网络连接，并且从这个网络连接读取数据，然后写入终端（标准输出）。在网络连接的另一端，`telnetd` 守护进程读取用户键入的命令，并将其传送给 shell，正如我们登录远程机器那样。该 `telnetd` 守护进程将我们输入的命令产生的任何输出通过 `telnet` 命令发送给我们，并展示在终端上。图 14.13 显示了这种工作场景。

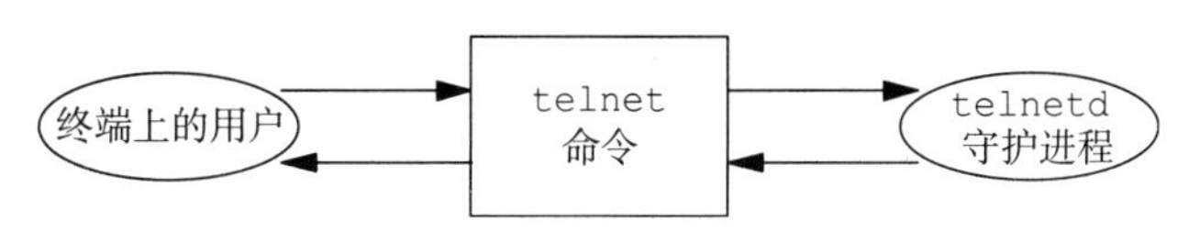

图 14.13　`telnet` 程序概览

`telnet` 进程有两个输入和两个输出。在任何输入上都不能造成 `read` 操作阻塞，因为我们永远不知道哪一个输入会有数据。

处理这种特殊问题的一种方法是，将应用程序分裂成两部分（使用 `fork` 函数），每一部分处理一个方向的数据。图 14.14 展示了这种方法（System V 系统中的 `uucp` 通信包中的 `cu(1)` 命令就采用了类似的结构）。

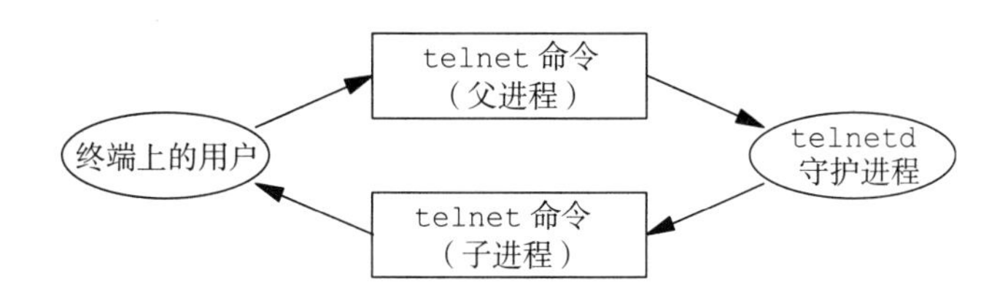

图 14.14　使用两个进程的 `telnet` 程序

如果使用两个进程，可以让每个进程都执行阻塞模式的 `read` 操作。但是当终止该进程时这会导致一个问题：如果子进程接收到文件结束符（`telentd` 守护进程使网络连接中断），子进程就会终止，并且父进程接收到 `SIGCHLD` 信号。但是如果父进程终止（用户在终端输入一个文件结束符），父进程就不得不通知子进程停止运行。我们可以使用信号（例如 `SIGUSR1`）的方式来实现该程序，但是这的确在一定程度上使程序变得更加复杂。

除了使用两个进程，我们还可以在一个进程中使用两个线程来实现。这种方法没有程序终止的问题，但是我们需要处理两个线程之间的同步问题，程序的复杂度并没有降低。

我们也可以在一个进程中使用非阻塞 I/O 来应对这种场景：先将两个描述符都设置为非阻塞模式，然后对第一个描述符发起 `read` 操作。如果该描述符上存在数据则读取并处理数据；如果没有待读取的数据，则调用会立即返回。然后我们针对第二个描述符做同样的事情。这样操作之后，我们等待一定的时间（可能是几秒），然后再次尝试从第一个描述符读取数据。这种类型的循环被称为轮询（polling）。该技术的缺点是浪费 CPU。大多数时间是没有数据可处理的，因此执行的大量 read 系统调用都是浪费 CPU 时间。另外，我们不得不猜测每一轮循环需要等待多少时间。尽管轮询在所有支持非阻塞式 I/O 的系统上都能工作，但是在多任务系统中应当尽量避免使用这种方法。

另外一种技术是异步 I/O（asynchronous I/O）。使用这种技术，我们可以告诉内核，当某个描述符为 I/O 操作准备好后，通过信号告知我们来处理。这种方法存在两个问题。首先，尽管一些系统提供了受限形式的异步 I/O 接口，但 POSIX 采纳了另外一套标准化接口，所以可移植性成为一个问题（以前，POSIX 异步 I/O 在 Single UNIX Specification 中是一个可选项，但是现在，这些接口在 SUSv4 中是必须的）。System V 提供了 SIGPOLL 信号来支持受限形式的异步 I/O，但是该信号只在文件描述符指向 STREAMS 设备时正常工作。BSD 系统有一个类似的信号，SIGIO，但是它也有类似的限制：它只在文件描述符指向终端设备或者网络设备时正常工作。

这种方法的第二个问题是，每个进程只有一个信号（SIGPOLL 或 SIGIO）。如果我们让两个描述符都使用一个信号（正如在上面例子中说到的，对两个描述符执行读操作），则在信号产生的时候系统并不会告知我们哪一个描述符准备就绪了。尽管 POSIX.1 异步 I/O 接口允许我们选择使用哪个信号来通知，但是我们能够使用的信号数目依然远少于我们能够打开的文件描述符的数目。为了判断哪个描述符就绪，需要将每个描述符都设置为非阻塞模式，然后对这些描述符进行遍历尝试。14.5 节讨论异步 I/O。

一种比较好的技术是 I/O 多路复用（*I/O multiplexing*）。使用这项技术时，我们先构建一组我们关心的描述符（通常不止一个描述符），然后调用一个函数，该函数会一直等待直到其中一个描述符为 I/O 操作准备就绪。有三个函数支持 I/O 多路复用技术：poll、pselect 和 select。这三个函数返回，就可以告诉我们哪些描述符已经为 I/O 操作准备就绪了。

> POSIX 规定，程序要使用 select 函数必须包含<sys/select.h>头文件。较老的系统还要求包含<sys/types.h>、<sys/time.h>和<unistd.h>头文件。你可以查看 select 手册了解详情。

> 在 4.2BSD 系统中，以 select 函数的形式提供了 I/O 多路复用技术。该函数可以支持任何类型的描述符，尽管它主要用于终端 I/O 和网络 I/O。SVR3 系统在增加 STREAMS 机制的同时提供了 poll 函数，一开始 poll 函数用于 STREAMS 设备。在 SVR4 中，poll 函数支持任意类型的描述符。

14.4.1 select 和 pselect 函数

在所有 POSIX 兼容平台上，我们都可以通过 select 函数来使用多路复用技术。我们传递给 select 函数的三个参数告诉内核：

- 我们关心哪些描述符。
- 针对每个描述符，我们关心哪些条件。（我们是否想从一个指定的描述符读取？我们是否想向一个指定的描述符写入？我们是否关心一个指定描述符的异常条件？）
- 我们希望等待多久（可以永远等待，等待一个固定的时间，或者一会儿也不想等）。

select 函数返回后，内核告知我们：

- 准备就绪的描述符的数目。
- 对于三个条件（读、写或者异常条件）中的每一个条件，哪些描述符已经准备就绪了。

有了这些返回信息，我们可以调用合适的 I/O 函数（通常是 read 或者 write），并且要确定函数不会被阻塞。

```
#include <sys/select.h>

int select(int maxfdp1, fd_set *restrict readfds,
           fd_set *restrict writefds, fd_set *restrict exceptfds,
           struct timeval *restrict tvptr);
        函数的返回值：准备就绪的描述符。若超时，则返回 0；若出错，则返回-1
```

我们首先说明一下最后一个参数，它指明了我们要等待多长时间，单位为秒或微秒（4.20 节）。有三种情况：

tvptr == NULL

永久等待。这种类型的等待可能会因为我们捕捉到一个信号而被中断。当我们指定的某个描述符准备就绪，或者捕捉到信号时，函数就会返回。如果是捕捉到信号，则 select 函数返回-1，并且 errno 被设置为 EINTR。

tvptr->tv_sec == 0 && *tvptr->tv_usec* == 0

根本不等待。对所有的指定描述符测试一遍后立即返回。这种轮询方式，在不阻塞 select 函数的情况下不断地从系统中提取多个描述符的状态。

tvptr->tv_sec != 0 || *tvptr->tv_usec* != 0

等待指定的秒数或微秒数。当某个指定的描述符准备就绪或者超时了，函数就会返回。如果在任何描述符就绪前发生了超时，则函数返回值是 0（如果系统不支持微秒精度，*tvptr->tv_usec* 的值会被取整到最近支持的值）。与第一种情况一样，这种等待可以被捕捉的信号中断。

POSIX.1 允许系统修改 timeval 结构的值，所以在 select 函数返回后，不能指望该结构仍旧保留着 select 函数调用之前的值。FreeBSD 8.0、Mac OS X 10.6.8 和 Solaris 10 都不会修改该结构的值，但是如果该函数在设定超时时间之前返回，则 Linux 3.2.0 会将剩余时间更新至结构中。

中间的三个参数——*readfds*、*writefds* 和 *exceptfds*，是指向文件描述符集合的指针。这三个集合指明了我们关心的可读、可写或者处于异常状态的描述符集合。文件描述符集合采用 fd_set 数据类型表示，该数据类型把每个描述符对应到其中的一个比特位。我们可以将其看作比特位数组，如图 14.15 所示。

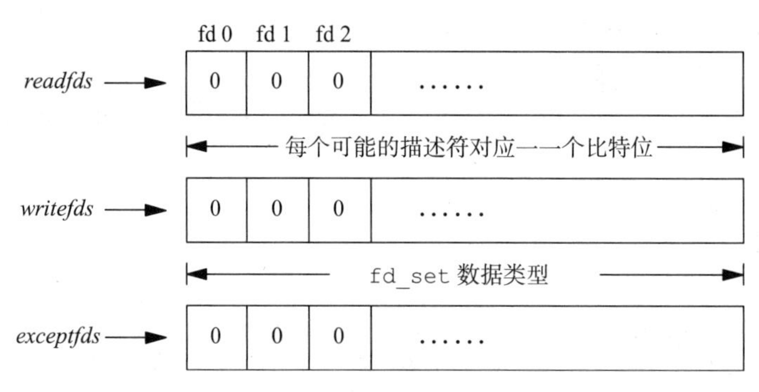

图 14.15 为 select 函数指定读、写或异常的描述符

对于 fd_set 数据类型，唯一可以进行的操作是：分配一个这种类型的变量并将该类型的变量赋值给另外一个同样类型的变量，或者在下面 4 个函数中使用该类型的变量。

```
#include <sys/select.h>

int FD_ISSET(int fd, fd_set *fdset);
                    函数的返回值：若 fd 在描述符集合中，则返回非 0 值；否则，返回 0
void FD_CLR(int fd, fd_set *fdset);
void FD_SET(int fd, fd_set *fdset);
void FD_ZERO(fd_set *fdset);
```

这些接口可以通过宏实现，也可以通过函数实现。调用 FD_ZERO 可以把 fd_set 变量的所有位设置为 0。调用 FD_SET 可以打开变量中某个比特位。可以调用 FD_CLR 来清空某个比特位。最后，可以通过 FD_ISSET 来测试 fd_set 变量中某个比特位是否为打开状态。

声明一个文件描述符集合变量后，必须使用 FD_ZERO 将描述符集合置为 0，然后在其中设置我们关心的描述符，如下所示：

```
fd_set   rset;
int          fd;
FD_ZERO(&rset);
FD_SET(fd, &rset);
FD_SET(STDIN_FILENO, &rset);
```

select 函数返回后，可以使用 FD_ISSET 测试集合中一个指定比特位是否仍处于打开状态：

```
if (FD_ISSET(fd, &rset)) {
        ⋮
}
```

select 函数中间的三个参数（指向描述符集合的指针）都可以是空指针，这表示我们不用关心相应的条件。如果三个参数都为 NULL，则我们得到一个比 sleep 函数精度更高的定时器（见 10.19 节，sleep 函数只能等待整数秒。而在 select 函数中，我们可以设置小于一秒的时间。具体的精度取决于系统时钟）。习题 14.5 给出了这样一个函数。

select 函数的第一个参数 *maxfdp1*，表示“文件描述符的最大数目加 1”。我们从这三个描述符集合计算出文件描述符的最大数目，然后将其加 1，就得到第一个参数的值。也可以将其设置为 FD_SETSIZE，其是在<sys/select.h>中定义的一个常量，该常量指定了最大描述符数目（通常是 1024），但是这个值相对于大部分应用程序来说太大了。事实上，大多数应用程序使用 3～10 个描述符（某些应用程序需要更多的描述符，但是这些 UNIX 程序并不典型）。通过指定最大描述符数目，内核就不用在三个描述符集合中遍历数以百计的无用的描述符（查找哪个比特位被打开了）。

在图 14.16 中，给出了两个描述符集合的例子。

```
fd_set  readset, writeset;

FD_ZERO(&readset);
FD_ZERO(&writeset);
FD_SET(0, &readset);
FD_SET(3, &readset);
FD_SET(1, &writeset);
FD_SET(2, &writeset);
select(4, &readset, &writeset, NULL, NULL);
```

我们必须在最大描述符数目的基础上加 1 的原因是，文件描述符从 0 开始计数，第一个参数实际上是需要检查的描述符的个数（从描述符 0 开始计数）。

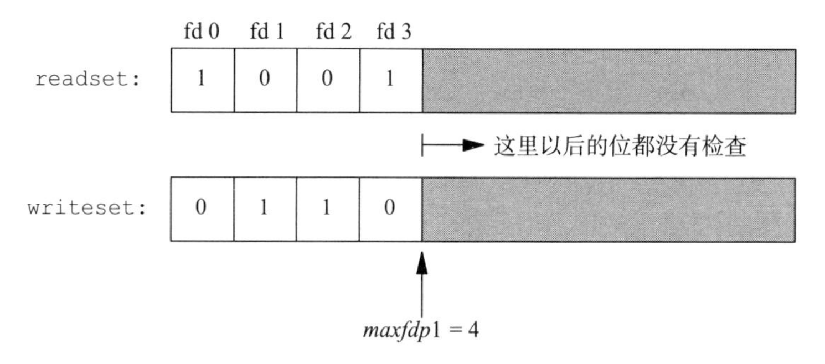

图 14.16 select 函数使用描述符集合的示例

select 函数有三种可能的返回值：

1. 返回值-1 表示出错。这是可能发生的，比如，在任何指定的描述符就绪之前捕获了一个信号，在这种情况下，任何一个描述符集合都不会被修改。
2. 返回值 0 表示没有准备就绪的描述符。如果在任何指定的描述符就绪之前时间超时了，就会出现这种情况。此时，所有的文件描述符集合都被重置为 0。
3. 返回值为正数表示已经准备就绪的描述符的个数。这个值是三个描述符集合中准备就绪的描述符的总数，因此如果一个描述符准备好了读和写，则该描述符会被计数两次。此时，三个描述符集合中依然保持打开状态的比特位对应于已经就绪的描述符。

下面说明一下“准备就绪”的含义：

- 对读集合（*readfds*）中的描述符进行 read 操作而不阻塞，则说明该描述符是准备就绪的。
- 对写集合（*writefds*）中的描述符进行 write 操作而不阻塞，则说明该描述符是准备就绪的。
- 当异常条件集合（*exceptfds*）中的一个描述符有一个未决的异常条件时，则认为该描述符是准备就绪的。当前，异常条件表示有网络连接上的带外数据到来，或者处于数据包模式的伪终端出现了某些条件（Stevens（1990）中 15.10 节描述了后面这种条件）。
- 对于与普通文件关联的文件描述符，无论对于读、写还是异常条件，总是准备就绪的。

文件描述符的阻塞与否并不影响 select 函数的阻塞，理解这一点十分重要。也就是说，如果从一个非阻塞模式的描述符读取数据，并且我们设置 select 函数的超时时间为 5 秒，则 select 函数最多阻塞 5 秒。类似地，如果我们为 select 函数指定无限的超时时间，则 select 函数会永远阻塞，直到该描述符上有数据到达可供读取，或者直到捕获到一个信号。

如果在一个文件描述符上碰到了文件末尾，则 select 函数会认为该描述符可读，然后可以调用 read 函数并且返回值为 0——UNIX 系统指示到达文件末尾的方法（很多人错误地认为，当到达文件末尾时，select 函数会指示该描述符存在异常条件）。

POSIX.1 也定义了一个 select 函数的变体：pselect。

```
#include <sys/select.h>

int pselect(int maxfdp1, fd_set *restrict readfds,
            fd_set *restrict writefds, fd_set *restrict exceptfds,
            const struct timespec *restrict tsptr,
            const sigset_t *restrict sigmask);
                返回值：准备就绪的描述符；若超时，则返回 0；若出错，则返回-1
```

pselect 函数与 select 函数的作用相同，除了以下几点：

- select 函数的超时时间通过 timeval 结构体指定，但是 pselect 函数使用 timespec 结构体（4.2 节介绍了 timespec 结构体的定义）。timespec 结构体以秒和纳秒表示超时时间，而不是秒和微秒。这就可以提供一个更加精确的超时时间，如果系统支持这样的时间精度。

- pselect 函数的超时时间参数被声明为 const 类型，这保证了它的值不会被改变。
- pselect 函数有一个可选的信号掩码参数。如果 *sigmask* 为 NULL，则 pselect 函数的行为与 select 函数的一致。否则，当 pselect 函数执行时，*sigmask* 指向的信号掩码会被自动加载；一旦函数返回，就会恢复到原来的信号掩码。

14.4.2 poll 函数

poll 函数与 select 函数类似，但是它们的编程接口不相同。poll 函数最开始由 System V 引入用来支持 STREAMS 子系统，但当前 poll 函数可支持任何类型的文件描述符。

```
#include <poll.h>

int poll(struct pollfd fdarray[], nfds_t nfds, int timeout);
                    返回值：准备就绪的描述符数目；若超时，则返回 0；若出错，则返回-1
```

与 select 函数不同，poll 函数不需要为每个条件构建一个描述符集合（可读、可写和异常条件），而是构造一个 pollfd 结构的数组，数组中的每个元素都指定一个描述符和我们对该描述符关心的条件。

```
struct pollfd {
    int          fd;        /* 待检查的文件描述符，小于 0 则会忽略 */
    shortevents;    /* 对 fd 感兴趣的事件 */
    shortrevents;   /* 发生在 fd 上的事件 */
};
```

fdarray 数组的大小由 *nfds* 指定。

由于历史的原因，声明 *nfds* 参数有几种不同的方式。SVR3 使用 unsigned long 类型指定数组中元素个数，这似乎太大了。在 SVR4 手册中的（AT&T 1990d）中，poll 函数的原型定义将第二个参数指定为 size_t 类型（图 2.21 中的基本数据类型）。但是在 <poll.h>中真实的原型显示了第二个参数的类型依然是 unsgigned long。Single UNIX Specification 定义了一个新的数据类型 nfds_t，从而允许不同的实现选择合适的类型，并对应用程序隐藏了细节。注意，该类型必须足够大能够保存下一个 int 类型，因为返回值表示在该数组中有多少元素满足事件。

SVR4 手册中的 SVID（AT&T 1989）显示了 poll 函数的第一个参数是 struct pollfd *fdarry*[]，而 SVR4 手册中的（AT&T 1990d）中显示第一个参数是 struct poll **fdarry*。在 C 语言中，这两种声明形式是等价的。我们使用第一种声明形式是为了重申 fdarry 指向一个结构体数组，而不是指向单个结构体。

为了告诉内核我们关心每个描述符的哪些事件，必须为数组中每个结构体的 events 元素设置图 14.17 中的一个或者多个值。revents 元素由内核设置，用于说明每个描述符发生了哪些事件（注意，poll 函数不会修改 events 元素值，这与 select 函数不同，select 函数通过修改它的参数来表示哪些描述符已经准备就绪）。

名　称	events 可能的输入值	从 revents 可能得到的结果	描　述
POLLIN	•	•	除了高优先级类型的数据，其他类型的数据都可以被不阻塞地读取（等价于 POLLRDNORM | POLLRDBAND）
POLLRDNORM	•	•	可以不阻塞地读普通数据
POLLRDBAND	•	•	可以不阻塞地读优先级数据
POLLPRI	•	•	可以不阻塞地读高优先级数据
POLLOUT	•	•	可以不阻塞地写普通数据
POLLWRNORM	•	•	与 POLLOUT 相同
POLLWRBAND	•	•	可以不阻塞地写优先级数据
POLLERR		•	已出错
POLLHUP		•	已挂断
POLLNVAL		•	描述符没有引用一个打开的文件

图 14.17　poll 函数中 events 和 revents 标记

图 14.17 中的前四行用于测试可读性，接下来的三行用于测试可写性，最后三行用于测试是否存在异常条件。最后三行是由内核在返回的时候设置的，即使在 events 字段没有指定这三个参数，在相应条件发生时，在 revents 中也会返回它们。

在 poll 事件中将 STREMS 中的优先级波段（priority band）命名为 BAND。若想了解关于 STREAM S 和优先级波段更多的信息，请参考 Rago（1993）。

当描述符处于挂起状态（POLLUP）时，我们无法向该描述符写入数据，但是依然可以从该描述符读取数据，如果有的话。

poll 函数的最后一个参数指定了我们期望等待的时间。与 select 函数一致，有三种情况。

timeout == -1

永远等待（一些系统在头文件<stropts.h>中定义常量 INFTIM 为-1）。当指定的描述符准备就绪或者捕捉到信号时，poll 函数返回。如果捕捉到信号，则 poll 函数会返回-1，并将 errno 设置为 EINTR。

timeout == 0

不等待。在对所有指定的描述符测试一遍后立即返回。这是一种从多个描述符找到就绪描述符的轮询系统设计方法，在这种情况下，poll 函数不会被阻塞。

timeout > 0

等待指定的毫秒数。当某个指定的描述符准备就绪或者 timeout 超时时，函数返回。如果在 timeout 超时前没有任何描述符准备就绪，则函数返回值为 0（如果系统时间不支持毫秒级精度，则会对 timeout 值取整到最接近的支持的值）。

理解文件末尾和挂断之间的区别是十分重要的。如果我们正在向终端输入数据并键入文件结束符，那么 POLLIN 就会被打开，从而我们可以读取到这个文件末尾指示符（read 函数返回 0）。在这种情况下，POLLHUP 不会被打开。如果我们从调制解调器读取数据，并且电话线处于挂起状态，则会收到 POLLHUP 通知。

与 select 函数一样，描述符是否阻塞并不影响 poll 函数是否阻塞。

select 和 poll 函数的可中断性

被中断的系统调用的自动重启机制被引入 4.2 BSD 以来（10.5 节），select 函数永远不会重启。这个特性在大多数系统中延续下来，即使指定了 SA_RESTART 选项。但是在 SVR4 系统中，如果指定了 SA_RESTART，则 select 和 poll 函数也会自动重启。为了避免这个特性阻拦我们将软件移植到 SVR4 派生系统，如果信号可能中断 select 或 poll 函数，那么我们就要使用 signal_intr 函数（图 10.19）。

在本书中描述的各个系统在收到信号时都不会重启 poll 和 select 函数，即使使用了 SA_RESTART 标识也是如此。

14.5 异步 I/O

使用上一节描述的 select 和 poll 函数来构建应用程序，是一种同步通知的设计方法。在我们主动询问系统（调用 select 或者 poll 函数）之前，它不会主动告诉我们任何事情。正如第 10 章介绍的，信号提供了一种异步通知的方法，来通知某种事件已经发生。所有从 BSD 和 System V 系统派生出的系统都提供了某种形式的异步 I/O，其采用一个信号（在 Sytem V 中是 SIGPOLL，在 BSD 中是 SIGIO）通知进程，它们关心的某个描述符的某些事件已经发生。正如之前章节所讲，这些形式的异步 I/O 总是会有一些限制：它们无法支持所有类型的文件描述符，并且它们只能使用一个信号。如果我们要对一个以上的描述符使用异步 I/O，那么当这个信号投递过来时，我们不知道这个信号对应哪个描述符。

SUSv4 将通用的异步 I/O 机制从实时扩展部分调整到基本规范部分。这个机制解决了上述老的异步 I/O 机制存在的诸多限制。

在我们查看异步 I/O 的不同用法之前，需要先讨论使用成本。当我们决定使用异步 I/O 时，意味着我们要同时处理多个并发操作，这样也让应用程序设计变得更加复杂。另外一个简单的方法是使用多线程技术，这个方法允许我们采用同步模型编写应用程序，然后让每个线程异步地运行。

当我们使用 POSIX 异步 I/O 接口时，又会带来以下的复杂性。

- 对每一个异步操作，我们必须关心三个可能产生错误的地方：一处与提交操作相关；一处与操作本身的结果相关；最后一处与确定异步操作的状态函数相关。
- POSIX 异步 I/O 接口相比于传统的方法，引入了大量额外的设置项和处理规则。

事实上，我们不能将“非异步 I/O 函数”称之为“同步的函数”，因为尽管它们相对于程序流来说是同步的，但它们相对于 I/O 来说不是同步的。第 3 章讨论过同步写的问题，只有在写操作返回并且数据已经变为持久状态时，我们才称此写操作为“同步的”。为了与异步 I/O 函数区分开，我们不能简单地称传统的 I/O 函数为“标准 I/O”函数，因为这会将其与标准 I/O 库中的函数混为一谈。为了避免混淆，我们这里将 `read` 和 `write` 这类函数称之为“传统 I/O 函数”。

- 从错误中恢复可能十分困难。比如，如果我们提交了多个异步的写操作，而其中一个失败了，那么我们下一步应该怎么做？如果这些写操作是相关的，我们可能就不得不回滚之前成功的写操作。

14.5.1 System V 异步 I/O

System V 系统提供了一种受限的异步 I/O 机制，它只对 STREAMS 设备和 STREAM 管道起作用。System V 的异步 I/O 信号是 `SIGPOLL`。

为了对一个 STREAMS 设备启用异步 I/O，我们需要调用 `ioctl` 函数，将它的第二个参数（*request*）设置成 `I_SETSIG`。第三个参数是一个整数值，它由图 14.18 中的一个或者多个常量组成。这些常量在头文件`<stropts.h>`中定义。

与 STREAMS 机制相关的接口在 SUSv4 中已被标记为过时了，因此我们不再介绍它们的任何细节。关于 STREAMS 的详细信息见 Rago（1993）。

除了调用 `ioctl` 函数来指定产生 `SIGPOLL` 信号的条件，还应为该信号设置一个信号处理函数。在图 10.1 中，由于 `SIGPOLL` 信号的默认行为是终止进程，因此在调用 `ioctl` 函数之前应该先构建信号处理函数。

常　量	说　明
S_INPUT	可以不阻塞地读取数据（非高优先级数据）
S_RDNORM	可以不阻塞地读取普通数据
S_RDBAND	可以不阻塞地读取优先级数据
S_BANDURG	如果指定该常量的同时指定了 S_RDBAND 常量，则当我们可以不阻塞地读取优先级数据时，产生 SIGURG 信号而非 SIGPOLL
S_HIPRE	可以不阻塞地读取高优先级数据
S_OUTPUT	可以不阻塞地写普通数据
S_WRNORM	与 S_OUTPUT 一样
S_WRBAND	可以不阻塞地写优先级数据
S_MSG	SIGPOLL 信号通知消息已经到达流头部
S_ERROR	流有错误
S_HANGUP	流已挂起

图 14.18　产生 SIGPOLL 信号的条件

14.5.2　BSD 异步 I/O

BSD 系统中的异步 I/O 涉及两个信号：SIGIO 和 SIGURG。前者是通用的异步 I/O 信号，后者只用于通知进程网络连接上有带外数据已经到达。

为了接收 SIGIO 信号，需要执行以下三个步骤：

1. 调用 signal 或 sigaction 函数，为 SIGIO 信号构建信号处理函数。
2. 通过调用 fcntl 函数，并将其 cmd 参数设置为 F_SETOWN（见 3.14 节），为描述符设置接收信号的进程 ID 或者进程组 ID。
3. 通过调用 fcntl 函数，并将其 cmd 参数设置为 F_SETFL，其文件状态标记设置为 O_ASYNC，为描述符开启异步 I/O。

只能对与终端或者网络连接关联的描述符执行步骤 3，这是 BSD 异步 I/O 设施的一个基本限制。

对于 SIGURG 信号，我们只需要执行步骤 1 和步骤 2。该信号只用于支持带外数据与网络连接相关的描述符，比如 TCP 连接。

14.5.3　POSIX 异步 I/O

POSIX 异步 I/O 接口为不同类型的文件提供了一套一致的异步 I/O 操作接口。这些接口来自于实时草案标准部分，它们本来是 Single UNIX Specification 的可选项。在 SUSv4 中，这些接口被调整到基础规范部分，所以现在要求支持 POSIX 系统的平台都要支持它们。

异步 I/O 接口采用 AIO 控制块来描述 I/O 操作。aiocb 结构体定义了 AIO 控制块，如下所示，它至少包含以下这几个字段（不同的实现可能包含其他的字段）：

```
struct aiocb {
  int              aio_fildes;      /* 文件描述符 */
  off_t            aio_offset;      /* I/O 操作的文件偏移量 */
  volatile void   *aio_buf;         /* I/O 操作的缓冲区 */
  size_t           aio_nbytes;      /* 传输的字节数 */
  int              aio_reqprio;     /* 优先级 */
  struct sigevent aio_sigevent;     /* 信号信息 */
  int              aio_lio_opcode;  /* list I/O 操作*/
};
```

aio_fildes 字段表示被打开用来读或者写的文件描述符，并且读写操作从 aio_offset 标记的位置开始。对于读操作，就是将数据复制到由 aio_buf 指向的缓冲区。对于写操作，是将数据从该缓冲区复制出来。aio_nbytes 字段表示需要读写的字节数。

注意，执行异步 I/O 操作时我们必须显式地指定文件偏移量。异步 I/O 接口并不影响系统维护的文件偏移量。只要不在同一个进程中把异步 I/O 函数和传统 I/O 函数针对同一个文件混在一起用，这没有问题。同样需要注意的是，如果我们使用异步 I/O 接口向一个以追加模式（O_APPEND）打开的文件写入数据，则 AIO 控制块中的 aio_offset 字段会被系统忽略。

其他字段与传统 I/O 函数没有任何关联性。aio_reqprio 字段为应用程序执行异步 I/O 请求的顺序提供一种提示，但是系统对这种精确排序只有有限的控制，即无法保证一定遵循提示的顺序执行 I/O 操作。aio_lio_opcode 字段只用于基于列表的异步 I/O，我们稍后讨论它。aio_sigevent 字段控制如果异步 I/O 事件完成如何通知应用程序。下面描述了 sigevent 结构体。

```
struct sigevent {
    int             sigev_notify;                          /*通知类型 */
    int             sigev_signo;                           /*信号编码*/
    union sigval    sigev_value;                           /*通知参数*/
    void (*sigev_notify_function)(union sigval);           /* 通知函数*/
    pthread_attr_t *sigev_notify_attributes;               /* 通知属性*/
};
```

sigev_notify 字段控制通知的类型，它的取值是以下三个中的一个。

SIGEV_NONE　　异步 I/O 请求完成，不通知进程。

SIGEV_SIGNAL　异步 I/O 请求完成后，产生由 sigev_signo 字段指定的信号。如果应用程序已经选择捕捉信号，并且在构建信号处理函数时指定了 SA_SIGINFO 标记，则该信号将会入队（如果系统支持排队信号的话）。信号处理函数会被传送一个 siginfo 结构体，该结构体的 si_value 字段被设置为 sigev_value（如果 SA_SIGINFO 被设置的话）。

SIGEV_THREAD　异步 I/O 请求完成后，由 sigev_notify_funciton 字段指定的函数会被调用。它的唯一参数就是 sigev_value 字段。除非 sigev_notify_attributes 字段指向的地址包含了额外的 pthread 属性值，否则该函数将在一个处于分离状态的独立线程中执行。

为了执行异步 I/O 操作，我们需要初始化异步 I/O 控制块，然后调用 aio_read 函数来实现异步读操作，或者调用 aio_write 函数来实现异步写操作。

```
#include <aio.h>

int aio_read(struct aiocb *aiocb);

int aio_write(struct aiocb *aiocb);
                                返回值：若成功，则返回 0；若出错，则返回-1
```

如果这些函数返回成功，则异步 I/O 请求被系统放入等待处理的队列中。这些返回值与真实的异步 I/O 操作的结果没有任何关系。当 I/O 操作在等待时，我们必须小心地保证 AIO 控制块和数据缓冲区保持稳定，使它们对应的内存保持有效，并且在该 I/O 操作完成之前我们不能重新执行它们。

若想强制让所有等待的异步写操作直接向持久化存储中写入，则可以设置 AIO 控制块并调用 aio_fsync 函数。

```
#include <aio.h>

int aio_fsync(int op, struct aiocb *aiocb);
                                返回值：若成功，则返回 0；若出错，则返回-1
```

AIO 控制块中的 aio_files 字段指示了异步写要同步的文件。如果 *op* 参数被设置为 O_DSYNC，则该操作的行为类似于调用 fdatasync 函数。否则，如果 *op* 被设置为 O_SYNC，则该操作的行为类似于调用了 fsync 函数。

就像 aio_read 和 aio_write 函数，当安排同步操作时 aio_fsync 操作就会返回。该数据在该异步操作的同步请求完成之前不会转换为持有化数据。AIO 控制块控制如何通知我们，正如 aio_read 和 aio_write 函数那样。

为了确定异步读、写或同步操作的完成状态，需要调用 aio_error 函数。

```
#include <aio.h>

int aio_error(const struct aiocb *aiocb);
                                              返回值：见下文
```

返回值可以是下面 4 种中的一种：

0　　异步操作成功完成。需要调用 aio_return 函数获取操作的返回值。

−1　　aio_error 函数调用失败。在这种情况下，errno 会告诉我们为什么。

EINPROGRESS 异步读、写或同步操作依然处于等待状态。

其他 其他任何返回值是相关联的失败的异步操作的错误码。

如果异步操作执行成功，则可以调用 aio_return 函数获取异步操作的返回值。

```
#include <aio.h>

ssize_t aio_return(const struct aiocb *aiocb);
```
返回值：见下文

在异步操作完成之前，我们都要小心避免调用 aio_return 函数，因为在操作完成之前其结果是未定义的。我们也需要小心保证每一个异步 I/O 操作只调用一次 aio_return 函数，因为一旦我们调用这个函数，系统就会释放包含 I/O 操作返回值的记录。

aio_return 函数执行失败会返回-1，并设置 errno；否则，会返回异步操作的执行结果。在这种情况下，会返回 read、write 或 fsync 被成功调用时返回的返回值。

之所以使用异步 I/O 是因为还有其他事务需要处理，故而不希望阻塞在执行 I/O 操作阶段。但是，当我们完成了其他事务后发现还有异步操作未完成，可以调用 aio_suspend 函数来阻塞进程，指导操作完成。

```
#include <aio.h>

int aio_suspend(const struct aiocb *const list[], int nent,
                const struct timespec *timeout);
```
返回值：若成功，则返回 0；若出错，则返回-1

有三种情况会导致 aio_suspend 函数返回。如果被信号中断，则函数返回-1，并设置 errno 为 EINTR。如果 *timeout* 参数指示的超时时间到了并且没有任何 I/O 操作完成，则函数返回-1，并设置 errno 为 EAGAIN（如果我们希望不设置时间限制的话，则可以把空指针传递给 *timeout* 参数）。如果有任一 I/O 操作完成，则 aio_suspend 函数返回 0。如果调用 aio_suspend 函数时，所有的异步 I/O 操作都完成了，则 aio_suspend 函数不会阻塞直接返回。

list 参数是指向 AIO 控制块数组的指针，而 *nent* 参数指定了数组中的条目数。数组中的空指针会被跳过，其他条目都必须指向已用于初始化异步 I/O 操作的 AIO 控制块。

如果有一些等待中的异步 I/O 操作，我们不再希望它们执行完成，则可以尝试调用 aio_cancel 函数来取消。

```
#include <aio.h>

int aio_cancel(int fd, struct aiocb *aiocb);
```
返回值：见下文

参数 *fd* 指定未完成的异步 I/O 操作的文件描述符。如果参数 *aiocb* 是 NULL，则系统会尝试取消该文件对应的所有未完成的异步 I/O 操作。否则，系统尝试取消 *aiocb* 指定的异步 I/O

操作。这里我们使用“尝试”这个词汇，是因为我们不能保证系统可以取消正在处理中的异步 I/O 操作。

aio_cancel 函数有四种返回值：

AIO_ALLDONE	所有的操作在尝试取消它们之前已经完成。
AIO_CANCELED	所有请求的操作已被取消。
AIO_NOTCANCELED	至少有一个请求的操作没有被取消。
−1	aio_cancel 函数调用失败。错误码被保存在 errno 中。

如果一个异步 I/O 操作被成功地取消了，则针对对应的 AIO 控制块调用 aio_error 函数会返回错误码 ECANCELED。如果操作无法被取消，则对应的 AIO 控制块不会因为调用了 aio_cancel 函数而发生改变。

还有一个函数被包含在异步 I/O 接口中，尽管它既能以同步的方式调用，又能以异步的方式调用。lio_listio 函数能提交由 AIO 控制块列表描述的一系列 I/O 操作请求。

```
#include <aio.h>

int lio_listio(int mode, struct aiocb *restrict const list[restrict],
               int nent, struct sigevent *restrict sigev);
                                返回值：若成功，则返回 0；若出错，则返回-1
```

参数 *mode* 决定了 I/O 操作是否真的是异步的。当设置它为 LIO_WAIT 时，则 lio_listio 函数直到它提交的 I/O 操作完成后才会返回。在这种情况下，*sigev* 参数会被忽略。如果将 mode 参数设置为 LIO_NOWAIT，则一旦 I/O 请求入队就会立即返回。所有的 I/O 操作完成后，异步地通知应用程序，如 sigev 参数那样。如果我们不希望通知，则可以将 *sigev* 参数设置为 NULL。需要注意的是，每个 AIO 控制块可能也各自设置了自己的异步通知，在对应的 I/O 操作完成后依然会触发通知。所以这里的 *sigev* 参数指定的是一个额外的异步通知，它只有在函数提交的所有 I/O 操作完成后才被发送。

参数 *list* 指向一组 AIO 控制块，其指定了需要执行的异步 I/O 操作。参数 *nent* 指定了这个数组中元素的个数。这一组 AIO 控制块可能包含 NULL 指针，这些条目会被忽略。

在每个 AIO 控制块中，aio_lio_opcode 字段指定该操作是一个读操作（LIO_READ），还是一个写操作（LIO_WRITE）或是一个会被忽略的空操作（LIO_NOP）。对于读操作，就如同将对应的 AIO 控制块传递给 aio_read 函数。同样，对于写操作，就如同将 AIO 控制块传递给 aio_write 函数。

系统可以限制未完成的异步 I/O 操作的数量。这些限制在运行时不允许改变。图 14.19 总结了这些限制。

名　称	说　明	可接受的最小值
AIO_LISTIO_MAX	在一个 list I/O 调用中 I/O 操作的最大数目	_POSIX_AIO_LISTIO_MAX (2)
AIO_MAX	未完成的异步 I/O 操作的最大数目	_POSIX_AIO_MAX (1)
AIO_PRIO_DELTA_MAX	进程可以减少其异步 I/O 操作优先级的最大值	0

图 14.19　POSIX.1 中异步 I/O 运行时不变量的值

我们可以通过调用 sysconf 函数并把参数 *name* 设置为_SC_IO_LISTIO_MAX 来获取 AIO_LISTIO_MAX 的值。同样，可以通过调用 sysconf 函数并把参数 *name* 设置为_SC_AIO_MAX 来获取 AIO_MAX 的值，以及通过把参数 *name* 设置为_SC_AIO_PRIO_DELTA_MAX 来调用 sysconf 函数获取 AIO_PRIO_DELTA_MAX 的值。

本来 POSIX 异步 I/O 接口是为实时应用程序引入的，用来避免实时应用程序执行 I/O 操作时被阻塞。下面给出了一个使用这些接口的例子。

示例

虽然本书不会讨论实时应用程序编程，但是现在 POSIX 异步 I/O 接口是 Single UNIX Specification 中的基本规范的一部分，所以在此我们要了解如何使用它们。为了对比异步 I/O 接口和相应的传统 I/O 接口，我们来研究一个这样的程序：将一个文件从一种格式翻译成另外一种格式。

图 14.20 展示的程序使用 ROT-13 算法来翻译文件，该算法被应用于在 20 世纪 80 年代流行的 USENET 新闻系统中，用来模糊可能包含有所冒犯或者有所剧透和笑话笑点的文本。该算法将英文字符 a～z 和 A～Z 分别循环向右偏移 13 个英文位置，但不改变其他字符。

```
#include "apue.h"
#include <ctype.h>
#include <fcntl.h>

#define BSZ 4096

unsigned char buf[BSZ];

unsigned char
translate(unsigned char c)
{
    if (isalpha(c)) {
        if (c >= 'n')
            c -= 13;
        else if (c >= 'a')
            c += 13;
        else if (c >= 'N')
```

```
                c -= 13;
            else
                c += 13;
        }
        return(c);
}
int
main(int argc, char* argv[])
{
        int     ifd, ofd, i, n, nw;

        if (argc != 3)
            err_quit("usage: rot13 infile outfile");
        if ((ifd = open(argv[1], O_RDONLY)) < 0)
            err_sys("can't open %s", argv[1]);
        if ((ofd = open(argv[2], O_RDWR|O_CREAT|O_TRUNC, FILE_MODE)) < 0)
            err_sys("can't create %s", argv[2]);

        while ((n = read(ifd, buf, BSZ)) > 0) {
            for (i = 0; i < n; i++)
                buf[i] = translate(buf[i]);
            if ((nw = write(ofd, buf, n)) != n) {
                if (nw < 0)
                    err_sys("write failed");
                else
                    err_quit("short write (%d/%d)", nw, n);
            }
        }

        fsync(ofd);
        exit(0);
}
```

图 14.20　使用 ROT-13 算法翻译文件

程序中的 I/O 操作是很直接的：从输入文件中读取一块数据并翻译，然后将翻译后的数据写到输出文件中。重复执行以上步骤直到到达文件末尾，即 read 函数返回 0。图 14.21 中的程序使用异步 I/O 函数来实现与上述相同的任务。

```
#include "apue.h"
#include <ctype.h>
#include <fcntl.h>
#include <aio.h>
#include <errno.h>

#define BSZ 4096
#define NBUF 8

enum rwop {
    UNUSED = 0,
    READ_PENDING = 1,
```

```
    WRITE_PENDING = 2
};

struct buf {
    enum rwop     op;
    int           last;
    struct aiocb  aiocb;
    unsigned char data[BSZ];
};

struct buf bufs[NBUF];

unsigned char
translate(unsigned char c)
{
    /* 和以前一样 */
    if (isalpha(c)) {
        if (c >= 'n')
            c -= 13;
        else if (c >= 'a')
            c += 13;
        else if (c >= 'N')
            c -= 13;
        else
            c += 13;
    }
    return(c);
}

int
main(int argc, char* argv[])
{
    int                 ifd, ofd, i, j, n, err, numop;
    struct stat         sbuf;
    const struct aiocb  *aiolist[NBUF];
    off_t               off = 0;

    if (argc != 3)
        err_quit("usage: rot13 infile outfile");
    if ((ifd = open(argv[1], O_RDONLY)) < 0)
        err_sys("can't open %s", argv[1]);
    if ((ofd = open(argv[2], O_RDWR|O_CREAT|O_TRUNC, FILE_MODE)) < 0)
        err_sys("can't create %s", argv[2]);
    if (fstat(ifd, &sbuf) < 0)
        err_sys("fstat failed");

    /* 初始化缓冲区 */
    for (i = 0; i < NBUF; i++) {
        bufs[i].op = UNUSED;
        bufs[i].aiocb.aio_buf = bufs[i].data;
        bufs[i].aiocb.aio_sigevent.sigev_notify = SIGEV_NONE;
```

```
        aiolist[i] = NULL;
    }

    numop = 0;
    for (;;) {
        for (i = 0; i < NBUF; i++) {
            switch (bufs[i].op) {
            case UNUSED:
                /*
                 * 从输入文件中读取数据，如果有数据尚未被读取的话。
                 */
                if (off < sbuf.st_size) {
                    bufs[i].op = READ_PENDING;
                    bufs[i].aiocb.aio_fildes = ifd;
                    bufs[i].aiocb.aio_offset = off;
                    off += BSZ;
                    if (off >= sbuf.st_size)
                        bufs[i].last = 1;
                    bufs[i].aiocb.aio_nbytes = BSZ;
                    if (aio_read(&bufs[i].aiocb) < 0)
                        err_sys("aio_read failed");
                    aiolist[i] = &bufs[i].aiocb;
                    numop++;
                }
                break;

            case READ_PENDING:
                if ((err = aio_error(&bufs[i].aiocb)) == EINPROGRESS)
                    continue;
                if (err != 0) {
                    if (err == -1)
                        err_sys("aio_error failed");
                    else
                        err_exit(err, "read failed");
                }

                /*
                 * A 读操作完成，翻译该缓冲区内容并写入。
                 */
                if ((n = aio_return(&bufs[i].aiocb)) < 0)
                    err_sys("aio_return failed");
                if (n != BSZ && !bufs[i].last)
                    err_quit("short read (%d/%d)", n, BSZ);
                for (j = 0; j < n; j++)
                    bufs[i].data[j] = translate(bufs[i].data[j]);
                bufs[i].op = WRITE_PENDING;
                bufs[i].aiocb.aio_fildes = ofd;
                bufs[i].aiocb.aio_nbytes = n;
                if (aio_write(&bufs[i].aiocb) < 0)
                    err_sys("aio_write failed");
                /* 保留在 aiiolist 中的位置  */
```

```
                break;

            case WRITE_PENDING:
                if ((err = aio_error(&bufs[i].aiocb)) == EINPROGRESS)
                    continue;
                if (err != 0) {
                    if (err == -1)
                        err_sys("aio_error failed");
                    else
                        err_exit(err, "write failed");
                }

                /*
                 * 写操作完成，标记缓冲区为未使用。
                 */
                if ((n = aio_return(&bufs[i].aiocb)) < 0)
                    err_sys("aio_return failed");
                if (n != bufs[i].aiocb.aio_nbytes)
                    err_quit("short write (%d/%d)", n, BSZ);
                aiolist[i] = NULL;
                bufs[i].op = UNUSED;
                numop--;
                break;
            }
        }
        if (numop == 0) {
            if (off >= sbuf.st_size)
                break;
        } else {
            if (aio_suspend(aiolist, NBUF, NULL) < 0)
                err_sys("aio_suspend failed");
        }
    }

    bufs[0].aiocb.aio_fildes = ofd;
    if (aio_fsync(O_SYNC, &bufs[0].aiocb) < 0)
        err_sys("aio_fsync failed");
    exit(0);
}
```

图 14.21　使用 ROT-13 算法和异步 I/O 函数来翻译文件

注意，我们使用了 8 个缓冲区，因此可以最多有 8 个异步 I/O 请求处于等待状态。令人惊讶的是，这可能影响性能，因为如果读操作是以无序的方式提交给文件系统的，那么系统提前读的算法可能会失效。

在验证一个操作的返回值之前，需要确保操作已经完成。当 aio_error 函数返回一个既不是 EINPROGRESS 也不是-1 的值时，表示该异步 I/O 操作执行成功。除了这些值，如果返回值是除了 0 以外的其他值，则意味着该异步 I/O 操作执行失败了。只要我们正确检查了这些返回值，就可以安全地调用 aio_return 函数来获取异步 I/O 操作的返回值。

只要有事情要做，就可以提交异步 I/O 操作。如果存在尚未使用的 AIO 控制块，则可以提交异步读操作。当读操作完成后，翻译缓冲区内容并提交一个异步写请求。如果所有的 AIO 控制块处于使用状态，则程序可通过调用 aio_suspend 函数等待某个异步 I/O 操作完成。

在将一块数据写入输出文件时采用的偏移量，要与当初读这块数据的偏移量保持一致。因此，写操作的顺序就无关紧要了。这种策略能够工作的原因是输入文件的每个字符与输出文件的每个字符是一一对应的，在输出文件中我们既不增加字符也不删除字符（这个特性对于习题 14.8 会有帮助）。

在这个示例中我们并没有使用异步通知，因为使用同步编程模型更简单。如果我们在 I/O 操作执行过程中有别的事情需要去做，那么需要在 for 循环中增加一些工作。然而，如果我们希望避免因这些新增的工作延迟了翻译文件的任务，就必须在代码中使用异步通知。在多任务情况下，在决定如何构建程序之前首先要决定任务的优先级。

14.6 readv 和 writev 函数

readv 和 writev 函数允许我们使用一次函数调用即可将数据读入或写出多个非连续缓冲区。这些操作被称为散布读（scatter read）和聚集写（gather write）。

```
#include <sys/uio.h>

ssize_t readv(int fd, const struct iovec *iov, int iovcnt);

ssize_t writev(int fd, const struct iovec *iov, int iovcnt);
                    两个函数的返回值：已读或者已写的字节数；若出错，则返回-1
```

这两个函数的第二个参数是一个指针，指向一个 iovec 结构体数组。

```
struct iovec {
  void   *iov_base;   /* 缓冲区的起始位置 */
  size_t  iov_len;    /* 缓冲区的大小 */
};
```

参数 *iov* 指向的数组的长度由参数 *iovcnt* 指定，其最大值受限于 IOV_MAX（见图 2.11）。图 14.22 举例描述了这两个函数的 iovec 结构。

writev 函数将 *iov*[*0*]、*iov*[*1*]直到 *iov*[*iovcnt-1*]的缓冲区数据按照顺序聚集在一起，返回输出的总字节数（正常情况下这个值应该是缓冲区长度的总和）。

readv 函数将数据按照顺序散布到 *iov* 数组中，且总是先填满一个缓冲区再填写下一个。readv 函数返回读到的字节总数，如果遇到文件末尾没有数据可读，则返回 0。

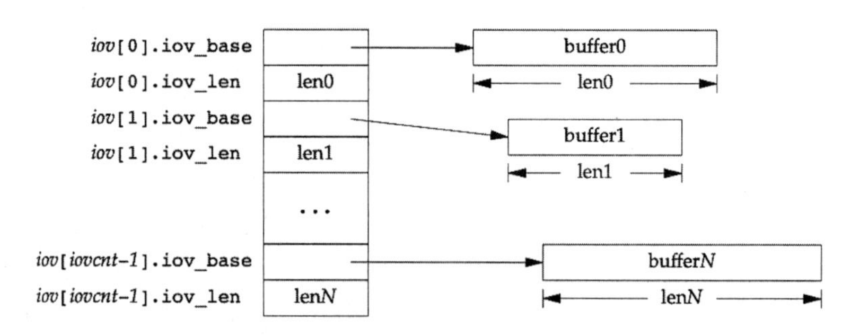

图 14.22　readv 和 writev 函数的 iovec 结构

这两个函数出自 4.2BSD，并很快被加入 SVR4 中。这两个函数被包含在 Single UNIX Specification 的 XSI 扩展中。

示例

在 20.8 节，_db_writeidx 函数要求我们将两个缓冲区按顺序写入一个文件。要输出的第二个缓冲区是调用者传递的参数，而第一个缓冲区是我们自己创建的，包含了第二个缓冲区的长度、文件的偏移量等信息。为了实现这一要求，我们有三种方法。

1. 调用两次 write 函数，每个缓冲区一次。
2. 申请一块足够大的可以放得下两个缓冲区的缓冲区，然后将这两个缓冲区复制到新的缓冲区。如此，我们就可以为这个新的缓冲区执行一次 write 操作。
3. 调用 writev 函数输出这两个缓冲区。

在 20.8 节中，我们采用了 writev 方案，但是将其与另外两种解决方案做一个对比十分具有指导意义。图 14.23 展示了上述三种方法的结果。

操　　作	Linux（Intel x86）			Mac OS X（Intel x86）		
	User	System	Clock	User	System	Clock
调用两次 write 函数	0.06	2.04	2.13	0.85	8.33	13.83
缓冲区复制，然后调用一次 write 函数	0.03	1.13	1.16	0.70	4.87	9.25
调用一次 writev 函数	0.04	1.21	1.26	0.43	5.34	9.24

图 14.23　对比 writev 方案和其他方案的时间结果

用于测量的测试程序会输出一个 100 字节的头部，接着再输出 200 字节的数据。这个操作会重复执行 1 048 576 次，总计生成 300MB 大小的文件。该测试程序有三个独立的使用场景——对应图 14.23 中的三个方案。我们使用 times 函数（见 8.17 节）获取写操作前后的用户 CPU 时间、系统 CPU 时间及墙上系统时间。这三个时间的单位都是秒。

如我们所料，调用两次 write 函数的方案使用的系统时间比调用一次 write 函数和

writev 函数方案都要长。这与图 3.6 中展示的结果是一致的。

另外值得注意的是，“缓冲区复制及调用一次 write 函数”的方案使用的总的 CPU 时间（用户时间加系统时间）要少于“调用一次 writev 函数”的方案。对于调用一次 write 函数的方案，是先将缓冲区复制到一个处于用户态的临时缓冲区，然后调用 write 函数的时候内核将数据一次性地复制到内核内部的缓冲区。调用一次 wirtev 函数的方案，理应做更少的复制操作，因为内核只需要将 iov 中的缓冲区数据复制出去即可。但是，对于这种小量的数据使用 writev 函数带来的固定成本抵消了收益；随着需要复制的数据量的增大，在应用程序中复制缓冲区的成本越来越大，而调用一次 writev 函数的方案会越来越具有吸引力。

不要过分解读图 14.23 中展示的 Linux 和 Mac OS X 之间的性能差异数字。这两种计算机硬件规格差异巨大：它们有不同的处理器结构、不同数量的 RAM，磁盘速度也不一样。要公平对比不同操作系统之间的差异，需要让不同的操作系统使用完全一样的硬件。

总之，应当尽量使用最少的系统调用次数来完成任务。但是如果只是写很少量的数据，我们会发现通过复制数据且执行一次 write 函数的方法成本比执行一次 writev 函数要低；我们也可能发现，这种性能收益相对于付出的临时缓冲区的管理成本来说，并不划算。

14.7 readn 和 writen 函数

管道、FIFO 及某些设备（尤其是终端设备和网络设备）有如下两个特性：

1. 一次 read 操作返回的数据可能比请求的少，即使没有到达文件末尾。但这不是一个错误，并且我们应该继续从这个设备读取数据。
2. 一次写操作的返回值可能少于我们指定的字节数。这可能是某个因素导致的，比如，内核输出缓冲区变满。同样，这不是一个错误，我们应该继续向这个设备写入剩下的数据（通常，只有使用非阻塞描述符，或者捕捉到信号时，才发生这种 write 函数中途返回的现象）。

当读写磁盘文件时，绝不会发生以上现象，除非超过了文件系统的空间，或者超出了配额限制，使得我们无法将所有请求的数据全部写入。

通常，当我们读写管道、网络设备或者终端设备时，需要考虑上述特性。我们可以使用 readn 和 writen 函数来分别实现读取 *N* 字节的数据和写入 *N* 字节数据的操作，让这两个函数来处理返回值可能小于请求的字节数的情况。这两个函数只是简单地尽可能多地调用 read 或者 write 函数，直到读取或写入 *N* 字节的数据。

```
#include "apue.h"

ssize_t readn(int fd, void *buf, size_t nbytes);

ssize_t writen(int fd, void *buf, size_t nbytes);
```
两个函数的返回值：读、写的字节数；若出错，则返回-1

类似于本书中很多示例使用的错误处理例程，为了方便后续使用我们也定义了这两个函数，不过 readn 和 writen 函数并不是标准的一部分。

每当需要将数据写入上述提到的某种类型文件时，就可以调用 writen 函数；但是我们只能在事先明确地知道需要接收多少字节的数据时才能调用 readn 函数。图 14.24 给出了后续示例中会用到的 readn 和 writen 函数的实现。

注意，如果函数已经读取或写入了部分数据后遇到了错误，则函数返回已经传输的数据的数量，而不是返回错误。同样，如果我们在读数据时遇到了文件末尾，但是如果我们已经读取到一些数据但尚未满足请求的数据量，则应当返回已经读取的数据的字节数。

```
#include "apue.h"

ssize_t             /* 从描述符读取 n 字节 */
readn(int fd, void *ptr, size_t n)
{
    size_t      nleft;
    ssize_t     nread;

    nleft = n;
    while (nleft > 0) {
        if ((nread = read(fd, ptr, nleft)) < 0) {
            if (nleft == n)
                return(-1);  /* 出错，返回-1 */
            else
                break;     /* 出错，返回到目前为止已读取的数据量 */
        } else if (nread == 0) {
            break;          /* 文件末尾 */
        }
        nleft -= nread;
        ptr   += nread;
    }
    return(n - nleft);      /* 返回值 >= 0 */
}
ssize_t                 /* 写 n 字节到文件描述符 */
writen(int fd, const void *ptr, size_t n)
{
    size_t      nleft;
    ssize_t     nwritten;

    nleft = n;
    while (nleft > 0) {
```

```
        if ((nwritten = write(fd, ptr, nleft)) < 0) {
            if (nleft == n)
                return(-1);   /* 出错，返回-1 */
            else
                break;        /* 出错，返回到目前为止已写入的数据量 */
        } else if (nwritten == 0) {
            break;
        }
        nleft -= nwritten;
        ptr   += nwritten;
    }
    return(n - nleft);        /* 返回值 >= 0 */
}
```

图 14.24 readn 和 writen 函数

14.8 内存映射 I/O

内存映射 I/O 允许我们将一个磁盘文件映射到内存中的一块缓冲区。如此，当我们从缓冲区获取数据时，就相当于读取文件中对应的字节。同样，当我们将数据存入缓冲区时，相应的字节就自动被写入了文件。这项技术允许我们在不使用 read 或 write 函数的情况下执行 I/O 操作。

> 内存映射 I/O 已经在虚拟内存系统中使用很多年了。1981 年，4.1BSD 就提供了一种内存映射 I/O 的不同形式，其含有 vread 和 vwrite 两个函数。然后 4.2BSD 去掉了这两个函数，并计划用 mmap 函数替代。但是，mmap 函数最终没有出现在 4.2BSD 中［原因见 McKusick 等人（1996）2.5 节中的描述］。Gingell、Moran 和 Shannon（1987）描述了 mmap 函数的一种实现。SUSv4 把 mmap 函数从可选规范移到了基础规范，故而所有遵循 POSIX 的系统都需要支持它。

为了使用这个特性，我们必须告诉内核将一个指定的文件映射到一个内存区域。这项任务由 mmap 函数来完成。

```
#include <sys/mman.h>

void *mmap(void *addr, size_t len, int prot, int flag, int fd, off_t off);
        返回值：若执行成功，则返回映射区域的首地址；若执行失败，则返回 MAP_FAILED
```

使用参数 *addr* 可以指定想要映射的区域的起始地址。通常我们将其设置为 0 从而让系统来选择起始地址。这个函数的返回值就是映射区域的起始地址。

参数 *fd* 是我们指定要映射的文件的描述符。在将文件映射至内存地址空间之前，首先需要打开它。参数 *len* 表示要映射的字节数，而参数 *off* 表示要映射的字节区域在文件中的偏移量（关于参数 *off* 的一些限制将会在后续介绍）。

参数 *prot* 指定了内存映射区域的保护类型，如图 14.25 所示。

prot	说　明
PROT_READ	映射区域可读
PROT_WRITE	映射区域可写
PROT_EXEC	映射区域可被执行
PROT_NONE	映射区域不可访问

图 14.25　内存映射区域的保护类型

可以将参数 *prot* 设定为 PROT_NONE，或者利用按位或操作符任意组合 PROT_READ、PROT_WRITE 和 PROT_EXEC。但是，对于内存区域设置的 prot 访问权限不能超过打开文件时调用 open 函数设置的访问权限。例如，如果我们以只读权限打开文件，则不能把 PROT_WRITE 设置给 prot。

在说明参数 *flag* 之前，我们先看一下当前的现状。图 14.26 展示了一个内存映射文件（回忆一个典型进程的内存布局，见图 7.6）。图 7.6 中的"起始地址"是 mmap 函数的返回值，并且在图中将内存映射区域放在了堆和栈之间。这是一种实现方式，其他实现可能与此不同。

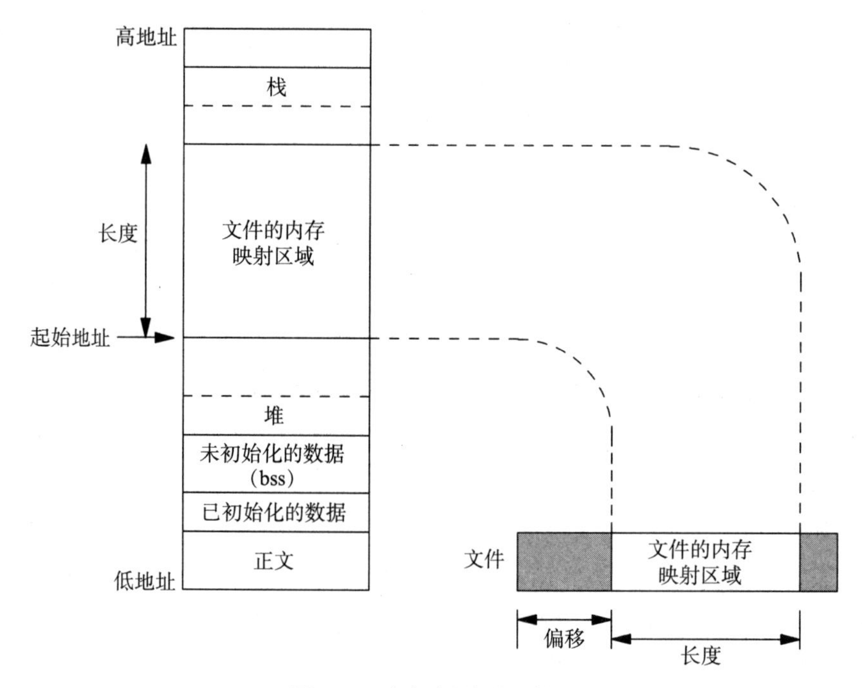

图 14.26　内存映射文件的例子

参数 *flag* 影响内存映射区域的多种属性。

MAP_FIXED　返回值必须等于 *addr*。不鼓励使用该标识，因为它会降低程序的可移植性。如果没有设置该标识并且 *addr* 是非零值，则内核把 *addr* 作为放置内存映射区域的提示地址，但是不保证一定会使用该地址。为了获得最大的可移植性，可将 *addr* 设置为 0。

在遵循 POSIX 标准的系统中，对 MAP_FIXED 标识的支持是可指定的，但是对于遵循 XSI 标准的系统则是必须支持的。

MAP_SHARED　该标识代表了本进程对内存映射区域的存储操作的配置。这个标识指定，存储操作会修改映射文件——即，对内存的存储操作等价于对文件执行 write 操作。

该标识和下述标识（MAP_PRIVATE）必须指定其中一个，但不能同时指定两者。

MAP_PRIVATE　该标识指定，对内存映射区域进行存储操作时产生一份映射文件的副本。所有后续对该映射区域的引用都是直接引用该副本（该标识的一种使用场景是，调试程序用来将程序的文本部分映射到内存，并允许用户修改指令。任何对该副本的修改都不会影响原来的程序文件）。

每个系统还会有 MAP_xxx 标识，不过它只能用于该特定的系统，详细信息请参考你所使用的系统的 mmap（2）手册页。

通常，参数 *off* 和参数 *addr*（如果指定了 MAP_FIXED）的值是系统虚拟内存页大小的整数倍。可以通过将参数设置为_SC_PAGESIZE 或_SC_PAGE_SIZE 来调用 sysconf 函数（见 2.5.4 节），从而获取页面大小。由于 *off* 和 *addr* 参数常常被指定为 0，所以这种要求也就不重要了。

这一要求通常是系统强加的。尽管 SUS 已经不要求这个条件一定要满足，但是本书中涉及的系统除了 FreeBSD 8.0，都需要满足这个条件。FreeBSD 8.0 允许用户使用任意的字节对齐的地址或者偏移量，只要对齐即可。

既然映射文件的起始偏移量与系统虚拟内存页大小存在关联，那么如果映射区域的长度不是页面大小的整数倍会怎么样？假设映射文件只有 12 字节，而系统页面大小为 512 字节。在这种情况下，系统通常会提供一个 512 字节的映射区域并将该区域的最后 500 字节设置为 0。我们可以修改最后的 500 字节，但是对这部分的任何修改不会反映到文件中。因此，我们不能使用 mmap 函数将数据追加到文件，必须先加长该文件，如图 14.27 所示。

有两个信号与映射区域相关，SIGSEGV 和 SIGBUS。SIGSEGV 常用于说明我们访问了不可用的内存。比如，如果映射区域被 mmap 函数指定了只读模式，那么如果我们尝试对其执行存储操作就会产生 SIGSEGV 信号。而 SIGBUS 信号，是在我们访问映射区域时其已经不存在而产生的。比如，我们用文件大小构建了一个映射区域，但是在我们访问该映射区域之前，该文件被其他进程截断了，那么当我们尝试访问已经截断的内存映射区域时，就会产生 SIGBUS 信号。

内存映射区域可以被通过 fork 函数而产生的子进程继承（因为内存映射区域是父进程地址空间的一部分），但是基于同样的原因，通过 exec 函数生成的新的进程无法继承内存映射区域。

可以通过调用 mprotect 函数来改变已经存在的内存映射区域的访问权限。

```
#include <sys/mman.h>

int mprotect(void *addr, size_t len, int prot);
                              返回值：若执行成功，则返回 0；若出错，则返回-1
```

参数 *prot* 的合法取值范围与 mmap 函数中的参数 *prot* 是一样的（图 14.25）。注意，某些平台要求参数 *addr* 的值是系统页面大小的整数倍。

前面我们提到，使用 MAP_SHARED 标识将内存映射区域映射到当前进程的地址空间时会修改原始文件，但当我们真正修改内存映射区域时，该变更并不会被立即写入文件中。而是，内核守护进程基于一些因素来决定是否将脏页写入磁盘，这些因素有：(a) 系统负载；(b) 系统宕机时数据丢失相关的参数。因此，如果只修改一页中的一字节，则当将该修改写回文件时，整个页面数据都会被写回。

如果一个共享的映射区域中的某个页面已经被修改了，则我们可以调用 msync 函数来主动将修改写回磁盘。msync 函数类似于 fsync 函数（3.13 节），但是它只能作用于内存映射区域。

```
#include <sys/mman.h>

int msync(void *addr, size_t len, int flags);
                              返回值：若执行成功，则返回 0；若出错，则返回-1
```

如果该映射区域是 MAP_PRIVATE 类型，则被映射的文件不会被修改。与其他内存映射函数一样，*addr* 地址必须按照页边界对齐。

参数 *flag* 允许我们控制写回映射区域的行为：可以将其指定为 MS_ASYNC，让系统来调度去刷脏页；也可以将其指定为 MS_SYNC，这样该函数会等待脏页被写回完成才返回。必须指定 MS_ASYNC 和 MS_SYNC 二者之一。

MS_INVALIDATE 是一个可选标识，通过它我们可以告诉操作系统忽略那些与底层存储器尚未同步的页面。一些系统在指定该标识时会忽略掉指定区域的所有页面，不过这种行为并不是必要的。

msync 函数被包含在 Single UNIX Specification 的 XSI 选项中。因此，所有的 UNIX 系统必须支持它。

当进程终止时，内存映射区域会被自动解除，或者可以调用 munmap 函数来主动解除内存映射区域。关闭创建内存映射区域时使用的文件描述符，并不会解除内存映射区域。

```
#include <sys/mman.h>

int munmap(void *addr, size_t len);
```

返回值：若执行成功，则返回 0；若执行失败，则返回-1

munmap 函数并不会影响被映射的对象，也就是说，调用 munmap 函数不会导致映射区域的内容被写回磁盘文件。对于 MAP_SHARED 类型的映射区域，磁盘文件的更新是在我们完成对应的修改操作后的某个时刻，而且由内核的虚拟内存算法自动完成更新。而对于 MAP_PRIVATE 类型的映射区域的任何修改，都会随着映射区域的解除而被全部丢弃。

示例

图 14.27 中的程序会采用内存映射 I/O 技术来复制一个文件（类似使用 cp（1）命令）。

```
#include "apue.h"
#include <fcntl.h>
#include <sys/mman.h>

#define COPYINCR (1024*1024*1024)    /* 1 GB */
int
main(int argc, char *argv[])
{
    int              fdin, fdout;
    void        *src, *dst;
    size_t      copysz;
    struct stat sbuf;
    off_t       fsz = 0;

    if (argc != 3)
        err_quit("usage: %s <fromfile> <tofile>", argv[0]);

    if ((fdin = open(argv[1], O_RDONLY)) < 0)
        err_sys("can't open %s for reading", argv[1]);

    if ((fdout = open(argv[2], O_RDWR | O_CREAT | O_TRUNC,
      FILE_MODE)) < 0)
        err_sys("can't creat %s for writing", argv[2]);

    if (fstat(fdin, &sbuf) < 0)            /* 需要获取输入文件的大小 */
        err_sys("fstat error");

    if (ftruncate(fdout, sbuf.st_size) < 0) /* 设置输出文件的大小 */
        err_sys("ftruncate error");
```

```
    while (fsz < sbuf.st_size) {
        if ((sbuf.st_size - fsz) > COPYINCR)
            copysz = COPYINCR;
        else
            copysz = sbuf.st_size - fsz;

        if ((src = mmap(0, copysz, PROT_READ, MAP_SHARED,
          fdin, fsz)) == MAP_FAILED)
            err_sys("mmap error for input");
        if ((dst = mmap(0, copysz, PROT_READ | PROT_WRITE,
          MAP_SHARED, fdout, fsz)) == MAP_FAILED)
            err_sys("mmap error for output");

        memcpy(dst, src, copysz);    /* 执行文件拷贝 */
        munmap(src, copysz);
        munmap(dst, copysz);
        fsz += copysz;
    }
    exit(0);
}
```

图 14.27　使用内存映射 I/O 技术复制文件

首先，打开输入文件和输出文件，并调用 fstat 函数获取输入文件的大小。在对输入文件调用 mmap 函数时我们需要利用这个值，并且也需要将输出文件的大小设置为与输入文件一样。这里我们调用 ftruncate 函数来设置输出文件的大小。如果我们不设置输出文件的大小，即使我们对输出文件可以调用 mmap 函数，但是对相关联的内存映射区域访问时会触发产生 SIGBUS 信号。

然后，我们对每个文件调用 mmap 函数，将文件映射到内存；最终再调用 memcpy 函数将数据从输入缓冲区复制到输出缓冲区。为了限制程序对内存的占用，每次最多复制 1 GB 数据（如果系统没有足够的内存，可能无法映射一个很大的文件的内容）。在映射文件的下一段数据之前，要解除上一段数据的映射。

随着从输入缓冲区获取数据（src），内核会自动读取输入文件；随着数据被存储到输入缓冲区（dst），数据也被自动写入输出文件。

> 确切地说，数据什么时候被写入文件依赖于系统的页面管理算法。一些系统存在针对脏页的守护进程，它会慢慢写回脏数据。如果要保证数据已经被安全地写入文件，需要在程序退出前以 MS_SYNC 标识调用 msync 函数。

我们将这个基于内存映射 I/O 技术的文件复制方法与调用 read 和 write 函数的复制方法（将缓冲区长度设置为 8192）进行对比。图 14.28 显示了对比结果。时间单位是秒，复制的文件大小为 300 MB。注意，我们在程序退出前并没有将数据同步到磁盘。

方 法	Linux 3.2.0（Intel x86）			Solaris 10（SPARC）		
	用户时间	系统时间	时钟时间	用户时间	系统时间	时钟时间
read/write	0.01	0.54	5.67	0.29	10.60	43.67
mmap/memcpy	0.08	0.65	22.54	1.89	8.56	38.42

图 14.28 read 和 write 函数方法与 mmap 和 memcpy 函数方法的时间比较结果

对于 Linux 3.2.0 和 Solaris 10，两种方法总的 CPU 时间（用户时间+系统时间）基本一致。在 Solaris 平台，mmap 和 memcpy 方法相对于 read 和 write 方法，会消耗更多的用户时间，但是消耗的系统时间少一些。在 Linux 平台，在用户时间上的表现一致，但是对于系统时间，read 和 write 方法与 mmap 和 memcpy 方法相比有微弱的优势。两种版本都做同样的工作，但是结果却表现得不一样。

read 和 write 方法相对于 mmap 和 memcpy 方法，最重要的不同点在于其会执行大量的系统调用并做更多的复制工作。使用 read 和 write 方法，会将数据从内核的缓冲区复制到应用程序的缓冲区（read），然后再将数据从应用程序缓冲区复制到内核的缓冲区（write）。而使用 mmap 和 memcpy 方法，是直接将数据从一个内核缓冲区复制到另外一个内核缓冲区（两个内核缓冲区都是应用程序地址空间的映射）。当引用尚不存在的内存页时，就会触发页面错误处理程序执行这种复制工作。如果这些系统调用和额外的复制工作的开销与页面错误处理的开销不同，则必然是一种方法要优于另外一种方法。

在 Linux 3.2.0 上，就历经的时间而言，两个版本的程序在时钟时间方面显示出巨大的差异：read 和 write 版本的程序相比 mmap 和 memcpy 版本快 4 倍。然而在 Solaris 10 上，mmap 和 memcpy 版本程序比 read 和 write 版本要快一些。既然 CPU 时间基本相等，那为何时钟时间有这么大的差别呢？一种可能是，某个版本的程序需要等待 I/O 的时间更长一些，这种等待的时间不会计算在 CPU 处理时间内。另一种可能是，某些系统工作并没有计入程序工作之内——比如系统守护进程将页面写入磁盘。由于我们需要读写操作分配页，因此系统的守护进程会帮助我们准备好这些页。如果页的写操作是随机的而不是连续的，那么把它们写入磁盘的时间会更长，因此在系统准备好页供使用之前，我们需要等待更久的时间。

在某些系统上，内存映射 I/O 将一个普通文件复制到另外一个文件的确会更加快速，但是也有一些限制，比如不能针对某些设备（如网络设备或者终端设备）使用这项技术，并且我们也要注意一点，就是我们映射的文件的大小在映射后可能发生变化。尽管如此，某些应用程序依然可以从内存映射技术中受益，因为该技术处理的是内存而不是读写一个文件，所以常常可以用来简化算法。帧缓冲设备的操作就是一个十分适合使用该技术的场景，该设备需要引用位图来进行显示。

Krieger、Stumm 和 Unrau（1992）描述了一个基于内存映射 I/O 技术的标准 I/O 库（第 5 章）。

我们在 15.9 节还会讨论内存映射 I/O 技术，届时会提供一个使用这种技术使两个相关的进程共享内存的例子。

14.9 小结

在本章，我们介绍了很多高级 I/O 函数，其中有很多函数会在后续的章节中用到：

- 非阻塞 I/O——发起一个不会阻塞的 I/O 操作。
- 记录锁（第 20 章会提供一个数据库例程库的例子，届时会进行更详细的探讨）。
- I/O 多路复用技术——`select` 函数和 `poll` 函数（后续的很多例子都会用到这两个函数）。
- 异步 I/O。
- `readv` 和 `writev` 函数（后续的很多例子会用到）。
- 内存映射 I/O（`mmap` 函数）。

习题

14.1 编写一个测试程序，观察你的系统在下面情况下的行为：在一个进程对一个文件区域加写锁被阻塞时，其他一些读锁请求也紧接着到来。这个发起写锁请求的进程会不会被发起读锁请求的进程饿死。

14.2 查看你所用系统的头文件，并研究 `select` 函数和四个 `FD_xxx` 宏的实现。

14.3 通常，系统头文件对 `fd_set` 数据类型可以处理的最大描述符数目有一个内置的限制。假设我们增大这个限制到 2048 个描述符，需要怎么做？

14.4 比较处理信号集合的函数（10.11 节）和处理 `fd_set` 描述符集合的函数，并且比较这两类函数在你系统上的实现。

14.5 实现一个类似于 `sleep` 的函数，名为 `sleep_us`，只不过其等待的是指定的微秒数。请使用 `select` 或者 `poll` 函数来实现。把你实现的函数与 BSD `uslepp` 函数进行比较。

14.6 你能实现图 10.24 中的 `TELL_WAIT`、`TELL_PARENT`、`TELL_CHILD`、`WAIT_PARENT` 和 `WAIT_CHILD` 函数吗？要求使用建议性记录锁，而不是使用信号。如果可以，请编码实现并完成测试。

14.7 用非阻塞写操作来确定管道的容量。将该值与第 2 章中的 `PIPE_BUF` 值进行比较。

14.8 重写图 14.21 中的程序，将其改成一个过滤器：从标准输入读取数据并输出到标准输出。要求使用异步 I/O 接口。为了使其正常工作你需要修改什么？记住，无论将标准输出连接到终端、管道还是普通文件，都应该得到相同的结果。

14.9 回忆图 14.23，请在你的系统上找到一个损益平衡点，从此点开始使用 writev 函数比“复制数据加单次写”更加快速。

14.10 运行图 14.27 中的程序复制一个文件，并检查输入文件的上一次访问时间是否更新了。

14.11 在图 14.27 中的程序中，在调用 mmap 函数后关闭输入文件描述符，以验证关闭描述符不会使内存映射 I/O 失效。

15 进程间通信

15.1 引言

第 8 章介绍了进程控制原语及如何使用多进程，但是这些进程交换信息的唯一方式就是通过调用 fork 或者 exec 函数传递已经打开的文件，或者通过文件系统通信。这一章，我们会介绍一个进程和另外一个进程进行通信的其他技术：进程间通信（InterProcess Communication，IPC）。

过去，UNIX 系统 IPC 是由众多技术手段组成的大杂烩，但是几乎没有一种方法可以支持所有的 UNIX 平台。经过 POSIX 和 The Open Group（前身是 X/Open）标准化，这种情况已经得到改善，但依然存在一些问题。图 15.1 总结了各种 IPC 技术对本书涉及的 4 个平台的支持情况。

注意，虽然 Single UNIX Specification（“SUS”列）允许平台实现全双工管道，但是只要求半双工管道必须实现。如果一个平台支持全双工管道，那么一个其底层操作系统只支持半双工管道的程序依然可以在该平台上运行。我们使用“(full)”来表示平台通过使用全双工管道来支持半双工管道。

在图 15.1 中，黑点表示支持对应的基础功能。对于全双工管道，如果该特性是经由 UNIX 域套接字（17.2 节）来实现的，则我们用“UDS”来表示。一些平台同时支持管道和 UNIX 套接字，对于这种情况，同时使用“UDS”和黑点表示。

一开始 IPC 接口是作为实时扩展的一部分被引入 POSIX.1 规范中的，在 Single UNIX Specification 中，IPC 接口属于可选项。在 SUSv4 中，信号量接口从可选规范被移动到了基础规范中。

IPC 类型	SUS	FreeBSD 8.0	Linux 3.2.0	Mac OS X 10.6.8	Solaris 10
半双工管道	•	（full）	•	•	（full）
FIFO	•	•	•	•	•
全双工管道	允许	•、UDS	UDS	UDS	•、UDS
命名全双工管道	废弃的	UDS	UDS	UDS	•、UDS
XSI 消息队列	XSI	•	•	•	•
XSI 信号量	XSI	•	•	•	•
XSI 共享内存	XSI	•	•	•	•
消息队列（实时）	MSG 选项	•	•		•
信号量	•	•	•	•	•
共享内存（实时）	SHM 选项	•	•	•	•
套接字	•	•	•	•	•
STREAMS	废弃的				•

图 15.1　UNIX 系统 IPC 技术概览

命名全双工管道被实现为挂载的 STREAMS 管道，不过在 Single UNIX Specification 中，其被标记为弃用状态。

> 尽管 Linux 平台可以通过 OpenSS7 项目的“Linux Fast- STREAMS”包来支持 STREAMS，但是该包已经好久没有更新过了。最新的发行版要追溯到 2008 年，其声称可以在 Linux 2.6.26 上工作。

图 15.1 中的前 10 种 IPC 技术通常用于同一个主机上两个进程之间的通信。最后两种 IPC 技术——套接字和 STREAMS，是仅有的两种可以用于不同主机上的两个进程之间通信的技术。

我们安排 3 章来讨论 IPC 技术。在本章中，我们探讨传统的 IPC 技术：管道、FIFO、消息队列、信号量及共享内存。在第 16 章，我们会探讨使用套接字机制的网络 IPC。在第 17 章，我们会介绍一些 IPC 技术的高级特性。

15.2　管道

管道是 UNIX 系统中最为古老的 IPC 技术，所有的 UNIX 系统都提供了对它的支持。不过，管道存在两个局限：

1．由于历史的原因，它是半双工的（即数据只能向一个方向传递）。现在一些系统也支持全双工管道，但是为了最大的可移植性，我们永远不要假定系统支持全双工管道。

2. 管道只能在具有公共祖先的两个进程之间使用。通常情况下，一个进程创建了管道，然后该进程调用 fork 函数，之后父进程和子进程使用该管道通信。

FIFO（15.5 节）绕过了第二个限制，而 UNIX 域套接字（17.2 节）绕过了以上两个限制。

尽管管道有这些局限性，但是它依然是最为常用的 IPC 技术。每当我们为 shell 程序键入一个命令序列时，shell 会为每个命令创建一个单独的进程，并通过一个管道将上一个命令的标准输出连接到下一个命令的标准输入。

可通过 pipe 函数创建管道。

```
#include <unistd.h>

int pipe(int fd[2]);
                                返回值：若执行成功，则返回 0；若出错，则返回-1
```

该函数会通过 *fd* 参数返回两个描述符：*fd*[0]和 *fd*[1]。*fd*[0]为读而打开，*fd*[1]为写而打开。*fd*[1]的输出是*fd*[0]的输入。

> 最初在 4.3BSD 和 4.4BSD 中，管道是基于 UNIX 域套接字实现的。尽管 UNIX 域套接字默认是全双工的，但这些系统限制了套接字的使用，导致管道只能在半双工模式下运行。

> POSIX.1 允许系统支持全双工管道，对于这些系统，*fd*[0]和 *fd*[1]都可以用来读和写。

在图 15.2 中，可以从两个视角观察一个半双工管道。左图展示了管道的两端在一个进程中连接在一起。右图则强调了数据需要通过内核在管道中流动。

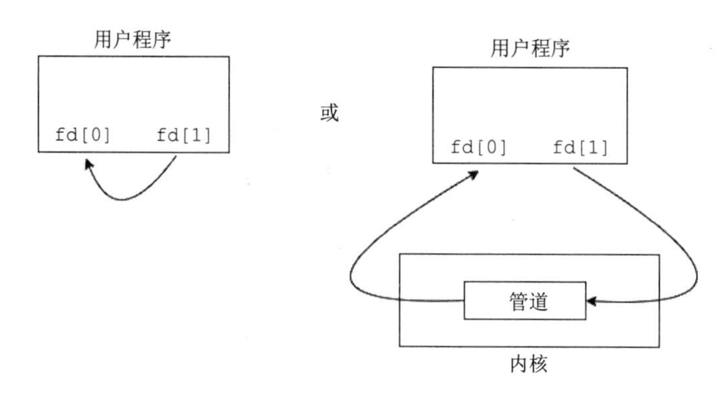

图 15.2 从两种视角观察一个半双工管道

fstat 函数（4.2 节）对于管道的任何一端的文件描述符，都会返回一个 FIFO 类型文件。可以使用 S_ISFIFO 宏来测试管道。

> POSIX.1 规定，对于管道来说，stat 结构体中的 sz_size 是未定义的。但是，当在 fstat 函数中使用管道的读端的文件描述符时，大多数系统会将管道中准备好的可读取的字节数存储在 st_size 中。但是，该特性是不可移植的。

单进程中的管道没有任何用处。通常，进程会先调用 pipe 函数，然后调用 fork 函数来创建一个父进程与子进程通信的 IPC 通道，或者反过来。图 15.3 展示了这种情况。

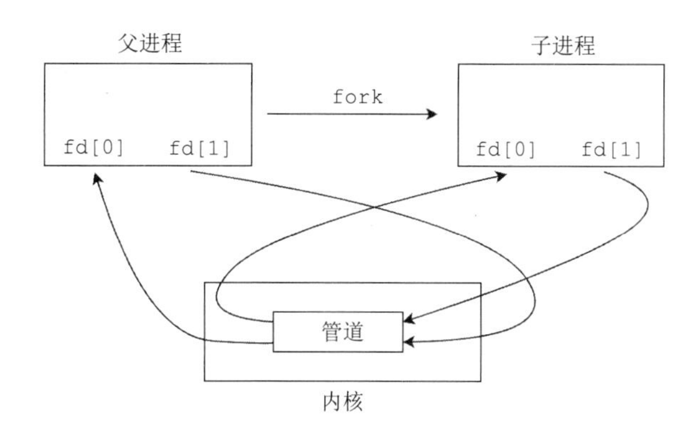

图 15.3 执行 fork 操作之后的半双工管道

在 fork 操作之后做什么取决于我们期望的数据流的方向。对于传递方向为从父进程到子进程的管道，父进程关闭管道的读端描述符（fd[0]），子进程关闭管道的写端描述符（fd[1]）。图 15.4 描述了在这种情况下对描述符的操作。

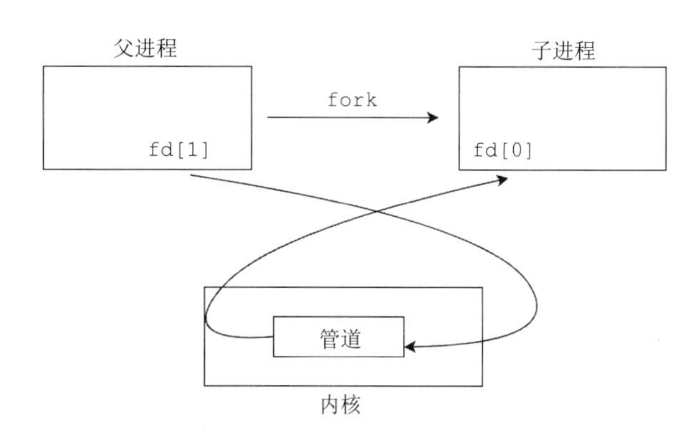

图 15.4 从父进程到子进程的管道

对于传递方向为从子进程到父进程的管道，父进程关闭 fd[1]，子进程关闭 fd[0]。

当关闭管道的某一端的描述符时，遵循下面两条规则：

1. 如果我们 read 一个写端描述符已经关闭的管道，则读完所有的数据后 read 函数返回 0，表示读文件结束（从技术上讲，除非管道的写端再也没有任何写进程，否则就不会产生文件结束符。我们可以复制管道描述符，从而多个进程都可以对打开的管道进行写操作。不过通常情况下，一个管道只有一个写进程和一个读进程。下一节我们会介绍 FIFO，FIFO 往往存在多个写进程）。

2. 如果我们 write 一个读端描述符已经关闭的管道，会触发产生 SIGPIPE 信号。如果选择忽略该信号或者捕捉这个信号并将其交给信号处理程序，write 函数会返回−1 并将 errno 设置为 EPIPE。

在向管道（或 FIFO）写入时，常量 PIPE_BUF 指定了内核中的管道缓冲区大小。如果向管道写入 PIPE_BUF 大小或者更小的数据，则此操作不会与其他进程对该管道（或 FIFO）的 write 操作交叉进行。但是如果有多个进程同时向一个管道（或 FIFO）写，而且当前进程写入的数据超过 PIPE_BUF 字节，则当前进程写入的数据可能会与其他进程写入的数据相互交叉。我们可以通过调用 pathconf 或 fpathconf 函数来获取 PIPE_BUF 的值（见图 2.12）。

示例

图 15.5 中的代码创建了一个父进程和其子进程之间的管道，并从父进程向子进程发送一些数据。

```
#include "apue.h"

int
main(void)
{
    int     n;
    int     fd[2];
    pid_t   pid;
    char    line[MAXLINE];

    if (pipe(fd) < 0)
        err_sys("pipe error");
    if ((pid = fork()) < 0) {
        err_sys("fork error");
    } else if (pid > 0) {       /* 父进程 */
        close(fd[0]);
        write(fd[1], "hello world\n", 12);
    } else {                    /* 子进程 */
        close(fd[1]);
        n = read(fd[0], line, MAXLINE);
        write(STDOUT_FILENO, line, n);
    }
    exit(0);
}
```

图 15.5　通过管道从父进程向子进程发送数据

注意，这里的管道数据流向与图 15.4 匹配。

在前面的例子中，我们直接对管道描述符调用 read 和 write 函数。更加有意思的是，我们可以将管道描述符复制到标准输入或者标准输出。通常，子进程会执行一些其他程序，而这些程序可以从标准输入（已创建的管道）读数据，也可以向标准输出（该管道）写数据。

示例

写一个程序，其功能是显示它产生的数据，一次显示一页。UNIX 平台上有好几个工具已经实现了分页功能，这里我们调用常用的用户分页程序，而不是重新实现一个。为了避免将所有的数据都写入临时文件并调用 system 函数来显示文件，这里通过管道将数据传给分页程序。为此，我们创建一个管道并 fork 一个子进程，然后将子进程的标准输入连接到管道的读端，再利用 exec 函数执行用户分页程序。图 15.6 展示了如何执行以上工作。（这个例子需要使用一个命令行参数来指定要显示的文件的名称。通常，这种类型的程序要求显示在终端上的数据已经存在内存中了。）

```
#include "apue.h"
#include <sys/wait.h>

#define DEF_PAGER    "/bin/more"        /* 默认分页程序 */

int
main(int argc, char *argv[])
{
    int          n;
    int          fd[2];
    pid_t   pid;
    char    *pager, *argv0;
    char    line[MAXLINE];
    FILE    *fp;

    if (argc != 2)
        err_quit("usage: a.out <pathname>");

    if ((fp = fopen(argv[1], "r")) == NULL)
        err_sys("can't open %s", argv[1]);
    if (pipe(fd) < 0)
        err_sys("pipe error");

    if ((pid = fork()) < 0) {
        err_sys("fork error");
    } else if (pid > 0) {                                   /* 父进程 */
        close(fd[0]);        /* 关闭读端 */

        /* 父进程复制argv[1]到管道 */
        while (fgets(line, MAXLINE, fp) != NULL) {
            n = strlen(line);
```

```
            if (write(fd[1], line, n) != n)
                err_sys("write error to pipe");
        }
        if (ferror(fp))
            err_sys("fgets error");

        close(fd[1]);    /* 关闭管道的写端 */

        if (waitpid(pid, NULL, 0) < 0)
            err_sys("waitpid error");
        exit(0);
    } else {                                        /* 子进程 */
        close(fd[1]);    /* 关闭写端 */
        if (fd[0] != STDIN_FILENO) {
            if (dup2(fd[0], STDIN_FILENO) != STDIN_FILENO)
                err_sys("dup2 error to stdin");
            close(fd[0]);    /* 调用 dup2 函数后，不再需要它 */
        }

        /* 获取 execl()的参数 */
        if ((pager = getenv("PAGER")) == NULL)
            pager = DEF_PAGER;
        if ((argv0 = strrchr(pager, '/')) != NULL)
            argv0++;            /* 跳过最右边的斜杠 */
        else
            argv0 = pager;     /* 在 pager 中没有斜杠 */

        if (execl(pager, argv0, (char *)0) < 0)
            err_sys("execl error for %s", pager);
    }
    exit(0);
}
```

图 15.6　将文件复制到分页程序

在调用 fork 函数之前，我们创建了管道。调用 fork 函数之后，父进程关闭读端，子进程关闭写端。然后子进程调用 dup2 函数将标准输入设置为管道的读端。当执行分页程序时，它的标准输入是管道的读端。

当我们将一个描述符复制到另外一个描述符上时（在子进程中，fd[0]被复制到标准输入），必须要小心处理，避免该描述符上已经有相关值。如果描述符上已经有相关值，并且我们调用了 dup2 和 close 函数，那么该描述符的唯一副本会被关闭（回忆 3.12 节讨论的 dup2 函数的两个参数的值相等时的行为）。在这个程序中，如果 shell 没有打开标准输入，那么程序开始处的 fopen 函数会使用描述符 0，即编号最小的未被使用的描述符。无论怎样，每当我们调用 dup2 和 close 函数来将一个描述符复制到另一个描述符时，必须首先比较两个描述符是否相等，这是一种防御性的编程措施。

注意观察该程序是如何尝试使用环境变量 PAGER 来获取分页程序的名称的。如果该操作不可行，我们就使用默认值。这是环境变量的常见用法。

示例

回忆8.9节中的5个函数：TELL_WAIT、TELL_PARENT、TELL_CHILD、WAIT_PARENT、WAIT_CHILD。图10.24提供了使用信号实现的版本，图15.7给出了一种使用管道实现的版本。

```
#include "apue.h"

static int  pfd1[2], pfd2[2];

void
TELL_WAIT(void)
{
    if (pipe(pfd1) < 0 || pipe(pfd2) < 0)
        err_sys("pipe error");
}

void
TELL_PARENT(pid_t pid)
{
    if (write(pfd2[1], "c", 1) != 1)
        err_sys("write error");
}

void
WAIT_PARENT(void)
{
    char    c;

    if (read(pfd1[0], &c, 1) != 1)
        err_sys("read error");

    if (c != 'p')
        err_quit("WAIT_PARENT: incorrect data");
}

void
TELL_CHILD(pid_t pid)
{
    if (write(pfd1[1], "p", 1) != 1)
        err_sys("write error");
}

void
WAIT_CHILD(void)
{
    char    c;

    if (read(pfd2[0], &c, 1) != 1)
```

```
        err_sys("read error");

    if (c != 'c')
        err_quit("WAIT_CHILD: incorrect data");
}
```

图 15.7 使父进程和子进程同步的例程

如图 15.8 所示，我们在调用 fork 函数之前创建了两个管道。调用 TELL_CHILD 函数时，父进程会通过顶部的管道写入字符“p”；而调用 TELL_PARENT 函数时，子进程会通过底部的管道写入字符“c”。而对应的 WAIT_xxx 函数会执行一个阻塞的读操作等待单个字符的到来。

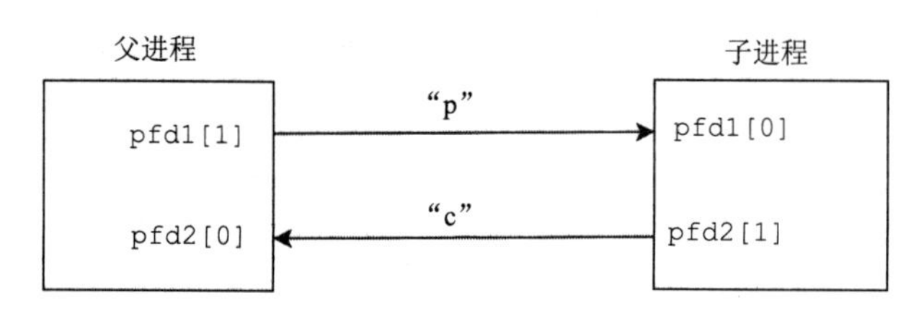

图 15.8 采用两个管道实现父、子进程的同步

值得注意的是，每个管道都有另外一个读进程，但是这并没有任何影响。言外之意，除了子进程从 pfd[0]读数据，父进程中顶部管道的 pfd[0]也为读操作保持着打开状态。这不会影响到我们，因为父进程不会尝试从这个管道读数据。

15.3 poepn 和 pclose 函数

由于创建管道去连接另外一个进程这种操作十分常见，因此标准 I/O 库提供了 popen 和 pclose 这两个函数。这两个函数可以帮我们去做烦琐的工作：创建管道，fork 一个子进程，关闭管道中不需要的描述符，等待子进程终止等。

```
#include <stdio.h>

FILE *popen(const char *cmdstring, const char *type);
                        返回值：若执行成功，则返回文件指针；若出错，则返回 NULL
int pclose(FILE *fp);
                返回值：若执行成功，则返回 cmdstring 的终止状态；若出错，则返回-1
```

popen 函数先执行 fork 函数，然后调用 exec 函数来执行 *cmdstring*，最后返回一个标准 I/O 文件指针。如果 *type* 是“r”，则该文件指针会被连接到 *cmdstring* 的标准输出（图 15.9）。

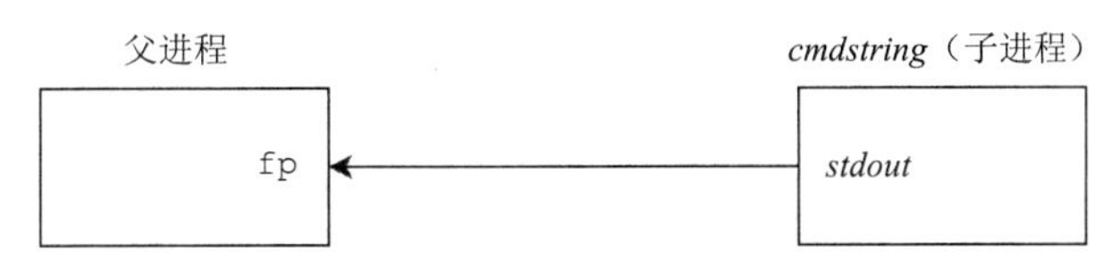

图 15.9　fp = popen(cmdstring, "r")的执行结果

如果 *type* 是“w”，则文件指针会被连接到 *cmdstring* 的标准输入，如图 15.10 所示。

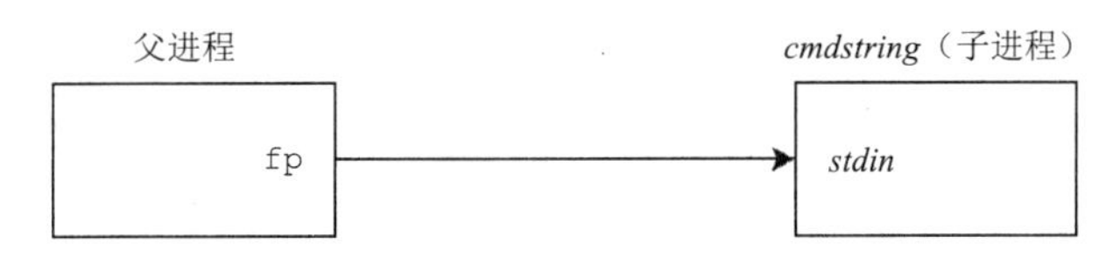

图 15.10　fp = popen(cmdstring, "w")的执行结果

有一种方式可以方便地记住 popen 函数的最后一个参数的含义，就像 fopen 函数，如果 *type* 是“r”，则返回的文件指针可读，如果 *type* 是“w”，则返回的文件指针可写。

pclose 函数会关闭标准 I/O 操作，等待命令终止，并返回终止状态（我们在 8.6 节介绍过终止状态。在 8.3 节中介绍的 system 函数也会返回终止状态）。如果不能执行 shell，则 pclose 函数返回的终止状态与执行 exit（127）函数的结果一样。

cmdstring 由 Bourne shell 执行，如下所示：

```
sh -c cmdstring
```

这表示 shell 会扩展 *cmdstring* 中的任何特殊字符，这样我们就可以执行类似下面的操作：

```
fp = popen("ls *.c", "r");
```

或

```
fp = popen("cmd 2>&1", "r");
```

示例

下面我们使用 popen 函数重写图 15.6 中的程序，如图 15.11 所示。

```
#include "apue.h"
#include <sys/wait.h>

#define PAGER   "${PAGER:-more}" /* 设置环境变量或默认值 */

int
main(int argc, char *argv[])
{
    char    line[MAXLINE];
    FILE    *fpin, *fpout;
```

```
    if (argc != 2)
        err_quit("usage: a.out <pathname>");
    if ((fpin = fopen(argv[1], "r")) == NULL)
        err_sys("can't open %s", argv[1]);

    if ((fpout = popen(PAGER, "w")) == NULL)
        err_sys("popen error");

    /* 复制argv[1]给pager程序 */
    while (fgets(line, MAXLINE, fpin) != NULL) {
        if (fputs(line, fpout) == EOF)
            err_sys("fputs error to pipe");
    }
    if (ferror(fpin))
        err_sys("fgets error");
    if (pclose(fpout) == -1)
        err_sys("pclose error");

    exit(0);
}
```

图 15.11　使用 popen 函数将文件复制给分页程序

使用 popen 函数的确减少了代码量。

shell 命令${PAGER:-more}的含义是，如果 shell 变量 PAGER 存在且不为空，则采用当前变量值，否则使用默认值“more”。

示例

图 15.12 是我们自己编写的 popen 和 pclose 函数。

```
#include "apue.h"
#include <errno.h>
#include <fcntl.h>
#include <sys/wait.h>

/*
 * 指向运行时分配的数组。
 */
static pid_t    *childpid = NULL;

/*
 * 来自函数 open_max()，见图 2.17。
 */
static int      maxfd;
FILE *
popen(const char *cmdstring, const char *type)
{
    int     i;
    int         pfd[2];
```

```
    pid_t   pid;
    FILE    *fp;

    /* 只允许为"r" 或者 "w" */
    if ((type[0] != 'r' && type[0] != 'w') || type[1] != 0) {
        errno = EINVAL;
        return(NULL);
    }

    if (childpid == NULL) {      /* 第一次通过 */
        /* 为子进程分配归零数组 */
        maxfd = open_max();
        if ((childpid = calloc(maxfd, sizeof(pid_t))) == NULL)
            return(NULL);
    }

    if (pipe(pfd) < 0)
        return(NULL);      /* errno 被 pipe()设置 */
    if (pfd[0] >= maxfd || pfd[1] >= maxfd) {
        close(pfd[0]);
        close(pfd[1]);
        errno = EMFILE;
        return(NULL);
    }
    if ((pid = fork()) < 0) {
        return(NULL);     /* errno 被 fork()设置 */
    } else if (pid == 0) {                              /* 子进程 */
        if (*type == 'r') {
            close(pfd[0]);
            if (pfd[1] != STDOUT_FILENO) {
                dup2(pfd[1], STDOUT_FILENO);
                close(pfd[1]);
            }
        } else {
            close(pfd[1]);
            if (pfd[0] != STDIN_FILENO) {
                dup2(pfd[0], STDIN_FILENO);
                close(pfd[0]);
            }
        }

        /* close all descriptors in childpid[] */
        for (i = 0; i < maxfd; i++)
            if (childpid[i] > 0)
                close(i);

        execl("/bin/sh", "sh", "-c", cmdstring, (char *)0);
        _exit(127);
    }

    /* 父进程继续…… */
```

```
    if (*type == 'r') {
        close(pfd[1]);
        if ((fp = fdopen(pfd[0], type)) == NULL)
            return(NULL);
    } else {
        close(pfd[0]);
        if ((fp = fdopen(pfd[1], type)) == NULL)
            return(NULL);
    }

    childpid[fileno(fp)] = pid; /* 为此 fd 记住子进程 pid */
    return(fp);
}

int
pclose(FILE *fp)
{
    int     fd, stat;
    pid_t   pid;

    if (childpid == NULL) {
        errno = EINVAL;
        return(-1);         /* popen() 从未被调用 */
    }

    fd = fileno(fp);
    if (fd >= maxfd) {
        errno = EINVAL;
        return(-1);         /* 非法的文件描述符 */
    }
    if ((pid = childpid[fd]) == 0) {
        errno = EINVAL;
        return(-1);         /* fp 并没有被 peopn() 打开 */
    }

    childpid[fd] = 0;
    if (fclose(fp) == EOF)
        return(-1);

    while (waitpid(pid, &stat, 0) < 0)
        if (errno != EINTR)
            return(-1); /* waitpid()出错，但错误码不等于 EINTR */

    return(stat);   /* 返回子进程的终止状态 */
}
```

图 15.12　我们自己编写的 popen 和 pclose 函数

虽然 popen 的核心部分与本章前面的代码类似，但是里面有很多细节需要我们注意。首先，每次我们调用 popen 函数时，必须记住创建的子进程的进程 ID，以及文件描述符或

FILE 指针。我们选择将子进程的进程 ID 存储在 childpid 数组，并用文件描述符作为下标来索引。通过这种方式，只需要给 pclose 函数传递一个 FILE 指针作为参数即可。在函数内调用标准 I/O 函数 fileno 来获取对应的文件描述符，以及对应的子进程的进程 ID，并将其作为参数来调用 waitpid 函数。因为一个进程可能多次调用 popen 函数，所以我们动态申请了 childpid 数组（第一次调用 popen 函数时），该数组可以存储最大描述符数目的子进程 ID。

注意，如果不能确定系统中可以打开的最大文件数，则使用图 2.17 中的 open_max 函数可以得到一个猜测值。我们需要保证管道文件描述符不大于（或等于）open_max 函数返回的值。在 popen 函数中，如果 open_max 函数返回的值太小，我们要关闭管道文件描述符并将 errno 设置为 EMFILE，以表明已经有太多的文件描述符被打开了，最后返回−1。在 pclose 函数中，如果与文件指针关联的文件描述符的值超过了预期，则我们将 errno 设置为 EINVAL，并返回−1。

在 popen 函数中调用 pipe 和 fork 函数，并针对每个进程复制合适的文件描述符，这些操作与本章前面做的工作类似。

POSIX.1 要求 popen 函数关闭之前调用 popen 函数创建并依然存在于子进程中的文件描述符。为此，我们需要在子进程中遍历 childpid 数组，关闭仍旧打开的文件描述符。

如果 pclose 函数的调用者已经为 SIGCHLD 信号设置了信号处理程序，会发生什么？从 pclose 函数中调用 waitpaid 函数会发生 EINTR 错误。由于允许调用者捕捉这个信号（或其他可能打断 waitpid 操作的信号），因此如果 waitpid 函数被信号中断，则我们可以简单地再次调用 waitpid 函数。

注意，如果应用程序调用了 waitpid 函数并获取了 popen 函数创建的子进程的退出状态，那么未来应用程序调用 pclose 函数从而再次触发 waitpid 函数时会发现，子进程已经不存在了，此时其返回−1 并设置 errno 为 ECHILD。这种行为是 POSIX.1 要求的。

> 在早期的一些版本中，如果信号中断了 wait 函数，则其会返回 EINTR 错误。同样，pclose 函数的一些早期版本会阻塞或者忽略 SIGINT、SIGQUIT 和 SIGHUP 信号。这是 POSIX.1 所不允许的。

需要注意的是，如果程序设置了用户 ID 和组 ID，则不应该调用 popen 函数。当它执行命令时，调用 popen 函数等同于执行：

```
execl("/bin/sh", "sh", "-c", command, NULL);
```

它会在调用者继承的环境下执行 shell 及 *command*。但是恶意用户可以操纵这种环境，从而让 shell 以设置 ID 文件模式授予的提升的权限，执行非预期的命令。

popen 函数特别适用的场景就是作为一种简单的过滤器，来转换命令的输入和输出。命令构建自己的管道流（pipeline）就是这种场景。

示例

考虑一个程序，它向标准输出写一个提示，然后从标准输入读取一行。使用 popen 函数，可以在应用程序和它的输入之间插入一个中间程序，用来转换输入内容。图 15.13 展示了这种场景下进程的关系。

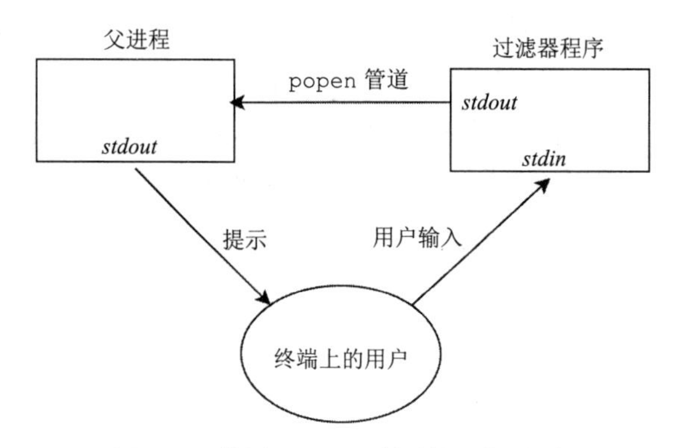

图 15.13 使用 popen 函数对输入进行转换

转换可以是路径名扩展，例如，提供一个历史机制（记住之前输入的命令）。

图 15.14 展示了一个简单的过滤器程序，来演示该操作。该过滤器会从标准输入向标准输出复制，并将任何大写字符转换成小写字符。写完一个新行，需要调用 fflush 函数来刷新标准输出，至于为什么要这样做，下一节在讨论协同进程时讨论。

```
#include "apue.h"
#include <ctype.h>

int
main(void)
{
    int     c;

    while ((c = getchar()) != EOF) {
        if (isupper(c))
            c = tolower(c);
        if (putchar(c) == EOF)
            err_sys("output error");
        if (c == '\n')
            fflush(stdout);
    }
    exit(0);
}
```

图 15.14 将大写字符转换成小写字符的过滤器程序

我们将这段程序编译成二进制文件 myuclc，并在图 15.15 所示的程序中使用 popen 函数调用该程序。

```
#include "apue.h"
#include <sys/wait.h>

int
main(void)
{
    char    line[MAXLINE];
    FILE    *fpin;

    if ((fpin = popen("myuclc", "r")) == NULL)
        err_sys("popen error");
    for ( ; ; ) {
        fputs("prompt> ", stdout);
        fflush(stdout);
        if (fgets(line, MAXLINE, fpin) == NULL) /* 从管道中读 */
            break;
        if (fputs(line, stdout) == EOF)
            err_sys("fputs error to pipe");
    }
    if (pclose(fpin) == -1)
        err_sys("pclose error");
    putchar('\n');
    exit(0);
}
```

图 15.15 调用过滤器程序来读取命令

写完提示后，我们需要调用 fflush 函数，是因为标准输出通常是行缓冲的，而提示并不包含换行符。

15.4 协同进程

UNIX 系统过滤器是一种从标准输入读取数据，然后向标准输出写入数据的程序。在 shell 管道流中，过滤器通常被线性地连接在一起。当一个过滤器既产生某个过滤器的输入，又读取其他过滤器的输出时，它就变成了协同进程（*coprocess*）。

Korn shell 可提供协同进程（Bolsky 和 Korn 1995）。Bourne shell、Bourne-again shell 及 C shell 没有提供将进程连接成协同进程的方法。协同进程通常运行在 shell 的后台，且它的标准输入和标准输出连接着其他使用管道的程序。虽然初始化一个协同进程并将它的标准输入和输出连接到其他进程的 shell 语法十分古怪［详见 Boksky 和 Korn（1995）的第 62～63 页］，但协同进程在 C 程序中是非常有用的。

尽管 popen 函数给我们提供一个单路管道：读取另外一个进程的标准输出或者写入另外

一个进程的标准输入，但协同进程使我们可以构建与其他进程之间的双路管道：一路写入它的标准输入，一路读取它的标准输出。我们可以将数据写入它的标准输入，经过其处理后，再从它的标准输出读取数据。

示例

下面我们通过具体示例来研究协同进程。进程创建了两个管道：一个是协同进程的标准输入；另一个是协同进程的标准输出。图 15.16 显示了两个进程之间的关系。

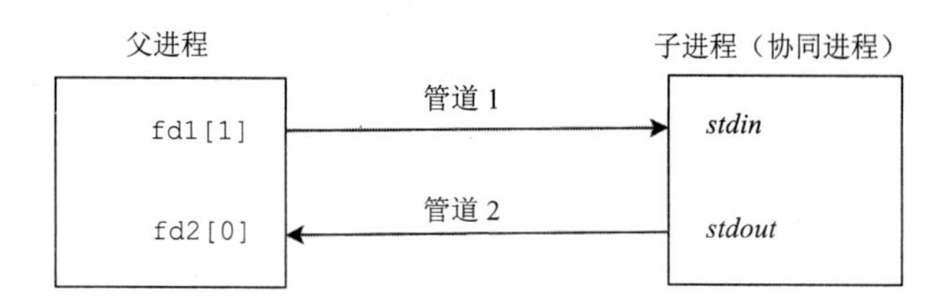

图 15.16 通过写协同进程的标准输入和读取它的标准输出来驱动协同进程

图 15.17 中的程序是一个简单的协同进程，它从标准输入读取两个数字并计算它们的和，然后将结果写入标准输出（通常协同进程做的事情比我们在这里描述的要有趣得多。这个例子是故意设计的，目的是让我们学习连接进程的过程）。

```
#include "apue.h"

int
main(void)
{
    int     n, int1, int2;
    char    line[MAXLINE];

    while ((n = read(STDIN_FILENO, line, MAXLINE)) > 0) {
        line[n] = 0;            /* null terminate */
        if (sscanf(line, "%d%d", &int1, &int2) == 2) {
            sprintf(line, "%d\n", int1 + int2);
            n = strlen(line);
            if (write(STDOUT_FILENO, line, n) != n)
                err_sys("write error");
        } else {
            if (write(STDOUT_FILENO, "invalid args\n", 13) != 13)
                err_sys("write error");
        }
    }
    exit(0);
}
```

图 15.17 将两个数相加的简单过滤器

编译这段程序，并生成二进制文件 add2。

图 15.18 中的程序从标准输入读取两个数字，之后调用 add2 协同进程，并将协同进程计算的结果写入标准输出。

```
#include "apue.h"

static void sig_pipe(int);       /* 信号处理函数 */

int
main(void)
{
    int     n, fd1[2], fd2[2];
    pid_t   pid;
    char    line[MAXLINE];

    if (signal(SIGPIPE, sig_pipe) == SIG_ERR)
        err_sys("signal error");

    if (pipe(fd1) < 0 || pipe(fd2) < 0)
        err_sys("pipe error");

    if ((pid = fork()) < 0) {
        err_sys("fork error");
    } else if (pid > 0) {                            /* 父进程 */
        close(fd1[0]);
        close(fd2[1]);

        while (fgets(line, MAXLINE, stdin) != NULL) {
            n = strlen(line);
            if (write(fd1[1], line, n) != n)
                err_sys("write error to pipe");
            if ((n = read(fd2[0], line, MAXLINE)) < 0)
                err_sys("read error from pipe");
            if (n == 0) {
                err_msg("child closed pipe");
                break;
            }
            line[n] = 0;    /* null terminate */
            if (fputs(line, stdout) == EOF)
                err_sys("fputs error");
        }

        if (ferror(stdin))
            err_sys("fgets error on stdin");
        exit(0);
    } else {                                         /* 子进程 */
        close(fd1[1]);
        close(fd2[0]);
        if (fd1[0] != STDIN_FILENO) {
            if (dup2(fd1[0], STDIN_FILENO) != STDIN_FILENO)
                err_sys("dup2 error to stdin");
            close(fd1[0]);
```

```
        }

        if (fd2[1] != STDOUT_FILENO) {
            if (dup2(fd2[1], STDOUT_FILENO) != STDOUT_FILENO)
                err_sys("dup2 error to stdout");
            close(fd2[1]);
        }
        if (execl("./add2", "add2", (char *)0) < 0)
            err_sys("execl error");
    }
    exit(0);
}

static void
sig_pipe(int signo)
{
    printf("SIGPIPE caught\n");
    exit(1);
}
```

图 15.18　驱动 add2 过滤器的程序

我们在该程序中创建了两个管道，父进程和子进程都关闭了它们不需要的管道端。我们必须使用两个管道：一个用于协同进程的标准输入，另外一个用于它的标准输出。在调用 execl 函数之前，子进程调用 dup2 函数将管道描述符移动到它的标准输入和标准输出。

如果我们编译并运行图 15.18 中的程序，它会正常工作。此外，若我们在程序等待输入时杀掉了 add2 协同进程，然后又输入两个数字，那么程序向没有读者的管道写入数据时会触发调用信号处理程序（见习题 15.4）。

示例

在 add2 协同进程（图 15.17）中，我们故意使用了底层 I/O（UNIX 系统调用）：read 和 write 操作。如果我们使用标准 I/O 重写这个协同进程，会发生什么？图 15.19 给出了该过滤器的新版本实现。

```
#include "apue.h"

int
main(void)
{
    int     int1, int2;
    char    line[MAXLINE];

    while (fgets(line, MAXLINE, stdin) != NULL) {
        if (sscanf(line, "%d%d", &int1, &int2) == 2) {
            if (printf("%d\n", int1 + int2) == EOF)
                err_sys("printf error");
        } else {
```

```
            if (printf("invalid args\n") == EOF)
                err_sys("printf error");
        }
    }
    exit(0);
}
```

图 15.19 使用标准 I/O 实现将两个数相加的过滤器

如果我们再通过图 15.18 中的程序调用新的协同进程，它不再工作了。问题出在默认的标准 I/O 缓冲机制上。当调用图 15.19 中的程序时，标准输入上的第一个 fgets 函数引发标准 I/O 库申请一块缓冲区并指定缓冲区的类型。由于标准输入是一个管道，因此标准 I/O 库默认是全缓冲的，标准输出也是如此。当 add2 协同进程从它的标准输入读取数据被阻塞时，图 15.18 中的程序阻塞在从管道读操作上，于是产生了死锁。

这里，我们可以对将要运行的协同进程加以控制。我们可以修改图 15.19 中的程序，在 while 循环之前增加下面 4 行：

```
if (setvbuf(stdin, NULL, _IOLBF, 0) != 0)
    err_sys("setvbuf error");
if (setvbuf(stdout, NULL, _IOLBF, 0) != 0)
    err_sys("setvbuf error");
```

这些代码可以让 fgets 函数在有一行可用时立即返回，并让 printf 函数在输出一个新行时立即执行 fflush 函数（关于标准 I/O 缓冲区的详细信息，可参考 5.4 节）。通过显式地调用 setvbuf 函数来修复图 15.19 中的程序。

如果我们不能修改用于管道输出的目标程序，则需要使用其他技术。例如，如果我们使用 awk(1) 作为程序的协同进程（而不是 add2），则下列命令行不能工作：

```
#! /bin/awk -f
{ print $1 + $2 }
```

不能工作的原因与上述原因是一样的，依然是标准 I/O 缓冲机制的问题。但是在这个场景下，我们不能修改 awk 的工作方式（除非我们有它的源代码）。我们不能修改 awk 的执行过程，当然也改变不了标准 I/O 缓冲机制的处理方式。

对这类问题的通用解决方案是使被调用的协同进程（这里是 awk）认为它的标准输入和标准输出被连接到了终端。这使得协同进程中的标准 I/O 例程对这两个 I/O 进行行缓冲，类似前面我们显式地调用 setvbuf 函数。我们将在第 19 章使用伪终端来达到此目的。

15.5 FIFO

FIFO 有时也被称为命名管道。未命名管道只能用于两个关联的进程之间，并且这两个进程要有一个共同的祖先来创建管道。而使用 FIFO，没有关联的进程之间也可以交换数据。

在第 4 章讲过，FIFO 是一种文件。stat 结构体（4.2 节）中的 st_mode 成员用来指示文件是否是 FIFO。也可以通过 S_ISFIFO 宏来测试。

创建 FIFO 文件与创建普通文件的方法相似。而且确实，FIFO 文件的路径名存在于文件系统中。

```
#include <sys/stat.h>

int mkfifo(const char *path, mode_t mode);

int mkfifoat(int fd, const char *path, mode_t mode);
                    函数的返回值：若执行成功，则返回 0；若出错，则返回-1
```

这里 *mode* 参数的含义与 open 函数一样（3.3 节）。新 FIFO 文件的用户归属和组归属的规则，与 4.6 节所述一致。

mkfifoat 函数与 mkfifo 函数类似，不同之处在于它在一个与 fd 文件描述符参数表示的路径相对的位置创建 FIFO 文件。就像其他*at 函数，有三种情形：

1. 如果 *path* 参数指定的是绝对路径，则忽略 *fd* 参数。在这种情况下，mkfifoat 函数的作用与 mkfifo 函数一样。
2. 如果 *path* 参数指定的是一个相对路径，并且 *fd* 参数是一个指向已打开目录的有效的文件描述符，则新建的 FIFO 文件的路径按照这个目录取值。
3. 如果 *path* 参数指定的是一个相对路径，并且 *fd* 参数有一个特殊标记 AT_FDCWD，则新建的 FIFO 文件的路径以当前目录作为起点来取值，此时 mkfifoat 函数类似于 mkfifo 函数。

一旦我们使用 mkfifo 或 mkfifoat 函数创建了 FIFO 文件，则需要用 open 函数来打开它。确实，正常的 I/O 处理函数（如 close、read、write、unlink）对 FIFO 文件都是有效的。

应用程序可以使用 mknod 和 mknodat 函数创建 FIFO 文件。因为 POSIX.1 原先并没有包含 mknod 函数，所以 mkfifo 函数是专门为 POSIX.1 设计的。mknod 和 mknodat 函数现在已包含在 POSIX.1 的 XSI 可选项中。

POSIX.1 也包括了对 mkfifo(1) 命令的支持。本书涉及的 4 个平台都提供了这个命令。因此，我们可使用一条 shell 命令创建 FIFO 文件，然后使用普通的 shell I/O 重定向对其的访问。

当我们打开一个 FIFO 文件时，非阻塞模式标识（O_NONBLOCK）会影响读写的行为。

- 在正常情况下（没有设置 O_NONBLOCK），打开并只读操作会被阻塞，直到其他进程打开并写入数据。同样，打开并只写操作也会被阻塞，直到其他进程打开它并读取数据。

- 如果设置了 O_NONBLOCK 标识，则打开并只读操作会立即返回。但是如果没有进程打开并读取该 FIFO 文件，则打开并只写操作会返回-1 并设置 errno 为 ENXIO。

类似于管道，如果我们向一个没被其他进程打开并执行读操作的 FIFO 写数据，则会产生 SIGPIPE 信号。当 FIFO 文件的最后一个写进程关闭了该 FIFO 文件时，则会为该 FIFO 文件的读进程产生一个文件结束标记。

一个 FIFO 文件有多个写进程是很常见的，这就意味着，如果我们不希望多个进程交叉写入错乱的数据，就必须考虑如何实现原子性的写入。与管道类似，常量 PIPE_BUF 指定了可被原子性写入的最大数据量。

FIFO 有以下两种用途：

1. FIFO 被 shell 命令用来将数据从一条 shell 管道传送到另外一条，而无须创建中间文件。
2. 在客户端/服务器模式下，FIFO 作为一个汇聚点，用于在客户端和服务器之间传递数据。

下面我们通过示例来讨论这两种用途。

示例：使用 FIFO 复制输出流

FIFO 可以用于在一系列 shell 命令中复制输出流。这防止了将数据写入中间磁盘文件（这类似于管道，也可以避免引入中间磁盘文件）。但是管道只能实现两个进程之间的线性连接，而 FIFO 是有名称的，可以实现非线性连接。

考虑一个例程，其需要过滤处理输入流两次，图 15.20 展示了该例程的组织结构。

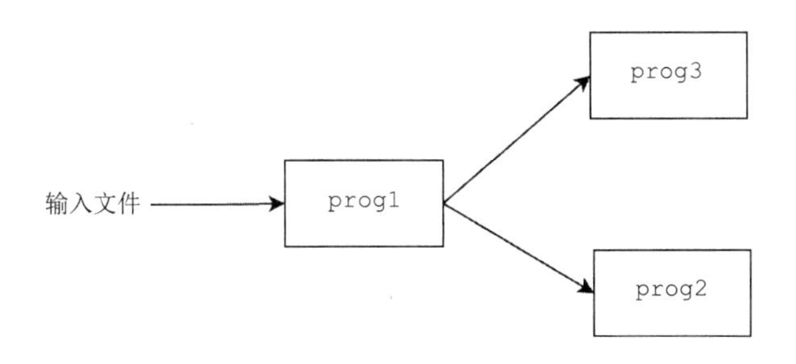

图 15.20　需要过滤处理输入流两次的例程

使用 FIFO 和 UNIX 程序 tee（1），我们可以在不需要临时文件的前提下实现这个例程（tee 程序复制标准输入并输出到不标准输出和命令行指定的文件）。

```
mkfifo fifo1
prog3 < fifo1 &
prog1 < infile | tee fifo1 | prog2
```

我们创建 FIFO 文件，然后在后台启动 prog3 读取 FIFO 文件。而后，启动 prog1 并使用 tee 命令将输入数据导向 FIFO 文件和 prog2 程序。图 15.21 显示了进程的组织结构。

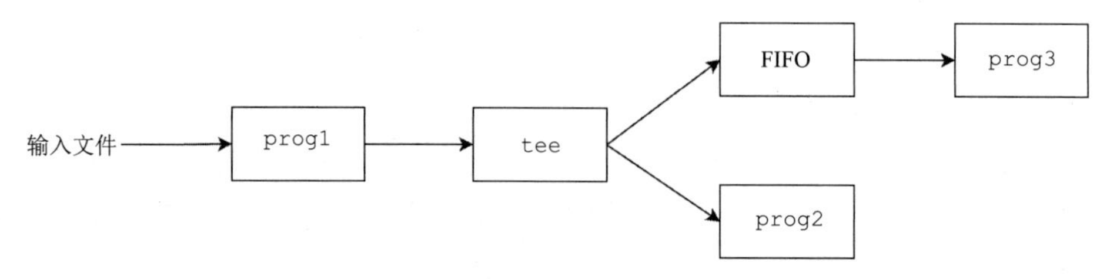

图 15.21　使用 FIFO 和 tee 命令将一个文件流发向两个不同进程

示例：采用 FIFO 实现客户端/服务器通信

FIFO 的另外一种用法是在客户端和服务器之间发送数据。假设我们有一个服务器进程，它会和大量的客户端进程联系，每个客户端进程都可以向服务器进程创建的一个“知名”FIFO 文件写入它的请求（这里“知名”指的是 FIFO 文件的路径对所有需要联系服务器进程的客户端进程都是可知的）。图 15.22 显示了进程的安排。

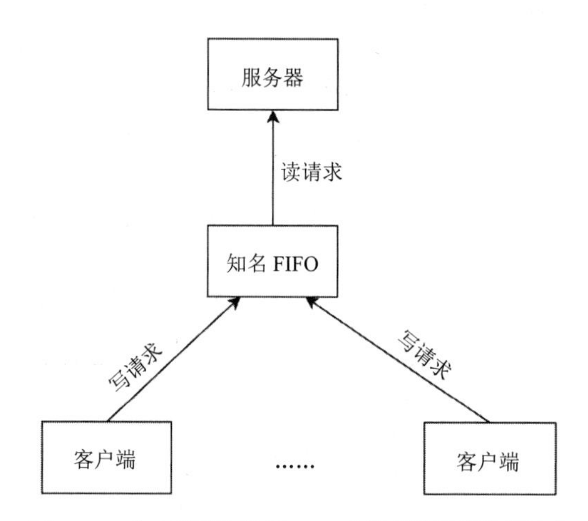

图 15.22　客户端进程使用 FIFO 向服务器进程发送请求

由于该 FIFO 有多个写进程，因此客户端进程发送给服务器进程的请求长度要小于 PIPE_BUFF 字节。这可以避免客户端进程交叉写入数据。

这种类型的客户端/服务器通信方式的问题是，如何将回复信息从服务器发送给每个客户端。使用一个 FIFO 文件无法解决这个问题，因为客户端永远不会知道什么时候读取的是自己的响应而不是其他客户端的响应。一种解决方案是每个客户端进程发送请求时携带进程 ID 信息，然后服务器进程对每个客户端都创建一个 FIFO 文件，路径的命名基于客户端的进程 ID。

例如，服务器进程可以创建一个名为/tmp/serv1.XXXXXX 的 FIFO 文件，XXXXX 即为进程 ID。这种进程组织安排见图 15.23。

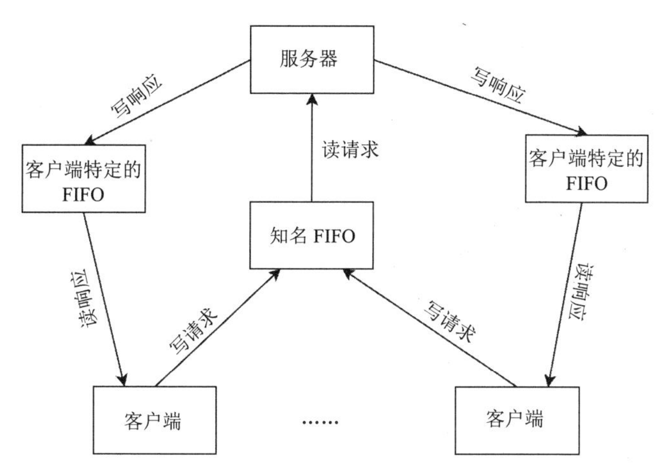

图 15.23　采用 FIFO 实现客户端/服务器通信

这种组织方式是可以工作的，但是服务器进程无法判断客户端进程是否崩溃，而客户端崩溃，其对应的 FIFO 文件会遗留在文件系统上。服务器进程也必须捕捉 SIGPIPE 信号，因为发送完请求的客户端在读取响应之前可能终止了，导致对应的 FIFO 文件只有一个写进程而没有读进程。

按照图 15.23 的组织结构，如果每次服务器进程以只读模式打开知名 FIFO 文件（因为它只需要从 FIFO 读数据），客户端的数目从 1 变成 0，则服务器进程会从 FIFO 文件收到一个文件结束符。为使服务器进程避免处理这种情况，一种常见的技巧是使服务器进程以读写模式打开这个知名的 FIFO 文件。

15.6 XSI IPC

有三种类型的 IPC 我们称作 XSI IPC：消息队列、信号量及共享内存，它们有很多相似点。在本节，我们讨论这些相似的特性。在后面的章节，我们会分别讨论这三种 IPC 各自的特性。

XSI IPC 的特性是基于 System V IPC 特性的。这三种类型的 IPC 起源于 20 世纪 70 年代 AT&T 某个内部的 UNIX 版本，名为 Columbus Unix。后来这些 IPC 特性被添加到 System V 中。由于 XSI IPC 没有使用文件系统的命名空间，而是又发明了它们自己的命名空间，因此常常受到批评。

15.6.1 标识符和键

在内核中，每个 IPC 结构体（消息队列、信号量或共享内存段）都使用一个非负整数标识符（identifer）来引用。例如，为了向消息队列发送一条消息或者从消息队列获取一条消息，我们必须知道这个消息队列的标识符。与文件描述符不同，IPC 标识符不是小整数。确实，当创建一个 IPC 结构体然后又将其删除后，与该结构体相关的标识符连续加 1，直到它达到整型数的最大正值，然后又回转到 0。

标识符对于 IPC 结构体来说是一种内部名称。为了使多个协作进程能够使用相同的 IPC 对象，我们需要有一个外部的命名方案。为此，将每个 IPC 对象都关联一个“键”（key），其就是外部名称。

当创建一个 IPC 结构体时（通过调用 msgget、semget 或 shmget 函数），必须要为它指定一个键。键的数据类型是基本数据类型 key_t，其在<sys/types.h>中常被定义为一个长整型。在内核中，键会被转换成标识符。

有多种方法使客户端和服务器在同一个 IPC 结构体上交汇。

1. 服务器进程可以通过指定键为 IPC_PRIVATE 来创建新的 IPC 结构体，然后将返回的标识符存放在某个地方（比如某个文件）以便于客户端获取。使用键 IPC_PRIVATE 可以保证服务器进程会创建一个新的 IPC 结构体。这项技术的缺点是需要通过文件操作将整型标识符写入文件，以及后续客户端需要从文件提取标识符。

   键 IPC_PRIVATE 也会用在父子进程关系中。父进程通过指定键 IPC_PRIVATE 来创建新的 IPC 结构体，然后通过 fork 函数创建的子进程可以访问返回的标识符。子进程可以将标识符传递给新程序作为 exec 类函数的参数。

2. 客户端进程和服务器进程可以协商好使用某个键，比如将键值定义在一个共同的头文件中，服务器进程创建新的 IPC 结构体时指定这个键。这种方法的问题是预定义的键可能已经与某个 IPC 结构体关联，这种情况下 get 类函数（msgget、semget 或 shmget）会返回错误。服务器进程必须能处理这种错误，删除当前存在的 IPC 结构体，并尝试重新创建。

3. 客户端进程和服务器进程可以协商好路径名和项目 ID（项目 ID 是一个字符，值在 0～255 范围），并调用 ftok 函数将这两个值转换为一个键。这个生成的键随后被用于步骤 2。ftok 函数提供的唯一服务就是根据路径名和项目 ID 生成一个键。

```
#include <sys/ipc.h>

key_t ftok(const char *path, int id);
```

函数的返回值：若执行成功，则返回键值；若执行失败则返回-1（key_t 类型）

path 参数必须表示一个当前存在的文件。*id* 参数只有低 8 位会被用于生成键。

ftok 函数创建的键通常由以下部分组成：提取指定的路径名的 stat 结构体中的

st_dev 和 st_inf 字段，然后将它们与项目 ID 组合。如果两个路径名指向不同的文件，则 ftok 函数通常会为不同的路径返回不同的键。但是 i-node 编号和键通常都存放在长整型变量中，所以创建键时可能丢失信息。这意味着，如果使用同一个项目 ID 和两个不同的路径名，则可能生成的键是相同的。

三个 get 函数（msgget、semget 和 shmget）都有两个相同的参数：一个 *key* 和一个整型 *flag*。如果 *key* 是 IPC_PRIVATE，或者 *key* 当前没有关联某个特定类型的 IPC 结构体且设置了 *flag* 的 IPC_CREAT 比特位，则会创建一个新的 IPC 结构体（通常是服务器进程创建）。为了引用当前存在的队列（通常由客户端来引用），*key* 值必须等于创建该队列时采用的键值，并且不能设置 *flag* 的 IPC_CREAT 比特位。

注意，不要通过指定 IPC_PRIVATE 来引用当前存在的队列，因为指定这个特殊的键值总会导致创建一个新的队列。要引用一个采用 IPC_PRIVATE 方式创建的队列，我们必须知道其关联的标识符，然后在其他 IPC 调用（如 msgsnd 和 msgrcv）中使用该标识符，这样可以绕过 get 函数。

如果我们在确保当前的标识符没有引用已经存在的 IPC 结构体的情况下想创建新的 IPC 结构体，则我们必须在 *flag* 中设置 IPC_CREAT 和 IPC_EXCL 比特位。这样，如果 IPC 结构体已经存在，则函数会产生错误并返回 EEXIST（这一点类似于 open 函数设置了 O_CREAT 和 O_EXCL 标记）。

15.6.2 权限结构体

XSI IPC 为每个 IPC 结构体关联一个 ipc_perm 结构体。该结构体定义了权限和所有者信息，它至少包含下列成员：

```
struct ipc_perm {
    uid_t  uid;  /* 拥有者的有效用户 ID */
    gid_t  gid;  /* 拥有者的有效组 ID */
    uid_t  cuid; /* 创建者的有效用户 ID */
    gid_t  cgid; /* 创建者的有效组 ID */
    mode_t mode; /* 访问模式 */
    ⋮
};
```

每个系统都会包含额外的一些信息。结构体详细的定义可以参考系统的<sys/ipc.h>文件。

当创建 IPC 结构体时，以上字段都会被初始化。之后，我们还可以通过调用 msgctl、semctl 或 shmctl 函数来修改 uid、gid 和 mode 字段。要改变这些值，调用的进程必须是 IPC 结构体的创建者或者是超级用户。改变这些值的行为与对文件调用 chown 或 chmod 函数的行为类似。

mode 字段中的值类似于图 4.6 所示的值，但是任何 IPC 结构体都不存在执行权限。另外，消息队列和共享内存使用术语“读”和“写”，而信号量使用术语“读”和“更改”。图 15.24 显示了每种形式的 IPC 的 6 种权限。

权　限	比　特
用户读	0400
用户写（更改）	0200
组读	0040
组写（更改）	0020
其他读	0004
其他写（更改）	0002

图 15.24　XSI IPC 权限

某些系统定义了表示每种权限的符号常量，但是这些常量并没有包括在 Single UNIX Specification 中。

15.6.3　可配置性限制

这三种 XSI IPC 都存在内置的一些限制，但大部分限制都可以通过重新配置内核来改变。后面我们在介绍每一种 IPC 时，会介绍这些限制。

每个系统都提供了自己的方式来上报和修改某个特定的限制。FreeBSD 8.0、Linux 3.2.0 和 Mac OS X 10.6.8 提供了 sysctl 命令来查看和修改内核配置参数。在 Solaris 10 中，修改内核 IPC 限制需要使用 prctl 命令。

在 Linux 系统，我们可以通过运行 ipcs -l 命令来显示 IPC 相关的限制。在 FreeBSD 和 Mac OS X 中，对等的命令是 ipcs -T。在 Solaris 中，可以通过运行 sysdef -y 命令来找到可调节的参数。

15.6.4　优缺点

XSI IPC 的一个基本问题是 IPC 结构体在系统范围起作用并且没有引用计数。例如，如果进程创建一个消息队列并且在消息队列中放入一些消息，然后进程终止了，那么该消息队列及其里面的内容不会被删除。它们会一直留在系统中直到发生下列动作：由其他进程调用 msgrcv 或 msgctl 函数来读取或者删除，执行了 ipcrm（1）命令，或者系统重启。这与管道相比，当最后一个引用管道的进程终止时，管道就被完全删除了。对于 FIFO，在最后一个引用 FIFO 的进程终止时，虽然 FIFO 的名称依然保留在系统中（除非显式删除它），但是任何遗留在 FIFO 中的数据都会被清空。

XSI IPC 的另外一个问题是这些 IPC 结构体在文件系统中没有名称。我们不能用第 3 章和第 4 章中介绍的函数来访问和修改它们的属性。为了支持这些 IPC 对象，我们给内核增加了十几个新的系统调用（msgget、semop、shmat 等），但是我们依然无法通过 ls 命令查看 IPC 对象，也无法通过 rm 命令删除它们，以及无法通过 chmod 命令修改它们的权限。而是又增加了 ipcs（1）和 ipcrm（1）两个命令。

由于这些 IPC 不使用文件描述符，所以我们不能对它们使用 I/O 多路复用函数（select 和 poll）。这就很难一次使用一个以上的 IPC 结构体，也很难在文件或者 I/O 设备上使用这些 IPC 结构体。例如，如果没有某种形式的忙等待循环（busy-wait loop）机制，单个服务器进程是无法做到将发向两个消息队列的消息放置到正确的消息队列中去的。

Andrade、Carges 和 Kovach（1989）对 System V IPC 构建的处理系统进行了概述。他们认为 System V IPC 使用命名空间是一种优势，而不是问题，因为使用标识符，一个进程只需要使用一个函数调用（msgsnd）就可以把消息发送给消息队列，而其他形式的 IPC 通常需要 open、write 及 close 等多个函数调用。这种说法是错误的。为了避免使用键和调用 msgget 函数，客户端依然需要以某种形式获得服务器进程消息队列的标识符。需要根据创建该队列时已经有了多少消息队列，以及自系统启动后创建并使用过多少次队列来给特定队列分配标识符。这是一个无法猜测的动态值，更无法将其预存储在头文件中。正如 15.6.1 节所讲，至少服务器进程应该将队列的标识符写入一个文件，以便客户端去读取它。

这些作者列举了消息队列的其他优点。它们是可靠的、流控制的以及面向记录的；它们可以用先进先出顺序处理。图 15.25 对这些不同形式的 IPC 的某些特性进行了比较。

IPC 类型	无连接？	可靠的？	流控制？	记录？	消息类型或者优先级
消息队列	否	是	是	是	是
STREAMS	否	是	是	是	是
UNIX 域套接字	否	是	是	否	否
UNIX 域数据报套接字	是	是	否	是	否
FIFO（非 STREAM）	否	是	是	否	否

图 15.25 不同形式 IPC 之间的特性对比

第 16 章会介绍流和数据报套接字，而 UNIX 域套接字会在 17.2 节介绍。“无连接”的含义是发送消息时不需要提前调用某种形式的 open 函数。如前所述，由于需要使用某种技术获取消息队列的标识符，所以我们不认为消息队列是无连接的。由于这些形式的 IPC 都被限制在一台主机，所以它们都是可靠的。当消息通过网络传输时，就需要考虑消息丢失的可能性。“流控制”的含义是，当系统资源（缓冲区）短缺或者接收者无法继续接收任何消息时，发送者会陷入睡眠状态。当流控制条件消失时（如队列中有了空闲空间），发送者应该自动唤醒自己。

图 15.25 中并没有展示的特性是，是否 IPC 设施可以为每一个客户端创建一个到服务器进程的唯一连接。在第 17 章我们会看到，UNIX 流套接字提供了这种能力。下面三节分别对三种形式的 XSI IPC 进行详细的描述。

15.7 消息队列

消息队列本质是存储在内核中的消息链表，由消息队列标识符来标识。这里我们将消息队列简称为队列，而它的标识符称为队列 ID。

Single UNIX Specification 的消息传送选项中包括一种 IPC 消息队列接口，该接口来源于 POSIX 实时扩展。本章不讨论这个接口。

msgget 函数可以创建一个新的队列或者打开一个已经存在的队列，msgsnd 函数可以将消息加到队列的末尾。每个消息都有一个长整型类型的字段、一个非负长度字段，以及真实的数据部分（与长度对应）。当使用 msgsnd 函数向队列加入消息时，需要给函数提供这三者的信息。msgrcv 函数用于接收队列的消息。不一定要按照先进先出的顺序读取消息，也可以基于消息的类型字段来获取消息。

每个队列都有一个与之关联的 msqid_ds 结构体：

```
struct msqid_ds {
  struct ipc_perm msg_perm;    /* 见 15.6.2 节 */
  msgqnum_t.                   msg_qnum;    /* # 队列中的消息数目 */
  msglen_t.                    msg_qbytes;  /* 队列中消息的最大长度（单位字节） */
  pid_t.                       msg_lspid;   /* 上一次调用 msgsnd()的进程号 */
  pid_t                        msg_lrpid;   /* 上一次调用 msgrcv()的进程号*/
  time_t.                      msg_stime;   /* 上一次调用 msgsnd() 的时间 */
  time_t                       msg_rtime;   /* 上一次调用 msgrcv() 的时间 */
  time_t                       msg_ctime;   /* 上一次改动时间 */
  ⋮
};
```

这个结构体定义了队列的当前状态，以上所示的各个数据成员由 Single UNIX Specification 定义，不同的系统可以在标准之外定义额外的数据成员。

图 15.26 列出了影响消息队列的各种系统限制。“导出的”表示这种限制源于其他限制。比如，在 Linux 系统，消息的最大数目是根据最大队列数和队列中所允许的最大数据量来决定的，而最大队列数又是由系统内存大小决定的。注意，队列的最大字节限制进一步限制了可以存储在队列中的最大消息长度。

说　明	典型值			
	FreeBSD 8.0	Linux 3.2.0	Mac OS X 10.6.8	Solaris 10
可发送的最长消息的字节数	16,384	8192	16,384	导出的
一个特定队列的最大字节数（即队列中所有消息长度之和）	2048	16,384	2048	65,536
系统维度的最大消息队列数目	40	导出的	40	128
系统维度的最大消息数目	40	导出的	40	8192

图 15.26　影响消息队列的系统限制

我们要介绍的第一个消息队列函数就是 msgget，它用于打开一个已经存在的队列或者创建一个新的队列。

```
#include <sys/msg.h>

int msgget(key_t key, int flag);
```

返回值：若执行成功，则返回队列 ID；若出错，则返回-1

15.6.1 节介绍了将 *key* 转换成标识符的规则，并且讨论了如何创建一个新的队列，如何引用一个现有队列。当创建新队列时，会初始化 msqid_ds 结构体：

- ipc_perm 成员会按照 15.6.2 节的描述被初始化。mode 成员会按照 flag 参数中的权限位被进行设置，这些权限在图 15.24 中已经注明。
- msg_qnum、msg_lspid、msg_lrpid、msg_stime 及 msg_rtime 都会被设置为 0。
- msg_ctime 被设置为当前时间。
- msg_qbytes 被设置为系统限制。

若 msgget 函数执行成功，则返回非负的队列 ID。这个值后续会在其他三个消息队列函数中使用。

msgctl 函数可以对队列执行多种操作。它和另外两个信号量及共享内存相关的函数（semctl 和 shmctl）都是 XSI IPC 的类似于 ioctl 的函数（即，垃圾桶函数）。

```
#include <sys/msg.h>

int msgctl(int msqid, int cmd, struct msqid_ds *buf);
```

返回值：若执行成功，则返回 0；若出错，则返回-1

cmd 参数指定了对由 *msgqid* 参数指定的队列的操作命令。

IPC_STAT　获取队列的 msqid_ds 结构体，将其存储在 buf 参数指向的结构体中。

IPC_SET　将 buf 参数指向的 msqid_ds 结构体中的 msg_perm.uid、msg_perm.gid、msg_perm.mod 和 msg_qbytes 复制到与该队列关联的 msqid_ds 结构体中。

该命令只能由有效用户 ID 等于 msg_perm.cuid 或 msg_perm.uid 的进程或者拥有超级用户权限的进程执行。只有超级用户可以增加 msg_qbytes 的值。

IPC_RMID 删除系统上的消息队列，以及保留在队列中的任何数据。该删除操作会立即生效。任何依然在使用该队列的进程在对该队列进行下一次操作尝试时，会得到 EIDRM 错误码。

该命令只能由有效用户 ID 等于 msg_perm.cuid 或 msg_perm.uid 的进程或者拥有超级用户权限的进程执行。

以上三个命令（IPC_STAT、IPC_SET 和 IPC_RMID）也可以用于信号量和共享内存。

通过调用 msgsnd 函数可以将数据放到消息队列中。

```
#include <sys/msg.h>

int msgsnd(int msqid, const void *ptr, size_t nbytes, int flag);
                                返回值：若执行成功，则返回 0；若出错，则返回-1
```

如前所述，每一条消息都由一个正的长整型类型字段、一个非负长度字段（*nbytes*）及实际的数据（对应长度字段）组成。消息总是被放到队列的末尾。

ptr 指向执行一个长整型数，它包含正的整型消息类型，以及紧跟着的消息数据（如果 *nbytes* 参数是 0，则没有任何消息数据）。假设消息最长为 512 字节，则可以定义如下结构体：

```
struct mymesg {
    long mtype;          /* positive message type */
    char mtext[512];     /* message data, of length nbytes */
};
```

于是 *ptr* 就是指向 mymesg 结构体的指针。消息的接收者在获取消息时可以按照顺序使用消息类型，而非一定要先进先出。

一些系统同时支持 32 位和 64 位环境，这会影响长整型和指针的长度。例如，在 64 位 SPARC 系统，Solaris 允许 32 位和 64 位应用程序同时存在。如果一个 32 位的应用程序要与 64 位的应用程序通过管道或者套接字传输这个结构体，则会引发问题：因为在 32 位应用程序中长整型是 4 字节，而在 64 位应用程序中是 8 字节。这意味着，32 位应用程序会认为 mtext 字段的起始位置在这个结构体的第 4 字节处，而 64 位应用程序则会认为 mtext 字段的起始位置在这个结构体的第 8 字节处。在这种场景下，64 位应用程序的 mtype 字段的一部分在 32 位应用程序中表现为 mtext 字段的一部分，而 32 位应用程序中 mtext 字段的前 4 字节会被 64 位应用程序解析为 mtype 字段的一部分。

但是，这个问题不会在 XSI 消息队列中发生。Solaris 系统的 32 位版本 IPC 系统调用与 64 位版本具有不同的入口点。系统知道如何处理 32 位应用程序和 64 位应用程序的通信以避免类型字段和消息的数据字段发生交错。唯一的问题就是当 64 位应用程序发送一个 8 字节长度消息类型的消息时，32 位应用程序需要用 4 字节的消息类型来承载它。在这个场景下，32 位应用程序会遇到一个被截断的消息类型值。

可以将 *flag* 参数设置为 `IPC_NOWAIT`，这种情形有点类似于为文件 I/O 设置非阻塞 I/O 标记（14.2 节）。如果消息队列满（可能是因为队列中消息数目达到了系统限制，也可能是因为队列中的消息长度达到了系统限制），设置的 `IPC_NOWAIT` 标记会导致 `msgsnd` 函数立即返回，并返回错误码 `EAGAIN`。如果没有指定 `IPC_NOWAIT` 标记，则函数会一直阻塞，直到队列有空间可以接收消息，队列被删除，或者有信号被捕捉并且信号处理程序返回。对于第二个情形，函数会返回错误码 `EIDRM`（“标识符被删除”）。对于最后一个情形，函数返回错误码 `EINTR`。

注意，消息队列对于删除处理是十分不完善的。由于系统针对消息队列并没有维护引用计数（类似于打开文件那样），队列被删除后，再次对该队列执行操作的进程会产生错误。信号量也以同样的方式处理删除操作。与之相反，当删除一个文件时，要等到使用该文件的最后一个描述符关闭后才会删除文件的内容。

当 `msgsnd` 函数成功返回后，与消息队列关联的 `msqid_ds` 结构体也随之更新，包括更新调用该函数的进程 ID（`msg_lspid`）、调用该函数的时间（`msg_stime`），以及队列中新增的消息（`msg_qnum`）。

`msgrcv` 函数用来从队列中提取消息。

```
#include <sys/msg.h>

ssize_t msgrcv(int msqid, void *ptr, size_t nbytes, long type, int flag);
```

返回值：若执行成功，则返回消息中数据部分的长度；若执行失败，则返回-1

与 `msgsnd` 函数一样，*ptr* 参数指向一个长整型数（用于存储返回的消息的消息类型），跟随其后的是用于存储实际消息数据的缓冲区。*nbytes* 参数指定数据缓冲区的大小。如果返回的消息长度大于 *nbytes* 指定的长度并且在 *flag* 参数中设置了 `MSG_NOERROR` 比特位，则消息会被截断（在这种场景下，不会有任何消息被截断的提示，被截去的消息部分会被丢弃）。如果消息长度太长并且没有设置 *flag* 参数的 `MSG_NOERROR` 比特位，则函数会返回 `E2BIG`（在这种情况下，消息会继续留在队列内）。

type 参数指定了允许接收哪种消息。

type==0　返回队列的第一个消息。

type > 0　返回队列中消息类型值等于 *type* 的第一个消息。

type < 0　返回队列中消息类型值小于等于 *type* 绝对值的消息。如果消息有若干个，则返回类型值最小的消息。

当 *type* 参数为非零值时，可以按照顺序读取消息，而不是以先进先出的方式读取。例如，如果应用程序需要给消息赋予优先级，则 *type* 参数可以用于表示优先级的值。另外一个用法是，在多个客户端复用一个消息队列并与一个服务器进程通信时，可以用它保存客户端的进程 ID（只要进程 ID 可以存放在长整型数中）。

通过指定 *flag* 参数的 `IPC_NOWAIT` 比特位，可以让函数非阻塞地运行，即如果没有可用的指定的消息类型时，`msgrcv` 函数立即返回−1 并设置 `errno` 为 `ENOMSG`。如果没有指定 `IPC_NOWAIT`，则 `msgrcv` 函数会被阻塞，直到指定类型的消息到达，队列被从系统删除（函数返回−1 并设置 `errno` 为 `EIDRM`），或有信号被捕获并且信号处理程序返回（`msgrcv` 函数返回−1 并设置 `errno` 为 `EINTR`）。

`msgrcv` 函数一旦成功返回，与消息队列关联的 `msgid_ds` 结构体也随之更新，包括更新调用该函数的进程 ID（`msg_lrpid`）、调用函数的时间（`msg_rtime`），以及队列中减少的消息（`msg_qnum`）。

示例：消息队列和全双工管道的时间对比

如果客户端和服务器之间需要有一条双向的数据流，则其既可以使用消息队列实现，也可以使用全双工管道实现（回忆图 15.1 中描述的全双工队列，它可通过域套接字机制实现，见 17.2 节。尽管一些系统通过 `pipe` 函数提供了全双工管道）。

图 15.27 展示了 Solaris 系统上的三种技术在时间方面的比较：消息队列、全双工（STREAMS）管道及域套接字。测试程序首先创建 IPC 管道，调用 `fork` 函数，然后父进程向子进程发送 200MB 数据。对于消息队列，需要调用 100000 次 `msgsnd` 函数，每个消息长度为 2000 字节；对于全双工管道和域套接字，则需要调用 100000 次 `write` 函数，每次写 2000 字节。时间都以秒为单位。

操作	用户	系统	时钟
消息队列	0.58	4.16	5.09
全双工管道	0.61	4.30	5.24
UNIX 域套接字	0.59	5.58	7.49

图 15.27 在 Solaris 系统上三种 IPC 的时间比较

消息队列本来是作为一种高于正常速度的 IPC 技术来设计的，但是从数据来看，现在跟其他 IPC 技术相比速度也快不到哪去了（在实现消息队列时，可用的其他形式的 IPC 就只有半双工管道这一种）。考虑到使用消息队列需要处理的问题（15.6.4 节），我们的结论是，在新的应用程序中不应当再使用它。

15.8 信号量

信号量与前面介绍的其他 IPC（管道、FIFO 和消息队列）并不相似，它是一个计数器，为多进程提供共享数据对象的访问。

Single UNIX Specification 包括了另外一套信号量接口，该套接口原来是实时扩展的一部分。稍后我们在 15.10 节讨论这些接口。

为了获取一个共享资源，进程需要执行以下步骤：

1. 测试控制该资源的信号量。
2. 若此信号量值为正，则进程可以使用该资源。在这种场景下，进程会将该信号量的值减 1，表明它使用了一个资源单位。
3. 否则，此信号量的值为 0，则进程进入睡眠状态，直到信号量的值大于 0。当进程被唤醒时，再返回步骤 1。

当进程使用完由信号量控制的资源时，信号量的值加 1；如果此时有进程正在睡眠等待此信号量，则唤醒它们。

为了正确地实现信号量，测试信号量的值及减 1 操作必须是原子操作。基于这个原因，信号量通常在内核中实现。

信号量的常见形式是*二元信号量*（*binary semaphore*），它控制单个资源，并且它只被初始化为 1。通常，一个信号量可以被初始化为任意正值，该值表示该资源可以提供多少单位的共享资源。

遗憾的是，XSI 信号量与此相比要复杂得多。以下三个特性造成了这种没必要的复杂性。

1. 信号量并非单一的非负值，而必须定义为含有一个或多个信号量的值的集合。当创建信号量时，需要指定集合中信号量值的数量。
2. 信号量的创建（semget）与它的初始化操作（segctl）是相互独立的。这是一个致命缺陷，因此我们无法创建一个信号量集合并自动初始化集合内的所有值。
3. 由于即使没有进程在使用这些形式的信号量，但是它们依然会保持存在，所以我们需要考虑程序被终止时没有释放之前已经申请的信号量的问题。后面要讲的 *undo* 特性就是用来处理这种情况的。

内核为每个信号量集合维持一个 semid_ds 结构体。

```
struct semid_ds {
  struct ipc_perm  sem_perm;    /* 见 15.6.2 节 */
  unsigned short   sem_nsems;   /* # 集合中信号量的数目 */
  time_t           sem_otime;   /* 上一次调用 semop()的时间 */
  time_t           sem_ctime;   /* 上一次改动时间 */
  ⋮
};
```

Single UNIX Specification 定义了以上所示的字段，但是不同的系统可以为 semid_ds 结构体定义额外的字段。

每个信号量由无名结构体表示，结构体至少包含如下字段：

```
struct {
  unsigned short  semval;   /* 信号量值，总是大于等于 0 */
  pid_t             sempid;   /* 上一次操作的进程号 */
  unsigned short  semncnt;  /* # 等待 semval>curval 的进程数 */
  unsigned short  semzcnt;  /* # 等待 semval==0 的进程数 */
  ⋮
};
```

图 15.28 列出了影响信号量集合的系统限制。

说　明	典型值			
	FreeBSD 8.0	Linux 3.2.0	Mac OS X 10.6.8	Solaris 10
任一信号量的最大值	32 767	32 767	32 767	65 535
任一信号量的最大退出时的调整值	16 384	32 767	16 384	32 767
系统维度，信号量集合的最大数量	10	128	87 381	128
系统维度，信号量的最大数量	60	32 000	87 381	导出的
每个信号量集合中的信号量的最大数量	60	250	87 381	512
系统维度，undo 结构体的最大数量	30	32 000	87 381	导出的
每个 undo 结构体中 undo 项的最大数量	10	无限制	10	导出的
每个 semop 调用中操作的信号量的最大数量	100	32	5	512

图 15.28　影响信号量的系统限制

要想使用 XSI 信号量，首先需要通过调用 semget 函数来获取信号量的 ID。

```
#include <sys/sem.h>

int semget(key_t key, int nsems, int flag);
                    返回值：若执行成功，则返回信号量 ID；若出错，则返回-1
```

15.6.1 节介绍了将 *key* 转变为标识符的规则，并讨论了如何创建一个新的集合，如何引用一个当前的集合。当创建一个新的集合时，semid_ds 结构体中的下列字段会被初始化：

- ipc_perm 结构体将按照 15.6.2 节所述被初始化。结构体中的 mode 成员会被设置为 *flag* 参数中对应的权限位。这些权限的取值参考图 15.24。
- sem_otime 被设置为 0。
- sem_ctime 被设置为当前时间。
- sem_nsems 被设置为 *nsems*。

集合中信号量的数目用 *nsems* 参数指定。如果创建一个新的集合（一般在服务器进程中），则必须指定 *nsems*。如果要使用现有的集合（通常在客户端进程中），则需要指定 *nsems* 为 0。

semctl 函数可执行多种信号量操作。

```
#include <sys/sem.h>

int semctl(int semid, int semnum, int cmd, ... /* union semun arg */ );
                                                          返回值：见下文
```

第 4 个参数是可选的，是否需要设置它取决于请求的命令。如果需要设置，则该参数是整合了多个命令参数的 semun 联合体类型。

```
union semun {
  int               val;    /* SETVAL 场景使用 */
  struct semid_ds   *buf;   /* IPC_STAT 和 IPC_SET 场景使用 */
  unsigned short    *array; /* GETALL 和 SETALL 场景使用*/
};
```

注意，这个可选参数是一个联合体，不是指向联合体的指针。

> 通常，应用程序必须定义 semun 联合体。不过，FreeBSD 8.0 在<sys/sem.h>中提供了它的定义。

cmd 参数指定下列 10 种命令中的一种，这些命令用于操作由 *semid* 指定的信号量集合。其中有 5 个命令使用 *semnum* 参数来指定信号量集合中特定的一个信号量。*semmum* 参数的取值范围在 0 和 *nsems*-1 之间，包括 0 和 *nsems*-1。

IPC_STAT　获取指定的信号量集合的 semid_ds 结构体，并将其存储在由 *arg.buf* 指向的结构中。

IPC_SET　根据 *arg.buf* 指向的 semid_ds 结构体设置相关联的信号量集合的 sem_perm.uid、sem_perm.gid 和 sem_perm.mode。

　　此命令只能被有效用户 ID 等于 sem_perm.cuid 或 sem_perm.uid 的进程或被具有超级用户权限的进程执行。

IPC_RMID　从系统中删除信号量集合。该操作会立即执行，任何使用该信号量的进程在下一次尝试操作该信号量时都会收到 EIDRM 错误。

　　此命令只能被有效用户 ID 等于 sem_perm.cuid 或 sem_perm.uid 的进程或被具有超级用户权限的进程执行。

GETVAL　返回成员 *semnum* 的 semval 值。

SETVAL　设置成员 *semnum* 的 semval 值，该值由 *arg.val* 指定。

GETPID　获取成员 *semnum* 的 semdpid 值。

GETNCNT　获取成员 *semnum* 的 semncnt 值。

GETZCNT　　获取成员 *semnum* 的 semzcnt 值。

GETALL　　获取信号量集合中的所有信号量值。这些值存储在由 *arg.array* 指向的数组中。

SETALL　　根据 *arg.array* 指向的数据设置该信号量集合中的所有信号量的值。

除 GETALL 以外的其他 GET 命令，函数直接返回对应的值。而剩下的命令，若执行成功则返回 0。若出错，则 semctl 函数会设置 errno 并返回-1。

semop 函数可以针对某个信号量集合自动执行一组操作。

```
#include <sys/sem.h>

int semop(int semid, struct sembuf semoparray[], size_t nops);
                        返回值：若执行成功，则返回 0；若出错，则返回-1
```

semoparray 参数是一个指针，指向一个由 sembuf 结构体表示的信号量操作数组。

```
struct sembuf {
  unsigned short  sem_num;  /* 在集合(0, 1, ..., nsems-1)中的成员数量 */
  short             sem_op;   /* 操作类型(negative, 0, or positive) */
  short             sem_flg;  /* IPC_NOWAIT, SEM_UNDO */
};
```

nops 参数表示该数组中操作的数目。

对集合中每个成员的操作由相应的 sem_op 值指定。该值可以是负值、0 或者正值（下面的讨论中会提到信号量的“undo”标记。该标记对应 sem_flg 成员的 SEM_UNDO 比特位）。

1. 最容易处理的是 sem_op 为正值的情况。这种情况对应于进程释放占用的资源。sem_op 值会被加到信号量的值上。如果指定了 undo 标记，则从该进程的此信号量调整值减去 sem_op。
2. 如果 sem_op 是负值，则表示获取由信号量控制的资源。如果信号量的值大于等于 sem_op 的绝对值（当前可获得的资源数），则从此信号量调整值减去 sem_op 的绝对值。这保证信号量的值大于等于 0。如果指定了 undo 标记，则将该进程的信号量的调整值加上 sem_op 的绝对值。

   如果信号量的值小于 sem_op 的绝对值（当前资源无法获取），则按照下列条件操作。

   a. 如果指定了 IPC_NOWAIT，则 semop 函数返回错误码 EAGAIN。
   b. 如果没有指定 IPC_NOWAIT，则信号量的 semncnt 值会自增 1（因为调用进程将进入睡眠状态），调用进程被挂起直至下列事件发生。

      i. 信号量的值变成大于等于 sem_op 的绝对值（即其他进程释放了一些资源）。此时该信号量的 semncnt 值则自减 1（因为调用进程结束等待），并且从该信号量调整值减去 sem_op 的绝对值。如果指定了 undo 标记，则将 sem_op 的绝对值加到当前进程的信号量的调整值上。

ii. 信号量被从系统中删除。在这种场景下，函数返回错误 EIDRM。

iii. 进程捕捉到一个信号，并且信号处理程序返回。在这种场景下，该信号量的 semncnt 值自减 1（因为调用进程不再等待），并且函数返回错误 EINTR。

3. 如果 sem_op 的值是 0，则表示调用进程期望等待到信号量的值变成 0。

如果信号量当前值是 0，则函数立即返回。

如果信号量当前值不是 0，则按照下列条件操作。

a. 如果指定了 IPC_NOWAIT，则函数会出错并返回 EAGAIN。

b. 如果没有指定 IPC_NOWAIT，则信号量的 semzcnt 值自增 1（因为调用进程将要进入睡眠状态），并且调用进程会被挂起直到下面事件发生。

i. 信号量的值变为 0。该信号量的 semzcnt 值会自减 1（因为调用进程将结束等待）。

ii. 信号量被从系统中删除。在这种场景下，函数返回错误 EIDRM。

iii. 进程捕捉到一个信号，并且信号处理程序返回。在这种场景下，该信号量的 semzcnt 值自减 1（因为调用进程不再等待），并且函数返回错误 EINTR。

semop 函数的操作是原子性操作，它要么执行数组中的所有操作，要么一个也不执行。

exit 时信号量调整

如前所述，如果进程终止，它还占据经由信号量分配的资源，这是一个问题。每当我们为信号量指定 SEM_UNDO 标记并申请资源时（sem_op 值小于 0），内核会记住我们在这个信号量上申请了多少资源（sem_op 的绝对值）。当进程终止时，无论自愿还是非自愿，内核会检查该进程是否有尚未处理的信号量调整值，如果有，则按调整值对相应信号量进行处理。

如果使用带有 SETVAL 或 SETALL 命令的 semctl 函数设置一个信号量值，则在所有的进程中，该信号量的调整值被设置为 0。

示例：信号量、记录锁和互斥锁的时间比较

如果多个进程共享一个资源，则我们可以使用三种技术来协调资源的访问：信号量、记录锁及互斥锁（将地址空间映射到双方进程）。比较这三种技术的时间开销是比较有意义的。

在信号量场景下，我们创建一个包含单一成员的信号量集合并初始化信号量值为 1。将 sem_op 设置为-1 并调用 semop 函数来分配资源，设置 sem_op 为+1 并调用 semop 函数来释放资源。对每个操作都指定 SEM_UNDO，以便处理进程未释放资源就终止的情况。

在记录锁场景下，我们创建一个空文件并使用文件的首字节（无须存在）作为锁字节。通过对字节加写锁来获取资源，对字节解锁来释放资源。记录锁的特性保证如果持有锁的进程终止了，内核会自动释放锁。

若使用互斥锁，则需要所有的进程将相同的文件映射到各自的地址空间并采用 PTHREAD_PROCESS_SHARED 属性在文件的相同偏移处初始化互斥锁。通过对互斥锁上锁来分配资源，对互斥锁解锁来释放资源。如果进程没有释放锁就终止了，那么程序会很难恢复正常，除非采用健壮的互斥锁（见 12.4.1 节讨论的 pthread_mutex_consistent 函数）。

图 15.29 展示了 Linux 系统上这三种锁的时间开销。在每一种场景下，资源被重复申请和释放 1 000 000 次。这同时由三个不同的进程执行。图 15.29 显示的时间是三个进程消耗的总时间。

操　　作	用　　户	系　　统	时　　钟
undo 信号量	0.50	6.08	7.55
建议性记录锁	0.51	9.06	4.38
共享存储中的互斥锁	0.21	0.40	0.25

图 15.29　在 Linux 系统上使用不同锁的时间对比

在 Linux 系统中，记录锁比信号量要快一些，而位于共享内存中的互斥锁的性能要高于信号量和记录锁。如果需要对单一资源加锁且不需要 XSI 信号量任何花哨的功能，则相比信号量选择记录锁更好一些。主要原因是，记录锁更容易使用并且运行更快（在这个系统），以及进程终止时系统会管理遗留下的锁。虽然在本系统中，基于共享内存的互斥锁是执行速度最快的方案，但是我们依然倾向于使用记录锁，除非性能成为主要考虑因素。有两点原因：首先，在多进程间使用互斥锁时，进程终止会让程序恢复变得更加困难。其次，互斥锁属性 process-shared 尚未得到广泛的支持。在较老的 Single UNIX Specification 中，它是一个可选项。尽管在 SUSv4 中，它依然是可选的，但现在所有遵循 XSI 的系统必须支持它。

本书提到的 4 个系统，只有 Linux 3.2.0 和 Solaris 10 当前支持 process-shared 互斥锁特性。

15.9　共享内存

共享内存技术允许两个或者更多进程共享一个给定的内存区域。这是最快速的 IPC 技术，因为它不需要在客户端和服务器之间来回复制数据。使用共享内存的唯一窍门就是在多进程之间实现对指定内存区域的同步访问。如果服务器进程正在向共享内存区域存放数据，那么客户端进程在服务器操作完成之前不能访问这块内存。通常，使用信号量来实现共享内存区域的同步访问（但正如我们在上一节描述的，也可以使用记录锁和互斥锁）。

Single UNIX Specification 在共享内存选项中包含一个接口，用于访问共享内存。这些接口源于实时扩展，在本书中不会讨论它们。

我们已经见过共享内存的一种形式，即将同一个文件映射到多个进程的地址空间。但 XSI 共享内存技术与文件内存映射不同，它不会有任何关联的文件。XSI 的共享内存段是内存的匿名段。

内核为每个共享的内存段维护一个结构体，该结构体至少包含如下几个成员：

```
struct shmid_ds {
  struct ipc_perm  shm_perm;    /* 见 15.6.2 节 */
  size_t           shm_segsz;   /* 内存段的大小（单位字节） */
  pid_t            shm_lpid;    /* 上一次调用 shmop()的进程号 */
  pid_t            shm_cpid;    /* 创建者的进程号 */
  shmatt_t         shm_nattch;  /* 当前挂载的数量 */
  time_t           shm_atime;   /* 上一次挂载的时间 */
  time_t           shm_dtime;   /* 上一次卸载的时间 */
  time_t           shm_ctime;   /* 上一次改动的时间 */
  ......
};
```

（不同的系统可以为了支持共享内存段增加额外的结构体成员。）

shmatt_t 成员被定义为无符号整型，它至少与 unsigned short 一样大。图 15.30 列出了会影响共享内存的系统限制。

说　明	典型值			
	FreeBSD 8.0	Linux 3.2.0	Mac OS X 10.6.8	Solaris 10
共享内存段的最大字节长度	33 554 432	32 768	4 194 304	导出的
共享内存段的最小字节长度	1	1	1	1
系统纬度，共享内存的最大段数	192	4 096	32	128
每个进程共享内存的最大段数	128	4 096	8	128

图 15.30 影响共享内存的系统限制

我们要介绍的第一个共享内存函数就是 shmget，它用于获取一个共享内存标识符。

```
#include <sys/shm.h>

int shmget(key_t key, size_t size, int flag);
```

返回值：若执行成功，则返回共享内存 ID；若出错，则返回-1

15.6.1 节介绍了将 *key* 转换成标识符的规则，以及如何创建一个新的共享内存段，如何引用一个现有的共享内存段。当创建一个新内存段时，shmid_ds 结构体中下列成员会被初始化：

- ipc_perm 结构体会按照 15.6.2 节描述的方法被初始化。该结构体中的 mode 成员会被设置为*flag* 参数中对应的权限位。这些权限的取值参考图 15.24。

- shm_ldpid、shm_nattch、shm_atime、shm_dtime 被设置为 0。
- shm_ctime 被设置为当前时间。
- shm_segsz 被设置为请求的 *size*。

参数 *size* 表示共享内存段的长度，以字节为单位。一般的系统会将该值向上取整为系统页长的整数倍，但若应用程序指定的 *size* 不是系统页长的整数倍，则最后一页的余下部分是不可使用的。如果创建一个新的页（通常由服务器进程创建），必须指定参数 *size*。如果引用当前存在的共享内存段（通常由客户端进程引用），则可以指定 *size* 为 0。当创建完一个新的内存段后，内存段的内容被初始化为 0。

shmctl 函数可以对共享内存段执行多种操作。

```
#include <sys/shm.h>

int shmctl(int shmid, int cmd, struct shmid_ds *buf);
                        返回值：若执行成功，则返回 0；若出错，则返回-1
```

cmd 参数指定下面 5 种命令中的一种，这些命令用于操作由 *shmid* 指定的内存段。

IPC_STAT　　获取内存段对应的 shmid_ds 结构体，将其存放在由 *buf* 指向的结构体内。

IPC_SET　　按照 *buf* 指向的 shmid_ds 结构体中的值，设置当前关联的共享内存段的三个字段：shm_perm.uid、shm_perm.gid、shm_perm.mode。

　　该命令只能由有效用户 ID 等于 shm_pem.cuid 或 shm_perm.uid 的进程，或者拥有超级用户权限的进程执行。

IPC_RMID　　从系统中删除该共享内存段。由于每个共享内存段维护着一个连接计数器（shmid_ds 结构体中的 shm_nattch 字段），所以除非使用该段的最后一个进程终止或者主动与该段分离，否则不会删除该段。无论此段是否仍在使用，该段的标识符都会被立即删除，所以不能再使用 shmat 函数与该段连接。

　　该命令只能由有效用户 ID 等于 shm_perm.cuid 或 shm_perm.uid 的进程，或者拥有超级用户权限的进程执行。

另外，Linux 和 Solaris 提供了两个额外的命令，但它们不属于 Single UNIX Specification。

SHM_LOCK　　在内存中对共享内存段加锁。该命令只能由超级用户执行。

SHM_UNLOCK　　对共享内存段解锁。该命令只能由超级用户执行。

一旦创建共享内存段完成，进程就可以调用 shmat 函数将其挂载到自己的地址空间。

```
#include <sys/shm.h>

void *shmat(int shmid, const void *addr, int flag);
              返回值：若执行成功，则返回指向共享内存段的指针；若出错，则返回-1
```

将共享内存段挂载到进程地址空间的地址由 *addr* 参数、*flag* 参数中的 SHM_RND 比特位决定。

- 如果 *addr* 是 0，则内存段会被挂载到由内核选择的第一个可用地址上。这是推荐的方式。
- 如果 *addr* 非 0 并且没有指定 SHM_RND，则内存段被挂载到 *addr* 指定的地址。
- 如果 *addr* 非 0 并且指定了 SHM_RND，则内存段被挂载到（*addr*-（*addr* mod SHMLBA），SHM_RND 命令表示“取整”。SHMBLA 的意思是“低边界地址倍数”并且总是 2 的乘方。该算式将地址指定为向下取最接近 SHMLBA 的整数倍的位置。

除非我们计划只在一种硬件上运行应用程序（在当今是不太可能的），否则不应该指定共享内存段所挂载的地址。而是指定 *addr* 为 0，让系统来选择地址。

如果在 *flag* 中指定了 SHM_RDONLY 比特位，则以只读方式挂载该内存段；否则，以读写的方式挂载该内存段。

shmat 函数的返回值是内存段挂载的地址，如果出错则返回−1。如果成功，则内核会将与该共享内存段关联的 shmid_ds 结构体的 shm_nattch 计数器值加 1。

当使用完共享内存段后，则调用 shmdt 函数来卸载它。注意，该函数不会将标识符及相关的数据结构从系统中删除。该标识符会持续存在，直至某个进程（一般是服务器进程）指定 IPC_RMID 调用 shmctl 函数来专门删除它。

```
#include <sys/shm.h>

int shmdt(const void *addr);
                                返回值：若执行成功，则返回 0；若出错，则返回-1
```

addr 参数是之前调用 shmat 函数时的返回值。如果函数执行成功，它会将关联的 shmid_ds 结构体中的 shm_nattch 计数器值减 1。

示例

当指定 *addr* 为 0 来挂载内存段时，内核最终选择的地址依赖于具体系统。图 15.31 给出一个程序，用于打印不同类型的数据存放的地址位置信息。

```
#include "apue.h"
#include <sys/shm.h>

#define ARRAY_SIZE   40000
#define MALLOC_SIZE  100000
#define SHM_SIZE     100000
#define SHM_MODE     0600     /* 用户读写 */

char    array[ARRAY_SIZE];         /* 未初始化数据 bss */
```

```
int
main(void)
{
    int     shmid;
    char    *ptr, *shmptr;

    printf("array[] from %p to %p\n", (void *)&array[0],
      (void *)&array[ARRAY_SIZE]);
    printf("stack around %p\n", (void *)&shmid);

    if ((ptr = malloc(MALLOC_SIZE)) == NULL)
        err_sys("malloc error");
    printf("malloced from %p to %p\n", (void *)ptr,
      (void *)ptr+MALLOC_SIZE);

    if ((shmid = shmget(IPC_PRIVATE, SHM_SIZE, SHM_MODE)) < 0)
        err_sys("shmget error");
    if ((shmptr = shmat(shmid, 0, 0)) == (void *)-1)
        err_sys("shmat error");
    printf("shared memory attached from %p to %p\n", (void *)shmptr,
      (void *)shmptr+SHM_SIZE);

    if (shmctl(shmid, IPC_RMID, 0) < 0)
        err_sys("shmctl error");

    exit(0);
}
```

图 15.31 打印不同类型的数据存放的地址位置

在一个基于 Intel 的 64 位 Linux 系统上运行此程序，输出如下：

```
$ ./a.out
array[] from 0x6020c0 to 0x60bd00
stack around 0x7fff957b146c
malloced from 0x9e3010 to 0x9fb6b0
shared memory attached from 0x7fba578ab000 to 0x7fba578c36a0
```

图 15.32 给出了该输出的图形化表示，这与图 7.6 所示的典型的内存布局类似。注意，共享内存段紧靠在栈之下。

回忆 mmap 函数（14.8 节），它可以将文件的一部分映射到进程的地址空间。在概念上，这与 shmat XSI IPC 函数挂载共享内存段是相似的，主要的区别是使用 mmap 函数映射的内存段的背后关联着一个文件，而 XSI 共享内存段没有关联任何文件。

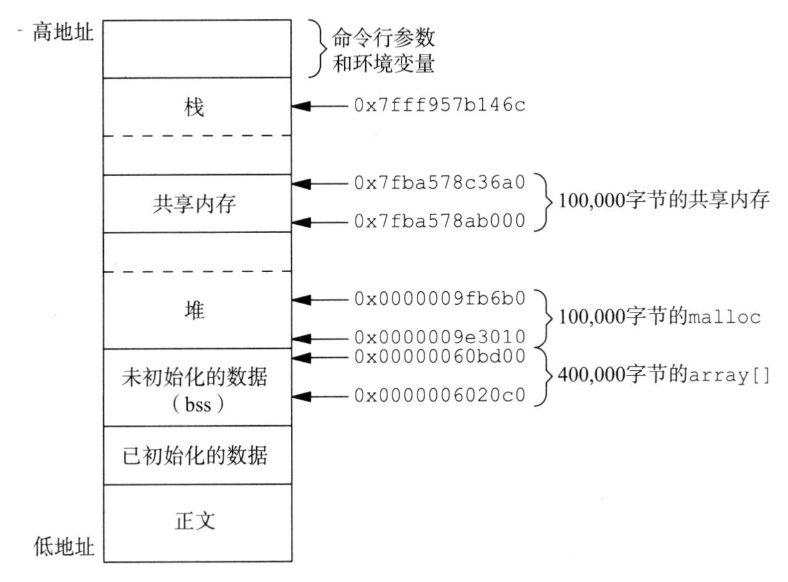

图 15.32　基于 Intel 的 Linux 系统内存布局

示例：/dev/zero 的内存映射

共享内存技术可以用于不相关的进程之间。但是如果进程之间有相关性，则某些系统提供了不同的技术。

> 下面介绍的技术只在 FreeBSD 8.0、Linux 3.2.0 及 Solaris 10 上可用。Mac OS X 10.6.8 当前不支持将字符设备映射到进程的地址空间。

在读取`/dev/zero` 设备时，会获得无限的空字符。该设备也可以接受任何写入的数据，但它会忽略这些数据。我们对这个设备的兴趣在于，当它用于内存映射时具有一些特殊的性质。

- 创建一个未命名的内存区域，其长度由 `mmap` 函数的第二个参数指定——向上取整为系统最接近的页面长。
- 内存区域被初始化为 0。
- 如果多个进程的共同祖先进程对 `mmap` 函数指定了 `MAP_SHARED` 标识，则这些进程可共享此内存区域。

图 15.33 中的程序是使用该特殊设备的一个例子。

```
#include "apue.h"
#include <fcntl.h>
#include <sys/mman.h>

#define NLOOPS       1000
```

```
#define SIZE        sizeof(long)    /* 共享内存区域的大小 */

static int
update(long *ptr)
{
    return((*ptr)++);   /* 在自增之前返回值 */
}

int
main(void)
{
    int         fd, i, counter;
    pid_t   pid;
    void    *area;

    if ((fd = open("/dev/zero", O_RDWR)) < 0)
        err_sys("open error");
    if ((area = mmap(0, SIZE, PROT_READ | PROT_WRITE, MAP_SHARED,
      fd, 0)) == MAP_FAILED)
        err_sys("mmap error");
    close(fd);      /* /dev/zero 被映射后就可以关闭它 */

    TELL_WAIT();

    if ((pid = fork()) < 0) {
        err_sys("fork error");
    } else if (pid > 0) {           /* 父进程 */
        for (i = 0; i < NLOOPS; i += 2) {
            if ((counter = update((long *)area)) != i)
                err_quit("parent: expected %d, got %d", i, counter);

            TELL_CHILD(pid);
            WAIT_CHILD();
        }
    } else {                            /* 子进程 */
        for (i = 1; i < NLOOPS + 1; i += 2) {
            WAIT_PARENT();

            if ((counter = update((long *)area)) != i)
                err_quit("child: expected %d, got %d", i, counter);

            TELL_PARENT(getppid());
        }
    }

    exit(0);
}
```

图 15.33　在父进程、子进程之间使用/dev/zero 的内存映射 I/O

该程序打开/dev/zero 设备，然后在指定长整型的长度的情况下调用 mmap 函数。注意，一旦内存区域映射成功，就可以调用 close 函数关闭该设备。然后该进程创建一个子进程。由于在调用 mmap 函数时指定了 MAP_SHARED，因此一个进程对内存映射区域的写入操作会被其他进程看到（如果我们指定了 MAP_PRIVATE，则该程序就不会工作）。

然后父进程和子进程，使用 8.9 节中介绍的同步函数，交替对共享内存映射区域的长整型数执行加 1 操作。内存映射区域被 mmap 函数初始化为 0。父进程使其自增为 1，然后子进程使其自增为 2，然后父进程再使其自增为 3，依此类推。注意，在 update 函数中自增长整型数时必须使用括号，因为我们增加的是其值，而不是指针。

以上述方式使用/dev/zero 设备的优势是，在使用 mmap 函数创建一块映射区域之前，无须存在一个实际的文件。这项技术的缺陷是它只在相关联的进程之间起作用。但是，相对于相关联的进程，使用线程（第 11 和 12 章）很可能更为简单有效。注意，无论使用何种技术，我们仍然必须对共享数据进行同步访问。

示例：匿名内存映射

很多系统提供了类似于/dev/zero 设备的匿名内存映射技术。要使用这一技术，需要为 mmap 函数指定 MAP_ANON 标记，以及指定文件描述符为-1。这样得到的区域是匿名的（因为它没有通过文件描述符关联一个路径名），并且可让后代进程共享该区域。

> 在本书中讨论的 4 个系统都支持匿名内存映射技术。但是注意，Linux 为此技术定义了 MAP_ANONYMOUS 标记，也定义了 MAP_ANON 为相同的值，以提升应用程序的可移植性。

为了使图 15.33 中的程序使用该技术，我们对其做三处修改：（a）删除打开/dev/zero 设备操作；（b）删除 fd 的 close 操作；（c）改变 mmap 函数的调用方式：

```
if ((area = mmap(0, SIZE, PROT_READ | PROT_WRITE,
                 MAP_ANON | MAP_SHARED, -1, 0)) == MAP_FAILED)
```

在这个调用中，指定了 MAP_ANON 标记，并设置文件描述符为-1。图 15.33 中程序的其余部分没有改变。

最后这两个例子描述了如何在多个关联进程之间使用共享内存。如果在两个没有关联的进程之间使用共享内存，则有两种替代方法：一种是使用 XSI 共享内存函数，另一种是使用 mmap 函数将同一文件映射至它们的地址空间，且使用 MAP_SHARED 标记。

15.10 POSIX 信号量

POSIX 信号量是源自 POSIX.1 的实时扩展的三种 IPC 机制之一，Single UNIX Specification

将这三种机制（消息队列、信号量、共享内存）放在可选部分中。在 SUSv4 之前，POSIX 信号量接口已经被包含在信号量选项中。在 SUSv4 中，这些接口被移至基本规范部分，但是消息队列和共享内存接口依然是可选的。

POSIX 信号量接口用于解决 XSI 信号量接口的几个缺陷：

- 相比 XSI 信号量，POSIX 信号量接口考虑到了更高的性能实现。
- POSIX 信号量接口使用起来更加简单：没有信号量集合的概念，几个接口的设计也按照文件系统操作方式模式化了。尽管没有要求它们基于文件系统实现，但是一些系统的确采用了这种方式。
- POSIX 信号量的移除更加地自然。前面讲过，一个 XSI 信号量被删除后，后续对该信号量的操作会失败并设置 errno 为 EIDRM。而换为 POSIX 信号量，则操作可以继续执行，直到该信号量的最后一个引用被释放。

POSIX 信号量有两种形式：命名的和非命名的。它们的区别在于如何创建和销毁，但工作方式是一样的。未命名的信号量值存放在内存中，其要求能使用信号量的进程必须具有可以访问对应内存的权限。这意味着，它只能被同一个进程的线程使用，或者若不同进程已经映射了相同的内存到它的地址空间，则这些进程中的线程也能使用。而对于命名的信号量，则通过名称访问，它可以被任何知道它名称的进程中的线程使用。

创建一个新的或者使用当前存在的 POSIX 信号量，需要调用 sem_open 函数。

```
#include <semaphore.h>

sem_t *sem_open(const char *name, int oflag, ... /* mode_t mode,
                unsigned int value */ );
```

返回值：若执行成功，则返回指向信号量的指针；若出错，则返回 SEM_FAILED

当使用一个现有的命名信号量时，只需要指定两个参数：信号量的名称和设置为 0 的 *oflag* 参数。当设置了 *oflag* 参数的 O_CREAT 标识时，如果命名信号量不存在，则创建一个新的。如果它已经存在，则直接使用它，不会有额外的初始化行为。

如果指定了 O_CREAT 标识，还需要提供额外的两个参数。*mode* 参数指定谁可以访问这个信号量，它的取值与打开文件时使用的权限比特位相同：用户读、用户写、用户执行、组读、组写、组执行、其他读、其他写及其他执行。赋予信号量的权限可以被调用者的文件创建掩码修改（4.5 节和 4.8 节）。注意，只有读和写有意义，但是接口不允许我们在打开已经存在的信号量时指定 *mode* 参数。具体实现打开信号量通常是要进行读写。

value 参数是创建信号量时赋予它的初始值。它的取值范围为 0～SEM_VALUE_MAX（图 2.9）。

如果想保证我们确实正在创建一个新的信号量，则可以设置 *oflag* 参数为 O_CTREAT | O_EXCL。这样在信号量存在的情况下，sem_open 函数会调用失败。

为了提升可移植性，我们在选择信号量名称时必须遵循以下的规则。

- 名称中的第一个字符应该是斜杠（/）。尽管没有要求 POSIX 信号量的实现必须使用文件系统，但是如果使用了文件系统，我们就要在解释名称时消除歧义。
- 名称中不应该包含其他斜杠，以避开不同实现为其定义的其他行为。比如，如果使用了文件系统，那么/mysem 和//mysem 会被视为同一个文件名，但是如果实现没有使用文件系统，则这两个名称可能会被视为不同名称（想想如果实现把名称通过哈希运算转换成一个用来识别信号量的整数会发生什么）。
- 信号量名称的最大长度是由具体实现定义的，不应该超过_POSIX_NAME_MAX（图 2.8）个字符，因为这是使用文件系统的实现允许的最大名称长度。

sem_open 函数会返回一个信号量指针，后续需要将其传递给其他函数以实现对信号量的操作。使用完信号量后，需要调用 sem_close 函数释放与信号量关联的资源。

```
#include <semaphore.h>

int sem_close(sem_t *sem);
                          返回值：若执行成功，则返回 0；若出错，则返回-1
```

如果进程退出前忘记调用 sem_close 函数，那么内核将自动关闭任何打开的信号量。注意，这不会影响信号量的值——如果我们已经对它进行了自增 1 操作，则该操作不会因为程序退出而改变。同样，调用 sem_close 函数也不会影响信号量的值。但是 POSIX 信号量没有 XSI 信号量的 SEM_UNDO 机制。

调用 sem_unlink 函数可以销毁命名信号量。

```
#include <semaphore.h>

int sem_unlink(const char *name);
                          返回值：若执行成功，则返回 0；若出错，则返回-1
```

sem_unlink 函数会删除信号量的名称。如果该信号量没有任何引用，则它会被销毁；否则，销毁操作会延迟到最后一个打开的引用关闭。

不像 XSI 信号量，只能通过一个函数调用来调节 POSIX 信号量的值。

在后续操作该信号量时需要将这个指针传递给其他函数。计数器减 1 类似于对二进制信号量加锁或从计数信号量获取资源。

> 注意，并没有区分 POSIX 信号量的类型。使用二进制信号量还是计数信号量，取决于如何初始化和使用信号量。如果一个信号量永远只有 0 和 1 两个值，则称它为二进制信号量。如果二进制信号量的值是 1，则我们称此为“未锁状态”；如果它的值是 0，则称为“锁定状态”。

使用 sem_wait 或 seg_trywait 函数，可实现信号量的减 1 操作。

```
#include <semaphore.h>

int sem_trywait(sem_t *sem);

int sem_wait(sem_t *sem);
                          两个函数的返回值：若执行成功，则返回 0；若出错，则返回-1
```

如果信号量的值是 0，则 sem_wait 函数会被阻塞，直到我们成功地将信号量的值减 1 或者被一个信号中断阻塞状态。使用 sem_trywait 函数可以避免阻塞。如果信号量的值是 0，则 sem_trywait 函数会返回-1 并设置 errno 为 EAGAIN，而不是被阻塞。

第三个选择是阻塞一段确定的时间，此时可以使用 sem_timewait 函数。

```
#include <semaphore.h>
#include <time.h>

int sem_timedwait(sem_t *restrict sem,
                  const struct timespec *restrict tsptr);
                                返回值：若执行成功，则返回 0；若出错，则返回-1
```

tsptr 参数用于指定等待的时间。超时时间基于 CLOCK_REALTIME 时钟（见图 6.8）。如果信号量的值可以立即减 1，则超时时间的值不再重要——即使它指定的时间可能是过去的时间，信号量的值减 1 操作依然会成功。如果超时时间到期并且信号量的值没能减 1，则 sem_timewait 函数返回-1 并设置 errno 为 ETIMEOUT。

可通过 sem_post 函数来实现信号量值的增 1 操作。这类似于对二进制信号量解锁或者释放计数信号量的一个资源。

```
#include <semaphore.h>

int sem_post(sem_t *sem);
                                返回值：若执行成功，则返回 0；若出错，则返回-1
```

如果调用 sem_post 函数时，有进程正好被 sem_wait 函数阻塞，则该进程会被唤醒并且信号量计数被 sem_post 函数增 1，然后立即又被 sem_wait 函数（或 sem_timewait 函数）减 1。

若在单个进程内使用 POSIX 信号量，则采用未命名信号量会更容易使用。这仅仅改变了信号量的创建和销毁方式。创建未命名信号量，需要调用 sem_init 函数。

```
#include <semaphore.h>

int sem_init(sem_t *sem, int pshared, unsigned int value);
                                返回值：若执行成功，则返回 0；若出错，则返回-1
```

pshared 参数指明是否要在多个进程中使用该信号量。如果是，将其设置为非 0 值。*value* 参数指定了信号量的初始值。

与 sem_open 函数返回一个指向信号量的指针不同，这里需要声明一个 sem_t 类型的变量并把它的地址传递给 sem_init 函数来初始化。如果要在两个进程之间使用信号量，则需要保证 *sem* 参数指向的内存区域是两个进程共享的。

使用完未命名的信号量之后，可以调用 sem_destroy 函数销毁它。

```
#include <semaphore.h>

int sem_destroy(sem_t *sem);
                                返回值：若执行成功，则返回 0；若出错，则返回-1
```

调用 sem_destroy 函数之后，就不能再使用任何带有 *sem* 参数的信号量函数，除非调用 sem_init 函数重新初始化它。

还有一个函数可以用来提取信号量的值——sem_getvalue 函数。

```
#include <semaphore.h>

int sem_getvalue(sem_t *restrict sem, int *restrict valp);
                                返回值：若执行成功，则返回 0；若出错，则返回-1
```

一旦函数调用成功，*valp* 参数指向的整型数就会包含信号量的值。需要注意的是，当我们使用该信号量值时它可能已经发生了改变。除非我们使用额外的同步机制来避免资源竞争，否则 sem_getvalue 函数只能用于程序调试。

> sem_getvalue 函数并不被 Mac OS X 10.6.8 支持。

示例

引入 POSIX 信号量接口的动机之一是，相对于现有的 XSI 信号量接口，它们更加高效。在当前系统中验证这一目标是否达到是一件十分有益的事情，尽管这些系统并没有被设计为支持实时应用程序。

在图 15.34 中，我们对比了 XSI 信号量（没有使用 SEM_UNDO）和 POSIX 信号量的性能：三个进程分别在两个系统申请和释放 1,000,000 次信号量。

操　作	Solaris 10			Linux 3.2.0		
	用　户	系　统	时　钟	用　户	系　统	时　钟
XSI 信号量	11.85	15.85	27.91	0.33	5.93	7.33
POSIX 信号量	13.72	10.52	24.44	0.26	0.75	0.41

图 15.34　信号量实现的时间比较

从图 15.34 可以看出，在 Solaris 系统中，POSIX 信号量相对于 XSI 信号量只有 12%的性能提升，但是在 Linux 系统中有 94%的性能提升（将近 18 倍）！如果跟踪程序，我们会发现 POSIX 信号量的 Linux 实现会将文件映射到进程地址空间，并且在不使用系统调用的情况下来完成各自的信号量操作。

示例

回忆图 12.5，Single UNIX Specification 并没有定义当一个线程对一个普通互斥锁加锁后另外一个线程对其解锁的行为，但是在这种情况下，对互斥锁和递归互斥锁进行错误检查会产生错误。由于二进制信号量使用起来就像互斥锁，所以可以使用信号量来创建自己的锁原语以提供互斥访问。

假设我们要创建自己的锁——可以被一个线程上锁并被另外一个线程解锁。该锁的结构可能是这样的：

```
struct slock {
  sem_t *semp;
  char    name[_POSIX_NAME_MAX];
};
```

图 15.35 给出了基于信号量的互斥原语实现。

```
#include "slock.h"
#include <stdlib.h>
#include <stdio.h>
#include <unistd.h>
#include <errno.h>

struct slock *
s_alloc()
{
    struct slock *sp;
    static int cnt;

    if ((sp = malloc(sizeof(struct slock))) == NULL)
        return(NULL);
    do {
        snprintf(sp->name, sizeof(sp->name), "/%ld.%d", (long)getpid(),
          cnt++);
        sp->semp = sem_open(sp->name, O_CREAT|O_EXCL, S_IRWXU, 1);
    } while ((sp->semp == SEM_FAILED) && (errno == EEXIST));
    if (sp->semp == SEM_FAILED) {
        free(sp);
        return(NULL);
    }
    sem_unlink(sp->name);
    return(sp);
}

void
s_free(struct slock *sp)
{
    sem_close(sp->semp);
    free(sp);
}
```

```
int
s_lock(struct slock *sp)
{
    return(sem_wait(sp->semp));
}

int
s_trylock(struct slock *sp)
{
    return(sem_trywait(sp->semp));
}
int
s_unlock(struct slock *sp)
{
    return(sem_post(sp->semp));
}
```

图 15.35 基于 POSIX 信号量的互斥实现

该程序根据进程 ID 和计数器来生成名称。我们并没有考虑使用互斥锁来保护计数器，因为如果两个竞态线程同时调用 s_alloc 函数生成相同的名称，则在 sem_open 函数中使用 O_EXCL 标记会导致其中一个调用失败并设置 errno 为 EEXIST，所以在这种情况下我们只能重试。注意，如果打开一个信号量后我们调用 sem_unlink 函数断开它的连接，这样会将名称销毁掉，从而没有进程可以访问到它，而且这也简化了进程结束时的清理工作。

15.11 客户端/服务器属性

这一节我们详细介绍客户端进程和服务器进程的一些属性，这些属性会受到它们之间各类 IPC 的影响。最简单的关系类型就是客户端进程调用 fork 函数并使用 exec 函数来执行预期的服务器进程。在执行 fork 函数之前可以创建两个半双工管道，从而实现数据在两个方向的传输。图 15.16 就是这样的例子。执行的服务器进程可以是一个 set-user-ID 程序，给予它特权。同样，服务器进程通过查看客户端进程的真实用户 ID 就可以识别出它的真实身份（8.10 节讲过，执行程序前后真实用户 ID 和真实组 ID 不会改变）。

在这种安排下，我们可以构建一个 open 服务器进程（open server）（17.5 节提供了这种客户端/服务器机制的一种实现）。它为客户端打开文件，而不是客户端进程自己调用 open 函数。这样就可以在正常的 UNIX 系统“用户/组/其他”权限之外添加额外的权限检查。假定服务器进程是一个 set-user-ID 程序，并另给了它权限（很可能是 root 权限），则服务器进程可以通过客户端进程的真实用户 ID 来决定它是否可以访问某个文件。使用这种方式，可以构建一个服务器进程，它只允许特定用户获得通常没有的权限。

在这个例子中，由于服务器进程是父进程的子进程，它能做的就是给父进程返回文件的内容。尽管这种方式对于普通文件工作得很好，但是不能用于某些文件，如特殊设备文件。我们期望能做的是使服务器进程打开请求的文件并传回文件描述符。但实际情况却是父进程可以向子进程传送打开的文件描述符，子进程却无法向父进程传回文件描述符（除非使用专门的编程技术，见第 17 章）。

图 15.23 展示了另外一种类型的服务器进程。这种服务器进程是守护进程，所有的客户端通过某种形式的 IPC 联系它。对于这种客户端/服务器关系，我们不能采用管道。需要使用一种命名的 IPC，如 FIFO 或者消息队列。当使用 FIFO 时，如果服务器进程需要向客户端发送数据，则对每个客户端进程都要单独使用 FIFO。如果客户端/服务器应用只会从客户端向服务器发送数据，则只需要一个“知名的”FIFO 即可（System V 行式打印机假脱机程序即使用这种形式的客户端/服务器机制。客户端是 lp（1）命令，服务器是 lpsched 守护进程。该程序只使用了一个 FIFO，因为数据只会从客户端流向服务器，而服务器不会向客户端发送任何东西）。

使用消息队列则有多种方式。

1. 在服务器进程和所有的客户端之间可以只使用一个队列，消息的类型字段指明谁是消息的接收方。例如，对于所有的客户端发送的消息，都指定类型为 1，在消息内容中包含客户端的进程 ID。然后服务器进程发送响应，在响应中指定类型为客户端的进程 ID。如此，服务器进程只能接收类型为 1 的消息（msgrcv 函数的第 4 个参数），而客户端进程只会接收到类型为它们进程 ID 的消息。
2. 另外一种方法是，每个客户端进程都使用一个单独的消息队列。在客户端进程向服务器进程发送第一个请求之前，客户端进程使用 IPC_PRIVATE 命令创建自己的消息队列。服务器进程也有自己的队列，其键或者标识符是所有客户端进程都知道的。客户端进程向服务器进程的知名队列发送第一个请求，且这个请求必须包含自己的队列 ID。然后服务器进程通过客户端的队列发送第一个响应，并且未来的请求和响应都通过这个队列来传输。

   这种方法的一个问题是，每一个客户端进程对应的队列上只有一个消息：要么是发向服务器的请求，要么是返回给客户端的响应。这看起来有点浪费系统资源，我们可以使用一个 FIFO 来做这些事情。另外一个问题是，服务器进程不得不从多个队列读消息，不过 slecct 和 poll 函数都无法作用于消息队列。

以上两种使用消息队列的方法都可以通过共享内存段和同步方法（信号量或记录锁）来实现。

这种类型的客户端/服务器关系（客户端进程和服务器进程是无关的）的问题是，服务器进程如何准确地识别客户端进程。除非服务器进程正在执行非特权操作，否则识别客户端进程的身份是很重要的。例如，服务器进程是一个 set-user-ID 程序。尽管所有这些形式的 IPC 都会经由内核，但是它们并没有提供任何机制使内核识别出发送者。

对于消息队列，如果在客户端进程和服务器进程之间使用一个专门队列（于是一次只有一个消息在队列上），那么队列的 msg_lspid 中包含了对方的进程 ID。但是当客户端进程向服务器进程发送请求时，我们想要的是客户端进程的有效用户 ID，而不是它的进程 ID。现在还没有一种可移植的方法可以根据进程 ID 获取对应的有效用户 ID（内核的进程表项中保持着这两个值，但是除非翻查内核存储空间，否则无法根据其中一个值，得到另外一个值）。

在 17.2 节中会用到下面所讲的技术，使服务器进程识别出客户端进程。这一技术可用于 FIFO、消息队列、信号量和共享内存。在接下来的描述中，假定按照图 15.23 中所示的方式使用 FIFO。客户端进程创建自己的 FIFO 并对其设置访问权限，保证只允许 user-read 和 user-write。假定服务器进程拥有超级用户权限（或者它可能并不关心客户端进程的真实身份），那么服务器进程仍可读、可写此 FIFO。当服务器进程从其知名 FIFO 那里收到客户端的第一个请求（必须包含客户端专用的 FIFO 标识）时，服务器进程针对客户端专用 FIFO 调用 stat 或 fstat 函数。服务器进程假定有效用户 ID 就是客户端专用 FIFO 文件的属主（stat 结构体中的 st_uid 字段）。服务器进程验证该 FIFO 只有 user-read 和 user-write 权限被打开。服务器进程还要检查 FIFO 的三个时间字段（stat 结构体中的 st_atime、st_mtime 和 st_ctime 字段），确定其时间与当前时间接近（如不早于当前时间的 15 或者 30 秒）。如果一个恶意客户端进程可以创建一个 FIFO，并使某个用户作为使用者以及设置文件权限位为 user-read 和 user-write，那么系统就有其他基础性的安全问题了。

若针对 XSI IPC 使用这项技术，我们知道，每个消息队列、信号量及共享内存都关联着一个 ipc_perm 结构体，其指定了 IPC 结构体的创建者（cuid 和 cgid 字段）。与上面使用 FIFO 的例子一样，服务器进程应该要求客户端进程创建 IPC 结构体并设置 IPC 的访问权限仅有 user-read 和 user-write。服务器进程也应该检查 IPC 结构体的时间字段，验证其时间与当前时间是否接近（因为这些 IPC 结构体在显式删除它之前一直存在）。

在 17.3 节中，我们会看到进行这类身份验证的更好的一种方法：内核会提供客户端进程的有效用户 ID 和有效组 ID。这是通过套接字子系统在进程之间传递文件描述符实现的。

15.12 小结

本章详细说明了各种形式的进程间通信技术：管道、命名管道（FIFO）、常被称为 XSI IPC 的三种形式的 IPC（消息队列、信号量、共享内存），以及由 POSIX 提供的信号量机制。信号量实际上是同步原语而不是 IPC，常用于共享资源的同步访问，例如共享内存段。对于管道，我们介绍了 popen 函数的实现、协同进程，以及在使用标准 I/O 库缓冲机制时可能遇到的问题。

我们经过对消息队列和全双工管道，以及信号量和记录锁的时间消耗对比，提出了下列建议：要学会使用管道和 FIFO，因为这两项基础技术仍可有效地应用于大量的应用程序。在新的应用程序中要避免使用消息队列和信号量，而应该考虑使用全双工管道和记录锁，因为它们使用起来会简单得多。共享内存依然有用武之地，虽然通过 mmap 函数（14.8 节）也能提供相同的功能。

下一章将介绍网络 IPC，它允许进程跨主机通信。

习题

15.1 图 15.6 中的程序，在父进程代码的末尾删除 waitpid 调用前的 close 调用，结果将会如何？

15.2 图 15.6 中的程序，在父进程代码的末尾删除 waitpid 调用，结果将如何？

15.3 如果 pepen 函数的参数是一个不存在的命令，则会发生什么？写一个小程序验证。

15.4 图 15.18 中的程序，删除信号处理程序，执行程序，然后终止子进程。输入一行内容后，怎样才能说明父进程是由 SIGPIPE 命令终止的。

15.5 图 15.18 中的程序，用标准 I/O 库函数取代 read 和 write 函数来读写管道。

15.6 POSIX.1 加入 waitpid 函数的原因之一是，POSIX.1 之前的大多数系统不能处理下面的代码：

```
if ((fp = popen("/bin/true", "r")) == NULL)
    ...
if ((rc = system("sleep 100")) == -1)
    ...
if (pclose(fp) == -1)
    ...
```

若这段代码不使用 waitpid 函数会如何？使用 wait 函数代替呢？

15.7 当管道被写入者关闭后，解释 select 和 poll 函数是如何处理该管道的输入描述符的。为验证答案，编写两个测试程序：一个使用 select 函数，一个使用 poll 函数。

15.8 如果在调用 popen 函数执行 *cmdstring* 时将 *type* 设置为“r”，并将结果写入标准错误输出，将会发生什么？

15.9 既然 popen 函数会触发一个 shell 来执行 *cmdstring*，那如果 *cmdstring* 被终止了会发生什么？（提示：写出与此相关的所有进程）

15.10 POSIX.1 特别声明打开 FIFO 并读写的行为是未定义的。尽管大多数 UNIX 系统支持这样做，请用非阻塞方法打开 FIFO 并读写。

15.11 除非文件包含敏感或者机密数据，否则允许其他用户读取文件不会造成损害（不过，窥探别人文件的行为通常被认为是反社会的）。但是，如果一个恶意进程读取了一条被一个服务器进程和多个客户端使用的消息队列的消息，会造成什么后果？恶意进程需要知道哪些信息才可以读取消息队列？

15.12 编写一个程序完成下面的工作。执行一个循环 5 次，在每次循环中，创建一个消息队列，打印队列的标识符，删除该队列。接着再执行 5 次该循环：使用 `IPC_PRIVATE` 键创建一个消息队列，然后将一条消息放到队列中。程序终止后，使用 `ipcs（1）`命令查看消息队列。解析队列标识符的变化。

15.13 请描述如何在共享内存段内建立一个数据对象的链表结构，列表指针如何存储？

15.14 根据图 15.33 中的程序画出一条时间线，来展示位于父进程和子进程中的变量 `i` 的值，位于共享内存区域的长整型值，以及 `update` 函数的返回值。假设调用 `fork` 函数后子进程先执行。

15.15 使用 15.9 节中描述的 XSI 共享存储函数而不是共享内存映射区域，重写图 15.33 中的程序。

15.16 使用 15.8 节中描述的 XSI 信号量函数来实现父、子进程交替，重写图 15.33 中的程序。

15.17 使用建议性记录锁来实现父、子进程交替，重写图 15.33 中的程序。

15.18 使用 15.10 节中描述的 POSIX 信号量函数来实现父、子进程交替，重写 15.33 中的程序。

16
网络 IPC：套接字

16.1 引言

上一章讲述了管道、FIFO、消息队列、信号量及共享内存，它们是各种 UNIX 系统提供的经典的 IPC 方法。这些机制允许运行在相同计算机上的进程相互通信。本章会讲述运行在不同计算机（通过网络连接）上的进程相互通信的机制：网络 IPC（network IPC）

在本章，我们将介绍网络 IPC 的套接字接口，进程可以利用它来与其他进程通信，无论其他进程运行在何处，是在本地还是在远端。确实，这是套接字接口的设计目标之一：同样的接口既可以用于计算机内通信，也可以用于计算机间通信。尽管套接字接口可以采用许多不同的网络协议来实现通信，但本章我们的讨论限于因特网事实上的通信标准：TCP/IP 协议栈。

在 POSIX.1 中描述的套接字 API 基于 4.4BSD 套接字。尽管经过这些年，套接字接口有细微的变化，但是当前的套接字接口与 20 世纪 80 年代早期从 4.2BSD 引入的接口十分类似。

本章只是套接字 API 的概述。Stevens、Fenner 和 Rudoff（2004）在有关 UNIX 系统网络编程的权威文献中详细讨论了套接字接口。

16.2 套接字描述符

套接字是通信终端的抽象表示。正如使用文件描述符来访问文件，应用程序使用套接字描述符来访问套接字。在 UNIX 系统中，套接字描述符被实现为文件描述符。确实，很多可以用于文件描述符的函数，如 read 和 write，也可以用于套接字描述符。

创建套接字需要使用 socket 函数。

```
#include <sys/socket.h>

int socket(int domain, int type, int protocol);
                返回值：若执行成功，则返回文件（套接字）描述符；若执行失败，则返回-1
```

参数 *domain*（域）指定通信的特性，包括地址格式（在下一章描述）。图 16.1 总结了 POSIX.1 指定的各个域。常量命令采用 AF_（*address family*）开头，是因为每一种域都有自己的地址表示格式。

域	说　明
AF_INET	IPv4 因特网域
AF_INET6	IPv6 因特网域（在 POSIX.1 中为可选项）
AF_UNIX	UNIX 域
AF_UNSPEC	未指定

图 16.1　套接字通信域

在 17.2 节中讨论 UNIX 域。大多数系统定义了 AF_LOCAL 域，它是 AF_UNIX 的别名。AF_UNSPEC 域可以表示“任何”域。由于历史的原因，一些平台提供了额外的网络协议支持，比如 AF_IPX 表示 NetWare 协议族，但是这些协议对应的域常量并没有包含在 POSIX.1 标准中。

参数 *type* 指定套接字的类型，这会进一步指定通信的特性。图 16.2 总结了 POSIX.1 定义的套接字类型，不过不同的系统可以增加额外的套接字类型。

类　型	说　明
SOCK_DGRAM	固定长度的、无连接的、不可靠的消息
SOCK_RAW	IP 协议的数据报接口（在 POSIX.1 中为可选项）
SOCK_SEQPACKET	固定长度的、有序的、可靠的、面向连接的消息
SOCK_STREAM	有序的、可靠的、双向的、面向连接的字节流

图 16.2　套接字类型

参数 *protocol* 通常是 0，表示为指定的域和套接字类型选择默认的协议。当一个域和套接字类型支持多个协议时，可以使用 *protocol* 参数选择一个特定的协议。当域为 AF_INET 时，套接字类型 SOCK_STREAK 的默认协议是 TCP（传输控制协议），而 SOCK_DGRAM 的默认协议是 UDP（用户数据报协议）。图 16.3 列出了为因特网域套接字定义的协议。

对于数据报（SOCK_DGRAM）接口，在两个对等进程之间通信时不需要逻辑连接，只需要向对等进程所使用的套接字发送一个消息即可。

协　　议	说　　明
IPPROTO_IP	IPv4 因特网协议
IPPROTO_IPV6	IPv6 因特网协议（在 POSIX.1 中为可选项）
IPPROTO_ICMP	因特网控制报文协议
IPPROTO_RAW	原始 IP 数据包协议（在 POSIX.1 中为可选项）
IPPROTO_TCP	传输控制协议
IPPROTO_UDP	用户数据报协议

图 16.3　为因特网域套接字定义的协议

因此，数据报提供了一种无连接的服务。而字节流（SOCK_STREAM）要求在交换数据之前，必须在本地套接字和通信的对端套接字之间建立一个逻辑连接。

数据报是一种自包含消息。发送数据报类似于给某个人寄信。你可以寄很多信件，但是你无法保证送出的顺序，并且可能有些信件会丢失在路上。每封信件包含接收者的地址，保证每封信件不同于其他信件。每封信件可能送达不同的接收者。

相反，面向连接的协议通信就像与对方打电话。首先需要通过电话呼叫建立一个连接，连接一旦建立好，彼此就能双向通信。该连接是用于通话的端到端的链路。对话信息中不包含地址信息，就像呼叫两端存在一个点对点的虚拟连接，并且连接本身暗示了特定的源和目的。

SOCK_STREAM 套接字提供了一种字节流服务。应用程序对消息的边界没有任何感知。也就是说我们从 SOCK_STREAM 套接字读取数据时得到的数据长度可能与发送者写入的字节数不一致，但是最终我们可以得到所有的数据，只不过可能需要多消耗几次函数调用。

SOCK_SEQPACKET 套接字和 SOCK_STREAM 套接字类似，只不过从该套接字得到的是基于报文的服务而不是字节流服务，这意味着从 SOCK_SEQPACKET 套接字接收的数据量与对方所发送的一致。流控制传输协议（Stream Control Transimission Protoocl，SCTP）提供了因特网域的顺序数据包服务。

SOCK_RAW 套接字提供了一个数据报接口，用于直接访问下面的网络层（即因特网域的 IP 层）。当使用这个接口时，应用程序负责构建自己的协议头，因为传输层协议（TCP 和 UDP 等）被绕过了。当创建一个套接字时，需要有超级用户权限，这样可以防止恶意应用程序绕过安全机制来创建报文。

调用 socket 函数类似于调用 open 函数。两种场景都会得到一个用来执行 I/O 操作的文件描述符。当使用完文件描述符后，可以调用 close 函数来关闭对文件或套接字的访问，并释放该描述符。

尽管套接字描述符本质上就是文件描述符，但并不是能接受文件描述符作为参数的函数都可以接受套接字描述符。图 16.4 总结了目前为止我们讨论过的大多数以文件描述符为参数的函数，并描述了它们使用套接字描述符时的行为。“未指定”和“由实现定义”的行为通常意味着该函数对套接字描述符无效。例如，lseek 函数不能以套接字描述符为参数，因为套接字不支持文件偏移量这个概念。

函　　数	使用套接字描述符时的行为
close（见 3.3 节）	释放套接字
dup, dup2（见 3.12 节）	与普通文件描述符行为一样，复制文件描述符
fchdir（见 4.23 节）	失败，并设置 errno 为 ENOTDIR
fchmod（见 4.9 节）	未指定
fchown（见 4.11 节）	由实现定义
fcntl（见 3.14 节）	支持一些命令，包括 F_DUPFD、F_DUPFD_CLOEXEC、F_GETFD、F_GETFL、F_GETOWN、F_SETFD、F_SETFL 和 F_SETOWN
fdatasync, fsync（见 3.13 节）	由实现定义
fstat（见 4.2 节）	支持一些结构体成员，但是如何支持由实现定义
ftruncate（见 4.13 节）	未指定
ioctl（见 3.15 节）	支持部分命令，依赖底层驱动
lseek（见 3.6 节）	由实现定义（通常失败并设置 errno 为 ESPIPE）
mmap（见 14.8 节）	未指定
poll（见 14.4.2 节）	正常工作
pread and pwrite（见 3.11 节）	失败并设置 errno 为 ESPIPE
read（见 3.7 节） and readv（见 14.6 节）	等价于没有任何标识的 recv 函数（见 16.5 节）
select（见 14.4.1 节）	正常工作
write（见 3.8 节） and writev（见 14.6 节）	等价于没有任何标记的 send 函数（见 16.5 节）

图 16.4　文件描述符函数使用套接字时的行为

套接字通信是双向的。shutdown 函数可以用来禁止一个套接字的 I/O。

```
#include <sys/socket.h>

int shutdown(int sockfd, int how);
                        返回值：若执行成功，则返回 0；若执行失败，则返回-1
```

若参数 *how* 是 SHUT_RD，则无法从套接字读数据。如果参数 *how* 是 SHUT_WR，则无法使用套接字发送数据。使用 SHUT_RDWR，则既无法读取数据，也无法发送数据。

既然已经存在 close 函数来关闭套接字，为什么还有 shutdown 函数呢？有几个原因。首先，只有最后一个活动的引用关闭时，close 函数才能关闭端点。这意味着如果复制一个套接字（比如使用 dup 函数），则直到最后一个引用它的文件描述符关闭后，才会释放这个套接字。而 shutdown 函数允许一个套接字处于不活跃状态，这与当前引用该套接字的活跃的文件描述符数目无关。其次，它可以很方便地关闭套接字双向传输方向中一个方向。例如，如果希望正在通信的对端进程知道数据传输何时结束，则可以关闭该套接字的写端，然而该套接字的读端仍可以继续接收数据。

16.3 地址

上一节，我们学习了如何创建和销毁套接字。在学习使用套接字做一些有用的事情之前，需要先学习如何标识希望通信的目标进程。目标进程的标识由两部分组成：一部分是计算机的网络地址，它可以帮助标识出目标计算机所在的网络位置；另外一部分是由端口表示的服务，它可以帮助标识出计算机上特定的进程。

16.3.1 字节序

如果与同一台计算机上的进程通信，一般不需要考虑字节序。字节序是处理器架构的特性，指示像整型这样的大数据类型的字节如何排序。图 16.5 显示了一个 32 位的整型数中的字节是如何排序的。

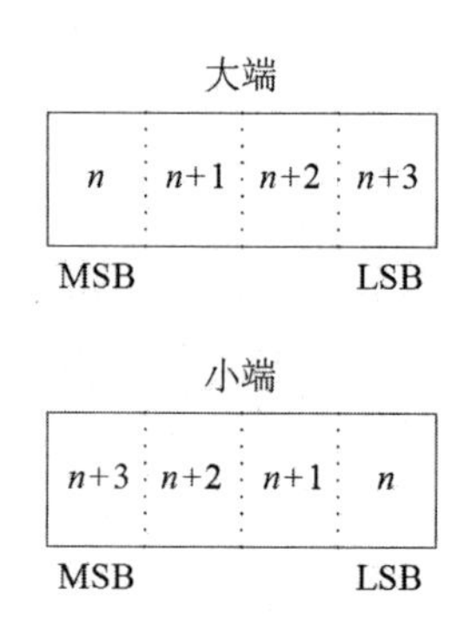

图 16.5　32 位整型数的字节序

如果处理器架构支持大端（big-endian）字节序，则最高地址存储最低有效字节（Least Significant Byte，LSB）。小端（little-endian）字节序正好相反，最低有效字节包含最低字节地址。注意，无论什么字节序，最高有效字节（Most Significant Byte，MSB）总在最左边，最低有效字节总在最右边。因此，如果想给一个 32 位整型数赋值 0x04030201，不管字节序如何，最高有效字节将包含 4，最低有效字节将包含 1。如果我们将一个字符指针（`cp`）强制转换到这个整型数地址，就会看到字节序的不同点。在小端序处理器上，`cp[0]`指向最低有效字节因而包含 1，`cp[3]`指向最高有效字节因而包含 4。而在大端序处理器上，`cp[0]`指向最高有效字节且包含 4，而 `cp[3]`指向最低有效字节从而包含 1。图 16.6 总结了本书涉及的 4 个系统的字节序情况。

一些处理器可以被配置成小端序，也可以被配置成大端序，这让问题变得更加复杂。

系　统	处理器架构	字节序
FreeBSD 8.0	Intel Pentium	小端
Linux 3.2.0	Intel Core i5	小端
Mac OS X 10.6.8	Intel Core 2 Duo	小端
Solaris 10	Sun SPARC	大端

图 16.6　测试系统的字节序

网络协议通过指定一种字节序避免异构计算机系统在交换协议信息时出现字节序混乱的问题。TCP/IP 协议栈采用大端序。当应用程序交换格式化数据时，就需要关注字节序了。对于 TCP/IP，地址用网络字节序来表示，所以应用程序有时需要将它们在处理器字节序和网络字节序之间来回转换。例如，当以一种易读的形式打印一个地址时，这种转换就很常见。

对于 TCP/IP 应用程序，有 4 个函数用来实现处理器字节序和网络字节序之间的转换。

```
#include <arpa/inet.h>

uint32_t htonl(uint32_t hostint32);
                                        返回值：网络字节序的 32 位整型数
uint16_t htons(uint16_t hostint16);
                                        返回值：网络字节序的 16 位整型数
uint32_t ntohl(uint32_t netint32);
                                        返回值：主机字节序的 32 位整型数
uint16_t ntohs(uint16_t netint16);
                                        返回值：主机字节序的 16 位整型数
```

字符 h 表示“主机”字节序，而字符 n 表示“网络”字节序。字符 l 代表“长整型”（即 4 字节），字符 s 表示“短”整型（即 2 字节）。尽管此处为了使用这些函数包含了 <arpa/inet.h>函数，但系统经常在其他地方声明这些函数，只不过这些头文件会包含在 <arpa/inet.h>文件中。对于系统来说，把这些函数实现为宏也是很常见的。

16.3.2　地址格式

在特定的域（domain）中，一个地址标识了一个套接字的通信端点。地址的格式与这个特定的域相关。因此不同格式的地址都可以传递给 socket 函数，这些地址会被转换为一个通用的 sockaddr 结构体。

```
struct sockaddr {
  sa_family_t   sa_family;        /* 地址族 */
  char          sa_data[];        /* 可变长度地址 */
  ⋮
};
```

不同的系统可以向结构体中添加数据成员，以及给 sa_data 成员定义一个大小。比如 Linux 系统上这个结构体的定义是：

```
struct sockaddr {
  sa_family_t  sa_family;          /* 地址族 */
  char         sa_data[14];        /* 可变长度地址 */
};
```

但是在 FreeBSD 系统上，该结构体的定义如下：

```
struct sockaddr {
  unsigned char  sa_len;           /* 总长度 */
  sa_family_t    sa_family;        /* 地址族 */
  char           sa_data[14];      /* 可变长度地址 */
};
```

因特网地址定义在`<netinet/in.h>`文件中。在 IPv4 因特网域（AF_INET）中，使用 sockaddr_in 结构体表示套接字地址。

```
struct in_addr {
  in_addr_t        s_addr;         /* IPv4 地址 */
};

struct sockaddr_in {
  sa_family_t    sin_family;       /* 地址族 */
  in_port_t      sin_port;         /* 端口 */
  struct in_addr sin_addr;         /* IPv4 地址 */
};
```

in_port_t 数据类型被定义为 uint16_t。in_addr_t 数据类型被定义为 uint32_t。这些整数类型在`<stdint.h>`文件中定义，并被指定了相应的位数。

与 AF_INET 域相比，IPv6 因特网域（AF_INET6）套接字地址由 sockaddr_in6 结构体表示。

```
struct in6_addr {
  uint8_t          s6_addr[16];    /* IPv6 地址 */
};
struct sockaddr_in6 {
  sa_family_t      sin6_family;    /* 地址族 */
  in_port_t        sin6_port;      /* 端口号 */
  uint32_t         sin6_flowinfo;  /* 通信类型和流信息 */
  struct in6_addr sin6_addr;       /* IPv6 地址 */
  uint32_t         sin6_scope_id;  /* 作用域的一组接口 */
};
```

这些都是 Single UNIX Specification 要求的定义。每个系统可以自由添加更多的字段。例如，在 Linux 系统上 sockaddr_in 结构体被定义为下面形式：

```
struct sockaddr_in {
  sa_family_t      sin_family;     /* 地址族 */
  in_port_t        sin_port;       /* 端口号 */
  struct in_addr   sin_addr;       /* IPv4 地址 */
```

```
    unsigned char    sin_zero[8];      /* 填充 */
};
```

其中 sin_zero 为填充字段，应该全部置为 0。

注意，尽管 sockaddr_in 和 sockaddr_in6 结构体十分不同，但是它们都可以被强制转换成 sockaddr 结构体输入套接字例程中。在 17.2 节，会介绍 UNIX 域套接字结构体与上面两种因特网域套接字地址格式的不同。

有时候，需要将地址打印成一种可被人类理解的格式，而不是被计算机理解。在 BSD 网络软件中包含了 inet_addr 和 inet_ntoa 两个函数，用来在二进制地址格式和点分十进制字符表示（a.b.c.d）之间进行转换。但是这些函数，仅适用于 IPv4 地址。有两个新函数 inet_ntop 和 inet_pton 支持类似的功能，而且它们同时支持 IPv4 和 IPv6 地址。

```
#include <arpa/inet.h>

const char *inet_ntop(int domain, const void *restrict addr,
                        char *restrict str, socklen_t size);
            返回值：若执行成功，则返回指向地址字符串的指针；若执行出错，则返回 NULL
int inet_pton(int domain, const char *restrict str,
                void *restrict addr);
            返回值：若执行成功，则返回 1；若格式非法，则返回 0；若执行出错，则返回-1
```

inet_ntop 函数将网络字节序二进制地址转换成一个文本字符串，而 inet_pton 函数将文本字符串转换成一个网络字节序的二进制地址。*domain* 参数仅支持两个值：AF_INET 和 AF_INET6。

对于 inet_ntop 函数，*size* 参数指定了用于保存文本字符串的缓冲区 *str* 的大小。在此，定义了两个常量来简化这一工作：INET_ADDRSTRLEN 大小的空间足以存放一个 IPv4 地址的文本字符串，INET6_ADDRSTRLEN 大小的空间也足以存放一个 IPv6 地址的文本字符串。对于 inet_pton 函数，*addr* 参数指定的缓冲区也需要足够大。如果 *domain* 参数的值是 AF_INET，则该大小的空间至少能存放 32 位的地址；如果 *domain* 参数的值是 AF_INET6，则其大小的空间至少能存放 128 位的地址。

16.3.3 地址查询

在理想情况下，应用程序不需要了解一个套接字地址的内部结构。如果应用程序简单地传递一个类似于 sockaddr 结构体的套接字地址，并且不依赖任何协议相关的特性，那么它可以与提供同类型服务的许多不同协议协作。

历史上，BSD 网络软件提供了访问各种网络配置信息的接口。6.7 节简要讨论了网络数据文件和用来访问这些文件的函数。本节将更详细地讨论，并介绍用来查询地址信息的新函数。

这些函数返回的网络配置信息可以存放在很多地方，可以保存在静态文件中（例如

/etc/hosts、/etc/services），或者可被名称服务管理，例如 DNS（Domain Name System）或 NIS（Network Information Service）。无论将信息保存在哪里，都可以用同样的函数访问。

通过调用 gethostent 函数，可以得到给定计算机系统的主机信息。

```
#include <netdb.h>

struct hostent *gethostent(void);
                                返回值：若执行成功，则返回指针；若执行失败，则返回 NULL
void sethostent(int stayopen);

void endhostent(void);
```

如果主机数据库文件没有打开，则 gethostent 函数会打开它。gethostent 函数返回文件中的下一个条目。sethostent 函数会打开文件，如果文件已打开，那么绕过它。当 *stayopen* 参数被设置为非 0 值时，则调用 gethostent 函数之后，文件依然是打开的。endhostent 函数可以关闭文件。

当 gethostent 函数返回时，我们会得到一个指向 hostent 结构体的指针，该指针会指向一个静态的数据区，每次调用 gethostent 函数其都会被覆盖。hostent 结构体至少包含下列成员：

```
struct hostent {
  char   *h_name;        /* 主机名 */
  char  **h_aliases;     /* 指向主机别名的数组的指针 */
  int     h_addrtype;    /* 地址类型 */
  int     h_length;      /* 地址长度，以字节为单位 */
  char  **h_addr_list;   /* 指向网络地址数组的指针 */
  ⋮
};
```

返回的地址采用网络字节序。

之前有两个函数——gethostbyname 和 gethostbyaddr 也与 hostent 函数一起被包含进来，但是现在认为它们是过时的。SUSv4 已经删除了它们。后面我们会看到它们的替代函数。

我们可以通过一套相似的接口来获得网络名称和网络号。

```
#include <netdb.h>

struct netent *getnetbyaddr(uint32_t net, int type);

struct netent *getnetbyname(const char *name);

struct netent *getnetent(void);
                        三个函数的返回值：如果执行成功，则返回指针；若出错，则返回 NULL
void setnetent(int stayopen);
```

```
void endnetent(void);
```

netent 结构体中至少包含下列字段：

```
struct netent {
  char     *n_name;      /* 网络名 */
  char    **n_aliases;   /* 指向网络别名数组的指针 */
  int       n_addrtype;  /* 地址类型 */
  uint32_t  n_net;       /* 网络号 */
  ⋮
};
```

网络号按照网络字节序返回。地址类型是地址族常量之一（如 AF_INET）。

我们可以使用以下函数在协议名和协议号之间进行映射。

```
#include <netdb.h>

struct protoent *getprotobyname(const char *name);

struct protoent *getprotobynumber(int proto);

struct protoent *getprotoent(void);
                        三个函数的返回值：若执行成功，则返回指针；若出错，则返回 NULL
void setprotoent(int stayopen);

void endprotoent(void);
```

POSIX.1 定义的 protoent 结构体至少包含下列成员：

```
struct protoent {
  char   *p_name;      /* 协议名 */
  char  **p_aliases;   /* 指向协议别名数组的指针 */
  int     p_proto;     /* 协议号 */
  ⋮
};
```

服务是由地址的端口号表示的。每一个服务由唯一一个知名的端口号来表示。可以使用 getservbyname 函数将服务名映射到端口号，使用 getservbyport 函数将端口号映射到服务名；或者使用 getservent 函数扫描服务数据库。

```
#include <netdb.h>

struct servent *getservbyname(const char *name, const char *proto);

struct servent *getservbyport(int port, const char *proto);

struct servent *getservent(void);
                        三个函数的返回值：若执行成功，则返回指针；若出错，则返回 NULL
void setservent(int stayopen);

void endservent(void);
```

servent 结构体至少包含下列成员：

```
struct servent {
  char   *s_name;      /* 服务名 */
  char  **s_aliases;   /* 指向服务别名数组的指针 */
  int     s_port;      /* 端口号 */
  char   *s_proto;     /* 协议名 */
  ⋮
};
```

POSIX.1 定义了几个新的函数，这些函数允许应用程序将一个主机名和一个服务名映射到一个地址，或者反之。这些函数取代了较老的 gethostbyname 和 gethostbyaddr 函数。

getaddrinfo 函数可以将一个主机名和一个服务名映射到一个地址。

```
#include <sys/socket.h>
#include <netdb.h>

int getaddrinfo(const char *restrict host,
                const char *restrict service,
                const struct addrinfo *restrict hint,
                struct addrinfo **restrict res);
                    函数的返回值：若执行成功，则返回 0；若出错，则返回非 0 错误码
void freeaddrinfo(struct addrinfo *ai);
```

需要提供主机名或者服务名，或者两者都提供。如果我们只提供其中一个，那另外一个应该是空指针。主机名可以是一个节点名称，也可以是点分格式的主机地址。

getaddrinfo 函数会返回一个由 addrinfo 结构体组成的链表。可以使用 freeaddrinfo 函数来释放一个或者多个这样的结构体，具体几个取决于由 ai_next 字段链接起来的结构体有多少。

addrinfo 结构体至少包含下列成员：

```
struct addrinfo {
  int               ai_flags;       /* 自定义行为 */
  int               ai_family;      /* 地址族 */
  int               ai_socktype;    /* 套接字类型 */
  int               ai_protocol;    /* 协议 */
  socklen_t         ai_addrlen;     /* 地址字节长度 */
  struct sockaddr  *ai_addr;        /* 地址 */
  char             *ai_canonname;   /* 主机的规范名称 */
  struct addrinfo  *ai_next;        /* 列表中的下一个元素 */
  ⋮
};
```

可以提供一个可选 *hint* 参数来选择符合特定条件的地址。*hint* 是一种用于过滤地址的模板，包括 ai_family、ai_flags、ai_protocol 和 ai_socktype 字段。剩余的整型数字段必须设置为 0，并且指针字段必须为空。图 16.7 总结了 ai_flags 字段的各种标记，不

同的标记代表了不同的地址和名称的处理方式。

标　记	说　明
AI_ADDRCONFIG	检查地址类型（IPv4 或 IPv6）是否配置
AI_ALL	查找 IPv4 和 IPv6 地址（仅用于 AI_V4MAPPED）
AI_CANONNAME	请求一个规范名字（与别名相对）
AI_NUMERICHOST	以数字格式指定主机地址，不翻译
AI_NUMERICSERV	以数字端口号指定服务，不翻译
AI_PASSIVE	套接字地址用于监听绑定
AI_V4MAPPED	如没有找到 IPv6 地址，则返回映射到 IPv6 格式的 IPv4 地址

图 16.7　addrinfo 结构体中的各种标记

如果 getaddrinfo 函数执行失败，我们不可以使用 perror 或 strerror 函数来生成错误信息，而是调用 gai_strerror 函数将错误码转换成错误信息。

```
#include <netdb.h>

const char *gai_strerror(int error);
                                    返回值：指向描述错误的字符串的指针
```

getnameinfo 函数将地址转换成主机和服务名。

```
#include <sys/socket.h>
#include <netdb.h>

int getnameinfo(const struct sockaddr *restrict addr, socklen_t alen,
                char *restrict host, socklen_t hostlen,
                char *restrict service, socklen_t servlen, int flags);
                          返回值：若执行成功，则返回 0；若出错，则返回非零值
```

套接字地址（*addr* 参数）被翻译成一个主机名和一个服务名。如果 *host* 参数非空，则它指向一个长度为 *hostlen* 字节的缓冲区，其用于存放返回的主机名。同样，如果 *service* 参数非空，则它指向一个长度为 *servlen* 字节的缓冲区，其用于存放返回的服务名。

flag 参数可用来控制翻译的方式。图 16.8 总结了它支持的标记。

标　记	说　明
NI_DGRAM	服务基于数据报而非基于流
NI_NAMEREQD	如果找不到主机名，则将此作为一个错误对待
NI_NOFODN	对于本地主机，仅返回全限定域名的节点名部分
NI_NUMERICHOST	返回主机地址的数字形式，而非主机名
NI_NUMERICSCOPE	对于 IPv6，返回 scope ID 的数字形式，而非名称
NI_NUMERICSERV	返回服务地址的数字形式（即端口号），而非名称

图 16.8　getnameinfo 函数使用的标记

示例

图 16.9 描述了 getaddrinfo 函数的用法。

```
#include "apue.h"
#if defined(SOLARIS)
#include <netinet/in.h>
#endif
#include <netdb.h>
#include <arpa/inet.h>
#if defined(BSD)
#include <sys/socket.h>
#include <netinet/in.h>
#endif

void
print_family(struct addrinfo *aip)
{
    printf(" family ");
    switch (aip->ai_family) {
    case AF_INET:
        printf("inet");
        break;
    case AF_INET6:
        printf("inet6");
        break;
    case AF_UNIX:
        printf("unix");
        break;
    case AF_UNSPEC:
        printf("unspecified");
        break;
    default:
        printf("unknown");
    }
}
void
print_type(struct addrinfo *aip)
{
    printf(" type ");
    switch (aip->ai_socktype) {
    case SOCK_STREAM:
        printf("stream");
        break;
    case SOCK_DGRAM:
        printf("datagram");
        break;
    case SOCK_SEQPACKET:
        printf("seqpacket");
        break;
    case SOCK_RAW:
```

```
        printf("raw");
        break;
    default:
        printf("unknown (%d)", aip->ai_socktype);
    }
}

void
print_protocol(struct addrinfo *aip)
{
    printf(" protocol ");
    switch (aip->ai_protocol) {
    case 0:
        printf("default");
        break;
    case IPPROTO_TCP:
        printf("TCP");
        break;
    case IPPROTO_UDP:
        printf("UDP");
        break;
    case IPPROTO_RAW:
        printf("raw");
        break;
    default:
        printf("unknown (%d)", aip->ai_protocol);
    }
}

void
print_flags(struct addrinfo *aip)
{
    printf("flags");
    if (aip->ai_flags == 0) {
        printf(" 0");
    } else {
        if (aip->ai_flags & AI_PASSIVE)
            printf(" passive");
        if (aip->ai_flags & AI_CANONNAME)
            printf(" canon");
        if (aip->ai_flags & AI_NUMERICHOST)
            printf(" numhost");
        if (aip->ai_flags & AI_NUMERICSERV)
            printf(" numserv");
        if (aip->ai_flags & AI_V4MAPPED)
            printf(" v4mapped");
        if (aip->ai_flags & AI_ALL)
            printf(" all");
    }
}

int
```

```
main(int argc, char *argv[])
{
    struct addrinfo     *ailist, *aip;
    struct addrinfo     hint;
    struct sockaddr_in  *sinp;
    const char           *addr;
    int                 err;
    char                abuf[INET_ADDRSTRLEN];

    if (argc != 3)
        err_quit("usage: %s nodename service", argv[0]);
    hint.ai_flags = AI_CANONNAME;
    hint.ai_family = 0;
    hint.ai_socktype = 0;
    hint.ai_protocol = 0;
    hint.ai_addrlen = 0;
    hint.ai_canonname = NULL;
    hint.ai_addr = NULL;
    hint.ai_next = NULL;
    if ((err = getaddrinfo(argv[1], argv[2], &hint, &ailist)) != 0)
        err_quit("getaddrinfo error: %s", gai_strerror(err));
    for (aip = ailist; aip != NULL; aip = aip->ai_next) {
        print_flags(aip);
        print_family(aip);
        print_type(aip);
        print_protocol(aip);
        printf("\n\thost %s", aip->ai_canonname?aip->ai_canonname:"-");
        if (aip->ai_family == AF_INET) {
            sinp = (struct sockaddr_in *)aip->ai_addr;
            addr = inet_ntop(AF_INET, &sinp->sin_addr, abuf,
                INET_ADDRSTRLEN);
            printf(" address %s", addr?addr:"unknown");
            printf(" port %d", ntohs(sinp->sin_port));
        }
        printf("\n");
    }
    exit(0);
}
```

图 16.9　打印主机和服务信息

这个程序描述了 getaddrinfo 函数的使用方法。如果有多个协议为给定主机提供给定服务，则程序会打印多条信息。这个例子只打印了与 IPv4 一起工作的那些协议（ai_family 为 AF_INET）的地址信息。如果想将输出限制在 AF_INET 协议族，则可以在 *hint* 参数中设置 ai_fiamly 字段。

在某个测试系统上运行这个程序，得到以下输出：

```
$ ./a.out harry nfs
flags canon family inet type stream protocol TCP
    host harry address 192.168.1.99 port 2049
```

```
flags canon family inet type datagram protocol UDP
   host harry address 192.168.1.99 port 2049
```

16.3.4 将套接字与地址关联

我们很少关心客户端套接字关联什么地址，因为可以让系统选择一个默认的地址。但是，对于服务器，需要为服务器套接字关联一个“知名”的地址，以便于客户端访问它。客户端需要使用一种方法来发现连接服务器需要的地址。最简单的方法是，为服务器保留一个地址并将其注册在/etc/services 或者名称服务中。

bind 函数用于将地址与套接字关联起来。

```
#include <sys/socket.h>

int bind(int sockfd, const struct sockaddr *addr, socklen_t len);
                              返回值：若执行成功，则返回 0；若执行失败，则返回-1
```

对使用的地址有几个限制：

- 指定的地址必须是进程所在的机器上的有效地址，不应当指定属于其他机器的地址。
- 指定的地址的格式必须被创建套接字时所设置的地址族所支持。
- 地址的端口号不能小于 1024，除非进程有相应的权限（比如，超级用户）。
- 通常，一个套接字只能绑定一个指定的地址，不过一些协议允许多重绑定。

对于因特网域，如果指定 IP 地址为 INADDR_ANY（定义在<netinet/in.h.>文件中），则该套接字会被绑定到系统上的所有网络接口上。这意味着，该套接字可以从安装在该系统上的所有网卡接收报文。在下一节我们可以看到，如果调用 connect 或 listen 函数时没有将地址绑定到套接字，则系统会选择一个地址并将它绑定到套接字。

可以调用 getsockname 函数得到绑定到套接字上的地址。

```
#include <sys/socket.h>

int getsockname(int sockfd, struct sockaddr *restrict addr,
                socklen_t *restrict alenp);
                              返回值：若执行成功，则返回 0；若出错，则返回-1
```

在调用 getsockname 函数之前，设置 *alenp* 参数指向一个整数，其指定 sockaddr 缓冲区的大小。函数一旦返回，则该整数被设置为返回的地址缓冲区的大小。如果地址大小与提供的缓冲区不匹配，则地址会被静默截断。如果当前的套接字并没有绑定地址，则结果是未定义的。

如果套接字已经和对端连接，则可以通过调用 getpeername 函数来获取对端的地址。

```
#include <sys/socket.h>

int getpeername(int sockfd, struct sockaddr *restrict addr,
                socklen_t *restrict alenp);
                              返回值：若执行成功，则返回 0；若出错，则返回-1
```

除了返回对端的地址，getpeername 函数在其他方面和 getsockname 函数一样。

16.4 建立连接

如果使用面向连接的网络服务（SOCK_STREAM 或 SOC_SEQPACKET），则在交换数据之前需要先建立一条连接，该连接一端是请求服务的套接字（客户端），另外一端是提供服务的进程（服务器）。这里，通过 connect 函数来创建连接。

```
#include <sys/socket.h>

int connect(int sockfd, const struct sockaddr *addr, socklen_t len);
                                  返回值：若执行成功，则返回 0；若出错，则返回-1
```

在 connect 函数中指定的地址是我们希望与之通信的服务器的地址。如果没有给 *sockfd* 参数绑定任何地址，则 connect 函数为调用者绑定一个默认的地址。

当连接服务器时，连接请求可能因为某种原因而失败。要想使一个连接请求成功，连接的目的机器必须处于启动运行状态，服务器进程也必须绑定要连接的地址，以及服务器的等待连接队列要有足够的空间（后面更详细介绍）。因此，应用程序必须能够处理连接出错的情况，这些错误可能是由一些临时条件导致的。

示例

图 16.10 显示了一种处理临时连接错误的方法。这些错误一般是因为服务器处于高负载的情况而导致的。

```
#include "apue.h"
#include <sys/socket.h>

#define MAXSLEEP 128

int
connect_retry(int sockfd, const struct sockaddr *addr, socklen_t alen)
{
    int numsec;

    /*
     * 尝试使用指数回退方式连接
     */
    for (numsec = 1; numsec <= MAXSLEEP; numsec <<= 1) {
        if (connect(sockfd, addr, alen) == 0) {
            /*
             * 连接被接收。
             */
```

```
            return(0);
        }

        /*
         * 再次尝试之前延迟一下
         */
        if (numsec <= MAXSLEEP/2)
            sleep(numsec);
    }
    return(-1);
}
```

图 16.10 包含重试逻辑的 connect 函数

这个函数展示了一种指数后退（*exponential backoff*）的算法。如果调用 connect 函数失败，则进程会睡眠一段时间后再重试，每循环一次睡眠时间会以指数增加，最长睡眠时间为 2 分钟左右。

图 16.10 中的代码存在一个问题：它不具有可移植性。该程序只能在 Linux 和 Solaris 系统上工作，但是无法在 FreeBSD 和 Mac OS X 上工作。如果第一次连接尝试失败，则基于 BSD 的套接字实现会使这个套接字关联的后续的 TCP 连接尝试依然是失败的。这个现象是一种协议特定的行为，只不过通过套接字接口表现出来并对应用程序可见。这都是由历史的原因造成的，因此 Single UNIX Specification 警告，如果 connect 函数失败，则该套接字的状态是未定义的。

正因为此，可移植的应用程序需要在 connect 函数失败的情况下关闭套接字。如果希望重试，则应该打开一个新的套接字。图 16.11 中的代码包含了该技巧。

```
#include "apue.h"
#include <sys/socket.h>

#define MAXSLEEP 128

int
connect_retry(int domain, int type, int protocol,
              const struct sockaddr *addr, socklen_t alen)
{
    int numsec, fd;

    /*
     * 尝试使用指数回退方式连接。
     */
    for (numsec = 1; numsec <= MAXSLEEP; numsec <<= 1) {
        if ((fd = socket(domain, type, protocol)) < 0)
            return(-1);
        if (connect(fd, addr, alen) == 0) {
            /*
             * 连接被接收。
             */
```

```
            return(fd);
        }
        close(fd);

        /*
         * 再次尝试之前延迟一下
         */
        if (numsec <= MAXSLEEP/2)
            sleep(numsec);
    }
    return(-1);
}
```

图 16.11　可移植的具有重试逻辑的 connect 函数

需要注意的是，由于可能要建立一个新的套接字，因此给 connect_retry 函数传递一个套接字描述符就毫无意义了。另外，函数执行成功会返回一个套接字描述符给调用者，而不是表示是否执行成功的标识。

如果套接字描述符处于非阻塞模式（16.8 节会进一步讨论），那么在连接不能立即建立时 connect 函数会返回-1 并设置 errno 为特殊的错误码 EINPROGRESS。应用程序可以使用 poll 或 select 函数来判断文件描述符何时可写。如果可写，则完成连接。

connect 函数也可以用于无连接的网络服务（SOCK_DGRA M）。这看起来矛盾，但也可以将此看作一个优化。如果对 SOCK_DGRAM 套接字调用 connect 函数，则发送的所有消息的目的地址都是在 connect 函数中指定的地址，这免去了不得不为每个消息提供地址的麻烦。另外，我们仅能接收来自指定地址的报文。

服务器通过调用 listen 函数来宣告它愿意接收连接请求。

```
#include <sys/socket.h>

int listen(int sockfd, int backlog);
```
返回值：若执行成功，则返回 0；若出错，则返回-1

backlog 参数为系统提供了一个提示：该进程要入队的未完成的连接请求的数目。真实的值由系统决定，但是其上限值由<sys/socket.h>文件中的 SOMAXCONN 决定。

> 在 Solaris 系统中，<sys/socket.h>文件中的 SOMAXCONNN 值被忽略了。具体的最大值取决于每个协议的实现。对于 TCP，其默认值为 128。

一旦队列满，系统会拒绝再来的连接请求，因此 *backlog* 值必须依据系统期望的负载和任务量来选择，其中任务量是指接收连接请求与启动服务的数量。

一旦服务器调用了 listen 函数，则所用的套接字都可以接收连接请求。使用 accept 函数可以获取连接请求并将其转换成一个连接。

```
#include <sys/socket.h>

int accept(int sockfd, struct sockaddr *restrict addr,
           socklen_t *restrict len);
                    返回值：若执行成功，则返回 0；若出错，则返回-1
```

accept 函数返回的文件描述符是套接字描述符，该描述符连接着调用 connect 函数的客户端。这个新的套接字描述符跟原始的套接字（*sockfd*）有相同的套接字类型和地址格式。传递给 accept 函数的原始套接字并未与连接关联，而是继续用于接收其他连接请求。

如果不关心客户端身份，则可以将 *addr* 和 *len* 参数设置为 NULL。否则，调用 accept 函数前需要将 *addr* 参数设置为足以存下地址的缓冲区的大小，以及设置 *len* 指向的整数值为缓冲区的长度。accept 函数返回时会将客户端的地址填充到缓冲区，并更新 *len* 指向的整数值来反映该地址的长度。

如果没有连接请求到来，accept 函数会被阻塞直至连接请求到来。如果 *sockfd* 处于非阻塞模式，则 accept 函数会返回-1 并设置 errno 为 EAGAIN 或 EWOULDBLOCK。

本书涉及的 4 个系统对 EAGAIN 的定义与 EWOULDBLOCK 相同。

如果服务器进程调用了 accept 函数，却没有连接请求，则服务器进程会阻塞直到一个请求到来。另外，服务器可以使用 poll 或者 select 函数等待一个请求到来，在这种情况下，含有等待连接请求的套接字会变成可读状态。

示例

图 16.12 提供了一个函数，用于服务器进程分配和初始化套接字。

```
#include "apue.h"
#include <errno.h>
#include <sys/socket.h>

int
initserver(int type, const struct sockaddr *addr, socklen_t alen,
  int qlen)
{
    int fd;
    int err = 0;

    if ((fd = socket(addr->sa_family, type, 0)) < 0)
        return(-1);
    if (bind(fd, addr, alen) < 0)
        goto errout;
    if (type == SOCK_STREAM || type == SOCK_SEQPACKET) {
        if (listen(fd, qlen) < 0)
            goto errout;
    }
    return(fd);
```

```
errout:
    err = errno;
    close(fd);
    errno = err;
    return(-1);
}
```

图 16.12 服务器场景：初始化套接字

未来我们会看到，TCP 在地址复用方面有奇怪的规则，这使得该例子不够完善。图 16.22 提供了这个函数的另外一版本，该版本的函数可以绕过这些规则，它解决了该函数的主要缺陷。

16.5 数据传输

既然套接字终端的表示形式是文件描述符，那么只要连接上它，就可以使用 read 和 write 函数通过套接字通信。前面讲过，只要利用 connect 函数设置了数据报套接字的对端地址，则数据报套接字就可被“连接”。使用 read 和 write 函数操作套接字描述符具有重要意义，因为这意味着可以将套接字描述符传递给那些原本为处理本地文件而设计的函数。而且还可以将套接字描述符传递给子进程，而该子进程执行的程序并不了解套接字。

尽管可以通过 read 和 write 函数交换数据，但也仅此而已。如果希望设置选项并从多个客户端接收报文，或者发送带外数据，则需要使用专为数据传输设计的 6 个函数中的一个。

其中三个函数用于发送数据，另外三个用于接收数据。首先，我们看发送数据的函数。

最简单的函数是 send。它与 write 函数类似，但是它允许设置标记，从而改变处理传输数据的方式。

```
#include <sys/socket.h>

ssize_t send(int sockfd, const void *buf, size_t nbytes, int flags);
                    返回值：若执行成功，则返回发送的字节数；若出错，则返回-1
```

类似 write 函数，使用 send 函数时套接字必须处于已连接状态。*buf* 和 *nbytes* 参数的含义与 write 函数中的一致。

与 write 函数不同的是，send 函数支持第四个参数 *flags*。Single UNIX Specification 定义了三个标记，其他系统通常会定义额外的标记。图 16.13 总结了这些标记。

send 函数返回成功，并不表示位于连接另外一端的进程已经接收到数据。send 函数返回成功只是表示数据已经被无错误地投递给了网络驱动程序。

对于支持消息边界的协议，如果发送超过协议支持的最大长度的消息，则 send 函数会执行失败并设置 errno 为 EMSGSIZE。对于字节流协议，send 函数会在所有数据被传输出去之前保持阻塞状态。

sendto 函数类似于 send 函数。不同的是，sendto 函数允许针对无连接套接字指定一个目的地址。

```
#include <sys/socket.h>

ssize_t sendto(int sockfd, const void *buf, size_t nbytes, int flags,
               const struct sockaddr *destaddr, socklen_t destlen);
```

返回值：若执行成功，则返回发送的字节数；若出错，则返回-1

对于面向连接的套接字，由于目的地址已经隐含在连接之内，故而目的地址会被忽略。对于无连接的套接字，除非调用 connect 函数时设置了目的地址，否则不能使用 send 函数，因此 sendto 函数提供了发送消息的另外一种方式。

标　记	描　述	POSIX.1	FreeBSD 8.0	Linux 3.2.0	Mac OS X 10.6.8	Solaris 10
MSG_CONFIRM	为链路层提供反馈，以保持地址映射有效			•		
MSG_DONTROUTE	勿将数据包路由出本地网络		•	•	•	•
MSG_DONTWAIT	开启非阻塞操作（等价于使用 O_NONBLOCK）		•	•	•	•
MSG_EOF	发送数据后关闭套接字的发送端		•		•	
MSG_EOR	如果协议支持，标记记录结束	•	•	•	•	•
MSG_MORE	延迟发送数据包，以允许写入更多的数据			•		
MSG_NOSIGNAL	在写无连接的套接字时不产生 SIGPIPE 信号	•	•	•		
MSG_OOB	如果协议支持，发送带外数据（见 16.7 节）	•	•	•	•	•

图 16.13　套接字函数 send 的标记

通过套接字传送数据还有一个方式：通过 sendmsg 函数可以把 msghdr 结构体指定的多重缓冲区数据发送出去，这类似于 writev 函数。

```
#include <sys/socket.h>

ssize_t sendmsg(int sockfd, const struct msghdr *msg, int flags);
```

函数的返回值：若执行成功，则返回发送的字节数；若出错，则返回-1

POSIX.1 定义了 msghdr 结构体，该结构体至少包含下列成员：

```
struct msghdr {
  void           *msg_name;        /* 可选地址 */
  socklen_t       msg_namelen;     /* 地址的字节大小 */
  struct iovec   *msg_iov;         /* I/O 缓冲区数组 */
```

```
    int            msg_iovlen;        /* 数组中元素数 */
    void          *msg_control;       /* 辅助数据 */
    socklen_t      msg_controllen;    /* 辅助数据字节数 */
    int            msg_flags;         /* 接受消息的标记 */
    ⋮
};
```

在 14.6 节我们已经看到过 iovec 结构体，在 17.4 节我们可以看到该结构体的使用方法。

recv 函数和 read 函数类似，但是 recv 函数允许指定选项来控制如何接收数据。

```
#include <sys/socket.h>

ssize_t recv(int sockfd, void *buf, size_t nbytes, int flags);
                    返回值：消息字节长度。若没有可获取的消息或对方已经按顺序结束，
                                                    则返回 0；若出错，则返回-1
```

图 16.14 总结了可以传递给 recv 函数的标记，只有三个是 Single UNIX Specification 定义的。

标　　记	描　　述	POSIX.1	FreeBSD 8.0	Linux 3.2.0	Mac OS X 10.6.8	Solaris 10
MSG_CMSG_CLOEXEC	为 UNIX 套接字上接收的文件描述符设置 close-on-exec 标识			•		
MSG_DONWAIT	开启非阻塞操作（相当于使用 O_NONBLOCK）		•	•		•
MSG_ERRQUEUE	接收错误信息作为辅助数据			•		
MSG_OOB	如果协议支持，接收带外数据（16.7 节）	•	•	•	•	•
MSG_PEEK	返回数据包内容而不真正地取走数据包	•	•	•	•	•
MSG_TRUNC	即使数据包被截断，也返回数据包的真实长度			•		
MSG_WAITALL	等待直到所有的数据可用（仅针对 SOCK_STREAM）	•	•	•	•	•

图 16.14　套接字函数 recv 的标记

当指定 MSG_PEEK 标记时，可以查看下一个要读取的数据但不真正地取走它。当再次调用 read 或者其中一个 recv 函数时，会返回刚才查看的数据。

对于 SOCK_STREAM 套接字，收到的数据可能比预期的少。MSG_WAITALL 标记会阻止这种行为，使所请求的数据全部返回后 recv 函数才返回。但对于 SOCK_DGRAM 或 SOCK_SEQPACKET 套接字，MSG_WAITALL 标记没有改变任何行为，因为这些基于消息的套接字类型在一次读取中会返回整个消息。

如果发送者已经调用了 shutdown 函数（16.2 节）结束数据传输，或者网络协议支持按

默认顺序关闭并且发送者已经关闭套接字，则 recv 函数接收完所有数据后会返回 0。

如果对发送者的身份感兴趣，则可以使用 recvfrom 函数获取数据的源地址。

```
#include <sys/socket.h>

ssize_t recvfrom(int sockfd, void *restrict buf, size_t len, int flags,
                 struct sockaddr *restrict addr,
                 socklen_t *restrict addrlen);
        返回值：消息的字节长度；若没有可读取的消息或者对端已经按顺序结束，
                                        则返回 0；若出错，则返回-1
```

若 *addr* 参数非空，则它包含该套接字的数据发送者的地址。当调用 recvfrom 函数时，需要设置 *addrlen* 参数指向一个整型数，其值为 *addr* 参数指向的缓冲区的字节长度。函数返回时，该整型数被设置为实际的地址字节长度。

因为它允许提取发送者的地址，因此 recvfrom 函数通常用于无连接的套接字。否则，redvfrom 函数的行为与 recv 函数一样。

为了将接收到的数据放入多个缓冲区，这类似于 readv 函数（14.6 节），或者接收辅助数据（17.4 节），可以使用 recvmsg 函数。

```
#include <sys/socket.h>

ssize_t recvmsg(int sockfd, struct msghdr *msg, int flags);
        返回值：消息的字节长度。若无消息可读取或者对端已经按顺序关闭，
                                        则返回 0；若出错，则返回-1
```

recvmsg 函数使用 msghdr 结构体来指定用于接收数据的输入缓冲区。可以通过设置参数 *flags* 来改变 recvmsg 函数的默认行为。函数返回时，msghdr 结构体中的 msg_flags 字段被设置为接收到的数据的各种特性（进入 recvmsg 函数时 msg_flags 字段被忽略）。图 16.15 总结了 recvmsg 函数返回时 msg_flags 可能的取值，在第 17 章会看到使用 recvmsg 函数的例子。

标　记	描　述	POSIX.1	FreeBSD 8.0	Linux 3.2.0	Mac OS X 10.6.8	Solaris 10
MSG_CTRUNC	控制数据被截断	•	•	•	•	•
MSG_EOR	接收记录结束符	•	•	•	•	•
MSG_ERRQUEUE	接收到的错误信息作为辅助数据			•		
MSG_OOB	接收带外数据	•	•	•	•	•
MSG_TRUNC	普通数据被截断	•	•	•	•	•

图 16.15　recvmsg 函数返回时 msg_flags 字段的可能取值

示例：面向连接的客户端

图 16.16 显示了客户端命令的例子，它与服务器通信并获取系统运行时间。可以称这个服务为“远程运行时间”（remote uptime）（或者简写为 ruptime）服务。

```
#include "apue.h"
#include <netdb.h>
#include <errno.h>
#include <sys/socket.h>

#define BUFLEN      128

extern int connect_retry(int, int, int, const struct sockaddr *,
    socklen_t);
void
print_uptime(int sockfd)
{
    int     n;
    char    buf[BUFLEN];

    while ((n = recv(sockfd, buf, BUFLEN, 0)) > 0)
        write(STDOUT_FILENO, buf, n);
    if (n < 0)
        err_sys("recv error");
}

int
main(int argc, char *argv[])
{
    struct addrinfo *ailist, *aip;
    struct addrinfo hint;
    int             sockfd, err;

    if (argc != 2)
        err_quit("usage: ruptime hostname");
    memset(&hint, 0, sizeof(hint));
    hint.ai_socktype = SOCK_STREAM;
    hint.ai_canonname = NULL;
    hint.ai_addr = NULL;
    hint.ai_next = NULL;
    if ((err = getaddrinfo(argv[1], "ruptime", &hint, &ailist)) != 0)
        err_quit("getaddrinfo error: %s", gai_strerror(err));
    for (aip = ailist; aip != NULL; aip = aip->ai_next) {
        if ((sockfd = connect_retry(aip->ai_family, SOCK_STREAM, 0,
          aip->ai_addr, aip->ai_addrlen)) < 0) {
            err = errno;
        } else {
            print_uptime(sockfd);
            exit(0);
        }
    }
```

```
    err_exit(err, "can't connect to %s", argv[1]);
}
```

图 16.16 从服务器获取运行时间的客户端命令

这个程序会连接一个服务器，然后读取服务器发送过来的字符串，并将该字符串打印到标准输出。由于此处采用了 SOCK_SREAM 套接字，所以无法保证一次 recv 调用可以读取整个字符串，故而这里采取循环调用直到函数返回 0。

如果服务器支持多个网络接口或者多个网络协议，getaddrinfo 函数可能会返回多个候选地址。程序会轮流尝试每一个地址，直到找到一个允许连接服务的地址为止。该程序使用了图 16.11 中的 connect_retry 函数来与服务器建立连接。

示例：面向连接的服务

图 16.17 显示了一个为图 16.16 客户端程序提供 uptime 命令输出的服务器程序。

```
#include "apue.h"
#include <netdb.h>
#include <errno.h>
#include <syslog.h>
#include <sys/socket.h>

#define BUFLEN   128
#define QLEN 10

#ifndef HOST_NAME_MAX
#define HOST_NAME_MAX 256
#endif

extern int initserver(int, const struct sockaddr *, socklen_t, int);

void
serve(int sockfd)
{
    int      clfd;
    FILE     *fp;
    char     buf[BUFLEN];

    set_cloexec(sockfd);
    for (;;) {
        if ((clfd = accept(sockfd, NULL, NULL)) < 0) {
            syslog(LOG_ERR, "ruptimed: accept error: %s",
              strerror(errno));
            exit(1);
        }
        set_cloexec(clfd);
        if ((fp = popen("/usr/bin/uptime", "r")) == NULL) {
            sprintf(buf, "error: %s\n", strerror(errno));
            send(clfd, buf, strlen(buf), 0);
```

```
        } else {
            while (fgets(buf, BUFLEN, fp) != NULL)
                send(clfd, buf, strlen(buf), 0);
            pclose(fp);
        }
        close(clfd);
    }
}
int
main(int argc, char *argv[])
{
    struct addrinfo *ailist, *aip;
    struct addrinfo hint;
    int             sockfd, err, n;
    char            *host;

    if (argc != 1)
        err_quit("usage: ruptimed");
    if ((n = sysconf(_SC_HOST_NAME_MAX)) < 0)
        n = HOST_NAME_MAX;      /* 最佳猜测 */
    if ((host = malloc(n)) == NULL)
        err_sys("malloc error");
    if (gethostname(host, n) < 0)
        err_sys("gethostname error");
    daemonize("ruptimed");
    memset(&hint, 0, sizeof(hint));
    hint.ai_flags = AI_CANONNAME;
    hint.ai_socktype = SOCK_STREAM;
    hint.ai_canonname = NULL;
    hint.ai_addr = NULL;
    hint.ai_next = NULL;
    if ((err = getaddrinfo(host, "ruptime", &hint, &ailist)) != 0) {
        syslog(LOG_ERR, "ruptimed: getaddrinfo error: %s",
          gai_strerror(err));
        exit(1);
    }
    for (aip = ailist; aip != NULL; aip = aip->ai_next) {
        if ((sockfd = initserver(SOCK_STREAM, aip->ai_addr,
          aip->ai_addrlen, QLEN)) >= 0) {
            serve(sockfd);
            exit(0);
        }
    }
    exit(1);
}
```

图 16.17 提供系统运行时间的服务器程序

为了找到它的地址，该服务器程序需要其运行的主机的名称。如果主机名的最大长度不确定，则可以使用 HOST_NAME_MAX 代替。如果系统没有定义 HOST_NAME_MAX，则我们自己定义。POSIX.1 要求主机名长度至少为 255 字节，不包含终止字符 null，因此这里定义

HOST_NAME_MAX 为 256 以包含终止字符 null。

服务器进程通过调用 gethostname 函数来获取主机名，并查找远程运行时间服务的地址。虽然可能会找到多个地址，但是此处简单地选择第一个可以用于建立起被动套接字端点的地址（即只用来监听连接请求）。处理多个地址作为练习留给读者。

这里使用图 16.12 中的 initserver 函数来初始化套接字，这个套接字等待连接请求的到来（实际上，使用的是图 16.22 中的版本，在 16.6 节中讨论套接字选项时会给出这样做的原因）。

示例：另一个面向连接的服务

之前说过，使用文件描述符访问套接字具有重要意义，因为这允许程序在网络环境中对网络没有任何感知。图 16.18 中的服务器程序解释了这一点。服务器程序并没有读取 uptime 命令的输出然后再发送给客户端，而是将 uptime 命令的标准输出和标准错误描述符作为连接客户端的套接字端点。

```
#include "apue.h"
#include <netdb.h>
#include <errno.h>
#include <syslog.h>
#include <fcntl.h>
#include <sys/socket.h>
#include <sys/wait.h>

#define QLEN 10

#ifndef HOST_NAME_MAX
#define HOST_NAME_MAX 256
#endif

extern int initserver(int, const struct sockaddr *, socklen_t, int);

void
serve(int sockfd)
{
    int       clfd, status;
    pid_t     pid;

    set_cloexec(sockfd);
    for (;;) {
        if ((clfd = accept(sockfd, NULL, NULL)) < 0) {
            syslog(LOG_ERR, "ruptimed: accept error: %s",
              strerror(errno));
            exit(1);
        }
        if ((pid = fork()) < 0) {
            syslog(LOG_ERR, "ruptimed: fork error: %s",
              strerror(errno));
```

```
            exit(1);
        } else if (pid == 0) {  /* 子进程 */
            /*
             * 父进程已调用 daemonize（图 13.1），因此
             * STDIN_FILENO、STDOUT_FILENO、 STDERR_FILENO
             * 已经指向了/dev/null。所以，
             * 关闭 clfd 可直接调用 close，
             * 而不需要检查它是否等于其中一个值。
             */
            if (dup2(clfd, STDOUT_FILENO) != STDOUT_FILENO ||
              dup2(clfd, STDERR_FILENO) != STDERR_FILENO) {
                syslog(LOG_ERR, "ruptimed: unexpected error");
                exit(1);
            }
            close(clfd);
            execl("/usr/bin/uptime", "uptime", (char *)0);
            syslog(LOG_ERR, "ruptimed: unexpected return from exec: %s",
              strerror(errno));
        } else {        /* 父进程 */
            close(clfd);
            waitpid(pid, &status, 0);
        }
    }
}

int
main(int argc, char *argv[])
{
    struct addrinfo *ailist, *aip;
    struct addrinfo hint;
    int             sockfd, err, n;
    char            *host;

    if (argc != 1)
        err_quit("usage: ruptimed");
    if ((n = sysconf(_SC_HOST_NAME_MAX)) < 0)
        n = HOST_NAME_MAX;  /* 最佳猜测 */
    if ((host = malloc(n)) == NULL)
        err_sys("malloc error");
    if (gethostname(host, n) < 0)
        err_sys("gethostname error");
    daemonize("ruptimed");
    memset(&hint, 0, sizeof(hint));
    hint.ai_flags = AI_CANONNAME;
    hint.ai_socktype = SOCK_STREAM;
    hint.ai_canonname = NULL;
    hint.ai_addr = NULL;
    hint.ai_next = NULL;
    if ((err = getaddrinfo(host, "ruptime", &hint, &ailist)) != 0) {
        syslog(LOG_ERR, "ruptimed: getaddrinfo error: %s",
          gai_strerror(err));
        exit(1);
```

```
    }
    for (aip = ailist; aip != NULL; aip = aip->ai_next) {
        if ((sockfd = initserver(SOCK_STREAM, aip->ai_addr,
          aip->ai_addrlen, QLEN)) >= 0) {
            serve(sockfd);
            exit(0);
        }
    }
    exit(1);
}
```

图 16.18　将命令输出写入套接字的服务器程序

这里没有使用 popen 函数来运行 uptime 命令，并从连接到命令标准输出的管道读取输出，而是使用 fork 函数创建一个子进程，然后使用 dup2 使得 STDIN_FILENO 对 /dev/null 打开，使得 STDOUT_FILENO 和 STDERR_FILENNO 对套接字端点打开。当执行 uptime 命令时，命令的输出结果会被直接写入标准输出，而标准输出连接着套接字，从而将数据发送给 ruptime 客户端命令。

父进程可以安全地关闭连接客户端的文件描述符，因为子进程仍旧让它打开着。父进程会等待子进程执行完后再继续执行，因此子进程不会成为僵尸进程。由于 uptme 命令运行消耗的时间并不长，因此父进程在接收下一个连接请求之前可以等待子进程退出。然而，如果子进程运行时间比较长，这种策略未必合适。

前面的例子采用的都是面向连接的套接字，但是如何选择合适的套接字类型呢？何时采用面向连接的套接字，以及何时采用无连接的套接字？答案取决于我们要做的工作的工作量和能够容忍的出错程度。

若使用无连接的套接字，则报文到达时可能已经乱了顺序，因此如果无法将数据放入一个报文，则应用程序就必须关心数据包的顺序。报文的最大长度显示通信协议的特性。同样，若使用无连接的套接字，则报文也可能丢失，如果应用程序无法容忍丢失这种情况，就需要使用面向连接的套接字。

容忍数据包丢失意味着有两种选择。如果希望跟对方可靠地通信，就必须对数据包编号。在探测到一个丢失报文时需要向对端的应用程序请求重传。还必须标识出重复的报文并丢弃它们，因为报文有可能延迟到达或者疑似丢失，可能在请求重传后它又出现了。

另外一种选择是，让用户再次尝试使用那个命令来处理错误。对于简单的应用程序，这已经足够了；但是对于复杂的应用程序，这样通常不行。因此，一般这种情况使用面向连接的套接字更好一些。

使用面向连接的套接字的缺点是，为了建立连接需要付出更多的时间和做更多的工作，并且每个连接都会消耗操作系统更多的资源。

示例：无连接的客户端

图 16.19 中的程序是采用数据报套接字接口的 uptime 客户端命令版本。

```
#include "apue.h"
#include <netdb.h>
#include <errno.h>
#include <sys/socket.h>

#define BUFLEN      128
#define TIMEOUT     20

void
sigalrm(int signo)
{
}

void
print_uptime(int sockfd, struct addrinfo *aip)
{
    int      n;
    char     buf[BUFLEN];

    buf[0] = 0;
    if (sendto(sockfd, buf, 1, 0, aip->ai_addr, aip->ai_addrlen) < 0)
        err_sys("sendto error");
    alarm(TIMEOUT);
    if ((n = recvfrom(sockfd, buf, BUFLEN, 0, NULL, NULL)) < 0) {
        if (errno != EINTR)
            alarm(0);
        err_sys("recv error");
    }
    alarm(0);
    write(STDOUT_FILENO, buf, n);
}

int
main(int argc, char *argv[])
{
    struct addrinfo     *ailist, *aip;
    struct addrinfo     hint;
    int                   sockfd, err;
    struct sigaction    sa;

    if (argc != 2)
        err_quit("usage: ruptime hostname");
    sa.sa_handler = sigalrm;
    sa.sa_flags = 0;
    sigemptyset(&sa.sa_mask);
    if (sigaction(SIGALRM, &sa, NULL) < 0)
        err_sys("sigaction error");
```

```
    memset(&hint, 0, sizeof(hint));
    hint.ai_socktype = SOCK_DGRAM;
    hint.ai_canonname = NULL;
    hint.ai_addr = NULL;
    hint.ai_next = NULL;
    if ((err = getaddrinfo(argv[1], "ruptime", &hint, &ailist)) != 0)
        err_quit("getaddrinfo error: %s", gai_strerror(err));

    for (aip = ailist; aip != NULL; aip = aip->ai_next) {
        if ((sockfd = socket(aip->ai_family, SOCK_DGRAM, 0)) < 0) {
            err = errno;
        } else {
            print_uptime(sockfd, aip);
            exit(0);
        }
    }

    fprintf(stderr, "can't contact %s: %s\n", argv[1], strerror(err));
    exit(1);
}
```

图 16.19 采用数据报服务的客户端命令

基于数据报的客户端实现的 main 函数跟面向连接的客户端相似，除了额外为 SIGALRM 安装了一个信号处理程序。这里使用 alarm 函数来避免 recvfrom 函数无限期地阻塞。

对于面向连接的协议，我们在传输数据之前必须与服务器建立连接。对于服务器来说，连接的建立就足以确定它服务的客户端。但是对于基于数据报的协议，则需要有一种方法通知服务器程序来提供服务。本例中，只是简单地向服务器程序发送了 1 字节的消息。服务器进程会接收到该消息，并从报文中获取客户端的地址，然后使用这个地址传送响应信息。如果该服务器进程提供多种服务，则可以使用这个请求消息来标识请求的服务类型，不过这里服务器进程只做一件事，所以 1 字节的消息内容就无关紧要了。

如果服务器进程没有在运行，则客户端会永久地阻塞在 recvfrom 函数中。对于面向连接的服务，如果服务器没有在运行，则 connect 函数调用会失败。为了避免客户端无限期地阻塞，可以在调用 recvfrom 函数之前设置一个警告时钟。

示例：无连接的服务

图 16.20 中的程序是提供 uptime 服务的数据报版本。

```
#include "apue.h"
#include <netdb.h>
#include <errno.h>
#include <syslog.h>
#include <sys/socket.h>

#define BUFLEN      128
```

```
#define MAXADDRLEN  256

#ifndef HOST_NAME_MAX
#define HOST_NAME_MAX 256
#endif

extern int initserver(int, const struct sockaddr *, socklen_t, int);

void
serve(int sockfd)
{
    int              n;
    socklen_t        alen;
    FILE             *fp;
    char             buf[BUFLEN];
    char             abuf[MAXADDRLEN];
    struct sockaddr *addr = (struct sockaddr *)abuf;

    set_cloexec(sockfd);
    for (;;) {
        alen = MAXADDRLEN;
        if ((n = recvfrom(sockfd, buf, BUFLEN, 0, addr, &alen)) < 0) {
            syslog(LOG_ERR, "ruptimed: recvfrom error: %s",
              strerror(errno));
            exit(1);
        }
        if ((fp = popen("/usr/bin/uptime", "r")) == NULL) {
            sprintf(buf, "error: %s\n", strerror(errno));
            sendto(sockfd, buf, strlen(buf), 0, addr, alen);
        } else {
            if (fgets(buf, BUFLEN, fp) != NULL)
                sendto(sockfd, buf, strlen(buf), 0, addr, alen);
            pclose(fp);
        }
    }
}

int
main(int argc, char *argv[])
{
    struct addrinfo *ailist, *aip;
    struct addrinfo hint;
    int             sockfd, err, n;
    char            *host;

    if (argc != 1)
        err_quit("usage: ruptimed");
    if ((n = sysconf(_SC_HOST_NAME_MAX)) < 0)
        n = HOST_NAME_MAX;      /* 最佳猜测 */
    if ((host = malloc(n)) == NULL)
        err_sys("malloc error");
    if (gethostname(host, n) < 0)
```

```
        err_sys("gethostname error");
    daemonize("ruptimed");
    memset(&hint, 0, sizeof(hint));
    hint.ai_flags = AI_CANONNAME;
    hint.ai_socktype = SOCK_DGRAM;
    hint.ai_canonname = NULL;
    hint.ai_addr = NULL;
    hint.ai_next = NULL;
    if ((err = getaddrinfo(host, "ruptime", &hint, &ailist)) != 0) {
        syslog(LOG_ERR, "ruptimed: getaddrinfo error: %s",
          gai_strerror(err));
        exit(1);
    }
    for (aip = ailist; aip != NULL; aip = aip->ai_next) {
        if ((sockfd = initserver(SOCK_DGRAM, aip->ai_addr,
          aip->ai_addrlen, 0)) >= 0) {
            serve(sockfd);
            exit(0);
        }
    }
    exit(1);
}
```

图 16.20　通过数据报提供 uptime 服务

服务器进程会阻塞在 recvfrom 函数中，等待服务请求。请求到达后，它保存请求者的地址并使用 popen 函数运行 uptime 命令，然后使用 sendto 函数将命令的输出发送给客户端，其中目的地址设置为请求者的地址。

16.6　套接字选项

套接字机制提供了两个选项接口来控制套接字的行为：一个接口用于设置选项；另外一个接口用于查询选项的状态。可以获取或者设置三种选项：

1. 通用选项，可以工作在所有的套接字类型上。
2. 套接字层次的选项，这依赖于底层协议的支持。
3. 特定协议的选项，这是每种协议独有的。

Single UNIX Specification 只定义了套接字层次的选项（上述列表中的前两种选项类型）。

setsockopt 函数用于设置选项。

```
#include <sys/socket.h>

int setsockopt(int sockfd, int level, int option, const void *val,
               socklen_t len);
```

返回值：若执行成功，则返回 0；若出错，则返回-1

level 参数指定了选项应用的协议。如果选项对各层次套接字通用，则可以设置 *level* 为 SOL_SOCKET。否则，应该将 *level* 设置为控制该选项的协议号。举个例子，对于 TCP 选项，*level* 应该被设置为 IPPROTO_TCP；对于 IP 选项，则是 IPPROTO_IP。图 16.21 总结了 Single UNIX Specification 定义的对各层次套接字通用的选项。

选　项	*val* 参数类型	说　明
SO_ACCEPTCONN	int	返回信息指示该套接字是否开启了监听功能（仅适用 getsockopt 函数）
SO_BROADCAST	int	若*val 非 0，广播数据报
SO_DEBUG	int	若*val 非 0，启用网络驱动调试功能
SO_DONTROUTE	int	若*val 非 0，略过通常路由
SO_ERROR	int	返回并清除挂起的套接字错误（仅适用于 getsockopt 函数）
SO_KEEPALIVE	int	若*val 非 0，启用周期性 keep-alive 报文
SO_LINGER	struct linger	当存在未发送的消息而套接字已关闭时等待的时间
SO_OOBINLINE	int	若*val 非 0，将带外数据放到普通数据中
SO_RCVBUF	int	接收缓冲区的字节长度
SO_RCVLOWAT	int	接收调用返回的最小字节数
SO_RCVTIMEO	struct timeval	套接字接收调用的超时时间
SO_REUSEADDR	int	若*val 非 0，重用 bind 中的地址
SO_SNDBUF	int	发送缓冲区的字节长度
SO_SNDLOWAT	int	发送调用传送的最小字节数
SO_SNDTIEO	struct timeval	套接字发送调用的超时时间
SO_TYPE	int	标识套接字类型（仅适用于 getsockopt 函数）

图 16.21　套接字选项

val 参数指向一个数据结构或者一个整型数，这依赖于具体选项。一些选项是 on/off 开关，如果整型数为非零值，则选项被打开；如果整型数是 0，则对应选项被关闭。*len* 参数指定了 *val* 参数指向的对象的大小。

可以使用 getsocketopt 函数获取某个选项的当前值。

```
#include <sys/socket.h>

int getsockopt(int sockfd, int level, int option, void *restrict val,
               socklen_t *restrict lenp);
                        返回值：若执行成功，则返回 0；若出错，则返回-1
```

lenp 参数是一个指向整型数的指针。调用 getsockopt 函数之前，将该整型数设置为用于存放选项的缓冲区的大小。如果选项的真实大小大于这个值，则选项会被截断。如果选项的

真实大小小于这个值，则函数返回时会将该整型数更新为选项的真实大小。

示例

图 16.12 中的函数无法处理服务器程序终止后立即重启的情况。正常情况下，TCP 实现会阻止程序绑定同一个地址，直到达到超时时间（一般为几分钟）。幸运的是，套接字选项 SO_REUSEADDR 允许绕过这个限制，如图 16.22 所示的程序。

```
#include "apue.h"
#include <errno.h>
#include <sys/socket.h>

int
initserver(int type, const struct sockaddr *addr, socklen_t alen,
  int qlen)
{
    int fd, err;
    int reuse = 1;

    if ((fd = socket(addr->sa_family, type, 0)) < 0)
        return(-1);
    if (setsockopt(fd, SOL_SOCKET, SO_REUSEADDR, &reuse,
      sizeof(int)) < 0)
        goto errout;
    if (bind(fd, addr, alen) < 0)
        goto errout;
    if (type == SOCK_STREAM || type == SOCK_SEQPACKET)
        if (listen(fd, qlen) < 0)
            goto errout;
    return(fd);

errout:
    err = errno;
    close(fd);
    errno = err;
    return(-1);
}
```

图 16.22 采用地址复用的方式初始化套接字供服务器使用

为了启用 SO_REUSEADDR 选项，设置一个非 0 的整型数，然后将整型数的地址传递给函数 setsockopt 的参数 *val*。将参数 *len* 设置成这个整型数的大小，以表示 *val* 参数指向的对象的大小。

16.7 带外数据

带外数据（out-of-band data）是一些通信协议的可选特性，相对于普通数据，其允许更高优先级的数据传输。带外数据会被发送到数据的最前端，即使在传送队列中已经有数据。TCP 支持带外数据，但是 UDP 不支持。带外数据的套接字接口深受 TCP 带外数据具体实现的影响。

TCP 将带外数据称为紧急数据（urgent data）。TCP 只支持一字节的紧急数据，但允许紧急数据在普通数据传递机制数据流之外传输。为了产生紧急数据，需要对前面描述的三个发送函数指定 MSG_OOB 标记。如果带 MSG_OOB 标记发送的字节数超过一字节，则最后的字节会被视为紧急数据字节。

如果我们通过设置允许套接字产生信号，则当收到紧急数据时会发送 SIGURG 信号。在 3.14 节和 14.5.2 节可以看到，fcntl 函数使用 F_SETOWN 命令来设置一个套接字的归属。如果 fcntl 函数的第三个参数是正数，则它指定的就是进程 ID。如果它是非−1 的负数，那么它代表的就是进程组的 ID。因此，可以通过调用以下函数来设置进程从套接字接收的信号。

```
fcntl(sockfd, F_SETOWN, pid);
```

F_GETOWN 命令可用于获取套接字当前的归属。对于 F_GETOWN 命令，负数代表进程组 ID，正数代表进程 ID。因此，下面的调用会返回属主：

```
owner = fcntl(sockfd, F_GETOWN, 0);
```

如果返回值为正数，则等于配置的接收该套接字信号的进程 ID。如果返回值为负数，则其绝对值等于配置的接收该套接字信号的进程组 ID。

TCP 支持紧急标记（*urgent mark*）的概念，即在普通数据流中紧急数据所在的位置。通过使用 SO_OOBINLINE 套接字选项，可以在普通数据流中接收紧急数据。为便于识别是否到达紧急标记，可以使用 sockatmark 函数。

```
#include <sys/socket.h>

int sockatmark(int sockfd);
```
返回值：若在标记处，则返回 1；若没有在标记处，则返回 0；若出错，则返回-1

当读取的下一字节是紧急标记时，sockatmark 函数返回 1。

当带外数据出现在套接字读队列时，select 函数（14.4.1 节）会返回一个文件描述符，其含有一个待处理的异常条件。可以在普通数据流上接收紧急数据，也可以使用其中一个 recv 函数并使用 MSG_OOB 标记在其他队列数据之前接收紧急数据。TCP 队列仅支持一字节的紧急数据，若在接收当前紧急数据之前又有新的紧急数据到来，那么已有的紧急数据会被丢弃。

16.8 非阻塞和异步 I/O

在正常情况下，recv 类函数在没有数据可读时会阻塞等待。类似地，send 类函数在套接字输出队列没有足够空间发送消息时，也会阻塞。当套接字处于非阻塞模式时，这种行为会发生改变。这种情况下，这些函数会执行失败并设置 errno 为 EWOULDBLOCK 或 EAGAIN，而不是被阻塞。当这种情况发生时，可以使用 poll 或 select 函数来判断能否接收或者传输数据。

Single UNIX Specification 包含通用异步 I/O 机制（回忆 14.5 节）支持。套接字有其自己的异步 I/O 机制，但是并没有被 Single UNIX Specification 标准化。一些文献把经典的基于套接字的异步 I/O 机制称为“基于信号的 I/O”，以区别于 Single UNIX Specification 中的通用异步 I/O 机制。

对于基于套接字的异步 I/O，当套接字有数据可以读取时或者写队列中有空间可以写时，则可以发送 SIGIO 信号。启用异步 I/O 需要两步：

1. 建立套接字的属主关系，如此可以将信号传递给合适的进程。
2. 告知套接字，当 I/O 操作不会阻塞时发信号。

对于第一步，有三种方式来实现：

1. 在 fcntl 函数中使用 F_SETOWN 命令。
2. 在 ioctl 函数中使用 FIOSETOWN 命令
3. 在 ioctl 函数中使用 SIOCSPGRP 命令

对于第二步，有两种选择：

1. 在 fcntl 函数中使用 F_SETFL 命令，并启用文件标识 O_ASYNC。
2. 在 ioctl 函数中使用 FIOASYNC 命令。

虽然有这么多的选择，但是它们并没有被广泛支持。图 16.23 总结了本书中涉及的系统对这些选项的支持情况。

机　　制	POSIX.1	FreeBSD 8.0	Linux 3.2.0	Mac OS X 10.6.8	Solaris 10
fcntl(fd, F_SETOWN, pid)	•	•	•	•	•
ioctl(fd, FIOSETOWN, pid)		•	•	•	•
ioctl(fd, SIOCSPGRP, pid)		•	•	•	•
fcntl(fd, F_SETFL, flags|O_ASYNC)		•	•	•	
ioctl(fd, FIOASYNC, &n);		•	•	•	•

图 16.23　各系统对套接字异步 I/O 管理命令的支持

16.9 小结

本章讨论了位于不同计算机上的进程进行通信的 IPC 机制。同时还讨论了套接字端点如何命名，以及连接服务器时如何发现要用的地址。

本章给出了基于无连接的（即基于数据报）套接字和面向连接的套接字的客户端和服务器例子，并简要讨论了异步和非阻塞套接字 I/O，以及用于管理套接字选项的接口。

下一章将会讨论一些高级 IPC 主题，包括如何在同一台机器上使用套接字在不同进程之间传递文件描述符。

习题

16.1 编写一个用于确定你的系统字节序的程序。

16.2 编写一个程序，在至少两种系统上打印出所支持的 `stat` 结构体成员，并描述结果的不同之处。

16.3 图 16.17 中的程序只在一个端点上提供服务。修改这个程序，让其同时支持多个端点（每个端点具有一个不同的地址）上的服务。

16.4 编写一个客户端程序和一个服务器程序，返回指定主机上当前运行的进程数量。

16.5 图 16.18 中，服务器程序等待子进程执行 `uptime` 命令，子进程完成执行后退出，服务器程序才接收下一个请求。重新设计服务器程序，使得在处理一个请求时并不拖延处理新到来的连接请求。

16.6 编写两个库例程：一个在套接字上允许异步 I/O，一个在套接字上不允许异步 I/O。参考图 16.23，保证函数能在所有系统上运行，并且支持尽可能多的套接字类型。

17 高级进程间通信

17.1 引言

在前面的两章中，我们讨论了包括管道和套接字在内的各种进程间通信（IPC）形式。在本章中，我们将介绍 IPC 的一种高级形式——UNIX 域套接字机制，看看我们能用它来做什么。通过这种形式的 IPC，我们可以在同一计算机系统上运行的进程之间传递打开的文件描述符。服务进程可以将其名称与文件描述符相关联[8]，而在同一系统上运行的客户进程可以使用这些名称与服务进程会合。我们还将了解操作系统如何为每个客户进程提供唯一的 IPC 通道。

17.2 UNIX 域套接字

UNIX 域套接字是用来与运行在同一台机器上的进程进行通信的。虽然也可以使用 Internet 域套接字达到同样的目的，但前者更加高效。UNIX 域套接字仅用于复制数据，其他如执行协议处理、添加或删除网络报头、计算校验和、生成序列号、发送确认报文等均不是其分内之事。

UNIX 域套接字提供流和数据报两种接口。数据报传输是不可靠的，然而 UNIX 域数据报服务是可靠的，消息既不会丢失也不会无序传递。UNIX 域套接字类似于套接字和管道的结合

---

8 基于 UNIX 域套接字的 IPC 支持本机和跨设备通信，如果将本地的两个进程也称为客户端进程/服务器进程，有时会造成误解，因此本章采用客户进程/服务进程的说法。

体。你可以使用其面向网络的套接字接口，或者使用 socketpair 函数创建一对未命名的、已连接的 UNIX 域套接字。

```
#include <sys/socket.h>

int socketpair(int domain, int type, int protocol, int sockfd[2]);
```
返回值：若成功，则返回值为 0；若出错，则为-1

尽管上面 socketpair 的通用性足以使 socketpair 用于其他域，但操作系统通常仅为 UNIX 域提供支持。一对互连的 UNIX 域套接字的行为就像一个全双工管道：两端都对读/写开放（见图 17.1）。我们称其为“fd 管道”，以区别于普通的半双工管道。

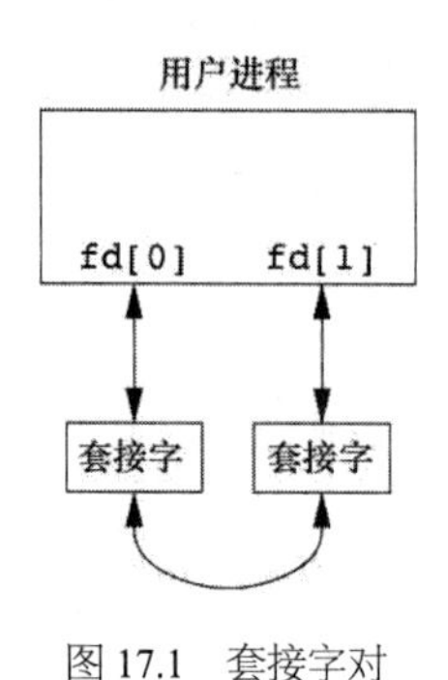

图 17.1　套接字对

示例：fd_pipe 函数

图 17.2 展示了 fd_pipe 函数，它使用 socketpair 函数创建了一对互连的 UNIX 域流套接字。

```
#include "apue.h"
#include <sys/socket.h>
/*
 * 返回一个全双工管道（UNIX 域套接字），
 * 其中包含分别存储在 fd[0]和 fd[1]中的两个文件描述符
 */
int
fd_pipe(int fd[2])
{
    return(socketpair(AF_UNIX, SOCK_STREAM, 0, fd));
}
```

图 17.2　创建一个全双工管道

> 某些基于 BSD 的系统会使用 UNIX 域套接字来实现管道。但当调用管道时，第 1 个描述符的写端和第 2 个描述符的读端都是关闭的。必须直接调用 socketpair 才能得到一个全双工管道。

示例：借助 UNIX 域套接字轮询 XSI 消息队列

15.6.4 节讲过，使用 XSI 消息队列的问题之一是我们无法用它来 poll 或者 select，因为 XSI 消息队列没有与文件描述符关联。然而，套接字与文件描述符是关联的，当消息到达时，可以用套接字来通知我们。我们将为每个消息队列启用一个线程。每个线程都会在调用 msgrcv 时阻塞，当一个消息到达时，线程将其写入 UNIX 域套接字的一端。当 poll 指示可以从套接字读取数据时，我们的应用程序将通过套接字的另一端来接收消息。

图 17.3 所示的程序解释了这种技术。main 函数创建消息队列和 UNIX 域套接字，并为每个消息队列开启了一个服务线程。然后，它使用无限循环来轮询套接字的端，当套接字可读时，就从套接字中读取消息并写入标准输出。

```
#include "apue.h"
#include <poll.h>
#include <pthread.h>
#include <sys/msg.h>
#include <sys/socket.h>

#define NQ        3        /* 队列数 */
#define MAXMSZ    512      /* 最大消息的大小 */
#define KEY       0x123    /* 第一个消息队列的密钥 */

struct threadinfo {
    int qid;
    int fd;
};

struct mymesg {
    long mtype;
    char mtext[MAXMSZ];
};

void *
helper(void *arg)
{
    int                 n;
    struct mymesg       m;
    struct threadinfo   *tip = arg;

    for(;;) {
        memset(&m, 0, sizeof(m));
        if ((n = msgrcv(tip->qid, &m, MAXMSZ, 0, MSG_NOERROR)) < 0)
            err_sys("msgrcv error");
        if (write(tip->fd, m.mtext, n) < 0)
            err_sys("write error");
    }
}
```

```
int
main()
{
    int                 i, n, err;
    int                 fd[2];
    int                 qid[NQ];
    struct pollfd       pfd[NQ];
    struct threadinfo   ti[NQ];
    pthread_t           tid[NQ];
    char                buf[MAXMSZ];

    for (i = 0; i < NQ; i++) {
        if ((qid[i] = msgget((KEY+i), IPC_CREAT|0666)) < 0)
            err_sys("msgget error");

        printf("queue ID %d is %d\n", i, qid[i]);

        if (socketpair(AF_UNIX, SOCK_DGRAM, 0, fd) < 0)
            err_sys("socketpair error");
        pfd[i].fd = fd[0];
        pfd[i].events = POLLIN;
        ti[i].qid = qid[i];
        ti[i].fd = fd[1];
        if ((err = pthread_create(&tid[i], NULL, helper, &ti[i])) != 0)
            err_exit(err, "pthread_create error");
    }

    for (;;) {
        if (poll(pfd, NQ, -1) < 0)
            err_sys("poll error");
        for (i = 0; i < NQ; i++) {
            if (pfd[i].revents & POLLIN) {
                if ((n = read(pfd[i].fd, buf, sizeof(buf))) < 0)
                    err_sys("read error");
                buf[n] = 0;
                printf("queue id %d, message %s\n", qid[i], buf);
            }
        }
    }

    exit(0);
}
```

图 17.3　使用 UNIX 域套接字轮询 XSI 消息队列

注意，我们使用的是数据报（SOCK_DGRAM）套接字而不是流套接字。这让我们可以保留消息边界，因此从套接字中读取消息时，每次只能读取一条消息。

这种技术使我们可以（间接地）对消息队列使用 poll 或者 select。只要为每个队列分配一个线程以及每条消息额外复制两次（一次写入套接字，另一次读取套接字）的成本是可接受的，这种技术就会让 XSI 消息队列的使用变得更加容易。

我们使用图 17.4 中的程序向图 17.3 中的测试程序发送消息。

```
#include "apue.h"
#include <sys/msg.h>

#define MAXMSZ 512

struct mymesg {
    long mtype;
    char mtext[MAXMSZ];
};

int
main(int argc, char *argv[])
{
    key_t key;
    long qid;
    size_t nbytes;
    struct mymesg m;

    if (argc != 3) {
        fprintf(stderr, "usage: sendmsg KEY message\n");
        exit(1);
    }
    key = strtol(argv[1], NULL, 0);
    if ((qid = msgget(key, 0)) < 0)
        err_sys("can't open queue key %s", argv[1]);
    memset(&m, 0, sizeof(m));
    strncpy(m.mtext, argv[2], MAXMSZ-1);
    nbytes = strlen(m.mtext);
    m.mtype = 1;
    if (msgsnd(qid, &m, nbytes, 0) < 0)
        err_sys("can't send message");
    exit(0);
}
```

图 17.4　给 XSI 消息队列发送消息

图 17.4 中的程序接受两个参数：（1）与消息队列关联的键值；（2）作为消息正文发送的字符串。当我们发送消息到服务器端时，它会打印这些消息，如下所示。

```
$ ./pollmsg &                                 在后台运行服务进程
[1] 12814
$ queue ID 0 is 196608
queue ID 1 is 196609
queue ID 2 is 196610
$ ./sendmsg 0x123 "hello, world"              给第一个队列发送一条消息
queue id 196608, message hello, world
$ ./sendmsg 0x124 "just a test"               给第二个队列发送一条消息
queue id 196609, message just a test
$ ./sendmsg 0x125 "bye"                       给第三个队列发送一条消息
queue id 196610, message bye
```

17.2.1 命名 UNIX 域套接字

虽然 socketpair 函数可以创建互连的套接字，但是各套接字都没有名字，这就意味着不相关的进程无法使用它们。

在 16.3.4 节中，我们学习了如何将地址绑定到 Internet 域套接字上。就像 Internet 域套接字一样，我们可以为 UNIX 域套接字命名，并将其用于发布服务。然而，用于 UNIX 域套接字的地址格式与用于 Internet 域套接字的不同。

回顾 16.3 节，套接字的地址格式在不同的实现中有所不同。UNIX 域套接字的地址由 sockaddr_un 结构体表示。在 Linux 3.2.0 和 Solaris 10 中，sockaddr_un 结构体在头文件 <sys/un.h>中的定义为：

```
struct sockaddr_un {
    sa_family_t  sun_family;          /* AF_UNIX */
    char     sun_path[108];           /* 路径名 */
};
```

然而，在 FreeBSD 8.0 和 Mac OS X 10.6.8 中，sockaddr_un 结构体的定义为：

```
struct sockaddr_un {
    unsigned char    sun_len;         /* sockaddr 长度 */
    sa_family_t      sun_family;      /* AF_UNIX */
    char             sun_path[104];   /* 路径名 */
};
```

sockaddr_un 结构体的 sun_path 成员包含一个路径名。当我们将地址与 UNIX 域套接字绑定时，系统将创建一个具有相同名称的 S_IFSOCK 类型的文件。

该文件仅作为一种向客户端宣告套接字名称的形式而存在。应用程序无法打开此文件或将其用于通信。

如果尝试将 UNIX 域套接字绑定到一个地址时，该地址上已经存在一个文件，则 bind 请求将失败。关闭套接字时，该文件不会被自动删除，因此我们需要确保在应用程序退出前释放链接。

示例

图 17.5 中的程序展示了一个将地址与 UNIX 域套接字绑定的例子。

```
#include "apue.h"
#include <sys/socket.h>
#include <sys/un.h>

int
main(void)
{
    int fd, size;
```

```
    struct sockaddr_un un;

    un.sun_family = AF_UNIX;
    strcpy(un.sun_path, "foo.socket");
    if ((fd = socket(AF_UNIX, SOCK_STREAM, 0)) < 0)
        err_sys("socket failed");
    size = offsetof(struct sockaddr_un, sun_path) + strlen(un.sun_path);
    if (bind(fd, (struct sockaddr *)&un, size) < 0)
        err_sys("bind failed");
    printf("UNIX domain socket bound\n");
    exit(0);
}
```

图 17.5 将地址与 UNIX 域套接字绑定

运行这个程序，bind 请求成功。然而，再次运行，该程序就会报错，因为那个套接字文件已经存在。在删除该文件之前，程序不会再次成功运行。

```
$ ./a.out                                        运行该程序
UNIX domain socket bound
$ ls -l foo.socket                               查看套接字文件
srwxr-xr-x  1 sar          0 May 18 00:44 foo.socket
$ ./a.out                                        尝试再次运行该程序
bind failed: Address already in use
$ rm foo.socket                                  删除套接字文件
$ ./a.out                                        第三次运行该程序
UNIX domain socket bound                         现在成功了
```

对于要绑定的地址，确定其长度的方法是，计算 sockaddr_un 结构体中 sun_path 成员的偏移量，并将不含终止空字节的路径名长度与其相加。由于 sockaddr_un 结构体中位于 sun_path 之前成员的实现各不相同，因此我们使用<stddef.h>中的 offsetof 宏（包含在 apue.h 中）来计算 sun_path 成员相对结构体起始地址的偏移量。如果查看<stddef.h>，你会看到类似于下面这样的定义：

```
#define offsetof(TYPE, MEMBER)    ((int)&((TYPE *)0)->MEMBER)
```

假设结构体的基址为 0，这个表达式的计算结果就是一个表示成员起始地址的整型值。

17.3 唯一连接

服务进程可以用标准的 bind、listen 和 accept 函数来为客户进程安排唯一的 UNIX 域连接。客户进程使用 connect 函数联系服务进程；服务进程接受 connect 请求后，客户进程和服务进程之间就存在唯一的连接。这种操作方式与图 16.16 和 16.17 中所示的 Internet 域套接字的操作方式相同。

图 17.6 展示了客户进程和服务进程之间存在连接之前的情况。服务进程将其套接字绑定到 sockaddr_un 地址并监听连接请求。

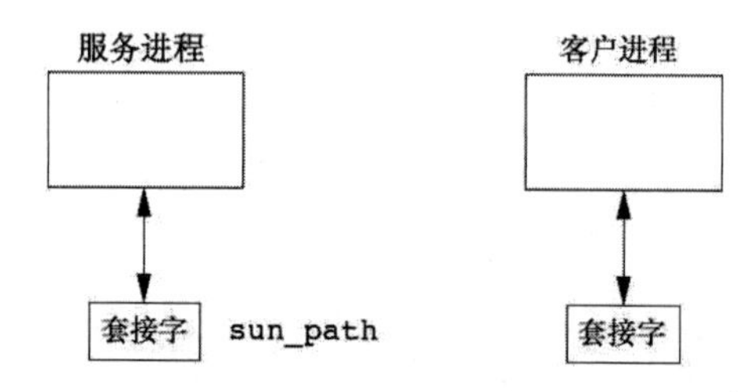

图 17.6 connect 之前的客户端和服务器端套接字

图 17.7 展示了服务进程接受客户进程的连接请求后，客户进程和服务进程之间的唯一连接。

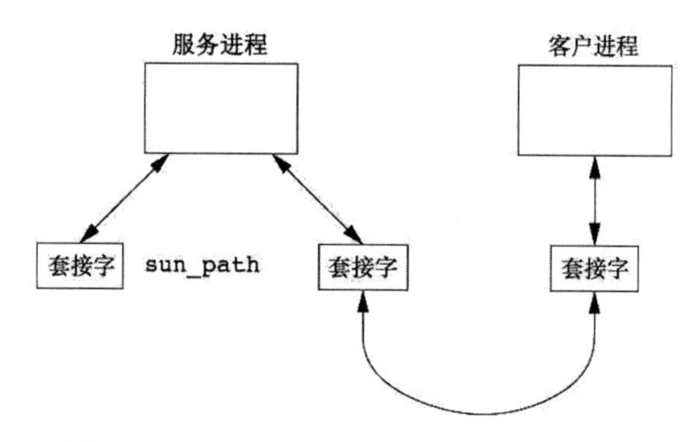

图 17.7 connect 之后的客户端和服务器端套接字

现在我们将开发三个函数，用于在同一台机器上运行的无关进程之间创建唯一连接。这些函数模拟了 16.4 节中讨论的面向连接的套接字函数。这里我们使用 UNIX 域套接字作为底层通信机制。

```
#include "apue.h"

int serv_listen(const char *name);
                        返回值：若成功，则返回要监听的文件描述符；若出错，则返回负值
int serv_accept(int listenfd, uid_t *uidptr);
                        返回值：若成功，则返回新的文件描述符；若出错，则返回负值
int cli_conn(const char *name);
                        返回值：若成功，则返回文件描述符；若出错，则返回负值
```

服务进程可以使用 serv_listen 函数（见图 17.8）来声明其想要在一个全局已知的名称（文件系统中的某个路径名）上监听用户进程的连接请求。当客户进程想要连接服务进程时，将使用此名称。serv_listen 函数的返回值是用于接收客户进程连接请求的服务器端的 UNIX 域套接字。

服务进程使用 serv_accept 函数（见图 17.9）等待客户进程的连接请求到达。当有请求到达时，系统会自动创建一个新的 UNIX 域套接字，将其与客户端套接字连接，并将新套接字返回给服务器端。此外，客户进程的有效用户 ID 存储在 uidptr 所指向的内存中。

客户进程调用 cli_conn 函数（见图 17.10）连接到服务进程。客户进程指定的 *name* 实参必须与服务进程调用 serv_listen 函数时所通告的名称相同。此函数返回时，客户进程将获得一个连接到服务进程的文件描述符。

```
#include "apue.h"
#include <sys/socket.h>
#include <sys/un.h>
#include <errno.h>
#define QLEN 10

/*
 * 创建连接的服务器端点。
 * 若一切正常，则返回文件描述符 fd；若出错，则返回负值。
 */
int
serv_listen(const char *name)
{
    int fd, len, err, rval;
    struct sockaddr_un un;

    if (strlen(name) >= sizeof(un.sun_path)) {
        errno = ENAMETOOLONG;
        return(-1);
    }

    /* 创建一个 UNIX 流套接字 */
    if ((fd = socket(AF_UNIX, SOCK_STREAM, 0)) < 0)
        return(-2);

    unlink(name);     /* 若已经存在 */

    /* 填充套接字地址结构体 */
    memset(&un, 0, sizeof(un));
    un.sun_family = AF_UNIX;
    strcpy(un.sun_path, name);
    len = offsetof(struct sockaddr_un, sun_path) + strlen(name);

    /* 将名字与文件描述符绑定 */
    if (bind(fd, (struct sockaddr *)&un, len) < 0) {
        rval = -3;
        goto errout;
    }

    if (listen(fd, QLEN) < 0) { /* 告诉内核，我们是服务进程 */
        rval = -4;
```

```
        goto errout;
    }
    return(fd);

errout:
    err = errno;
    close(fd);
    errno = err;
    return(rval);
}
```

图 17.8　serv_listen 函数

首先，我们通过调用 socket 函数创建一个 UNIX 域套接字。然后，将要分配给套接字的全局已知路径名填入 sockaddr_un 结构体，该结构体是调用 bind 函数的实参。请注意，在某些平台上我们不需要设置 sun_len 字段，因为操作系统会用我们传递给 bind 函数的地址长度来设置这个字段。

最后，我们调用 listen 函数（参见 16.4 节）告知内核，该进程将作为等待客户进程连接请求的服务进程。当来自客户进程的连接请求到达时，服务进程会调用 serv_accept 函数（见图 17.9）。

```
#include "apue.h"
#include <sys/socket.h>
#include <sys/un.h>
#include <time.h>
#include <errno.h>

#define STALE 30 /* 客户端的名称在文件系统中的存在时间不能超过此时间，单位为秒 */

/*
 * 等待客户端连接到达，然后接受它。
 * 我们还从客户端在调用我们之前必须绑定的
 * 路径名中获取该客户端的用户 ID。
 * 若一切正常，则返回新的 fd；若出错，则返回负值。
 */
int
serv_accept(int listenfd, uid_t *uidptr)
{
    int                 clifd, err, rval;
    socklen_t           len;
    time_t              staletime;
    struct sockaddr_un  un;
    struct              stat statbuf;
char                    *name;

    /* 为最长的路径名及终止符 null 分配足够的空间 */
    if ((name = malloc(sizeof(un.sun_path + 1))) == NULL)
        return(-1);
    len = sizeof(un);
```

```
    if ((clifd = accept(listenfd, (struct sockaddr *)&un, &len)) < 0) {
        free(name);
        return(-2);         /* 若捕获了信号，则通常 errno 为 EINTR */
    }

    /* 从客户端的调用地址获取客户端的 uid */
    len -= offsetof(struct sockaddr_un, sun_path); /* 路径名长度 */
    memcpy(name, un.sun_path, len);
    name[len] = 0;              /* null 终止符 */
    if (stat(name, &statbuf) < 0) {
        rval = -3;
        goto errout;
}

#ifdef S_ISSOCK     /* 没有为 SVR4 定义 */
    if (S_ISSOCK(statbuf.st_mode) == 0) {
        rval = -4;          /* 不是一个套接字 */
        goto errout;
    }
#endif

    if ((statbuf.st_mode & (S_IRWXG | S_IRWXO)) ||
         (statbuf.st_mode & S_IRWXU) != S_IRWXU) {
          rval = -5;        /* 操作权限不是 rwx------ */
          goto errout;
    }

    staletime = time(NULL) - STALE;
    if (statbuf.st_atime < staletime ||
        statbuf.st_ctime < staletime ||
        statbuf.st_mtime < staletime) {
          rval = -6;      /* i-node 太老旧了 */
          goto errout;
    }

    if (uidptr != NULL)
        *uidptr = statbuf.st_uid;     /* 返回调用者的 uid */
    unlink(name);           /* 我们现在已经使用完路径名 */
    free(name);
    return(clifd);

errout:
    err = errno;
    close(clifd);
    free(name);
    errno = err;
    return(rval);
}
```

图 17.9 serv_accept 函数

服务进程在调用 accept 函数时会阻塞，以等待客户进程调用 cli_conn 函数。当 accept 函数返回时，其返回值是连接到客户进程的全新描述符。此外，客户进程分配给其套接字的路径名（包含客户进程 ID 的名称）由 accept 函数通过第二个参数（指向 sockaddr_un 结构体的指针）返回。我们复制这个路径名并确保它以空字节结束（如果路径名占用了 sockaddr_un 结构体中 sun_path 成员的所有可用空间，则没有空间可容纳表示终止的空字节）。然后我们调用 stat 函数来验证路径名确实是套接字，并且其权限仅允许用户做读取、写入和执行这三种操作。我们还要验证与该套接字关联的三个时间参数的新鲜度在 30 秒内（回顾 6.10 节，以从公元 1970 年 1 月 1 日 00:00:00 开始计算的秒数为单位，time 函数返回当前时间和日期）。

如果所有这些检查都通过了，我们就认为客户进程（其有效用户 ID）是套接字的所有者。虽然这种检查并不完善，但这是我们针对当前系统所能实施的最佳方案（如果内核通过 accept 函数的参数将有效用户 ID 返回给我们就更好了）。

客户进程通过调用 cli_conn 函数启动与服务进程的连接（见图 17.10）。

```
#include "apue.h"
#include <sys/socket.h>
#include <sys/un.h>
#include <errno.h>

#define CLI_PATH    "/var/tmp/"
#define CLI_PERM    S_IRWXU          /* 权限 rwx 仅适用于用户 */

/*
 * 创建客户端端点并连接到服务器。
 * 若一切正常，则返回 fd；若出错，则返回负值。
 */
int
cli_conn(const char *name)
{
    int fd, len, err, rval;
    struct sockaddr_un un, sun;
    int do_unlink = 0;

    if (strlen(name) >= sizeof(un.sun_path)) {
        errno = ENAMETOOLONG;
        return(-1);
    }

    /* 创建一个 UNIX 域流套接字 */
    if ((fd = socket(AF_UNIX, SOCK_STREAM, 0)) < 0)
        return(-1);

    /* 用我们的地址填充套接字地址结构体 */
    memset(&un, 0, sizeof(un));
    un.sun_family = AF_UNIX;
```

```
    sprintf(un.sun_path, "%s%05ld", CLI_PATH, (long)getpid());
    len = offsetof(struct sockaddr_un, sun_path) + strlen(un.sun_path);

    unlink(un.sun_path); /* 如果已经存在 */
    if (bind(fd, (struct sockaddr *)&un, len) < 0) {
        rval = -2;
        goto errout;
    }
    if (chmod(un.sun_path, CLI_PERM) < 0) {
        rval = -3;
        do_unlink = 1;
        goto errout;
    }

    /* 用服务器地址填充套接字地址结构体 */
    memset(&sun, 0, sizeof(sun));
    sun.sun_family = AF_UNIX;
    strcpy(sun.sun_path, name);
    len = offsetof(struct sockaddr_un, sun_path) + strlen(name);
    if (connect(fd, (struct sockaddr *)&sun, len) < 0) {
        rval = -4;
        do_unlink = 1;
        goto errout;
    }
    return(fd);

errout:
    err = errno;
    close(fd);
    if (do_unlink)
        unlink(un.sun_path);
    errno = err;
    return(rval);
}
```

图 17.10　cli_conn 函数

我们调用 socket 函数创建了 UNIX 域套接字的客户端，然后用客户端特定的名称填充 sockaddr_un 结构体。

我们不让系统选择默认地址，因为这样的话服务器端将无法区分各个客户端（如果我们不显式地将名称绑定到 UNIX 域套接字，内核就会为我们隐式地绑定一个地址到 UNIX 域套接字，并且不会在文件系统中创建任何文件来表示该套接字）。相反，我们绑定我们自己的地址，但在开发使用套接字的客户端程序时，我们通常不会采取这一步骤。

我们绑定的路径名的最后 5 个字符来自客户进程 ID。为了避免路径名已存在，我们调用 unlink，然后调用 bind 函数为客户端套接字分配一个名称。这会在文件系统中创建一个名称与绑定的路径名相同的套接字文件。接着，调用 chmod 函数关闭除用户读、写和执行以外的所有权限。在 serv_accept 函数中，服务器端检查这些权限和套接字用户 ID 以验证客户端的身份。

然后，我们还必须填充另一个 sockaddr_un 结构体，这次用的是服务器端的全局已知路径名。最后，我们调用 connect 函数来启动与服务器端的连接。

17.4 传递文件描述符

在进程间传递打开的文件描述符是一项强大的技术。利用它可以以不同方式来设计客户端/服务器应用程序。它允许一个进程（通常是服务进程）执行打开文件所需的所有操作（包括将网络名称翻译为网络地址、拨号调制解调器，以及协商文件锁等细节），并简单地将一个可用于所有 I/O 函数的描述符传回调用进程。打开文件或设备涉及的所有细节对客户端不可见。

我们必须更具体地说明“将打开的文件描述符从一个进程传递到另一个进程”的含义。回顾图 3.8，其中显示了打开同一个文件的两个进程。尽管它们共享同一个 v 节点，但每个进程都有自己的文件表项。

当我们把打开的文件描述符从一个进程传递给另一个进程时，希望发送进程和接收进程共享同一文件表项。图 17.11 显示了所需的布局。

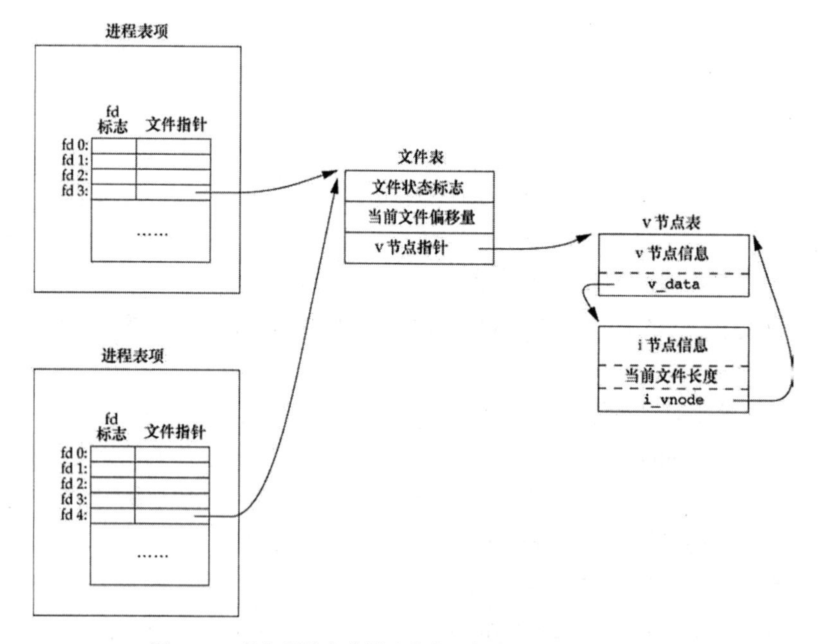

图 17.11 将打开的文件描述符从顶部进程传递至底部进程

从技术上讲，我们是将一个指向打开的文件表项的指针从一个进程传递到另一个进程。该指针被分配给接收进程中的第一个可用文件描述符。（传递一个“打开的文件描述符”的说法，会让人误以为接收进程与发送进程中的文件描述符相同，通常事实上不是这样的）。让两个进程共享同一个打开的文件表正是 fork 后发生的事情的（请参考图 8.2）。

当描述符从一个进程传递到另一个进程时，通常的情况是发送进程在传递该文件描述符后将其关闭。发送方关闭文件描述符并不会真正关闭文件或设备，因为接收进程仍然认为文件描述符是打开的（即使接收方尚未明确收到文件描述符）。

我们定义了以下三个函数，在本章中用于发送和接收文件描述符。在本节后面，我们会给出这三个函数的代码。

```
#include "apue.h"

int send_fd(int fd, int fd_to_send);

int send_err(int fd, int status, const char *errmsg);
                              两个函数的返回值：若成功，则返回 0；若出错，则返回-1
int recv_fd(int fd, ssize_t (*userfunc)(int, const void *, size_t));
                              返回值：若成功则返回文件描述符；若出错，则返回负值
```

一个进程（通常是服务进程）想要将描述符传递给另一个进程时，可以调用函数 send_fd 或 send_err。等待接收文件描述符的进程（客户进程）则调用 recv_fd 函数。

send_fd 函数使用 *fd* 代表的 UNIX 域套接字发送描述符 *fd_to_send*。send_err 函数使用 *fd* 发送 *errmsg*，后面跟着 *status* 字节。*status* 的值必须在-1~255 的范围内。

客户端调用 recv_fd 函数接收描述符。如果一切正常（发送者调用 send_fd 函数），该函数的返回值为非负描述符。否则，返回值就是 send_err 函数发送的 *status*（一个值在-1~255 内的负数）。另外，如果服务器端发送错误消息，客户端则调用 *userfunc* 函数处理该消息。*userfunc* 函数的第一个实参是常量 STDERR_FILENO，后面跟着指向错误消息的指针及其长度。*userfunc* 函数的返回值是写入的字节数或一个表示错误的负值。客户端通常指定普通的 write 函数作为 *userfunc* 函数。

我们实现了用于这三个函数的自有协议。要发送描述符，send_fd 函数需要先发送两个为 0 的字节，然后是真正的文件描述符。要发送错误消息，send_err 函数需要先发送 *errmsg*，后面跟着一个为 0 的字节，然后是 *status* 字节的绝对值（范围为 1~255）。recv_fd 函数读取套接字中的所有内容直到遇到空字符。遇到空字符前，读取的所有字符都会被传递给调用方的 *userfunc* 函数。recv_fd 函数读取的下一字节是 *status* 字节。如果 *status* 字节为 0，表示已传递描述符；否则，表示无描述符需要被接收。

函数 send_err 在将错误消息写入套接字后调用 send_fd 函数，如图 17.12 所示。

```
#include "apue.h"

/*
 * 如果原计划使用 send_fd()发送 fd，
```

```
 * 但遇到了错误，这时就会使用该函数。
 * 我们使用 send_fd()/recv_fd() 协议将错误发回。
 */
int
send_err(int fd, int errcode, const char *msg)
{
    int n;

    if ((n = strlen(msg)) > 0)
        if (writen(fd, msg, n) != n) /* 发送错误消息 */
            return(-1);

    if (errcode >= 0)
        errcode = -1; /* 必须为负值 */

    if (send_fd(fd, errcode) < 0)
        return(-1);

    return(0);
}
```

图 17.12　send_err 函数

为了用 UNIX 域套接字交换文件描述符，我们调用 sendmsg(2) 和 recvmsg(2) 函数（参见 16.5 节）。这两个函数都使用指向 msghdr 结构体的指针，该结构体包含有关要发送或要接收内容的所有信息。在你的系统上，这个结构体可能看起来像下面这样：

```
struct msghdr {
    void          *msg_name;        /* 可选地址 */
    socklen_t      msg_namelen;     /* 以字节计算的地址大小 */
    struct iovec  *msg_iov;         /* I/O 缓存区数组 */
    int            msg_iovlen;      /* 数组中的元素数量 */
    void          *msg_control;     /* 辅助数据 */
    socklen_t      msg_controllen;  /* 辅助数据的字节数 */
    int            msg_flags;       /* 已接收消息的标识 */
};
```

前两个元素通常用于在网络连接上发送数据报，目的地址可由各个数据报来指定。接下来的两个元素允许我们指定一个缓冲区数组（分散读或聚集写），就像我们在 readv 和 writev 函数（参见 14.6 节）中所述的那样。msg_flags 字段包含几个标识，它们描述了接收到的消息，如图 16.15 所示。

两个元素处理控制消息的发送或接收。msg_control 字段指向 cmsghdr（控制消息头）结构体，msg_controllen 字段包含控制消息的字节数。

```
struct cmsghdr {
    socklen_t cmsg_len;    /* 包括头部的数据字节计数 */
    int       cmsg_level;  /* 初始协议 */
    int       cmsg_type;   /* 协议特定的类型 */
```

```
    /* 后面跟着实际的控制消息数据 */
};
```

为了发送文件描述符，我们将 cmsg_len 设置为 cmsghdr 结构体的长度加上一个整型数（也即该描述符）。cmg_level 字段被设置为 SOL_SOCKET，cmsg_type 字段被设置为 SCM_RIGHTS，表示我们正在传递访问权限（SCM 代表套接字级控制消息〔socket-level control message〕）。访问权限只能通过 UNIX 域套接字传递。等描述符被存储在 cmsg_type 字段中之后，使用宏 CMSG_DATA 获取指向该整型数的指针。

以下的三个宏用于访问控制数据，还有一个宏辅助计算用于 cmsg_len 的值。

```
#include <sys/socket.h>

unsigned char *CMSG_DATA(struct cmsghdr *cp);
                                    返回值：返回关联 cmsghdr 结构体数据的指针
struct cmsghdr *CMSG_FIRSTHDR(struct msghdr *mp);
                                返回值：返回关联 msghdr 结构体的第一个 cmsghdr
                                      结构体的指针；如果不存在，则返回 NULL
struct cmsghdr *CMSG_NXTHDR(struct msghdr *mp,
                            struct cmsghdr *cp);
        返回值：返回与 msghdr 结构体关联的下一个 cmsghdr 结构体指针（msghdr 结构体
           给定了当前 cmsghdr 结构体），如果当前 cmsghdr 已是最后一个，则返回 NULL

unsigned int CMSG_LEN(unsigned int nbytes);
                                 返回值：为长度为 nbytes 的数据对象分配的内存大小
```

Single UNIX Specification 定义了前三个宏，但忽略了 CMSG_LEN。

CMSG_LEN 宏返回存储一个大小为 *nbytes* 的数据对象所需的总字节数。这个值等于 cmsghdr 结构体的大小，加上处理器体系结构所要求的任何对齐约束所产生的额外字节数，然后向上取整（为确保满足对齐要求）的结果。

图 17.13 展示的是 send_fd 函数，它通过 UNIX 域套接字传递文件描述符。我们在 sendmsg 调用中发送协议数据（包括 null 字节和状态字节）和描述符。

```
#include "apue.h"
#include <sys/socket.h>

/* 用于发送/接收一个文件描述符的控制缓冲区的大小 */
#define CONTROLLEN CMSG_LEN(sizeof(int))

static struct cmsghdr *cmptr = NULL; /* 第一次未做 malloc 分配 */

/*
 * 将文件描述符传递给另一个进程。
 * 若 fd_to_send 为负，则将-fd_to_send 作为错误状态发回。
 */
int
send_fd(int fd, int fd_to_send)
```

```
{
    struct iovec    iov[1];
    struct msghdr   msg;
    char            buf[2]; /* send_fd()/recv_fd() 2 字节协议 */

    iov[0].iov_base  = buf;
    iov[0].iov_len  = 2;
    msg.msg_iov     = iov;
    msg.msg_iovlen  = 1;
    msg.msg_name    = NULL;
    msg.msg_namelen  = 0;

    if (fd_to_send < 0) {
        msg.msg_control     = NULL;
        msg.msg_controllen = 0;
        buf[1] = -fd_to_send;    /* 非零状态表示错误 */
        if (buf[1] == 0)
            buf[1] = 1; /* -256 等值会破坏协议 */
    } else {
        if (cmptr == NULL && (cmptr = malloc(CONTROLLEN)) == NULL)
            return(-1);
        cmptr->cmsg_level     = SOL_SOCKET;
        cmptr->cmsg_type      = SCM_RIGHTS;
        cmptr->cmsg_len   = CONTROLLEN;
        msg.msg_control   = cmptr;
        msg.msg_controllen    = CONTROLLEN;
        *(int *)CMSG_DATA(cmptr) = fd_to_send;        /* 通过的 fd */
        buf[1] = 0;    /* 零状态表示正常 */
    }

    buf[0] = 0;         /* recv_fd()的空字节标识 */
    if (sendmsg(fd, &msg, 0) != 2)
        return(-1);
    return(0);
}
```

图 17.13　通过 UNIX 域套接字发送文件描述符

为了接收描述符（见图 17.14），我们为 cmsghdr 结构体和描述符分配了足够大的空间，设置 msg_control 以指向所分配的区域，并调用 recvmsg。我们使用 CMSG_LEN 宏来计算所需的空间容量。

读套接字直至到达最终的状态字节之前的空字节。空字节之前的所有内容都是来自发送方的错误消息。

```
#include "apue.h"
#include <sys/socket.h>      /* msghdr 结构体 */

/* 用于发送/接收一个文件描述符的控制缓冲区的大小 */
#define CONTROLLEN CMSG_LEN(sizeof(int))
```

```
#ifdef LINUX
#define RELOP <
#else
#define RELOP !=
#endif

static struct cmsghdr  *cmptr = NULL;        /* 第一次未做 malloc 分配 */

/*
 * 从服务进程接收 fd。此外，
 * 接收到的任何数据都会传递给(*userfunc)(STDERR_FILENO, buf, nbytes)。
 * 我们有一个 2 字节协议，用于从 send_fd()接收 fd。
 */
int
recv_fd(int fd, ssize_t (*userfunc)(int, const void *, size_t))
{
    int             newfd, nr, status;
    char            *ptr;
    char            buf[MAXLINE];
    struct iovec    iov[1];
    struct msghdr   msg;

    status = -1;
    for ( ; ; ) {
        iov[0].iov_base = buf;
        iov[0].iov_len  = sizeof(buf);
        msg.msg_iov     = iov;
        msg.msg_iovlen  = 1;
        msg.msg_name    = NULL;
        msg.msg_namelen = 0;
        if (cmptr == NULL && (cmptr = malloc(CONTROLLEN)) == NULL)
            return(-1);
        msg.msg_control    = cmptr;
        msg.msg_controllen = CONTROLLEN;
        if ((nr = recvmsg(fd, &msg, 0)) < 0) {
            err_ret("recvmsg error");
            return(-1);
        } else if (nr == 0) {
            err_ret("connection closed by server");
            return(-1);
        }
        /*
         * 看看这是否为最后的 null 和状态字节数据。
         * null 紧邻缓冲区的最后一个字节；状态字节是最后一个字节。
         * 零状态意味着要接收一个文件描述符。
         */
        for (ptr = buf; ptr < &buf[nr]; ) {
            if (*ptr++ == 0) {
                if (ptr != &buf[nr-1])
                    err_dump("message format error");
                status = *ptr & 0xFF; /* 防止标记扩展 */
```

```
                if (status == 0) {
                    if (msg.msg_controllen != CONTROLLEN)
                        err_dump("status = 0 but no fd");
                    newfd = *(int *)CMSG_DATA(cmptr);
                } else {
                    newfd = -status;
                }
                nr -= 2;
            }
        }
        if (nr > 0 && (*userfunc)(STDERR_FILENO, buf, nr) != nr)
            return(-1);
        if (status >= 0) /* 最终数据已到达 */
            return(newfd); /* 描述符或者-status */
    }
}
```

图 17.14 通过 UNIX 域套接字接收文件描述符

请注意，我们一直在准备接收描述符（每次在调用 recvmsg 之前，都设置 msg_control 和 msg_controllen），但仅当 msg_controllen 返回非零值时才真正收到描述符。

回顾一下我们在 serv_accept 函数中确定调用方身份所需的步骤（见图 17.9）。最好是内核在调用 accept 函数后返回时将调用方的证书传递给我们。一些 UNIX 域套接字的实现在交换消息时提供类似的功能，但它们的接口不同。

> FreeBSD 8.0 和 Linux 3.2.0 支持通过 UNIX 域套接字发送证书，但它们的做法不同。Mac OS X 10.6.8 部分源自 FreeBSD，但它禁用了证书传递功能。Solaris 10 不支持通过 UNIX 域套接字发送证书。然而，它支持通过 STREAMS 管道获取传递文件描述符的进程的证书，但我们在这里不讨论细节。

对于 FreeBSD，证书以 cmsgcred 结构体的形式传输：

```
#define CMGROUP_MAX 16

struct cmsgcred {
    pid_t cmcred_pid;                   /* 发送方的进程 ID */
    uid_t cmcred_uid;                   /* 发送方的真实 UID */
    uid_t cmcred_euid;                  /* 发送方的有效 UID */
    gid_t cmcred_gid;                   /* 发送方的真实 GID */
    short cmcred_ngroups;               /* 组的数量 */
    gid_t cmcred_groups[CMGROUP_MAX];   /* 组 */
};
```

在传输证书时，只需为 cmsgcred 结构体预留空间。内核将为我们填充这个结构体，以防止应用程序伪装自己具有另一种不同身份。

在 Linux 中，证书以 ucred 结构体的形式传输：

```
struct ucred {
    pid_t  pid;  /* 发送方的进程 ID */
    uid_t  uid;  /* 发送方的用户 ID */
    gid_t  gid;  /* 发送方的组 ID */
};
```

与 FreeBSD 不同，Linux 要求我们在传输之前初始化这个结构体。内核将确保应用程序要么使用与调用方对应的值，要么拥有使用其他值的适当特权。

图 17.15 展示了更新后的 send_fd 函数，其包含发送进程的证书。

```
#include "apue.h"
#include <sys/socket.h>

#if defined(SCM_CREDS)          /* BSD 接口 */
#define CREDSTRUCT      cmsgcred
#define SCM_CREDTYPE    SCM_CREDS
#elif defined(SCM_CREDENTIALS)  /* Linux 接口 */
#define CREDSTRUCT      ucred
#define SCM_CREDTYPE    SCM_CREDENTIALS
#else
#error passing credentials is unsupported!
#endif

/* 用于发送/接收一个文件描述符的控制缓冲区的大小 */
#define RIGHTSLEN   CMSG_LEN(sizeof(int))
#define CREDSLEN    CMSG_LEN(sizeof(struct CREDSTRUCT))
#define CONTROLLEN  (RIGHTSLEN + CREDSLEN)

static struct cmsghdr  *cmptr = NULL;  /* 第一次未做 malloc 分配 */

/*
* 将 fd 传递给另一个进程。
* 如果 fd 为负，那么-fd 将作为错误状态被返回。
*/
int
send_fd(int fd, int fd_to_send)
{
    struct CREDSTRUCT   *credp;
    struct cmsghdr      *cmp;
    struct iovec        iov[1];
    struct msghdr       msg;
    char                buf[2];   /* send_fd/recv_ufd 2 字节协议 */

    iov[0].iov_base= buf;
    iov[0].iov_len = 2;
    msg.msg_iov     = iov;
    msg.msg_iovlen = 1;
    msg.msg_name    = NULL;
    msg.msg_namelen= 0;
    msg.msg_flags = 0;
```

```
    if (fd_to_send < 0) {
        msg.msg_control    = NULL;
        msg.msg_controllen    = 0;
        buf[1] = -fd_to_send;     /* 非零状态表示错误 */
        if (buf[1] == 0)
            buf[1] = 1; /* -256 等值会破坏协议 */
    } else {
        if (cmptr == NULL && (cmptr = malloc(CONTROLLEN)) == NULL)
            return(-1);
        msg.msg_control    = cmptr;
        msg.msg_controllen    = CONTROLLEN;
        cmp = cmptr;
        cmp->cmsg_level   = SOL_SOCKET;
        cmp->cmsg_type  = SCM_RIGHTS;
        cmp->cmsg_len   = RIGHTSLEN;
        *(int *)CMSG_DATA(cmp) = fd_to_send; /* 通过的 fd */
        cmp = CMSG_NXTHDR(&msg, cmp);
        cmp->cmsg_level   = SOL_SOCKET;
        cmp->cmsg_type  = SCM_CREDTYPE;
        cmp->cmsg_len   = CREDSLEN;
        credp = (struct CREDSTRUCT *)CMSG_DATA(cmp);
#if defined(SCM_CREDENTIALS)
        credp->uid = geteuid();
        credp->gid = getegid();
        credp->pid = getpid();
#endif
        buf[1] = 0;      /* 零状态表示正常 */
    }
    buf[0] = 0;          /* recv_ufd()的 null 字节标志 */
    if (sendmsg(fd, &msg, 0) != 2)
        return(-1);
    return(0);
}
```

图 17.15　通过 UNIX 域套接字发送证书

请注意，我们只需要在 Linux 上初始化证书结构体。

图 17.16 中名为 recv_ufd 的函数是 recv_fd 的修改版，它通过引用参数返回发送方的用户 ID。

```
#include "apue.h"
#include <sys/socket.h> /* msghdr 结构体 */
#include <sys/un.h>

#if defined(SCM_CREDS) /* BSD 接口 */
#define CREDSTRUCT      cmsgcred
#define CR_UID          cmcred_uid
#define SCM_CREDTYPE    SCM_CREDS
#elif defined(SCM_CREDENTIALS) /* Linux 接口 */
#define CREDSTRUCT      ucred
#define CR_UID          uid
```

```
#define CREDOPT          SO_PASSCRED
#define SCM_CREDTYPE    SCM_CREDENTIALS
#else
#error passing credentials is unsupported!
#endif

/* 用于发送/接收一个文件描述符的控制缓冲区的大小 */
#define RIGHTSLEN   CMSG_LEN(sizeof(int))
#define CREDSLEN    CMSG_LEN(sizeof(struct CREDSTRUCT))
#define CONTROLLEN (RIGHTSLEN + CREDSLEN)

static struct cmsghdr *cmptr = NULL; /* 第一次未做 malloc 分配  */

/*
 * 从服务进程接收 fd。此外，
 * 接收到的任何数据都会传递给(*userfunc)(STDERR_FILENO, buf, nbytes)。
 * 我们有一个 2 字节协议，用于从 send_fd()接收 fd。
 */
int
recv_ufd(int fd, uid_t *uidptr,
           ssize_t (*userfunc)(int, const void *, size_t))
{
    struct cmsghdr         *cmp;
    struct CREDSTRUCT      *credp;
    char                   *ptr;
    char                    buf[MAXLINE];
    struct iovec            iov[1];
    struct msghdr           msg;
    Int                     nr;
    int                     newfd = -1;
    int                     status = -1;
#if defined(CREDOPT)
    const int               on = 1;

    if (setsockopt(fd, SOL_SOCKET, CREDOPT, &on, sizeof(int)) < 0) {
        err_ret("setsockopt error");
        return(-1);
    }
#endif
    for ( ; ; ) {
        iov[0].iov_base = buf;
        iov[0].iov_len   = sizeof(buf);
        msg.msg_iov      = iov;
        msg.msg_iovlen  = 1;
        msg.msg_name     = NULL;
        msg.msg_namelen = 0;
        if (cmptr == NULL && (cmptr = malloc(CONTROLLEN)) == NULL)
            return(-1);
        msg.msg_control     = cmptr;
        msg.msg_controllen = CONTROLLEN;
        if ((nr = recvmsg(fd, &msg, 0)) < 0) {
```

```
            err_ret("recvmsg error");
            return(-1);
        } else if (nr == 0) {
            err_ret("connection closed by server");
            return(-1);
        }
        /*
         * 看看这是否为最后的 null 和状态字节数据。
         * null 紧邻缓冲区的最后一个字节；状态字节是最后一个字节。
         * 零状态意味着要接收一个文件描述符。
         */
        for (ptr = buf; ptr < &buf[nr]; ) {
            if (*ptr++ == 0) {
                if (ptr != &buf[nr-1])
                    err_dump("message format error");
                status = *ptr & 0xFF; /* 防止标记扩展 */
                if (status == 0) {
                    if (msg.msg_controllen != CONTROLLEN)
                        err_dump("status = 0 but no fd");

                    /* 处理控制数据 */
                    for (cmp = CMSG_FIRSTHDR(&msg);
                      cmp != NULL; cmp = CMSG_NXTHDR(&msg, cmp)) {
                        if (cmp->cmsg_level != SOL_SOCKET)
                            continue;
                        switch (cmp->cmsg_type) {
                        case SCM_RIGHTS:
                            newfd = *(int *)CMSG_DATA(cmp);
                            break;
                        case SCM_CREDTYPE:
                            credp = (struct CREDSTRUCT *)CMSG_DATA(cmp);
                            *uidptr = credp->CR_UID;
                        }
                    }
                } else {
                    newfd = -status;
                }
                nr -= 2;
            }
        }
        if (nr > 0 && (*userfunc)(STDERR_FILENO, buf, nr) != nr)
            return(-1);
        if (status >= 0) /* 最终数据已到达 */
            return(newfd); /* 描述符或-status */
    }
}
```

图 17.16　通过 UNIX 域套接字接收证书

在 FreeBSD 中，我们指定 SCM_CREDS 来传输证书；在 Linux 中，则使用 SCM_CREDENTIALS。

17.5 第1版open服务进程

我们现在使用传递文件描述符的方式开发一个 open 服务进程——由进程执行的一个程序，用于打开一个或多个文件。然而，该服务进程并不是将文件内容发回给调用进程，而是发回一个打开的文件描述符。因此，open 服务进程可以处理任何类型的文件（比如设备或套接字）而不仅仅是普通文件。客户进程和服务进程使用 IPC 交换最少的信息：客户进程发送的文件名和打开模式，以及服务进程返回的描述符。对于文件内容，不使用 IPC 进行交换。

将服务进程设计成一个单独的可执行程序（如本节所述的由客户进程执行的程序，或如下一节所述的守护服务进程）有以下几个好处。

- 任何客户进程都可以类似于客户端调用库函数那样，轻松地联系上服务进程。我们没有将特定服务硬编码到应用程序中，而是设计了其他程序可重用的通用工具。
- 如果我们需要更改服务进程，那也只会影响单个程序。相反，如果更新了库函数，则调用了该函数的所有程序可能都需要更新（即用链接编辑器重新链接）。共享库可以简化这种更新（见 7.7 节）。
- 服务进程可以是一个设置用户 ID 的程序，提供其客户进程不具备的附加权限。请注意，库函数（或共享库函数）不能提供这种能力。

客户进程创建一个 fd 管道，然后调用 `fork` 和 `exec` 来启用服务进程。客户进程通过 fd 管道的一端发送请求，而服务进程通过 fd 管道的另一端发送响应。

我们在客户进程和服务进程之间定义了以下应用协议。

1. 客户进程通过 fd 管道向服务进程发送格式为“open *<pathname>* *<openmode>*\0”的请求。*<openmode>*是以 ASCII 码表示的 `open` 函数第二个实参的十进制数值。此请求字符串以空字节结束。
2. 服务进程通过调用 `send_fd` 或 `send_err` 回复一个打开描述符或错误消息。

下面是一个进程向其父进程发送打开描述符的示例。在 17.6 节中，我们将修改此示例，使用单个守护服务进程将描述符发送给完全无关的进程。

首先，要有一个包含了标准头文件且定义了函数原型的头文件 `open.h`（见图17.17）。

```
#include "apue.h"
#include <errno.h>

#define CL_OPEN "open"                /* 客户端对服务器的请求 */

int       csopen(char *, int);
```

图 17.17 open.h 头文件

`main` 函数（见图 17.18）是一个循环，它从标准输入中读取路径名，并将此文件复制到标准输出中。该函数调用 `csopen` 函数联系 `open` 服务进程，并返回一个打开描述符。

```
#include    "open.h"
#include    <fcntl.h>

#define BUFFSIZE    8192

int
main(int argc, char *argv[])
{
    int     n, fd;
    char    buf[BUFFSIZE];
    char    line[MAXLINE];

    /* 从stdin中读取文件名到cat */
    while (fgets(line, MAXLINE, stdin) != NULL) {
        if (line[strlen(line) - 1] == '\n')
            line[strlen(line) - 1] = 0; /* 将换行符替换为null  */

        /* 打开文件 */
        if ((fd = csopen(line, O_RDONLY)) < 0)
            continue; /* csopen()打印来自服务器的错误 */

        /* cat 写入stdout */
        while ((n = read(fd, buf, BUFFSIZE)) > 0)
            if (write(STDOUT_FILENO, buf, n) != n)
                err_sys("write error");
        if (n < 0)
            err_sys("read error");
        close(fd);
    }

    exit(0);
}
```

图 17.18　客户进程的 main 函数，第 1 版

函数 csopen（见图 17.19）在创建 fd 管道后执行服务进程的 fork 和 exec。

```
#include    "open.h"
#include    <sys/uio.h> /* iovec结构体 */

/*
 * 将“name”和“oflog”发送到连接服务器并读取回文件描述符，
 * 以此来打开文件。
 */
int
csopen(char *name, int oflag)
{
    pid_t           pid;
    int             len;
    char            buf[10];
    struct iovec    iov[3];
    static int      fd[2] = { -1, -1 };
```

```
    if (fd[0] < 0) {    /* 第一次 fork/exec 我们打开的服务器 */
        if (fd_pipe(fd) < 0) {
            err_ret("fd_pipe error");
            return(-1);
        }
        if ((pid = fork()) < 0) {
            err_ret("fork error");
            return(-1);
        } else if (pid == 0) {      /* 子进程 */
            close(fd[0]);
            if (fd[1] != STDIN_FILENO &&
                dup2(fd[1], STDIN_FILENO) != STDIN_FILENO)
                  err_sys("dup2 error to stdin");
            if (fd[1] != STDOUT_FILENO &&
                dup2(fd[1], STDOUT_FILENO) != STDOUT_FILENO)
                  err_sys("dup2 error to stdout");
            if (execl("./opend", "opend", (char *)0) < 0)
                err_sys("execl error");
        }
        close(fd[1]);               /* 父进程 */
    }
    sprintf(buf, " %d", oflag);    /* oflag 转 ascii */
    iov[0].iov_base  = CL_OPEN " ";    /* 字符串连接 */
    iov[0].iov_len   = strlen(CL_OPEN) + 1;
    iov[1].iov_base  = name;
    iov[1].iov_len   = strlen(name);
    iov[2].iov_base = buf;
    iov[2].iov_len   = strlen(buf) + 1; /* +1 表示 buf 末尾为 null */
    len = iov[0].iov_len + iov[1].iov_len + iov[2].iov_len;
    if (writev(fd[0], &iov[0], 3) != len) {
        err_ret("writev error");
        return(-1);
    }

    /* 读取描述符，返回由 write() 处理的错误 */
    return(recv_fd(fd[0], write));
}
```

图 17.19　csopen 函数，第 1 版

子进程关闭 fd 管道的一端，父进程关闭另一端。对于执行的服务进程，子进程还将 fd 管道在自己的那一端复制到其标准输入和标准输出中（另一种选择是将描述符 fd[1]的 ASCII 码作为实参传递给服务进程）。

父进程向服务进程发送包含路径名和打开模式的请求。最后，父进程调用 recv_fd 函数返回描述符或错误消息。如果服务进程返回错误消息，则父进程调用 write 函数将该消息输出到标准错误中。

现在让我们看看 open 服务进程。它就是图 17.19 中由客户进程执行的 opend 程序。首先，我们要有包含了标准头文件并声明了全局变量和函数原型的头文件 opend.h（见图

17.20）。

```
#include "apue.h"
#include <errno.h>

#define CL_OPEN "open"              /* 客户端对服务器的请求 */

extern char  errmsg[];   /* 返回给客户端的错误消息字符串 */
extern int   oflag;      /* open()标识:O_xxx ... */
extern char *pathname;   /* 客户端要打开的文件 */

int      cli_args(int, char **);
void     handle_request(char *, int, int);
```

图 17.20 opend.h 头文件，第 1 版

main 函数（见图 17.21）从 fd 管道（其标准输入）读取来自客户进程的请求，并调用函数 handle_request。

```
#include    "opend.h"

char     errmsg[MAXLINE];
int      oflag;
char     *pathname;

int
main(void)
{
    int     nread;
    char    buf[MAXLINE];

    for ( ; ; ) {    /* 从客户端读取 arg 缓冲区，处理请求 */
        if ((nread = read(STDIN_FILENO, buf, MAXLINE)) < 0)
            err_sys("read error on stream pipe");
        else if (nread == 0)
            break;      /* 客户端已关闭流管道 */
        handle_request(buf, nread, STDOUT_FILENO);
    }
    exit(0);
}
```

图 17.21 服务进程的 main 函数，第 1 版

图 17.22 中的 handle_request 函数负责所有工作。它调用函数 buf_args，将客户进程的请求分解为标准 argv 样式的实参列表，并调用函数 cli_args 来处理客户进程的实参。如果一切正常，则 open 函数被调用来打开文件，然后 send_fd 函数通过 fd 管道（其标准输出）将描述符发送回客户进程。如果遇到错误，则 send_err 函数使用前面所述的客户端/服务器端协议发回错误消息。

```
#include "opend.h"
#include <fcntl.h>

void
handle_request(char *buf, int nread, int fd)
{
    int newfd;

    if (buf[nread-1] != 0) {
        snprintf(errmsg, MAXLINE-1,
          "request not null terminated: %*.*s\n", nread, nread, buf);
        send_err(fd, -1, errmsg);
        return;
    }
    if (buf_args(buf, cli_args) < 0) { /* 解析参数并设置选项 */
        send_err(fd, -1, errmsg);
        return;
    }
    if ((newfd = open(pathname, oflag)) < 0) {
        snprintf(errmsg, MAXLINE-1, "can't open %s: %s\n", pathname,
          strerror(errno));
        send_err(fd, -1, errmsg);
        return;
    }
    if (send_fd(fd, newfd) < 0) /* 发送文件描述符 */
        err_sys("send_fd error");
    close(newfd); /* 已用完文件描述符 */
}
```

图 17.22 handle_request 函数，第 1 版

客户进程的请求是一个由空格分隔的实参构成的以空字符结尾的字符串。图 17.23 中的函数 buf_args 将这个字符串分解成标准 argv 样式的实参列表，并调用一个用户函数来处理这些参数。我们使用 ISO C 函数 strtok 将字符串标记化（tokenize）为一个个实参。

```
#include "apue.h"

#define MAXARGC     50    /* 缓冲中实参的最大数量 */
#define WHITE    " \t\n" /* 用于拆分实参的空格 */

/*
* buf[]包含用空格分隔的参数。我们将其转换为 argv 风格的指针数组，
* 并调用用户的函数(optfunc)来处理该数组。
* 如果解析 buf 时出现问题，将返回-1；
* 否则，返回 optfunc()返回的任何值。请注意，
* 用户的 buf[]数组已被修改（每个被拆分的实参后面都有 null）。
*/
int
buf_args(char *buf, int (*optfunc)(int, char **))
{
```

```
    char    *ptr, *argv[MAXARGC];
    int     argc;

    if (strtok(buf, WHITE) == NULL)     /* 需要argv[0] */
        return(-1);
    argv[argc = 0] = buf;
    while ((ptr = strtok(NULL, WHITE)) != NULL) {
        if (++argc >= MAXARGC-1)    /* -1 是末尾的NULL 的空间 */
            return(-1);
        argv[argc] = ptr;
    }
    argv[++argc] = NULL;

    /*
     * 由于argv[]指针指向用户的buf[],
     * 因此用户的函数只能复制指针,
     * 即使argv[]数组在返回时会消失
     */
    return((*optfunc)(argc, argv));
}
```

图 17.23 buf_args 函数

buf_args 所调用的服务进程的函数是 cli_args（见图 17.24）。它验证客户进程发送的实参的数量是否正确，并将路径名和打开模式存储在全局变量中。

```
#include    "opend.h"

/*
 * handle_request()调用buf_args()，而后者又调用该函数。
 * buf_args()已经将客户端的缓冲区分解为一个argv[]风格的数组,
 * 我们现在对其进行处理。
 */
int
cli_args(int argc, char **argv)
{
    if (argc != 3 || strcmp(argv[0], CL_OPEN) != 0) {
        strcpy(errmsg, "usage: <pathname> <oflag>\n");
        return(-1);
    }
    pathname = argv[1];     /* 将ptr 保存到要打开的路径名中 */
    oflag = atoi(argv[2]);
    return(0);
}
```

图 17.24 cli_args 函数

这样，由客户端通过执行 fork 和 exec 来调用的 open 服务进程就完成了。在 fork 之前创建一个用于客户端和服务器端通信的 fd 管道，这种方式使得每个客户端都会有一个服务进程。

17.6 第 2 版 open 服务进程

在上一节中，我们开发了一个由客户端执行 fork 和 exec 来调用的 open 服务进程，演示了如何将文件描述符从子进程传递给父进程。在本节中，我们将开发一个作为守护进程的 open 服务进程，一个服务进程处理所有客户进程的请求。因为没有使用 fork 和 exec，所以我们期望这种设计更加高效。我们使用 UNIX 域套接字连接客户端和服务器端，并演示在两个不相关的进程之间传递文件描述符。我们将使用 17.3 节中介绍的三个函数 serv_listen、serv_accept 和 cli_conn。该服务进程还会演示单个服务进程如何使用 14.4 节中介绍的 select 和 poll 函数处理多个客户进程。

此版本的客户进程类似于 17.5 节中的客户进程。实际上，main.c 文件是完全相同的（见图 17.18）。我们将下面这行代码添加到 open.h 头文件中（见图 17.17）：

```
#define CS_OPEN "/tmp/opend.socket"    /* 服务器众所周知的名称 */
```

因为我们现在调用的是 cli_conn 函数，而不是执行 fork 和 exec，所以文件 open.c 与图 17.19 中所示的有所不同，如图 17.25 所示。

```
#include    "open.h"
#include    <sys/uio.h>     /*  iovec 结构体 */

/*
 * 将“name”和“oflog”发送到连接服务器并读回文件描述符，
 * 以此来打开文件。
 */
int
csopen(char *name, int oflag)
{
    int             len;
    char            buf[12];
    struct iovec    iov[3];
    static int      csfd = -1;

    if (csfd < 0) {     /* 打开与 conn 服务器的连接 */
        if ((csfd = cli_conn(CS_OPEN)) < 0) {
            err_ret("cli_conn error");
            return(-1);
        }
    }

    sprintf(buf, " %d", oflag);      /* oflag 转 ascii */
    iov[0].iov_base = CL_OPEN " "; /* 字符串连接 */
    iov[0].iov_len  = strlen(CL_OPEN) + 1;
    iov[1].iov_base  = name;
    iov[1].iov_len  = strlen(name);
    iov[2].iov_base = buf;
```

```
    iov[2].iov_len = strlen(buf) + 1; /* 始终发送null */
    len = iov[0].iov_len + iov[1].iov_len + iov[2].iov_len;
    if (writev(csfd, &iov[0], 3) != len) {
        err_ret("writev error");
        return(-1);
    }

    /* 读回描述符，返回由write()处理的错误 */
    return(recv_fd(csfd, write));
}
```

图 17.25 csopen 函数，第 2 版

从客户进程到服务进程的协议保持不变。

接下来，我们将查看服务进程。头文件 opend.h（见图 17.26）包含了标准头文件并声明了全局变量和函数原型。

```
#include "apue.h"
#include <errno.h>

#define CS_OPEN "/tmp/opend.socket" /* 众所周知的名称 */
#define CL_OPEN "open"              /* 客户端对服务器的请求 */

extern int debug;        /* 若为前台交互进程（不是后台守护进程），则这个值为非零 */
extern char errmsg[];    /* 返回至客户端的错误消息字符串 */
extern int oflag;        /* 打开标识：O_xxx ... */
extern char *pathname;   /* 客户端要打开的文件 */

typedef struct {     /* 每个连接的客户端对应一个client结构体 */
  int fd;            /* 文件描述符。若可用的话，该值为-1 */
  uid_t uid;
} Client;

extern Client   *client;        /* ptr指向malloc分配的数组 */
extern int       client_size;   /* # client[]数组中的条目 */

int      cli_args(int, char **);
int      client_add(int, uid_t);
void     client_del(int);
void     loop(void);
void     handle_request(char *, int, int, uid_t);
```

图 17.26 opend.h 头文件，第 2 版

由于此服务进程处理所有客户进程，因此它必须维护每个客户进程的连接状态。这是通过在 opend.h 头文件中声明的 client 数组实现的。图 17.27 中的程序定义了操作该数组的三个函数。

```
#include "opend.h"

#define NALLOC 10 /* # 通过alloc/realloc分配的client结构体 */

static void
client_alloc(void) /* 在client[]数组中分配更多条目 */
{
    int i;

    if (client == NULL)
        client = malloc(NALLOC * sizeof(Client));
    else
        client = realloc(client, (client_size+NALLOC)*sizeof(Client));
    if (client == NULL)
        err_sys("can't alloc for client array");

    /* 初始化新条目 */
    for (i = client_size; i < client_size + NALLOC; i++)
        client[i].fd = -1; /* fd为-1表示有可用条目 */

    client_size += NALLOC;
}

/*
 * 当来自新客户端的连接请求到达时，由loop()调用。
 */
int
client_add(int fd, uid_t uid)
{
    int i;

    if (client == NULL) /* 第一次调用我们 */
        client_alloc();
again:
    for (i = 0; i < client_size; i++) {
        if (client[i].fd == -1) { /* 找到可用条目 */
            client[i].fd = fd;
            client[i].uid = uid;
            return(i); /* 返回client[]数组中的索引 */
        }
    }

    /* 客户端数组已满，重新分配才能容纳更多条目 */
    client_alloc();
    goto again; /* 然后再次搜索（这次会起作用） */
}

/*
 * 当我们处理完客户端时，由loop()调用。
 */
void
```

```
client_del(int fd)
{
    int i;

    for (i = 0; i < client_size; i++) {
        if (client[i].fd == fd) {
            client[i].fd = -1;
            return;
        }
    }
    log_quit("can't find client entry for fd %d", fd);
}
```

图 17.27　操作 client 数组的函数

client_add 第一次被调用时，它会调用 client_alloc，而后者继而调用 malloc 为数组中的 10 个条目分配空间。这 10 个条目全部被用完之后，再次调用 client_add 将会触发调用 realloc 来分配额外的空间。以这种方式分配动态空间，我们就不必在编译时将 client 数组的大小限制为某个预估的值，并把它放到头文件中。如果发生错误，这些函数将调用 log_函数（见附录 B），因为我们假定服务进程是守护进程。

通常，服务进程将作为守护进程运行，但我们想提供一个可选项，允许它在前台运行，并将诊断信息发送到标准错误中。这应当会使服务进程更易于测试和调试，尤其在我们没有权限读取日志文件时，因为诊断消息通常被写在日志文件中。我们将使用一个命令行选项来控制服务进程是在前台运行还是在后台作为守护进程运行。

系统上的所有命令都遵循相同的约定是非常重要的，因为这让它们更易于使用。若是有人熟悉某条命令的命令行选项的组成方式，而别的命令却遵循不同的约定，则很可能会发生错误。

在处理命令行上的空格符时，有时就会出现这样的问题。有些命令要求用空格符将选项与其参数隔开，而另一些则要求参数紧跟在选项之后，中间不带空格。如果没有一套统一的规则可循，用户要么必须记住所有命令的语法，要么只能在调用命令时采用试错法。

Single UNIX Specification 包括一组约定和准则，以推行使用一致的命令行语法。其中包括了诸如“将每个命令行选项限制为字母或数字的单个字符”“在所有选项前面都应该加上字符‘-’”等建议。

幸运的是，getopt 函数可以帮助命令开发人员以一致的方式处理命令行选项。

```
#include <unistd.h>

int getopt(int argc, char * const argv[], const char *options);

extern int optind, opterr, optopt;
extern char *optarg;
```

返回值：下一个选项字符；如果已处理完所有选项，则返回-1

argc 和 *argv* 参数与传递给 main 函数的实参相同。*options* 参数是一个字符串，包含命令所支持的选项字符。如果选项字符后跟着一个冒号，则该选项需要一个参数，否则该选项无参数需求。例如，如果命令的使用说明是：

```
command [-i] [-u username] [-z] filename
```

我们就会将"iu:z"作为 *options* 字符串传递给 getopt。

getopt 函数通常用在循环中，当 getopt 返回-1 时，循环终止。在循环的每次迭代中，getopt 将返回所处理的下一个选项。然而，getopt 只是解析选项并强制执行标准格式，应用程序负责解决选项中的所有冲突。

当遇到无效的选项时，getopt 返回一个问号而不是字符。如果选项的参数缺失，getopt 也会返回一个问号，但如果选项字符串中的第一个字符是冒号，getopt 则直接返回冒号。而符号“--”将导致 getopt 停止处理选项并返回-1。这就允许用户提供以减号“-”开头但非选项的命令参数。例如，如果你有一个名为-bar 的文件，则不能通过键入：

```
rm -bar
```

来删除它。因为 rm 将把-bar 解释为选项。删除这个文件的方法是键入：

```
rm -- -bar
```

getopt 函数支持以下 4 个外部变量。

optarg　如果一个选项对应一个参数，则在处理选项时，getopt 会将 optarg 设置为指向该选项的实参字符串。

opterr　如果遇到选项错误，getopt 将默认打印一条错误消息。若要禁止此行为，应用程序可以将 opterr 设置为 0。

optind　要处理的下一个字符串的 argv 数组中的索引。它从 1 开始，getopt 每处理一个参数，optind 就会递增。

optopt　如果在选项处理过程中遇到错误，getopt 会将 optopt 设置为指向导致错误的选项字符串。

open 服务进程的 main 函数（见图 17.28）定义全局变量，处理命令行选项，并调用 loop 函数。如果通过-d 选项调用服务进程，则服务进程将以交互方式而非作为守护进程运行。此选项是在测试服务进程时使用的。

```
#include    "opend.h"
#include    <syslog.h>

int      debug, oflag, client_size, log_to_stderr;
char     errmsg[MAXLINE];
char    *pathname;
Client  *client = NULL;
```

```
int
main(int argc, char *argv[])
{
    int c;

    log_open("open.serv", LOG_PID, LOG_USER);

    opterr = 0;     /* 不希望getopt()写入stderr */
    while ((c = getopt(argc, argv, "d")) != EOF) {
        switch (c) {
        case 'd':      /* 调试 */
            debug = log_to_stderr = 1;
            break;

        case '?':
            err_quit("unrecognized option: -%c", optopt);
        }
    }

    if (debug == 0)
        daemonize("opend");

    loop();     /* 从不返回 */
}
```

图 17.28 服务进程 main 函数，第 2 版

loop 函数是服务进程的无限循环。我们将展示此函数的两个版本。图 17.29 所示的是使用 select 的版本。图 17.30 所示的是使用 poll 的版本。

```
#include    "opend.h"
#include    <sys/select.h>

void
loop(void)
{
    int     i, n, maxfd, maxi, listenfd, clifd, nread;
    char    buf[MAXLINE];
    uid_t   uid;
    fd_set  rset, allset;

    FD_ZERO(&allset);

    /* 获取fd以监听客户端请求 */
    if ((listenfd = serv_listen(CS_OPEN)) < 0)
        log_sys("serv_listen error");
    FD_SET(listenfd, &allset);
    maxfd = listenfd;
    maxi = -1;
    for ( ; ; ) {
        rset = allset;  /* 每次都会修改rset */
```

```
        if ((n = select(maxfd + 1, &rset, NULL, NULL, NULL)) < 0)
            log_sys("select error");

        if (FD_ISSET(listenfd, &rset)) {
            /* 接受新客户端的请求 */
            if ((clifd = serv_accept(listenfd, &uid)) < 0)
                log_sys("serv_accept error: %d", clifd);
            i = client_add(clifd, uid);
            FD_SET(clifd, &allset);
            if (clifd > maxfd)
                maxfd = clifd;    /* select()的最大 fd */
            if (i > maxi)
                maxi = i;     /* client[]数组中的最大索引 */
            log_msg("new connection: uid %d, fd %d", uid, clifd);
            continue;
        }

        for (i = 0; i <= maxi; i++) {    /* 遍历 client[]数组 */
            if ((clifd = client[i].fd) < 0)
                continue;
            if (FD_ISSET(clifd, &rset)) {
                /* 从客户端读取实参缓冲区 */
                if ((nread = read(clifd, buf, MAXLINE)) < 0) {
                    log_sys("read error on fd %d", clifd);
                } else if (nread == 0) {
                    log_msg("closed: uid %d, fd %d",
                      client[i].uid, clifd);
                    client_del(clifd); /* 客户端已关闭 cxn */
                    FD_CLR(clifd, &allset);
                    close(clifd);
                } else {    /* 处理客户端请求 */
                    handle_request(buf, nread, clifd, client[i].uid);
                }
            }
        }
    }
}
```

图 17.29 使用 select 的 loop 函数

这个函数调用 serv_listen（见图 17.8）创建服务器端与客户端连接的端点。该函数的其余部分是一个循环，它从调用 select 开始。select 返回后会是以下两种情形。

1. 可以随时读取描述符 listenfd，这意味着一个新的客户进程已经调用了 cli_conn。为了处理这种情况，我们调用 serv_accept（见图 17.9），然后更新新客户进程的 client 数组和相关的记账信息。（我们既要跟踪 select 的第一个参数的最大描述符编号，也要跟踪 client 数组中使用的最大索引。）
2. 现有可以随时读取客户进程的连接。这意味着客户进程已经终止或者发送了一个新的请求。read 返回 0（表示到了文件末尾）表示客户进程终止。如果 read 返回的值大于 0，则表示有一个新的请求需要处理，我们通过调用 handle_request 来处理该请求。

我们用 allset 描述符集跟踪当前正在使用的描述符。当新的客户进程连接到服务进程时，会打开该描述符集中相应的位。当该客户进程终止时会关闭相应的位。

我们总能知道客户进程何时终止，不论是否是其自愿终止的，因为内核会自动关闭所有客户进程的描述符（包括与服务进程的连接）。这与 XSI IPC 机制不同。

使用 poll 的 loop 函数如图 17.30 所示。

```
#include     "opend.h"
#include     <poll.h>

#define NALLOC  10  /* # 需要alloc/realloc分配空间的pollfd结构体 */

static struct pollfd *
grow_pollfd(struct pollfd *pfd, int *maxfd)
{
    int             i;
    int             oldmax = *maxfd;
    int             newmax = oldmax + NALLOC;

    if ((pfd = realloc(pfd, newmax * sizeof(struct pollfd))) == NULL)
        err_sys("realloc error");
    for (i = oldmax; i < newmax; i++) {
        pfd[i].fd = -1;
        pfd[i].events = POLLIN;
        pfd[i].revents = 0;
    }
    *maxfd = newmax;
    return(pfd);
}

void
loop(void)
{
    int             i, listenfd, clifd, nread;
    char            buf[MAXLINE];
    uid_t           uid;
    struct pollfd   *pollfd;
    int             numfd = 1;
    int             maxfd = NALLOC;

    if ((pollfd = malloc(NALLOC * sizeof(struct pollfd))) == NULL)
        err_sys("malloc error");
    for (i = 0; i < NALLOC; i++) {
        pollfd[i].fd = -1;
        pollfd[i].events = POLLIN;
        pollfd[i].revents = 0;
    }
```

```
    /* 获取 fd 以监听客户端请求 */
    if ((listenfd = serv_listen(CS_OPEN)) < 0)
        log_sys("serv_listen error");
    client_add(listenfd, 0);    /* 我们使用索引[0]来放置 listenfd */
    pollfd[0].fd = listenfd;

    for ( ; ; ) {
        if (poll(pollfd, numfd, -1) < 0)
            log_sys("poll error");

        if (pollfd[0].revents & POLLIN) {
            /* 接受新客户端的请求 */
            if ((clifd = serv_accept(listenfd, &uid)) < 0)
                log_sys("serv_accept error: %d", clifd);
            client_add(clifd, uid);

            /* 可能会增加 pollfd 数组的大小 */
            if (numfd == maxfd)
                pollfd = grow_pollfd(pollfd, &maxfd);
            pollfd[numfd].fd = clifd;
            pollfd[numfd].events = POLLIN;
            pollfd[numfd].revents = 0;
            numfd++;
            log_msg("new connection: uid %d, fd %d", uid, clifd);
        }

        for (i = 1; i < numfd; i++) {
            if (pollfd[i].revents & POLLHUP) {
                goto hungup;
            } else if (pollfd[i].revents & POLLIN) {
                /* 从客户端读取实参缓冲区 */
                if ((nread = read(pollfd[i].fd, buf, MAXLINE)) < 0) {
                    log_sys("read error on fd %d", pollfd[i].fd);
                } else if (nread == 0) {
hungup:
                    /* 客户端关闭了连接 */
                    log_msg("closed: uid %d, fd %d",
                      client[i].uid, pollfd[i].fd);
                    client_del(pollfd[i].fd);
                    close(pollfd[i].fd);
                    if (i < (numfd-1)) {
                        /* 打包数组 */
                        pollfd[i].fd = pollfd[numfd-1].fd;
                        pollfd[i].events = pollfd[numfd-1].events;
                        pollfd[i].revents = pollfd[numfd-1].revents;
                        i--;      /* 重新检查该条目 */
                    }
                    numfd--;
                } else {          /* 处理客户端的请求 */
                    handle_request(buf, nread, pollfd[i].fd,
```

```
                        client[i].uid);
                }
            }
        }
    }
}
```

图 17.30　使用poll 的 loop 函数

为了让客户端进程数尽可能与打开的描述符数目相当，我们使用与 client_alloc 函数分配 client 数组时相同的策略（见图 17.27）为 pollfd 结构体数组动态分配空间。

我们使用 pollfd 数组的第一项（索引为 0）作为 listenfd 描述符。listenfd 描述符中的 POLLIN 指示新客户进程连接是否到达。和之前一样，调用 serv_accept 来接受该连接。

对于现有的客户进程，我们必须处理 poll 的两个不同事件：客户进程终止，由 POLLHUP 指示；来自现有用户进程的新请求，由 POLLIN 指示。即使服务进程的连接端还在读取数据，客户进程也可以关闭它这一端的连接。即使端点已经被标记为挂起，服务进程仍然可以读取它这一端队列里的所有数据。当然，这个服务进程在收到来自客户进程的挂起消息时，可以关闭与客户进程的连接，有效地丢弃队列中的任意数据。没有必要处理剩余的任何请求，因为我们无法发送任何响应。

与该函数的 select 版本一样，来自客户进程的新请求是通过调用 handle_request 函数（见图 17.31）来处理的。该函数与其早期版本（见图 17.22）类似。它也调用了函数 buf_args（见图 17.23），而 buf_args 又调用了 cli_args（见图 17.24），但因为它是在守护进程中运行的，所以会记录错误消息的日志，而不是将它们打印到标准错误上。

```
#include    "opend.h"
#include    <fcntl.h>

void
handle_request(char *buf, int nread, int clifd, uid_t uid)
{
    int     newfd;

    if (buf[nread-1] != 0) {
        snprintf(errmsg, MAXLINE-1,
          "request from uid %d not null terminated: %*.*s\n",
          uid, nread, nread, buf);
        send_err(clifd, -1, errmsg);
        return;
    }
    log_msg("request: %s, from uid %d", buf, uid);
    /* 解析参数，设置选项 */
    if (buf_args(buf, cli_args) < 0) {
        send_err(clifd, -1, errmsg);
        log_msg(errmsg);
```

```
        return;
    }

    if ((newfd = open(pathname, oflag)) < 0) {
        snprintf(errmsg, MAXLINE-1, "can't open %s: %s\n",
          pathname, strerror(errno));
        send_err(clifd, -1, errmsg);
        log_msg(errmsg);
        return;
    }

    /* 发送文件描述符 */
    if (send_fd(clifd, newfd) < 0)
        log_sys("send_fd error");
    log_msg("sent fd %d over fd %d for %s", newfd, clifd, pathname);
    close(newfd);       /* 已使用完文件描述符 */
}
```

图 17.31 request 函数，第 2 版

到此，open 服务进程的第 2 个版本就完成了。它使用单个守护进程来处理所有客户进程的请求。

17.7 小结

本章的重点是在进程间传递文件描述符，以及服务进程接受来自客户进程的唯一连接的能力。尽管所有平台都提供了对 UNIX 域套接字的支持（请参阅图 15.1）但我们已经看到，每种实现都有差异，这使得我们更难开发可移植的应用程序。

在本章中，我们一直在使用 UNIX 域套接字。我们看到了如何用它来实现全双工管道，以及如何用它适配 14.4 节中的 I/O 多路复用函数，以间接使用 XSI 消息队列。

我们展示了两个版本的 open 服务进程。其中一个版本是由客户进程用 fork 和 exec 直接调用的。另一个版本是一个守护服务进程，用它处理所有客户进程请求。这两个版本都使用了文件描述符的传递和接收函数。

我们还了解了如何使用 getopt 函数来强制程序保证命令行处理的一致性。open 服务进程的最终版本使用了 getopt 函数、17.3 节中介绍的客户端/服务器端连接函数和 14.4 节中介绍的 I/O 多路复用函数。

习题

17.1 我们在图 17.3 中选择使用 UNIX 域数据报套接字，因为它们保留了消息边界。请描

述如果使用常规管道，需要做什么样的更改。如何避免将消息复制两次？

17.2 使用本章中的文件描述符传递函数和 8.9 节中的父子同步例程编写以下程序。该程序调用 `fork`，子进程打开一个现有文件，并将打开的描述符传递给父进程。然后，子进程使用 `lseek` 定位该文件并通知父进程。父进程读取文件的当前偏移量，并打印出来进行验证。如果文件像我们描述的那样从子进程传递给父进程，那么它们应该共享相同的文件表项，因此每次子进程更改该文件的当前偏移量时，这种更改也应该影响父进程的描述符。让子进程将文件定位到不同的偏移位置，然后再次通知父进程。

17.3 图 17.20 和图 17.21 中，我们分别声明和定义了全局变量，两者有什么区别？

17.4 重写 `buf_args` 函数（见图 17.23），取消 `argv` 数组长度的编译期限制。请动态分配内存。

17.5 描述有哪些方法能优化图 17.29 和图 17.30 中的 `loop` 函数。请实现你所述的这些优化方法。

17.6 在 `serv_listen` 函数中（见图 17.8），如果代表 UNIX 域套接字的文件已经存在，我们将解除与文件名的链接。为了避免误删非套接字的文件，我们可以先调用 `stat` 来验证文件类型。请解释这种做法存在的两个问题。

17.7 描述通过一次调用 `sendmsg` 传递多个文件描述符的两种可能的方法。尝试一下，看看你的操作系统是否支持这些方法。

18

终端 I/O

18.1 引言

无论哪种操作系统，处理终端 I/O 都是棘手的事情，UNIX 系统也不例外。在大多数程序员手册中，终端 I/O 手册都是页数最多的手册之一。

20 世纪 70 年代末，UNIX 系统出现了分化，当时 System III开发了一组不同于 V7 的终端例程。System III的终端 I/O 风格一直延续到 System V，V7 的风格成为 BSD 派生系统的标准。正如信号处理一样，POSIX.1 也解决了不同 UNIX 系统之间在终端 I/O 方面的差异。在本章中，我们将讨论所有的 POSIX.1 终端函数以及一些特定平台的附加功能。

导致终端 I/O 系统复杂的一部分原因是人们使用终端 I/O 处理太多不同的事情，比如在终端、计算机之间的硬连接线路，以及调制解调器、打印机等设备中都会用到终端 I/O。

18.2 概述

终端 I/O 有以下两种处理输入的模式：

1. 规范模式。在此模式下，以行为单位来处理终端输入。从终端读取数据时，终端驱动程序每次只返回一行数据。
2. 非规范模式。输入字符不会被组合成行。

如果我们不做任何特别的处理，则系统默认采用规范模式处理终端输入。例如，如果

shell 将标准输入重定向到终端，并且我们使用函数 read 和 write 将标准输入复制到标准输出，则终端处于规范模式，每次 read 最多返回一行。操作整个屏幕的程序（如 vi 编辑器）使用的是非规范模式，因为命令可能是单个字符，并且不会以换行符结束。此外，该编辑器不希望系统处理特殊字符，因为这些字符可能也是编辑器的命令。例如，“Ctrl+D”字符通常是终端的文件结束符，但它也是一个 vi 命令，表示向下滚动半个屏幕。

> V7 和更早的 BSD 风格的终端驱动程序支持三种终端输入模式：（a）成熟模式（将输入组合成行，并处理特殊字符）；（b）原始模式（不将输入组合成行，也不处理特殊字符）；（c）cbreak 模式（不将输入组合成行，但会处理某些特殊字符）。图 18.20 显示了将终端设置为 cbreak 或原始模式的 POSIX.1 函数。

POSIX.1 定义了 11 个特殊输入字符，其中 9 个可以更改。在本书中我们已经使用了几个特殊输入字符，例如，文件结束符（通常为 Ctrl+D）和挂起字符（通常为 Ctrl+Z）。18.3 节将逐一讲解这些字符。

我们可以将终端设备看作是由终端驱动程序控制的，该驱动程序通常位于内核中。每个终端设备都有一个输入队列和一个输出队列，如图 18.1 所示。

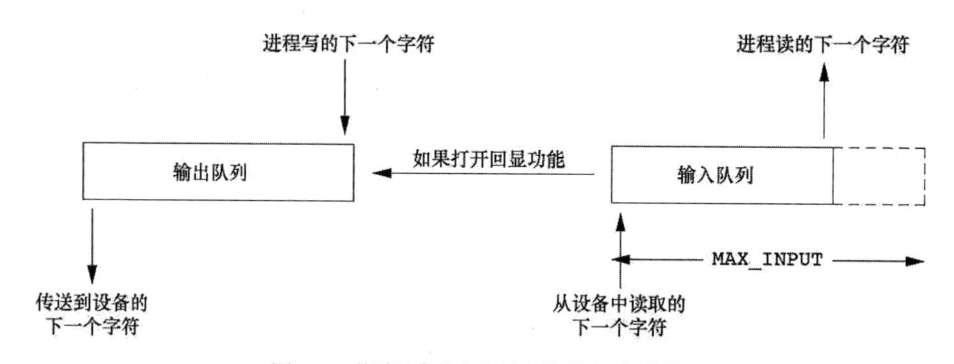

图 18.1 终端设备输入和输出队列的逻辑结构

在图 18.1 中，有以下几点需要认真考虑：

- 如果打开了回显（echo）功能，则输入队列和输出队列之间存在一个隐含链接。
- 输入队列的长度 MAX_INPUT（见图 2.12）是有限的。当特定设备的输入队列被填满时，系统行为与其实现有关。当这种情况发生时，大多数 UNIX 系统都会回显响铃字符。
- 图 18.1 中没有显示另一个输入限制，MAX_CANON。这个限制是一个规范输入行的最大字节数。
- 尽管输出队列的长度是有限的，但这个长度并未被定义为可由程序访问的常量，因为当输出队列将要被填满时，内核只是将写进程置为休眠状态，直到队列有可用空间为止。

- 我们将了解 tcflush（刷新函数）是如何让我们来刷新输入队列或输出队列的。类似地，当我们讲述 tcsetattr 函数时，我们将了解如何仅在输出队列为空时，才通知系统改变终端设备属性（如果想要改变输出属性，就要这样做）。我们还可以通知系统，让它在改变终端属性时丢弃输入队列中的所有内容（如果想要更改输入属性或在规范模式和非规范模式之间切换，就要这样做，以免在错误的模式下解释以前输入的字符）。

大多数 UNIX 系统在一个名为终端行规程（terminal line discipline）的模块中实现所有规范处理。我们可以将这个模块看作一个位于内核通用读写函数和实际设备驱动程序之间的盒子（见图 18.2）。

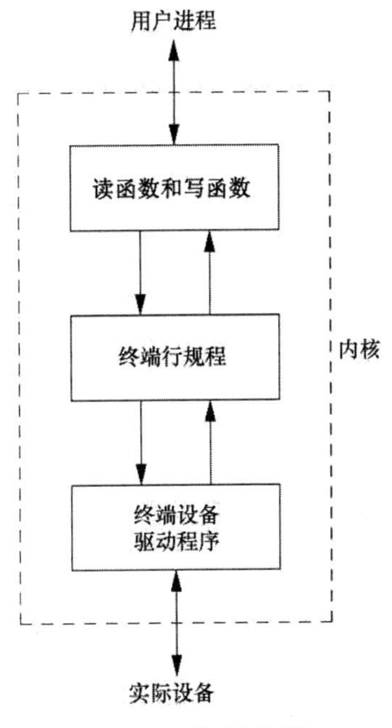

图 18.2　终端行规程

将规范处理分离出来，放在一个单独的模块中，这样所有终端驱动程序就都可以一致地支持规范处理了。我们在第 19 章讨论伪终端时还会来看图 18.2。

所有可以检测和更改的终端设备特性都包含在 termios 结构体中。头文件 <termios.h>定义了该结构体，对其的使用将贯穿本章。

```
struct termios {
  tcflag_t c_iflag;     /* 输入标识 */
  tcflag_t c_oflag;     /* 输出标识 */
  tcflag_t c_cflag;     /* 控制标识 */
  tcflag_t c_lflag;     /* 本地标识 */
  cc_t       c_cc[NCCS]; /* 控制字符 */
};
```

大致来说，输入标识通过终端设备驱动程序控制字符的输入（例如，剥离输入字符的第 8 位，启用输入奇偶校验），输出标识则控制驱动程序的输出（例如，执行输出处理，将换行符映射为 CR/LF），控制标识影响的是 RS-232 串行线（例如，忽略调制解调器的状态线，每个字符一个或两个停止位），并且本地标识会影响终端驱动程序和用户之间的交互方式（例如决定是否开启回显、如何擦除字符、是否允许终端产生信号，以及如何控制后台输出中的作业停止信号等）。

tcflag_t 类型的大小足以容纳所有标识的值，该类型通常被定义为 unsigned int 或 unsigned long。c_cc 数组包含了所有可以更改的特殊字符。NCCS 是该数组中元素的数量，通常在 15 到 20 之间（因为大多数 UNIX 系统的实现支持了不止 POSIX.1 定义的 11 个特殊字符）。cc_t 类型的大小足以容纳所有特殊字符，其通常是 unsigned char。

在 POSIX 标准之前的 System V 版本有一个名为<termio.h>的头文件和一个名为 termio 的结构体。为了区别于它们的前身，POSIX.1 在这些名字后添加了一个 s。

图 18.3 至图 18.6 列出了我们可以更改的影响终端设备特性的所有终端标识。注意，尽管 Single UNIX Specification 定义了一个公共子集，所有 UNIX 平台的规范都应该从这个子集出发，保持这个子集中规定的标识的一致性，但它们在实现上都有自己的扩展。这些扩展大部分源自各系统之间的历史差异。我们将在 18.5 节详细讨论这些标识的值。

在给定所有可用选项后，如何检查和更改终端设备的这些特性呢？图 18.7 总结了在 Single UNIX Specification 中定义的操作终端设备的函数（列出的所有函数都是基本 POSIX 规范的一部分。我们在 9.7 节介绍了 tcgetpgrp、tcgetsid 和 tcsetpgrp 函数）。

注意，Single UNIX Specification 没有在终端设备上使用经典的 ioctl 函数，而是使用了图 18.7 中所列的 13 个函数，原因是终端设备的 ioctl 函数会根据正在执行的操作对其最终参数使用不同的数据类型。这使得无法对参数进行类型检查。

尽管只有 13 个函数在终端设备上运行，但图 18.7 中所列的前两个函数（tcgetattr 和 tcsetattr）就能处理几乎 70 个不同的标识（见图 18.3 至图 18.6）。由于终端设备有大量可用选项，并且难以确定某个特定的设备（无论是终端、调制解调器、打印机，还是任何其他设备）需要哪些选项，因此终端设备的处理就变得十分复杂。

在图 18.7 中列出的 13 个函数，它们之间的关系如图 18.8 所示。

标　识	说　明	POSIX.1	FreeBSD 8.0	Linux 3.2.0	Mac OS X 10.6.8	Solaris 10
CBAUDEXT	扩展波特率					•
CCAR_OFLOW	输出的 DCD 流控		•		•	
CCTS_OFLOW	输出的 CTS 流控		•		•	•

图 18.3　c_cflag 终端标识

标　识	说　明	POSIX.1	FreeBSD 8.0	Linux 3.2.0	Mac OS X 10.6.8	Solaris 10
CDSR_OFLOW	输出的 DSR 流控		•		•	
CDTR_IFLOW	输出的 DTR 流控		•		•	
CIBAUDEXT	扩展输入波特率					•
CIGNORE	忽略控制标识		•		•	
CLOCAL	忽略调制解调器状态线	•	•	•	•	•
CMSPAR	标记或置空奇偶校验			•		
CREAD	使能接收	•	•	•	•	•
CRTSCTS	使能硬件流控		•	•	•	•
CRTS_IFLOW	输入 RTS 流控		•		•	•
CRTSXOFF	使能输入硬件流控					•
CSIZE	字符大小屏蔽字	•	•	•	•	•
CSTOPB	发送两个停止位，否则发 1 个	•	•	•	•	•
HUPCL	最后关闭时挂断	•	•	•	•	•
MDMBUF	与 CCAR_OFLOW 相同		•		•	
PARENB	使能奇偶校验	•	•	•	•	•
PAREXT	标记或置空奇偶校验					•
PARODD	奇校验，否则为偶校验	•	•	•	•	•

图 18.3　c_cflag 终端标识（续）

标　识	说　明	POSIX.1	FreeBSD 8.0	Linux 3.2.0	Mac OS X 10.6.8	Solaris 10
BRKINT	收到 BREAK 时产生 SIGINT	•	•	•	•	•
ICRNL	将输入的 CR 映射为 NL	•	•	•	•	•
IGNBRK	忽略 BREAK 条件	•	•	•	•	•
IGNCR	忽略 CR	•	•	•	•	•
IGNPAR	忽略奇偶校验错误的字符	•	•	•	•	•
IMAXBEL	输入队列满时振铃		•	•	•	•
INLCR	将输入的 NL 映射为 CR	•	•	•	•	•
INPCK	使能输入奇偶校验	•	•	•	•	•
ISTRIP	剥离输入字符的第 8 位	•	•	•	•	•
IUCLC	将输入的大写字符映射为小写字符			•		•
IUTF8	输入编码格式是 UTF-8			•	•	
IXANY	使能任意字符以重启输出	•	•	•	•	•
IXOFF	使能开始/停止输入流控	•	•	•	•	•
IXON	使能开始/停止输出流控	•	•	•	•	•
PARMRK	标记奇偶校验错误	•	•	•	•	•

图 18.4　c_iflag 终端标识

标　识	说　明	POSIX.1	FreeBSD 8.0	Linux 3.2.0	Mac OS X 10.6.8	Solaris 10
ALTWERASE	使用 WERASE 算法		•		•	
ECHO	使能回显	•	•	•	•	•
ECHOCTL	回显控制字符为“^”（字符）		•	•	•	•
ECHOE	显式擦除字符	•	•	•	•	•
ECHOK	回显 kill	•	•	•	•	•
ECHOKE	kill 的显式擦除		•	•	•	•
ECHONL	回显 NL	•	•	•	•	•
ECHOPRT	硬拷贝的显式擦除		•	•	•	•
EXTPROC	外部字符处理		•	•	•	
FLUSHO	输出已刷新		•	•	•	•
ICANON	规范输入	•	•	•	•	•
IEXTEN	使能扩展输入字符处理	•	•	•	•	•
ISIG	使能终端生成的信号	•	•	•	•	•
NOFLSH	在中断或退出后不刷新	•	•	•	•	•
NOKERNINFO	无来自 STATUS 的内核输出		•		•	
PENDIN	重新键入待定输入		•	•	•	•
TOSTOP	为后台输出发送 SIGTTOU	•	•	•	•	•
XCASE	规范的大/小写表示			•		•

图 18.5　c_lflag 终端标识

标　识	说　明	POSIX.1	FreeBSD 8.0	Linux 3.2.0	Mac OS X 10.6.8	Solaris 10
BSDLY	退格延迟屏蔽字	XSI		•		•
CRDLY	CR 延迟屏蔽字	XSI		•		•
FFDLY	换页延迟屏蔽字	XSI		•		•
NLDLY	NL 延迟屏蔽字	XSI		•		•
OCRNL	将输出的 CR 映射为 NL	XSI	•	•		•
OFDEL	填充符为 DEL，否则为 NUL	XSI		•		•
OFILL	延迟使用填充符	XSI		•		•
OLCUC	将输出中的小写字符映射为大写字符			•		
ONLCR	将 NL 映射为 CR-NL	XSI	•	•	•	•
ONLRET	NL 执行 CR 功能	XSI	•	•		•
ONOCR	0 列不输出 CR	XSI	•	•		•
ONOEOT	在输出中丢弃 EOT 字符（^D）		•		•	
OPOST	执行输出处理	•	•	•	•	•
OXTABS	将制表符扩展为空格		•		•	
TABDLY	水平制表符延迟屏蔽字	XSI	•	•		•
VTDLY	垂直制表符延迟屏蔽字	XSI		•		•

图 18.6　c_oflag 终端标识

函　　数	说　　明
tcgetattr	获取属性（termios 结构体）
tcsetattr	设置属性（termios 结构体）
cfgetispeed	获取输入速度
cfgetospeed	获取输出速度
cfsetispeed	设置输入速度
cfsetospeed	设置输出速度
tcdrain	等待传输所有输出
tcflow	挂起传输或接收
tcflush	刷新待定输入和/或输出
tcsendbreak	发送 BREAK 字符
tcgetpgrp	获取前台进程组 ID
tcsetpgrp	设置前台进程组 ID
tcgetsid	获取控制 TTY 的会话首进程的进程组 ID

图 18.7　终端 I/O 函数总结

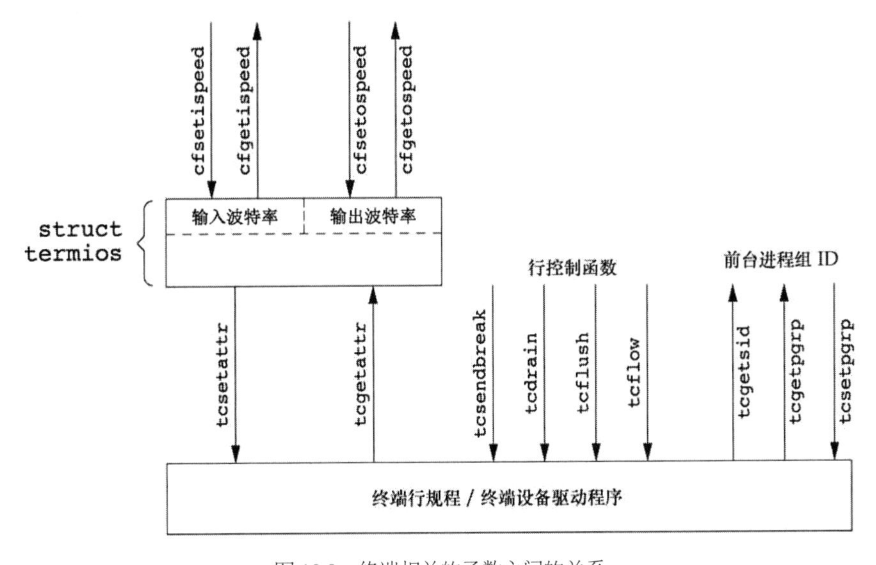

图 18.8　终端相关的函数之间的关系

POSIX.1 没有指定波特率信息在 termios 结构体中的存储位置，这取决于实现的细节。某些系统，如 Solaris，将此信息存储在 c_cflag 字段中。Linux 和 BSD 派生的系统，比如 FreeBSD 和 Mac OS X，则在此结构体中有两个独立字段：一个用于存储输入速率，另一个用于存储输出速率。

18.3 特殊输入字符

POSIX.1 定义了 11 个在输入时需要进行特殊处理的字符。不同的实现各自定义了自己的特殊字符。图 18.9 对这些特殊字符进行了总结。

字符	说明	c_cc 下标	由……使能		典型值	POSIX.1	FreeBSD 8.0	Linux 3.2.0	Mac OS X 10.6.8	Solaris 10
			字段	标识						
CR	回车	（不能变更）	c_lflag	ICANON	\r	•	•	•	•	•
DISCARD	丢弃输出	VDISCARD	c_lflag	IEXTEN	^O		•	•	•	•
DSUSP	延迟挂起（SIGTSTP）	VDSUSP	c_lflag	ISIG	^Y		•		•	•
EOF	文件末尾	VEOF	c_lflag	ICANON	^D	•	•	•	•	•
EOL	行末尾	VEOL	c_lflag	ICANON		•	•	•	•	•
EOL2	替代行末尾	VEOL2	c_lflag	ICANON			•	•	•	•
ERASE	回删一个字符	VERASE	c_lflag	ICANON	^H, ^?	•	•	•	•	•
ERASE2	替代回删字符	VERASE2	c_lflag	ICANON	^H, ^?		•			
INTR	中断信号（SIGINT）	VINTR	c_lflag	ISIG	^?, ^C	•	•	•	•	•
KILL	行擦除	VKILL	c_lflag	ICANON	^U	•	•	•	•	•
LNEXT	下一个字符的字面量	VLNEXT	c_lflag	IEXTEN	^V		•	•	•	•
NL	换行（新行）	（不能更改）	c_lflag	ICANON	\n	•	•	•	•	•
QUIT	退出信号（SIGQUIT）	VQUIT	c_lflag	ISIG	^\	•	•	•	•	•
REPRINT	重新打印全部输入内容	VREPRINT	c_lflag	ICANON	^R		•	•	•	•
START	重新输出	VSTART	c_iflag	IXON/IXOFF	^Q	•	•	•	•	•
STATUS	状态请求	VSTATUS	c_lflag	ICANON	^T		•		•	
STOP	停止输出	VSTOP	c_iflag	IXON/IXOFF	^S	•	•	•	•	•
SUSP	挂起信号（SIGTSTP）	VSUSP	c_lflag	ISIG	^Z	•	•	•	•	•
WERASE	回删一个字	VWERASE	c_lflag	ICANON	^W		•	•	•	•

图 18.9　终端特殊输入字符

在 POSIX.1 的 11 个特殊字符中，有 9 个可以被改为任意值。例外的是换行符和回车符（分别是\n 和\r），也许还有 STOP 和 START 字符（取决于具体的实现）。为此，我们要修改 termios 结构体的 c_cc 数组中的相应项。该数组中的元素都通过以 V 开头的名称引用的（见图 18.9 中的第 3 列）。

POSIX.1 允许禁用这些字符。若将 c_cc 数组中某项的值设置为_POSIX_VDISABLE，则将禁用相应特殊字符。

> 在 Single UNIX Specification 的早期版本中，支持_POSIX_VDISABLE 是可选项，现在则是必选项。
>
> 本书中讨论的 4 个平台都支持此特性。Linux 3.2.0 和 Solaris 10 将_POSIX_VDISABLE 定义为 0；而 FreeBSD 8.0 和 Mac OS X 10.6.8 则将其定义为 0xff。
>
> 如果相应的特殊输入字符是 0，那是因为一些早期的 UNIX 系统禁用了这个特性。

示例

在详细介绍所有特殊字符之前，让我们先看一个可以改变它们的小程序。图 18.10 中的程序禁用了中断字符，并将文件结束符设置为 Ctrl+B。

```
#include "apue.h"
#include <termios.h>

int
main(void)
{
    struct termios term;
    long           vdisable;

    if (isatty(STDIN_FILENO) == 0)
        err_quit("standard input is not a terminal device");

    if ((vdisable = fpathconf(STDIN_FILENO, _PC_VDISABLE)) < 0)
        err_quit("fpathconf error or _POSIX_VDISABLE not in effect");

    if (tcgetattr(STDIN_FILENO, &term) < 0) /* 获取 tty 状态 */
        err_sys("tcgetattr error");

    term.c_cc[VINTR] = vdisable;    /* 禁用 INTR 字符 */
    term.c_cc[VEOF] = 2;            /* EOF 为 Control+B */

    if (tcsetattr(STDIN_FILENO, TCSAFLUSH, &term) < 0)
        err_sys("tcsetattr error");

    exit(0);
}
```

图 18.10　禁用中断字符并更改文件结束符

对于此程序，请注意以下几点：

- 只有当标准输入是终端设备时，我们才修改终端字符。调用 isatty（见 18.9 节）可以检查标准输入是否为终端设备。
- 使用 fpathconf 获取_POSIX_VDISABLE 值。
- 函数 tcgetattr（见 18.4 节）从内核获取一个 termios 结构体。修改此结构体后，我们调用了 tcsetattr 函数来设置属性。只有那些我们特意修改过的属性才会有变化。
- 禁用中断键与忽略中断信号不同。图 18.10 中的程序只是禁用导致终端驱动程序产生 SIGINT 信号的特殊字符。我们仍可使用 kill 函数向进程发送此信号。

现在我们将更详细地解释每个特殊字符。我们称它们为特殊输入字符，但是其中有两个字符，STOP 和 START（分别对应于 Ctrl+S 和 Ctrl+Q）在输出时也要进行特殊处理。注意，当终端驱动程序识别出特殊字符并对其进行特殊处理后，这些字符中的大多数都会被丢弃，即它们并不会被返回给执行读操作的进程，但是换行符（NL、EOL、EOL2）和回车符（CR）例外。

CR　　回车符。我们不能改变这个字符。在规范模式下输入时，此字符会被识别出来。当设置了 ICANON（规范模式）和 ICRNL（将 CR 映射为 NL）且未设置 IGNCR（忽略 CR）时，CR 字符会被转换为 NL，并具有与 NL 字符相同的效果。CR 字符被返回给读进程（可能是在转换为 NL 之后）。

DISCARD　　丢弃符。在扩展模式（IEXTEN）下输入时，如果终端驱动程序识别出 DISCARD 字符，后续的输出就会被丢弃，直到另一个 DISCARD 字符被输入进来或丢弃条件被清除（见 FLUSHO 选项）。在处理后，此字符将被丢弃（即不传递给读进程）。

DSUSP　　延迟挂起作业控制字符。如果支持作业控制且设置了 ISIG 标识，那么在扩展模式（IEXTEN）下输入时，此字符可被识别出来。与 SUSP 字符一样，此延迟挂起作业控制字符产生 SIGTSTP 信号，该信号被发送给前台进程组的所有进程（参阅图 9.7）。然而，DSUSP 字符不是在键入字符时产生信号的，其仅在进程从控制终端读取时才产生信号。在处理后，DSUSP 字符会被丢弃（即不传递给读进程）。

EOF　　文件结束符。在规范模式（ICANON）下输入时，此字符能被识别出来。当键入此字符时，所有等待读取的字节都会被立即传递给读进程。如果没有字节在等待读取，则返回计数 0。在行首输入一个 EOF 字符，是向程序指示文件结束的正常方式。在规范模式下，此字符被处理后将被丢弃（即不传递给读进程）。

EOL　附加的行分隔符，与 NL 相似。在规范模式下输入时，EOL 字符可被识别出来并被返回给读进程，但是它不常用。

EOL2　另一个行分隔符，与 NL 相似。该字符的处理方式与 EOL 字符相同。

ERASE　擦除字符（退格）。在规范模式下输入时，该字符可被识别出来，它会删除所在行的前一个字符，但不会越过行首字符去删除上一行中的字符。在规范模式下，ERASE 字符被处理后将被丢弃（即不传递给读进程）。

ERASE2　候补擦除字符（退格）。此字符的处理方式与 ERASE 字符的完全相同。

INTR　中断字符。如果设置了 `ISIG` 标识，则此字符将在输入时被识别，并产生 `SIGNIT` 信号，该信号将被发送给前台进程组的所有进程（参阅图 9.7）。此字符在处理后将被丢弃（即不传递给读进程）。

KILL　杀死字符（“杀死”，即 kill，这个词其实被滥用了，回顾一下用于向进程发送信号的 `kill` 函数。KILL 字符应被称为行擦除符，它与信号无关）。在规范模式下输入时，此字符会被识别出来。它擦除一整行，并在被处理后被丢弃（即不传递给读进程）。

LNEXT　下一个字符的字面量。在扩展模式下输入时，此字符可被识别，并且会导致下一个字符的特殊含意被忽略。它对本节中列出的所有特殊字符都有效。我们可以使用 LNEXT 字符在程序中键入任何字符。在处理后，LNEXT 字符会被丢弃，但输入的下一个字符将被传递给读进程。

NL　换行字符，也称为行分隔符。我们不能更改这个字符。在规范模式下输入时，它可以被识别。此字符被返回给读进程。

QUIT　退出字符。如果设置了 `ISIG` 标识，则此字符将在输入时被识别出来。退出字符会产生 `SIGQUIT` 信号，该信号将被发送至前台进程组的所有进程（参阅图 9.7）。在处理后，QUIT 字符会被丢弃（即不传递给读进程）。

回顾图 10.1，INTR 和 QUIT 的区别在于，后者不仅会默认终止进程，而且还会生成一个 `core` 文件。

REPRINT　重印字符。此字符在扩展规范模式下（即 `IEXTEN` 和 `ICANON` 标识均已设置）输入时被识别，并导致所有未读的输入被输出（再回显）。在处理后，此字符会被丢弃（即不传递给读进程）。

START　启动字符。如果设置了 `IXON` 标识，则此字符在输入时可被识别。如果设置了 `IXOFF` 标识，则自动生成此字符作为输出。如果收到带有 `IXON` 标识的 START 字符，已终止的输出（由以前输入的 STOP 字符导致的）将重新启动。在这种情况下，START 字符在处理后会被丢弃（即不传递给读进程）。

在设置 `IXOFF` 标识后，如果新输入不会使输入缓冲区溢出，则终端驱动程序会自动生成一个 START 字符来恢复先前终止的输入。

STATUS　BSD 的状态请求字符。在扩展规范模式下输入时，该字符会被识别出来并产生 SIGINFO 信号，该信号被发送至前台进程组的所有进程（参阅图 9.7）。此外，如果未设置 NOKERNINFO 标识，则在终端上会显示前台进程组的状态信息。STATUS 字符在处理后会被丢弃（即不传递给读进程）。

STOP　停止字符。如果设置了 IXON 标识，则此字符在输入时被识别。如果设置了 IXOFF 标识，则自动生成此字符作为输出。收到带有 IXON 标识的 STOP 字符时，输出会停止。在这种情况下，STOP 字符在处理后会被丢弃（即不传递给读进程）。当输入一个 START 字符后，停止的输出将被重启。

设置 IXOFF 标识后，终端驱动程序会自动生成 STOP 字符，以防止输入缓冲区溢出。

SUSP　挂起作业控制字符。若支持作业控制且已设置 ISIG 标识，则此字符在输入时被识别。挂起字符会产生 SIGTSTP 信号，该信号被发送给前台进程组的所有进程（参阅图 9.7）。SUSP 字符在处理后会被丢弃（即不传递给读进程）。

WERASE　字擦除字符。在扩展规范模式下输入时，此字符可被识别，并使前一个字被擦除。首先，它向后跳过所有空白字符（空格或制表符），然后再向后跳过前一个标记，让光标停留在前一个标记的第一个字符所在的位置。通常，在遇到空白字符时，前一个标记就会终止。然而，我们可以通过设置 ALTWERASE 标识来改变这种行为。当遇到第一个非字母或非数字的字符时，ALTWERASE 标识就会使前一个标记终止。WERASE 字符在处理后会被丢弃（即不传递给读进程）。

我们需要为终端设备定义的另一个“字符”是 BREAK 字符。它实际上不是一个字符，而是在异步串行数据传输时发生的一个条件。根据不同的串行接口，可以通过多种方式将 BREAK 条件发送给设备驱动程序。

大多数早期的串行终端都有一个名为 BREAK 的键，用于产生 BREAK 条件，这就是为什么大多数人认为 BREAK 是一个字符。一些较新终端的键盘上没有 BREAK 键。在 PC 上，这个 BREAK 键可能被映射为其他用途。例如，按下 Ctrl+BREAK 组合键可中断 Windows 命令解释器。

对于异步串行数据传输，BREAK 是一个零值的位序列，其持续时间超过发送 1 字节所需的时间。整个零值位序列被视为一个 BREAK。在 18.8 节中，我们将看到如何使用 tcsendbreak 函数发送一个 BREAK 字符。

18.4 获取和设置终端属性

为了获取和设置 termios 结构体，我们调用了两个函数：tcgetattr 和 tcsetattr。这样，我们就可以检测和修改各种终端选项标识和特殊字符，使终端按照我们希望的方式运行。

```
#include <termios.h>

int tcgetattr(int fd, struct termios *termptr);

int tcsetattr(int fd, int opt, const struct termios *termptr);
                        两个函数的返回值：若成功，返回 0；若出错，则返回-1
```

这两个函数都接收一个指向 termios 结构体的指针，并返回当前的终端属性或设置终端属性。由于这两个函数仅在终端设备上运行，因此若 *fd* 没有指定终端设备，则 errno 将被设置为 ENOTTY 并返回-1。

tcsetattr 的参数 *opt* 用于指定新的终端属性何时生效。它可以为下列常量之一。

TCSANOW　新属性立即生效。

TCSADRAIN　所有输出被传输完以后新属性才生效。若要更改输出参数，则应该使用此选项。

TCSAFLUSH　所有输出被传输完以后新属性才生效。此外，当新属性生效时，所有尚未读取的输入数据都将被丢弃（即会被刷新）。

tcsetattr 函数的返回状态可能让人困惑，无法正确使用。如果该函数能够执行所请求的任意操作，即使未能执行请求的所有操作，也会返回 OK。如果该函数返回 OK，我们就有责任查看其是否执行了请求的所有操作。这就意味着在调用 tcsetattr 设置所需属性后，我们需要调用 tcgetattr 并比较实际终端属性与期望的属性，看一看两者是否有差异。

我们第一次打开的终端有哪些属性？答案是“视具体情况而定。”有些系统可能会将终端属性初始化为具体实现所定义的值，而另一些系统则可能将属性保留为上次使用终端时的值。如果想确保终端行为符合标准，可以打开带有 O_TTY_INIT 标识（见 3.3 节）的终端设备。这将确保我们在调用 tcgetattr 时，termios 结构体中所有非标准的部分都将被初始化，这样当我们更改属性并调用 tcgetattr 时，终端的行为将符合预期。

18.5 终端选项标识

在本节中，我们将详述从图 18.3 到图 18.6 中列出的所有不同的终端选项标识。我们将按字母顺序列出各选项，并指明每个选项出现在 4 个终端标识字段的哪一个中（从选项名字通常无法看出控制某个给定选项的字段是哪一个），还将说明每个选项是否由 Single UNIX Specification 定义，并列出支持它的平台。

所有列出的选项标识都指定了一个或多个我们要设置或清除的位，除非该标识为屏蔽字标识（mask）。屏蔽字标识定义了由多个位构成的组合，这些组合定义了一组值。我们为屏蔽字标识和每个值都定义了一个名称。例如，为了设置字符长度，我们首先用字符长度屏蔽字标识 CSIZE 将表示字符长度的位清 0，然后从 CS5、CS6、CS7 或 CS8 中选一个值进行设置。

由 Linux 和 Solaris 支持的 6 个延迟值也有屏蔽字标识：BSDLY、CRDLY、FFDLY、NLDLY、TABDLY 和 VTDLY。关于每个延迟值的长度，请参阅 Solaris 中的 termio(7I)手册页。在所有情况下，延迟屏蔽字为 0 就表示无延迟。如果指定了延迟，则 OFILL 和 OFDEL 标识决定了是由驱动程序执行实际延迟还是只传输填充字符。

示例

图 18.11 演示了如何使用这些屏蔽字标识提取一个值和设置一个值。

```
#include "apue.h"
#include <termios.h>

int
main(void)
{
    struct termios term;

    if (tcgetattr(STDIN_FILENO, &term) < 0)
        err_sys("tcgetattr error");

    switch (term.c_cflag & CSIZE) {
    case CS5:
        printf("5 bits/byte\n");
        break;
    case CS6:
        printf("6 bits/byte\n");
        break;
    case CS7:
        printf("7 bits/byte\n");
        break;
    case CS8:
        printf("8 bits/byte\n");
        break;
    default:
        printf("unknown bits/byte\n");
    }
    term.c_cflag &= ~CSIZE;       /* 清零 */
    term.c_cflag |= CS8;          /* 设置 8 位（1 字节）*/
    if (tcsetattr(STDIN_FILENO, TCSANOW, &term) < 0)
```

```
        err_sys("tcsetattr error");
    exit(0);
}
```

图 18.11 tcgetattr 和 tcsetattr 的示例

下面我们开始详述每个标识。

ALTWERASE　（c_lflag，FreeBSD、Mac OS X）如果设置了此标识，则在输入 WERASE 字符时使用另一种字擦除算法。此标识会使 WERASE 字符向后移动，直到遇上第一个非字母或数字字符，而不是向后移动直至遇到前一个空白字符。

BRKINT　（c_iflag，POSIX.1、FreeBSD、Linux、Mac OS X、Solaris）若设置了此标识而未设置 IGNBRK，则在收到 BREAK 时会刷新输入和输出队列，并产生一个 SIGINT 信号。如果终端设备是一个控制终端，则此信号就是为前台进程组生成的。

若未设置 IGNBRK 或 BRKINT，则除非设置了 PARMRK，否则 BREAK 将被读作一个字符“\0”；在这种情况下，BREAK 被读作 3 字节序列“\377”“\0”“\0”。

BSDLY　（c_oflag，XSI、Linux、Solaris）退格延迟屏蔽字。此屏蔽字的值是 BS0 或 BS1。

CBAUDEXT　（c_cflag，Solaris）扩展波特率，用于使能大于 B38400 的波特率（我们会在 18.7 节讨论波特率）。

CCAR_OFLOW　（c_cflag，FreeBSD、Mac OS X）使用 RS-232 调制解调器 DCD 信号（Data-Carrier-Detect，数据载波检测）使能输出的硬件流控。它与早期的 MDMBUF 标识相同。

CCTS_OFLOW　（c_cflag，FreeBSD、Mac OS X、Solaris）使用 RS-232 的 CTS 信号（Clear-To-Send，清除发送）使能输出的硬件流控。

CDSR_OFLOW　（c_cflag，FreeBSD、Mac OS X）根据 RS-232 的 DSR 信号（Data-Set-Ready，数据准备就绪）进行输出的流控。

CDTR_IFLOW　（c_cflag，FreeBSD、Mac OS X）根据 RS-232 的 DTR 信号（Data-Terminal-Ready，数据终端就绪）进行输入的流控。

CIBAUDEXT　（c_cflag，Solaris）扩展的输入波特率，用于使能大于 B38400 的输入波特率（我们会在 18.7 节中讨论波特率）。

CIGNORE　（c_cflag，FreeBSD、Mac OS X）忽略控制标识。

CLOCAL　（c_cflag，POSIX.1、FreeBSD、Linux、Mac OS X、Solaris）若设置此标识，则忽略调制解调器状态线。这通常意味着该设备是直接连接的。例如，如果未设置此标识，打开终端设备时常常会阻塞，直到调制解调器应答呼叫并建立连接。

CMSPAR　（c_oflag，Linux）选择标记奇偶校验或置空奇偶校验。若已设置 PARODD，则奇偶校验位始终为 1（标记奇偶校验）；否则，奇偶校验位总为 0（置空奇偶校验）。

CRDLY　（c_oflag，XSI，Linux、Solaris）回车延迟屏蔽字。此屏蔽字可能的值是 CR0、CR1、CR2 和 CR3。

CREAD　（c_cflag，POSIX.1、FreeBSD、Linux、Mac OS X、Solaris）若设置了此标识，则接收者被使能并可以接收字符。

CRTSCTS　（c_cflag，FreeBSD、Linux、Mac OS X、Solaris）其行为取决于平台。对于 Solaris，若设置了该标识，则使能带外硬件流控。在其他三个平台上，则带内硬件流控和带外硬件流控都使能（等价于 CCTS_OFLOW|CRTS_IFLOW）。

CRTS_IFLOW　（c_cflag，FreeBSD、Mac OS X、Solaris）输入的 RTS（Request-To-Send，请求发送）流控。

CRTSXOFF　（c_cflag，Solaris）若设置了此标识，则使能带内硬件流控。RS-232 RTS 信号（Request-To-Send）的状态将控制流控。

CSIZE　（c_cflag，POSIX.1，FreeBSD、Linux、Mac OS X、Solaris）此字段是一个屏蔽字标识，用于指定传输和接收的字节的位数。这个位数不包括奇偶校验位（如果有的话）。此屏蔽字定义的字段值是 CS5、CS6、CS7 和 CS8，分别表示字节包含 5 位、6 位、7 位和 8 位。

CSTOPB　（c_cflag，POSIX.1，FreeBSD、Linux、Mac OS X、Solaris）若设置了此标识，则使用两个停止位，否则只使用一个停止位。

ECHO　（c_lflag，POSIX.1，FreeBSD、Linux、Mac OS X、Solaris）若设置了此标识，则将输入字符回显到终端设备。在规范模式和非规范模式下都可以回显输入字符。

ECHOCTL　（c_lflag，FreeBSD、Linux、Mac OS X、Solaris）若设置了 ECHOCTL 和 ECHO，则除 ASCII TAB、ASCII NL 以及 START 和 STOP 字符外的 ASCII 控制字符（在 0 至八进制数 37 以内的字符，包括 0 和 37）将被回显为“^X”，其中 X 是相应控制字符加上八进制数 100 而生成的字符。例如，ASCII Ctrl+A 字符（八进制数 1）被回显为“^A”。ASCII DELETE 字符（八进制数 177）被回显为“^?”。若未设置此标识，则 ASCII 控制字符被回显为其自身。与 ECHO 标识一样，在规范模式和非规范模式下此标识都会影响控制字符的回显。

请注意，由于 EOF 字符的典型值是 Ctrl+D，因此某些系统会以不同方式回显 EOF 字符（Ctrl+D 是 ASCII EOT 字符，它可能导致某些终端挂断）。请查看有关手册。

ECHOE （c_lflag，POSIX.1，FreeBSD、Linux、Mac OS X、Solaris）若设置了该标识和 ICANON 标识，则 ERASE 字符会从显示的内容中删除当前行的最后一个字符。这通常是在终端驱动程序中通过写入三字符序列“退格—空格—退格”来完成的。

若支持 WERASE 字符，则 ECHOE 会使用一个或多个上述的三字符序列来擦除前一个字。

若支持 ECHOPRT 标识，则此处关于 ECHOE 操作的说明是在假定未设置 ECHOPRT 标识的前提下得出的。

ECHOK （c_lflag，POSIX.1，FreeBSD、Linux、Mac OS X、Solaris）若设置了 ECHOK，并且也设置了 ICANON，则 KILL 字符将从显示的内容中删除当前行或者输出 NL 字符（以强调整行已被删除）。

若支持 ECHOKE 标识，则这个关于 ECHOK 的说明是在假定未设置 ECHOKE 标识的前提下得出的。

ECHOKE （c_lflag，FreeBSD、Linux、Mac OS X、Solaris）若设置了 ECHOKE 和 ICANON 标识，则通过删除当前行上的每个字符来回显 KILL 字符。删除每个字符的方式则由 ECHOE 和 ECHOPRT 标识来设定。

ECHONL （c_lflag，POSIX.1，FreeBSD、Linux、Mac OS X、Solaris）若设置了该标识并且也设置了 ICANON 标识，则即使未设置 ECHO 标识也会回显 NL 字符。

ECHOPRT （c_lflag，FreeBSD、Linux、Mac OS X、Solaris）若设置了该标识，并且也设置了 ICANON 和 ECHO 标识，则 ERASE 字符（以及 WERASE 字符，如果支持的话）会使得所有被删除的字符在删除时被打印。这在硬拷贝终端上通常很有用，可以让我们确切地看到哪些字符正在被删除。

EXTPROC （c_lflag，FreeBSD、Linux、Mac OS X）如果设置了 EXTPROC 标识，则规范字符处理是在操作系统外部进行的。如果串行通信外设卡能够通过执行某些行规程处理来卸载主机处理器负荷，就可以这样设置。在使用伪终端时也可以这样设置（见第 19 章）。

FFDLY （c_oflag，XSI，Linux、Solaris）换页延迟屏蔽字。此屏蔽字标识的值是 FF0 或 FF1。

FLUSHO （c_lflag，FreeBSD、Linux、Mac OS X、Solaris）如果设置了该标识，则会刷新正在输出的字符。当键入 DISCARD 字符时，此标识将被设置；当键入另一个 DISCARD 字符时，该标识将被清除。还可以通过设置或清除此终端标识来设置或清除刷新输出字符的状态条件。

HUPCL　　（c_cflag，POSIX.1、FreeBSD、Linux、Mac OS X、Solaris）若设置了此标识，则当最后一个进程关闭设备时，调制解调器控制线会降至低电平（即调制解调器的连接被断开）。

ICANON　　（c_lflag，POSIX.1，FreeBSD、Linux、Mac OS X、Solaris）若设置了此标识，则规范模式生效（见 18.10 节）。这将使能以下字符：EOF、EOL、EOL2、ERASE、KILL、REPRINT、STATUS 和 WERASE。输入字符被组合成行。

如果未使能规范模式，则读请求直接从输入队列读取字符。当接收到至少 MIN 字节，或字节之间的超时值 TIME 到期时，读操作才会返回。请参考 18.11 节了解更多详情。

ICRNL　　（c_iflag，POSIX.1，FreeBSD、Linux、Mac OS X、Solaris）若已设置 ICRNL 而未设置 IGNCR，则接收到的 CR 字符会被转换为 NL 字符。

IEXTEN　　（c_lflag，POSIX.1，FreeBSD、Linux、Mac OS X、Solaris）若设置了此标识，则扩展的由实现定义的特殊字符将被识别并处理。

IGNBRK　　（c_iflag，POSIX.1，FreeBSD、Linux、Mac OS X、Solaris）若设置了此标识，将忽略输入中的 BREAK 条件。请参阅 BRKINT 词条，了解 BREAK 条件是产生 SIGINT 信号还是作为数据被读取。

IGNCR　　（c_iflag，POSIX.1，FreeBSD、Linux、Mac OS X、Solaris）若设置了此标识，则忽略接收到的 CR 字符。若未设置此标识而设置了 ICRNL 标识，则有可能将接收到的 CR 字符转换为 NL 字符。

IGNPAR　　（c_iflag，POSIX.1、FreeBSD、Linux、Mac OS X、Solaris）若设置了此标识，将忽略具有帧错误（BREAK 除外）或有奇偶错误的输入字节。

IMAXBEL　　（c_iflag，FreeBSD、Linux、Mac OS X、Solaris）当输入队列满时响铃。

INLCR　　（c_iflag，POSIX.1、FreeBSD、Linux、Mac OS X、Solaris）若设置了此标识，则将接收到的 NL 字符转换为 CR 字符。

INPCK　　（c_iflag，POSIX.1、FreeBSD、Linux、Mac OS X、Solaris）若设置了此标识，将使能输入奇偶校验；若未设置，则禁用输入奇偶校验。

“生成和检测”奇偶校验和“输入的奇偶校验”是两回事。奇偶校验位的生成和检测是由 PARENB 标识控制的。设置该标识通常会让串行接口的设备驱动程序为输出字符生成奇偶校验位，并验证对输入字符的奇偶校验。PARODD 标识确定了奇偶校验应该是奇数还是偶数。如果到达的输入字符有奇偶校验错误，则检查 INPCK 标识的状态。若已设置此标识，则检查 IGNPAR 标识（查看是否应忽略具有奇偶校验错误的输入字节）；若不应忽略该字节，则检查 PARMRK 标识，查看应将哪些字符传递给读进程。

ISIG （c_lflag，POSIX.1，FreeBSD、Linux、Mac OS X、Solaris）如果设置了此标识，就会将输入字符与导致产生由终端生成信号的特殊字符（INTR、QUIT、SUSP 和 DSUSP）相比较。如果二者相同，则产生相应的信号。

ISTRIP （c_iflag，POSIX.1，FreeBSD、Linux、Mac OS X、Solaris）如果设置了此标识，有效输入字节将被剥离为 7 位。如果未设置此标识，则 8 位全部都处理。

IUCLC （c_iflag，Linux、Solaris）将输入的大写字符映射为小写字符。

IUTF8 （c_iflag，Linux、Mac OS X）允许对 UTF-8 多字节字符进行字符擦除处理。

IXANY （c_iflag，XSI、FreeBSD、Linux、Mac OS X、Solaris）使能任意字符来重启输出。

IXOFF （c_iflag，POSIX.1，FreeBSD、Linux、Mac OS X、Solaris）如果设置了此标识，则使能启停输入控制。当终端驱动程序发现输入队列要满时，就会输出一个 STOP 字符。这个字符会被发送数据的设备所识别，导致设备停止发送数据。随后，当输入队列中的字符被处理完毕后，终端驱动程序将输出一个 START 字符使设备继续发送数据。

IXON （c_iflag，POSIX.1，FreeBSD、Linux、Mac OS X、Solaris）如果设置了此标识，则使能启停输出控制。当终端驱动程序收到一个 STOP 字符时，输出将停止。当输出停止时，下一个 START 字符将使输出恢复。如果未设置此标识，则 START 和 STOP 字符将被进程作为一般字符读取。

MDMBUF （c_cflag，FreeBSD、Mac OS X）根据调制解调器的载波标识进行输出流控。这是 CCAR_OFLOW 标识的曾用名。

NLDLY （c_oflag，XSI，Linux、Solaris）换行延迟屏蔽字。此屏蔽字的值是 NL0 或 NL1。

NOFLSH （c_lflag，POSIX.1、FreeBSD、Linux、Mac OS X、Solaris）默认情况下，当终端驱动程序产生 SIGINT 和 SIGQUIT 信号时，输入和输出队列都会被刷新。另外，当终端驱动程序产生 SIGSUSP 信号时，输入队列会被刷新。如果设置了 NOFLSH 标识，则在产生这些信号时，不会发生这种常规的队列刷新。

NOKERNINFO （c_lflag，FreeBSD、Mac OS X）若此标识被设置，会阻止 STATUS 字符打印前台进程组的信息。然而，不管此标识是否被设置，STATUS 字符仍会使 SIGINFO 信号被发送至前台进程组。

OCRNL （c_oflag，XSI，FreeBSD、Linux、Solaris）若设置了此标识，则将输出中的 CR 字符映射为 NL 字符。

OFDEL （c_oflag，XSI，Linux、Solaris）若设置了此标识，则输出填充字符为 ASCII DEL；否则，输出填充字符为 ASCII NUL。请参阅 OFILL 标识。

OFILL （c_oflag，XSI，Linux、Solaris）若设置了此标识，则传递填充字符（ASCII DEL 或 ASCII NUL，参阅 OFDEL 标识）来实现延迟，而不是使用定时延迟。参阅 6 个延迟屏蔽字标识：BSDLY、CRDLY、FFDLY、NLDLY、TABDLY 和 VTDLY。

OLCUC （c_oflag，Linux、Solaris）若设置了此标识，则将输出中的小写字符映射为大写字符。

NLCR （c_oflag，XSI，FreeBSD、Linux、Mac OS X、Solaris）若设置了此标识，则将输出的 NL 字符映射为 CR-NL 字符。

ONLRET （c_oflag，XSI、FreeBSD、Linux、Solaris）若设置了此标识，则假定输出的 NL 字符将执行回车功能。

ONOCR （c_oflag，XSI、FreeBSD、Linux、Solaris）若设置了此标识，则不会在第 0 列输出 CR 字符。

ONOEOT （c_oflag，FreeBSD、Mac OS X）若设置了此标识，则在输出时丢弃 EOT（^D）字符。在某些将 Ctrl+D 解释为挂断的终端上，设置该标识可能是必要的。

OPOST （c_oflag，POSIX.1，FreeBSD、Linux、Mac OS X、Solaris）若设置了此标识，则执行具体的实现所定义的输出处理。关于 c_oflag 字段在各种实现中定义的标识，请参阅图 18.6。

OXTABS （c_oflag，FreeBSD、Mac OS X）若设置了此标识，则在输出中的制表符会被扩展为空格。这样做的效果与将水平制表符延迟（TABDLY）设置为 XTABS 或 TAB3 相同。

PARENB （c_cflag，POSIX.1，FreeBSD、Linux、Mac OS X、Solaris）若设置了此标识，则使能输出字符生成奇偶（校验）位，并对输入字符执行奇偶校验。若已设置 PARODD 标识，则为奇校验；否则，为偶校验。另外，请参阅关于 INPCK、IGNPAR 和 PARMRK 标识的讨论。

PAREXT （c_cflag，Solaris）选择标记奇偶校验或置空奇偶校验。如果设置了 PARODD，则奇偶校验位始终为 1（标记奇偶校验）；否则，奇偶校验位始终为 0（置空奇偶校验）。

PARMRK （c_iflag，POSIX.1，FreeBSD、Linux、Mac OS X、Solaris）若已设置 PARMRK，但是未设置 IGNPAR，则进程会将带有帧错误（BREAK 除外）的字节或带有奇偶校验错误的字节读取为三字符序列：\377、\0 和 *X*。其中，*X* 是接收到的错误字节。若未设置 ISTRIP 标识，则一个有效的 \377 将以\377、\377 的形式被传递给进程。若未设置 IGNPAR 和 PARMRK 标识，带有帧错误（BREAK 除外）或奇偶校验错误的字节将被读作字符\0。

PARODD （c_cflag，POSIX.1，FreeBSD、Linux、Mac OS X、Solaris）若设置了此标识，则输出和输入字符的奇偶校验为奇校验；否则，为偶校验。注意，PARENB 标识控制奇偶校验的生成和检测。

PARODD 标识还控制在设置了 CMSPAR 或 PAREXT 标识时是否使用标记奇偶校验或置空奇偶校验。

PENDIN （c_lflag，FreeBSD、Linux、Mac OS X、Solaris）若设置了此标识，则在下一个字符被输入时，系统将重新打印尚未读取的任何输入。此操作与键入 REPRINT 字符的效果类似。

TABDLY （c_oflag，XSI，Linux、Mac OS X、Solaris）水平制表符延迟屏蔽字。此屏蔽字的值为 TAB0、TAB1、TAB2 或 TAB3。

XTABS 的值等于 TAB3。此值使系统将制表符扩展为空格。系统假定每 8 个空格为一个制表符长度，我们不能改变这个假设。

TOSTOP （c_lflag，POSIX.1、FreeBSD、Linux、Mac OS X、Solaris）如果设置了此标识，并且该实现支持作业控制，则信号 SIGTTOU 将被发送给试图写控制终端的后台进程的进程组。默认情况下，此信号会停止该进程组中的所有进程。如果写控制终端的后台进程忽略或阻塞该信号，则终端驱动程序不会产生此信号。

VTDLY （c_oflag，XSI，Linux、Solaris）垂直制表符延迟屏蔽字。此屏蔽字的值为 VT0 和 VT1。

XCASE （c_lflag，Linux、Solaris）如果设置了此标识，并且也设置了 ICANON 标识，则终端就会被假定为只支持大写字符，所有输入都被转换为小写字符。如果要输入一个大写字符，就要在其前面加一个反斜杠。与此类似，系统在输出大写字符时也要在其前面加一个反斜杠（该选项标识如今已过时，因为只支持大写字符的终端绝大多数都已经消失了）。

18.6 stty 命令

对于上一节所讲述的所有选项，都可以在程序中通过 tcgetattr 和 tcsetattr 函数（见 18.4 节）或者带 stty(1) 命令的命令行（或 shell 脚本）来检查和更改。这个命令只是我们在图 18.7 中列出的前 6 个函数的接口。如果用-a 选项执行此命令，就会显示所有的终端选项：

```
$ stty -a
speed 9600 baud; 25 rows; 80 columns;
lflags: icanon isig iexten echo echoe -echok echoke -echonl echoctl
        -echoprt -altwerase -noflsh -tostop -flusho pendin -nokerninfo
        -extproc
iflags: -istrip icrnl -inlcr -igncr ixon -ixoff ixany imaxbel -ignbrk
        brkint -inpck -ignpar -parmrk
oflags: opost onlcr -ocrnl -oxtabs -onocr -onlret
cflags: cread cs8 -parenb -parodd hupcl -clocal -cstopb -crtscts
        -dsrflow -dtrflow -mdmbuf
cchars: discard = ^O; dsusp = ^Y; eof = ^D; eol = <undef>;
        eol2 = <undef>; erase = ^H; erase2 = ^?; intr = ^C; kill = ^U;
        lnext = ^V; min = 1; quit = ^; reprint = ^R; start = ^Q;
        status = ^T; stop = ^S; susp = ^Z; time = 0; werase = ^W;
```

如果选项名字前面带有连字符，则表示该选项被禁用。最后 4 行列出了每个终端特殊字符（见 18.3 节）的当前设置。第 1 行列出的是当前终端窗口的行数和列数。我们会在 18.12 节讨论终端窗口的大小。

stty 命令使用其标准输入来获取和设置终端选项标识。尽管某些较早的实现使用标准输出，但 POSIX.1 要求使用标准输入。本书中讨论的 4 种实现都提供了对标准输入进行操作的 stty 版本。

这意味着如果你想了解名为 tty1a 的终端的设置，就可以键入：

```
stty -a </dev/tty1a
```

18.7 波特率函数

术语“波特率”是一个历史术语，如今应称为“比特每秒”。尽管大多数终端设备在输入和输出时使用相同的波特率，但如果硬件允许，也可以将两者的波特率设置为不同值。

```
#include <termios.h>

speed_t cfgetispeed(const struct termios *termptr);

speed_t cfgetospeed(const struct termios *termptr);
```

两个函数的返回值：波特率值

```
int cfsetispeed(struct termios *termptr, speed_t speed);

int cfsetospeed(struct termios *termptr, speed_t speed);
                          两个函数的返回值：若成功，则返回 0；若出错，则返回-1
```

这两个 cfget 函数返回的值以及它们的 *speed* 参数都是下列常量之一：B50、B75、B110、B134、B150、B200、B300、B600、B1200、B1800、B2400、B4800、B9600、B19200 和 B38400。常量 B0 表示“挂断”。如果在调用 tcsetattr 时将输出波特率指定为 B0，则调制解调器的控制线就不再起作用。

> 大多数系统还定义了其他的波特率值，如 B57600 和 B115250。

要使用这些函数，我们就必须认识到输入和输出波特率是存储在设备的 termios 结构体中的，如图 18.8 所示。在调用任何 cfget 函数之前，首先必须使用 tcgetattr 获取设备的 termios 结构体。同样地，在调用两个 cfset 函数中的任何一个之后，我们所做的就是在 termios 结构体中设置波特率。为了使所设置的波特率在设备上生效，必须调用 tcsetattr 函数。如果所设置的两个波特率中任何一个有错，我们可能直到调用 tcsetattr 时才能发现。

这 4 个波特率函数存在的目的是，使应用程序不必考虑不同系统实现在 termios 结构体表示波特率的方式上的差异。Linux 和 BSD 衍生平台倾向于将波特率存储为与速率相等的数值（即波特率 9600 被存储为值 9600），而 System V 衍生平台（如 Solaris）倾向于以位掩码编码波特率。我们从 cfget 函数获取并传递给 cfset 函数的速率值是没有经过转换的，就如同它们存储在 termios 结构体中的表现形式一样。

18.8 行控制函数

下面的 4 个函数为终端设备提供行控制能力。这 4 个函数都要求参数 *fd* 引用终端设备；否则，返回-1，并将 errno 设置为 ENOTTY。

tcdrain 函数等待所有输出传输完成。tcflow 函数让我们可以控制输入和输出流控。

```
#include <termios.h>

int tcdrain(int fd);

int tcflow(int fd, int action);

int tcflush(int fd, int queue);

int tcsendbreak(int fd, int duration);
                     4 个函数的返回值均为：若成功，则返回 0；若出错，则返回-1
```

tcdrain 函数会等待所有输出被传送完。tcflow 函数让我们可以控制输入和输出流控。*action* 参数必须是下列 4 个值之一：

TCOOFF　　挂起输出。

TCOON　　重新启动之前被挂起的输出。

TCIOFF　　系统发送一个 STOP 字符，这会使得终端设备停止发送数据。

TCION　　系统发送一个 START 字符，这会使得终端设备恢复发送数据。

tcflush 函数允许我们刷新（丢弃）输入缓冲区（终端驱动程序已经接收但我们尚未读取的数据）或输出缓冲区（我们已经写入但尚未被传输的数据）。*queue* 参数必须是下列三个常量之一：

TCIFLUSH　　刷新输入队列。

TCOFLUSH　　刷新输出队列。

TCIOFLUSH　　输入和输出队列都被刷新。

tcsendbreak 函数在指定时间区间内发送“0”的连续流。若 *duration* 参数为 0，则发送零值流所持续的时间在 0.25 秒和 0.5 秒之间。POSIX.1 指出，若 *duration* 参数不为 0，则传输时间取决于具体的实现。

18.9 终端标识

历史上，在大多数版本的 UNIX 系统中控制终端的名字一直是/dev/tty。POSIX.1 提供了一个运行时函数，我们可以调用它来确定控制终端的名字。

```
#include <stdio.h>

char *ctermid(char *ptr);
```

返回值：若成功，则返回指向控制终端名的指针；若出错，则返回指向空字符串的指针

如果 *ptr* 非空，则认为它是指向长度至少为 L_ctermid 字节的数组的指针，并且进程的控制终端名字就存储在该数组中。常量 L_ctermid 在<stdio.h>中定义。如果 *ptr* 是空指针，则上述函数为数组分配空间（通常作为静态变量）。同样，进程的控制终端名字存储在数组中。

在这两种情况下，数组的起始地址都被作为函数的值返回。由于大多数 UNIX 系统使用/dev/tty 作为控制终端的名称，因此使用该函数旨在方便移植到其他操作系统。

本书中讲述的 4 个平台在调用 ctermid 时都返回字符串/dev/tty。

示例：ctermid 函数

图 18.12 展示了 POSIX.1 ctermid 函数的实现。

```
#include     <stdio.h>
#include     <string.h>

static char ctermid_name[L_ctermid];

char *
ctermid(char *str)
{
    if (str == NULL)
        str = ctermid_name;
    return(strcpy(str, "/dev/tty"));     /* strcpy()函数返回 str */
}
```

图 18.12　POSIX.1 ctermid 函数的实现

请注意，我们无法防止调用者的缓冲区溢出，因为我们无法确定其大小。

对于 UNIX 系统来说，这两个函数更有趣：isatty 和 ttyname。如果文件描述符引用终端设备，isatty 函数就返回真；而 ttyname 函数则返回在文件描述符上打开的终端设备的路径名。

```
#include <unistd.h>

int isatty(int fd);
                        返回值：若为终端设备，则返回 1（真）；否则，返回 0（假）
char *ttyname(int fd);
                   返回值：若成功，返回指向终端路径名的指针；若出错，则返回 NULL
```

示例：isatty 函数

如图 18.13 所示，isatty 函数很容易实现。我们只需要尝试执行一个特定终端的函数（如果执行成功，不会改变任何东西）并查看返回值。

```
#include <termios.h>

int
isatty(int fd)
{
    struct termios ts;

    return(tcgetattr(fd, &ts) != -1); /* 若没有错误（是 tty），则为 true */
}
```

图 18.13　POSIX.1 isatty 函数的实现

我们使用图 18.14 中的程序测试 isatty 函数。

```
#include "apue.h"

int
main(void)
{
    printf("fd 0: %s\n", isatty(0) ? "tty" : "not a tty");
    printf("fd 1: %s\n", isatty(1) ? "tty" : "not a tty");
    printf("fd 2: %s\n", isatty(2) ? "tty" : "not a tty");
    exit(0);
}
```

图 18.14 测试 isatty 函数

运行图 18.14 中的程序，将得到以下输出：

```
$ ./a.out
fd 0: tty
fd 1: tty
fd 2: tty
$ ./a.out </etc/passwd 2>/dev/null
fd 0: not a tty
fd 1: tty
fd 2: not a tty
```

示例：ttyname 函数

ttyname 函数（见图 18.15）更长，因为我们必须搜索所有设备表项以寻找匹配项。

```
#include    <sys/stat.h>
#include    <dirent.h>
#include    <limits.h>
#include    <string.h>
#include    <termios.h>
#include    <unistd.h>
#include    <stdlib.h>

struct devdir {
    struct devdir   *d_next;
    char            *d_name;
};

static struct devdir    *head;
static struct devdir    *tail;
static char             pathname[_POSIX_PATH_MAX + 1];

static void
add(char *dirname)
{
    struct devdir  *ddp;
    int            len;

    len = strlen(dirname);
```

```
    /*
     * 跳过“.”、“..” 和 /dev/fd
     */
    if ((dirname[len-1] == '.') && (dirname[len-2] == '/' ||
      (dirname[len-2] == '.' && dirname[len-3] == '/')))
        return;
    if (strcmp(dirname, "/dev/fd") == 0)
        return;
    if ((ddp = malloc(sizeof(struct devdir))) == NULL)
        return;
    if ((ddp->d_name = strdup(dirname)) == NULL) {
        free(ddp);
        return;
    }

    ddp->d_next = NULL;
    if (tail == NULL) {
        head = ddp;
        tail = ddp;
    } else {
        tail->d_next = ddp;
        tail = ddp;
    }
}

static void
cleanup(void)
{
    struct devdir   *ddp, *nddp;

    ddp = head;
    while (ddp != NULL) {
        nddp = ddp->d_next;
        free(ddp->d_name);
        free(ddp);
        ddp = nddp;
    }
    head = NULL;
    tail = NULL;
}

static char *
searchdir(char *dirname, struct stat *fdstatp)
{
    struct stat     devstat;
    DIR             *dp;
    int             devlen;
    struct dirent   *dirp;

    strcpy(pathname, dirname);
    if ((dp = opendir(dirname)) == NULL)
```

```
            return(NULL);
        strcat(pathname, "/");
        devlen = strlen(pathname);
        while ((dirp = readdir(dp)) != NULL) {
            strncpy(pathname + devlen, dirp->d_name,
              _POSIX_PATH_MAX - devlen);
            /*
             * 跳过别名
             */
            if (strcmp(pathname, "/dev/stdin") == 0 ||
              strcmp(pathname, "/dev/stdout") == 0 ||
              strcmp(pathname, "/dev/stderr") == 0)
                continue;
            if (stat(pathname, &devstat) < 0)
              continue;
            if (S_ISDIR(devstat.st_mode)) {
                add(pathname);
                continue;
            }
            if (devstat.st_ino == fdstatp->st_ino &&
              devstat.st_dev == fdstatp->st_dev) { /* 找到匹配项 */
                closedir(dp);
                return(pathname);
            }
        }

        closedir(dp);
        return(NULL);
}

char *
ttyname(int fd)
{
        struct stat     fdstat;
        struct devdir   *ddp;
        char            *rval;

        if (isatty(fd) == 0)
            return(NULL);
        if (fstat(fd, &fdstat) < 0)
            return(NULL);
        if (S_ISCHR(fdstat.st_mode) == 0)
            return(NULL);

        rval = searchdir("/dev", &fdstat);
        if (rval == NULL) {
            for (ddp = head; ddp != NULL; ddp = ddp->d_next)
                if ((rval = searchdir(ddp->d_name, &fdstat)) != NULL)
                    break;
        }
```

```
    cleanup();
    return(rval);
}
```

图 18.15 POSIX.1 ttyname 函数的实现

这里使用的技巧是读取/dev 目录，查找具有相同设备号和 i 节点号的表项。我们在 4.24 节讲过，每个文件系统都有一个唯一的设备号（stat 结构体中的 st_dev 字段，见 4.2 节），并且该文件系统中的每个目录项都有唯一的 i 节点号（stat 结构体中的 st_ino 字段）。我们假定，在此函数中如果找到了匹配的设备号和匹配的 i 节点号就算是找到了所需的目录项。我们还能验证这两个表项是否具有匹配的 st_rdev 字段（终端设备的主设备号和次设备号），以及该目录项是否为字符特殊文件。然而，由于已经验证了文件描述符参数既是一个终端设备又是一个字符特殊文件，并且因为在 UNIX 系统中匹配的设备号和 i 节点号是唯一的，所以不再需要进行其他比较。

终端名可能位于/dev 的子目录中，因此，我们可能需要搜索/dev 下的整个文件系统树。我们跳过几个可能产生错误或奇怪结果的目录/dev/.、/dev/..和/dev/fd，再跳过别名/dev/stdin、/dev/stdout 和/dev/stderr，因为它们是指向/dev/fd 目录中文件的符号链接。

可以使用图 18.16 中所示的程序测试该实现。

```
#include "apue.h"

int
main(void)
{
    char *name;

    if (isatty(0)) {
        name = ttyname(0);
        if (name == NULL)
            name = "undefined";
    } else {
        name = "not a tty";
    }
    printf("fd 0: %s\n", name);

    if (isatty(1)) {
        name = ttyname(1);
        if (name == NULL)
            name = "undefined";
    } else {
        name = "not a tty";
    }
    printf("fd 1: %s\n", name);

    if (isatty(2)) {
```

```
        name = ttyname(2);
        if (name == NULL)
            name = "undefined";
    } else {
        name = "not a tty";
    }
    printf("fd 2: %s\n", name);

    exit(0);
}
```

图 18.16 测试 ttyname 函数

运行图 18.16 中的程序可得：

```
$ ./a.out < /dev/console 2> /dev/null
fd 0: /dev/console
fd 1: /dev/ttys001
fd 2: not a tty
```

18.10 规范模式

规范模式很简单：发出读请求，当输入一行后，终端驱动程序返回。以下几种情况会导致读操作返回。

- 读取了所请求的字节数后读操作返回。不必读一整行。如果只读了行的一部分，也不会丢失任何信息，因为下一次读操作会从上一次读操作停止的位置开始。
- 遇到一个行分隔符时，读操作返回。我们在 18.3 节讲过，在规范模式中下列字符会被解释为行结束：NL、EOL、EOL2 和 EOF。此外，18.5 节讲过，如果设置了 ICRNL 标识而未设置 IGNCR 标识，则 CR 字符也会终止一行，因为它的作用与 NL 字符相同。
- 在上述这 5 个行分隔符中，EOF 在处理后会被终端驱动程序丢弃。其他的 4 个字符则作为行的最后一个字符被返回给调用者。
- 如果捕捉到信号且该函数未能自动重启，则读操作也会返回（见 10.5 节）。

示例：getpass 函数

我们现在来看一看 getpass 函数，它读取用户从终端键入的口令。该函数由 login(1) 和 crypt(1) 程序调用。为了读取口令，该函数必须关闭回显，但仍可使终端处于规范模式，因为不论键入什么作为口令都会形成完整的行。图 18.17 给出了 UNIX 系统上的典型实现。

```
#include    <signal.h>
#include    <stdio.h>
#include    <termios.h>
```

```
#define MAX_PASS_LEN    8        /* 用户输入的最大字节数 */

char *
getpass(const char *prompt)
{
    static char     buf[MAX_PASS_LEN + 1];  /* 末尾为null 字节 */
    char            *ptr;
    sigset_t        sig, osig;
    struct termios  ts, ots;
    FILE            *fp;
    int             c;

    if ((fp = fopen(ctermid(NULL), "r+")) == NULL)
        return(NULL);
    setbuf(fp, NULL);

    sigemptyset(&sig);
    sigaddset(&sig, SIGINT);        /* 阻塞 SIGINT */
    sigaddset(&sig, SIGTSTP);       /* 阻塞 SIGTSTP */
    sigprocmask(SIG_BLOCK, &sig, &osig);    /* 保存掩码 */

    tcgetattr(fileno(fp), &ts);     /* 保存 tty 状态 */
    ots = ts;                       /* 结构体副本 */
    ts.c_lflag &= ~(ECHO | ECHOE | ECHOK | ECHONL);
    tcsetattr(fileno(fp), TCSAFLUSH, &ts);
    fputs(prompt, fp);

    ptr = buf;
    while ((c = getc(fp)) != EOF && c != '\n')
        if (ptr < &buf[MAX_PASS_LEN])
            *ptr++ = c;
    *ptr = 0;               /* 末尾为null 字节 */
    putc('\n', fp);         /* 回显换行符 */

    tcsetattr(fileno(fp), TCSAFLUSH, &ots);     /* 恢复 TTY 状态 */
    sigprocmask(SIG_SETMASK, &osig, NULL);  /* 恢复掩码 */
    fclose(fp);             /* 已用完/dev/tty */
    return(buf);
}
```

图 18.17 getpass 函数的实现

在这个例子中，需要考虑以下几点。

- 调用函数 ctermid 来打开控制终端，而不是直接将/dev/tty 写到程序中。
- 我们只对控制终端进行读/写操作，如果无法打开该设备进行读/写，则返回错误。还可以使用其他的约定。GNU C 库中的 getpass 函数从标准输入读取口令，如果不能以可读写的方式打开控制终端，则该版本的 getpass 函数会把错误信息写入标准输出；而 Solaris 版本的 getpass 在无法打开控制终端时将失败。
- 阻塞 SIGINT 和 SIGTSTP 信号。如果不这样做，输入 INTR 字符将中止程序并使终端禁止回显。类似地，输入 SUSP 字符将使程序停止并返回禁止回显的 shell。在禁止回显时，我们选择阻塞这两个信号。如果它们是在我们读取口令期间生成的，则将一直保持阻塞的状态直到 getpass 函数返回。还有其他方法来处理这些信号。有些版本的代码在执行 getpass 函数时会忽略 SIGINT（保存它先前的动作），而在 getpass 函数返回前将此信号的动作重置为先前的值。这意味着在忽略该信号期间产生的任何信号都将丢失。其他版本捕捉 SIGINT 信号（保存其先前的动作），如果捕捉到该信号，则在重置终端状态和信号动作后，使用 kill 函数给自己发送信号。任何 getpass 版本都不会捕捉、忽略或阻塞 SIGQUIT 信号，因此输入 QUIT 字符会中止程序，并可能导致终端的回显被禁用。

- 请注意，有些 shell，尤其是 Korn shell，在读取交互式输入时，都会打开回显。这些 shell 提供了命令行编辑功能，因此我们每次输入交互命令时，shell 都会处理终端状态。所以，如果在其中一种 shell 下调用此程序并使用 QUIT 字符中止它，它可能会为我们重启回显。其他不提供这种命令行编辑形式的 shell（比如 Bourne shell）将中止程序并使终端处于无回显模式。如果对终端执行此操作，使用 stty 命令可以重新启用回显。
- 使用标准 I/O 读写控制终端。我们特别设置了无缓冲流，否则，流的写入和读取可能会相互干扰（将需要多次调用 fflush）。也可以使用无缓冲的 I/O（见第 3 章），但我们必须用 read 函数来模拟 getc 函数。
- 最多只存储 8 个字符作为口令。输入的任何其他字符都会被忽略。

图 18.18 中的程序调用了 getpass 函数并打印了我们输入的内容，以验证 ERASE 和 KILL 字符是否正常工作（在规范模式下应该如此）。

```
#include "apue.h"

char    *getpass(const char *);

int
main(void)
{
    char    *ptr;

    if ((ptr = getpass("Enter password:")) == NULL)
        err_sys("getpass error");
    printf("password: %s\n", ptr);

    /* 现在使用密钥（可能会加密）…… */

    while (*ptr != 0)
        *ptr++ = 0;        /* 用完后将其清零 */
    exit(0);
}
```

图 18.18 调用 getpass 函数

每当调用 getpass 函数的程序使用明文口令时，为了安全起见，程序应该清零内存。如果该程序要生成一个其他用户可读取的 core 文件，或者其他进程能够以某种方式读取内存，那么它们就有可能读取到明文口令。此处的“明文”是指我们在 getpass 打印的提示符处键入的口令。大多数 UNIX 系统程序都会修改此明文口令，将其转换为“加密”的口令。例如，口令文件（见 6.2 节）中的 pw_passwd 字段包含的是加密的口令而不是明文口令。

18.11 非规范模式

非规范模式是通过关闭 termios 结构体 c_lflag 字段的 ICANON 标识来指定的。在非规范模式下，输入数据不组装成行。下列特殊字符（见 18.3 节）不会被处理：ERASE、KILL、EOF、NL、EOL、EOL2、CR、REPRINT、STATUS 和 WERASE。

如前所述，规范模式很容易理解：系统每次最多返回一行。但在非规范模式下，系统如何知道何时给我们返回数据呢？如果每次返回 1 字节，那么系统开销将会很大（图 3.6 显示了每次读 1 字节的开销。当返回的数据量加倍时，系统调用的开销就减半）。系统不能总是一次返回多个字节，因为在开始读数据之前往往不知道要读多少数据。

解决方案是告诉系统，在读取指定数量的数据后或经过给定时长后再返回。这种技术使用 termios 结构体 c_cc 数组中的两个变量：MIN 和 TIME。数组中的这两个元素的下标名为 VMIN 和 VTIME。

MIN 指定 read 返回前的最小字节数。TIME 指定等待数据到达的时间（单位为 0.1 秒）。有下列 4 种情形。

情形 A：MIN > 0，TIME > 0

TIME 指定了一个字节间定时器，它仅在收到第一个字节时才会启动。如果在定时器超时之前收到 MIN 字节，read 将返回 MIN 字节。如果定时器在接到 MIN 字节之前超时，read 将返回收到的字节（如果定时器超时，则至少返回 1 字节，因为在收到第一个字节之前，定时器是不会启动的）。在这种情况下，调用者在接收到第一个字节之前会一直阻塞。如果在调用 read 时数据已经可用，那么就好像在 read 后立即收到了数据一样。

情形 B：MIN > 0，TIME == 0

read 在接收到 MIN 字节之前不返回。这会导致 read 无限期阻塞。

情形 C：MIN == 0，TIME > 0

TIME 指定了一个读定时器，当调用 read 时就会启动这个定时器（将其与情形 A 进行对比，在情形 A 中，非零的 TIME 表示直到接收到第一个字节才启动字节间定时器）。当收到一个字节或定时器超时之时，read 返回。如果定时器超时，则 read 返回 0。

情形 D：MIN == 0，TIME == 0

如果某些数据可用，则 read 最多将返回被请求的字节数。如果无可用的数据，则 read 立即返回 0。

要认识到，在所有这些情况下，MIN 只是最小值。如果程序请求的数据超过 MIN 字节，则可以收到多于 MIN 字节的数据。这也适用于 MIN 为零的情形 C 和情形 D。

图 18.19 总结了 4 种非规范模式输入。在此图中，*nbytes* 是 read 函数的第三个参数（返回的最大字节数）。

	MIN > 0	MIN == 0
TIME > 0	A：在定时器超时之前，read 返回[MIN, *nbytes*] 如果定时器超时，read 返回[1, MIN) （TIME = 字节间定时器，调用者会无限期阻塞）	C：在定时器超时之前，read 返回[1, *nbytes*] 如果定时器超时，read 返回 0 （TIME = read 定时器）
TIME == 0	B：当有可用数据时，read 返回[MIN, *nbytes*] （调用者可无限期阻塞）	D：read 立即返回[0, *nbytes*]

图 18.19 非规范模式输入的 4 种情形

请注意，POSIX.1 允许下标 VMIN 和 VTIME 的值分别与 VEOF 和 VEOL 相同。实际上，Solaris 这样做是为了向后兼容 System V 的早期版本。然而，这也造成了可移植性问题。当从非规范模式转换到规范模式时，我们必须恢复 VEOF 和 VEOL。如果 VMIN 等于 VEOF，并且我们不恢复它们的值，那么当我们将 VMIN 设置为其典型值“1”时，文件结束符将变为 Ctrl+A。解决这个问题的最简单的方法是，在进入非规范模式时保存整个 termios 结构体，然后在返回规范模式时恢复它。

示例

图 18.20 中的程序定义了 tty_cbreak 和 tty_raw 函数，它们将终端设置为 *cbreak* 模式和 *raw* 模式（术语 *cbreak* 和 *raw* 来自 V7 终端驱动程序）。我们可以通过调用函数 tty_reset 将终端重置为其原始状态（调用这些函数之前的状态）。

如果调用了 tty_cbreak，那么我们需要在调用 tty_raw 之前调用 tty_reset。同样地，在调用 tty_raw 之后调用 tty_cbreak 也是如此。这提高了当遇到错误时终端保持可用状态的概率。

该程序还提供了两个函数：tty_atexit，它可以被设置为一个退出处理程序，以确保通过 exit 能重置终端模式；tty_termios，返回一个指向原始规范模式下 termios 结构体的指针。

```
#include "apue.h"
#include <termios.h>
#include <errno.h>

static struct termios       save_termios;
static int                  ttysavefd = -1;
static enum { RESET, RAW, CBREAK } ttystate = RESET;

int
tty_cbreak(int fd) /* 将终端置于 cbreak 模式 */
{
    int             err;
    struct termios buf;

    if (ttystate != RESET) {
        errno = EINVAL;
        return(-1);
    }
    if (tcgetattr(fd, &buf) < 0)
        return(-1);
    save_termios = buf; /* 结构体副本 */

    /*
     * 关闭回显和规范模式。
     */
    buf.c_lflag &= ~(ECHO | ICANON);

    /*
     * 情况 B: 1 次 1 字节，无定时器。
     */
    buf.c_cc[VMIN] = 1;
    buf.c_cc[VTIME] = 0;
    if (tcsetattr(fd, TCSAFLUSH, &buf) < 0)
        return(-1);

    /*
     * 验证更改过程是否被卡住。
     * tcsetattr 可以在成功更改了一部分时返回 0。
     */
    if (tcgetattr(fd, &buf) < 0) {
        err = errno;
        tcsetattr(fd, TCSAFLUSH, &save_termios);
        errno = err;
        return(-1);
    }
    if ((buf.c_lflag & (ECHO | ICANON)) || buf.c_cc[VMIN] != 1 ||
      buf.c_cc[VTIME] != 0) {
        /*
         * 只进行了部分更改。
         * 恢复原始设置。
         */
```

```
        tcsetattr(fd, TCSAFLUSH, &save_termios);
        errno = EINVAL;
        return(-1);
    }

    ttystate = CBREAK;
    ttysavefd = fd;
    return(0);
}

int
tty_raw(int fd)     /* 将终端置于 raw 模式 */
{
    int             err;
    struct termios buf;

    if (ttystate != RESET) {
        errno = EINVAL;
        return(-1);
    }
    if (tcgetattr(fd, &buf) < 0)
        return(-1);
    save_termios = buf; /* 结构体副本 */

    /*
     * 关闭回显、规范模式、扩展输入处理、信号字符。
     */
    buf.c_lflag &= ~(ECHO | ICANON | IEXTEN | ISIG);

    /*
     * 若 BREAK 无 SIGINT,
     * 则输入不去除第 8 位。
     * 关闭 CR-to-NL、输入奇偶校验、输出流量控制。
     */
    buf.c_iflag &= ~(BRKINT | ICRNL | INPCK | ISTRIP | IXON);

    /*
     * 清除大小位，关闭奇偶校验。
     */
    buf.c_cflag &= ~(CSIZE | PARENB);

    /*
     * 设置 8 位/字符。
     */
    buf.c_cflag |= CS8;

    /*
     * 关闭输出处理。
     */
    buf.c_oflag &= ~(OPOST);
```

```
    /*
     * 情况 B: 1 次 1 字节，没有定时器。
     */
    buf.c_cc[VMIN] = 1;
    buf.c_cc[VTIME] = 0;
    if (tcsetattr(fd, TCSAFLUSH, &buf) < 0)
        return(-1);

    /*
    * 验证更改过程是否被卡住。tcsetattr 可以在成功更改了一部分时返回 0。
    */
    if (tcgetattr(fd, &buf) < 0) {
        err = errno;
        tcsetattr(fd, TCSAFLUSH, &save_termios);
        errno = err;
        return(-1);
    }
    if ((buf.c_lflag & (ECHO | ICANON | IEXTEN | ISIG)) ||
      (buf.c_iflag & (BRKINT | ICRNL | INPCK | ISTRIP | IXON)) ||
      (buf.c_cflag & (CSIZE | PARENB | CS8)) != CS8 ||
      (buf.c_oflag & OPOST) || buf.c_cc[VMIN] != 1 ||
      buf.c_cc[VTIME] != 0) {
        /*
         * 只做了部分更改。恢复原始设置。
         */
        tcsetattr(fd, TCSAFLUSH, &save_termios);
        errno = EINVAL;
        return(-1);
    }

    ttystate = RAW;
    ttysavefd = fd;
    return(0);
}

int
tty_reset(int fd)          /* 恢复终端模式 */
{
    if (ttystate == RESET)
        return(0);
    if (tcsetattr(fd, TCSAFLUSH, &save_termios) < 0)
        return(-1);
    ttystate = RESET;
    return(0);
}

void
tty_atexit(void)            /* 可以通过 atexit (tty_atexit) 设置 */
{
    if (ttysavefd >= 0)
        tty_reset(ttysavefd);
```

```
}

struct termios *
tty_termios(void)          /* 让调用者看到原始 tty 状态 */
{
    return(&save_termios);
}
```

图 18.20　将终端模式设置为 cbreak 模式或 raw 模式

cbreak 模式的定义如下：

- 非规范模式。正如我们在本节开头提到的，这种模式关闭了某些输入字符的处理。但它没有关闭信号处理，因此用户总是可以键入能够触发终端生成信号的字符。请注意，调用者应该捕捉这些信号；否则，这样的信号可能会终止程序，并且终端将保持 cbreak 模式。
- 一般来说，只要我们编写一个改变终端模式的程序，就应该捕捉大多数信号，以便在程序终止前重置终端模式。
- 关闭回显。
- 每次输入 1 字节。为此，我们将 MIN 设置为 1，将 TIME 设置为 0。这就是图 18.19 中的情形 B。直到至少有 1 字节可用时，read 才会返回。

raw 模式的定义如下：

- 非规范模式。我们还关闭了信号生成字符（ISIG）和扩展输入字符（IEXTEN）的处理。此外，我们还通过关闭 BRKINT 来禁止 BREAK 字符生成信号。
- 关闭回显。
- 禁用输入中的 CR 到 NL 映射（ICRNL）、输入奇偶校验检测（INPCK）、输入字节的第 8 位剥离（ISTRIP）和输出流控制（IXON）。
- 8 位字符（CS8）且禁用奇偶校验（PARENB）。
- 禁用所有输出处理（OPOST）。
- 每次输入 1 字节（MIN=1，TIME=0）。

图 18.21 中的程序测试了 raw 模式和 cbreak 模式。

```
#include "apue.h"

static void
sig_catch(int signo)
{
    printf("signal caught\n");
    tty_reset(STDIN_FILENO);
    exit(0);
}

int
```

```
main(void)
{
    int     i;
    char    c;

    if (signal(SIGINT, sig_catch) == SIG_ERR)    /* 捕获信号 */
        err_sys("signal(SIGINT) error");
    if (signal(SIGQUIT, sig_catch) == SIG_ERR)
        err_sys("signal(SIGQUIT) error");
    if (signal(SIGTERM, sig_catch) == SIG_ERR)
        err_sys("signal(SIGTERM) error");

    if (tty_raw(STDIN_FILENO) < 0)
        err_sys("tty_raw error");
    printf("Enter raw mode characters, terminate with DELETE\n");
    while ((i = read(STDIN_FILENO, &c, 1)) == 1) {
        if ((c &= 255) == 0177)      /* 0177 为 DELETE 的 ASCII 码 */
            break;
        printf("%o\n", c);
    }
    if (tty_reset(STDIN_FILENO) < 0)
        err_sys("tty_reset error");
    if (i <= 0)
        err_sys("read error");
    if (tty_cbreak(STDIN_FILENO) < 0)
        err_sys("tty_cbreak error");
    printf("\nEnter cbreak mode characters, terminate with SIGINT\n");
    while ((i = read(STDIN_FILENO, &c, 1)) == 1) {
        c &= 255;
        printf("%o\n", c);
    }
    if (tty_reset(STDIN_FILENO) < 0)
        err_sys("tty_reset error");
    if (i <= 0)
        err_sys("read error");
    exit(0);
}
```

图 18.21 测试 raw 模式和 cbreak 模式

运行图 18.21 中的程序，我们可以看到在这两种终端模式下发生了什么：

```
$ ./a.out
Enter raw mode characters, terminate with DELETE
                                                4
                                                 33
                                                   133
                                                      61
                                                        70
                                                          176
                           输入 DELETE
Enter cbreak mode characters, terminate with SIGINT
```

```
1                              键入 Ctrl+A
10                             按下退格键
signal caught                  按下中断键
```

在 raw 模式下，输入的字符是 Ctrl+D（04）和特殊功能键 F7。在正在被使用的终端上，该功能键生成 5 个字符：ESC（033）、“[”（0133）、“1”（061）、“8”（070）和 “~”（0176）。请注意，由于在 raw 模式下关闭输出处理（~OPOST），因此在每个字符后不会有回车符输出。还要注意的是，在 cbreak 模式下禁用特殊字符处理（例如，不对 Ctrl+D、文件结束符和退格符做特殊处理），但仍然对终端生成的信号进行处理。

18.12 终端窗口大小

大多数 UNIX 系统提供了跟踪当前终端窗口大小的方法，在窗口大小发生变化时让内核通知前台进程组。内核为每个终端和伪终端都维护了一个 winsize 结构体：

```
struct winsize {
  unsigned short ws_row;      /* 行，以字符为单位 */
  unsigned short ws_col;      /* 列，以字符为单位 */
  unsigned short ws_xpixel;   /* 水平像素（未使用） */
  unsigned short ws_ypixel;   /* 垂直像素（未使用） */
};
```

该结构体的规则如下：

- 可以使用 TIOCGWINSZ 的 ioctl（见 3.15 节）获取该结构体当前的值。
- 可以使用 TIOCSWINSZ 的 ioctl 将此结构体的新值存储到内核中。如果这个新值与内核中存储的结构体当前的值不同，则向前台进程组发送 SIGWINCH 信号。注意，从图 10.1 中可以看出，默认情况下此信号将被忽略。
- 除了存储结构体的当前值并在值改变时生成信号之外，内核对该结构体不做任何其他操作。对结构体的解释完全取决于应用程序。

此特性用于在窗口大小发生变化时通知应用程序（如 vi 编辑器）。当应用程序收到信号时，可以获知新的窗口大小并重新绘制屏幕。

示例

图 18.22 展示了一个打印当前窗口大小并进入休眠状态的程序。每当窗口大小改变时，都会捕获 SIGWINCH 信号并打印新的窗口大小值。我们必须用信号终止这个程序。

```
#include "apue.h"
#include <termios.h>
#ifndef TIOCGWINSZ
#include <sys/ioctl.h>
```

```
#endif

static void
pr_winsize(int fd)
{
    struct winsize size;

    if (ioctl(fd, TIOCGWINSZ, (char *) &size) < 0)
        err_sys("TIOCGWINSZ error");
    printf("%d rows, %d columns\n", size.ws_row, size.ws_col);
}

static void
sig_winch(int signo)
{
    printf("SIGWINCH received\n");
    pr_winsize(STDIN_FILENO);
}

int
main(void)
{
    if (isatty(STDIN_FILENO) == 0)
        exit(1);
    if (signal(SIGWINCH, sig_winch) == SIG_ERR)
        err_sys("signal error");
    pr_winsize(STDIN_FILENO);   /* 打印原始大小 */
    for ( ; ; )                 /* 永久睡眠 */
        pause();
}
```

图 18.22　打印窗口大小

在一个带窗口终端的系统上运行图 18.22 中的程序，会得到如下结果：

```
$ ./a.out
35 rows, 80 columns         初始大小
SIGWINCH received           更改窗口大小：捕捉到信号
40 rows, 123 columns
SIGWINCH received           再来一次
42 rows, 33 columns
^C $                        按下中断键来终止
```

18.13 termcap、terminfo 和 curses

termcap 代表“终端能力”，它指的是文本文件/etc/termcap 以及用于读取该文件的一组例程。termcap 方案是伯克利为支持 vi 编辑器开发的。termcap 文件包含对终端的各种描述：该终端支持哪些特性（例如，有多少行和列，是否支持退格）以及如何使终端执行某

些操作（例如，清除屏幕，将光标移动到指定位置）。将这些信息从编译好的程序中取出并放入一个易于编辑的文本文件，使得 vi 编辑器能在许多不同的终端上运行。

支持 termcap 文件的例程，最终从 vi 编辑器中被提取出来，并被放入一个单独的 curses 库。为了使该库可用于任何想要操作屏幕的程序，许多特性被添加进来。

termcap 方案并不完美。随着越来越多的终端被添加到数据文件中，在查找特定的终端时，需要花更长的时间来扫描数据文件。数据文件还使用两个字符的名称来标识各种终端属性。这些缺陷推动了 terminfo 方案及其相关 curses 库的开发。在 terminfo 中，对终端的描述基本上都是文本描述的编译版本，可以在运行时更快地定位。terminfo 随 SVR2 一起出现，此后所有 System V 版本都包含它。

历史上，基于 System V 的系统使用 terminfo，BSD 派生的系统使用 termcap，但现在的系统通常同时提供两者。然而，Mac OS X 仅支持 terminfo。

Goodheart（1991）在他的书中介绍了 terminfo 和 curses 库，但这本书目前已绝版。Strang（1986）讲述了 curses 库的伯克利版本。Strang、Mui 和 O'Reilly（1988）则对 termcap 和 terminfo 进行了讲述。

可在网站 invisible-island 上找到与 SVR4 curses 接口兼容的免费版 ncurses 函数库。

termcap 和 terminfo 两者本身都没有解决我们在本章中所讨论的问题：更改终端模式、更改终端的一个特殊字符、处理窗口大小等。它们所提供的是在各种终端上执行典型操作（清除屏幕、移动光标）的方法。另一方面，curses 库确实对我们在本章中讨论的一些细节问题有所帮助。curses 库提供了设置 raw 模式、设置 cbreak 模式、打开和关闭回显等功能的函数。注意，curses 库是为基于字符的哑终端而设计的，如今它们大多已被基于像素的图形终端所取代。

18.14 小结

终端有很多特性和选项，其中的大部分我们都可以根据需要进行更改。在本章中，我们讲述了许多变更终端操作的函数，即变更特殊输入字符和选项标识的函数。我们还介绍了所有特殊字符，以及可以为终端设备设置或重置的众多选项。

终端输入有两种模式——规范模式（每次一行）和非规范模式。我们展示了这两种工作模式的例子，并提供了在 POSIX.1 终端选项和早期 BSD cbreak 及 raw 模式之间映射的函数。我们还讲述了如何获取和改变终端的窗口大小。

习题

18.1 编写一个调用 tty_raw 的程序然后终止（不重置终端模式）。如果系统提供 reset(1)命令（本书中提到4个系统都提供此命令），使用该命令恢复终端模式。

18.2 c_cflag 字段中的 PARODD 标识允许我们指定奇校验或偶校验。不过，BSD 中的 tip 程序也允许奇偶校验位为0或1。它是如何实现的？

18.3 如果系统中的 stty(1)命令输出 MIN 和 TIME 值，请做下面的练习。登录系统两次，在一次登录时开始启动 vi 编辑器，在另一次登录中用 stty 命令来确定 vi 设置的 MIN 和 TIME 的值（因为 vi 将终端设置为非规范模式）。如果你正在终端上运行窗口系统，则可以登录一次并使用两个独立的窗口来执行相同的测试。

19 伪终端

19.1 引言

在第 9 章中，我们看到终端登录是通过自动提供终端语义的终端设备进行的。终端和运行的程序之间有一个终端行规程（见图 18.2）因此我们可以设置终端的特殊字符（例如退格、行删除、中断）等。然而，当一个登录请求通过网络连接到达时，在接入网络连接和登录 shell 之间的阶段，不会自动加载终端行规程。图 9.5 展示用于提供终端语义的伪终端（pseudo terminal）设备驱动程序。

除了网络登录，我们还将在本章中探讨伪终端的其他用途。我们首先概述如何使用伪终端，然后讨论具体用例。接下来，我们提供了在各种平台上创建伪终端的函数，并使用这些函数编写一个名为 `pty` 的程序。我们将展示该程序的各种用途：抄录终端上输入和输出的所有字符（`script(1)`程序），并运行协同进程，以避免我们在图 15.19 所示的程序中遇到的缓冲区问题。

19.2 概述

术语“伪终端”意味着它看起来像应用程序的终端，但并不是真正的终端。图 19.1 显示了使用伪终端时相关进程的典型编排。图中的关键点如下。

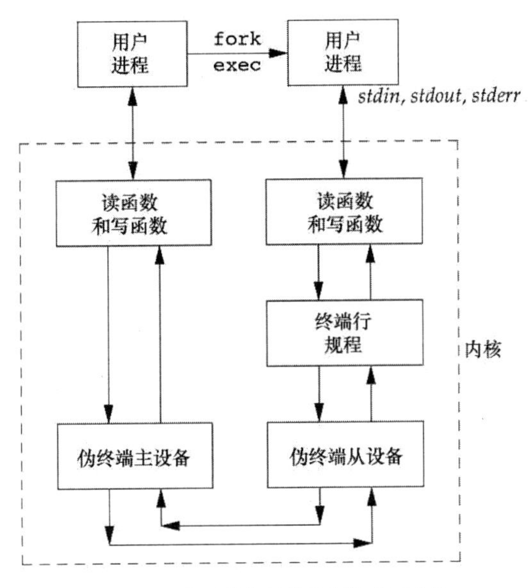

图 19.1 使用伪终端的进程的典型编排

- 通常，进程打开伪终端主设备，然后调用 fork。子进程建立一个新会话，打开相应的伪终端从设备，将文件描述符复制到标准输入、标准输出和标准错误中，然后调用 exec。伪终端从设备成为子进程的控制终端。
- 在伪终端从设备之上的用户进程看来，其标准输入、标准输出和标准错误都是终端设备。通过这些描述符，进程可以调用第 18 章中的所有终端 I/O 函数。但由于伪终端从设备不是真正的终端设备，因此那些无意义的函数调用（例如，改变波特率、发送中断符、设置奇偶校验等）就被忽略了。
- 任何写入伪终端主设备的都会被显示为从设备的输入，反之亦然。实际上，所有从设备的输入都来自主设备上的用户进程。这类似于双向管道，但因为在从设备上有终端行规程，我们拥有比普通管道更多的功能。

图 19.1 显示了在 FreeBSD、Mac OS X 或 Linux 系统上的伪终端的样子。在 19.3 节中，我们将说明如何打开这些设备。

在 Solaris 下，伪终端是使用 STREAMS 子系统构建的。图 19.2 详细说明了 Solaris 下的伪终端 STREAMS 模块的编排。虚线框中的两个 STREAMS 模块是可选的。pckt 和 ptem 模块有助于提供伪终端特有的语义。另外两个模块（ldterm 和 ttcompat）提供行规程处理。在 19.3 节中，我们将展示如何构建 STREAMS 模块的这种编排。

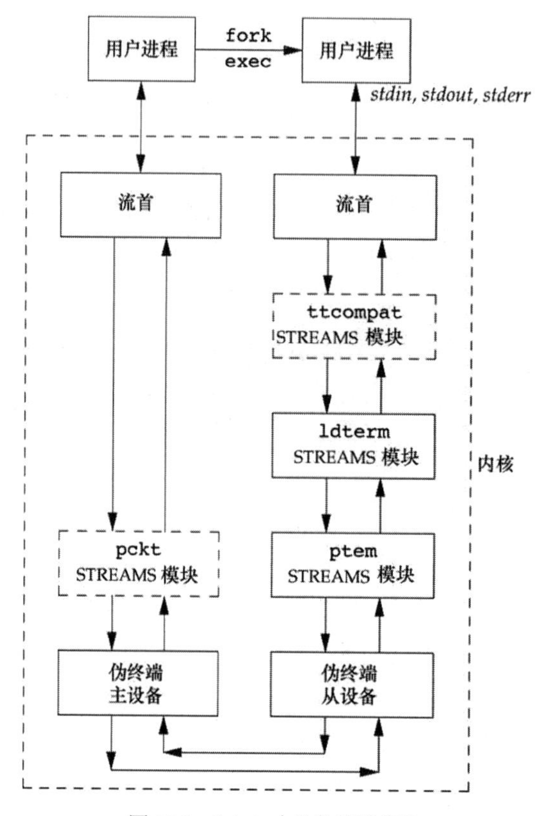

图 19.2　Solaris 中的伪终端编排

从现在开始，我们将不再显示图 19.1 中的“读函数和写函数”或图 19.2 中的“流首”以简化图示。我们还将使用缩写“PTY”来表示伪终端，并将图 19.2 中伪终端从设备之上的所有 STREAMS 模块整合到一个名为“终端行规程”的框中，像图 19.1 中的那样。

现在我们将研究伪终端的一些典型用法。

网络登录服务器

伪终端内置于提供网络登录服务的服务器中。典型的例子是 `telnetd` 和 `rlogind` 服务器。Stevens（1990）的书在第 15 章详细介绍了 `rlogin` 服务相关的步骤。一旦登录 shell 运行在远程主机上，即可得出图 19.3 中所示的编排。`telnetd` 服务器也使用了类似的编排。

我们展示了 `rlogind` 服务器和登录 shell 之间的两个 `exec` 调用，因为 `login` 程序通常位于这两者之间，用于验证用户身份。

图 19.3 中的一个关键点是，驱动 PTY 主设备的进程通常同时在读/写另一个 I/O 流。在本例中，另一个 I/O 流是 TCP/IP 那个方框。这意味着进程肯定使用了某种形式的 I/O 多路复用（见 14.4 节），例如 `select` 或 `poll`，或者该进程必然分成了两个进程或线程。

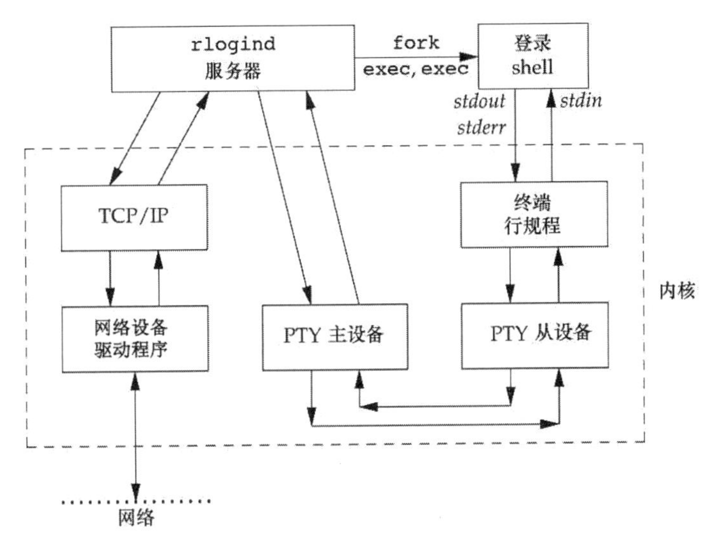

图 19.3 rlogind 服务器的进程编排

窗口系统终端模拟

窗口系统通常提供一个终端模拟器，这样我们就可以使用 shell 在熟悉的命令行环境中运行程序。终端模拟器充当 shell 和窗口管理器之间的中介。每个 shell 都在自己的窗口中执行。这种编排（两个 shell 在不同的窗口中运行）如图 19.4 所示。

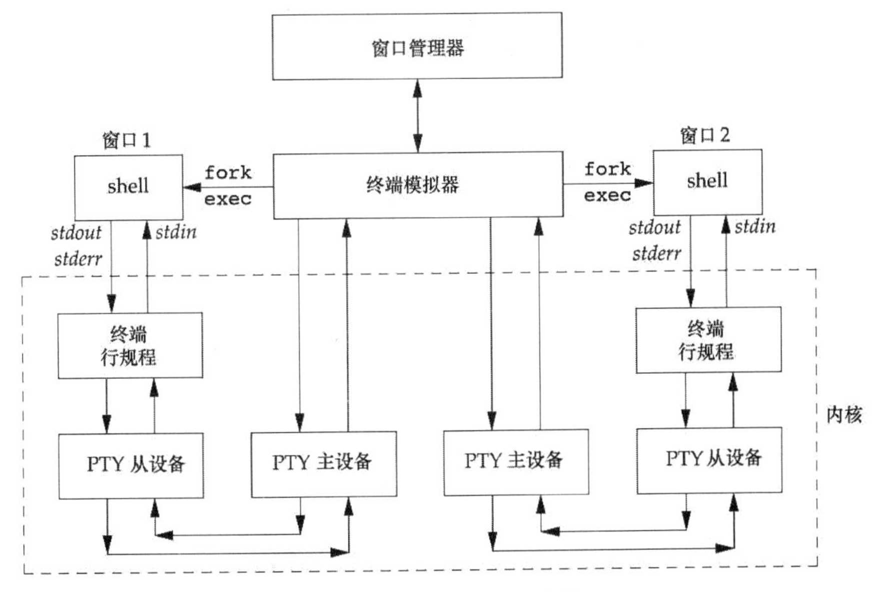

图 19.4 窗口系统的进程编排

shell 在运行时，其标准输入、标准输出和标准错误都连接到 PTY 从设备端。终端模拟器程序打开 PTY 主设备。除了充当窗口子系统的接口外，终端模拟器还负责模拟特定类型的终端，这意味着它需要响应与它所模拟的设备类型相关联的转义码。这些代码被列在 termcap 和 terminfo 数据库中。

当用户调整终端模拟器窗口的大小时，窗口管理器会通知终端模拟器。终端模拟器在 PTY 主设备端发出 TIOCSWINSZ ioctl 命令来设置从设备的窗口大小。如果窗口大小和当前的不同，内核将向 PTY 从设备的前台进程组发送 SIGWINCH 信号。如果应用程序需要在调整窗口大小时重绘屏幕，它可以捕捉 SIGWINCH 信号，发出 TIOCSWINSZ ioctl 命令获取新的屏幕尺寸，并重绘屏幕。

script 程序

大多数 UNIX 系统提供的 script(1)程序会将终端会话期间输入和输出的所有内容复制到文件中。该程序通过将自己置于终端和新调用的登录 shell 之间来实现这一点。图 19.5 详述了与 script 程序相关的交互。这里，我们特别说明 script 程序通常是从登录 shell 中运行的，然后登录 shell 会等待 script 程序终止。

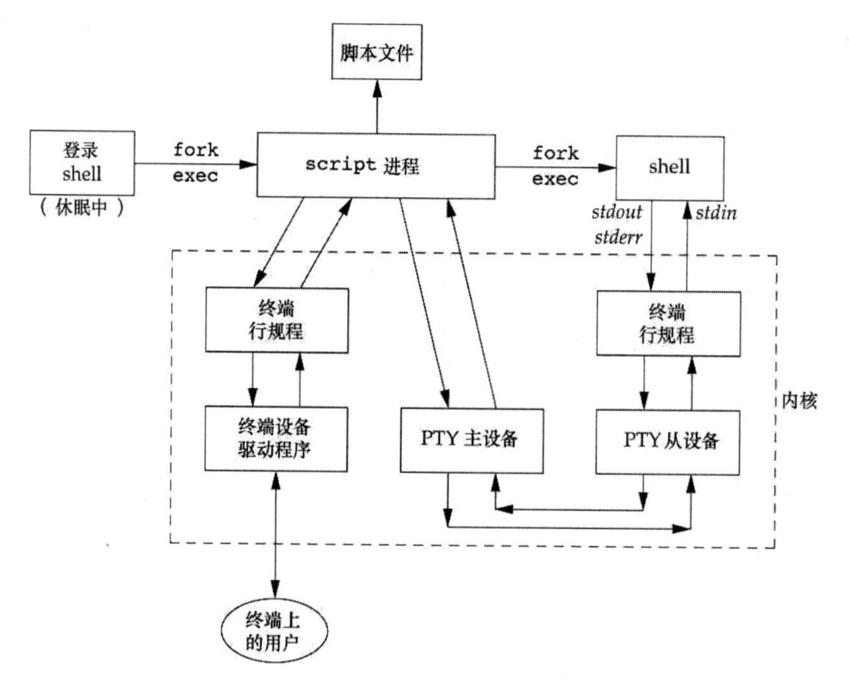

图 19.5 script 程序

当 script 运行时，PTY 从设备上的终端行规程输出的所有内容都会被复制到脚本文件中（通常称为 typescript）。由于我们的击键通常是由该行规程模块回显的，所以脚本文件中也会包含我们输入的内容。然而，脚本文件不会包含我们输入的任何口令，因为口令不会回显。

在编写本书第 1 版时，Rich Stevens 使用 script 程序捕捉示例程序的输出，避免了手工复制程序输出可能出现的排版错误。然而，使用 script 有一个缺点，就是必须处理脚本文件中的控制字符。

在 19.5 节中开发了通用 pty 程序之后，我们将展示一个简单的 shell 脚本，通过这个脚本可以将 pty 程序转换为一个新版的 script 程序。

expect 程序

伪终端可用于在非交互模式下驱动交互式程序。许多程序被固定设置为需要终端才能运行，一个例子是 passwd(1) 命令，它要求用户根据提示输入密码。

与其修改所有交互式程序以支持批处理操作模式，更好的解决方案是提供一种通过脚本来驱动交互式程序的方法。expect 程序（Libes，1990，1991，1994）提供了一种实现这一目标的方法。类似于 19.5 节中的 pty 程序，它使用伪终端来运行其他程序。但 expect 还提供了一种编程语言来检查正在运行的程序的输出，以决定将什么作为输入发送给该程序。当从脚本中运行交互式程序时，不能只是将脚本的所有内容复制到程序中，反之亦然。相反，我们必须向程序发送某个输入，查看其输出，并决定下一步给它发送什么。

运行协同进程

在图 15.19 所示的协同进程例子中，我们无法调用一个使用了标准 I/O 库进行输入、输出的协同进程。因为当我们通过管道与协同进程进行通信时，标准 I/O 库会完全缓冲标准输入和标准输出，从而导致死锁。如果协同进程是一个编译过的程序，而我们又没有源代码，就不能通过添加 fflush 语句来解决这个问题。图 15.16 显示了进程驱动协同进程的情形。我们需要做的是在两个进程之间放置一个伪终端，如图 19.6 所示，以诱使协同进程认为它是由终端而非另一个进程驱动的。

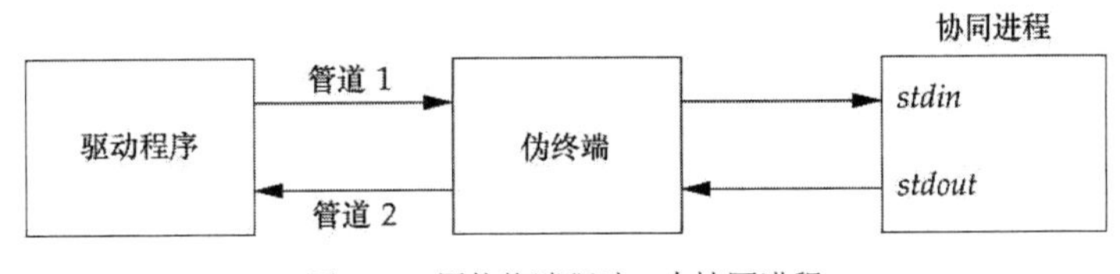

图 19.6　用伪终端驱动一个协同进程

现在，协同进程的标准输入和标准输出看起来就像终端设备了，所以标准 I/O 库会将这两个流设置为行缓冲。

父进程可以通过两种方式在其自身和协同进程之间得到一个伪终端（在这种情况下，父进程可以是图 15.18 中的程序，它使用两个管道与协同进程通信）。一种方法是父进程直接调用 `pty_fork` 函数（见 19.4 节）而不是调用 `fork`。另一种方法则是以协同进程为参数执行该 `pty` 程序（见 19.5 节）。我们将在展示 `pty` 程序后介绍这两种解决方案。

观察长时间运行的程序的输出

如果我们有一个长时间运行的程序，可以使用任何标准 shell 在后台轻松运行它。不幸的是，如果我们将该程序的标准输出重定向到一个文件，并且它又不生成太多输出，就无法方便地监控其进度，因为标准 I/O 库将完全缓冲它的标准输出。我们看到的将只是标准 I/O 库函数写入输出文件中的输出块（可能以 8192 字节大小的块为单位）。

如果我们有源代码，则可以插入对 `fflush` 的调用，来强制在选择点刷新标准 I/O 缓冲区，或者把缓冲模式改成使用 `setvbuf` 的行缓冲。然而，如果没有源代码，可以在 `pty` 程序下运行该程序，使其标准 I/O 库认为它的标准输出是一个终端。图 19.7 显示了这种编排，我们将这个缓慢输出的程序称为 `slowout`。为了强调 `pty` 进程是作为后台作业运行的，从登录 shell 到 `pty` 进程的 `fort/exec` 箭头显示为虚线。

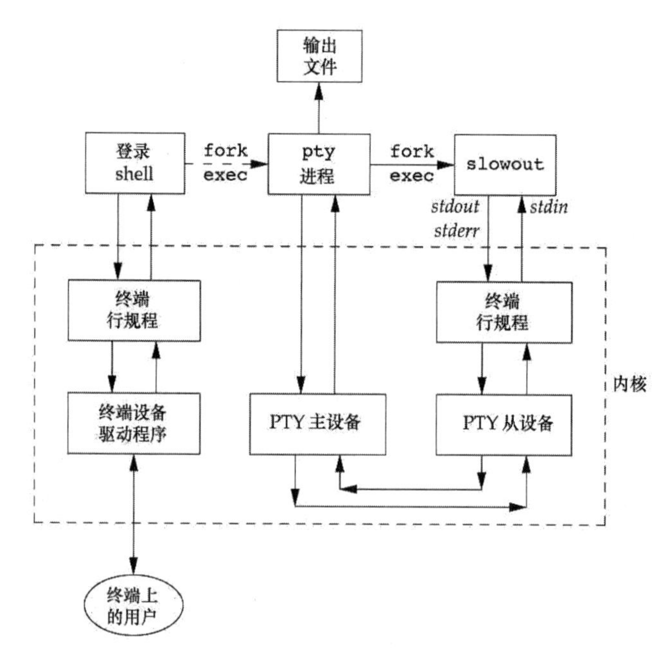

图 19.7 使用伪终端运行一个缓慢输出的程序

19.3 打开伪终端设备

PTY 的作用类似于物理终端设备，因此应用程序无须知晓它们使用的是哪种类型的设备。然而，在打开 PTY 设备文件时，应用程序并不需要设置 O_TTY_INIT 标识。Single UNIX Specification 早已要求在首次打开 PTY 从设备时进行初始化，以便设置设备按预期的那样操作所需的任何非标准 termios 标识。这个要求意在让 PTY 设备能正确地运行那些遵循 POSIX 标准且调用了 tcgetattr 和 tcsetattr 的应用程序。

```
#include <stdlib.h>
#include <fcntl.h>

int posix_openpt(int oflag);
```

返回值：若成功，则返回下一个可用 PTY 主设备的文件描述符；若失败，则返回-1

打开 PTY 设备的方式会因平台而异。Single UNIX Specification 包含了作为 XSI 选项部分的几个函数，试图统一这些方法。System V Release 4 最初提供了管理基于 STREAMS 的伪终端函数。Single UNIX Specification 中的这些扩展函数就是建立在这些函数基础之上的。posix_openpt 函数就是一种可移植的方法，可以打开下一个可用的 PTY 主设备。

oflag 参数是一个位掩码，它指定了如何打开主设备，与 open(2)中使用的同名参数类似。然而并非所有 open 标识都被支持。通过 posix_openpt，我们可以指定 O_RDWR 来打开主设备进行读写，并且可以指定 O_NOCTTY 来防止主设备成为调用者的控制终端。所有其他 open 标识都会导致未定义的行为。

在使用从设备之前，需要设置其权限，以便应用程序可以访问它。grantpt 函数就是这样做的。它将从设备节点的用户 ID 设置为调用者的真实用户 ID，并将节点的组 ID 设置为一个未指定的值，通常是可以访问终端设备的某个组。将权限设置为允许个人所有者进行读写访问，允许组所有者进行写访问（0620）。

实现通常将 PTY 从设备的组所有权设置为 tty 组。对于需要拥有系统中所有活动终端的写权限的程序，例如 wall(1)和 write(1)，将其组 ID 设置为 tty 组。因为在 PTY 从设备上使能了组写权限，所以这些程序就可以向活动终端写入。

```
#include <stdlib.h>

int grantpt(int fd);

int unlockpt(int fd);
```

两个函数的返回值：若成功，则返回 0；若出错，则返回-1

要更改从设备节点的权限，grantpt 可能需要 fork 并 exec 一个设置用户 ID 的程序（例如，Solaris 上的/usr/lib/pt_chmod）。于是，如果调用者捕获了 SIGCHLD 信号，这就是一个未指定的行为。

unlockpt 函数用于授予对 PTY 从设备的访问权，从而允许应用程序打开该设备。通过阻止其他进程打开从设备，设置设备的应用程序有机会在使用主从设备之前正确地初始化它们。

注意，在 grantpt 和 unlockpt 这两个函数中，文件描述符参数是与 PTY 主设备相关联的文件描述符。

如果给定 PTY 主设备的文件描述符，那么可以用 ptsname 函数查找 PTY 从设备的路径名。这使得应用程序可以识别从设备，不受给定平台遵循的任何特定惯例的影响。请注意，该函数返回的名称可能存储在静态内存中，因此它可能会被后续的调用覆盖。

```
#include <stdlib.h>

char *ptsname(int fd);
```

返回值：若成功，则返回指向 PTY 从设备的指针；若出错，则返回 NULL

图 19.8 总结了 Single UNIX Specification 中的伪终端函数，并指出了本书讨论的平台支持哪些函数。

> 在 FreeBSD 上，grantpt 和 unlockpt 只做参数验证。PTY 是通过正确的权限动态创建的。注意，FreeBSD 定义 O_NOCTTY 标识只是为了与调用 posix_openpt 的应用程序兼容。FreeBSD 不会在打开终端设备的同时分配一个控制终端，因此 O_NOCTTY 标识无效。

函数	说明	XSI	FreeBSD 8.0	Linux 3.2.0	Mac OS X 10.6.8	Solaris 10
grantpt	更改 PTY 从设备权限	•	•	•	•	•
posix_openpt	打开一个 PTY 主设备	•	•	•	•	•
ptsname	返回 PTY 从设备的名字	•	•	•	•	•
unlockpt	允许打开 PTY 从设备	•	•	•	•	•

图 19.8　XSI 伪终端函数

Single UNIX Specification 已经改善了这方面的可移植性，但差异仍然存在。我们提供了两个处理所有细节的函数：ptym_open，用于打开下一个可用的 PTY 主设备；ptys_open，用于打开相应的从设备。

```
#include "apue.h"

int ptym_open(char *pts_name, int pts_namesz);
```

返回值：若成功，则返回 PTY 主设备的文件描述符；若出错，则返回-1

```
int ptys_open(char *pts_name);
```

返回值：若成功，则返回 PTY 从设备的文件描述符；若出错，则返回-1

通常，我们不会直接调用这两个函数；而是由函数 pty_fork（见 19.4 节）来调用它们，并且还会 fork 出一个子进程。

ptym_open 函数（见图 19.9）打开下一个可用的 PTY 主设备。调用者必须分配一个数组来保存从设备的名称；如果调用成功，则相应从设备的名称会通过 pts_name 返回。然后，此名称被传递给用于打开该从设备的 ptys_open 函数。缓冲区的长度（以字节为单位）由 pts_namesz 传递，因此 ptym_open 函数不会复制比缓冲区长的字符串。

当我们演示 pty_fork 函数时，提供两个函数来打开这两个设备的原因将会显而易见。通常，进程调用 ptym_open 函数来打开主设备并获取从设备的名称。然后进程 fork，子进程在调用 setsid 函数建立新会话后调用 ptys_open 函数打开从设备。这就是从设备成为子进程控制终端的过程。

```
#include "apue.h"
#include <errno.h>
#include <fcntl.h>
#if defined(SOLARIS)
#include <stropts.h>
#endif

int
ptym_open(char *pts_name, int pts_namesz)
{
    char *ptr;
    int fdm, err;

    if ((fdm = posix_openpt(O_RDWR)) < 0)
        return(-1);
    if (grantpt(fdm) < 0)         /* 授予对从设备的访问权限 */
        goto errout;
    if (unlockpt(fdm) < 0)        /* 清除从设备的锁标识 */
        goto errout;
    if ((ptr = ptsname(fdm)) == NULL)    /* 获取从设备的名称 */
        goto errout;

    /*
     * 返回从设备的名称。
     * null 终止符用来处理 strlen(ptr) > pts_namesz 的情况
     */
    strncpy(pts_name, ptr, pts_namesz);
    pts_name[pts_namesz - 1] = '\0';
    return(fdm);                 /* 返回主设备的文件描述符 fd */
errout:
    err = errno;
    close(fdm);
    errno = err;
    return(-1);
}

int
```

```
ptys_open(char *pts_name)
{
    int fds;
#if defined(SOLARIS)
    int err, setup;
#endif

    if ((fds = open(pts_name, O_RDWR)) < 0)
        return(-1);

#if defined(SOLARIS)
    /*
     * 检查流是否已由自动推送功能设置
     */
    if ((setup = ioctl(fds, I_FIND, "ldterm")) < 0)
        goto errout;

    if (setup == 0) {
        if (ioctl(fds, I_PUSH, "ptem") < 0)
            goto errout;
        if (ioctl(fds, I_PUSH, "ldterm") < 0)
            goto errout;
        if (ioctl(fds, I_PUSH, "ttcompat") < 0) {
errout:
            err = errno;
            close(fds);
            errno = err;
            return(-1);
        }
    }
#endif
    return(fds);
}
```

图 19.9　伪终端打开函数

ptym_open 函数使用 XSI PTY 函数查找并打开一个未被使用的 PTY 主设备，然后初始化对应的 PTY 从设备。ptys_open 函数会打开 PTY 从设备。然而，在 Solaris 系统上，在让 PTY 从设备表现得像个终端之前，我们可能需要采取额外的步骤。

在 Solaris 上，打开从设备后，我们可能需要将三个 STREAMS 模块推入从设备的流。伪终端模拟模块（ptem）和终端行规程模块（ldterm）一起充当真实终端。ttcompat 模块提供了对 V7、4BSD 和 Xenix 等早期系统的 ioctl 调用的兼容性。这是一个可选的模块，但是因为它在网络登录时会自动被推送，所以我们将其推送到从设备的数据流中。

我们不需要推送这三个模块的原因是，它们可能已经位于流中。STREAMS 系统支持一种称为自动推送（autopush）的功能，它允许管理员配置模块列表，以便在打开特定设备时就将其推入流中，更多详细信息，请参见 Rago 所著图书（1993）。我们使用 I_FIND ioctl 命令来查看 ldterm 是否已在流中。如果是，则认为该流已由 autopush 机制配置好了，这样就无须再推送相应模块。

Linux、Mac OS X 和 Solaris 都遵循历史上 System V 的行为：如果调用者是一个尚不具备控制终端的会话首进程，这个对 open 的调用就会分配一个 PTY 从设备作为控制终端。如果不希望发生这种情况，可以为 open 指定 O_NOCTTY 标识。然而，在 FreeBSD 上，打开 PTY 从设备并不会分配设备作为控制终端。在下一节中，我们将看到在 FreeBSD 上运行时如何分配控制终端。

19.4 pty_fork 函数

现在，我们使用上一节中的两个函数 ptym_open 和 ptys_open 来编写一个名为 pty_fork 的新函数。这个新函数结合 fork 调用来打开主从设备，创建子进程，将其作为带有控制终端的会话首进程。

```
#include "apue.h"
#include <termios.h>

pid_t pty_fork(int *ptrfdm, char *slave_name, int slave_namesz,
               const struct termios *slave_termios,
               const struct winsize *slave_winsize);
                    返回值：子进程返回 0，父进程返回子进程 ID；若出错则返回-1
```

PTY 主设备的文件描述符通过 *ptrfdm* 指针返回。

如果 *slave_name* 非空，则从设备名称就会存储在那里。调用者负责分配这个参数所指向的存储空间。

如果指针 *slave_termios* 非空，系统将使用该指针所引用的结构体来初始化从设备的终端行规程。如果该指针为空，则系统将从设备的 termios 结构体设置为实现所定义的初始状态。类似地，如果 *slave_winsize* 指针非空，则用该指针所引用的结构体初始化从设备的窗口大小。如果该指针为空，则 winsize 结构体通常被初始化为 0。

图 19.10 展示了 pty_fork 函数的代码，它调用了 ptym_open 和 ptys_open 函数，在本书描述的 4 种平台上该函数都能工作。

打开 PTY 主设备后，fork 将被调用。如前所述，我们希望等子进程先调用 setsid 建立新会话后再调用 ptys_open 函数。在调用 setsid 时，子进程还不是进程组的首进程，因此会出现 9.5 节中列出的三个步骤：（1）子进程作为会话的首进程创建一个新的会话；（2）子进程创建一个新的进程组；（3）子进程断开之前可能有的与控制终端的任何关联。在 Linux、Mac OS X 和 Solaris 下，当 ptys_open 被调用时，PTY 从设备将成为新会话的控制终端。在 FreeBSD 下，必须使用 TIOCSCTTY ioctl 命令来分配控制终端（回顾一下图 9.8，其他三个平台也支持 TIOCSCTTY，但我们只需要在 FreeBSD 上调用它）。

然后，termios 和 winsize 这两个结构体在子进程中被初始化。最后，PTY 从设备的文件描述符被复制到子进程的标准输入、标准输出和标准错误中。这意味着，不论子进程以后调用 exec 执行什么进程，它都拥有连接到 PTY 从设备（其控制终端）的三个描述符。

在调用 fork 后，父进程只返回 PTY 主设备的描述符和子进程的进程 ID。在下一节，我们将在 pty 程序中使用 pty_fork 函数。

```
#include "apue.h"
#include <termios.h>

pid_t
pty_fork(int *ptrfdm, char *slave_name, int slave_namesz,
         const struct termios *slave_termios,
         const struct winsize *slave_winsize)
{
    int     fdm, fds;
    pid_t   pid;
    char    pts_name[20];

    if ((fdm = ptym_open(pts_name, sizeof(pts_name))) < 0)
        err_sys("can't open master pty: %s, error %d", pts_name, fdm);

    if (slave_name != NULL) {
        /*
         * 返回从设备的名称。
         * null 终止符用来处理 strlen(pts_name) > slave_namesz 的情况。
         */
        strncpy(slave_name, pts_name, slave_namesz);
        slave_name[slave_namesz - 1] = '\0';
    }

    if ((pid = fork()) < 0) {
        return(-1);
    } else if (pid == 0) {      /* child */
        if (setsid() < 0)
            err_sys("setsid error");

        /*
         * System V 通过函数 open() 获取控制终端。
         */
        if ((fds = ptys_open(pts_name)) < 0)
            err_sys("can't open slave pty");
        close(fdm);     /* 所有事情都是子进程完成的 */

#if defined(BSD)
        /*
         * TIOCSCTTY 是 BSD 获取控制终端的方式。
         */
        if (ioctl(fds, TIOCSCTTY, (char *)0) < 0)
```

```
            err_sys("TIOCSCTTY error");
#endif
        /*
         * 设置从设备的 termios 和 window 的大小。
         */
        if (slave_termios != NULL) {
            if (tcsetattr(fds, TCSANOW, slave_termios) < 0)
                err_sys("tcsetattr error on slave pty");
        }
        if (slave_winsize != NULL) {
            if (ioctl(fds, TIOCSWINSZ, slave_winsize) < 0)
                err_sys("TIOCSWINSZ error on slave pty");
        }

        /*
         * 从设备成为子进程的 stdin/stdout/stderr。
         */
        if (dup2(fds, STDIN_FILENO) != STDIN_FILENO)
            err_sys("dup2 error to stdin");
        if (dup2(fds, STDOUT_FILENO) != STDOUT_FILENO)
            err_sys("dup2 error to stdout");
        if (dup2(fds, STDERR_FILENO) != STDERR_FILENO)
            err_sys("dup2 error to stderr");
        if (fds != STDIN_FILENO && fds != STDOUT_FILENO &&
          fds != STDERR_FILENO)
            close(fds);
        return(0);          /* 子进程像 fork()一样返回 0 */
    } else {                /* 父进程 */
        *ptrfdm = fdm;      /* 返回主设备的 fd */
        return(pid);        /* 父进程返回子进程的 pid */
    }
}
```

图 19.10 pty_fork 函数

19.5 pty 程序

编写 pty 程序的目的是能够用

```
pty prog arg1 arg2
```

来代替

```
prog arg1 arg2
```

当我们使用 pty 来执行另一个程序时，那个程序就会在它自己的会话中执行，并连接到伪终端。

我们来查看 pty 程序的源代码。第一个文件（见图 19.11）包含 main 函数。它调用上一节中的 pty_fork 函数。

```
#include "apue.h"
#include <termios.h>

#ifdef LINUX
#define OPTSTR "+d:einv"
#else
#define OPTSTR "d:einv"
#endif

static void set_noecho(int);        /* 在这个文件的末尾 */
void            do_driver(char *);  /* 在文件 driver.c 中 */
void            loop(int, int);     /* 在文件 loop.c 中 */

int
main(int argc, char *argv[])
{
    int             fdm, c, ignoreeof, interactive, noecho, verbose;
    pid_t           pid;
    char            *driver;
    char            slave_name[20];
    struct termios  orig_termios;
    struct winsize  size;

    interactive = isatty(STDIN_FILENO);
    ignoreeof = 0;
    noecho = 0;
    verbose = 0;
    driver = NULL;

    opterr = 0;     /* 不希望 getopt() 写入 stderr */
    while ((c = getopt(argc, argv, OPTSTR)) != EOF) {
        switch (c) {
        case 'd':       /* stdin/stdout 的驱动程序 */
            driver = optarg;
            break;

        case 'e':       /* PTY 从设备的行规程无回显 */
            noecho = 1;
            break;

        case 'i':       /* 忽略标准输入的 EOF */
            ignoreeof = 1;
            break;

        case 'n':       /* 非前台交互 */
            interactive = 0;
            break;

        case 'v':       /* 详细信息 */
```

```
            verbose = 1;
            break;

        case '?':
            err_quit("unrecognized option: -%c", optopt);
        }
    }
    if (optind >= argc)
        err_quit("usage: pty [ -d driver -einv ] program [ arg ... ]");

    if (interactive) {  /* 获取当前 termios 和 window 的大小 */
        if (tcgetattr(STDIN_FILENO, &orig_termios) < 0)
            err_sys("tcgetattr error on stdin");
        if (ioctl(STDIN_FILENO, TIOCGWINSZ, (char *) &size) < 0)
            err_sys("TIOCGWINSZ error");
        pid = pty_fork(&fdm, slave_name, sizeof(slave_name),
          &orig_termios, &size);
    } else {
        pid = pty_fork(&fdm, slave_name, sizeof(slave_name),
          NULL, NULL);
    }

    if (pid < 0) {
        err_sys("fork error");
    } else if (pid == 0) {      /* 子进程 */
        if (noecho)
            set_noecho(STDIN_FILENO);    /* stdin 是 PTY 从设备 */

        if (execvp(argv[optind], &argv[optind]) < 0)
            err_sys("can't execute: %s", argv[optind]);
    }

    if (verbose) {
        fprintf(stderr, "slave name = %s\n", slave_name);
        if (driver != NULL)
            fprintf(stderr, "driver = %s\n", driver);
    }

    if (interactive && driver == NULL) {
        if (tty_raw(STDIN_FILENO) < 0)  /* 用户的 tty 为 raw 模式 */
            err_sys("tty_raw error");
        if (atexit(tty_atexit) < 0)     /* 退出时重置用户的 tty */
            err_sys("atexit error");
    }

    if (driver)
        do_driver(driver);  /* 更改我们的 stdin/stdout */

    loop(fdm, ignoreeof);   /* 拷贝 stdin -> ptym, ptym -> stdout */

    exit(0);
```

```
}

static void
set_noecho(int fd)          /* 关闭回显（用于 PTY 从设备） */
{
    struct termios stermios;

    if (tcgetattr(fd, &stermios) < 0)
        err_sys("tcgetattr error");

    stermios.c_lflag &= ~(ECHO | ECHOE | ECHOK | ECHONL);

    /*
     * 同时关闭输出上的 NL 到 CR/NL 映射
     */
    stermios.c_oflag &= ~(ONLCR);

    if (tcsetattr(fd, TCSANOW, &stermios) < 0)
        err_sys("tcsetattr error");
}
```

图 19.11　pty 程序的 main 函数

在下一节研究 pty 程序的不同用法时，我们将看到各种命令行选项。getopt 函数帮助我们以一致的方式解析命令行参数。为了在 Linux 系统上执行 POSIX 行为，我们将选项字符串的第一个字符设置为加号。

在调用 pty_fork 之前，我们先获取 termios 和 winsize 结构体的当前值，并将其作为参数传递给 pty_fork 函数。通过这种方式，PTY 从设备就能显现为与当前终端相同的初始状态。

子进程从 pty_fork 返回后，可以选择关闭 PTY 从设备的回显，然后调用 execvp 来执行命令行上指定的程序。剩下的所有命令行参数都被作为参数传递给此程序。

父进程可以选择将用户的终端设置为 raw 模式。在这种情况下，父进程还设置了退出处理程序，以便在调用 exit 时重置终端状态。我们将在下一节讲述 do_driver 函数。

然后，父进程调用 loop 函数（见图 19.12），该函数将从标准输入接收的所有内容复制到 PTY 主设备，并将从 PTY 主设备接收的所有信息复制到标准输出。尽管使用 select 或 poll 的单进程或多线程也可以实现相同的功能，但为了在实现中引入多样性，这里我们用两个进程来实现。

```
#include "apue.h"

#define BUFFSIZE    512

static void sig_term(int);
static volatile sig_atomic_t    sigcaught; /*  由信号处理程序设置 */
```

```
void
loop(int ptym, int ignoreeof)
{
    pid_t   child;
    int     nread;
    char    buf[BUFFSIZE];

    if ((child = fork()) < 0) {
        err_sys("fork error");
    } else if (child == 0) {      /* 子进程将 stdin 复制到 ptym */
        for ( ; ; ) {
            if ((nread = read(STDIN_FILENO, buf, BUFFSIZE)) < 0)
                err_sys("read error from stdin");
            else if (nread == 0)
                break;        /* stdin 上的 EOF 意味着我们做完了 */
            if (writen(ptym, buf, nread) != nread)
                err_sys("writen error to master pty");
        }

        /*
         * 在 stdin 上遇到 EOF 时，总是终止程序，
         * 只有当 ignoreeof 为 0 时，才会通知父进程。
         */
        if (ignoreeof == 0)
            kill(getppid(), SIGTERM);    /* 通知父进程 */
        exit(0);     /* 终止程序，子进程不能返回 */
    }

    /*
     * 父进程将 ptym 复制到 stdout。
     */
    if (signal_intr(SIGTERM, sig_term) == SIG_ERR)
        err_sys("signal_intr error for SIGTERM");

    for ( ; ; ) {
        if ((nread = read(ptym, buf, BUFFSIZE)) <= 0)
            break;        /* 信号被捕获，或者发生错误，或者为 EOF */
        if (writen(STDOUT_FILENO, buf, nread) != nread)
            err_sys("writen error to stdout");
    }

    /*
     * 有三条路径可以到达这里：下面的 sig_term()从子进程捕获 SIGTERM；
     * 我们在 PTY 主机上读取 EOF（这意味着我们必须向子进程发送停止信号）；
     * 或者出现错误。
     */
    if (sigcaught == 0) /* 如果子进程没有向我们发送信号，则告诉子进程 */
        kill(child, SIGTERM);

    /*
     * 父进程返回给调用者。
```

```
    */
}

/*
 * 当子进程从 PTY 从设备上读到 EOF，或 read() 失败时，
 * 会向我们发送 SIGTERM。我们可能中断 ptym 的 read()。
 */
static void
sig_term(int signo)
{
    sigcaught = 1;      /* 只需设置标识并返回 */
}
```

图 19.12 loop 函数

注意，因为我们使用了两个进程，所以其中一个进程在终止时必须通知另一个。我们使用 SIGTERM 信号发送此通知。

19.6 使用 pty 程序

现在我们来看 pty 程序的各种例子，并了解命令行选项的必要性。

如果我们的 shell 是 Korn shell，则可以执行以下命令：

```
pty ksh
```

获取一个全新的 shell 调用，这个调用在一个伪终端下运行。

如果文件 ttyname 是图 18.16 中所示的程序，那么可按如下方式运行 pty 程序：

```
$ who
sar   console   May 19 16:47
sar   ttys000   May 19 16:47
sar   ttys001   May 19 16:48
sar   ttys002   May 19 16:48
sar   ttys003   May 19 16:49
sar   ttys004   May 19 16:49          ttys004 是当前使用的编号最大的 PTY 设备
$ pty ttyname                          在 PTY 上运行图 18.16 中的程序
fd 0: /dev/ttys005                     ttys005 是下一个可用的 PTY
fd 1: /dev/ttys005
fd 2: /dev/ttys005
```

utmp 文件

在 6.8 节中，我们讲述了 utmp 文件，它记录了当前登录到 UNIX 系统的所有用户。在伪终端上运行程序的用户是否被视为已登录呢？远程登录时会使用 telnetd 和 rlogind，显然应该在 utmp 文件中为登录到伪终端的用户创建一条记录。然而，对于从窗口系统或程序

(如 script 脚本)在伪终端上运行 shell 的用户是否应该在 utmp 文件中创建记录项，系统之间并没有达成共识。有些系统会记录这些信息；其他的则不然。如果系统没有在 utmp 文件中记录这些项，那么 who(1) 程序通常不会显示正在被使用的伪终端。

除非 utmp 文件使能了其他用户的写权限（这被认为是一个安全漏洞），否则使用伪终端的随机程序将无法写入该文件。

作业控制交互

如果我们在 pty 下运行作业控制 shell，它会正常工作。例如：

```
pty ksh
```

将在 pty 下运行 Korn shell。我们可以在这个新 shell 下运行程序，并像使用登录 shell 一样使用作业控制。但如果我们在 pty 下运行一个交互式程序而不是作业控制 shell，例如：

```
pty cat
```

那么，在我们键入作业控制挂起字符之前，一切运行正常。而在键入作业控制挂起字符之时，作业控制字符会显示为^Z，并被忽略。在早期基于 BSD 的系统中，cat 进程会终止，pty 进程也会终止，我们会回到了最初的 shell 中。为了解其中发生了什么，我们需要检查所有相关的进程以及这些进程所属的进程组和会话。图 19.13 显示了 pty cat 运行时的排列。

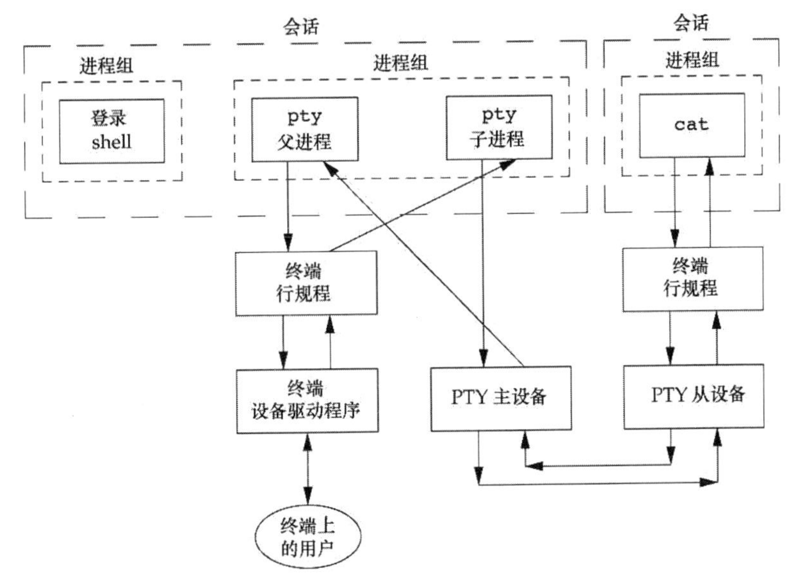

图 19.13　pty cat 的进程组和会话

当我们键入挂起字符（Ctrl+Z）时，它会被 cat 进程下的行规程模块所识别，因为 pty

将终端（在 pty 父进程之下）设置为 raw 模式。但是内核不会停止 cat 进程，因为它属于一个孤儿进程组（见 9.10 节）。cat 的父进程是 pty 父进程，它属于另一个会话。

历史上，不同的系统实现对这种情况的处理方式也不同。POSIX.1 只规定了 SIGTSTP 信号不能被传递给进程。4.3BSD 的派生系统向进程传递 SIGKILL 信号，而进程甚至无法捕获。在 4.4BSD 中，此行为被改变了以符合 POSIX.1 标准。4.4BSD 的内核没有发送 SIGKILL 信号，而是在 SIGTSTP 信号具有默认配置且要传递给孤儿进程组中的进程时，默默丢弃该信号。目前大多数的实现都遵循这种行为。

当我们使用 pty 来运行作业控制 shell 时，这个新 shell 调用的作业永远不会是孤儿进程组的成员，因为作业控制 shell 始终属于同一个会话。在这种情况下，我们键入的 Control+Z 被发送到 shell 调用的进程，而不是 shell 本身。

避免 pty 调用的进程无法处理作业控制信号的唯一方法是，向 pty 添加另一个命令行标识，告知它自己识别作业控制挂起字符（在 pty 子进程中），而不是让该字符穿越所有路径直到另一个行规程。

观察长时间运行程序的输出

在图 19.7 所示的配置中可以找到作业控制与 pty 程序交互的另一个例子。如果我们运行如下会缓慢产生输出内容的程序：

```
pty slowout > file.out &
```

当子进程试图从其标准输入（终端）读取数据时，pty 进程立即停止运行。原因是该作业是一个后台作业，当它尝试访问终端时会使作业控制停止。如果我们重定向标准输入，以便 pty 不会试图从终端读取数据，比如：

```
pty slowout < /dev/null > file.out &
```

pty 程序会立即停止，因为它在其标准输入上读取到文件结束符，于是终止。这个问题的解决方案是-i 选项，它表示忽略标准输入上的文件结束符：

```
pty -i slowout < /dev/null > file.out &
```

当遇到文件结束符时，这个标识会导致图 19.13 中的 pty 子进程退出，但子进程不会告知父进程终止。相反，父进程继续将 PTY 从设备的输出内容复制到标准输出中（在本例中是文件 file.out）。

script 程序

使用 pty 程序，我们可以将 script(1) 程序实现为以下 shell 脚本：

```
#!/bin/sh
```

```
pty "${SHELL:-/bin/sh}" | tee typescript
```

一旦运行这个 shell 脚本，就可执行 ps 命令来查看所有进程间的关系。图 19.14 详细说明了这些关系。

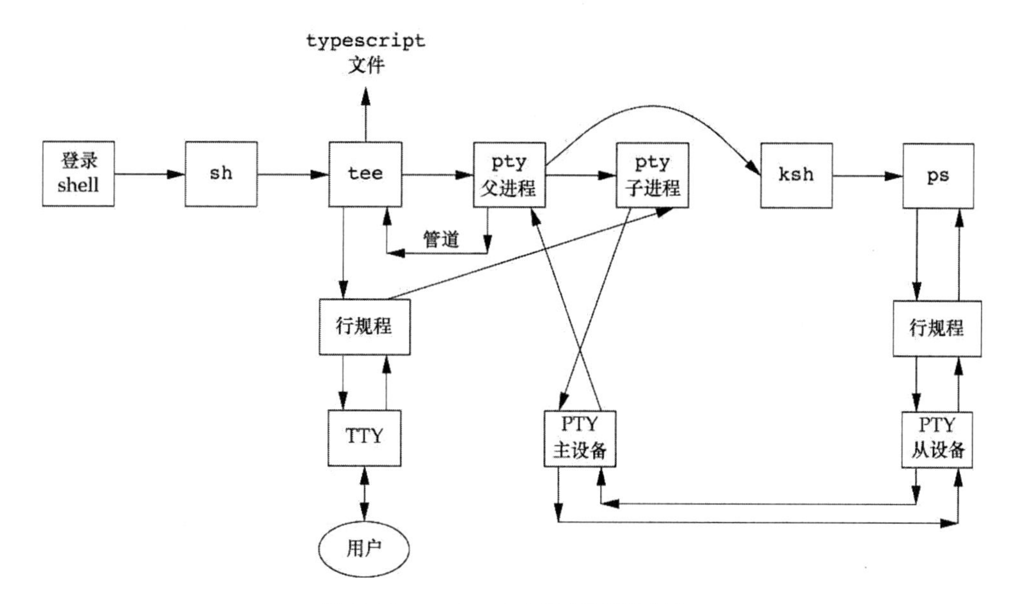

图 19.14　script shell 脚本的进程编排

在本例中，我们假设 SHELL 变量是 Korn shell（可能是/bin/ksh）。正如我们前面提到的，script 只复制新 shell（以及它调用的任何进程）所输出的内容，但由于 PTY 从设备上的行规程模块通常使能了回显，因此我们键入的大部分内容也会被写入 typescript 文件。

运行协同进程

在图 15.18 所示的程序中，协同进程不能使用标准 I/O 函数，因为标准输入和标准输出不是终端，所以标准 I/O 函数会将它们视为可完全缓冲的而放到缓冲区中。如果我们将下面这一行：

```
if (execl("./add2", "add2", (char *)0) < 0)
```

替换为

```
if (execl("./pty", "pty", "-e", "add2", (char *)0) < 0)
```

在 pty 下运行协同进程，那么即便使用标准 I/O，程序现在仍然可以正确运行。

图 19.15 展示了当我们以伪终端作为输入和输出运行协同进程时的进程编排。它是图 19.6 的扩展，显示了所有的进程连接和数据流。被标记为“驱动程序”的框代表图 15.18 中的程

序，其中的 execl 已根据之前的描述进行了更改。

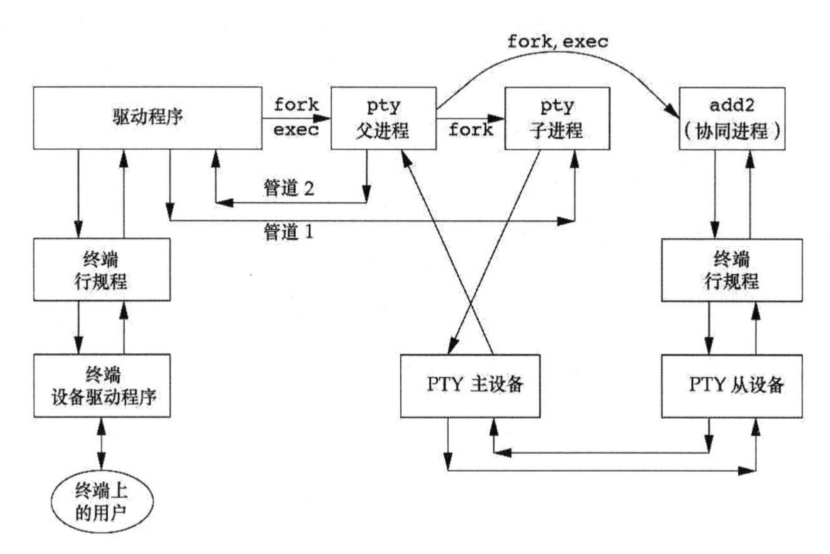

图 19.15　运行以伪终端作为输入和输出的协同进程

此例子显示了-e（无回显）选项对于 pty 程序的重要性。因为 pty 程序的标准输入没有连接到终端，所以它不以交互方式运行。在图 19.11 中，interactive 标识默认为 false，因为对 isatty 的调用返回 false。这意味着实际的终端上的行规程保持在规范模式并开启了回显。通过指定-e 选项，我们可以关闭 PTY 从设备上的行规程模块中的回显。如果不这样做，则我们键入的所有内容都会被两个行规程模块回显两次。

我们还可以使用-e 选项关闭 termios 结构体中的 ONLCR 标识，以防止协同进程的所有输出以回车和换行符终止。

在不同的系统上测试这个例子会暴露另一个问题，我们在 14.7 节中讲述 readn 和 writen 函数时提到过该问题。当描述符引用的不是普通磁盘文件时，read 所返回的数据量可能因实现不同而不同。这个使用 pty 的协同进程例子产生了非预期的结果，其原因可以追溯至图 15.18 中的程序中读管道的 read 函数，其返回的结果少于一行。解决方案是不使用图 15.18 所示的程序，而是使用习题 15.5 中该程序的版本，它改用标准 I/O 库且两个管道的标准 I/O 流均被设置为行缓冲。通过这种方法，fgets 函数会执行所需的读取次数来获取完整的行。图 15.18 中的 while 循环假设发送到协同进程的每一行都会导致一行被返回。

以非交互方式驱动交互式程序

尽管人们很容易认为 pty 可以运行任意协同进程，甚至是交互式的协同进程，然而这其实行不通。问题在于 pty 只是将其标准输入中的所有内容复制到 PTY 上，以及将来自 PTY 的所有内容复制到其标准输出中，从不查看其发送或得到的具体数据。

例如，我们可以在 pty 下运行 telnet 命令，直接与远程主机对话：

```
pty telnet 192.168.1.3
```

这样做与直接键入 telnet 192.168.1.3 相比并没有任何好处，但我们希望从脚本运行 telnet 程序，可能是为了检查远程主机上的某些状态。如果 telnet.cmd 文件包含以下 4 行：

```
sar
passwd
uptime
exit
```

第 1 行是用于登录远程主机的用户名，第 2 行是密码，第 3 行是想要运行的命令，第 4 行终止会话。但如果我们按以下方式运行此脚本：

```
pty -i < telnet.cmd telnet 192.168.1.3
```

那么它不会做我们想要的事情。相反，telnet.cmd 文件的内容会在远程主机提示我们输入用户名和密码之前就被发送过去了。当它关闭回显以读取密码时，login 使用 tcsetattr 选项，该选项将丢弃任何已排队的数据。于是，我们发送的数据就被丢弃了。

当我们以交互方式运行 telnet 程序时，我们会等待远程主机提示输入密码后再键入，但 pty 程序不知道要这样做。这就是为什么需要一个比 pty 更复杂的程序，比如 expect，来从脚本文件驱动交互式程序。

即使如前所示，从图 15.18 所示的程序中运行 pty 也无济于事。因为图 15.18 中的程序假设它写入管道的每一行都会正好在另一个管道中生成一行。在交互式程序中，一行输入可以产生多行输出。此外，图 15.18 中的程序总是在读取协同进程之前向其发送一行。当我们想在发送任何内容之前从协同进程读取数据时，这个策略就行不通了。

从这里开始，有几种方法可以从 shell 脚本驱动交互式程序。我们可以为 pty 添加命令语言和解释器。但合适的命令语言可能比 pty 程序大十倍。另一种选择是使用命令语言并用 pty_fork 函数来调用交互式程序。这就是 expect 程序所做的事情。

这里我们将采用不同的方式，只提供一个选项（-d），让 pty 程序的输入和输出与驱动进程连接起来。驱动进程的标准输出就是 pty 的标准输入，反之亦然。这类似于一个协同进程，但在 pty 的“另一侧”运行。由此生成的进程编排与图 19.15 中所示的几乎相同，但在当前场景中，由 pty 来执行驱动进程的 fork 和 exec。此外，我们将在 pty 和驱动进程之间使用一个双向全双工管道，而不是两个半双工管道。

图 19.16 展示了 do_driver 函数的源代码，当指定-d 选项时，该函数由 pty（见图 19.11）的 main 函数调用。

```
#include "apue.h"

void
do_driver(char *driver)
{
    pid_t   child;
    int     pipe[2];

    /*
     * 创建一个全双工管道来与驱动程序通信
     */
    if (fd_pipe(pipe) < 0)
        err_sys("can't create stream pipe");

    if ((child = fork()) < 0) {
        err_sys("fork error");
    } else if (child == 0) {        /* 子进程 */
        close(pipe[1]);

        /* 驱动程序的 stdin */
        if (dup2(pipe[0], STDIN_FILENO) != STDIN_FILENO)
            err_sys("dup2 error to stdin");

        /* 驱动程序的 stdout */
        if (dup2(pipe[0], STDOUT_FILENO) != STDOUT_FILENO)
            err_sys("dup2 error to stdout");
        if (pipe[0] != STDIN_FILENO && pipe[0] != STDOUT_FILENO)
            close(pipe[0]);

        /* 将 stderr 保留给驱动程序 */
        execlp(driver, driver, (char *)0);
        err_sys("execlp error for: %s", driver);
    }

    close(pipe[0]);     /* 父进程 */
    if (dup2(pipe[1], STDIN_FILENO) != STDIN_FILENO)
        err_sys("dup2 error to stdin");
    if (dup2(pipe[1], STDOUT_FILENO) != STDOUT_FILENO)
        err_sys("dup2 error to stdout");
    if (pipe[1] != STDIN_FILENO && pipe[1] != STDOUT_FILENO)
        close(pipe[1]);

    /*
     * 父进程返回，但 stdin 和 stdout 连接到驱动程序
     */
}
```

图 19.16 pty 程序的 do_driver 函数

通过编写自己的驱动程序并由 pty 调用，我们可以按任何方式驱动交互式程序。尽管驱

动进程的标准输入和标准输出连接到 pty，但它仍然可以通过读写/dev/tty 来与用户交互。这个解决方案仍然不像 expect 程序那样通用，但它以不到 50 行的代码给 pty 提供了一个实用的选项。

19.7 高级特性

我们在这里简要提一下伪终端具有的其他能力。这些能力在 Sun Microsystems（2005）和 BSD pts(4)手册页中有进一步的说明。

封包模式

封包模式让 PTY 主设备了解 PTY 从设备的状态变化。在 Solaris 上，通过将 STREAMS 模块 pckt 推入 PTY 主设备侧来使能此模式。图 19.2 展示了这个可选的模块。在 FreeBSD、Linux 和 Mac OS X 上，可以通过 TIOCPKT ioctl 命令来使能这个模式。

Solaris 和其他平台的封包模式在细节上有所不同。在 Solaris 中，读取 PTY 主设备的进程必须调用 getmsg 从流头获取消息，因为 pckt 模块将某些事件转换为非数据的 STREAMS 消息。在其他平台上，每次对 PTY 主设备读取信息都会返回一个状态字节，其后跟着可选的数据。

无论实现细节如何，封包模式的目的都是当 PTY 从设备上的行规程模块发生以下事件时通知读取 PTY 主设备的进程：（1）刷新读队列时；（2）刷新写队列时；（3）停止输出时（例如 Ctrl+S）；（4）重启输出时；（5）禁用后又使能 XON/XOFF 流控时；（6）使能后又禁用 XON/XOFF 流控时。例如，这些事件由 rlogin 客户进程和 rlogind 服务进程使用。

远程模式

PTY 主设备可以通过发送 TIOCREMOTE ioctl 命令将 PTY 从设备设置为远程模式。尽管 Mac OS X 10.6.8 和 Solaris 10 使用相同的命令来使能或禁用这个特性，但在 Solaris 下，ioctl 的第三个参数是整型数，而在 Mac OS X 中，它是一个指向整型数的指针。FreeBSD 8.0 和 Linux 3.2.0 则不支持此命令。

当设置为此模式时，PTY 主设备告知 PTY 从设备的行规程不要对从主设备上接收到的数据进行任何处理，而不管从设备 termios 结构体中的规范/非规范标识是如何设置的。远程模式适用于像窗口管理器这种执行自己的行编辑的应用程序。

窗口大小变化

PTY 主设备上的进程可以发送 TIOCSWINSZ ioctl 命令来设置从设备的窗口大小。如果新窗口大小与当前的大小不同，则将 SIGWINCH 信号发送到 PTY 从设备的前台进程组。

信号生成

读/写 PTY 主设备的进程可以向 PTY 从设备的进程组发送信号。在 Solaris 10 下，这是由 TIOCSIGNAL ioctl 命令完成的。对于 FreeBSD 8.0、Linux 3.2.0 和 Mac OS X 10.6.8，ioctl 命令是 TIOCSIG。在这两种情况下，第三个参数都被设置为信号的编号。

19.8 小结

我们在本章开头概述了如何使用伪终端，并研究了一些用例。接着，我们研究了在本书讨论的 4 个平台下设置伪终端所需的代码，然后用此代码来提供通用 pty_fork 函数，该函数可被不同应用程序使用。我们用这个函数作为小程序（pty）的基础，然后用它探索了伪终端的许多属性。

伪终端在大多数 UNIX 系统中主要被用于提供网络登录功能。我们还研究了伪终端的其他用途，包括 script 程序以及使用批处理脚本来驱动交互式程序。

习题

19.1 如 19.3 节中所述，当我们使用 telnet 或 rlogin 远程登录 BSD 系统时，将设置 PTY 从设备的所有权及其权限。这是怎么发生的？

19.2 使用 pty 程序确定系统用于初始化 PTY 从设备 termios 和 winsize 结构体的值。

19.3 使用 select 或 poll 将 loop 函数（见图 19.12）重写为单个进程。

19.4 在 pty_fork 返回后的子进程中，标准输入、标准输出和标准错误都以读/写模式打开。可以将标准输入改为只读的，其他两个改为只写的吗？

19.5 在图 19.13 中，指出哪些进程组在前台，哪些在后台，并指出会话首进程。

19.6 在图 19.13 中，当我们键入文件终止符时，进程终止的顺序是什么？如果可能的话，用进程账号进行验证。

19.7 script(1) 程序通常在输出文件的开头添加一行，写上起始时间，并在输出文件的末尾添加一行，写上结束时间。请将这些特性添加到本章展示的简单的 shell 脚本中。

19.8 解释一下为什么在下面的例子中，尽管程序 ttyname（见图 18.16）只产生输出，从不读取其输入，文件 data 的内容还会被输出到终端。

```
$ cat data                      一个两行的文件
hello, world
$ pty -i < data ttyname         -i 表示忽略 stdin 的文件结束标识
hello,                          这两行来自何处?
world
fd 0:/dev/ttys005               我们期望 ttyname 输出这三行
fd 1:/dev/ttys005
fd 2:/dev/ttys005
```

19.9 编写一个调用 `pty_fork` 的程序，并让其子进程 `exec` 另一个你将要编写的程序。子进程 `exec` 的新程序必须捕获 `SIGTERM` 和 `SIGWINCH` 信号。当它捕获一个信号时，程序应该打印出来；当捕获 `SIGWINCH` 信号时，它还应该打印终端的窗口大小。然后，让父进程使用我们在 19.7 节中讲述的 `ioctl` 命令向 PTY 从设备的进程组发送 `SIGTERM` 信号，并从 PTY 从设备回读以验证是否捕获了该信号。接下来，父进程设置 PTY 从设备窗口的大小，然后再次回读 PTY 从设备的输出。让父进程 `exit` 并确定 PTY 从设备进程是否也终止。如果是，它是如何终止的？

20 数据库函数库

20.1 引言

在 20 世纪 80 年代初，人们认为 UNIX 系统不是一个适合运行多用户数据库系统的环境，见 Stonebraker 所著图书（1981）和 Weinberger 所著图书（1982）。早期的 UNIX 系统，比如 V7，确实存在很大的障碍，因为它们没有提供任何形式的 IPC 机制（半双工管道除外），也没有提供任何形式的字节范围锁机制。然而，这些不足多数均已被改进。到 20 世纪 80 年代末，UNIX 系统已经演进成一个为可靠的多用户数据库系统而提供的合适的运行时环境。从那时起，许多商业公司提供了这些类型的数据库系统。

在本章中，我们会开发一个简单的多用户数据库的 C 函数库，任何程序都可以调用该函数库来获取和存储数据库中的记录（这种数据库通常被称为键-值存储）。这个 C 函数库一般只是完数据库系统的一部分。我们不会开发其他部分，比如查询语言等，这些内容在许多数据库系统相关的教科书上都可以找到。我们关注的是数据库函数库所需的 UNIX 系统接口部分，以及它们如何与我们已经讨论过的主题相关联（比如 14.3 节中的记录字节范围锁）。

20.2 历史

在 UNIX 系统中，一个流行的数据库函数库是 `dbm(3)` 库。该库由 Ken Thompson 开发，使用了动态哈希方案。它最初随 V7 提供，出现在所有 BSD 发行版中，在 SVR4 的 BSD 兼容库（AT&T，1990c）中也提供了这个库。BSD 开发人员扩展了 dbm 库并称之为 ndbm。ndbm 库被包含在 BSD 和 SVR4 中。ndbm 函数在 Single UNIX Specification 的 XSI 选项中标准化。

Seltzer 和 Yigit 的书（1991）详细介绍了 dbm 库使用的动态哈希算法的历史以及该库的其他实现，包括 dbm 库的 GNU 版本 gdbm。遗憾的是，所有这些实现都有一个基本限制：它们都不允许多进程同时更新数据库。这些实现不提供任何形式的并发控制（比如记录锁）。

4.4BSD 提供了一个新的 db(3)库，该库支持三种访问形式：（1）面向记录；（2）哈希；（3）B 树。同样，该库也没有提供任何形式的并发控制（正如 db(3)手册页的 BUGS 小节明确指出的那样）。

Oracle 提供支持并发访问、锁机制和事务的 db 库版本。

大多数商业数据库的函数库都会提供多进程同时更新数据库所需的并发控制。这些系统通常使用如我们在 14.3 节中所描述的建议锁，但是它们也常常实现自己的锁原语，以避免为获取无竞争锁而产生的系统调用开销。这些商业系统通常用 B+树（Comer，1979）或某种动态哈希技术，比如线性哈希（Litwin，1980）或可扩展哈希（Fagin et al.，1979）来实现其数据库。

图 20.1 总结了本书描述的 4 种操作系统中常见的数据库函数库。注意，在 Linux 上，gdbm 库同时支持 dbm 和 ndbm 函数库。

函数库	POSIX.1	FreeBSD 8.0	Linux 3.2.0	Mac OS X 10.6.8	Solaris 10
dbm			gdbm		•
ndbm	XSI	•	gdbm	•	•
db		•	•	•	

图 20.1 不同平台对数据库函数库的支持

20.3 函数库

我们在本章开发的函数库类似于 ndbm 库，但我们将添加并发控制机制，以允许多进程同时更新同一数据库。我们首先讲述数据库函数库的 C 接口，然后在下一节讲述其实际的实现。

当我们用 db_open 打开数据库时，该函数将返回一个代表数据库的句柄（一个不透明指针）。我们将此句柄传递给其余的数据库函数。

```
#include "apue_db.h"

DBHANDLE db_open(const char *pathname, int oflag, ... /* int mode */);
```

```
                                    返回值：若成功，则返回数据库句柄；若出错，则返回 NULL
void db_close(DBHANDLE db);
```

如果 db_open 执行成功，将创建两个文件：索引文件 *pathname.idx* 和数据文件 *pathname.dat*。实参 *oflag* 用作 open 函数（见 3.3 节）的第二个实参，用于指定如何打开文件（例如，只读、读写，或者如果文件不存在则创建文件）。如果创建了数据库文件，则实参 *mode* 将用作 open 函数的第三个实参（文件访问权限）。

当我们完成对数据库的操作后，会调用 db_close 函数关闭索引文件和数据文件，并释放为内部缓冲区分配的所有内存。

在数据库中存储新记录时，必须指定记录的键和与键关联的数据。如果数据库存放的是人员记录，则键可以是员工 ID，数据可以是员工的姓名、地址、电话号码、入职日期等。我们的实现要求每条记录的键都是唯一的（例如，不能有两条员工 ID 相同的员工记录）。

```
#include "apue_db.h"

int db_store(DBHANDLE db, const char *key, const char *data,
             nt flag);
                          返回值：若正确，则返回 0；若出错，则返回非零值（见下文）
```

key 和 *data* 是以空字符结尾的字符串。对这两个字符串的唯一限制是不能包含空字节，但可以包含换行符。

flag 可以是 DB_INSERT（插入新记录）、DB_REPLACE（替换现有的记录）或 DB_STORE（插入或替换记录，根据情况而定）。这三个常数在 apue_db.h 头文件中定义。如果指定了 DB_INSERT 或 DB_STORE，并且记录不存在，则插入一条新记录。如果指定了 DB_REPLACE 或 DB_STORE，并且记录已经存在，则新记录将替换现有记录。如果指定了 DB_REPLACE，并且记录不存在，则将 errno 设置为 ENOENT 并返回-1，而且不添加新记录。如果指定了 DB_INSERT，并且记录已经存在，则不插入记录。在这种情况下，返回值为 1 以区别于一般的错误返回（-1）。

我们可以通过指定键来从数据库中获取任意记录。

```
#include "apue_db.h"

char *db_fetch(DBHANDLE db, const char *key);
                    返回值：若成功，则返回指向数据的指针；若未找到记录，则返回 NULL
```

如果找到记录，db_fetch 的返回值是指向与键一起存储的数据的指针。我们还可以通过指定与记录关联的键来从数据库中删除该记录。

```
#include "apue_db.h"

int db_delete(DBHANDLE db, const char *key);
                              返回值：若成功，则返回 0；若未找到记录，则返回 1
```

除了通过指定与记录关联的键来获取记录外，我们还可以遍历整个数据库，依次读取每条记录。为此，我们首先调用 db_rewind 函数，将数据库回滚到第一条记录，然后在循环中调用 db_nextrec 函数顺序读取每条记录。

```
#include "apue_db.h"

void db_rewind(DBHANDLE db);

char *db_nextrec(DBHANDLE db, char *key);
                    返回值：若成功，则返回指向数据的指针；若遍历至文件末尾则返回 NULL
```

如果 *key* 是非空指针，db_nextrec 函数通过将其复制到从那个位置起始的内存来返回该键。

db_nextrec 函数返回的记录没有特定的顺序。我们只能保证数据库中的每条记录只读取一次。如果我们按照 A、B、C 的顺序存储了 3 条键分别为 A、B、C 的记录，我们无法确定 db_nextrec 函数将按什么顺序返回这 3 条记录。它可能先返回 B，然后是 A，最后是 C，或者按其他顺序（显然是随机的）返回。实际顺序取决于数据库的实现。

这 7 个函数提供了数据库函数库的接口。接下来，讲述我们实际上所选择的实现方式。

20.4 实现概述

访问数据库的函数库通常使用两个文件来存储信息：索引文件和数据文件。索引文件包含实际的索引值（键）和指向数据文件中相应数据记录的指针。为了快速有效地搜索任意键，可以使用多种技术来组织索引文件，哈希和 B+树就是被广泛应用的方法。我们选择固定大小的链式哈希表来管理索引文件。在介绍 db_open 函数时，我们提到要创建两个文件：一个后缀名为.idx，另一个后缀名为.dat 。

我们将键和索引存储为以空字符结尾的字符串，它们不能包含任意二进制数据。有些数据库系统以二进制格式存储数值数据（例如，将整型数存储为 1、2 或 4 字节）以节省存储空间。这会使函数复杂化，并且需要做更多工作才能使数据库文件在不同的计算机系统间可移植。例如，假设网络上有两个使用不同格式存储二进制整型数的系统，如果我们希望它们都能访问数据库，就必须考虑这种差异（如今，不同体系结构的系统在网络上共享文件的情况并不少见）。将所有记录（包括键和数据）存储为字符串可以简化一切。这确实需要额外的磁盘空间，但对于可移植性来说，这点成本并不高。

对于 db_store 函数而言，每个键只允许对应一条记录。一些数据库系统允许一个键对应多条记录，并提供访问与给定键相关联的所有记录的方法。此外，我们只有一个索引文件，这意味着每条数据记录只能有一个键（我们不支持次键）。一些数据库允许每条记录有多个键，并且通常每个键使用一个索引文件。每次插入或删除新记录时，所有索引文件都必须相应地进行更新。员工文件是具有多个索引的文件的示例。我们可以建立一个键是员工 ID 的索引，另一个键是员工的社会保险号码的索引。索引以员工姓名为键可能会有问题，因为姓名并不总是唯一的。

图 20.2 展示了数据库实现的概况。

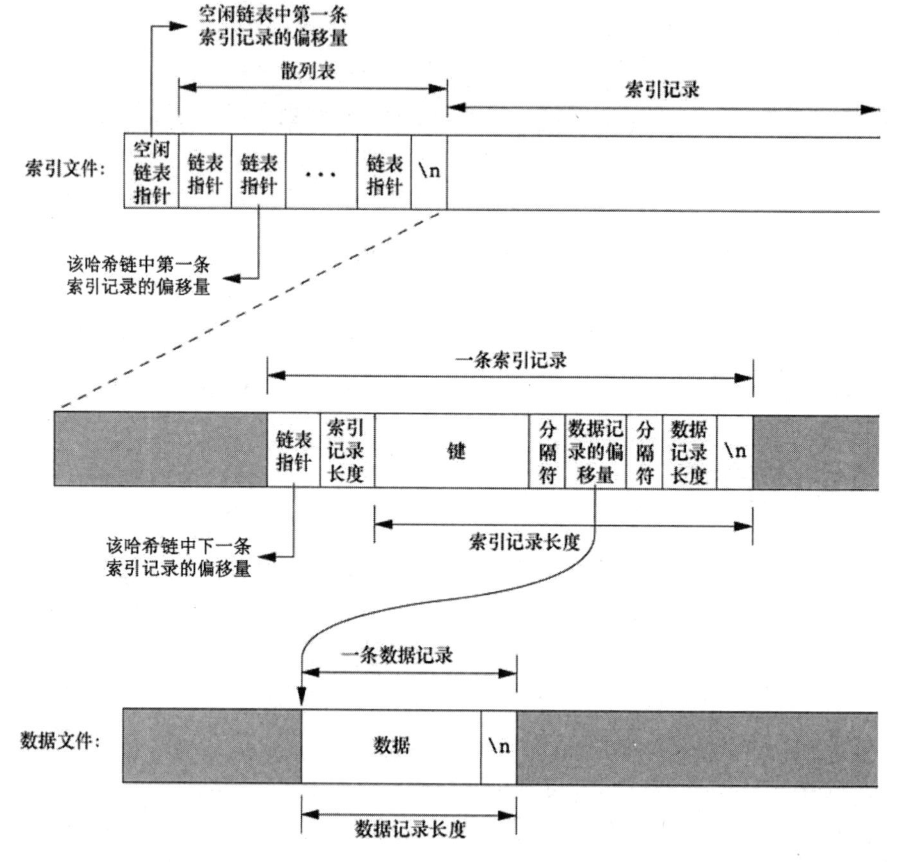

图 20.2　索引文件和数据文件的编排

索引文件由 3 部分组成：空闲链表指针、哈希表和索引记录。在图 20.2 中，所有名为 ptr 的字段都是以 ASCII 码存储的文件偏移量。

为了在数据库中根据键查找一条给定的记录，db_fetch 函数计算此键的哈希值，其对应于哈希表中的一条哈希链（链表指针字段可以为 0，表示一条空链）。它是一条连接具有此哈希值的所有索引记录的链表，然后我们遍历这条哈希链，当遇到一个值为 0 的链表指针时，就说明我们已经到达哈希链的末端。

我们来看一个实际的数据库文件。图 20.3 中的程序创建了一个新的数据库，并向其中写入 3 条记录。由于我们将数据库中的所有字段存储为 ASCII 字符，因此可以使用任意标准 UNIX 系统工具来查看实际索引文件和数据文件：

```
$ ls -l db4.*
-rw-r--r--  1 sar          28 Oct 19 21:33 db4.dat
-rw-r--r--  1 sar          72 Oct 19 21:33 db4.idx
$ cat db4.idx
   0  53  35   0
   0  10Alpha:0:6
   0  10beta:6:14
  17  11gamma:20:8
$ cat db4.dat
data1
Data for beta
record3
```

为了使这个示例简单点，我们将每个 ptr 字段的大小设置为 4 个 ASCII 字符，将哈希链的数量设置为 3。由于每个 ptr 都是一个文件偏移量，因此一个 4 字符字段将索引文件和数据文件的总大小限制为 10,000 字节。当我们在 20.9 节中测试数据库系统的性能时，将每个 ptr 字段的大小设置为 6 个字符（使得文件大小达到 100 万字节），并将哈希链的数量设置为 100 条以上。

索引文件的第一行为：

```
0  53  35  0
```

由空闲链表指针（0 说明空闲链表为空）和三个哈希链的指针（53、35 和 0）组成。

下一行：

```
0  10Alpha:0:6
```

展示了每条索引记录的格式。第一个字段（0）是 4 字符的链指针，表明这条记录位于其所在的哈希链末尾。下一个字段（10）是 4 字符的 idx len，表示此索引记录的剩余长度。我们使用两次 read 操作来读取每条索引记录：一次读取两个固定大小的字段（链指针 chain ptr 和索引长度 idx len），另一次读取剩余的（可变长度）部分。其余三个字段：键 key、数据偏移量 dat off 和数据长度 dat len，由分隔符（在本例中为冒号）界定。因为这三个字段都是可变长的，所以需要用分隔符分隔，同时分隔符不能出现在键中。最后，换行符终止了该索引记录。换行符不是必需的，因为 idx len 包含了记录的长度。我们插入换行符来分隔每条索引记录，是为了可以使用通用 UNIX 系统工具，比如 cat 和 more，来处理索引文件。key 是我们将记录写入数据库时指定的值。数据文件的数据偏移量为 0，数据长度为 6。我们可以看到数据记录确实从数据文件中偏移量为 0 处开始，长度为 6 字节。

```
#include "apue.h"
#include "apue_db.h"
#include <fcntl.h>

int
main(void)
{
    DBHANDLE    db;

    if ((db = db_open("db4", O_RDWR | O_CREAT | O_TRUNC,
        FILE_MODE)) == NULL)
          err_sys("db_open error");

    if (db_store(db, "Alpha", "data1", DB_INSERT) != 0)
        err_quit("db_store error for alpha");
    if (db_store(db, "beta", "Data for beta", DB_INSERT) != 0)
        err_quit("db_store error for beta");
    if (db_store(db, "gamma", "record3", DB_INSERT) != 0)
        err_quit("db_store error for gamma");

    db_close(db);
    exit(0);
}
```

图 20.3　建立一个数据库并写入三条记录

与索引文件一样，我们会自动为每条数据记录追加一个换行符，以便使用通用 UNIX 系统工具处理该文件。调用 db_fetch 时，数据记录末尾的换行符不会被返回给调用者。

如果我们跟着本例中的三条哈希链看下去，就会看到第一条哈希链上第一条记录的偏移量是 53（gamma）。该链上的下一条记录的偏移量是 17（Alpha），并且它是此链上的最后一条记录。第二条哈希链上的第一条记录的偏移量是 35（beta），它也是此链上的最后一条记录。第三条哈希链为空。

请注意，索引文件中键的顺序及其在数据文件中对应数据记录的顺序与图 20.3 中 db_store 函数的调用顺序相同。由于在 db_open 函数中指定了 O_TRUNC 标识，因此索引文件和数据文件都被截断，数据库重新初始化。在这种情况下，db_store 函数只是将新的索引记录和数据记录追加到相应文件的末尾。稍后我们将看到，db_store 函数还可以重用这两个文件中对应已删除记录部分的空间。

为索引选择固定大小的哈希表是一种折中方案。只要每个哈希链都不太长，就可以快速访问。我们希望能够快速搜索任何键，但不想通过使用 B 树或动态哈希而使数据结构复杂化。动态哈希的优点是，任何数据记录都能通过两次磁盘访问来定位，详见 Litwin 所著图书（1980）或 Fagin 等人的著作（1979）。B 树的优势在于能以（已排序的）键的顺序来遍历数据库（这是我们采用哈希表无法通过 db_nextrec 函数做到的）。

20.5 采用集中式还是分散式

在多个进程访问同一个数据库时，我们可以通过两种方式实现这些库函数。

1. 集中式。有一个单独进程作为数据库管理器，并且它是能访问数据库的唯一进程。库函数通过某种形式的 IPC 与这个中心进程联系。
2. 分散式。每个库函数应用所需的并发控制（加锁），然后发起自己的 I/O 函数调用。

这两种技术都已被用于创建数据库系统。如果有充足的加锁例程，分散式通常更快，因为它避免了使用 IPC。图 20.4 描述了集中式方法的操作过程。

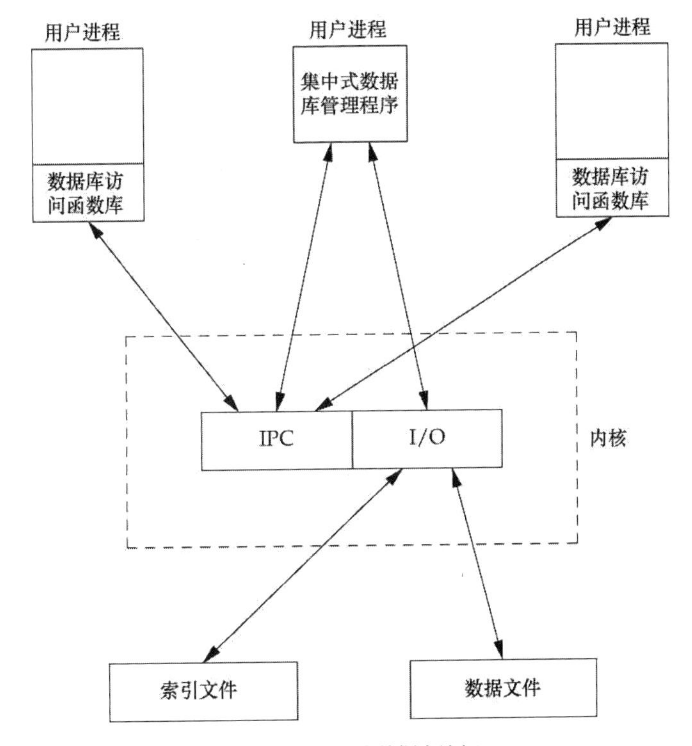

图 20.4 集中式数据库访问

我们特意展示了 IPC 像大多数 UNIX 系统下的消息传递形式那样要通过内核进行通信（如 15.9 节所述，共享内存可以避免复制数据）。在集中式方法中，中央进程读取记录，然后使用 IPC 将数据传递给请求进程。这是这种设计的一个缺点。注意，集中式数据库管理器是对数据库文件进行 I/O 操作的唯一进程。

集中式方法的优点是客户可以对操作进行调整。例如，我们能够通过中央进程为不同的进程赋予不同的优先级。这可能会影响中央进程对 I/O 操作的调度。不过用分散式方法的话，将更难做到这一点。我们通常受制于内核的磁盘 I/O 调度策略和加锁策略；也就是说，如果有三个进程同时在等待 1 个锁变为可用，我们就无法判断接下来哪个进程会获取锁。

集中式方法的另一个优点是，其恢复数据库比分散式方法更容易。在集中式方法中，由于所有状态信息都存放在一处，因此如果数据库进程被终止，我们只需查看一个地方就可以确定需要解决的未完成事务，进而将数据库恢复到一致状态。

分散式方法如图 20.5 所示。这是我们将在本章中实现的设计。

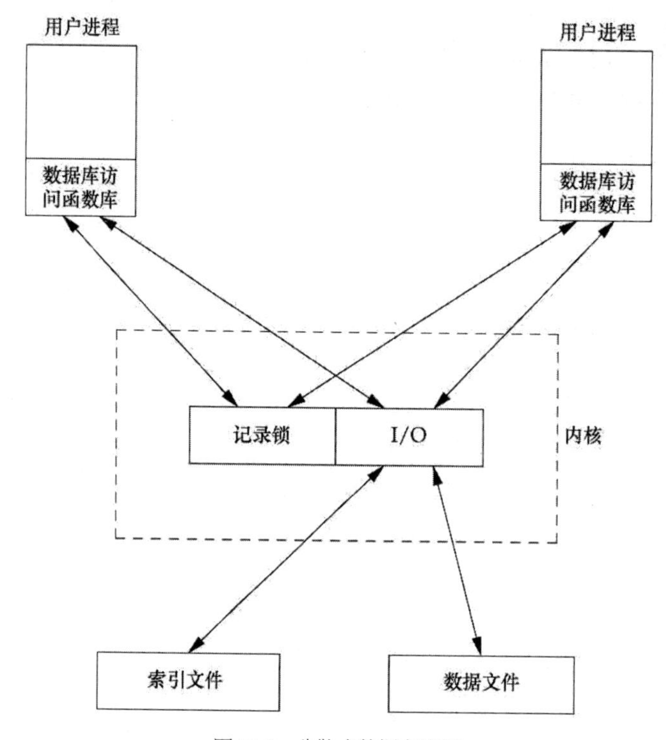

图 20.5　分散式数据库访问

调用数据库函数库中的函数来执行 I/O 操作的用户进程被视为协作进程，因为它们使用字节范围锁来实现并发访问。

20.6 并发

我们有意选择了两个文件的实现方式（索引文件和数据文件），因为这是一种常见的实现技术（它简化了文件的空间管理）。这样的话，我们就必须处理两个文件之间的锁，不过有许多方法可以处理两个文件的加锁操作。

粗粒度锁

最简单的加锁形式是将两个文件中的一个作为整个数据库的锁，并要求调用者在操作数据库之前获取这把锁。我们称这种形式的锁为粗粒度锁。例如，我们可以说，在索引文件的 0 字节上持有读锁的进程拥有对整个数据库的读访问权限；在索引文件的 0 字节上持有写锁的进程拥有对整个数据库的写访问权限。我们可以使用普通的 UNIX 系统字节范围加锁语义，允许同时存在多个读者，但一次只能有一个写者（参见图 14.3）。函数 `db_fetch` 和 `db_nextrec` 需要一个读锁，而 `db_delete`、`db_store` 和 `db_open` 都需要一个写锁。`db_open` 需要写锁的原因是，如果正在创建文件，其必须在索引文件的前面写入空的空闲链表和哈希链。

粗粒度锁的问题在于它限制了并发性。如果一个进程正在向一条哈希链中添加记录，而另一个进程本应能读取其他哈希链上的记录。

细粒度锁

我们改进粗粒度锁，使其允许更多并发，并将这种改进后的锁称为细粒度锁。一个读者（读进程）或一个写者（写进程）首先要获取给定记录的哈希链的读锁或写锁。在同一时间，任一哈希链上允许有任意数量的读者，但只能有一个写者。接下来，需要访问空闲链表（`db_delete` 或 `db_store`）的写者必须获取空闲链表的写锁。最后，每当 `db_store` 函数追加一条新记录到索引文件或数据文件的末尾时，它必须获取该文件那一部分的写锁。

我们期望细粒度锁比粗粒度锁提供更好的并发性。在 20.9 节中，我们会展示一些实际的测试结果。在 20.8 节中，我们展示了细粒度锁的源代码，并讨论了锁的实现细节（粗粒度锁不过是我们所展示的细粒度锁的简化形式）。

在源代码中，我们直接调用了 `read`、`readv`、`write` 和 `writev`。我们没有使用标准 I/O 库。尽管标准 I/O 库也可以使用字节范围锁，但是需要谨慎处理缓冲。例如，如果数据在 5 分钟前已被另一个进程修改，我们不希望 `fgets` 函数返回的是 10 分钟前被读入标准 I/O 缓冲区的数据。

我们对并发的讨论都基于数据库函数库的简单需求。商业系统通常有额外的要求。关于并发的更多细节，请参见 Date 所著图书（2004）的第 16 章。

20.7 构建函数库

数据库的函数库由两个文件组成，一个公共的 C 头文件和一个 C 源文件。我们可以使用以下命令构建静态函数库：

```
gcc -I../include -Wall -c db.c
ar rsv libapue_db.a db.o
```

因为我们在数据库函数库中使用了一些公共函数，所以想要链接 libapue_db.a 库的应用程序还需要链接 libapue.a 库。

另一方面，如果想构建数据库函数库的动态共享库版本，可以使用以下命令：

```
gcc -I../include -Wall -fPIC -c db.c
gcc -shared -Wl,-soname,libapue_db.so.1 -o libapue_db.so.1 \
    -L../lib -lapue -lc db.o
```

生成的共享库 libapue_db.so.1 需要放置在公共目录中，以便动态链接器/加载程序可以找到它。或者，还可以把它放在一个私有目录中，并修改 LD_LIBRARY_PATH 环境变量，将私有目录包含在动态链接器/加载程序的搜索路径中。

> 构建共享库的步骤因平台而异。在这里，我们展示了如何使用 GNU C 编译器在 Linux 系统中进行构建。

20.8 源代码

我们从展示头文件 apue_db.h 开始。函数库源代码和调用此函数库的所有应用程序都包含这个头文件。

本书后面的示例风格在某些方面与之前的有所不同。首先，因为源代码示例较长，所以我们按行对代码编号，以便对照源代码进行相关讨论。其次，我们将与源代码对应的描述放在源代码的下方。

> 这种风格的灵感来源于 John Lions 在他的书（1977，1996）中对 UNIX V6 操作系统源代码进行文档化的方式。这简化了研读大量源代码的工作。

请注意，我们没有为空行编号。尽管这与 pr(1)之类的工具通常的行为不同，但空白行没有讨论的意义。

```
 1  #ifndef _APUE_DB_H
 2  #define _APUE_DB_H

 3  typedef     void *   DBHANDLE;

 4  DBHANDLE db_open(const char *, int, ...);
 5  void      db_close(DBHANDLE);
 6  char     *db_fetch(DBHANDLE, const char *);
 7  int       db_store(DBHANDLE, const char *, const char *, int);
 8  int       db_delete(DBHANDLE, const char *);
 9  void      db_rewind(DBHANDLE);
10  char     *db_nextrec(DBHANDLE, char *);

11  /*
```

```
12      * Flags for db_store().
13      */
14     #define DB_INSERT      1    /* insert new record only */
15     #define DB_REPLACE     2    /* replace existing record */
16     #define DB_STORE       3    /* replace or insert */

17     /*
18      * Implementation limits.
19      */
20     #define IDXLEN_MIN     6    /* key, sep, start, sep, length, \n */
21     #define IDXLEN_MAX 1024     /* arbitrary */
22     #define DATLEN_MIN     2    /* data byte, newline */
23     #define DATLEN_MAX 1024     /* arbitrary */

24     #endif /* _APUE_DB_H */
```

[1~3] 我们使用_APUE_DB_H 符号来确保该头文件的内容只被包含一次。DBHANDLE 类型表示对数据库的有效引用，用于将应用程序和数据库的实现细节隔离开来。请将此技术与标准 I/O 库向应用程序开放 FILE 结构体的方式进行比较。

[4~10] 接下来，我们声明了数据库函数库的公共函数的原型。由于要使用函数库的应用程序包含了这个头文件，因此我们不在此处声明函数库私有函数的原型。

[11~24] 接下来定义可以传递给 db_store 函数的合法标识，然后是实现的基本限制。如果需要，可以更改这些限制来支持更大的数据库。

最小索引记录长度由 IDXLEN_MIN 指定。这表示 1 字节键、1 字节分隔符、1 字节起始偏移量、另一字节的分隔符、1 字节长度和一个终止换行符（回顾图 20.2 中索引记录的格式）。索引记录的长度通常大于 IDXLEN_MIN 字节。

下一个文件是库函数的 C 源代码文件 db.c。为了简单起见，我们将所有函数都包含在一个文件中。这样做的好处是，我们可以将私有函数声明为 static，来隐藏它们。

```
 1     #include "apue.h"
 2     #include "apue_db.h"
 3     #include <fcntl.h>     /* open & db_open flags */
 4     #include <stdarg.h>
 5     #include <errno.h>
 6     #include <sys/uio.h>   /* struct iovec */

 7     /*
 8      *Internal index file constants.
 9      *These are used to construct records in the
10      * index file and data file.
11      */
12     #define IDXLEN_SZ      4    /* index record length (ASCII chars) */
13     #define SEP          ':'    /* separator char in index record */
14     #define SPACE        ' '    /* space character */
15     #define NEWLINE     '\n'    /* newline character */
```

```
16  /*
17   * The following definitions are for hash chains and free
18   * list chain in the index file.
19   */
20  #define PTR_SZ        7   /* size of ptr field in hash chain */
21  #define PTR_MAX 9999999   /* max file offset = 10**PTR_SZ - 1 */
22  #define NHASH_DEF   137   /* default hash table size */
23  #define FREE_OFF      0   /* free list offset in index file */
24  #define HASH_OFF PTR_SZ   /* hash table offset in index file */

25  typedef unsigned long  DBHASH; /* hash values */
26  typedef unsigned long  COUNT;  /* unsigned counter */
```

[1~6] 因为我们使用了私有函数库中的一些函数，所以包含了 apue.h。而 apue.h 也包含了数个标准头文件，包括<stdio.h>和<unistd.h>。因为 db_open 函数使用了<stdarg.h>中声明的可变参数函数，所以我们也包含了<stdarg.h>。

[7~26] 索引记录的大小由 IDXLEN_SZ 指定。我们在数据库中使用冒号和换行符等字符作为分隔符。删除记录时，使用空格符填充。

一些我们已经定义为常量的值也可以用作变量，但是这会增加实现的复杂度。例如，将哈希表的大小设置为 137 项。更好的技巧是，让调用者根据预期的数据库大小设定传递给 do_open 的实参，然后，我们就必须在索引文件的开头存储预期的数据库大小。

```
27  /*
28   * Library's private representation of the database.
29   */
30  typedef struct {
31    int     idxfd;   /* fd for index file */
32    int     datfd;   /* fd for data file */
33    char   *idxbuf;  /* malloc'ed buffer for index record */
34    char   *datbuf;  /* malloc'ed buffer for data record*/
35    char   *name;    /* name db was opened under */
36    off_t   idxoff;  /* offset in index file of index record */
37                     /* key is at (idxoff + PTR_SZ + IDXLEN_SZ) */
38    size_t idxlen;   /* length of index record */
39                     /* excludes IDXLEN_SZ bytes at front of record */
40                     /* includes newline at end of index record */
41    off_t datoff;    /* offset in data file of data record */
42    size_t datlen;   /* length of data record */
43                     /* includes newline at end */
44    off_t   ptrval;  /* contents of chain ptr in index record */
45    off_t   ptroff;  /* chain ptr offset pointing to this idx record */
46    off_t   chainoff;  /* offset of hash chain for this index record */
47    off_t   hashoff;   /* offset in index file of hash table */
48    DBHASH nhash;      /* current hash table size */
49    COUNT   cnt_delok;     /* delete OK */
```

```
50      COUNT   cnt_delerr;    /* delete error */
51      COUNT   cnt_fetchok;   /* fetch OK */
52      COUNT   cnt_fetcherr;  /* fetch error */
53      COUNT   cnt_nextrec;   /* nextrec */
54      COUNT   cnt_stor1;     /* store: DB_INSERT, no empty, appended */
55      COUNT   cnt_stor2;     /* store: DB_INSERT, found empty, reused */
56      COUNT   cnt_stor3;     /* store: DB_REPLACE, diff len, appended */
57      COUNT   cnt_stor4;     /* store: DB_REPLACE, same len, overwrote */
58      COUNT   cnt_storerr;   /* store error */
59    } DB;
```

[27~48] DB 结构体是我们保存每个打开的数据库的所有信息的地方。通过 db_open 函数返回并被所有其他函数使用的 DBHANDLE 值，实际上只是指向这些 DB 结构体之一的指针。但 DBHANDLE 与 DB 结构体的这种关系对调用者而言是透明的。

因为我们在数据库中以 ASCII 码形式存放指针和所指对象的长度，所以要将它们转换为数值并保存在 DB 结构体中。即使哈希表的大小是固定的，我们也保存了它，以便当我们决定增强该函数库功能时，调用者可以在创建数据库时指定表长（参见习题 20.7）。

[49~59] DB 结构体中的最后 10 个字段统计操作成功和失败的次数。如果想分析数据库的性能，可以编写一个函数返回这些统计信息。但目前我们只维护了计数器。

```
60    /*
61     * Internal functions.
62     */
63    static DB      *_db_alloc(int);
64    static void     _db_dodelete(DB *);
65    static int      _db_find_and_lock(DB *, const char *, int);
66    static int      _db_findfree(DB *, int, int);
67    static void     _db_free(DB *);
68    static DBHASH   _db_hash(DB *, const char *);
69    static char    *_db_readdat(DB *);
70    static off_t    _db_readidx(DB *, off_t);
71    static off_t    _db_readptr(DB *, off_t);
72    static void     _db_writedat(DB *, const char *, off_t, int);
73    static void     _db_writeidx(DB *, const char *, off_t, int, off_t);
74    static void     _db_writeptr(DB *, off_t, off_t);

75    /*
76     * Open or create a database. Same arguments as open(2).
77     */
78    DBHANDLE
79    db_open(const char *pathname, int oflag, ...)
80    {
81        DB          *db;
82        int         len, mode;
83        size_t      i;
```

```
84                  char asciiptr[PTR_SZ + 1],
85                  hash[(NHASH_DEF + 1) * PTR_SZ + 2];
86                      /* +2 for newline and null */
87      struct stat statbuff;

88      /*
89       * Allocate a DB structure, and the buffers it needs.
90       */
91      len = strlen(pathname);
92      if ((db = _db_alloc(len)) == NULL)
93          err_dump("db_open: _db_alloc error for DB");
```

[60~74] 我们选择了以 db_开头来命名所有用户可调用的（公有）函数，以及以_db_开头来命名所有内部的（私有）函数。公有函数是在函数库头文件 apue_db.h 中声明的。我们将内部函数声明为静态的（static），因此它们只对位于同一文件（包含库实现的文件）中的其他函数可见。

[75~93] db_open 函数的参数与 open(2)的相同。如果调用者想要创建数据库文件，则可用第三个参数指定文件权限。db_open 函数打开索引文件和数据文件，如有必要，还会初始化索引文件。该函数首先调用_db_alloc 函数为 DB 结构体分配空间并将其初始化。

```
 94     db->nhash = NHASH_DEF; /* hash table size */
 95     db->hashoff = HASH_OFF;/* offset in index file of hash table */
 96     strcpy(db->name, pathname);
 97     strcat(db->name, ".idx");

 98     if (oflag & O_CREAT) {
 99         va_list ap;

100         va_start(ap, oflag);
101         mode = va_arg(ap, int);
102         va_end(ap);

103         /*
104          * Open index file and data file.
105          */
106         db->idxfd = open(db->name, oflag, mode);
107         strcpy(db->name + len, ".dat");
108         db->datfd = open(db->name, oflag, mode);
109     } else {
110        /*
111         * Open index file and data file.
112         */
113        db->idxfd = open(db->name, oflag);
114        strcpy(db->name + len, ".dat");
115        db->datfd = open(db->name, oflag);
116     }
```

```
117       if (db->idxfd < 0 || db->datfd < 0) {
118           _db_free(db);
119           return(NULL);
120       }
```

[94~97] 我们继续初始化 DB 结构体。调用者传入的路径名指定了数据库文件名的前缀。我们追加后缀.idx，以创建数据库索引文件的名称。

[98~108] 如果调用者想要创建数据库文件，使用<stdarg.h>中的可变参数函数可以找到可选的第三个参数。然后使用 open 函数创建并打开索引文件和数据文件。请注意，数据文件的文件名以与索引文件的文件名同样的前缀开头，但其后缀为.dat。

[109~116] 如果调用者没有指定 O_CREAT 标识，那么我们将打开现有的数据库文件。在这种情况下，调用 open 时只需要使用两个参数。

[117~120] 如果在打开或创建任一数据库文件时发生错误，将调用_db_free 函数来清理 DB 结构体，然后向调用者返回 NULL。如果一个文件被成功打开而另一个失败，_db_free 函数将负责关闭打开的文件描述符，稍后我们将看到这种情况。

```
121       if ((oflag & (O_CREAT | O_TRUNC)) == (O_CREAT | O_TRUNC)) {
122           /*
123            * If the database was created, we have to initialize
124            * it. Write lock the entire file so that we can stat
125            * it, check its size, and initialize it, atomically.
126            */
127           if (writew_lock(db->idxfd, 0, SEEK_SET, 0) < 0)
128               err_dump("db_open: writew_lock error");

129           if (fstat(db->idxfd, &statbuff) < 0)
130               err_sys("db_open: fstat error");

131           if (statbuff.st_size == 0) {
132               /*
133                * We have to build a list of (NHASH_DEF + 1) chain
134                * ptrs with a value of 0. The +1 is for the free
135                * list pointer that precedes the hash table.
136                */
137               sprintf(asciiptr, "%*d", PTR_SZ, 0);
```

[121~130] 在创建数据库时，我们会遇到加锁的情况。假设两个进程几乎在同一时间尝试创建同一个数据库。如果第一个进程调用了 fstat 函数，并且在返回后被内核阻塞，而此时第二个进程调用 db_open，发现索引文件的长度为 0，于是开始初始化空闲链表和哈希链，接着将一条记录写入数据库。这时，第二个进程被阻塞，第一个进程就在调用 fstat 函数之后马上继续执行。第一个进程发现索引文件的大小为 0（因为 fstat 函数是在第二个进程初始化索引文件之前

被调用的），所以第一个进程会再次初始化空闲链表和哈希链，清除第二个进程存储在数据库中的记录。防止这种情况发生的方法是使用锁。我们使用了 14.3 节中的宏 readw_lock、writew_lock 和 un_lock。

[131~137] 如果索引文件的大小为 0，则表示它刚刚才被创建，所以我们需要初始化它所包含的空闲链表和哈希链指针。请注意，我们使用格式字符串%*d 来将数据库指针从整型数转换为 ASCII 字符串（我们将在_db_writeidx 和_db_writeptr 中再次使用这种格式类型）。这种格式告诉 sprintf 接受 PTR_SZ 参数，并将其用作下一个参数的最小字段宽度，这个宽度值在本例中为 0（这里我们将指针初始化为 0，因为我们正在创建数据库）。其作用是强制创建的字符串长度至少为 PTR_SZ 个字符（左侧用空格填充）。在_db_writeidx 和_db_writeptr 中，我们将传递一个非零指针值，但是我们首先会验证指针值不大于 PTR_MAX，以确保写入数据库的每个指针字符串正好占用 PTR_SZ 个（7）字符的空间。

```
138                 hash[0] = 0;
139                 for (i = 0; i < NHASH_DEF + 1; i++)
140                     strcat(hash, asciiptr);
141                 strcat(hash, "\n");
142                 i = strlen(hash);
143                 if (write(db->idxfd, hash, i) != i)
144                     err_dump("db_open: index file init write error");
145             }
146             if (un_lock(db->idxfd, 0, SEEK_SET, 0) < 0)
147                 err_dump("db_open: un_lock error");
148         }
149         db_rewind(db);
150         return(db);
151     }

152     /*
153      * Allocate & initialize a DB structure and its buffers.
154      */
155     static DB *
156     _db_alloc(int namelen)
157     {
158         DB          *db;

159         /*
160          * Use calloc, to initialize the structure to zero.
161          */
162         if ((db = calloc(1, sizeof(DB))) == NULL)
163             err_dump("_db_alloc: calloc error for DB");
164         db->idxfd = db->datfd = -1;             /* descriptors */

165         /*
```

```
166      * Allocate room for the name.
167      * +5 for ".idx" or ".dat" plus null at end.
168      */
169     if ((db->name = malloc(namelen + 5)) == NULL)
170     err_dump("_db_alloc: malloc error for name");
```

[138~151] 我们继续初始化新创建的数据库。构造哈希表并将其写入索引文件，然后解锁索引文件，重置数据库文件指针，并返回一个指向 DB 结构体的指针，将其作为调用者与其他数据库函数一起使用的不透明句柄。

[152~164] db_open 函数调用_db_alloc 函数为 DB 结构体分配存储空间，包括一个索引缓冲区和一个数据缓冲区。我们使用 calloc 分配内存来存放 DB 结构体，并确保其初始化为全零。但因为这会产生副作用——将数据库文件描述符也设置为零，所以需要将其重置为-1 来表示它们尚未生效。

[165~170] 我们分配空间来保存数据库索引文件的名称。我们使用这个缓冲区来创建两个文件名，通过更改后缀来引用索引文件或数据文件，就像你在 db_open 中看到的那样。

```
171     /*
172      * Allocate an index buffer and a data buffer.
173      * +2 for newline and null at end.
174      */
175     if ((db->idxbuf = malloc(IDXLEN_MAX + 2)) == NULL)
176         err_dump("_db_alloc: malloc error for index buffer");
177     if ((db->datbuf = malloc(DATLEN_MAX + 2)) == NULL)
178         err_dump("_db_alloc: malloc error for data buffer");
179     return(db);
180   }

181   /*
182    * Relinquish access to the database.
183    */
184   void
185   db_close(DBHANDLE h)
186   {
187     _db_free((DB *)h);  /* closes fds, free buffers & struct */
188   }

189    /*
190    * Free up a DB structure, and all the malloc'ed buffers it
191    * may point to.  Also close the file descriptors if still open.
192    */
193   static void
194   _db_free(DB *db)
195   {
196   if (db->idxfd >= 0)
197       close(db->idxfd);
198   if (db->datfd >= 0)
```

```
199         close(db->datfd);
```

[171~180] 我们为索引文件和数据文件的缓冲区分配空间。缓冲区的大小在 apue_db.h 中定义。数据库函数库的一个改进是，允许这些缓冲区按需扩展。我们可以时刻关注这两个缓冲区的大小，并在发现需要更大的缓冲区时调用 realloc。最后，返回一个指向已分配的 DB 结构体的指针。

[181~188] db_close 函数是一个包装器，它将数据库句柄强制转换为 DB 结构体指针，并将其传递给_db_free 函数以释放资源及 DB 结构体。

[189~199] 如果在打开索引文件或数据文件时发生错误，db_open 会调用_db_free 函数，当应用程序结束对数据库的使用时，db_close 也会调用该函数。如果数据库索引文件的文件描述符有效，则将其关闭。对数据文件描述符也是这么处理的。回想一下，当我们在_db_alloc 中分配新的 DB 结构体时，将每个文件描述符都初始化为-1。如果无法打开其中一个数据库文件，则相应的文件描述符仍被设置为-1，我们就省得试图关闭它。

```
200     if (db->idxbuf != NULL)
201         free(db->idxbuf);
202     if (db->datbuf != NULL)
203         free(db->datbuf);
204     if (db->name != NULL)
205         free(db->name);
206     free(db);
207 }

208 /*
209  * Fetch a record. Return a pointer to the null-terminated data.
210  */
211 char *
212 db_fetch(DBHANDLE h, const char *key)
213 {
214     DB      *db = h;
215     char    *ptr;

216     if (_db_find_and_lock(db, key, 0) < 0) {
217         ptr = NULL;             /* error, record not found */
218         db->cnt_fetcherr++;
219     } else {
220         ptr = _db_readdat(db);  /* return pointer to data */
221         db->cnt_fetchok++;
222     }

223     /*
224      * Unlock the hash chain that _db_find_and_lock locked.
225      */
226     if (un_lock(db->idxfd, db->chainoff, SEEK_SET, 1) < 0)
227         err_dump("db_fetch: un_lock error");
```

```
228     return(ptr);
229   }
```

[200~207] 接下来，释放所有动态分配的缓冲区。我们可以安全地将一个空指针传递给 free 函数，无须事先检查每个缓冲区指针的值。但即使如此，我们还是会进行检查，因为我们认为只释放那些已分配的对象是更好的编程风格（并不是所有分配析构器函数都像 free 那样兼容性高）。最后，释放 DB 结构体占用的存储区。

[208~218] db_fetch 函数用于根据给定的键读取记录。我们首先尝试通过调用 _db_find_and_lock 来查找记录。如果找不到记录，我们将返回值（ptr）设置为 NULL，并增加记录搜索失败的计数。因为从 _db_find_and_lock 返回时数据库索引文件是加锁的，所以在解锁前 db_fetch 函数无法返回。

[219~229] 如果找到了记录，就调用 _db_readdat 来读取相应的数据记录，并增加记录搜索成功的计数。在返回之前，我们通过调用 un_lock 来解锁索引文件，然后返回找到的记录的指针（如果没有找到记录，则返回 NULL）。

```
230   /*
231    * Find the specified record. Called by db_delete, db_fetch,
232    * and db_store. Returns with the hash chain locked.
233    */
234   static int
235   _db_find_and_lock(DB *db, const char *key, int writelock)
236   {

237     off_t offset, nextoffset;
238     /*
239      * Calculate the hash value for this key, then calculate the
240      * byte offset of corresponding chain ptr in hash table.
241      * This is where our search starts. First we calculate the
242      * offset in the hash table for this key.
243      */
244     db->chainoff = (_db_hash(db, key) * PTR_SZ) + db->hashoff;
245     db->ptroff = db->chainoff;

246     /*
247      * We lock the hash chain here. The caller must unlock it
248      * when done. Note we lock and unlock only the first byte.
249      */
250     if (writelock) {
251         if (writew_lock(db->idxfd, db->chainoff, SEEK_SET, 1) < 0)
252             err_dump("_db_find_and_lock: writew_lock error");
253     } else {
254         if (readw_lock(db->idxfd, db->chainoff, SEEK_SET, 1) < 0)
255             err_dump("_db_find_and_lock: readw_lock error");
256     }
```

```
257     /*
258      * Get the offset in the index file of first record
259      * on the hash chain (can be 0).
260      */
261     offset = _db_readptr(db, db->ptroff);
```

[230~237] 函数库内部使用_db_find_and_lock 函数查找给定键的记录。如果在搜索记录时想要获取索引文件的写锁，则将 writelock 参数设置为非零值。如果将 writelock 设置为零，则在搜索索引文件时对其加读锁。

[238~256] 我们准备遍历函数_db_find_and_lock 中的哈希链。我们将键转换为哈希值，用于计算文件中哈希链的起始地址（chainoff）。在遍历哈希链之前，等着获取锁。注意，我们只对哈希链开头的第一字节加锁。这样提高了并发性，允许多个进程同时搜索不同的哈希链。

[257~261] 我们调用函数_db_readptr 来读取哈希链中的第一个指针。如果返回值为零，则哈希链为空。

```
262     while (offset != 0) {
263         nextoffset = _db_readidx(db, offset);
264         if (strcmp(db->idxbuf, key) == 0)
265             break;        /* found a match */
266         db->ptroff = offset; /* offset of this (unequal) record */
267         offset = nextoffset; /* next one to compare */
268     }
269     /*
270      * offset == 0 on error (record not found).
271      */
272     return(offset == 0 ? -1 : 0);
273 }

274 /*
275  * Calculate the hash value for a key.
276  */
277 static DBHASH
278 _db_hash(DB *db, const char *key)
279 {
280     DBHASH      hval = 0;
281     char        c;
282     int         i;

283     for (i = 1; (c = *key++) != 0; i++)
284         hval += c * i;       /* ascii char times its 1-based index */
285     return(hval % db->nhash);
286 }
```

[262~268] 我们在 while 循环中遍历哈希链上的每条索引记录，并比较键。调用函数_db_readidx 读取每条索引记录。它用当前记录的键填充 idxbuf 字段。如果_db_readidx 返回 0，则表示已到达链的最后一条索引记录。

[269~273] 如果循环后的偏移量为零，则表示已到达哈希链的末尾且没有找到匹配的键，于是返回-1。否则，找到了匹配项（并通过 break 语句退出循环），因此返回 0。在这种情况下，ptroff 字段包含上一条索引记录的地址，datoff 包含数据记录的地址，datlen 包含数据记录的长度。遍历哈希链时，我们会保存指向当前索引记录的前一条索引记录的指针。我们将在删除记录时用到它，因为必须修改前一条记录的链指针才能删除当前记录。

[274~286] _db_hash 计算给定键的哈希值。它将每个 ASCII 字符乘以其基于 1 的索引，并将结果除以哈希表条目的数量，得到的余数是该键的哈希值。回想一下，哈希表条目的数量是 137，这是一个质数。根据 Knuth[1998]的说法，质数哈希通常具有良好的分布特性。

```
287   /*
288    * Read a chain ptr field from anywhere in the index file:
289    * the free list pointer, a hash table chain ptr, or an
290    * index record chain ptr.
291    */
292   static off_t
293   _db_readptr(DB *db, off_t offset)
294   {
295     char asciiptr[PTR_SZ + 1];

296     if (lseek(db->idxfd, offset, SEEK_SET) == -1)
297         err_dump("_db_readptr: lseek error to ptr field");
298     if (read(db->idxfd, asciiptr, PTR_SZ) != PTR_SZ)
299         err_dump("_db_readptr: read error of ptr field");
300     asciiptr[PTR_SZ] = 0;        /* null terminate */
301     return(atol(asciiptr));
302   }

303   /*
304    * Read the next index record. We start at the specified offset
305    * in the index file. We read the index record into db->idxbuf
306    * and replace the separators with null bytes. If all is OK we
307    * set db->datoff and db->datlen to the offset and length of the
308    * corresponding data record in the data file.
309    */
310   static off_t
311   _db_readidx(DB *db, off_t offset)
312   {
313     ssize_t             i;
314     char              *ptr1, *ptr2;
315     char              asciiptr[PTR_SZ + 1], asciilen[IDXLEN_SZ + 1];
316     struct iovec      iov[2];
```

[287~302] _db_readptr 函数读取如下三个链表指针中的一个：（1）位于索引文件开头的指针，指向空闲链表上的第一条索引记录；（2）哈希表中指向每个哈希链上

第一条索引记录的指针；（3）存储在每条索引记录开头的指针（无论索引记录是哈希链的一部分还是在空闲链表中）。在返回指针前，我们将指针从 ASCII 字符转换为长整型数。该函数不进行加锁操作，那是由调用者来处理的。

[303~316] `_db_readidx` 函数用于从索引文件中的指定偏移量处读取记录。若成功，则该函数将返回链表中下一条记录的偏移量。在这种情况下，该函数将填充 DB 结构体的几个字段，其中 `idxoff` 包含索引文件中当前记录的偏移量，`ptrval` 包含链表中下一个索引项的偏移量；`idxlen` 包含当前索引记录的长度，`idxbuf` 包含实际索引记录，`datoff` 包含数据文件中记录的偏移量，`datlen` 包含数据记录的长度。

```
317     /*
318      * Position index file and record the offset. db_nextrec
319      * calls us with offset==0, meaning read from current offset.
320      * We still need to call lseek to record the current offset.
321      */
322     if ((db->idxoff = lseek(db->idxfd, offset,
323         offset == 0 ? SEEK_CUR : SEEK_SET)) == -1)
324         err_dump("_db_readidx: lseek error");

325     /*
326      * Read the ascii chain ptr and the ascii length at
327      * the front of the index record. This tells us the
328      * remaining size of the index record.
329      */
330     iov[0].iov_base = asciiptr;
331     iov[0].iov_len  = PTR_SZ;
332     iov[1].iov_base = asciilen;
333     iov[1].iov_len  = IDXLEN_SZ;
334     if ((i = readv(db->idxfd, &iov[0], 2)) != PTR_SZ + IDXLEN_SZ) {
335         if (i == 0 && offset == 0)
336             return(-1);     /* EOF for db_nextrec */
337         err_dump("_db_readidx: readv error of index record");
338     }

339     /*
340      * This is our return value; always >= 0.
341      */
342     asciiptr[PTR_SZ] = 0;        /* null terminate */
343     db->ptrval = atol(asciiptr); /* offset of next key in chain */

344     asciilen[IDXLEN_SZ] = 0;     /* null terminate */
345     if ((db->idxlen = atoi(asciilen)) < IDXLEN_MIN ||
346       db->idxlen > IDXLEN_MAX)
347         err_dump("_db_readidx: invalid length");
```

[317~324] 首先根据调用者提供的索引文件偏移量来查找。我们在 DB 结构体中记录该偏移量，因此即使调用者希望读取当前文件偏移量处的记录（将 `offset` 设置为

0)，我们仍然需要调用 lseek 来确定当前偏移量。由于索引记录永远不会存储在索引文件的 0 偏移处，因此可以安全地重载 0 值来表示“从当前偏移量处读取”。

[325~338] 我们调用函数 readv 来读取索引记录开头的两个定长字段：指向下一条索引记录的链指针和随后的可变长索引记录的大小。。

[339~347] 将下一条记录的偏移量转换为整型数，并将其存储到 ptrval 字段中（将作为此函数的返回值）。然后，将索引记录的长度转换为整型数，并将其保存到 idxlen 字段中。

```
348     /*
349      * Now read the actual index record. We read it into the key
350      * buffer that we malloced when we opened the database.
351      */
352     if ((i = read(db->idxfd, db->idxbuf, db->idxlen)) != db->idxlen)
353         err_dump("_db_readidx: read error of index record");
354     if (db->idxbuf[db->idxlen-1] != NEWLINE)    /* sanity check */
355         err_dump("_db_readidx: missing newline");
356     db->idxbuf[db->idxlen-1] = 0;    /* replace newline with null */

357     /*
358      * Find the separators in the index record.
359      */
360     if ((ptr1 = strchr(db->idxbuf, SEP)) == NULL)
361         err_dump("_db_readidx: missing first separator");
362     *ptr1++ = 0;                /* replace SEP with null */

363     if ((ptr2 = strchr(ptr1, SEP)) == NULL)
364         err_dump("_db_readidx: missing second separator");
365     *ptr2++ = 0;                /* replace SEP with null */

366     if (strchr(ptr2, SEP) != NULL)
367         err_dump("_db_readidx: too many separators");

368     /*
369      * Get the starting offset and length of the data record.
370      */
371     if ((db->datoff = atol(ptr1)) < 0)
372         err_dump("_db_readidx: starting offset < 0");
373     if ((db->datlen = atol(ptr2)) <= 0 || db->datlen > DATLEN_MAX)
374         err_dump("_db_readidx: invalid length");
375     return(db->ptrval);      /* return offset of next key in chain */
376 }
```

[348~356] 我们将可变长索引记录读入 DB 结构体的 idxbuf 字段。该记录应以换行符结束。我们将换行符替换为空字节。如果索引文件被损坏，我们将通过调用 err_dump 函数终止运行并删除 core 文件。

[357~367] 我们将索引记录分为三个字段：键、相应数据记录的偏移量和数据记录的长度。strchr 函数用于查找给定字符串中指定字符第一次出现的位置。在这里，我们查找记录中分隔字段的字符（SEP，此处我们将其定义为冒号）。

[368~376] 我们将数据记录的偏移量和长度转换为整型数，并将它们存储在 DB 结构体中，然后返回哈希链中下一条记录的偏移量。注意，我们没有读取数据记录，该任务留给调用者来完成。例如，在 db_fetch 函数中，只有_db_find_and_lock 读取了与我们要查找的键匹配的索引记录之后，我们才会读取数据记录。

```
377  /*
378   * Read the current data record into the data buffer.
379   * Return a pointer to the null-terminated data buffer.
380   */
381  static char *
382  _db_readdat(DB *db)
383  {
384      if (lseek(db->datfd, db->datoff, SEEK_SET) == -1)
385          err_dump("_db_readdat: lseek error");
386      if (read(db->datfd, db->datbuf, db->datlen) != db->datlen)
387          err_dump("_db_readdat: read error");
388      if (db->datbuf[db->datlen-1] != NEWLINE)    /* sanity check */
389          err_dump("_db_readdat: missing newline");
390      db->datbuf[db->datlen-1] = 0; /* replace newline with null */
391      return(db->datbuf);       /* return pointer to data record */
392  }

393  /*
394   * Delete the specified record.
395   */
396  int
397  db_delete(DBHANDLE h, const char *key)
398  {
399      DB      *db = h;
400      int     rc = 0;           /* assume record will be found */

401      if (_db_find_and_lock(db, key, 1) == 0) {
402          _db_dodelete(db);
403          db->cnt_delok++;
404      } else {
405          rc = -1;              /* not found */
406          db->cnt_delerr++;
407      }
408      if (un_lock(db->idxfd, db->chainoff, SEEK_SET, 1) < 0)
409          err_dump("db_delete: un_lock error");
410      return(rc);
411  }
```

[377~392] 在 datoff 和 datlen 被正确地初始化后，_db_readdat 函数用数据记录的内容填充 DB 结构体中的 datbuf 字段。

[393~411] db_delete 函数用于删除给定键的记录。我们使用_db_find_and_lock 来确定数据库中是否存在该记录。如果存在，则调用_db_dodelete 来执行删除记录所需的工作。_db_find_and_lock 的第三个参数控制哈希链是加读锁还是写锁。因为我们可能会更改链表，所以这里请求一把写锁。由于_db_find_and_lock 返回时仍然持有锁，因此无论是否找到记录，都需要释放锁。

```
412   /*
413    * Delete the current record specified by the DB structure.
414    * This function is called by db_delete and db_store, after
415    * the record has been located by _db_find_and_lock.
416    */
417   static void
418   _db_dodelete(DB *db)
419   {
420     int     i;
421     char    *ptr;
422     off_t   freeptr, saveptr;

423     /*
424      * Set data buffer and key to all blanks.
425      */
426     for (ptr = db->datbuf, i = 0; i < db->datlen - 1; i++)
427         *ptr++ = SPACE;
428     *ptr = 0;   /* null terminate for _db_writedat */
429     ptr = db->idxbuf;
430     while (*ptr)
431         *ptr++ = SPACE;

432     /*
433      * We have to lock the free list.
434      */
435     if (writew_lock(db->idxfd, FREE_OFF, SEEK_SET, 1) < 0)
436         err_dump("_db_dodelete: writew_lock error");

437     /*
438      * Write the data record with all blanks.
439      */
440     db_writedat(db, db->datbuf, db->datoff, SEEK_SET);
```

[412~431] _db_dodelete 函数执行从数据库中删除记录所需的所有工作（这个函数也由 db_store 调用）。此函数的绝大部分工作只是更新两个链表：空闲链表和这个键的哈希链。删除记录时，将其键和数据记录设置为空格。db_nextrec 实际上也是这样使用的，我们将在本节稍后讨论。

[432~440] 我们调用 writew_lock 给空闲链表加写锁。这个步骤可防止两个进程同时删除两个不同哈希链上的记录时相互干扰。由于我们将被删除的记录添加到空闲

链表中会更改空闲链表指针，因此一次只能有一个进程执行此操作。

我们通过调用_db_writedat 函数写入所有空白（被清空）的数据记录。请注意，在这种情况下，不需要使用_db_writedat 对数据文件加写锁。由于 db_delete 已对此记录的哈希链加了写锁，因此我们知道此时没有其他进程能够读取或写入该特定数据记录。

```
441     /*
442      * Read the free list pointer. Its value becomes the
443      * chain ptr field of the deleted index record. This means
444      * the deleted record becomes the head of the free list.
445      */
446     freeptr = _db_readptr(db, FREE_OFF);

447     /*
448      * Save the contents of index record chain ptr,
449      * before it's rewritten by _db_writeidx.
450      */
451     saveptr = db->ptrval;

452     /*
453      * Rewrite the index record. This also rewrites the length
454      * of the index record, the data offset, and the data length,
455      * none of which has changed, but that's OK.
456      */
457     _db_writeidx(db, db->idxbuf, db->idxoff, SEEK_SET, freeptr);

458     /*
459      * Write the new free list pointer.
460      */
461     _db_writeptr(db, FREE_OFF, db->idxoff);

462     /*
463      * Rewrite the chain ptr that pointed to this record being
464      * deleted. Recall that _db_find_and_lock sets db->ptroff to
465      * point to this chain ptr. We set this chain ptr to the
466      * contents of the deleted record's chain ptr, saveptr.
467      */
468     _db_writeptr(db, db->ptroff, saveptr);
469     if (un_lock(db->idxfd, FREE_OFF, SEEK_SET, 1) < 0)
470         err_dump("_db_dodelete: un_lock error");
471 }
```

[441~461] 我们读取空闲链表指针，然后更新索引记录，以便将其下一条记录指针设置为指向空闲链表的第一条记录（如果空闲链表为空，则这个新链表指针为 0。）我们已经清除了键，接着使用正要删除的索引记录的偏移量更新空闲链表指针。这意味着，空闲链表是按照后进先出的方式来处理的；也就是说，删除的记录被添加到空闲链表的头部（尽管我们是基于首次适应算法来删除空闲链表项

的）。

我们没有为每个文件分别设置空闲链表。将一条已删除的索引记录添加到空闲链表时，该索引记录仍然指向已删除的数据记录。有更好的方法可以做到这一点，但会增加复杂性。

[462~471] 我们更新哈希链中的前一条记录，以指向正要删除的记录之后的记录，就从哈希链中移除了要删除的记录。最后，解锁空闲链表。

```
472     /*
473      * Write a data record. Called by _db_dodelete (to write
474      * the record with blanks) and db_store.
475      */
476     static void
477     _db_writedat(DB *db, const char *data, off_t offset, int whence)
478     {
479         struct iovec    iov[2];
480         static char     newline = NEWLINE;

481         /*
482          * If we're appending, we have to lock before doing the lseek
483          * and write to make the two an atomic operation. If we're
484          * overwriting an existing record, we don't have to lock.
485          */
486          if (whence == SEEK_END) /* we're appending, lock entire file */
487              if (writew_lock(db->datfd, 0, SEEK_SET, 0) < 0)
488                  err_dump("_db_writedat: writew_lock error");

489         if ((db->datoff = lseek(db->datfd, offset, whence)) == -1)
490             err_dump("_db_writedat: lseek error");
491         db->datlen = strlen(data) + 1;  /* datlen includes newline */

492         iov[0].iov_base = (char *) data;
493         iov[0].iov_len  = db->datlen - 1;
494         iov[1].iov_base = &newline;
495         iov[1].iov_len  = 1;
496         if (writev(db->datfd, &iov[0], 2) != db->datlen)
497             err_dump("_db_writedat: writev error of data record");

498         if (whence == SEEK_END)
499             if (un_lock(db->datfd, 0, SEEK_SET, 0) < 0)
500                 err_dump("_db_writedat: un_lock error");
501   }
```

[472~491] 我们调用函数 `_db_writedat` 来写入数据记录。当删除记录时，使用函数 `_db_writedat` 用空格覆写（清空）数据记录；`_db_writedat` 不需要对数据文件加写锁，因为 `db_delete` 已经对这条记录的哈希链加了写锁。所以，不会再有其他进程可以读取或写入这条特定的数据记录。我们在本节稍后介绍 `db_store` 函数时会遇到这种情况，即 `_db_writedat` 函数在追加写数据文

件时对其加写锁。

寻找要写入数据记录的位置。写入的字节数是数据记录的大小加上我们添加的 1 字节的终止用的换行符。

[492~501] 我们设置 iovec 数组并调用 writev 来写入数据记录和换行符。不能假定调用者缓冲区的末尾有追加换行符的空间，所以我们从单独的缓冲区来写入换行符。如果要向文件末尾追加记录的话，就要释放之前获取的锁。

```
502  /*
503  * Write an index record. _db_writedat is called before
504  * this function to set the datoff and datlen fields in the
505  * DB structure, which we need to write the index record.
506  */
507  static void
508  _db_writeidx(DB *db, const char *key,
509               off_t offset, int whence, off_t ptrval)
510  {
511   struct iovec     iov[2];
512    char            asciiptrlen[PTR_SZ + IDXLEN_SZ + 1];
513    int             len;

514    if ((db->ptrval = ptrval) < 0 || ptrval > PTR_MAX)
515        err_quit("_db_writeidx: invalid ptr: %d", ptrval);
516    sprintf(db->idxbuf, "%s%c%lld%c%ld\n", key, SEP,
517      (long long)db->datoff, SEP, (long)db->datlen);
518    len = strlen(db->idxbuf);
519    if (len < IDXLEN_MIN || len > IDXLEN_MAX)
520        err_dump("_db_writeidx: invalid length");
521    sprintf(asciiptrlen, "%*lld%*d", PTR_SZ, (long long)ptrval,
522      IDXLEN_SZ, len);

523    /*
524     * If we're appending, we have to lock before doing the lseek
525     * and write to make the two an atomic operation. If we're
526     * overwriting an existing record, we don't have to lock.
527     */
528    if (whence == SEEK_END)      /* we're appending */
529        if (writew_lock(db->idxfd, ((db->nhash+1)*PTR_SZ)+1,
530          SEEK_SET, 0) < 0)
531            err_dump("_db_writeidx: writew_lock error");
```

[502~522] 调用_db_writeidx 函数写入索引记录。在验证哈希链中的下一个指针有效后，我们创建索引记录并将其后半部分存储在 idxbuf 中。我们需要获知索引记录这一部分的大小来创建该索引记录的前半部分，其将被存储在局部变量 asciiptrlen 中。

请注意，我们使用强制类型转换迫使 sprintf 语句中参数的大小与格式规范相匹配。这是因为 off_t 和 size_t 数据类型的大小可能因平台而异。

即使是 32 位系统也可以提供 64 位文件偏移量，因此我们不能对 off_t 数据类型的大小做任何假设。

[523~531] 与 _db_writedat 一样，此函数仅在追加新索引记录到索引文件时才要处理加锁的问题。

当 _db_dodelete 调用此函数时，我们正在重写现有的索引记录。在这种情况下，调用者已经对哈希链加了写锁，因此不再需要额外加锁。

```
532     /*
533      * Position the index file and record the offset.
534      */
535     if ((db->idxoff = lseek(db->idxfd, offset, whence)) == -1)
536         err_dump("_db_writeidx: lseek error");

537     iov[0].iov_base = asciiptrlen;
538     iov[0].iov_len  = PTR_SZ + IDXLEN_SZ;
539     iov[1].iov_base = db->idxbuf;
540     iov[1].iov_len  = len;
541     if (writev(db->idxfd, &iov[0], 2) != PTR_SZ + IDXLEN_SZ + len)
542         err_dump("_db_writeidx: writev error of index record");

543     if (whence == SEEK_END)
544         if (un_lock(db->idxfd, ((db->nhash+1)*PTR_SZ)+1,
545           SEEK_SET, 0) < 0)
546             err_dump("_db_writeidx: un_lock error");
547     }

548 /*
549  * Write a chain ptr field somewhere in the index file:
550  * the free list, the hash table, or in an index record.
551  */
552 static void
553 _db_writeptr(DB *db, off_t offset, off_t ptrval)
554 {
555     char    asciiptr[PTR_SZ + 1];

556     if (ptrval < 0 || ptrval > PTR_MAX)
557         err_quit("_db_writeptr: invalid ptr: %d", ptrval);
558     sprintf(asciiptr, "%*lld", PTR_SZ, (long long)ptrval);

559     if (lseek(db->idxfd, offset, SEEK_SET) == -1)
560         err_dump("_db_writeptr: lseek error to ptr field");
561     if (write(db->idxfd, asciiptr, PTR_SZ) != PTR_SZ)
562         err_dump("_db_writeptr: write error of ptr field");
563 }
```

[532~547] 我们找到要写入索引记录的位置，并将此偏移量保存在 DB 结构体的 idxoff 字段中。因为我们是在两个分离的缓冲区中构建索引记录的，所以使用 writev 将其存储在索引文件中。

如果向文件追加新记录，则要释放在定向查找操作之前获取的锁。这使得追加新记录到同一数据库从这些并发运行的进程的视角来看，定向查找和写入变成一个原子操作。

[548~563] _db_writeptr 用于将哈希链指针写入索引文件。我们验证链指针是否在边界范围内，然后将其转换成 ASCII 字符串。在索引文件中找到指定的偏移量位置，并写入该指针。

```
564  /*
565   * Store a record in the database. Return 0 if OK, 1 if record
566   * exists and DB_INSERT specified, -1 on error.
567   */
568  int
569  db_store(DBHANDLE h, const char *key, const char *data, int flag)
570  {
571      DB      *db = h;
572      int     rc, keylen, datlen;
573      off_t   ptrval;

574      if (flag != DB_INSERT && flag != DB_REPLACE &&
575        flag != DB_STORE) {
576          errno = EINVAL;
577          return(-1);
578      }
579      keylen = strlen(key);
580      datlen = strlen(data) + 1;      /* +1 for newline at end */
581      if (datlen < DATLEN_MIN || datlen > DATLEN_MAX)
582          err_dump("db_store: invalid data length");

583      /*
584       * _db_find_and_lock calculates which hash table this new record
585       * goes into (db->chainoff), regardless of whether it already
586       * exists or not. The following calls to _db_writeptr change the
587       * hash table entry for this chain to point to the new record.
588       * The new record is added to the front of the hash chain.
589       */
590      if (_db_find_and_lock(db, key, 1) < 0) { /* record not found */
591          if (flag == DB_REPLACE) {
592              rc = -1;
593              db->cnt_storerr++;
594              errno = ENOENT;     /* error, record does not exist */
595              goto doreturn;
596      }
```

[564~582] 我们使用 db_store 函数将记录添加到数据库中。首先，验证传递的标识值是否有效。然后，确保数据记录的长度有效。如果无效，则删除 core 文件并退出。在示例中可以这么做，但如果我们正在构建产品级的函数库，则应该返回错误状态，给应用程序恢复的机会。

[583~596] 我们调用_db_find_and_lock 来查看记录是否已经存在。如果记录不存在且指定了 DB_INSERT 或 DB_STORE，或者如果记录存在且指定了 DB_REPLACE 或 DB_STORE，都是可以的。替换现有记录意味着键相同，但数据记录可能不同。注意，_db_find_and_lock 的最后一个参数指定了必须对哈希链加写锁，因为我们可能会修改这个哈希链。

```
597         /*
598          * _db_find_and_lock locked the hash chain for us; read
599          * the chain ptr to the first index record on hash chain.
600          */
601         ptrval = _db_readptr(db, db->chainoff);

602         if (_db_findfree(db, keylen, datlen) < 0) {
603             /*
604              * Can't find an empty record big enough. Append the
605              * new record to the ends of the index and data files.
606              */
607             _db_writedat(db, data, 0, SEEK_END);
608             _db_writeidx(db, key, 0, SEEK_END, ptrval);

609             /*
610              * db->idxoff was set by _db_writeidx. The new
611              * record goes to the front of the hash chain.
612              */
613             _db_writeptr(db, db->chainoff, db->idxoff);
614             db->cnt_stor1++;
615         } else {
616             /*
617              * Reuse an empty record. _db_findfree removed it from
618              * the free list and set both db->datoff and db->idxoff.
619              * Reused record goes to the front of the hash chain.
620              */
621             _db_writedat(db, data, db->datoff, SEEK_SET);
622             _db_writeidx(db, key, db->idxoff, SEEK_SET, ptrval);
623             _db_writeptr(db, db->chainoff, db->idxoff);
624             db->cnt_stor2++;
625         }
```

[597~601] 在调用_db_find_and_lock 之后，代码分为 4 种情况。由于在前两种情况下没有找到足够大的空闲记录，因此我们添加一条新纪录。我们读取哈希链上第一项的偏移量。

[602~614] 情况 1：我们调用_db_findfree 在空闲链表中搜索分别与参数 keylen 和 datlen 具有相同键长度和数据长度的已删除记录。如果没有找到这样的记录，我们必须将新记录追加到索引文件和数据文件的末尾。我们调用_db_writedat 写入数据部分，调用_db_writeidx 写入索引部分，调用_db_writeptr 将新记录添加到哈希链的头部。将对这种情况计数的计数器

（cnt_stor1）加 1，以便我们表征数据库的运行状态。

[615~625] 情况 2：_db_findfree 找到一个大小合适的空记录，并将其从空闲链表中删除（我们稍后就会看到_db_findfree 的实现）。写入新记录的数据和索引部分，并像在情况 1 中我们所做的那样，将新记录添加到哈希链的头部。cnt_stor2 字段统计了这种情况发生的次数。

```
626     } else {                        /* record found */
627         if (flag == DB_INSERT) {
628             rc = 1;    /* error, record already in db */
629             db->cnt_storerr++;
630             goto doreturn;
631         }

632         /*
633          * We are replacing an existing record. We know the new
634          * key equals the existing key, but we need to check if
635          * the data records are the same size.
636          */
637         if (datlen != db->datlen) {
638             _db_dodelete(db);    /* delete the existing record */

639             /*
640              * Reread the chain ptr in the hash table
641              * (it may change with the deletion).
642              */
643             ptrval = _db_readptr(db, db->chainoff);

644             /*
645              * Append new index and data records to end of files.
646              */
647             _db_writedat(db, data, 0, SEEK_END);
648             _db_writeidx(db, key, 0, SEEK_END, ptrval);

649             /*
650              * New record goes to the front of the hash chain.
651              */
652             _db_writeptr(db, db->chainoff, db->idxoff);
653             db->cnt_stor3++;
654         } else {
```

[626~631] 现在我们来看看数据库中已经存在具有相同键的记录的另外两种情况。如果调用者不打算替换该记录，则设置返回码以表明记录已存在，然后增加存储错误的计数，并跳转至函数末尾，处理公共返回逻辑。

[632~654] 情况 3：正要替换现有记录，而新记录的长度与现有记录的长度不同。我们调用_db_dodelete 删除现有记录。这会将已删除的记录放在空闲链表的头部。然后，我们通过调用_db_writedat 和_db_writeidx 将新记录追加到数据

文件和索引文件的末尾（还有其他方法来处理这种情况，我们可以尝试查找具有合适数据长度的已删除记录）。通过调用_db_writeptr 将新记录添加哈希链的头部。DB 结构体中的 cnt_stor3 计数器记录了我们执行该分支的次数。

```
655             /*
656              * Same size data, just replace data record.
657              */
658             _db_writedat(db, data, db->datoff, SEEK_SET);
659             db->cnt_stor4++;
660         }
661     }
662     rc = 0;      /* OK */

663 doreturn: /* unlock hash chain locked by _db_find_and_lock */
664     if (un_lock(db->idxfd, db->chainoff, SEEK_SET, 1) < 0)
665         err_dump("db_store: un_lock error");
666     return(rc);
667 }

668 /*
669  * Try to find a free index record and accompanying data record
670  * of the correct sizes. We're only called by db_store.
671  */
672 static int
673 _db_findfree(DB *db, int keylen, int datlen)
674 {
675     int     rc;
676     off_t   offset, nextoffset, saveoffset;

677     /*
678      * Lock the free list.
679      */
680     if (writew_lock(db->idxfd, FREE_OFF, SEEK_SET, 1) < 0)
681         err_dump("_db_findfree: writew_lock error");

682     /*
683      * Read the free list pointer.
684      */
685     saveoffset = FREE_OFF;
686     offset = _db_readptr(db, saveoffset);
```

[655~661] 情况 4：正在替换现有记录，而新记录的长度等于现有记录的长度。这是最简单的情况。对于这种情况，我们只需重写数据记录并将计数器（cnt_stor4）加 1。

[662~667] 在正常情况下，设置表示成功的返回码，继续执行通用的返回逻辑。将因为调用_db_find_and_lock 而被加锁的哈希链解锁，并将其返回给调用者。

[668~686] _db_findfree 函数尝试查找指定大小的空闲索引记录和关联数据记录。我们

需要对空闲链表加写锁，以避免干扰正在使用空闲链表的其他进程。锁定空闲链表后，我们获取链表头部的指针地址。

```
687     while (offset != 0) {
688         nextoffset = _db_readidx(db, offset);
689         if (strlen(db->idxbuf) == keylen && db->datlen == datlen)
690             break;      /* found a match */
691         saveoffset = offset;
692         offset = nextoffset;
693     }

694     if (offset == 0) {
695         rc = -1;    /* no match found */
696     } else {
697         /*
698          * Found a free record with matching sizes.
699          * The index record was read in by _db_readidx above,
700          * which sets db->ptrval. Also, saveoffset points to
701          * the chain ptr that pointed to this empty record on
702          * the free list. We set this chain ptr to db->ptrval,
703          * which removes the empty record from the free list.
704          */
705         _db_writeptr(db, saveoffset, db->ptrval);
706         rc = 0;

707         /*
708          * Notice also that _db_readidx set both db->idxoff
709          * and db->datoff. This is used by the caller, db_store,
710          * to write the new index record and data record.
711          */
712     }

713     /*
714      * Unlock the free list.
715      */
716     if (un_lock(db->idxfd, FREE_OFF, SEEK_SET, 1) < 0)
717         err_dump("_db_findfree: un_lock error");
718     return(rc);
719 }
```

[687~693] _db_findfree 中的 while 循环遍历空闲链表，查找匹配键和数据大小的记录。在这个简单的实现中，只有当一个已删除的记录的键长度和数据长度，等于要插入的新记录的键长度和数据长度时，才重用已删除记录的空间。还有许多更好的方法可以重用这个已删除记录的空间，但代价都是增加复杂性。

[694~712] 如果找不到符合要求的键和数据大小的可用记录，则设置表示失败的返回码。否则，我们将在链表中所找到记录的前向指针改写为指向后向链指针的值。这将从空闲链表中删除该记录。

[713~719] 结束对空闲链表的操作后立即释放写锁，然后将运行状态码返回给调用者。

```
720   /*
721    * Rewind the index file for db_nextrec.
722    * Automatically called by db_open.
723    * Must be called before first db_nextrec.
724    */
725   void
726   db_rewind(DBHANDLE h)
727   {
728     DB      *db = h;
729     off_t   offset;

730     offset = (db->nhash + 1) * PTR_SZ; /* +1 for free list ptr */

731     /*
732      * We're just setting the file offset for this process
733      * to the start of the index records; no need to lock.
734      * +1 below for newline at end of hash table.
735      */
736     if ((db->idxoff = lseek(db->idxfd, offset+1, SEEK_SET)) == -1)
737         err_dump("db_rewind: lseek error");
738   }

739   /*
740    * Return the next sequential record.
741    * We just step our way through the index file, ignoring deleted
742    * records. db_rewind must be called before this function is
743    * called the first time.
744    */
745   char *
746   db_nextrec(DBHANDLE h, char *key)
747   {
748     DB      *db = h;
749     char    c;
750     char    *ptr;
```

[720~738] db_rewind 函数用于将数据库重置为“初始态”，将索引文件的文件偏移量设置为指向索引文件中的第一条记录（紧跟在哈希表之后）。请回顾一下图 20.2 中索引文件的结构。

[739~750] db_nextrec 函数返回数据库中的下一条记录。返回值是指向数据缓冲区的指针。如果调用者提供的 key 参数值非空，则将相应的键复制到这个缓冲区地址。调用者负责分配足够大的缓冲区来存储键。大小为 IDXLEN_MAX 字节的缓冲区足够大，可以容纳任何键。

记录是按照它们在数据库文件中的存储顺序返回的。因此，记录并不会按键值排序。此外，因为 db_nextrec 函数不遍历哈希链，所以我们可以读到已删除的记录，但是不会将这些记录返回给调用者。

```
751     /*
752      * We read lock the free list so that we don't read
753      * a record in the middle of its being deleted.
754      */
755     if (readw_lock(db->idxfd, FREE_OFF, SEEK_SET, 1) < 0)
756     err_dump("db_nextrec: readw_lock error");

757     do {
758         /*
759          * Read next sequential index record.
760          */
761         if (_db_readidx(db, 0) < 0) {
762             ptr = NULL;     /* end of index file, EOF */
763             goto doreturn;
764         }

765         /*
766          * Check if key is all blank (empty record).
767          */
768         ptr = db->idxbuf;
769         while ((c = *ptr++)  != 0  &&  c == SPACE)
770             ;   /* skip until null byte or nonblank */
771     } while (c == 0);   /* loop until a nonblank key is found */

772     if (key != NULL)
773         strcpy(key, db->idxbuf);    /* return key */
774     ptr = _db_readdat(db);  /* return pointer to data buffer */
775     db->cnt_nextrec++;

776   doreturn:
777     if (un_lock(db->idxfd, FREE_OFF, SEEK_SET, 1) < 0)
778         err_dump("db_nextrec: un_lock error");
779     return(ptr);
780   }
```

[751~756] 首先，对空闲链表加读锁，以防在读取记录时其他进程删除记录。

[757~771] 调用 _db_readidx 以读取下一条记录。我们传入偏移量 0，告知该函数从当前偏移量处继续读索引记录。因为是按顺序读取索引文件的，所以会遇到已删除的记录。我们只想返回有效的记录，因此跳过键全部为空格的记录。记住，_db_dodelete 函数通过将键设置为全空格的方法来清除一个键。

[772~780] 当找到一个有效键时，如果调用者提供了一个缓冲区，则将键复制到该缓冲区。然后，我们读数据记录，并将返回值设置为指向包含数据记录的内部缓冲区的指针。统计计数器加 1，解锁空闲链表，并返回指向数据记录的指针。

通常在以下形式的循环中使用函数 db_rewind 和 db_nextrec：

```
db_rewind(db);
while ((ptr = db_nextrec(db, key)) != NULL) {
    /* process record */
}
```

正如我们之前警告的那样，返回的记录没有顺序，它们不是按键的顺序排列的。

如果在循环调用 db_nextrec 时修改数据库，则 db_nextrec 返回的记录只是变化中的数据库在某一时间点下的快照。调用 db_nextrec 时，它总是返回“正确”的记录。也就是说，它不会返回已删除的记录。但 db_nextrec 所返回的记录可能会在该函数返回后立即被删除。类似地，如果在 db_nextrec 跳过已删除的记录之后重用已删除记录的空间，那么除非我们重新遍历数据库并再次查找记录，否则无法看到那条新记录。如果使用 db_nextrec 获取数据库的准确的“冻结”快照很重要，那就不能同时进行插入或删除操作。

我们看看 db_nextrec 使用的锁。由于没有遍历任何哈希链，也就无法确定记录所属的哈希链。因此，当 db_nextrec 读取记录时，索引记录可能正在被删除。为了防止这种竞态，db_nextrec 会对空闲链表加读锁，从而避免_db_dodelete 和_db_findfree 之间相互影响。

在结束对 db.c 源文件的研究之前，我们需要描述一下当新的索引记录或数据记录被追加到文件末尾时的加锁操作。在第 1 和第 3 种情况下，db_store 在调用_db_writeidx 和_db_writedat 时的第 3 个和第 4 个参数分别为 0 和 SEEK_END。第 4 个参数是这两个函数的标识，表示正在将新记录将追加到文件末尾。_db_writeidx 使用的技术是从哈希链的末尾到文件的末尾对索引文件加写锁。这不会影响数据库的其他读者和写者（因为它们会对哈希链加锁），但它确实阻止了 db_store 的其他调用者同时追加数据到数据文件末尾。_db_writedat 使用的技术是对整个数据文件加写锁。同样，这也不会影响数据库的其他读者和写者（因为它们甚至不会尝试对数据文件加锁），但它确实会阻止其他 db_store 的调用者同时向数据文件追加数据（参见习题 20.3）。

20.9 性能

我们编写了一个测试程序来测试数据库函数库，并获取典型应用的数据访问模式的定时测量值。这个程序有两个命令行参数：要创建的子进程的个数和每个子进程要写入数据库的数据库记录数（*nrec*）。程序通过调用 db_open 创建一个空数据库，再使用系统调用 fork 创建相应数量的子进程，并等待所有子进程终止。每个子进程都执行以下步骤。

1. 将 *nrec* 条记录写入数据库。
2. 按键值读回 *nrec* 条记录。
3. 执行以下循环 *nrec*×5 次。
   a. 随机读一条记录。
   b. 每循环 37 次，随机删除一条记录。
   c. 每循环 11 次，插入一条新记录并读回该记录。

d. 每循环 17 次，用一条新记录随机替换一条记录。每两次连续的替换，一次采用相同大小数据的记录，另一次采用更长数据部分的记录，交替执行。

4. 删除这个子进程写入的所有记录。每次删除一条记录时，都会随机查找 10 条记录。

对数据库执行的操作数由 DB 结构体中的 cnt_xxx 变量统计，它们会在函数中递增。子进程执行的操作数量各不相同，因为在子进程中用于选择记录的随机数生成器会被初始化为子进程 ID。图 20.6 展示了每个子进程执行的操作数量的示例。

操　　作	调用 fcntl（每步操作）		操作计数 (*nrec* = 2000)
	粗粒度锁	细粒度锁	
db_store, DB_INSERT, 无空白记录，追加	2	8	2920
db_store, DB_INSERT, 重用空白记录	2	4	468
db_store, DB_REPLACE, 不同数据长度，追加	2	8	405
db_store, DB_REPLACE, 相同数据长度	2	2	416
db_store, 没有找到记录	2	2	71
db_fetch, 找到记录	2	2	32,873
db_fetch, 没有找到记录	2	2	2966
db_delete, 找到记录	2	4	3388
db_delete, 没有找到记录	2	2	422

图 20.6　每个子进程所执行操作的典型计数值

我们执行读取操作的次数大约是存储和删除操作的 10 倍，这可能是许多数据库应用程序的典型情况。

每个子进程只对自己所写入的记录执行这些操作（读取、存储和删除）。因为所有子进程都在操作同一个数据库（尽管是同一个数据库中的不同记录），所以会执行并发控制。数据库中的记录总数与子进程的数量成比例增加。对于一个子进程，最初有 *nrec* 条记录被写入数据库；对于两个子进程，最初有 *nrec* ×2 条记录被写入数据库，依此类推。

为了测试粗粒度锁与细粒度锁提供的并发性，并对三种类型的锁（无锁、建议锁和强制锁）进行比较，我们运行了三个版本的测试程序。第 1 个版本使用了 20.8 节所示的源代码，我们称之为细粒度锁。第 2 个版本更改了锁调用以实现粗粒度锁，如 20.6 节所述。第 3 个版本删除了所有锁调用，因此我们可以测量出锁所涉及的开销。可以通过更改数据库文件的权限标识位，使用建议锁或强制锁来运行第 1 个和第 2 个版本（细粒度锁和粗粒度锁）。在本节报告的所有测试中，仅使用细粒度锁的实现来测量强制锁的时间。

本节中的所有计时测试都是在运行 Linux 3.2.0 的 Intel Core-i5 系统上完成的。这个系统有 4 个核，可以同时运行多达 4 个进程。

单进程的结果

图 20.7 显示了仅运行一个子进程时的结果，*nrec* 分别为 2000、6000 和 12,000。

nrec	无锁			建议锁						强制锁		
				粗粒度锁			细粒度锁			细粒度锁		
	用户	系统	时钟	用户	系统	时钟	用户	系统	时钟	用户	系统	时钟
2000	0.10	0.22	0.33	0.17	0.33	0.51	0.13	0.38	0.51	0.14	0.43	0.58
6000	0.59	1.32	1.91	0.88	2.13	3.03	0.90	2.14	3.05	0.99	2.52	3.53
12,000	4.37	9.58	13.97	5.38	12.60	18.01	5.34	12.63	18.01	5.53	15.03	20.60

图 20.7 单子进程、不同的 *nrec* 和不同的锁技术

图 20.7 中的右边 12 列以秒为单位给出了相应的时间。在所有情况下，用户 CPU 时间加上系统 CPU 时间大约等于时钟时间。这组测试受 CPU 限制而非受磁盘限制。

“建议锁”对于加粗粒度锁和细粒度锁的 6 列统计数据比对，每一行都几乎相等。这是说得通的，因为对于单个进程来说，除对 `fcntl` 的额外调用外，粗粒度锁和细粒度锁没有区别。

对比无锁和建议锁，我们发现加上锁调用会将系统 CPU 时间增加 32%到 73%。即使这些锁从未被使用（因为只有一个进程在运行），由 `fcntl` 调用而产生的系统调用也增加了时间开销。还要注意的是，对于这 4 个版本的锁，用户 CPU 时间大致相同。因为用户代码几乎是等价的（除了调用 `fcntl` 的次数不同），所以这是说得通的。

对于图 20.7 需要注意的最后一点是，与建议锁相比，强制锁增加了 13%到 19%的系统 CPU 时间。由于对建议细粒度锁和强制细粒度锁的调用次数是相同的，因此额外的系统调用开销肯定来自读取和写入操作。

下一个测试是尝试运行包含多个子进程的无锁程序。结果如预期的那样，出现了随机错误。通常，无法找到添加到数据库中的记录，测试程序就会异常终止。每次运行测试程序都会发生不同的错误。这证明了存在典型的竞态：多个进程在未使用任何形式的锁的情况下更新同一文件。

多进程的结果

最后一组测试主要关注粗粒度锁和细粒度锁之间的差异。正如我们前面所说，我们直觉上期望细粒度锁能提供更好的并发性，因为数据库各部分被其他进程锁住的时间会相对较少。图 20.8 展示了 *nrec* 为 2000 时，子进程数量从 1 到 16 的测试结果。

进程数	建议锁							强制锁			
	粗粒度锁			细粒度锁			Δ 时钟	细粒度锁			Δ 系统
	用户	系统	时钟	用户	系统	时钟	百分比	用户	系统	时钟	百分比
1	0.14	0.35	0.50	0.14	0.35	0.50	0	0.15	0.42	0.58	20
2	0.60	1.43	1.88	0.54	1.36	1.10	71	0.65	2.01	1.59	48
3	0.97	2.67	3.18	1.37	3.73	2.20	45	1.62	5.67	3.28	52
4	2.38	6.17	5.59	2.83	8.15	4.07	37	3.29	12.35	6.31	52
5	3.72	10.17	8.37	4.28	11.86	6.09	37	4.96	18.47	9.49	56
6	5.02	14.52	11.52	6.04	17.46	8.89	30	6.66	26.38	13.22	51
7	7.00	20.16	15.84	8.06	23.23	11.88	33	9.12	36.13	18.09	56
8	9.12	26.20	20.31	10.50	30.50	15.48	31	11.81	47.20	23.49	55
9	11.60	33.91	25.64	13.40	37.80	19.29	33	14.54	60.23	29.66	59
10	14.28	42.24	31.35	16.39	47.01	23.74	32	17.84	74.05	36.27	58
11	17.37	51.12	37.50	19.71	56.59	28.57	31	21.57	90.14	44.10	59
12	20.70	60.48	44.24	23.47	66.10	33.34	33	25.57	108.94	53.11	65
13	25.13	70.67	51.96	27.70	77.76	39.21	33	29.71	133.31	63.07	71
14	28.40	82.23	59.88	32.34	91.45	46.22	30	34.22	155.80	73.86	70
15	32.23	94.26	68.30	36.32	102.97	51.82	32	39.05	180.66	84.14	75
16	37.24	107.87	78.67	42.17	118.20	59.72	32	44.11	208.28	96.82	76

图 20.8　*nrec* 为 2000 时，各种锁技术的对比

总体时间是父进程及其所有子进程的执行时间总和（以秒为单位）。在这些数据中有许多项可以细究。

首先要注意的是，当使用多进程时，用户时间和系统时间之和超过了时钟时间。这乍看起来很奇怪，但如果存在多核，这就是正常的。情况是这样的，所有并发执行的进程的执行时间都会被累计到总时间中；所显示的 CPU 处理时间是程序所使用的全部核的时间总和。因为我们可以同时运行多个进程（每个核一个），所以 CPU 处理时间可能超过时钟时间。

图 20.8 的第 8 列标记为“Δ 时钟”，表示从建议粗粒度锁转换为建议细粒度锁后时钟时间缩短的百分比。这一列衡量的是从粗粒度锁转换为细粒度锁后所增加的并发性。在进行这些测试的系统上，对单进程来说，粗粒度锁等同于细粒度锁；但对多进程而言，粗粒度锁的时间成本更高（比细粒度锁约高出 30%）。

我们希望从粗粒度锁转换为细粒度锁后时钟时间会减少，只要启用多进程便能如此。然而，我们预计对于任意数量的进程，细粒度锁的系统时间仍将较长，因为使用细粒度锁会比使用粗粒度锁发起更多的 `fcntl` 调用。如果计算图 20.6 中 `fcntl` 调用的总数，则对于粗粒度锁其平均值为 87,858，对于细粒度锁其平均值为 115,520。我们预计对 `fcntl` 的调用将增加 31%，从而导致细粒度锁的系统时间增加。因此，两个进程的细粒度锁的系统时间会减少，而

两个以上进程的细粒度锁的系统时间只是小幅增加。这让人有点困惑。

这种结果有两个原因。首先，回顾图 20.7，当没有锁竞争时，粗粒度锁和细粒度锁的锁定时间之间没有显著差异。这表明额外的 `fcntl` 调用所产生的 CPU 开销不会影响测试程序的性能。其次，粗粒度锁持有锁的时间更长，因此增加了其他进程因等待该锁而被阻塞的可能性。而细粒度锁持有锁的间隔时间更短，所以进程被阻塞的可能性更小。如果计算 `fcntl` 的阻塞次数，就会发现使用粗粒度锁的进程被阻塞的频率更高。例如，对于 4 个进程，使用粗粒度锁时，进程被阻塞的频率几乎是使用细粒度锁的 5 倍。使用粗粒度锁的进程需要做额外工作使自己更频繁地在休眠和唤醒间切换状态，这会增加系统时间，从而减少了两种锁方法之间的系统时间差异。

图 20.8 中最后一列被标记为“Δ 系统”，表示从建议细粒度锁转换为强制细粒度锁后系统 CPU 时间增加的百分比。这些百分比表明，随着并发性的增加，强制锁显著增加了系统时间（增加了 20%到 76%）。

由于所有这些测试的用户代码几乎相同（对建议细粒度锁和强制细粒度锁都增加了一些 `fcntl` 调用），因此我们预计，图 20.8 中程序的任意行的用户 CPU 时间都是相同的。

> 第一次进行这些测试时，我们发现如果多个进程竞争锁，粗粒度锁的用户时间几乎是细粒度锁的两倍。除了调用 `fcntl` 的次数之外，两个数据库版本是相同的，所以这个现象一点都不科学。经过调查，我们发现因为粗粒度锁存在更多竞争，进程等待的时间更长，于是操作系统决定降低 CPU 时钟频率以节省功耗。而使用细粒度锁时，进程活动时间更长，所以操作系统提高了 CPU 时钟频率。这就（人为地）使测试程序中的粗粒度锁比细粒度锁运行得慢。在禁用系统频率调整功能后，在没有这种偏差的情况下度量测试程序的性能，用户时间的差异要小得多。

图 20.8 第 1 行的数值与图 20.7 中 *nrec* 值为 2000 时的相似。这与我们的预期相符。

图 20.9 展示了图 20.8 中建议细粒度锁的相关数据。我们绘制了进程数从 1 增加到 16 时的时钟时间变化曲线，还绘制了每进程用户 CPU 时间（用户 CPU 时间除以进程数）变化曲线，以及每进程系统 CPU 时间（系统 CPU 时间除以进程数）的变化曲线。

注意，两个进程的平均 CPU 时间的曲线都是线性的，但时钟时间的曲线是非线性的。可能的原因是，随着进程数的增加，操作系统在进程间切换所消耗的 CPU 时间也增加了。这个操作系统开销将导致时钟时间增加，但不应影响单个进程的 CPU 时间。

用户 CPU 时间随进程数增加而增加的原因是数据库中有了更多记录。每条哈希链都变得越来越长，所以平均而言，`_db_find_and_lock` 函数找到一条记录需要花费更长的时间。

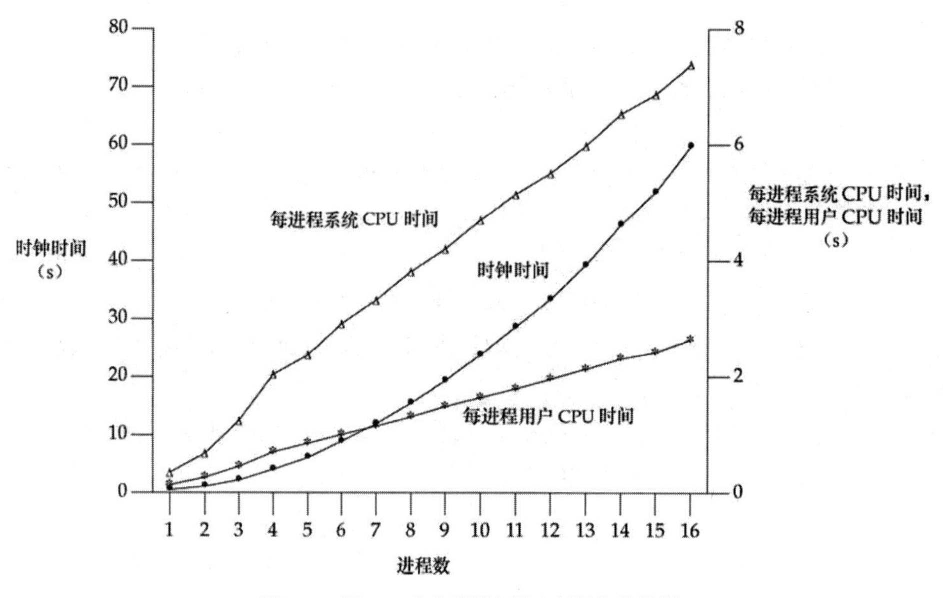

图 20.9　图 20.8 中的建议细粒度锁的相关数据

20.10　小结

本章详细介绍了数据库函数库的设计与实现。尽管为了方便演示，我们的示例函数库很小且简单，但它包含了允许多进程并发访问所需的记录锁。

我们还根据使用各种类型锁的不同数量的进程，研究了这个库的性能，锁的类型包括无锁、建议锁（细粒度和粗粒度）和强制锁。在单进程中，我们看到使用建议锁比不使用锁（无锁）增加了 29%到 59%的时钟时间，而使用强制锁又比使用建议锁增加了约 15%的时钟时间。

习题

20.1　`_db_dodelete` 中的锁有些保守。例如，我们可以在真正需要使用空闲链表时才对其加写锁来提高并发性。也就是说，可以将对 `writew_lock` 的调用移到对 `_db_writedat` 和 `_db_readptr` 的调用之间。如果我们这样做，会发生什么？

20.2　如果 `db_nextrec` 没有对空闲链表加读锁，并且它正在读取的记录也正在被删除，请解释为何 `db_nextrec` 会返回正确的键，但数据记录全是空的（因此不正确）。（提示：查看 `_db_dodelete`。）

20.3　在 20.8 节的结尾，我们讲述了 `_db_writeidx` 和 `_db_writedat` 执行的加锁操

作。我们说过，这种锁不会干扰其他的读进程和写进程，除非它们调用了 db_store。如果使用强制锁，是否还是这样？

20.4 如何将 fsync 函数集成到这个数据库函数库中？

20.5 在 db_store 中，索引记录被写在数据记录之前。如果按相反顺序来做会如何？

20.6 创建一个新的数据库并写入一些记录。编写一个程序，调用 db_nextrec 来读取数据库中的每条记录，并调用_db_hash 来计算每条记录的哈希值。绘制每条哈希链上记录数的直方图。_db_hash 中的哈希函数是否满足前述需求？

20.7 修改数据库函数，以便在创建数据库时可以指定索引文件中哈希链的数量。

20.8 比较在以下两种情况下数据库函数的性能：1）数据库与测试程序位于同一主机上；2）数据库与测试程序位于通过 NFS 访问的不同主机上。数据库函数库提供的记录锁是否仍然有效？

20.9 只有当键缓冲区和数据缓冲区的大小与所需的大小完全匹配时，数据库才会重用空闲链表记录。请修改数据库以允许空闲链表使用更大的缓冲区来满足需求。如何更改数据库的持久格式来支持这种特性？

20.10 在实现习题 20.9 的解决方案后，编写一个工具将一种数据库格式转换为另一种。

21 与网络打印机通信

21.1 引言

我们现在开发一个可以与网络打印机通信的程序。这些打印机通过以太网连接到多台计算机，并且通常既支持纯文本文件也支持 PostScript 文件。尽管有些应用程序也支持其他通信协议，但它们通常使用因特网打印协议（Internet Printing Protocol，IPP）与这些打印机通信。

我们将讲述两个程序：一个将打印作业发送到打印机的后台守护进程，另一个将打印作业提交给打印机后台守护进程的命令。由于打印机后台守护进程必须执行多种操作（例如，与提交作业的客户端通信、与打印机通信、读文件、扫描目录等），这就给了我们使用前面章节介绍的许多函数的机会。例如，使用线程（见第 11 章和第 12 章）来简化打印机后台守护进程的设计，以及使用套接字（见第 16 章）在用于调度文件打印的程序和打印机后台守护进程之间通信，也可以在打印机后台守护进程和网络打印机之间通信。

21.2 网络打印协议

IPP 指定了构建基于网络的打印系统的通信规则。将 IPP 服务器嵌入带有以太网卡的打印机内，打印机就可以服务于许多计算机系统的请求。不过，这些计算机系统不需要位于同一个物理网络上。IPP 是建立在标准因特网协议之上的，因此任何能够与打印机建立 TCP/IP 连接的计算机都可以提交打印作业。

IPP 由一系列标准文档（Requests For Comment，RFC）定义。拟议的草案标准是由 IEEE 相关的打印机工作组（Printer Working Group）制定的，这些草案可以在其官网上获取。图 21.1 列出了主要文档，还有许多其他文档可以进一步规定过程管理、作业属性等。

文　档	标　题
RFC 2567	IPP 设计目标
RFC 2568	IPP 模型和协议架构的基本原理
RFC 2911	IPP /1.1: 模型和语义
RFC 2910	IPP/1.1: 编码和传输
RFC 3196	IPP/1.1: 实现者指南
候选标准 5100.12-2011	IPP 2.0，第 2 版

图 21.1　IPP 的主要文档

候选标准 5100.12-2100 规定了实现必须支持的所有特性，以符合不同版本的 IPP 标准。IPP 协议有许多扩展提议（具体特性在其他与 IPP 相关的文档中定义）。这些特性被分成不同的一致性级别，每个级别都对应不同版本的协议。为了保持兼容性，较高级别的一致性都要满足较低版本标准定义的大多数要求。本章的简单示例将使用 IPP 1.1 版本。

IPP 是建立在 HTTP（Hypertext Transfer Protocol，超文本传输协议，见 21.3 节）之上的，而 HTTP 又是建立在 TCP/IP 之上的。图 21.2 展示了 IPP 报文的结构。

以太网头	IP 头	TCP 头	HTTP 头	IPP 头	要打印的数据

图 21.2　IPP 报文结构

IPP 是一种请求-响应协议。客户端发送请求报文到服务器端，服务器端以响应报文应答。IPP 首部包含一个域，用于表示所请求的操作。操作是指提交打印作业、取消打印作业、获取作业属性、获取打印机属性、暂停和重启打印机、挂起和释放挂起的作业等。

图 21.3 展示了 IPP 头的结构。前俩字节是 IPP 版本号。对于 IPP 1.1 协议，每字节的值均为 1。对于协议请求，接下来的俩字节包含一个值，用于标识所请求的操作类型。而对于协议响应，这俩字节包含状态码。

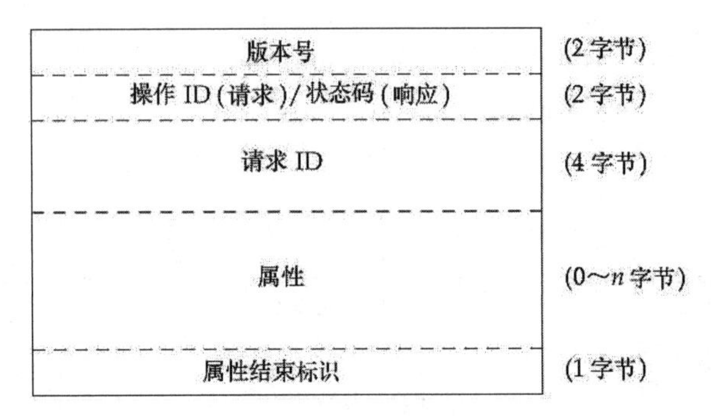

图 21.3　IPP 头的结构

接下来的 4 字节包含一个标识请求的整型数，使得请求与响应匹配。随后是可选属性，最后是属性结束标识。任何可能与请求关联的数据都紧跟在属性结束标识之后。

在 IPP 头中，整型数被存储为有符号的大端字节序（即网络字节序）的二进制补码。属性以组的形式存储。每个组都以一个标识该组的字节开始。在每个组内，属性通常表示为一个 1 字节的属性标识，接着是 2 字节的属性名长度、属性名、2 字节的属性值长度，最后是属性值本身。该值可以编码为字符串、二进制整型数或更复杂的结构，比如日期/时间戳。

图 21.4 展示了如何使用 `utf-8` 类型的值对 `attributes-charset` 属性编码。

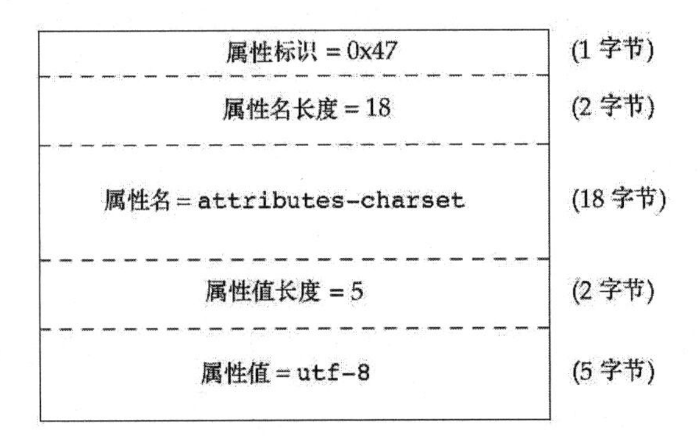

图 21.4　IPP 属性编码样例

根据所请求的操作，有些属性需要在请求报文中提供，而其他属性是可选的。例如，图 21.5 展示了为打印作业请求所定义的属性。

属　性	状态	描　述
attributes-charset	必需	指定 text 或 name 类型的属性使用的字符集
attributes-natural-language	必需	指定 text 或 name 类型的属性使用的自然语言
printer-uri	必需	打印机统一资源标识符
requesting-user-name	可选	提交打印作业的用户名（若启用了身份认证，则会使用）
job-name	可选	用于区分多个作业的作业名
ipp-attribute-fidelity	可选	若为真，则告诉打印机如果属性不匹配就拒绝作业；否则，就尽可能打印作业
document-name	可选	文档名（例如，适合在横幅上打印）
document-format	可选	文档格式（例如，纯文本、PostScript）
document-natural-language	可选	文档的自然语言
compression	可选	用于压缩文档数据的算法
job-k-octets	可选	以 1024 字节为单位计算的文档大小
job-impressions	可选	作业中提交的图（嵌入页面中的图像）
job-media-sheets	可选	作业打印的纸张数

图 21.5　打印作业请求的属性

IPP 头既包含文本也包含二进制数据。属性名称被存储为文本，而大小被存储为二进制整型数。这使构建和解析 IPP 头的过程变得复杂，因为需要考虑诸如网络字节序和主机处理器在任意字节边界上寻址整型数的能力之类的问题。一个较好的可选方案是将 IPP 头设计为仅包含文本。这样就可以简化处理过程，但代价是协议报文会变大。

21.3 超文本传输协议

RFC 2616 中定义了 HTTP 1.1 版本的规范。HTTP 也是一种请求-响应协议。请求报文包含一个起始行，其后跟着头部行、一个空白行和一个可选的实体主体。在这种情况下，实体主体包含 IPP 头和数据。

HTTP 头使用 ASCII 编码，每行由回车符（\r）和换行符（\n）终止。起始行由一个方法（method，表示客户端正在请求的操作）、一个描述服务器端和协议的统一资源定位符（Uniform Resource Locator，URL），以及一个表示 HTTP 版本的字符串组成。IPP 仅使用 POST 方法，用于向服务器端发送数据。

头部行指定属性，比如实体主体的格式和长度。头部行由属性名称，以及紧跟在其后的一个冒号、可选空格符和属性值组成，并以回车和换行符作为结束。例如，为了指定实体主体包含 IPP 报文，我们包含以下头部行：

```
Content-Type: application/ipp
```

下面是提交给作者的 Xerox Phaser 8560 打印机的打印请求的 HTTP 头示例：

```
POST /ipp HTTP/1.1^M
Content-Length: 21931^M
Content-Type: application/ipp^M
Host: phaser8560:631^M
^M
```

Content-Length 行指定了 HTTP 报文中的数据的大小，以字节为单位。它不包括 HTTP 头的大小，但包括 IPP 头的大小。Host 行指定了报文要发送到的服务器的主机名和端口号。

每行末尾的^M 是换行符之前的回车符。换行符不会显示为可打印字符。请注意，HTTP 头的最后一行是空的，仅包含回车和换行符。

HTTP 响应报文的起始行包含一个版本字符串，后跟一个数字状态码和一条状态信息，以回车和换行符终止。HTTP 响应报文的其余部分与请求报文的格式相同：在头部之后是一个空白行和可选的实体主体。

为了响应打印请求，打印机可能会向我们发送以下报文：

```
HTTP/1.1 200 OK^M
Content-Type: application/ipp^M
Cache-Control: no-cache, no-store, must-revalidate^M
Expires: THU, 26 OCT 1995 00:00:00 GMT^M
Content-Length: 215^M
Server: Allegro-Software-RomPager/4.34^M
^M
```

就后台打印守护进程而言，我们只关心报文的第一行：它用一个数字错误码和一个短字符串来告诉我们请求是成功还是失败了。报文剩余部分包含了其他信息，用于控制可能位于客户端和服务器之间的节点的缓存，并表示服务器上运行的软件版本。

21.4 打印机后台处理技术

我们在本章开发的程序构成了简单的打印机后台处理程序的基础。一个简单的用户命令向打印机后台处理程序发送一个文件，后台处理程序将其保存到磁盘，将请求入队，并最终将文件发送给打印机。

所有的 UNIX 系统都至少提供一个打印机后台处理系统。FreeBSD 推出的是 LPD，即 BSD 打印机后台处理系统，参见 lpd(8)和 Stevens 所著图书（1990）的第 13 章。Linux 和 Mac OS X 包括 CUPS，即通用 UNIX 打印系统（参见 cupsd(8)）。Solaris 则附带了标准的 System V 打印机后台处理程序（参见 lp(1)和 lpsched(1M)）。在本章中，我们关注的不是这些后台处理系统本身，而是与网络打印机的通信。我们需要开发一个后台处理系统来解决多用户访问单个资源（打印机）的问题。

我们使用一个简单的命令来读取文件并将其发送给打印机后台处理守护进程。这个命令有一个选项，可以强制将文件视为纯文本（默认情况下，假定文件为 PostScript 格式）。这个命令是 `print`。

在打印机后台处理守护进程 `printd` 中，我们使用多个线程来划分守护进程需要完成的工作。

- 一个线程在套接字上监听来自运行 `print` 命令的客户端的新打印请求。
- 为每个客户端生成一个单独的线程，将要打印的文件复制到后台处理区域。
- 一个线程与打印机通信，逐一发送队列中的作业。
- 一个线程处理信号。

图 21.6 展示如何将这些组件集成在一起。

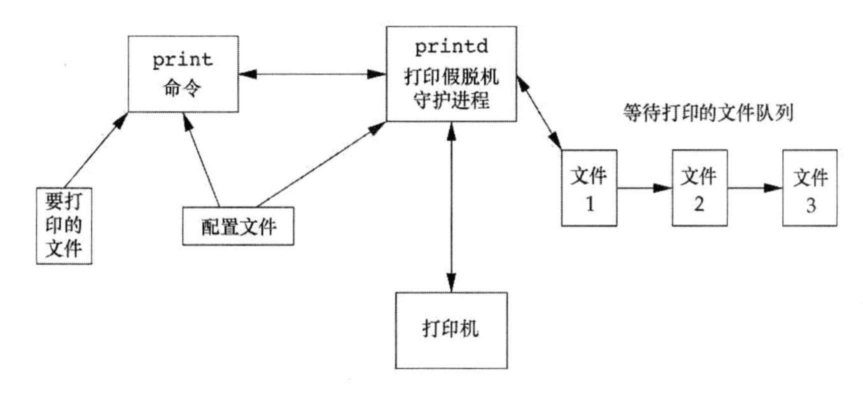

图 21.6　打印机后台处理组件

打印机配置文件是`/etc/printer.conf`。它标识运行打印机后台处理守护进程的服务器主机名和网络打印机的主机名。后台处理守护进程以 `printserver` 关键字开头的行来标识，后面跟着空格符和服务器的主机名。打印机以 `printer` 关键字开头作为标识，后面跟着空格符和打印机的主机名。

一个打印机配置文件可能包含以下行：

```
printserver  fujin
printer      phaser8560
```

其中，`fujin` 是运行打印机后台处理守护进程的计算机系统的主机名，`phaser8560` 是网络打印机的主机名。我们假设这些名称列在`/etc/hosts` 中，或者已经在我们使用的任意名称服务中注册，这样我们就可以将这些名称转换成网络地址。

我们可以在运行打印机后台处理守护进程的同一台机器上运行 `print` 命令，也可以在同一网络上的任何机器上运行它。在后一种情况下，需要在/etc/printer.conf 中配置 printserver 字段，因为只有守护进程需要知道打印机的名称。

安全

以超级用户权限运行的程序可能会为攻击计算机系统的人打开方便之门。此类程序通常并不比其他程序更容易受到攻击，但它们一旦被攻破，将导致攻击者获得对系统的完全访问权限。

本章中的打印机后台处理守护进程在本例中以超级用户权限启动，以便能够将套接字绑定到特权 TCP 端口号。为了使守护进程不易受到攻击，我们可以：

- 按照最少权限原则（见 8.11 节）来设计守护进程。在获得绑定到特权端口地址的套接字后，我们可以将守护进程的用户 ID 和组 ID 更改为非 root 的其他 ID（例如，lp）。所有用于存储队列中打印作业的文件和目录都应该属于此非特权用户。这样，如果守护进程被攻破，攻击者也仅能访问打印子系统。虽然这仍然是一个问题，但是远没有攻击者能完全访问系统那么严重。
- 审查守护进程的源代码，查找所有已知的潜在漏洞，例如缓冲区溢出。
- 记录意外或可疑的行为，以便管理员能够注意并进一步调查。

21.5 源代码

本章的源代码包括 5 个文件，不含我们在前面章节中所用的一些公共库例程。

ipp.h　　包含 IPP 定义的头文件。

print.h　　包含公共常量、数据结构定义，以及实用程序例程声明的头文件。

util.c　　用于 print.c 和 printd.c 两个程序的实用程序例程。

print.c　　用于打印文件的命令的 C 源码。

printd.c　　用于打印机后台处理守护进程的 C 源码。

我们将按照以上顺序逐一研究每个文件。

首先从 ipp.h 头文件开始。

```
1   #ifndef _IPP_H
2   #define _IPP_H

3   /*
4    *Defines parts of the IPP protocol between the scheduler
5    *and the printer. Based on RFC2911 and RFC2910.
6    */

7   /*
8    *Status code classes.
9    */
10  #define STATCLASS_OK(x)      ((x) >= 0x0000 && (x) <= 0x00ff)
11  #define STATCLASS_INFO(x)    ((x) >= 0x0100 && (x) <= 0x01ff)
12  #define STATCLASS_REDIR(x)   ((x) >= 0x0300 && (x) <= 0x03ff)
13  #define STATCLASS_CLIERR(x)  ((x) >= 0x0400 && (x) <= 0x04ff)
14  #define STATCLASS_SRVERR(x)  ((x) >= 0x0500 && (x) <= 0x05ff)

15  /*
16   * Status codes.
17   */
18  #define STAT_OK              0x0000 /* success */
19  #define STAT_OK_ATTRIGN      0x0001 /* OK; some attrs ignored */

20  #define STAT_OK_ATTRCON      0x0002 /* OK; some attrs conflicted */
21  #define STAT_CLI_BADREQ      0x0400 /* invalid client request */
22  #define STAT_CLI_FORBID      0x0401 /* request is forbidden */
23  #define STAT_CLI_NOAUTH      0x0402 /* authentication required */
24  #define STAT_CLI_NOPERM      0x0403 /* client not authorized */
25  #define STAT_CLI_NOTPOS      0x0404 /* request not possible */
26  #define STAT_CLI_TIMOUT      0x0405 /* client too slow */
27  #define STAT_CLI_NOTFND      0x0406 /* no object found for URI */
28  #define STAT_CLI_OBJGONE     0x0407 /* object no longer available */
29  #define STAT_CLI_TOOBIG      0x0408 /* requested entity too big */
30  #define STAT_CLI_TOOLNG      0x0409 /* attribute value too large */
31  #define STAT_CLI_BADFMT      0x040a /* unsupported doc format */
32  #define STAT_CLI_NOTSUP      0x040b /* attributes not supported */
33  #define STAT_CLI_NOSCHM      0x040c /* URI scheme not supported */
34  #define STAT_CLI_NOCHAR      0x040d /* charset not supported */
35  #define STAT_CLI_ATTRCON     0x040e /* attributes conflicted */
36  #define STAT_CLI_NOCOMP      0x040f /* compression not supported */
37  #define STAT_CLI_COMPERR     0x0410 /* data can't be decompressed */
38  #define STAT_CLI_FMTERR      0x0411 /* document format error */
39  #define STAT_CLI_ACCERR      0x0412 /* error accessing data */
```

[1~14] ipp.h 头文件用标准的#ifdef 开始，以防止在同一文件中包含其两次而出错。然后，我们定义了 IPP 状态码的类别（参阅 RFC 2911 中的第 13 节）。

[15~39] 根据 RFC 2911 定义了特定的状态码，但是这里所示的程序未使用这些状态码，我将它们留作练习（参见习题 21.1）。

```
40    #define STAT_SRV_INTERN    0x0500  /* unexpected internal error */
41    #define STAT_SRV_NOTSUP    0x0501  /* operation not supported */
42    #define STAT_SRV_UNAVAIL   0x0502  /* service unavailable */
43    #define STAT_SRV_BADVER    0x0503  /* version not supported */
44    #define STAT_SRV_DEVERR    0x0504  /* device error */
45    #define STAT_SRV_TMPERR    0x0505  /* temporary error */
46    #define STAT_SRV_REJECT    0x0506  /* server not accepting jobs */
47    #define STAT_SRV_TOOBUSY   0x0507  /* server too busy */
48    #define STAT_SRV_CANCEL    0x0508  /* job has been canceled */
49    #define STAT_SRV_NOMULTI   0x0509  /* multi-doc jobs unsupported */
50    /*
51     * Operation IDs
52     */
53    #define OP_PRINT_JOB            0x02
54    #define OP_PRINT_URI            0x03
55    #define OP_VALIDATE_JOB         0x04
56    #define OP_CREATE_JOB           0x05
57    #define OP_SEND_DOC             0x06
58    #define OP_SEND_URI             0x07
59    #define OP_CANCEL_JOB           0x08
60    #define OP_GET_JOB_ATTR         0x09
61    #define OP_GET_JOBS             0x0a
62    #define OP_GET_PRINTER_ATTR     0x0b
63    #define OP_HOLD_JOB             0x0c
64    #define OP_RELEASE_JOB          0x0d
65    #define OP_RESTART_JOB          0x0e
66    #define OP_PAUSE_PRINTER        0x10
67    #define OP_RESUME_PRINTER       0x11
68    #define OP_PURGE_JOBS           0x12
69    /*
70     * Attribute Tags.
71     */
72    #define TAG_OPERATION_ATTR      0x01  /* operation attributes tag */
73    #define TAG_JOB_ATTR            0x02  /* job attributes tag */
74    #define TAG_END_OF_ATTR         0x03  /* end of attributes tag */
75    #define TAG_PRINTER_ATTR        0x04  /* printer attributes tag */
76    #define TAG_UNSUPP_ATTR         0x05  /* unsupported attributes tag */
```

[40~49] 继续定义状态码。0x500 到 0x5ff 范围内的是服务器错误码。RFC 2911 的 13.1.1 至 13.1.5 节描述了所有的状态码。

[50~68] 接下来，定义各种操作 ID。IPP 定义的每个任务都有一个 ID（参阅 RFC 291 中的 4.4.15 节）。在本例中，将仅使用打印作业操作。

[69~76] 属性标识界定了 IPP 中请求和响应报文的属性组。RFC 2910 的 3.5.1 节中定义了标识的值。

```
77   /*
78    * Value Tags.
79    */
80   #define TAG_UNSUPPORTED      0x10 /* unsupported value */
81   #define TAG_UNKNOWN          0x12 /* unknown value */
82   #define TAG_NONE             0x13 /* no value */
83   #define TAG_INTEGER          0x21 /* integer */
84   #define TAG_BOOLEAN          0x22 /* boolean */
85   #define TAG_ENUM             0x23 /* enumeration */
86   #define TAG_OCTSTR           0x30 /* octetString */
87   #define TAG_DATETIME         0x31 /* dateTime */
88   #define TAG_RESOLUTION       0x32 /* resolution */
89   #define TAG_INTRANGE         0x33 /* rangeOfInteger */
90   #define TAG_TEXTWLANG        0x35 /* textWithLanguage */
91   #define TAG_NAMEWLANG        0x36 /* nameWithLanguage */
92   #define TAG_TEXTWOLANG       0x41 /* textWithoutLanguage */
93   #define TAG_NAMEWOLANG       0x42 /* nameWithoutLanguage */
94   #define TAG_KEYWORD          0x44 /* keyword */
95   #define TAG_URI              0x45 /* URI */
96   #define TAG_URISCHEME        0x46 /* uriScheme */
97   #define TAG_CHARSET          0x47 /* charset */
98   #define TAG_NATULANG         0x48 /* naturalLanguage */
99   #define TAG_MIMETYPE         0x49 /* mimeMediaType */

100  struct ipp_hdr {
101    int8_t major_version;   /* always 1 */
102    int8_t minor_version;   /* always 1 */
103    union {
104        int16_t op; /* operation ID */
105        int16_t st; /* status */
106    } u;
107    int32_t request_id;     /* request ID */
108    char     attr_group[1]; /* start of optional attributes group */
109    /* optional data follows */
110  };

111  #define operation u.op
112  #define status u.st

113  #endif /* _IPP_H */
```

[77~99] 数值标识指示各个属性和参数的格式，在 RFC 2910 的 3.5.2 节中有它们的定义。

[100~113] 我们定义 IPP 头的结构。请求报文与响应报文的头部一样，只不过请求中的操作 ID 在响应中被状态码替代。

我们以#endif 结束头文件，以此匹配文件开头的#ifdef。

下一个文件是 print.h 头文件。

```
1   #ifndef _PRINT_H
2   #define _PRINT_H

3   /*
4    *Print server header file.
5    */
6   #include <sys/socket.h>
7   #include <arpa/inet.h>
8   #include <netdb.h>
9   #include <errno.h>

10  #define CONFIG_FILE    "/etc/printer.conf"
11  #define SPOOLDIR       "/var/spool/printer"
12  #define JOBFILE        "jobno"
13  #define DATADIR        "data"
14  #define REQDIR         "reqs"

15  #if defined(BSD)
16  #define LPNAME         "daemon"
17  #elif defined(MACOS)
18  #define LPNAME         "_lp"
19  #else
20  #define LPNAME         "lp"
21  #endif
```

[1~9] 如果应用程序包含了 print.h，那它就包含了其所需的全部头文件。因此，只要包含了 print.h，应用程序就不必跟踪所有的头文件依赖关系。

[10~14] 我们定义了实现所需的文件和目录。包含打印机后台守护进程和网络打印机主机名的配置文件是/etc/printer.conf。需要打印的文件的副本将存储在目录/var/spool/printer/data 中，每个请求的控制信息将存储在目录/var/spool/printer/reqs 中。包含下一个作业编号的文件是/var/spool/printer/jobno。

这些目录必须由管理员创建，并由运行打印机后台守护进程的账户所有。如果这些目录不存在，守护进程也不会尝试创建它们，因为守护进程需要有 root 权限才能在/var/spool 中创建目录。我们将守护进程设计为当其以 root 权限运行时尽可能少地执行操作，以最大限度地减少产生安全漏洞的可能性。

[15~21] 接下来，定义将运行打印机后台守护进程的账户名。在 Linux 和 Solaris 上，此名称为 lp；在 Mac OS X 上，名为_lp。然而，FreeBSD 没有为打印机后台守护进程定义单独的账户，因此我们使用为系统后台守护进程保留的账户。

```
22  #define FILENMSZ        64
23  #define FILEPERM        (S_IRUSR|S_IWUSR)

24  #define USERNM_MAX      64
25  #define JOBNM_MAX       256
26  #define MSGLEN_MAX      512

27  #ifndef HOST_NAME_MAX
28  #define HOST_NAME_MAX   256
29  #endif

30  #define IPP_PORT        631
31  #define QLEN            10

32  #define IBUFSZ          512     /* IPP header buffer size */
33  #define HBUFSZ          512     /* HTTP header buffer size */
34  #define IOBUFSZ         8192    /* data buffer size */

35  #ifndef ETIME
36  #define ETIME ETIMEDOUT
37  #endif

38  extern int getaddrlist(const char *, const char *,
39    struct addrinfo **);
40  extern char *get_printserver(void);
41  extern struct addrinfo *get_printaddr(void);
42  extern ssize_t tread(int, void *, size_t, unsigned int);
43  extern ssize_t treadn(int, void *, size_t, unsigned int);
44  extern int connect_retry(int, int, int, const struct sockaddr *,
45    socklen_t);
46  extern int initserver(int, const struct sockaddr *, socklen_t,
47    int);
```

[22~34] 接下来，定义约束和常量。FILEPERM 是在创建那些被提交的要打印的文件副本时所使用的权限。该权限是有约束的，因为我们不希望普通用户在等待打印时能够读取彼此的文件。如果无法用 sysconf 来确定系统的限制，我们就将 HOST_NAME_MAX 定义为最大的主机名长度。

IPP 被定义为使用端口 631。QLEN 是传递给 listen 的 backlog 参数（详见 16.4 节）。

[35~37] 有些平台没有定义错误码 ETIME，因此我们将其定义为一个对这些系统有意义的备用错误码。当读取操作超时时，将返回这个错误码（我们不希望服务器无限期地阻塞读套接字的操作）。

[38~47] 接下来，声明 util.c 中包含的所有公共例程（稍后将讨论这些例程）。注意，图 16.11 中的 connect_retry 函数和图 16.22 中的 initserver 函数没有包含在 util.c 中。

```
48   /*
49    * Structure describing a print request.
50    */
51   struct printreq {
52       uint32_t size;              /* size in bytes */
53       uint32_t flags;             /* see below */
54       char usernm[USERNM_MAX];    /* user's name */
55       char jobnm[JOBNM_MAX];      /* job's name */
56   };

57   /*
58    * Request flags.
59    */
60   #define PR_TEXT        0x01     /* treat file as plain text */

61   /*
62    * The response from the spooling daemon to the print command.
63    */
64   struct printresp {
65       uint32_t retcode;           /* 0=success, !0=error code */
66       uint32_t jobid;             /* job ID */
67       char msg[MSGLEN_MAX];       /* error message */
68   };

69   #endif /* _PRINT_H */
```

[48~69] printreq 和 printresp 结构体定义了打印命令和打印机后台守护进程之间的通信协议。print 命令将 printreq 结构体发送到打印机后台守护进程，该结构体指定了作业大小（以字节为单位）、作业特性、用户名和作业名。守护进程以 printresp 结构体回应，该结构体包含返回码、作业 ID，如果请求失败则包含错误消息。

PR_TEXT 作业特性表示要打印的文件应被视为纯文本（而不是 PostScript）。我们使用位掩码来定义标识，而不是为每个标识定义单独的字段。虽然目前只定义了一个标识值，但我们可以在未来扩展协议以添加更多特性。例如，可以添加一个标识来请求双面打印。我们有 31 个额外的标识位可用，而不需要改变结构体的大小。改变结构体的大小意味着可能会引入客户端和服务器之间的兼容性问题，除非我们同时升级两者。另一种方法是在报文中添加版本号，以允许结构体随不同版本而变化。

注意，我们在协议的结构体中明确定义了所有整型数的长度，这有助于避免当客户端与服务器的长整型数长度不同时，产生未对齐的结构体元素。

接下来，我们将查看的文件是 util.c，该文件包含了一些实用工具例程。

```
1   #include "apue.h"
2   #include "print.h"
3   #include <ctype.h>
4   #include <sys/select.h>

5   #define MAXCFGLINE 512
6   #define MAXKWLEN   16
7   #define MAXFMTLEN  16

8   /*
9    *Get the address list for the given host and service and
10   * return through ailistpp. Returns 0 on success or an error
11   * code on failure. Note that we do not set errno if we
12   * encounter an error.
13   *
14   * LOCKING: none.
15   */
16  int
17  getaddrlist(const char *host, const char *service,
18    struct addrinfo **ailistpp)
19  {
20     int             err;
21     struct addrinfo hint;

22     hint.ai_flags = AI_CANONNAME;
23     hint.ai_family = AF_INET;
24     hint.ai_socktype = SOCK_STREAM;
25     hint.ai_protocol = 0;
26     hint.ai_addrlen = 0;
27     hint.ai_canonname = NULL;
28     hint.ai_addr = NULL;
29     hint.ai_next = NULL;
30     err = getaddrinfo(host, service, &hint, ailistpp);
31     return(err);
32  }
```

[1~7] 首先定义此文件中函数所需的限制。MAXCFGLINE 是打印机配置文件中最大的行长度，MAXKWLEN 是配置文件中关键字的最大长度，MAXFMTLEN 是传递给 sscanf 的格式化字符串的最大长度。

[8~32] 第一个函数是 getaddrlist，它是 getaddrinfo 的封装器（见 16.3.3 节），因为我们总是使用相同的 hint 结构体来调用 getaddrinfo。注意，在这个函数中不需要互斥锁。每个函数开头的 LOCKING 注释仅用于编写多线程加锁的文档。此注释列出了关于锁的假设（如果有锁的话），告诉函数可能获取或释放哪些锁，并告知必须持有哪些锁才能调用此函数。

```
33  /*
34   * Given a keyword, scan the configuration file for a match
35   * and return the string value corresponding to the keyword.
36   *
37   * LOCKING: none.
38   */
39  static char *
40  scan_configfile(char *keyword)
41  {
42      int             n, match;
43      FILE            *fp;
44      char            keybuf[MAXKWLEN], pattern[MAXFMTLEN];
45      char            line[MAXCFGLINE];
46      static char     valbuf[MAXCFGLINE];

47      if ((fp = fopen(CONFIG_FILE, "r")) == NULL)
48          log_sys("can't open %s", CONFIG_FILE);
49      sprintf(pattern, "%%%ds %%%ds", MAXKWLEN-1, MAXCFGLINE-1);
50      match = 0;
51      while (fgets(line, MAXCFGLINE, fp) != NULL) {
52          n = sscanf(line, pattern, keybuf, valbuf);
53          if (n == 2 && strcmp(keyword, keybuf) == 0) {
54              match = 1;
55              break;
56          }
57      }
58      fclose(fp);
59      if (match != 0)
60          return(valbuf);
61      else
62          return(NULL);
63  }
```

[33~46] scan_configfile 函数在打印机配置文件中搜索指定的关键字。

[47~63] 打开配置文件进行读取，并构建与搜索模式对应的格式字符串。符号%%%ds 构建了一个格式说明符，限定字符串的长度，这样在栈上存储字符串的缓冲区就不会溢出。一次读取一行文件，扫描两个用空格分隔的字符串，如果找到它们，就将第一个字符串与关键字进行比较。如果找到匹配项或者已读到文件末尾，则结束循环，关闭文件。如果关键字匹配，则返回一个指向缓冲区的指针，该缓冲区包含关键字后面的字符串；否则，返回 NULL。

返回的字符串存储在静态缓冲区（valbuf）中，连续调用函数会覆盖该缓冲区。因此，scan_configfile 不能由多线程应用调用，除非我们小心地避免在多个线程中同时调用它。

```
64   /*
65    * Return the host name running the print server or NULL on error.
66    *
67    * LOCKING: none.
68    */
69   char *
70   get_printserver(void)
71   {
72       return(scan_configfile("printserver"));
73   }

74   /*
75    * Return the address of the network printer or NULL on error.
76    *
77    * LOCKING: none.
78    */
79   struct addrinfo *
80   get_printaddr(void)
81   {
82       int             err;
83       char            *p;
84       struct addrinfo *ailist;

85       if ((p = scan_configfile("printer")) != NULL) {
86           if ((err = getaddrlist(p, "ipp", &ailist)) != 0) {
87               log_msg("no address information for %s", p);
88               return(NULL);
89           }
90           return(ailist);
91       }
92       log_msg("no printer address specified");
93       return(NULL);
94   }
```

[64~73] get_printserver 仅是一个封装函数，它调用 scan_configfile 来查找正在运行打印机后台守护进程的计算机系统的名称。

[74~94] 我们使用 get_printaddr 函数获取网络打印机的地址。除了通过配置文件中的打印机名查找相应的网络地址之外，该函数与前面的函数类似。

get_printserver 和 get_printaddr 都调用了 scan_configfile。如果无法打开打印机配置文件，scan_configfile 将调用 log_sys 打印出错消息并退出。虽然 get_printserver 是由客户端命令调用的，get_printaddr 是由守护进程调用的，但两者均可调用 log_sys，因为我们可以设置一个全局变量，使日志函数将日志打印到标准错误中而不是输出到日志文件。

```
 95    /*
 96     * "Timed" read - timout specifies the # of seconds to wait before
 97     * giving up (5th argument to select controls how long to wait for
 98     * data to be readable). Returns # of bytes read or -1 on error.
 99     *
100     * LOCKING: none.
101     */
102    ssize_t
103    tread(int fd, void *buf, size_t nbytes, unsigned int timout)
104    {
105        int             nfds;
106        fd_set          readfds;
107        struct timeval tv;

108        tv.tv_sec = timout;
109        tv.tv_usec = 0;
110        FD_ZERO(&readfds);
111        FD_SET(fd, &readfds);
112        nfds = select(fd+1, &readfds, NULL, NULL, &tv);
113        if (nfds <= 0) {
114            if (nfds == 0)
115                errno = ETIME;
116            return(-1);
117        }
118        return(read(fd, buf, nbytes));
119    }
```

[95~107] 我们提供了一个名为 tread 的函数，用于读取指定数量的字节，但读取操作最多阻塞 timout 秒，就会放弃。当我们从套接字或管道读数据时，此函数非常有用。如果在指定的时间期限内未接收到数据，此函数返回-1，并将 errno 设置为 ETIME。如果在时间期限内有数据可用，则返回最多 *nbytes* 字节的数据，但是如果不是所有数据都及时到达，返回的数据可能会少于请求的字节数。

我们使用 tread 来防止对打印机后台守护进程的拒绝服务攻击。恶意用户可能会反复尝试连接到守护进程而不发送数据，只是为了阻止其他用户提交打印作业。等待一段合理的时间后放弃，就可以防止这种情况发生。棘手的是如何选择一个合适的超时值。该值需要足够大，以防在系统负载过重时，过早产生失败，而任务需要更长时间来完成。然而，如果选择的值太大，守护进程会消耗太多资源去处理挂起请求，而可能导致拒绝服务攻击。

[108~119] 使用 select 等待指定的文件描述符变得可读。如果在数据可读之前超时，则 select 返回 0。因此在这种情况下，我们将 errno 设为 ETIME。如果 select 失败或超时，就返回-1；否则，返回可用的数据。

```
120  /*
121   * "Timed" read - timout specifies the number of seconds to wait
122   * per read call before giving up, but read exactly nbytes bytes.
123   * Returns number of bytes read or -1 on error.
124   *
125   * LOCKING: none.
126   */
127  ssize_t
128  treadn(int fd, void *buf, size_t nbytes, unsigned int timout)
129  {
130      size_t nleft;
131      ssize_t nread;

132      nleft = nbytes;
133      while (nleft > 0) {
134          if ((nread = tread(fd, buf, nleft, timout)) < 0) {
135              if (nleft == nbytes)
136                  return(-1); /* error, return -1 */
137              else
138                  break;      /* error, return amount read so far */
139          } else if (nread == 0) {
140              break;          /* EOF */
141          }
142          nleft -= nread;
143          buf += nread;
144      }
145      return(nbytes - nleft);      /* return >= 0 */
146  }
```

[120~146] 我们还提供了一种名为 treadn 的 tread 的变体，它可精确读取请求的字节数。这类似于 14.7 节中讲述的 readn 函数，但附加了超时参数。

要准确读取 *nbytes* 字节，必须做好多次调用 read 的准备。其困难之处在于尝试将单个超时值应用于多个 read 调用。这里我们不想使用闹钟，因为在多线程应用中处理信号可能会很混乱，也不能依靠系统根据 select 的返回值更新 timeval 结构体来指示剩余的时长，因为许多平台不支持这种行为（见 14.5.1 节）。因此，我们在这种情况下折中，定义一个超时值，应用于单独的 read 调用。它不限制总的等待时间，而限制循环中每次迭代的等待时间。可等待的最大时长限制为（*nbytes*×*timout*）秒。在最坏的情况下，一次只能接收 1 字节。

我们使用 nleft 来记录剩余待读取的字节数。如果 tread 失败，并在上一次迭代中收到了数据，则中止 while 循环并返回读取的字节数；否则，返回−1。

接下来展示的是用于提交打印作业的命令程序。C 源文件是 print.c。

```
1   /*
2    *The client command for printing documents. Opens the file
3    *and sends it to the printer spooling daemon. Usage:
4    * print [-t] filename
5    */
6   #include "apue.h"
7   #include "print.h"
8   #include <fcntl.h>
9   #include <pwd.h>

10  /*
11   * Needed for logging funtions.
12   */
13  int log_to_stderr = 1;

14  void submit_file(int, int, const char *, size_t, int);

15  int
16  main(int argc, char *argv[])
17  {
18      int             fd, sfd, err, text, c;
19      struct stat     sbuf;
20      char            *host;
21      struct addrinfo *ailist, *aip;

22      err = 0;
23      text = 0;
24      while ((c = getopt(argc, argv, "t")) != -1) {
25          switch (c) {
26          case 't':
27              text = 1;
28              break;

29          case '?':
30              err = 1;
31              break;
32          }
33      }
```

[1~14] 需要定义一个名为 log_to_stderr 的整型数，以便能够使用库中的日志函数。如果将此整型数设置为非零值，则错误消息将被发送到标准错误流而非日志文件中。虽然在 print.c 中没有使用任何日志函数，但我们会将 util.o 与 print.o 链接起来构建一个可执行的 print 命令，而 util.c 包含用户命令和守护进程的函数。

[15~33] 支持一个选项即-t，强制将文件按照文本格式（而不是作为 PostScript 程序）打印。我们使用 getopt 函数（在 17.6 节中介绍）来处理命令选项。

```
34      if (err || (optind != argc - 1))
35      err_quit("usage: print [-t] filename");
36      if ((fd = open(argv[optind], O_RDONLY)) < 0)
37          err_sys("print: can't open %s", argv[optind]);
38      if (fstat(fd, &sbuf) < 0)
39          err_sys("print: can't stat %s", argv[optind]);
40      if (!S_ISREG(sbuf.st_mode))
41          err_quit("print: %s must be a regular file", argv[optind]);

42      /*
43       * Get the hostname of the host acting as the print server.
44       */
45      if ((host = get_printserver()) == NULL)
46          err_quit("print: no print server defined");
47      if ((err = getaddrlist(host, "print", &ailist)) != 0)
48          err_quit("print: getaddrinfo error: %s", gai_strerror(err));

49      for (aip = ailist; aip != NULL; aip = aip->ai_next) {
50          if ((sfd = connect_retry(AF_INET, SOCK_STREAM, 0,
51            aip->ai_addr, aip->ai_addrlen)) < 0) {
52              err = errno;
```

[34~41] 当 getopt 处理完命令选项时，它会将变量 optind 设置为第一个非可选参数的索引。如果这个值不等于最后一个参数的索引，则指定的参数个数就是错误的（我们只支持一个非可选参数）。错误处理包括进行检查以确保可以打开要打印的文件，并且它是一个常规文件（而不是目录或其他类型的文件）。

[42~48] 调用 util.c 中的 get_printserver 函数，获取打印机后台守护进程所在的主机的名字，接着调用 getaddrlist（也在 util.c 中）将主机名转换为网络地址。

请注意，我们将指定服务名为“print”。在系统上安装打印机后台守护进程的过程中，我们需要确保/etc/services（或等效的数据库）具有打印机服务的条目。当为守护进程选择端口号时，最好选择一个特权端口号，以防止恶意用户编写程序冒充打印机后台守护进程，而实际上窃取我们要打印的文件副本。这意味着端口号应小于 1024（回顾 16.3.4 节），并且守护进程必须以超级用户的权限运行，以便绑定到保留端口。

[49~52] 尝试使用从 getaddrinfo 返回的列表中的每个地址连接到守护进程。尝试使用可以连接的第一个地址将文件发送给守护进程。

```
53          } else {
54              submit_file(fd, sfd, argv[optind], sbuf.st_size, text);
55              exit(0);
56          }
57      }
58      err_exit(err, "print: can't contact %s", host);
59  }

60  /*
61   * Send a file to the printer daemon.
62   */
63  void
64  submit_file(int fd, int sockfd, const char *fname, size_t nbytes,
65              int text)
66  {
67      int                 nr, nw, len;
68      struct passwd       *pwd;
69      struct printreq     req;
70      struct printresp    res;
71      char                buf[IOBUFSZ];

72      /*
73       * First build the header.
74       */
75      if ((pwd = getpwuid(geteuid())) == NULL) {
76          strcpy(req.usernm, "unknown");
77      } else {
78          strncpy(req.usernm, pwd->pw_name, USERNM_MAX-1);
79          req.usernm[USERNM_MAX-1] = '\0';
80      }
```

[53~59] 如果能够连接到打印机后台守护进程，则调用 submit_file 将要打印的文件传输到守护进程。然后，我们以返回值 0 退出，表示成功。如果无法连接到任何地址，则调用 err_exit 来打印错误消息，并且以返回值 1 退出，表示失败。附录 B 包含 err_exit 和其他错误处理例程的源代码。

[60~80] submit_file 函数向守护进程发送打印请求并读取响应。首先，构建 printreq 请求头。我们使用 geteuid 获取调用者的有效用户 ID，并将其传递给 getpwuid，以便在系统口令文件中查找用户。将用户名复制到请求头中，如果无法识别用户，则在请求头部使用 unknown 字符串。从口令文件中复制用户名时使用 strncpy，以避免请求头的用户名缓冲区写溢出。如果名称的长度超出缓冲区，strncpy 将不会在缓冲区中存储终止的 null 字节，因此我们需要自己来处理。

```
 81      req.size = htonl(nbytes);

 82      if (text)
 83          req.flags = htonl(PR_TEXT);
 84      else
 85          req.flags = 0;

 86      if ((len = strlen(fname)) >= JOBNM_MAX) {
 87          /*
 88           * Truncate the filename (+-5 accounts for the leading
 89           * four characters and the terminating null).
 90           */
 91          strcpy(req.jobnm, "... ");
 92          strncat(req.jobnm, &fname[len-JOBNM_MAX+5], JOBNM_MAX-5);
 93      } else {
 94          strcpy(req.jobnm, fname);
 95      }

 96      /*
 97       * Send the header to the server.
 98       */
 99      nw = writen(sockfd, &req, sizeof(struct printreq));
100      if (nw != sizeof(struct printreq)) {
101          if (nw < 0)
102              err_sys("can't write to print server");
103          else
104              err_quit("short write (%d/%d) to print server",
105                nw, sizeof(struct printreq));
106      }
```

[81~95] 在将要打印的文件转换为网络字节序后，我们将其大小存储在头部。然后，如果要将文件作为纯文本打印，则在头部存储 PR_TEXT 标识。将这些整型数转换为网络字节序，我们可以在一个客户端系统上运行打印命令，而在另一个计算机系统上运行打印机后台守护进程。如果这些系统使用具有不同字节序的处理器，那么这些命令仍可运行（16.3.1 节讨论了字节序）。

我们将作业名设置为要打印的文件的名称。如果名称的长度超过报文所能容纳的作业名字段长度，则只复制名称最后的那部分。这实际上截断了名称的开头部分。在这种情况下，我们在名称前面加一个省略号，以表示字段中的字符数超出了字段的大小。

[96~106] 使用 writen 将请求头发送给守护进程（回顾我们在图 14.24 中介绍过的 writen 函数）。writen 函数在需要时多次调用 write 进行写操作，来传输指定数量的数据。如果 writen 函数返回错误或传输的数据量少于请求的数据量，我们将打印错误消息并退出。

```
107         /*
108          * Now send the file.
109          */
110         while ((nr = read(fd, buf, IOBUFSZ)) != 0) {
111             nw = writen(sockfd, buf, nr);
112             if (nw != nr) {
113                 if (nw < 0)
114                     err_sys("can't write to print server");
115                 else
116                     err_quit("short write (%d/%d) to print server",
117                       nw, nr);
118             }
119         }
120         /*
121          * Read the response.
122          */
123         if ((nr = readn(sockfd, &res, sizeof(struct printresp))) !=
124           sizeof(struct printresp))
125             err_sys("can't read response from server");
126         if (res.retcode != 0) {
127             printf("rejected: %s\n", res.msg);
128             exit(1);
129         } else {
130             printf("job ID %ld\n", (long)ntohl(res.jobid));
131         }
132     }
```

[107~119] 将头部发送给守护进程之后，再发送要打印的文件。我们一次读取文件的 IOBUFSZ 字节，并用 writen 将数据发送给守护进程。与头部的操作一样，如果写入失败或者写入的数据量少于预期，则打印错误信息并退出。

[120~132] 一旦将要打印的文件发送到打印机后台守护进程，我们就会读取守护进程的响应数据。如果打印请求失败，返回码（retcode）将为非零值，因此我们打印响应中包含的文本错误信息。如果请求成功，将打印作业 ID，以便用户知道将来如何引用该请求（我们将编写一个命令以取消挂起的打印请求留作练习，可以在取消请求中使用作业 ID 来标识要从打印队列中删除的作业，请参阅习题 21.5）。当 submin_file 返回到 main 函数时退出，表明请求成功。

注意，守护进程的成功响应并不意味着打印机能够打印文件，这仅仅意味着守护进程成功地将其添加到打印队列中。

到此，我们就完成了对 print 命令的学习。我们将查看的最后一个文件是打印机后台守护进程的 C 源文件。

```
 1  /*
 2   *Print server daemon.
 3   */
 4  #include "apue.h"
 5  #include <fcntl.h>
 6  #include <dirent.h>
 7  #include <ctype.h>
 8  #include <pwd.h>
 9  #include <pthread.h>
10  #include <strings.h>
11  #include <sys/select.h>
12  #include <sys/uio.h>

13  #include "print.h"
14  #include "ipp.h"

15  /*
16   * These are for the HTTP response from the printer.
17   */
18  #define HTTP_INFO(x)   ((x) >= 100 && (x) <= 199)
19  #define HTTP_SUCCESS(x) ((x) >= 200 && (x) <= 299)

20  /*
21   * Describes a print job.
22   */
23  struct job {
24     struct job      *next;       /* next in list */
25     struct job      *prev;       /* previous in list */
26     int32_t          jobid;      /* job ID */
27     struct printreq req;         /* copy of print request */
28  };

29  /*
30   * Describes a thread processing a client request.
31   */
32  struct worker_thread {
33     struct worker_thread *next;    /* next in list */
34     struct worker_thread *prev;    /* previous in list */
35     pthread_t             tid;     /* thread ID */
36     int                   sockfd;  /* socket */
37  };
```

[1~19]　打印机后台守护进程包含我们在前面看到的 IPP 头文件，因为守护进程需要使用此协议与打印机通信。HTTP_INFO 和 HTTP_SUCCESS 宏定义 HTTP 请求的状态（请记住 IPP 是构建在 HTTP 之上的）。RFC 2616 的第 10 节定义了 HTTP 状态码。

[20~37] 打印机后台守护进程使用 job 和 worker_thread 结构体分别跟踪打印作业和接受打印请求的线程。

```
38  /*
39   * Needed for logging.
40   */
41  int                     log_to_stderr = 0;

42  /*
43   * Printer-related stuff.
44   */
45  struct addrinfo         *printer;
46  char                    *printer_name;
47  pthread_mutex_t         configlock = PTHREAD_MUTEX_INITIALIZER;
48  int                     reread;

49  /*
50   * Thread-related stuff.
51   */
52  struct worker_thread *workers;
53  pthread_mutex_t         workerlock = PTHREAD_MUTEX_INITIALIZER;
54  sigset_t                mask;

55  /*
56   * Job-related stuff.
57   */
58  struct job              *jobhead, *jobtail;
59  int                     jobfd;
```

[38~41] 日志函数要求定义 log_to_stderr 变量并将其设置为 0，以强制将日志消息发送到系统日志而不是标准错误中。在 print.c 中定义了 log_to_stderr 并将其设置为 1，尽管我们没有在用户命令中使用日志函数。我们可以通过将实用工具函数拆分为两个独立的文件（一个用于服务器，另一个用于客户端命令）来避免这种情况。

[42~48] 我们使用全局变量 printer 来保存打印机的网络地址。将打印机的主机名存储在 printer_name 中。configlock 互斥锁保护对 reread 变量的访问，该变量用于指示守护进程需要重新读取配置文件，可能是因为管理员更改了打印机或其网络地址。

[49~54] 接下来，我们定义与线程相关的变量。使用 workers 作为从客户端接收文件的线程双向链表的头部。此链表由 workerlock 互斥锁保护。线程使用的信号掩码保存在 mask 变量中。

[55~59] 对于挂起作业的链表，我们将 jobhead 定义为表头，jobtail 定义为表尾。该表也是双向链表，但需要在表尾添加作业，因此必须记住指向表尾的指针。对于工作线程链表，顺序无关紧要，因此可以将它们添加到表头，而不需要记住表尾指针。jobfd 是作业文件的文件描述符。

```
60    int32_t                 nextjob;
61    pthread_mutex_t         joblock = PTHREAD_MUTEX_INITIALIZER;
62    pthread_cond_t          jobwait = PTHREAD_COND_INITIALIZER;
63    /*
64     * Function prototypes.
65     */
66    void        init_request(void);
67    void        init_printer(void);
68    void        update_jobno(void);
69    int32_t     get_newjobno(void);
70    void        add_job(struct printreq *, int32_t);
71    void        replace_job(struct job *);
72    void        remove_job(struct job *);
73    void        build_qonstart(void);
74    void        *client_thread(void *);
75    void        *printer_thread(void *);
76    void        *signal_thread(void *);
77    ssize_t     readmore(int, char **, int, int *);
78    int         printer_status(int, struct job *);
79    void        add_worker(pthread_t, int);
80    void        kill_workers(void);
81    void        client_cleanup(void *);
82    /*
83     * Main print server thread. Accepts connect requests from
84     * clients and spawns additional threads to service requests.
85     *
86     * LOCKING: none.
87     */
88    int
89    main(int argc, char *argv[])
90    {
91        pthread_t              tid;
92        struct addrinfo        *ailist, *aip;
93        int                    sockfd, err, i, n, maxfd;
94        char                   *host;
95        fd_set                 rendezvous, rset;
96        struct sigaction       sa;
97        struct passwd          *pwdp;
```

[60~62] nextjob 是要接收的下一个打印作业的 ID。joblock 互斥锁保护作业链表，以及由 jobwait 条件变量表示的条件。

[63~81] 我们提前声明了此文件中其余函数的原型，这样在文件中放置函数时就不用担心每个函数的调用顺序了。

[82~97] 打印机后台守护进程的 main 函数执行两个任务：初始化守护进程，然后处理来自客户端的连接请求。

```
 98      if (argc != 1)
 99          err_quit("usage: printd");
100      daemonize("printd");

101      sigemptyset(&sa.sa_mask);
102      sa.sa_flags = 0;
103      sa.sa_handler = SIG_IGN;
104      if (sigaction(SIGPIPE, &sa, NULL) < 0)
105          log_sys("sigaction failed");
106      sigemptyset(&mask);
107      sigaddset(&mask, SIGHUP);
108      sigaddset(&mask, SIGTERM);
109      if ((err = pthread_sigmask(SIG_BLOCK, &mask, NULL)) != 0)
110          log_sys("pthread_sigmask failed");

111      n = sysconf(_SC_HOST_NAME_MAX);
112      if (n < 0)  /* best guess */
113          n = HOST_NAME_MAX;
114      if ((host = malloc(n)) == NULL)
115          log_sys("malloc error");
116      if (gethostname(host, n) < 0)
117          log_sys("gethostname error");

118      if ((err = getaddrlist(host, "print", &ailist)) != 0) {
119          log_quit("getaddrinfo error: %s", gai_strerror(err));
120          exit(1);
121      }
```

[98~100] 守护进程没有任何选项（唯一的参数是命令名本身），因此如果 argc 不为 1，则调用 err_quit 打印错误信息然后退出。程序调用图 13.1 中的 daemonize 函数，就能使自己成为守护进程。在此之后，我们就无法将错误消息打印到标准错误中，而需将它们记录到日志中。

[101~110] 我们设置忽略 SIGPIPE 信号。我们将写入套接字文件描述符，不希望写入错误触发 SIGPIPE，因为其默认动作是终止进程。接下来，将线程的信号掩码设置为包括 SIGHUP 和 SIGTERM。我们创建的所有进程都将继承此信号掩码。发送 SIGHUP 信号给守护进程，告诉它重新读取配置文件。发送 SIGTERM 信号给守护进程，告诉它执行清理工作并优雅地退出。

[111~117] 调用 sysconf 来获取主机名的最大长度。如果 sysconf 失败或未定义约束，则使用 HOST_NAME_MAX 作为最佳估测值。有时，平台已经为我们定义了此常量，但如果没有，则在 print.h 中选择自己的值。分配内存来保存主机名，并调用 gethostname 来检索它。

[118~121] 接下来，尝试查找守护进程用于提供打印机后台服务的网络地址。

```
122        FD_ZERO(&rendezvous);
123        maxfd = -1;
124        for (aip = ailist; aip != NULL; aip = aip->ai_next) {
125            if ((sockfd = initserver(SOCK_STREAM, aip->ai_addr,
126              aip->ai_addrlen, QLEN)) >= 0) {
127                FD_SET(sockfd, &rendezvous);
128                if (sockfd > maxfd)
129                    maxfd = sockfd;
130            }
131        }
132        if (maxfd == -1)
133            log_quit("service not enabled");

134        pwdp = getpwnam(LPNAME);
135        if (pwdp == NULL)
136            log_sys("can't find user %s", LPNAME);
137        if (pwdp->pw_uid == 0)
138            log_quit("user %s is privileged", LPNAME);
139        if (setgid(pwdp->pw_gid) < 0 || setuid(pwdp->pw_uid) < 0)
140            log_sys("can't change IDs to user %s", LPNAME);

141        init_request();
142        init_printer();
```

[122~131] 将 rendezvous fd_set 变量清零，该变量将与 select 一起用于等待客户端连接请求。将最大文件描述符初始化为-1，以确保我们分配的第一个文件描述符肯定大于 maxfd。对于每个需要提供服务的网络地址，调用 initserver（见图 16.22）分配和初始化套接字。如果 initserver 运行成功，则将文件描述符添加到 fd_set；如果它大于最大值，则将套接字文件描述符设置为 maxfd。

[132~133] 如果在遍历 addrinfo 结构体链表后 maxfd 仍为-1，则无法启动打印机后台服务，因此我们记录一条消息并退出。

[134~140] 我们的守护进程需要超级用户权限才能将套接字绑定到保留的端口号。现在这一步已经完成，我们可以通过将守护进程用户 ID 和组 ID 更改为与 LPNAME 账户关联的 ID 来降低其权限。遵循最小权限原则，以避免在守护进程中暴露系统的任何潜在漏洞。调用 getpwnam 来查找守护进程的密钥项。如果不存在此用户账户，或者它具有与超级用户相同的用户 ID，我们将记录一条错误消息并退出。否则，通过调用 setgid 和 setuid 来更改真实用户 ID 和有效用户 ID。为了避免暴露系统，如果不能降低权限，那就选择不提供任何服务。

[141~142] 调用 init_request 来初始化作业请求，并确保只有一个守护进程副本正在运行。调用 init_printer 来初始化打印机信息（稍后就可以看到这两个函数）。

```
143     err = pthread_create(&tid, NULL, printer_thread, NULL);
144     if (err == 0)
145         err = pthread_create(&tid, NULL, signal_thread, NULL);
146     if (err != 0)
147         log_exit(err, "can't create thread");
148     build_qonstart();

149     log_msg("daemon initialized");

150     for (;;) {
151         rset = rendezvous;
152         if (select(maxfd+1, &rset, NULL, NULL, NULL) < 0)
153             log_sys("select failed");
154         for (i = 0; i <= maxfd; i++) {
155             if (FD_ISSET(i, &rset)) {
156                 /*
157                  * Accept the connection and handle the request.
158                  */
159                 if ((sockfd = accept(i, NULL, NULL)) < 0)
160                     log_ret("accept failed");
161                 pthread_create(&tid, NULL, client_thread,
162                   (void *)((long)sockfd));
163             }
164         }
165     }
166     exit(1);
167 }
```

[143~149] 创建一个处理信号的线程和一个与打印机通信的线程。通过限制打印机与单个线程通信，可以简化与打印机相关的数据结构的锁定。然后，调用 build_qonstart 在/var/spool/printer 目录中搜索挂起的作业。对于在磁盘上找到的每个作业，都创建一个结构体，让打印机线程知道它应该将文件发送到打印机。此时，我们已经完成了守护进程的设置，因此会记录一条日志消息，表明守护进程已成功初始化。

[150~167] 将 rendezvous fd_set 结构体复制到 rset 中，并调用 select 以等待其中一个文件描述符变为可读。必须复制 rendezvous，因为 select 将修改传递给它的 fd_set 结构体，将其改为只包含满足事件的文件描述符。由于服务器已将套接字初始化以供使用，有可读的文件描述符意味着有连接请求处于挂起状态。在 select 返回后，检查 rset 是否有可读的文件描述符。如果找到一个，就调用 accept 接受连接。如果失败，就记录一条错误消息，并继续检查是否还有可读的文件描述符。否则，创建一个线程来处理客户端连接。主线程循环，将请求移交给其他线程处理，并永远不应运行至 exit 语句。

```
168     /*
169      * Initialize the job ID file. Use a record lock to prevent
170      * more than one printer daemon from running at a time.
171      *
172      * LOCKING: none, except for record-lock on job ID file.
173      */
174     void
175     init_request(void)
176     {
177     int         n;
178     char        name[FILENMSZ];

179     sprintf(name, "%s/%s", SPOOLDIR, JOBFILE);
180     jobfd = open(name, O_CREAT|O_RDWR, S_IRUSR|S_IWUSR);
181     if (write_lock(jobfd, 0, SEEK_SET, 0) < 0)
182         log_quit("daemon already running");

183     /*
184      * Reuse the name buffer for the job counter.
185      */
186     if ((n = read(jobfd, name, FILENMSZ)) < 0)
187         log_sys("can't read job file");
188     if (n == 0)
189         nextjob = 1;
190     else
191         nextjob = atol(name);
192   }
```

[168~182] init_request 函数做了两件事：在作业文件/var/spool/printer/jobno 上放置一个记录锁，并读取该文件以确定要分配的下一个作业编号。在整个文件上放置一把写锁，以指明守护进程正在运行。如果有人试图在已经有一个打印机后台守护进程运行时启动守护进程的其他副本，这些附加的守护进程将无法获取写锁并退出。因此，一次只能运行一个守护进程副本。回顾一下，我们在图 13.6 中使用过这种技术，在 14.3 节中讨论了 write_lock 宏。

[183~192] 作业文件包含表示下一个作业编号的 ASCII 码的整数字符串。如果文件刚刚创建，并因而为空，则将 nextjob 设置为 1。否则，使用 atol 将字符串转换为整型数，并将该值用作下一个作业编号。让 jobfd 对作业文件保持打开的状态，以便在创建作业时能够更新作业编号。不能关闭该作业文件，因为这将释放对其设置的写锁。

在一个长整型数为 64 位宽的系统中，需要一个大小至少为 21 字节的缓冲区来容纳代表最大长整型数的字符串。我们可以放心地重用文件名缓冲区，因为在 print.h 中 FILENMSZ 被定义为 64。

```
193   /*
194    * Initialize printer information from configuration file.
195    *
196    * LOCKING: none.
197    */
198   void
199   init_printer(void)
200   {
201       printer = get_printaddr();
202       if (printer == NULL)
203           exit(1);    /* message already logged */
204       printer_name = printer->ai_canonname;
205       if (printer_name == NULL)
206           printer_name = "printer";
207       log_msg("printer is %s", printer_name);
208   }

209   /*
210    * Update the job ID file with the next job number.
211    * Doesn't handle wrap-around of job number.
212    *
213    * LOCKING: none.
214    */
215   void
216   update_jobno(void)
217   {
218       char    buf[32];

219       if (lseek(jobfd, 0, SEEK_SET) == -1)
220           log_sys("can't seek in job file");
221       sprintf(buf, "%d", nextjob);
222       if (write(jobfd, buf, strlen(buf)) < 0)
223           log_sys("can't update job file");
224   }
```

[193~208] init_printer 函数用于设置打印机的名称和地址。我们通过调用 get_printaddr（位于 util.c 中）来获取打印机地址。如果失败，则退出。get_printaddr 函数在找不到打印机地址时，会记录自己的消息日志。然而，如果找到了打印机地址，就会将打印机名称设置为 addrinfo 结构体中的 ai_canonname 字段。如果此字段为空，则将打印机名设为默认值 printer。注意，要记录正在使用的打印机的名称，以帮助管理员诊断后台系统的问题。

[209~224] update_jobno 函数用于将下一个作业编号写入作业文件 /var/spool/printer/jobno。找到文件开头，将整数作业编号转换为字符串并写入文件。如果出现错误，我们会在日志中记录一条消息并退出。作业编号是单调递增的，我们将处理作业编号的循环回绕作为练习（见习题 21.9）。

```
225  /*
226   * Get the next job number.
227   *
228   * LOCKING: acquires and releases joblock.
229   */
230  int32_t
231  get_newjobno(void)
232  {
233      int32_t jobid;

234      pthread_mutex_lock(&joblock);
235      jobid = nextjob++;
236      if (nextjob <= 0)
237          nextjob = 1;
238      pthread_mutex_unlock(&joblock);
239      return(jobid);
240  }

241  /*
242   * Add a new job to the list of pending jobs. Then signal
243   * the printer thread that a job is pending.
244   *
245   * LOCKING: acquires and releases joblock.
246   */
247  void
248  add_job(struct printreq *reqp, int32_t jobid)
249  {
250      struct job *jp;

251      if ((jp = malloc(sizeof(struct job))) == NULL)
252          log_sys("malloc failed");
253      memcpy(&jp->req, reqp, sizeof(struct printreq));
```

[225~240] get_newjobno 函数用于获取下一个作业编号。首先，对 joblock 加互斥锁。递增 nextjob 变量，并处理其回绕的情况。然后，解锁互斥锁并返回 nextjob 在递增之前的值。多个线程可以同时调用 get_newjobno；需要串行化对下一个作业编号的访问，以便每个线程都获取唯一的作业编号。请参阅图 11.9，以了解如果在这种情况下不串行化线程会发生什么。

[241~253] add_job 函数用于将新的打印请求添加到挂起打印作业链表的末尾。首先，为 job 结构体分配空间。如果分配失败，则将在日志中记录一条错误消息并退出。此时，打印请求已经安全地存储在磁盘上，当打印机后台守护进程重启时，将重新读取这些请求。为新作业分配内存后，将 request 结构体从客户端复制到 job 结构体中。回顾第 23~28 行，job 结构体由一对链表指针、一个作业 ID，以及一个从客户端 print 命令发送过来的 printreq 结构体副本组成。

```
254        jp->jobid = jobid;
255        jp->next = NULL;
256        pthread_mutex_lock(&joblock);
257        jp->prev = jobtail;
258        if (jobtail == NULL)
259            jobhead = jp;
260        else
261            jobtail->next = jp;
262        jobtail = jp;
263        pthread_mutex_unlock(&joblock);
264        pthread_cond_signal(&jobwait);
265    }

266    /*
267     * Replace a job back on the head of the list.
268     *
269     * LOCKING: acquires and releases joblock.
270     */
271    void
272    replace_job(struct job *jp)
273    {
274        pthread_mutex_lock(&joblock);
275        jp->prev = NULL;
276        jp->next = jobhead;
277        if (jobhead == NULL)
278            jobtail = jp;
279        else
280            jobhead->prev = jp;
281        jobhead = jp;
282        pthread_mutex_unlock(&joblock);
283    }
```

[254~265] 保存作业 ID 并对 joblock 加互斥锁，以独占访问打印作业链表。我们要在链表末尾添加新的 job 结构体。将新 job 结构体的前向指针指向链表上的最后一个 job。如果链表为空，就将 jobhead 指向新的结构体。否则，将链表中最后一项的后向指针指向新的结构体，然后将 jobtail 设置为指向新的结构体。解锁互斥锁，并通知打印机线程有另一个作业可用。

[266~283] replace_job 函数用于在挂起的作业链表头部插入作业。我们获取 joblock 互斥锁，将 job 结构体中的前向指针设为 NULL，并将后向指针设为指向表头。如果链表为空，则将 jobtail 指向要替换的 job 结构体。否则，将链表中第一个 job 结构体中的前向指针指向要替换的 job 结构体。然后，将 jobhead 指针指向要插入的 job 结构体。最后，释放 joblock 互斥锁。

```
284  /*
285   * Remove a job from the list of pending jobs.
286   *
287   * LOCKING: caller must hold joblock.
288   */
289  void
290  remove_job(struct job *target)
291  {
292    if (target->next != NULL)
293        target->next->prev = target->prev;
294    else
295        jobtail = target->prev;
296    if (target->prev != NULL)
297        target->prev->next = target->next;
298    else
299        jobhead = target->next;
300  }

301  /*
302   * Check the spool directory for pending jobs on start-up.
303   *
304   * LOCKING: none.
305   */
306  void
307  build_qonstart(void)
308  {
309    int             fd, err, nr;
310    int32_t         jobid;
311    DIR             *dirp;
312    struct dirent   *entp;
313    struct printreq req;
314    char            dname[FILENMSZ], fname[FILENMSZ];

315    sprintf(dname, "%s/%s", SPOOLDIR, REQDIR);
316    if ((dirp = opendir(dname)) == NULL)
317        return;
```

[284~300] remove_job 从挂起的作业链表中删除一个作业。调用者必须已经持有 joblock 互斥锁。如果后向指针非空，则将下一项的前向指针设置为删除目标的前向指针。否则，该项为链表中的最后一项，因此我们将 jobtail 设置为删除目标的前向指针。如果删除目标的前向指针非空，则将前一项的后向指针设置为删除目标的后向指针。否则，删除目标就是链表中的第一项，因此我们将 jobhead 设置为链表中位于删除目标后的下一项。

[301~317] 当守护进程启动时，它调用 build_qonstart 从存储在 /var/spool/printer/reqs 的磁盘文件中构建一个位于内存的打印作业链表。如果无法打开该目录，则表示没有挂起的打印作业要处理，因此返回。

```
318     while ((entp = readdir(dirp)) != NULL) {
319         /*
320          * Skip "." and ".."
321          */
322         if (strcmp(entp->d_name, ".") == 0 ||
323           strcmp(entp->d_name, "..") == 0)
324             continue;

325         /*
326          * Read the request structure.
327          */
328         sprintf(fname, "%s/%s/%s", SPOOLDIR, REQDIR, entp->d_name);
329         if ((fd = open(fname, O_RDONLY)) < 0)
330             continue;
331         nr = read(fd, &req, sizeof(struct printreq));
332         if (nr != sizeof(struct printreq)) {
333             if (nr < 0)
334                 err = errno;
335             else
336                 err = EIO;
337             close(fd);
338             log_msg("build_qonstart: can't read %s: %s",
339               fname, strerror(err));
340             unlink(fname);
341             sprintf(fname, "%s/%s/%s", SPOOLDIR, DATADIR,
342               entp->d_name);
343             unlink(fname);
344             continue;
345         }
346         jobid = atol(entp->d_name);
347         log_msg("adding job %d to queue", jobid);
348         add_job(&req, jobid);
349     }
350     closedir(dirp);
351 }
```

[318~324] 逐一读取目录中的每一项，忽略“.”和“..”。

[325~345] 对于每一项，创建文件的完整路径名并以只读方式打开。如果 open 调用失败，就跳过该文件；否则，就读取存储在其中的 printreq 结构体。如果不能读取整个结构体，将关闭该文件，在日志中记录错误消息并解除文件链接。然后，创建相应数据文件的完整路径名并解除链接。

[346~351] 如果能够读取完整的 printreq 结构体，就将文件名转换为作业 ID（文件名就是其作业 ID），在日志中记录一条消息，然后将该请求添加到挂起的打印作业链表。当读完整个目录后，readdir 将返回 NULL，然后关闭目录并返回。

```
352  /*
353   * Accept a print job from a client.
354   *
355   * LOCKING: none.
356   */
357  void *
358  client_thread(void *arg)
359  {
360      int                 n, fd, sockfd, nr, nw, first;
361      int32_t             jobid;
362      pthread_t           tid;
363      struct printreq     req;
364      struct printresp    res;
365      char                name[FILENMSZ];
366      char                buf[IOBUFSZ];

367      tid = pthread_self();
368      pthread_cleanup_push(client_cleanup, (void *)((long)tid));
369      sockfd = (long)arg;
370      add_worker(tid, sockfd);

371      /*
372       * Read the request header.
373       */
374      if ((n = treadn(sockfd, &req, sizeof(struct printreq), 10)) !=
375        sizeof(struct printreq)) {
376          res.jobid = 0;
377          if (n < 0)
378              res.retcode = htonl(errno);
379          else
380              res.retcode = htonl(EIO);
381          strncpy(res.msg, strerror(res.retcode), MSGLEN_MAX);
382          writen(sockfd, &res, sizeof(struct printresp));
383          pthread_exit((void *)1);
384      }
```

[352~370] 当接受一个连接请求时，main 线程会 spawn client_thread。它的任务是从客户端 print 命令接收要打印的文件，为每个客户端打印请求分别创建一个单独的线程。首先要做的是安装线程清理处理程序（有关线程清理处理程序的讨论，请参阅 11.5 节)。清理处理程序是 client_cleanup，稍后会看到。它只带一个参数：线程 ID。然后，调用 add_worker 创建 worker_thread 结构体，并将其添加到活动客户端线程链表中。

[371~384] 此时，我们完成了线程的初始化任务，因此从客户端读取请求头。如果客户端发送的数据少于预期，或者遇到错误，则响应指明错误原因的消息，并调用 pthread_exit 来终止线程。

```
385     req.size = ntohl(req.size);
386     req.flags = ntohl(req.flags);

387     /*
388      * Create the data file.
389      */
390     jobid = get_newjobno();
391     sprintf(name, "%s/%s/%d", SPOOLDIR, DATADIR, jobid);
392     fd = creat(name, FILEPERM);
393     if (fd < 0) {
394         res.jobid = 0;
395         res.retcode = htonl(errno);
396         log_msg("client_thread: can't create %s: %s", name,
397           strerror(res.retcode));
398         strncpy(res.msg, strerror(res.retcode), MSGLEN_MAX);
399         writen(sockfd, &res, sizeof(struct printresp));
400         pthread_exit((void *)1);
401     }

402     /*
403      * Read the file and store it in the spool directory.
404      * Try to figure out if the file is a PostScript file
405      * or a plain text file.
406      */
407     first = 1;
408     while ((nr = tread(sockfd, buf, IOBUFSZ, 20)) > 0) {
409         if (first) {
410             first = 0;
411             if (strncmp(buf, "%!PS", 4) != 0)
412                 req.flags |= PR_TEXT;
413         }
```

[385~401] 将请求头中的整数字段转换为主机字节序，并调用 get_newjobno 保存该打印请求的下一个作业 ID。创建名为/var/spool/printer/data/jobid 的作业数据文件，其中 jobid 是请求的作业 ID。使用权限来阻止其他人读取文件（在 print.h 中，FILEPERM 被定义为 S_IRUSR|S_IWUSR）。如果无法创建文件，则记录错误日志，发送失败响应给客户端，并调用 pthread_exit 终止线程。

[402~413] 读取来自客户端的文件内容，目的是将内容写入数据文件的私有副本中。但是在写入任何东西之前，需要在第一次循环时检查其是否为 PostScript 文件。如果该文件不是以%!PS 模式开头，则可以假定其为纯文本文件，因此在这种情况下，我们在请求头中设置了 PR_TEXT 标识。请记住，如果在执行 print 命令时包含-t 标识，则客户端也可以设置此标识。尽管 PostScript 程序不需要以模式%!PS 开始，但文档格式指南（Adobe Systems，1999）强烈推荐这样做。

```
414         nw = write(fd, buf, nr);
415         if (nw != nr) {
416             res.jobid = 0;
417             if (nw < 0)
418                 res.retcode = htonl(errno);
419             else
420                 res.retcode = htonl(EIO);
421             log_msg("client_thread: can't write %s: %s", name,
422               strerror(res.retcode));
423             close(fd);
424             strncpy(res.msg, strerror(res.retcode), MSGLEN_MAX);
425             writen(sockfd, &res, sizeof(struct printresp));
426             unlink(name);
427             pthread_exit((void *)1);
428         }
429     }
430     close(fd);

431     /*
432      * Create the control file. Then write the
433      * print request information to the control
434      * file.
435      */
436     sprintf(name, "%s/%s/%d", SPOOLDIR, REQDIR, jobid);
437     fd = creat(name, FILEPERM);
438     if (fd < 0) {
439         res.jobid = 0;
440         res.retcode = htonl(errno);
441         log_msg("client_thread: can't create %s: %s", name,
442           strerror(res.retcode));
443         strncpy(res.msg, strerror(res.retcode), MSGLEN_MAX);
444         writen(sockfd, &res, sizeof(struct printresp));
445         sprintf(name, "%s/%s/%d", SPOOLDIR, DATADIR, jobid);
446         unlink(name);
447         pthread_exit((void *)1);
448     }
```

[414~430] 将从客户端读取的数据写入数据文件。如果 write 失败，则在日志中记录一条错误消息，关闭数据文件的文件描述符，发送出错消息给客户端，删除数据文件，并通过调用 pthread_exit 来终止线程。注意，我们不需要显式关闭套接字文件描述符。这将由线程清理处理程序在调用 pthread_exit 时自动处理。当接收到要打印的所有数据后，关闭数据文件的文件描述符。

[431~448] 接下来，创建文件/var/spool/printer/reqs/jobid 来记录打印请求。如果失败，则在日志中记录一条错误消息，发送出错响应给客户端，删除数据文件，并终止线程。

```
449     nw = write(fd, &req, sizeof(struct printreq));
450     if (nw != sizeof(struct printreq)) {
451         res.jobid = 0;
452         if (nw < 0)
453             res.retcode = htonl(errno);
454         else
455             res.retcode = htonl(EIO);
456         log_msg("client_thread: can't write %s: %s", name,
457           strerror(res.retcode));
458         close(fd);
459         strncpy(res.msg, strerror(res.retcode), MSGLEN_MAX);
460         writen(sockfd, &res, sizeof(struct printresp));
461         unlink(name);
462         sprintf(name, "%s/%s/%d", SPOOLDIR, DATADIR, jobid);
463         unlink(name);
464         pthread_exit((void *)1);
465     }
466     close(fd);

467     /*
468      * Send response to client.
469      */
470     res.retcode = 0;
471     res.jobid = htonl(jobid);
472     sprintf(res.msg, "request ID %d", jobid);
473     writen(sockfd, &res, sizeof(struct printresp));

474     /*
475      * Notify the printer thread, clean up, and exit.
476      */
477     log_msg("adding job %d to queue", jobid);
478     add_job(&req, jobid);
479     pthread_cleanup_pop(1);
480     return((void *)0);
481 }
```

[449~465] 将 printreq 结构体写入控制文件。如果发生错误，会在日志中记录一条消息，关闭控制文件的描述符，发送失败响应给客户端，删除数据和控制文件，并终止线程。

[466~473] 关闭控制文件的文件描述符，并将包含作业 ID 和成功状态（retcode 设置为 0）的消息发送回客户端。

[474~481] 调用 add_job 将接收到的作业添加到挂起的打印作业链表中，并调用 pthread_cleanup_pop 完成清理。返回时，线程终止。注意，在线程退出之前，必须关闭所有不再需要的文件描述符。与进程终止不同，如果进程中存在其他线程，则当一个线程结束时，文件描述符不会自动关闭。如果没有关闭不需要的文件描述符，最终会耗尽资源。

```
482    /*
483     * Add a worker to the list of worker threads.
484     *
485     * LOCKING: acquires and releases workerlock.
486     */
487    void
488    add_worker(pthread_t tid, int sockfd)
489    {
490        struct worker_thread    *wtp;

491        if ((wtp = malloc(sizeof(struct worker_thread))) == NULL) {
492            log_ret("add_worker: can't malloc");
493            pthread_exit((void *)1);
494        }
495        wtp->tid = tid;
496        wtp->sockfd = sockfd;
497        pthread_mutex_lock(&workerlock);
498        wtp->prev = NULL;
499        wtp->next = workers;
500        if (workers == NULL)
501            workers = wtp;
502        else
503            workers->prev = wtp;
504        pthread_mutex_unlock(&workerlock);
505    }

506    /*
507     * Cancel (kill) all outstanding workers.
508     *
509     * LOCKING: acquires and releases workerlock.
510     */
511    void
512    kill_workers(void)
513    {
514        struct worker_thread    *wtp;

515        pthread_mutex_lock(&workerlock);
516        for (wtp = workers; wtp != NULL; wtp = wtp->next)
517            pthread_cancel(wtp->tid);
518        pthread_mutex_unlock(&workerlock);
519    }
```

[482~505] `add_worker` 函数将一个 `worker_thread` 结构体添加到活动线程链表中。我们为该结构体分配需要的内存并将其初始化，对 `workerlock` 加互斥锁，将结构体添加到链表的头部，并解锁互斥锁。

[506~519] `kill_workers` 函数遍历 worker 线程链表，并逐个删除线程。在遍历链表时，我们持有 `workerlock` 互斥锁。需要注意的是，`pthread_cancel` 仅仅将线程标记为已删除，实际的删除动作在每个线程到达下一个删除点时才发生。

```
520   /*
521    * Cancellation routine for the worker thread.
522    *
523    * LOCKING: acquires and releases workerlock.
524    */
525   void
526   client_cleanup(void *arg)
527   {
528       struct worker_thread *wtp;
529       pthread_t tid;

530       tid = (pthread_t)((long)arg);
531       pthread_mutex_lock(&workerlock);
532       for (wtp = workers; wtp != NULL; wtp = wtp->next) {
533           if (wtp->tid == tid) {
534               if (wtp->next != NULL)
535                   wtp->next->prev = wtp->prev;
536               if (wtp->prev != NULL)
537                   wtp->prev->next = wtp->next;
538               else
539                   workers = wtp->next;
540               break;
541           }
542       }
543       pthread_mutex_unlock(&workerlock);
544       if (wtp != NULL) {
545           close(wtp->sockfd);
546           free(wtp);
547       }
548   }
```

[520~542] client_cleanup 函数是与客户端命令通信的 worker 线程的线程清理处理程序。当线程调用 pthread_exit 时，如果使用非零参数调用 pthread_cleanup_pop 或响应取消线程的请求，就会调用此函数。其参数是终止线程的线程 ID。

对 workerlock 加互斥锁并搜索 worker 线程列表，直到找到匹配的线程 ID。当找到匹配项时，从列表中删除 worker_thread 结构体并停止搜索。

[543~548] 解锁 workerlock 互斥锁，关闭线程用来与客户端通信的套接字文件描述符，并释放 worker_thread 结构体占用的内存。

由于我们试图获取 workerlock 互斥锁，如果一个线程到达了取消点，而 kill_workers 函数仍在遍历列表，我们将不得不等待，直到 kill_workers 释放互斥锁后才能继续处理。

```
549   /*
550    * Deal with signals.
551    *
552    * LOCKING: acquires and releases configlock.
553    */
554   void *
555   signal_thread(void *arg)
556   {
557       int     err, signo;

558       for (;;) {
559           err = sigwait(&mask, &signo);
560           if (err != 0)
561               log_quit("sigwait failed: %s", strerror(err));
562           switch (signo) {
563           case SIGHUP:
564               /*
565                * Schedule to re-read the configuration file.
566                */
567               pthread_mutex_lock(&configlock);
568               reread = 1;
569               pthread_mutex_unlock(&configlock);
570               break;

571           case SIGTERM:
572               kill_workers();
573               log_msg("terminate with signal %s", strsignal(signo));
574               exit(0);

575           default:
576               kill_workers();
577               log_quit("unexpected signal %d", signo);
578           }
579       }
580   }
```

[549~562] signal_thread 函数由负责处理信号的线程运行。在 main 函数中初始化信号掩码以包含 SIGHUP 和 SIGTERM 信号。在这里，调用 sigwait 等待其中一个信号出现。如果 sigwait 失败，则记录错误日志并退出。

[563~570] 如果收到 SIGHUP 信号，就获取 configlock 互斥锁，将 reread 变量设置为 1，并释放互斥锁。这就告诉打印机后台守护进程在其处理循环的下一次迭代中重读配置文件。

[571~574] 如果收到 SIGTERM 信号，则调用 kill_workers 终止所有工作线程，记录日志，并调用 exit 终止进程。

[575~580] 如果收到一个非期望的信号，则终止工作线程并调用 log_quit 记录日志，然后退出。

```
581  /*
582   * Add an option to the IPP header.
583   *
584   * LOCKING: none.
585   */
586  char *
587  add_option(char *cp, int tag, char *optname, char *optval)
588  {
589      int     n;
590      union {
591          int16_t s;
592          char c[2];
593      }       u;

594      *cp++ = tag;
595      n = strlen(optname);
596      u.s = htons(n);
597      *cp++ = u.c[0];
598      *cp++ = u.c[1];
599      strcpy(cp, optname);
600      cp += n;
601      n = strlen(optval);
602      u.s = htons(n);
603      *cp++ = u.c[0];
604      *cp++ = u.c[1];
605      strcpy(cp, optval);
606      return(cp + n);
607  }
```

[581~593] add_option 函数用于将一个选项添加到我们构建的 IPP 头中以便发送给打印机。回顾图 21.4，属性的格式为：一个 1 字节的标识，描述属性类型；然后是以二进制形式存储的 2 字节整型数，表示属性名称的长度；接着是名称、属性值的长度；最后是属性值本身。

IPP 不会尝试控制嵌入头部的二进制整型数的对齐方式。一些处理器体系结构，比如 SPARC，无法从任意地址加载整型数。这意味着，不能将指向 int16_t 的指针强制转换为头部要存储整型数的地址，来将这些整型数存储在头部。相反，我们需要逐字节复制整型数。这就是为什么我们定义一个包含 16 位整型数和 2 字节数组的 union。

[594~607] 将标识存储在 IPP 头中，并将属性名称的长度转换为网络字节序。将这个长度值逐字节复制到头部，然后复制属性名称。对属性值重复这个过程，并返回一个地址，表示 IPP 头的下一部分应该从哪个地址开始。

```
608  /*
609   * Single thread to communicate with the printer.
610   *
611   * LOCKING: acquires and releases joblock and configlock.
612   */
613  void *
614  printer_thread(void *arg)
615  {
616      struct job      *jp;
617      int             hlen, ilen, sockfd, fd, nr, nw, extra;
618      char            *icp, *hcp, *p;
619      struct ipp_hdr  *hp;
620      struct stat     sbuf;
621      struct iovec    iov[2];
622      char            name[FILENMSZ];
623      char            hbuf[HBUFSZ];
624      char            ibuf[IBUFSZ];
625      char            buf[IOBUFSZ];
626      char            str[64];
627      struct timespec ts = { 60, 0 };     /* 1 minute */

628      for (;;) {
629          /*
630           * Get a job to print.
631           */
632          pthread_mutex_lock(&joblock);
633          while (jobhead == NULL) {
634              log_msg("printer_thread: waiting...");
635              pthread_cond_wait(&jobwait, &joblock);
636          }
637          remove_job(jp = jobhead);
638          log_msg("printer_thread: picked up job %d", jp->jobid);
639          pthread_mutex_unlock(&joblock);
640          update_jobno();
```

[608~627] printer_thread 函数是由与网络打印机通信的线程来运行的。我们将使用 icp 和 ibuf 来构建 IPP 头，使用 hcp 和 hbuf 构建 HTTP 头。要在单独的缓冲区中构建这两个头。HTTP 头包含一个以 ASCII 码表示的长度字段，并且在组装出 IPP 头之前，我们无法知道要为其预留多大空间。我们将使用 writev 在一次调用中写入这两个头。

[628~640] printer_thread 在线程中运行一个无限循环，等待作业被传输到打印机。使用 joblock 互斥锁来保护作业链表。如果作业没有被挂起，则使用 pthread_cond_wait 来等待作业到达。当作业准备就绪时，调用 remove_job 将其从链表中删除。由于此时我们仍然持有 joblock 互斥锁，所以释放它，并调用 update_jobno 将下一个作业号写入 /var/spool/printer/jobno。

```
641         /*
642          * Check for a change in the config file.
643          */
644         pthread_mutex_lock(&configlock);
645         if (reread) {
646             freeaddrinfo(printer);
647             printer = NULL;
648             printer_name = NULL;
649             reread = 0;
650             pthread_mutex_unlock(&configlock);
651             init_printer();
652         } else {
653             pthread_mutex_unlock(&configlock);
654         }

655         /*
656          * Send job to printer.
657          */
658         sprintf(name, "%s/%s/%d", SPOOLDIR, DATADIR, jp->jobid);
659         if ((fd = open(name, O_RDONLY)) < 0) {
660             log_msg("job %d canceled - can't open %s: %s",
661               jp->jobid, name, strerror(errno));
662             free(jp);
663             continue;
664         }
665         if (fstat(fd, &sbuf) < 0) {
666             log_msg("job %d canceled - can't fstat %s: %s",
667               jp->jobid, name, strerror(errno));
668             free(jp);
669             close(fd);
670             continue;
671         }
```

[641~654] 现在有了要打印的作业，我们需要检查配置文件是否有变化。对 configlock 加互斥锁，并检查 reread 变量。如果该值非零，那么释放旧的打印机 addrinfo 列表，清空指针，解锁互斥锁，然后调用 init_printer 重新初始化打印机信息。由于只有处于这个特定的上下文时，才会在 main 线程初始化后查看和更改打印机信息（也可以不改），因此除了使用 configlock 互斥锁来保护 reread 标识的状态外，不需要任何同步机制。

请注意，尽管在这个函数中获取和释放了两个不同的互斥锁（也称互斥量），但是我们从未同时持有这两个锁，因此不需要建立锁层次结构（见 11.6.2 节）。

[655~671] 如果无法打开数据文件，则记录错误日志，释放 job 结构体，然后继续。打开文件后，调用 fstat 获取文件的大小。如果失败了，则记录错误日志，进行清理，然后继续。

```
672         if ((sockfd = connect_retry(AF_INET, SOCK_STREAM, 0,
673           printer->ai_addr, printer->ai_addrlen)) < 0) {
674             log_msg("job %d deferred - can't contact printer: %s",
675               jp->jobid, strerror(errno));
676             goto defer;
677         }
678         /*
679          * Set up the IPP header.
680          */
681         icp = ibuf;
682         hp = (struct ipp_hdr *)icp;
683         hp->major_version = 1;
684         hp->minor_version = 1;
685         hp->operation = htons(OP_PRINT_JOB);
686         hp->request_id = htonl(jp->jobid);
687         icp += offsetof(struct ipp_hdr, attr_group);
688         *icp++ = TAG_OPERATION_ATTR;
689         icp = add_option(icp, TAG_CHARSET, "attributes-charset",
690           "utf-8");
691         icp = add_option(icp, TAG_NATULANG,
692           "attributes-natural-language", "en-us");
693         sprintf(str, "http://%s/ipp", printer_name);
694         icp = add_option(icp, TAG_URI, "printer-uri", str);
695         icp = add_option(icp, TAG_NAMEWOLANG,
696           "requesting-user-name", jp->req.usernm);
697         icp = add_option(icp, TAG_NAMEWOLANG, "job-name",
698           jp->req.jobnm);
```

[672~677] 打开一个连接到打印机的流套接字。如果 connect_retry 调用失败，则跳转到 defer，在那里将执行清理操作，然后暂停一段时间（即延迟）再重试。

[678~698] 接下来，设置 IPP 头。该操作是一个打印作业请求。使用 htons 将 2 字节的操作 ID 从主机字节序转换为网络字节序，并使用 htonl 将 4 字节的作业 ID 从主机字节序转换为网络字节序。完成 IPP 头的初始部分之后，设置标识值以指示接下来的操作属性。调用 add_option 为报文添加属性。图 21.5 列出了打印作业请求必需的和可选的属性，前三个是必需的。指定字符集为 UTF-8，打印机必须支持该字符集，将语言指定为“en-us”，表示美国英语。另一个必需的属性是打印机通用资源标识符（URI），我们将其设置为 http://printer_name/ipp。

推荐使用请求用户名（requesting-user-name）属性，但它不是必需的。job-name 属性是可选的。回顾一下，print 命令将正在打印的文件的名称作为作业名发送，这可以帮助用户区分多个挂起的作业。

```
699         if (jp->req.flags & PR_TEXT) {
700             p = "text/plain";
701             extra = 1;
702         } else {
703             p = "application/postscript";
704             extra = 0;
705         }
706         icp = add_option(icp, TAG_MIMETYPE, "document-format", p);
707         *icp++ = TAG_END_OF_ATTR;
708         ilen = icp - ibuf;

709         /*
710          * Set up the HTTP header.
711          */
712         hcp = hbuf;
713         sprintf(hcp, "POST /ipp HTTP/1.1\r\n");
714         hcp += strlen(hcp);
715         sprintf(hcp, "Content-Length: %ld\r\n",
716           (long)sbuf.st_size + ilen + extra);
717         hcp += strlen(hcp);
718         strcpy(hcp, "Content-Type: application/ipp\r\n");
719         hcp += strlen(hcp);
720         sprintf(hcp, "Host: %s:%d\r\n", printer_name, IPP_PORT);
721         hcp += strlen(hcp);
722         *hcp++ = '\r';
723         *hcp++ = '\n';
724         hlen = hcp - hbuf;
```

[699~708] 我们提供的最后一个属性是文档格式（document-format）。如果省略它，打印机将使用某个默认格式来解释文件。对于 PostScript 打印机，格式可能是 PostScript，但有些打印机可以自动检测格式，并在 PostScript、纯文本或 PCL（惠普的打印机命令语言）间进行选择。如果设置了 PR_TEXT 标识，则将格式设置为 text/plain；否则，设置为 application/postscript。然后，用 end-of-attributes 标识来表示 IPP 头中属性部分的结束，并计算 IPP 头的大小。

整型数 extra 用于统计可能需要传输到打印机的任何附加字符的数量。你很快就会看到，我们需要发送一个附加字符以便能可靠地打印纯文本。在计算内容的长度时，需要考虑这个附加字符。

[709~724] 既然知道了 IPP 头的大小，我们就可以设置 HTTP 头了。将内容长度（Content-Length）设置为 IPP 头的大小加上要打印文件的大小，再加上可能需要发送的附加字符的大小。将内容类型（Content-Type）设置为 application/ipp。用回车和换行符来标记 HTTP 头的结束。最后，计算 HTTP 头的大小。

```
725         /*
726          * Write the headers first. Then send the file.
727          */
728         iov[0].iov_base = hbuf;
729         iov[0].iov_len = hlen;
730         iov[1].iov_base = ibuf;
731         iov[1].iov_len = ilen;
732         if (writev(sockfd, iov, 2) != hlen + ilen) {
733             log_ret("can't write to printer");
734             goto defer;
735         }

736         if (jp->req.flags & PR_TEXT) {
737             /*
738              * Hack: allow PostScript to be printed as plain text.
739              */
740             if (write(sockfd, "\b", 1) != 1) {
741                 log_ret("can't write to printer");
742                 goto defer;
743             }
744         }
745         while ((nr = read(fd, buf, IOBUFSZ)) > 0) {
746             if ((nw = writen(sockfd, buf, nr)) != nr) {
747                 if (nw < 0)
748                   log_ret("can't write to printer");
749                 else
750                   log_msg("short write (%d/%d) to printer", nw, nr);
751                 goto defer;
752             }
753         }
```

[725~735] 将 `iovec` 数组的第一个元素设置为引用 HTTP 头，将第二个元素设置为引用 IPP 头。然后，使用 `writev` 将两个头部都发送给打印机。如果写入失败或写入的数据量少于请求的数据量，则会记录日志并跳转到 `defer`，在那里进行清理操作并延迟，然后重试。

[736~744] 即使明确指定要以纯文本格式打印文件，Phaser 8560 也会尝试自动检测文件格式。为了防止它将我们要打印的文件开头识别为纯文本，我们将退格符作为发送的第一个字符。此字符不会在打印输出中显示，但它会使自动检测文件格式的功能失效。这样，我们就可以打印 PostScript 文件的源代码，而不是打印 PostScript 文件生成的图像了。

[745~753] 将数据文件以 `IOBUFSZ` 块的形式发送到打印机。当套接字缓冲区已满时，`write` 发送的数据量可能少于我们所请求的数据量，所以我们使用 `writen` 处理这种情况。当写头部时，不必担心这种情况，因为它们很小，但是要打印的文件可能很大。

```
754         if (nr < 0) {
755             log_ret("can't read %s", name);
756             goto defer;
757         }

758         /*
759          * Read the response from the printer.
760          */
761         if (printer_status(sockfd, jp)) {
762             unlink(name);
763             sprintf(name, "%s/%s/%d", SPOOLDIR, REQDIR, jp->jobid);
764             unlink(name);
765             free(jp);
766             jp = NULL;
767         }
768 defer:
769         close(fd);
770         if (sockfd >= 0)
771             close(sockfd);
772         if (jp != NULL) {
773             replace_job(jp);
774             nanosleep(&ts, NULL);
775         }
776     }
777 }

778 /*
779  * Read data from the printer, possibly increasing the buffer.
780  * Returns offset of end of data in buffer or -1 on failure.
781  *
782  * LOCKING: none.
783  */
784 ssize_t
785 readmore(int sockfd, char **bpp, int off, int *bszp)
```

[754~757] 当读到文件末尾时，read 函数返回 0。但是，如果读取失败，就会在日志中记录一条错误信息并跳转到 defer 标签。

[758~767] 将文件发送到打印机后，调用 printer_status 读取打印机对请求的响应。如果成功，printer_status 会返回一个非零值，并删除数据文件和控制文件。然后，释放 job 结构体，将其指针设为 NULL，并且继续执行到 defer 标签处。

[768~777] 在 defer 标签处，关闭打开的数据文件的文件描述符。如果套接字描述符有效，我们也将其关闭。当出现错误时，jp 将指向我们尝试打印的作业的 job 结构体，如此就可以将作业放回挂起作业链表的头部，接着延迟 1 分钟。如果打印机成功地做出响应，则 jp 为 NULL，只需返回循环起始处，即可打印下一个作业。

[778~785] readmore 函数用于读取来自打印机的部分响应消息。

```
786   {
787     ssize_t nr;
788     char     *bp = *bpp;
789     int      bsz = *bszp;

790     if (off >= bsz) {
791         bsz += IOBUFSZ;
792         if ((bp = realloc(*bpp, bsz)) == NULL)
793             log_sys("readmore: can't allocate bigger read buffer");
794         *bszp = bsz;
795         *bpp = bp;
796     }
797     if ((nr = tread(sockfd, &bp[off], bsz-off, 1)) > 0)
798         return(off+nr);
799     else
800         return(-1);
801   }

802   /*
803    * Read and parse the response from the printer. Return 1
804    * if the request was successful, and 0 otherwise.
805    *
806    * LOCKING: none.
807    */
808   int
809   printer_status(int sfd, struct job *jp)
810   {
811     int             i, success, code, len, found, bufsz, datsz;
812     int32_t         jobid;
813     ssize_t         nr;
814     char *bp, *cp,  *statcode, *reason, *contentlen;
815     struct ipp_hdr  *hp;

816     /*
817      * Read the HTTP header followed by the IPP response header.
818      * They can be returned in multiple read attempts. Use the
819      * Content-Length specifier to determine how much to read.
820      */
```

[786~801] 如果到达缓冲区的末尾，程序会重新分配一个更大的缓冲区，并通过 bpp 和 bszp 参数分别返回新的起始地址和大小。从已经在缓冲区中的数据的末尾开始，将尽可能多的数据从数据流读到缓冲区中，直至达到缓冲区所能容纳的上限，并返回缓冲区中新的数据末尾（end-of-data）的偏移量。如果 read 失败或超时，则返回-1。

[802~820] printer_status 函数读取打印机对打印作业请求的响应。我们不知道打印机将如何响应，它可能会在多个报文中发送响应，可能在一个报文中发送完整的响应，或者包含中间确认，比如 HTTP 100 Continue 报文。我们需要处理所有这些可能性。

```
821      success = 0;
822      bufsz = IOBUFSZ;
823      if ((bp = malloc(IOBUFSZ)) == NULL)
824          log_sys("printer_status: can't allocate read buffer");

825      while ((nr = tread(sfd, bp, bufsz, 5)) > 0) {
826          /*
827           * Find the status. Response starts with "HTTP/x.y"
828           * so we can skip the first 8 characters.
829           */
830          cp = bp + 8;
831          datsz = nr;
832          while (isspace((int)*cp))
833              cp++;
834          statcode = cp;
835          while (isdigit((int)*cp))
836              cp++;
837          if (cp == statcode) { /* Bad format; log it and move on */
838              log_msg(bp);
839          } else {
840              *cp++ = '\0';
841              reason = cp;
842              while (*cp != '\r' && *cp != '\n')
843                  cp++;
844              *cp = '\0';
845              code = atoi(statcode);
846              if (HTTP_INFO(code))
847                  continue;
848              if (!HTTP_SUCCESS(code)) { /* probable error: log it */
849                  bp[datsz] = '\0';
850                  log_msg("error: %s", reason);
851                  break;
852              }
```

[821~838] 分配一个缓冲区并读取来自打印机的数据，预计在大约 5 秒内会有响应。跳过以 HTTP/1.1 开头的字符串和报文开头的所有空格，接下来应该是数字状态码。如果不是，就在日志中记录报文内容。

[839~844] 如果在响应中找到一个数字状态码，就将状态码后面的第一个非数字字符转换为空字节（它应该是某种形式的空白字符）。紧跟其后的应该是一条表明原因的字符串（一条文本消息）。搜索表示终止的回车符或换行符，并使用空字节终止文本字符串。

[845~852] 调用 atoi 函数将状态码字符串转换为一个整型数。如果这只是一条信息性报文，我们将忽略它并继续循环来读取更多内容。我们希望看到的是成功消息或者错误消息。如果收到错误消息，会记录错误日志并跳出循环。

```
853             /*
854              * HTTP request was okay, but still need to check
855              * IPP status. Search for the Content-Length.
856              */
857             i = cp - bp;
858             for (;;) {
859                 while (*cp != 'C' && *cp != 'c' && i < datsz) {
860                     cp++;
861                     i++;
862                 }
863                 if (i >= datsz) {   /* get more header */
864                     if ((nr = readmore(sfd, &bp, i, &bufsz)) < 0) {
865                         goto out;
866                     } else {
867                         cp = &bp[i];
868                         datsz += nr;
869                     }
870                 }

871                 if (strncasecmp(cp, "Content-Length:", 15) == 0) {
872                     cp += 15;
873                     while (isspace((int)*cp))
874                         cp++;
875                     contentlen = cp;
876                     while (isdigit((int)*cp))
877                         cp++;
878                     *cp++ = '\0';
879                     i = cp - bp;
880                     len = atoi(contentlen);
881                     break;
882                 } else {
883                     cp++;
884                     i++;
885                 }
886             }
```

[853~870] 如果 HTTP 请求成功，需要检查 IPP 状态。搜索整个报文，直到找到 Content-Length 属性。HTTP 头的关键字是非大小写敏感的，因此小写和大写字符都需要检查。如果缓冲区空间耗尽，我们会调用 readmore，它使用 realloc 来增加缓冲区大小。因为缓冲区地址可能会改变，所以需要调整 cp，使其指向缓冲区的正确位置。

[871~886] 使用 strncasecmp 函数进行不区分大小写的比较。如果找到 Content-Length 属性字符串，则搜索其值。将这个数字字符串转换为整型数，并跳出 for 循环。如果没有找到这个属性字符串，则将继续逐字节搜索缓冲区。如果已经到达缓冲区末尾仍未找到 Content-Length 属性，就从打印机中读取更多数据并继续搜索。

```
887             if (i >= datsz) { /* get more header */
888                 if ((nr = readmore(sfd, &bp, i, &bufsz)) < 0) {
889                     goto out;
890                 } else {
891                     cp = &bp[i];
892                     datsz += nr;
893                 }
894             }
895             found = 0;
896             while (!found) { /* look for end of HTTP header */
897                 while (i < datsz - 2) {
898                     if (*cp == '\n' && *(cp + 1) == '\r' &&
899                       *(cp + 2) == '\n') {
900                         found = 1;
901                         cp += 3;
902                         i += 3;
903                         break;
904                     }
905                     cp++;
906                     i++;
907                 }
908                 if (i >= datsz) {   /* get more header */
909                     if ((nr = readmore(sfd, &bp, i, &bufsz)) < 0) {
910                         goto out;
911                     } else {
912                         cp = &bp[i];
913                         datsz += nr;
914                     }
915                 }
916             }
917             if (datsz - i < len) {  /* get more header */
918                 if ((nr = readmore(sfd, &bp, i, &bufsz)) < 0) {
919                     goto out;
920                 } else {
921                     cp = &bp[i];
922                     datsz += nr;
```

[887~916] 我们现在知道了报文的长度（由 Content-Length 属性指定）。如果缓冲区的内容已用尽，就从打印机读取更多内容。接下来，搜索 HTTP 头的末尾（一个空行）。如果找到了它，就设置 found 标识并跳过空行。每当调用 readmore 时，都会将 cp 设置为指向缓冲区中与之前相同的偏移量，以防缓冲区地址在重分配时改变。

[917~922] 当找到 HTTP 头的末尾时，计算 HTTP 头消耗的字节数。如果已读取的数据量减去 HTTP 头的大小后不等于 IPP 报文的数据量（根据内容长度 Content-Length 计算的值），那么将读取更多数据。

```
923                 }
924             }

925             hp = (struct ipp_hdr *)cp;
926             i = ntohs(hp->status);
927             jobid = ntohl(hp->request_id);

928             if (jobid != jp->jobid) {
929                 /*
930                  * Different jobs. Ignore it.
931                  */
932                 log_msg("jobid %d status code %d", jobid, i);
933                 break;
934             }

935             if (STATCLASS_OK(i))
936                 success = 1;
937             break;
938         }
939     }

940 out:
941     free(bp);
942     if (nr < 0) {
943         log_msg("jobid %d: error reading printer response: %s",
944           jobid, strerror(errno));
945     }
946     return(success);
947 }
```

[923~927] 从报文的 IPP 头中获取状态和作业 ID。两者都按网络字节序被存储为整型数，因此需要通过分别调用 ntohs 和 ntohl 将它们转换为主机字节序。

[928~939] 如果作业 ID 不匹配，说明这不是对我们请求的响应，所以记录日志并跳出外层 while 循环。如果 IPP 状态指示成功，那么保存返回值并跳出循环。

[940~947] 在返回之前，要释放用于保存响应报文的缓冲区。如果打印请求成功，则返回 1；如果失败，则返回 0。

到此，我们对本章中扩展示例的研究就结束了。本章中的程序使用 Xerox Phaser 8560 网络连接 PostScript 打印机进行了测试。遗憾的是，当我们将文档格式设置为 text/plain 时，这台打印机并没有禁用其自动识别格式的功能。因此，我们不得不使用一个技巧来欺骗打印机，以便在我们希望将文档视为纯文本格式时，打印机不会自动识别文档格式。另一种方法是使用诸如 a2ps(1)之类的实用工具将源代码打印为 PostScript 程序。a2ps(1)在打印前会将源代码封装为 PostScript 程序。

21.6 小结

本章详细介绍了两个完整的程序：一个是向网络打印机发送打印作业的打印机后台守护进程，另一个是可用于向打印机后台守护进程提交打印作业的命令。这让我们有机会看到我们在前几章中讲述的许多特性——线程、I/O 多路复用、文件 I/O、套接字 I/O 和信号等，在实际程序中是如何被使用的。

习题

21.1 将 `ipp.h` 中列出的 IPP 错误码数值转换为错误消息。然后修改打印机后台守护进程，以便在 IPP 头指示有打印机错误时，在 `printer_status` 函数末尾记录一条日志消息。

21.2 添加对 `print` 命令和 `printd` 守护进程的支持，使得用户可以请求双面打印。同样，也为横向和纵向打印添加支持。

21.3 修改打印机后台守护进程，使其启动时能够联系打印机，以了解打印机所支持的特性，避免守护进程请求打印机不支持的选项。

21.4 编写一个命令行程序来报告挂起的打印作业的状态。

21.5 编写一个命令行程序来取消一个挂起的打印作业。使用作业 ID 作为命令参数来指定要取消的作业。如何防止一个用户取消另一个用户的打印作业？

21.6 向打印机后台守护进程添加对多台打印机的支持，包括将打印作业从一台打印机移动到另一台打印机的方法。

21.7 解释为什么在打印机后台守护进程中当信号处理线程捕获 `SIGHUP` 并将 `reread` 设置为 1 时，不需要唤醒打印机线程。

21.8 在 `printer_status` 函数中，通过查找 HTTP 的 `Content-Length` 属性来搜索 IPP 报文的长度。这种技术不适用于使用分块传输编码来响应的打印机。查看 RFC 2616，以了解分块消息的格式，然后修改 `printer_status` 以支持这种格式的响应。

21.9 在 `update_jobno` 函数中，当下一个作业编号从最大正值回绕到 1 时（请参阅 `get_newjobno`，以了解为何发生这种情况），我们可以将一个较大的编号覆写为一个较小的编号。这可能导致守护进程重启时读到一个错误的编号。这个问题的简单解决方案是什么？

附录A 函数原型

本附录包含了正文中讲过的标准 ISO C、POSIX 和 UNIX 系统函数的函数原型。通常，我们只想查看函数的参数（“哪个参数是函数 `fgets` 的文件指针？”）或者只想查看返回值（“`sprintf` 函数返回的是一个指针还是一个计数值？”）。这些函数原型还说明了需要包含哪些头文件才能获取特定常量的定义和 ISO C 函数原型来帮助检查编译时错误。

每个函数原型的引用页码显示在为该函数列出的第一个头文件的右侧。引用页码标明了包含该函数原型的页。有关该函数的更多信息，请参阅该页内容。

本书所描述的几个计算机平台或操作系统，某些函数可能只在其中的少数平台上得到支持。此外，某些平台支持的函数标识在其他平台上不被支持。在这些情况下，我们通常会列出提供支持的平台。不过在少数情况下，我们列出的是不提供支持的平台。

```
void        abort(void);
                        <stdlib.h>
                        此函数无返回值
int         accept(int sockfd, struct sockaddr *restrict addr,
                   socklen_t *restrict len);
                        <sys/socket.h>
                        返回值：若成功，则返回文件（套接字）描述符；若出错，则返回-1
int         access(const char *path, int mode);
                        <unistd.h>
                        mode: R_OK, W_OK, X_OK, F_OK
                        返回值：若成功，则返回 0；若出错，则返回-1
int         aio_cancel(int fd, struct aiocb *aiocb);
                        <aio.h>
                        返回值：AIO_ALLDONE、AIO_CANCELED、AIO_NOTCANCELED；
                               若发生错误，则返回-1
```

int **aio_error**(const struct aiocb **aiocb*);
<aio.h>
返回值：若操作成功，则返回 0；若操作仍在进行，则返回 EINPROGRESS；若操作失败，则返回错误码；若发生错误，则返回-1

int **aio_fsync**(int *op*, struct aiocb **aiocb*);
<aio.h>
返回值：若成功，则返回 0；若出错，则返回-1

int **aio_read**(struct aiocb **aiocb*);
<aio.h>
返回值：若成功，则返回 0；若出错，则返回-1

ssize_t **aio_return**(const struct aiocb **aiocb*);
<aio.h>
返回值：异步操作的结果。若出错，则返回-1

int **aio_suspend**(const struct aiocb *const *list*[], int *nent*, const struct timespec **timeout*);
<aio.h>
返回值：若成功，则返回 0；若出错，则返回-1

int **aio_write**(struct aiocb **aiocb*);
<aio.h>
返回值：若成功，则返回 0；若出错，则返回-1

unsigned int **alarm**(unsigned int *seconds*);
<unistd.h>
返回值：0 或之前所设置的闹钟残留的秒数

int **atexit**(void (**func*)(void));
<stdlib.h>
返回值：若成功，则返回 0；若出错，则返回非零值

int **bind**(int *sockfd*, const struct sockaddr **addr*, socklen_t *len*);
<sys/socket.h>
返回值：若成功，则返回 0；若出错，则返回-1

void ***calloc**(size_t *nobj*, size_t *size*);
<stdlib.h>
返回值：若成功，则返回非空指针；若出错，则返回 NULL

speed_t **cfgetispeed**(const struct termios **termptr*);
<termios.h>
返回值：波特率值

speed_t **cfgetospeed**(const struct termios **termptr*);
<termios.h>
返回值：波特率值

int **cfsetispeed**(struct termios **termptr*, speed_t *speed*);
<termios.h>
返回值：若成功，则返回 0；若出错，则返回-1

int **cfsetospeed**(struct termios **termptr*, speed_t *speed*);
<termios.h>
返回值：若成功，则返回 0；若出错，则返回-1

int **chdir**(const char **path*);
<unistd.h>
返回值：若成功，则返回 0；若出错，则返回-1

```
int           chmod(const char *path, mode_t mode);
                        <sys/stat.h>
                        mode: S_IS[UG]ID, S_ISVTX, S_I[RWX](USR|GRP|OTH)
                        返回值：若成功，则返回 0；若出错，则返回-1
int           chown(const char *path, uid_t owner, gid_t group);
                        <unistd.h>
                        返回值：若成功，则返回 0；若出错，则返回-1
void          clearerr(FILE *fp);
                        <stdio.h>
int           clock_getres(clockid_t clock_id, struct timespec *tsp);
                        <sys/time.h>
                        clock_id: CLOCK_REALTIME, CLOCK_MONOTONIC,
                        CLOCK_PROCESS_CPUTIME_ID, CLOCK_THREAD_CPUTIME_ID
                        返回值：若成功，则返回 0；若出错，则返回-1
int           clock_gettime(clockid_t clock_id, struct timespec *tsp);
                        <sys/time.h>
                        clock_id: CLOCK_REALTIME, CLOCK_MONOTONIC,
                                  CLOCK_PROCESS_CPUTIME_ID, CLOCK_THREAD_CPUTIME_ID
                        返回值：若成功，则返回 0；若出错，则返回-1
int           clock_nanosleep(clockid_t clock_id, int flags,
                            const struct timespec *reqtp,
                            struct timespec *remtp);
                        <time.h>
                        clock_id: CLOCK_REALTIME, CLOCK_MONOTONIC,
                                  CLOCK_PROCESS_CPUTIME_ID,
                                  CLOCK_THREAD_CPUTIME_ID
                        flags: TIMER_ABSTIME
                        返回值：若睡眠到要求的时间，则返回 0；若失败，则返回错误码
int           clock_settime(clockid_t clock_id, const struct timespec *tsp);
                        <sys/time.h>
                        clock_id: CLOCK_REALTIME, CLOCK_MONOTONIC,
                                  CLOCK_PROCESS_CPUTIME_ID, CLOCK_THREAD_CPUTIME_ID
                        返回值：若成功，则返回 0；若出错，则返回-1
int           close(int fd);
                        <unistd.h>
                        返回值：若成功，则返回 0；若出错，则返回-1
int           closedir(DIR *dp);
                        <dirent.h>
                        返回值：若成功，则返回 0；若出错，则返回-1
void          closelog(void);
                        <syslog.h>
unsigned      *CMSG_DATA(struct cmsghdr *cp);
char                    <sys/socket.h>
                        返回值：指向与 cmsghdr 结构体关联的数据的指针
struct        *CMSG_FIRSTHDR(struct msghdr *mp);
cmsghdr                 <sys/socket.h>
                        返回值：指向与的 msghdr 结构体关联的第一个 cmsghdr 结构体的指针。如
                              果不存在，则返回 NULL
```

unsigned int **CMSG_LEN**(unsigned int *nbytes*);
<sys/socket.h>
返回值：为长度为 *nbytes* 的数据对象分配的内存的大小

struct cmsghdr ***CMSG_NXTHDR**(struct msghdr **mp*, struct cmsghdr **cp*);
<sys/socket.h>
返回值：给定当前 cmsghdr 结构体，返回指向与 msghdr 结构体关联的下一个 cmsghdr 结构体的指针；如果为最后一个 cmsghdr 结构体，则返回 NULL

int **connect**(int *sockfd*, const struct sockaddr **addr*, socklen_t *len*);
<sys/socket.h>
返回值：若成功，则返回 0；若出错，则返回-1

int **creat**(const char **path*, mode_t *mode*);
<fcntl.h>
mode: S_IS[UG]ID, S_ISVTX, S_I[RWX](USR|GRP|OTH)
返回值：若成功，则返回只写打开的文件描述符；若出错，则返回-1

char ***ctermid**(char **ptr*);
<stdio.h>
返回值：若成功，则返回指向控制终端名的指针；若出错，则返回指向空字符串的指针

int **dprintf**(int *fd*, const char *restrict *format*, ...);
<stdio.h>
返回值：若成功，则返回输出字符数；若出错，则返回负值

int **dup**(int *fd*);
<unistd.h>
返回值：若成功，则返回新的文件描述符；若出错，则返回-1

int **dup2**(int *fd*, int *fd2*);
<unistd.h>
返回值：若成功，则返回新的文件描述符；若出错，则返回-1

void **endgrent**(void);
<grp.h>

void **endhostent**(void);
<netdb.h>

void **endnetent**(void);
<netdb.h>

void **endprotoent**(void);
<netdb.h>

void **endpwent**(void);
<pwd.h>

void **endservent**(void);
<netdb.h>

void **endspent**(void);
<shadow.h>
平台：Linux 3.2.0、Solaris 10

int **execl**(const char **path*, const char **arg0*, ... /* (char *) 0 */);
<unistd.h>
返回值：若出错，则返回-1；若成功，则不返回

```
int        execle(const char *path, const char *arg0, ... /* (char *) 0,
                  char *const envp[] */ );
                      <unistd.h>
                      返回值：若出错，则返回-1；若成功，则不返回
int        execlp(const char *filename, const char *arg0, ...
                  /* (char *) 0 */ );
                      <unistd.h>
                      返回值：若出错，则返回-1；若成功，则不返回
int        execv(const char *path, char *const argv[]);
                      <unistd.h>
                      返回值：若出错，则返回-1；若成功，则不返回
int        execve(const char *path, char *const argv[],
                  char *const envp[]);
                      <unistd.h>
                      返回值：若出错，则返回-1；若成功，则不返回
int        execvp(const char *filename, char *const argv[]);
                      <unistd.h>
                      返回值：若出错，则返回-1；若成功，则不返回
void       _Exit(int status);
                      <stdlib.h>
                      此函数从不返回
void       _exit(int status);
                      <unistd.h>
                      此函数从不返回
void       exit(int status);
                      <stdlib.h>
                      此函数从不返回
int        faccessat(int fd, const char *path, int mode, int flag);
                      <unistd.h>
                      mode: R_OK, W_OK, X_OK, F_OK
                      flag: AT_EACCESS
                      返回值：若成功，则返回 0；若出错，则返回-1
int        fchdir(int fd);
                      <unistd.h>
                      返回值：若成功，则返回 0；若出错，则返回-1
int        fchmod(int fd, mode_t mode);
                      <sys/stat.h>
                      mode: S_IS[UG]ID, S_ISVTX, S_I[RWX](USR|GRP|OTH)
                      返回值：若成功，则返回 0；若出错，则返回-1
int        fchmodat(int fd, const char *path, mode_t mode, int flag);
                      <sys/stat.h>
                      mode: S_IS[UG]ID, S_ISVTX, S_I[RWX](USR|GRP|OTH)
                      flag: AT_SYMLINK_NOFOLLOW
                      返回值：若成功，则返回 0；若出错，则返回-1
int        fchown(int fd, uid_t owner, gid_t group);
                      <unistd.h>
                      返回值：若成功，则返回 0；若出错，则返回-1
```

int **fchownat**(int *fd*, const char **path*, uid_t *owner*, gid_t *group*, int *flag*);
<unistd.h>
flag: AT_SYMLINK_NOFOLLOW
返回值：若成功，则返回 0；若出错，则返回-1

int **fclose**(FILE **fp*);
<stdio.h>
返回值：若成功，则返回 0；若出错，则返回 EOF

int **fcntl**(int *fd*, int *cmd*, ... /* int *arg* */);
<fcntl.h>
cmd: F_DUPFD, F_DUPFD_CLOEXEC, F_GETFD, F_SETFD, F_GETFL, F_SETFL, F_GETOWN, F_SETOWN, F_GETLK, F_SETLK, F_SETLKW
返回值：若成功，则返回值取决于 *cmd*；若出错，则返回-1

int **fdatasync**(int *fd*);
<unistd.h>
返回值：若成功，则返回 0；若出错，则返回-1
平台：Linux 3.2.0、Solaris 10

void **FD_CLR**(int *fd*, fd_set **fdset*);
<sys/select.h>

int **FD_ISSET**(int *fd*, fd_set **fdset*);
<sys/select.h>
返回值：若 *fd* 在文件描述符中，则返回非零值；否则，返回 0

FILE ***fdopen**(int *fd*, const char **type*);
<stdio.h>
type: "r", "w", "a", "r+", "w+", "a+"
返回值：若成功，则返回文件指针；若出错，则返回 NULL

DIR ***fdopendir**(int *fd*);
<dirent.h>
返回值：若成功，则返回指针；若出错，则返回-1

void **FD_SET**(int *fd*, fd_set **fdset*);
<sys/select.h>

void **FD_ZERO**(fd_set **fdset*);
<sys/select.h>

int **feof**(FILE **fp*);
<stdio.h>
返回值：若到达流的文件末尾，则返回非零值（真）；否则，返回 0（假）

int **ferror**(FILE **fp*);
<stdio.h>
返回值：若流出错，则返回非零值（真）；否则，返回 0（假）

int **fexecve**(int *fd*, char *const *argv*[], char *const *envp*[]);
<unistd.h>
返回值：若出错，则返回-1；若成功，则不返回

int **fflush**(FILE **fp*);
<stdio.h>
返回值：若成功，则返回0；若出错，则返回 EOF

int **fgetc**(FILE **fp*);
<stdio.h>
返回值：若成功，则返回下一个字符；若到达文件末尾或出错，则返回 EOF

```
int         fgetpos(FILE *restrict fp, fpos_t *restrict pos);
                        <stdio.h>
                        返回值：若成功，则返回 0；若出错，则返回非零值
char        *fgets(char *restrict buf, int n, FILE *restrict fp);
                        <stdio.h>
                        返回值：若成功，则返回 buf；若到达文件末尾或出错，则返回 NULL
int         fileno(FILE *fp);
                        <stdio.h>
                        返回值：若成功，则返回与流关联的文件描述符；若出错，则返回-1
void        flockfile(FILE *fp);
                        <stdio.h>
FILE        *fmemopen(void *restrict buf, size_t size,
                   const char *restrict type);
                        <stdio.h>
                        type: "r", "w", "a", "r+", "w+", "a+"
                        返回值：若成功，则返回流指针；若出错，则返回 NULL
FILE        *fopen(const char *restrict path, const char *restrict type);
                        <stdio.h>
                        type: "r", "w", "a", "r+", "w+", "a+"
                        返回值：若成功，则返回文件指针；若出错，则返回 NULL
pid_t       fork(void);
                        <unistd.h>
                        返回值：若在子进程中，则返回 0；若在父进程中，则返回子进程 ID；若出
                        错，则返回-1
long        fpathconf(int fd, int name);
                        <unistd.h>
                        name: _PC_ASYNC_IO, _PC_CHOWN_RESTRICTED,
                              _PC_FILESIZEBITS, _PC_LINK_MAX,
                              _PC_MAX_CANON, _PC_MAX_INPUT,
                              _PC_NAME_MAX, _PC_NO_TRUNC, _PC_PATH_MAX,
                              _PC_PIPE_BUF, _PC_PRIO_IO, _PC_SYMLINK_MAX,
                              _PC_SYNC_IO, _PC_TIMESTAMP_RESOLUTION,
                              _PC_2_SYMLINKS, _PC_VDISABLE
                        返回值：若成功，则返回相应值；若出错，则返回-1
int         fprintf(FILE *restrict fp, const char *restrict format, ...);
                        <stdio.h>
                        返回值：若成功，则返回输出字符数；若输出出错，则返回负值
int         fputc(int c, FILE *fp);
                        <stdio.h>
                        返回值：若成功，则返回 c，若出错，则返回 EOF
int         fputs(const char *restrict str, FILE *restrict fp);
                        <stdio.h>
                        返回值：若成功，则返回非负值；若出错，则返回 EOF
size_t      fread(void *restrict ptr, size_t size, size_t nobj,
              FILE *restrict fp);
                        <stdio.h>
                        返回值：读取的对象数
void        free(void *ptr);
                        <stdlib.h>
```

```
void      freeaddrinfo(struct addrinfo *ai);
                    <sys/socket.h>
                    <netdb.h>
FILE      *freopen(const char *restrict path, const char *restrict type, FILE
                 *restrict fp);
                    <stdio.h>
                    type: "r", "w", "a", "r+", "w+", "a+"
                    返回值：若成功，则返回文件指针；若出错，则返回 NULL
int       fscanf(FILE *restrict fp, const char *restrict format, ...);
                    <stdio.h>
                    返回值：指定的输入项数。若输入错误或在进行任何转换前已到达文件末尾，
                          则返回 EOF
int       fseek(FILE *fp, long offset, int whence);
                    <stdio.h>
                    whence: SEEK_SET, SEEK_CUR, SEEK_END
                    返回值：若成功，则返回 0；若出错，则返回-1
int       fseeko(FILE *fp, off_t offset, int whence);
                    <stdio.h>
                    whence: SEEK_SET, SEEK_CUR, SEEK_END
                    返回值：若成功，则返回 0；若出错，则返回-1
int       fsetpos(FILE *fp, const fpos_t *pos);
                    <stdio.h>
                    返回值：若成功，则返回 0；若出错，则返回非零值
int       fstat(int fd, struct stat *buf);
                    <sys/stat.h>
                    返回值：若成功，则返回 0；若出错，则返回-1
int       fstatat(int fd, const char *restrict path,
                struct stat *restrict buf, int flag);
                    <sys/stat.h>
                    flag: AT_SYMLINK_NOFOLLOW
                    返回值：若成功，则返回 0；若出错，则返回-1
int       fsync(int fd);
                    <unistd.h>
                    返回值：若成功，则返回 0；若出错，则返回-1
long      ftell(FILE *fp);
                    <stdio.h>
                    返回值：若成功，则返回当前文件位置指示器；若出错，则返回-1L
off_t     ftello(FILE *fp);
                    <stdio.h>
                    返回值：若成功，则返回当前文件位置指示器；若出错，则返回(off_t)-1
key_t     ftok(const char *path, int id);
                    <sys/ipc.h>
                    返回值：若成功，则返回键；若出错，则返回(key_t)-1
int       ftruncate(int fd, off_t length);
                    <unistd.h>
                    返回值：若成功，则返回 0；若出错，则返回-1
int       ftrylockfile(FILE *fp);
                    <stdio.h>
                    返回值：若成功，则返回 0；若无法获取锁，则返回非零值
```

```
void        funlockfile(FILE *fp);
                        <stdio.h>
int         futimens(int fd, const struct timespec times[2]);
                        <sys/stat.h>
                        返回值：若成功，则返回 0；若出错，则返回-1
int         fwide(FILE *fp, int mode);
                        <stdio.h>
                        <wchar.h>
                        返回值：若流是面向宽度的，则返回正值；若流是面向字节的，则返回负值；
                               若流未定向，则返回 0
size_t      fwrite(const void *restrict ptr, size_t size, size_t nobj,
                  FILE *restrict fp);
                        <stdio.h>
                        返回值：写入的对象数
const       *gai_strerror(int error);
char                    <netdb.h>
                        返回值：指向描述错误的字符串的指针
int         getaddrinfo(const char *restrict host,
                        const char *restrict service,
                        const struct addrinfo *restrict hint,
                        struct addrinfo **restrict res);
                        <sys/socket.h>
                        <netdb.h>
                        返回值：若成功，则返回 0；若出错，则返回非零错误码
int         getc(FILE *fp);
                        <stdio.h>
                        返回值：若成功，则返回下一个字符；若到达文件末尾或出错，则返回 EOF
int         getchar(void);
                        <stdio.h>
                        返回值：若成功，则返回下一个字符；若到达文件末尾或出错，则返回 EOF
int         getchar_unlocked(void);
                        <stdio.h>
                        返回值：若成功，则返回下一个字符；若到达文件末尾或出错，则返回 EOF
int         getc_unlocked(FILE *fp);
                        <stdio.h>
                        返回值：若成功，则返回下一个字符；若到达文件末尾或出错，则返回 EOF
char        *getcwd(char *buf, size_t size);
                        <unistd.h>
                        返回值：若成功，则返回 buf；若出错，则返回 NULL
gid_t       getegid(void);
                        <unistd.h>
                        返回值：调用进程的有效组 ID
char        *getenv(const char *name);
                        <stdlib.h>
                        返回值：指向与 name 关联的值的指针。若未找到，则返回 NULL
uid_t       geteuid(void);
                        <unistd.h>
                        返回值：调用进程的有效用户 ID
gid_t       getgid(void);
                        <unistd.h>
                        返回值：调用进程的实际组 ID
```

```
struct       *getgrent(void);
group                  <grp.h>
                       返回值：若成功，则返回指针；若出错或到达文件末尾，则返回 NULL
struct       *getgrgid(gid_t gid);
group                  <grp.h>
                       返回值：若成功，则返回指针；若出错，则返回 NULL
struct       *getgrnam(const char *name);
group                  <grp.h>
                       返回值：若成功，则返回指针；若出错，则返回 NULL
int          getgroups(int gidsetsize, gid_t grouplist[]);
                       <unistd.h>
                       返回值：若成功，则返回附加组 ID 的数量；若出错，则返回-1
struct       *gethostent(void);
hostent                <netdb.h>
                       返回值：若成功，则返回指针；若出错，则返回 NULL
int          gethostname(char *name, int namelen);
                       <unistd.h>
                       返回值：若成功，则返回 0；若出错，则返回-1
char         *getlogin(void);
                       <unistd.h>
                       返回值：若成功，则返回指向给定登录名字符串的指针；若出错，则返回
                           NULL
int          getnameinfo(const struct sockaddr *restrict addr,
                       socklen_t alen, char *restrict host, socklen_t hostlen, char
                       *restrict service, socklen_t servlen, unsigned int flags);
                       <sys/socket.h>
                       <netdb.h>
                       flags: NI_DGRAM, NI_NAMEREQD, NI_NOFQDN,
                           NI_NUMERICHOST, NI_NUMERICSCOPE, NI_NUMERICSERV
                       返回值：若成功，则返回 0；若出错，则返回非零值
struct       *getnetbyaddr(uint32_t net, int type);
netent                 <netdb.h>
                       返回值：若成功，则返回指针；若出错，则返回 NULL
struct       *getnetbyname(const char *name);
netent                 <netdb.h>
                       返回值：若成功，则返回指针；若出错，则返回 NULL
struct       *getnetent(void);
netent                 <netdb.h>
                       返回值：若成功，则返回指针；若出错，则返回 NULL
int          getopt(int argc, char * const argv[], const char *options);
                       <fcntl.h>
                       extern int opterr, optind, optopt;
                       extern char *optarg;
                       返回值：下一个选项字符。当处理完所有选项时，返回-1
int          getpeername(int sockfd, struct sockaddr *restrict addr,
                       socklen_t *restrict alenp);
                       <sys/socket.h>
                       返回值：若成功，则返回 0；若出错，则返回-1
pid_t        getpgid(pid_t pid);
                       <unistd.h>
                       返回值：若成功，则返回进程组 ID；若出错，则返回-1
```

```
pid_t       getpgrp(void);
                        <unistd.h>
                        返回值：调用进程的进程组 ID
pid_t       getpid(void);
                        <unistd.h>
                        返回值：调用进程的进程 ID
pid_t       getppid(void);
                        <unistd.h>
                        返回值：调用进程的父进程 ID
int         getpriority(int which, id_t who);
                        <sys/resource.h>
                        which: PRIO_PROCESS, PRIO_PGRP, PRIO_USER
                        返回值：若成功，则返回-NZERO 与NZERO-1 之间的 nice 值；
                               若出错，则返回-1
struct      *getprotobyname(const char *name);
protoent                <netdb.h>
                        返回值：若成功，则返回指针；若出错，则返回 NULL
struct      *getprotobynumber(int proto);
protoent                <netdb.h>
                        返回值：若成功，则返回指针；若出错，则返回 NULL
struct      *getprotoent(void);
protoent                <netdb.h>
                        返回值：若成功，则返回指针；若出错，则返回 NULL
struct      *getpwent(void);
passwd                  <pwd.h>
                        返回值：若成功，则返回指针，出错或到达文件末尾则返回 NULL
struct      *getpwnam(const char *name);
passwd                  <pwd.h>
                        返回值：若成功，则返回指针；若出错，则返回 NULL
struct      *getpwuid(uid_t uid);
passwd                  <pwd.h>
                        返回值：若成功，则返回指针；若出错，则返回 NULL
int         getrlimit(int resource, struct rlimit *rlptr);
                        <sys/resource.h>
                        resource: RLIMIT_CORE, RLIMIT_CPU, RLIMIT_DATA,
                                  RLIMIT_FSIZE, RLIMIT_NOFILE, RLIMIT_STACK,
                                  RLIMIT_AS (FreeBSD 8.0, Linux 3.2.0, Solaris 10),
                                  RLIMIT_MEMLOCK (FreeBSD 8.0, Linux 3.2.0,
                                            Mac OS X 10.6.8),
                                 RLIMIT_MSGQUEUE (Linux 3.2.0),
                                 RLIMIT_NICE (Linux 3.2.0),
                                 RLIMIT_NPROC (FreeBSD 8.0, Linux 3.2.0,
                                          Mac OS X 10.6.8),
                                 RLIMIT_NPTS (FreeBSD 8.0),
                                 RLIMIT_RSS (FreeBSD 8.0, Linux 3.2.0,
                                         Mac OS X 10.6.8),
                                 RLIMIT_SBSIZE (FreeBSD 8.0),
                                 RLIMIT_SIGPENDING (Linux 3.2.0),
                                 RLIMIT_SWAP (FreeBSD 8.0),
                                 RLIMIT_VMEM (Solaris 10)
                         返回值：若成功，则返回 0；若出错，则返回-1
```

char *gets(char *buf);
<stdio.h>
返回值：若成功，则返回 buf；若到达文件末尾或出错，则返回 NULL

struct servent *getservbyname(const char *name, const char *proto);
<netdb.h>
返回值：若成功，则返回指针；若出错，则返回 NULL

struct servent *getservbyport(int port, const char *proto);
<netdb.h>
返回值：若成功，则返回指针；若出错，则返回 NULL

struct servent *getservent(void);
<netdb.h>
返回值：若成功，则返回指针；若出错，则返回 NULL

pid_t getsid(pid_t pid);
<unistd.h>
返回值：若成功，则返回会话首进程的进程组 ID；若出错，则返回-1

int getsockname(int sockfd, struct sockaddr *restrict addr, socklen_t *restrict alenp);
<sys/socket.h>
返回值：若成功，则返回 0；若出错，则返回-1

int getsockopt(int sockfd, int level, int option, void *restrict val, socklen_t *restrict lenp);
<sys/socket.h>
返回值：若成功，则返回 0；若出错，则返回-1

struct spwd *getspent(void);
<shadow.h>
返回值：若成功，则返回指针；若出错，则返回 NULL
平台：Linux 3.2.0、Solaris 10

struct spwd *getspnam(const char *name);
<shadow.h>
返回值：若成功，则返回指针；若出错，则返回 NULL
平台：Linux 3.2.0、Solaris 10

int gettimeofday(struct timeval *restrict tp, void *restrict tzp);
<sys/time.h>
返回值：总是 0

uid_t getuid(void);
<unistd.h>
返回值：调用进程的实际用户 ID

struct tm *gmtime(const time_t *calptr);
<time.h>
返回值：指向分解的 time 结构体的指针。若出错，则返回 NULL

int grantpt(int fd);
<stdlib.h>
返回值：若成功，则返回 0；若出错，则返回-1

uint32_t htonl(uint32_t hostint32);
<arpa/inet.h>
返回值：以网络字节序表示的 32 位整型数

uint16_t htons(uint16_t hostint16);
<arpa/inet.h>
返回值：以网络字节序表示的 16 位整型数。

```
const        *inet_ntop(int domain, const void *restrict addr,
char                   char *restrict str, socklen_t size);
                        <arpa/inet.h>
                        返回值：若成功，则返回指向地址字符串的指针；若出错，则返回 NULL
int          inet_pton(int domain, const char *restrict str,
                     void *restrict addr);
                        <arpa/inet.h>
                        返回值：若成功，则返回 1；若格式无效，则返回 0；若出错，则返回-1
int          initgroups(const char *username, gid_t basegid);
                        <grp.h>     /* Linux & Solaris */
                        <unistd.h>  /* FreeBSD & Mac OS X */
                        返回值：若成功，则返回 0；若出错，则返回-1
int          ioctl(int fd, int request, ...);
                        <unistd.h>     /* System V */
                        <sys/ioctl.h>  /* BSD and Linux */
                        返回值：若出错，则返回-1；若成功，则返回其他值
int          isatty(int fd);
                        <unistd.h>
                        返回值：若为终端设备，则返回 1（真）；否则，返回 0（假）
int          kill(pid_t pid, int signo);
                        <signal.h>
                        返回值：若成功，则返回 0；若出错，则返回-1
int          lchown(const char *path, uid_t owner, gid_t group);
                        <unistd.h>
                        返回值：若成功，则返回 0；若出错，则返回-1
int          link(const char *existingpath, const char *newpath);
                        <unistd.h>
                        返回值：若成功，则返回 0；若出错，则返回-1
int          linkat(int efd, const char *existingpath,
                 const char *newpath, int flag); int nfd,
                        <unistd.h>
                        flag: AT_SYMLINK_NOFOLLOW
                        返回值：若成功，则返回 0；若出错，则返回-1
int          lio_listio(int mode,
                       struct aiocb *restrict const list[restrict], int nent, struct
                       sigevent *restrict sigev);
                        <aio.h>
                        mode: LIO_NOWAIT, LIO_WAIT
                        返回值：若成功，则返回 0；若出错，则返回-1
int          listen(int sockfd, int backlog);
                        <sys/socket.h>
                        返回值：若成功，则返回 0；若出错，则返回-1
struct tm    *localtime(const time_t *calptr);
                        <time.h>
                        返回值：指向分解的 time 结构体的指针。若出错，则返回 NULL
void         longjmp(jmp_buf env, int val);
                        <setjmp.h>
                        此函数从不返回
```

```
off_t       lseek(int fd, off_t offset, int whence);
                        <unistd.h>
                        whence: SEEK_SET, SEEK_CUR, SEEK_END
                        返回值：若成功，则返回新的文件偏移量；若出错，则返回-1
int         lstat(const char *restrict path, struct stat *restrict buf);
                        <sys/stat.h>
                        返回值：若成功，则返回 0；若出错，则返回-1
void        *malloc(size_t size);
                        <stdlib.h>
                        返回值：若成功，则返回非空指针；若出错，则返回 NULL
int         mkdir(const char *path, mode_t mode);
                        <sys/stat.h>
                        mode: S_IS[UG]ID, S_ISVTX, S_I[RWX](USR|GRP|OTH)
                        返回值：若成功，则返回 0；若出错，则返回-1
int         mkdirat(int fd, const char *path, mode_t mode);
                        <sys/stat.h>
                        mode: S_IS[UG]ID, S_ISVTX, S_I[RWX](USR|GRP|OTH)
                        返回值：若成功，则返回 0；若出错，则返回-1
char        *mkdtemp(char *template);
                        <stdlib.h>
                        返回值：若成功，则返回指向目录名的指针；若出错，则返回 NULL
int         mkfifo(const char *path, mode_t mode);
                        <sys/stat.h>
                        mode: S_IS[UG]ID, S_ISVTX, S_I[RWX](USR|GRP|OTH)
                        返回值：若成功，则返回 0；若出错，则返回-1
int         mkfifoat(int fd, const char *path, mode_t mode);
                        <sys/stat.h>
                        mode: S_IS[UG]ID, S_ISVTX, S_I[RWX](USR|GRP|OTH)
                        返回值：若成功，则返回 0；若出错，则返回-1
int         mkstemp(char *template);
                        <stdlib.h>
                        返回值：若成功，则返回文件描述符；若出错，则返回-1
time_t      mktime(struct tm *tmptr);
                        <time.h>
                        返回值：若成功，则返回日历时间；若出错，则返回-1
void        *mmap(void *addr, size_t len, int prot, int flag, int fd, off_t off);
                        <sys/mman.h>
                        prot: PROT_READ, PROT_WRITE, PROT_EXEC,PROT_NONE
                        flag: MAP_FIXED, MAP_SHARED, MAP_PRIVATE
                        返回值：若成功，则返回映射区的起始地址；若出错，则返回 MAP_FAILED
int         mprotect(void *addr, size_t len, int prot);
                        <sys/mman.h>
                        返回值：若成功，则返回 0；若出错，则返回-1
int         msgctl(int msqid, int cmd, struct msqid_ds *buf);
                        <sys/msg.h>
                        cmd: IPC_STAT, IPC_SET, IPC_RMID
                        返回值：若成功，则返回 0；若出错，则返回-1
int         msgget(key_t key, int flag);
                        <sys/msg.h>
                        flag: IPC_CREAT, IPC_EXCL
                        返回值：若成功，则返回消息队列 ID；若出错，则返回-1
```

```
ssize_t    msgrcv(int msqid, void *ptr, size_t nbytes, long type, int flag);
                  <sys/msg.h>
                  flag: IPC_NOWAIT, MSG_NOERROR
                  返回值：若成功，则返回消息数据部分的大小；若出错，则返回-1
int        msgsnd(int msqid, const void *ptr, size_t nbytes, int flag);
                  <sys/msg.h>
                  flag: IPC_NOWAIT
                  返回值：若成功，则返回 0；若出错，则返回-1
int        msync(void *addr, size_t len, int flags);
                  <sys/mman.h>
                  flag: MS_ASYNC, MS_INVALIDATE, MS_SYNC
                  返回值：若成功，则返回 0；若出错，则返回-1
int        munmap(void *addr, size_t len);
                  <sys/mman.h>
                  返回值：若成功，则返回 0；若出错，则返回-1
int        nanosleep(const struct timespec *reqtp,
                struct timespec *remtp);
                  <time.h>
                  返回值：若睡眠时间达到要求，则返回 0；若出错，则返回-1
int        nice(int incr);
                  <unistd.h>
                  返回值：若成功，则返回新的 nice 值与 NZERO 的差；若出错，则返回-1
uint32_t   ntohl(uint32_t netint32);
                  <arpa/inet.h>
                  返回值：以主机字节序表示的 32 位整型数
uint16_t   ntohs(uint16_t netint16);
                  <arpa/inet.h>
                  返回值：以主机字节序表示的 16 位整型数
int        open(const char *path, int oflag, ... /* mode_t mode */ );
                  <fcntl.h>
                  oflag: O_RDONLY, O_WRONLY, O_RDWR, O_EXEC, O_SEARCH;
                         O_APPEND, O_CLOEXEC, O_CREAT, O_DIRECTORY, O_DSYNC,
                         O_EXCL, O_NOCTTY, O_NOFOLLOW, O_NONBLOCK,
                         O_RSYNC, O_SYNC, O_TRUNC, O_TTY_INIT
                        mode: S_IS[UG]ID, S_ISVTX, S_I[RWX](USR|GRP|OTH)
                  返回值：若成功，则返回文件描述符；若出错，则返回-1
                  平台：FreeBSD 8.0 和 Mac OS X 10.6.8 支持 O_FSYNC 标识
int        openat(int fd, const char *path, int oflag, ...
                  /* mode_t mode  */ );
                  <fcntl.h>
                  oflag: O_RDONLY, O_WRONLY, O_RDWR, O_EXEC, O_SEARCH;
                         O_APPEND, O_CLOEXEC, O_CREAT, O_DIRECTORY, O_DSYNC,
                         O_EXCL, O_NOCTTY, O_NOFOLLOW, O_NONBLOCK,O_RSYNC,
                         O_SYNC, O_TRUNC, O_TTY_INIT
                        mode: S_IS[UG]ID, S_ISVTX, S_I[RWX](USR|GRP|OTH)
                  返回值：若成功，则返回文件描述符；若出错，则返回-1
                  平台：FreeBSD 8.0 和 Mac OS X 10.6.8 支持 O_FSYNC 标识
DIR        *opendir(const char *path);
                  <dirent.h>
                  返回值：若成功，则返回指针；若出错，则返回 NULL
```

```
void        openlog(const char *ident, int option, int facility);
                    <syslog.h>
                    option: LOG_CONS, LOG_NDELAY, LOG_NOWAIT,
                            LOG_ODELAY, LOG_PERROR, LOG_PID
                    facility: LOG_AUTH, LOG_AUTHPRIV, LOG_CRON, LOG_DAEMON,
                              LOG_FTP, LOG_KERN, LOG_LOCAL[0-7], LOG_LPR,
                              LOG_MAIL, LOG_NEWS, LOG_SYSLOG, LOG_USER, LOG_UUCP
FILE        *open_memstream(char **bufp, size_t *sizep);
                    <stdio.h>
                    返回值：若成功，则返回流指针；若出错，则返回 NULL
FILE        *open_wmemstream(wchar_t **bufp, size_t *sizep);
                    <wchar.h>
                    返回值：若成功，则返回流指针；若出错，则返回 NULL
long        pathconf(const char *path, int name);
                    <unistd.h>
                    name: _PC_ASYNC_IO, _PC_CHOWN_RESTRICTED,
                          _PC_FILESIZEBITS, _PC_LINK_MAX,
                          _PC_MAX_CANON, _PC_MAX_INPUT,
                          _PC_NAME_MAX, _PC_NO_TRUNC, _PC_PATH_MAX,
                          _PC_PIPE_BUF, _PC_PRIO_IO, _PC_SYMLINK_MAX,
                          _PC_SYNC_IO, _PC_TIMESTAMP_RESOLUTION,
                          _PC_2_SYMLINKS, _PC_VDISABLE
                    返回值：若成功，则返回相应值；若出错，则返回-1
int         pause(void);
                    <unistd.h>
                    返回值：-1，同时将 errno 设置为 EINTR
int         pclose(FILE *fp);
                    <stdio.h>
                    返回值：若成功，则返回 popen 函数中 cmdstring 的终止状态；若出错，则返
                            回-1
void        perror(const char *msg);
                    <stdio.h>
int         pipe(int fd[2]);
                    <unistd.h>
                    返回值：若成功，则返回 0；若出错，则返回-1
int         poll(struct pollfd fdarray[], nfds_t nfds, int timeout);
                    <poll.h>
                    返回值：准备就绪的描述符数。若超时，则返回 0；若出错，则返回-1
FILE        *popen(const char *cmdstring, const char *type);
                    <stdio.h>
                    type: "r", "w"
                    返回值：若成功，则返回文件指针；若出错，则返回 NULL
int         posix_openpt(int oflag);
                    <stdlib.h>
                    <fcntl.h>
                    oflag: O_RWDR, O_NOCTTY
                    返回值：若成功，则返回下一个可用的 PTY 主设备文件描述符；若出错，则返
                            回-1
ssize_t     pread(int fd, void *buf, size_t nbytes, off_t offset);
                    <unistd.h>
                    返回值：读取的字节数。若到达文件末尾，则返回 0；若出错，则返回-1
```

```
int      printf(const char *restrict format, ...);
                   <stdio.h>
                   返回值：若成功，则返回输出字符数；若出错，则返回负值
int      pselect(int maxfdp1, fd_set *restrict readfds,
              fd_set *restrict writefds, fd_set *restrict exceptfds, const struct
              timespec *restrict tsptr,
              const sigset_t *restrict sigmask);
                   <sys/select.h>
                   返回值：准备就绪的描述符数。若超时，则返回 0；若出错，则返回-1
void     psiginfo(const siginfo_t *info, const char *msg);
                   <signal.h>
void     psignal(int signo, const char *msg);
                   <signal.h>
                   <siginfo.h> /* on Solaris */
int      pthread_atfork(void (*prepare)(void), void (*parent)(void),
                   void (*child)(void));
                   <pthread.h>
                   返回值：若成功，则返回 0；若出错，则返回错误码
int      pthread_attr_destroy(pthread_attr_t *attr);
                   <pthread.h>
                   返回值：若成功，则返回 0；若出错，则返回错误码
int      pthread_attr_getdetachstate(const pthread_attr_t *attr,
                      int *detachstate);
                      <pthread.h>
                      返回值：若成功，则返回 0；若出错，则返回错误码
int      pthread_attr_getguardsize(const pthread_attr_t
                                  *restrict attr,
                                size_t *restrict guardsize);
                   <pthread.h>
                   返回值：若成功，则返回 0；若出错，则返回错误码
int      pthread_attr_getstack(const pthread_attr_t *restrict attr,
                           void **restrict stackaddr,
                           size_t *restrict stacksize);
                   <pthread.h>
                   返回值：若成功，则返回 0；若出错，则返回错误码
int      pthread_attr_getstacksize(const pthread_attr_t
                               *restrict attr,
                               size_t *restrict stacksize);
                   <pthread.h>
                   返回值：若成功，则返回 0；若出错，则返回错误码
int      pthread_attr_init(pthread_attr_t *attr);
                   <pthread.h>
                   返回值：若成功，则返回 0；若出错，则返回错误码
int      pthread_attr_setdetachstate(pthread_attr_t *attr,
                                  int detachstate);
                   <pthread.h>
                   detachstate: PTHREAD_CREATE_DETACHED, PTHREAD_CREATE_JOINABLE
                   返回值：若成功，则返回 0；若出错，则返回错误码
```

```
int        pthread_attr_setguardsize(pthread_attr_t *attr,
                                     size_t guardsize);
                  <pthread.h>
                  返回值：若成功，则返回 0；若出错，则返回错误码
int        pthread_attr_setstack(const pthread_attr_t *attr,
                                 void *stackaddr, size_t *stacksize);
                  <pthread.h>
                  返回值：若成功，则返回 0；若出错，则返回错误码
int        pthread_attr_setstacksize(pthread_attr_t *attr,
                                     size_t stacksize);
                  <pthread.h>
                  返回值：若成功，则返回 0；若出错，则返回错误码
int        pthread_barrierattr_destroy(pthread_barrierattr_t *attr);
                  <pthread.h>
                  返回值：若成功，则返回 0；若出错，则返回错误码
int        pthread_barrierattr_getpshared(const pthread_barrierattr_t
                                          *restrict attr,
                                          int *restrict pshared);
                  <pthread.h>
                  返回值：若成功，则返回 0；若出错，则返回错误码
int        pthread_barrierattr_init(pthread_barrierattr_t *attr);
                  <pthread.h>
                  返回值：若成功，则返回 0；若出错，则返回错误码
int        pthread_barrierattr_setpshared(pthread_barrierattr_t *attr,
                                          int pshared);
                  <pthread.h>
                  pshared: PTHREAD_PROCESS_PRIVATE, PTHREAD_PROCESS_SHARED
                  返回值：若成功，则返回 0；若出错，则返回错误码
int        pthread_barrier_destroy(pthread_barrier_t *barrier);
                  <pthread.h>
                  返回值：若成功，则返回 0；若出错，则返回错误码
int        pthread_barrier_init(pthread_barrier_t *restrict barrier,
                                const pthread_barrierattr_t * restrict attr,
                                unsigned int count);
                  <pthread.h>
                  返回值：若成功，则返回 0；若出错，则返回错误码
int        pthread_barrier_wait(pthread_barrier_t *barrier);
                  <pthread.h>
                  返回值：若成功，则返回 0 或 PTHREAD_BARRIER_SERIAL_THREAD；若出
                          错，则返回错误码
int        pthread_cancel(pthread_t tid);
                  <pthread.h>
                  返回值：若成功，则返回 0；若出错，则返回错误码
void       pthread_cleanup_pop(int execute);
                  <pthread.h>
void       pthread_cleanup_push(void (*rtn)(void *), void *arg);
                  <pthread.h>
int        pthread_condattr_destroy(pthread_condattr_t *attr);
                  <pthread.h>
                  返回值：若成功，则返回 0；若出错，则返回错误码
```

```
int        pthread_condattr_getclock(const pthread_condattr_t
                                        *restrict attr,
                                     clockid_t *restrict clock_id);
                    <pthread.h>
                    返回值：若成功，则返回 0；若出错，则返回错误码
int        pthread_condattr_getpshared(const pthread_condattr_t
                                        *restrict attr,
                                       int *restrict pshared);
                    <pthread.h>
                    返回值：若成功，则返回 0；若出错，则返回错误码
int        pthread_condattr_init(pthread_condattr_t *attr);
                    <pthread.h>
                    返回值：若成功，则返回 0；若出错，则返回错误码
int        pthread_condattr_setclock(pthread_condattr_t *attr,
                                     clockid_t clock_id);
                    <pthread.h>
                    返回值：若成功，则返回 0；若出错，则返回错误码
int        pthread_condattr_setpshared(pthread_condattr_t *attr,
                                       int pshared);
                    <pthread.h>
                    pshared: PTHREAD_PROCESS_PRIVATE, PTHREAD_PROCESS_SHARED
                    返回值：若成功，则返回 0；若出错，则返回错误码
int        pthread_cond_broadcast(pthread_cond_t *cond);
                    <pthread.h>
                    返回值：若成功，则返回 0；若出错，则返回错误码
int        pthread_cond_destroy(pthread_cond_t *cond);
                    <pthread.h>
                    返回值：若成功，则返回 0；若出错，则返回错误码
int        pthread_cond_init(pthread_cond_t *restrict cond,
                             const pthread_condattr_t *restrict attr);
                    <pthread.h>
                    返回值：若成功，则返回 0；若出错，则返回错误码
int        pthread_cond_signal(pthread_cond_t *cond);
                    <pthread.h>
                    返回值：若成功，则返回 0；若出错，则返回错误码
int        pthread_cond_timedwait(pthread_cond_t *restrict cond,
                                  pthread_mutex_t *restrict mutex,
                                     const struct timespec
                                        *restrict timeout);
                    <pthread.h>
                    返回值：若成功，则返回 0；若出错，则返回错误码
int        pthread_cond_wait(pthread_cond_t *restrict cond,
                             pthread_mutex_t *restrict mutex);
                    <pthread.h>
                    返回值：若成功，则返回 0；若出错，则返回错误码
int        pthread_create(pthread_t *restrict tidp,
                          const pthread_attr_t *restrict attr,
                          void *(*start_rtn)(void *),
                          void *restrict arg);
                    <pthread.h>
                    返回值：若成功，则返回 0；若出错，则返回错误码
```

```
int         pthread_detach(pthread_t tid);
                        <pthread.h>
                        返回值：若成功，则返回 0；若出错，则返回错误码
int         pthread_equal(pthread_t tid1, pthread_t tid2);
                        <pthread.h>
                        返回值：若相等，则返回非零值；否则，返回 0
void        pthread_exit(void *rval_ptr);
                        <pthread.h>
void        *pthread_getspecific(pthread_key_t key);
                        <pthread.h>
                        返回值：线程特定的数据值。若没有与该键关联的值，则返回 NULL
int         pthread_join(pthread_t thread, void **rval_ptr);
                        <pthread.h>
                        返回值：若成功，则返回 0；若出错，则返回错误码
int         pthread_key_create(pthread_key_t *keyp,
                               void (*destructor)(void *));
                        <pthread.h>
                        返回值：若成功，则返回 0；若出错，则返回错误码
int         pthread_key_delete(pthread_key_t key);
                        <pthread.h>
                        返回值：若成功，则返回 0；若出错，则返回错误码
int         pthread_kill(pthread_t thread, int signo);
                        <signal.h>
                        返回值：若成功，则返回 0；若出错，则返回错误码
int         pthread_mutexattr_destroy(pthread_mutexattr_t *attr);
                        <pthread.h>
                        返回值：若成功，则返回 0；若出错，则返回错误码
int         pthread_mutexattr_getpshared(const pthread_mutexattr_t
                                             *restrict attr,
                                         int *restrict pshared);
                        <pthread.h>
                        返回值：若成功，则返回 0；若出错，则返回错误码
int         pthread_mutexattr_getrobust(const pthread_mutexattr_t
                                            *restrict attr,
                                        int *restrict robust);
                        <pthread.h>
                        返回值：若成功，则返回 0；若出错，则返回错误码
int         pthread_mutexattr_gettype(const pthread_mutexattr_t
                                          *restrict attr,
                                      int *restrict type);
                        <pthread.h>
                        返回值：若成功，则返回 0；若出错，则返回错误码
int         pthread_mutexattr_init(pthread_mutexattr_t *attr);
                        <pthread.h>
                        返回值：若成功，则返回 0；若出错，则返回错误码
int         pthread_mutexattr_setpshared(pthread_mutexattr_t *attr,
                                         int pshared);
                        <pthread.h>
                        pshared: PTHREAD_PROCESS_PRIVATE, PTHREAD_PROCESS_SHARED
                        返回值：若成功，则返回 0；若出错，则返回错误码
```

```
int      pthread_mutexattr_setrobust(pthread_mutexattr_t *attr,
                                     int robust);
                  <pthread.h>
                  robust: PTHREAD_MUTEX_ROBUST, PTHREAD_MUTEX_STALLED
                  返回值：若成功，则返回0；若出错，则返回错误码
int      pthread_mutexattr_settype(pthread_mutexattr_t *attr, int type);
                  <pthread.h>
                  type: PTHREAD_MUTEX_NORMAL, PTHREAD_MUTEX_ERRORCHECK,
                        PTHREAD_MUTEX_RECURSIVE, PTHREAD_MUTEX_DEFAULT
                        返回值：若成功，则返回0；若出错，则返回错误码
int      pthread_mutex_consistent(pthread_mutex_t * mutex);
                  <pthread.h>
                  返回值：若成功，则返回0；若出错，则返回错误码
int      pthread_mutex_destroy(pthread_mutex_t *mutex);
                  <pthread.h>
                  返回值：若成功，则返回0；若出错，则返回错误码
int      pthread_mutex_init(pthread_mutex_t *restrict mutex,
                            const pthread_mutexattr_t *restrict attr);
                  <pthread.h>
                  返回值：若成功，则返回0；若出错，则返回错误码
int      pthread_mutex_lock(pthread_mutex_t *mutex);
                  <pthread.h>
                  返回值：若成功，则返回0；若出错，则返回错误码
int      pthread_mutex_timedlock(pthread_mutex_t *restrict mutex,
                                 const struct timespec *restrict tsptr);
                  <pthread.h>
                  <time.h>
                  返回值：若成功，则返回0；若出错，则返回错误码
int      pthread_mutex_trylock(pthread_mutex_t *mutex);
                  <pthread.h>
                  返回值：若成功，则返回0；若出错，则返回错误码
int      pthread_mutex_unlock(pthread_mutex_t *mutex);
                  <pthread.h>
                  返回值：若成功，则返回0；若出错，则返回错误码。
int      pthread_once(pthread_once_t *initflag, void (*initfn)(void));
                  <pthread.h>
                  pthread_once_t initflag = PTHREAD_ONCE_INIT;
                  返回值：若成功，则返回0；若出错，则返回错误码
int      pthread_rwlockattr_destroy(pthread_rwlockattr_t *attr);
                  <pthread.h>
                  返回值：若成功，则返回0；若出错，则返回错误码
int      pthread_rwlockattr_getpshared(const pthread_rwlockattr_t
                                           *restrict attr,
                                       int *restrict pshared);
                  <pthread.h>
                  返回值：若成功，则返回0；若出错，则返回错误码
int      pthread_rwlockattr_init(pthread_rwlockattr_t *attr);
                  <pthread.h>
                  返回值：若成功，则返回0；若出错，则返回错误码
```

```
int         pthread_rwlockattr_setpshared(pthread_rwlockattr_t *attr,
                                          int pshared);
                    <pthread.h>
                    pshared: PTHREAD_PROCESS_PRIVATE, PTHREAD_PROCESS_SHARED
                    返回值：若成功，则返回 0；若出错，则返回错误码
int         pthread_rwlock_destroy(pthread_rwlock_t *rwlock);
                    <pthread.h>
                    返回值：若成功，则返回 0；若出错，则返回错误码
int         pthread_rwlock_init(pthread_rwlock_t *restrict rwlock,
                                const pthread_rwlockattr_t
                                  *restrict attr);
                    <pthread.h>
                    返回值：若成功，则返回 0；若出错，则返回错误码
int         pthread_rwlock_rdlock(pthread_rwlock_t *rwlock);
                    <pthread.h>
                    返回值：若成功，则返回 0；若出错，则返回错误码
int         pthread_rwlock_timedrdlock(pthread_rwlock_t *restrict rwlock,
                                       const struct timespec
                                         *restrict tsptr);
                    <pthread.h>
                    <time.h>
                    返回值：若成功，则返回 0；若出错，则返回错误码
int         pthread_rwlock_timedwrlock(pthread_rwlock_t *restrict rwlock,
                                       const struct timespec
                                         *restrict tsptr);
                    <pthread.h>
                    <time.h>
                    返回值：若成功，则返回 0；若出错，则返回错误码
int         pthread_rwlock_tryrdlock(pthread_rwlock_t *rwlock);
                    <pthread.h>
                    返回值：若成功，则返回 0；若出错，则返回错误码
int         pthread_rwlock_trywrlock(pthread_rwlock_t *rwlock);
                    <pthread.h>
                    返回值：若成功，则返回 0；若出错，则返回错误码
int         pthread_rwlock_unlock(pthread_rwlock_t *rwlock);
                    <pthread.h>
                    返回值：若成功，则返回 0；若出错，则返回错误码
int         pthread_rwlock_wrlock(pthread_rwlock_t *rwlock);
                    <pthread.h>
                    返回值：若成功，则返回 0；若出错，则返回错误码
pthread_t   pthread_self(void);
                    <pthread.h>
                    返回值：调用线程的线程 ID
int         pthread_setcancelstate(int state, int *oldstate);
                    <pthread.h>
                    state: PTHREAD_CANCEL_ENABLE, PTHREAD_CANCEL_DISABLE
                    返回值：若成功，则返回 0；若出错，则返回错误码
int         pthread_setcanceltype(int type, int *oldtype);
                    <pthread.h>
                    type: PTHREAD_CANCEL_DEFERRED, PTHREAD_CANCEL_ASYNCHRONOUS
                    返回值：若成功，则返回 0；若出错，则返回错误码
```

int **pthread_setspecific**(pthread_key_t *key*, const void **value*);
<pthread.h>
返回值：若成功，则返回 0；若出错，则返回错误码

int **pthread_sigmask**(int *how*, const sigset_t *restrict *set*,
sigset_t *restrict *oset*);
<signal.h>
how: SIG_BLOCK, SIG_UNBLOCK, SIG_SETMASK
返回值：若成功，则返回 0；若出错，则返回错误码

int **pthread_spin_destroy**(pthread_spinlock_t **lock*);
<pthread.h>
返回值：若成功，则返回 0；若出错，则返回错误码

int **pthread_spin_init**(pthread_spinlock_t **lock*, int *pshared*);
<pthread.h>
pshared: PTHREAD_PROCESS_PRIVATE, PTHREAD_PROCESS_SHARED
返回值：若成功，则返回 0；若出错，则返回错误码

int **pthread_spin_lock**(pthread_spinlock_t **lock*);
<pthread.h>
返回值：若成功，则返回 0；若出错，则返回错误码

int **pthread_spin_trylock**(pthread_spinlock_t **lock*);
<pthread.h>
返回值：若成功，则返回 0；若出错，则返回错误码

int **pthread_spin_unlock**(pthread_spinlock_t **lock*);
<pthread.h>
返回值：若成功，则返回 0；若出错，则返回错误码

void **pthread_testcancel**(void);
<pthread.h>

char ***ptsname**(int *fd*);
<stdlib.h>
返回值：若成功，则返回指向 PTY 从设备名的指针；若出错，则返回 NULL

int **putc**(int *c*, FILE **fp*);
<stdio.h>
返回值：若成功，则返回 *c*；若出错，则返回 EOF

int **putchar**(int *c*);
<stdio.h>
返回值：若成功，则返回 *c*；若出错，则返回 EOF

int **putchar_unlocked**(int *c*);
<stdio.h>
返回值：若成功，则返回 *c*；若出错，则返回 EOF

int **putc_unlocked**(int *c*, FILE **fp*);
<stdio.h>
返回值：若成功，则返回 *c*；若出错，则返回 EOF

int **putenv**(char **str*);
<stdlib.h>
返回值：若成功，则返回 0；若出错，则返回非零值

int **puts**(const char **str*);
<stdio.h>
返回值：若成功，则返回非负值；若出错，则返回 EOF

ssize_t **pwrite**(int *fd*, const void **buf*, size_t *nbytes*, off_t *offset*);
<unistd.h>
返回值：若成功，则返回写入的字节数；若出错，则返回-1

```
int         raise(int signo);
                        <signal.h>
                        返回值：若成功，则返回 0；若出错，则返回非零值
ssize_t     read(int fd, void *buf, size_t nbytes);
                        <unistd.h>
                        返回值：若成功，则返回读取的字节数；若到达文件末尾，则返回 0；若出
                               错，则返回-1
struct      *readdir(DIR *dp);
dirent                  <dirent.h>
                        返回值：若成功，则返回指针；若到达目录末尾或出错，则返回 NULL
ssize_t     readlink(const char *restrict path, char *restrict buf,
                        size_t bufsize);
                        <unistd.h>
                        返回值：若成功，则返回读取的字节数；若出错，则返回-1
ssize_t     readlinkat(int fd, const char* restrict path,
                       char *restrict buf, size_t bufsize);
                        <unistd.h>
                        返回值：若成功，则返回读取的字节数；若出错，则返回-1
ssize_t     readv(int fd, const struct iovec *iov, int iovcnt);
                        <sys/uio.h>
                        返回值：若成功，则返回读取的字节数；若到文件末尾，则返回 0；若出错，
                               则返回-1
void        *realloc(void *ptr, size_t newsize);
                        <stdlib.h>
                        返回值：若成功，则返回非空指针；若出错，则返回 NULL
ssize_t     recv(int sockfd, void *buf, size_t nbytes, int flags);
                        <sys/socket.h>
                        flags: MSG_PEEK, MSG_OOB, MSG_WAITALL, MSG_CMSG_CLOEXEC
                               (Linux 3.2.0),
                               MSG_DONTWAIT (FreeBSD 8.0, Linux 3.2.0, Solaris 10),
                               MSG_ERRQUEUE (Linux 3.2.0),
                               MSG_TRUNC (Linux 3.2.0)
                        返回值：报文的字节长度。若无可用报文且对方已经按序关闭，则返回 0；若
                               出错，则返回-1
ssize_t     recvfrom(int sockfd, void *restrict buf, size_t len, int flags, struct
                  sockaddr *restrict addr,
                  socklen_t *restrict addrlen);
                        <sys/socket.h>
                        flags: MSG_PEEK, MSG_OOB, MSG_WAITALL MSG_CMSG_CLOEXEC
                               (Linux 3.2.0),
                               MSG_DONTWAIT  (FreeBSD 8.0, Linux 3.2.0, Solaris 10),
                               MSG_ERRQUEUE  (Linux 3.2.0),
                               MSG_TRUNC  (Linux 3.2.0)
                        返回值：报文的字节长度。若无可用报文且对方已经按序关闭，则返回 0；若
                               出错，则返回-1
```

```
ssize_t    recvmsg(int sockfd, struct msghdr *msg, int flags);
                   <sys/socket.h>
                   flags: MSG_PEEK, MSG_OOB, MSG_WAITALL MSG_CMSG_CLOEXEC
                          (Linux 3.2.0),
                          MSG_DONTWAIT (FreeBSD 8.0, Linux 3.2.0, Solaris 10),
                          MSG_ERRQUEUE (Linux 3.2.0),
                          MSG_TRUNC (Linux 3.2.0)
                   返回值：报文的字节长度。若无可用报文且对方已经按序关闭，则返回 0；若
                          出错，则返回-1
int        remove(const char *path);
                   <stdio.h>
                   返回值：若成功，则返回 0；若出错，则返回-1
int        rename(const char *oldname, const char *newname);
                   <stdio.h>
                   返回值：若成功，则返回 0；若出错，则返回-1
int        renameat(int oldfd, const char *oldname, int newfd,
                 const char *newname);
                   <stdio.h>
                   返回值：若成功，则返回 0；若出错，则返回-1
void       rewind(FILE *fp);
                   <stdio.h>
void       rewinddir(DIR *dp);
                   <dirent.h>
int        rmdir(const char *path);
                   <unistd.h>
                   返回值：若成功，则返回 0；若出错，则返回-1
int        scanf(const char *restrict format, ...);
                   <stdio.h>
                   返回值：指定的输入项的数量。若输入错误或在进行任何转换前已到达文件末
                          尾，则返回 EOF
void       seekdir(DIR *dp, long loc);
                   <dirent.h>
int        select(int maxfdp1, fd_set *restrict readfds,
               fd_set *restrict writefds, fd_set *restrict exceptfds,
               struct timeval *restrict tvptr);
                   <sys/select.h>
                   返回值：准备就绪的描述符数量。若超时，则返回 0；若出错，则返回-1
int        sem_close(sem_t *sem);
                   <semaphore.h>
                   返回值：若成功，则返回 0；若出错，则返回-1
int        semctl(int semid, int semnum, int cmd, ...
               /* union semun arg */ );
                   <sys/sem.h>
                   cmd: IPC_STAT, IPC_SET, IPC_RMID, GETPID, GETNCNT,
                        GETZCNT, GETVAL, SETVAL, GETALL, SETALL
                   返回值：取决于具体的命令。若出错，则返回-1
int        sem_destroy(sem_t *sem);
                   <semaphore.h>
                   返回值：若成功，则返回 0；若出错，则返回-1
```

```
int         semget(key_t key, int nsems, int flag);
                        <sys/sem.h>
                        flag: IPC_CREAT, IPC_EXCL
                        返回值：若成功，则返回信号量 ID；若出错，则返回-1
int         sem_getvalue(sem_t *restrict sem, int *restrict valp);
                        <semaphore.h>
                        返回值：若成功，则返回 0；若出错，则返回-1
int         sem_init(sem_t *sem, int pshared, unsigned int value);
                        <semaphore.h>
                        返回值：若成功，则返回 0；若出错，则返回-1
int         semop(int semid, struct sembuf semoparray[], size_t nops);
                        <sys/sem.h>
                        返回值：若成功，则返回 0；若出错，则返回-1
sem_t       *sem_open(const char *name, int oflag, ... /* mode_t mode, unsigned int
                      value */ );
                        <semaphore.h>
                        flag: IPC_CREAT, IPC_EXCL
                        返回值：若成功，则返回信号量指针；若出错，则返回 SEM_FAILED
int         sem_post(sem_t *sem);
                        <semaphore.h>
                        返回值：若成功，则返回 0；若出错，则返回-1
int         sem_timedwait(sem_t *restrict sem,
                          const struct timespec *restrict tsptr);
                        <semaphore.h>
                        <time.h>
                        返回值：若成功，则返回 0；若出错，则返回-1
int         sem_trywait(sem_t *sem);
                        <semaphore.h>
                        返回值：若成功，则返回 0；若出错，则返回-1
int         sem_unlink(const char *name);
                        <semaphore.h>
                        返回值：若成功，则返回 0；若出错，则返回-1
int         sem_wait(sem_t *sem);
                        <semaphore.h>
                        返回值：若成功，则返回 0；若出错，则返回-1
ssize_t     send(int sockfd, const void *buf, size_t nbytes, int flags);
                        <sys/socket.h>
                      flags: MSG_EOR, MSG_OOB, MSG_NOSIGNAL
                             MSG_CONFIRM (Linux 3.2.0),
                             MSG_DONTROUTE (FreeBSD 8.0, Linux 3.2.0, Mac OS X 10.6.8,
                                            Solaris 10),
                             MSG_DONTWAIT (FreeBSD 8.0, Linux 3.2.0, Mac OS X 10.6.8,
                                           Solaris 10),
                             MSG_EOF (FreeBSD 8.0, Mac OS X 10.6.8),
                             MSG_MORE (Linux 3.2.0)
                      返回值：若成功，则返回发送的字节数；若出错，则返回-1
```

ssize_t **sendmsg**(int *sockfd*, const struct msghdr **msg*, int *flags*);
<sys/socket.h>
flags: MSG_EOR, MSG_OOB, MSG_NOSIGNAL
MSG_CONFIRM (Linux 3.2.0),
MSG_DONTROUTE (FreeBSD 8.0, Linux 3.2.0, Mac OS X 10.6.8, Solaris 10),
MSG_DONTWAIT (FreeBSD 8.0, Linux 3.2.0, Mac OS X 10.6.8, Solaris 10),
MSG_EOF (FreeBSD 8.0, Mac OS X 10.6.8),
MSG_MORE (Linux 3.2.0)
返回值：若成功，则返回发送的字节数；若出错，则返回-1

ssize_t **sendto**(int *sockfd*, const void **buf*, size_t *nbytes*, int *flags*, const struct sockaddr **destaddr*, socklen_t *destlen*);
<sys/socket.h>
flags: MSG_EOR, MSG_OOB, MSG_NOSIGNAL
MSG_CONFIRM (Linux 3.2.0),
MSG_DONTROUTE (FreeBSD 8.0, Linux 3.2.0, Mac OS X 10.6.8, Solaris 10),
MSG_DONTWAIT (FreeBSD 8.0, Linux 3.2.0, Mac OS X 10.6.8, Solaris 10),
MSG_EOF (FreeBSD 8.0, Mac OS X 10.6.8),
MSG_MORE (Linux 3.2.0)
返回值：若成功，则返回发送的字节数；若出错，则返回-1

void **setbuf**(FILE *restrict *fp*, char *restrict *buf*);
<stdio.h>

int **setegid**(gid_t *gid*);
<unistd.h>
返回值：若成功，则返回 0；若出错，则返回-1

int **setenv**(const char **name*, const char **value*, int *rewrite*);
<stdlib.h>
返回值：若成功，则返回 0；若出错，则返回-1

int **seteuid**(uid_t *uid*);
<unistd.h>
返回值：若成功，则返回 0；若出错，则返回-1

int **setgid**(gid_t *gid*);
<unistd.h>
返回值：若成功，则返回 0；若出错，则返回-1

void **setgrent**(void);
<grp.h>

int **setgroups**(int *ngroups*, const gid_t *grouplist*[]);
<grp.h> /* Linux */
<unistd.h> /* FreeBSD, Mac OS X, and Solaris */
返回值：若成功，则返回 0；若出错，则返回-1

void **sethostent**(int *stayopen*);
<netdb.h>

int **setjmp**(jmp_buf *env*);
<setjmp.h>
返回值：若直接调用，则返回 0；若从调用 longjmp 处返回，则返回非零值

int **setlogmask**(int *maskpri*);
<syslog.h>
返回值：之前的日志优先级屏蔽字

```
void        setnetent(int stayopen);
                     <netdb.h>
int         setpgid(pid_t pid, pid_t pgid);
                     <unistd.h>
                     返回值：若成功，则返回 0；若出错，则返回-1
int         setpriority(int which, id_t who, int value);
                     <sys/resource.h>
                     which: PRIO_PROCESS, PRIO_PGRP, PRIO_USER
                     返回值：若成功，则返回 0；若出错，则返回-1
void        setprotoent(int stayopen);
                     <netdb.h>
void        setpwent(void);
                     <pwd.h>
int         setregid(gid_t rgid, gid_t egid);
                     <unistd.h>
                     返回值：若成功，则返回 0；若出错，则返回-1
int         setreuid(uid_t ruid, uid_t euid);
                     <unistd.h>
                     返回值：若成功，则返回 0；若出错，则返回-1
int         setrlimit(int resource, const struct rlimit *rlptr);
                     <sys/resource.h>
                     resource: RLIMIT_CORE, RLIMIT_CPU, RLIMIT_DATA,
                               RLIMIT_FSIZE, RLIMIT_NOFILE, RLIMIT_STACK,
                               RLIMIT_AS (FreeBSD 8.0, Linux 3.2.0, Solaris 10),
                               RLIMIT_MEMLOCK (FreeBSD 8.0, Linux 3.2.0, Mac OS X
                                             10.6.8),
                               RLIMIT_MSGQUEUE (Linux 3.2.0),
                               RLIMIT_NICE (Linux 3.2.0),
                               RLIMIT_NPROC (FreeBSD 8.0, Linux 3.2.0, Mac OS X 10.6.8),
                               RLIMIT_NPTS (FreeBSD 8.0),
                               RLIMIT_RSS (FreeBSD 8.0, Linux 3.2.0, Mac OS X 10.6.8),
                               RLIMIT_SBSIZE (FreeBSD 8.0),
                               RLIMIT_SIGPENDING (Linux 3.2.0),
                               RLIMIT_SWAP (FreeBSD 8.0),
                               RLIMIT_VMEM (Solaris 10)
                     返回值：若成功，则返回 0；若出错，则返回-1
void        setservent(int stayopen);
                     <netdb.h>
pid_t       setsid(void);
                     <unistd.h>
                     返回值：若成功，则返回进程组 ID；若出错，则返回-1
int         setsockopt(int sockfd, int level, int option, const void *val,
                   socklen_t len);
                     <sys/socket.h>
                     返回值：若成功，则返回 0；若出错，则返回-1
void        setspent(void);
                     <shadow.h>
                     平台：Linux 3.2.0、Solaris 10
int         setuid(uid_t uid);
                     <unistd.h>
                     返回值：若成功，则返回 0；若出错，则返回-1
```

```
int          setvbuf(FILE *restrict fp, char *restrict buf,int mode,
                     size_t size);
                          <stdio.h>
                          mode: _IOFBF,_IOLBF,_IONBF
                          返回值：若成功，则返回 0；若出错，则返回非零值
void         *shmat(int shmid, const void *addr, int flag);
                          <sys/shm.h>
                          flag: SHM_RND, SHM_RDONLY
                          返回值：若成功，则返回指向共享内存段的指针；若出错，则返回-1
int          shmctl(int shmid, int cmd, struct shmid_ds *buf);
                          <sys/shm.h>
                          cmd: IPC_STAT, IPC_SET, IPC_RMID,
                               SHM_LOCK(Linux 3.2.0, Solaris 10),
                               SHM_UNLOCK(Linux 3.2.0, Solaris 10)
                          返回值：若成功，则返回 0；若出错，则返回-1
int          shmdt(const void *addr);
                          <sys/shm.h>
                          返回值：若成功，则返回 0；若出错，则返回-1
int          shmget(key_t key, size_t size, int flag);
                          <sys/shm.h>
                          flag: IPC_CREAT, IPC_EXCL
                          返回值：若成功，则返回非负的共享内存 ID；若出错，则返回-1
int          shutdown(int sockfd, int how);
                          <sys/socket.h>
                          how: SHUT_RD, SHUT_WR, SHUT_RDWR
                          返回值：若成功，则返回 0；若出错，则返回-1
int          sig2str(int signo, char *str);
                          <signal.h>
                          返回值：若成功，则返回 0；若出错，则返回-1
                          平台：Solaris 10
int          sigaction(int signo, const struct sigaction *restrict act,
                       struct sigaction *restrict oact);
                          <signal.h>
                          返回值：若成功，则返回 0；若出错，则返回-1
int          sigaddset(sigset_t *set, int signo);
                          <signal.h>
                          返回值：若成功，则返回 0；若出错，则返回-1
int          sigdelset(sigset_t *set, int signo);
                          <signal.h>
                          返回值：若成功，则返回 0；若出错，则返回-1
int          sigemptyset(sigset_t *set);
                          <signal.h>
                          返回值：若成功，则返回 0；若出错，则返回-1
int          sigfillset(sigset_t *set);
                          <signal.h>
                          返回值：若成功，则返回 0；若出错，则返回-1
int          sigismember(const sigset_t *set, int signo);
                          <signal.h>
                          返回值：若为真，则返回 1；若为假，则返回 0；若出错，则返回-1
```

void **siglongjmp**(sigjmp_buf *env*, int *val*);
<setjmp.h>
此函数从不返回

void (*signal(int signo, void (*func)(int)))(int);
<signal.h>
返回值：若成功，则返回信号之前的处置方式；若出错，则返回 SIG_ERR

int **sigpending**(sigset_t *set);
<signal.h>
返回值：若成功，则返回 0；若出错，则返回-1

int **sigprocmask**(int *how*, const sigset_t *restrict set,
sigset_t *restrict oset);
<signal.h>
how: SIG_BLOCK, SIG_UNBLOCK, SIG_SETMASK
返回值：若成功，则返回 0；若出错，则返回-1

int **sigqueue**(pid_t *pid*, int *signo*, const union sigval *value*)
<signal.h>
返回值：若成功，则返回 0；若出错，则返回-1

int **sigsetjmp**(sigjmp_buf *env*, int *savemask*);
<setjmp.h>
返回值：若直接调用，则返回 0；若从调用 siglongjmp 处返回，则返回非零值

int **sigsuspend**(const sigset_t *sigmask);
<signal.h>
返回值：-1，同时将 errno 设置为 EINTR

int **sigwait**(const sigset_t *restrict set, int *restrict signop);
<signal.h>
返回值：若成功，则返回 0；若出错，则返回错误码

unsigned int **sleep**(unsigned int *seconds*);
<unistd.h>
返回值：0 或未睡眠的秒数

int **snprintf**(char *restrict buf, size_t *n*,
const char *restrict format, ...);
<stdio.h>
返回值：若缓冲区足够大，则返回存入数组的字符数；若编码出错，则返回负值

int **sockatmark**(int *sockfd*);
<sys/socket.h>
返回值：若在标记处，则返回 1；若不在标记处，则返回 0；若出错，则返回-1

int **socket**(int *domain*, int *type*, int *protocol*);
<sys/socket.h>
type: SOCK_STREAM, SOCK_DGRAM, SOCK_SEQPACKET
返回值：若成功，则返回文件（套接字）描述符；若出错，则返回-1

int **socketpair**(int *domain*, int *type*, int *protocol*, int *sockfd*[2]);
<sys/socket.h>
type: SOCK_STREAM, SOCK_DGRAM, SOCK_SEQPACKET
返回值：若成功，则返回 0；若出错，则返回-1

```
int       sprintf(char *restrict buf, const char *restrict format, ...);
                    <stdio.h>
                    返回值：若成功，则返回存入数组的字节数；若编码出错，则返回负值
int       sscanf(const char *restrict buf,
                    const char *restrict format, ...);
                    <stdio.h>
                    返回值：指定的输入项数量。若输入错误或在进行任何转换前已到达文件末
                            尾，则返回 EOF
int       stat(const char *restrict path, struct stat *restrict buf);
                    <sys/stat.h>
                    返回值：若成功，则返回 0；若出错，则返回-1
int       str2sig(const char *str, int *signop);
                    <signal.h>
                    返回值：若成功，则返回 0；若出错，则返回-1
                    平台：Solaris 10
char      *strerror(int errnum);
                    <string.h>
                    返回值：指向消息字符串的指针
size_t    strftime(char *restrict buf, size_t maxsize,
                 const char *restrict format, const struct tm *restrict tmptr);
                    <time.h>
                    返回值：若有空间，则返回存入数组的字符数；否则，返回 0
size_t    strftime_l(char *restrict buf, size_t maxsize,
                   const char *restrict format,
                   const struct tm *restrict tmptr, locale_t locale);
                    <time.h>
                    返回值：若有空间，则返回存入数组的字符数；否则，返回 0
char      *strptime(const char *restrict buf, const char *restrict format, struct
                  tm *restrict tmptr);
                    <time.h>
                    返回值：指向上次所解析字符的下一个字符的指针，否则返回 NULL
char      *strsignal(int signo);
                    <string.h>
                    返回值：描述该信号的字符串的指针
int       symlink(const char *actualpath, const char *sympath);
                    <unistd.h>
                    返回值：若成功，则返回 0；若出错，则返回-1
int       symlinkat(const char *actualpath, int fd, const char *sympath);
                    <unistd.h>
                    返回值：若成功，则返回 0；若出错，则返回-1
void      sync(void);
                    <unistd.h>
```

long **sysconf**(int *name*);
<unistd.h>
name: _SC_ARG_MAX, _SC_ASYNCHRONOUS_IO,
_SC_ATEXIT_MAX, _SC_BARRIERS,
_SC_CHILD_MAX, _SC_CLK_TCK,
_SC_CLOCK_SELECTION, _SC_COLL_WEIGHTS_MAX,
_SC_DELAYTIMER_MAX, _SC_HOST_NAME_MAX,
_SC_IOV_MAX, _SC_JOB_CONTROL,
_SC_LINE_MAX, _SC_LOGIN_NAME_MAX,
_SC_MAPPED_FILED, _SC_MEMORY_PROTECTION,
_SC_NGROUPS_MAX, _SC_OPEN_MAX,
_SC_PAGESIZE, _SC_PAGE_SIZE,
_SC_READER_WRITER_LOCKS,
_SC_REALTIME_SIGNALS, _SC_RE_DUP_MAX,
_SC_RTSIG_MAX, _SC_SAVED_IDS,
_SC_SEMAPHORES, _SC_SEM_NSEMS_MAX,
_SC_SEM_VALUE_MAX, _SC_SHELL,
_SC_SIGQUEUE_MAX, _SC_SPIN_LOCKS,
_SC_STREAM_MAX, _SC_SYMLOOP_MAX,
_SC_THREAD_SAFE_FUNCTIONS,
_SC_THREADS, _SC_TIMER_MAX,
_SC_TIMERS, _SC_TTY_NAME_MAX,
_SC_TZNAME_MAX, _SC_VERSION,
_SC_XOPEN_CRYPT, _SC_XOPEN_REALTIME,
_SC_XOPEN_REALTIME_THREADS, _SC_XOPEN_SHM
_SC_XOPEN_VERSION
返回值：若成功，则返回相应值；若出错，则返回-1

void **syslog**(int *priority*, char **format*, ...);
<syslog.h>

int **system**(const char **cmdstring*);
<stdlib.h>
返回值：shell 的终端状态

int **tcdrain**(int *fd*);
<termios.h>
返回值：若成功，则返回 0；若出错，则返回-1

int **tcflow**(int *fd*, int *action*);
<termios.h>
action: TCOOFF, TCOON, TCIOFF, TCION
返回值：若成功，则返回 0；若出错，则返回-1

int **tcflush**(int *fd*, int *queue*);
<termios.h>
queue: TCIFLUSH, TCOFLUSH, TCIOFLUSH
返回值：若成功，则返回 0；若出错，则返回-1

int **tcgetattr**(int *fd*, struct termios **termptr*);
<termios.h>
返回值：若成功，则返回 0；若出错，则返回-1

pid_t **tcgetpgrp**(int *fd*);
<unistd.h>
返回值：若成功，则返回前台进程组 ID；若出错，则返回-1

pid_t **tcgetsid**(int *fd*);
<termios.h>
返回值：若成功，则返回会话首进程组 ID；若出错，则返回-1

int **tcsendbreak**(int *fd*, int *duration*);
<termios.h>
返回值：若成功，则返回 0；若出错，则返回-1

int **tcsetattr**(int *fd*, int *opt*, const struct termios **termptr*);
<termios.h>
opt: TCSANOW, TCSADRAIN, TCSAFLUSH
返回值：若成功，则返回 0；若出错，则返回-1

int **tcsetpgrp**(int *fd*, pid_t *pgrpid*);
<unistd.h>
返回值：若成功，则返回 0；若出错，则返回-1

long **telldir**(DIR **dp*);
<dirent.h>
返回值：与 *dp* 关联的目录中的当前位置

time_t **time**(time_t **calptr*);
<time.h>
返回值：若成功，则返回时间值；若出错，则返回-1

clock_t **times**(struct tms **buf*);
<sys/times.h>
返回值：若成功，则返回所经过的墙上时钟的时间（以时钟刻度为单位）；若出错，则返回-1

FILE ***tmpfile**(void);
<stdio.h>
返回值：若成功，则返回文件指针；若出错，则返回 NULL

char ***tmpnam**(char **ptr*);
<stdio.h>
返回值：指向唯一路径名的指针。若出错，则返回 NULL

int **truncate**(const char **path*, off_t *length*);
<unistd.h>
返回值：若成功，则返回 0；若出错，则返回-1

char ***ttyname**(int *fd*);
<unistd.h>
返回值：若成功，则返回指向终端路径名的指针；若出错，则返回 NULL

mode_t **umask**(mode_t *cmask*);
<sys/stat.h>
返回值：之前的文件模式创建屏蔽字

int **uname**(struct utsname **name*);
<sys/utsname.h>
返回值：若成功，则返回非负值；若出错，则返回-1

int **ungetc**(int *c*, FILE **fp*);
<stdio.h>
返回值：若成功，则返回 *c*；若出错，则返回 EOF

int **unlink**(const char **path*);
<unistd.h>
返回值：若成功，则返回 0；若出错，则返回-1

int **unlinkat**(int *fd*, const char **path*, int *flag*);
<unistd.h>
flag: AT_REMOVEDIR
返回值：若成功，则返回 0；若出错，则返回-1

```
int        unlockpt(int fd);
                   <stdlib.h>
                   返回值：若成功，则返回 0；若出错，则返回-1
int        unsetenv(const char *name);
                   <stdlib.h>
                   返回值：若成功，则返回 0；若出错，则返回-1
int        utimensat(int fd, const char *path,
                 const struct timespec times[2], int flag);
                   <sys/stat.h>
                   flag: AT_SYMLINK_NOFOLLOW
                   返回值：若成功，则返回 0；若出错，则返回-1
int        utimes(const char *path, const struct timeval times[2]);
                   <sys/time.h>
                   返回值：若成功，则返回 0；若出错，则返回-1
int        vdprintf(int fd, const char *restrict format, va_list arg);
                   <stdarg.h>
                   <stdio.h>
                   返回值：若成功，则返回输出字符数；若输出错误，则返回负值
int        vfprintf(FILE *restrict fp, const char *restrict format, va_list arg);
                   <stdarg.h>
                   <stdio.h>
                   返回值：若成功，则返回输出字符数；若输出错误，则返回负值
int        vfscanf(FILE *restrict fp, const char *restrict format, va_list arg);
                   <stdarg.h>
                   <stdio.h>
                   返回值：指定的输入项数量。若输入错误或在进行任何转换前已到达文件末
                          尾，则返回 EOF
int        vprintf(const char *restrict format, va_list arg);
                   <stdarg.h>
                   <stdio.h>
                   返回值：若成功，则返回输出字符数；若输出错误，则返回负值
int        vscanf(const char *restrict format, va_list arg);
                   <stdarg.h>
                   <stdio.h>
                   返回值：指定的输入项数量。若输入错误或在进行任何转换前已到达文件末
                          尾，则返回 EOF。
int        vsnprintf(char *restrict buf, size_t n,
                   const char *restrict format, va_list arg);
                   <stdarg.h>
                   <stdio.h>
                   返回值：若缓冲区足够大，则返回本应存入数组的字符数；若编码出错，则返
                          回负值
int        vsprintf(char *restrict buf, const char *restrict format, va_list arg);
                   <stdarg.h>
                   <stdio.h>
                   返回值：若成功，则返回存入数组中的字符数；若编码出错，则返回负值
```

int **vsscanf**(const char *restrict *buf*, const char *restrict *format*, va_list *arg*);
<stdarg.h>
<stdio.h>
返回值：指定的输入项数量。若输入错误或在进行任何转换前已到达文件末尾，则返回 EOF

void **vsyslog**(int *priority*, const char **format*, va_list *arg*);
<syslog.h>
<stdarg.h>
平台：FreeBSD 8.0、Linux 3.2.0、Mac OS X 10.6.8、Solaris 10

pid_t **wait**(int **statloc*);
<sys/wait.h>
返回值：若成功，则返回进程 ID；若出错，则返回 0 或−1

int **waitid**(idtype_t *idtype*, id_t *id*, siginfo_t **infop*, int *options*);
<sys/wait.h>
idtype：P_PID, P_PGID, P_ALL
options：WCONTINUED, WEXITED, WNOHANG, WNOWAIT, WSTOPPED
返回值：若成功，则返回 0；若出错，则返回-1
平台：Linux 3.2.0、Solaris 10

pid_t **waitpid**(pid_t *pid*, int **statloc*, int *options*);
<sys/wait.h>
options：WCONTINUED, WNOHANG, WUNTRACED
返回值：若成功，则返回进程 ID；若出错，则返回 0 或−1

pid_t **wait3**(int **statloc*, int *options*, struct rusage **rusage*);
<sys/types.h>
<sys/wait.h>
<sys/time.h>
<sys/resource.h>
options：WNOHANG, WUNTRACED
返回值：若成功，则返回进程 ID；若出错，则返回 0 或−1
平台：FreeBSD 8.0、Linux 3.2.0、Mac OS X 10.6.8、Solaris 10

pid_t **wait4**(pid_t *pid*, int **statloc*, int *options*, struct rusage **rusage*);
<sys/types.h>
<sys/wait.h>
<sys/time.h>
<sys/resource.h>
options：WNOHANG, WUNTRACED
返回值：若成功，则返回进程 ID；若出错，则返回 0 或−1
平台：FreeBSD 8.0、Linux 3.2.0、Mac OS X 10.6.8、Solaris 10

ssize_t **write**(int *fd*, const void **buf*, size_t *nbytes*);
<unistd.h>
返回值：若成功，则返回写入的字节数；若出错，则返回-1

ssize_t **writev**(int *fd*, const struct iovec **iov*, int *iovcnt*);
<sys/uio.h>
返回值：若成功，则返回写入的字节数；若出错，则返回-1

附录B 其他源代码

B.1 本书中使用的头文件

本书中的大多数程序都包含头文件 apue.h，如图 B.1 所示。它定义了常量（比如 MAXLINE）和我们自有函数的原型。

大多数程序需要包含下列头文件：<stdio.h>、<stdlib.h>（用于 exit 函数的原型）和<unistd.h>（适用于所有标准 UNIX 函数的原型）。因此，头文件 apue.h 自动包含了这些系统头文件以及<string.h>。这也减小了本书中所有程序的代码规模。

```
/*
 * 在所有标准系统头文件的前面包含我们自己的头文件
 */
#ifndef _APUE_H
#define _APUE_H

#define _POSIX_C_SOURCE 200809L

#if defined(SOLARIS)        /* Solaris 10 */
#define _XOPEN_SOURCE 600
#else
#define _XOPEN_SOURCE 700
#endif

#include <sys/types.h>      /* 一些系统仍然需要这个头文件 */
#include <sys/stat.h>
#include <sys/termios.h>    /* 用于 winsize */
#if defined(MACOS) || !defined(TIOCGWINSZ)
```

```
#include <sys/ioctl.h>
#endif

#include <stdio.h>        /* 为了方便 */
#include <stdlib.h>       /* 为了方便 */
#include <stddef.h>       /* 用于offsetof */
#include <string.h>       /* 为了方便 */
#include <unistd.h>       /* 为了方便 */
#include <signal.h>       /* 用于SIG_ERR */

#define MAXLINE 4096            /* 行的最大长度 */

/*
 * 新文件的默认访问权限
 */
#define FILE_MODE   (S_IRUSR | S_IWUSR | S_IRGRP | S_IROTH)

/*
 * 新目录的默认权限
 */
#define DIR_MODE   (FILE_MODE | S_IXUSR | S_IXGRP | S_IXOTH)

typedef void Sigfunc(int);      /* 用于信号处理程序 */

#define min(a,b)   ((a) < (b) ? (a) : (b))
#define max(a,b)   ((a) > (b) ? (a) : (b))

/*
 * 我们的函数原型
 */
char     *path_alloc(size_t *);                /* 图2.16 */
long      open_max(void);                      /* 图2.17 */

int       set_cloexec(int);                    /* 图13.9 */
void      clr_fl(int, int);
void      set_fl(int, int);                    /* 图3.12 */

void      pr_exit(int);                        /* 图8.5 */

void      pr_mask(const char *);               /* 图10.14 */
Sigfunc *signal_intr(int, Sigfunc *);          /* 图10.19 */

void      daemonize(const char *);             /* 图13.1 */

void      sleep_us(unsigned int);              /* 习题14.5 */
ssize_t   readn(int, void *, size_t);          /* 图14.24 */
ssize_t   writen(int, const void *, size_t);   /* 图14.24 */

int       fd_pipe(int *);                      /* 图17.2 */
int       recv_fd(int, ssize_t (*func)(int,
```

```
                const void *, size_t));     /* 图17.14 */
int     send_fd(int, int);                  /* 图17.13 */
int     send_err(int, int,
                const char *);              /* 图17.12 */
int     serv_listen(const char *);          /* 图17.8 */
int     serv_accept(int, uid_t *);          /* 图17.9 */
int     cli_conn(const char *);             /* 图17.10 */
int     buf_args(char *, int (*func)(int,
                char **));                  /* 图17.23 */

int     tty_cbreak(int);                    /* 图18.20 */
int     tty_raw(int);                       /* 图18.20 */
int     tty_reset(int);                     /* 图18.20 */
void    tty_atexit(void);                   /* 图18.20 */
struct termios *tty_termios(void);          /* 图18.20 */

int     ptym_open(char *, int);             /* 图19.9 */
int     ptys_open(char *);                  /* 图19.9 */
#ifdef  TIOCGWINSZ
pid_t   pty_fork(int *, char *, int, const struct termios *,
                const struct winsize *);    /* 图19.10 */
#endif

int     lock_reg(int, int, int, off_t, int, off_t); /* 图14.5 */

#define read_lock(fd, offset, whence, len) \
            lock_reg((fd), F_SETLK, F_RDLCK, (offset), (whence), (len))
#define readw_lock(fd, offset, whence, len) \
            lock_reg((fd), F_SETLKW, F_RDLCK, (offset), (whence), (len))
#define write_lock(fd, offset, whence, len) \
            lock_reg((fd), F_SETLK, F_WRLCK, (offset), (whence), (len))
#define writew_lock(fd, offset, whence, len) \
            lock_reg((fd), F_SETLKW, F_WRLCK, (offset), (whence), (len))
#define un_lock(fd, offset, whence, len) \
            lock_reg((fd), F_SETLK, F_UNLCK, (offset), (whence), (len))

pid_t   lock_test(int, int, off_t, int, off_t);     /* 图14.6 */

#define is_read_lockable(fd, offset, whence, len) \
            (lock_test((fd), F_RDLCK, (offset), (whence), (len)) == 0)
#define is_write_lockable(fd, offset, whence, len) \
            (lock_test((fd), F_WRLCK, (offset), (whence), (len)) == 0)

void    err_msg(const char *, ...);             /* 附录B */
void    err_dump(const char *, ...) __attribute__((noreturn));
void    err_quit(const char *, ...) __attribute__((noreturn));
void    err_cont(int, const char *, ...);
void    err_exit(int, const char *, ...) __attribute__((noreturn));
void    err_ret(const char *, ...);
void    err_sys(const char *, ...) __attribute__((noreturn));
```

```
void    log_msg(const char *, ...);          /* 附录B */
void    log_open(const char *, int, int);
void    log_quit(const char *, ...) __attribute__((noreturn));
void    log_ret(const char *, ...);
void    log_sys(const char *, ...) __attribute__((noreturn));
void    log_exit(int, const char *, ...) __attribute__((noreturn));

void    TELL_WAIT(void);        /* 8.9 节中的父进程/子进程 */
void    TELL_PARENT(pid_t);
void    TELL_CHILD(pid_t);
void    WAIT_PARENT(void);
void    WAIT_CHILD(void);

#endif /* _APUE_H */
```

图 B.1　头文件 apue.h

我们在所有正常的系统头文件之前包含 apue.h，是为了可以在包含头文件之前定义头文件可能需要的任何内容，控制包含头文件的顺序，以及重新定义一些需要进行调整以隐藏不同操作系统之间差异的内容。

B.2　标准错误例程

全书的大多数示例使用了两组错误函数来处理出错条件。其中一组以 err_开头，并将错误消息输出到标准错误。另一组以 log_开头，用于可能没有控制终端的守护进程（见第 13 章）。

之所以定义我们自己的错误函数，是为了能用一行 C 代码来编写错误处理程序，如：

```
if (出错条件)
        err_dump(带任意数量实参的printf格式);
```

而不是

```
if (出错条件) {
        char  buf[200];

        sprintf(buf, 带任意数量实参的printf格式);
        perror(buf);
        abort();
}
```

我们的错误函数使用 ISO C 中的可变长参数列表功能。更多详细信息，请参阅 Kernighan 和 Ritchie 所著图书（1988）的 7.3 节。应当注意的是，这个 ISO C 的功能与早期系统（如 SVR3 和 4.3BSD）提供的 varargs 功能不同。宏的名称是相同的，但某些宏的参数已被更改。

图 B.2 总结了各种错误函数之间的差异。

函　　数	是否使用 strerror 的字符串	参　　数	终止方式
err_dump	是	errno	abort();
err_exit	是	显式参数	exit(1);
err_msg	否		return;
err_quit	否		exit(1);
err_ret	是	errno	return;
err_sys	是	errno	exit(1);
err_cont	是	显式参数	return;
long_msg	否		return;
long_quit	否		exit(2);
long_ret	是	errno	return;
long_sys	是	errno	exit(2);
long_exit	是	显式参数	exit(2);

图 B.2　标准错误函数

图 B.3 展示了将错误消息输出到标准错误的错误函数。

```
#include "apue.h"
#include <errno.h>        /* 用于errno 的定义 */
#include <stdarg.h>       /* ISO C 可变实参 */

static void err_doit(int, int, const char *, va_list);

/*
 * 如果是与系统调用相关的非致命错误，
 * 则打印消息并返回
 */
void
err_ret(const char *fmt, ...)
{
    va_list     ap;

    va_start(ap, fmt);
    err_doit(1, errno, fmt, ap);
    va_end(ap);
}

/*
 * 如果是与系统调用相关的致命错误，
 * 则打印消息并终止
 */
void
err_sys(const char *fmt, ...)
{
    va_list     ap;
```

```
    va_start(ap, fmt);
    err_doit(1, errno, fmt, ap);
    va_end(ap);
    exit(1);
}

/*
 * 如果是与系统调用无关的非致命错误，
 * 则将错误代码作为显式参数传递，
 * 打印消息并返回
 */
void
err_cont(int error, const char *fmt, ...)
{
    va_list     ap;

    va_start(ap, fmt);
    err_doit(1, error, fmt, ap);
    va_end(ap);
}

/*
 * 如果是与系统调用无关的致命错误，
 * 则将错误代码作为显式参数传递，
 * 打印消息并终止
 */
void
err_exit(int error, const char *fmt, ...)
{
    va_list     ap;

    va_start(ap, fmt);
    err_doit(1, error, fmt, ap);
    va_end(ap);
    exit(1);
}

/*
 * 如果是与系统调用相关的致命错误，
 * 则打印一条消息，转储核心，然后终止
 */
void
err_dump(const char *fmt, ...)
{
    va_list     ap;

    va_start(ap, fmt);
    err_doit(1, errno, fmt, ap);
    va_end(ap);
    abort();          /* 转储核心并终止 */
    exit(1);          /* 不应该运行到此 */
```

```
}

/*
 * 如果是与系统调用无关的非致命错误，
 * 则打印消息并返回
 */
void
err_msg(const char *fmt, ...)
{
    va_list     ap;

    va_start(ap, fmt);
    err_doit(0, 0, fmt, ap);
    va_end(ap);
}
/*
 * 如果是与系统调用无关的致命错误，
 * 则打印消息并终止
 */
void
err_quit(const char *fmt, ...)
{
    va_list     ap;

    va_start(ap, fmt);
    err_doit(0, 0, fmt, ap);
    va_end(ap);
    exit(1);
}

/*
 * 打印消息并返回给调用者。
 * 由调用者指定"errnoflag"
 */
static void
err_doit(int errnoflag, int error, const char *fmt, va_list ap)
{
    char buf[MAXLINE];

    vsnprintf(buf, MAXLINE-1, fmt, ap);
    if (errnoflag)
        snprintf(buf+strlen(buf), MAXLINE-strlen(buf)-1, ": %s",
          strerror(error));
    strcat(buf, "\n");
    fflush(stdout);      /* 以免 stdout 和 stderr 相同 */
    fputs(buf, stderr);
    fflush(NULL);        /* 刷新所有 stdio 输出流 */
}
```

图 B.3　输出到标准错误的错误函数

图 B.4 展示了 log_XXX 类的错误函数。它们要求调用者定义变量 log_to_stderr，并在进程不作为守护进程运行时将其设置为非零值。在这种情况下，错误消息会被发送到标准错误中。如果 log_to_stderr 标识为 0，则使用 syslog 工具（见 13.4 节）。

```
/*
 * 可以作为守护进程运行的程序的错误例程
 */

#include "apue.h"
#include <errno.h>        /* 用于 errno 的定义 */
#include <stdarg.h>       /* ISO C 可变实参 */
#include <syslog.h>

static void log_doit(int, int, int, const char *, va_list ap);

/*
 * 调用者必须定义并设置这个值：
 * 如果是前台交互进程，为非零；如果是后台守护进程，则为零
 */
extern int log_to_stderr;

/*
 * 如果作为守护进程运行，则初始化 syslog()
 */
void
log_open(const char *ident, int option, int facility)
{
    if (log_to_stderr == 0)
        openlog(ident, option, facility);
}

/*
 * 如果是与系统调用相关的非致命错误，
 * 则打印一条带有系统的 errno 值的消息并返回
 */
void
log_ret(const char *fmt, ...)
{
    va_list     ap;

    va_start(ap, fmt);
    log_doit(1, errno, LOG_ERR, fmt, ap);
    va_end(ap);
}

/*
 * 如果是与系统调用相关的致命错误，
 * 则打印消息并终止
 */
void
```

```
log_sys(const char *fmt, ...)
{
    va_list     ap;

    va_start(ap, fmt);
    log_doit(1, errno, LOG_ERR, fmt, ap);
    va_end(ap);
    exit(2);
}

/*
 * 如果是与系统调用无关的非致命错误，
 * 则打印消息并返回
 */
void
log_msg(const char *fmt, ...)
{
    va_list     ap;

    va_start(ap, fmt);
    log_doit(0, 0, LOG_ERR, fmt, ap);
    va_end(ap);
}

/*
 * 如果是与系统调用无关的致命错误，
 * 则打印消息并终止
 */
void
log_quit(const char *fmt, ...)
{
    va_list     ap;

    va_start(ap, fmt);
    log_doit(0, 0, LOG_ERR, fmt, ap);
    va_end(ap);
    exit(2);
}

/*
 * 如果是与系统调用相关的致命错误，
 * 则将错误号作为显式实参传递，
 * 打印消息并终止
 */
void
log_exit(int error, const char *fmt, ...)
{
    va_list     ap;

    va_start(ap, fmt);
    log_doit(1, error, LOG_ERR, fmt, ap);
```

```
    va_end(ap);
    exit(2);
}

/*
 * 打印消息并返回给调用者。
 * 由调用者指定“errnoflag”和“priority”
 */
static void
log_doit(int errnoflag, int error, int priority, const char *fmt,
          va_list ap)
{
    char     buf[MAXLINE];

    vsnprintf(buf, MAXLINE-1, fmt, ap);
    if (errnoflag)
        snprintf(buf+strlen(buf), MAXLINE-strlen(buf)-1, ": %s",
          strerror(error));
    strcat(buf, "\n");
    if (log_to_stderr) {
        fflush(stdout);
        fputs(buf, stderr);
            fflush(stderr);
    } else {
        syslog(priority, "%s", buf);
    }
}
```

图 B.4 用于守护进程的错误函数